中国科学院科学出版基金资助出版

现代化学专著系列·典藏版 42

盐 湖 化 学

——新类型硼锂盐湖

高世扬 宋彭生
夏树屏 郑绵平 著

科 学 出 版 社
北 京

内 容 简 介

本书著者根据其40多年来对青藏高原新类型硼酸盐盐湖体系所进行的研究工作，介绍了盐湖资源综合利用所涉及的天然盐相分离方法、平衡和介稳相图、盐卤硼酸盐的热力学和热力学非平衡态相图、天然盐的结晶和溶解动力学以及电解质浓盐溶液理论模型和应用等。所讨论的相关体系不仅对含硼锂盐湖的卤水综合利用，而且对察尔汗及新疆和内蒙古等地区盐湖的含锂、钠、钾、镁、硫酸盐、硼酸盐的开发利用和高值化研究都具有一定的参考和指导意义。

本书可作为从事盐湖研究的科技人员，无机化学、无机化工、物理化学、地质科学等专业的教学人员、研究生、大学生以及盐湖生产人员的参考书。

图书在版编目(CIP)数据

现代化学专著系列：典藏版 / 江明，李静海，沈家骢，等编著. —北京：科学出版社，2017.1

ISBN 978-7-03-051504-9

Ⅰ.①现… Ⅱ.①江… ②李… ③沈… Ⅲ.①化学 Ⅳ.①O6

中国版本图书馆CIP数据核字(2017)第013428号

责任编辑：周巧龙 吴伶伶 / 责任校对：刘小梅

责任印制：张 伟 / 封面设计：铭轩堂

科学出版社 出版

北京东黄城根北街16号

邮政编码：100717

http://www.sciencep.com

北京厚诚则铭印刷科技有限公司印刷

科学出版社发行 各地新华书店经销

*

2017年1月第 一 版 开本：720×1000 B5

2017年1月第一次印刷 印张：33 1/2

字数：658 000

定价：7980.00元（全45册）

序

中国科学院青海盐湖研究所研究员、中国科学院院士高世扬教授不幸于2002年8月22日病逝于西安,享年71岁。他的逝世,是我国无机化学和盐湖化学学术界的重大损失,我们对此表示沉痛的哀悼!

高世扬院士早年师从我国著名无机化学家、盐湖化学学科奠基人、学部委员柳大纲教授。后来,高世扬与他的老师开拓了我国盐湖化学研究领域。他既重视亲身参与实地调查研究和开发实践,发现了察尔汗盐湖的丰富的钾、镁资源,大柴旦盐湖的硼资源和柴达木盆地盐湖的锂资源,又重视在学术上研究盐湖的形成规律和开发利用途径。高世扬业绩卓著,为国家社会主义经济建设做出了重大贡献。他的工作成果多次荣获国家、中国科学院和省部委级的奖励,其中重大奖项有1994年的竺可桢野外科学工作奖和1995年的国家自然科学奖二等奖。

作为我国盐湖化学学科带头人,高世扬院士在盐湖基础性研究方面建立了两种研究方法:加水稀释成盐方法和结晶动力学方法。创造性地提出了两个新观点:物理化学稀释成盐和天然成盐化学。开拓了两个新领域:盐卤硼酸盐化学和水盐体系非热力学平衡态相关系,为天然盐无机化学研究开辟了新的前沿领域。

经过多年的化学研究工作,高世扬院士留有大量遗作,现经以其夫人夏树屏研究员为首的整理组,从中选出具有代表性的作品及其合作者的著作,合编成《盐湖化学——新类型硼锂盐湖》。该书得到中国科学院科学出版基金的资助,并由科学出版社出版、发行。

《盐湖化学——新类型硼锂盐湖》一书贯彻了理论与应用并重的原则,重视提供齐全数据,较详尽地介绍了高世扬在研究中的关键性环节和方法以及研究结果。该专著内容充实,结构新颖,所包含的各章内容涵盖了复杂盐卤含硼体系的物理和化学过程、盐类的结晶和溶解及转化动力学、成分的集散和分离、相平衡、介稳平衡、热力学非平衡态液-固相关系等专门问题,并做了详细阐述和讨论,为盐湖卤水中各种盐类的分离、盐矿床的形成、硼酸盐成矿条件和形成机理等地球化学问题的阐明和综合利用工艺的选择,提供了理论依据。

随着党中央发出“西部大开发”的号召,西北盐湖的开发与利用也受到重视。国家加强了对西部经济建设的投资。察尔汗盐湖二期开发工程已在兴建中,钾盐1Mt生产线的建成,将对全国工农业发展起到促进作用。青海西部东西台吉乃尔盐湖、一里坪及西藏班戈错湖、扎仓茶卡盐湖卤水中锂盐开发等项目,正处在攻关阶段。该书的出版对我国盐湖事业的持续发展是有重要指导意义的。我对该专著的出版问世表示由衷的欢迎,特为序。

中国科学院院士
南开大学化学学院教授
申泮文

前　言

中国拥有著名的四大无机资源，它们是内蒙古包头的稀土矿、四川攀枝花的钒钛铁矿、江西钼矿和遍布许多省份的盐湖。中国科学院于1956年成立了盐湖科学调查队，国家于1963年成立了盐湖专业组，经过多年的调查研究，发现中国是一个多盐湖国家，其特点可概括为多、大、富、全，为世上罕见。

本书第一作者高世扬院士是中国科学院盐湖科学调查队成立时的成员之一，在学部委员柳大纲教授领导下，于1957年在察尔汗盐滩中，发现光卤石晶体和含钾、镁盐卤水，后经确认该盐湖区为大型钾、镁盐矿床。在大柴旦盐湖湖表卤水底部沉积物中发现柱硼镁石，确认该盐湖属于硫酸盐亚型硼酸盐盐湖。后来通过当时中苏两国之间关于"盐湖资源勘探与利用"的国际合作研究，认定青藏高原盐湖卤水以富含钾、镁、硼、锂为特色，是一个重要的无机盐基地。1959年，柳大纲教授在第一届"盐湖和盐矿"学术交流会上提出并阐述了"盐湖化学"研究的内容和意义，从此拉开了青藏高原盐湖资源化学研究的序幕。1965年，中国科学院青海盐湖研究所的建立，为开展高原盐湖地质勘察、科学研究和发展盐湖产业奠定了基础。

我国西部的青海、西藏、新疆及内蒙古拥有700多个盐湖，其中青海西部的盐湖和西藏盐湖多属于富含钾、锂、镁、氯、硫、硼的盐湖。大柴旦盐湖是新类型硼酸盐盐湖的典型代表，可以用 Li^{+}，Na^{+}，K^{+}，Mg^{2+}/Cl^{-}，SO_4^{2-}，$B_4O_7^{2-}$-H_2O 代表该盐卤体系。40多年来，我们的科研集体一直把盐湖的基础研究与盐湖资源开发利用这两个目标结合在一起，在各方面的大力支持下，克服了种种困难，以大、小柴旦盐湖和察尔汗盐湖为主要研究对象，并借鉴了美国、澳大利亚、以色列、俄罗斯和智利等国盐湖资源加工利用的经验，为我国盐湖化学（特别是盐卤硼酸盐化学）的发展和盐湖资源的综合利用做了奠基性的研究工作，促进了我国盐湖事业的迅速发展。盐湖化学是一门多种科学交融的综合性学科，它包括无机化学、无机化工、物理化学、地质科学和开发利用等，具有极为丰富的内容。本书是对我们多年研究成果和经验的总结，书中还对与盐湖有关的物理化学基础知识进行了介绍，填补了我国在盐湖化学领域缺乏专著的空白。

在国家"西部大开发"战略指引下，我国盐湖资源的开发进入了一个崭新的历史时期。柴达木盆地察尔汗盐湖年产1Mt钾肥二期工程正在兴建中，东西台吉乃尔盐湖、西藏扎仓茶卡盐湖中锂盐的开发及综合利用正在积极进行中，新疆罗布泊盐湖钾盐开发利用取得了可喜的进展。我们希望本书的出版会对盐湖资源开发和产业化起到一定的推动作用。

本书共分 13 章，具体分工如下：高世扬撰写第 1 至 4 章、第 6 章、第 9 至 13 章（由夏树屏补充完善），宋彭生撰写第 5、7 章，夏树屏撰写第 8 章，朱丽霞撰写第 6 章第 8 节，郑绵平对其中的第 10 章进行修改补充并审阅了第 9、11 章。本书由夏树屏、宋彭生统编、定稿。王波、高月、杨茜同志参与本书计算机文字输入、编辑、绘图和校对工作，特此感谢！

多年来，盐湖化学的研究工作得到国家自然科学基金项目的资助，并得到中国科学院、青海省科技厅的关心和经费上的支持。中国科学院青海盐湖研究所各届所长以及各级领导对盐湖化学这门学科的发展给予了极大的支持、关怀和帮助，在此表示衷心的感谢！

本书稿编写期间，得到中国科学院青海盐湖研究所所长及各级领导的关心和支持；承蒙陕西师范大学校长的热情关怀；西北大学史启祯教授提出了宝贵的修改建议；中国科学院青海盐湖研究所郑喜玉、刘铸唐、李武等研究员对书稿提供了宝贵的意见；中国科学院科学出版基金委员会在经费上给予了资助；科学出版社的同志们提供了热情指导和帮助。在此对上述单位和个人一并致以衷心的谢意。

书中所引用的个别文献年代较早，当时收集资料时未记全，现今又未能查到所有项目内容，但因其较重要仍保留引用，特此说明。

由于著者水平有限，书中一定还有许多缺点和不足之处，我们诚挚地希望专家、学者、广大同行和读者们批评指正。

作　者

目　　录

第1章 青藏高原盐湖科学调查

青藏高原素有“世界屋脊”之称，平均海拔4500 m以上。按照地球“板块理论”，青藏高原处于印度板块与欧亚板块碰撞频繁的构造带，特殊的地质条件，罕见的气候环境，使这里出现了星罗棋布、大小不同、类型各异的湖泊。她曾诱发文人墨客的创新思维，吸引勇敢者来此探险、科学工作者来此进行科学调查。

国土资源部地质科学研究院郑绵平院士在《青藏高原盐湖》一书中详细记述了中华人民共和国成立以前国内外学者对青藏高原盐湖的探险考察活动。本章简短回顾国内外书籍中有关青藏高原盐湖硼砂资源的记载，然后简要介绍某些硼酸盐矿物和钾盐资源的发现过程。

1956年，在我国制定第一个“国民经济发展长远规划”的指导下，中国科学院综合考察委员会于1957年成立了盐湖科学调查队(以下简称中科院盐湖队)，并于1957年夏季开始了对柴达木盆地盐湖资源的实地调查。中科院盐湖队由中国科学院学部委员、中国科学院北京化学研究所柳大纲教授和中国科学院学部委员、北京地质学院袁见齐教授领导。科研人员有郑绵平(原地质部矿床研究所)，曹兆汉(原化学工业部上海化工研究院)，张伦(原化学工业部天津化工研究设计院)，陈敬清、高世扬和张长美(中国科学院北京化学研究所)，曲一华(原北京地质学院)，张济仁、张国强(原轻工业部制盐设计室)等。经过一个半月的多学科调查，在察尔汗盐湖发现了$KCl\cdot MgCl_2\cdot 6H_2O$(光卤石)和含钾、镁氯化物的饱和卤水。又经地质勘探、科学研究与生产实践表明，察尔汗盐湖是我国最大的水溶性钾盐矿床。目前已成为我国重要的钾盐生产基地。

1957年10月初，在大柴旦盐湖地表卤水以下发现了柱硼镁石。后经中苏(原苏联科学院)合作的地质勘探表明，该盐湖是一个新类型硼酸盐盐湖和硼、锂综合矿床。盐类储量(尤其是硼酸盐储量)丰富，不但具有重要的开发利用价值，而且具有科学研究意义。

1.1 青藏高原盐湖硼砂史记

我国古书中很早就将自然界存在的十水四硼酸钠($Na_2B_4O_7\cdot 10H_2O$)叫做“蓬砂”，古药典中还将它叫做“月石”或“蓬精”。像黄金、白银和食盐一样，几千年前“蓬砂”就被中国人所知。“baurach”一词早在公元2000多年前就曾多次出现在阿拉伯文的手抄本中，“十水四硼酸钠”的梵文名称是“tincana”。相传在13世纪，马可波罗商队从中国把硼砂（与火药和通心粉一起）带回欧洲，供意大利的打金匠人用作“焊剂”，致使欧洲文字把它误用为“tincal”。从此以后，“tincal”就成为欧亚商道上从东方运往西方的一种常规商品。当时青藏高原出产“蓬砂”的地点是西藏的雅莫踩错（Yamdocho）。

古丝绸之路上，从地中海沿岸的欧洲古罗马、希腊，非洲的古埃及，中东的巴比伦，经印度到青藏高原，只有喜马拉雅山区高原盐湖中才有关于“蓬砂”的记载。可以推测，阿拉伯文字“baurach”应该是从中国古代汉字“蓬砂”音译的。清朝末年，由于鸦片战争和甲午海战的失败，西方列强撬开了我国长期封闭的国门，随着国外科学技术的进入，化学教科书中才将“borax”音译为“硼砂”。

明朝著名药物学家李时珍著的《本草纲目·金石部》[1]关于“蓬砂”有如下记述：[颂曰]蓬砂出南海，其状甚光莹。亦有极大块者，诸方稀用，可焊金银。[宗曰]南方者色重褐，其味温和，入药其效速。西戎者其色白，其味焦，入药其功缓。[时珍曰]蓬砂生西南番，有黄白两种。西者白如明矾，南者黄如桃胶，皆是炼结而成，如卤砂之类。西者柔物去垢，杀五金，与消石同功，与砒石相像也。[修治]苦辛暖无毒。[颂曰]温平，[时珍曰]甘微碱，凉无毒。

公元 720 年，藏医书《四部医典》中已有过使用硼砂治病的药用记载。

中华人民共和国成立后进行的地质调查表明，在青藏高原昆仑山南侧的西藏北部地区分布着许多碳酸盐-硼酸盐盐湖和少数硫酸盐-硼酸盐盐湖。可以推断，《本草纲目》中的南路硼砂曾经是西藏人民沿川藏通道与内地进行物资交流的珍稀商品之一。关于北路“蓬砂”，虽然《日华诸家本草药典》（约公元 970 年）中有关于“蓬砂”从青海湖周围天然产地传入中原地区的记载，直到现在，青海湖地区从未发现存在硼酸盐矿点的任何迹象。显然，北路“蓬砂”只能是人工从柴达木盆地的大柴旦或马海地区的硼土炼制成的结晶硼砂。

1.2 “硼土”与硼砂生产

1.2.1 “硼土”

据传，当地放牧的蒙古族人最早发现大柴旦湖区的“硼土”可用以制取硼砂，但确切时间已无据可考。1949 年以前，这里生产的硼砂由德兴海（马步芳官僚私人机构）专营，与运城解池（现运城盐湖）早期的制盐体制相近。

大柴旦湖区“硼土”一般分布在北岸湖滨沼泽地外界地下水溢出带，距湖水或沼泽地带岸边最近处约 10 m，最远处约 1 km。根据出露情况可分为东区、北区和西区三处。“硼土”一般形成于灰色或黄褐色粉沙质黏土地表，靠近湖水附近的“硼土”地带没有植物生长。距离湖水较远的“硼土”地带除有一般耐盐碱植物生长外，还有一种个头矮小（高10～15 cm）、根茎茁壮的紫红色植物。该植物的燃烧灰中硼含量较高,地质人员将其称为"硼草",它曾经是寻找"硼土"的植物标志。除此之外,有些泉眼附近也能见到"硼土"。

图 1-1 为大柴旦湖区地表"硼土"的照片。"硼土"一般形成在浅层地下水容易溢出的地带,表层覆盖 0.2～0.3 cm 厚的盐盖,下面是一层厚 0.3～0.7 cm(最厚可达 1 cm 以上)的松散"硼土",颜色随地点的不同而异。"硼土"的下面是一层10～50 cm的表层土,质地疏松,呈微黄色。再下是沙质的黏土层,厚 50～80 cm,其间可以观察到黄色与灰白色细微夹层,水分含量较高。最下面为 1.0 ～1.2 m 厚的底层土,呈青白色,水分较少,相对致密和坚实。大柴旦湖区地表 "硼土"的化学成分结果列于表 1-1 中。

图 1-1　大柴旦湖区地表"硼土"

表 1-1　大柴旦湖区地表"硼土"的化学成分(质量分数,单位:%)

成分	g-44	g-37	g-35	g-34	g-32	g-31
水溶物	—	—	—	—	—	—
Na^+	—	—	—	—	—	—
K^+	—	—	—	—	—	—
Ca^{2+}	0.01	0.02	—	0.034	1.06	0.95
Mg^{2+}	0.57	0.14	0.05	0.28	0.33	2.45
Cl^-	11.94	3.38	1.14	7.24	5.15	11.35
SO_4^{2-}	19.86	5.92	1.00	10.22	1.49	8.21
B_2O_3	2.73	2.66	2.25	3.54	6.18	3.88
盐酸酸溶物						
Ca^{2+}	9.16	2.19	3.39	1.51	1.88	1.83
Mg^{2+}	2.94	0.85	5.04	2.60	2.07	1.72
B_2O_3	0.25	2.84	1.12	2.55	2.25	1.45
CO_3^{2-}	大量,未测定					

注:取样地点　大柴旦湖湖西北地表;取样时间　1958 年;取样者　蔡本俊;分析者　孙之虎。

从表 1-1 列出的化学分析结果可见,"硼土"主要是由水溶性盐分 NaCl、$Na_2SO_4 \cdot 10H_2O$(部分风化成 Na_2SO_4)、$Na_2B_4O_7 \cdot 10H_2O$ 和少量 $Na_2CO_3 \cdot 10H_2O$ 组

成。酸溶性物中含大量钙、镁碳酸盐和少量钙、镁硼酸盐(可能是单斜硼钙石$2CaO \cdot 3B_2O_3 \cdot 13H_2O$),每年3～4月份随着气温的转暖,地表具有明显的蒸发量,“硼土”开始形成。5～6月份由于地表翻浆,“硼土”即便能短暂形成,也容易被翻浆的地表径流淋溶而消失。7～10月份是“硼土”形成的主要季节,9月、10月份硼的含量较高。

作为生产硼砂的原料,大柴旦湖区“硼土”按颜色和产地分为白土、青土、红土和柴芨土。白土含硼量较高,以$Na_2B_4O_7 \cdot 10H_2O$计为9%～13%。白土分布较广泛,形成白土的地区常有植物生长。青土的当地俗名叫柯柯香拉(柯柯是青色之意,香拉是土之意),形成地点相对靠近湖边,一般都是盐碱地,植物不容易生长,个别地点能见到少量“硼草”,含硼量仅次于白土。红土以颜色呈淡红而得名,分布不及白土和青土广泛。柴芨土由于分布区域附近生长柴芨草而得名,分布非常有限。

1.2.2 由“硼土”生产硼砂

早在明朝以前,我国西北就开始从天然硼矿制备硼砂。从目前已知的西北矿产资源可以推测,这种加工过程是在柴达木盆地的大柴旦湖区和马海一带进行的。自唐玄奘印度取经回国之后,敦煌地区就成为佛教圣地,牧民们到那里拜佛就医得知硼砂的治疗功效。蒙古族牧民在放牧过程中发现了马海和大柴旦地区的天然月石(硼晶)。由于天然月石具有特殊用途且价格较高,促使他们为追寻硼晶而发现了“硼土”,进而仿效沼泽泥坑中发生的天然过程,发明了利用“硼土”制取硼砂的工艺:硼土热水沥取,母液冷却结晶。他们利用放牧之便,以最小的能耗制取硼砂这样一种当时比较贵重的医用盐类产品,并以牛、骡、马等牲畜进行成品运输。这样的生产方式维持了数百年之久。图1-2是1950年当地少数民族以硼土为原料土法生产硼砂的炉灶。

图1-2 土法生产硼砂的炉灶

1.3 解放前青藏高原盐湖调查简况

解放前,我国学者对青藏高原盐湖进行调查的资料不多。1944年,非金属盐类矿床学者袁见齐教授到过青海湖以西的茶卡盐湖进行调查,写有《西北盐业实录》,他是国内最早对高原盐湖地质和成因进行研究的地质学家。

1899～1908年,Sven Hedin先后到藏西和藏北进行地理考察。他对许多湖盆的面积、海拔高度、湖区面积、湖水深度和湖水的含盐度都进行过测定,并在他的考查图件中对盐湖、盐滩和硼砂产地做过标记。1917年,Sven Hedin、S. R. Kaskyap等曾对玛旁雍错和拉嘎湖水以及附近温泉做过调查,并在报道中将某些盐湖区的硼酸镁水合盐沉积误认为是石膏沉积。1931～1935年,E. Norin不止一次地到阿里西部昆仑山一带进行地质调查,他在报告中有如下记载:在阿里西北的曼格里克盆地(Mangrik basin)西北部(新疆西南隅奇台大阪附近)有一小湖,对采集的盐样进行鉴定。结果表明,以石盐为主,其次为无水芒硝,含少量柱硼镁石($MgO·B_2O_3·3H_2O$),折光系数(N_e=1.573,N_o=1.565)。他是在青藏高原盐湖中最早发现镁硼酸盐矿物的外国学者。

1.4　大柴旦盐湖调查中的重要发现

中华人民共和国的成立为青藏高原盐湖开展多学科调查提供了前所未有的机遇。1951年,兰州大学戈福祥教授上书国务院,建议国家重视柴达木盆地盐湖资源的调查、研究和开发。1956年,国务院制定“十二年科学技术发展远景规划”,其中包括了盐湖矿床勘探和利用。1957年,中国科学院组建了以柳大纲教授任队长、袁见齐教授和韩沉石先生任副队长的盐湖科学调查队,该队隶属中国科学院综合考察委员会。在1957年的调查中取得了两项重大发现,为柴达木盐湖矿产资源的地质勘探、多学科综合研究和资源开发利用开创了新局面。1958年和1959年,在继续进行青藏高原盐湖调查的同时,开展了我国科学院(负责人柳大纲教授)与原苏联科学院(负责人А.Е.Лужная和Д.Ледовский)之间关于“柴达木盐湖勘探和利用”的国际合作。直到1965年,中科院盐湖队一直发挥着组织并支持全国各单位科技人员到柴达木进行盐湖科学调查研究工作,并为他们提供了各方面的后勤支援。

根据牧民利用“硼土”生产硼砂的历史,地质部门判断在大柴旦湖区可能找到除“硼土”之外的其他天然硼酸盐矿物。从事这项工作的先后有原石油工业部632地质队组织的硼砂队(1953～1956年)和青海地质队(1956年之后)。中科院盐湖队于1957年9月18日到达大柴旦市(当时青海省柴达木工作委员会所在地),图1-3是中科院盐湖队在大柴旦的合影。以范敏中为队长的大柴旦地质队(后改名为海西地质队)仍在这里按照原地质部原苏联专家尤金博士所拟订的方案进行工作。尤金博士的方案是根据原苏联Inder硼矿床找矿经验拟订的,脱离了柴达木的具体地质环境,加之大柴旦地质队缺乏寻找硼酸盐矿和对硼酸盐矿进行矿物鉴定的经验,未能找到任何硼酸盐矿物。

图1-3 中科院盐湖队在大柴旦的合影(1957年9月)
前排左二为柳大纲;中为范敏中;右一为郑绵平;二排右一为高世扬

1.4.1 大柴旦湖盆北山水源含硼的调查

在大柴旦湖盆北面的达肯大阪山南麓,多股泉水径流形成地表沟渠水,由东到西有大柴旦沟、温泉东沟和温泉沟等,水流分别于山脚处潜入地下砾石层,近湖滨又复出露,形成了难以计数的泉眼,最后汇聚于大柴旦湖。

温泉沟位于大柴旦市北方9000m的山谷中,温泉由东西两源流汇聚而成。东部源流的泉头多达30余处,各泉眼出水的水温各不相同,最高达68.5℃。由于附近气温较低,沟内经常形成雾气。温泉水由源头往下,沿途汇聚各出露泉水,与西部源流汇合后,流量达到50L/s。表1-2为沟十二淡水和温泉水的化学组成。

表1-2 沟十二淡水和温泉水的化学组成

成分	沟十二淡水中的含量/(mg/L)	温泉水中的含量/(mg/L)
$CaCO_3$	8.2	7.8
$Ca(HCO_3)_2$	139	48.5
$Mg(HCO_3)_2$	56.6	12.9
$NaHCO_3$	—	95.5
$MgSO_4$	—	65.0
Na_2SO_4	85.0	344.5
KCl	9.5	28.5
NaCl	1174	551
$Na_2B_4O_7$	31.1	155
LiCl	—	32.6

表 1-2 的数据显示，温泉水中硼和锂的含量比周围淡水高出许多，如果流量以 50 L/s 计，每年由温泉水带进大柴旦湖的无水硼砂达 155t 之多。

温泉水流过的阶地两旁的石壁和泉水沟旁，有灰白和白色泉华沉积物，厚度 0.5～1.0 cm。泉华沉积物呈碱性，质轻、易溶于水。表 1-3 列出的分析结果表明，主要成分为钙的硼酸盐和食盐，B_2O_3 含量大于 10%。

表 1-3　温泉沟旁泉华沉积物分析结果

编号	采样地点	酸溶 B_2O_3(质量分数)/%
1	温泉东源头沟旁地表	18.25
2	温泉东源头下 70m 水沟旁地表	11.88
3	温泉东源头下 80m 水沟旁地表	13.07
4	温泉西头下 20m 水沟旁地表	16.91

1.4.2　发现湖底柱硼镁石

一个简单的推断是，大柴旦湖的形成经历了漫长的地质年代，就算只有温泉水常年补给的 150t 左右的 $Na_2B_4O_7$，湖区的硼资源也应当不只是当时已经看到和已被利用的"硼土"沉积量。从水盐物理化学的观点推测，有可能在湖底沉积中找到硼酸盐。为此，中科院盐湖队钻探人员第一次在湖表积水区进行钻探，结果在钻孔 A 中深 3.5～4.1 m 的岩心发现了一层紧密胶结的团块。野外化验结果表明，B_2O_3 含量为 13%(质量分数)，首次发现了湖底存在硼酸盐沉积。

当年收队回到北京后，在中国科学院化学研究所实验室对该岩心样进行化验，结果见表 1-4。由表 1-4 所列结果可知，湖底硼酸盐是一种溶于盐酸的镁硼酸盐，主要的伴生盐类为碳酸钙和硫酸钙。

表 1-4　大柴旦湖底硼酸盐沉积的化学分析结果

组分	水溶物(质量分数)/%	酸溶物(质量分数)/%	酸不溶物(质量分数)/%
Na^+	1.59	—	—
K^+	—	—	—
Mg^{2+}	0.67	4.79	0.09
Ca^{2+}	0.75	5.42	0.95
Cl^-	4.10	—	—
SO_4^{2-}	3.43	5.42	—
CO_3^{2-}	—	3.93	—

续表

组分	水溶物(质量分数)/%	酸溶物(质量分数)/%	酸不溶物(质量分数)/%
B_2O_3	0.67	13.18	—
SiO_2	—	—	4.36
Fe_2O_3	—	—	0.02
Al_2O_3	—	—	0.67
水不溶物(950℃)	43.18	—	—
酸不溶物(950℃)	—	6.12	—

考虑到钙镁硼酸盐在水中的溶解度比碳酸钙和硫酸钙的溶解度高,该硼酸盐的化学组成应该是表1-4中所列酸溶物的分析结果中扣除碳酸钙和硫酸钙后,由剩余阳离子与 B_2O_3 结合而成的物种。为此,我们将表1-4中的酸溶物分析结果换算为相应的物质的量。湖底沉积酸溶物的化学分析结果列于表1-5中。

表1-5 湖底沉积酸溶物的化学分析结果

成分	质量分数/%	物质浓度/(mol/L)
Mg^{2+}	4.79	0.098
Ca^{2+}	5.42	0.067
SO_4^{2-}	5.42	0.028
CO_3^{2-}	3.93	0.033
B_2O_3	13.18	0.095

从换算结果可见,钙离子的物质的量等于碳酸根和硫酸根物质的量之和。B_2O_3 与 MgO 物质的量的比值接近1。

由此判断,该硼酸盐矿物是一种含结晶水的镁硼酸盐,化学式应为 $MgO \cdot B_2O_3 \cdot xH_2O$。湖底硼酸盐的热重和差示热曲线(图1-4)上,从130℃和174℃开始的两个小吸热谷可能是由石膏脱水过程引起的,而238℃开始的那个吸热谷则相应于该硼酸盐的脱水。

图1-5给出湖底硼酸盐样品的色散曲线。表1-6和表1-7分别给出其X射线粉末衍射分析结果和折光率。所有这些结果均与斯塔斯福尔特产的柱硼镁石($MgO \cdot B_2O_3 \cdot 3H_2O$)的文献数据一致[2]。

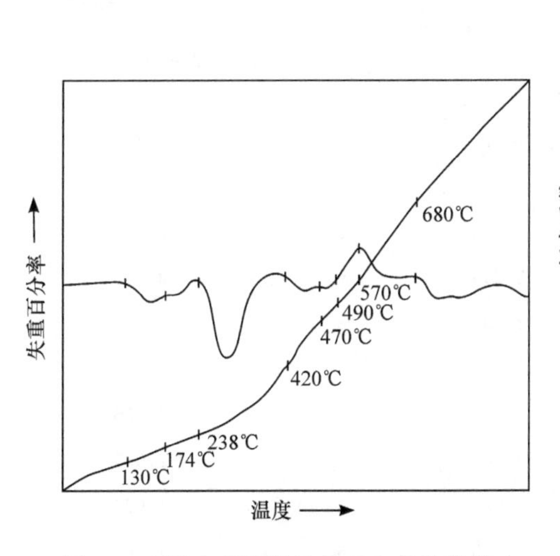

图 1-4　湖底硼酸盐的热重和差热曲线

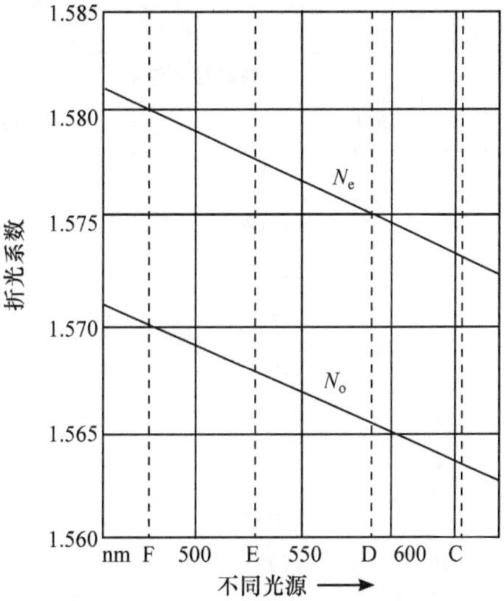

图 1-5　湖底硼酸盐的色散曲线

表 1-6　大柴旦湖底硼酸盐样的 X 射线粉末衍射结果

湖底柱硼镁石				某地产柱硼镁石	
混样		纯样			
I/I_0	d/Å	I/I_0	d/Å	I/I_0	d/Å
8	8.665				
10	7.893			6	7.63
8	5.824				
10	5.400	10	5.33	10	5.39
7	4.525	2	4.50		
10	4.308			6	4.21
2	3.966	1	4.05		
10	3.789	4	3.78	3	3.82
3	3.587	5	3.56	3	3.61
4	3.324			3	3.40
8	3.140	8	3.13	9	3.15
10	3.056				
8	2.882				
10	2.812	2	2.79		
6	2.680			1	2.694
4	2.576	3	2.551	2	2.572

续表

湖底柱硼镁石				某地产柱硼镁石	
混样		纯样			
I/I_0	d/Å	I/I_0	d/Å	I/I_0	d/Å
1	2.479				
3	2.428	4	2.410	2	2.426
10	2.308	9	2.298	9	2.314
4	2.252	4	2.236	3	2.238
3	2.220				
3	2.130	1	2.140	1	2.156
6	2.039	5	2.043	6	2.055
10	1.979	1	1.981	2	1.979
10	1.894	6	1.895	6	1.880
9	1.802	4	1.794	4	1.794
1	1.783				
1	1.751	3	1.746		
1	1.714	2	1.715	1	1.729
2	1.663			1	1.648

表 1-7 大柴旦湖底矿与斯塔斯福尔特产柱硼镁石折光率

折光率	湖底硼酸盐1)	斯塔斯福尔特产柱硼镁石[14]
N_o	1.565 8	1.565
N_e	1.575 3	1.575

1) 数据为闵霖生测定，所用单光波长为 589.5 nm。

1.4.3 大柴旦湖区发现的其他硼酸盐矿物

湖底柱硼镁石的发现导致大柴旦地质队迅速将探矿目标由大柴旦湖的周边转向湖底沉积区。1957 年底，在大柴旦湖东沼泽地带又发现钠硼解石（$NaCaB_5O_9\cdot 8H_2O$）和水方硼石。同时确定，该湖区除氯化钠、芒硝和泻利盐之外，还有白钠镁矾和硼砂，某些湖滨沼泽坑内偶尔能见到光卤石。1962 年，在中科院盐湖队工作的矿物工作者谢先德和郑绵平[3]在湖东岸沼泽带发现了库水硼镁石（$2MgO\cdot 3B_2O_3\cdot 15H_2O$）。1963 年，谢先德和钱自强等[4]发现一种新的硼碳酸盐矿物水碳硼石 $MgCa_2[CO_3\cdot B_2O_5(OH)_4]\cdot 8H_2O$。曲一华、谢先德和钱自强等[5]也于 1962 年在这里发现章氏硼镁石（$2MgO\cdot 2B_2O_3\cdot 9H_2O$）。谢先德[6]等找到多水硼镁石($2MgO \cdot 3B_2O_3 \cdot 15H_2O$)。1964年,曲一华[7]等发现一种新的硼酸盐矿物三方硼镁石($2MgO \cdot 3B_2O_3 \cdot 7.5H_2O$)。

1.5　察尔汗盐滩发现光卤石和建立钾肥厂

1957年10月2日,中科院盐湖队结束了大柴旦盐湖调查,乘车赶到察尔汗时,已经是夕阳西斜。他们住宿在察尔汗盐桥南端东侧的兰州空军察尔汗机场工程处工地。安排好住处后,高世扬走到机场汽车道旁去看怎样在盐盖上修建机场公路。当他走到一个卤水坑边时,看到卤水面上漂浮着直径约1cm、在夕阳映照下呈蜘蛛网状的六角形片状晶体。根据经验和表观晶体特征,他判断这是光卤石。于是他立即向柳大纲教授报告了这一发现,后来确认了本地区是处于现代盐湖光卤石矿沉积阶段。中科院盐湖队在这次考察中通过槽探和简易钻探等方式圈定了察尔汗盐滩高氯化钾含量与晶间卤水的范围。对氯化钾的储量进行的初步估算,为察尔汗地区钾盐资源的地质勘探奠定了基础。同时还发现,挖槽后露出的晶间卤水,经过日晒浓缩很快结晶出光卤石,甚至能析出水氯镁石。

1958年,中科院盐湖队帮助察尔汗地区政府建立了察尔汗钾肥厂,提出了沟槽法日晒光卤石和加水分解生产钾肥的工艺,还在达布逊盐湖北岸发现了珍珠盐(圆球形氯化钠晶体),探讨并提出了形成珍珠盐的特定条件为:达布逊湖北岸坡度平缓,地表卤水远离淡水补给方位,卤水日晒结晶析出细粒氯化钠过程中,恰当的风向和适度的风力使岸边卤水形成缓慢的往复式波浪,将刚从卤水中析出的细粒氯化钠小晶体聚集在一起,形成圆球状。

达布逊湖水取样分析结果列于表1-8中,其中钾的含量高于其他盐湖卤水。

表1-8　达布逊湖水化学成分(单位:g/L)

Na^+	K^+	Ca^{2+}	Mg^{2+}	Cl^-	SO_4^{2-}	HCO_3^-	CO_3^{2-}
59.01	8.18	1.19	25.02	169.88	4.96	0.18	0.018

注:本表数据引自参考文献[25]第74页。

1.6　中苏国际合作项目“柴达木盐湖勘探和利用”

1955年,中国科学院化学研究所成立初期,组建了由柳大纲副所长领导的物理化学分析课题组(后改名为盐湖组),从事青藏高原盐湖资源化学的调查和研究。同年,中国科学院与原苏联科学院把“柴达木盆地盐湖科学调查”列入合作项目之一。从1958年开始,中国与苏联开始了“柴达木盐湖勘探和利用”的国际合作研究。该项目中方技术负责人是柳大纲教授,参加盐湖队的单位都是参加单位。苏方技术负责人是列宁格勒全苏盐业研究和设计所的京·斯·李道夫斯基教授，参加单位有苏联科学院莫斯科 H. C. 库尔纳可夫普通和无机化学研究所、苏联化学工业部列宁格勒全苏盐业科学研究所（简称 ВНИИГ），还有莫斯科肥料农药杀虫剂研究所。这一合作项目到 1959 年 10 月 1 日结束，历时两年，在以下几个方面取得了重要成果。

1.6.1 发现钾、镁盐综合矿床

在青海省地质局地质队对察尔汗地区钾镁盐矿进行初步勘探和中科院盐湖队有关研究工作的基础上，确认矿区钾、镁盐储量大，品位高，出露地表，容易开采，它是国内外罕有的氯化物型盐湖钾盐矿床，同时也是国内外前所未有的容易开采的特大型水氯镁石矿床。

1.6.2 发现察尔汗盐湖地表沉积光卤石并建立钾盐生产厂

1958 年，在察尔汗发现光卤石的基础上，中科院盐湖队在以曹兆汉领导的上海化工研究院钾肥研究室盐湖课题组和以陈敬清领导的中国科学院北京化学研究所察尔汗盐湖课题组的帮助下，帮助青海省政府建成了察尔汗盐湖钾肥厂。生产钾肥的大体流程是：挖槽集卤，日晒蒸发浓缩结晶析出光卤石，人工采收后用淡水分解光卤石，进行液、固分离得到粗氯化钾（钾肥）。当年生产钾肥近百吨，产品含 50％～60％ KCl 和 25％～30％ NaCl，从此兴起了青海省柴达木盆地盐湖钾盐产业。

1.6.3 确认大柴旦盐湖为一个新类型硼酸盐盐湖大型综合硼矿床

在大柴旦地质队地质勘探结果和中科院盐湖队有关研究工作的基础上，确认大柴旦盐湖是一个新类型（硫酸镁亚型）硼酸盐盐湖大型综合硼矿床。该矿床不仅具有科学研究意义，同时具有工业开采价值。在此期间还发现，除大柴旦盐湖卤水外，一里坪地区的晶间卤水、东台吉乃尔盐湖地表卤水和西台吉乃尔盐湖地表卤水中硼和锂的含量也很高，尤其是锂的含量特别高。

1.6.4 发现钠硼解石及生产硼砂

1958 年冬天，大柴旦地质队在大柴旦盐湖地表卤水区东面偏北部的湖滨沼泽区发现以钠硼解石为主要成分的地表富硼矿。同年，中科院盐湖队张伦领导的天津化工研究院盐湖研究室和高世扬领导的中国科学院化学研究所大柴旦盐湖课题组在现场完成了使用天然碱（或纯碱）分解钠硼解石生产硼砂的技术试验，并帮助原来就在这里利用“硼土”炼制硼砂的管理人员和工人们建成大柴旦化工厂，开采钠硼解石，用碱法生产硼砂。

1.6.5　雅沙图发现钠硼解石和硬硼钙石

在塔塔林河(流入小柴旦盐湖)上游的雅沙图考察泥火山的过程中,发现钠硼解石和硬硼钙石等矿物。同时,在柴达木盆地西部的鄂博梁断裂中找到钠硼解石,在大风山一带发现透明水晶盐(NaCl)。在冷湖地区找到石盐沉积,并建议当地政府建立采盐场生产食盐,经敦煌运销河西走廊。

1.6.6　发现库水硼镁石、多水硼镁石和碳酸锂

1958年,受中科院盐湖队派遣,地质部矿床地质研究所郑绵平和中国科学院化学研究所高世扬等参加西藏盐湖地质队,到班戈错湖和杜佳里湖一带进行盐湖考察。随后,郑绵平等曾多次深入藏北其他地区进行盐湖调查。在班戈错湖发现大量水菱镁矿,在新类型硼酸盐盐湖扎仓茶卡盐湖发现库水硼镁石(图1-6)和多水硼镁石(图1-7)沉积,在扎布耶盐湖发现扎布耶石(天然沉积碳酸锂Li_2CO_3)[8,9]。

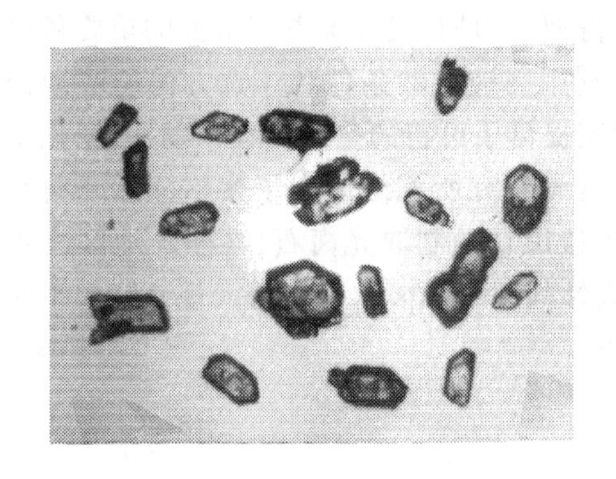

图1-6　库水硼镁石显微照片

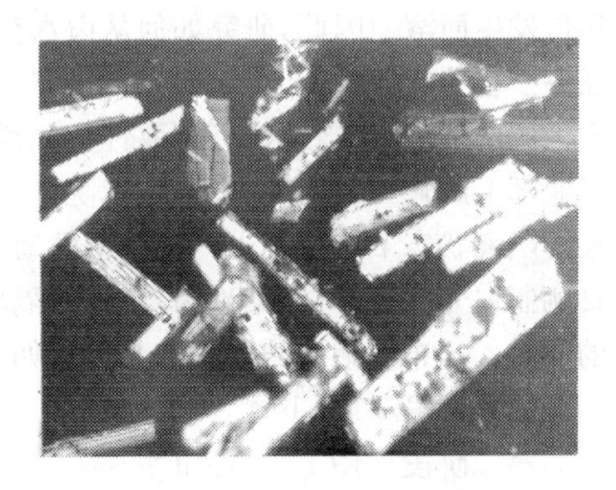

图1-7　多水硼镁石显微照片

1.7　盐湖的物理化学调查

1957年,中科院盐湖队开始对柴达木盆地盐湖进行物理化学调查。1958～1961年,西藏地质局、中科院盐湖队和地质部矿床地质研究所还对西藏的许多盐湖做了广泛调查,初步揭开了西藏盐湖的奥秘。1965年,中国科学院青海盐湖研究所成立,于1976年和1978年对藏北盐湖进行了较全面的研究。在青藏高原众多盐湖中发现了40多种矿物。除巨大石盐和镁盐蕴藏外,天青石、芒硝、硼酸盐、钾镁盐均具有工业价值。盐湖卤水中富含钾、镁、硼、锂及其他稀有金属,有的金属元素无论含量与储量都举世少有。在调查取得的大量数据的基础上,确定了按卤

水化学分类的各种类型盐湖的分布。在柴达木盆地，几乎不存在碳酸盐型盐湖，硫酸盐型盐湖分布在盆地周边，氯化物型发育在盆地中央。从周边到中央，由硫酸盐型向氯化物型过渡，盆地中心形成巨大的钾、镁盐矿床。藏北以碳酸盐型和硫酸钠亚型为主，硫酸镁亚型次之，没有发现氯化物型盐湖。硼砂产于碳酸盐型盐湖分布带。在地质部地质科学院地质矿产研究所和中国科学院西藏综合考察队于1965年提供的考察报告中，除按水化学特征分类外，还从工业开发角度对柴达木盆地盐湖进行了分类。

1.7.1 察尔汗湖群

察尔汗湖群包括察尔汗盐滩、霍布逊湖、达布逊湖等8个盐湖盐滩。该湖群除部分区域属硫酸盐型或过渡型外，其卤水组成与结晶途径当以 Na^+，K^+，Mg^{2+}/Cl^--H_2O 体系的相图来表征。钾盐的主要储量在盐滩晶间卤水和达布逊湖水中，有的区域已处于光卤石沉积阶段，预计会有钾盐沉积出现。后来多次发现达布逊湖北岸地区出现大量钾盐沉积，但固体钾盐矿极不稳定，在补给水量大于蒸发量的年份发生回溶。因此，研究如何从卤水获得钾盐，是开发该湖群钾资源的重要科研任务。曹兆汉等于1956年初先行研究了利用当地自然条件和浮选方法制取钾盐和钾肥的工艺，为当地建厂制取钾盐和钾肥提供了可行的生产流程。随后，原化学工业部上海化工研究院、中国科学院青海盐湖研究所相继研究了察尔汗晶间卤水在不隔离状态下的蒸发[10,11]、达布逊湖水盐田日晒制取光卤石、察尔汗地区卤水日晒制取光卤石，得出结论为：应该以隔离性盐田日晒卤水来获得大规模钾肥工业的原料。达布逊湖水的蒸发结晶次序如下：

第一阶段　$NaCl$

第二阶段　$KCl + NaCl$

第三阶段　$KCl \cdot MgCl_2 \cdot 6H_2O + KCl + NaCl$

第四阶段　$MgCl_2 \cdot 6H_2O + KCl \cdot MgCl_2 \cdot 6H_2O + NaCl$

如果采用盐田区晶间卤水蒸发，则结晶路线中不存在上述第一和第二阶段。陈敬清等研究了达布逊湖水的冷冻蒸发，利用该地区昼夜温差大，氯化镁饱和卤水经夜间冷冻析出水氯镁石后，在白天进行日晒浓缩，从而使处于氯化镁饱和阶段卤水中的稀散元素得到进一步富集，得到高纯度水氯镁石。为改进由光卤石制取氯化钾的工艺，青海盐湖研究所研究了冷分解-浮选工艺。后来，李纪泽等又进行了冷分解-热溶冷结晶法用于盐田日晒光卤石制取氯化钾的工艺研究。该工艺氯化钾总收率达71.8%，干燥产品中氯化钾含量达98%～99%。

1.7.2 大柴旦湖

大柴旦湖属硫酸镁亚型盐湖，柴达木盆地和藏北高原分别有34%和15%的盐湖属硫酸镁亚型盐湖。在硼酸盐盐湖中,大柴旦、扎仓茶卡、东台吉乃尔等盐湖含有大量的硼和锂。卤水组成复杂,属 Li^+,Na^+,K^+,Mg^{2+}/Cl^-,SO_4^{2-},$B_4O_7^{2-}$-H_2O 体系。为了认识和开发利用该类型盐湖资源,中国科学院青海盐湖研究所在下列几个方面开展了研究工作。

1. 水盐体系相平衡研究

大柴旦盐湖地表卤水在接受湖区天然水和盐类物质补给过程中,受湖区气候影响,常年不同季节,湖水由于硫酸钠水合物的析出和溶解呈现往复式变化规律,出现夏季组成卤水和冬季组成卤水[12~14]。夏季组成卤水在天然蒸发过程中的结晶顺序不遵循 Na^+,K^+,Mg^{2+}/Cl^-,SO_4^{2-}-H_2O 体系 25℃平衡相图,而遵循介稳相图。金作美等[15]测定的 Na^+,K^+,Mg^{2+}/Cl^-,SO_4^{2-}-H_2O 五元体系 25℃介稳相图与van't Hoff 测定的该体系稳定平衡相图比较:①氯化钠饱和的 $MgSO_4 \cdot K_2SO_4 \cdot 4H_2O$、$KCl \cdot MgSO_4 \cdot 3H_2O$ 及低水合硫酸镁结晶区消失;② $K_2SO_4 \cdot MgSO_4 \cdot 6H_2O$、$Na_2SO_4 \cdot MgSO_4 \cdot 4H_2O$ 结晶区缩小;③ $K_2SO_4 \cdot MgSO_4 \cdot 6H_2O$、$KCl \cdot MgCl_2 \cdot 6H_2O$ 结晶区扩大,特别是 $MgSO_4 \cdot K_2SO_4 \cdot 6H_2O$ 结晶区增大约 20 倍,它对制取硫酸钾具有重要意义。介稳相图为了解硫酸盐型卤水的自然蒸发过程提供了理论和计算的依据。

2. 盐酸-氯化锂-氯化镁-水体系的研究

为了从柴达木盆地盐湖卤水中提取锂盐,锂与镁的分离是个难题。胡克源等研究了氯化氢、碱金属和碱土金属氯化物构成的简单水盐三元体系中的盐析效应,引入表征盐析作用的盐析系数来判断盐析作用的强弱,从理论上论证了盐析系数与离子在水溶液中的活化跃迁所需克服的位垒大小及其改变的关系。胡克源等[16,17]对 H^+,Li^+,Mg^{2+}/Cl^--H_2O 四元体系,分别在 0℃、20℃和 40℃进行了相平衡的研究。所得结果表明,该体系在 0℃时存在 1 个 HCl 饱和的含盐液相区[p(HCl)>1atm①]和 5 个结晶区,5 个结晶区分别是 $MgCl_2 \cdot 6H_2O$ 结晶区(占 63%)、$HCl \cdot MgCl_2 \cdot 7H_2O$ 结晶区(占 20%)、$LiCl \cdot MgCl_2 \cdot 7H_2O$ 结晶区、$LiCl \cdot 2H_2O$ 结晶区和 $LiCl \cdot H_2O$ 结晶区。相区分布十分有利于氯化氢盐析 $MgCl_2 \cdot 6H_2O$,使 LiCl 在卤水中富集。高世扬等[18,19]测定了 H^+,Mg^{2+}/Cl^--H_2O 和 H^+,Li^+/Cl^--H_2O 三元体系,在 25℃时,气、液、固相平衡条件下的氯化氢与水蒸气分压,为盐析分离锂和镁的新工艺提供了依据。此外,宋彭生应用 Pitzer 模型计算了 Li^+,Na^+,K^+,Mg^{2+}/Cl^-,SO_4^{2-}-H_2O 等体系的溶解度[20]。原天津化工研究院在对大柴旦盐

---

① 1atm=1.013 25×10^5Pa,下同。

湖饱和氯化镁卤水的综合利用上取得了成果,为盐湖开发打下了基础[21]。

1.8 小 结

1959年3月1日,光明日报发表了柳大纲[22]的一篇文章,介绍了盐湖考察的初步结果,指出了对盐湖资源进行综合开发和利用的重大意义。40多年来,他提出的设想一直指引着我国盐湖研究和开发工作。在以盐湖资源为背景,从化学角度研究成盐作用、相分离技术理论基础、盐卤硼酸盐化学、浓盐溶液热力学和相平衡及其应用以及开发新工艺原理等方面,高世扬等进行了长期的一系列卓有成效的研究工作。现在,我国的盐湖化学已经成为无机化学的一部分[23,24]。我们发表了近300篇论文,并将部分论文编辑为《盐湖化学论文集》①。察尔汗盐湖已经成为我国最重要的钾盐生产基地,已建设能生产(8～10)×10^5 t的钾肥厂,以优质氯化钾和硫酸钾为主要产品,向多品种钾肥方向发展。镁是轻金属及其合金和氧化镁的重要原料,镁资源的开发利用正在进行之中。东、西台吉乃尔盐湖的锂盐开发也正在进行。柴达木盆地盐湖是无机盐资源宝库[25],可以设想在西部大开发过程中,随着交通等基础设施的发展和不断完善,柴达木有望成为一个理想的化工联合生产基地。

参 考 文 献

[1] 李时珍.本草纲目·上册·十一卷·金石部.北京:人民卫生出版社,1963.477～478

[2] 高世扬.大柴旦盐湖地表卤水底部沉积中硼酸盐的发现.见:柳大纲.科学论著选集.北京:科学出版社,1997.29～35

[3] 谢先德,郑绵平.库水硼镁石研究.地质学报,1963,43(2):184～192

[4] 谢先德,钱自强,刘来保.水碳硼石.一种新的硼酸盐矿物.地质学报,1964,4(1):91～99

[5] 曲懿华,谢先德,钱自强,刘来保.章氏硼镁石.一种新的水合硼酸盐矿物.地质学报,1964,44(3):351～356

[6] 谢先德,郑绵平.我国发现的多水硼镁石初步研究.中国科学,1963,(12):1246～1248

[7] 曲懿华,谢先德,钱自强,刘来保,闵霖生.三方硼镁石.一种新硼酸盐矿物.地质学报,1965,45(3):298～305

[8] 郑绵平,刘文高.锂的新矿物.扎布耶矿石.地质评论,1987,39(4):365～368

[9] 陈克造,杨绍修,郑喜玉.青藏高原的盐湖.地理学报,1981,36(1):15～48

[10] 陈敬清.察尔汗盐湖的物理化学调查.见:柳大纲.科学论著选集.北京:科学出版社,1997.87～97

[11] 陈敬清,刘子琴,柳大纲.氯化物类型卤水等温蒸发和天然蒸发.见:柳大纲.科学论著选集.北京:科学出版社,1997.98～108

① 盐湖化学论文集:第一集,盐卤硼酸盐化学;第二集,成盐元素化学;第三集,成盐元素化学与盐溶液化学。

[12] 高世扬等.大柴旦盐湖的物理化学条件.见:柳大纲科学论著选集.北京:科学出版社,1997.36～43
[13] 高世扬等.大柴旦盐湖夏季组成卤水的天然蒸发(含硼海水型盐湖卤水的天然蒸发).见:柳大纲.科学论著选集.北京:科学出版社,1997.44～58
[14] 高世扬.大柴旦盐湖冬季组成卤水的天然蒸发.见:柳大纲.科学论著选集.北京:科学出版社,1997.59～63
[15] 金作美,尚显志,梁式梅.Na^+,K^+,Mg^{2+}/Cl^-,SO_4^{2-}-H_2O 系统介稳平衡的研究.化学学报,1980,38(4):313～320
[16] 胡克源,柴文琦.四元水盐体系.H^+,Li^+,Mg^{2+}/Cl^--H_2O 在0℃、20℃、40℃相平衡研究.见:柳大纲.科学论著选集.北京:科学出版社,1997.162～183
[17] 胡克源,陈祖耀,柴文琦.四元水盐体系.H^+,Li^+,Ca^{2+}/Cl^--H_2O 20℃相平衡研究.见:柳大纲.科学论著选集.北京:科学出版社,1997.184～198
[18] 高世扬,高惠民.Mg^{2+},H^+/Cl^--H_2O 三元体系,25℃气液平衡.盐湖科技资料,1974,(3～4):63～65
[19] 高惠民,高世扬.三元体系 Mg^{2+},H^+/Cl^--H_2O,25℃时蒸气压的测定.化学通报,1966,(4):50～53
[20] 宋彭生,姚燕.盐湖卤水体系的热力学模型及其应用.Li^+,Na^+,K^+,Mg^{2+}/Cl^-,SO_4^{2-}-H_2O 体系加工工艺方面的应用.盐湖研究,2004,12(3):1～10
[21] 天津化工研究院.大柴旦盐湖饱和氯化镁卤水的综合利用(A).科学技术研究成果报告(R).国家科学技术委员会,1965
[22] 柳大纲.柴达木盆地盐湖资源丰富.光明日报,1959－03－01
[23] 柳大纲,胡克源.盐湖化学.见:中国化学会《中国化学五十年》编辑委员会(柳大纲等).中国化学五十年.北京:科学出版社,1985.37～43
[24] 高世扬,夏树屏.盐湖化学.见:申泮文主编.无机化学.北京:化学工业出版社,2002.569～610
[25] 张彭熹,张保珍,唐渊等.中国盐湖自然资源及其开发利用.北京:科学出版社,1999.74

第 2 章　盐湖及其化学分类

水是地球上一种不寻常的神奇物质，却又是地球表面常见而又数量巨大的一种物质。地球上有水的地方就有生命，没有水生命就难以维持。水是地球表面许多物理和化学变化的发生以及生命起源和物种进化过程所依赖的重要因素。岩石的风化，成盐元素的溶浸、运移、富集和盐类沉积的形成都是在有水存在的条件下才能进行的自然过程。人们能观察到水呈现的形式有雨水、矿泉水、河流、海水、湖泊和盐湖等。各种水都不是纯净的，这些水中都会含有一些杂质，也就是有不同物质类型的不同组分。一般认为，在水中盐的含量≤0.1%为淡水。由淡水形成的湖为淡水湖。人们又根据含盐量的大小，将湖大致划分为淡水湖(含盐量＜1g/L)、半咸水湖(含盐量 1～35g/L)、咸水湖(含盐量 35～50g/L)和盐湖(含盐量＞50g/L)。

2.1　湖与湖泊

2.1.1　湖泊的定义

在汉语中“湖”与“湖泊”是同义词，具有相同的含义。“湖”字是由“古”字与“月”字组合成“胡”字之后，左边加三点水而形成的。在汉语造字中，左偏旁的三点水意味着水在形成湖泊的过程中起着非常重要的作用；古字的篆体“古”是在湖面泛有小舟的形象描绘；“月”字则表明在晴朗的夜晚可以看到平静湖面的映月景色。“古”与“月”字组成的“胡”字说明，我国古代湖泊主要分布在长江流域与黄河流域上游的西北地区，在古代这些地区都是少数民族地区。这就是说，汉字形成的文字解说认为，我国古人把自然界中具有规模蓄水能力，并能泛舟或航船，又能呈现像镜面一样的水域叫做湖。在地理学中，把湖泊认为是地球表面在特有地貌环境中，具有规模蓄水能力的自然地球景观(郑绵平等著《青藏高原盐湖》)[1]。从地球化学的角度把湖泊定义为：在地球上的水力循环过程中，在地球表面上拥有规模蓄水能力的地带中，在某一地段的一定距离内水位差最小(静态条件下为 0 值)，液态水的流动速率最小(或为 0 值)的这种水区域称为湖或湖泊。可见，湖泊是地理上的一个重要的自然景观。它是由相互联系、依存、制约而又相互作用的湖盆、湖水、水系、生物与湖底沉积物所组成的，具有某种特定功能或用处的统一体或自然体系。大多数沉积岩是从湖泊水溶液中发生的化学沉淀和(或)物理作用而形成的。

我国各地分布着许多天然湖泊，如长江中游的洞庭湖和鄱阳湖、下游的巢湖和太湖，黄河上游的扎陵湖和鄂陵湖，青藏高原上青海的青海湖和西藏的奇林湖，云南的昆明湖等。全国的天然湖泊面积在 $1km^2$ 以上的有 2800 多个。随着人类社会的进步和科学技术的发展，在人类活动地域范围内已经出现越来越多的人工湖。例如，浙江杭州市的西湖和北京颐和园的昆明湖是著名的专为人们游览观光用的人工湖。为发展水利灌溉、水力发电、城市供水和养殖业等，人们正在兴建一个又一个的人工湖（又叫水库）。北京的密云水库、松花江上的小丰满水库、黄河上游的龙羊峡水库和正在兴建的长江三峡水库等就是典型的代表。无论是天然的湖泊，还是人工修建的水库，它们对江河水流和区域气候的调节、对社会经济和工农业发展都起着十分重要的作用。

2.1.2　湖泊的形成条件

任何一个湖泊的形成都需要具有两个必要的条件：一是地理条件——能储蓄一定规模水量的湖盆或洼地；二是水文条件——能供给并维持在湖盆或洼地中经常拥有一定规模的蓄水量，也就是需要拥有一定水流量的水源（无论是地表水还是地下水）[2,3]。

关于湖泊形成的水文条件，我们主要考虑在地球上存在着特殊而又具有多样性的水循环。水循环这一术语的意思是某些水分子从出发点沿着某一途径运动，达到极大距离后又以另一种方式返回原处这一过程。这里需要指出的是，不是所有开始于起点的水分子都能达到极大距离，也不是所有水分子都返回原处。因为水分子在循环过程中，既有原来水分子离开循环路径，也会有从别处来的水分子进入该循环途径。在研究水循环时，为了简化和叙述清晰起见，在不考虑上述复杂的替换情况下，以水在地球各层圈中所处部位为根据，简要地把水循环划分如下：

(1) 大气圈内的水循环。

(2) 大气圈与岩石圈之间的水循环。

(3) 岩石圈表面的水循环。

(4) 岩石圈表面及其内部之间的水循环。

(5) 岩石圈（含岩浆）内的水循环。

湖泊水文条件中的水力动态平衡取决于水的大地循环，它包括上述地球上所有的水循环，江河溪涧是地球表面水力循环过程中的主要脉络，湖泊正是在大地水力循环脉络中出现的具有特殊功能的地理现象和景观。下面简要介绍一个典型的湖泊例子，并用以阐述海边的湖泊是怎样变成盐湖的。

2.1.3　湖泊分类

地球表面有许多湖泊，它的类型很难有一个统一的划分，湖泊有几种分类，主要是按湖泊的形成因素分类和湖泊的水化学组成分类。

1. 湖泊形成因素分类

地球上的湖泊可以认为是地球内部营造力和外部营造力长期作用下的产物。因此,可分成第一类以地球外部营造力作用为主和第二类以地球内部营造力为主形成的湖泊。

1) 按第一类成因分类

(1) 陨石湖。宇宙空间流星落到地球的某一部位形成陨石坑,后因积水而形成的湖泊。

(2) 冰川湖。多种冰川作用,如冰体堵塞,冰积物堵塞排水处,冰体掘蚀作用和冰川谷源头冻-融作用等都可以形成湖泊。山谷冰川作用容易形成狭长且比较深的湖泊,如北半球和南半球高纬度地区许多狭湾湖就是一个例子。在冰积物分布地带,常常在原先容纳残留水的洼地中形成锅穴湖。在北美洲邻近加拿大地区的大熊湖、大奴湖、阿萨巴斯卡湖、温尼泊湖和劳伦休大湖群多半是由于反复进行的冰川作用而形成典型的冰川湖。

(3) 河谷淤积堵塞堤间湖。江河流水由于流向改变形成河道弯曲,河道宽窄不同,由于流速变化而在一定部位淤积成堤,如黄河上游扎陵湖即是一例。河流在三角洲地区支流汇聚处沉积成坝,蓄水成湖;或者由于泥石流、风沙堆积物等淤积成堤而形成截流堤。我国长江中游的洞庭湖就是一个堵塞湖的典型例子。

(4) 岩溶湖。由于原先形成的碳酸盐类沉积矿床被雨水或雪水溶解而形成的湖泊,如贵州威宁的草海。

2) 按第二类成因分类

(1) 火山口湖。火山喷发之后形成的坑,后因底部地下水或深部岩浆水的补给而形成的湖泊。我国东北吉林境内长白山上的天池就是典型的火山口湖。

(2) 构造湖。由于地壳大规模运动的结果,在原来的海泽变成陆地的过程中,在某些部位仍保存有残留水体而形成的湖泊。现在欧洲东部和西部的里海和黑海就是由过去亚速海的残留水而形成的内陆大湖。地壳小规模凹陷后积水可以成湖,维多利亚湖就是一例。在地壳运动中造成的断层裂谷,随后积水成湖。俄罗斯中部的贝加尔湖和死海就是典型的裂谷湖。此外,地质构造运动而形成的盆地,后因积水而成湖泊。青藏高原柴达木古湖即是此类湖。

2. 湖泊水化学组成分类

对化学家们来说,在湖泊研究过程中,最感兴趣的是湖水中的盐分含量和盐类化合物及其类型。关于湖水中盐分化学类型将在盐湖化学分类相关章节进行讨论。这里主要谈谈湖水中盐分含量及分类,不同作者由于各自从不同的研究目的出发,在进行分类时的尺度界限略有不同。这里提到的是多数研究者按湖中含盐量的下述界限进行分类的情况。

(1) 淡水湖。天然水中盐分含量一般在350～750mg/L时,可供人和牲畜正常饮用,也可用于农田灌溉。在澳大利亚腹地,牧区牲畜饮用水中盐分含量的最大限度可以达到1g/L,甚至更高。许多学者,尤其是生物学家都接受把湖水中盐分的总含量在1g/L作为淡水最高盐含量的极限值。这样,我们就把湖水中盐分含量等于或低于1g/L时的湖泊叫做淡水湖。许多淡水湖都位于江河流域的适当部位。淡水流入量与流出量基本上呈平衡状态。黄河上游的扎陵湖、鄂陵湖、龙羊峡水库和长江流域的洞庭湖、鄱阳湖、太湖等都是典型的淡水湖。

(2) 半咸水湖。把蓄水中盐分含量大于1g/L且小于等于35g/L(大洋水的平均盐含量)时的湖泊称为半咸水湖。因为,这样的水既不能供人和牲畜饮用,也不可以用作农田灌溉(有害于农作物的生长)。位于欧洲的黑海和里海,以及我国境内的青海湖都是最好的例子。这样的湖泊一般位于半干旱荒漠的边缘地带。

(3) 咸水湖。湖水中盐分总含量大于35g/L且小于等于50g/L时的湖泊称为咸水湖。这样的湖泊分布在干旱和半干旱地区,青海柴达木盆地的小柴旦湖和西藏与印度边境上的班公湖属于咸水湖。

(4) 盐湖。人们有时候称之为末期湖,这样的湖泊总是分布在干旱和半干旱地区。我们把湖水(包括湖表卤水和晶间卤水)中盐分含量超过50g/L的湖泊统称为盐湖。在中国青藏高原柴达木盆地中的小柴旦湖(硫酸钠亚型盐湖)是一个卤水湖,卤水中的盐分含量常年随季节性变化十分明显,平均盐分含量约为50g/L。冬季当水温冷到－10℃以下时,就会在湖边部地带结晶析出芒硝($Na_2SO_4 \cdot 10H_2O$)。基于这一事实,我们把盐湖与咸水湖的界限确定为50g/L。严格地说,盐湖是一个含义比较广泛而又笼统的名称,它包括卤水湖,即湖区地表常年存蓄有水(盐分平均含量≥50g/L)的盐湖,一般更确切地称之为卤水湖。卤水湖又有两种情况:一种情况是在较大的干盐湖地区,由于有水量较大的恒定补给淡水源,将原有的盐沉积溶解,维持地表常年积水。我国青海柴达木盆地察尔汗盐滩上,出现的南霍布逊湖、北霍布逊湖、达布逊湖、东台吉乃尔湖、西台吉乃尔湖都是这样的卤水湖。另一种情况是在某一种特定水文地质和气象条件下,湖水在闭流的盆地中,经长期演化而正好处于平均盐含量≥50g/L,在适当年份会析出芒硝沉积。

(5) 干盐湖。在干旱地区,地表卤水在特定的水文地质和气候条件下蒸发浓缩析出盐类固体,直到地表卤水在地表消失,下降到地面下部,这样的盐湖称为干盐湖。察尔汗盐滩就是典型的干盐湖。

(6) 沙下湖。当盐湖演化成干盐湖之后,地表被沙所覆盖,呈现沙漠一般景观时,这样的干盐湖称为沙下湖。柴达木盆地冷湖地区的干盐湖就是典型的沙下湖。当地表仅为少量风沙混杂,由于下部卤水沿毛细管上升,经蒸发浓缩而形成特殊景观的龟裂状的盐盖时的干盐湖,人们称之为盐滩,像美国犹他州的邦维尔盐滩、南美安底斯山区的阿塔卡玛盐滩和我国柴达木盆地的察尔汗盐滩就是这样的典型盐滩。

3. 典型湖泊简介

这里以里海为典型湖泊进行简要介绍。它位于欧洲的东部，为俄罗斯、乌克兰、伊朗等国所共有，面积为 $37\times10^4km^2$，水深约 100m。现在已经不应该再称里海是海洋，实际上它已经是典型的内陆湖泊。的确，从过去的地质时期而言，它是海洋，因为在 4 亿年前里海曾经是与亚速海连在一起的海洋，后来才逐渐收缩变成为现在的残留湖泊。它的底部岩石结构证明它过去曾经是海洋的一部分（在海洋之下埋藏的沉积不是花岗岩陆壳，而是玄武岩壳）。现在，里海是一个典型的内陆蓄水盆地，流入里海的总水量与蒸发量基本平衡。

里海东面有一个海湾，名叫卡拉博加兹海湾，是一个典型的潟湖，它因析出 $MgSO_4\cdot6H_2O$ 而命名，该湖长 160km，最大宽度 150km，水的最深处 13m，平均深度 9m。里海与卡拉博加兹湾之间被一个沙洲隔离，沙洲中部有一条长 6km、宽 450m（最狭窄处仅 100m）和深 6m 的海峡，把里海与海湾两者连接沟通起来。卡拉博加兹海湾内的水位比里海水平面低 30～80cm，因此里海的水自动不断地流入湾里，流入的量每年平均达 $17km^3$。海峡中的流水量随季节而异，夏季（热天时）快，冬季（寒冷天时）慢。由于卡拉博加兹海湾的三面都是干旱荒漠，气候干燥，全年降水量只有约 100mm，年蒸发水量达 1000～1300 mm。年平均温度为 14℃，7 月份最高气温可达 40℃，1 月份最低气温达 −6℃。夏季，湾内卤水体在吸收太阳能后水温可达 35℃。湾内的水被强烈蒸发，出现负的水量平衡。总蒸发量大于总补给水量。这就使得卡拉博加兹海湾内水的含盐量（$180g/kgH_2O$）比里海中的含盐量（$14\ g/kgH_2O$）要高约 13 倍。$1\ km^3$ 卡拉博加兹海湾卤水中含 124kg NaCl、73kg $MgCl_2$、57kg Na_2SO_4 和 0.16kg Br_2。

2.2 盐与盐湖

盐湖是由含盐的卤水组成的。从化合物来分，盐有无机盐和有机盐两大类。盐湖中绝大部分含的是无机盐，只有极少量有机物。所以，下面分别讨论盐（无机盐）与盐湖相关问题。

2.2.1 盐

我们现在使用的“盐”字是 1956 年中华人民共和国国务院公布的第一批简写汉字中的一个。在此之前，汉字繁体“鹽”字显然是由“臣”、“人”、“卤”和“皿”四个汉字组合而成。它是对我国古时候晋南（山西简称）解池（运城盐湖）制盐实情的表述。据《中国盐政史》记载，我国古代从周朝开始，经春秋战国，秦汉到明和清朝，历代封建统治过程中，官府都把“盐”当作用来对庶民百姓进行统治的一种重要工具。中华民族（汉族）发源于中原秦晋（今陕西关中平原和山西晋南）地区，并在这里定居繁衍。其中一个重要的原因，可能就与解池可以生产食用盐有密切关系。我国古时候，“盐”字是食用盐的专用名词。我国自有历史记载以来，解池盐业一直是官管、官办和官营，这就是古繁体字“鹽”字左上方采用“臣”（皇帝下面的官）字的第一表述意义。在经过调查研究之后，我们对“鹽”字进行以下现代说文解字：晋南解池日晒制盐工艺远在春秋战国时期以前就已大体形成，一直沿用到明清时代。古时候盐氏（世代从事制盐的工人）家族成员在官府经办的盐场中，在盐官的严密监管之下，用手工操作抽取盐湖卤水，在三步走水的盐田（这是我们对“皿”字的最新解释）中经日晒蒸发制取食盐。这一制盐工艺的历史，可以从汉字的发生和形成演化过程追溯到殷周以前。我国古繁体“鹽”字的前身是甲骨文，现在简写为“卤”字。英国人圣约翰著的《中国古代科技史》一书中就有关于盐的甲骨文字的解义。其中一种说法认为甲骨文字就是当时解池引卤晒盐的形象描述。它描述了当时把解池卤水引到附近的洼地（事先用土修筑堤埝，造成四个盐池）的盐池中，卤水在第 1 个盐池中经日晒蒸失水分浓缩盐卤，第 2 个盐池中日晒析出白钠镁矾，第 3 个盐池中再经日晒析出食盐，而把浓缩卤水储存在第 4 个盐池中。

随着人类的不断进步，科学技术的不断发展，在今天的普通化学教科书中，“盐”被定义为是“酸”与“碱”发生中和反应的产物。这才使“盐”字摆脱长期以来专指食用盐（NaCl）的这一狭义专属名词，赋予“盐”以广泛的通用名词的意义。仅从天然盐而言，就有诸如碱金属和碱土金属的卤化物、硫酸盐、碳酸盐、硝酸盐和硼酸盐等，都可以把它们统称为自然界中的盐类。

2.2.2　盐湖

1. 盐湖的定义

湖泊按照水中盐分含量多少的分类，可以把盐湖认为是，在特定地理、地质和气候环境条件下，湖泊演化到水体中的盐分含量达到每升在 50g 以上，即达到自析盐阶段。因此，有人又把盐湖叫做末期湖，也就是湖泊演化到最后阶段的产物。从天然盐地质和矿业的角度，可以把盐湖看成现在地球上正在形成各种天然盐沉积矿床的特殊地质体——正在形成盐类沉积的湖泊。从成盐元素化学的角度，也可以把盐湖看成是成盐元素（定义参见后面所述）在地球上某一特定地球化学环境中，在自然界中的物理与化学作用下，经淋滤和运移到某一特定部位，再经过集中，富集并浓缩到足够高的盐浓度（盐分含量），并按照浓盐水溶液的物理化学规律，形成具有盐类沉积的天然盐-水掺杂体系。

目前，地球上各大陆现代盐湖的分布主要受气候条件的制约，分布在以赤道为中心的北纬 15°～55°和南纬 10°～45°范围内的半干旱和干旱气候的荒漠和草原带(包括干寒高原地带)内，甚至在非洲赤道附近也能形成盐湖，并不完全像 H.Borchert 和 R.O.Muir 所指出的：现代盐类沉积分布在地球南半球和北半球的 15°～35°之间的干旱和半干旱地带[4]。

2. 现代盐湖的分布

地球上现代盐湖主要分布在北半球的亚欧、北非盐湖带，南半球的南美安底斯高原盐湖带，澳大利亚洲和南非盐湖带三个地区。

1) 北半球的亚欧、北非盐湖带

位于北纬 20°～50°，东经 0°～120°之间，是地域最大、盐湖数量最多、化学类型齐全，盐类储量巨大的一个区域。包括以下几个：

(1) 中国。从东北沿长城内外，天山以南到青藏高原分布着上千个盐湖。例如，吉林的大布苏碱湖；内蒙古的达丰苏(额吉淖尔)、察尔汗、大麻苏、昌汗淖、查哈诺尔、洋沙泡和盐海子等天然碱湖，吉兰泰盐湖、雅布赖盐湖等；山西的运城盐池；新疆的七角井、艾丁湖和艾比湖等硫酸钠盐湖[5]；青海境内的茶卡、柯柯和尕斯库勒等硫酸镁盐湖，察尔汗、达布逊、别勒滩和德尊马海等钾镁氯化物盐湖，大柴旦、小柴旦、一里坪、东台吉乃尔和西台吉乃尔等新类型硼锂钾镁盐湖；西藏的班戈错湖、郭加林错、扎仓茶卡、扎布耶、仑木错和朋彦错等硼酸盐盐湖[6,7]。

(2) 从黑海和里海以东至西伯利亚东部，从西伯利亚北部开始到南边与土耳其、伊朗、中国和蒙古人民共和国边界分布有许多海水型盐湖和天然碱湖，其中包括里海东部的卡拉博加兹海湾、Inder 湖、厄尔顿湖和萨基湖等硫酸镁亚型海水型盐湖[8,9]。

(3) 印度。盐湖主要沿印度河流域分布，如萨姆哈尔(Camxop)硼砂湖和位于德里西南散巴尔附近沙漠边缘地带的萨姆巴哈尔天然碱湖[10～12]。

(4) 土耳其。里海南面的图兹湖。

(5) 伊朗。在克尔曼省西尔德赞盐渍草原上的盐湖和萨布扎瓦尔附近的雷扎拉湖都是硼酸盐盐湖。前者沉积钠硼解石；后者除硼砂之外还有硝石。

(6) 中东地区的死海是氯化物型盐湖[13～16]。

(7) 埃及盐湖是分布在瓦底埃利—钠特降闭流盆地内尼罗河三角洲地带的天然碱盐湖。

(8) 利比亚境内东北部莫尔苏卡和宾卡斯地区分布的盐湖都是天然碱湖，玛达拉湖则是海水型盐湖。

(9) 在摩洛哥境内位于索非和马拉克(Marrakech)之间的利马湖(Lima lake)卤水中钾盐含量很高。

(10) 北美和中美洲西部盐湖带。位于北纬 20°～45°，西经 125°～115°之间，包括美国西部犹他州的邦维尔(Bonneville)氯化物型盐湖，大盐湖(Great salt lake)是硫酸盐型盐湖，俄勒冈州的萨米尔湖(Sammel lake)、埃依别尔特湖(Albept lake)和内布拉斯加湖，以及墨西哥北部的特克斯柯柯湖都是天然碱湖。加利福尼亚的欧文斯湖、莫诺湖、苏打湖和西尔斯湖(Searles lake)都是碳酸盐硼酸盐型盐湖[17,18]。

2) 南半球的南美安底斯高原盐湖带

(1) 南美大陆上的盐湖分布在安底斯高原上，海拔 3000～5000m，这里大陆成因的陆源——火山含盐沉积、新生代火山活动造成的玄武安山岩和现代火山口正在喷发出含硫气体的火山灰，使许多盐湖区在形成钠硼解石等硼酸盐沉积的同时，在卤水中富含硼、锂、钾盐。

(2) 秘鲁南部处在米斯捷(Mischi)、比丘-比丘(Picho-Picho)、乌比那斯(Lopilas)三个火山之间湖盆内的萨林拉斯(Salinas)正在沉积钠硼解石，在阿列季佰(Alekip)山以东的盐湖中的沉积以食盐和硼酸盐为主。另外，切利科尔巴(Chillicolpo)却是温泉水形成的盐湖。在山塔安那(Santana)，有一个盐湖区出现氯化钾沉积。

(3) 智利北方与秘鲁，玻利维亚和阿根廷边界的安底斯高原上有 10 多个盐湖，其中阿科坦(Acaton)、新诺比阿(Zenobia)盐湖都有钠硼解石沉积，阿塔卡玛(Atacama)盐湖区没有硼酸盐沉积，卤水中富含硼、锂、钾。此外，沿海岸内地的硝石区也形成有硝酸盐盐湖，正在从卤水中制取碘。

(4) 玻利维亚南部有 8 个盐湖，其中乌尤尼(Uyunl)湖、卡坪那(Capina)湖区都有钠硼解石等沉积。

(5) 阿根廷西北部分布有 10 个盐湖，其中 Rio Alumbrio Volconcito、Coyagualma 和 Turilari 都是硼酸盐盐湖，沉积有钠硼解石和硼砂。

3) 澳大利亚和南非盐湖带

(1) 澳大利亚盐湖。主要分布在西澳大利亚，如穆克里奥湖(Mclead lake)和来弗(Lefroy lake)盐湖；其次是南澳大利亚的马克丹诺尔(Macdannall lake)盐湖等，都是海水型盐湖。多个盐湖正在生产食盐，个别盐湖可生产钾盐。

(2) 非洲盐湖区。主要分布在赤道乌干达、肯尼亚和坦桑尼亚境内东、西两个近于南北向的断裂谷内。其中某些湖就是在火山口形成的。所有的盐湖都是碳酸盐型碱湖。乌干达境内断裂谷中分布有卡特韦(Katwe)、楷他尕发(Kitagafa)、楷柯王果(Kikorongo)、曼尕(Manga)、麦罗安罗安给(Munganyange)等火山盐湖，也都是碳酸盐型，湖水面积 0.2～0.5km^2，水深可及 1m，能形成季节性蒸发盐类沉积，都不具有经济意义。

在肯尼亚西部和坦桑尼亚东北部东非断裂谷内分布有马加迪湖(Magadi lake)、汉林顿(Hannington lake)湖、埃门太他(Elemanteita lake)湖、纳通(Natron)和曼罗亚(Mangara)湖等，也都是火山口形成的碳酸盐碱湖，未见硼酸盐沉积。

2.3 盐湖的形成条件

前面已提到地球上现代盐湖主要分布在干旱和半干旱的荒漠地带的这一事实,并通过对盐湖的研究,认为盐湖的形成需要具有以下条件。

2.3.1 地理条件——封闭式湖盆

盐湖与淡水形成的湖泊地理条件不同的是,盐湖的形成首先必须要求地理上有一个水文闭流盆地,使盆地四周分水岭范围内的水系,无论地表径流、地下潜流,甚至深部水,都应当向心式地从四面八方流向盆地的最低处,从而汇聚成湖,而没有任何外流(无论是表面溢流还是地下潜流)的出口;否则,就只能形成淡水湖泊。

2.3.2 成盐元素的物质来源

在地球上,甚至地球内部和地表大气中,水是以气、液、固三种状态存在。B.И.维尔纳茨基指出在地表以下 20～25km 深的范围内,水(蒸汽、纯水和水溶液)的量占整个地壳总质量的 10%～20%。水在地球化学作用中,一方面是水对岩石矿物的破坏作用;另一方面是在新矿物形成,尤其是盐类矿物形成过程中的作用。正是这两个方面作用的结果,改变了原有化学元素的共生组合,尤其是成盐元素在岩石风化、淋漓、运移、富集、浓缩和沉积过程中发生重新分配和集中,在盐湖中形成盐类沉积,从而形成对人类社会活动具有重要意义的盐类矿床。

作为成盐过程中的溶剂水具有介电性质、解离性质和氧化还原三种特性。由于水的介电常数(等于 81)很高,必然会与带电质点发生作用,能使具有离子键的化合物发生离解。因而水成为成盐元素形成盐湖过程中的重要溶剂。

与大气中 CO_2 处于平衡状态的雨水,pH 为 5.7。在雨水中溶解的 CO_2 主要是以 HCO_3^- 和 H_2CO_3 的形式存在。雨水中最常见的阳离子有 Na^+、Ca^{2+}、Mg^{2+} 和 K^+,主要的阴离子除 HCO_3^- 之外,还有 Cl^-、SO_4^{2-} 和 NO_3^-(雷雨中),它们的主要来源是大气中的尘埃和大风从海洋带着海水微粒吹向内地的。

大部分地表岩石是由碳酸盐和硅酸盐组成,酸性水(含 CO_2 的雨水、土壤水,酸性矿井水和火山温泉水等)是这些岩石风化淋漓过程中最有效的溶剂。许多学者(如 A.Г.别捷赫琴等)认为卤素 Cl 和 Br 等对金属元素的搬运起着重要作用,这是由于这些阴离子组成的化合物都是容易挥发和容易溶解的,而且具有较大的溶解度。

天然水中大部分的盐分含量是从岩盐或石膏等溶解而来的。岩盐在 25℃时土壤水中最大溶解值为 6.1mol NaCl/1000g H_2O,相当于 13.8%(质量分数) Na^+ 和 21.2%(质量分数) Cl^-;石膏(或硬石膏)溶解能达到 0.0158mol $CaSO_4$/1000g H_2O,大约为 0.06%(质量分数) Ca^{2+} 和 0.14%(质量分数)SO_4^{2-}。

方解石在水中的溶解度取决于 $p(CO_2)$，在25℃和大气中、$p(CO_2)=10^{-3.5}$ atm时，水中溶解的 Ca^{2+} 约为0.002%（质量分数）（pH＝8.3时），HCO_3^- ＝0.0061%（质量分数）。在土壤中、$p(CO_2)=10^{-2}$ atm时，水中 Ca^{2+} 含量最大可达0.0065%（质量分数）。白云岩也会以同样的形式起反应，只是水中溶解 Ca^{2+}、Mg^{2+} 的物质的量浓度比值相同。

实验证明，硼的化合物具有高度挥发性，这样假设的根据是，在维苏威火山、爱特纳火山、斯特洛姆波里火山、阿拉斯加的万烟谷等，都发现有大量卤族元素；在堪察加、托斯卡纳、黄石公园和我国西藏等地的温泉水中，都发现有硼酸盐的存在。通常在火山作用地带，由于存在火山成因的HCl和 H_2SO_4，虽然火山泉水的pH≤3，但其具有很强的转移成盐元素的能力。它们与地球上存在的一般风化作用相比，只具有局部的重要性。应当指出，在干旱、半干旱地区，火山喷发飞溅失落的火山灰、大断裂深部岩浆温泉水和泥火山等，它们是目前正在把地球深部岩浆挥发性组分，如硼、锂和稀碱金属从地球深部带到地表的主要通道，也是在这些地区形成硼酸盐盐湖至关重要的物质来源。酸性矿坑水是由像黄铁矿（FeS_2）这样的硫化物经下述氧化反应：

$$4FeS_2(s)+15O_2(g)+8H_2O(l) \longrightarrow 2Fe_2O_3(s)+8SO_4^{2-}(l)+16H^+(l) \quad (2-1)$$

而得到酸度，可以使水的pH等于或小于4。同时该反应也是天然水中硫酸盐的重要来源之一。

长石的风化，根据天然水中 Al^{3+} 浓度经常低于0.0005%（质量分数）这一事实可以推断，像斜钠长石和钾长石在天然风化淋漓过程中，发生下述反应：

$$\underset{\text{斜钠长石}}{NaAlSi_3O_8(s)}+CO_2+5.5H_2O \longrightarrow 0.5\underset{\text{高岭土}}{Al_2SiO_5(OH)_4(s)} + Na^+(l)+HCO_3^-(l)+2H_4SiO_4(l) \quad (2-2)$$

式中：s代表固相；l代表液相。

显然，Al是以高岭土黏土固相形式保存，同时产生1mol Na^+ 和 HCO_3^- 进入水相。达到平衡时，当 $p(CO_2)=10^{-2}$ atm时，水的pH＝6.7，最终使水中含约0.0019%（质量分数）的 Na^+ 和0.0050%（质量分数）的 HCO_3^-。对于中性钠长石，水中的 Na^+ 会较低。在自然界中，斜钠长石的风化要比钾长石的快。大多数天然水中的钾来自长石和云母的风化，其含量比钠少得多。

非铝质硅酸盐可以通过对镁橄榄石（Mg_2SiO_4）的风化作用来予以说明，在 CO_2 存在的情况下，镁橄榄石可以发生下述反应：

$$2Mg_2SiO_4+2CO_2+3H_2O \longrightarrow Mg_3Si_2O_5(OH)_4+Mg^{2+}+2HCO_3^- \quad (2-3)$$

在转化形成纤维蛇纹石的过程中，镁可以 $Mg(HCO_3)_2$ 的形式进入天然水中。

岩石在风化过程中,不同的硅酸盐矿物对于风化作用的侵袭作用具有明显不同的抗蚀能力,斜钠长石就比钾长石风化得快。不同的风化速率,对天然水中成盐元素的含量具有明显的影响。

2.3.3 有利于成盐元素富集的水动力循环

在前面所述两个条件的基础上,第三个条件是,在封闭性湖盆分水岭范围内,需要有适当的降水(含降雨、雪、冰雹、霜和露等)量(年降水量在50～250mm之间)或适量的补给水(深部水源的岩浆热液形成的温泉等)形成的水循环。因为水是地表和地下包括深部岩浆中成盐元素负载和运移普遍存在的溶剂,是成盐元素发生地球化学作用过程中不可缺少的介质。每年降水量若低于30mm,除地球两极之外,地球表面在陆地上难以形成积水,无水不成湖,更难以形成盐湖;反之,降水量过大(年降水量在300mm)甚至更高时,地面又会形成湖泊密布或江河横流的泽国之乡。这些江河湖水也可能都是淡水,而难以咸化,更难以成盐。

地表围岩在白天经受阳光暴晒,夜间温度骤降。例如,在号称“地球第三极”的青藏高原上,一昼夜之间的最大绝对温度差在20～30℃,最大的年绝对温差高达60℃。在这样大的温差和其他自然营造力,如太阳光、紫外线、宇宙射线、冰川作用和地质构造运动等的综合作用下,造成在岩石风化过程中某些原来是岩石矿物成分的成盐元素在介质水的作用下被释放出来。雨水对所有成盐元素都具有很强的淋漓和溶解作用,形成盐分含量比雨水中大得多的天然水。这些天然水从高处以地表径流或地下潜流的方式到达湖盆最低处后,由于水分被蒸发,溶液被浓缩,进一步使水中成盐元素化合物的含量增高。湖盆水体中蒸发形成的水蒸气进到空中,形成云团,移到盆地的边部,或者冷凝成为冰雪,或者形成雨水,降落到山顶或山坡地带。如此周而复始,形成有利于成盐元素富集的水力循环。

2.3.4 良好的成盐气候条件

形成盐湖的最后一个条件是湖区具有较大的年淡水蒸发量,较小的而不是非常小的年降水量,因为年降水量小于30mm时,地表难以形成积水,年蒸发量应比年降水量大15倍以上。在一个封闭盆地内,只有在个别地区,极其个别的情况下才具有一定浓度的咸水直接补给湖盆。一般情况下,雨水或融雪水在淋滤围岩风化产生的盐分所形成的天然水中,成盐元素化合物的含量都比较低[0.0500%～0.1500%(质量分数)]。这样的天然盐无论以地表径流方式,还是地下潜流方式,运移并聚集到盆地最低处形成地表积水,在适当气候条件下蒸发浓缩并达到盐类自析阶段。这样,天然水在蒸发过程中就会经历不同浓度的盐水溶液阶段。水溶液中随着盐分浓度的增加、蒸气压的降低、介质水的活度减小,导致盐水溶液与纯水的蒸发值比减小,蒸发更加困难。

中国科学院盐湖研究所刘铸唐等研究了柴达木盆地察尔汗盐卤在天然蒸发过程中不同浓度阶段、卤水的比蒸发值等。结果表明，当卤水浓缩到氯化镁共饱和点时，卤水的蒸发值只有 85～105mm。所有实验结果都表明，在同一气象条件下，盐水溶液的蒸气压 p(或水的活度)随着盐浓度的增加而减小。应当指出，水和盐水溶液的蒸发速率 $v_{水}$ 是由在蒸发温度条件下的饱和蒸气压 $p_{卤}$ 与空气中水蒸气分压 $p_{水}$ 的差值来决定：

$$w = v_{水} t = R\Delta pt = K(p_{水} - p_{卤})$$

$$v_{水} = \frac{w}{t} = R\Delta p = \frac{K(p_{水} - p_{卤})}{t}$$

当大气中的水蒸气分压等于盐水溶液的分压时，蒸发速率为零(盐水溶液中的水分不能蒸发)；反之，当大气中水蒸气分压大于盐水溶液的水蒸气分压时，将出现负的蒸发作用，即吸潮作用(过程)。这正是在我国的海盐盐场、日晒盐场只能从海水日晒制盐——日晒蒸发浓缩过程中结晶析出氯化钠，而不能进一步晒制光卤石的原因。同样理由，在美国犹他州的大盐湖地区，可以利用太阳池相分离技术日晒分离光卤石和钾盐镁矾，却不能利用日晒或自然冷冻的方法制取水氯镁石。只有在我国青藏高原柴达木盆地的察尔汗盐滩，不仅能从卤水中日晒制取 NaCl 和光卤石，而且可以实现大规模日晒制取水氯镁石[19,20]。

2.4　成盐元素

地球上无论古代盐类沉积矿床，还是现代盐湖中的盐类沉积矿床，无疑都是盐湖在形成过程中，湖水长期演化并浓缩到某些盐分浓度达到饱和溶解度并达到自析盐阶段，从浓缩卤水中结晶析出盐类化合物。即使某些元素的含量达不到自析阶段，却可以经济地进行分离提取，生产无机盐。氢和氧是水的组成元素，水是盐湖形成中非常重要的溶剂和介质，也是许多含氧酸盐和水合盐中结晶水的组分。到目前为止，人们通过对古盐矿的研究及对现代盐湖的调查和研究确认，碱金属盐类矿物中锂矿物有扎布耶石(Li_2CO_3)存在。卤水在天然蒸发过程中可以得到 $KLiSO_4$(智利阿塔卡玛盐卤综合利用)。中国青海柴达木盆地东台吉乃尔湖水和大柴旦盐湖卤水在天然蒸发过程中都可以达到结晶析出 $Li_2SO_4 \cdot H_2O$。

钠盐的矿物种类很多，储量巨大，有 NaCl、$NaCl \cdot 2H_2O$、$Na_2CO_3 \cdot 10H_2O$、$Na_2CO_3 \cdot NaHCO_3 \cdot 3H_2O$、$Na_2SO_4$、$Na_2SO_4 \cdot 10H_2O$、$NaNO_3$(中国新疆吐鲁番盆地和智利北方硝酸盐盐湖)、$Na_2B_4O_7 \cdot 10H_2O$ 等。

钾的盐类矿物种类要比钠的少，有 KCl、$KCl \cdot MgCl_2 \cdot 6H_2O$、$KCl \cdot MgSO_4 \cdot \frac{11}{4}H_2O$、$K_2SO_4 \cdot MgSO_4 \cdot 6H_2O$、$CaSO_4 \cdot K_2SO_4 \cdot H_2O$、$K_2SO_4 \cdot MgSO_4 \cdot 2CaSO_4 \cdot 2H_2O$、

KNO_3(中国新疆)。

镁的盐类矿物种类储量也比较多,如 $MgCl_2 \cdot 6H_2O$、$MgCO_3$、$CaCO_3 \cdot MgCO_3$、$MgCO_3 \cdot 3H_2O$、$MgSO_4 \cdot 7H_2O$、$MgSO_4 \cdot 6H_2O$、$MgSO_4 \cdot 4H_2O$、$MgSO_4 \cdot H_2O$、$MgSO_4 \cdot Na_2SO_4 \cdot 4H_2O$、$MgO \cdot B_2O_3 \cdot 3H_2O$、$MgO \cdot 2B_2O_3 \cdot 9H_2O$、$2MgO \cdot 3B_2O_3 \cdot 15H_2O$ 等。

钙的盐类矿物种类要比镁的少,如 $CaCl_2 \cdot 6H_2O$、$CaCO_3$、$CaSO_4 \cdot 2H_2O$、$CaSO_4$、$CaCO_3 \cdot Na_2CO_3 \cdot 5H_2O$、$Na_2O \cdot 2CaO \cdot 5B_2O_3 \cdot 16H_2O$、$CaO \cdot 3B_2O_3 \cdot 13H_2O$、$CaO \cdot MgO \cdot 3B_3O_3 \cdot 6H_2O$。

钡和锶的盐矿物有 $BaSO_4$、$SrSO_4$ 和 $SrCO_3$,四川自贡井卤中钡和锶的含量都较高,具有分离提取的工业意义。

至今没有发现任何铷和铯的盐矿物。但是,在中国西藏盐湖中铷和铯的含量比海水中的含量高约 5 倍,尤其是在四川地下黑卤水中的含量更高。20 世纪 50 年代在黑卤综合利用的后期,曾经利用该浓缩盐卤制取铷盐和铯盐。

至今,人们未能在盐湖或古代盐矿中找到有铍的盐矿物,盐湖卤水中铍的含量也非常稀少,没有任何经济意义,而且铍是剧毒性物质。

高世扬[21]对盐湖中形成的天然盐归纳为碱金属和碱土金属的氯化物、硫酸盐、硝酸盐、碳酸盐和硼氧酸盐等。他将成盐元素在周期表中的分布列于表 2-1 中。

表 2-1　成盐元素在门捷列夫周期表中的位置

ⅠA							ⅧA
H 1766	ⅡA	ⅢA	ⅣA	ⅤA	ⅥA	ⅦA	
Li 1817		B 1808	C 古代	N 1772	O 1774	F	
Na 1807	Mg 古代				S 古代	Cl 1774	
K 1807	Ca 1808					Br 1826	
Rb 1861	Sr 1793					I 1811	
Cs 1860	Ba 1774						

注:元素符号下面的数字代表该元素发现的年份。

元素周期表中Ⅶ主族元素叫做卤素。该主族元素在自然界中容易与碱金属元素形成盐类化合物。溴和碘的盐类矿物虽然至今没有找到，它们在湖水和在某些盐湖卤水中的含量比海水高10倍以上，中东死海卤水和黑海东面卡拉博加兹海湾内卤水一直是利用湖水制取溴和碘，南美洲智利北方某些盐卤至今仍在利用硝石区盐湖卤水制取碘。我国海盐盐场一直在利用晒盐苦卤制取溴。

综上可见，地球上天然盐湖卤水中的主要元素包括：周期表中Ⅰ主族碱金属元素H、Li、Na、K、Rb和Cs；Ⅱ主族碱土金属元素Mg、Ca、Sr和Ba；Ⅵ主族的S和O；Ⅶ主族卤素族元素Cl、Br和I，以及第二短周期主族元素的B、C和N。我们将这18个主族元素称为盐湖成盐元素，也可以称为天然盐成盐元素。

成盐元素在周期表中的分布呈现简写汉字"门"字形 。因此，我们还可以把这些元素称为门捷列夫元素周期表中的"门"字形成盐元素。这18个元素中只有C和S这两种元素在自然界中能以单质形式存在，其他16种元素都只能以化合物的形式存在。值得指出的是，天然水和卤水中的B、C、N和S都是以含氧酸根的形式存在的。人类很早就对C和S这两种元素有所认识并加以利用。我国古代四大发明中的火药就是用炭粉、硫磺和硝酸钾混合而成。应当指出的是，我国古人远在史前时期就在晋南解池采用盐田日晒卤水制取食盐。2000年前，青藏高原上的藏民就对盐湖中结晶析出硼砂有所认识，并把它用于医药、贵金属加工和羊毛的洗涤，经古丝绸之路把它运往地中海沿岸的古希腊、罗马和埃及。人们对石膏、泻利盐天然碱的认识和利用都要比除了C和S之外的其他成盐元素的发现要早得多。

2.4.1　成盐元素与大洋水

地球上所有已进行过调查的盐湖中，据初步统计，不论是由过去的大洋水经受构造运动而残留下来形成的盐湖，还是今天仍继续由海水不断补给而形成的潟湖(盐湖)，或是由陆源水补给而形成的盐湖，它们的盐类沉积和卤水化学组成均与海水晒盐后的浓缩卤水相近。这样的盐湖约占所有盐湖的85%。这些盐湖的形成或者与大洋水密切相关，或者是典型的陆源物质来源，它们的形成过程显然与海水日晒制盐过程存在某些相似之处。

关于海水的化学成分，F.W.克拉克早在1924年就曾研究过，根据他的分析资料，后来又经过其他学者(В.И.维尔纳茨基、V.M.戈尔德施密特)的修正和补充，大洋水的化学成分可以认为如表2-2所示。

表 2-2 大洋水的化学成分

编号	化学元素	mg/kg(氯度 19‰时测定)	mg 原子/L
1	O		
2	H		
3	Cl	18 980	548.30
4	Na	10 561	470.15
5	Mg	1 272	53.57
6	S	884	28.24
7	Ca	400	10.24
8	K	380	9.96
9	Br	65	0.83
10	C	28	0.34
11	Sr	0.2～4.0	0.000 7～0.14
12	B	4.6	0.07
13	Si	0.2～4.0	0.001～0.05
14	F	1.4	0.07
15	N	0.001～0.01	0.001～0.003
16	Al	0.5	0.02
17	Rb	0.2	0.002
18	Li	0.1	0.014
19	P	0.001～0.10	0.000 3～0.003
20	Ba	0.05	0.000 4
21	I	0.05	0.000 4
22	Cs	0.002	0.000 02

从表 2-2 中可见,大洋水中含量大的前 12 个元素都是盐湖成盐元素。从编号 13～21 的含量较大的 8 个元素中,有 4 个是成盐元素,而成盐元素铯在大洋水中的含量排列第 29 位,可以认为盐湖成盐元素与大洋水化学成分关系密切。显然,存在差别的原因是由于大洋水在浓缩过程中受到某些盐类在大洋水中的溶解度的制约而引起的。

盐湖卤水的组成与海水相似,只是含盐量和组分在不同地区有较大的差异,表 2-3 列出世界不同地区著名盐湖卤水的组成。由于组成的不同,科学家从不同学科角度进行了不同的分类,因而相互之间会略有差异,本章是从化学组成来讨论盐湖分类的。

表 2-3　国内外部分盐湖卤水的组成(质量分数,单位:%)

湖名	Li^+	Na^+	K^+	Mg^{2+}	Ca^{2+}	Cl^-	SO_4^{2-}	Mg^{2+}/Li^+
银峰	0.02	7.5	1.0	0.03	0.05	11.7	0.75	1.5
*乌尤尼	0.05	0.7	0.4	0.12	16.7	0.7	8.0	7.6
*阿塔卡玛	0.15	7.6	1.8	0.96	0.03	16.0	1.78	18.3
邦纳维尔	0.007	9.4	0.6	0.4	0.12	16.0	0.5	57.1
大盐湖	0.004	7.0	0.4	0.8	0.03	14.0	1.5	200
死海	0.002	3.0	0.6	4.0	0.3	16.0	0.05	2 000
卡拉博加兹	0.000 9	5.11	0.46	3.26	0.02	13.11	6.11	3 266
扎布耶	0.12	14.17	3.96	0.001	19.63	—	4.35	0.008
*扎仓茶卡Ⅲ湖	0.130	6.769	1.200	1.073	0.002	13.237	2.288	8.3
*西台吉乃尔	0.021 0	8.256	0.689	1.284	0.016	14.974	2.882	61
大柴旦	0.02	10.6	0.4	1.3	0.04	18.7	2.25	65
*一里坪	0.021 6	6.694	0.906	2.000	0.030 8	16.167	1.138	93
*别勒滩	0.010	1.882	1.869	5.172	0.035	19.339	0.540	517
察尔汗	0.001 3	5.903	1.000	2.372	0.084	16.674	0.531	1824
海洋水	0.000 017	1.8	0.038	0.13	0.04	1.94	0.27	7647

注:*表示有晶间卤水。

2.4.2　成盐元素在天然水溶液中的存在形式

根据成盐元素在主族元素周期表 2-1 中的位置分布,以及天然水、海水和卤水的特点,我们把 18 个成盐元素分成三组:第一组包括水的组分元素氢和氧;第二组是金属成盐元素;第三组是非金属成盐元素,包括Ⅶ主族卤素族元素氯、溴和碘,第二短周期中Ⅲ主族的硼,Ⅳ主族的碳,Ⅴ主族的氮和Ⅵ主族的硫。在此我们主要是从盐湖成盐的角度对成盐元素在水溶液(天然水、海水和卤水)中的存在形式进行讨论。

(1) 第一组成盐元素是氢和氧。水是由 11.19%的氢和 88.81%的氧组成,它是地球表面存在量最大的物质之一。水的冰点(或水的熔点)为 0℃,沸点为 100℃。由于水的介电常数较大($\theta=81$),它具有溶解各种成盐元素化合物的能力。液体水是成盐元素化合物的重要溶剂和介质,在盐湖形成过程中起着十分重要和不可缺失的作用。氢和氧在水溶液中主要是以 H^+(已经证实氢的水合离子有 H_3O^+、H_5O^+、H_7O^+ 和 H_9O^+)和 OH^-形式存在。氢还可以以 HCO_3^-形式存在,氧可以与卤素之外的其他非金属成盐元素结合之后以含氧酸根的形式存在

(见本书第6章)。水溶液中的H^+浓度和OH^-浓度的大小可以用溶液的pH表示;反之,在测得水溶液pH之后,可以对其中的H^+浓度或OH^-浓度的大小进行计算。

(2) 第二组是金属成盐元素,包括Ⅰ主族碱金属元素锂、钠、钾、铷、铯和Ⅱ主族碱土金属镁、钙、锶和钡。这些元素都以具有恒定的氧化数(价态)生成带有闭壳层电子结构并具有不变的氧化数(价态)为其特征。从表2-2中可见,碱金属原子(Na、K、Li、Rb、Cs)的最外层电子结构比相邻的惰性气体(He、Ne、Ar、Kr、Xe)的电子结构多1个s电子。它们的电离能不大而电极电势的负值很大。在水中极容易形成正一价的阳离子,而且离子的体积相当大。碱土金属原子(Mg、Ca、Sr、Ba)的最外层电子结构比其相邻的惰性气体原子的电子结构多2个s电子。它们的第一电离能和电极电势的负值数值表明,在水溶液中也都比较容易失去最外层的2个s层电子而形成正二价的阳离子。

(3) 第三组是非金属成盐元素,包括Ⅶ主族的卤素Cl、Br、I和第二周期中的B、C、N和S。它们的原子结构表明在核外电子最外层具有3～7个价电子。正如表2-1中所列的结果,虽然它们可能具有从－1～＋7之间不同的氧化数,但是,在自然界中这些元素在风化淋滤、运移和富集,最后在盐湖卤水的成盐过程中,由于它们的电离能比碱金属和碱土金属元素大得多,在水溶液中容易接受一个电子而形成负一价的阴离子。正是由于这样,无论是在现代地表盐湖中,还是在古代沉积中,都从未发现有任何卤素的含氧酸盐存在。

硫原子的电子结构为$1s^2$,$2s^2$,$2d^6$,$3s^2$,$3d^4$。可见,它既可以接受外来2个电子形成负二价的阴离子,可以单质形式存在,还可以利用3d轨道接受氧原子上的孤对电子形成多重键(d-pπ配键),在不同的反应环境中,可能存在－2、0、＋2、＋4、＋6各种不同的价态和氧化数。在火山喷出气体和有机物腐烂过程中放出H_2S(这里的硫是S^{2-})。在自然界中,人们很早就发现硫能以单质形式形成矿。H_2S和S经氧化(燃烧)就生成SO_2,溶于水形成的H_2SO_3或亚硫酸盐容易被氧化形成H_2SO_4或硫酸盐。在青海锡铁山的铅锌矿区就能见到这样的过程。S和卤素形成的化合物只能在实验室的条件下制成。在盐湖形成和成盐过程中,硫在天然水、海水和盐湖卤水中总是以最稳定态的SO_4^{2-}形式存在。

氮原子的电子结构为$1s^2$、$2s^2$、$2p^3$。可见,氮原子与硫原子一样,既可以接受外来电子形成负价阴离子,也可以利用2p轨道接受氧原子的孤对电子形成多重键(d-pπ配键)。在不同的反应环境中,氮原子能形成从－3、－2、－1、0、＋1、＋2、＋3、＋4、＋5不同的氧化价态。现在地球上只有南美洲的智利北方和我国新疆吐鲁番盆地的火焰山附近的局部特殊地区才形成规模十分有限的硝酸盐盐湖。高世扬等曾有机会去智利北方考察盐湖,在对智利硝石的形成条件进行调查的基础上,同意智利北方大学地球科学系钟教授的观点和解释,认为智利硝石的成因是由于在特定的地理气候条件下，在雷雨条件下，大气中的 N_2 和 O_2 在雷电大气化学作用下，通过电化学反应生成：

$$N_2 + O_2 \xrightarrow{\text{电火花}} 2NO \tag{2-4}$$

$$2NO + O_2 \longrightarrow 2NO_2 \longrightarrow N_2O_4 \tag{2-5}$$

$$NO_2 + NO \longrightarrow N_2O_3$$

$$N_2O_3 + O_2 \longrightarrow N_2O_5$$

大气中的 N_2O_3 被雨水吸收后形成硝酸：

$$N_2O_3 + H_2O \longrightarrow 2HNO_3 \tag{2-6}$$

含 HNO_3 的雨水与地面风化岩石作用而形成 $NaNO_3$。可见，在天然水中，由于雷电的上述电化学反应而形成不同氧化态的氮氧化合物，在天然水（雨水、江河、湖水）中存在着 NO_2^- 和 NO_3^-。在形成硝酸盐盐湖卤水过程中，最后以氧化态最高的 NO_3^- 形式存在。

碳原子的核外电子排布是 $1s^2 2s^2 2p^2$，因此碳原子既可接受电子形成负离子，也可以失去电子形成正离子，还可以利用 2p 轨道接受氧原子上的孤对电子形成多重键。在不同的反应环境中，碳原子能形成－4、－2、0、＋2、＋4 五种不同的氧化数或价态。

碳是自然界能以单质形式存在的除硫之外的另一个成盐元素。碳在氧气不足的情况下，燃烧生成 CO，在氧气充足条件下燃烧形成 CO_2，任何有机物燃烧都会生成 CO_2。动物的呼吸作用在需要消耗氧气的情况下，同时排出 CO_2；相反，植物的光合作用却在消耗 CO_2 的同时产生氧气。

大气中 CO_2 的含量为 0.03%（质量分数），水中 CO_2 的溶解度与温度有关。温度上升 30℃，CO_2 含量会减少约 1/2。它在天然水中的含量超过在大气圈中相对含量的 1700～2700 倍。CO_2 溶于水中会形成碳酸：

$$CO_2 + H_2O \longrightarrow H_2CO_3 \longrightarrow H^+ + HCO_3^- \longrightarrow 2H^+ + CO_3^{2-} \tag{2-7}$$

在自然界中，游离的碳酸对矿物的溶解和分解起着重要的作用。在水溶液中总是以 HCO_3^- 和 CO_3^{2-} 的形式存在。

硼是唯一的缺电子非金属元素，原子的核外电子排布形式为 $1s^2 2s^2 p^1$。硼对氧的亲和力极大，自然界中硼总是以含氧酸盐的形式存在。由于硼原子外层电子 sp 杂化的结果，具有共价键的硼氧酸盐结构经常存在三配位硼或四配位硼的结构单位。硼氧配阴离子在天然水中的存在形式见本书第 6 章 6.4.3 中的 1。

2.5　盐湖化学分类

盐湖卤水是一个极为复杂的含有 Li, Na^+, K^+, Ca^{2+}, Mg^{2+}, H^+/Cl^-, SO_4^{2-}, $B_4O_7^{2-}$。OH^-, HCO_3^-, CO_3^{2-}-H_2O 的水盐多组分体系。实际上,在大自然里,这些组成中,不是同时含量均等,有时某些离子为主要成分,其他组分可以忽略,这样就可能在不同组成、气候和地理条件下形成各种类型盐湖,沉积出含钠、钾、钙、镁的氯化物、硫酸盐和硼酸盐及复盐等。

盐湖可以按不同方式进行分类①,地质学家们在进行盐湖研究过程中喜欢按照盐湖地质成因进行分类,或者按照盐类物质来源进行分类。地质学家郑绵平将卤水按化学组成分类的碳酸盐盐湖再细分为强度、中度、弱度三种亚型。地球化学家和盐湖资源化学家却乐于按照盐湖区化学沉积中的盐类化合物和盐卤化学组成进行分类。在本节中,我们结合我国盐湖实际,进行化学分类。它包括氯化物类型、硼酸盐类型、硫酸镁亚型、硫酸钠亚型、碳酸盐类型和硝酸盐类型等。

盐湖可以看作是成盐元素在地球内部、地壳和地表运移过程中的一个特殊阶段。可溶盐在这里减缓了运移速度,达到高度富集,从而形成具有经济价值的盐类矿床。盐湖在形成演化过程中的特点具有下面的主要标志。

(1) 湖水的化学组成。化学组成反映盐湖中盐类物质的来源及其特点,可进而揭示在盐湖中发生的盐类相互作用过程与机理。

(2) 盐湖表面形态(卤水湖、干盐湖或是沙下湖)。表面形态取决于盐湖水溶液与固体化学沉积物之间的体积比。该比值决定湖盆发展的特点和盐湖阶段属于卤水湖、干盐湖或是沙下湖。

(3) 盐湖中化学沉积物的矿物成分及其数量。它们反映盐湖的形成发展阶段并决定该盐类矿床的经济意义。

本节我们采用上述标志(1)和标志(2)进行盐湖化学分类[22]。

2.5.1　陆源盐湖水化学组成分类

陆源(成盐元素)盐湖水化学组成分类可以认为是按 Н.С.Курнаков 和 М.Г.Валяшко 对盐湖的化学分类。

成盐元素在天然水中的存在形式可以认为:周期表中Ⅰ主族元素在水中是以正一价碱金属阳离子;Ⅱ主族元素在水中都是正二价碱土金属阳离子;第二短周期的 B、C、N 和 S 都是以含氧酸根形式存在。根据盐在水中的溶解度,天然水中的成

① 柳大纲,陈敬清,张长美. 柴达木盆地盐湖分类. 第一届全国盐湖学术会议论文汇编. 1965 年. 33 页。

盐元素在盐湖形成和成盐过程中存在两个重要的制约反应：①卤水中阳离子和阴离子浓度大小；②形成盐的溶解度大小。例如，碱土金属离子 Mg^{2+}、Ca^{2+}、Sr^{2+} 和 Ba^{2+} 与溶液中 CO_3^{2-} 之间的反应形成溶解度较小的碳酸盐沉积，从而抑制这些离子在水溶液中的含量。这就是碳酸盐盐湖卤水中只含有碱金属阳离子而不含碱土金属阳离子的原因。

苏联“十月革命”后，苏联科学院院士 Н.С.Курнаков 为寻找水溶性钾盐，组织进行盐湖调查与研究。1939 年，他与 М.Г.Валяшко 从盐湖化学与水盐体系物化分析的角度在对苏联境内天然盐湖进行多年研究的基础上，考虑到盐湖中的盐类沉积都是由于卤水在夏季蒸发浓缩和冬季冷冻过程中形成的。因此，盐湖的分类显然也就取决于成盐过程中卤水的化学类型。它们的分类方式实质上是沿用天然矿化水的分类，按照卤水化学组分把盐湖分成为三大类，即碳酸盐类型、硫酸盐类型和氯化物类型。这种分类方法是基于：①盐卤中主要阳离子 Na^+、Mg^{2+} 和 Ca^{2+}（Li、Rb、Cs、Sr 和 Ba 含量低时，可忽略不计）与主要阴离子 Cl^-、SO_4^{2-}、CO_3^{2-} 和 HCO_3^-（B、N、Br 和 I 含量低时，可忽略不计）之间相互结合而形成的盐；②盐在水中的溶解度；③盐水化学平衡体系。在此基础上，М.Г.Валяшко 提出以下相关特征系数。

1．碳酸盐类型盐湖的判据

(1) 卤水化学成分。主要是 $NaCl$、Na_2SO_4、Na_2CO_3、$NaHCO_3$ 等。

(2) 卤水的化学平衡体系。$Na^+,K^+,Mg^{2+}/Cl^-,SO_4^{2-},CO_3^{2-},HCO_3^-$-$H_2O$ 体系。

(3) 相关特征系数

$$K_{\mathrm{I}} = \frac{x(Na_2CO_3) + x(NaHCO_3)}{x(Na_2SO_4)} \tag{2-8}$$

$$K_{\mathrm{II}} = \frac{x(Na_2SO_4)}{x(MgSO_4)} \tag{2-9}$$

当 $K_{\mathrm{I}} = n$（为正有理数，大于零，小于∞），$K_{\mathrm{II}} = \infty$ 时，也就是说，当卤水中含 CO_3^{2-} 和 HCO_3^- 与 Mg^{2+} 形成沉淀，即不含 Mg^{2+} 或含量很低时，该盐湖就属于碳酸盐类型盐湖。

2．硫酸盐型盐湖的判据

(1) 卤水化学组分。主要是 $NaCl$、$MgCl_2$、Na_2SO_4 和 $MgSO_4$ 等。

(2) 卤水化学平衡体系。$Na^+,(K^+),Mg^{2+}/Cl^-,SO_4^{2-}$-$H_2O$ 体系。

(3) 相关特征系数

$$K_{\mathrm{II\,A}} = \frac{x(Na_2SO_4)}{x(MgSO_4)} \tag{2-10}$$

$$K_{\mathrm{II\,A}}=\frac{x(\mathrm{Na_2SO_4})}{x(\mathrm{MgSO_4})} \quad (2-11)$$

$$K_{\mathrm{III\,A}}=\frac{x(\mathrm{MgCl_2})}{x(\mathrm{CaCl_2})} \quad (2-12)$$

硫酸盐类型盐湖又可以分成两个亚型：硫酸钠亚型盐湖的判据是 $K_{\mathrm{II}}=n$ 和 $K_{\mathrm{II\,A}}=\infty$；硫酸镁亚型盐湖的判据是 $K_{\mathrm{II\,A}}=n$ 和 $K_{\mathrm{III\,A}}=\infty$。

3．氯化物类型盐湖判据

(1) 卤水化学组分。主要是 $NaCl$、$MgCl_2$ 和 $CaCl_2$ 等。

(2) 卤水化学平衡体系。Na^+，(K^+)，Mg^{2+}，Ca^{2+}/Cl^--H_2O 体系。

(3) 相关特征系数

$$K_{\mathrm{II\,B}}=\frac{x(\mathrm{MgSO_4})}{x(\mathrm{MgCl_2})} \quad (2-13)$$

$$K_{\mathrm{III\,B}}=\frac{x(\mathrm{MgCl_2})}{x(\mathrm{CaCl_2})} \quad (2-14)$$

氯化物类型盐湖的判据为 $K_{\mathrm{II\,B}}=0$ 和 $K_{\mathrm{II\,B}}=n$。n 表示大于零而小于无限大的值（$0<n<\infty$）。

按照卤水化学成分确定盐湖类型时，可以用上述特征系数进行判定，也可以采用 М.Г.Валяшко 提出的方法——离子当量[①] 相关比值的分类系数进行表示：

$$K_{\mathrm{n1}}=\frac{N(\mathrm{CO_3^{2-}})+N(\mathrm{HCO_3^-})}{N(\mathrm{Ca^{2+}})+N(\mathrm{Mg^{2+}})} \quad (2-15)$$

$$K_{\mathrm{n2}}=\frac{N(\mathrm{CO_3^{2-}})+N(\mathrm{HCO_3^-})+N(\mathrm{SO_4^{2-}})}{N(\mathrm{Ca^{2+}})+N(\mathrm{Mg^{2+}})} \quad (2-16)$$

$$K_{\mathrm{n3}}=\frac{N(\mathrm{SO_4^{2-}})}{N(\mathrm{Ca^{2+}})} \quad (2-17)$$

$$K_{\mathrm{n4}}=\frac{N(\mathrm{CO_3^{2-}})+N(\mathrm{HCO_3^-})}{N(\mathrm{Ca^{2+}})} \quad (2-18)$$

式中：$N(\mathrm{CO_3^{2-}})$、$N(\mathrm{HCO_3^-})$、$N(\mathrm{SO_4^{2-}})$、$N(\mathrm{Ca^{2+}})$和 $N(\mathrm{Mg^{2+}})$分别表示在给定量卤水中各离子的当量数（原文献中用的是当量数，此处未换算成标准的摩尔数单位，是为了避免应用换算系数引起混乱）。

综上所述，Н.С.Курнаков 和 М.Г.Валяшко 对盐湖卤水化学类型的判定建立在地表成盐元素在岩石风化、淋滤、运移、富集和地球化学成盐过程与机理的基

① 原文用当量（N）表示浓度。N（当量浓度）＝M（摩尔浓度）÷离子价数。

础上，可以称为是陆源成盐元素化学分类。这两种方法分别按卤水中所含五种离子各种离子的含量和相对比值的物征系数分类。其优点是计算简捷和直观；缺点是对复杂盐湖体系难以确定所属类型。因此，韩凤清[23]应用点群分析研究柴达木盆地盐湖，卤水中含 Na^{+}、K^{+}、Mg^{2+}、Ca^{2+}、Cl^{+}、SO_4^{2-}、HCO_3^{-} 和 CO_3^{2-} 八种离子，由于 HCO_3^{-} 和 CO_3^{2-} 的数据不全，只用前四种阳离子和氯离子及硫酸根离子共存处理，进行地球化学分类，提出了新方法，并讨论了不同类型的盐湖。

2.5.2　岩浆源硼酸盐盐湖化学分类

许多盐类矿物都是从卤水中沉积出来的，对现代地表盐湖中盐分来源、盐矿物形成条件和机理的研究，对各种盐类矿床的形成会起到以今论古的作用。应该指出的是，Н.С.Курнаков 的盐湖化学分类的局限性在于：只注意到地壳表生盐类来源的这一特定情况，然后按成盐元素含氧酸根阴离子（或络阴离子）进行分类。它的不足之处是忽视了地球内部岩浆热液中某些特殊的盐类物质来源。根据我们对青藏高原盐湖的调查研究，结合世界上其他地区硼酸盐盐湖资料，早在 1962 年北京科学会堂召开“全国第二届盐湖和盐矿会议”上，柳大纲教授就在他所做的“盐湖化学”报告中根据我国盐湖的特点提出“硼酸盐盐湖化学分类的初步设想和分类方案”。我们在此基础上，采用水盐体系相化学研究结果，结合青藏高原硼酸盐盐湖特点，把这一分类加以具体表述。

盐湖调查表明，青藏高原是地球上海拔最高的、年温差最大、冬季寒冷的高原。班戈错湖、扎布耶等硼砂湖的地表卤水中含硼量（B_2O_3）为 1332～8843 mg/L，大柴旦盐湖、小柴旦盐湖和扎仓茶卡盐湖区正在形成钠硼解石、三方硼镁石、章氏硼镁石、多水硼镁石、库水硼镁石和柱硼镁石等镁钙硼酸盐，地表卤水的年变化相对比较稳定，卤水中硼的年平均含量近于柱硼镁石，在常温常压下的溶解度为 0.18%B_2O_3。因此，我们把该盐湖视为形成碱土金属硼酸盐盐湖的典型代表，把上述硼含量当作硼酸盐盐湖卤水中硼含量的重要化学标志。考虑到地球内部热液岩浆在含有微量水情况下，B_2O_3 与水反应生成易挥发性 H_3BO_3，并以热水形式从深断层裂隙中溢出地表，任何硼酸盐都将会与地表陆源成盐元素在运移过程中汇合，进到地球化学富集中心。因此，可以按上述 М.Г.Валяшко 分类法进行分类。自然地，就可以把硼酸盐盐湖分成三大类，即碳酸盐硼酸盐盐湖、硫酸盐硼酸盐盐湖和氯化物硼酸盐盐湖。

2.5.3　大气氮源硝酸盐盐湖

德国成盐地球化学家 Borchert 指出，世界上只有南美洲智利境内发现有硝酸盐盐湖，同时认为这里的天然硝石成因是鸟粪层长期经受生物衍化而形成的。智利北方大学地球科学系钟教授经过对智利硝石长期研究认为，天然硝石主要是大气中 N_2 在空中雷电作用下与 O_2 发生反应，在少量降雨作用下，降落到干旱的山区,运移过程中在山麓地带形成硝石沉积而被保存下来的。

经调查,在我国新疆吐鲁番盆地的火焰山脚下发现硝酸盐盐湖,同时找到多种硝酸盐沉积矿物。由于该硝酸盐具有独特来源,故专门分出这一类型。

2.6 盐湖化学分类实例

按照元素周期表中元素电负性规律,天然盐湖卤水中大量存在的酸根阴离子或配阴离子基团与阳离子之间的物理化学成盐作用,可以把盐湖分成五大类型,即氯化物类型、硫酸盐类型、碳酸盐类型、硝酸盐类型和硼酸盐类型。

2.6.1 氯化物类型

卤水中主要含各种阳离子的氯化物,属于 $Na^+, K^+, Mg^{2+}/Cl^- - H_2O$ 体系。中东的死海和我国青海察尔汗盐湖属于此类型,湖区盐类沉积有 $NaCl$、KCl、$MgCl_2 \cdot KCl \cdot 6H_2O$、$MgCl_2 \cdot 6H_2O$ 等。

2.6.2 硫酸盐类型

硫酸盐类型盐湖卤水中一般含有钠、钾、镁的氯化物和硫酸盐,属于 $Na^+, K^+, Mg^{2+}/Cl^-, SO_4^{2-} - H_2O$ 体系。硫酸盐类型又可分成以下两个亚型。

(1) 硫酸钠亚型。我国青海大、小柴旦盐湖属此类型,湖区盐湖沉积有钙芒硝、芒硝和氯化钠等。美国大盐湖、土库曼斯坦的卡拉博加兹海湾也属于此类型。

(2) 硫酸镁亚型。我国山西运城盐湖和青海茶卡盐湖属此类型,湖区盐类沉积有氯化钠、芒硝、白钠镁矾和七水硫酸镁等。

2.6.3 碳酸盐类型

碳酸盐类型盐湖属于 $Na^+, K^+/Cl^-, CO_3^{2-}, SO_4^{2-} - H_2O$ 体系,在我国内蒙古、山西运城属碳酸盐和硫酸盐类型盐湖沉积中已找到以下盐类:$Na_2CO_3 \cdot 10H_2O$、$NaHCO_3$、$Na_2CO_3 \cdot H_2O$、$Na_2SO_4 \cdot 10H_2O$ 和 $NaCl$ 等。

2.6.4 硝酸盐类型

在我国新疆有独特的含有 $Na^+, K^+, Mg^{2+}/Cl^-, NO_3^-, SO_4^{2-} - H_2O$ 体系的盐湖。在新疆罗布泊地区、乌尊布拉克等湖区已找到沉积的以下硝酸盐矿物:钠硝石($NaNO_3$)、钾硝石(KNO_3)、钠硝矾[$Na_3NO_3(SO_4) \cdot H_2O$]、钾硝矾[$K_3NO_3(SO_4) \cdot H_2O$]、水硝碱镁石、[$Na_2K_3Mg_2(SO_4)_2(NO_3)_3 \cdot 6H_2O$]等。南美安底斯山盐湖群中智利北部地区盐湖与我国新疆干盐湖地区相似,有硝酸盐矿物沉积。

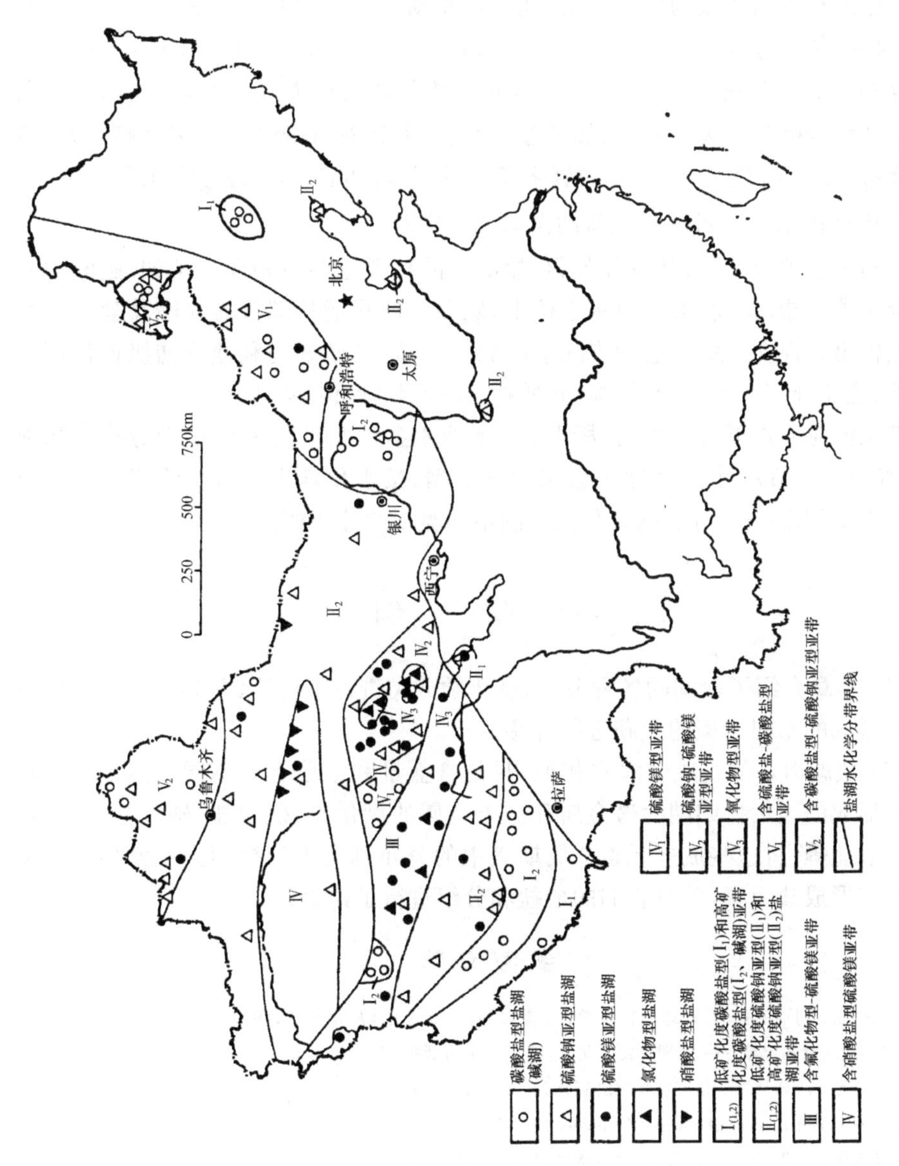

图2-1　我国不同类型盐湖的分布概况

2.6.5 硼酸盐类型

硼酸盐类型盐湖可分为碳酸盐硼酸盐盐湖和硫酸盐硼酸盐盐湖。前者有美国西尔斯盐湖和我国西藏的班戈错湖、扎布耶盐湖。由于这些盐湖区都沉积有大量硼砂,又可称之为硼砂湖。卤水属 Na^{+},K^{+}/Cl^{-}, SO_4^{2-},CO_3^{2-},HCO_3^{-},$B_4O_7^{-2}$-H_2O 体系。后者有我国青海大、小柴旦盐湖和西藏扎仓茶卡盐湖,这些湖区正在沉积多种水合硼酸盐天然矿物,如钠硼解石、水方硼石、柱硼镁石、多水硼镁石、库水硼镁石、章氏硼镁石和三方硼镁石等。卤水属 Na^{+},K^{+},Mg^{2+}/Cl^{-}, SO_4^{-2},$B_4O_7^{-2}$-H_2O 体系。一般硼酸盐盐湖卤水中富含锂。

盐湖由于类型不同,其成分各异,盐沉积的种类也各不相同。例如,碳酸钠一般只能从碳酸盐(碱湖)类型卤水中析出,硼砂一般只能从碳酸盐硼酸盐盐湖卤水中结晶析出。现在人们从盐湖中除了能制取食盐、芒硝和泻利盐等初级低价值产品之外,还能分离提取钾盐、镁盐、硼酸盐、溴盐、碘盐和锂盐等。

韩凤清应用点群分析的方法研究了柴达木盆地盐湖的地球化学分类。郑绵平[24]将中国的 350 个现代盐湖卤水化学数据,按水化学类型特征绘成分布概况(图 2-1),从图 2-1 可以纵观我国盐湖不同类型的分布概况。

2.7 小结

(1) 本章介绍了盐湖的各种分类,从化学分类进行了讨论,并列举实例对国内和国外形成的不同类型的盐湖进行介绍。

(2) 盐湖卤水的组成与海水相似,只是含盐量和组分有所不同。高世扬等将盐湖中形成的天然盐归纳为碱金属和碱土金属的氯化物、硫酸盐、硝酸盐、碳酸盐和硼氧酸盐等,将这些成盐元素在周期表中的分布称之为门捷列夫元素周期表中的“门”字形成盐元素,并对它们的成盐和分组进行了讨论。

参考文献

[1] 莱尔曼 A. 湖泊的化学.地球和物理学. 王苏民等译. 北京:地质出版社,1989

[2] 张彭喜.沉默的宝藏——盐湖资源. 北京:清华大学出版社,2000. 1～30

[3] 郑喜玉等. 西藏盐湖. 北京: 科学出版社,1988. 117～148

[4] Von Nostrand D. Salt Deposits. Company Ltd, 1964. 10～12

[5] 郑喜玉等.内蒙古盐湖.北京:科学出版社,1992. 289～295

[6] 郑喜玉等. 新疆盐湖.北京:科学出版社,1995. 128～152

[7] 郑绵平等. 青藏高原盐湖. 北京:科学技术文献出版社, 1989

[8] 李道夫斯基·A.И京斯. 盐湖矿床综合调查与勘探方法.王锐等译.北京:中国工业出版社,1965.3～43,101～110

[9]　瓦里亚什科 M Г. 钾盐矿床形成的地球化学规律. 范立译. 北京:中国工业出版社,1965. 114～117, 184～188

[10]　Посохов Е В.Сольнив Озера Казвхстаназв, А Н СССР,1955

[11]　Курмаи И М. Бор Мирапрносе ресурсокалита. Лапиталистческихстран. Госреолтехиздат,1959.61～86

[12]　Godbole N N. Theoretics on the origin of salt lake in Rajasthan. India

[13]　郑绵平. 论中国盐湖.矿床地质, 2001, 20(2):181～189

[14]　George I, German M. Hanite dolomite magnesite and polyhanite recent age from tuzolu Tukey. Nature, 1968, 220:1309～1310

[15]　Bento Y K. Some Geochemical aspects of the dead sea and the question of it sage. Geochem Cosmochem Acta,1961, 25:239～260

[16]　曹兆汉译. 死海的开发利用.盐湖科技资料, 1973, (1～2):16～19

[17]　Zak I, Bentor Y K. Some new data on the salt deposits of the Dead Sea.Proceedings of the Hanover symposium,1968, (5): 15～21,137～146

[18]　Maglione G. Bull Soc France Mineral Crystallogr, 1968,91(4): 226～231

[19]　Libya A. Assiton cereguied to develop otsash resources. Phosporus and Potassium, 1973, 63: 41～45

[20]　柳大纲,胡克源.盐湖化学. 见:柳大纲.科学论著选集.北京:科学出版社, 1997. 6～11

[21]　高世扬.天然成盐元素化学.青海化工,1986,(3):1～13;本文已收入近代无机化学,北京:高等教育出版社

[22]　柳大纲, 陈敬清, 张长美.柴达木盆地的盐湖类型及水化学特征. 盐湖研究, 1996,4(1):9～20

[23]　韩凤清.应用点群分析研究柴达木盆地盐湖的地球化学分类. 盐湖化学,1995,3(3):21～26

[24]　郑绵平. 西藏高原盐湖资源开发进展. 中国化工学会 2002 年无机盐学术年会,2002,11～21

第3章　水盐体系热力学平衡态和介稳态相图

热力学是研究物质的物理性质与化学变化之间关系的一门学科，它是以众多质点组成的宏观体系作为研究对象的。热力学平衡是指所研究的体系处于平衡状态，它是以两个经典热力学定律为基础，用一系列热力学函数及其变量，描述体系从始态到终态的宏观变化。热力学相平衡是研究在特定条件下，物质的浓度与物相组成、性质、温度和压力等之间的关系。

相平衡是热力学在化学领域中的重要应用之一。研究多相体系的相平衡和介稳平衡在化学、化工的科研和生产中有重要的意义。例如，溶解、蒸馏、重结晶、萃取、提纯及金相分析等方面都要用到相平衡的知识和基础。在1887年，俄国科学家W. Ostwald和荷兰科学家J.H.van't Hoff合办了第一本《物理化学》杂志(德文)，说明相平衡已经成为热力学学科的分支。

水盐体系是属于热力学相平衡的一个分支，根据本书的著作目的，仅对水盐体系热力学相平衡态和介稳平衡态进行介绍。

3.1　水盐体系热力学相平衡

水盐体系是指盐和水组成的体系。水盐体系广泛涉及天然水、湖泊、海水、盐湖卤水、矿盐水、地下卤水、各种盐化工生产过程、污水处理和酸雨处理等领域。它还与地球化学和环境化学有密切关系。

热力学相平衡是研究封闭体系的气-固-液三相平衡和敞开体系的固-液两相平衡。绝大部分水盐体系是研究体系中的固-液组成和相关系，对于不同盐类与水形成的体系，在特定量组成的物系(或复体)的若干个系统中，可能会有多种不同或复杂的结果，科学家们用水盐体系相图作为对相平衡的定量表示。由于五元体系以上很复杂，难以用图形表示。20世纪70年代出现了Pitzer模型，可以扩展到浓盐溶液的计算，推进了水盐体系相平衡的发展和应用。本章着重讨论水盐体系热力学相平衡的理论基础、溶解度、过饱和溶解度、介稳平衡的液-固相关系和相图。关于盐湖中主要不同类型的体系相图和应用及计算将分别在本书第5章、第7章进行讨论。

3.1.1　盐在水中的溶解现象

在自然界中及人们的日常生活和工农业实践中都可以观察到盐在水中的溶

解、蒸发浓缩、稀释和结晶等现象。例如,天然水加热到沸腾,经常会出现水垢现象,正是这一原因,工业锅炉用水需要进行水的软化处理。如果你有机会去西藏的羊八井参观地热发电,就会在地热温泉出露区见到大量石灰石硅花沉积。我国在20世纪90年代前,合成氨的主要产品是硫酸铵,由于长期施用硫酸盐化肥,生成硫酸钙,造成土壤的累积性板结,目前已禁止生产硫酸铵化肥,而是利用太阳池相分离技术由海水或盐湖水制取食盐或光卤石等盐类、芒硝或钙芒硝热溶高温加压蒸发法制取无水硫酸钠、光卤石制取氯化钾或硫酸钾等。

任何一个正在形成盐类的湖盆(盐湖)都可以看成是自然界的一个水盐体系。在进行柴达木盆地盐湖资源化学的研究过程中,要回答(解决)盆地西部和西北部硫酸盐类型盐湖是怎样演化为目前中心地带氯化物类型盐湖的这一重要问题;要回答青藏高原盐湖,尤其是新类型(海水型)硼酸盐盐湖中各种盐类矿物、各种水合硼酸镁盐矿物是如何形成的;要阐述湖区盐类沉积,尤其是硼酸盐沉积的形成机理,这些都涉及水盐体系中各种各样的溶解现象问题[1]。

3.1.2　盐在水中的溶解度及液-固相图

任何一种天然盐在水中都具有一定的溶解度,在《物理化学》和《普通化学》教科书中,盐在水中溶解度的正确定义是:在一定温度条件下(在室温条件下,压力对水盐体系溶解度的影响甚微,因此压力因素可以忽略不计),固体盐在水中溶解并达到饱和时,水溶液中含盐的浓度。也就是说,固体盐溶解到水中达到固体盐与水溶液两相之间的热力学平衡态(固体盐溶解到水中的溶解反应速率等于水溶液中的盐分结晶析出反应的速率)时,溶液中含盐的浓度可以用质量分数表示,也可以采用任何一种浓度(容积摩尔浓度、质量摩尔浓度、摩尔分数等)进行表示。用几何图形来表达多相体系的状态(液相、固相、气相)如何随温度、压力、组成等强度性质的变化而变化的图形,称为相图。

从上述盐在水中的溶解度定义可见,盐在水中的溶解度本身就是盐在一定温度条件下,在水溶液中,液-固相平衡的结果。例如,测定 NaCl 在水中的溶解度时,首先将氯化钠晶体放入一定温度的恒温水中,在恒速搅拌条件下,在不同时间取样,测定水溶液中氯离子含量,一直到水溶液中氯离子浓度不变为止。将所得结果制成溶解动力学曲线,就可以得到在该恒温搅拌条件下 NaCl 溶于水中达到饱和(平衡)时所需时间 t_c。也就是说,在比 t_c 时间更长的情况下,溶液中 NaCl 浓度达到恒定不变,这就是 NaCl 在该温度时,在水中的溶解度。在测得不同温度 NaCl 在水中溶解度的同时,对相应的平衡固相 NaCl 进行物相鉴定。以温度为纵坐标,以溶解度为横坐标作图,可以得到 $NaCl-H_2O$ 二元体系的平衡溶解度相图,简称相图,有时又可以叫做相平衡图。

3.2 相平衡定律——相律

吉布斯(Gibbs)早在1837～1878年就从热力学的基本定义出发，推导出有关多相平衡的最基本、最重要的定律——相律，发表在美国康涅狄格科学院院报*Transaction of the Conneticut Academy*上。由于他的文章写得十分抽象，没有立即受到当时的物理学家和化学家们的重视。1883年，范德华(J.D. van der Waals，荷兰)提示他的学生罗斯布姆(H.W.Roozeboom，荷兰)在从事盐水溶液研究工作中注意吉布斯的基本定律。1889年，Roozeboom首次把相律应用到$CaCl_2$-H_2O二元体系的相平衡研究中；1892年应用到$FeCl_3$-H_2O体系和1894年应用到$FeCl_3$-HCl-H_2O体系的研究中，取得开创性成果。此后，相律就逐步成为荷兰学派科学家从事水盐体系平衡溶解度相图研究中的重要理论性工作指南，是Roozeboom、Schreimaker和van't Hoff等著名学者在这方面卓有成效的研究工作，把Gibbs的相律翻译成为“化学的语言”。van't Hoff在1893年应聘到德国柏林大学化学系，为解决由斯塔斯福尔特盐矿制取的盐为什么不能食用的问题，从事斯塔斯福尔特盐矿资源化学研究。他首次运用相律理论完成了海水型(Na^+，K^+，Mg^{2+}/Cl^-，SO_4^{2-}-H_2O)五元体系平衡溶解度相图，奠定了德国水盐体系物理化学和成盐地球化学的基石。

多组分多相系统是十分复杂的，但借助相律可以确定研究的方向。它表明相平衡系统中有几个独立变量，当独立变量选定之后，相律还表明其他的变量必定为这几个独立变量的函数(但是相律不能告诉我们这些函数的具体形式)。这就是相律在相平衡研究中的重要作用。

3.2.1 几个重要概念[2]

(1) 体系(热力学物质体系)。物质体系就是为了研究方便起见，以各种方式或设想，把所要研究的部分与其余部分分开，并填充有一种或多种物质的空间。与物质体系以一定的界面分开的部分叫做外界环境，可简称环境。

(2) 物理化学体系。在体系的各部分之间不仅能够发生能量交换，而且能够进行物质交换的体系称为物理化学体系。可见，物理化学体系必定是热力学体系。

(3) 热力学平衡态。指一种不随时间而改变的状态。处于平衡态时体系中各部分的状态参数(温度 T_A，T_B；压力 p_A，p_B 和化学位 μ_j^A，μ_j^B 相等)必须满足以下条件。

热力学平衡条件

$$p_A = p_B \tag{3-1}$$

$$T_A = T_B \tag{3-2}$$

化学平衡

$$\mu_j^A = \mu_j^B = \mu_j^i \tag{3-3}$$

式中：μ_j^i 中上标表示组分，下标表示相数。

当体系达到热力学平衡和化学平衡时，在整个体系中物理量到处都具有一样的数值。在物理化学体系中平衡态通常建立在两个逆向过程速率相等的基础上。也就是说，体系中过程的静速率等于零。这样的平衡叫做动态平衡。因此，正、逆反应的速率相等，体系中各组分的浓度也不再随时间而改变。

(4) 相(phase)。在物理化学体系内部具有完全相同的物理性质和化学性质的完全均匀的部分称为相。相以 p 表示。“相”是许多分子的组合体，每个相中应当具有足够的分子数，使之能满足统计处理的要求。相的概念本身并不涉及物质的多少。也就是说，体系中各个相的量的多少并不影响这些相的平衡组成和性质。在水、冰和水蒸气组成的体系中就有三个相：液态水、固态冰和气态水蒸气。三者之间有明显的界面，三者各自的内部任何一部分的物理性质和化学性质都是一致的。在任何一个界面上都发生性质的突跃变化。任何水盐体系是由饱和水溶液与固体盐以及溶液上空的气体三个相组成。

(5) 组分(或称“元”)。在物理化学平衡体系中，在指定条件下，相与相之间有明显的界面，在界面上宏观性质的改变是飞跃式的。体系中相的总数称为相数。各相的组成需要最少数目的独立物质，叫做体系的组分，组分以 C 表示。例如，液态水、固态冰和气态水蒸气组成的体系要描述各相的组成只需要一种物质 H_2O 就够了。

(6) C(独立组分数)。该体系的组分数可以由组成该体系物种 N 减去独立反应数 R 和浓度间的限制条件数 N_c 来表示，即

$$C = N - R - N_c \tag{3-4}$$

应当指出，物种的数目随着考虑问题的不同，其数目也有所不同。例如，NaCl-H_2O 体系就存在下述三种情况：第一种情况，只考虑相平衡，$N=2$(即指 NaCl 和 H_2O)。第二种情况，若考虑到 H_2O 的离解平衡，$2H_2O \longrightarrow H_3O^+ + OH^-$，则 $N=4$(即 NaCl、H_2O、H_3O^+ 和 OH^-)。由于这里 $R=1$ 发生有一个独立的离解反应，同时 $C_n=1$，存在 1 个浓度的限制{$H_3O^+ = OH^-$}，因此 $C=4-1-1=2$。第三种情况，考虑 NaCl 的离解，则 $N=6$。由于这时体系中发生有两个独立反应(水和 NaCl 的离解反应)，因此 $R=2$，存在两个浓度限制($H_3O^+ = OH^-$ 和 $Na^+ = Cl^-$)，因此 $C_n=2$。可见，独立组分数仍然是 $C=6-2-2=2$。

(7) 自由度(degrees of freedom)。决定体系状态所必需的独立强度变量的数目称为自由度。确定体系状态的因素(温度、压力和浓度等)中，在旧“相”不消失，新“相”不生成的前提下，能够在一定范围内自由改变的最大数目叫做自由度。自由度通常用 F 表示。当这些因素的 C 指定后，其余的因素就自然而然地具有一定的值，体系的状态也就完全被确定。因此，自由度也叫做体系的独立变量数。

3.2.2 相律

相律就是相平衡定律。当体系处在相平衡条件时，相律指出体系中的组分数、相数和自由度之间存在的关系。

1. 相律的推导

设有一个体系，组分数为 C，相数为 p，采用温度（T）、压力（p）和组分在各相中的浓度作为决定体系状态的参数。相的组成可以用各种浓度进行表示，质量分数就是常用的一种浓度表示方式。

设在某一相中各组分的质量依次为 m_1，m_2，…，m_c，则该相的总质量为

$$\sum_1^c m_i = m_1 + m_2 + \cdots + m_c \tag{3-5}$$

各组分的质量分数为

$$X_1 = m_1 \Big/ \sum_1^c m_i \tag{3-6}$$

$$X_2 = m_2 \Big/ \sum_1^c m_i \tag{3-7}$$

$$\vdots$$

$$X_c = m_c \Big/ \sum_1^c m_i \tag{3-8}$$

其总和应当等于1，即

$$X_1 + X_2 + \cdots + X_c = m_1 \Big/ \sum_1^c m_i + m_2 \Big/ \sum_1^c m_i + \cdots + m_i \Big/ \sum_1^c m_i + m_c \Big/ \sum_1^c m_i$$

$$= \sum_1^c m_i \Big/ \sum_1^c m_i = 1 \tag{3-9}$$

因此，并不是所有组分的质量分数都是自变数。在给定 $C-1$ 个组分的质量后，另一个组分的质量分数就自然被确定。所以，在一个相能够自由变动的浓度只有 $C-1$ 个，在 P 个相中共有（$C-1$）P 个自由变动的浓度。对一个物理化学平衡体系来说，温度在所有的相中都是一致的，压力也是这样。浓度、温度和压力三种变量之和共有（$C-1$）$P+2$ 个。

在一个物理化学平衡体系中的相平衡条件是各相中的化学位相等。所以，C 个组分在 P 个相中的平衡条件为

$$\mu_1^1 = \mu_1^2 = \mu_1^3 = \cdots = \mu_1^P, \quad \text{有}(P-1)\text{个独立方程} \tag{3-10}$$

$$\mu_2^1 = \mu_2^2 = \mu_2^3 = \cdots = \mu_2^P, \quad \text{有}(P-1)\text{个独立方程} \tag{3-11}$$

$$\mu_c^1 = \mu_c^2 = \mu_c^3 = \cdots = \mu_c^P, \quad \text{有}(P-1)\text{个独立方程}$$

所以,总共可以有 $C(P-1)$个独立方程。式中:下标为组分号;上标为相号。

因为任何一个组分在任何一相中的化学势都是该相的温度、压力和各组分在该相中浓度的函数,体系的温度、压力和浓度之间共有$(C-1)P+2$个变数,在这些变数之间存在 $C(P-1)$个独立方程把它们联系在一起,因此决定体系状态的独立变数应当为

$$\underset{\text{(变数的个数)}}{(C-1)P+2}-\underset{\text{(独立变数)}}{C(P-1)}=C-P+2 \tag{3-12}$$

也就是说,体系的自由度 F 由独立变数和相的数目所决定,其关系为

$$F=C-P+2$$

或

$$F+P=C+2 \tag{3-13}$$

式中:2为温度和压力两个变量。

式(3-13)就是 Gibbs 相律的数学表达式。

由式(3-13)可知,体系的相数比独立组分数多2时,自由度为零,是无变量体系;如果体系中相数比组分数多1时,自由度等于1,是单变量体系;如果体系中的相数等于组分数,自由度为2,是双变量体系。在描述体系的平衡相图中,无变量体系与一个固定点相当(所有坐标都确定不变);单变量体系相当于一条线(直线或曲线)上的点(有一个坐标可以任意选定);双变量体系相当于一个面上的点(有两个坐标可以自由选定)。

相律对水盐体系的热力学平衡研究结果进行了理论上的归纳和提高,它是一个简捷、精确、严格、有普遍代表意义的规律。不仅适用于水盐体系,而且适用于合金体系、熔盐体系及有机溶剂体系。需要指出的是,未达到热力学平衡的体系会出现偏差。

2. 相律的应用说明

在相律应用时,应当注意以下几点:

(1) 在推导相律时,我们曾假设在每一相中 S 种物质均存在,但是不论实际情况是否符合此假设,都不影响相律的形式。这是因为,如果某一相中不含某种物质,则在这一相中该物质的相对含量变量就少了一个,同时,相平衡条件中该物质在各相化学势相等的方程式也相应地减少了一个,故相律 $F=C-P+2$ 仍然成立。

(2) 相律 $F=C-P+2$ 式中的2表示系统整体的温度、压力都相同。对与此条件不符的系统,如渗透系统,则需要补充。

(3) 相律 $F=C-P+2$ 式中的2表示只考虑温度、压力对系统相平衡的影响。通常情况下确是如此。但当需要考虑其他因素(如电场、磁场、重力场等因素)

对系统相平衡的影响时,假设造成这种影响的各种外界因素的数目为 n,则相律的形式应为 $F=C-P+n$。

(4) 对于没有气相存在,只有液相和固相形成的凝聚系统来说,由于压力对相平衡的影响很小,并且通常在大气压力下研究,即不考虑压力对相平衡的影响,因此在常压下凝聚系统相律的形式为 $F=C-P+1$。

3.3 饱和溶解度与过饱和溶解度现象[3]

3.3.1 盐水饱和溶液与饱和溶解度现象

上述相平衡定律——相律完全是建立在热力学平衡条件的基础上,经热力学数理推导而得到的关于热力学平衡体系中的组分数、相数、温度、压力与自由度之间的关系。20 世纪下半叶,北欧荷兰化学学派中的 Roozeboom、Schreimaker 和 van't Hoff 等在相律指导下,最早从事并完成了 Na^+,K^+,Mg^{2+}/Cl^-,SO_4^{2-}-H_2O 五元体系溶解度相平衡研究,就是采用满足热力学平衡条件的合成复体溶解平衡法进行掺杂体系多相平衡的研究,即事先制备所需要的平衡固相物料、单盐(无水或水合盐)和复盐,在恒温搅拌条件下,让固体盐溶解在水中达到固-液平衡时,测定饱和溶液中盐的浓度——水-盐二元体系平衡溶解度。人们把这样的溶解度叫做热力学平衡态溶解度,简称平衡溶解度——盐在水中达到热力学平衡态时饱和溶液中盐的浓度。长期以来,在物理化学中一直把这一定义当作是溶解度测定的基准。

3.3.2 盐水过饱和溶液与过饱和溶解度现象

随着盐水多组分体系溶解度测定工作的扩展和深入。不断出现新的溶解度测定方法,如蒸发结晶法、冷却结晶法和溶解转化法等。人们发现,采用不同方法对同一水盐体系,在相同温度和压力条件下,得到的溶解度结果竟然有时相差颇大(远不是分析误差产生的)。多年来,人们把使用 van't Hoff 等建立的方法测定的溶解度叫做平衡溶解度,把盐在水中溶解达到平衡时的溶液称为饱和溶液。基于这样的观点,人们把在采用其他方法时,得到的盐在水中的溶解度往往比相应的平衡溶解度数值明显偏高,有时甚至高达 10 倍的现象,看成是超过了相应平衡条件下饱和溶液中的浓度值,从而认为是由于某些原因形成了过饱和溶液的结果。把这样的现象称为过饱和溶解度现象。

3.3.3 形成过饱和溶液的几种过程

在自然界中,现代盐湖地表卤水,无论是在夏季蒸发浓缩析盐过程中,还是在冬季天然冷冻结晶过程中,人们发现,盐卤蒸发结晶路线和冷冻结晶路线都与相应体系热力学平衡溶解度相图预示结果有所偏离,基至不相符合。

1. 蒸发浓缩过程

在盐湖资源开发利用过程中,普遍采用太阳池相分离技术,也就是在工艺过程中采用蒸发浓缩过程的典型例子。我们在土质日晒池中进行大柴旦盐湖卤水日晒浓缩分离一般盐类的过程中,使用烧杯分别从氯化钠晒池、硫酸镁晒池和钾盐晒池中,在晴天午后3～4h,取出500mL表面卤水。仔细观察,卤水清晰透明,见不到固体盐结晶析出。用玻璃棒进行搅拌,立即观察到有大量细粒晶体析出。显然,这样的卤水就是典型的过饱和溶液。

在实验室内进行的盐湖卤水等温蒸发过程中,也观察到同样的过饱和溶解度现象。通常,盐水溶液在蒸发过程中形成过饱和溶液的过饱和程度与蒸发速率的大小有关。蒸发速率快,浓缩卤水形成的过饱和程度也就大。显然,这里应当存在着一个极限过饱和溶解度问题。

盐水溶液在蒸发过程中形成过饱和溶解度现象与溶液中的溶质盐分密切相关。在温度和压力一定,蒸发速率恒定的情况下,NaCl和KCl水溶液能形成的过饱和溶解度较小。$MgSO_4$和$MgCl_2$水溶液能形成的过饱和溶解度就大得多。应当指出的是,硼酸盐水溶液最容易形成过饱和溶解度现象。尤其是$MgO \cdot 2B_2O_3$,在氯化镁饱和溶液($MgCl_2$-H_2O)中,$MgO \cdot 2B_2O_3$的动态极限溶解度可以比$MgO \cdot 2B_2O_3 \cdot 9H_2O$平衡溶解度值约大10倍[4]。

2. 冷冻过程

人们很早就观察到水在冷却过程中,在没有剧烈搅拌情况下,温度低于0℃时,液态水并不会形成冰,从而形成过冷现象。同样,当你在进行具有正溶解度温度系数物质纯化实验时,经常会注意到在冷却结晶过程中的以下现象:在进行硼砂在水中的重结晶实验时,称取一定量的硼砂溶于水中并趁热过滤除去杂质,在不断搅拌下用自来水进行冷却,根据溶解度曲线、溶液中$Na_2B_4O_7$含量,冷却到t_1(℃)温度时,应该结晶析出硼砂晶体。但实际上,却需要冷却到t_2(℃)温度时才开始析出固体,这就是典型的过饱和溶解度现象所引起的。

3. 溶解过程

对于NaCl或KCl在水中的溶解过程,通常情况下,人们都认为水中盐分浓度随着时间的增加而增加,并将达到热力学平衡时的浓度定义为在该温度时的溶解度。

随着实验条件的改善和研究工作的深入,人们发现,由氯化镁和氯化钾组成的复盐光卤石($MgCl_2 \cdot KCl \cdot 6H_2O$)在水中的溶解过程中,KCl的$c$-$t$曲线上出现极大转折。显然，这也是过饱和溶解度现象在溶解过程中的一个典型例子[5]。

4. 复盐在水中的溶解作用

软钾镁矾($K_2SO_4 \cdot MgSO_4 \cdot 6H_2O$)[6]、钾光卤石($MgCl_2 \cdot KCl \cdot 6H_2O$)、钠硼解石等都是水合复盐，它们在溶解时是不相称溶解，发生转化经过某种盐达到过饱和后，才渐渐达到平衡。

5. 多聚过程

在对硼酸盐的相平衡研究中，人们发现有些体系在很长时间内也难以达到平衡，致使硼酸水盐体系的溶解度数据不全。例如，MgO 溶解在 $H_3BO_3 + MgCl_2$ 水溶液中，由于存在硼氧配阴离子多聚现象，溶液可较长时间地保持过饱和状态。我们采用^{11}B-NMR[7]谱和 FT-IR[8]光谱研究证实了水溶液中硼形成 $B_5O_6(OH)_4^-$、$B_3O_3(OH)_4^-$ 和 $B_4O_5(OH)_4^{2-}$ 等聚合离子。此外，许多形成无机高分子的 W、V、Mo、Si、Ti 等元素的含氧酸盐，在水溶液中也有多聚现象，致使水溶液中难以达到平衡，常常是以过饱和状态存在。

3.4 相律在平衡态水盐体系中的应用及相图绘制

相律及其应用在物理化学相关书籍中已有较详细的介绍[9,10]。我们在本节仅对二元、三元、四元和五元水盐体系热力学平衡的理论基础、基本概念、定义及相律在不同体系中的应用做一简要回顾，并对相图绘制绘方法进行介绍。

3.4.1 相律与二元体系

对于水盐二元凝聚体系(压力影响作用可以忽略)，组分数 C、相数 P 与自由度 F 的关系具有如下形式：

$$F = C - P + 1 = 2 - P + 1 = 3 - P$$

式中：1 为温度变量；C 为 2。

可以得到相数和自由度下述关系：

$$P=1, \quad F=2$$
$$P=2, \quad F=3$$
$$P=3, \quad F=0$$

在恒温下，得到下述关系：

$$F = 2 - P$$
$$P=1, \quad F=1$$
$$P=2, \quad F=0$$

由此可见，对于水盐二元体系，至多只能有三相共存。也就是说，水盐二元体系中的三相点是无变量点。这时，决定体系状态的所有参数(温度和浓度以及各相组成)都应严格确定。

水盐二元体系的相数至少为 1 时，自由度为 2。这就是说，水盐二元体系的相图需要用两个参数(温度和浓度)来进行描述。通常使用二维直角坐标，横坐标表示盐在水溶液中的浓度[可以用 mol 盐/1000 molH_2O、质量分数及 g(或 mol)盐/1000g 水等进行表示]，纵坐标表示温度(℃)。这种图形比较简单，一般绘图软件都可以绘出多条曲线二元相图，此处也就不必举例说明了。

3.4.2　相律与三元体系

1. 相律在三元体系中的应用

水盐三元体系是一大类比较特殊，而又经常遇到的体系。两种盐和水形成的三组分体系，由于其中一个组分水的熔点比其他两个组分盐的熔点低得多，在常温下，水以液体状态存在。这就很自然地把水看作是溶剂，其他两个组分盐看作是溶质。在这类体系中，相的消失与形成就是盐类的溶解与结晶，因此就把这类体系的相图叫做溶度图(也就是溶解度相图)。

水盐三元体系中除溶剂水之外，只能由具有共同离子的两种盐分组成，如 AX-AY-H_2O 或 AX-BX-H_2O(其中 A 和 B 代表阳离子；X 和 Y 代表阴离子)。如果水盐三元体系中的两种盐，阳离子或阴离子不具有共同离子时，溶于水之后，就会发生下述交互反应：

$$AX + BY \rightleftharpoons AY + BX \tag{3-14}$$

这样，体系中就会有四种盐存在，它们之间发生上述一种交互反应。实际上，应该是三个独立组分盐，加上水就构成四组分体系，而不再是三组分体系了。因此，这类体系应该叫做四元交互体系，将在下一节四元体系中进行讨论。

对于水盐三元体系，组分数是 3($C=3$)，自由度 $F=3-P+1=4-P$。可见，在水盐三元体系中最多只能有 4 个相共存，这时的体系是无变量($F=0$)的，所有的参数都被固定而不能任意变化。实际上，任何体系中的相数(P)不能小于 1，也就是说最小应是 1，那么，体系的自由度(F)最多可以是 3。要描绘水盐三元体系必须用三个参数(温度和两种盐分的浓度)，可以用三维卡狭尔空间坐标绘制完善的温度组分溶解度相图来表示。体系的自由度与相数的关系为

$$P=1,\quad F=3$$
$$P=2,\quad F=2$$
$$P=4,\quad F=0$$

如果一个温度事先固定(恒温恒压时)，体系中最大相数为 3，自由度最大为 2，就是无变量的体系。

2. 三元体系相图的表示法

1) 相图表示中常用的几个名词

(1) 体系的相图。若用三维空间来表示，就是用点、线、面、体几何图形定量地表示各种物质之间量的关系。

(2) 相点。表示某个相状态(如相态、组成、温度等)的点称为相点。线由若干个相点组成。

(3) 物系点。相图中表示体系总状态的组成点称为物系点。

盐和水的三组分体系是生产实践中经常遇到的，是科学研究中实验测定最多的体系。如前一节所述，在常压条件下，水盐三元体系在一定温度范围内的溶解度相图需要用相互垂直的三维直角坐标进行表示。这样的相图在实际使用中，尤其是工艺计算中既不方便，又难以确定。当温度一定时，体系相数至少为 1 时，自由度 $F=2$，需要使用两个参数才能对体系进行描绘。

人们所关心的大多数体系是非理想体系，不能像理想体系那样利用数学模型来描述体系的状态与性质之间的关系，因而在研究实际体系时，采用“相平衡”的方法直接测定实验数据。

2) 水盐三元体系等温平衡溶解度表示的方法

(1) 直角三角形法。直角三角形法也叫罗赛布姆(最早由他提出的)第一法。该法是采用等腰直角三角形的直角顶点为原点(可以认为是水的组成点)，直角的两个边用于表示两种盐分的浓度(使用各种物理化学中的浓度坐标)。等腰直角三角形的三个顶点 A、B、C 表示三元体系中三个纯组分的点。把直角边 AB(表示 A-B 二元体系)和 AC(表示 A-C 二元体系)等分为 100 份，每份代表 1%(质量分数，下同)。以直角顶点 A 作为原点(代表纯溶剂水的原点，BC 斜边的标度则是前两者的 2 倍)。AB 边为横坐标，代表组分 B 的质量浓度含量。AC 边为纵坐标，代表组分 C 的含量。把体系的组成描绘在这个直角坐标系中，就得到该体系的组成点(相点)。例如，图(略)中 M 点表示组分 B(含 $b\%$)和组分 C(含 $c\%$)，组分 A (H_2O)(含量等于 $100-b\%-c\%=a\%$)的体系的原点。这一方法的优点是，可以直接用普通的毫米直角坐标纸(毫米方格纸)进行作图，得到的溶解度线容易进行解析。

(2) 等边三角形法。采用等边三角形来描绘三元体系的方法又可分为吉布斯等边三角形(垂线)表示法和罗赛布姆等边三角形(平行线)表示法。

① 吉布斯等边三角形(垂线)表示法。其原理是利用等边三角形内任一点到三个边的距离(三条垂线)的总和等于三角形高的这一性质。吉布斯等边三角形(垂线)表示法如图 3-1(a)所示。它代表有两种盐和水组成的三元混合物。物系点 P，其中 A(第一种盐)的含量是 $a\%$；B(第二种盐)的含量是 $b\%$；c(H_2O)的含

量是 $c\%$。显然，有 $a+b+c=100\%$。该混合物组成点可用下述方式进行绘制：取图 3-1(a)等边三角形，把三角形的各边长分成 100 份，每份表示 1%。从三角形的顶点 A 开始，沿着 AB 方向截取线段 AD，使其长度等于组分 B 的含量 $b\%$。然后沿着 AC 边截取线段 AE，使其长度等于组分 C 的含量 $c\%$。通过 D 和 E 分别引平行于 AC 和 AB 边的线，交点 P 就是要绘制的组成点。

a. 平行于三角形一边的平行线上的点所代表的体系中，该边对顶角所示组分的含量是恒定的。

b. 通过代表组分水的三角形顶点所作分角线上的点，所代表的体系中两种同离子盐（另外两个顶点表示纯组分）的含量比值恒定。

c. 杠杆规则在水盐三元体系等温三角形相图中也适用。

d. 垂心规则同样适用于采用三角坐标绘制成的水盐三元体系等温相图。

② 罗赛布姆等边三角形平行线法又叫罗赛布姆图[图 3-1(b)]。用这种方法作图时，将它的高分为 100 份，每份长表示 1%。在三角形的 AB 边和 AC 边上，任意画两根垂线，用上述尺度分别在垂线上截取两个线段 DE 和 FG。令 $DE=c$、$FG=a$。通过垂线的顶端（E 和 G）分别作三角形相应边（AB 和 AC）的平行线，两条平行线的交点 P 就是所要绘制的相点。相反，假如已知三角形 ABC 中的一点 P，要确定相应于 P 点体系的组成，只需从 P 点向 AB 边引垂线 PH，向 AC 边引垂线 PI。用上述尺度标量得垂线的长，就可得知组分 B 和 C 的含量。组分 A 的含量可用差减法求得。

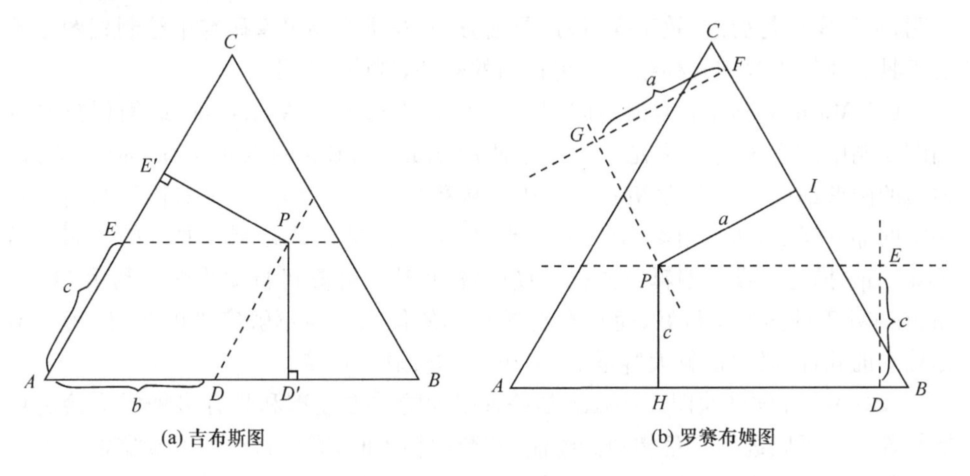

图 3-1　三元体系等边三角形法

当恒温又恒压时，可用平面图形表示。若要表示不同温度时的三元体系，可以采用 xyz 三维空间坐标，用正三棱柱体（或称四面体）表示，底面正三角形表示组成，柱高表示温度。如图 3-2 所示，用 Rb_2SO_4-C_2H_5OH-H_2O 三元体系的多温相

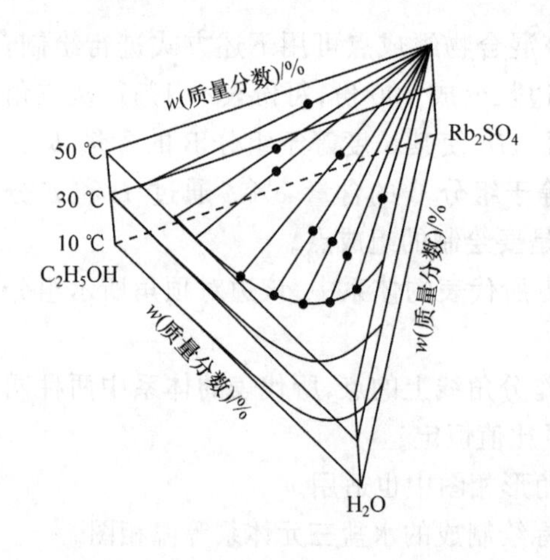

图 3-2　Rb_2SO_4-C_2H_5OH-H_2O 三元体系的多温相图

图说明不同温度时的三元体系的相图。

3）计算机绘制三元体系相图法

上面所述传统的方法是对实验数据用手工描点作图，它存在误差大、有人为因素和效率低的弊端。对于一元和二元体系，用双坐标的平面图就可以表示，这种相图能使用的软件很多，而对绘制三元相图（或四元体系中使某组成固定可视为三元体系）比较复杂和困难。随着电子计算技术的飞速发展，相图的绘制已经进入自动化、数值化的阶段，许多数据统计和图形处理软件，如 Origin、SigmaPlot、SPSS 以及诸如 Mathematica、MatLab 等数学图形软件，都可以用来进行图形处理。虽然这些软件功能强大，解决问题游刃有余，但是软件价格昂贵、系统体积大，并不完全适合专业需要，有的还要进行程序编辑才能使用，使用起来不方便，并且必须经过专门的训练才能熟练掌握。国外有一种 Panda 绘制三元和四元体系相图的软件，但我们还未使用过，无法评论它。高世扬等应用Windows下的快速应用开发工具 Delphi 5 完成了三元相图自动绘制的专用程序 TriPhaseDiagram 的编制，应用实例表明，本程序运行稳定、效率高、使用灵活方便，是进行相平衡研究中绘制相图必备的工具。我们了解到几种绘制三角相图的软件，现简介如下：

（1）Mathematica 下编程绘图程序。李强[11]曾采用 Mathematica 编程技术对相图绘制中的应用进行研究。该程序使用 Mathematica 的 Notebook-Based 接口，输出的图形都放在用户的 Notebook 中。从数学原理上，解决了水盐体系绘制三元相图的部分问题，如三角坐标转换、图形背景设计、结线的绘制和曲线的绘制。用 PostScript 描述语言再编辑一些程序接口，初步达到计算机自动绘图。利用 Mathematica 处理的图形质量好，而且有自成一体的优点。但不够完善的是，该程序不是独立的软件，必须依赖大容量的 Mathematica 软件系统。

（2）Origin 软件绘图。Origin 是一种强大的数据处理和具有多种图形绘制功能软件。它可以进行三角相图的绘制，在数据输入时，需要将溶解度数据输入为一个文件，输入 A 轴和 B 轴，设置 C 轴并转换为 z 轴，作出溶解度曲线。把湿固相数据输入为另一个文件。两个文件合并后，并用点击 Δ 图标作图。人工绘出结线。最后还需要进行参数调整找到三边相等的三角形图形。虽然该软件可以使用于一般简单的体系，但无法用于复杂体系，作图费力、费时。图形不能在其他的绘图软件中进行修改和美化。由于参数不容易选择为等边三角形，所绘图形效果欠佳。

以上两种软件虽然功能强大,但系统大,存在各自的缺点。对于有复盐形成的饱和溶解度曲线分段拟合的绘制和结线的延长相交问题没有解决,在 Windows 下无直观的作图界面,不适合专业需要,且操作比较麻烦,不容易掌握。

(3) TPD 绘图软件。夏树屏和陈世荣等[12,13]从实际情况的需要出发,采用 Inprise公司的 Delphi 5 语言,设计并编制成水盐体系三角相图绘图的专用 TPD 软件。程序原理主要包括:三角形的物种名称、组成点的在线显示、坐标转换、固-液平衡线(溶解度曲线)、固-液结线和结线的延长相交及绘图线条粗细的选择等图形元素的设计和绘制。

TPD 绘图软件特点是在 Windows 界面下设置有菜单进行多种选择和功能转换接口按钮,直观,容易操作,数据用文件方式输入。

① 固-液平衡线的绘制。本程序中提供了几种不同的选择,它包括对液相点数据的折线连接法、多项式拟合法、三次样条平滑法和溶解度曲线分段处理等。这样就能反映实际情况,效果良好。同时可以在数据表中显示出多项式拟合结果,得到不同物种的溶解度方程可以存盘保留。

② 结线的绘制。结线是液相点与固相点之间的连线。可以直接连接、多项式连接和给定组成点连接和不连接,绘制出结线图后就可以看出三元或四元体系中的相区范围,以及有无化合物生成的趋势。对于结线的固相延长,由于实验误差的存在,本该交于一点的延长线,其交点不能重合。解决的方法是对结线进行最小二乘处理。设有液相点(x_{1i} , y_{1i}) 和相应的固相点(x_{2i} , y_{2i})($i=1,2,\cdots,n$),若连接相应点可生成预期将交于一点(x_0 , y_0)的 n 条结线

$$y = k_i x + b_i \qquad (i = 1,2,\cdots,n) \tag{3-15}$$

对式(3 - 15)中的 n 个方程以

$$\text{Res} = \sum_{i=1}^{n} \left[y - (k_i x + b_i) \right]^2 \tag{3-16}$$

为目标进行最小二乘求解,可确定最佳交点(x_0 , y_0),然后依次连接(x_{1i} , y_{1i})和(x_0 , y_0),即可生成完整的结线。

有关软件的设计原理和方法在文献中已详细阐述,此处不再重复介绍。我们应用该软件作了不同体系的三元体系相图,得到较好的结果,既省时、省力、美观,又能在 Windows 下运行,能够保存图形文件并能在线找出各相的组成,达到数字化的目的。

3.4.3　相律与四元体系

1. 相律在水盐四元体系中的应用

四元体系中有两种类型:一种是简单四元体系;另一种是四元交互体系。前者

由具有一种共同离子(阴离子或阳离子)的三种盐和水组成,如 $K^+/Cl,HCO_3^-$,SO_4^{2-}-H_2O 和 $Na^+,Mg^{2+}/Cl^-$-H_2O 或 $Na^+,K^+/Cl^-$-H_2O(AX,BY-H_2O)体系;后者如上所述的两种不同阴离子的 AX、BY 在水中形成四元交互体系。四元体系中相的数目为 4,在压力恒定下,相律公式为

$$F = 4 - p + 1 = 5 - p \tag{3-17}$$

在温度恒定下

$$F=4-p=4-p \tag{3-18}$$

由上面相律公式可见,体系最大的相数目为 5,只能存在 4 个固相和 1 个液相,自由度数目最大只能是 4(无变点时相数最小为 1)。等温时,自由度数目最大只能是 3,此时表达四元体系已经是立体图了(图 3-3)。请参见后面四元体系的例子。

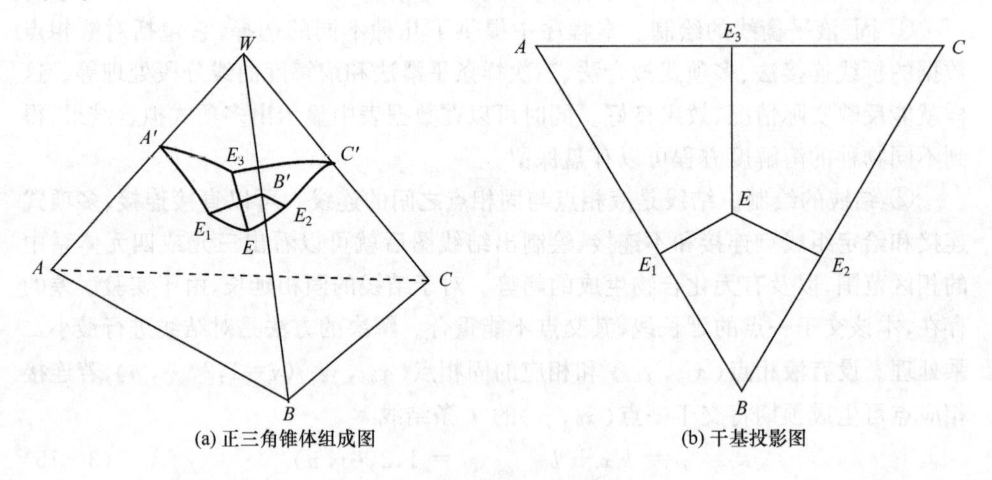

图 3-3 简单四元体系相图

四元体系中相数与自由度之间的关系如表 3-1 所示。

表 3-1 四元体系中相数与自由度之间关系

相数(P)	自由度 F(2)	自由度 F(1)
1	5	4
2	4	3
3	3	2
4	2	1
5	1	0

由于自由度数目增多,给相图的绘制和应用带来困难,现在所用计算相图参见第 7 章进行处理。

2. 水盐四元体系相图的表示法

下面介绍四元水盐体系相图的表示法。

1) 简单四元体系组成的表示法

(1) 简单四元体系相图。要描述一个四元体系的组成，必须指出三个组分的质量分数或质量浓度（第四个组分的浓度自然就肯定了），显然必须用三维图形来表示。常用正四面体[图 3－3(a)]来表示简单四元体系。四面体的四个顶点代表四个纯组分，A、B、C 表示具有同一离子的三种盐，W 代表水。六个棱表示相应的六个二元体系，其中三个二元水盐体系 A-W、B-W、C-W，三个盐体系 A-B、B-C、A-C。四个侧面等边三角形表示相应的四个三元体系：A-B-W、B-C-W、A-C-W 三个水盐体系和 A-B-C 一个盐三元体系。把四面体的棱分为 100 等份，每份代表 1%。其表示方法已在三元体系的有关章节讲述过，是相类似于三元体系的空间图。只不过 z 轴是代表水的组成而已。四面体内部则表示四元体系。杠杆规则和重心规则在四面体组成图中同样适用。详细方法见文献[5]。

(2) 四元体系干基投影图。用四面体组成图表示体系的状态十分直观、清楚，应用也相当普遍。但在实际工作中计算不便，为此，用它平面上的投影图来表示。常用的投影有正交投影和中心投影两种。正交投影就是从图中各点作某一平面（投影面）的垂线。垂足的总和就是该投影平面上的正交投影。四元体系相图体系空间物系点是含有四种盐和水的组成点。图 3－4(b)是干基投影图，E_1、E_2、E_3 和 E 分别表示三个水盐体系的共饱和点和四元体系共饱和点分别在平面上的投影。EE_1、EE_2、EE_3 为相应空间 B 的投影，详见文献[2]。

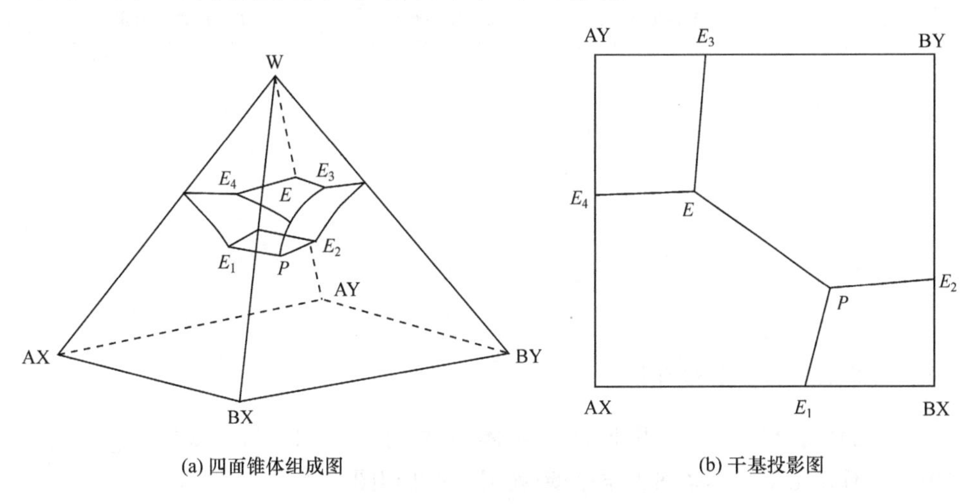

(a) 四面锥体组成图　　(b) 干基投影图

图 3－4　四元交互体系相图

2）四元交互体系相图

四元交互体系相图是以棱柱形的底面表示交互四元体系，代表干盐间的关系。四个棱表示每两种盐与水形成的四个三元体系，如图 3－4(a)所示，体内空间物系点是含有四种盐和水的组成点。图 3－4(b)是干基投影图。作图方法与上面所述相同。

应当指出，干基投影图只能表示固相之间的关系，还应有水图表示才是四元体系的全部相图。

3.4.4 相律与五元水盐体系

1. 相律在五元水盐体系中的应用

在五元水盐体系中，独立组分的数目等于 5（$C=5$），将这一数值代入相律（$F=C-P+2$）中就得到

$$F=5-P+2=7-P \tag{3-19}$$

水盐体系在 100℃以下，压力对体系平衡溶解度的影响甚微，可忽略不计。这时式(3－19)就变为

$$F=5-P+1=6-P \tag{3-20}$$

由式(3－19)和式(3－20)就可以写出当体系中相数（P）不同时的自由度不同。压力恒定为 $F(2)$，温度恒定为 $F(3)$。五元体系中相数与自由度之间的关系如表 3－2 所示。

表 3－2 五元体系中相数与自由度之间的关系

相数 P	自由度 $F(1)$	$F(2)$（压力恒定）	$F(3)$（温度恒定）
1	6	5	4
2	5	4	3
3	4	3	2
4	3	2	1
5	2	1	0
6	1	0	

2. 水盐五元体系相图表示法

五元体系相图表示用下面实际体系说明。例如，Na^+，K^+，Mg^{2+}/Cl^-，SO_4^{2-}-H_2O五元交互体系热力学平衡（态）溶解度相图。

显然，该体系包括：$NaCl$、Na_2SO_4、KCl、K_2SO_4、$MgSO_4$、$MgCl_2$ 六种盐，它们之间存在下述三个交互反应：

$$Na_2Cl_2 + MgSO_4 \rightleftharpoons Na_2SO_4 + MgCl_2$$

$$K_2Cl_2 + MgSO_4 \rightleftharpoons K_2SO_4 + MgCl_2$$

$$Na_2Cl_2 + K_2SO_4 \rightleftharpoons Na_2SO_4 + K_2Cl_2$$

上述第三个化学反应明显地是由其余两个反应相减的结果。由此可见，在六种盐之间只存在两个独立的交互反应。按独立组分的概念，应当是 6－2＝4。也就是说，这 4 个独立组分盐加上溶剂水就组成五元交互水盐体系。考虑到在该体系中任何情况下，各阳离子总量应当等于阴离子总量，采用小写英文字母 a、b、c 分别表示各阳离子的当量浓度，x、y、z 表示各阴离子的当量浓度，就能假定并得出

$$a + b + c + x + y + z = 200$$

其中

$$a + b + c = x + y = 100$$

这样一来，为表示 Na^+，K^+，Mg^{2+}/Cl^-，SO_4^{2-}-H_2O 体系，就可以选用一个等边三角形作为上下两底，并以正方形作为三个侧面的三角棱柱体来绘制 Na^+，K^+，Mg^{2+}/Cl^-，SO_4^{2-}-H_2O 五元体系的干盐图。该体系中的两个不同阴离子四元体系 Na^+，K^+，Mg^{2+}/Cl^--H_2O 和 Na^+，K^+，Mg^{2+}/SO_4^{2-}-H_2O 的干盐图分别用三角棱柱体的上底和下底等边三角形表示。显然，该体系中包括三个四元交互水盐体系：Na^+，Mg^{2+}/Cl^-，SO_4^{2-}-H_2O、Na^+，K^+/Cl^-，SO_4^{2-}-H_2O 和 K^+，Mg^{2+}/Cl^-，SO_4^{2-}-H_2O 的干盐图，分别由相应的三个侧面正四边形表示。这样就可以把一个本来需要用四度空间才能表示出来的相图，可以采用三角棱柱体的三度空间来进行表示。

在该体系中结晶析出 12 种盐（与 NaCl 共饱和）。也就是说，在耶涅克(Janëcke)三角相图出现有 12 个相区。在棱柱体中绘出 Na^+，K^+，Mg^{2+}/Cl^-，SO_4^{2-}-H_2O 五元体系在 25℃时的等温平衡溶解度相图。结果表明每一种盐和氯化钠共结晶析出。这样的相图可以清楚地显示在 NaCl 饱和范围内，各种盐类（水合盐和水合复盐）饱和面的分布和相关位置。但是要实际应用起来（盐类工艺解析和工艺计算）就十分困难，也很不方便。为此，Janëcke 提出用棱柱体的 NaCl 顶点为投影中心，把图中各个盐类饱和面投影到该棱柱体中以 Na_2SO_4- $MgCl_2$-KCl 为顶点的三角形切面上，就得到我们经常在文献和有关著作中见到的 Mg^{2+}-K_2^{2+}-SO_4^{2-} Janëcke 三角形投影图。

3.5　海水型水盐体系中的介稳平衡相图

众所周知，热力学平衡是只给出开始态和终态结果，而不考虑过程中的情况。

但是，无论在自然界或工业生产中，由于条件的改变，一个相应该转变为另一个相，经常发现这种转变未能及时发生。这种现象叫做相转变的阻滞或延后，又称为亚稳状态。这种现象被人们认为该体系达到平衡而处于介稳状态。在介稳状态下，物质结构状态所含热力学能要比在相同条件下正常平衡时的结构状态所含的热力学能大，因而能自发地转变为稳定状态。这种转变为稳定状态的转变速度大小和途径却大不相同，有的体系可在瞬间完成，有的体系很慢。

人们观察到介稳状态不仅在金属、非金属的单质状态下存在，而且在水盐体系中广泛存在。不仅在二元水盐体系中有介稳平衡，而且在三元、四元、五元体系和复杂的多组元系统中也存在介稳平衡，这一点已被更多的人所证实和接受。对水盐体系，仅仅研究稳定平衡是不够的。因为水盐体系中，不同盐类的结晶过程是复杂的：有的按稳定平衡相图规律进行；有的水盐体系在蒸发和加工过程中，往往呈现介稳平衡，蒸发过程的结晶路线偏离稳定平衡相图。这是因为盐类的析出过程和速度不仅与当时的各种条件有关，而且与系统过去所经历的情况有关，这给我们在理论上利用稳定平衡相图指导析盐规律及利用数据进行工艺计算带来困难。因此，必须进行介稳平衡相图(相律也适用)的研究以找寻物理化学的依据。同时，海水型五元系统介稳平衡的研究对于海水和盐湖卤水在蒸发过程中盐类的结晶顺序、盐矿分离、盐矿形成及盐湖地球化学研究都具有普遍意义。

介稳状态产生的原因包括：溶液中介质的种类、杂质组分的存在、溶液的 pH、液相的蒸发速度、晶核的形成及动力学因素等。

如本书第 1 章所述，大柴旦盐湖是富含锂盐的新类型(硫酸镁亚型)硼酸盐盐湖。卤水中硼含量在 0.2%(以 B_2O_3 计)以下，锂的含量更低，可以看成是天然的 Na^+，K^+，Mg^{2+}/Cl^-，SO_4^{2-}-H_2O 五元水盐体系。无论从该湖区成盐地球化学，还是从盐卤相化学和盐卤太阳池相分离技术操作需要考虑，对该体系进行有选择性的总结和评述实属必要。Na^+，K^+，Mg^{2+}/Cl^-，SO_4^{2-}-H_2O 五元体系中包括：①六个二元水盐体系，即 $NaCl$-H_2O、KCl-H_2O、$MgCl_2$-H_2O、Na_2SO_4-H_2O、K_2SO_4-H_2O 和 $MgSO_4$-H_2O；②九个三元体系，即 $NaCl$-KCl-H_2O、NaC-$MgCl_2$-H_2O、KCl-$MgCl_2$-H_2O、Na_2SO_4-K_2SO_4-H_2O、Na_2SO_4-$MgCl_2$-H_2O、K_2SO_4-$MgSO_4$-H_2O、Na_2Cl_2-Na_2SO_4-H_2O、KCl-K_2SO_4-H_2O 和 $MgCl_2$-$MgSO_4$-H_2O；③两个简单四元体系，即 KCl-$NaCl$-$MgCl_2$-H_2O 和 K_2SO_4-Na_2SO_4-Mg_2SO_4-H_2O；④三个四元交互体系，即 Na_2SO_4-$NaCl$-H_2O、KCl-K_2SO_4-H_2O 和 $MgCl_2$-$MgSO_4$-H_2O。

关于 Na^+，K^+，Mg^{2+}/Cl^-，SO_4^{2-}-H_2O 五元体系及其次级体系从 −10～100℃的溶解度数据比较齐全和完善[10]，一般性介绍和综述的文章和论著较多。在本节里主要针对我国新类型盐湖区盐类沉积机理的解释和盐卤综合利用工艺需要，着重评述相律对该体系中的热力学平衡和介稳平衡态的某些规律性特征。

3.5.1　二元水盐体系介稳相图

在海水型水盐体系中包括有 $MgSO_2$-H_2O 和 Na_2SO_4-H_2O 多个二元体系，这两个体系都存在介稳溶解现象，人们也测得了它们的介稳相图。

1. $MgSO_4$-H_2O 二元体系

从如图3－5所示 $MgSO_4$-H_2O 二元体系介稳平衡溶解度曲线上可以看到，在 $MgSO_4$-H_2O 二元体系中出现的介稳溶解度现象有两个特点：①除低聚合盐 $MgSO_4\cdot H_2O$ 和高水合盐 $MgSO_4\cdot 12H_2O$ 尚未观测到介稳溶解现象外，其他几种水合盐 $MgSO_4\cdot 7H_2O$、$MgSO_4\cdot 6H_2O$、$MgSO_4\cdot 5H_2O$ 和 $MgSO_4\cdot 4H_2O$ 都存在介稳溶解现象；②从－5.0～＋110℃的温度范围内都存在介稳溶解度。在该体系中出现的介稳溶解度存在以下三种不同的情况：第一种，低温范围内出现的介稳溶解度，如图3－5中，线段 *AB* 及其虚线延长是冰与不饱和的盐水溶液介稳溶解度线，线段 *CB* 表示 $MgSO_4\cdot 7H_2O$(Ⅰ)介稳溶解度，是平衡溶解度线在低温范围内的延长线。线段 *DG* 及其延长线表示 $MgSO_4\cdot 6H_2O$ 在低温范围内的介稳溶解度，显然也是 $MgSO_4\cdot 6H_2O$ 平衡溶解度线的延伸。第二种，不同构型的介稳溶解度，线段 *GN* 表示 $MgSO_4\cdot 6H_2O$ 在较低温度范围内介稳溶解度线上出现另一 $MgSO_4\cdot 7H_2O$(Ⅱ)构型的介稳溶解度线，该介稳溶解度明显地处于 $MgSO_4\cdot 7H_2O$(Ⅰ)平稳溶解度的过饱和区内。第三种，高温(100℃)范围内的介稳溶解度，线段 *EO* 虚线表示 $MgSO_4\cdot 6H_2O$ 在温度范围内 $MgSO_4\cdot 5H_2O$ 和 $MgSO_4\cdot 4H_2O$ 介稳溶解度曲线。这些结果表明 $MgSO_4\cdot 5H_2O$ 和 $MgSO_4\cdot 4H_2O$ 只能是在介稳条件下才能结晶析出。

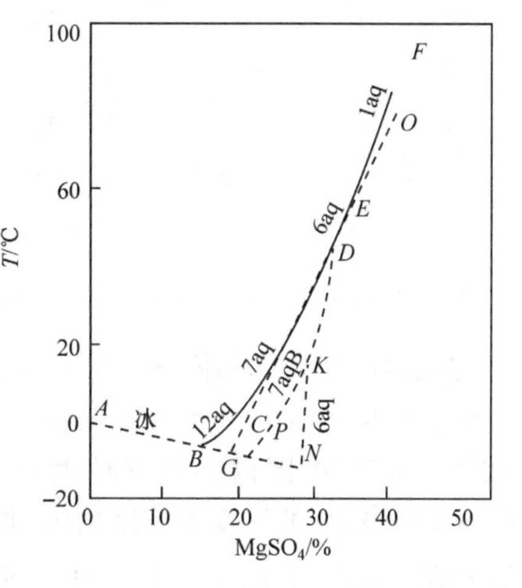

图3－5　$MgSO_4$-H_2O 二元体系介稳平衡溶解度曲线图

2. Na_2SO_4-H_2O 二元体系

Na_2SO_4-H_2O 二元体系在－0.6～365℃不同温度时存在平衡和介稳溶解度的测定结果如表3－3所示。

表 3-3 Na_2SO_4-H_2O 二元体系不同温度时的溶解度

温度/℃	液相 Na_2SO_4 的质量分数/%	固相	温度/℃	液相 Na_2SO_4 的质量分数/%	固相
−0.6	2.0	ice	40	32.6	Na_2SO_4
−1.2	4.0	ice＋S_{10}	−2.0	7.0	ice(介稳)
0	4.3	S_{10}	−2.85	10.0	ice(介稳)
0	6.0	S_{10}	−3.6	12.7	ice＋S_7(介稳)
10	8.35	S_{10}	0	15.4	S_7(介稳)
15	11.6	S_{10}	10	23.2	S_7(介稳)
20	16.1	S_{10}	20	31.0	S_7(介稳)
25	21.8	S_{10}	24.0	34.15	S_7＋Na_2SO_4(介稳)
30	29.0	S_{10}	20	34.6	Na_2SO_4(介稳)
32.4	33.25	S_{10}＋Na_2SO_4	25	34.0	Na_2SO_4(介稳)
35	33.0	Na_2SO_4	30	33.5	Na_2SO_4(介稳)

注：S_7 为 $Na_2SO_4·7H_2O$；ice 为冰；S_{10}为 $Na_2SO_4·10H_2O$。

Na_2SO_4-H_2O 二元体系溶解度与温度关系的相图绘于图 3-6 中[14]，在稳定平衡条件下 Na_2SO_4 的最大冰点降低值是−1.2℃(即冰点低共熔点 *B* 的温度)。在−1.2～365℃范围内存在三种固相，出现三条不同的溶解度曲线，线段 *BG* 是 $Na_2SO_4·10H_2O$ 的平衡溶解度曲线，具有正温度溶解系数值，溶解度从冰盐低共熔点 *B* 在−1.2℃时的 4.0gNa_2SO_4/100gH_2O，随着温度的升高而增加。当温度升高到转溶点 *E*(温度为 32.38℃)时，平衡溶解度为 49.59gNa_2SO_4/100gH_2O，这时候 $Na_2SO_4·10H_2O$ 熔融并溶解在它自身的结晶水中，同时形成斜方晶体的无水硫酸钠 Na_2SO_4。从转熔点 *E* 随着温度的升高，无水硫酸盐的溶解度反而减小。也就是说，这时候的溶解度温度系数为负值，直到出现溶解度极小值(温度 60.1℃，溶解度 45.22gNa_2SO_4/100gH_2O)后，再次呈现正的溶解度温度系数，直到相转变点 *F*(235℃，溶解度为 44.95g/100gH_2O)。在该相变点处所有菱形 Na_2SO_4 全部转变为六方 Na_2SO_4 后，温度升高溶解度迅速线形减小，到 365℃时溶解度达到极小。这

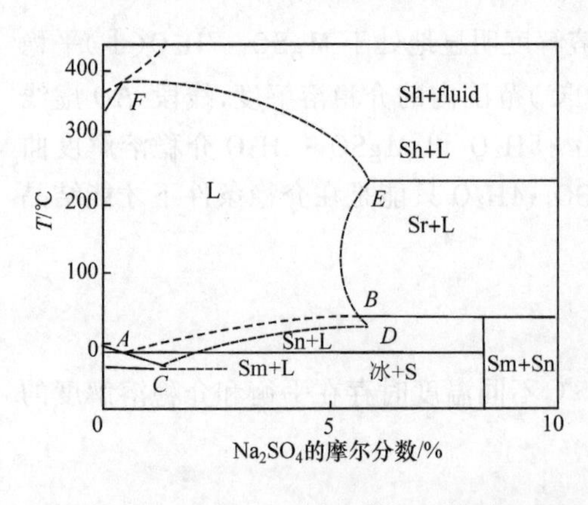

图 3-6 Na_2SO_4-H_2O 二元体系多温溶解度图

就是说，此时六方 Na_2SO_4 的溶解度温度系数(ds/dT)为负值。

斜方 Na_2SO_4 的溶解度曲线 EF 是具有极小值的抛物线形的曲线，溶解度温度系数在 32.38～60.1℃是负值；在 60.1℃时为 0；在 60.1～235℃却又是正值。此外，在 30℃以下存在热力学非平衡态（介稳）溶解度，介稳固相是 $Na_2SO_4 \cdot 7H_2O$。这时候的冰盐低共熔点（C）的温度为－3.5℃，溶解度为 14.5gNa_2SO_4/(100gH_2O＋冰)，$Na_2SO_4 \cdot H_2O$ 的介稳溶解度曲线为 CD。介稳态转熔点温度为 24.4℃，溶解度为 51.80gNa_2SO_4/100gH_2O。

3.5.2　水盐三元体系介稳相图

一般水盐三元体系相图中，无水盐是稳定相，水合盐是介稳定相。它们中有固相不形成复盐，也有生成水合复盐的体系。这类体系常常在测定平衡溶解度时被忽略。有时在未达到平衡的数据测定中被发现有与平衡态不相同的水合物存在，实际上就是介稳相，也可以绘制出介稳相图。图 3－7 列出三种类型水盐三元体系相图。图 3－7(a)中无水盐 B 是稳定相，水合物 B_1 是介稳相。图 3－7(b)两条溶解度曲线在 Q 点穿过，当 A 盐浓度低时，在 QB 线的左侧，水合物 B_1 是稳定相；当 A 盐浓度高时，在 QPA 线的右侧，无水盐 B 是稳定相。图 3－7(c)中，水合物 B_1 是稳定相，而水合盐 B 是介稳相。

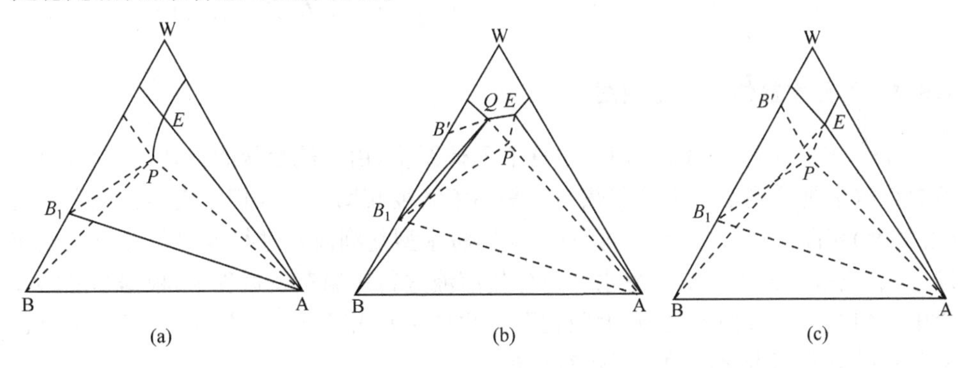

图 3－7　三元水盐体系介稳相图和稳定相图示意图

虚线表示介稳边线，所包括的相区为介稳相区

3.5.3　四元水盐体系介稳相图

Na^+，Mg^{2+}/Cl^-，SO_4^{2-}-H_2O 四元交互体系在 25℃时，除上述热力学平衡溶解度相图之外，多年来人们无论是在野外对盐湖成盐过程的实际观察，或现场进行的地球化学成盐实验中，还是在实验室进行的等温蒸发实验中，都确切地表明热力学非平衡态液-固相图(称之为介稳相图)存在[15]。如图 3－8 中所示，介稳相图(虚线)与平衡相图(实线)之间的主要不同在于，平衡相图中原有面积较大的白钠镁矾

相区，在介稳过程被它们周围的邻近相区($MgSO_4 \cdot 7H_2O$、NaCl 和 Na_2SO_4)进行侵占式的分割。也就是说，在该体系 25℃介稳等温溶解度相图中，白钠镁矾相区消失了，$MgSO_4 \cdot 7H_2O$、NaCl 和 Na_2SO_4 相区相应地扩大了。

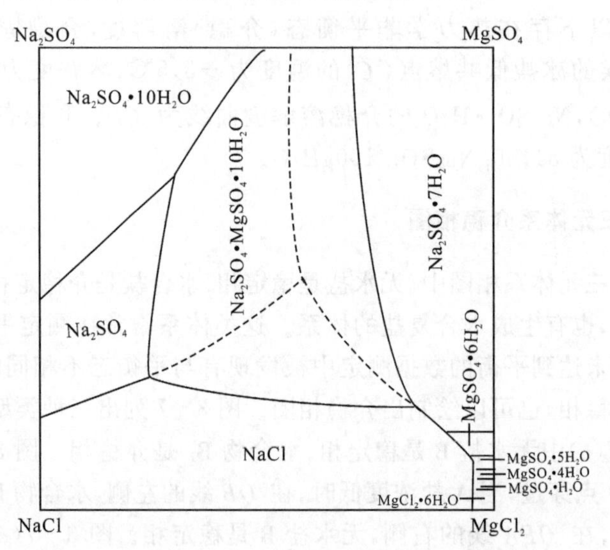

图 3-8 $Na^+, Mg^{2+}/Cl, SO_4^{2-}-H_2O$ 四元交互体系在 25℃时的相图

3.5.4 五元水盐体系介稳相图

$Na^+, K^+, Mg^{2+}/SO_4^{2-}, Cl^- - H_2O$ 五元体系中，由于硫酸盐的存在，用合成复体恒温溶解平衡法测定结果绘制热力学平衡溶解度相图——人们把它叫做稳定平衡(溶解度)相图[16,17]。与此不同的是，采用海水型盐湖卤水进行等温蒸发或天然蒸发方式，或采用人工合成型海水多组分盐溶液进行等温蒸发过程中，根据结晶路线绘出的相图——人们称之为“太阳相图”(也叫介稳相图)。在本节里，我们将对这两种相图以及两者之间的关系进行探讨。

目前，人们已经普遍认识到海水和盐湖卤水在天然蒸发结晶过程中，程度不同地存在着介稳(平衡)溶解现象[18]。对介稳溶解度相图的研究，可以使人们更客观地、更真实地了解天然条件下，海水和盐湖卤水的蒸发结晶过程、析盐顺序等与平衡溶解度相图预测结果之间的关系。这对天然盐矿床的形成，找矿与勘探盐类成盐地球化学研究都具有重要的理论指导意义。特别是针对硫酸盐类型盐湖卤水利用太阳池相分离提取钾盐，尤其是提取硫酸钾盐具有十分重要的实用价值。在我国缺乏大型可溶性钾盐矿床的现状下更具有特殊意义。

1. 体系在 15℃时的介稳相图

金作美等[19]对 Na^+,K^+,Mg^{2+}/Cl^-,SO_4^{2-}-H_2O 五元体系在 15℃时的介稳溶解度进行测定。采用化学纯 NaCl、KCl、Na_2SO_4、$MgSO_4 \cdot 7H_2O$ 和 $MgCl_2 \cdot 6H_2O$ 试剂,人工合成制备不同组成的水溶液,盛于圆形玻璃缸中,置于(15±0.1)℃恒温箱内,在空气相对湿度 55%～70%、蒸发速率为 0.04～0.089g/(d·cm^2)条件下进行等温蒸发。用偏光显微镜和物理分析法对析出固相进行物相鉴定。在不同析盐过程中,取不同浓缩卤水进行化学分析,计算该五元体系 Janëcke 相图指数。将蒸发过程中不同析盐阶段、不同浓缩卤水化学组成点绘成 Na^+、K^+、SO_4^{2-} 三角相图。将析出同一固相的卤水组成点连接成为结晶路线,最后绘制成介稳相图。Na^+,K^+,Mg^{2+}/Cl,SO_4^{2-}-H_2O 五元体系介稳相图中按相区分布、面积大小排序依次出现 KCl、$Na_2SO_4 \cdot 2K_2SO_4$、Na_2SO_4、$MgSO_4 \cdot K_2SO_4 \cdot 6H_2O$、$Na_2SO_4 \cdot MgSO_4 \cdot 4H_2O$、$MgSO_4 \cdot 7H_2O$、$MgCl_2 \cdot KCl \cdot 6H_2O$、$MgSO_4 \cdot 6H_2O$ 和 $MgCl_2 \cdot 6H_2O$ 共 9 个相区。

2. Na^+,K^+,Mg^{2+}/Cl^-,SO_4^{2-}-H_2O 五元体系在 25℃时的介稳相图

按照 van't Hoff 等首次完成的 Na^+,K^+,Mg^{2+}/Cl^-,SO_4^{2-}-H_2O 五元交互体系在 25℃时的等温热力学稳定平衡溶解度相图,海水在蒸发过程中的析盐顺序应当是:食盐(NaCl)、泻利盐($MgSO_4 \cdot 7H_2O$)、六水泻利盐($MgSO_4 \cdot 6H_2O$)、钾盐镁矾($MgSO_4 \cdot KCl \cdot 2.75H_2O$)、复盐光卤石($MgCl_2 \cdot KCl \cdot 6H_2O$)和水氯镁石($MgCl_2 \cdot 6H_2O$)。可是,法国的 Usiglio 对地中海海水进行的天然蒸发结果中,却没有见到有钾盐镁矾结晶析出。关于这一不相符合的结果,当时 van't Hoff 也无可奈何地认识到它的存在。苏联科学院 Н.С.Курнаков 院士在 20 世纪 30 年代与 Николаев 在获得黑海的 Карабогаз Гол 海水和其他海水型盐湖卤水天然蒸发结果的基础上,从许许多多的实验图形中通过整理、归纳和分析,于 1938 年发表"太阳相图"。这幅相图实际上是用海水和海水型盐卤在太阳光下进行的天然日晒蒸发结果绘制成的相图,人们把这样的蒸发相图叫做介稳相图(属于热力学非平衡态溶解度相图)。该相图只给出在 K^+、Mg^{2+}、SO_4^{2-} Janëcke 三角形相图上靠近 Mg^{2+}(Cl^-)顶角附近有限的某些相区(限于海水蒸发过程中析出盐类固相区)。金作美等[20]在采用各种不同合成卤水进行 25℃等温蒸发实验基础上,给出了 Na^+,K^+,Mg^{2+}/Cl^-,SO_4^{2-}-H_2O五元交互体系在 25℃时的热力学非平衡态(介稳)溶解度结果(表 3-4 和表 3-5)。同时用 Janëcke 三角形相图纸绘制成图 3-9。

表3-4 $Na^+,K^+,Mg^{2+}/Cl^-,SO_4^{2-}-H_2O$五元系统介稳平衡的液、固相组成(25℃)

编号	液相组成(质量分数)/%						固相组成
	K^+	Na^+	Mg^{2+}	Cl^-	SO_4^{2-}	H_2O	
1	5.26	6.74	1.13	16.29	2.94	67.64	$NaCl+KCl+3K_2SO_4\cdot Na_2SO_4$
2	4.84	5.84	1.96	15.72	4.58	67.06	$NaCl+KCl+3K_2SO_4\cdot Na_2SO_4$
3	4.51	4.21	3.08	15.63	5.35	67.22	NaCl+KCl+We
4	4.03	3.80	3.59	16.08	5.33	67.17	NaCl+KCl+We
5	2.71	1.07	6.08	17.10	6.46	66.58	NaCl+KCl+We
6	3.35	7.63	2.00	11.81	11.95	63.26	$NaCl+Na_2SO_4+We$
7	2.87	6.96	2.41	11.68	11.76	64.32	NaCl+We+Ac
8	2.19	7.09	2.35	12.20	10.25	65.92	NaCl+We+Ac
9	2.13	2.77	5.03	13.65	9.78	66.64	NaCl+We+Ac
10	2.32	1.877	5.48	15.14	7.94	57.25	$NaCl+MgSO_4\cdot 7H_2O+We$
11	2.50	0.82	6.29	17.40	6.11	66.87	$NaCl+MgSO_4\cdot 7H_2O+KCl$
12	2.28	0.65	6.69	18.24	5.89	66.25	$NaCl+KCl+3K_2SO_4+KCl$
13	1.86	0.39	6.97	19.02	4.922	66.83	$NaCl+KCl+3K_2SO_4+KCl$
14	0.77	0.00	7.74	20.38	4.14	66.97	$NaCl+MgSO_4\cdot 7H_2O+Kp$
15	3.54	8.42	1.13	13.03	8.77	65.11	$NaCl+Na_2SO_4+3K_2SO_4\cdot Na_2SO_4$
16	3.75	7.97	1.44	12.76	9.68	64.40	$NaCl+Na_2SO_4+3K_2SO_4\cdot Na_2SO_4$
17	1.52	4.01	4.18	13.75	8.12	65.43	$NaCl+MgSO_4\cdot 7H_2O+Ac$
18	1.31	7.76	2.23	11.68	10.82	66.20	$NaCl+Na_2SO_4+Ac$

注:We为$K_2SO_4\cdot MgSO_4\cdot 6H_2O$;Ac为$Na_2SO_4\cdot MgSO_4\cdot H_2O$。

表3-5 $Na^+,K^+,Mg^{2+}/Cl^-,SO_4^{2-}-H_2O$五元系统介稳平衡的单变量组成(25℃)

编号	液相组成(质量分数)/%						固相组成
	K^+	Na^+	Mg^{2+}	Cl^-	SO_4^{2-}	H_2O	
A	5.92	8.30	0.00	16.90	1.75	67.13	$NaCl+KCl+3K_2SO_4\cdot Na_2SO_4$
B	4.66	4.70	2.72	15.36	5.50	67.08	$NaCl+KCl+3K_2SO_4\cdot Na_2SO_4+We$
C	2.62	1.30	5.97	17.53	5.78	66.80	$NaCl+KCl+MgSO_4\cdot 7H_2O_4+We$
D	1.82	0.30	7.13	19.52	4.61	66.62	$NaCl+KCl+MgSO_4\cdot 7H_2O+Kps$
E	2.02	0.58	6.61	47.87	0.00	68.76	NaCl+KCl+Kps
F	0.05	0.07	9.10	26.75	0.00	64.04	$NaCl+MgCl_2\cdot 6H_2O+Kps$
G	3.26	9.86	0.00	14.38	5.25	67.35	$NaCl+Na_2SO_4+Na_2SO_4\cdot 3K_2SO_4$
H	3.80	7.73	1.61	12.82	9.81	64.23	$NaCl+Na_2SO_4+Na_2SO_4\cdot 3K_2SO_4+We$
K	2.83	7.23	2.20	21.75	11.59	64.31	$NaCl+Na_2SO_4+We+Ac$

续表

编号	液相组成(质量分数)%						固相组成
	K^+	Na^+	Mg^{2+}	Cl^-	SO_4^{2-}	H_2O	
Q	2.22	2.39	5.31	14.75	8.73	66.60	$NaCl+MgSO_4\cdot 7H_2O+We+Ac$
S	0.00	8.42	1.97	12.45	8.60	68.56	$NaCl+Na_2SO_4+Ac$
T	0.00	7.16	2.44	11.55	8.95	69.90	$NaCl+MgSO_4\cdot 7H_2O+Ac$
P	0.05	0.06	8.60	22.59	3.25	65.15	$NaCl+MgSO_4\cdot 7H_2O+MgCl_2\cdot 6H_2O+Kp$

注：We. $K_2SO_4\cdot MgSO_4\cdot 6H_2O$；Kp. $K_2SO_4\cdot MgSO_4\cdot 4H_2O$；Ac. $Na_2SO_4\cdot MgSO_4\cdot H_2O$。

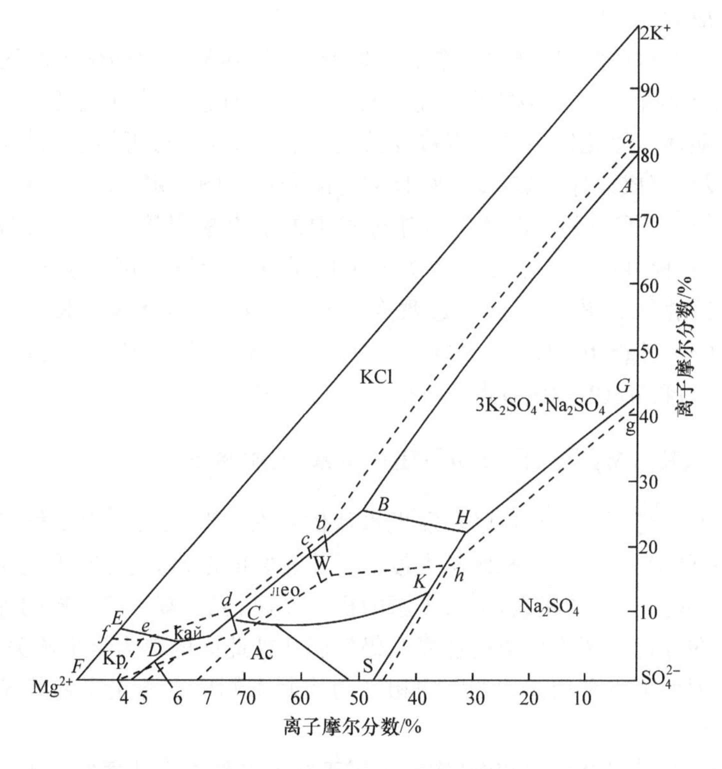

图3-9　$K^+,Na^+,Mg^{2+}/Cl^-,SO_4^{2-}$-$H_2O$五元体系在25℃时的介稳相图(实线)和van't Hoff平衡相图(虚线)

W. $K_2SO_4\cdot MgSO_4\cdot 6H_2O$；лео. $K_2SO_4\cdot MgSO_4\cdot 4H_2O$；кай. $KCl\cdot MgSO_4\cdot 3H_2O$；4. $MgSO_4\cdot 4H_2O$；5. $MgSO_4\cdot 5H_2O$；6. $MgSO_4\cdot 6H_2O$；7. $MgSO_4\cdot 7H_2O$

从图3-9中可见，在25℃时的介稳相图中，$Na^+,K^+,Mg^{2+}/Cl^-,SO_4^{2-}$-$H_2O$五元体系中每个区被NaCl所饱和，按相区分布面积大小排序，依次出现KCl、$Na_2SO_4\cdot 2K_2SO_4$、Na_2SO_4、$MgSO_4\cdot K_2SO_4\cdot 6H_2O$、$Na_2SO_4\cdot MgSO_4\cdot 4H_2O$、$MgSO_4\cdot 7H_2O$、$MgCl_2\cdot KCl\cdot 6H_2O$、$MgSO_4\cdot 6H_2O$和$MgCl_2\cdot 6H_2O$共9个相区。对该体系在

25℃时的平衡溶解度相图与25℃时的介稳相图进行对照和比较就会发现，在平衡溶解度相图中存在着一水硫酸镁低水合盐($MgSO_4 \cdot H_2O$)、硫酸镁低水合复盐——钾盐镁矾($MgSO_4 \cdot KCl \cdot 2.75H_2O$)和钾镁矾($MgSO_4 \cdot K_2SO_4 \cdot 4H_2O$)三个相区，而在介稳相图中完全不见了，唯一存在的 $MgSO_4 \cdot 4H_2O$ 相区也明显缩小。值得指出的是，平衡溶解度相图的钾镁矾相区在“介稳”相图中一部分被光卤石相区侵占，大部分被硫酸镁高水合盐($MgSO_4 \cdot 7H_2O$ 和 $MgSO_4 \cdot 6H_2O$)与氯化钾相区所分割、取代并占有其位置。硫酸矾($MgSO_4 \cdot H_2O$)相区则被扩大了的水氯镁石($MgCl_2 \cdot 6H_2O$)相区和六水硫酸镁($MgSO_4 \cdot 6H_2O$)相区所侵占。这是因硫酸镁与过饱和溶解(介稳)现象造成的。

氯化钾、七水硫酸镁、光卤石结晶区域增大，特别是软钾镁矾结晶区域约增大20倍，这对于制取硫酸型钾盐具有重要意义。由于钾镁矾和钾盐镁矾结晶区域消失，因而硫酸镁与氯化钾结晶区直接连接，在蒸发海水时有可能直接析出氯化钾。金作美教授在完成该体系在25℃和15℃时的介稳相图测定之后，用同样的研究方法对该体系在35℃时的等温蒸发析盐过程中的动态极限溶解度及其结晶路线进行了测定。在此基础上构绘出该体系35℃时的介稳相图。该体系35℃时的介稳相图中[21]按相区面积大小次序出现有 Na_2SO_4、KCl、$Na_2SO_4 \cdot 2K_2SO_4$、$Na_2SO_4 \cdot MgSO_4 \cdot 4H_2O$、$MgSO_4 \cdot K_2SO_4 \cdot 4H_2O$、$MgSO_4 \cdot KCl \cdot 2.75H_2O$、$MgCl_2 \cdot 6H_2O$ 、$MgSO_4 \cdot 6H_2O$和$MgCl_2 \cdot 6H_2O$共9个相区。

3. Na^+，K^+，Mg^{2+}/Cl^-，SO_4^{2-}-H_2O 体系“太阳相图”

早在18世纪，van't Hoff已经发现水盐体系在日晒蒸发过程中稳定相图中原有的一些相区消失了，一些相区扩大侵占了邻相区的地盘，使得在稳定相图中彼此相隔的相区成为毗邻的相区，形成了新的析盐规律，但仍有一些区域的界限没有改变。当然，在介稳相图中形成的边界线仍然服从彼此间的热力学平衡关系，也同样遵守相律，因而可以利用介稳相图中相区的控制来制取在稳定平衡状态下不能制取的产品。

原来人们称谓的“太阳相图”实际上属于在大自然中天然蒸发所得到的一种介稳相图。青藏高原新类型(硫酸镁亚型)硼酸盐盐湖卤中钠、钾、镁的氯化物和硫酸盐、硼酸盐含量达到0.18%～0.20%(以 B_2O_3 计，柱硼镁石25℃时的平衡溶解度)，同时含0.02%～0.04% Li。该盐卤在日晒蒸发浓缩结晶析出 $KCl \cdot MgCl_2 \cdot 6H_2O$ 和钾盐的过程中，硼和锂盐一般并不以固体形式析出，而是赋存于浓缩卤水中。我们在进行天然盐卤相化学过程中[22～24]，在对各蒸发盐阶段中的不同浓缩卤水化学分析结果进行粒子配对成盐处理时，将卤水中锂含量表示成 LiCl，硼的含量表示成 MgB_4O_7，然后再按一般盐类溶解度关系配对。在进行 $2K^+$、Mg^{2+}、SO_4^{2-} Janëcke 相图指数计算时，将 LiCl 和 MgB_4O_7 的量视作没有明显作用而加以忽略不计。运用不同盐卤日晒蒸发结晶路线，结合部分介稳相图中相关无变量的组成构绘出青海柴达木盆地新类型含硼锂天然盐卤“太阳相图”（图 3－10，也就是日晒蒸发相图）。一般实验温度变化范围在 15～30℃之间，只有极个别实验在较短的日晒蒸发过程中出现时间不太长的卤水温度略高至 30℃的情况。在蒸发相图中，钾镁矾（$MgSO_4 \cdot K_2SO_4 \cdot 4H_2O$）相区、钾盐镁矾（$MgSO_4 \cdot KCl \cdot 2.75H_2O$）相区和硫镁矾（$MgSO_4 \cdot H_2O$）相区都消失了，而钾芒硝（$Na_2SO_4 \cdot 3K_2SO_4$）相区略有缩小，七水硫酸镁（$MgSO_4 \cdot 7H_2O$）相区明显扩大。

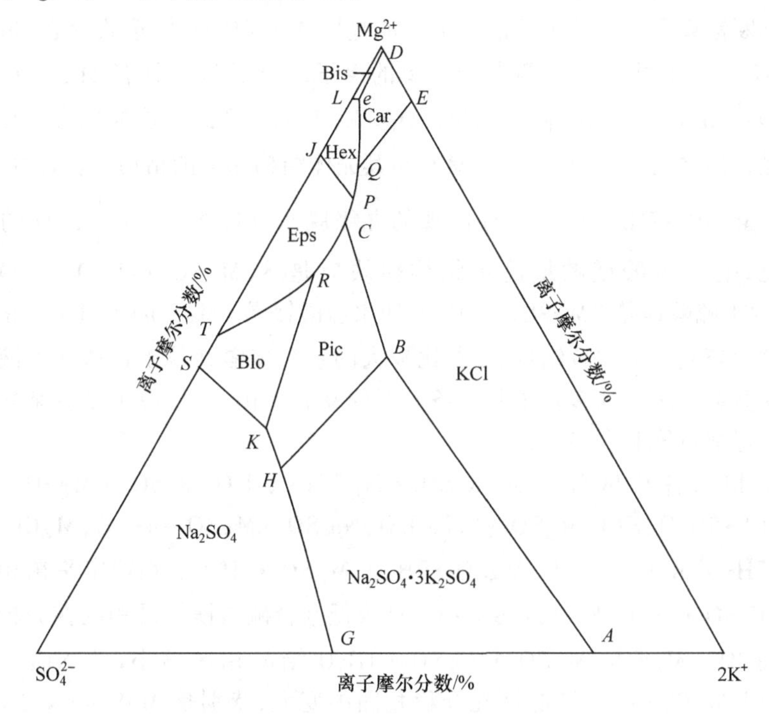

图 3－10　含硼盐卤日晒蒸发相图

Bis. $MgCl_2 \cdot 6H_2O$；Pic. $K_2SO_4 \cdot MgSO_4 \cdot 6H_2O$；Blo. $Na_2SO_4 \cdot MgSO_4 \cdot 4H_2O$；

Car. $KCl \cdot MgCl_2 \cdot 6H_2O$；Hex. $MgSO_4 \cdot 6H_2O$；Eps. $MgSO_4 \cdot 7H_2O$

我们一般把它视作五元体系等同处理。从图 3－9 中的相区和面积大小分布可见，该相图（图 3－9）与金作美等发表的 Na^+，K^+，Mg^{2+}/Cl^-，SO_4^{2-}－H_2O 体系 35℃介稳相图十分相似，因为盐卤在天然蒸发过程中卤水温度每时每刻都在不停地变化着，不是不断的温度升高的过程，也不是不断的温度降低的过程。不仅日间的蒸发过程如此，就是整个蒸发过程也是如此。

日晒蒸发过程存在着介稳状态的原因是：在动态蒸发过程中，硫酸镁盐及其复盐容易结晶析出。可见，盐卤中硫酸镁的存在是天然蒸发浓缩过程中形成过饱和

的主要原因。按照热力学公式

$$S = k\ln w \tag{3-21}$$

式中：S 为熵；k 为玻耳兹曼常量；w 是热力学最可几率。

化学反应的 ΔS 值越大时，最可几率也越大。$MgSO_4 \cdot 7H_2O$ 脱水形成 $MgSO_4 \cdot 6H_2O$，$MgSO_4 \cdot 4H_2O$脱水反应 ΔS 越大，需要能量大，因而对硫酸镁的高水合物侵占并分割平衡态相图中低水合硫酸镁盐及其复盐相区的这一现象的解释就顺理成章了。我们又根据盐水溶液中水合离子缔合成盐的观点，由离子水合数测定结果判断镁离子在浓盐水溶液中最可能是以 $Mg(6H_2O)^{2+}$ 形式存在；硫酸根是以 $SO_4(H_2O)^{2-}$ 形式存在。两者最简单的离子缔合成盐应具有 $Mg(6H_2O)^{2+}$ 和 $SO_4(H_2O)^{2-}$ 形式，即七水硫酸镁（$MgSO_4 \cdot 7H_2O$）的化学式。盐类化合物在从水溶液中结晶析出之前，应该首先形成具有与其晶体结构相同的结构模块，然后堆砌而成晶体。$MgSO_4 \cdot 7H_2O$ 加热过程出现的九级脱水反应中，存在 $\frac{1}{4}H_2O$ 的脱失过程。可见，七水硫酸镁的最简单结构模块应是 $8(MgSO_4 \cdot 7H_2O) = 8MgSO_4 \cdot 56H_2O$，六水硫酸镁是 $8MgSO_4 \cdot 48H_2O$，四水硫酸镁是 $8MgSO_4 \cdot 32H_2O$。正是因为这些具有比较复杂的水合结构、体积比较大的水合硫酸镁粒子在浓盐溶液中的存在以及这些粒子之间的多粒子共存条件下的动态平衡，才使海水型复杂盐卤在蒸发过程中形成过饱和介稳态。

介稳相图各相区分别为 $K_2SO_4 \cdot MgSO_4 \cdot 6H_2O$、$K_2SO_4 \cdot MgSO_4 \cdot 4H_2O$、$KCl \cdot MgCl_2 \cdot 6H_2O$、$KCl \cdot MgSO_4 \cdot 2.75H_2O$、$Na_2SO_4 \cdot MgSO_4 \cdot 4H_2O$、$MgCl_2 \cdot 6H_2O$、$MgSO_4 \cdot 7H_2O$、$MgCl_2 \cdot 6H_2O$、$MgSO_4 \cdot 5H_2O$、$MgSO_4 \cdot 4H_2O$。在稳定平衡相图中的 $MgSO_4 \cdot K_2SO_4 \cdot 4H_2O$、$KCl \cdot MgSO_4 \cdot 3H_2O$ 及低水合硫酸镁结晶相区在介稳相图中消失，$3K_2SO_4 \cdot MgSO_4$、$MgSO_4 \cdot Na_2SO_4 \cdot 4H_2O$ 结晶相区缩小，而 $KCl \cdot MgSO_4 \cdot 7H_2O$、$KCl \cdot MgCl_2 \cdot 6H_2O$结晶区在介稳相图中变大，特别是 $MgSO_4 \cdot K_2SO_4 \cdot 6H_2O$ 结晶区增大约 20 倍。我们在太阳池中观测到，卤水的日晒析盐顺序是按介稳相图进行的。$Na^+, K^+, Mg^{2+}/Cl^-, SO_4^{2-}-H_2O$ 五元体系介稳相图为硫酸盐型卤水的自然蒸发结晶过程提供了理论和计算的依据，并对制取硫酸钾具有指导意义。

参考文献

[1] 天津大学物理化学教研组. 王正烈，周亚平修订. 物理化学（上册）. 第四版. 北京：高等教育出版社，2003. 251～261

[2] 陈运生. 物理化学分析. 北京：高等教育出版社，1987. 27～33，329～331，331～333，556～562

[3] 梁保民. 水盐体系相图原理及应用. 北京：轻工业出版社，1988. 1～18，103 ～ 111，406～443，526～540，676～680

[4] 高世扬，符延进，王建中. 盐卤硼酸盐化学Ⅲ. 盐卤在动态蒸发条件下硼酸镁的极限溶解度. 无机化学学报，1985，1(1)：1；97～102

[5] 洪显兰，夏树屏，高世扬．光卤石溶解动力学．应用化学，1994，11(3)：26～31

[6] 宋粤华．夏树屏．K^+，Mg^{2+}(SO_4^{2-})-H_2O 三元体系 Ⅰ 15～75℃的研究．盐湖研究，1998，6(1)：18～25

[7] Li W，Gao S Y，Xia S P et al. Study on ^{11}B NMR of borates in their saturated aqueous solutions. J India Chem Soc，1997，74：525 ～27

[8] Jia Y Z，Gao S Y，Xia S P et al. FT-IR Spectroscopy of supersaturated aqueous solutions of magnesium borate. Spectrochim Acta，2000，56A：1291～97

[9] 安洛索夫 Б Я．物理化学分析基本原理．王继彰译．北京：科学出版社，1965．30～160，298～308

[10] 牛自得，程芳琴．水盐体系相图及其应用．天津：天津大学出版社，2002

[11] 李强．四元体系的相平衡研究与 Mathematica 编程技术在相图绘制中的应用．硕士论文．西安：西北大学，1997

[12] 陈世荣，夏树屏，高世扬．通用动力学参数计算程序的确良实验及应用．陕西师范大学学报(自然科学版)，2001，29(2)：121～123

[13] 夏树屏，陈世荣，王波等．TPD 软件绘制水盐体系三元相图．盐湖研究，2002，10(1)：1～8

[14] Compbell A N. The phase rule and its appeication. Ninth edition. New York：Green Co，1951．239～243

[15] Курнаков Н С，Николаев В И．Физ-Хим．Анализа АН СССР，Х，1938．333～366

[16] van't Hoff J H. Unter Suchungen uber Bildung Sverchatnisse der Ozeanischen Salzagerungen. Leipzig：VerlagChemie，GMBH，1921．91～106

[17] Mellor J W. Inorganic and Theoretical Chemistry．New York：Longmans，Green and Co，1957．323～324

[18] Зановский А Б，Соловьева Ё Ф．Справочник по растворимостисо-левых систем，Государ ственноё научпо техническои издатепьство химоческой литературю．Ленанград，1961．1639～1640

[19] 金作美，周惠南，王励生．Na^+，K^+，Mg^{2+}/Cl^-，SO_4^{2-}-H_2O 35℃的研究．高等学校化学学报，2002，23(4)：630～634

[20] 金作美，尚显志，梁式梅．Na^+，K^+，Mg^{2+}/Cl^-，SO_4^{2-}-H_2O 系统介稳平衡的研究．化学学报，1980，38(4)：313～320

[21] 金作美，周惠南，王励生．Na^+，K^+，Mg^{2+}/Cl^-，SO_4^{2-}-H_2O 15℃的研究．高等学校化学学报，2001，22(4)：634～638

[22] 高世扬．柳大纲．大柴旦盐湖夏季组成卤水的天然蒸发．柳大纲．科学论著选集．北京：科学出版社，1997．44～ 57

[23] 高世扬，夏树屏．水盐体系热力学平衡态和非热力学平衡态相图．盐湖研究，1996，4 (1)：53 ～ 58

[24] 高世扬，盐卤硼酸盐化学ⅩⅩ天然含硼盐卤的蒸发相图．盐湖研究，1993，1(4)：42～43

第4章 $Na^{+},K^{+},Mg^{2+}/Cl^{-},SO_4^{2-}$-$H_2O$五元体系平衡溶解度相图及应用

盐湖卤水和海水是复杂的含盐多组分的水盐体系，只不过盐湖卤水是浓水盐溶液体系，而海水是稀的水盐溶液体系。这类含盐卤水，在自然界中蒸发、结晶、晶体不同晶形的转变、盐类矿物的溶解等过程都与其本身组成、外界温度、压力和杂质有关。一般在正常压力下，除主要成分外，还有微量元素(杂质)和温度的影响。这些体系相平衡是这些过程的理论基础。我们在这里仅介绍盐湖中最常见的$Na^{+},K^{+},Mg^{2+}/Cl^{-},SO_4^{2-}$-$H_2O$五元体系，讨论温度和浓度与析出固相的关系，在恒定的压力和给定的温度条件下，有哪些物相和物相的组成。该五元体系有9个三元体系、3个四元交互体系和2个同离子四元体系。每个三元体系又含有2个二元体系，共含有18个二元体系。该体系总共有32个子体系组成了这个五元体系。若是多温时，每个温度有一个相图，一个体系就有不同温度的相图。因此，这些体系就会有很多个相图。下面只选择特殊的体系举例进行讨论。

4.1 水盐二元体系

在18个二元体系中，有不形成水合物的、有形成两种水合物和多种水合物的等。下面讨论一些重要的二元体系。

4.1.1 水的相图

盐在水中溶解时，水是溶剂。在了解水盐体系的物理化学性质前，我们先介绍水的相图[1,2]。水是单组分单相系统。体系的相数与自由度最多为2，是双变量体系。它有三条两相平衡线，压力与温度只能改变一个，指定了压力，则温度由体系自定。水的相图是根据实验绘制的。由水的相图4-1可见，图4-1上有气、液、固三个单相区，温度和压力独立地、有限度地变化不会引起相的改变。

水的气、液、固三种不同相态存在，按相律可以有三种相平衡状态。根据0.01～374℃各温度下水的饱和蒸气压数据画出图4-1中的*OC*曲线，称它为水的饱和蒸气压曲线(或蒸发曲线)。*OC*曲线表示水和水蒸气的平衡相线。我们知道，若在恒温下对此两相平衡系统加压或在恒压下令其降温，都可使水蒸气凝结为水；反之，恒温下减压或恒压下升温，则可使水蒸发为水蒸气。所以，*OC*曲线以上的区域为水的相区，*OC*曲线以下的区域为水蒸气的相区。*OC*曲线的上端止于

临界点 C。因为在临界点时，水与水蒸气不可区分。根据不同温度下冰的饱和蒸气压数据，画出 OB 曲线，称它为冰的饱和蒸气压曲线或升华曲线。OB 曲线表示冰和水蒸气的平衡。同理可知，OB 曲线以上的区域为冰的相区，OB 曲线以下的区域为水蒸气相区。

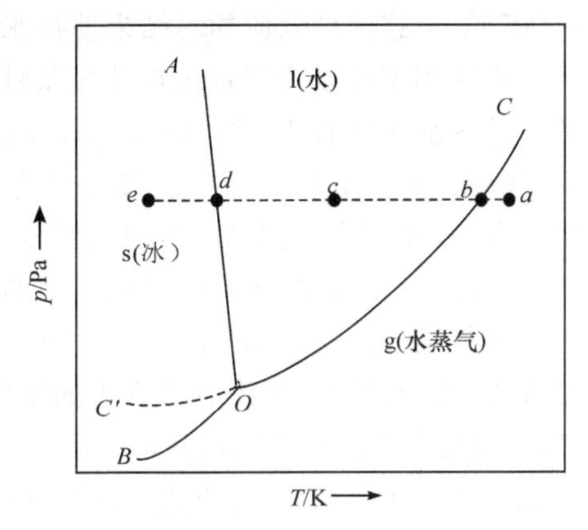

图 4－1　水的相图

根据不同压力下水和冰平衡共存的温度数据，画出 OA 线，称为冰的熔点曲线，这条线表示冰和水的平衡。从图 4－1 中可以看出，OA 线的斜率为负值，说明压力增大，冰的熔点降低。这是因为当冰融化成水时，体积缩小，按照勒·夏特列(Le Chatelier)平衡移动原理，增加压力，有利于体积减小的过程进行，即有利于融化，因而冰的熔点降低。这也可以由克拉贝龙(Clapeyron)方程看出。冰、水平衡时，升高温度，冰融化成水；降低温度，水凝固成冰。所以，OA 线左侧是冰，OA 线右侧是水。

图 4－1 中 OA、OB 和 OC 三条线将图面分成三个区域，这是三个不同的单相区。每个单相区表示一个双变量系统，温度和压力可以同时在一定范围内独立改变而无新相出现。

三条两相平衡线表示三个单变量系统。这类系统的温度和压力中只有一个是能独立改变的。例如，水和水蒸气两相平衡系统，可用图 4－1 中 OC 线上任一点来表示。指定了两相平衡的温度，两相平衡的压力即确定了。若降低系统的温度，并使其仍然保持两相平衡，则水蒸气压力必然沿 OC 线向下移动。温度降至 0.01℃，系统的状态点到达 O 点，应有冰出现。但是我们常常可以使水冷却到 0.01℃以下而仍无冰出现，这就是水的过冷现象。这种状态下的水称为过冷水。在－20～0.01℃间各个温度下过冷水的饱和蒸气压数据，画出 OC' 线，这条线表示过冷水的饱和蒸气压曲线。过冷水的饱和蒸气压曲线和前面讲的水的饱和蒸气压曲线实际上是一条曲线。OC' 线落在冰的相区，说明在相应的温度、压力下冰是稳定的。从同样温度下过冷水的饱和蒸气压大于冰的饱和蒸气压，可知过冷水能自发地转变为冰，故称之为亚稳平衡，OC' 线用虚线表示。

O 点表示系统内冰、水、水蒸气三相平衡，是个无变量系统。系统的温度(0.01℃)、压力(0.610kPa)均不能改变。我们称 O 点为三相点。水的三相点和通常所说的冰点(0℃)是不同的。水的三相点是水在它自己的蒸气压力下的凝固点，冰点则是在 101.325kPa 压力下被空气饱和了的水的凝固点。由于空气溶解，使凝固点降低 0.0023℃，由于压力从 0.610kPa 增加到 101.325kPa，凝固点降低了

0.0075℃。这两种效应的总结果使得水的三相点比冰点高 0.098℃。

应用相图可以说明系统在外界条件改变时发生相变化的情况。例如，在一带活塞的气缸内盛有 120℃、101.325kPa 的水蒸气，此系统的状态相当于图 4-1 的 a 点(系统点)。在恒定 101.325kPa 压力下，将系统冷却，最后达到−10℃，即图 4-1 中的点 e。在冷却过程中，系统点将沿线 ae 移动。由于压力恒定，线 ae 为水平线。由图 4-1 可知，当缓慢冷却至水的正常沸点 100℃，系统点到达点 b 时，水蒸气开始凝结。此时两相平衡，因压力已固定，故温度保持不变，直到水蒸气全部凝结成水。继续冷却，系统点进入水的相区，若到达点 c 时，表示为水。冷却到达点 d 时，温度为 0.0025℃，水开始凝固，在凝固过程中，系统的温度不变，直到水全部凝固成冰。再冷却，系统点进入冰的相区，最后到达−10℃的点 e。

水的三相点，原来用 $T=273.16\text{K}$，$p=610.62\text{Pa}$。目前国际公认的为：$T=(0.0098\pm0.0001)$℃，$p=610.5\text{Pa}$。日常所说的冰点是在 $p=1.013\ 25\times10^5\text{Pa}$ 下，水结为冰时的 $T=0$℃($T=273.15\text{K}$)，在国际单位制(SI)中，热力学温度单位是用水的三相点定为标准，而不是用水的冰点。这是由于水的冰点与压力有关，改变外压，冰点也随之改变。

在化工生产和科学研究中常要用到低温浴，配制合适的水盐体系，可以得到不同的低温冷冻液。例如，$MgCl_2\cdot2H_2O$ 和二元水盐体系如 $NaCl(s)$-H_2O、$KCl(s)$-H_2O、$CaCl_2(s)$-H_2O 和 $NH_4Cl(s)$-H_2O，低共熔点温度分别为 252K、262.5K、218K 和 257.8K。应用水中溶解盐后冰点下降的原理，盐水可作为冷冻剂。在冬天，路面撒上盐可以防止路面结冰。

4.1.2 单盐的二元体系

许多无机盐与水形成的二元水盐体系[$NaCl(s)$-H_2O、$KCl(s)$-H_2O、$CaCl_2(s)$-H_2O]是简单低共熔体系。在 20 世纪 30 年代，对这些二元体系进行研究，发现在常温下这些水盐溶液中可析出无水单盐，如 NaCl、KCl、$CaCl_2$ 和 K_2SO_4 等。在 20 世纪 50 年代后，对低温下多温溶解平衡的测定表明，碱金属氯化物体系析出有水合盐。下面列举与盐湖相关的 KCl-H_2O 二元体系在−6℃以上形成单盐。

1. KCl-H_2O 二元体系溶解度

(1) KCl-H_2O 二元体系在不同温度时的平衡溶解度数据。表 4-1 的数据[3]是在 20 世纪 30 年代测定的 KCl-H_2O 二元体系数据，当时没有发现在冰中混合有结晶水的 KCl 水合物。在 20 世纪 50～60 年代，原苏联学者对该体系低温进行了多次测定，得到在−6℃以下有水合物存在。关于水合物的组成有两种看法：一般认为是 $KCl\cdot H_2O$；文献[4]中却认为不能确定是 $KCl\cdot H_2O$，而用 $KCl\cdot nH_2O$ 表示，并提出氯化钾有 β-KCl 和 γ-KCl 两种晶形。其溶解度测定结果列于表 4－2 中。

表 4－1　KCl-H_2O 二元体系在不同温度时的平衡溶解度

温度/℃	溶解度/(gKCl/100gH_2O)	d*s*/d*T*	固相	温度/℃	溶解度/(gKCl/100gH_2O)	d*s*/d*T*	固相
－1.0	2.24	—	冰	0.0	28.1	—	KCl
－2.0	4.51	2.86	冰	10.5	31.4	0.31	KCl
－3.0	6.85	2.86	冰	20.0	34.4	0.30	KCl
－4.0	9.10	2.86	冰	30.0	37.4	0.30	KCl
－5.2	11.99	3.61	冰	40.0	40.2	0.28	KCl
－5.9	13.55	2.23	冰	50.0	42.9	0.27	KCl
－7.5	17.38	2.39	冰	60.0	45.5	0.27	KCl
－9.8	22.69	2.31	冰	80.0	50.6	0.26	KCl
－10.6	24.35	2.05	冰＋水	100.0	56.0	0.22	KCl
—	—	—	—	120.0	60.4	0.18	KCl
—	—	—	—	140.0	65.6	0.26	KCl
—	—	—	—	160.0	70.6	0.25	KCl
—	—	—	—	180.0	75.6	0.29	KCl
—	—	—	—	200.0	81.4	0.28	KCl
—	—	—	—	220.0	87.0	0.28	KCl
—	—	—	—	240.0	92.4	0.27	KCl
—	—	—	—	260.0	98.0	0.28	KCl
—	—	—	—	280.0	103.6	0.28	KCl
—	—	—	—	300.0	109.4	0.29	KCl

注：d*s*/d*T* 为溶解度温度系数。

表 4－2　KCl-H_2O 二元体系在不同温度时的平衡溶解度(文献[4]测定数据)

温度/℃	KCl(质量分数)/%	固相	温度/℃	KCl(质量分数)/%	固相
－10.6	19.60	冰	－4.7	21.54	β-KCl
－10.7	19.80	冰＋KCl·nH_2O	0	22.10	β-KCl
－10.3	20.00	KCl·nH_2O	10.0	23.70	β-KCl
－9.1	20.30	KCl·nH_2O	14.2	24.50	β-KCl
－8.7	20.43	KCl·nH_2O	24.6	26.00	β-KCl
－8.0	20.62	KCl·nH_2O	30.1	27.20	γ-KCl
－7.0	20.84	KCl·nH_2O	38.0	29.06	γ-KCl
－5.8	21.13	KCl·nH_2O＋KCl			

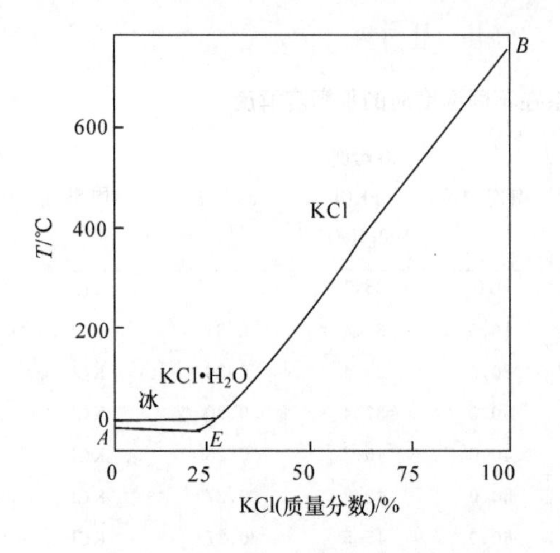

图 4-2　$KCl-H_2O$ 二元体系的多温溶解度相图

文献[4]中 $KCl-H_2O$ 二元体系的多温溶解度相图如图 4-2 所示。从图 4-2 中可见，它由三条溶解度曲线组成低共熔型二元相图。*AE* 线段为冰点降低曲线，*BE* 线段是 KCl 在不同温度时的溶解度曲线。三相 *E* 点（KCl＋$KCl \cdot H_2O$＋平衡溶液）的温度为－6℃。溶解度为 20.9%KCl。由于冰与 $KCl \cdot H_2O$ 共存的区域较小，不如 $NaCl-H_2O$ 体系中低温时的相线明显，因而出现了固相组成 $KCl \cdot 3H_2O$ 和 $KCl \cdot H_2O$ 的差异。

（2）溶解度曲线的特点。包括：①KCl对冰的冰点降低呈线性关系，在－1～10℃之间随温度的降低其溶解度反而增大；②使用 KCl 与冰-水体系作用，能够得到的最低温度点为 *E*（低共熔点的温度点为－6℃），溶液中盐含量为 20.9%（以 KCl 计）；③ *EB* 线段表示平衡溶解度随着温度的变化呈线性关系[即溶解度温度系数＝$ds/dT=\Delta s/\Delta T$（其中 s 为溶解度，T 为温度）＝$\tan Q$＝0.32g/($100gH_2O \cdot$℃)]。

2. $KCl-H_2O$ 二元体系溶解度相图的应用

从表 4-1 可见，由于 KCl 在水中的溶解度温度系数是较大的正值，常温到高温析出固相都是无水 KCl，在实验室和在工业生产中都可以利用这一溶解度特性，进行 KCl 的分离提取、净化和精制。

图 4-2 中 *AEB* 区上部是 KCl 的不饱和区，在这一区域中的任何一点表示 KCl 在水中形成未达到饱和的溶液；*AEB* 区下部表示冰或 $KCl \cdot H_2O$ 固体或 KCl 固相与 KCl 的饱和水溶液呈平衡的相区。*BE* 区下方（低共熔线上方）表示过量 KCl 固相与 KCl 饱和水溶液呈平衡的相区。通过低共熔点 *E* 与纵轴作平行线，该直线下部表示固体冰与 $KCl \cdot H_2O$ 或 $KCl \cdot H_2O$ 与固体 KCl 共存区，不再有液相存在。

3. KCl 纯化——热溶冷结晶法

由表 4-1 数据可见，在 100℃时 KCl 溶解度为 56.0g/100gH_2O，20℃时溶解度为 34.4g/100g H_2O，温度对溶解度有较大的影响，可用热溶冷结晶法纯化 KCl。将工业级（含 93%KCl 及 4%NaCl 和 3%H_2O 其他杂质）氯化钾原料溶于近沸点温度的软化水中，在近饱和时，趁热用地下水(温度10℃)进行冷却，同时进行搅拌，冷却到室温(20℃)，过滤、水洗滤、干燥，即可获得含99%KCl的产品。用蒸馏水对该产品进行重结晶(步骤同前)，可获得含99.8%KCl的产品。

4.1.3 生成一种水合盐的二元体系

1. NaCl-H_2O二元体系-简单低共熔型

NaCl-H_2O二元体系是研究得最多的体系之一，多位作者已经测定过，−21～200℃范围内不同温度时的平衡溶解度，由于测定方法和实验条件的不同，所得数据略有差异，我们选用的两组数据列于表4-3中。从表4-3中A看出，在低温(−21～30℃)析出二水盐，而在室温以上生成无水盐。从表4-3中B看出，在−5～200℃的溶解度与析出固相组成的关系[5]。

表4-3 NaCl-H_2O二元体系在不同温度时的平衡溶解度

A

T/℃	溶解度NaCl (质量分数)/%	相图指数/(mol/1000mol H_2O)			固相
		NaCl	NaCl	H_2O	
−21.3	23.5	94.7	100	1056	NaCl·2H_2O+冰
−20.0	22.3	88.5	100	1130	冰
	23.7	95.7	100	1045	NaCl·2H_2O
−10.0	13.4	47.7	100	2096	冰
	24.8	101.6	100	984	NaCl·2H_2O
0.0	26.2	109.4	—	—	NaCl·2H_2O
0.15	26.3	110.0	—	—	NaCl·2H_2O+NaCl
10	26.33	110.2	—	—	NaCl
20.0	26.37	110.4	—	—	NaCl
25.0	26.48	111.0	—	—	NaCl
30.0	26.52	111.2	—	—	NaCl

B

T/℃	溶解度NaCl (质量分数)/%	固相	T/℃	溶解度NaCl (质量分数)/%	固相
−5	25.55	NaCl·2H_2O	35	26.55	NaCl
0	26.30	NaCl	50	26.8	NaCl
10	26.3	NaCl	75	27.45	NaCl
15	26.35	NaCl	100	28.2	NaCl
20	26.4	NaCl	150	29.8	NaCl
25	26.45	NaCl	200	31.6	NaCl
30	26.5	NaCl			

在0℃以下时，该体系只生成一种二水熔合盐($NaCl\cdot 2H_2O$)的二元体系。图4-3是由三条溶解度曲线组成的低共熔型二元相图。图4-3中三相点 E($NaCl$+冰+溶液平衡)的温度为-21.3℃。NaCl在冰水中的最大溶解度为23.5%，将点 E 称为冰盐低共熔点。线段 OE 表明冰点降低曲线，最大制冷效果能使冰水的温度从0℃降低到-21.3℃。溶解度曲线 QE 是 $NaCl\cdot 2H_2O$ 的平衡溶解度曲线，点 Q 是另一个三相点(又称相转变点)，即 $NaCl\cdot 2H_2O$+NaCl+溶液三相呈平衡，表示水合盐($NaCl\cdot 2H_2O$)脱水相变点。线段 QH 是NaCl在不同温度下的平衡溶解度曲线。这里还可以看出：①$NaCl\cdot 2H_2O$ 和NaCl的平衡溶解温度系数值都是正值，即随着温度升高，溶解度增大；②两者具有不同的 ds/dt。应当指出的是，NaCl的溶解度温度系数较小，从0～100℃之间溶解度的差值仅为1.9，$\Delta s/\Delta T=1.9$ (g/100℃)=0.019g/℃。

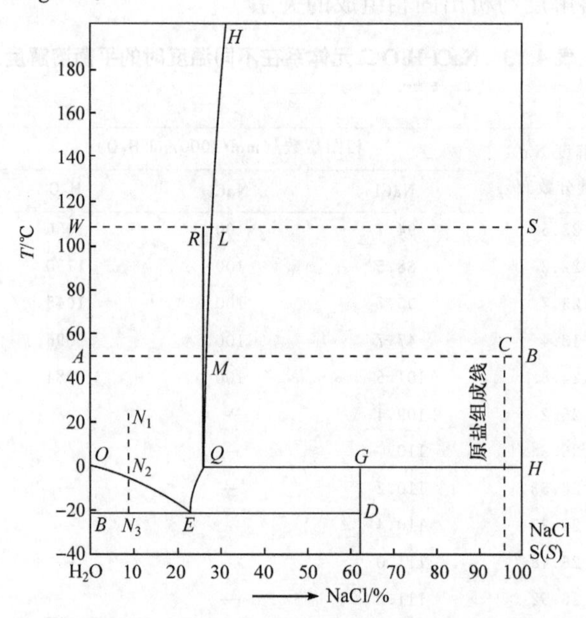

图4-3 $NaCl-H_2O$ 二元体系多温溶解度相图

2. $NaCl-H_2O$ 二元体系相图的应用

(1) 温度对NaCl的溶解度影响很小。这就是说，NaCl不能采用热溶冷结晶过程进行提纯或精制，只能使用蒸发浓缩结晶或使用NaCl水溶液在0℃吸收HCl的盐析方式进行提纯或净化。

(2) NaCl与KCl混合盐或光卤石中含有NaCl杂质时，由于KCl和 $MgCl_2$ 随温度的升高而溶解度增大、NaCl随温度的升高而溶解度变化小的性质，可以用热过滤法将 NaCl 分离除去，纯化 KCl 和光卤石。

4.1.4 生成多种水合盐的二元体系

1. $MgCl_2$-H_2O 二元体系（正溶解度温度系数）

在 $MgCl_2$-H_2O 二元体系中，随温度的升高，$MgCl_2$ 的溶解度也增加，只出现有正溶解度温度系数的溶解度曲线。从图 4-4 中所示的该二元体系相图可见，存在平衡溶解度和介稳溶解度现象。表 4-4 为 $MgCl_2$-H_2O 二元体系在不同温度时的相平衡数据。

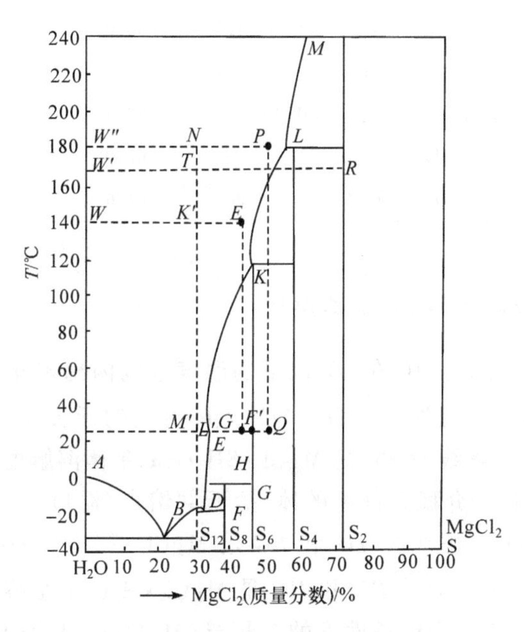

图 4-4　$MgCl_2$-H_2O 二元体系多温溶解度相图

在图 4-4 中，用实线绘出的部分表示该体系的热力学稳定平衡溶解度。曲线 *AB*（温度从 0～－33.6℃）是 $MgCl_2$ 的冰点降低曲线，固体冰与不饱和的 $MgCl_2$ 水溶液呈平衡，曲线斜率为负值。曲线 *BD* 表示 $MgCl_2 \cdot 12H_2O$ 的平衡溶解度。点 *B* 是该体系的冰盐低共熔点温度－33.6℃，浓度 21.4mol$MgCl_2$/L。

图 4-4 中各种水合物的相区分别表示为 $MgCl_2 \cdot 12H_2O$(S_{12})、$MgCl_2 \cdot 8H_2O$(S_8)、$MgCl_2 \cdot 6H_2O$(S_6)、$MgCl_2 \cdot 4H_2O$(S_4)和 $MgCl_2 \cdot 2H_2O$(S_2)。线段 *DE* 表示 $MgCl_2 \cdot 8H_2O$(α)的热力学平衡溶解度；线段 *EK* 表示 $MgCl_2 \cdot 6H_2O$ 的热力学平衡溶解度；线段 *KL* 表示 $MgCl_2 \cdot 4H_2O$ 的热力学平衡溶解度；线段 *LM* 表示 $MgCl_2 \cdot 2H_2O$ 的热力学平衡溶解度。氯化镁所有水合盐的平衡溶解度温度系数值都是正值。

表 4-4 $MgCl_2$-H_2O 二元体系在不同温度时的相平衡数据

温度 /℃	液相组成 $MgCl_2$ (质量分数)/%	固相组成	温度 /℃	液相组成 $MgCl_2$ (质量分数)/%	固相组成
−10	11.7	冰	75	39.2	$MgCl_2\cdot 6H_2O$
−20	16.9	冰	100	42.2	$MgCl_2\cdot 6H_2O$
−33.5	21.4	冰+$MgCl_2\cdot 12H_2O$	116	46.5	$MgCl_2\cdot 6H_2O$+$MgCl_2\cdot 4H_2O$
−25	24.2	$MgCl_2\cdot 12H_2O$	125	47.0	$MgCl_2\cdot 4H_2O$
−16.3	30.6	$MgCl_2\cdot 12H_2O$	150	48.8	$MgCl_2\cdot 4H_2O$
−16.7	32.2	$MgCl_2\cdot 12H_2O$+$MgCl_2\cdot 8H_2O$	175	52.0	$MgCl_2\cdot 4H_2O$
−10	33.4	$MgCl_2\cdot 8H_2O$	181	55.7	$MgCl_2\cdot 4H_2O$+$MgCl_2\cdot 2H_2O$
3.4	34.6	$MgCl_2\cdot 8H_2O$+$MgCl_2\cdot 6H_2O$	200	57.5	$MgCl_2\cdot 2H_2O$
25	35.7	$MgCl_2\cdot 6H_2O$	250	63.0	$MgCl_2\cdot 2H_2O$
50	37.4	$MgCl_2\cdot 6H_2O$	300	67.8	$MgCl_2\cdot 2H_2O$

2. $MgCl_2$-H_2O 二元体系介稳溶解度

$MgCl_2$-H_2O 二元体系中,在 0℃以下的温度范围内出现介稳溶解度现象。如图 4-4 所示,虚线 *BC* 是处于平衡态与冰点降低线的延长线上。显然,这是典型的过冷现象的结果。虚线段 *EC* 是 $MgCl_2\cdot 8H_2O$(α)平衡溶解度线段在低温范围内的延长线,点 *C* 是处于介稳条件下的冰-盐低共熔点(温度 50℃,溶解度 59.2mol $MgCl_2$/1000molH_2O)。虚线段 *DF* 和 *FG* 是 $MgCl_2\cdot 12H_2O$ 平衡溶解度曲线在浓度增大方向的延伸线。同样,*EH* 和 *HG* 是 $MgCl_2\cdot H_2O$ 平衡溶解度曲线在低温范围内的延伸线。点 *G* 是介稳条件下的三相点($MgCl_2\cdot 12H_2O$+$MgCl_2\cdot 6H_2O$+饱和溶液)。虚线 *FG* 是在 $MgCl_2\cdot 8H_2O$(α)过饱和区内析出另一种构型 $MgCl_2\cdot 8H_2O$(β)的介稳溶解度。*F* 点是 $MgCl_2\cdot 12H_2O$ 和 $MgCl_2\cdot 8H_2O$(β)与饱和溶液在介稳条件下的三相点。同样,点 *G* 则是稳定平衡条件下的三相点[$MgCl_2\cdot 8H_2O$(β)]。

3. 二元水盐体系(同时存在正、负溶解度温度系数)

$MgSO_4$-H_2O 二元体系中,同时存在着正溶解度温度系数的溶解度现象和负溶解度温度系数的溶解度现象。

在 $MgSO_4$-H_2O 二元体系相图中,可以看到同时存在平衡溶解度和介稳溶解度,因而有平衡溶解度曲线和介稳溶解度曲线[6,7]。

为了讨论方便,我们只绘出本书第 3 章图 3-5 的下面部分作为图 4-5。

图 4-5 中用实线绘出的部分表示该体系平衡溶解度测定的结果。其中,线段 *OA*(温度从 0～-3.9℃)是 $MgSO_4$ 的冰点降低线,表示固体冰与硫酸镁不饱和水溶液呈平衡。线段 *BC* 是 $MgSO_4 \cdot 12H_2O$ 的平衡溶解度曲线,表示 $MgSO_4 \cdot 12H_2O$ 固态晶体与硫酸镁饱和水溶液呈平衡。该曲线的斜率为正,也就是说 $MgSO_4 \cdot 12H_2O$ 的溶解度温度系数为正值。这就意味着,在-3.9～+1.8℃温度范围内,$MgSO_4 \cdot 12H_2O$ 在水中的平衡溶解度随着温度的升高而增大,或者说,随着温度的降低而减小。线段 *CD* 表示 $MgSO_4 \cdot 7H_2O$(l)的平衡溶解度曲线。$MgSO_4 \cdot 7H_2O$(l)与它的饱和水溶液处于热力学平衡态的温度范围为+1.8～48.1℃。具有正的溶解度温度系数值。线段 *DE* 是 $MgSO_4 \cdot 6H_2O$ 的平衡溶解度曲线,温度为 48.1～67.5℃,同时具有正的溶解度温度系数值。当温度为 67.5～200℃时,$MgSO_4 \cdot H_2O$ 的溶解度温度系数将为负值,与高水合硫酸镁盐明显不同。也就是说,$MgSO_4 \cdot H_2O$ 的溶解度随着温度的升高而减小;反之,温度降低,溶解度增大。因此,在高温(采用加压蒸发器)进行蒸发浓缩有利于 $MgSO_4 \cdot H_2O$ 的析出和制备。

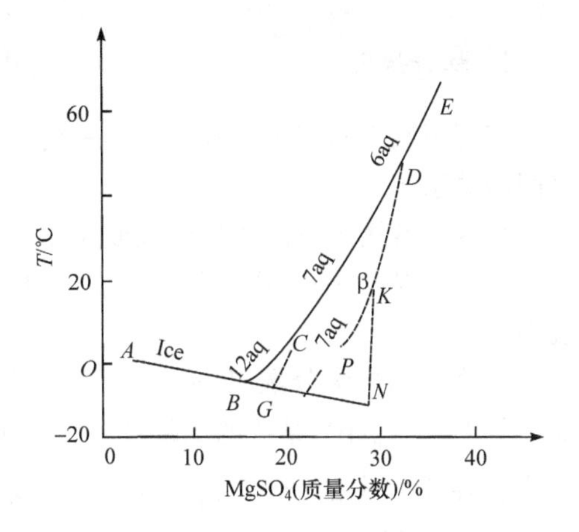

图 4-5　$MgSO_4$-H_2O 体系介稳溶解度曲线图

Ice. 冰;6aq. $MgSO_4 \cdot 6H_2O$;7aq. $MgSO_4 \cdot 7H_2O$;12aq. $MgSO_4 \cdot 12H_2O$

4.2　水盐三元体系

4.2.1　引言

$Na^+,K^+,Mg^{2+}/Cl^-,SO_4^{2-}$-$H_2O$ 五元体系中含有 9 个三元体系,包括由阳离子与相同阴离子组成 6 个三元体系,即 $NaCl$-KCl-H_2O、$NaCl$-$MgCl_2$-H_2O、KCl-$MgCl_2$-H_2O、Na_2SO_4-K_2SO_4-H_2O、Na_2SO_4-$MgSO_4$-H_2O 和 K_2SO_4-$MgSO_4$-H_2O;由阳离子与不同阴离子组成 3 个三元体系,即 $NaCl$-Na_2SO_4-H_2O、KCl-K_2SO_4-H_2O 和 $MgCl_2$-Na_2SO_4-H_2O。以下列举几个重要体系展开讨论。

4.2.2　析出组分盐的三元体系相图及应用

溶解度相图不仅表示组成与物相的关系,还可以用图形中几何长度变量表示系统组成和两相组成之间的关系,也就是下面介绍的杠杆规则。

1. 杠杆规则

杠杆规则表示多组分系统两相平衡时,两相的数量之比与两相组成、系统组成之间的关系。

组成通常用组分的质量分数或摩尔分数表示。

以一定温度、一定压力下,A、B 二组分系统成 α、β 两相平衡为例,推导杠杆规则。

组分 B 的质量分数以 w_B 表示。整个系统的组成及 α、β 两相的组成分别为 w_B、$w_B(\alpha)$、$w_B(\beta)$;系统的质量及 α、β 两相的质量分别为 m、$m(\alpha)$、$m(\beta)$。因为组分 B 在系统中的质量 $m_B = mw_B$ 应该等于它在 α、β 两相中的质量 $m_B(\alpha) = m(\alpha)w_B(\alpha)$与 $m_B(\beta) = m(\beta)w_B(\beta)$之和,即

$$m = m(\alpha) + m(\beta)$$

$$mw_B = m(\alpha)w_B(\alpha) + m(\beta)w_B(\beta)$$

解上述方程,得

$$m(\alpha)/m(\beta) = (w_B(\beta) - w_B)/(w_B - w_B(\alpha)) \tag{4-1}$$

式(4-1)是杠杆规则的表达式。

因此,杠杆规则为:当组成以摩尔分数表示时,两相的物质的量反比于系统点到两个相点线段的长度。

杠杆规则是根据物质守恒原理得出的,所以这一规则具有普遍意义。当组成不同的两种混合物相互混合形成一种新的混合物时,新混合物的组成一定介于原两种混合物组成之间,且原两种混合物的数量之比也符合杠杆规则。

2. $NaCl$-KCl-H_2O 三元体系相图

三元体系中,一种类型是 A-B-H_2O,形成的固相 A 和 B 是两种原物质无水盐,如 $NaCl$-KCl-H_2O 三元体系。

在 0℃、25℃、100℃时,$NaCl$-KCl-H_2O 体系的平衡溶解度如表 4-5 所示。

从表 4-5 可知,$NaCl$-KCl-H_2O 体系的平衡溶解度具有正温度系数。该体系的多温相图应是立体图。为了实验测定和应用起来方便,人们常用等边三角形等三角形平面表示该体系的多温图。该体系相图不仅能告诉人们 NaCl、KCl 和水组成任意混合物的热力学相平衡状态(有几个相和相的组成),还可以清楚地表示相与相之间的定量关系。

表 4-5　NaCl-KCl-H_2O 体系的平衡溶解度

温度/℃	饱和溶液组成(质量分数)/%		固相
	NaCl	KCl	
0	26.30	0	NaCl
	23.55	5.0	NaCl
	22.35	7.35	NaCl+KCl
	20.00	8.50	KCl
	15.00	11.20	KCl
	10.00	14.30	KCl
	5.00	17.90	KCl
	0	21.75	KCl
25	26.45	0	NaCl
	23.75	5.00	NaCl
	21.00	10.00	NaCl
	20.40	11.15	NaCl+KCl
	15.00	14.50	KCl
	5.00	22.10	KCl
	0	26.40	KCl
100	28.20	0	NaCl
	22.70	10.00	NaCl
	17.60	20.00	NaCl
	16.00	21.70	NaCl+KCl
	10.00	27.10	KCl
	5.00	31.40	KCl
	0.00	35.90	KCl

图 4-6 是 NaCl-KCl-H_2O 三元体系在 25℃和 100℃的溶解度图。三角形顶点 *C* 表示纯组分 H_2O[100%(质量分数)H_2O],顶点 *B* 表示纯组分 NaCl[100%(质量分数)NaCl],顶点 *A* 表示组分 KCl[100%(质量分数)KCl]。三角形 *AC* 边上的点 *a* 和点 *a′*分别表示 25℃和 100℃时 KCl 在水中的溶解度,*BC* 边上的点 *b* 和点 *b′*分别表示 0℃和 100℃时 NaCl 在水中的溶解度。*AB* 边表示 KCl 和 NaCl 不同的含量。点 *e* 是 25℃时 NaCl 和 KCl 的共饱和点。点 *e′*是 100℃时 NaCl 和 KCl 的共饱和点。曲线 *be* 和 *be′*分别表示在 25℃和 100℃时溶解有不同的 KCl 时 NaCl 的溶解度线;曲线 *ae* 和 *a′e′*分别表示在 25℃和 100℃时溶解有不同的 NaCl 时 KCl

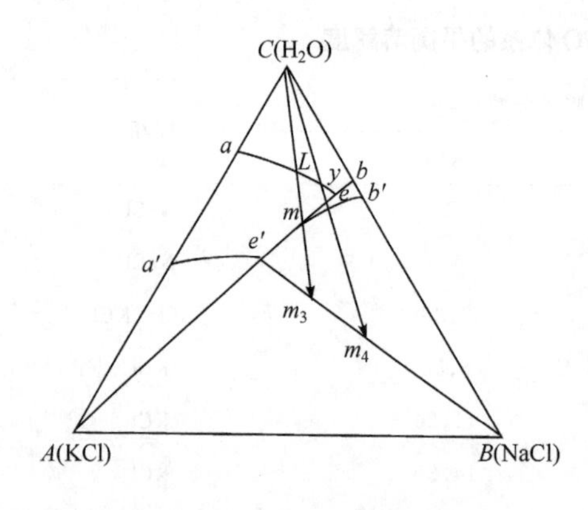

图 4-6 NaCl-KCl-H₂O 三元体系在 25℃和 100℃时的溶解度图

的溶解度线。将共饱和点分别与顶点 A 和 B 连接为 Ae 和 Be,把三角形分成四个相区[8]。例如,25℃时的溶解度图,其中:① $aebC$ 区(不含 ae 和 be 溶解度线上的点)表示是 NaCl 和 KCl 的不饱和相区;② aAe区是 KCl 结晶区,该区中任一点是由两个相所组成,即一个是纯 KCl 固相,另一个相是 NaCl 和 KCl 的饱和溶液;③同样,bBe 区是 NaCl 的结晶区(饱和区),区内含 NaCl 固相和 KCl 和 NaCl 共饱和溶液;④三角形 AeB 是 NaCl 和 KCl 的共饱和区,在该相区内(不含该三角形的边和顶点)的任一点都代表由三个相(NaCl 晶体、KCl 晶体和共饱和溶液 e)所组成的体系。每个相的成分都是固定不变的(当温度一定时),三相之间的数量关系可用杠杆规则求出。

同理,100℃溶解度图,通过 100℃时 NaCl 和 KCl 的共饱和点 e'与 A、B 相连接为 Ae'和 Be'。三角形分成四个相区:① $Ca'e'b'$。KCl 和 NaCl 不饱和区;② $a'e'A$。KCl 饱和和 NaCl 不饱和溶液,KCl 结晶区;③ $b'Be'$。KCl 不饱和和 NaCl 饱和溶液,NaCl 结晶区;④ $Ae'B$。NaCl、KCl 结晶和 KCl 与 NaCl 共饱和溶液区。

把图 4-6 中的 m 图点与点 C 的连线与溶度线 ae 的交点 L 延长到 $e'B$ 相交点 m_3。像这样把互相平衡的各相组成点连接起来的直线叫做结线。

3. NaCl-KCl-H₂O 三元体系相图的应用

我国青海柴达木盆地察尔汗盐湖卤水和马海地区盐湖卤水日晒钾光卤石后,在室温加水分解(见 NaCl-KCl-H₂O 三元体系)制得含 60%KCl 和 40%NaCl 的钾石盐。然后,利用 NaCl-KCl-H₂O 三元体系相图进行工艺设计和计算,安排可行的工艺操作过程,分离出 NaCl,可获取 KCl 产品。下面介绍根据相图处理,分离 NaCl 和KCl 工艺过程中常用的两种方法:一种是热溶冷结晶法;另一种是等温蒸发法。

1) 热溶冷结晶法

(1) 原理。热溶冷结晶原理是利用不同温度溶解度差别进行盐类分离。设有钾石盐物料 Q(图 4-6 中图点为 m),化学成分为 70%NaCl 和 30%KCl。采用 NaCl-KCl-H₂O 三元体系多温溶解度(图 4-6),可以使用热溶冷结晶法制取 KCl。

100℃时,先将混合盐溶解未达到饱和(图 4-6 点 m),在 100℃下等温蒸发,使体系的总图点 m 移到共饱和点 e',与 NaCl 的图点 B 连线 Be'上的 m_3,将体系分为 NaCl 的晶体与共饱和溶液 e'两相。趁热滤去 NaCl。把溶液再冷却到 25℃，这时液相组成点 e'又处在 KCl 的结晶区内。析出 KCl,并得到以 KCl 在 25℃时的 ae 上的 y 点所示浓度。再将溶液加热到 100℃,等温蒸发,使体系的图点又移到 $e'B$ 线上的点 m_4。体系又分为 NaCl 的晶体与共饱和溶液 e'两相,滤去 NaCl,再冷却到 25℃,又得到 KCl 的晶体和图点为 y 的溶液。如此循环,即可以达到完全分离 KCl 和 NaCl 的目的,并可以根据杠杆规则进行计算。

(2) 工艺解析。钾石盐溶液组成点 m,加热到 100℃,搅拌使 KCl 和 NaCl 充分溶解并达到平衡。这时候的溶液组成正好达到 NaCl 和 KCl 共饱和点 $e'_{100℃}$。趁热分离出没有溶解的 NaCl。溶液冷却到 25℃,KCl 结晶析出并分离,获得纯 KCl 产品和母液。母液循环进行处理。

(3) 工艺计算。以 1t 物料为基准,上述相图解析过程的工艺计算可按下述方法进行。

① 图解法。利用杠杆规则,从图 4-6 中直接量出有关线段的长度。

② 物料平衡方程待定系数法。此法仍然是在工艺相图解析基础上,从相图 4-6中读出 $E_{100℃}$共饱和点和点 m 的组成,列出每一工艺步骤中的物料平衡方程,采用待定系数进行平衡。第一步,加水溶解(100℃时)钾石盐,得未溶解析出 Z(kg) NaCl 和 $E_{100℃}$点,图中为 e'点组成的溶液,物料平衡方程为

$$1000(\text{kg})\left\{\begin{array}{l}0.70\ \text{NaCl}\\0.30\ \text{KCl}\\0\ H_2O\end{array}\right\}+X(\text{kg})H_2O=Y(\text{kg})\left\{\begin{array}{l}0.168\ \text{NaCl}\\0.217\ \text{KCl}\\0.615\ H_2O\end{array}\right\}+Z(\text{kg})\text{NaCl} \tag{4-2}$$

（m 点组成）　　　　　　　　（$E_{100℃}$点组成）

分别列出各组分的物料平衡方程如下：

$$\left\{\begin{array}{ll}\text{NaCl} & 700=0.168Y+Z\\\text{KCl} & 300=0.217Y\\H_2O & X=0.615Y\end{array}\right\} \tag{4-3}$$

解联立方程,得

母液($E_{100℃}$点)量　　$Y=1383$(kg)

加水量　　$X=851$(kg)

未溶解的 NaCl 量　　$Z=468$(kg)

第二步,列出母液从 100℃冷却到 25℃时结晶析出 KCl,并得到平衡时的物料平衡方程。采用待定系数进行平衡。

$$1383(\text{kg})\begin{Bmatrix}0.168\ \text{NaCl}\\0.217\ \text{KCl}\\0.615\ H_2O\end{Bmatrix}+X(\text{kg})H_2O=X(\text{kg})\begin{Bmatrix}0.187\ \text{NaCl}\\0.128\ \text{KCl}\\0.695\ H_2O\end{Bmatrix}+Y(\text{kg})\text{KCl}$$

（$E_{100℃}$点组成）　　　　（m 点组成）　　(4-4)

分别列出各组分的物料平衡方程如下：

$$\begin{Bmatrix}\text{NaCl} & 1383\times0.168=0.187X\\\text{KCl} & 1383\times0.217=0.128X+Y\\H_2O & 1383\times0.615=0.685Z\end{Bmatrix}\quad(4-5)$$

解联立方程，得

最后母液（m 点组成）量　$X=1244(\text{kg})$

结晶析出 KCl 量　$Y=141(\text{kg})$

上述两种方法所得结果略有不同。前者误差较大，是由于在测量相图中有关线段时引入的；后者实际对各组分含量测定的计算比较严格可靠，尤其是在处理比较复杂的物系和过程中，用物料计算比较可靠。应当指出，运用相图所做的上述工艺计算需要满足下述条件：①一步工艺中假定各相都达到热力学平衡态；②与相的分离是理想的，液相中不含晶粒，固相中不含附着母液；③不考虑实际操作过程中各种损失；④不考虑温度波动造成的影响。

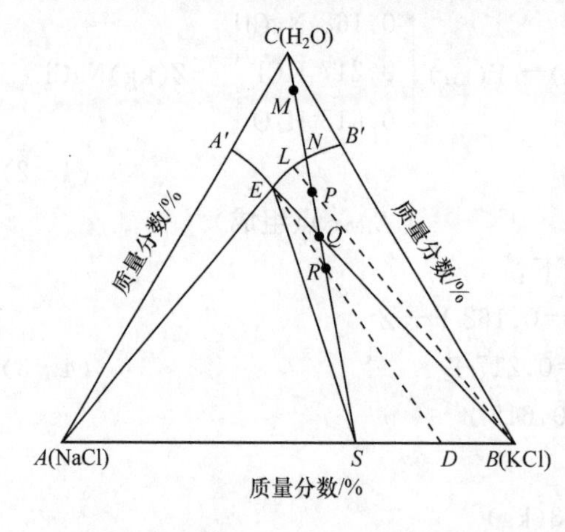

图 4-7　NaCl-KCl-H_2O 体系 20℃时溶解度及蒸发路线图

2）等温蒸发法

100g 原始物料加 300g 水在室温下搅拌，使所有 KCl 和 NaCl 全部溶解，形成对 KCl 和 NaCl 都尚未饱和的水溶液[组成是 15% KCl、10% NaCl 和 75% H_2O（m_1）]。为了理解方便，用图 4-7 NaCl-KCl-H_2O 体系 20℃时的等温溶解度图说明蒸发过程和析盐过程。若原料在相图中的系统点 M（组成为 m_1）于 20℃时在等温下进行蒸发，整个过程可分为蒸失水分与溶液浓缩、KCl 结晶析出和混盐析出三个阶段。

(1) 蒸失水分与溶液浓缩阶段。从原始物的量为 w、组成为 m_1 的系统点 M 与顶点 $C(H_2O)$连接线的延长线（叫做蒸发射线）从点 M 经蒸发，溶液不断失水浓缩，溶液组成点向远离点 C 方向的延长线上移动，达到与 KCl 溶解度线 EB'相交于点 N（组成为 m_2）。KCl 饱和蒸发水分量和浓缩卤水量由式(4-6)决定：

$$\frac{起始溶液量}{浓缩溶液量}=\frac{w}{w\times\frac{MN}{CN}} \tag{4-6}$$

$$蒸发水分量=起始溶液量-浓缩溶液量$$

(2) KCl结晶析出阶段。图4-7溶液从点N继续蒸发,浓缩液组成进入KCl结晶区内。不断有KCl结晶析出。这时候体系点溶液组成从点N沿着KCl溶解度线向共饱和点E移动,由点N到点$P(m_3)$。点P与KCl顶点连线延长线与溶解度线的交点为L,析出固相KCl和含有NaCl的KCl饱和溶液。此时,蒸失水量与剩余溶液的量都由杠杆规则决定:

$$\frac{蒸失水量}{剩余溶液量}=\frac{w\times\frac{MN}{CN}\times\frac{NP}{CP}}{w\times\frac{MN}{CN}\times\frac{BP}{LB}}\qquad 析出KCl的量=w\times\frac{MN}{CN}\times\frac{LP}{BP} \tag{4-7}$$

(3) 当溶液组成到达点E时,体系点沿蒸发射线到达点$Q(m_4)$。随着KCl的析出点Q的液相点相应地向点E移动,KCl的析出量逐渐增大。到共饱和点E时,KCl的析出量最大。BE边上两个固相都达饱和。同样,蒸发到点m_4的蒸失水量和剩余溶液量由以下杠杆规则决定:

$$\frac{蒸失水量}{剩余溶液量}=\frac{w\times\frac{MN}{CN}\times\frac{NP}{CP}\times\frac{PQ}{CQ}}{w\times\frac{MN}{CN}\times\frac{BP}{LB}\times\frac{QB}{EB}} \tag{4-8}$$

$$析出KCl+NaCl的量=w\times\frac{MN}{CN}\times\frac{BP}{LB}\times\frac{QE}{EB}$$

(4) NaCl和KCl混盐析出阶段。溶液到达点E,表示这时候的溶液同时为NaCl和KCl饱和。溶液组成仍保持点E组成不再变化,自由度为零。再继续蒸发,在两个固相和一个液相区,根据直线规则,在这一蒸发阶段,同时出现两种固相NaCl和KCl。此蒸发浓缩析盐过程中的体系组成点为m_5,此时蒸失水量和剩余溶液量由式(4-9)确定:

$$\frac{蒸失水量}{剩余溶液量}=\frac{w\times\frac{MN}{CN}\times\frac{NP}{CP}\times\frac{PQ}{CQ}\times\frac{QR}{CR}}{w\times\frac{MN}{CN}\times\frac{BP}{LB}\times\frac{QB}{EB}\times\frac{RD}{ED}} \tag{4-9}$$

析出的混盐量由式(4-10)求得

$$KCl+NaCl析出的量=w\times\frac{MN}{CN}\times\frac{BP}{LB}\times\frac{QB}{EB}\times\frac{ER}{ED} \tag{4-10}$$

(5) 系统组成点R向点S移动(即在AB边上移动),NaCl和KCl不断析出。

液相的杠杆长臂 RD 与 BC 边的交点逐渐缩短到 RS，即蒸干至点 D 与点 $S(m_6)$ 相重合为止。此时混盐 NaCl 与 KCl 析出量由 BC 边上的杠杆规则决定：

$$\frac{\text{NaCl 量}}{\text{KCl 量}}=\frac{SA}{SB} \tag{4-11}$$

式(4-11)中所有结线上的线段长度，经测量后就可以计算得到每步蒸失水量、剩余溶液量和析出的盐量。最后当溶液蒸发至干时，固相点与体系（物料）点重合于点 m_6，蒸发过程结束。

由上述可见，钾石盐（KCl＋NaCl）由于在蒸发过程中，按相图解析出现三个不同的阶段，在第二阶段中获得一定量的纯 KCl 固相，从而达到把 KCl 与 NaCl 进行分离的目的。

应当指出，同样的相图解析过程，可以根据原始物料（钾石盐）中其他物理杂质（如黏土、泥和沙等）含量的不同，安排不同操作来实现 KCl 与 NaCl 的分离。若钾石盐原料中含有一定量的泥或沙，采用加水全溶，分离不溶物后，进行等温蒸发，就可以分离 KCl。这样的相分离工艺已在青海高原氯化物类型盐湖上，采用太阳池相分离技术，利用天然蒸发（可视为等温蒸发）浓缩结晶，实现从钾石盐制取 KCl。如果钾石盐的杂质很少，只要用最少量的水（由点 m_4 决定）将全部 NaCl 溶解，形成点 E 溶液，并进行固、液分离后，即得 KCl 产品。这就是青海察尔汗盐湖 20 年前使用光卤石经分解后，清水洗涤法的相图原理。

4.2.3　含有水合盐形成的水盐三元体系

Na_2SO_4-NaCl-H_2O 和 $MgCl_2$-NaCl-H_2O 都是只生成水合盐，而没有复盐生成的三元体系。前者不仅是解释我国新疆硫酸钠亚型盐湖中无水硫酸钠形成条件的物理化学基础，也是使用 NaCl 盐析法从芒硝生产无水硫酸钠工艺设计的依据。

1. Na_2SO_4-NaCl-H_2O 三元体系相图

Na_2SO_4-NaCl-H_2O 三元体系早在 19 世纪末已进行过研究。图 4-8 中绘制了 Na_2SO_4-NaCl-H_2O 三元体系相平衡图。图 4-8 上部插入在不同温度时（35℃、50℃、75℃和 100℃）4 个等温三角相图的一角；图 4-8 下部是－20～100℃时的等温图。

25℃和 50℃时的等温图中出现 3 条溶解度线，分别相应于 $Na_2SO_4\cdot10H_2O$、Na_2SO_4 和 NaCl。50℃和 100℃时又出现固相，却是 Na_2SO_4 和 NaCl。

例如，每一个等温图都有介稳固相，0℃和 25℃时的固相是介稳相 $Na_2SO_4\cdot7H_2O$ 和 NaCl；40～100℃时则是 Na_2SO_4 和 NaCl。由于在工艺操作中很难保证达到热力学平衡态，在快速分离过程中，体系通常总是处于介稳状态。因此，工艺相图解析和计算时运用介稳图即可。

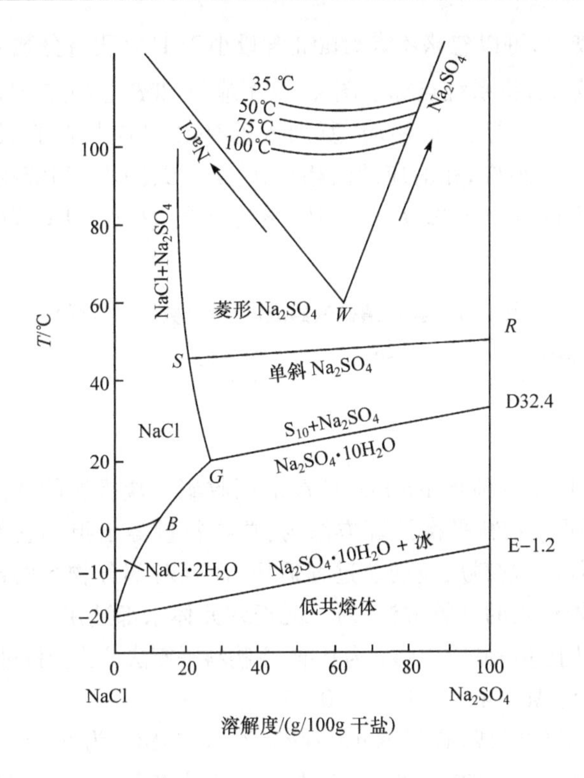

图4-8　Na_2SO_4-NaCl-H_2O三元体系多温相图

如图4-8所示，随着温度的提高，共饱和液中 Na_2SO_4 的含量减少，说明高温利于 Na_2SO_4 的析出。图4-8中还表明17.9℃是 Na_2SO_4 存在于相平衡中的最低温度。

(1) 加热制取硫酸钠。显然，温度越高，越靠近角 W，即表示溶解度越小。因而，高温盐析更为有利，但为了减少热损失，温度应控制在50～100℃为宜。

(2) 盐析法生产无水硫酸钠。将NaCl加入一定浓度的 Na_2SO_4 溶液中，由于钠离子的同离子效应，可析出 Na_2SO_4 固相，这种方法称为盐析法，相图可以反映这一规律，并提供最佳的条件和流程(图4-9)。

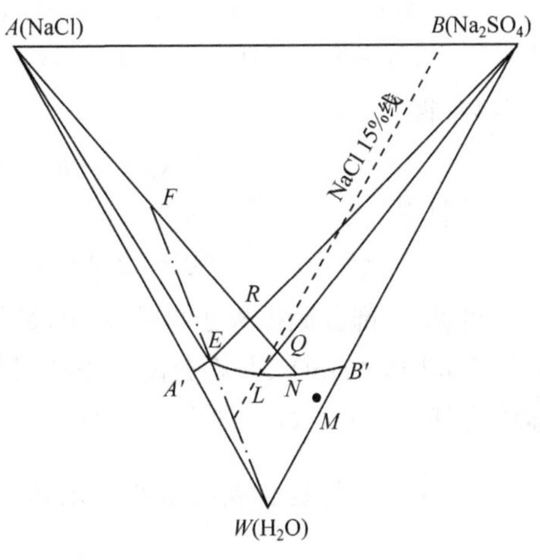

图4-9　盐析法生产无水硝相图

从表4-6中可以看出，$CaSO_4$、

$MgSO_4$ 的含量较少,可以忽略不计,NaCl 含量小于 1%(质量分数)。作为 Na_2SO_4-NaCl-H_2O 体系考虑,将系统点标于图 4-9 中靠近 *WB* 边的点 *M*,当加入 NaCl 进行盐析过程,使点 *N* 向点 *A* 移动,所加入的NaCl量应控制在使系统点维持在 *N*～*R*之间,以点 *R* 最好,相对应的液相点在 *N*～*E* 之间。当液相中 NaCl 含量达 15%时,该溶液组成为 *NE* 线 *L* 点,相应系统点为 *Q*,点 *Q* 即为加入 NaCl 的极限点。

表 4-6 某厂清硝液组成(质量分数,单位:%)

成分	$CaSO_4$	$MgSO_4$	Na_2SO_4	NaCl	H_2O
组成	0.08	0.27	22.4	0.9	76.35

盐析法也适用于其他含 Na_2SO_4 的废液回收硝。盐析法的优点之一是可以在较低的温度下操作。物料平衡计算方法为:总物料量等于组成它的各部分物料量之和。此关系不仅对物料反应的总过程适用,而且对部分物料的部分过程也是适用的,它是一种最精确的计算方法,对二元至六元体系都适用。

例 4-1 以上述清硝液 100kg 为基准,用物料平衡法计算盐析过程,见图 4-9。

解 (1) 过程 $M+A \longrightarrow R \longrightarrow B+E$。

(2) 由母液 E 的组成,查得 NaCl 为 24.2%,Na_2SO_4 为 5.3%。

(3) 设未知数。*a* 为加入 NaCl 的量(kg);*b* 为产品 Na_2SO_4 量(kg);*e* 为生成母液的量(kg)。

(4) 列物料平衡计算式

总物料 $$100+a=e+b \tag{4-12}$$

NaCl $$100\times0.9\%+a=e\times24.2\% \tag{4-13}$$

Na_2SO_4 $$100\times22.4\%=e\times5.3\%+b \tag{4-14}$$

解方程,得

$$a=250.4(\text{kg}),\quad b=16.6(\text{kg}),\quad e=108.8(\text{kg}) \tag{4-15}$$

回收率

$$\eta=16.6/(100\times22.4\%)=74.1\% \quad (\text{以产品 } Na_2SO_4 \text{ 计}) \tag{4-16}$$

可见,一部分硝损失于母液 E 中,欲提高回收率,可使母液 E 蒸发至点 *F*,同时回收 NaCl 和 Na_2SO_4,并将分离出来的母液 E 重新进行盐析。盐析法常常使析出的盐改变其水合分子数。如果在低于 32.82℃时,也可通过盐析法制得 Na_2SO_4。

2. 有水合复盐生成的水盐三元体系相图

$MgCl_2$-KCl-H_2O 体系相图是由水合复盐生成的三元体系的典型。该体系是 20 世纪末 van't Hoff 在德国柏林大学为研究德国 Stalfurt 古钾盐矿中大量光卤石的形成和利用的课题组成员 Meyerhoffer 最早完成的三元体系之一。我国青海察尔汗盐湖卤水在日晒蒸发过程中，很快就会结晶析出光卤石。多年来，人们一直在利用日晒光卤石制取 KCl。

（1）$MgCl_2$-KCl-H_2O 三元体系空间图。用以构绘 $MgCl_2$-KCl-H_2O 三元体系的三维空间立体相图的二元和三元体系无变量点数据列于表 4－7 中。

表 4－7 $K^+,Mg^{2+}/Cl^-$-H_2O 体系

温度/℃	液相组成/%		固相
	KCl	$MgCl_2$	
0	21.8	0	KCl
	16.1	5.0	KCl
	11.3	10.0	KCl
	7.4	15.0	KCl
	4.3	20.0	KCl
	2.6	25.0	KCl
	2.4	26.0	KCl＋Car
	0.5	30.0	Car
	0.1	34.4	Car＋Bis
	0	34.4	Bis
25	26.4	0	KCl
	20.3	5.0	KCl
	14.9	10.0	KCl
	10.5	15.0	KCl
	6.7	20.0	KCl
	4.1	25.0	KCl
	3.4	26.9	KCl＋Car
	1.1	30.0	Car
	0.1	35.0	Car
	0.1	35.6	Car＋Bis
	0	35.6	Bis
75	33.2	0	KCl
	26.9	5.0	KCl
	21.2	10.0	KCl
	16.2	15.0	KCl
	11.7	20.0	KCl

续表

温度/℃	液相组成/%		固相
	KCl	$MgCl_2$	
75	8.0	25.0	KCl
	5.5	29.2	KCl+Car
	4.7	30.0	Car
	1.6	35.0	Car
	0.35	39.0	Car+Bis
	0	39.1	Bis
100	35.9	0	KCl
	29.8	5.0	KCl
	24.0	10.0	KCl
	18.8	15.0	KCl
	14.3	20.0	KCl
	10.6	25.0	KCl
	7.4	30.0	KCl
	6.4	31.3	KCl+Car
	3.6	35.0	Car
	1.1	40.0	Car
	0.5	42.0	Car+Bis
	0	42.2	Bis

注：Car. $KCl·MgCl_2·6H_2O$；Bis. $MgCl_2·6H_2O$。

三维空间立体相图中，用 x 轴表示溶液中 $MgCl_2$ 浓度（$molMgCl_2/1000molH_2O$），y 轴表示溶液中 KCl 浓度（同前），T 轴表示温度（℃）。图中不同的饱和面按在该面中存在的固相标示出（见表 4－7，图略）。在所有温度范围内，光卤石是不调和性化合物。因为在光卤石饱和面上所有点的 $MgCl_2$ 对 KCl 的比值要比复盐光卤石中的这一比值大。

（2）$MgCl_2$-KCl-H_2O 三元体系等温图。图 4－10 表示使用物质的量浓度标绘出的 $MgCl_2$-KCl-H_2O 三元体系 25℃时的三角形直角等温图。点 C 表示组分水，直角三角形的两个等边分别表示 A（KCl）和 B（$MgCl_2$）的浓度。CB 边上 f 表示 $MgCl_2·6H_2O$ 的溶解度。ap 表示 KCl 的溶解度曲线，pe 表示复盐光卤石（$KCl·MgCl_2·6H_2O$）的溶解度曲线，eb 则表示 $MgCl_2·6H_2O$ 的溶解度曲线。相图 4－10 中表明既有无水单盐生成，也有水合盐和复盐生成。

从图 4－10 中还可以看到，光卤石的物相点与组分水（三角形顶点 C）的连线并没有通过光卤石的溶解度线。也就是说，光卤石溶解度线上的任一点，$KCl/MgCl_2$ 质量比值要比 1(=光卤石中 $KCl/MgCl_2$)小，这就意味着在光卤石加水溶解过程中将出现一种特殊情况。加水量正好将光卤石中全部的 $MgCl_2$ 溶解完时，还会有明显量的 KCl 以固体形式存在。这就是光卤石加水分解制取 KCl 的工艺原理。

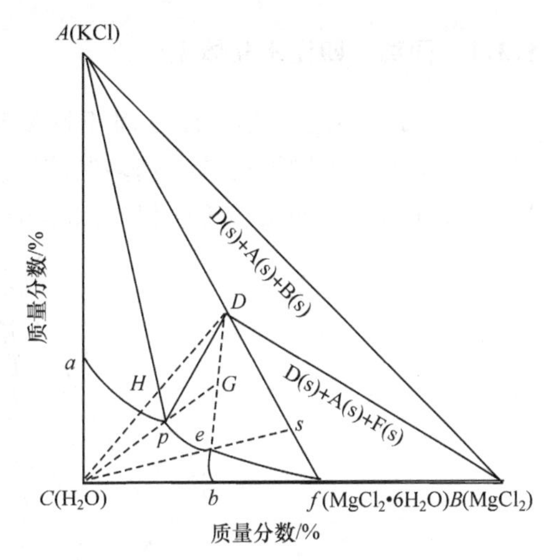

图 4-10　$MgCl_2$-KCl-H_2O 三元体系 25℃时的等温溶解度相图

(3) 相图应用。例如，光卤石加水冷分解制备 KCl。若光卤石物料的组成点在图 4-10 中为点 D，按线 DH 杠杆规则计算量的水加入，使体系点由点 D 移动到点 H。充分搅拌使光卤石中的 $MgCl_2$ 全部溶解，溶液组成正好达到点 P 所示(KCl 与光卤石的共饱和溶液)。这时析出有一定量的 KCl，分离得到纯 KCl 产品。分离母液采用 25℃等温蒸发，从点 P 蒸失水分后正好达到点 G，这时浓缩组成为点 e 所示，析出一定量的光卤石。该光卤石纯度较高，可以叫做人造(合成)光卤石，可用以加工制取比较纯的 KCl，也可进行脱水后用作熔盐电解金属镁的添加物料。再将点 e 的溶液蒸发到点 s，得到含光卤石很少的水氯镁石，其中 $MgCl_2 \cdot 6H_2O / KCl \cdot MgCl_2 \cdot 6H_2O = sD/sf$。

(4) 由人造光卤石制取金属镁。察尔汗盐湖卤水在日晒蒸发过程中结晶析出光卤石。根据表 4-7 所列的 4 个不同温度溶解度数据，绘制出 $MgCl_2$-KCl-H_2O 三元体系多温溶解度相图。可以由相图选择不同的温度，先加水加热溶解盐田生产的粗光卤石配料后，组成点应落在析出光卤石区间内。进行冷却，所得的光卤石纯度较高，能达到 99%。可以将这种热溶冷结晶得到的人造光卤石进行流化床脱水为无水光卤石，用于制取金属镁。

4.3　水盐四元体系

在 Na^+, K^+, Mg^{2+}/Cl^-, SO_4^{2-}-H_2O 五元体系中包括两个同阴离子四元水盐体系，即 Na^+, K^+, Mg^{2+}/Cl^--H_2O 和 Na^+, K^+, Mg^{2+}/SO_4^{2-}-H_2O 四元水盐体系。前者对于氯化物类型盐湖——青藏高原察尔汗盐湖成盐地球化学和氯化物类型盐卤运用太阳池技术相分离光卤石都是十分有用的基础资料；后者，如山西的运城盐湖属于硫酸盐体系。

4.3.1 同离子四元水盐体系

Na^+, K^+, Mg^{2+}/Cl^--H_2O 属于同阴离子四元体系。该体系在－10℃、0℃、10℃、25℃四个不同温度的干基多温溶解度图如图 4－11 所示。图 4－11 中出现 NaCl、KCl、$KCl \cdot MgCl_2 \cdot 6H_2O$ 和 $MgCl_2 \cdot 6H_2O$ 共 4 个相区。

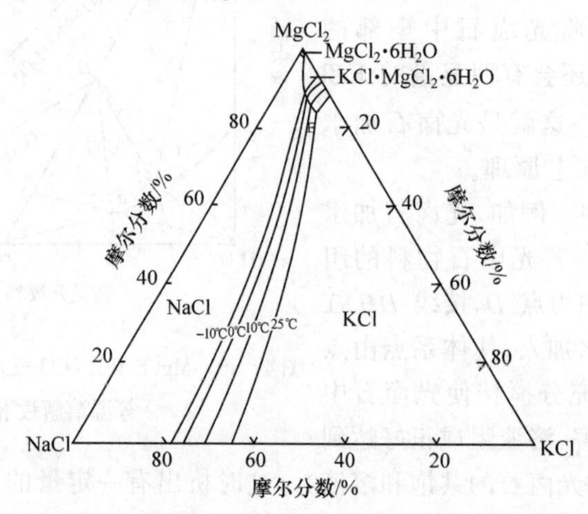

图 4－11 Na^+, K^+, Mg^{2+}/Cl^--H_2O 四元体系干基多温溶解度图

我国青海柴达木盆地察尔汗盐滩晶间卤水和达布逊湖水化学组成应属于含钾、钠、镁阳离子和同阴离子氯的四元水盐体系。盐卤的天然蒸发和盐田日晒或自然冷冻过程，都是按照相化学规则进行变化的。下面主要介绍达布逊湖水的年变化规律[10]。

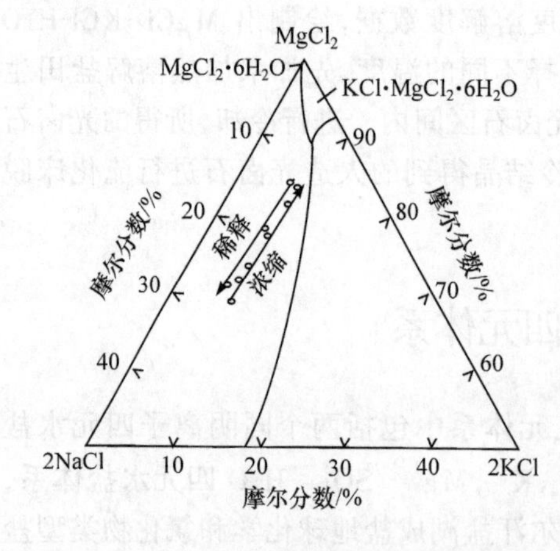

图 4－12 达布逊湖水的浓缩和稀释过程

（1）浓缩和稀释作用。达布逊湖北部和东部的钾盐沉积是由于湖水与晶间卤水相互作用，以及湖水在特定天然条件（非化学和气候）下物理化学变化规律的结果。达布逊湖水（在不析出钾盐的年份）不同季节的化学组成变化（图 4－12）表明，在夏季，湖表卤水由于蒸发浓缩而析出食盐（NaCl），到冬季蒸发作用减少，湖水被周边补给的淡水冲稀，使夏季析出的 NaCl 回溶。湖水在浓缩和稀释过程中钾与镁的比值保持恒定不变，明显地呈现往复式（NaCl 的析出和溶解）

周期性变化。湖水中氯化镁含量的最大幅度取决于夏季的浓缩作用和冬季的稀释作用。

(2) 结晶和晶体回溶。达布逊湖东北湾湖滨的卤水在钾盐沉积区域，从不同季节化学组成的变化来看，达布逊卤湖的淡水主要来自南面的格尔河。南部卤水最稀（浓度最低）。北部尤其是东北湾，由于 NaCl 沉积与回溶形成大范围的湖底缓坡地形，因此湖水浓度最高，是主要盐类沉积区。卤水在夏季由于局部浓缩效应，可以很快被蒸发浓缩，不仅析出钾盐，甚至能析出水氯镁石。夏季，由于湖水水位上涨，或风力作用，或不同浓缩卤水的卤水掺对作用；冬季，由于湖面蒸发作用明显减弱，湖水被补给淡水的稀释，水位上涨引起夏季析出新沉积盐类重新回溶（图 4 - 13），形成不规则的三角形年份变化规律，小三角形的 *AB* 边是蒸发浓缩析出 NaCl 的过程；*BE* 边是析出钾盐（$KCl + MgCl_2 \cdot KCl \cdot 6H_2O + NaCl$）的过程；*AE* 边是稀释回溶过程。该三角形变化在不同年份，因钾盐析出阶段的长短而有所不同。

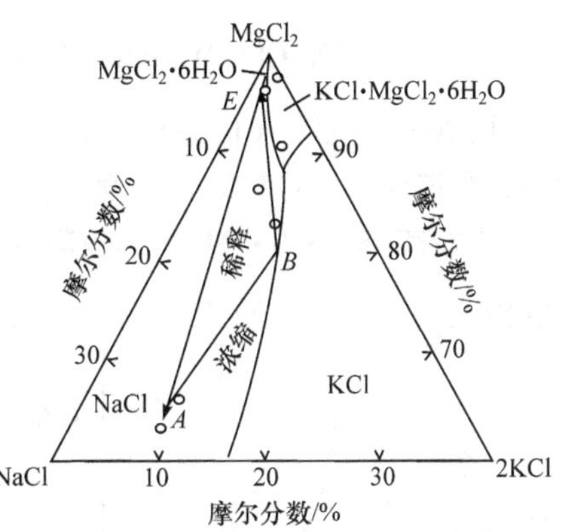

图 4 - 13　达布逊湖滨卤水的浓缩和稀释过程

(3) 钾盐沉积。柴达木盆地是青藏高原上的一个大型山间湖盆，达布逊湖区目前正在形成沉积钾盐的中心。钾盐沉积主要分布在达布逊湖北岸和东北岸湖滨地带，南北宽数百米到数千米，东北延伸数万米。盐类沉积的矿物中主要是光卤石和石盐，有少量石膏，偶尔能见到钾石盐和水氯镁石。

4.3.2　盐水四元交互体系

如上所述，在 $Na^+,K^+,Mg^{2+}/Cl^-,SO_4^{2-}$-$H_2O$ 五元体系中含有：①两个同阴离子四元体系，即 $Na^+,K^+,Mg^{2+}/Cl^-$-H_2O 和 $Na^+,K^+,Mg^{2+}/SO_4^{2-}$-$H_2O$；②三个四元交互体系，即 $Mg^{2+}/Cl^-,SO_4^{2-}$-H_2O、$Na^+,K^+,Mg^{2+}/Cl^-,SO_4^{2-}$-$H_2O$ 和 $Na^+,K^+/Cl^-,SO_4^{2-}$-H_2O。下面分别对这三个四元交互体系进行讨论。

1. $Na^+,Mg^{2+}/Cl^-,SO_4^{2-}$-$H_2O$ 四元交互体系

$Na^+,Mg^{2+}/Cl^-,SO_4^{2-}$-$H_2O$ 四元交互体系早期的研究工作也是由 van't Hoff 等完成的。后来 J. D'Ans 等对其进行补充和完善。原苏联科学院院士 H.C. Курнаков 及其学派在进行盐湖研究过程中，也曾对该体系溶解度进行过研究。A. Г.Гоерг 和 H.П.Лумная 在其著作中对该体系进行了全面的总结，给出了每 5℃间

隔的等温溶解度图，其中包括热力学平衡溶解度和非平衡态溶解度。在该体系中存在下述相反应：

$$2NaCl+MgSO_4+10H_2O \underset{高温}{\overset{低温}{\rightleftharpoons}} Na_2SO_4 \cdot 10H_2O+MgCl_2 \qquad (4-17)$$

从 $Na^+, Mg^{2+}/Cl^-, SO_4^{2-}$-$H_2O$ 四元交互体系的组分-温度空间(图 4-14)中可见，在该体系 0℃时的热力学平衡溶解度相图中，存在水氯镁石($MgCl_2 \cdot 6H_2O$)、七水硫酸镁($MgSO_4 \cdot 7H_2O$)、芒硝($Na_2SO_4 \cdot 10H_2O$)和食盐(NaCl)四个相区。

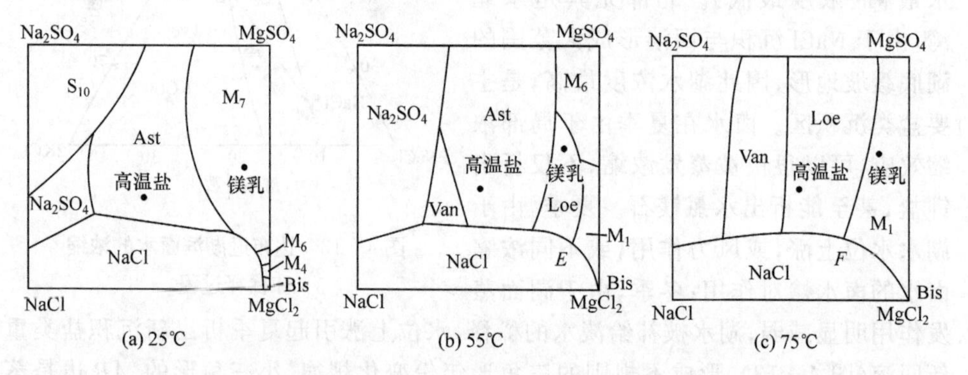

图 4-14 $Na^+, Mg^{2+}/Cl^-, SO_4^{2-}$-$H_2O$ 四元交互体系平衡溶解度相图

Ast. $Na_2SO_4 \cdot MgSO_4 \cdot 4H_2O$；Van. $3Na_2SO_4 \cdot MgSO_4$；Loe. $3Na_2SO_4 \cdot MgSO_4$；Bis. $MgCl_2 \cdot 6H_2O$；S_{10}. $Na_2SO_4 \cdot 10H_2O$；M_1. $MgSO_4 \cdot H_2O$；M_4. $MgSO_4 \cdot 4H_2O$；M_6. $MgSO_4 \cdot 6H_2O$；M_7. $MgSO_4 \cdot 7H_2O$；镁乳. $MgSO_4 \cdot H_2O$ 中含 NaCl, KCl

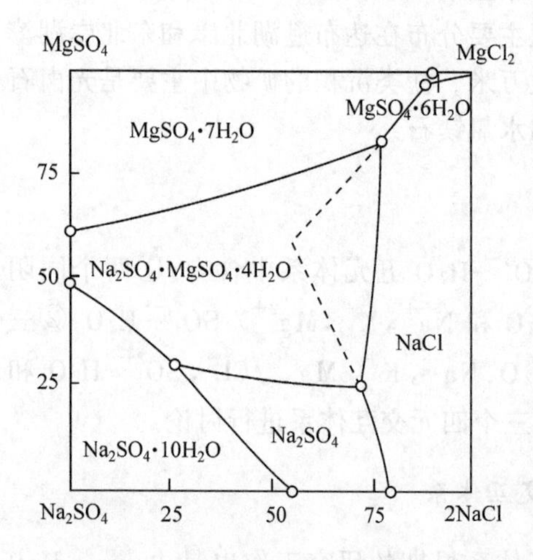

图 4-15 $Na^+, Mg^{2+}/Cl^-, SO_4^{2-}$-$H_2O$ 四元交互体系在 25℃时的溶解度图

在 25℃时的热力学平衡溶解度等温相图中(图 4-15)可以见到，除上述 0℃时的四个相区之外，还出现六水硫酸镁($MgSO_4 \cdot 6H_2O$)、无水硫酸钠(Na_2SO_4)和白钠镁矾($Na_2SO_4 \cdot MgSO_4 \cdot 4H_2O$)三个相区。$Na^+, Mg^{2+}/Cl^-, SO_4^{2-}$-$H_2O$ 四元交互体系在 25℃时，除上述热力学平衡溶解度相图之外，多年来人们无论是在野外对盐湖成盐过程的实际观察，现场进行的地球化学成盐实验中，还是在实验室进行的等温蒸发实验中，都确切地表明，存在着热力学非平衡态液固相图(称之为介稳相图)，如图 4-15 中的虚线所示。介稳相图与平衡相图之间的主要不同，在于平衡

相图中原有面积较大的白钠镁矾相区,在介稳过程中,被它们周围的邻近相区($MgSO_4\cdot7H_2O$、NaCl 和 Na_2SO_4)进行了侵占式地分割。也就是说,在该体系 25℃介稳等温溶解度相图中白钠镁矾相区消失了,$MgSO_4\cdot7H_2O$、NaCl 和 Na_2SO_4 相区相应地扩大了。

2. K^{+},Mg^{2+}/Cl^{-},SO_4^{2-}-H_2O 四元交互体系的应用

K^{+},Mg^{2+}/Cl^{-},SO_4^{2-}-H_2O 四元交互体系在 25℃时的相图(图 4－16)可用于大柴旦盐湖地表卤水在土质太阳池中天然蒸发制取 NaCl 的工艺在线操作。选取的原料卤水组成相图如 *A* 点所示(图 9－10)。在多步天然日晒池蒸发过程中,同时观察到在这一蒸发过程中结晶析出的固相都是 NaCl。*E* 点卤水继续日晒蒸发就会结晶析出 NaCl 和 K_2SO_4、$MgSO_4\cdot6H_2O$ 混盐。这一日晒蒸发析盐过程清楚地说明,大柴旦(硫酸镁亚型)盐湖湖表卤水在天然蒸发结晶析出 NaCl 的过程是按介稳相图所示的结晶路线进行的,而不是按平衡溶解度相图指示方向进行的。

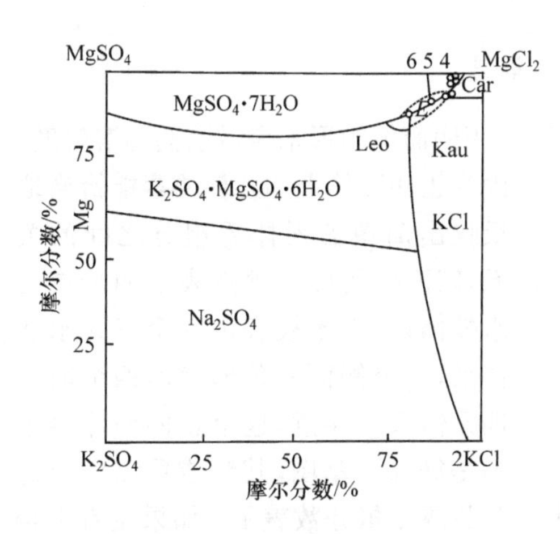

图 4－16　K^{+},Mg^{2+}/Cl^{-},SO_4^{2-}-H_2O 四元交互体系在 25℃时的溶解度图

Car. $KCl\cdot MgCl_2\cdot6H_2O$;Leo. $K_2SO_4\cdot MgSO_4\cdot4H_2O$;Kau. $KCl\cdot MgSO_4\cdot3H_2O$

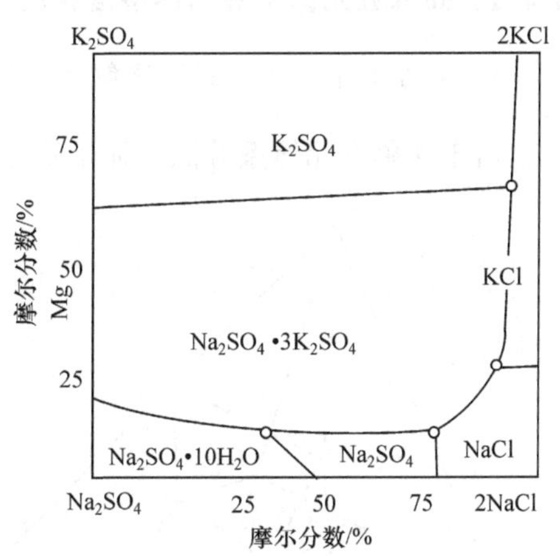

图 4－17　Na^{+},K^{+}/Cl^{-},SO_4^{2-}-H_2O 四元交互体系,25℃溶解度图

3. Na^{+},K^{+}/Cl^{-},SO_4^{2-}-H_2O 四元交互体系的应用

从 Na^{+},K^{+}/Cl^{-},SO_4^{2-}-H_2O 四元交互体系 25℃平衡溶解度相图(图 4－17)可知,相图中有 Na_2SO_4、$Na_2SO_4\cdot10H_2O$、NaCl、$Na_2SO_4\cdot3K_2SO_4$、K_2SO_4 和 KCl 六个相区。在 4.4.3 节中含 Na^{+},K^{+},Mg^{2+}/Cl^{-},SO_4^{2-}-H_2O 五元体系 25℃等温平

衡溶解度中也有面积较大的 $Na_2SO_4\cdot3K_2SO_4$ 相区。也就是说，在盐湖卤水中蒸发过程有 NaCl 与 $Na_2SO_4\cdot3K_2SO_4$ 混盐析出。此相图为从含此类钾、钠硫酸盐（少量氯化物）混盐中制取 K_2SO_4 和 $Na_2SO_4\cdot10H_2O$ 提供了依据。

4.4　水盐五元体系

水盐五元体系有三种类型：第一种是四种相同阳离子与一种阴离子的盐与水形成的体系，如 Na^+，K^+，Mg^{2+}，Ca^{2+}/Cl^--H_2O 及四种不同的阴离子与一种阳离子的盐与水形成的体系，如 Na^+/ Cl^-，SO_4^{2-}，HCO_3^-，CO_3^--H_2O；第二种是由两种或两种以上不同的盐与水形成的体系，如 Na^+，K^+，Mg^{2+}/Cl^-，SO_4^{2-}-H_2O，这类单盐在体系中发生分解形成交互五元体系；第三种是由一个交互盐对的正二价、负二价离子加上水和另外一种物质构成的体系。我们下面主要讨论应用最多的简单五元体系和交互五元体系。

4.4.1　简单五元体系等温溶解度相图

1. 同离子五元体系等温溶解度立体干基图

对于简单五元体系等温立体干基图，可以用四面体图形来表示它们的溶解度。因为正四面体上的几何要素能恰当地反映出简单五元体系组分之间的关系：四面体的四个顶点表示四个二元水盐体系，六条棱表示六个三元水盐体系，四个侧面三角形表示四个简单四元体系。注意，这个正四面体表示的是等温干基图，其组成可以用质量分数或摩尔分数表示。如果没有水合盐和复盐生成，最简单的等温干基图如图 4－18 所示[11]。

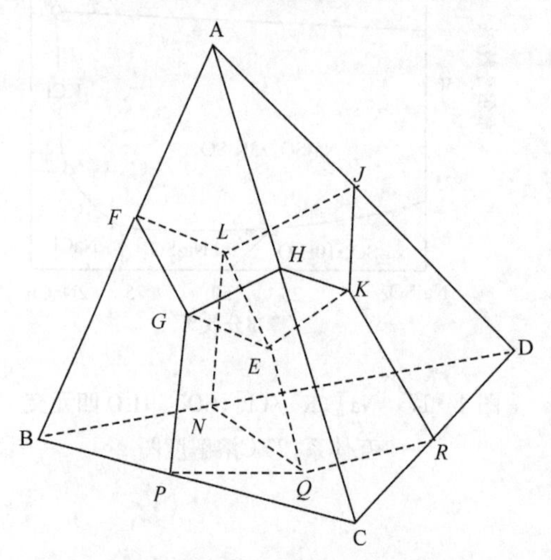

图 4－18　简单五元体系等温干基图

由图 4－18 可见，该立体图可以分为四个几何体与四种无水单盐相对应，表示单固相的饱和溶液，如图 4－18 中的几何体 *GHKJLFG* 表示 A 盐的饱和溶液面，也叫做初结晶体（一次结晶面），当系统组成点落于该区内，在蒸发时应首先析出 A 盐。每两个相邻的固相初晶体之间的交面，是饱和溶液面（二次结晶面）。例如，*FGELF* 面是 A、B 两盐的共饱溶液面。

三个单固相饱和初晶体相互接触时所形成的三固相共饱和溶液线(三次结晶线),如线 GE,是 A、B、C 三盐的共饱溶液线。点 E 是四个单固相初晶体的交点,是 A、B、C、D 四种盐的共饱溶液点(四次结晶点),是个等温无变点。

2. 简单五元体系简化干基图

Na^+, K^+, Mg^{2+}, Ca^{2+}/Cl^--H_2O,是一个简单五元体系,上面已经指出,在绘制等温立体干基图(图 4-19)时,已经忽略了温度和水这两个因素,还是需要用正四面体来表示。立体图表示法无论是作图或是应用都给人们带来不便,要想再进一步简化,把立体图变为平面图就只能再忽略一种盐了,究竟应该忽略哪种盐,则应根据体系的情况及研究问题的需要而定。一般说来,是忽略体系含量最大、蒸发时最先析出的单盐。这样,对于简单五元体系,忽略 NaCl,余下 KCl、$MgCl_2$、$CaCl_2$,用正三角形表示简单五元体系等温简化干基图(简称干基图),并规定

$$n(KCl)+m(MgCl_2)+m(CaCl_2)=100(g)(或\ 100mol)$$

这一简化干基组成就表示相对于 KCl、$MgCl_2$、$CaCl_2$ 共 100g 的各种盐及水的质量,并特记为 z 值。只需按三个盐的 z 值进行标绘即可。若要表示被舍去的水量及 NaCl 量时,还需要水图和钠图(钠图又称盐图)。这是对应于干基图建立的直角坐标图,单位分别是水的 z 值和 NaCl 的 z 值。

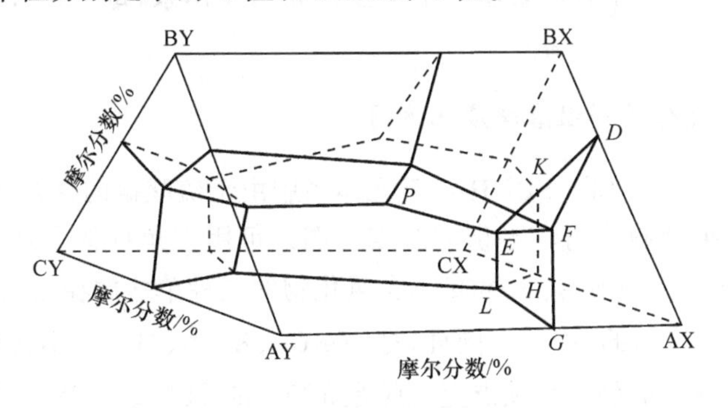

图 4-19　等温立体干基图

4.4.2　交互五元体系等温溶解度相图

1. 交互五元体系等温溶解度立体图

交互五元体系可以用一个正三角柱来表示,即所用的正三角柱是由侧面两个正三角形的底及三个与底垂直的正四方形构成的立体图(图 4-20)。由于五元体系的等温干基图就是立体的,所以这样一个正三角柱体只能反映等温条件下的干盐间的关系,而不能反映温度的变化及水分的多少。注意,这种图形表示的坐标是

采用改写后的等物质的量关系标记各种盐，并规定坐标系的总盐量或正、负离子总量为 100mol。

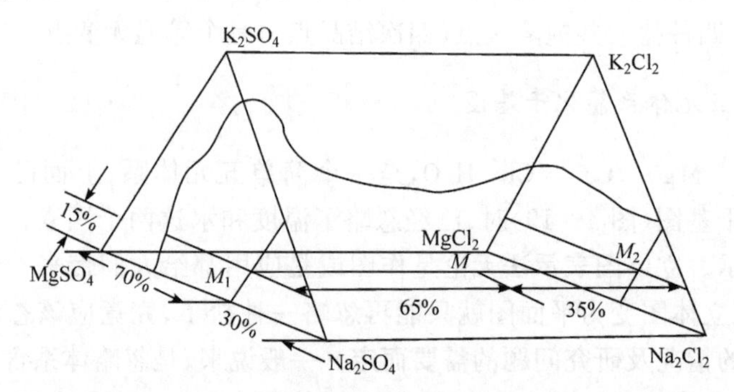

图 4-20 Na^+,K^+,Mg^{2+}/Cl^-,SO_4^{2-}-H_2O 交互五元体系等温溶解度干基图

正三角柱体中各几何要素与盐的对应关系如下：

(1) 六个顶点，安排了六个单盐，表示六个二元体系。

(2) 九个棱线，表示九个三元水盐体系。

(3) 两个正三角形底面表示两个简单四元水盐体系。

(4) 侧面的三个正方形表示三个交互四元水盐体系，每个正方形表示一个复分解反应。

2. 交互五元体系等温溶解度立体图

Na^+,K^+,Mg^{2+}/Cl^-,SO_4^{2-}-H_2O 五元体系中由于硫酸盐的存在，使用恒温溶解平衡法测定结果绘制热力学平衡溶解度相图。可用三角柱体表示等温溶解度相图。先将 $MgSO_4$、Na_2SO_4、K_2SO_4 不含氯化物的三种单盐放在三角柱底面的三个顶点上。应是 100% 的 SO_4^{2-}。同理，把 Na_2Cl_2、K_2Cl_2、$MgCl_2$ 不含硫酸盐的三种单盐放在三角柱上面的三个顶点上。应是100%的 $2Cl^-$。显然，在两个底面中间并与底面平行的面上，可由刻度上读出 SO_4^{2-} 与 $2Cl^-$ 的百分比。再看坐标的三个棱线，上棱是100%的 $2K^+$，右棱是100%的 $2Na^+$，左棱是100%的 Mg^{2+}。在立体图中间有一个组成点 M，点 M 的总干基量为 100mol，通过点 M 作与棱的平行线则可计算出正、负离子的摩尔分数。根据各种平衡液相中六种盐的组成和固体的组成为，如图 4-20 中的点 M 含 $2Cl^-$ 65%、SO_4^{2-} 35%、$2Na^+$ 70%、$2K^+$ 15%、Mg^{2+} 15%。

3. 交互五元体系等温溶解度简化干基图

对于五元交互体系简化干基图，与上述简单五元体系简化干基图的道理一样，除了对温度和水不表示外，还需要忽略一种盐，即减少两种离子，剩下的三种离子可以用三角形坐标来表示。例如，在盐湖和海水体系中，由于在 NaCl 饱和溶液中析出各种盐，因而忽略 NaCl，剩下的为 $2K^+$、Mg^{2+}、SO_4^{2-} 之和。规定：$2K^+$、Mg^{2+}、SO_4^{2-} 的物质的量为 100mol，并将此式定义为相对于 $2K^+$、Mg^{2+}、SO_4^{2-} 为 100 的物质的量或水的物质的量的 j' 值（Janëcke 相图指数）表示其组成，即各离子及水的 Janëcke 指数，简称指数。水的 Janëcke 指数可简称为水指数。任何五元水盐体系均可用 z 值或 j' 正三角相图表示。

关于单盐水合物及复盐 j' 值的计算，如 $MgSO_4 \cdot H_2O$ 的 j' 值，是根据它们的组成来计算的，1mol $MgSO_4 \cdot H_2O$ 中含 1mol Mg^{2+}、1mol SO_4^{2-}、1mol H_2O，则三种离子之和为 2，各个离子及 H_2O 的 j' 值为：$2K^+$ 0，Mg^{2+} 50，SO_4^{2-} 50，H_2O 50，$2Na^+$ 0，Cl^- 0。

同理，可知 K_2Cl_2、$MgCl_2$、Na_2SO_4 三种单盐分别在简化干基三角图的三个顶点上。

又如，复盐 Kai（$KCl \cdot MgSO_4 \cdot 3H_2O$）的 j' 值为：$2K^+$ 20，Mg^{2+} 40，SO_4^{2-} 40，$2Na^+$ 0，Cl^- 20，H_2O 120，正好在 K_2Cl_2 与 $MgSO_4$ 两个固相点的连线上。

水合盐与水合复盐在简干图上的位置与它们相应的无水单盐与无水复盐的组成完全一样，所以图中应该在同一个点上。

由以上分析可见，简化干基图上只能反映出三种离子之和的摩尔分数的关系，不能反映出 $2Na^+$、Cl^- 及水量的多少，也不能反映 Na_2Cl_2、H_2O 及 Na_2Cl_2 水合物等，但是能反映 $2K^+$、Mg^{2+}、SO_4^{2-} 的任一系统，这一系统是在舍弃了 Na_2Cl_2 的情况下形成的系统。事实上，舍弃上述的六种盐中的任何一种盐，都可以建立一套简化干基图。例如，舍弃 $MgSO_4$ 时，则可以建立 $\sum$ 三离子＝($2K^+$，$2Na^+$，$2Cl^-$)为 100mol 作为基准的简化干基图，三个顶点分别为 $2K^+$，$2Na^+$，$2Cl^-$。其他的五元交互体系也可以根据需要建立自己的简化干基图。

4.4.3 $Na^+,K^+,Mg^{2+}/Cl^-,SO_4^{2-}$-$H_2O$ 交互五元体系等温溶解度

van't Hoff 对 $Na^+,K^+,Mg^{2+}/Cl^-,SO_4^{2-}$-$H_2O$ 五元体系等温溶解度进行研究，绘制出 Na^+、K^+、Mg^{2+} 的氯化物和硫酸盐的氯化钠饱和溶液的盐类结晶图。显然，该体系包括六种盐：NaCl、Na_2SO_4、KCl、K_2SO_4、$MgSO_4$ 和 $MgCl_2$ 它们之间存在下述三个交互反应：

$$Na_2Cl_2 + MgSO_4 \rightleftharpoons Na_2SO_4 + MgCl_2 \tag{4-18}$$

$$K_2Cl_2 + MgSO_4 \rightleftharpoons K_2SO_4 + MgCl_2 \tag{4-19}$$

$$Na_2Cl_2 + K_2SO_4 \rightleftharpoons Na_2SO_4 + K_2Cl_2 \tag{4-20}$$

上述反应(4－20)明显地是由反应(4－18)和反应(4－19)相减的结果。由此

可见,在上述六种盐之间只存在两个独立的交互反应,按独立组分的概念应该是6－2＝4。也就是说,这4个独立组分盐加上溶剂水就组成五元交互水盐体系。

该体系采用交互五元体系 Janëcke 干基图表示。

分析数据表4-8,其中液相栏中只给出了 $2K^+$、Mg^{2+}、$2Na^+$ 及 H_2O 的 Janëcke 系数 j' 值,SO_4^{2-}、$2Cl^-$ 值可按定义求出,以表4-8中的符号B为例:

$$SO_4^{2-} \qquad 100-(22.6+55.6)=21.8 \qquad (4-21)$$

$$2Cl^- \qquad (22.6+55.6+36.20)-21.8=92.6 \qquad (4-22)$$

同时,只有数据中同时含有 $2K^+$、Mg^{2+}、SO_4^{2-} 的点才是五元体系的点,其应位于三角形内。如果少一个离子,就是四元体系的点,应位于三角形边上。应该注意到,表4-8的固相组成中析出的固相都含有 NaCl 固相,即表示液相点都是对NaCl与其他固相盐共饱和的。图4-20是用这种方法绘制的由 K_2Cl_2 与 $MgSO_4$ 两盐在25℃时与 Na_2Cl_2 饱和溶液形成体系的平面图。在图4-20中表示同一平面图,同时图上还表示出在等温蒸发过程中的结晶进行方向。该体系在研究海水或海水型盐湖卤水蒸发以及有关盐矿形成问题时具有重要意义。

表4-8 $Na^+,K^+,Mg^{2+}/Cl^-,SO_4^{2-}$-$H_2O$ 体系在25℃时的相图数据

符号	液相相图指数 j /[mol/100mol($2K^+ + Mg^{2+} + SO_4^{2-}$)]				固相＋Na_2Cl_2
	$2K^+$	Mg^{2+}	$2Na^+$	H_2O	
A	81.9	0	196	4 070	Gla＋K_2Cl_2
	50	32.4	101.6	2 670	Gla＋K_2Cl_2
	35	46.1	64.4	2 050	Gla＋K_2Cl_2
B	22.6	55.6	36.2	1 510	Gla＋K_2Cl_2＋Pic
C	20.5	58.6	28.2	1 450	K_2Cl_2＋Leo＋Pic
	15	66.5	16.9	1 300	K_2Cl_2＋Leo
D	11.3	72.3	11.3	1 200	K_2Cl_2＋Leo＋Kai
	9	79.6	8.0	1 196	K_2Cl_2＋Kai
E	6.6	88.0	3.6	1 190	K_2Cl_2＋Kai＋Car
Z	7.7	92.3	5.4	1 300	K_2Cl_2＋Car
F	41.45	0	238.5	4 090	Na_2SO_4＋Gla
G	17.8	33.6	104.1	2 170	Na_2SO_4＋Car＋Ast
H	0	45.6	142	2 826	Na_2SO_4＋Ast
I	16.2	54.8	43.4	1 560	Gla＋Ast＋Pic

续表

符号	液相相图指数 j' /[mol/100mol($2K^++Mg^{2+}+SO_4^{2-}$)]				固相＋Na_2Cl_2
	$2K^+$	Mg^{2+}	$2Na^+$	H_2O	
J	15.0	56.4	39.0	1 480	Ast＋Leo＋Pic
K	8.9	69.4	12.0	1 140	Ast＋Leo＋Eps
L	0	78.6	15.9	1 306	Ast＋Eps
N	7.7	71.0	15.9	1 080	Kai＋Leo＋Eps
O	5.4	81.0	10.0	1 060	Kai＋Eps＋Pen
P	0	91.1	1.6	1 110	Eps＋Hex
Q	2.0	88.4	1.5	980	Kai＋Hex＋Pen
R	0	91.1	1.6	982	Hex＋Pen
S	1.3	90.6	1.3	950	Kai＋Pen＋Tet
T	0	92.4	1.1	954	Pen＋Tet
U	1.1	91.5	1.2	940	Car＋Kai＋Tet
V	0.3	94.7	0.3	886	Car＋Bis＋Tet
X	0.2	99.8	0.75	958	Car＋Bis
Y	0	95.3	0.7	888	Bis＋Tet

注：Ast. $Na_2SO_4 \cdot MgSO_4 \cdot 4H_2O$；Car. $KCl \cdot MgCl_2 \cdot 6H_2O$；Bis. $MgCl_2 \cdot 6H_2O$；Kai. $KCl \cdot MgSO_4 \cdot 3H_2O$；Gla. $Na_2SO_4 \cdot 3K_2SO_4$；Leo. $MgSO_4 \cdot K_2SO_4 \cdot 4H_2O$；Eps. $MgSO_4 \cdot 7H_2O$；Pic. $MgSO_4 \cdot K_2SO_4 \cdot 6H_2O$；Hex. $MgSO_4 \cdot 6H_2O$. Pen. $MgSO_4 \cdot 5H_2O$. Tet. $MgSO_4 \cdot 4H_2O$

1．五元体系 25℃平衡溶解度图

van't Hoff[12]在研究 25℃ $Na^+,K^+,Mg^{2+}/Cl^-,SO_4^{2-}$-$H_2O$ 五元交互体系热力学平衡溶解度时，首先合成制备在斯塔斯福尔特古盐矿中找到的那些天然盐(无水和水合单盐及复盐)。采用合成复体溶解平衡法进行，测得溶液中各种离子的浓度及平衡固相，计算出各种盐的浓度。在该体系中结晶析出下述(与 NaCl 共饱和的)12 种盐。也就是说，在 Janëcke 三角相图出现有 12 个相区。

根据实验测得并计算出相图指数(表 4－8)和共饱和点及相区以及固相组成，先在棱柱体中绘出 $Na^+,K^+,Mg^{2+}/Cl^-,SO_4^{2-}$-$H_2O$ 五元体系在 25℃时的等温平衡溶解度测定结果，每一种盐和氯化钠共结晶后作图(图 4－21)，这样的相图可以清楚地显示在 NaCl 饱和范围内各种盐类(水合盐和水合复盐)饱和面的分布和相关位置，但是要实际应用起来(盐类工艺解析和工艺计算)就十分困难，也很不方便。为此，Janëcke 提出用棱柱体的 NaCl 顶点为投影中心，把图 4－21 中各个盐类饱和面投影到该棱柱体中以 Na_2SO_4-$MgCl_2$-K_2Cl_2 为顶点的三角形切面上表示结果。采用稍加修改过的列文赫尔茨表示法后,我们就得到经常在文献和有关著作中见到的 Mg^{2+}-$2K^{+}$-SO_4^{2-} Janëcke 三角形图[13,14]。

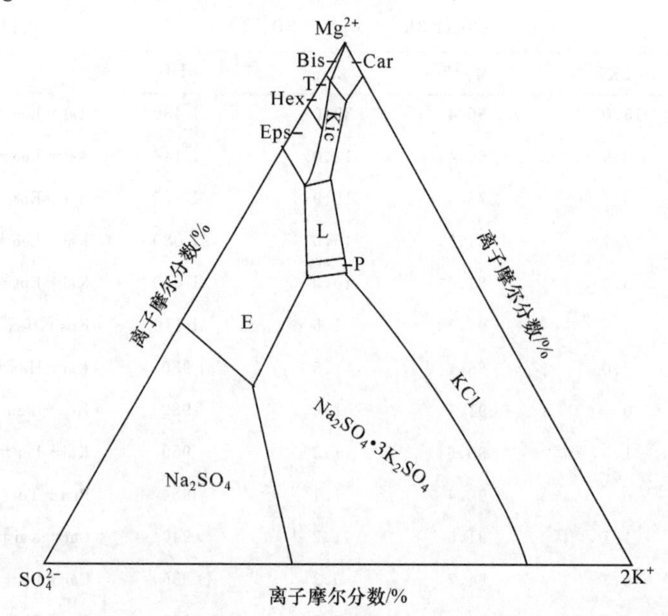

图 4-21 Na^{+},K^{+},Mg^{2+}/Cl^{-},SO_4^{2-}-H_2O 体系在 25℃时的平衡溶解度相图

Bis. $MgCl_2·6H_2O$;Hex. $MgSO_4·6H_2O$;Eps. $MgSO_4·7H_2O$;Car. $KCl·MgCl_2·6H_2O$;Kic. $KCl·MgSO_4·3H_2O$;L. $K_2SO_4·MgSO_4·4H_2O$;E. $Na_2SO_4·MgSO_4·4H_2O$;P. $MgSO_4·K_2SO_4·6H_2O$

首先,按照列文赫尔茨图的水平投影所采用的方法表示 K_2Cl_2、$MgCl_2$、$MgSO_4$ 和 K_2SO_4 各种盐的浓度,因为在这样绘制的图上所有溶液分别为相应的 NaCl 所饱和。至于 Na_2SO_4 盐的浓度表示问题是采用下述办法来解决的:

由 $$Na_2SO_4 + MgCl_2 = MgSO_4 + Na_2Cl_2$$

可得

$$Na_2SO_4 = MgSO_4 - MgCl_2 + Na_2Cl_2 \tag{4-23}$$

同样由 $$Na_2SO_4 + K_2Cl_2 = K_2SO_4 + Na_2Cl_2$$

得

$$Na_2SO_4 = K_2SO_4 - K_2Cl_2 + Na_2Cl_2 \tag{4-24}$$

这就是说,可以用 1mol $MgSO_4$ 和 1mol Na_2Cl_2 按上述相化学反应就能生成 1mol Na_2SO_4 和 1mol $MgCl_2$。因此,若用一个矢量表示 $MgSO_4$ 的物质的量,用另一个矢量表示 $MgCl_2$ 的物质的量,而且对第二个矢量取其负值,就可以在作为这两个矢量和的一个轴上表示出 Na_2SO_4 的物质的量。应该指出,在绘制列文赫尔茨图时,在半八面体的各条棱上列出物质的量,用它作为矢量。因此,在水平投影

上应该由坐标原点 O 沿着 $MgSO_4$ 轴截取一定长度的线段，同时由点 O 沿着 $MgCl_2$ 轴的“反”方向，即沿 K_2SO_4 轴截取同一长度的线段。将这两条线段作几何的向量相加就得出 Na_2SO_4 轴上方向。同样，也可以用同样方式求得表示 Na_2SO_4 轴的同一方向。由此可见，对于必须表示其中 Na_2SO_4 浓度的所有溶液来说，Na_2SO_4 是表示在平分 $MgSO_4$ 和 K_2SO_4 两轴夹角的轴上。

大柴旦盐湖浓缩卤水属于海水型交互五元体系，需要用上面所述的交互五元体系干基图来表示蒸发过程。大柴旦盐湖含硼卤水蒸发图如图 4－22 所示。图 4－22中相区标注见表 4－9，详细介绍参见本书第 6 章。

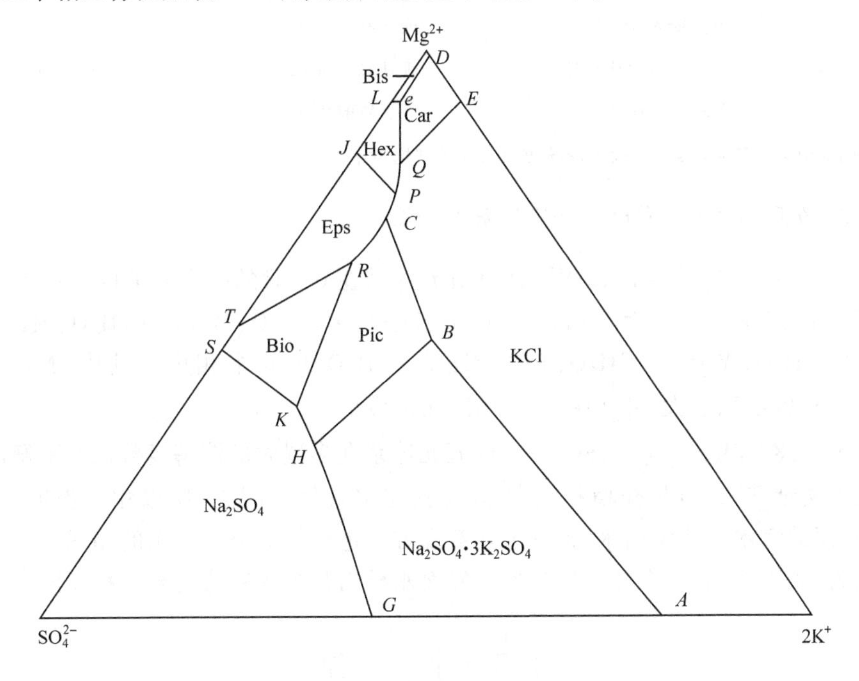

图 4－22　大柴旦盐湖含硼卤水蒸发图

Pic. $MgSO_4 \cdot K_2SO_4 \cdot 6H_2O$; Bio. $MgSO_4 \cdot Na_2SO_4 \cdot 4H_2O$; Eps. $MgSO_4 \cdot 7H_2O$; Hex. $MgSO_4 \cdot 6H_2O$; Bis. $MgCl_2 \cdot 6H_2O$; Car. $MgCl_2 \cdot KCl \cdot 6H_2O$

表 4－9　不同相区的矿物名称和化学式

相区符号	盐的化学式	矿物名称	简写
A	$MgCl_2 \cdot 6H_2O$	水氯镁石，bischofite	Bis
B	$MgSO_4 \cdot H_2O$	硫镁矾	
C	$MgSO_4 \cdot 6H_2O$	六水泻利盐，hexahydrite	Hex
D	$MgSO_4 \cdot 7H_2O$	七水泻利盐，epsomite	Eps

续表

相区符号	盐的化学式	矿物名称	简写
E	$MgSO_4 \cdot Na_2SO_4 \cdot 4H_2O$	白钠镁矾，bioedite，astrakhanite	Bio，Ast
F	$MgSO_4 \cdot KCl \cdot 2.75H_2O$	钾盐镁矾，kainite	Kai
G	$MgSO_4 \cdot K_2SO_4 \cdot 6H_2O$	软钾镁矾，picromerite	Pic
H	Na_2SO_4	无水硫酸钠，thenardite	Th
I	$Na_2SO_4 \cdot 3K_2SO_4$	钾芒硝，aphthitalite	Ap
J	KCl	氯化钾，sylvite	Syl
K	$MgCl_2 \cdot KCl \cdot 6H_2O$	光卤石，carnallite	Car
L	$MgSO_4 \cdot K_2SO_4 \cdot 4H_2O$	钾镁矾，leoonite	Leo
M	$MgSO_4 \cdot 5H_2O$	五水硫酸镁，pentahydrite	Pt

注：表中英文字母只是一个代号，不代表相图中的共饱和点。

2. 五元体系在 0℃时的平衡溶解度相图

Na^+，K^+，Mg^{2+}/Cl^-，SO_4^{2-}-H_2O 五元体系在 0℃时的平衡溶解度数据表见文献[5]，该体系 0℃平衡固相存在 KCl、$Na_2SO_4 \cdot 10H_2O$、$MgSO_4 \cdot 7H_2O$、$MgSO_4 \cdot K_2SO_4 \cdot 6H_2O$、$MgSO_4 \cdot 6H_2O$、$KCl \cdot MgCl_2 \cdot 6H_2O$ 共 6 个相图。其中，$Na_2SO_4 \cdot 10H_2O$ 相区面积最大，$MgCl \cdot 6H_2O$ 相区面积最小。

Na^+，K^+，Mg^{2+}/Cl^-，SO_4^{2-}-H_2O 五元体系在多温时的溶解度数据及平衡固相组成见文献[5]。但是介稳相图[15]因受到测定条件的限制，所以相关报道不多。含硼、锂的海水型盐湖卤水，根据天然蒸发方式进行结晶路线绘出的相图——人们称之为“太阳相图”。在盐田中自然蒸发卤水析出盐类的路线符合介稳相图[16]。

4.5 小　结

(1) 本章介绍了与盐湖相关的水及盐水二元、三元、四元和五元体系的相图，图中的相区和与之有关的点、单变线和三相点。

(2) 应用 NaCl-KCl-H_2O 和 $MgCl_2$-KCl-H_2O 不同温度的相图，分别对钾石盐和光卤石矿中分离纯化制取 KCl 的工艺原理进行了解析。

(3) 介绍了 Na^+，K^+，Mg^{2+}/Cl^-，SO_4^{2-}-H_2O 五元体系在 25℃时的平衡溶解度和硫酸镁亚型卤水的蒸发相图。

参考文献

[1] 王正烈，周亚平，天津大学物理化学教研室. 物理化学. 第四版. 北京：高等教育出版社，2003. 251～262
[2] 吕余刚，何水样，崔斌等. 现代化学基础. 西安：陕西科学技术出版社，2003. 26～29

[3] Mellor J W. Inorganic and Theoretical Chemistry .New York:Green Co., 1957. 323～324

[4] Бергмаи А Г,Крзнецова А И. ЖНХ,1956(4): 196～202

[5] 牛自得,程芳琴.水盐体系相图及其应用.天津:天津大学出版社,2002. 67～85, 39～58, 130～138

[6] Зановский А Б, Соловьева Ё Ф. Справочник по растворимости солевых систем Том Ⅲ Ленанград: Государственноё Научпо-техническои Издатепьство Химоческой Литературю, 1961. 2006～2024

[7] Никольский В П. 苏联化学手册(第三册).陶坤译. 北京:科学出版社,1963.64～65, 127～157

[8] 陈运生.物理化学分析.北京:高等教育出版社, 1987.329～331, 331～333, 556～562

[9] 梁保民.水盐体系原理及应用. 北京:轻工业出版社,1986.146～145, 165～176

[10] Gao S Y, Chen J Q, Zheng M P. Scientific investigation and utilization of salt lakes on the Qinghai-Xizang (Tibet Plateau). Advances Science in China Chemistry. 1992, 4:183～201

[11] 张彭熹,张保珍,唐渊等.中国盐湖资源及其开发利用.北京:科学出版社, 1999. 262～288

[12] van't Hoff J H. Unter Suchungen uber BildungSverchatnisse der Ozeanischen Salzagerungen. Leipzig: Verlag Chemie,G.M.B.H.1921.91～106

[13] 安诺索夫 В Я, 波哥金 С А. 物理化学分析基本原理(第三册).王继彰译. 北京:科学出版社,1958. 298～328

[14] Аносов В Я, Зоерова М И. Основы Фиэико Химический Аанализа.Москва: Затёльство Наука, 1976. 366～370

[15] 金作美,肖显志,梁式梅.Na^+,K^+,Mg^{2+}/Cl^-, SO_4^{2-}-H_2O 系统介稳平衡的研究.化学学报,1980,38(4):313～320

[16] 高世扬. 盐卤硼酸盐化学 XX. 天然含硼盐卤的蒸发相图. 盐湖研究,1993, 2(4):42～43

第5章　新类型盐湖卤水的相平衡研究

5.1　引　　言

前已叙及,我国四大盐湖区,特别是青海、西藏的盐湖,其卤水中硼、锂含量之高,世界闻名。卤水的主要化学成分可以用 Li^+, Na^+, K^+, Mg^{2+}/Cl^-, SO_4^{2-}, CO_3^{2-}(HCO_3^-), borate-H_2O 表示。在盐湖卤水发生的一切物理和化学过程中,最重要的是水分蒸发、稀释所引起的浓缩、结晶、沉淀析出、溶解、相转化等。显然,对这一水盐体系的基本物理化学性质的研究,尤其是相平衡和热力学的研究,将会对上述现象从本质上做出最根本的理论解释。同时,开展含锂水盐体系相平衡关系和溶液物理化学性质的研究,对于阐明含锂盐湖的形成和演化规律,制定从含锂卤水中提取锂盐的工艺过程,都有明显的指导意义。为此,我们对上述体系的热力学和相平衡开展了深入的研究。本章我们将对相平衡研究做简要的介绍。

体系 Li^+, Na^+, K^+, Mg^{2+}/Cl^-, SO_4^{2-}, CO_3^{2-}(HCO_3^-), borate-H_2O 是一种综合的概括表示,其中的某些成分并不能同时存在。例如,在含有碳酸盐 CO_3^{2-}(HCO_3^-)的碱湖卤水中,Mg^{2+} 的浓度是微乎其微的,通常可以忽略不计。对这类碱湖卤水而言,其体系就成为 Li^+, Na^+, K^+/Cl^-, SO_4^{2-}, CO_3^{2-}(HCO_3^-), borate-H_2O。对于大多数海水型硫酸镁亚型富含硼、锂的卤水,则成为 Li^+, Na^+, K^+, Mg^{2+}/Cl^-, SO_4^{2-}, borate-H_2O 体系,因为其碳酸盐含量可以忽略不计。

还应该指出,硼酸盐可以有多种不同的聚合形态存在,如偏硼酸盐(BO_2^-)、四硼酸盐($B_4O_7^{2-}$)、五硼酸盐($B_5O_8^-$)、六硼酸盐($B_6O_{10}^{2-}$)等。由于盐湖卤水中总硼浓度、卤水 pH、共存离子的种类及其不同的浓度,卤水中硼酸盐的存在形态将随之发生改变,所以在卤水所属体系的书写上,我们用 borate 来表示不同形态的硼酸盐。

根据高世扬院士的研究,属于海水型硫酸镁亚型的大柴旦盐湖,卤水中硼的存在形式为四硼酸盐综合统计形式。因此,我们首先研究了以四硼酸盐形式存在的含硼酸盐体系。同时,考虑到只有在卤水蒸发浓缩后期,硼的浓度才会较高,此时钠盐、钾盐几乎全部析出,用 Li^+, Mg^{2+}/Cl^-, SO_4^{2-}, $B_4O_7^{2-}$-H_2O 体系来描述这种卤水的相平衡关系是最合适不过了。此体系中的镁硼酸盐($MgB_4O_7 \cdot 9H_2O$),在世界上最初是在我国柴达木盆地的盐湖中发现的,为纪念我国著名地质学家章鸿钊先生,将其命名为章氏硼镁石。研究这一体系的相平衡关系,对于弄清楚这种镁硼酸盐矿物的形成规律,无疑是有重要意义的。所以,我们首先选择这一体系进行了研究。$MgO\text{-}B_2O_3\text{-}H_2O$ 体系中存在的另一种镁硼酸盐[$MgB_6O_{10}\cdot 7.5H_2O$($MgO\cdot 3B_2O_3\cdot 7.5H_2O$)]也是首次在我国发现的,命名为三方硼镁石。但这个体系中最稳定的镁硼酸盐固相是多水硼镁石($Mg_2B_6O_{11}\cdot 15H_2O$),为阐明它们之间的相互转化关系,我们也研究了 Li^+,Mg^{2+}/Cl^-,SO_4^{2-},$B_6O_{10}^{2-}$-H_2O 体系。此外,为了获得 Li^+,Na^+,K^+,Mg^{2+}/Cl^-,SO_4^{2-}-H_2O 体系的 Pitzer 模型参数和其中各种锂盐的标准生成自由能,我们研究了不含硼酸盐的多个含锂盐体系的相平衡关系。

5.2　水盐体系相平衡研究概况

虽然我国盐湖卤水可以用 Li^+,Na^+,K^+,Mg^{2+}/Cl^-,SO_4^{2-},CO_3^{2-}(HCO_3^-),borate-H_2O 体系来概括其化学组成特性,但针对特定盐湖的具体化学组成,不同地区的学者们有所侧重地开展了各自的研究工作。我们首先针对 Li^+,Mg^{2+}/Cl^-,SO_4^{2-},$B_4O_7^{2-}$($B_6O_{10}^{2-}$)-H_2O 体系开展了研究,其目的主要是为了搞清楚锂、镁硼酸盐的形成规律和分离提取等有关问题。然后,转向 Li^+,Na^+,K^+,Mg^{2+}/Cl^-,SO_4^{2-}-H_2O 体系,研究这些极容易溶解的锂、镁盐饱和时在高离子强度状态下,溶液热力学性质及溶解度预测问题。我们(所)主要研究过的体系[1~19]概括于表 5-1 中。

表 5-1　我们研究过的相平衡关系的体系情况

编号	体　系	文献	编号	体　系	文献
1	Li/B_4O_7-,SO_4-H_2O(25℃)	[1]	12	Li,Mg/B_4O_7-H_2O(25℃)	[9]
2	Li/B_4O_7,Cl-H_2O(25℃)	[2]	13	Li,Mg/SO_4-H_2O(25℃)	[10,11]
3	Li/B_4O_7,Cl,SO_4-H_2O(25℃)	[2]	14	Li,K/SO_4-H_2O(25℃)	[11,12]
4	Li,Mg/B_4O_7-H_2O(25℃)	[3]	15	Li,K,Mg/SO_4-H_2O(25℃)	[13]
5	Mg/B_4O_7,SO_4-H_2O(25℃)	[4]	16	Li,K/Cl,SO_4-H_2O(50℃,75℃)	[14]
6	Mg/B_4O_7,Cl-H_2O(25℃)	[3]	17	Li,Mg/Cl,SO_4-H_2O(25℃)	[15]
7	Mg/B_4O_7,Cl,SO_4-H_2O(25℃)	[5]	18	Li,K,Mg/Cl,SO_4-H_2O(25℃)	[16]
8	Li,Mg/Cl,B_4O_7-H_2O(25℃)	[3]	19	Li,Na,K,Mg/SO_4-H_2O(25℃)	[17]
9	Li,Mg/SO_4,B_4O_7-H_2O(25℃)	[6]	20	Na,K/Cl,SO_4,CO_3-H_2O(25℃介稳)	[18]
10	Mg/B_6O_{10},Cl-H_2O(25℃)	[7]	21	Li,Mg/Cl,SO_4-H_2O(25℃介稳)	[19]
11	Mg/B_6O_{10},SO_4-H_2O(25℃)	[8]			

此外,中国科学院青海盐湖研究所为新工艺开发等还进行过许多水盐体系相平衡的研究,其中包括混合溶剂体系的相平衡研究,可见文献[20~29],这里不再赘述。

近年来，我国高等院校和科研单位的科技工作者针对盐湖或其他矿产资源的加工开发及综合利用，还开展了大量的水盐体系相平衡研究。对于与西藏盐湖资源开发，特别是提取碳酸锂工艺紧密相关的体系相平衡研究情况，专门列于表5-2中[30~51]。一者因为它们都属于盐湖卤水体系中的子体系；再者它们都有相当的系统性。另外，还有一些工作是在288K下进行的[52~60]，未列于表5-2中。其他与硼矿加工、天然碱加工、盐类矿床地球化学或与稀土元素化学有关的相平衡研究还很多，我们也列举了有关的一些文献[61~92]，供有兴趣的读者参阅。

表5-2　盐湖卤水体系中其他次级体系的相平衡研究情况

编号	体系	文献	编号	体系	文献
1	$NaCl\text{-}Na_2B_4O_7\text{-}H_2O$(25℃)	[30]	12	$KCl\text{-}K_2CO_3\text{-}K_2B_4O_7\text{-}H_2O$(298K)	[41]
2	$KCl\text{-}K_2B_4O_7\text{-}H_2O$(25℃)	[31]	13	$Na^+, K^+/Cl^-, B_4O_7^{2-}\text{-}H_2O$(25℃)	[42]
3	$Li_2B_4O_7\text{-}Na_2B_4O_7\text{-}H_2O$(25℃)	[32]	14	$Li^+, K^+/Cl^-, B_4O_7^{2-}\text{-}H_2O$(298K)	[43]
4	$Li_2B_4O_7\text{-}K_2B_4O_7\text{-}H_2O$(25℃)	[33]	15	$Li^+, K^+/Cl^-, CO_3^{2-}\text{-}H_2O$(298K)	[44]
5	Na^+/CO_3^{2-}, borate-H_2O(298K)	[34]	16	$Na^+, K^+/CO_3^{2-}, B_4O_7^{2-}\text{-}H_2O$(298K)	[45]
6	$Li^+(K^+)/CO_3^{2-}, B_4O_7^{2-}\text{-}H_2O$(298K)	[35]	17	$Li^+, Na^+/CO_3^{2-}, B_4O_7^{2-}\text{-}H_2O$(298K)	[46]
7	$Na_2CO_3\text{-}K_2CO_3\text{-}H_2O$(298K)	[36]	18	$Li^+, K^+/CO_3^{2-}, B_4O_7^{2-}\text{-}H_2O$(298K)	[47]
8	$Li^+(K^+)/CO_3^{2-}, B_4O_7^{2-}\text{-}H_2O$(298K)	[37]	19	$Li^+, K^+/Cl^-, B_4O_7^{2-}, CO_3^{2-}\text{-}H_2O$(298K)	[48]
9	$LiCl\text{-}Li_2B_4O_7\text{-}H_2O$(0℃,30℃,40℃)	[38]	20	$Li^+, Na^+/CO_3^{2-}, B_4O_7^{2-}, Cl^-\text{-}H_2O$(298K)	[49]
10	$Li^+, Na^+, K^+/CO_3^{2-}\text{-}H_2O$(298K)	[39]	21	$Li^+, Na^+, K^+/CO_3^{2-}, Cl^-\text{-}H_2O$(298.15K)	[50]
11	$Li^+/Cl^-, CO_3^{2-}, B_4O_7^{2-}\text{-}H_2O$(298K)	[40]	22	$Na^+, K^+, Cl^-, CO_3^{2-}, B_4O_7^{2-}\text{-}H_2O$(298.15K)	[51]

5.3　水盐体系相平衡研究方法简介

一项完整的水盐体系相平衡研究绝不仅仅是限于对溶解度的测定。它应该提供和包含如下的内容：①提供准确的溶解度数据；②给出体系中存在的相的种类及其存在界限；③相对应的平衡相（例如，可变组成固溶体）之间的组成、性质及其变化；④新相的表征等。

5.3.1　水盐体系相平衡研究的要求

水盐体系相平衡研究的主要困难在于：①保持恒温、温度的控制和测量；②确认平衡的建立；③固相、液相样品的取样和分离；④新相的鉴定、确认，固相、液相样品组成的准确测定。

水盐体系相平衡的研究方法主要有两种：①等温溶解平衡法；②目测多温法。

此外，作为水盐体系相平衡研究的辅助手段，还采用热谱法、膨胀计法、蒸气压法等(见文献[92])。但在水盐体系相平衡研究中，最常采用的方法还是等温溶解平衡法。我们在进行新类型盐湖卤水体系相平衡研究时，也采用了等温溶解平衡法。

5.3.2　水盐体系相平衡研究步骤简介

用等温溶解平衡法研究水盐体系相平衡，通常是在带有搅拌器的硬质玻璃平衡管中进行。将适量的水和相应的盐类加至平衡管中，平衡管置于恒温水浴中，以使平衡料液处于恒温状态。通过电动马达带动搅拌器，充分搅动料液，使盐类在水中溶解直至达到平衡。搅拌时间因体系的性质、温度的高低以及搅拌的充分与否而不同，短者数小时，长者要几昼夜甚至数月不等。对于一个尚未研究过的体系，开始时要做一些预研究工作，弄清楚体系建立平衡所需时间的长短，同时也要借鉴前人研究工作积累起来的经验。表 5-3 提供了一些体系研究中建立平衡所需要的时间[93~102]，可供参考。

表 5-3　不同体系实验研究采用的平衡时间

编号	体　系	温度/℃	平衡时间	文献
1	$K^+, Mg^{2+}, Ca^{2+}/SO_4^{2-}$-$H_2O$	35	1～2.5 个月，个别点 4 个月	[93]
2	$Na^+, K^+, Mg^{2+}/SO_4^{2-}$-$H_2O$	55	等温蒸发析出固相，继续搅拌 12d	[94]
3	$K^+, Mg^{2+}/Cl^-, SO_4^{2-}$-$H_2O$	75	5～8d	[95]
4	$Na^+, K^+, Mg^{2+}/Cl^-, SO_4^{2-}$-$H_2O$	100	3～5d	[96]
5	$Na^+, K^+, Mg^{2+}/Cl^-, SO_4^{2-}$-$H_2O$ Pic 相区	0	10d 移出，添加新固相继续搅拌数日	[97]
6	$Na^+, Mg^{2+}/Cl^-, SO_4^{2-}$-$H_2O$ D'ansite 相区	100	4～5d，加入预期晶体继续搅拌	[98]
7	$Na^+, K^+/SO_4^{2-}$-H_2O Glaserite 相区	100	5～7d，加入预期晶体继续搅拌	[99]
8	$Li^+, K^+/Cl^-$-H_2O	0,25,50,75	4d	[100]
9	$Li^+/Cl^-, SO_4^{2-}$-H_2O	0,25,50,75	0℃，4～5d；后三者 3d	[101]
10	$Li^+, Mg^{2+}/Cl^-, SO_4^{2-}$-$H_2O$	25	一般 5～6d，共饱和点 8～10d	[15]
11	$Li^+, K^+, Mg^{2+}/Cl^-, SO_4^{2-}$-$H_2O$	25	一般 5～7d，复盐区～10d	[17]
12	CaO-MgO-H_2O，起始物料为	25		[11]
	变水方硼石＋多水硼镁石＋H_2O	25	890d，平衡固相相同	[102]
	变水方硼石＋$Ca(OH)_2$＋H_2O	25	970d，平衡固相相同	
	变水方硼石＋$Mg(OH)_2$＋H_2O	25	485d，平衡固相相同	

注：变水方硼石为 $CaO \cdot MgO \cdot 3B_2O_3 \cdot 11H_2O$；多水硼镁石为 $2MgO \cdot 3B_2O_3 \cdot 15H_2O$。

通过按时取液相样品进行成分分析，当其组成恒定不变时，即认为已经达到溶解平衡；也可以测定液相的某一种性质，至其不变时则判定平衡的建立。

研究高于室温时的水盐体系相平衡，在操作步骤上还有许多要特别加以注意之处。读者可参阅有关资料，此处不再叙述。

平衡溶液的成分分析，一般按常规化学分析方法进行即可。但如何判定与溶液成平衡的固相的“相组成”，特别是当多种固相处于平衡时，是个比较困难的问题。“湿渣法”虽然是一种很古老的经典方法，但它却是简便而又行之有效的方法，所以在水盐三元体系相平衡研究中仍然被广泛采用。实际上，在对更高组分的体系研究中也可以使用该方法，只不过要做一些变通的处理，即通过“投影改造”方法后，再加以使用。我们曾专门对这一问题做过详细讨论[103]。其他经常被采用的都为物质鉴定的物理方法。例如，X射线衍射法、热分析法、红外光谱或其他谱学的方法等。究竟采用哪类方法，要根据所研究的对象而定。

5.4 新类型盐湖卤水体系的相平衡研究

5.4.1 所采用的研究方法

1. 实验用原料

实验用的各种试剂均采用分析纯以上级别，并经过实验室重结晶处理。在不发生脱水的温度下烘干或风干备用(西宁市气候干燥，通常空气相对湿度约为30%)。实验所需的复盐，是在实验室中由我们自己合成的，并经过化学成分测定和热分析、X射线衍射、红外光谱等性质鉴别符合要求的。各种实验中所用的水均是自来水经电渗析脱盐，再经混合床离子交换树脂处理，必要时再进行重蒸馏1～2次。此水的电导率在1.2×10^{-4}S/m以下。试剂在重结晶和配制平衡料液时均用此水。

2. 实验装置及实验方法

体系的相平衡研究都是采用等温溶解平衡法进行的。采用间歇搅拌加热式恒温水浴装置，水温波动最大不超过±0.03℃。待测物料和水或溶液被加到硬质玻璃平衡管里，将硬质玻璃平衡管置于恒温水浴中，用直流小马达连续不断地搅拌料液。以4#磨砂过滤头吸取澄清的溶液进行化学分析，以液相化学组成不变(在分析误差范围内)作为达到溶解平衡的标志。一般达到所需的时间为5～7d，复盐区的平衡时间大约为10d，硼酸盐所需平衡时间更长。平衡固相，特别是新出现的固相，其相组成主要靠“湿渣法”确定，并用偏光显微镜浸油观察、X射线衍射分析、红外吸收光谱等手段加以鉴定、复证或表征。

3. 溶液物理化学性质的测定方法

溶液密度采用密度瓶法测定，并对结果做相对真空的校正。溶液黏度采用乌氏玻璃黏度计测定,秒表计时到±0.05s。电导率测定采用美国生产的 YSI-MODEL35 电导仪,电导池常数由三个 KCl 标准溶液确定。pH 采用国产 pH S-3C 型酸度计测定,用双参考溶液进行校正,以 pH=6.864 的磷酸盐缓冲溶液定位,以pH=4.003 的苯二钾酸氢钾溶液调节斜率。溶液所有物理化学性质的测定都是在(25.0±0.03)℃的恒温水浴中进行的。

4. 化学分析方法

所有液、固相化学成分的测定,都按中国科学院青海盐湖研究所分析室编著的《卤水和盐的分析方法》(1973 年第一版,1988 年第二版)进行[104]。经过与标准样品测定的对照得知,一般成分分析偏差为±0.3%,锂的仪器分析测定偏差为±0.5%,不超过±1%。SO_4^{2-} 采用硫酸钡重量法测定(玻璃坩埚过滤,130℃恒量);K^+ 采用四苯硼钾重量法测定(玻璃坩埚过滤,105～110℃恒量)。在大量锂离子存在下对钾离子的分析对比表明,锂离子对四苯硼钾沉淀过程没有太大影响,测定的偏差均在±0.3%以内。但大量锂的存在对镁的络合滴定却有明显的干扰。翟宗玺等提出了 Li^+ 浓度与 Mg^{2+} 浓度之比小于 2.0 时消除干扰的方法[105],我们采用了该方法,并进一步加以完善[106],使其在广泛的锂镁比值范围内都能获得满意的分析结果。Li^+ 含量的分析,根据具体对象的不同,可以采用差减法求得,或者用原子吸收光谱法测定。

5.4.2　含硼酸盐体系的相平衡研究结果

表 5-1 中所列我们研究过的体系中编号 1～编号 11 各体系都是含有硼酸盐的,其中某些体系相平衡的研究结果列于表 5-4～表 5-8 中,并绘于图 5-1 和图 5-2 中。

表 5-4　$Li_2B_4O_7$-Li_2SO_4-H_2O 体系在 25℃时的溶解度和平衡液相的性质

编号	液相组成(质量分数)/%		液相性质					平衡固相
	$Li_2B_4O_7$	Li_2SO_4	密度 /(kg/m³)	黏度 /(10⁻³Pa·s)	电导率 /(S/m)	折光率	pH	
1	2.88	0	1 022.9	1.038	1.35	1.339 1	9.266	$Li_2B_4O_7·3H_2O$
2	1.86	2.19	1 032.1	1.094	2.93	1.340 8	9.265	$Li_2B_4O_7·3H_2O$
3	1.31	4.76	1 049.5	1.204	3.48	1.344 0	9.124	$Li_2B_4O_7·3H_2O$
4	1.05	6.83	1 065.8	1.333	5.47	1.347 1	9.027	$Li_2B_4O_7·3H_2O$
5	0.84	10.26	1 094.2	1.601	6.44	1.352 3	8.882	$Li_2B_4O_7·3H_2O$
6	0.76	12.10	1 109.9	1.778	6.76	1.355 8	8.790	$Li_2B_4O_7·3H_2O$
7	0.66	16.02	1 144.7	2.269	6.31	1.362 7	8.529	$Li_2B_4O_7·3H_2O$

续表

编号	液相组成(质量分数)/%		液相性质					平衡固相
	$Li_2B_4O_7$	Li_2SO_4	密度 /(kg/m^3)	黏度 /(10^{-3}Pa·s)	电导率 /(S/m)	折光率	pH	
8	0.58	19.06	1 173.8	2.829	7.28	1.366 2	8.385	$Li_2B_4O_7·3H_2O$
9	0.49	23.37	1 215.1	3.983	7.21	1.373 8	8.226	$Li_2B_4O_7·3H_2O$
10	0.46	24.25	—	—	—	—	—	$Li_2B_4O_7·3H_2O$
11	0.41	25.43	1 233.4	4.704	6.83	1.373 6	8.158	$Li_2B_4O_7·3H_2O$＋$Li_2SO_4·H_2O$
12	0.17	25.56	1 232.6	4.639	6.96	1.376 4	8.316	$Li_2SO_4·H_2O$
13	0	25.58	1 231.1	4.615	5.92	1.375 9	8.585	$Li_2SO_4·H_2O$

表 5-5 含硼酸锂的某些三元体系相关系的研究结果

体系	相关系的研究结果
$Li_2B_4O_7$-Li_2SO_4-H_2O (25℃)	不形成固溶体或复盐，不发生脱水作用[1]
$Li_2B_4O_7$-LiCl-H_2O (25℃)	不形成固溶体或复盐，不发生脱水作用[2,107,108]
LiB_5O_8-Li_2SO_4-H_2O (25℃)	不形成固溶体或复盐，不发生脱水作用[109]
LiB_5O_8-LiCl-H_2O (25℃)	不形成固溶体或复盐，不发生脱水作用[110]
$LiBO_2$-Li_2SO_4-H_2O (25℃)	形成固溶体 mLiBO$_2$-nLi$_2$SO$_4$·xH$_2$O，不发生脱水作用[111]
$LiBO_2$-LiCl-H_2O (25℃，40℃)	形成固溶体 mLiBO$_2$-nLiCl·xH$_2$O，发生脱水作用[112]

表 5-6 $Li_2B_4O_7$-Li_2SO_4-LiCl-H_2O 四元体系在 25℃时的溶解度和平衡液相的性质

编号	液相组成(质量分数)/%			液相性质					平衡固相
	$Li_2B_4O_7$	Li_2SO_4	LiCl	密度 /(kg/m^3)	黏度 /(10^{-3}Pa·s)	电导率 /(S/m)	折光率	pH	
1	0.41	25.53	0.00	1 233.4	4.704	6.83	1.376 7	8.16	$Li_2B_4O_7·3H_2O$＋$Li_2SO_4·H_2O$
2	0.39	21.93	2.16	1 211.6	3.923	6.98	1.375 3	8.06	$Li_2B_4O_7·3H_2O$＋$Li_2SO_4·H_2O$
3	0.35	17.95	4.78	1 187.8	3.245	8.39	1.374 6	7.96	$Li_2B_4O_7·3H_2O$＋$Li_2SO_4·H_2O$
4	0.32	14.43	7.20	1 168.8	2.811	8.91	1.373 3	7.88	$Li_2B_4O_7·3H_2O$＋$Li_2SO_4·H_2O$
5	0.29	11.05	9.67	1 151.9	2.492	12.54	1.372 1	7.78	$Li_2B_4O_7·3H_2O$＋$Li_2SO_4·H_2O$
6	0.26	8.43	11.84	1 141.0	2.313	13.78	1.372 5	7.67	$Li_2B_4O_7·3H_2O$＋$Li_2SO_4·H_2O$
7	0.20	5.55	14.60	1 130.9	2.141	15.36	1.373 2	7.60	$Li_2B_4O_7·3H_2O$＋$Li_2SO_4·H_2O$
8	0.19	3.12	17.60	1 127.4	2.105	16.67	1.375 8	7.39	$Li_2B_4O_7·3H_2O$＋$Li_2SO_4·H_2O$
9	0.12	0.48	24.70	1 147.0	2.504	17.56	1.386 8	6.77	$Li_2B_4O_7·3H_2O$＋$Li_2SO_4·H_2O$
10	0.09	0.11	29.39	1 174.9	3.274	16.05	1.397 4	6.42	$Li_2B_4O_7·3H_2O$＋$Li_2SO_4·H_2O$

续表

编号	液相组成(质量分数)/%			液相性质					平衡固相
	$Li_2B_4O_7$	Li_2SO_4	LiCl	密度/(kg/m^3)	黏度/($10^{-3}Pa\cdot s$)	电导率/(S/m)	折光率	pH	
11	0.08	0.06	32.26	1 194.7	4.024	14.81	1.403 8	6.14	$Li_2B_4O_7\cdot 3H_2O+Li_2SO_4\cdot H_2O$
12	0.07	0.03	36.23	1 221.7	5.568	12.05	1.412 7	5.73	$Li_2B_4O_7\cdot 3H_2O+Li_2SO_4\cdot H_2O$
13	0.08	0.02	40.75	1 255.2	8.443	9.30	1.423 5	5.67	$Li_2B_4O_7\cdot 3H_2O+Li_2SO_4\cdot H_2O$
14	0.09	0.02	45.72	1 295.8	15.356	—	1.433 6	—	$Li_2B_4O_7\cdot 3H_2O+Li_2SO_4\cdot H_2O$
15	0.11	0.02	45.72	1 295.1	15.321	7.23	1.433 8	5.00	$Li_2B_4O_7\cdot 3H_2O+Li_2SO_4\cdot H_2O+LiCl\cdot H_2O$
16	0.15	0.00	45.56	1 296.5	13.982	6.95	1.436 9	5.42	$Li_2B_4O_7\cdot 3H_2O+LiCl\cdot H_2O$

表 5-7　MgB_4O_7-$MgSO_4$-H_2O 体系在 25℃时的溶解度和平衡液相的性质

编号	液相组成(质量分数)/%		液相性质					平衡固相
	MgB_4O_7	$MgSO_4$	密度/(kg/m^3)	黏度/($10^{-3}Pa\cdot s$)	电导率/(S/m)	折光率	pH	
1	0.64	0	1 002.8	0.926	0.31	1.334 3	9.00	$MgB_4O_7\cdot 9H_2O$
2	0.70	2.94	1 033.6	1.077	2.13	1.340 2	8.85	$MgB_4O_7\cdot 9H_2O$
3	0.77	4.93	1 054.1	1.139	3.06	1.343 9	8.25	$MgB_4O_7\cdot 9H_2O$
4	0.79	5.97	1 065.1	1.278	3.51	1.347 6	8.46	$MgB_4O_7\cdot 9H_2O$
5	0.84	7.35	1 079.9	1.393	3.91	1.348 7	8.08	$MgB_4O_7\cdot 9H_2O$
6	0.84	7.62	1 083.6	1.428	4.08	1.349 9	8.32	$MgB_4O_7\cdot 9H_2O$
7	0.89	9.60	1 105.8	1.639	4.44	1.354 0	8.00	$MgB_4O_7\cdot 9H_2O$
8	0.94	11.70	1 134.5	1.987	4.95	1.359 4	7.98	$MgB_4O_7\cdot 9H_2O$
9	0.98	13.81	1 154.6	4.284	5.20	1.363 0	7.84	$MgB_4O_7\cdot 9H_2O$
10	1.01	16.86	1 192.9	2.993	5.33	1.370 0	7.68	$MgB_4O_7\cdot 9H_2O$
11	1.02	17.18	1 195.4	3.086	5.37	1.370 0	7.62	$MgB_4O_7\cdot 9H_2O$
12	1.03	19.85	1 226.7	3.860	5.29	1.375 8	7.25	$MgB_4O_7\cdot 9H_2O$
13	1.03	21.88	1 254.6	5.133	4.99	1.381 8	7.08	$MgB_4O_7\cdot 9H_2O$
14	1.03	23.82	1 279.7	6.219	4.69	1.385 8	7.16	$MgB_4O_7\cdot 9H_2O$
15	1.03	25.85	1 302.5	7.655	4.28	1.388 8	7.06	$MgB_4O_7\cdot 9H_2O$
16	1.02	26.54	1 311.9	8.497	4.22	1.391 2	7.02	$MgB_4O_7\cdot 9H_2O+MgSO_4\cdot 7H_2O$
17	1.02	26.53	1 312.0	8.501	4.18	1.391 0	6.68	$MgB_4O_7\cdot 9H_2O$
18	1.02	26.54	1 311.9	8.497	4.22	1.391 2	7.02	$MgB_4O_7\cdot 9H_2O$
19	0.40	26.76	1 306.1	7.947	4.27	1.388 9	7.06	$MgSO_4\cdot 7H_2O$
20	0.00	26.78	1 302.1	5.860	5.46	1.388 2	6.08	$MgB_4O_7\cdot 9H_2O$

表 5-8 Li^{+},Mg^{2+}/SO_4^{2-},$B_4O_7^{2-}$-H_2O四元交互体系在 25℃时的相平衡数据

编号	液相组成(质量分数)/%				湿渣组成(质量分数)/%				液相性质		平衡固相
	MgB_4O_7	$Li_2B_4O_7$	$MgSO_4$	Li_2SO_4	MgB_4O_7	$Li_2B_4O_7$	$MgSO_4$	Li_2SO_4	密度/(kg/m^3)	折光率	
1	0.15	2.81	0.00	0.0	7.66	10.17	0.00	0.00	1 024.7	1.339 1	A+B*
2	0.15	2.60	0.00	0.52	24.25	44.61	0.00	0.00	1 026.8	1.339 2	A+B
3	0.22	2.18	0.00	0.97	18.88	48.58	0.00	0.00	1 028.0	1.339 6	A+B
4	0.22	2.45	0.00	2.00	20.06	46.86	0.00	0.00	1 030.4	1.340 0	A+B
5	0.37	1.83	0.00	3.23	22.96	42.57	0.00	0.00	1 044.3	1.342 5	A+B
6	1.26	0.57	0.00	8.79	21.68	44.62	0.00	0.00	1 091.6	1.351 6	A+B
7	1.85	0.07	0.00	10.98	18.14	49.64	0.00	0.00	—	—	A+B
8	1.63	0.00	0.05	9.63	20.19	46.70	0.00	0.00	1 095.9	1.352 4	A+B
9	1.51	0.00	0.81	11.65	19.23	48.05	0.00	0.00	1 127.2	1.358 0	A+B
10	1.27	0.00	1.59	9.88	18.28	49.46	0.00	0.00	1 113.4	1.355 3	A+B
11	1.28	0.00	2.23	9.31	21.72	44.42	0.00	0.00	1 115.3	1.355 6	A+B
12	1.17	0.00	4.47	9.11	22.00	44.04	0.00	0.00	—	1.359 7	A+B
13	1.46	0.00	5.26	9.37	22.54	43.28	0.00	0.00	1 149.6	1.362 0	A+B
14	1.41	0.00	8.97	9.82	23.54	41.82	0.00	0.00	1 193.5	1.369 9	A+B
15	1.10	0.00	17.34	14.79	0.00	3.82	15.64	22.37	1 350.2	1.395 9	A+B
16	1.10	0.00	17.39	14.72	3.93	15.65	0.00	61.69	1 350.9	1.395 7	A+B+C
17	1.10	0.00	17.39	14.74	4.21	13.92	0.00	63.23	1 351.1	1.395 6	A+B+C
18	1.21	0.00	15.53	15.77	—	—	—	—	—	—	B+C
19	1.09	0.00	15.56	15.89	0.00	6.10	15.60	18.14	1 338.5	1.393 9	B+C
20	0.72	0.00	12.00	18.22	0.00	4.04	17.16	9.64	1 311.7	1.389 4	B+C
21	0.67	0.00	10.15	19.33	0.00	4.11	8.92	25.12	1 300.0	1.387 3	B+C
22	0.61	0.00	8.65	20.07	0.00	3.18	7.53	27.78	1 290.0	1.385 7	B+C
23	0.46	0.00	1.52	25.31	0.00	3.64	1.18	28.16	1 244.0	1.378 1	B+C
24	0.00	0.42	0.00	25.47	0.00	6.44	0.00	73.18	1 234.0	1.376 8	B+C
25	1.04	0.00	26.59	0.00	2.05	0.00	38.26	0.00	1 312.5	1.390 1	A+D
26	1.03	0.00	25.06	2.41	—	—	—	—	1 317.8	1.390 8	A+D
27	1.03	0.00	23.63	4.08	—	—	—	—	1 325.1	1.391 8	A+D
28	1.02	0.00	23.68	5.21	2.61	0.00	25.37	5.80	1 323.6	1.391 8	A+D
29	0.97	0.00	23.27	5.75	—	—	—	—	1 326.7	1.392 2	A+D
30	1.04	0.00	21.29	8.72	2.15	0.00	17.81	17.16	1 336.3	1.393 4	A+D
31	1.05	0.00	20.54	10.78	5.32	0.00	19.46	9.10	1 354.1	1.396 1	A+C+D
32	1.08	0.00	18.44	14.10	2.09	0.00	16.40	21.38	1 358.1	1.396 8	A+C+D
33	1.08	0.00	18.44	14.08	18.26	0.00	4.06	48.97	1 358.1	1.396 9	A+C+D
34	0.29	0.00	18.48	14.15	0.00	0.25	17.24	21.72	1 351.6	1.396 3	C+D
35	0.00	0.00	18.47	14.37	—	—	—	—	1 349.7	1.395 0	C+D

注：A. $MgB_4O_7 \cdot 9H_2O$；B. $Li_2B_4O_7 \cdot 3H_2O$；C. $Li_2SO_4 \cdot H_2O$；D. $MgSO_4 \cdot 7H_2O$。

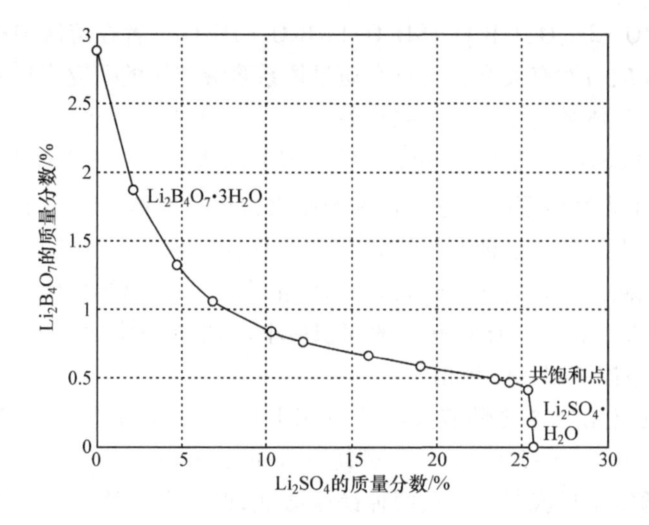

图 5 - 1　$Li_2B_4O_7$-Li_2SO_4-H_2O 体系在 25℃时的相图

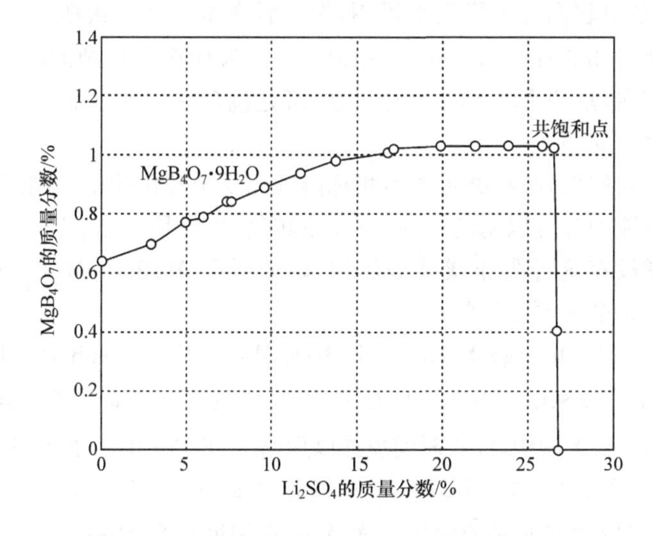

图 5 - 2　MgB_4O_7-$MgSO_4$-H_2O 体系在 25℃时的相图

25℃时，$Li_2B_4O_7$-Li_2SO_4-H_2O 体系是一个简单三元体系，体系中未发现形成新的复盐、未形成固溶体，原始组分也未发生脱水作用。在 $Li_2B_4O_7$-LiCl-H_2O 体系 25℃时的前人和我们自己的研究中，也都没有发现形成复盐、固溶体或原始组分的脱水作用。这表明，该体系中不存在更强的相互作用。水合性能很强的 LiCl 都不能使 $Li_2B_4O_7 \cdot 3H_2O$ 发生脱水，水合能力弱的 Li_2SO_4 就更不能使 $Li_2B_4O_7 \cdot 3H_2O$ 发生脱水作用。在含有锂硼酸盐的体系中，只有 $LiBO_2$ 能与 LiCl 或 Li_2SO_4 发生相互作用，形成 $m LiBO_2 \cdot n Li_2SO_4 \cdot x H_2O$ 型或 $m LiBO_2 \cdot n LiCl \cdot x H_2O$ 型的固溶体，

看来这与 $LiBO_2 \cdot 2H_2O$、$LiB_5O_8 \cdot 5H_2O$、$Li_2B_4O_7 \cdot 3H_2O$ 三者在溶液中存在的不同聚合硼酸根的反应活性有关系。这只有通过体系溶液结构的研究来证实了。上述这六个含锂硼酸盐体系的相平衡研究结果[107～112]列于表 5-5 中。

$Li_2B_4O_7$-Li_2SO_4-LiCl-H_2O 四元体系在 25℃时也是一个简单体系，没有固溶体或复盐生成，也未发生原始组分水合物的脱水作用。但体系相图中三种组分的相区面积相差很大。本来三种原始组分在水中的溶解度就差别很大，同时三者的盐析能力又不相同。当它们共存时，相区面积相差之大，正是这些因素综合作用的结果。在相图中，$Li_2B_4O_7 \cdot 3H_2O$ 相区的面积最小，如果按正常比例描绘相图，几乎看不出来，此处略掉该四元体系相图。

下面再列出几个含镁硼酸盐的体系相平衡数据，其中包括有含章氏硼镁石（hungtsaoite，$MgB_4O_7 \cdot 9H_2O$）、三方硼镁石（macallisterite，$MgB_6O_{10} \cdot 7.5H_2O$）的体系。虽然实验室中早就制备了这两种镁硼酸盐，但是在自然界中它们都是由我国科学工作者在柴达木盆地盐湖边首先发现的。根据相平衡研究，在 25℃时 MgO-B_2O_3-H_2O 体系中它们都是稳定平衡相，但二者在水中是不相称溶解的，最终会转变为多水硼镁石（inderite，$Mg_2B_6O_{11} \cdot 15H_2O$）。为什么在盐湖的湖滨硼酸盐矿物中会有它们存在，是一个非常有趣的问题，研究包含它们的水盐体系相平衡关系，有助于认识这一问题。

在研究中我们发现，在纯水中不相称溶解而易于转化的章氏硼镁石，在一定浓度的硫酸镁溶液中却可以稳定存在，不发生转化，也就是说硫酸镁可以阻止它的转化。但氯化镁没有这种阻止或延缓作用，因而研究 MgB_4O_7-$MgCl_2$-H_2O 体系时，其“平衡时间”是必须要注意的。

在研究 MgB_4O_7-$MgSO_4$-H_2O、MgB_4O_7-$MgCl_2$-H_2O、MgB_4O_7-$MgSO_4$-$MgCl_2$-H_2O 和 Li^+，Mg^{2+}/SO_4^{2-}，$B_4O_7^{2-}$-H_2O 在 25℃时的相平衡时，都没有发现新相形成。只是在 $MgCl_2$ 溶液中，经长时间搅拌以后的 $MgB_4O_7 \cdot 9H_2O$ 会转化成 $Mg_2B_6O_{11} \cdot 15H_2O$(多水硼镁石)。在 25℃时，常见镁盐 $MgCl_2$ 或 $MgSO_4$ 存在下，$MgB_4O_7 \cdot 9H_2O$ 不会转变形成其他镁硼酸盐。这说明，在湖滨区当 $MgB_4O_7 \cdot 9H_2O$ 结晶析出后，虽然有与 $MgCl_2$ 接触的机会，很难有强的机械作用促使其转化发生。

在进行 MgB_4O_7-$MgSO_4$-H_2O 体系 25℃溶解平衡研究中，我们对溶解度数据进行了理论处理，获得了章氏硼镁石（$MgB_4O_7 \cdot 9H_2O$）的标准 Gibbs 生成自由能，它的数值为 $G_{\mathrm{Hung}}^{\ominus}=(-5215.77\pm0.08)\mathrm{kJ/mol}$，详见文献[4]。

5.4.3 不含硼酸盐体系的相平衡研究结果

表 5-1 中所列编号 13～编号 21 体系都是不含硼酸盐的。它们的特点是饱和溶液的浓度高、离子强度大，尤其是含 LiCl 的体系，其离子强度 I 超过 20。它们是

盐湖卤水体系中的重要子体系，要研究整个盐湖卤水体系的相平衡必须首先研究这些体系。同时，研究这些较低组分的子体系也可为获得 Pitzer 混合参数，提供依据或检验盐湖卤水体系模型化的结果。

三元体系 Li^{+}，Mg^{2+}/SO_4^{2-}-H_2O 和 Li^{+}，K^{+}/SO_4^{2-}-H_2O 在 25℃时的相关系和溶液物理化学性质的研究结果列于表 5-9 和表 5-10 中，溶解度图绘于图 5-3 和图 5-4 中。

表 5-9　三元体系 Li^{+}，Mg^{2+}/SO_4^{2-}-H_2O 在 25℃时的溶解度和液相物理化学性质

编号	液相组成（质量分数）/%		湿渣组成（质量分数）/%		溶液物理化学性质				平衡固相
	Li_2SO_4	$MgSO_4$	Li_2SO_4	$MgSO_4$	密度 /(kg/m^3)	折光率	黏度 /(10^{-3}Pa·s)	电导率 /(S/m)	
1	25.76	0.0	—	—	1 230.9	1.375 9	4.542	7.830	LiS
2	24.17	2.70	67.47	0.81	1 247.0	1.378 5	4.769	7.164	LiS
3	20.96	8.09	67.80	2.14	1 278.6	1.384 2	6.176	6.156	LiS
4	20.15	9.45	65.07	2.96	1 266.7	1.385 2	6.794	5.915	LiS
5	18.52	12.00	61.48	4.15	1 302.8	1.387 8	7.794	5.456	LiS
6	16.29	15.28	58.86	6.02	1 324.1	1.391 4	9.566	4.698	LiS
7	—	—	41.38	20.00	—	1.394 9	12.107	4.086	LiS+Eps
8	14.12	18.90	20.87	27.22	1 347.7	1.395 0	12.146	4.057	LiS+Eps
9	11.29	20.44	6.19	34.05	1 334.7	1.393 4	10.309	4.240	Eps
10	8.61	21.85	3.61	38.85	1 325.0	1.391 4	9.210	4.432	Eps
11	7.50	22.49	—	—	1 320.9	1.391 3	8.664	4.444	Eps
12	4.89	24.04	1.96	40.15	1 312.3	1.390 3	7.901	4.544	Eps
13	2.27	25.46	0.69	44.96	1 307.2	1.388 7	7.469	4.598	Eps
14	0.87	26.26	0.35	46.49	1 302.6	1.388 2	7.019	4.569	Eps
15	0.0	26.89	0.0	0.0	1 302.2	1.388 3	6.875	4.557	Eps

注：LiS. $Li_2SO_4 \cdot H_2O$；Eps. $MgSO_4 \cdot 7H_2O$。

表 5-10 三元体系 Li^{+}, K^{+}/SO_4^{2-}-H_2O 在 25℃时的溶解度和液相物理化学性质

编号	液相组成(质量分数)/%		湿渣组成(质量分数)/%		溶液物理化学性质					平衡固相
	Li_2SO_4	K_2SO_4	Li_2SO_4	K_2SO_4	密度/(kg/m^3)	折光率	黏度/($10^{-3}Pa·s$)	pH	电导率/(S/m)	
1	0.00	10.77	—	—	1 084.8	1.345 4	1.034 7	6.44	10.50	Ar
2	5.19	10.79	0.07	97.40	1 131.8	1.354 7	1.334 3	6.09	12.33	Ar
3	6.89	10.77	1.25	82.00	1 152.3	1.357 2	1.511 9	5.13	12.66	Ar
4	7.97	10.71	1.11	89.32	1 160.0	1.359 2	1.600 4	5.20	12.66	Ar
5	10.48	10.73	6.11	77.14	1 186.1	1.363 2	1.923 4	5.12	12.91	Ar+Db4
6	10.39	10.83	27.93	60.18	1 185.8	1.363 2	1.923 7	6.10	13.12	Ar+Db4
7	11.03	10.03	31.19	49.76	1 184.6	1.363 5	1.743 8	5.80	12.66	Db4
8	13.29	8.10	33.36	51.34	1 185.0	1.364 2	1.906 8	5.91	11.66	Db4
9	14.84	6.50	32.63	50.12	1 189.9	1.365 8	3.621 6	6.18	11.00	Db4
10	25.21	2.32	71.79	5.37	1 251.3	1.377 9	4.784 1	5.15	8.33	LiS+Db4
11	25.14	2.33	41.90	32.86	1 249.7	1.377 8	4.216 5	7.07	8.25	LiS+Db4
12	25.01	2.10	79.60	0.37	1 248.6	1.377 9	4.729 0	5.52	8.16	LiS
13	25.13	1.15	79.76	0.21	1 241.3	1.377 3	4.626 3	5.76	8.00	LiS
14	25.76	0.00	—	—	1 230.9	1.375 9	4.542 0	6.68	7.83	LiS

注：Ar. K_2SO_4；LiS. $Li_2SO_4·H_2O$；Db4. $Li_2SO_4·K_2SO_4$。

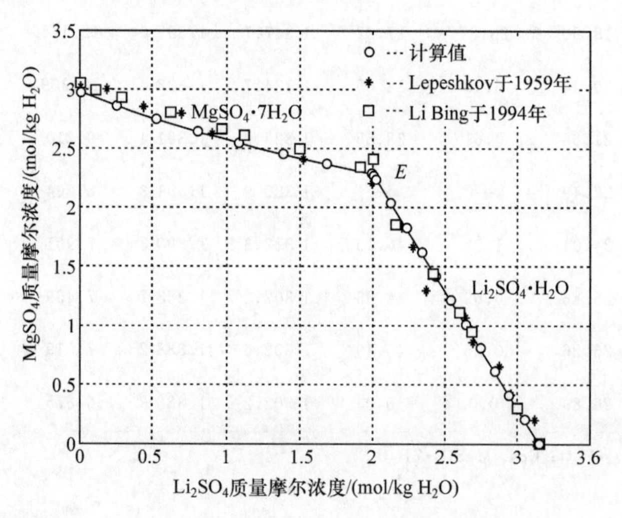

图 5-3 Li_2SO_4-$MgSO_4$-H_2O 体系在 25℃时的相图

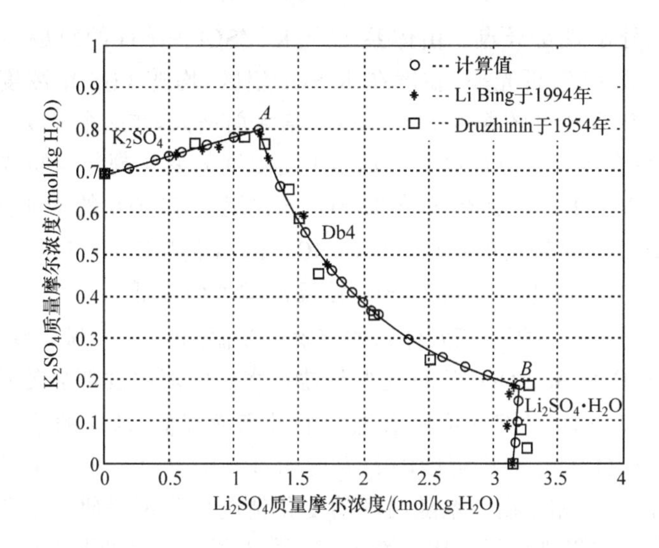

图 5-4　Li_2SO_4-K_2SO_4-H_2O 体系在 25℃时的相图

25℃时，Li^+，Mg^{2+}/SO_4^{2-}-H_2O 体系溶解度等温线由两段溶解度线组成，分别对应于原始组分 $Li_2SO_4 \cdot H_2O$ 和 $MgSO_4 \cdot 7H_2O$ 的结晶区。由此可见，该体系是一个简单共饱和型三元体系，没有形成新的固相复盐或固溶体，也没有发生原始组分水合物的脱水作用。共饱和点液相组成为：14.12% Li_2SO_4，18.90% $MgSO_4$，与文献值一致。

25℃时，Li^+，K^+/SO_4^{2-}-H_2O 体系溶解度等温线则由三段溶解度线组成，除两个原始组分 $Li_2SO_4 \cdot H_2O$ 和 K_2SO_4 的结晶区以外，一种新相 $Li_2SO_4 \cdot K_2SO_4$(Db4)在体系中形成。它有一段对应的结晶线，因此该体系的等温图有三个结晶区。体系中有两个零变点，*A* 为不相称零变点，是 K_2SO_4＋$Li_2SO_4 \cdot K_2SO_4$ 的共饱和点，溶液组成为：K_2SO_4 10.78%，Li_2SO_4 10.44%。*B* 为相称零变点，是 Db4＋$Li_2SO_4 \cdot H_2O$ 的共饱和点，液相组成为：K_2SO_4 2.33%，Li_2SO_4 25.14%。同时，零变点 *B* 为体系中溶液等温蒸发的终点。作为体系稳定平衡固相的复盐 $Li_2SO_4 \cdot K_2SO_4$，在 25℃时是不相称溶解的化合物。图 5-3、图 5-4 分别为这两个体系在 25℃时的溶解度，图中描绘了我们的测定结果、文献中前人的测定结果，同时还绘出了我们采用 Pitzer 电解质溶液理论模型预测的三元体系溶解度(参见本书第 7 章)。由图 5-3 和图 5-4 中可以看出，三种结果是相当一致的，这表明只要模型所选的参数合理，Pitzer 电解质溶液理论是完全可以用来预测含锂水盐体系的溶解度关系的。

由 Li^+，Mg^{2+}/SO_4^{2-}-H_2O 体系的组成-性质图(此处略)中可知，溶液的密度、黏度、折光率、电导率等物理化学性质随组分浓度的变化而发生有规律的变化，在体系共饱和点处出现奇异点。由体系 $Li^+,K^+/SO_4^{2-}-H_2O$ 的组成–性质图(此处略)中可知,溶液密度、折光率、黏度在 K_2SO_4 相区,均随 Li_2SO_4 浓度的增大而增大;在 $Li_2SO_4·H_2O$ 相区随着 K_2SO_4 浓度的增大而增大,在两个零变点上出现奇异点,而在相称零变点上其值最高。溶液 pH 随浓度的变化规律与折光率、密度、黏度截然相反。由于 Li^+ 的半径小,在 K_2SO_4 相区随着 Li_2SO_4 的增加,电导率增大,在不相称零变点上为最大值;又由于 $Li_2SO_4^0$、$K_2SO_4^0$、$LiKSO_4^0$、$LiSO_4^-$、KSO_4^- 等离子对的形成,在复盐区电导率随 Li_2SO_4 浓度的增大而降低。

下面我们再对上述两个三元体系的溶解度多温图[113~116]做一些深入的讨论。

$Li_2SO_4·H_2O$ 和 $MgSO_4·7H_2O$ 这两种盐在水中的溶解度都会随着温度的改变而变化。但是,Li_2SO_4 的溶解度随着温度的升高而降低,即它的溶解度的温度系数是负的;相反,$MgSO_4$ 的溶解度随着温度的升高而升高。由这两种盐作为原始组分的三元体系,其相平衡关系随温度的变化情况就很值得研究。我们将文献中不同温度的研究结果进行了对比。表 5–11 列出了不同温度下体系共饱和点的组成。可以看出,随着温度的升高,共饱和点液相中 $MgSO_4$ 的浓度变大,Li_2SO_4 的浓度减小。在相图上,$MgSO_4·7H_2O$ 的结晶区变小,$Li_2SO_4·H_2O$ 的结晶区变大,正好与 $Li_2SO_4·H_2O$ 在水中的溶解度随温度的升高而下降、$MgSO_4·7H_2O$ 在水中的溶解度随温度的升高而增加的趋势相一致。

表 5–11　$Li^+,Mg^{2+}/SO_4^{2-}-H_2O$ 三元体系在不同温度下共饱和点液相组成

温度/℃	共饱和点液相组成(质量分数)/%		平衡固相	文献
	Li_2SO_4	$MgSO_4$		
25	14.37	19.06	$Li_2SO_4·H_2O+MgSO_4·7H_2O$	本文
25	14.83	17.82	$Li_2SO_4·H_2O+MgSO_4·7H_2O$	[113]
30	13.18	20.39	$Li_2SO_4·H_2O+MgSO_4·7H_2O$	[114]
35	14.93	22.18	$Li_2SO_4·H_2O+MgSO_4·7H_2O$	[115]
75	11.75	27.03	$Li_2SO_4·H_2O+MgSO_4·H_2O$	[116]

$Li_2SO_4·K_2SO_4$ 是 $Li^+,K^+/SO_4^{2-}-H_2O$ 体系中在 25℃时形成的一种不相称溶解的复盐。前人曾对该体系在 0℃、25℃、35℃、50℃、75℃、100℃时的溶解度进行过测定[117~123],对体系中复盐 $Li_2SO_4·K_2SO_4$ 是否会形成固溶体看法不一致。A. Л.Янко 等进行过此三元体系在 0℃、25℃、50℃时的溶解度测定,并指出复盐 $Li_2SO_4·K_2SO_4$ 与 Li_2SO_4 能形成有限固溶体。我们认为,他们实验的平衡时间不足,具有较小溶解速率的硫酸钾和硫酸锂很难达到真正的溶解平衡。A. N. Campbell在尚无准确的钾测定方法时,于 1958 年采用测定溶液密度和黏度的方法处理 K^+ 和 Li^+ 的含量,求得了25℃时的溶解度相图,其数据的可靠性也不够高[116]。

我们的实验结果表明，在 25℃时，复盐 $Li_2SO_4 \cdot K_2SO_4$ 并不与 Li_2SO_4 形成固溶体。复盐 $Li_2SO_4 \cdot K_2SO_4$ 的 X 射线粉末衍射结果与文献非常吻合。其晶体属于六方晶系，折光率 $N_p = 1.469$，$N_g = 1.471$，为负光性。此外，我们首次测定了它的热谱及红外吸收光谱。DTA 结果表明，在 422℃时出现吸热的相变，在 724℃时复盐发生一致性熔融。

前面已提及，25℃时复盐 $Li_2SO_4 \cdot K_2SO_4$ 在三元体系中是不相称溶解的稳定化合物。在文献[121]中给出了该复盐于 −6.8～100℃在水中的溶解度数值，很显然这是错误的。对于一种不相称溶解的复盐而言，是不应该使用“在水中的溶解度”这一概念的。由复盐 25℃时在水中的溶解过程可知，若加水量很少，则形成一些溶液，剩余物为复盐 $Li_2SO_4 \cdot K_2SO_4$ 与 K_2SO_4 两种平衡固相。水量继续增加，形成的溶液量也增加。到某一时刻，剩余固相为单一的 K_2SO_4 一种。到此为止，加水过程中所形成的溶液组成都保持不变，即复盐与 K_2SO_4 的共饱和点——图 5－4 中的不相称零变点 A。若继续加水，溶液的组成点开始离开 A 点，剩余固相仍为 K_2SO_4 一种。由此可见，整个加水过程中不会形成一种其平衡固相为单一复盐的溶液。若想使平衡固相为单一的复盐，则必须在溶解过程中添加部分 Li_2SO_4（或用 Li_2SO_4 溶液来溶解复盐）。此时，溶液组成不是一种确定不变的，而是在点 A 至点 B 之间变化的。由此可见，“在水中的溶解度”实际是不确定的数值，即不存在 6.8～100℃在水中的溶解度这样的确定数据，或者说给出的数值是毫无意义的。

众所周知，复盐溶解的不相称性会随温度的变化而变化。对于一种复盐多半存在一个特定的温度，高于此温度时复盐为相称溶解；低于此温度时，复盐是不相称溶解（或相反），此温度称为该复盐的转变点。截止到目前，还没有人研究过复盐 $Li_2SO_4 \cdot K_2SO_4$ 在 $Li^+, K^+/SO_4^{2-}$-H_2O 体系中的转变点问题。我们根据自己的实验结果并结合文献中的数据，采用数学处理方法，得到了复盐 $Li_2SO_4 \cdot K_2SO_4$ 在该三元体系中的转变点是 45.5～46℃。温度高于此值，复盐在水中是相称溶解；低于此温度为不相称溶解。弄清楚这个转变温度，对于含锂盐湖卤水天然蒸发过程中析出的复盐 $Li_2SO_4 \cdot K_2SO_4$ 的进一步加工、分离，获得单一的锂化合物都有重要意义。

我们研究获得的 $Li^+, K^+, Mg^{2+}/SO_4^{2-}$-$H_2O$ 体系在 25℃时的溶解度和液相物理化学性质列于表 5－12 中。苏联学者 В.Г.Шевчук 等曾在 35℃、50℃、75℃下研究过该体系的相平衡[121,124,125]，但尚未有人进行过 25℃相关系和溶液物理化学性质的研究。该体系是盐湖卤水体系的一个重要次级体系，因为不含 Cl^-，所以体系中离子的相互作用主要表现在阳离子与 SO_4^{2-} 之间和阳离子彼此间的竞争上。相平衡关系的研究特别有助于认识硫酸盐复盐的形成及其相互转化。例如，Mg^{2+} 的存在对复盐 $Li_2SO_4 \cdot K_2SO_4$ 的形成有什么影响呢？反过来，Li_2SO_4 的存在又会对多种硫酸钾镁复盐的形成有哪些影响？这些不仅是无机化学中的基本问题，弄清楚它们的相关规律，对于从天然卤水资源中分离提取硫酸锂可能会具有实际的指导意义。

表 5-12 $Li^+,K^+,Mg^{2+}/SO_4^{2-}-H_2O$ 体系在25℃时的溶解度和液相物理化学性质

编号	液相组成(质量分数)/%			液相性质					平衡固相
	Li_2SO_4	K_2SO_4	$MgSO_4$	密度 /(kg/m^3)	折光率 D_{25}	黏度 /($10^3Pa·s$)	电导率 /(S/m)	pH	
1	9.93	8.99	6.56	1 238.8	1.373 3	3.029	10.58	4.85	Db4
2	8.11	7.94	13.24	1 294.4	1.382 8	5.038	8.414	3.97	Db4＋Pic
3	3.35	10.74	9.95	1 228.9	1.371 1	2.554	11.04	4.43	Ar
4	8.14	8.64	11.93	1 284.5	1.381 7	4.443	9.080	4.01	Db4＋Pic
5	7.76	4.79	19.67	1 345.2	1.392 4	9.591	5.531	5.00	Db4＋Pic
6	4.46	4.14	23.83	1 354.4	1.392 8	10.479	5.015	5.23	Eps＋Pic
7	8.01	4.09	21.57	1 360.8	1.394 8	8.766	5.098	4.52	Eps＋Pic＋Db4
8	11.58	2.54	19.72	1 359.6	1.395 6	12.918	4.582	4.18	Eps＋Db4
9	14.45	0.68	18.79	—	1.395 9	13.855	4.332	4.21	LiS＋Eps
10	22.79	2.28	4.54	1 275.6	1.382 7	5.988	7.247	5.54	LiS＋Db4
11	18.39	2.15	11.67	1 319.7	1.389 3	9.126	5.681	4.46	LiS＋Db4
12	15.16	1.98	16.98	1 353.7	1.395 0	12.870	4.665	5.24	LiS＋Db4
13	14.49	1.99	19.03	—	1.397 2	14.335	4.215	5.06	LiS＋Db4＋Eps
14	9.67	10.75	3.11	1 211.7	1.368 2	2.309	12.25	5.83	Ar＋Db4
15	3.29	10.69	11.44	1 247.7	1.373 8	2.927	10.33	6.55	Ar＋Pic
16	8.70	3.90	21.12	1 359.5	1.394 8	11.872	4.673	5.27	Eps＋Db4
17	8.19	6.92	15.02	1 307.8	1.385 3	5.974	7.231	5.95	Db4＋Pic
18	2.14	4.26	24.85	1 346.4	1.392 9	9.533	5.021	4.75	Eps＋Pic
19	7.71	10.49	9.74	1 269.6	1.377 7	3.591	10.08	6.54	Db4＋Ar＋Pic
20	14.12	—	18.9	1 347.7	1.395 0	12.146	4.057	—	Eps＋LiS[10]
21	10.44	10.78	—	1 186.0	1.363 2	1.924	13.01	5.61	Ar＋Db4[10]
22	25.18	2.32	—	1 250.5	1.377 8	4.500	8.29	6.11	Db4＋LiS[10]
23	—	10.8	12.6	—	—	—	—	—	Ar＋Pic[126]
24	—	4.0	26.3	—	—	—	—	—	Eps＋Pic[126]

注：Ar. K_2SO_4；LiS. $Li_2SO_4·H_2O$；Db4. $Li_2SO_4·K_2SO_4$；Eps. $MgSO_4·7H_2O$；Pic. $K_2SO_4·MgSO_4·6H_2O$。

图 5-5 为该四元体系溶解度的干盐 Janëcke 投影图(图 5-5 中的□为实验测定值)。从图 5-5 中可以看出，25℃时体系的平衡固相有五种，即体系的三种原始

组分：$Li_2SO_4 \cdot H_2O$(LiS)、K_2SO_4(Ar)和 $MgSO_4 \cdot 7H_2O$(Eps)及复盐 $Li_2SO_4 \cdot K_2SO_4$(Db4)和 $K_2SO_4 \cdot MgSO_4 \cdot 6H_2O$(Pic)，没有发现新的复盐或固溶体形成，也没有发生三元体系中组分的脱水作用。体系共有五个结晶区，三个无变量点，其中点 *A*、点 *C* 是不相称零变量点，点 *B* 是相称零变量点。对于体系中的三个三元体系而言，由于引入另一组分而产生的盐析作用几乎相同。由于体系中各组分之间相互作用的结果，复盐 Pic 和原始组分 Eps 与复盐 Db4 结晶区相接，而原始组分 LiS 与复盐 Pic 不相接。四元体系 Janëcke 投影图中间的大部分区域即为此两种复盐 Pic 和 Db4 的结晶区。在质量分数组成的干盐图中，五种平衡固相结晶区面积大小所占的百分数分别为：Db4 35.69%，Ar 31.94%，Pic 15.51%，Eps 9.34%，LiS 7.52%。前两种复盐合计占一半以上。

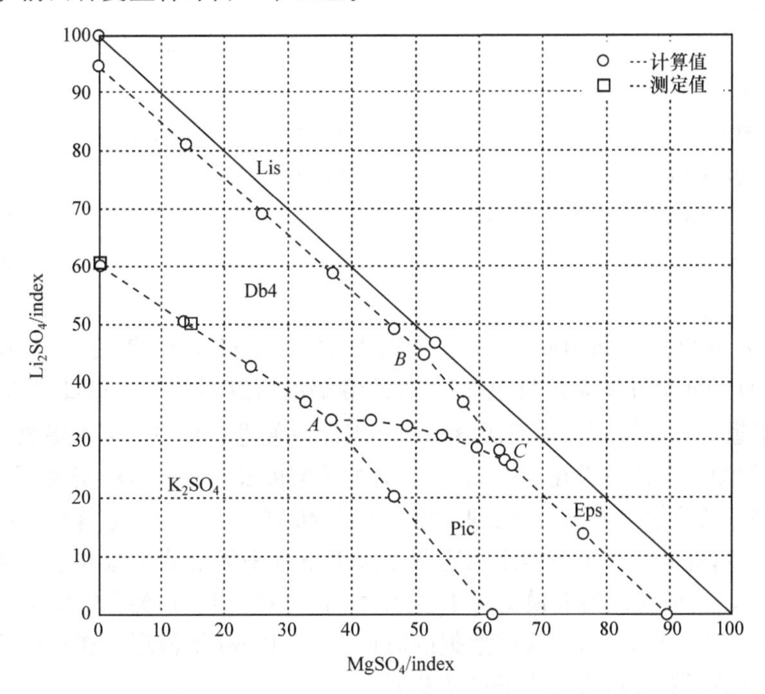

图 5-5　四元体系 Li^+, K^+, Mg^{2+}/SO_4^{2-}-H_2O 体系在 25℃时的 Janëcke 相图

测定值是由房春晖等于 1994 年测定的

将我们的实验结果同文献中在 35℃、50℃、75℃时的研究报道进行比较，发现在 25～75℃范围内，四元体系中存在的平衡固相种类虽然有变化，但它们均来自各个三元体系，并没有形成新的固相。这表明在四元体系中不存在更强的相互作用，也没有发生新的脱水作用。表 5-13 给出了不同温度下体系平衡固相的种类以及 Janëcke 干盐投影图上各固相结晶区面积大小的比例。由表 5-13 可以看出，在 25～75℃范围内随着温度的升高，硫酸锂及其复盐($Li_2SO_4 \cdot H_2O$、Db4)的结晶

区面积逐渐增大，而硫酸钾和硫酸镁水合物及硫酸钾镁复盐（$K_2SO_4 \cdot MgSO_4 \cdot 6H_2O$、$K_2SO_4 \cdot MgSO_4 \cdot 4H_2O$、$K_2SO_4 \cdot 2MgSO_4$）的结晶区面积减小。对原始组分硫酸锂而言，它在水中溶解度的温度系数是负的，即随着温度的升高其溶解度降低，结晶区面积变大；硫酸钾和硫酸镁的溶解度的温度系数却是正的，它们的结晶区面积应该变小。这样，随着温度的升高，结晶区面积的变化趋势更加明显。

表 5-13　不同温度下四元体系各结晶区面积(分数×100)大小的比较

盐类	25℃	35℃	50℃	75℃
$Li_2SO_4 \cdot H_2O$	7.52	9.76	12.40	14.01
K_2SO_4	31.94	31.75	25.39	19.89
$MgSO_4 \cdot 7H_2O$	9.34	9.21	—	—
$MgSO_4 \cdot 6H_2O$	—	—	6.82	—
$MgSO_4 \cdot H_2O$	—	—	—	4.83
$Li_2SO_4 \cdot K_2SO_4$	35.69	36.61	47.04	50.82
$K_2SO_4 \cdot MgSO_4 \cdot 6H_2O$	15.51	13.17	—	—
$K_2SO_4 \cdot MgSO_4 \cdot 4H_2O$	—	—	8.35	7.57
$K_2SO_4 \cdot 2MgSO_4$	—	—	—	2.88

Campbell 等[126] 和 Янко[127,128] 分别于 1958 年和 1963 年对 $Li^+, K^+/Cl^-, SO_4^{2-}$-$H_2O$ 四元交互体系进行过 25℃时的溶解度研究，但未见 50℃、75℃相关系研究的报道。为了得到该体系的溶解度多温图以便进一步完善卤水提取锂的工艺流程，我们测定了该体系在 50℃和 75℃时的溶解度及平衡溶液的密度、黏度、折光率。由测得的溶解度数据，经处理获得了 50℃和 75℃时 Pitzer 电解质溶液理论的各有关参数，进而计算了该体系在这两个温度下各平衡溶液中盐和水的活度。同时，利用 Pitzer 电解质溶液模型对 $Li^+, K^+/Cl^-, SO_4^{2-}$-$H_2O$ 体系在 25℃时的溶解度进行了理论计算，通过与文献数据的对比，研究 Pitzer 溶液理论在水盐溶解度计算中应用的可靠程度(参见本书第 7 章)。

$Li^+, K^+/Cl^-, SO_4^{2-}$-$H_2O$ 四元交互体系在 50℃和 75℃时的平衡液相和湿固相组成以及干盐图的 Janëcke 投影指数列于表 5-14 和表 5-15 中。50℃时液相性质的测定结果列于表 5-16 中。图 5-6 为四元交互体系 $Li^+, K^+/Cl^-, SO_4^{2-}$-$H_2O$ 在 50℃和 75℃时的溶解度等温图(为清晰起见，靠近 $LiCl \cdot H_2O$ 相区做了调整)。由图 5-6 可见，该体系在 50℃和 75℃时的溶解度等温图有五个相区：$Li_2SO_4 \cdot H_2O$、Db4、KCl、K_2SO_4、$LiCl \cdot H_2O$。其中，二元复盐 Db4 相区面积最大，K_2SO_4 次之，其他按 $Li_2SO_4 \cdot H_2O$、KCl、$LiCl \cdot H_2O$ 顺序依次减小。有七条单变量线，三个共饱和点：点 F 为 $Li_2SO_4 \cdot H_2O$ + KCl + $LiCl \cdot H_2O$ 共饱和点，点 B 为

$Db4+K_2SO_4+KCl$ 共饱和点，点 D 为 $Li_2SO_4 \cdot H_2O+Db4+KCl$ 共饱和点。其中，点 F 为相称零变量点。Db4 由 25℃的不相称溶解复盐变为 50℃、75℃时的相称溶解复盐。由图 5-6 可见，随着温度的升高，LiCl 的盐析作用增强，使 Db4、$Li_2SO_4 \cdot H_2O$ 相区变大。与文献[117,118]中 25℃时的相图比较，相区数目没有发生改变。

表 5-14 $Li^+,K^+/Cl^-,SO_4^{2-}$-H_2O 四元交互体系在 50℃时的溶解度

编号	液相组成(质量分数)/%				a_w	湿固相组成(质量分数)/%				相图指数			平衡固相
	KCl	K_2SO_4	LiCl	Li_2SO_4		KCl	K_2SO_4	LiCl	Li_2SO_4	2Li	SO_4	H_2O	
1	25.14	1.92	2.90	0.0	0.717	39.48	38.86	2.31	0.0	16.00	5.14	1837	Kc+Ks
2	21.85	2.68	5.11	0.0	0.668	41.01	36.24	1.87	0.0	27.12	6.93	1760	Kc+Ks
3	20.38	3.04	6.28	0.0	0.643	27.19	32.80	0.0	18.52	32.49	7.65	1711	Kc+Ks+Db4
4	12.98	5.93	5.99	0.0	0.767	7.11	43.01	0.0	20.85	33.02	15.90	2175	Ks+Db4
5	3.22	12.55	5.93	0.0	0.863	3.14	56.82	0.0	20.57	42.75	44.04	2661	Ks+Db4
6	0.0	15.17	4.86	1.42	0.894	2.85	47.57	0.0	21.88	44.68	63.55	2774	Ks+Db4
7	0.0	14.49	2.47	4.82	0.911	1.35	46.11	0.0	22.74	46.73	81.36	2783	Ks+Db4
8	0.0	2.98	2.44	19.37	0.882	0.0	11.61	0.75	54.81	92.30	87.03	1882	Ls+Db4
9	0.0	3.05	7.68	12.18	0.853	0.0	10.63	2.16	55.39	92.00	58.62	1958	Ls+Db4
10	3.30	0.0	12.17	6.62	0.765	0.0	19.93	3.73	47.18	90.22	26.67	1919	Ls+Db4
11	3.59	0.0	14.45	4.39	0.717	0.0	11.68	4.65	52.87	89.72	17.02	1839	Ls+Db4
12	5.50	0.0	26.49	0.23	0.311	44.07	0.0	9.66	21.73	89.50	0.58	1072	Kc+Ls+Db4
13	5.75	0.0	46.38	0.07	0.001	1.96	0.0	58.47	4.99	93.42	0.10	453	Kc+Lc+Ls
14	9.53	0.0	18.87	0.90	0.439	44.55	0.0	3.20	26.47	78.28	2.65	1336	Kc+Db4
15	11.42	0.0	16.44	0.90	0.472	49.25	0.0	4.01	19.08	72.47	2.80	1423	Kc+Db4
16	14.21	0.0	12.17	1.14	0.554	8.65	41.96	23.62	0.0	61.76	4.17	1615	Kc+Db4
17	18.44	0.0	7.80	1.27	0.683	21.19	23.21	14.31	0.0	47.95	5.35	1908	Kc+Db4

注：Kc. KCl；Ks. K_2SO_4；Lc. $LiCl \cdot H_2O$；Ls. $Li_2SO_4 \cdot H_2O$；Db4. $Li_2SO_4 \cdot K_2SO_4$；a_w. 水活度(计算值)。

表 5-15 $Li^+,K^+/Cl^-,SO_4^{2-}$-H_2O 四元交互体系在 75℃时的溶解度

编号	液相组成(质量分数)/%				a_w	湿固相组成(质量分数)/%				相图指数			平衡固相
	KCl	K_2SO_4	LiCl	Li_2SO_4		KCl	K_2SO_4	LiCl	Li_2SO_4	2Li	SO_4	H_2O	
1	2.51	0.0	28.36	2.15	0.737	0.82	0.0	40.89	38.09	12.77	5.32	1602	Kc+Ks
2	4.32	0.0	25.82	2.84	0.712	0.86	0.0	75.39	5.92	21.19	6.78	1548	Kc+Ks
3	4.59	0.0	25.86	2.77	0.704	9.27	0.0	28.95	38.57	22.22	6.53	1523	Kc+Ks+Db4
4	4.77	0.0	16.42	5.99	0.798	0.0	8.56	7.27	61.49	28.00	17.13	2013	Ks+Db4
5	4.76	0.0	11.36	8.84	0.872	0.0	14.10	5.99	55.37	30.66	27.70	2277	Ks+Db4
6	4.67	0.0	5.73	12.80	0.883	0.0	20.78	4.39	44.27	32.99	44.01	2500	Ks+Db4

续表

编号	液相组成(质量分数)/%				a_w	湿固相组成(质量分数)/%				相图指数			平衡固相
	KCl	K_2SO_4	LiCl	Li_2SO_4		KCl	K_2SO_4	LiCl	Li_2SO_4	2Li	SO_4	H_2O	
7	0.0	6.33	9.86	6.83	0.891	0.0	16.66	3.20	50.52	35.34	59.41	2625	Ks+Db4
8	0.0	6.28	5.68	10.85	0.909	0.0	19.87	1.19	52.16	36.27	75.80	2722	Ks+Db4
9	2.59	19.04	0.0	3.61	0.860	0.93	36.75	0.0	29.22	90.77	86.41	1851	Ls+Db4
10	6.89	12.60	0.0	3.69	0.834	2.36	49.50	0.0	15.19	90.26	62.54	1965	Ls+Db4
11	10.12	6.96	0.0	3.68	0.819	2.47	49.26	0.0	13.52	90.00	39.99	1960	Ls+Db4
12	15.87	3.23	4.52	0.0	0.694	10.4	49.21	0.0	11.63	87.73	11.89	1718	Ls+Db4
13	48.08	0.08	9.31	0.0	0.001	47.2	18.70	19.73	0.0	90.09	0.12	375	Ls+Kc+Lc
14	30.12	0.0	6.19	0.30	0.277	0.0	19.17	62.57	5.41	89.16	0.43	884	Ls+Kc+Db4
15	20.76	0.52	9.70	0.0	0.492	28.5	0.0	2.22	52.07	79.30	1.50	1218	Kc+Db4
16	12.88	0.0	16.61	1.52	0.600	9.45	0.0	45.53	23.21	55.85	3.20	1408	Kc+Db4
17	8.96	0.0	22.10	1.72	0.629	4.03	0.0	69.81	9.10	40.06	3.74	1416	Kc+Db4
18	8.07	0.0	21.72	1.99	0.661	5.91	0.0	48.04	17.51	40.06	3.74	1416	Kc+Db4

注:平衡固相中的缩写含义同表5-14。

表5-16 $Li^+,K^+/Cl^-,SO_4^{2-}$-H_2O四元交互体系在50℃时的平衡溶液物理化学性质

编号	折光率	密度/$(kg·m^3)$	黏度/$(10^{-3}Pa·s)$	编号	折光率	密度/$(kg·m^3)$	黏度/$(10^{-3}Pa·s)$
1	1.372 0	1 189.8	863	10	1.371 1	1 136.6	1 722
2	1.373 5	1 188.5	926	11	1.373 0	1 133.9	1 381
3	1.374 2	1 196.1	903	12	1.396 0	1 188.2	2 037
4	1.367 0	1 157.2	936	13	1.442 2	1 341.2	5 100
5	1.352 2	1 145.1	1 591	14	1.385 0	1 171.7	1 406
6	1.359 6	1 148.7	1 385	15	1.382 0	1 170.5	1 265
7	1.359 6	1 159.3	1 044	16	1.377 0	1 168.4	1 135
8	1.372 2	1 207.7	2 184	17	1.373 2	1 166.0	1 015
9	1.370 0	1 164.9	2 199				

早在20世纪60年代,苏联学者就对四元交互体系 $Li^+,Mg^{2+}/Cl^-,SO_4^{2-}$-$H_2O$在0℃、25℃、35℃、50℃、75℃时的相平衡进行过研究[129,130]。他们的研究工作由于平衡时间不足(7~8h),分析物料组成时未考虑 Li^+ 对 Mg^{2+} 络合滴定的影响,所得结果不理想,不能用于指导实际工作。我们重新研究了 $Li^+,Mg^{2+}/Cl^-,SO_4^{2-}$-$H_2O$四元交互体系在25℃时的相关系和平衡溶液的物理化学性质。得到了

该体系在 25℃时的完整相图，由实验测得的溶解度数据，经处理获得了该四元体系各离子之间的 Pitzer 混合参数。

Li^{+}，Mg^{2+}/Cl^{-}，SO_4^{2-}-H_2O 四元交互体系在 25℃时的溶解度和湿渣组成列于表 5－17 中，平衡溶液物理化学性质的测定结果列于表 5－18 中。图 5－7 为体系在 25℃时的溶解度等温图(Janёcke 投影图)。由图 5－7 可见，25℃时的等温图有七个相区：$Li_2SO_4\cdot H_2O$、$MgSO_4\cdot 7H_2O$、$MgSO_4\cdot 6H_2O$、$MgSO_4\cdot 5H_2O$、$MgCl_2\cdot 6H_2O$、$LiCl\cdot MgCl_2\cdot 7H_2O$ 和$LiCl\cdot H_2O$。11 段单变量线和五个共饱和点。其中，$MgCl_2\cdot LiCl\cdot 7H_2O + LiCl\cdot H_2O + Li_2SO_4\cdot H_2O$ 为相称零变量点。由于 LiCl 和复盐的强烈盐析作用，$Li_2SO_4\cdot H_2O$ 和 $MgSO_4\cdot 7H_2O$ 结晶区增大，而自身 $LiCl\cdot H_2O$ 和 $MgCl_2\cdot LiCl\cdot 7H_2O$ 的结晶区很小，无法在图 5－7 中被勾画出，只能以放大图示意。与文献[131]的结果相比，我们发现了两个新相区，即 $MgSO_4\cdot 6H_2O$ 与 $MgSO_4\cdot 5H_2O$ 相区。这与该边界体系 25℃时介稳相图的研究结果是一致的。

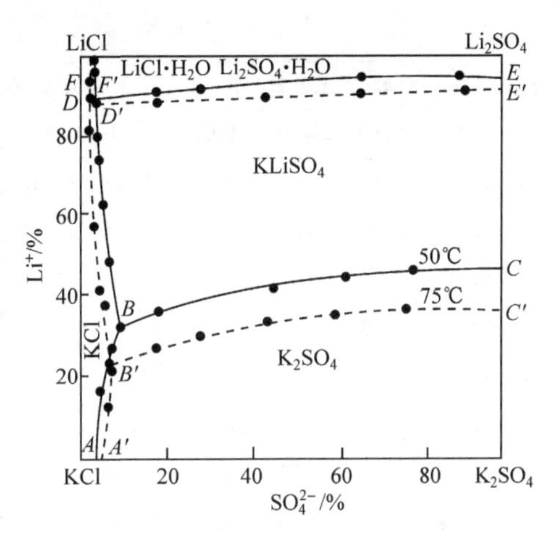

图 5－6　Li^{+}，K^{+}/Cl^{-}，SO_4^{2-}-H_2O 四元交互体系在 50℃和 70℃时的相图

表 5－17　Li^{+}，Mg^{2+}/Cl^{-}，$SO4^{2-}$-H_2O 四元交互体系在 25℃时的相平衡数据

编号	液相组成(质量分数)/%				湿渣组成(质量分数)/%				相图指数			平衡固相
	$MgCl_2$	$MgSO_4$	Li_2SO_4	LiCl	$MgCl_2$	$MgSO_4$	Li_2SO_4	LiCl	Mg^{2+}	$2Cl^{2-}$	H_2O	
1	5.26	10.07	15.28	—	0.96	39.36	6.34	—	49.98	19.88	1 386	Ep+Ls
2	7.21	7.76	14.78	—	2.07	2.35	65.35	—	51.05	27.57	1 420	Ep+Ls
3	11.94	2.50	13.95	—	4.17	27.74	11.53	—	53.52	45.92	1 456	Ep+Ls
4	14.74	—	11.94	0.70	6.42	23.83	15.43	—	56.99	60.01	1 400	Ep+Ls
5	19.04	—	8.65	1.84	5.96	29.01	9.63	—	66.58	73.80	1 303	Ep+Ls
6	17.40	6.58	0.0	7.31	8.65	19.45	12.52	—	73.36	83.11	1 179	Ep+Ls
7	18.96	6.10	0.0	6.58	9.41	28.17	8.66	—	76.30	84.52	1 159	Ep+Ls+Hx
8	26.49	0.65	6.12	—	9.78	34.61	2.26	—	83.59	81.99	1 092	Ep+Hx
9	24.59	5.11	2.04	—	11.43	33.96	0.86	—	94.26	81.11	1 167	Ep+Hx
10	27.15	—	5.02	2.17	9.83	29.25	9.25	—	80.01	87.19	1 023	Ls+Hx
11	27.47	4.22	0.0	3.24	15.60	0.31	44.11	—	89.44	90.31	999	Ls+Hx+Pt
12	30.57	1.13	3.33	—	8.52	42.28	1.19	—	91.60	89.00	1 000	Hx+Pt

续表

编号	液相组成(质量分数)/%				湿渣组成(质量分数)/%				相图指数			平衡固相
	$MgCl_2$	$MgSO_4$	Li_2SO_4	LiCl	$MgCl_2$	$MgSO_4$	Li_2SO_4	LiCl	Mg^{2+}	$2Cl^{2-}$	H_2O	
13	29.90	4.15	0.0	—	13.46	31.87	—	—	100.0	90.11	1 051	Hx+Pt
14	32.31	2.30	0.0	2.82	19.14	23.84	13.76		91.51	95.12	887	Bi+Ls+Pt
15	33.43	0.39	2.11	—	11.40	38.50	0.66		94.86	93.99	952	Bi+Pt
16	33.43	3.28	—	—	13.87	37.42	—		100.0	92.80	929	Bi+Pt
17	31.93	—	1.17	5.32	36.27	—	20.16	2.09	82.05	97.40	837	Bi+Ls
18	29.75	—	0.50	5.63	12.41	—	14.30	0.03	81.50	98.81	929	Bi+Ls
19	23.53	—	0.18	14.99	21.88	—	20.09	3.76	58.07	99.62	800	Bi+Ls
20	13.83	—	0.09	28.45	21.84	—	10.73	22.32	30.16	99.83	664	Bi+Ls+LiC
21	12.70	—	0.14	27.49	9.27	—	9.16	18.97	29.07	99.72	722	LiC+Ls
22	5.95	—	0.16	37.22	13.54	—	8.85	25.11	12.43	99.71	626	LiC+Ls+Lc
23	4.32	—	0.21	40.54	2.03	—	5.29	50.89	8.64	99.64	580	Lc+Ls

注:Ep. $MgSO_4·7H_2O$; Ls. $Li_2SO_4·H_2O$; Hx. $MgSO_4·6H_2O$; Bi. $MgCl_2·6H_2O$; Pt. $MgSO_4·5H_2O$; LiC. $LiCl·MgCl_2·7H_2O$; Lc. $LiCl·H_2O$。

表 5-18 $Li^+,Mg^{2+}/Cl^-,SO_4^{2-}$-$H_2O$ 四元交互体系在 25℃时的平衡溶液物理化学性质

编号	密度/(kg/m³)	黏度/(10^{-3}Pa·s)	电导率/(S/m)	折光率	pH	编号	密度/(kg/m³)	黏度/(10^{-3}Pa·s)	电导率/(S/m)	折光率	pH
1	1 302.1	7.66	6.08	1.393 0	5.95	13	1 314.9	9.02	9.42	1.420 4	5.41
2	1 290.2	6.75	7.25	1.393 3	5.87	14	1 342.3	14.92	7.42	1.431 5	6.02
3	1 263.4	4.97	8.75	1.393 4	5.35	15	1 328.7	11.31	8.59	1.427 1	5.92
4	1 275.6	5.14	9.18	1.401 0	5.21	16	1 344.7	13.09	7.92	1.429 8	5.92
5	1 282.2	5.16	9.59	1.409 9	5.11	17	1 329.8	12.64	7.71	1.430 2	5.05
6	1 283.1	5.51	10.17	1.410 9	5.03	18	1 326.8	10.80	8.92	1.426 8	4.85
7	1 290.8	6.59	9.92	1.413 1	5.06	19	1 309.2	11.96	8.09	1.429 5	4.67
8	1 317.7	8.66	9.34	1.420 8	5.16	20	1 309.3	15.97	6.84	1.434 2	4.51
9	1 345.6	10.81	10.34	1.411 3	5.25	21	1 293.8	12.04	7.92	1.429 8	4.61
10	1 306.5	8.38	9.42	1.418 9	5.06	22	1 308.9	16.53	6.77	1.436 0	4.56
11	1 316.7	9.85	8.92	1.420 9	5.05	23	1 313.6	19.23	6.42	1.438 8	4.35
12	1 322.1	15.18	9.17	1.429 8	5.27						

在表 5-1 所列的体系中有两个五元体系,即 $Li^+,Na^+,K^+,Mg^{2+}/SO_4^{2-}$-$H_2O$ 和 $Li^+,K^+,Mg^{2+}/Cl^-,SO_4^{2-}$-$H_2O$ 体系,我们在 25℃时对它们进行了研究。前者

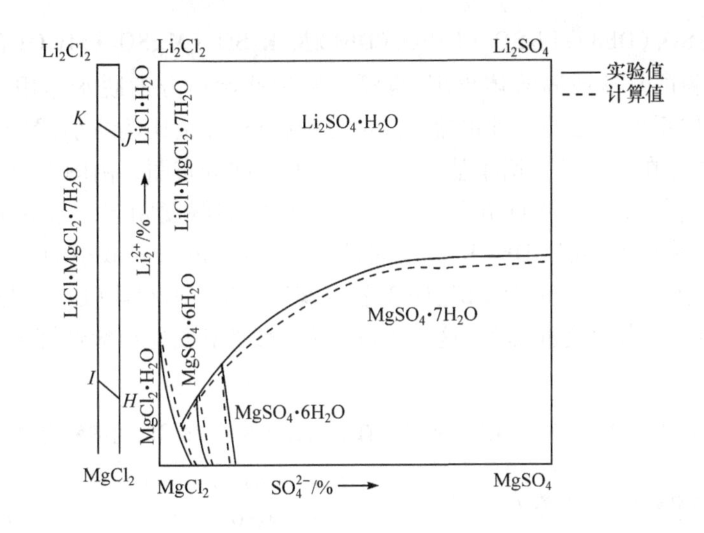

图5-7 Li^+, Mg^{2+}/Cl^-, SO_4^{2-}-H_2O四元交互体系在25℃时的溶解度图

是一个五元同离子体系；后者是五元交互体系，二者的相关系都比较复杂。Li^+，Na^+，K^+，Mg^{2+}/SO_4^{2-}-H_2O五元体系由四个四元体系和六个三元体系组成，其中有三个含锂的四元体系、三个含锂的三元体系。原苏联学者Лепешков等[131~133]曾研究过Li^+，Na^+，K^+/SO_4^{2-}-H_2O体系在25℃、50℃、100℃、15～100℃时的溶解度，25℃时体系出现了一种新的三元盐$2Li_2SO_4\cdot Na_2SO_4\cdot K_2SO_4$，并首次测定了它的折光率。作者同时还指出了复盐$Li_2SO_4\cdot 3Na_2SO_4\cdot 12H_2O$和$3K_2SO_4\cdot Na_2SO_4$的存在温度，并首次给出了复盐$2Li_2SO_4\cdot Na_2SO_4\cdot K_2SO_4$和$Li_2SO_4\cdot K_2SO_4$的热谱图。同时，Лепешков等[113,116]还研究过Li^+，Na^+，Mg^{2+}/SO_4^{2-}-H_2O四元体系在25℃和75℃时的溶解度，25℃时体系除了各三元系中的固相外，没有形成新的复盐。Шевчук等研究过Li^+，K^+，Mg^{2+}/SO_4^{2-}-H_2O四元体系在35℃、50℃、75℃时的溶解平衡[121,124,125]，我们曾对Li^+，K^+，Mg^{2+}/SO_4^{2-}-H_2O四元体系在25℃时的相关系和溶液物理化学性质进行过详细的研究[16]，同时我们还详细研究过Li^+，K^+/SO_4^{2-}-H_2O和Li^+，Mg^{2+}/SO_4^{2-}-H_2O两个三元体系在25℃时的相平衡[10]。至于Li^+，Na^+/SO_4^{2-}-H_2O三元体系，则在多个温度被研究过[113,118,120,122]。五元体系的研究目前尚未见文献报道。

表5-19为Li^+，Na^+，K^+，Mg^{2+}/SO_4^{2-}-H_2O五元体系在25℃时的溶解度和溶液密度的测定结果[13]。图5-8为该五元体系在25℃时的溶解度干盐Janëcke投影图。该体系共有10个五元无变量点（F_i），10种平衡固相，即原始组分$Li_2SO_4\cdot H_2O$、K_2SO_4和$MgSO_4\cdot 7H_2O$、$Na_2SO_4\cdot 10H_2O$，复盐$3K_2SO_4\cdot Na_2SO_4$（钾芒硝）、$Na_2SO_4\cdot MgSO_4\cdot 4H_2O$（白钠镁矾）、$3Li_2SO_4\cdot Na_2SO_4\cdot 12H_2O$（Db1）、$2Li_2SO_4\cdot$

$Na_2SO_4 \cdot K_2SO_4$(Db3)、$Li_2SO_4 \cdot K_2SO_4$(Db4)及 $K_2SO_4 \cdot MgSO_4 \cdot 6H_2O$(软钾镁矾)。此外,没有新的复盐或固溶体出现,也没有发生原始组分的脱水作用。为清晰起见,我们将体系中存在的十种单盐结晶区分别移出,并按比例缩小,图 5-9 即为该五元体系中存在的各种平衡单盐结晶区单独的空间分布图。由图 5-9 可见,Li^+,Na^+,K^+,Mg^{2+}/SO_4^{2-}-H_2O 五元体系在 25℃时的溶解度相图所包含的十种稳定平衡固相各种盐中,复盐 Db4 所占空间最大,其他所占空间减小的顺序是硫酸钾(Ar),钾芒硝(Ap)[134],复盐 Db1、Db3,软钾镁矾(Pic),泻利盐(Eps),芒硝(M),一水硫酸锂(Ls)和白钠镁矾(Bl)。这主要是由于硫酸钾和复盐硫酸锂钾强烈的盐析作用造成的。

表 5-19　Li^+,Na^+,K^+,Mg^{2+}/SO_4^{2-}—H_2O 五元体系在 25℃时的溶解度和溶液密度

编号	平衡溶液组成(质量分数)/%				溶液密度/(kg/m³)	$Li_2SO_4+Na_2SO_4+K_2SO_4+MgSO_4=100$				平衡固相
	Li_2SO_4	Na_2SO_4	K_2SO_4	$MgSO_4$		Li_2SO_4	Na_2SO_4	K_2SO_4	$MgSO_4$	
F11	1.66	21.43	4.37	11.12	—	4.31	55.54	11.32	28.83	Ap+Bl+Db1+M
F22	3.18	16.48	4.88	14.48	1 408.6	8.14	42.24	12.50	37.12	Ap+Bl+Db1+Db3
F33	10.66	5.02	1.95	18.46	1 375.9	29.53	13.92	5.41	51.14	Db3+Db4+Eps+Ls
F44	6.76	3.64	10.33	9.25	1 298.1	22.56	12.14	34.45	30.85	Ap+Ar+Db4+Pic
F55	3.98	10.27	3.65	19.99	1 415.7	10.51	27.11	9.64	52.74	Bl+Db3+Eps+Pic
F66	3.82	14.36	4.58	14.94	1 410.2	10.15	38.09	12.15	39.61	Ap+Bl+Db3+Pic
F77	6.97	4.37	3.96	20.48	1 385.2	19.48	12.21	11.07	57.24	Db3+Db4+Eps+Pic
F88	6.57	8.74	6.63	12.68	1 358.7	18.97	25.25	19.17	36.61	Ap+Db3+Db4+Pic
F99	11.48	9.40	0.35	16.94	1 401.0	30.09	24.63	0.91	44.37	Db1+Db3+Eps+Ls
F1010	6.09	9.67	1.60	19.18	1 400.4	16.67	26.48	4.38	52.47	Bl+Db1+Db3+Eps
11	2.02	21.35	0.00	12.61	1 379.2	5.61	59.33	—	35.06	Bl+Db1+M
12	1.86	21.95	2.50	11.56	1 398.7	4.91	57.95	6.61	30.53	Ap+Bl+M
13	11.88	10.28	0.28	16.96	1 399.9	30.16	26.08	0.71	43.06	Db1+Db3+Ls
14	6.00	11.99	1.55	17.06	1 395.1	16.40	32.75	4.24	46.60	Bl+Db1+Db3
15	4.00	12.83	4.22	16.88	1 412.9	10.54	33.82	11.13	44.51	Bl+Db3+Pic
16	2.17	10.64	3.69	20.76	1 410.5	5.83	28.57	9.89	55.71	Bl+Eps+Pic
17	5.19	7.48	3.79	20.28	1 403.3	14.12	20.35	10.32	55.21	Db3+Eps+Pic
18	8.87	4.81	2.61	19.23	1 377.8	24.97	13.54	7.35	54.14	Db3+Db4+Eps
19	6.67	2.25	10.51	9.51	—	23.05	7.77	36.31	32.88	Ar+Db4+Pic
20	6.65	4.70	9.42	9.81	1 303.9	21.75	15.38	30.80	32.06	Ap+Db4+Pic
21	18.30	9.14	2.17	3.89	1 323.2	54.64	27.28	6.47	11.61	Db3+Db4+Ls

续表

编号	平衡溶液组成(质量分数)/%				溶液密度/(kg/m^3)	$Li_2SO_4+Na_2SO_4+K_2SO_4+MgSO_4=100$				平衡固相
	Li_2SO_4	Na_2SO_4	K_2SO_4	$MgSO_4$		Li_2SO_4	Na_2SO_4	K_2SO_4	$MgSO_4$	
22	11.59	5.92	0.68	17.99	1 381.8	32.03	16.35	1.88	49.73	Db3+Eps+Ls
23	7.00	2.30	4.30	20.65	1 368.0	20.44	6.72	12.55	60.29	Db4+Eps+Pic
24	6.42	2.36	10.38	9.71	1 282.6	22.23	8.16	35.98	33.63	Ar+Db4+Pic
25	4.80	8.28	10.55	5.14	1 264.4	16.68	28.78	36.67	17.88	Ap+Ar+Db4
26	10.86	7.35	6.94	6.80	1 324.9	33.99	23.00	21.72	21.28	Ap+Db3+Db4
27	1.11	16.27	4.50	16.06	1 413.8	2.92	42.88	11.87	42.33	Ap+Bl+Pic
28	7.29	5.15	4.60	18.12	1 377.5	20.72	14.64	13.09	51.55	Db3+Db4+Pic
29	5.39	11.05	5.56	13.88	1 385.7	15.01	30.80	15.49	38.70	Ap+Bl+Pic
30	4.36	13.66	4.76	14.83	1 410.4	11.58	36.33	12.66	39.43	Ap+Db3+Pic
31	1.58	19.41	4.69	12.66	1 419.2	4.13	50.61	12.23	33.03	Ap+Bl+M
32	3.47	20.88	5.13	6.34	1 372.6	9.68	58.30	14.32	17.70	Ap+Db1+M
33	11.56	7.23	0.51	17.48	1 400.6	31.43	19.66	1.40	47.51	Db3+Eps+Ls
34	3.39	4.12	10.39	10.39	1 282.0	11.98	14.56	36.72	36.74	Ap+Ar+Pic
T1	10.44	—	10.78	—	1 185.9	49.19	—	50.82	—	Ar+Db4[78]
T2	25.18	—	2.32	—	1 250.5	91.55	—	8.45	—	Db4+Ls[78]
T3	14.12	—	—	18.90	1 347.7	42.76	—	—	57.24	Eps+Ls[78]
T4	21.50	10.90	—	—	—	66.36	33.64	—	—	Db1+Ls[19]
T5	7.2	21.8	—	—	—	24.83	75.17	—	—	Db1+M[19]
T6	—	—	10.8	12.6	—	—	—	46.15	53.85	Ar+Pic[100]
T7	—	—	4.0	26.3	—	—	—	13.20	86.80	Eps+Pic[100]
T8	—	22.09	6.65	—	—	—	76.86	23.14	—	Ap+M[106]
T9	—	5.58	11.05	—	—	—	33.55	66.45	—	Ap+Ar[106]
T11	—	18.47	—	15.90	—	—	53.74	—	46.26	Bl+M[106]
T12	—	12.47	—	21.53	—	—	36.68	—	63.32	Bl+Eps[106]
Q1	8.01	—	4.09	21.57	1 360.8	23.79	—	12.15	64.06	Db4+Eps+Pic[80]
Q2	7.77	—	10.49	9.74	1 269.6	27.60	—	37.54	34.86	Ar+Db4+Pic[80]
Q3	14.49	—	1.99	19.03	—	40.81	—	5.60	53.59	Db4+Eps+Ls[80]
Q4	2.40	20.14	—	12.83	—	6.78	56.94	—	36.27	Bl+Db1+M[28]
Q5	6.47	10.39	—	18.77	—	18.16	29.16	—	52.68	Bl+Db1+Eps[28]
Q6	12.27	8.13	—	17.00	—	32.81	21.74	—	45.45	Db1+Eps+Ls[28]

续表

编号	平衡溶液组成(质量分数)/%				溶液密度/(kg/m^3)	$Li_2SO_4+Na_2SO_4+K_2SO_4+MgSO_4=100$				平衡固相
	Li_2SO_4	Na_2SO_4	K_2SO_4	$MgSO_4$		Li_2SO_4	Na_2SO_4	K_2SO_4	$MgSO_4$	
Q7	5.78	22.54	4.88	—	—	17.41	67.89	14.70	—	Ap+Db1+M[57]
Q8	8.48	20.32	5.12	—	—	25.00	59.91	15.09	—	Ap+Db1+Db3[57]
Q9	9.19	4.73	10.29	—	—	37.96	19.54	42.50	—	Ap+Ar+Db4[57]
Q10	10.85	12.87	6.46	—	—	35.95	42.64	21.41	—	Ap+Db3+Db4[57]
Q11	24.00	3.68	1.98	—	—	80.92	12.41	6.67	—	Db3+Db4+Ls[57]
Q12	21.55	10.96	0.45	—	—	65.38	33.25	1.37	—	Db1+Db3+Ls[57]
Q13	—	19.50	4.47	13.31	—	—	52.30	11.99	35.72	Ap+Bl+M[106]
Q14	—	12.97	5.28	16.33	—	—	37.51	15.27	47.22	Ap+Bl+Pic[106]
Q15	—	4.38	9.53	11.83	—	—	17.02	37.02	45.96	Ap+Ar+Pic[106]
Q16	—	11.21	4.23	21.23	—	—	30.57	11.54	57.89	Bl+Eps+Pic[106]

注:Ap. $3K_2SO_4 \cdot Na_2SO_4$; Ar. K_2SO_4; Bl. $Na_2SO_4 \cdot MgSO_4 \cdot 4H_2O$; Db1. $3Na_2SO_4 \cdot Li_2SO_4 \cdot 12H_2O$; M. $Na_2SO_4 \cdot 10H_2O$; Db3. $Li_2SO_4 \cdot Na_2SO_4$; Db4. $Li_2SO_4 \cdot K_2SO_4$; Eps. $MgSO_4 \cdot 7H_2O$; Ls. $Li_2SO_4 \cdot H_2O$; Pic. $K_2SO_4 \cdot MgSO_4 \cdot 6H_2O$。

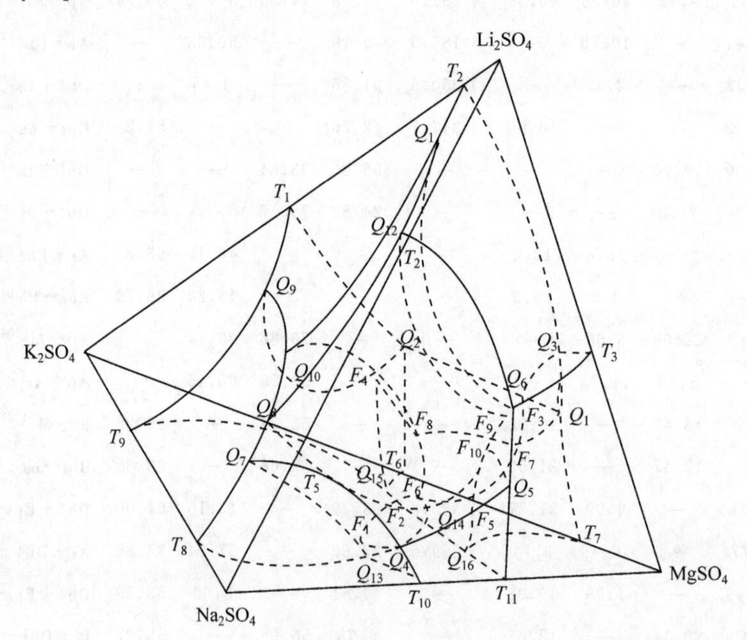

图 5-8 $Li^+, Na^+, K^+, Mg^{2+}/SO_4^{2-}-H_2O$ 五元体系在 25℃时的溶解度干盐投影图

F_i. 五元体系无变量点; Q_i. 四元体系无变量点; T_i. 三元体系无变量点

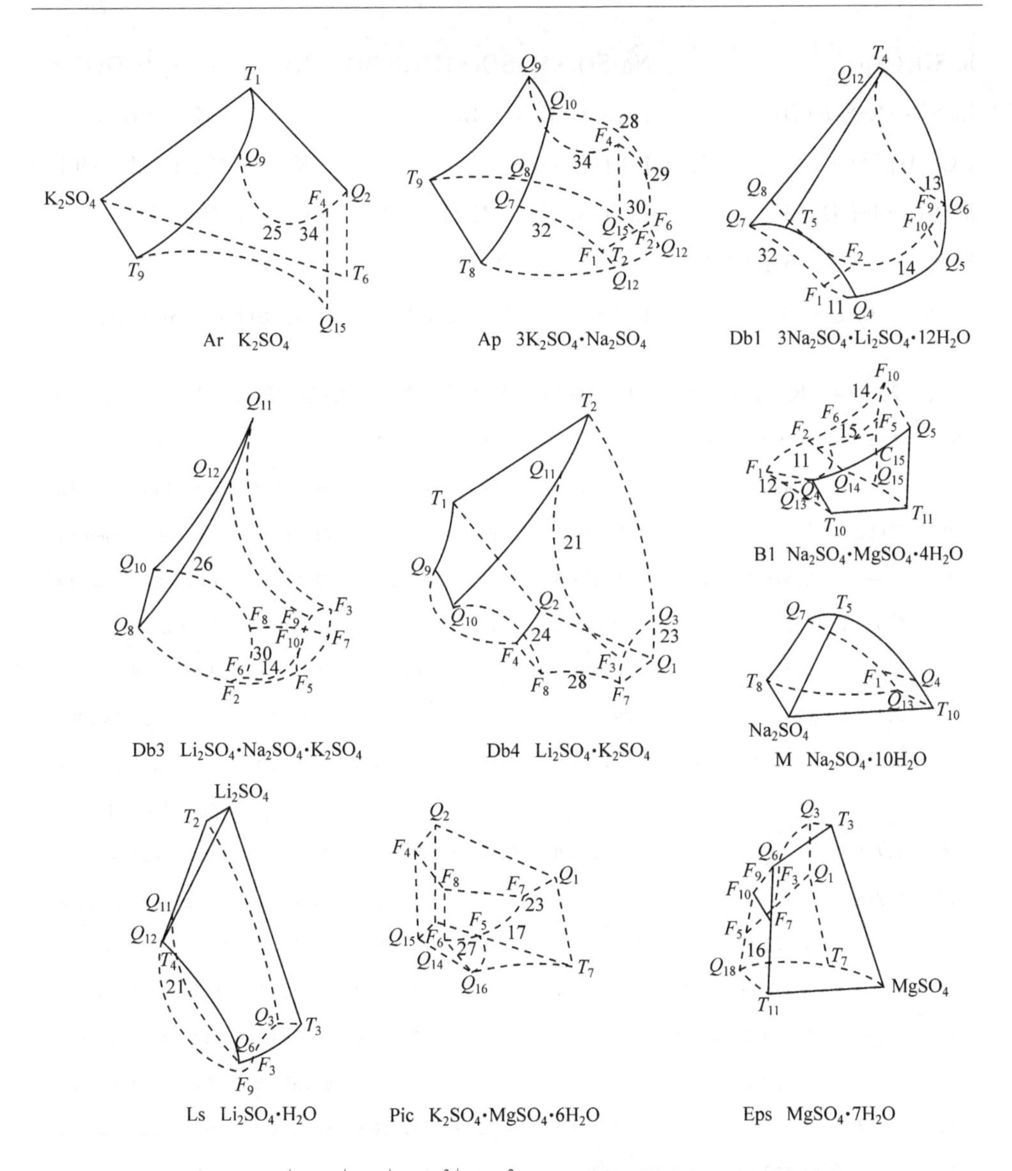

图 5-9　Li^{+}，Na^{+}，K^{+}，Mg^{2+}/SO_4^{2-}-H_2O 五元体系在 25℃时存在的各种平衡单盐结晶区单独的空间分布图

F_i. 五元体系无变量点；Q_i. 四元体系无变量点；T_i. 三元体系无变量点

我们测定的 Li^{+}，K^{+}，Mg^{2+}/Cl^{-}，SO_4^{2-}-H_2O 五元体系在 25℃时的相平衡数据列于表 5-20 中。这一复杂五元交互体系共包含有 15 个平衡固相如下(括号内是该固相在表 5-20 中的代号)：

K_2SO_4(Ap) $Na_2SO_4\cdot MgSO_4\cdot 4H_2O$(Bl) $KCl\cdot MgCl_2\cdot 6H_2O$(Car)

$Li_2SO_4\cdot K_2SO_4$(Db4) $MgSO_4\cdot 7H_2O$(Eps) $MgSO_4\cdot 6H_2O$(Hex)

$KCl\cdot MgSO_4\cdot 2.75H_2O$(Ka) $LiCl\cdot H_2O$(Lc) $K_2SO_4\cdot MgSO_4\cdot 4H_2O$(Le)

$MgSO_4\cdot 4H_2O$(Lh) $LiCl\cdot MgCl_2\cdot 7H_2O$(LiC) $Li_2SO_4\cdot H_2O$(Ls)

$K_2SO_4\cdot MgSO_4\cdot 6H_2O$(Pic) $MgSO_4\cdot 5H_2O$(Pt) KCl(Sy)

$Na_2SO_4\cdot Li_2SO_4$(Db_3) $Li_2SO_4\cdot Na_2SO_4$(Db_2) $Na_2SO_4\cdot K_2SO_4$(Ar)

表 5-20 Li^+, K^+, Mg^{2+}/Cl^-, SO_4^{2-}-H_2O 五元体系在 25℃时的溶解度(质量分数,单位:%)

编号	Li_2SO_4	K_2SO_4	$MgSO_4$	LiCl	KCl	$MgCl_2$	H_2O	平衡固相
1	—	4.680 4	6.240 3	3.753 4	—	16.531 0	68.795 0	Db4+Eps+Ks+Leo
2	5.092 6	—	—	0.802 7	13.843 6	8.265 5	71.995 5	Ar+Db4+Pic+Sy
3	—	2.546 1	7.839 0	6.151 5	—	16.221 5	67.242 0	Db4+Ep+Ka+Ls
4	2.387 3	—	—	0.253 0	0.148 0	34.198 2	63.013 5	Bis+Car+Lh+Ls
5	—	2.540 7	7.105 2	5.731 7	—	16.269 5	68.352 6	Db4+Eps+Hex+Ls
6	0.137 2	—	—	39.825 6	3.184 6	3.075 2	53.777 4	Car+Lc+Ls+Sy
7	0.055 1	—	—	37.111 9	0.411 8	6.737 9	55.683 3	Car+Lc+LiC+Ls
								Car+Lh+LiC+Pt
8	4.703 8	—	—	0.180 0	0.602 4	28.283 2	66.230 7	Hex+Ka+Ls+Pt
10	2.208 9	—	—	6.245 7	3.184 3	20.252 4	68.108 7	Car+Ka+Ls+Sy
11	—	4.702 2	9.207 2	4.367 9	—	12.108 2	69.614 6	Db4+Eps+Leo+Pic
12	—	6.351 5	3.130 7	4.362 7	—	17.619 2	68.535 9	Db4+Ka+Leo+Sy
13	—	8.958 9	0.328 0	4.284 2	—	15.840 8	70.588 1	Db4+Leo+Pic+Sy
14	—	0.479 1	3.954 4	2.718 4	—	27.858 0	64.990 2	Car+Ka+Ls+Pt
15	2.744 5	—	—	6.123 1	3.622 9	19.116 6	68.393 0	Db4+Ka+Ls+Sy
16	—	2.517 9	6.852 1	5.961 4	—	16.321 3	68.347 4	Db4+Eps+Hex+Ka
17	2.406 8	—	—	0.380 2	0.129 2	33.610 7	63.473 2	Car+Lh+Ls+Pt

我们将在 25℃时计算的 Li^+, Na^+, K^+, Mg^{2+}/SO_4^{2-}-H_2O 五元体系各无变量点网的次级体系零变点之间的连线网络图绘于图 5-10 中。由图 5-10 可以看出,计算值与实验值相吻合,其结果令人满意。

Harvie 等[134]采用计算方法,计算了在 25℃时海水组成的 Na^+, K^+, Mg^{2+}, Ca^{2+}/Cl^-, SO_4^{2-}-H_2O 六元体系所形成的矿物溶解度。

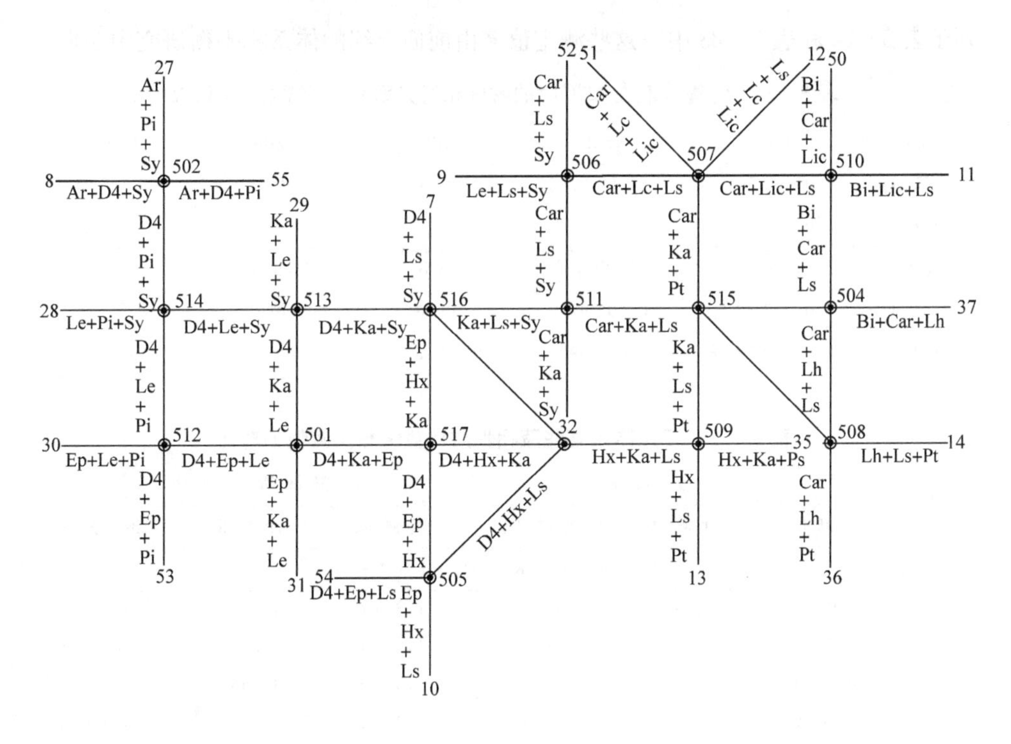

图 5－10　$Li^+,K^+,Mg^{2+}/Cl^-,SO_4^{2-}$-$H_2O$ 五元体系在 25℃时的各零变点同次级体系零变点的连线网络图

5.4.4　溶液某些物理化学性质的计算

早在 1983 年,我们就发展了计算饱和溶液密度和折光率的方法[1],并在其后的研究中多次应用它们,该方法适用性很强,并且精确性高,已被许多研究者所采用。

溶液密度的计算方法为

$$\ln(d_{25}/d_0)=\sum A_i\times w_i$$

式中:d_{25} 和 d_0 分别为 25℃时饱和溶液和纯水的密度,25℃时 d_0 的值为 0.997 07;w_i 为溶液中第 i 种溶质浓度的质量分数;A_i 为对于该盐的特征系数。

溶液的折光率的计算方法为

$$\ln(D_{25}/D_0)=\sum B_i\times w_i$$

式中:D_{25} 为 25℃下溶液的折光率;D_0 为一个常数,其值为 1.333 89;w_i 为溶液中第 i 种溶质浓度的质量分数;B_i 为对于该盐的特征系数。

在我们以往的论文中,曾给出过许多盐类的 A_i 值,这里将它们列于表 5－21 中。$Li^+,K^+/SO_4^{2-}$-H_2O 与 $Li^+,Mg^{2+}/SO_4^{2-}$-H_2O 三元体系和 $Li^+,K^+,Mg^{2+}/SO_4^{2-}$-$H_2O$ 四元体系的某些液相的密度和折光率计算值与实测值的对比结果分别列于表 5－22 和表 5－23 中。这些测定值多由前面介绍的体系相平衡研究中获得。

表 5－21 计算溶液在 25℃时的密度和折光率所用的系数 A_i 和 B_i

盐类	LiCl	NaCl	KCl	$MgCl_2$	Li_2SO_4
系数 A_i	0.005 71	0.006 91	0.005 41	0.008 17	0.008 24
系数 B_i	0.001 655	—	—	—	0.001 213
盐类	K_2SO_4	$MgSO_4$	$Li_2B_4O_7$	MgB_4O_7	
系数 A_i	0.007 83	0.009 97	0.008 86	0.008 77	
系数 B_i	0.000 797 8	0.001 490	0.001 37	0.000 473	

表 5－22 三元体系某些液相性质计算值与实测值的对比

编号	溶液密度/(kg/m^3)			溶液折光率 D_{25}		
	实测值	计算值	绝对偏差	实测值	计算值	绝对偏差
25℃时的 $Li^+, K^+/SO_4^{2-}-H_2O$ 体系						
1	1 084.8	1 084.8	0.0	1.345 4	1.345 4	0.000
2	1 131.8	1 1324	0.6	1.354 7	1.353 9	−0.000 8
3	1 152.3	1 148.2	−4.1	1.357 2	1.356 7	−0.000 5
4	1 160.0	1 157.9	−2.1	1.359 2	1.358 4	−0.000 8
5	1 186.1	1 182.3	−3.8	1.363 2	1.362 6	−0.000 6
6	1 185.8	1 182.3	−3.5	1.363 2	1.362 5	−0.000 7
7	1 184.6	1 181.1	−3.5	1.363 5	1.362 7	−0.000 8
8	1 185.0	1 185.3	0.3	1.364 2	1.364 4	0.000 2
9	1 189.9	1 185.6	−4.3	1.365 8	1.365 2	−0.000 6
10	1 251.3	1 249.8	−1.5	1.377 9	1.377 9	0.000
11	1 249.7	1 249.1	−0.6	1.377 8	1.377 8	0.000
12	1 248.6	1 245.6	−3.0	1.377 9	1.377 3	−0.000 6
13	1 241.3	1 237.6	−3.7	1.377 3	1.376 4	−0.000 9
14	1 230.9	1 232.8	1.9	1.375 9	1.376 2	0.000 3
25℃时的 $Li^+, Mg^{2+}/SO_4^{2-}-H_2O$ 体系						
1	1 230.9	1 232.8	1.9	1.375 9	1.376 2	0.000 3
2	1 247.0	1 250.0	3.0	1.378 5	1.379 1	0.000 6
3	1 278.6	1 284.6	6.0	1.384 2	1.384 8	0.000 6
4	—	—	—	1.385 2	1.386 3	0.001 1
5	1 302.8	1 309.1	6.3	1.387 8	1.388 8	0.001 0
6	1 324.1	1 328.0	3.9	1.391 4	1.391 8	0.000 4
7	—	—	—	1.394 9	1.397 2	0.002 3

续表

编号	溶液密度/(kg/m³)			溶液折光率 D_{25}		
	实测值	计算值	绝对偏差	实测值	计算值	绝对偏差
25℃时的 Li^+,Mg^{2+}/SO_4^{2-}-H_2O 体系						
8	1 347.7	1 352.4	4.7	1.395 0	1.395 7	0.000 7
9	1 334.7	1 341.6	6.9	1.393 4	1.394 1	0.000 7
10	1 325.0	1 330.9	5.9	1.391 4	1.392 5	0.001 1
11	1 320.9	1 327.2	6.3	1.391 3	1.392 0	0.000 7
12	1 312.3	1 319.2	6.9	1.390 3	1.390 8	0.000 5
13	1 307.2	1 309.4	2.2	1.388 7	1.389 3	0.000 6
14	1 302.6	1 304.8	2.2	1.388 2	1.388 6	0.000 4
15	1 302.2	1 303.6	1.4	1.388 3	1.388 4	0.000 1

表 5-23　Li^+,K^+,Mg^{2+}/SO_4^{2-}-H_2O 四元体系某些液相性质计算值与实测值的对比

编号	溶液密度/(kg/m³)			溶液折光率 D_{25}		
	测定值	计算值	偏差	测定值	计算值	偏差
1	1 238.8	1 239.5	0.7	1.373 3	1.373 1	−0.000 2
2	1 294.4	1 294.4	0.0	1.382 8	1.382 6	−0.000 2
3	1 228.9	1 231.2	2.3	1.371 1	1.371 0	−0.000 1
4	1 284.5	1 285.0	0.5	1.381 7	1.380 8	−0.000 9
5	1 345.2	1 342.6	−2.6	1.392 4	1.391 9	−0.000 5
6	1 354.4	1 355.0	0.6	1.392 8	1.394 2	0.001 4
7	1 360.8	1 363.6	2.8	1.394 8	1.395 5	0.000 7
8	1 359.6	1 362.0	2.4	1.395 6	1.395 9	0.000 3
9	—	1 361.8	—	1.395 9	1.396 8	0.000 9
10	1 275.6	1 281.4	5.8	1.382 7	1.383 1	0.000 4
11	1 319.7	1 325.5	5.8	1.389 3	1.390 3	0.001 0
12	1 353.7	1 359.0	5.3	1.395 0	1.395 7	0.000 7
13	—	1 379.6	—	1.397 2	1.398 8	0.001 6
14	1 211.7	1 211.6	−0.1	1.368 2	1.367 6	−0.000 6
15	1 247.7	1 248.5	0.8	1.373 8	1.373 9	0.000 1
16	1 359.5	1 363.2	3.7	1.394 8	1.395 5	0.000 7
17	1 307.8	1 308.0	0.2	1.385 3	1.385 3	0.000 0
18	1 346.4	1 344.2	−2.2	1.392 9	1.392 5	−0.000 4
19	1 269.6	1 271.0	1.4	1.377 7	1.377 6	−0.000 1

由所引用的溶液密度和折光率计算值与测定值的对比可以看出,我们所提出的计算方法是很准确的,一般相对偏差都不超过 0.2%,很多都小于 0.1%,个别大的偏差为 0.3%~0.4%,几乎没有超过 0.5%的。这些计算方法具有实际应用方面的价值。此外,我们也曾讨论过密度计算方法的理论依据[135],有兴趣的读者可以参看。

参考文献

[1] 宋彭生,杜宪惠,许恒存. 三元体系 $Li_2B_4O_7$-Li_2SO_4-H_2O 25℃相关系和溶液物化性质的研究. 科学通报,1983,28(2):106~110 或宋彭生,杜宪惠,许恒存. Phase Equilibrium and Properties of the Saturated Solutions in the Ternary System $Li_2B_4O_7$-Li_2SO_4-H_2O at 25℃. Kexue Tongbao, 1985, 29(8): 1072~1076

[2] 宋彭生,杜宪惠. 四元体系 $Li_2B_4O_7$-Li_2SO_4-LiCl-H_2O 25℃相关系和溶液物化性质的研究. 科学通报, 1986, 31(3): 209~213 或宋彭生,杜宪惠. Phase Equilirrium and Properties of the Saturqted Solutions in the Quaternary System $Li_2B_4O_7$-Li_2SO_4-LiCl-H_2O at 25℃. Kexue Tongbao, 1987, 31(19): 1338~1343

[3] 凌云. 某些镁硼酸盐的溶解转化及盐湖卤水次级体系 25℃相关系的研究. 硕士论文,西宁:中国科学院青海盐湖研究所,1987

[4] 宋彭生,杜宪惠,孙柏. 三元体系 MgB_4O_7-$MgSO_4$-H_2O 25℃的研究. 科学通报, 1987, 32(19): 1491~1495 或宋彭生,杜宪惠,孙柏. Study on the Ternary System MgB_4O_7-$MgSO_4$-H_2O at 25℃. Kexue Tongbao, 33(23): 1971~1973

[5] 杜宪惠,宋彭生,张进棠. 四元体系 MgB_4O_7-$MgSO_4$-$MgCl_2$-H_2O 25℃时相关系的研究. 武汉化工学院学报, 2000, 22(4): 14~16

[6] 宋彭生,傅宏安. 四元交互体系 Li,Mg/SO_4,B_4O_7-H_2O 25℃溶解度和溶液物化性质的研究. 无机化学学报, 1991, 7(3):344~348

[7] 毕渭滨,孙柏,宋彭生,诸葛芹. 三元体系 Mg/Cl,borate-H_2O 25℃相关系和溶液性质研究. 盐湖研究, 1997, 5(3~4): 42~45

[8] Sun B, Song P S, Gang L, Bi W B. Study on the equilibrium in the ternary system Mg/Cl(SO_4),B_6O_{10}-H_2O at 25℃. In: 3rd International and 5th China-Japan Joint Symposium on Calorimetry and Thermal Analysis, abstracts book. Lanzhou, 2000.15~18

[9] 靳治良,孙柏,李刚,李武. 三元体系 K^+,Mg^{2+}/$B_4O_7^{2-}$-H_2O 25℃相关系研究. 盐湖研究, 2004, 12(2): 19~22

[10] 李冰,王庆忠,李军,房春晖,宋彭生. 三元体系 Li,K(Mg)/SO_4-H_2O 25℃相关系和溶液物化性质的研究. 物理化学学报, 1994, 10(6): 536~542

[11] 李冰,李军,房春晖,王庆忠,宋彭生. Study on phase diagram and properties of solution in ternary systems Li、K、(Mg)/SO_4-H_2O at 25℃. Chinese J of Chem, 1995, 13(2): 112~117

[12] 李冰,王庆忠,房春晖,宋彭生. 三元体系 Li_2SO_4-K_2SO_4-H_2O 25℃相平衡和物化性质的研究. 盐湖研究, 1991, (3): 10~13

[13] 李冰,孙柏,房春晖,杜宪惠,宋彭生. 五元体系 Li^+,K^+,Mg^{2+}/SO_4^{2-}-H_2O 25℃相关系的研究. 化学学报, 1994, 55(6): 545~552

[14] 任开武,宋彭生. 四元体系 Li、K/Cl、SO_4-H_2O 50℃、75℃相关系和溶液物化性质研究. 应用化学, 1994, 11(1): 7~11

[15] 任开武，宋彭生．四元体系 Li，Mg/Cl，SO_4-H_2O 25℃相关系和溶液物化性质研究．无机化学学报，1994，10(1)：69～74

[16] 房春晖，李冰，李军，王庆忠，宋彭生．四元体系 Li，K，Mg/SO_4-H_2O 25℃相平衡和物化性质的研究．化学学报，1994，52(10)：954～959

[17] 孙柏，李冰，房春晖，宋彭生．五元体系 Li，K，Mg/Cl，SO_4-H_2O 25℃相关系和溶液物化性质的研究．盐湖研究，1995，3(4)：50～56

[18] 房春晖，牛自得，刘子琴，陈敬清．Na，K/Cl，SO_4，CO_3-H_2O 五元体系 25℃介稳相图的研究．化学学报，1991，49(11)：1062～1070

[19] 郭智忠，刘子琴，陈敬清．Li^+，Mg^{2+}/Cl^-，SO_4^{2-}-H_2O 四元体系(25℃)的介稳平衡．化学学报，1991，49(10)：937～943

[20] 孙玉芬，李纪泽．硫酸钙饱和时 KCl-NaCl-$MgCl_2$-H_2O 体系多温溶解度的测定．盐湖研究，1989，(2)：15～18

[21] 王继顺，高世扬，刘铸唐，王波．H，Li，Mg/Cl-H_2O 在－10℃时的平衡溶解度相图．盐湖研究，1993，1(2)：11～15

[22] 夏树屏，潘焕泉，高世扬．Li_2SO_4-C_2H_5OH-H_2O 体系从－20℃到 50℃的平衡溶解度．应用化学，1988，5(1)：82～84

[23] Orlova V T，Buinevich N A，Danilov V P，Sun B (孙柏)，Song P S (宋彭生)．Syngenite solubility in the $2KCl+CaSO_4 \rightleftharpoons K_2SO_4+CaCl_2[H_2O+CO(NH_2)_2]$system at 25℃．Russian J of Inorg Chem，2000，45(9)：1429～1431

[24] 岳涛，高世扬，夏树屏．Rb_2CO_3-C_2H_5OH-H_2O 三元体系 20℃相平衡研究．盐湖研究，2000，8(2)：6～10

[25] 张军．$MgSO_4$ 和 Li_2SO_4 对乙醇-水体系互溶性的影响．化学工程，2000，28(6)：42～45

[26] 张军，高世扬，夏树屏．Mg^{2+}，Li^+/SO_4^{2-}-C_2H_5OH-H_2O 三元体系在 25℃的等温互溶度和相关系．应用化学，2003，20(2)：175～177

[27] 岳涛，高世扬，夏树屏．Rb_2CO_3-C_2H_5OH-H_2O 三元体系在 40℃的溶解度及其应用．化学研究与应用，2001，13(2)：170～173

[28] 冉广芬，宋彭生，李刚，孙柏．三元体系 Li_2CO_3-C_2H_5OH-H_2O 25℃相平衡的研究．盐湖研究，2001，9(3)：23～26

[29] 李明华，高世扬，夏树屏．Rb_2SO_4-CH_3OH-H_2O 三元体系 30℃及 50℃平衡溶解度的研究．盐湖研究，2002，10(2)：24～27

[30] 阎树旺，唐明林，邓天龙．三元体系 NaCl-$Na_2B_4O_7$-H_2O 25℃时相平衡研究．海湖盐与化工，1993，22(6)：10～11

[31] 阎树旺，唐明林，邓天龙．三元体系 KCl-$K_2B_4O_7$-H_2O 25℃相平衡研究．矿物岩石，1994，14(1)：101～103

[32] 桑世华，邓天龙，唐明林，殷辉安．$Li_2B_4O_7$-$Na_2B_4O_7$-H_2O 三元体系 25℃相关系及物化性质实验．成都理工学院学报，1997，24(4)：87～92

[33] 于涛，唐明林，邓天龙，殷辉安．三元体系 $Li_2B_4O_7$-$K_2B_4O_7$-H_2O 25℃相关系及物化性质的实验研究．矿物岩石，1997，17(4)：105～109

[34] 曾英，唐明林，殷辉安．三元体系 Na^+/CO_3^{2-}，borates-H_2O 298K 相关系和溶液物化性质的研究．海湖盐与化工，1999，28(2)：25～28

[35] 曾英，唐明林，殷辉安，王厉生．298K 时三元体系 K^+/CO_3^{2-}，$B_4O_7^{2-}$-H_2O 和 Li^+/CO_3^{2-}，$B_4O_7^{2-}$-H_2O

相关系. 矿物岩石,1999, 19(2): 89~92

[36] 曾英,殷辉安,唐明林,王厉生. 三元体系 Na_2CO_3-K_2CO_3-H_2O 298K 相关系和溶液物化性质的研究. 四川联合大学

[37] 曾英,殷辉安,唐明林,王厉生. $Li^+(K^+)/CO_3^{2-}$,$B_4O_7^{2-}$-H_2O 三元体系 298K 时平衡液相的物化性质. 高校化学工程学报,2000, 14(1): 77~80

[38] 姜相武,张万有,王兴晏,陈运生. $LiCl$-$Li_2B_4O_7$-H_2O 三元体系在 0℃,30℃,40℃下的相平衡研究. 陕西师大学报(自然科学版),1989, 17(4): 27~31

[39] 曾英,殷辉安,唐明林,王厉生. 298K 时 Li^+,Na^+,K^+/CO_3^{2-}-H_2O 四元体系相图和物化性质测定. 化学工程,1999, 27(5):27(5): 45~47

[40] 杨红梅,桑世华,唐明林,殷辉安. 简单四元体系 Li^+/Cl^-,CO_3^{2-},$B_4O_7^{2-}$-H_2O 298K 相关系及溶液物化性质研究. 海湖盐与化工,2000, 29(3): 4~8

[41] 桑世华,唐明林,殷辉安,张允湘. 298 时 KCl-K_2CO_3-$K_2B_4O_7$-H_2O 相平衡及平衡液相物化性质实验研究. 四川大学学报(工程科学版),2001, 33(6): 59~62

[42] 阎树旺,唐明林,邓天龙. Na^+, K^+/Cl^-, $B_4O_7^{2-}$-H_2O 四元体系 25℃时相平衡研究. 高等学校化学学报,1994, 15(9): 1396~1398

[43] 汪蓉,唐明林,殷辉安. 四元交互体系 Li^+, K^+/Cl^-, $B_4O_7^{2-}$-H_2O 298K 相关系及平衡液相物化性质的研究. 海湖盐与化工,1999, 28(3): 22~27

[44] 邓天龙,殷辉安,唐明林. 四元交互体系 Li^+,K^+/Cl^-,CO_3^{2-}-H_2O 在 298K 时相平衡及物理化学性质研究. 高等学校化学学报,2000, 21(10): 1572~1574

[45] 曾英,殷辉安,唐明林. 四元体系 Na^+, K^+/CO_3^{2-}, $B_4O_7^{2-}$-H_2O 298K 相平衡研究. 无机化学学报,2001, 17(5): 665~668

[46] 曾英,唐明林,殷辉安. 四元交互体系 Li^+, Na^+/CO_3^{2-}, $B_4O_7^{2-}$-H_2O 298K 相关系的理论预测及实验研究. 应用化学,2001, 18(10): 794~797

[47] 曾英,肖霞,殷辉安,唐明林,魏贤华. 交互四元体系 Li^+,K^+/CO_3^{2-},$B_4O_7^{2-}$-H_2O 298K 相关系及平衡液相物化性质的研究. 高校化学工程学报,2002, 16(6): 591~596

[48] 王志坚,曾英,唐明林,殷辉安. 五元体系 Li^+,K^+/Cl^-,$B_4O_7^{2-}$,CO_3^{2-}-H_2O 在 298K 时相平衡的实验研究. 成都理工学院学报,2001, 28(2): 204~208

[49] 殷辉安,郝丽芳,曾英,唐明林. Li^+,Na^+/CO_3^{2-},$B_4O_7^{2-}$,Cl^--H_2O 五元体系 298K 相平衡及平衡液相物化性质的研究. 高校化学工程学报,2003, 17(1): 1~5

[50] 曾英,殷辉安,唐明林,冯小向. 五元交互体系 Li^+,Na^+,K^+/CO_3^{2-},Cl^--H_2O 在 298.15K 的相平衡研究. 高等学校化学学报,2003, 24(6): 968~972

[51] Zeng Y, Yang H M, Yin H A, Tang M L. Study on the phase equilibrium and solution properties of the quinary system $Na^+ + K^+ + Cl^- + CO_3^{2-} + B_4O_7^{2-} + H_2O$ at $T = 298.15K$. J Chem Eng Data, 2004, 49(6): 1648~1651

[52] 桑世华,唐明林,殷辉安,张允湘. $Na_2B_4O_7$-$K_2B_4O_7$-H_2O 三元体系 288K 相平衡研究. 海湖盐与化工,2002, 31(1): 16~18

[53] 桑世华,唐明林,殷辉安,张允湘. Na_2CO_3-$Na_2B_4O_3$-H_2O 三元体系 288K 相平衡研究. 矿物岩石,2002, 22(2): 94~96

[54] 桑世华,唐明林,殷辉安,张允湘. $Li^+(K^+)/CO_3^{2-}$,$B_4O_7^{2-}$-H_2O 三元体系 288K 相平衡研究. 化工矿物与加工,2002, 31(3): 7~9

[55] 桑世华,殷辉安,唐明林,张允湘. Li^+,Na^+/CO_3^{2-},$B_4O_7^{2-}$-H_2O 288K 相平衡研究. 物理化学学报,

2002, 18(9): 835～837

[56] 桑世华，殷辉安，唐明林. K_2CO_3-Na_2CO_3-H_2O 三元体系 288K 相平衡研究. 无机盐工业，2003，35(1)：23～24

[57] 桑世华，唐明林，殷辉安，张允湘. $K_2B_4O_7$-$Na_2B_4O_7$-$Li_2B_4O_7$-H_2O 四元体系 288K 相平衡研究. 化学工程，2003，31(4)：68～70

[58] Sang S H, Yin H A, Tang M L, Zhang Y X. (Liquid＋Solid) Metastable Equilibria in Quinary System Li_2CO_3＋Na_2CO_3＋K_2CO_3＋$Li_2B_4O_7$＋$Na_2B_4O_7$＋$K_2B_4O_7$＋H_2O at 288K for Zhabuye salt lake. Journal of Chemical Thermodynamics, 2003, 35(9): 1513～1520

[59] 殷辉安，桑世华，唐明林，曾英. 288K 下 Li^+,K^+/CO_3^{2-},$B_4O_7^{2-}$-H_2O 四元体系的相平衡. 化工学报，2004，55(3)：464～467

[60] 桑世华，唐明林，殷辉安，曾英. K_2CO_3-Na_2CO_3-Li_2CO_3-H_2O 四元体系 288K 的相平衡. 应用化学，2004，21(5)：509～511

[61] 尹敬执，沈源龙，沈晋明，陈祥泉，刘栋. 在 30℃时 K_2CO_3-K_2SO_4-$K_2B_4O_7$-H_2O 体系溶解度等温线. 化学学报，1964，30(6)：570～576

[62] 陈焕矗，尹敬执. 在 288.15K 时 H_3BO_3-$MgSO_4$-$MgCl_2$-H_2O 四元体系的溶解度等温线. 高等学校化学学报，1987，8(3)：671～675

[63] 高自立，高怀德，吴炳礼，牛耀宗，尹敬执. 四元体系 H_3BO_3-$MgSO_4$-$MgCl_2$-H_2O 在 273.15K 的溶解度等温线. 高等学校化学学报，1987，8(7)：585～588

[64] 曹吉林，赵蓓，刘淑琴，张明玖，吕秉玲. 翁泉沟硼镁铁矿的硫酸法加工(Ⅱ)H_3BO_3-$MgSO_4$-$MgCl_2$-H_2O 体系相图及其应用. 化工学报，1996，47(4)：454～460

[65] 曹吉林，佟建华，林源，吕秉林. 翁泉沟硼镁铁矿的硫酸法加工(Ⅲ) 25℃及 100℃ H_2BO_3-$MgSO_4$-$Mg(NO_3)_2$-H_2O 体系相图及其应用. 化工学报，1998，49(1)：97～102

[66] 曹吉林，白鹏，吕秉林. 酸法加工硼镁石矿中三个三元体系溶解度测定. 无机盐工业，1998，30(1)：42～43

[67] 曹吉林，白鹏，王世昌. 25℃和 100℃时 H_2BO_3-Na_2SO_4-$NaCl$-H_2O 体系的相平衡. 高校化学工程学报，1999，13(1)：1～4

[68] 曹吉林，白鹏，王世昌. 25℃ Na,K/Cl,SO_4-H_3BO_3-H_2O 体系相平衡研究. 海湖盐与化工，1999，28(4)：25～27

[69] 曹吉林，白鹏，朱慧铭，王世昌. 硫酸加工天然硼砂生产硼酸的相平衡. 化工学报，2000，51(2)：187～192

[70] 李小森，张晨鼎，张通，刘进荣，王红旺. 内蒙古天然碱液四元体系的相图研究－150℃ Na_2CO_3-$NaHCO_3$-Na_2SO_4-H_2O，Na_2CO_3-$NaHCO_3$-$NaCl$-H_2O 和 $NaHCO_3$-Na_2SO_4-$NaCl$-H_2O 三个四元体系的相平衡研究. 纯碱工业，1994，(4)：1～8

[71] 张明玖，吕秉玲. 100℃ Na^+,NH_4^+/Cl^-,SO_4^{2-}-H_2O 体系相图. 化学学报，1994，52(7)：634～638

[72] 李小森，张通，王红旺，刘进荣，张晨鼎. 内蒙古天然碱液五元体系的相图研究－150℃ Na_2CO_3-$NaHCO_3$-Na_2SO_4-$NaCl$-H_2O 体系的相平衡研究. 纯碱工业，1994，(4)：9～13

[73] Li X S, Zhang C D, Wu H J, Liu J R, Zang T. Solubility in the Na_2CO_3-$NaHCO_3$-Na_2SO_4-$NaCl$-H_2O system and its subsystem at 150℃. J Chem Eng Data, 1999, 44(4): 813～819

[74] 张逢星，李君，俱颜鹤，杨琴，郭志箴. 四元体系 $Na_2B_4O_7$-$NaHCO_3$-$NaCl$-H_2O 在 0℃时的等温溶度研究. 西北大学学报(自然科学版)，1998，28(3)：215～219

[75] 李君，杨琴，张逢星，李恒欣. 四元体系 $Na_2B_4O_7$-Na_2CO_3-$NaHCO_3$-$NaBO_2$-H_2O 等温溶度研究(0℃和

15℃)．无机化学学报，2001，17(6)：849～852

[76] 李君，杨琴，张逢星，李恒欣，王振军．$Na_2B_4O_7$-Na_2CO_3-$NaHCO_3$-$NaBO_2$-H_2O 四元体系的等温溶度．物理化学学报,2001，17(11)：1045～1048

[77] 张逢星，杨琴，李君，王振军，李恒欣．四元体系 $Na_2B_4O_7$-Na_2CO_3-$NaHCO_3$-$NaBO_2$-H_2O 多温(0～45℃)溶度研究.高等学校化学学报，2002，23(7)：1236～1240

[78] 李亚文，韩蔚田．Na^+,K^+/Cl^-,SO_4^{2-},NO_3^--H_2O 五元体系的卤水-矿物平衡研究．科学通报，1998，43(19)：2089～2091

[79] 李亚文，左乾华，韩蔚田．Na^+,K^+,Ca^{2+}/Cl^-,SO_4^{2-}-H_2O 体系易溶盐不饱和区域内多钙钾石膏析出的实验研究．科学通报，1995,40(21)：1979～1982

[80] 韩蔚田，谷树起，蔡克勤．Na^+,K^+,Mg^{2+},Ca^{2+}/Cl^-,SO_4^{2-}-H_2O 六元体系中杂卤石形成条件的研究．科学通报，1982，27(6)：362～365

[81] 崔斌，张逢星，张军，宗建华，郭志箴．三元体系 $MgSO_4$-$CH_3CONHCONH_2$-H_2O 及 $Mg(NO_3)_2$-$CH_3CONHCONH_2$-H_2O 的研究．盐湖研究，1995，3(3)：54～57

[82] 张逢星，魏小兰，崔斌，马亚军，郭志箴．N-P-K 复肥四元体系 KCl-KH_2PO_4-$CO(NH_2)_2$-H_2O 在 298.2K 时的相平衡研究.盐湖研究，1996，4(1)：59～62

[83] 张逢星，魏小兰，周霞，郭志箴．四元体系 KCl-K_2SO_4-$CO(NH_2)_2$-H_2O 在 25℃时等温溶度研究．高等学校化学学报,1997，18(4)：605～608

[84] 张逢星，魏小兰，李珺．五元体系 K,Mg/Cl,SO_4-$CO(NH_2)_2$-H_2O 及其边界四元体系 $MgSO_4$-$MgCl_2$-$CO(NH_2)_2$-H_2O 在 25℃时等温溶度研究．高等学校化学学报，2003，24(5)：757～760

[85] 赵霈，李珺，张逢星，霍涌前，史启祯．三元体系 $Cu(NO_3)_2$-EBU-H_2O 30℃时等温溶度及其新相研究．无机化学学报,2003，19(2)：187～190

[86] 魏雄辉，张晨鼎，张通，王红旺．R_EI_3-$CS(NH_2)_2$-H_2O(R_E＝Sm，Dy)在 0℃时的相图及 R_EI_3·$[CS(NH_2)_2]_2$·$10H_2O$ 的合成.化学学报，1997，55(7)：678～684

[87] 郭克雄，郭志箴，陈运生．三元体系钠(钾)盐-混合溶剂 25℃等温研究．西北大学学报，1990，20(增刊)：165～171

[88] 郭志箴，姜相武，陈运生，陈佩珩．五元体系 Na^+,K^+/Cl^-,SO_4^{2-}-H_2O,C_2H_5OH 25℃等温溶度的研究．西北大学学报，1990

[89] 张逢星，唐宗薰，王印．Na_2SO_4-$MgSO_4$ 在水-乙醇中的溶解行为．西北大学学报，1990，20(增刊)：125～126

[90] 袁俊生，郑素荣，王阳，朗宇琪．10℃ K,NH_4/NO_3-CH_3OH,H_2O 混合溶剂体系相平衡研究．海湖盐与化工，2003，32(6)：1～4

[91] 刘亦凡，谢爱华，钟杰，董殿权．KCl-KNO_3-CH_3OH/H_2O 和 KNO_3-NH_4NO_3-CH_3OH/H_2O 三元体系在 25℃时的溶解度.盐湖研究，2003，11(1)：66～69

[92] Бергман А Г, Лужная Н П. Физико-химические основы изучения и использования соляных месторождений хлорид-сульфатного типа. Москва, Издательство Академии Наук СССР, 1951

[93] Лепешков И Н, Новикова Л В. Physicochemical study of the system K_2SO_4-$MgSO_4$-$CaSO_4$-H_2O at 35℃. Ж Неорг Хим,1958, 3(10)：2395～2407

[94] Янатьева О К, Орлова В Т. Исследование равновесий в системе K_2SO_4-Na_2SO_4-$MgSO_4$-H_2O при 55℃. Ж Неорг Хим,1956, 1(5)：988～994

[95] Лукьянова Е И, Сокол В И, Соколова Г Н. Растворимость в чтверной взаимной системе ($2KCl + MgSO_4 \rightleftharpoons K_2SO_4 + MgCl_2$) + H_2O при 75℃. Ж Неорг Хим, 1956, 1(2)：298～307

[96] Янатьева О К, Орлова В Т. Взаимнаяа из хлоридов и сульфатов K, Na, и Mg при 100℃. Ж Неорг Хим, 1961, 6:2816～2817

[97] Янатьева О К, Орлова В Т. Crystallization of schonite in the marine system K, Na, Mg ‖ Cl, SO_4-H_2O at 0℃. Ж Неорг Хим, 1958, 3(12): 2408～2413

[98] Орлова В Т, Янатьева О К. Reaction of salts in the system Na, Mg/Cl, SO_4-H_2O at 100℃. Ж Неорг Хим, 1963, 8(7): 1789～1791

[99] Янатьева О К, Орлова В Т Кузнецова В Г. Nature of the glaserite phase in the system K_2SO_4-Na_2SO_4-H_2O. Ж Неорг Хим, 1963, 8(7): 1156～1165

[100] Плющев В Е, Тулинова В Б, Ловецкая Г А. Система LiCl-Li_2SO_4-H_2O. Ж Неорг Хим, 1959, 4(5): 1184～1189

[101] Плющев В Е, Кузнецова Г П, Степина С Б. Исследование системы LiCl-KCl-H_2O. Ж Неорг Хим, 1959, 4(6):1449～1453

[102] Курнакова А Г. Химия боратов Рига: Из.АНЛатв.ССР, 1953. 45～66

[103] 宋彭生. 湿渣法在水-盐体系相平衡研究中的应用. 盐湖研究, 1991, (1): 15～23

[104] 中国科学院青海盐湖研究所分析室. 卤水和盐的分析方法.第二版. 北京: 科学出版社, 1988

[105] 翟宗玺, 王建中, 张惠玲. 盐湖饱和氯化镁卤水综合利用工艺中大量锂存在下常量镁的容量分析. 盐湖科技资料, 1977,(1～2): 13～17

[106] 李冰, 宋彭生. 饱和卤水中大量 Li^+ 存在对 K^+ 和 Mg^{2+} 分析结果的影响. 盐湖研究, 1995, 3(1): 73～76

[107] Скворцов В Г, Молодкин А К, Садетдинов Ш В, Белова В Ф. Heterogeneous equilibriums in lithium tetraborate-lithium halide(chloride, bromide, iodide)-water system at 25℃. Ж Неорг Хим, 1981, 26(3): 854～856

[108] Лепешков И Н, Бодалева Н В, Котова Л Т. Растворимость в системе ($2LiCl + K_2B_4O_7 = Li_2B_4O_7 + 2KCl$) + H_2O при 25℃.Ж Неорг Хим, 1963, 8(11): 2597～2602

[109] Скворцов В Г, Молодкин А К, Родионов Н С, Михайлов В Н. MB_5O_8-M_2SO_4(M=lithium, sodium, potassium)-water-at 25℃. Ж Неорг Хим, 1979, 24(7): 2003～2005

[110] Лепешков И Н, Бодалева Н В, Котова Л Т. Solubility studies in the system Li_2SO_4-Na_2SO_4-K_2SO_4-H_2O at 25℃. Ж Неорг Хим, 1958, 3(12): 2781～2785

[111] Скворцов В Г. Lithium metaborate-lithium sulfate-water system at 25 and 40℃. Ж Неорг Хим, 1974, 19(3): 844～846

[112] Скворцов В Г, Цеханский Р С, Гаврилов А М. Sodium metaborate-sodium chloride-water system at 20℃. Ж Неорг Хим, 1976, 21(2): 583～585

[113] Лепешков И Н, Романова Н Н. Solubility in the system Li_2SO_4-$NaSO_4$-$MgSO_4$-H_2O at 25℃. Ж Неорг Хим, 1959, 4(12): 2812～2815

[114] Aravamudan G. The system lithium sulphate-magnesium sulphate-water at 30℃. Can J Chem, 1962, 40(5): 1035～1037

[115] Шевчук В Г. Изучение равновесий в системах Li_2SO_4-$MgSO_4$-H_2O, Rb_2SO_4-$MgSO_4$-H_2O при 35℃. Ж Неорг Хим, 1961, 6(8): 1955～1958

[116] Лепешков И Н, Романова Н Н. The solubility in the system Li_2SO_4-Na_2SO_4-$MgSO_4$-H_2O at 75℃.Ж Неорг Хим, 1960, 5(11): 2512～2517

[117] Дружинин И Г, Янко А П. Polytherms of the system lithium sulfate-potassium sulfate-water at 0～

50℃. Изв Киргизк фил АН СССР, 1954, 1(11): 63~75

[118] Янко А П, Дружинин И Г. Solubility of sulfuric acid salts of lithium and potassium in water at 25℃ II. Ж Общ Хим, 1955, 25(1): 17~19

[119] Skarulis J A, Horan H A. The system Na_2SO_4-Li_2SO_4-H_2O at 0℃. J A C S, 1955, 77(13): 3489~3490

[120] Campbell A N, Kartzmark E M. The system Li_2SO_4-K_2SO_4-H_2O and Li_2SO_4-Na_2SO_4-H_2O at 25℃. Can J Chem, 1958, 36(1): 171~175

[121] Филиппов В К, Калпинкин А М. Система Li_2SO_4-Na_2SO_4-H_2O при 25℃. Ж Неорг Хим, 1987, 32(1): 215~217

[122] Filippov V K, Kalinkin A M, Vasin S K. Thermodynamics of phase equilibria of aqueous (lithium sulfate + alkali-metal sulfate) (alkali metal: Na, K, and Rb), and (sodium sulfate + rubidium sulfate), at 298.15K using Pitzer's model. J Chem Thermodynamics, 1989, 21(9): 935~946

[123] Кость А А, Шевчук В Г. Lithium sulfate-potassium sulfate-magnesium sulfate-water system at 50℃. Ж Неорг Хим, 1968, 13(1): 271~276

[124] Шевчук В Г, Кость Л Л. The lithium sulfate-potassium sulfate-magnesium sulfate system at 35℃. Ж Неорг Хим, 1964, 9(5): 1242~1245

[125] Кость А А, Шевчук В Г. Lithium sulfate-potassium sulfate-magnesium sulfate-water system at 75℃. Ж Неорг Хим, 1969, 14(2): 574~576

[126] Campbell A N, Kartzmark E M, Lovering E G. Reciprocal salt pairs, involving the cations Li_2, Na_2, and K_2, the anions SO_4 and Cl_2, and water, at 25℃. Can J Chem, 1958, 36(11): 1511~1517

[127] Янко А П. Heterogeneous equilibriums in an aqueous mutual system consisting of lithium and potassium chlorides and sulfates, and in ternary systems entering into it. Физ-хим Анализ Новосибирок Сиб отд АН СССР, 1963, 141~146

[128] Янко А П. Isotherm of a quaternary reciprocal aqueous system of chlorides and sulfates of lithium and potassium at 25℃. Изв. Физ-хим. н.-и. ин-та при Иркутском ун-та, 1964, 6(1): 152~159

[129] Шевчук В Г, Вайсфельд М И. Система $Li_2Cl_2 + MgSO_4 \rightleftharpoons Li_2SO_4 + MgCl_2$ при 35℃. Ж Неорг Хим, 1964, 9(12): 2769~2774

[130] Кыдынов М, Мусуралиев К, Иманакунов В. Quaternary system of lithium and magnesium sulfates and chlorides in water at 25℃. Ж Прикл Хим, 1966, 39(9): 2114~2117

[131] Лепешков И И, Бодалева Н В, Котова Л Т. Исследование равновесий в системе Li_2SO_4-Na_2SO_4-K_2SO_4-H_2O при 50 и 100℃. Ж Неорг Хим, 1961, 6(7): 1693~1701

[132] Лепешков И Н, Бодалева Н В, Котова Л Т. Solubility studies in the system Li_2SO_4-Na_2SO_4-K_2SO_4-H_2O at 25℃. Ж Неорг Хим, 1958, 3(12): 2781~2785

[133] Лепешков И Н, Бодалева Н В, Котова Л Т. Solubility polytherms from 15~100℃ of the quaternary system Li_2SO_4-Na_2SO_4-K_2SO_4-H_2O. Ж Неорг Хим, 1962, 7(7): 1699~1703

[134] Harvie C E, Eugster H P, Weare J H. Mineral equilibria in the six-component seawater system Na-K-Mg-Ca-Cl-SO_4-H_2O at 25 ℃, II: Composition of the saturated solutions. Geochim Cosmochim Acta, 1982, 46(9): 1603~1618

[135] 房春晖. 一个预测盐湖卤水密度的新的理论模型——盐湖化学基础理论研究之一. 盐湖研究, 1990, (2): 15~20

第6章 盐卤硼酸盐化学及硼氧酸盐水多组分体系热力学平衡态与非平衡态溶解度相图

我国青海西部盐湖和西藏盐湖多属于富含钾、锂、镁、氯、硫、硼的盐湖。可以用 Li^{+}，Na^{+}，K^{+}，Mg^{2+}/Cl^{-}，SO_4^{2-}，$B_4O_7^{2-}$-H_2O 代表该盐卤(又称为卤水)体系。在青藏高原的硫酸镁亚型硼酸盐盐湖中，大柴旦盐湖是新类型硼酸盐盐湖的典型代表。多年来，高世扬领导的科研集体对盐卤硼酸盐化学进行了系列研究，阐述了盐卤过饱和现象，极限溶解度问题，并提出稀释成盐的观点；用不同方法研究盐卤中硼氧配阴离子的存在形式，并由差示红外光谱证实其统计聚合数；确定盐卤析出“共结硼酸盐”的复盐组成；在实验室中已经获得盐湖中发现的五种水合硼酸盐，并勾画出它们的相区、存在条件和各种物理化学性质；开拓了热力学非平衡态液-固相关系这一领域，并有了新突破；系统地研究了水合硼酸盐的谱学、热化学性质；针对盐湖中沉积的硼酸盐和盐矿开展了结晶和溶解机理及动力学研究；近年来，采用 FT-IR 和激光 Raman 光谱对硼酸盐水溶液进行了系统研究，为盐卤硼酸盐水溶液结构积累了大量信息，为水溶液中硼氧配阴离子的相互作用机理提供了依据。本章对盐卤一系列硼酸盐研究中的相关部分给予介绍。

6.1 盐卤硼酸盐化学

6.1.1 硼酸盐盐卤蒸发和冷冻析盐过程中的相化学行为

大柴旦盐湖地表卤水受青藏高原气候(夏季绝对气温最高达 30℃，冬季绝对最低气温达－30℃)的影响，夏季(硫酸镁亚型)卤水中的硫酸盐含量比冬季(氯化物型)卤水中的硫酸盐含量高约 10 倍，形成两种不同类型的化学组成。

1. *冬季卤水组成天然蒸发*[1]

卤水在天然蒸发的第一阶段只析出氯化钠，其他盐类，如氯化镁、硫酸镁和氯化钾在卤水中的含量都未达到饱和，尤其以氯化钾的含量最少。此时，倘若把氯化钾在卤水中的行为予以忽略，或者将其视为具有与氯化钠相同的行为，这样就可以把蒸发过程中只析出氯化钠阶段的卤水，视作含 NaCl-$MgSO_4$-H_2O 的四元交互盐溶液体系。图 6-1 表示 Na^{+}，Mg^{2+}/Cl^{-}，SO_4^{2-}-H_2O 在 25℃时的等温溶解度和氯化钠结晶路线图。我们将天然蒸发的只析出氯化钠的卤水组成点数据用粗黑线把各个卤水组成点连接起来，即得卤水浓缩过程中析出氯化钠阶段的蒸发结晶路线。

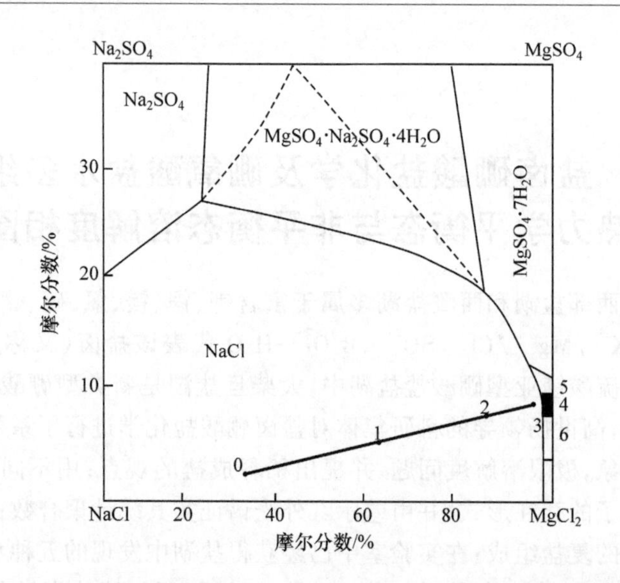

图6-1　Na^+,Mg^{2+}/Cl^-,SO_4^{2-}-H_2O在25℃时的等温溶解度和氯化钠结晶路线图

实线为稳定平衡溶解度相图;虚线为介稳溶解度相图

1961年1月,从大柴旦盐湖地表卤水区采集该卤水时,每天早上可以在湖水岸边见有芒硝($Na_2SO_4 \cdot 10H_2O$)析出。卤水组成:18.40% NaCl,1.05% KCl,6.40% $MgCl_2$,0.82% $MgSO_4$,0.24% MgB_4O_7。

由图6-1所示结果可见,若按平衡溶解度相图,卤水从起始组成表6-1中点1蒸发浓缩到点3以后,除继续析出氯化钠外,应该有白钠镁矾($Na_2SO_4 \cdot MgSO_4 \cdot 4H_2O$)同时析出,同时卤水的结晶路线应该发生变化。事实上,将表6-1中的数据绘入图6-1的结晶路线,卤水从组成点0到点2这一蒸发期间,只有氯化钠结晶析出,组成点沿着氯化钠的蒸发结晶线移动,当卤水由点2继续蒸发至点3时,有大量钾光卤石析出,从点4至点6开始见到泻利盐(图中右边4、5、6代表$MgSO_4 \cdot xH_2O$中x值)和水氯镁石先后结晶析出,由于这一期间卤水迅速地浓缩到氯化镁的共饱和组成,在图6-1上的位置已看不出有显著的移动。从组成点2到组成点3后的蒸发过程,由卤水中钾盐的含量变化和析出盐类固相的组成表明,此时有大量钾盐以光卤石形式析出,这符合卤水组成点在钠、钾、镁氯化物和硫酸盐五元体系在25℃时的Janëcke三角形等温溶解度图(图6-2)上所预期的结果。

2. 夏季组成卤水天然蒸发[2]

夏季组成卤水天然蒸发是蒸发结晶析出氯化钠过程的相化学。夏季卤水已达到氯化钠饱和(组成:19.61% NaCl,1.00% KCl,3.65% $MgCl_2$,3.38% $MgSO_4$,0.28% MgB_4O_7)。在日晒蒸发过程中的不同浓缩卤水的组成列于表6-1中。

表 6-1　盐湖卤水冬季天然蒸发过程中的液、固相化学组成

编号	温度/℃	密度/(kg/m^3)	离子质量含量(质量分数)/%								化合物质量含量(质量分数)/%				J'(代合物)/(mol/100mol 总干盐)				J'(离子)/(mol/100mol 总干盐)			固相
			Li^+	Na^+	K^+	Mg^{2+}	Cl^-	SO_4^{2-}	B_2O_3	总盐量	$MgSO_4$	$MgCl_2$	NaCl	KCl	$MgSO_4$	$MgCl_2$	Na_2SO_4	Na_2Cl_2	K_2^{2+}	Mg^{2+}	SO_4^{2-}	
0	14	1.214	0.015	7.22	0.55	1.80	16.4	0.55	0.24		0.82	6.4	18.4	1.05	2.8	28.3		68.9	8.1	84.3	7.6	NaCl
1	16	1.246	—	3.41	1.23	4.06	17.2	1.37	—		1.73	14.5	8.68	2.35	5.9	61.0		33.1	8.1	84.6	7.3	NaCl
2	24	1.298	0.053	0.51	1.66	6.42	19.6	2.14	1.09		2.70	23.1	1.29	3.17	7.5	81.3		11.2	6.9	85.9	7.2	NaCl+KCl+KCl·$MgCl_2$·6H_2O
3	24	1.345	0.088	0.12	0.20	8.33	21.1	3.06	1.51		3.86	29.6	0.30	0.38	9.2	89.4		1.4	0.07	91.5	8.4	NaCl+KCl·$MgCl_2$·6H_2O
4	21	1.388	1.106	0.04	0.06	9.39	24.2	3.05	1.72		3.85	33.6	0.09	0.11	8.2	91.8		0.04	0.02	92.4	7.6	NaCl+KCl·$MgCl_2$·6H_2O+$MgSO_4$·6H_2O
5	28	1.393	—	0.04	0.06	9.49	24.2	3.61	2.17		4.56	33.5	0.09	0.11	9.6	90.36		0.04	0.02	91.2	8.8	NaCl+KCl·$MgCl_2$·6H_2O+$MgSO_4$·6H_2O+$MgCl_2$·6H_2O
6	—	—	0.167	0.04	0.06	9.34	23.9	2.81	2.70		3.55	33.7	0.09	0.11	7.6	92.36		0.04	0.02	92.9	7.1	NaCl+KCl·$MgCl_2$·6H_2O+$MgSO_4$·6H_2O+$MgCl_2$·6H_2O

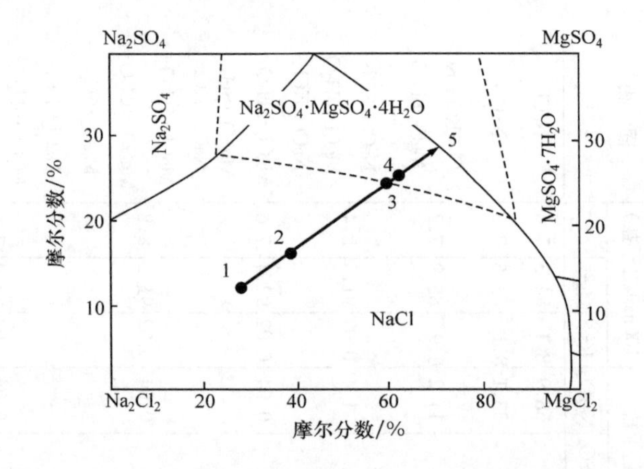

图 6-2 Na^+, Mg^{2+}/Cl^-, SO_4^{2-}-H_2O 在 25℃时的等温溶解度图

虚线为稳定相图；细实线为介稳相图

图 6-2 中粗黑线上点1～点 5表示析出结晶的路线。可以清楚地看到，该卤水在夏季日晒过程中，氯化钠的结晶路线不是按 Na^+, Mg^{2+}/Cl^-, SO_4^{2-}-H_2O 四元交互体系在 25℃时的热力学平衡溶解度相图进行的，而是遵循该体系在 25℃时的介稳相图预示结果。其特征标志在于氯化钠析出过程中，后期浓缩卤水组成点已经到了平衡相图的白钠镁矾相区。无论是小规模蒸发实验，还是在生产性太阳池或日晒操作中，都不曾见到过有白钠镁矾结晶析出。氯化镁饱和共结卤水组成为：0.1% NaCl，0.28% KCl，28.86% $MgCl_2$，3.53% $MgSO_4$，2.98% MgB_4O_7。可以认为，无论是夏季组成卤水，还是冬季组成卤水，在夏季蒸发浓缩过程中形成共结组成后，固相中的水合硫酸镁物相不是 $MgSO_4 \cdot 4H_2O$ 或 $MgSO_4 \cdot H_2O$，而是 $MgSO_4 \cdot 6H_2O$，共结氯化镁浓缩卤水不仅组成一样，而且这时的结晶固相也相同。可以认为，冬季组成卤水日晒结晶路线不是按照 Na^+, K^+, Mg^{2+}/Cl^-, SO_4^{2-}-H_2O 五元交互体系在 25℃时的平衡相图，而是按照介稳相图所示过程进行的。由图 6-2中粗线所示，卤水从组成点 1 蒸发浓缩至组成点 5 时，才开始析出七水泻利盐（$MgSO_4 \cdot 7H_2O$）。在整个过程中，从未见到有白钠镁矾（$Na_2SO_4 \cdot MgSO_4 \cdot 4H_2O$）结晶析出。显然，在这一过程中的蒸发结晶路线应该遵循介稳溶解度相图所示的介稳过程。

6.1.2 不同卤水天然蒸发和过程中的相化学

当卤水蒸发浓缩到开始析出七水泻利盐以后，由于卤水中氯化钠含量大量减少，氯化钾的含量不能再被忽略，此时卤水应被视为我们所熟知的 Na^+, K^+, Mg^{2+}/Cl^-, SO_4^{2-}-H_2O 五元交互水盐体系。

关于上述五元交互水盐体系的图形表示，Janëcke 早已提出过使用三角棱柱形表示法。这种具有三维空间的表示法比较复杂，不容易直接使用。按照 van't Hoff 的建议[3]，从开始析出七水泻利盐起，氯化钠饱和卤水的组成可以借助于上述三角棱柱体中以 $MgCl_2$、K_2Cl_2、Na_2SO_4 组成点为顶点的三角形切面表示。这样，卤水就可以用 $2K^+$、Mg^{2+}、SO_4^{2-} 三组分进行表示。这时，氯化钠和水的组分在相图中就可以不必考虑。

在图 6-3 中只绘出了 K^+、Mg^{2+}、SO_4^{2-} 在三角形中靠近 Mg^{2+} 顶角的部分相区，三角形的顶点分别表示 100mol% 的 Mg^{2+}、40mol% 的 SO_4^{2-} 和 25mol% 的 $2K^+$。三角形中的实线表示 Курнаков[4]确定的介稳溶解度相图；虚线表示在实验条件下测定的稳定平衡溶解度图。

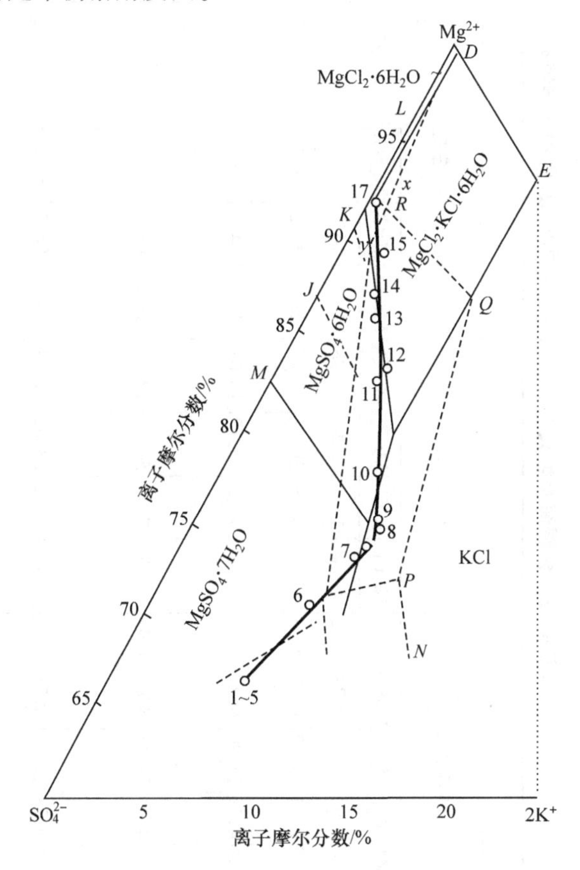

图 6-3　卤水太阳池蒸发结晶路线和相图

—○— Kurnakov　太阳蒸发相图；---- van't Hoff　平衡相图

表 6-2 含硼海水型天然卤水蒸发过程中的液、固相化学组成

编号	密度 /(kg/m³)	液相																固相
		质量分数/%					mol/1000molH_2O				mol/100mol总盐				$M/2K^+ + MMg^{2+} + MSO_4^{2-} = 100mol$			
		NaCl	KCl	$MgCl_2$	$MgSO_4$	B_2O_2	Na_2Cl_2	K_2Cl_2	$MgCl_2$	$MgSO_4$	$MgSO_4$	$MgCl_2$	Na_2SO_4	Na_2Cl_2	$2K^+$	Mg^{2+}	SO_4^{2-}	
1-a-O	1.234(17℃)	19.42	1.00	3.79	3.38	0.22	41.34	1.69	9.91	6.98	11.7	16.5	—	71.8	6.6	66.1	27.3	NaCl
5-a-M	1.304(21℃)	7.62	2.84	10.92	9.58	0.64	17.02	4.98	29.93	20.77	28.6	41.2	—	30.2	6.5	66.3	27.2	$NaCl + MgSO_4 \cdot 7H_2O$
8-b-P	1.311(18℃)	2.66	4.29	17.90	6.27	1.05	5.95	7.52	49.17	13.63	17.8	64.4	—	17.8	9.0	74.8	16.2	$NaCl + MgSO_4 \cdot 6H_2O + MgSO_4 \cdot 7H_2O + KCl$
9-b-K	1.310(19℃)	2.81	4.01	18.43	5.94	1.09	6.30	7.05	50.67	12.92	16.8	65.9	—	17.3	8.4	76.2	15.4	$NaCl + MgSO_4 \cdot 6H_2O + KCl + MgCl_2 \cdot KCl \cdot 6H_2O$
17-d-S	1.362(17℃)	0.28	0.28	29.4	3.53	2.25	0.65	0.52	83.62	7.94	8.6	90.2	—	1.4	0.5	91.8	7.7	$NaCl + MgSO_4 \cdot 6H_2O + MgCl_2 \cdot KCl \cdot 6H_2O + MgCl_2 \cdot 6H_2O$

我们将表6-2中所列含硼海水型盐湖卤水在天然蒸发过程中不同浓缩卤水的组分分别绘入图6-3中，然后用粗实线连接。由图6-3可见，在卤水从起始组成点1蒸发浓缩到点5这一过程中，由于只析出氯化钠，因此从点1到点5之间各组成点在图6-3中的位置彼此重合。在从点5到点8这一蒸发过程中，除氯化钠外，还同时结晶析出七水泻利盐。当我们把点5～点8之间的粗实线向三角形Mg^{2+}-SO_4^{2-}一边延长时，应该与边上表示$MgSO_4$的组成点（Mg^{2+}-SO_4^{2-}一边线的中点）相交。从点8以后，已不再析出七水泻利盐，而开始结晶析出六水泻利盐的晶体，直到共饱和组成点17。我们曾仔细地进行固相检查，从未见到过其他低水合硫酸镁盐的析出。卤水从组成点8蒸发至点9这一不太长的过程中，我们在规模较大的天然蒸发实验中，观察到有氯化钾与六水泻利盐同时析出，从点9以后，随着卤水的蒸发浓缩，开始析出在整个天然蒸发过程中唯一出现的复盐光卤石（$MgCl_2 \cdot KCl \cdot 6H_2O$）。浓缩到氯化镁饱和时的共结卤水的组成为：0.1% NaCl，0.28% KCl，28.86% $MgCl_2$，3.53% $MgSO_4$，2.98% MgB_4O_7。根据整个过程，无论在小规模天然蒸发实验中，还是在放大试验中，都没有见到钾镁矾（$MgSO_4 \cdot KCl \cdot 2.75H_2O$）和四水硫酸镁（$MgSO_4 \cdot 4H_2O$）或硫酸镁（$MgSO_4 \cdot H_2O$）结晶析出这一特征。可以清楚地做出判定，认为大柴旦盐湖夏季卤水在夏季日晒过程中的结晶路线不符合早期由德国物理化学家van't Hoff完成并发表的Na^+，K^+，Mg^{2+}/Cl^-，SO_4^{2-}-H_2O五元交互体系25℃热力学平衡溶解度相图，而与我国四川大学金作美等[5]于1980年在《化学学报》上发表的该体系在25℃时的介稳相图（见本书第3章图3-9）预示结果相一致。

综上可见，含硼海水型盐湖卤水在天然蒸发过程中，无论是在硫酸镁盐开始析出阶段，还是在钾盐刚析出时的结晶路线，都明显地是按介稳过程进行的，在天然蒸发过程中顺次结晶析出下列六种盐类：食盐（NaCl）、七水泻利盐、六水泻利盐、氯化钾、光卤石和六水氯化镁。当然，这几种盐都经过了混合析盐过程阶段。

卤水在析出NaCl之后，在继续日晒蒸发浓缩过程中其析盐顺序如下：

(1) $NaCl + MgSO_4 \cdot 7H_2O$。

(2) $NaCl + MgSO_4 \cdot 6H_2O + KCl$。

(3) $NaCl + MgSO_4 \cdot 6H_2O + KCl \cdot MgCl_2 \cdot 6H_2O$。

(4) $NaCl + MgSO_4 \cdot 6H_2O + KCl \cdot MgCl_2 \cdot 6H_2O + MgCl_2 \cdot 6H_2O$。

6.2　盐卤浓缩过程中硼酸盐行为

为了考察在卤水天然蒸发过程中硼酸盐行为，我们[6,7]对各阶段蒸失水量、析出固体盐量和浓缩残存卤水量的实测结果，用以下方式进行处理。把硼酸盐当作是在整个蒸发过程中都不能以固体盐形式析出的组分，并用该组分在每一次分离固-液相硼中的含量作为分离湿固相中的附着母液量的计算参数，计算出湿固相中的附着母液量。这样就可以得到在这一阶段析出纯固相的析出量(即理论值-湿固体量-附着母液量)和真实的浓缩卤水量(等于实测残存卤水量+附着母液量)，再加上蒸发水分量，其总和应表示为100%。例如，我们测得卤水在蒸发过程中某一固-液分离点时的失水量为 $A\%$，析出纯固体盐量(含结晶水)为 $B\%$，浓缩卤水中还存在的水量为 $C\%$。这时候应该具有下述关系存在：

$$A\% + B\% + C\% = 100\%$$

用在蒸发过程中得到的各个阶段浓缩卤水量去除开始蒸发时的起始用卤水量，得到卤水的浓缩倍数，即

$$\text{浓缩倍数}(V) = \frac{\text{蒸发开始用卤水量}}{\text{浓缩卤水量}} \tag{6-1}$$

同样，我们用起始卤水中的硼含量去除卤水中的硼含量，就得到硼在浓缩卤水中的富集倍数，即

$$\text{富集倍数}(B) = \frac{\text{浓缩卤水中硼含量}}{\text{起始卤水中硼含量}} \tag{6-2}$$

当浓缩过程中没有任何固体硼酸盐结晶(或其他任何形式)析出时，卤水浓缩倍数=浓缩卤水中硼的富集倍数。同样，我们用卤水浓缩倍数(X)对硼浓缩倍数(Y)作 X-Y 图，得到一条延长线通过卡笛儿坐标原点的直线图。其斜率 $t=\tan 45^{\circ}=1$。这就是说，在天然蒸发浓缩达到10倍的过程中，硼氧酸盐一般都不析出(后来会有共结硼酸盐析出)。从浓缩卤水稀释实验可析出硼酸盐就说明，硼酸盐过饱和时还不以固体盐的形式析出，而是赋存于浓缩卤水中。

6.2.1 "共结硼酸盐"及其相组成

原苏联化学家 Николаев 在进行 Turkumanstan Inder(Идел)湖的卤水在25℃时的等温蒸发实验过程中，曾获得高含硼氯化镁浓缩卤水。在室温放置过程中，观测到结晶析出水合硼酸镁盐。1968年，莫斯科大学成盐地球化学家 Валяшко 把他从 Inder 湖采得的含1.4%硼湖水，在湖区进行日晒蒸发浓缩，将最后得到的含硼浓缩卤水，在室温条件下放置2年，析出大量"共结硼酸盐"。通过化学分析、X射线晶体粉末衍射和热分析，他的结论为：该"共结硼酸盐"是一种含氯化镁的硼酸镁水合复盐，析出的硼酸镁盐称为"共结硼酸盐"，将其化学式写成待定系数分子式($X\mathrm{MgO}\cdot Y\mathrm{B_2O_3}\cdot Z\mathrm{H_2O}$)。我们在进行盐卤硼酸盐系列的研究中，也得到了这种"共结硼酸盐"。为了解决原苏联科学家 Валяшко 一生都不曾解决的待定系数这个难题，我们经过一系列盐卤硼酸盐研究后，于1985年对获得的这一种镁硼酸盐复盐赋予待定系数以确切的数值，即 $X=2$，$Y=2$，$Z=18$，其中含有 $MgCl_2$ 中的6个分子结晶水。复盐的组成是 $2MgO\cdot 2B_2O_3\cdot MgCl_2\cdot 14H_2O$，因为它的DTA曲线

有两个与柱硼镁石类似的特征晶形转变放热峰，因而判断该复盐的结构是类柱硼镁石，高世扬将该复盐命名为氯柱硼镁石[8]。

6.2.2　盐卤硼酸镁动态极限溶解度[9]

根据硫酸镁饱和卤水单次加芒硝回溶晒水蒸发，可以将卤水中的 $MgCl_2$ 按下述相反应：

$$Na_2SO_4 \cdot 10H_2O + MgCl_2 + H_2O \rightleftharpoons 2NaCl + MgSO_4 \cdot 7H_2O + 4H_2O \quad (6-3)$$

在日晒蒸发浓缩过程以 NaCl 和 $MgSO_4 \cdot 7H_2O$ 形式析出，这样，可以使浓缩卤水中的 MgB_4O_7 得到进一步富集。为测定盐卤硼酸镁的动态极限溶解度，我们设计了加芒硝回溶晒水蒸发实验装置，并在大柴旦盐湖区现场进行多次加芒硝回溶实验。

取硫酸镁饱和卤水（含 6.00% NaCl，3.32% KCl，7.90% $MgSO_4$，13.01% $MgCl_2$，1.10% MgB_4O_7）盛于各晒水容器中，调节好各个容器之间虹吸管内的流速，在第 1 个容器内加入适量（按计算）的芒硝，在流动晒水过程中使芒硝回溶转化（必要时进行搅拌加速芒硝回溶），在晒水进行的过程中，取不同浓缩卤水进行化学分析。当日晒蒸发到氯化钾析出阶段时，进行液、固分离。第 1 次加芒硝回溶水后分离卤水用作第 2 次加芒硝回溶晒水的起始卤水。这样，一直进行到第 4 次加芒硝回溶晒水、蒸发浓缩到最后一次取浓缩卤水分离固样 1h 后，便开始见到白色细粒硼酸盐析出，卤水很快就变成乳浊液。多次加芒硝的实验结果列于表 6－3 中。将表 6－3 中的氯化镁饱和卤水中多次加入芒硝回溶后析出固相的结晶路线数据与晒水五元体系相图绘于图 6－4 中。可以看出，结晶过程还是按介稳相图进行的。图 6－4 中所示硫酸镁饱和卤水每一次加芒硝回溶晒水蒸发过程和结晶浓缩路线与单次加芒硝回溶晒水过程的结晶路线同样清楚地表明，盐类析出顺序不是按 Na^+，K^+，Mg^{2+}/Cl^-，SO_4^{2-}-H_2O 五元交互体系平衡溶解度相图进行，而是按该体系在 25℃时的介稳相图进行。因此，多次加芒硝回溶晒水蒸发结晶过程明显地呈现锯齿状过程。从表 6－3 中所列结果可见，硫酸镁饱和卤水多次加芒硝回溶晒水达到硼酸镁开始结晶析出的动态极限溶解度。该“共结硼酸盐”浓缩卤水的化学组成为：7.36% $Mg_2B_4O_7$，22.89% $MgCl_2$，5.34% $MgSO_4$，0.71% KCl，0.3% NaCl。

基于同样原理，我们取用大柴旦盐湖氯化镁共结浓缩卤水（组成为 0.05% NaCl，0.10% KCl，2.75% $MgSO_4$，31% $MgCl_2$，3.76% MgB_4O_7）加芒硝回溶卤水进行晒水实验，对上述浓缩卤水在动态蒸发条件下硼酸镁的极限溶解度结果进行复核。该实验一直进行到日晒蒸发浓缩到开始见到固体硼酸镁晶体析出。使用玻璃砂芯过滤管，吸取溶液进行化学分析，结果是其组成为：0.50% NaCl，0.28% KCl，5.78% $MgSO_4$，20.8% $MgCl_2$，7.50% MgB_4O_7。因此可以认为，使用大柴旦盐湖卤水不同阶段的浓缩卤水，无论是采用单次加芒硝，或是多次加芒硝回溶晒水方式，都可以得到同样的硼酸镁动态极限（最大饱和）溶解度。

表 6－3　氯化镁饱和卤水加芒硝回溶晒水实验结果

编号	密度/(kg/m^3)	液相										析出固相
		化学组成(质量分数)/%						$Na^+,Mg^{2+}/Cl^-,SO_4^{2-}-H_2O$ 相图指数				
		LiCl	NaCl	KCl	$MgSO_4$	$MgCl_2$	MgB_4O_7	Na_2Cl_2	$MgCl_2$	$MgSO_4$	Na_2SO_4	
M-0	1.384(12℃)	0.97	0.05	0.10	2.76	31.00	3.67	0.2	93.0	6.6		$NaCl+MgSO_4\cdot 6H_2O+MgCl_2\cdot KCl\cdot 6H_2O+MgCl_2\cdot 6H_2O$
M-1	1.308(12℃)	0.77	11.22	0.10	11.02	5.79	2.75	38.7	24.5	36.8		$NaCl+MgSO_4\cdot 7H_2O$
M-2	1.314(14℃)	0.77	12.46	0.10	11.36	4.89	2.78	42.3	20.3	37.4		$NaCl+MgSO_4\cdot 7H_2O$
M-3	1.325(17℃)	1.04	6.58	0.10	11.92	9.52	3.45	22.0	39.2	38.8		$NaCl+MgSO_4\cdot 7H_2O$
M-4	1.322(14℃)	1.76	4.63	0.20	7.22	13.26	5.73	16.6	58.3	25.1		$NaCl+MgSO_4\cdot 7H_2O$
M-5	1.346(14℃)	2.08	3.81	0.25	7.04	14.89	6.76	13.2	63.2	23.6		$NaCl+MgSO_4\cdot 7H_2O$
M-6	1.360(8℃)	2.20	1.68	0.27	6.14	17.86	7.44	5.7	74.2	20.1		$NaCl+MgSO_4\cdot 6H_2O$
M-7	1.373(10℃)	2.60	0.50	0.28	5.78	20.08	7.50	1.6	80.1	18.3		$NaCl+MgSO_4\cdot 6H_2O$
M-8		2.84	0.24	0.31	5.30	21.85	7.01	0.7	83.3	16.0		$NaCl+MgSO_4\cdot 7H_2O$ +Mg-borate

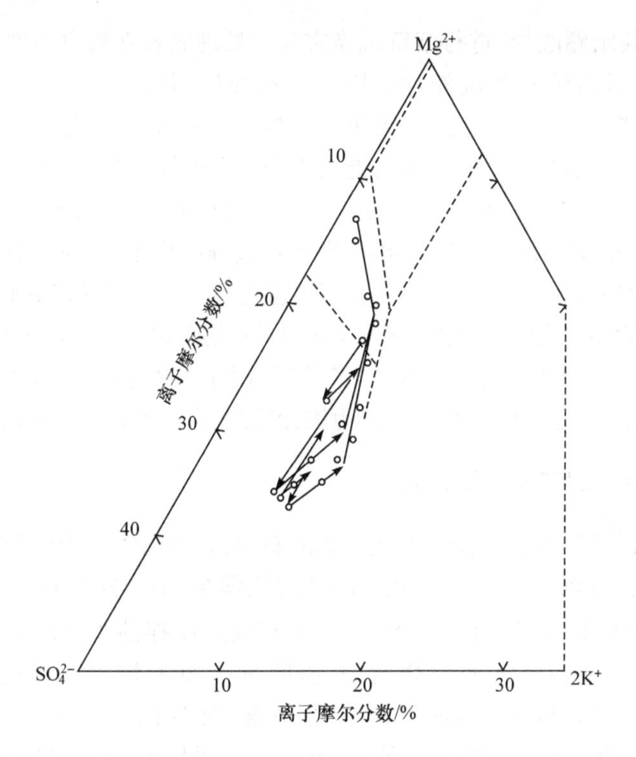

图 6-4　饱和卤水多次加芒硝回溶晒水蒸发结晶路线

—晒水相图；---芒硝回溶线；→蒸发结晶线

6.2.3　“共结硼酸盐”的组成

1. “共结硼酸盐”的化学组成

取适量开始结晶析出硼酸镁的共结浓缩卤水。将盐卤“共结硼酸盐”(室温放置 10 年从未进行过固、液分离)固-液混合样，转入离心机专用离心管中，以最高转速(4000r/min)小心脱除母液。分别取固、液相用化学分析方法测定氯、硫酸根、硼、钾和镁，用原子吸收光度法测定锂。锂的分析结果作为不析出组分，扣除湿固相中附着母液量带入盐分后，计算纯固相的平均化学组成并列于表6-5中。从表 6-5 中所列结果可见，由于“共结硼酸盐”固体晶粒微小(粒径小于 0.001mm)，湿固相附着母液量最高达 57.6%，固相中含有大量的 $MgCl_2$，而不含硫酸镁，统计平均化学式为：$2.2MgO \cdot 3.1B_2O_3 \cdot MgCl_2 \cdot 16.6H_2O$。

2. “共结硼酸盐”的纯化

盐卤“共结硼酸盐”固相在电子显微镜下观察到有两种不同的晶体：一种是细针柱状透明晶体；另一种是似菱形状透明晶体。我们分别用水、无水乙醇和多种有机溶剂对该“共结硼酸盐”进行溶解洗涤实验。处理固相在真空条件下晾干、恒量，同时采用电子显微镜对被洗涤过的固相进行观察，并用来进行化学分析。从表6－3中所列结果可见，水洗涤近于无氯的固体硼酸盐在显微镜下已观察不到细针柱状透明晶体，化学分析结果显示可能是水合六硼酸镁（$MgO \cdot 3B_2O_3 \cdot 7.5H_2O$），但其红外光谱结果却与三方硼镁石（$MgO \cdot 3B_2O_3 \cdot 7H_2O$）不相符合。

考虑到盐卤“共结硼酸盐”在室温长期保存过程中稳定，理应具有各自稳定存在的温度范围和浓度范围。为探索利用温度效应进行“共结硼酸盐”中不同物相纯化的可能性，将盐卤“共结硼酸盐”湿固相与平衡母液（放置10年后母液分离所得）按容积比1∶1混合、密封，分别放置在50℃和80℃恒温水槽中搅拌6h后，所有固体全部溶解。这一现象给了我们进行盐卤“共结硼酸盐”浓缩卤水模拟合成的启示。

3．“共结硼酸盐”的模拟合成

参照天然含硼浓缩卤水的组成，称取按 $MgO \cdot 2B_2O_3$ 计算需要量的分析纯 $MgCl_2 \cdot 6H_2O$、H_3BO_3 和具有活性的 MgO[用化学纯 $Mg(OH)_2 \cdot 4MgCO_3 \cdot 6H_2O$ 试剂在600℃煅烧3h制得]及蒸馏水，放入带有液封搅拌的单颈玻璃瓶中，在40～60℃进行过滤。滤液转入磨口烧瓶中，密闭置于20℃恒温水浴里，记录起始于20℃的时间，当开始析出固相时，从开始及每隔一定时间，取液样测定其密度，分析氯和硼的含量，直到溶液密度恒定不变为止。用时间与溶液硼含量作图6－5。由图6－5可见，结晶路线清晰地呈现两个过程。每一个过程可能都相当于结晶析出一种硼酸盐。

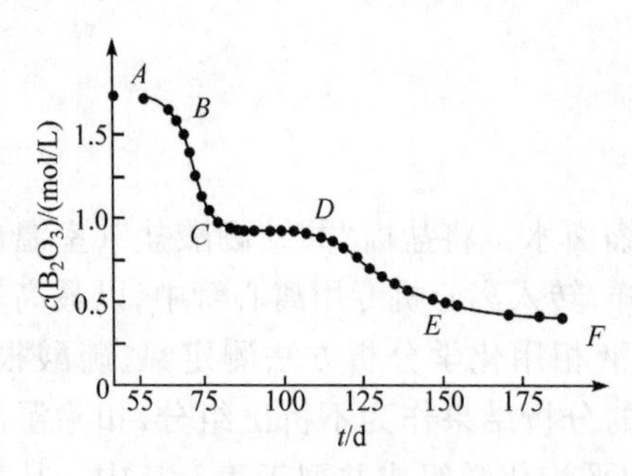

图6－5　20℃时，$MgO \cdot 2B_2O_3$-$MgCl_2$-H_2O 溶液的 $c(B_2O_3)$-t 曲线

重复上述操作，在开始观察结晶析出第一种硼酸盐时记录时间，待经过上述实验相同时间，第一种固相结晶近于结束时，进行固、液分离。用1∶1的乙醇与乙二醇混合溶剂洗涤固相至近于无氯。室温下，真空中晾干。60℃恒量，进行化学分析，结果其成分组成为：54.43% B_2O_3(2.95mol)，10.67% MgO (1.00mol)，34.90% H_2O(7.31mol)。X射线粉末衍射结果和IR光谱表明，该固体是一种含七个结晶水的六硼酸盐（$MgO \cdot 3B_2O_3 \cdot 7H_2O$）。分离母液后，继续在20℃恒温条件下结晶析出第二种硼酸盐。待溶液不再析出固相时，进行固、液分离，湿固样经过用上面同样方法处理，恒量后，进行化学分析，结果其成分组成为：13.91% MgO(2.00mol)，24.91% B_2O_3 (2.08mol)，16.41% $MgCl_2$(1.00 mol)，44.78% H_2O(14.40mol)。结合热分析、IR

光谱和X射线粉末衍射分析,确定第2阶段析出的是一种含氯化镁的高水合硼酸镁复盐,化学式为 $2MgO \cdot 2B_2O_3 \cdot MgCl_2 \cdot 14H_2O$。考虑到在该复盐中可能含有与柱硼镁石相同的 $B_2O_3(OH)_4^{2-}$ 硼氧配阴离子,DTA热分析曲线在高温时出现与柱硼镁石相同的重结晶化连续双峰现象。我们把该复盐命名为氯柱硼镁石(chloro-pinnoite)。

高世扬等从含硼卤水中除了得到"共结硼酸盐"——复盐氯柱硼镁石($2MgO \cdot 2B_2O_3 \cdot MgCl_2 \cdot 14H_2O$)外,还得到两种六硼酸镁盐($MgO \cdot 3B_2O_3 \cdot 7.5H_2O$[10] 和 $MgO \cdot 3B_2O_3 \cdot 7H_2O$)。不同浓度的卤水、不同稀释度的卤水在室温放置过程中,会有不同的镁硼酸盐析出[11~13]。

此外,采用加水稀释法已经从含硼浓缩盐卤中得到多水硼镁石($2MgO \cdot 3B_2O_3 \cdot 15H_2O$)、章氏硼镁石($MgO \cdot 2B_2O_3 \cdot 9H_2O$)。

6.3 盐卤硼酸盐过饱和溶解度现象与稀释成盐

6.3.1 盐卤硼酸盐过饱和溶解度现象

大柴旦盐湖夏季地表卤水是NaCl饱和卤水,含0.18% $MgO \cdot 2B_2O_3$。在日晒过程中,测定不同析盐阶段的卤水组成和pH变化列于表6-4中。同时,将所得浓缩氯化镁共结卤水(含4.28% MgB_4O_7)用蒸馏水进行不同容积比的稀释,在室温条件下放置半年和5年,达到平衡后的组成分别列于表6-5和表6-6中,并绘于图6-6中。

表6-4 蒸发过程不同浓缩卤水的化学组成和pH

编号	密度/(g/cm³)	pH	化学组成(质量分数)/%						固相组成
			LiCl	NaCl	KCl	$MgCl_2$	$MgSO_4$	MgB_4O_7	
1	1.215(15℃)	7.55(19℃)	0.056	21.68	0.57	2.08	2.11	0.18	NaCl
2	1.228(12℃)	7.26(19℃)	0.106	18.06	1.14	5.40	2.44	0.36	NaCl
3	1.253(7.5℃)	6.97(19℃)	0.165	13.89	1.75	7.36	4.84	0.56	NaC
4	1.293(6.3℃)	6.30(19℃)	0.22	6.39	2.95	13.30	7.35	0.97	NaCl+Ep
5	1.313(21℃)	5.88(18℃)	0.33	2.79	3.55	19.91	5.90	1.39	NaCl+Eps+KCl
6	1.390(17℃)	4.8(17℃)	0.77	0.15	0.17	33.09	4.60	2.83	NaCl+Eps+Car+Bi
7	1.490(20℃)	4.7(20℃)	1.18	0.09	0.1	30.70	3.31	4.28	NaCl+Eps+Car+Bi
8	1.370(10℃)	2.88	0.24	0.31	21.85	5.30	5.30	7.50	NaCl+Car+ Eps+ Mg-borate
9	—	—	—	0.31	0.71	22.99	3.11	1.0	$MgSO_4 \cdot 4H_2O$+ $MgO \cdot 3B_2O_3 \cdot 7H_2O$+ $2B_2O_3 \cdot MgCl_2 \cdot 14H_2O$

注:编号8的卤水是从编号7的卤水加芒硝回溶后,继续日晒得到的浓缩卤水;编号9的卤水是从编号8的浓缩卤水室温放置5年后得到。

表6-5 高含硼浓缩盐卤加水稀释室温放置半年过程中溶液的化学组成、pH变化与析出固相

编号	释释度	起始溶液				室温放置半年			析出固相
	水∶卤水	pH	液相化学组成(质量分数)/%			液相化学组成(质量分数)/%			
	(体积比)	(17℃)	$MgCl_2$	$MgSO_4$	MgB_4O_7	$MgCl_2$	$MgSO_4$	MgB_4O_7	
0	0∶1	4.7	30.7	3.31	4.28	31.3	2.91	3.02	hexa-Bo＋Chl-pin
1	0.25∶1	5.5	26.0	2.80	3.62	—	—	—	hexa-Bo＋Chl-pin
2	0.50∶1	6.0	22.5	2.43	3.1	22.8	2.49	1.87	hexa-Bo＋Chl-pin
3	1∶1	7.0	17.8	1.92	2.48	18.6	2.04	0.68	hun-ite
4	2∶1	7.4	12.5	1.35	1.75	14.1	0.94	0.61	Inderite
5	4∶1	8.0	7.9	0.85	1.10	8.7	0.94	0.52	Inderite
6	6∶1	8.3	5.7	0.62	0.80	5.5	0.72	0.57	Inderite
7	8∶1	8.4	4.5	0.49	0.63	—	—	—	Inderite
8	10∶1	8.4	3.7	0.40	0.52	—	—	—	$Mg(OH)_2$
9	12∶1	8.4	3.2	0.34	0.44	—	—	—	$Mg(OH)_2$

注：hexa-Bo. $MgO \cdot 3B_2O_3 \cdot 7.5H_2O$；Chl-pin. $2MgO \cdot 2B_2O_3 \cdot MgCl_2 \cdot 14H_2O$；hun-ite. $MgO \cdot 2B_2O_3 \cdot 9H_2O$；Inderite. $2MgO \cdot 3B_2O_3 \cdot 15H_2O$。

表6-6 高含硼浓缩盐卤加水稀释室温放置5年过程中溶液的化学组成、pH变化与析出固相

编号	室温放置5年				析出固相
		液相化学组成(质量分数)/%			
	pH(25℃)	$MgCl_2$	$MgSO_4$	MgB_4O_7	
0	4.2	31.56	2.53	0.79	hexa-Bo＋Chl-pin
1	5.2	—	—	—	hexa-Bo＋Chl-pin
2	5.6	23.70	2.65	0.69	Inderite
3	6.2	19.85	2.17	0.48	Inderite
4	5.5	19.61	2.17	0.66	Inderite
5	7.1	8.76	0.96	0.39	Inderite
6	7.5	5.76	0.78	0.27	Inderite
7	7.8	4.90	0.53	0.23	Inderite
8	8.1	4.09	0.43	0.39	Inderite
9	8.3	3.24	0.34	0.33	Inderite

注：hexa-Bo，$MgO \cdot 3B_2O_3 \cdot 7.5H_2O$；Chl-pin，$2MgO \cdot 2B_2O_3 \cdot MgCl_2 \cdot 14H_2O$；Inderite，$2MgO \cdot 3B_2O_3 \cdot 15H_2O$

由图6-6可见，在第一阶段，天然含硼盐卤在日晒析出 NaCl 过程中，卤水 pH

变化如图6-6中线段 *OA* 所示,随着卤水中NaCl的不断减少(析出)呈线形降低;在第二阶段,析出泻利盐过程中,pH变化如线段 *AB* 所示;第三阶段,析出钾盐过程中,pH变化如线段 *BC* 所示,呈现非线形降低。

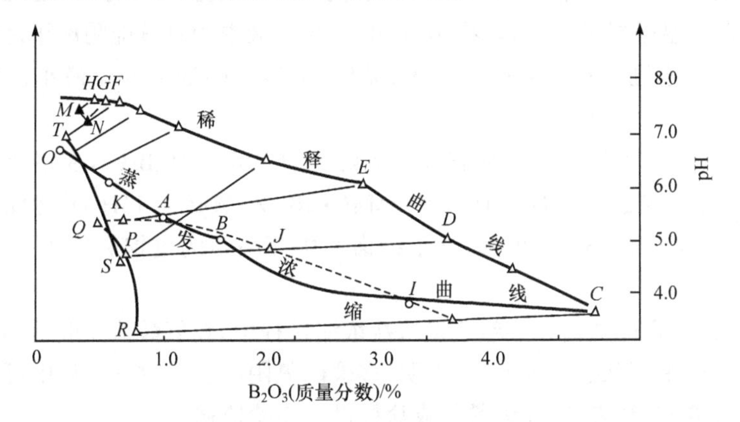

图6-6　盐卤中硼酸镁的热力学平衡和非热力学平衡态溶解度现象图

由图6-6还可见,含4.28% MgB_4O_7 浓缩氯化镁共结卤水(pH=4.7),在其用蒸馏水进行不同稀释的过程中,溶液pH变化清楚地显示出3个变化过程:①线段 *CDE* 从未稀释卤水(pH=4.7)开始,随着稀释水量的增加,溶液pH升高,到容积(水/卤水)稀释比为1时,稀释液pH=7.0;②线段 *EF*(稀释度由1～9)显示出卤水在继续加水稀释过程中,pH继续升高;③线段 *FGH*(稀释度由9～12),尤其是线段 *GH* 基本上是平行于横坐标的直线,pH=8.4,因为这时候镁盐发生水解,形成$Mg(OH)_2$沉淀。

6.3.2　盐卤过饱和硼酸盐溶液稀释成盐

我们发现在上述稀释实验中,以水∶卤水(体积比)不同稀释度的卤水在室温、密闭、静置半年后(表6-5),由于结晶析出硼酸镁水合盐,引起溶液pH发生变化。pH变化的各个点连成 *IJK* 曲线(图6-6)。值得注意的是,不同稀释卤水室温放置5年后(表6-6),对结晶析出固相和固、液接触转变形成的固相都与稀释卤水之间达到并处于热力学平衡状态。这时候,溶液pH变化与平衡固相密切相关,呈现3条不连续的折断式变化曲线:①曲线 *RPQ*。由于稀释度较小(最大稀释度为1),不同稀释卤水中的结晶固相($2MgO·2B_2O_3·MgCl_2·14H_2O$、$MgO·3B_2O_3·7H_2O$和$MgO·2B_2O_3·9H_2O$)比较复杂,在这些硼酸盐中,硼的聚合度比较高,从起始溶液到平衡液之间硼浓度变化最大(Δ%=3.49% MgB_4O_7),析出固相量比较多,pH变化并不是最明显。②曲线 *ST*。由于这些稀释卤水的稀释度变化(从1～9)较大,从所有这些稀释卤水中结晶析出的固相都是同一种固相多水硼镁石(2MgO·

$3B_2O_3 \cdot 15H_2O$)。从起始溶液到平衡溶液之间,硼的浓度变化比较大,而pH的变化却最明显(最大变化 $\Delta pH=1.9$)。③直线 *NM*。由于这两个样品的稀释度(11～12)最大,起始溶液的 pH=8.4 最高,溶液镁盐发生水解而沉淀出 $Mg(OH)_2$。在室温静置过程中,絮状 $Mg(OH)_2$ 与溶液中的硼氧配阴离子之间发生接触转变形成多水硼镁石($2MgO \cdot 3B_2O_3$)晶体,溶液中硼浓度变化最小,pH变化也比较明显。

又从表6-4中编号8的动态极限溶解度为7.5% MgB_4O_7,在室温放置5年的条件下,析出 $MgO \cdot 3B_2O_3 \cdot 7H_2O$ 和 $2MgO \cdot 2B_2O_3 \cdot MgCl_2 \cdot 14H_2O$,达到平衡后的溶解度是1.07% MgB_4O_7,可知,该浓缩卤水中硼酸镁的过饱和度为7.5/1.07=7.0。

综上所述,含硼盐卤在天然蒸发析盐浓缩过程中,硼氧酸盐一般地都处于过饱和的热力学非平衡状态。表6-4说明,多聚硼氧阴离子在放置过程中可以析出硼氧酸盐。表6-5和表6-6为稀释成盐提供了实验依据。

根据"共结硼酸盐"的研究和含硼盐卤加水稀释析出多水硼镁石和章氏硼镁石的研究结果,在化学评论[14]中已经阐明了盐卤中镁硼酸盐的形成观点。

6.4 多聚硼酸盐及其硼氧阴离子在溶液中的存在形式

6.4.1 多聚硼酸盐结构概述

1. 硼是聚合元素之一

硼是一种独特的亲氧元素,是典型的无机高分子聚合元素之一。硼原子是典型的缺电子原子,其成键以共价性为特征,有两种配位键型:它的原子层结构是可以提供 sp^2 杂化的 BO_3 平面三角形(简写为△)的结构;同样,它也可以提供 sp^3 杂化轨道与氧原子提供电子对形成的 BO_4 四面体(简写为T)结构。硼酸由平面三角形或四面体的硼氧单元共顶点连接而成多聚硼阴离子。因此,在一种硼盐化合物中的阴离子可以具有含两个物种不同构型硼氧基团以不同的方式相连成多聚硼氧配阴离子与阳离子结合形成结构复杂多样的硼酸盐化合物,在自然界就有200余种硼化合物[15,16]。

2. 硼酸盐结构化学简述

人们对许多硼酸盐结构进行研究之后,发现 BO_3 平面三角形的结构和 BO_4 四面体的结构既可以单独存在于硼酸盐中,又可以2个、3个或多个连接在一起,OH^- 可以替代 O^{2-} 与B连接形成 >B—O—H骨干。四面体硼原子数对总硼原子数的比值等于阳离子电荷数对硼原子数的比值。硼酸盐中的阳离子是处在 B—O 骨干的空隙中和阳离子保持中性。H_2O 或者是以 OH^- 形式存在于结构中，或者是以结晶水形式存在于空隙中和金属阳离子以氢键形式相连。结晶水的脱失常常使 B—O 骨干聚合。阳离子与硼酸根之间是以离子键结合的，而硼酸盐里的酸根中硼与氧是以共价方式连接的。硼酸盐的结构化学主要是研究阴离子的结构，即硼-氧骨干的结构方式。李军和高世扬等[17]比较系统地研究了合成单硼氧酸盐、二硼氧酸盐、三硼氧酸盐、四硼氧酸盐、五硼氧酸盐和六硼氧酸盐固体的 FT-IR 谱线和 Raman 谱线，并对多聚硼氧酸盐中的硼氧配阴离子的振动基团峰进行了归属，为水溶液中硼氧配阴离子的存在形式提供了基础。Weir[18]用 FT-IR 光谱研究了硼酸盐结构。

1960 年，Christ[19]首先对水合硼酸盐矿物进行了分类，后来他又和 Clark 等[20]在分析和总结了各种不同规律和分类后，提出了六条结晶化学规律。这对硼氧盐结晶化学的讨论不仅具有对各种硼氧酸盐晶体结构光谱及脱水特征的解释，而且也提供了 X 射线单晶衍射和中子衍射的结构数据，被公认为是比较权威的结构规律。这个规律是：

(1) 硼原子可以与三个氧原子形成平面三角形配位或与四个氧原子形成四面体配位。

(2) 多核的多聚硼氧配阴离子可以通过一个共同的氧原子将 B—O 三角形与 B—O 四面体，或者 B—O 三角形与 B—O 三角形之间，或者 B—O 四面体与 B—O 四面体之间联结起来，形成紧密的岛状结构。

(3) 在水合硼氧酸盐多聚硼氧配阴离子中，质子与氧原子以下面的次序进行联结：独立的 O^{2-} 变成独立的 OH^-；四配位和三配位的氧原子与独立的 OH^- 形成水分子。岛状结构能通过内部 B—O 键的断裂，以各种方式进行脱水而发生缩聚作用。

(4) 一个孤立的 B—O 四面体，或一个孤立的 B—O 三角形，或两个 B—O 三角形，或 B—O 四面体及其他附加基团能够修饰在复杂多聚硼氧配阴离子的一个侧边上。

(5) 独立的 $B(OH)_3$ 基团或它的聚合形式可以存在于其他比较复杂的硼氧配阴离子中。硼酸盐中的常见硼氧配阴离子结构示意图如图 6－7 所示。

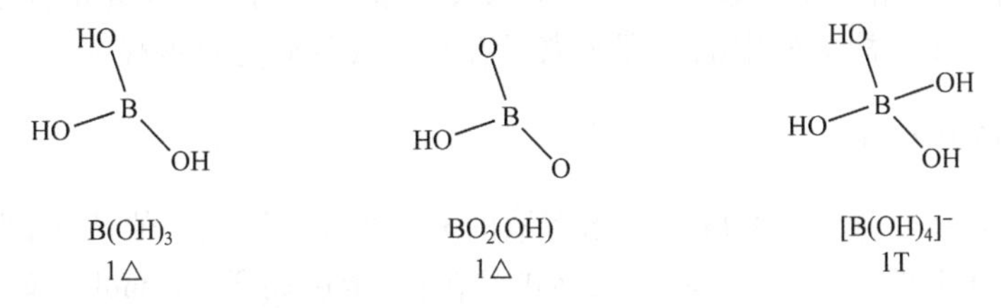

图 6－7　硼氧配阴离子结构示意图

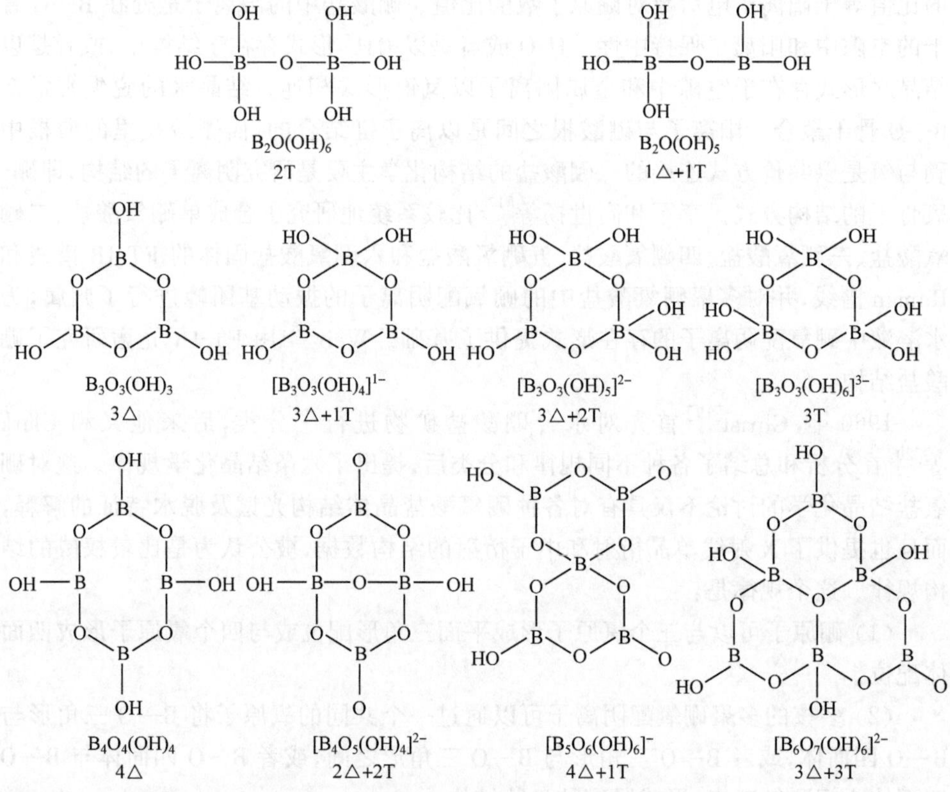

$B_2O(OH)_6$ 2T

$B_2O(OH)_5$ 1△+1T

$B_3O_3(OH)_3$ 3△

$[B_3O_3(OH)_4]^{1-}$ 3△+1T

$[B_3O_3(OH)_5]^{2-}$ 3△+2T

$[B_3O_3(OH)_6]^{3-}$ 3T

$B_4O_4(OH)_4$ 4△

$[B_4O_5(OH)_4]^{2-}$ 2△+2T

$[B_5O_6(OH)_6]^{-}$ 4△+1T

$[B_6O_7(OH)_6]^{2-}$ 3△+3T

图 6-7 硼氧配阴离子结构示意图(续)

6.4.2 硼酸和硼酸盐在水溶液中的存在形式

硼酸盐在水溶液中的存在形式要比一般盐水溶液复杂。许多学者利用多种物理化学手段,例如,溶解度、冰点降低、pH、热化学、电位滴定法、离子交换法、核磁共振(NMR)法、红外光谱和 Raman 光谱等对溶液中硼氧配阴离子的存在形式及其相互作用进行了一系列研究。实验证明:硼氧酸盐水溶液的温度、pH、阳离子类型和硼的浓度与溶液中形成各种不同聚合度硼氧配阴离子有密切的关系。由此看出,对于盐卤硼酸盐溶液中硼氧配阴离子存在形式的研究难度极大。

1. 硼酸在水溶液中的存在形式

Курнаков[21]对不同浓度硼酸水溶液的 pH 进行了研究。他认为,当硼酸浓度低于 0.1mol/L 时,主要是以单硼酸形式存在;当浓度高于 2.5mol/L 时,主要是以酸度相对较强的四硼酸($H_2B_4O_7$)粒子形式存在。他还观测到,在溶液中硼酸的酸度与乙酸相当。Hibben 根据记录的硼酸水溶液 Raman 光谱结果,认为硼酸在水溶液中最可能是硼氧等边三角形结构，其中硼原子位于中心，氧原子在角上，如硼酸在稀溶液中主要是以含一个硼原子的 $B(OH)_3$ 或 $B(OH)_4^-$ 形式存在。当硼浓度大于 0.1mol/L 时，会形成多聚硼氧配阴离子。Sillen 学派的 Ingri[22,23]用电位法对硼酸水溶液进行一系列研究，认为存在于水合硼酸盐晶体中的那些硼氧配阴离子有 $B(OH)_3$、$B(OH)_4^-$、$B_3O_3(OH)_6^{2-}$、$B_4O_5(OH)_4^{2-}$ 和 $B_5O_6(OH)_4^-$。正如前面所述，在高浓度硼的水溶液中，同样存在有多种硼氧配阴离子。我们在进行"盐卤硼酸盐化学"系列研究中观测到，含硼盐卤在蒸发析盐过程中，硼酸镁盐在达到动态极限(过饱和)溶解度之前，一般并不是以固体盐形式结晶析出，而是赋存于浓缩卤水中，呈现明显的过饱和溶解度现象；在对硼酸镁过饱和浓缩卤水进行加水稀释室温放置过程中，无论是同一稀释卤水不同放置时间，还是不同稀释卤水相同放置时间，都会结晶析出不同的硼酸镁水合盐。模拟合成 $MgO\cdot 2B_2O_3$ 过饱和水溶液，在恒温、静置、密闭条件下的结晶动力学曲线是典型的复合动力学过程[6]。所有以上这些结果都显示出硼氧酸盐在水溶液中是多粒子共存且粒子之间存在相互作用的。

Ingri 等通过对 $B(OH)_3$ 在 3mol/L 高氯酸钠溶液中电位的研究，提出三聚物的存在令人信服。在系列研究的基础上认为，在硼酸水溶液中，电解质浓度高时，可能存在三聚物和四聚物，低浓度硼酸有利于三聚体的存在。低浓度电解质存在时，溶液酸浓度高时(>0.5mol/L)有利于形成四聚体。在假定硼酸三聚体和四聚体情况下，Antikain 对它们的形成常数进行计算，获得如下结果：

$$K_3=[H^+][B_3^-]/[HB]^3=3.5\times10^{-8} \tag{6-4}$$

$$K_4=[H^+][B_4^-]/[HB]^3=1.3\times10^{-7} \tag{6-5}$$

式中：$[HB]$为硼酸浓度；$[B_3^-]$为三聚体离子浓度；$[B_4^-]$为四聚体离子浓度。

将硼酸加入到硼砂水溶液中，或者将硼砂加到硼酸水溶液中，溶解度(以溶液中 B_2O_3 的质量分数计算)会明显增加。锂和钾的硼酸盐也存在同样结果，溶解度的增大也是溶液中多聚硼氧配阴离子存在的证据。因为，这些溶液中 B_2O_3 的含量超过在纯硼酸溶液中 B_2O_3 的含量，就应该是以多聚硼酸或氧配阴硼酸盐离子形式存在。

Stetten[24]对硼酸浓度与 pH 的关系进行了更全面地研究，证实 $B(OH)_3$ 溶解度低于 0.1mol/L 时正硼酸是最主要的存在形式。然而，当浓度高于 0.1mol/L 时，以 pH 对物质的量浓度作图得到一条直线。直线斜率说明溶液中硼氧粒子的聚合度为 3.2，主要是以三硼酸形式存在。图 6－8 为硼氧配阴离子在不同 pH 水溶液中的分布关系。

Everest 等用离子交换法研究了 pH 为 5.6～11.5 的 0.6mol/L、0.4mol/L、0.2mol/L 硼溶液中硼酸根离子的吸附，依据树脂吸附的硼和氯的量，计算出吸附的硼是由 $B_5O_8^-$、$B_4O_7^{2-}$(或 $HB_5O_9^{2-}$)和 $B(OH)_4^-$ 组成的混合物。硼阴离子的存在形式和相对含量是随着总硼浓度和 pH 的变化而变化。

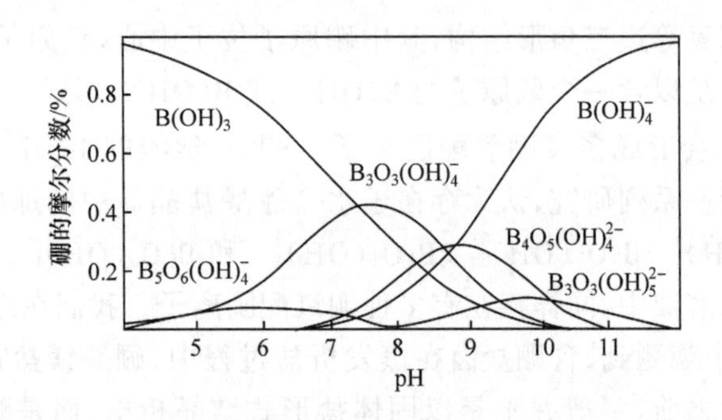

图 6-8　硼氧配阴离子在不同 pH 水溶液中的分布关系

2. 硼酸盐或硼酸在不同介质中硼存在形式

Spessard研究了在温度为 25～90℃，介质分别为 NaCl、KCl、Na_2SO_4 和 CsI 水溶液中的多聚硼氧配阴离子平衡，$B_5O_6(OH)_4^-$、$B_3O_3(OH)_4^-$、$B_4O_5(OH)_4^{2-}$、$B_3O_5(OH)_4^{2-}$ 和 $B(OH)_4^-$ 的形成常数由 H_3BO_3 的浓度和 pH 计算获得。在 0.400mol/L硼溶液中，$B_3O_3(OH)_4^-$ 和 $B_4O_5(OH)_4^{2-}$ 是主要的多聚硼氧配离子，但在 60℃以上的 NaCl 体系中，$B_4O_5(OH)_4^{2-}$ 存在的很少，较大的阳离子浓度有利于形成$B_5O_6(OH)_4^-$。这些结果说明，硼的总浓度及金属阳离子的存在影响硼在溶液中的存在形式。

IR 光谱和 Raman 光谱是相互补充的两项光谱技术。它们根据不同的物理机理提供分子内部结构基团振动的信息。IR 光谱研究吸收和透射与分子中结构基团的振动关系，而 Raman 光谱研究可见入射光中的极小部分 Raman 散射与分子结构的关系。近年来，随着 FT-IR 光谱技术的发展，人们为了消除水或溶液中其他杂质的影响，采用扣除影响后的差示 FT-IR 光谱法，或者采用不受介质水干扰的激光 Raman 光谱法技术研究硼氧酸盐水溶液的结构是一种有力的工具。现简介如下：

早在 20 世纪 60 年代，Valyashko 等[25]就采用红外光谱对水合硼氧酸盐矿物、硼砂、硼酸和硼酸盐水溶液进行过对比研究，给出不同聚合离子谱线的归属，对盐水溶液中硼氧配阴离子的存在形式与介质分子的相互作用进行了研究。迄今为止，采用 FT-IR 光谱和 Raman 光谱对硼酸盐水溶液研究还停留在为数不多的几种碱金属硼氧酸盐，如硼砂、五硼酸钠和钾盐及硼酸上，对复杂体系研究得还不多。但是，采用振动光谱研究溶液中硼氧配阴离子的存在形式，确实是一种有用的实验方法。近年来，高世扬领导的研究集体采用差示 FT-IR 光谱和激光 Raman 光谱，对镁硼酸盐溶解及转化过程和过饱和硼酸盐溶液结晶过程的水溶液等进行了一系列研究[26～33]，夏树屏等[34]采用 Raman 光谱研究了氯柱硼镁石溶解过程的溶液，根据出现的振动峰并进行归属后认为，氯柱硼镁石的水溶液仍然是以 $B(OH)_4^-$ 为主;贾永忠、高世扬等采用差示 FT-IR 光谱研究了 $MgB_4O_7·9H_2O$ 水溶液,得出其中有$B(OH)_4^-$、$B_3O_3(OH)_4^-$、$B_4O_5(OH)_4^{2-}$、$B_5O_6(OH)_4^-$ 和 $B_6O_7(OH)_4^{2-}$;刘志宏等采用 FT-IR 光谱和激光 Raman 光谱研究了氯柱硼镁石溶解相转化过程,得出其中有$B(OH)_3$、$B(OH)_4^-$、$B_3O_3(OH)_5^{2-}$、$B_4O_5(OH)_4^{2-}$ 和 $B_5O_6(OH)_4^-$;李武等[35]采用 FT-Raman 光谱和 ^{11}B NMR方法研究了 $MgB_6O_{10}·7.5H_2O$、$MgB_4O_7·9H_2O$ 和 $MgB_6O_{10}·15H_2O$ 三种镁硼酸盐饱和和过饱和水溶液的结构。其结果表明,这些溶液中有$B(OH)_3$、$B(OH)_4^-$、$B_3O_3(OH)_4^-$ 和 $B_5O_6(OH)_4^-$ 多种离子共存。夏树屏等取得的结论与国外学者所报道的结果基本上是一致的。不过是以盐湖资源为对象,对新类型硼酸盐盐湖的盐卤中硼氧配阴离子存在形式提供了证实,丰富和发展了盐卤硼酸盐化学。

Janda 等[36,37]采用 IR 光谱和 Raman 光谱的研究表明,含硼量较高的水溶液中存在三聚和四聚硼氧配阴离子。

Maya[38]利用 Raman 光谱对 $Na_3B_5O_8·5H_2O$、$(HBO_2)_3$、$Na_2B_4O_7·10H_2O$ 及 $Na_3B_3F_6O_3$ 溶液中的多聚硼氧配阴离子做了鉴定。与已知的固体硼酸盐的 Raman 光谱振动频率对比,归属了溶液中相应硼氧配阴离子的特征振动频率。Maede 等[39]采用 Raman 光谱,研究了不同 pH 下的(H_3BO_3+NaOH)水溶液,给出了不同 pH 溶液中多聚硼氧配阴离子的存在范围[硼氧配阴离子在不同 pH 水溶液中的分布关系见图 6-7,并把 $B_5O_6(OH)_4^-$、$B_3O_3(OH)_4^-$ 和 $B_4O_5(OH)_4^{2-}$ 的振动频率与 Maya 所得结果进行比较基本一致]。在 pH=1.0~4.7 的范围内,溶液中含硼物种仍然是多种硼氧配阴离子共存。

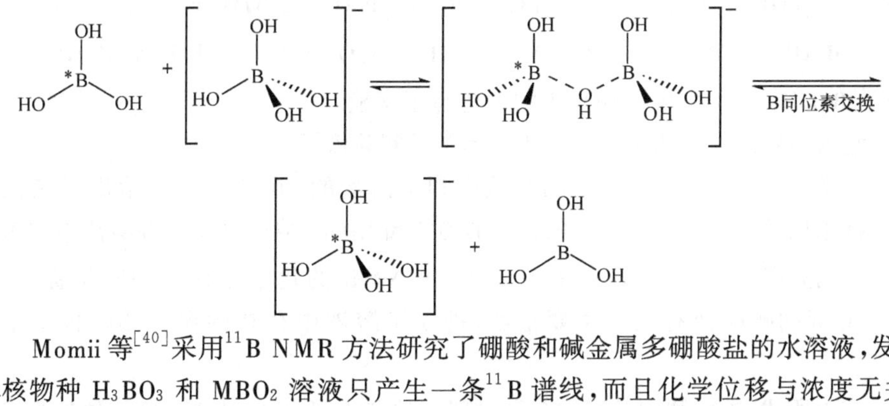

B同位素交换

Momii 等[40]采用^{11}B NMR 方法研究了硼酸和碱金属多硼酸盐的水溶液,发现单核物种 H_3BO_3 和 MBO_2 溶液只产生一条^{11}B 谱线,而且化学位移与浓度无关;Onak 等[41]采用^{11}B NMR 方法研究了 NaB_5O_8 的水溶液,他发现有两条^{11}B 谱线,认为是形成四硼氧酸根或五氧硼酸根基团和硼酸及单硼酸根离子的平衡,而且它们的相对振幅与浓度有关。他们认为,硼酸盐水溶液中硼氧配阴离子的结构与水合硼酸盐晶体中的多聚硼氧配阴离子的结构极为相似。三聚硼氧配阴离子

$B_3O_3(OH)_5^{2-}$和 $B_3O_3(OH)_4^-$ 可能具有环状结构，而五聚硼氧配阴离子 $B_5O_8(OH)_4^-$ 可能具有双环状结构。通过对观察到的几种硼氧酸盐溶液 NMR 谱线位置及数量的分析后，提出了几种硼氧酸根基团在溶液中的转换平衡和平衡常数。化学方程式如下：

$$H_3BO_3 + OH^- \rightleftharpoons B(OH)_4^- \tag{6-6}$$

$$2H_3BO_3 + B(OH)_4^- \rightleftharpoons B_3O_3(OH)_4^- + 3H_2O \tag{6-7}$$

$$4H_3BO_3 + B(OH)_4^- \rightleftharpoons B_5O_6(OH)_4^- + 6H_2O \tag{6-8}$$

Adams 等[42]后来又采用 NMR 研究了硼碱比为 1∶1 碱金属硼氧酸盐溶液，得出了根据几个假设方程式计算出的硼酸活度系数和硼四极矩。在变温条件下，对不同浓度的几种碱金属硼氧酸盐溶液的^{11}B NMR化学位移及谱线相对面积进行了探讨，并对^{11}B NMR谱中的各个峰进行了归属，给出了不同浓度下不同转换反应的平衡常数。结合固体硼酸盐的红外线和 X 射线粉末衍射对硼酸盐溶液结构进行了解析，同时也对以前的结果提出了质疑。

1994 年，Ishihara 等[43]用^{11}B NMR谱对水溶液中的 $B(OH)_3$ 和 $B(OH)_4^-$ 之间硼的交换动力学进行研究，提出在这两个交换过程中似乎存在具有不对称性 $B(OH)_3\cdots B(OH)\cdots B(OH)_4$桥结构的过渡态。人们对硼氧酸盐水溶液中硼氧配阴离子的存在形式及其相互间的转换机理研究仍然还停留在假设的基础上，要达到比较确切的结果和令人信服的解释，还需要继续进行系统而深入的研究。采用 NMR 对^{11}B 硼酸水溶液中与 BO_4^- 进行交换的研究，发现有 $B(OH)_3\cdots(OH)\cdots B(OH)_3^-$二聚合物中间体，并证明了它的存在：

$$^{11}B(OH)_3 + BO_4^- \longrightarrow B(OH)_3\cdots(OH)\cdots B(OH)_3^- \longrightarrow {}^{11}BO_4^- + B(OH)_3$$

使得$^{11}B(OH)_3$ 中的^{11}B 与 BO_4 中的 B 进行了交换。

它为多聚硼氧阴离子的反应历程提供了实验依据。

Li 等[44]研究了六大系列硼酸盐饱和水溶液的^{11}B NMR 谱，给出了它们的^{11}B NMR化学位移，含 $B_2O_4^{2-}$ 、$B_4O_7^{2-}$ 、$B_6O_{10}^{2-}$ 和 $B_6O_{11}^{4-}$ 结构单元的硼酸盐饱和溶液几乎分别只产生一条谱线，并且它们的^{11}B NMR 的化学位移在相同位置上，含 $B_5O_8^-$ 单元的硼酸盐有三个主要谱线，推断了溶液中存在的聚合硼酸根离子的形式。

综上所述，国内和国外采用多种物理化学方法，对硼酸盐水溶液中硼的存在形式进行研究的结果证明：溶液中是多种硼氧配阴离子共存，只有六种形式，要比固体硼酸盐中硼的结构数目少。但是多离子共存和互相作用受到温度、浓度、介质条件和杂质等多种因素制约，实际上还是需要对具体对象进行研究，为此我们对盐卤中硼氧配阴离子的存在形式和计算表示方法进行了下面的研究。

6.4.3 盐卤中硼氧配阴离子存在形式

上面已经提到，盐卤在自然条件下的蒸发过程和冷冻过程的结晶路线都属于介稳过程。直到盐卤浓缩至含硼＞7%（质量分数）后，硼酸盐处于过饱和状态，经过几年后还有硼酸盐析出。这些结果都显示出：硼氧酸盐在水溶液中是多粒子共存，而且粒子之间常常存在硼酸盐的相互转化。盐湖中的硼酸盐主要是以镁硼酸盐的形式存在于溶液中，又因为它们的溶解度小，给研究带来了困难。由于硼酸盐存在过饱和现象，因而硼酸盐的溶解度研究不如其他无机盐类数据丰富。作者正好利用硼酸盐过饱和溶解度这一特征，采用多次加芒硝回溶得到盐卤中硼酸盐极限溶解度，稀释浓缩盐卤得到多种镁硼酸盐，用人工模拟合成一系列的镁硼酸盐，并用差示 FT-IR 方法进行了镁硼酸盐溶液中硼的存在形式的研究。

1. 大柴旦盐湖卤水中硼酸盐存在形式

黄麒[45]对大、小柴旦盐湖不同含硼卤水（0.036mol/L、0.038mol/L、0.046mol/L、0.192mol/L）和人工合成卤水中硼酸盐的存在形式进行研究，采用在盐湖卤水中加硼酸进行对比，用酸度法测定卤水中硼酸的酸度曲线和电离常数，以确定硼的存在形式及其变化。

当卤水中硼含量大于所需浓度时，以相同离子强度的人工水稀释至所需浓度值；若硼含量小于所需浓度时，采用加入硼酸配成所需浓度值；或者在盐湖卤水中加入硼酸配成 0.5mol/L 的硼酸溶液，再以相同的无硼卤水稀至所需浓度值。所有溶液在室温的条件下放置 1 个月后，用精密酸度计在(25±0.05)℃条件下测定 pH(4 位有效值)。以 pH 对硼酸浓度作酸度曲线图。在酸度曲线上出现了 4 个拐点，分别对应于 0.025mol/L、0.12mol/L、0.25mol/L 和 0.38mol/L，前 3 个拐点的浓度与前人报道的临界浓度值一致。

按上述方法配成硼酸浓度分别为：0.10mol/L、0.20mol/L、0.30mol/L 和 0.45mol/L 不同浓度的五个系列溶液，用不含二氧化碳的 NaOH 溶液（0.889 mol/L）进行滴定（总体积为 50mL，离子强度变化小于 1.6%）。在同样温度条件下测定溶液 pH。运用式(6-9)

$$Y=\frac{1}{K_2}+\frac{1}{K_1K_2} \tag{6-9}$$

其中

$$Y=\frac{n_0}{(1-n_0)[\mathrm{H}^+]} \quad X=\frac{(n_0-2)}{(n_0-1)}[\mathrm{H}^+] \quad n=\frac{T_\mathrm{H}^0}{T_\mathrm{L}^0} \tag{6-10}$$

式中：n_0 是 Bjerrum 生成函数；$T_{\mathrm{H}^+}^0$ 和 T_L^0 分别为可离解[H^+]和配体 L 总浓度，

$$T_\mathrm{L}^0=c(\mathrm{H_3BO_3})$$

$$T^0_{H^+}=2c(H_3BO_3)-c(KOH)+a(OH^-)$$

$$[H^+]=a(H^+)f_{H^+}$$

$$-\lg[H^+]=pH \tag{6-11}$$

对上述结果进行相关处理,得到的 0.01mol/L 硼酸电离常数与无限稀释溶液中的硼酸电离常数(文献值)在误差范围内相等。黄麒得出的结果是,卤水含硼量在 0.01~0.025mol/L 范围内时,同无限稀释溶液中硼的存在形态相同。但是,当硼酸浓度为 0.45mol/L 时,电离常数却是 0.01mol/L 时的 100 倍,这显然是由于溶液中形成了一种比正硼酸强得多的多聚硼酸的结果。该多聚硼酸中的硼原子数,可以用以下办法计算:

$$nH_3BO_3 \rightleftharpoons (H_3BO_3)_n$$

$$K=[H_3BO_3]_n/[H_3BO_3]^n \tag{6-12}$$

对硼酸这样的弱酸,有 $pH=1/2(pK_1+pK_2)+n/2\lg[H_3BO_3]$。

用不同浓度硼酸溶液 pH 和硼酸浓度为 0.025~0.25mol/L 作 pH-lg[H_3BO_3]图。求得离子强度 $\mu=3.5\sim6.2$ 时,卤水中硼酸浓度为 0.025~0.25, $n=2$, $(pK^0_1+pK^0_2)=8.5$。当 H_3BO_3 浓度为 0.25~0.5mol/L 时, $n=4.8$, $(pK^0_1+pK^0_2)=7.2$。在硼酸水溶液中($\mu=0$)的浓度为 0.25~0.50mol/L 时, $n=3.2$, $(pK^0_1+pK^0_2)=7.1$。这一结果与 D.小斯特顿在浓度为 0.20~0.80mol/L 的硼酸水溶液中($\mu=0$)求得的 $n=3.2$, $(pK^0_1+pK^0_2)=6.86$ 基本一致。根据研究结果,认为大柴旦盐湖区补给水,包括北山温泉,含硼量都小于 0.01mol/L,这些补给水中的硼主要是以正硼酸(H_3BO_3)和少量 $B(OH)_4^-$ 的形式迁移进入湖区。湖水由于天然蒸发浓缩的结果,卤水中硼含量增加,其存在形式也随之发生变化。大柴旦盐湖地表卤水中硼含量一般为 0.025~0.25mol/L。根据上述研究结果,硼酸或其盐的聚合度 $n=2$。这与该盐湖卤水主要沉积柱硼镁石($MgO\cdot B_2O_3\cdot 3H_2O$),处于湖底,与卤水成平衡的看法相吻合。也就是说,在湖水中硼不一定以(H_3BO_3)的形式存在,而是以 $B_2(OH)_4^-$ 粒子的形式存在为主,当然也会存在有(H_3BO_3)和 $B(OH)_4^-$,甚至有其他聚合度更大的硼氧配阴离子存在,只不过它们的含量很少而已。

2. 不同浓缩卤水中硼酸盐存在形式

前面"共结硼酸盐"的相组成一节中述及:在硫酸镁饱和卤水单次加芒硝回溶晒水实验过程中,取不同析盐阶段的不同浓缩卤水,采用硫酸钡重量法测定硫酸根、硝酸汞络合滴定氯、氨羧络合滴定镁、四苯硼化钾重量法测定钾,而硼采用甘露醇法进行酸碱滴定。在进行减差法计算 Na^+ 含量时,需要解决硼在盐卤中的存在形式和表达方式问题。高世扬等[46,47]采用配合物溶液中的研究方法之一离子配对法,对实际盐卤进行了如下研究:

(1) 分析离子配对成盐。其原理是根据溶液中电荷平衡电为中性,阴离子总和与阳离子总和数目应相等的原则,对含硼量较高的实际盐卤进行分析测定

Na^+,K^+,Mg^{2+}/Cl^-,SO_4^{2-}-H_2O 五元体系 25℃平衡相图和介稳相图的溶解度数据和硫酸镁亚型硼酸盐盐湖卤水天然蒸发实验结果都表明,氯化饱和卤水中的钾盐和钠盐含量很少(0.1%～0.15%)。考虑到在湖区找到的柱硼镁石($MgO \cdot B_2O_3 \cdot 3H_2O$)、章氏硼镁石($MgO \cdot 2B_2O_3 \cdot 9H_2O$)和三方硼镁石($MgO \cdot 3B_2O_3 \cdot 7.5H_2O$)都是硼酸镁盐,故可以认为该类型天然盐卤中的硼酸盐是以镁的硼酸盐形式存在。化学式可写成:$MgO \cdot nB_2O$,其中

$$M(B_2O_3)/M(MgO)=n \tag{6-13}$$

式中:M 为物质的量;n 为1、2或3等。

根据盐溶液的电中性原理,所有阳离子的总电荷应等于所有阴离子的总电荷,即

$$\sum_i^m \nu_i c_i - \sum_j^n \nu_j c_j = 0$$

式中:ν_i 和 c_i 为第 i 种阳离子的电荷数和浓度;m 为阳离子的种类数;ν_j 和 c_j 为第 j 种阴离子的电荷数和浓度;n 为阴离子的种类数。

由于盐卤中主要含 Li^+、Na^+、K^+、Mg^{2+}、Cl^- 和硼氧配阴离子,把这些组分的相应值代入式(6-14),可得

$$\frac{w(Li^+)}{Li^+}+\frac{w(Na^+)}{Na^+}+\frac{w(K^+)}{K^+}+2\frac{w(Mg^{2+})}{Mg^{2+}}-\frac{w(Cl^-)}{Cl^-}-2\frac{w(SO_4^{2-})}{SO_4^{2-}}-\frac{2w(B_2O_3)}{n(B_2O_3)}=0 \tag{6-14}$$

式中:$w(Li^+)$,$w(Na^+)$,…,$w(B_2O_3)$分别为盐卤中各相应组分的含量;Li^+,Na^+,…,B_2O_3 分别为这些粒子的式量;n 为硼氧酸盐中 B_2O_3 的平均接合度。

含7.5% $MgO \cdot 2B_2O_3$、20.08% $MgCl_2$ 和5.78% $MgSO_4$ 等天然浓缩盐卤,在室温条件下,用12.30mol盐酸滴定,结果如图6-9所示。在对该滴定曲线进行定性解释的基础上,进行以下定量计算:100.0g卤水中三氧化二硼的含量,5.81/69.62=0.083 45 mmol;滴定终点 E 处消耗12.30mol盐酸量,6.77×12.30/1000=0.083 27mmol,可得 $M(B_2O_3):M(HCl)=1:1$。因此可以认为,天然浓缩盐卤中的硼酸盐是以四硼酸镁的“综合统计”形式存在的,这里“综合统计”的含义是,盐卤中存在的硼氧配阴离子除 $n(B_2O_3)/n(MgO)=2$ 以外,可以同时存在 n 小于2和大于2的硼氧配阴离子,但其存在量应该满足 $n=2$ 这一表观结果。在进行盐卤分析过程中,很少直接测定 Na^+,用式(6-14)进行粒子配对成盐时会出现两个未知数,即钠的含量 $w(Na^+)$和硼的平均接合度 n。当盐卤中 B_2O_3 的平均接合度 n 分别为1($MgO \cdot B_2O_3$)、2($MgO \cdot 2B_2O_3$)和3($MgO \cdot 3B_2O_3$)时,可从式

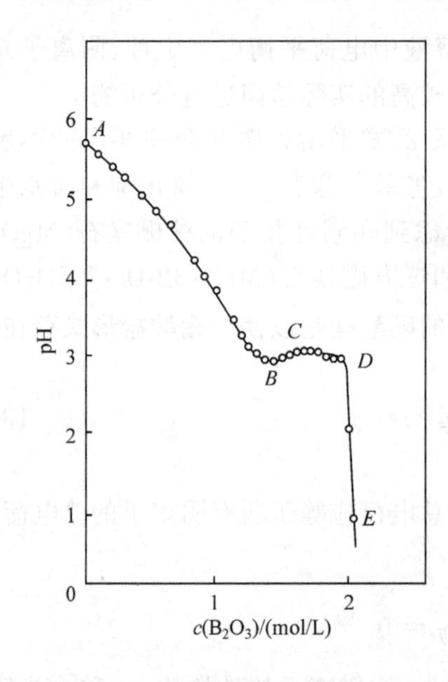

图 6-9 含硼浓缩盐卤的盐酸滴定曲线

(6-14)中解出氯化钠的含量。

(2) 配对成盐结果。硫酸镁饱和卤水单次加芒硝回溶晒水过程中不同浓缩卤水化学分析结果为：按 $MgO:B_2O_3=1:n$($n=1$、$n=2$ 和 $n=3$)时配对成盐结果列于表 6-7 中。

由表 6-7 中列出含硼盐卤加芒硝回溶晒水实验过程中不同浓缩卤水组成的配对成盐结果。按粒子配对成盐方程式(6-14)，当 $n=1$ 且卤水中氧化镁达到饱和时，解出的 NaCl 含量高达 3.24%；当 $n=3$ 且卤水中水氯镁石开始析出时的 NaCl 含量为-2.76%，这显然都不合理。只有 $n=2$ 时，从方程式(6-14)中解出水氯镁石析出的 NaCl 含量为-0.38%这一结果是可以接受的。计算结果与真值之差可认为是由于分析误差引起的。由此可见，硫酸镁亚型硼酸盐盐湖卤水中硼的分析结果，可用粒子配对成盐方式表示成四硼酸镁($MgO\cdot 2B_2O_3$)的形式。

3. pH 滴定法确定硼阴离子存在形式

取天然浓缩盐卤(含 7.5% MgB_4O_7、20.08% $MgCl_2$、5.78% $MgSO_4$ 等)100.0g 用浓盐酸(12.03mol/L)进行 pH 滴定，结果绘于图 6-9 中。

由图 6-9 中用盐酸(12.03mol/L)进行天然含硼浓缩盐卤(7.50% MgB_4O_7、20.08% $MgCl_2$ 和 5.78% $MgSO_4$ 等)的 pH 滴定结果可见，盐卤从 pH=5.70 的 A 点开始，随着盐酸的加入，pH 缓慢地降到极小值 B 点(pH=2.70)的这一过程相应于溶液中各种高聚合度硼酸盐与盐酸按下列反应生成相应的硼化合物：

$$2MgO\cdot nB_2O_3+2HCl \longrightarrow Mg(HB_{2n}O_{3n+1})_2+MgCl_2 \tag{6-15}$$

$$Mg(HB_{2n}O_{3n+1})_2+2HCl \longrightarrow H_2(HB_{2n}O_{3n+1})+MgCl_2 \tag{6-16}$$

当上述滴定反应进行到一定程度后，可能同时存在着高聚合度硼酸的下述解聚过程：

$$XH_2(B_{2n}O_{3n+1})+YH_2O \rightleftharpoons ZH_2B_4O_7 \tag{6-17}$$

当 $n=3$ 时，$X=2$，$Y=1$，$Z=3$，依此类推。滴定反应进行到溶液 pH=2.70 的这一数值就相应于四硼酸($H_2B_4O_7$)在该滴定溶液中的平衡酸度。曲线 BC 部分显示出在继续加酸滴定过程中 pH 的上升。这相应于四硼酸进一步按式(6-18)分解而形成硼酸的过程

表6-7 含硼盐卤在日晒蒸发浓缩过程中溶液硼酸盐表示形式

编号	卤水密度/(g/cm^3)	液相组成(质量分数)/%																	
		离子分析结果						按离子配对成盐方法计算结果											
								$n=1$			$n=2$						$n=3$		
		Li^+	K^+	Mg^{2+}	Cl^-	SO_4^{2-}	B_2O_3	NaCl	$MgCl_2$	$MgO·B_2O_3$	LiCl	NaCl	KCl	$MgCl_2$	$MgSO_4$	$MgO·2B_2O_3$	NaCl	$MgCl_2$	$MgO·3B_2O_3$
1	1.323(17℃)	0.052	1.41	4.29	11.83	11.15	0.72	11.12	4.76	1.14	0.32	10.51	2.69	5.25	13.98	0.93	10.91	5.50	0.86
2	1.331(18℃)	0.064	1.84	4.53	12.39	10.49	0.91	9.66	6.09	1.44	0.39	8.89	3.51	6.71	13.15	1.18	8.64	6.92	1.09
3	1.325(13℃)	0.083	2.32	4.82	14.16	8.22	1.19	8.02	9.08	1.88	0.51	7.01	4.42	9.91	10.30	1.54	6.67	10.18	1.42
4	1.314(11℃)	0.088	2.28	4.93	14.70	7.08	1.33	7.20	10.48	2.10	0.54	6.11	4.35	11.38	8.87	1.72	5.72	11.69	1.59
5	1.319(17℃)	0.094	2.38	4.99	14.93	6.94	1.37	7.03	10.77	2.17	0.57	5.87	4.54	11.71	8.70	1.77	5.49	12.04	1.63
6	1.315(9℃)	0.094	2.49	4.93	15.10	6.45	1.39	6.87	11.00	2.20	0.57	5.71	4.75	11.96	8.08	1.79	5.32	12.27	1.66
7	1.323(11℃)	0.109	2.34	5.46	15.97	5.87	1.63	5.55	13.33	2.57	0.67	4.18	4.46	14.45	7.36	2.10	2.73	14.82	1.95
8	1.319(15℃)	0.129	2.09	5.62	16.31	5.19	1.88	5.13	14.29	2.97	0.79	3.55	3.99	15.58	6.50	2.42	3.03	16.00	2.24
9	1.331(10℃)	0.152	1.62	6.59	18.21	4.25	2.26	3.63	18.49	3.57	0.93	1.75	3.09	20.01	5.33	2.92	1.09	20.55	2.70
10	1.357(13℃)	0.230	0.34	7.73	19.94	3.61	3.55	3.62	21.83	5.61	1.40	0.65	0.65	24.26	4.55	4.58	−0.34	25.07	4.24
11	1.490(6℃)	0.278	0.07	9.02	22.83	3.41	4.32	3.24	26.04	6.82	1.70	−0.38	0.13	28.99	4.27	5.57	−1.60	29.97	5.15

$$H_2B_4O_7 + 5H_2O \longrightarrow 4H_3BO_3 \qquad (6-18)$$

当硼酸浓度达到饱和时便析出固体硼酸。点 C的 pH(pH＝3.0)就相应于硼酸在该滴定液中的平衡酸度。从点 C 开始滴定到点 D 的这一过程中不断析出固体硼酸。溶液 pH 近于恒定不变。折点 D 相应于盐溶液中的硼酸盐与盐酸反应生成并析出固体硼酸的终止点。

在上述定性解释的基础上,进行下述定量计算:100.00g 浓缩盐卤(5.81% B_2O_3)中 B_2O_3 的物质的量为 5.81/69.62＝0.083 45。滴定用盐酸量(扣除空白值)为 6.77mL。定量反应用 HCl 物质的量为 6.77×12.30/1000＝0.083 27。由此可得

$$M(B_2O_3) : M(HCl) = 1:1 \qquad (6-19)$$

这就表明,含硼浓缩盐卤中,硼酸盐是 $MgO·2B_2O_3$ 的“综合统计”形式存在,“综合统计”的含义是指溶液中除了能以 MgB_4O_7 的形式存在以外,并不排除还有接合度 $2<n<3$ 的硼酸盐存在,但其存在量需满足 $n=2$ 这一表观结果。

与此同时,我们进行 MgB_4O_7-$MgCl_2$-H_2O 合成卤水(含 6.11% MgB_4O_7,29.31% $MgCl_2$)的盐酸对盐卤的 pH 滴定结果与天然浓缩盐卤的结果一致(图 6-9)。

我们在对某盐湖硫酸镁饱和卤水进行加芒硝回溶晒水蒸发浓缩到氯化镁共饱和过程中,在硼酸盐并不以固体盐形式析出的情况下,运用粒子配对成盐方式对不同浓缩卤水分析结果进行处理,在把 B_2O_3 与 MgO 接合成 $MgO·nB_2O_3$ 时,只有当 $n=2$ 时的结果才比较合理。这表明,不同浓缩卤水中硼可用 MgB_4O_7 的组成进行表示。

4. *四硼酸镁盐过饱和水溶液中的硼氧配阴离子及其相互作用*

在过去的“盐卤硼酸盐化学”系列研究中、在进行含硼浓缩盐卤的酸盐对盐卤的 pH 滴定实验中、在对含硼浓缩盐卤的加水稀释成盐实验中,根据析出固相、不同硼酸镁水合盐的化学组成、晶体结构中存在的硼氧配阴离子,曾给出过对某些结晶过程反应机理的解释。为了证实这些解释的正确性,采用现代物理方法尤其是分子振动光谱,对水溶液中硼氧配阴离子存在形式及其相互作用进行研究。20 年前,Valyashko 对无机硼氧酸盐晶体及其水溶液进行红外光谱研究。由于多数硼酸镁水合盐在室温水中的溶解度较小,溶液中硼氧配阴离子浓度低,加之溶剂水对 IR 具有明显的吸收作用,致使硼氧酸盐水溶液红外光谱中多聚硼氧配阴离子特征峰信号被减弱、模糊,甚至消失。近年来,高世扬等[48,49]在模拟合成高浓度四硼酸镁过饱和水溶液实验中,运用差示 FT-IR 光谱技术在不同反应过程中,研究了水溶液硼氧配阴离子存在形式及其相互作用规律,并在初步探索中取得了好结果。

(1) 四硼酸镁过饱和水溶液的 FT-IR 光谱。通常模拟合成制备的四硼酸镁过饱和水溶液,在室温下能够稳定数天,然后有固体 $MgB_4O_5·9H_2O$ 析出。表 6-8 是原始四硼酸镁过饱和水溶液及稀释样的不同酸度和组成分析结果。

表6-8　四硼酸镁过饱和水溶液及稀释样的不同酸度和组成分析结果

样品编号	化学分析(质量分数)/%		pH
	B_2O_3	MgO	
C-1	6.07	1.18	7.97
C-2	3.89	0.76	8.15
C-3	2.50	0.49	8.30
C-4	5.63	0.55	6.29
C-5	2.94	0.22	4.61

表6-9　$MgB_4O_5·9H_2O$ 晶体及其过饱和水溶液的 FT-IR 光谱的振动频率及其归属

$MgB_4O_5·9H_2O$		频率归属
晶体	过饱和溶液	
1690 m	1640 w	$\delta(H—O—H)$
	1550 w	$\delta(H—O—H)$
1424 s	1422 s	$\nu_{as}(B_{(3)}—O)$
	1340 s	$\nu_{as}(B_{(3)}—O)$
1276 m		$\delta(B—O—H)$
1202 m	1148 s	$\delta(B—O—H)$
1056 m		$\nu_{as}(B_{(4)}—O)$
1001 w		$\nu_{as}(B_{(4)}—O)$
954 m		$\nu_s(B_{(3)}—O)$
817 m		$\nu_s(B_{(4)}—O)$
764 vw		$\nu_s(B_{(4)}—O)$
659 m		$\gamma(B_{(3)}—O)$
	641 m	$\nu_p(B_6O_7(OH)_6^{2-})/\nu_p(B_3O_3(OH)_4^-)$
	569 s	$\nu_p(B_4O_5(OH)_4^{2-})$
	530 m	$\nu_p(B_5O_6(OH)_4^-)$
	512 s	$\nu_p(B(OH)_4^-)$
507 vw		
473 m		$\delta(B_{(4)}—O)$
	438 s	$\nu_p(B_3O_3(OH)_4^-)$
397 w		$\delta(B_{(4)}—O)$

注：s.强峰；m.中峰；w.弱；vw.很弱。

表6-9为 $MgB_4O_5·9H_2O$ 晶体及其过饱和水溶液的 FT-IR 光谱的振动频率

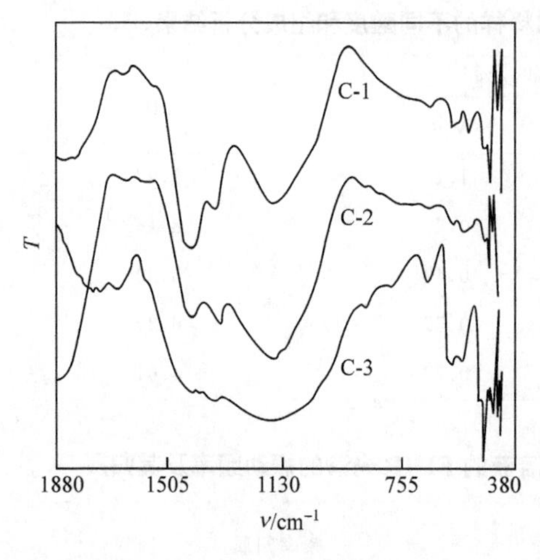

图 6－10　四硼酸镁过饱和水溶液在稀释过程中的 FT-IR 光谱

及其归属。与晶体的振动光谱进行比较，四硼酸镁过饱和水溶液中多数硼氧振动频率峰与固体中多数硼氧振动频率峰接近。

从四硼酸镁过饱和水溶液在稀释过程中的 FT-IR 光谱图(图 6－10)和表 6－9 中的结果可以看出，四硼酸镁过饱和水溶液中存在六硼(三硼)、五硼、四硼氧配阴离子及 $B(OH)_4^-$、$B_2O(OH)_5^-$。六硼(三硼)、五硼和四硼氧配阴离子的脉冲振动峰分别出现在 $641cm^{-1}$、$530cm^{-1}$ 和 $569cm^{-1}$ 处。$1550\sim1690cm^{-1}$ 谱带上的吸收峰被认为是 H—O—H的弯曲振动模式，而B—O—H的弯曲振动模式被认为是在 $1148\sim1276cm^{-1}$ 谱峰区，$1340\sim1424cm^{-1}$ 谱带上的吸收被归属为 $B_{(3)}$—O 键的非对称伸缩振动，$764cm^{-1}$ 和 $512cm^{-1}$ 为 $B(OH)_4^-$ 的对称脉冲振动峰。

(2) 四硼酸镁过饱和水溶液稀释过程中的 FT-IR 光谱。硼氧酸盐水溶液中，硼氧配阴离子的存在形式主要受到溶液 pH 和含硼量的影响。在四硼酸镁过饱和水溶液稀释过程中，记录了 B_2O_3 含量由 6.07%～2.50%水溶液的 FT-IR 光谱。表 6－10 列出四硼酸镁过饱和水溶液稀释和酸化过程中 FT-IR 光谱的振动频率及其归属。$1550\sim1761cm^{-1}$ 区中 H—O—H 键的振动峰由于稀释作用，随着 pH 的升高，溶液含硼量的降低，强度变弱并变得复杂。C-1 样品的红外光谱上的 $1640cm^{-1}$ 峰，在 C-3 样品的红外光谱上位移到 $1660cm^{-1}$，并在 C-3 样品的红外光谱上出现 $1761cm^{-1}$ 和 $1724cm^{-1}$ 两个吸收峰。B—O—H 键的弯曲振动峰也随着稀释而变宽和变弱，C-1 样品的红外光谱上的 $1148cm^{-1}$ 峰宽且强，在C-2样品的红外光谱上位移到 $1139cm^{-1}$ 且变宽，C-3 样品位移到 $1128cm^{-1}$ 变宽且变弱。显然，OH^- 对四硼酸镁水溶液中多聚硼氧配阴离子的存在和吸收峰的强度有明显的影响。$B_{(3)}$—O 键的非对称伸缩振动峰强度随着稀释度的增大而变弱，在 C-1 样品中为 $1422cm^{-1}$ 和 $1340cm^{-1}$，在 C-2 样品中变为 $1412cm^{-1}$ 和 $1328cm^{-1}$，而C-3样品中 $1409cm^{-1}$ 和 $1329cm^{-1}$ 吸收峰显得极弱，几乎看不见。同时，$B_{(4)}$—O 键的对称伸缩振动峰($845cm^{-1}$)和 $B(OH)_4^-$ 对称脉冲振动峰($757cm^{-1}$ 和 $515cm^{-1}$)出现并加强，表明随着稀释度的增大，$B(OH)_4^-$ 在溶液中的相对含量增大，发生式(6－20)反应。

$$B(OH)_3 + 2H_2O \rightleftharpoons B(OH)_4^- + H_3O^+ \tag{6-20}$$

表 6-10　四硼酸镁过饱和水溶液稀释和酸化过程中 FT-IR 光谱的振动频率及其归属

	稀　释		酸　化		
C-1	C-2	C-3	C-4	C-5	频率归属
		1 761 w			δ(H—O—H)
		1 724 w			δ(H—O—H)
1 640 w	1 640 w	1 660 w	1 640 w	1 660 w	δ(H—O—H)
1 550 w	1 568 w				δ(H—O—H)
1 422 s	1 412 s	1 409 w	1 426 s	1 410 s	$\nu_{as}(B_{(3)}—O)$
		1 389bw			$\nu_{as}(B_{(3)}—O)$
1 340 s	1 328 s	1 329bw	1 340 w		$\nu_{as}(B_{(3)}—O)$
1 148 bs	1 139 bs	1 128bw	1 159bm	1 152 bs	δ(B—O—H)
			1 022 m		
		845 w			$\nu_s(B_{(4)}—O)$
		757 w			$\nu_p(B(OH)_4^-)$
			738 w		
			708 w		
641 m	638 w	639 s	639 s	639 w	$\nu_p(B_6O_7(OH)_6^{2-})/\nu_p(B_3O_3(OH)_4^-)$
569 s	564 m	561 s	565 s	562 m	$\nu_p(B_4O_5(OH)_4^{2-})$
530 m	535 m		535 m	536 s	$\nu_p(B_5O_6(OH)_4^-)$
512 s	511 w	515 m	518 s		$\nu_p(B(OH)_4^-)$
438 s	441 s	436 s	454 m	451 m	$\delta(B_{(4)}—O)$
	396 s	394 s			

$[B_6O_7(OH)_6]^{2-}$是由三个与$[B_3O_3(OH)_4]^-$结构相同的六元环构成。因此，被认为是三硼或六硼氧配阴离子的对称脉冲振动峰(641cm^{-1})，随着稀释变得清晰并增强。五硼和四硼氧配阴离子则可能发生以下解聚反应：

$$B_4O_5(OH)_4^{2-} + 2H_2O \rightleftharpoons B_3O_3(OH)_4^- + B(OH)_4^- \tag{6-21}$$

$$B_5O_6(OH)_4^- + 3H_2O \rightleftharpoons B_3O_3(OH)_4^- + 2B(OH)_3 \tag{6-22}$$

由于五硼和四硼氧配阴离子之间的相互转化，四硼氧配阴离子特征峰 569 cm^{-1}出现并增强，五硼氧配阴离子特征峰 530 cm^{-1}变弱，稀释到 C-3 样品时该峰已被淹没。式(6-23)说明在五硼氧配阴离子特征峰消失的同时，四硼氧配阴离子特征峰变得明显。

$$B_5O_6(OH)_4^- + OH^- + H_2O \rightleftharpoons B_4O_5(OH)_4^{2-} + B(OH)_3 \tag{6-23}$$

(3) 四硼酸镁过饱和水溶液酸化过程中的 FT-IR 光谱。在 298K 下，恒沸盐

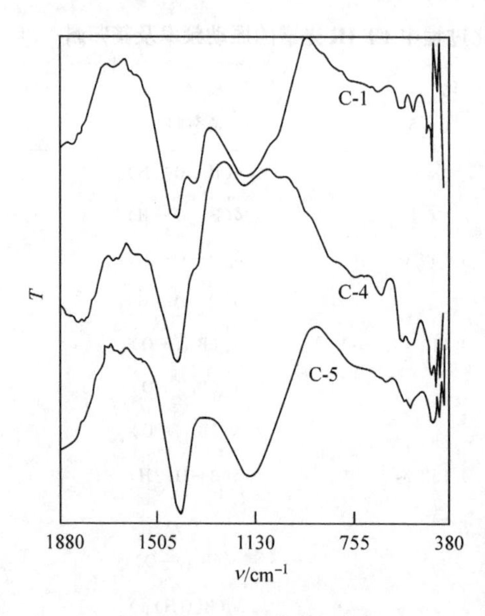

图 6-11 四硼酸镁酸化过程中溶液酸化的 FT-IR 光谱

酸滴定 40mL 四硼酸镁过饱和水溶液时的 pH 变化曲线与浓缩盐卤的滴定曲线(图 6-9)类同。pH 由 7.97 变为 0.80,与强酸滴定强碱溶液的曲线相似。如图6-9所示,pH 变化可以分为四个阶段:第一阶段,曲线 *AB* 中多聚硼氧配阴离子与盐酸反应生成相应的多聚硼酸,pH 由 7.97 降到 5.80。第二阶段,曲线 *BC* pH 改变很小,在这个阶段可以看到当盐酸滴入时,从点 *B* 固体硼酸由滴定液中析出,这意味着所有的滴定(四硼酸镁与四硼酸和四硼酸与硼酸之间)都在溶液中进行着反应。第三阶段,曲线 *CD* 的中间点可以被认为是四硼酸镁盐与盐酸反应的终点。当盐酸滴入时,pH 变化颇大且明显。第四阶段,曲线 *DE* 表明滴定过程结束。按照滴定曲线,将盐酸滴入四硼酸镁过饱和水溶液中,达到反应平衡后,取液相记录 FT-IR 光谱频率及其归属列于表 6-10 中,并绘于图 6-11中。在高波数 1550~1761cm^{-1}范围内出现的 4 个吸收峰,在酸化液 C-4 和 C-5 样品的红外光谱中只出现 1 个峰。这是由于 pH 减小对 H—O—H 和 B—O—H 键产生明显影响的结果,$B_{(3)}$—O 键的非对称伸缩振动峰 1340 cm^{-1},在 C-1 样品的红外光谱中很清晰,在 C-4 样品中相对变弱,在 C-5 样品中则完全消失。这表明硼氧配阴离子之间的相互作用明显地受溶液酸度的影响。四硼氧配阴离子特征峰,在C-1样品的红外光谱中为 569cm^{-1},在 C-4 样品中为 565cm^{-1}(强),在 C-5 样品中为 562cm^{-1}(已变弱)。五硼氧配阴离子特征峰,在 C-1 样品的红外光谱中为 530cm^{-1},在 C-4 样品中为 535cm^{-1},在 C-5 样品中出现较强的 536cm^{-1} 峰。$B(OH)_4^-$ 对称脉冲振动峰,在 C-1 样品中是 512 cm^{-1}强峰,在 C-4 样品中 518cm^{-1} 谱峰仍然较强,而在 C-5 样品中却完全消失,这可能是由于式(6-22)和式(6-23)逆反应的结果。由四硼酸镁过饱和水溶液酸化过程的 FT-IR 光谱可以看出,较高 pH 时,$[B(OH)_4]^-$、$[B_3O_3(OH)_4]^-$ 和$[B_4O_5(OH)_4]^{2-}$ 相对稳定;较低 pH 时,发生多聚硼氧配阴离子的解聚反应,B_2O_3 的含量随着 pH 的降低而减小。多聚硼氧配阴离子在溶液中的存在形式主要取决于溶液中的含硼量和 pH 这些影响镁硼酸盐矿物的形成和沉积因素。因此,这可能就是不同稀释度的卤水能够结晶析出具有不同结构类型水合硼酸镁盐的原因。从 FT-IR 光谱对四硼酸镁过饱和水溶液、不同稀释度和不同酸度溶液的分析结果表明,由于固体光谱中不同聚合度的振动基团的特征峰与在水溶液中相应的峰值相差很小，可以采用多聚硼酸盐中各种硼阴离子的振动光谱特征来识别水溶液中多聚硼氧配阴离子并进行归属。

6.5　硼酸盐与硼氧酸水盐体系热力学平衡态相图

6.5.1　B_2O_3-H_2O 二元体系的平衡相图

结晶水自溶在整个浓度范围内饱和溶液的蒸气压几乎都是大于 1atm。由于液体的黏度大，采用通常的过滤方法不可能从液、固相中分离出固相来。在固、液相之间达到平衡异常得慢。图 6－12 中所示的相图就是在考虑到这些行为的情况下，通过对初始质量组成混合物在内径为 10mm 的 Pyrex 熔封玻璃管内的过程进行肉眼观察结果而绘制成的。在试验温度条件下，B_2O_3 浓度为 95%时，Pyrex 熔封玻璃管的腐蚀损失很微小。样品是在空气恒温室(恒温±0.02%)内加热，同时通过玻璃管的转动进行混合的。

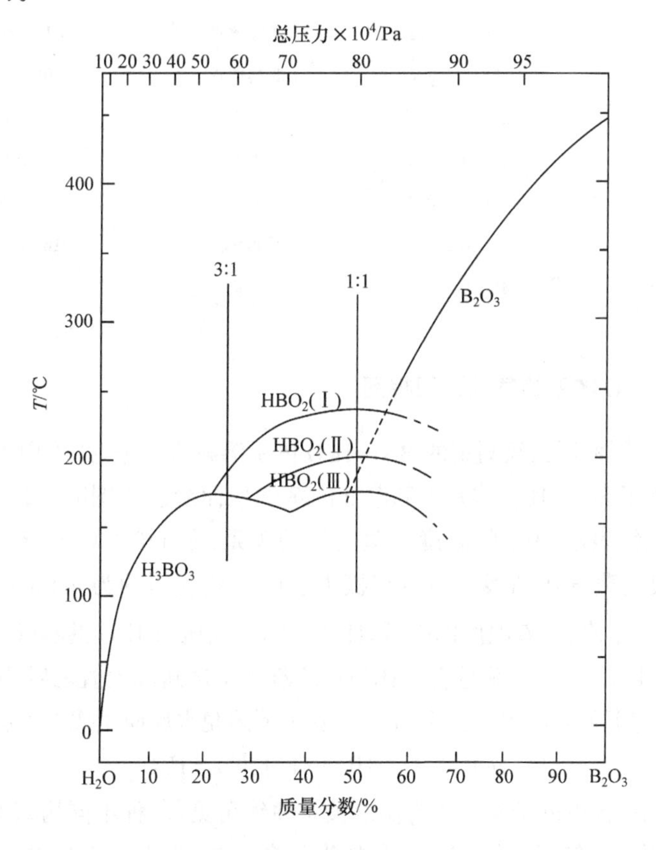

图 6－12　不同温度时 B_2O_3-H_2O 体系的溶解度图

B_2O_3-H_2O体系的临界数据列于表6-11并绘于图6-12中。图6-12出现水的固相冰、四种硼酸固相和三氧化硼,也就是冰、H_3BO_3、三种偏硼酸的异构体和结晶B_2O_3。在测定条件下,B_2O_3和HBO_2(Ⅲ)很快就会结晶析出,而B_2O_3和HBO_2^-析出得却特别慢。图6-12中的实线表示热力学平衡态的液相线;虚线代表介稳条件下的液相线。

表6-11 B_2O_3-H_2O体系的临界数据

液相组成(以B_2O_3计,质量分数)/%	温度/℃	名称	固相
0.0	0.0		H_2O
1.28	−0.76	低共熔点	$H_2O+H_3BO_3$
56.30	170.9±0.2	熔点	H_3BO_3
51	169±1	不调和熔点	$H_3BO_3+HBO_2$(Ⅰ)
61.6	169.6±0.2	低共熔点	$H_3BO_3+HBO_2$(Ⅱ)
69.8	158.5±0.5	低共熔点	$H_3BO_3+HBO_2$(Ⅲ)
79.45	236.5±1	熔点	H_3BO_3(Ⅰ)
79.45	200.9±0.5	熔点	HBO_2(Ⅱ)
79.45	176.0±0.2	熔点	HBO_2(Ⅲ)
82.5	235.0±2	低共熔点	HBO_2(Ⅲ)$+B_3O_3$
100.00	450.0±2	熔点	B_3O_3

6.5.2 B_2O_3-H_2O体系的气-液-固相图

Kracek等[50]根据已经测定的B_2O_3-H_2O体系溶解度数据,并采用H_3BO_3离解压简化计算给出了B_2O_3-H_2O体系饱和溶液的蒸气压而绘制成图6-12。图6-12中最左边的一条直线表示H_2O的温度与蒸气压的关系;在170.9℃和25.00%B_2O_3时,H_3BO_3的温度与蒸气压曲线。当达到极大值时的蒸气压约为4atm,随着温度的升高,蒸气压迅速下降;随着温度的降低,H_3BO_3的蒸气压与H_2O的蒸气压温度曲线越来越靠近;在40℃以下,几乎重合。H_3BO_3的蒸气压达到极大值之后,随着温度的升高,蒸气压迅速下降的原因是由于H_3BO_3发生下述脱水反应生成HBO_2。

$$H_3BO_3 \rightleftharpoons HBO_2(\text{Ⅰ、Ⅱ、Ⅲ}) + H_2O$$

从不同构型偏硼酸的蒸气压与温度关系曲线可见,三种不同构型的偏硼酸中以HBO_2(Ⅲ)的平衡蒸气压最低,HBO_2(Ⅰ)的为最高。在235℃以上的B_2O_3与水的反应中最容易形成HBO_2(Ⅰ)。

6.5.3　硼酸盐的赝二元体系

通常的盐在恒定的温度下，在水中溶解时形成二元体系，它们的溶解度仅是随温度的变化而变化，盐的水合物不会发生变化。下面我们将介绍一些盐在水中溶解时发生脱水而形成另外一种盐的体系，即我们称的赝二元体系。

1. 硼砂-水的赝二元体系

硼砂($Na_2B_4O_7 \cdot 10H_2O$)在水中不同的温度下产生相变。从含 10 分子结晶水中脱去部分结晶水形成 5 分子和 4 分子的四硼酸盐。$Na_2B_4O_7$-H_2O 二元体系在水中的溶解度曲线如图 6 - 13 所示[51]。不同温度时硼砂在水中的溶解度和平衡固相列于表 6 - 12 中。图 6 - 13 中有 $Na_2B_4O_7 \cdot 10H_2O$、$Na_2B_4O_7 \cdot 5H_2O$ 和 $Na_2B_4O_7 \cdot 4H_2O$ 的三条溶解度曲线。0～60℃之间是 $Na_2B_4O_7 \cdot 10H_2O$ 的溶解度曲线；50～100℃是 $Na_2B_4O_7 \cdot 4H_2O$ 的溶解度曲线；30～140℃是 $Na_2B_4O_7 \cdot 5H_2O$ 的溶解度曲线；虚线代表介稳态(metastable)。

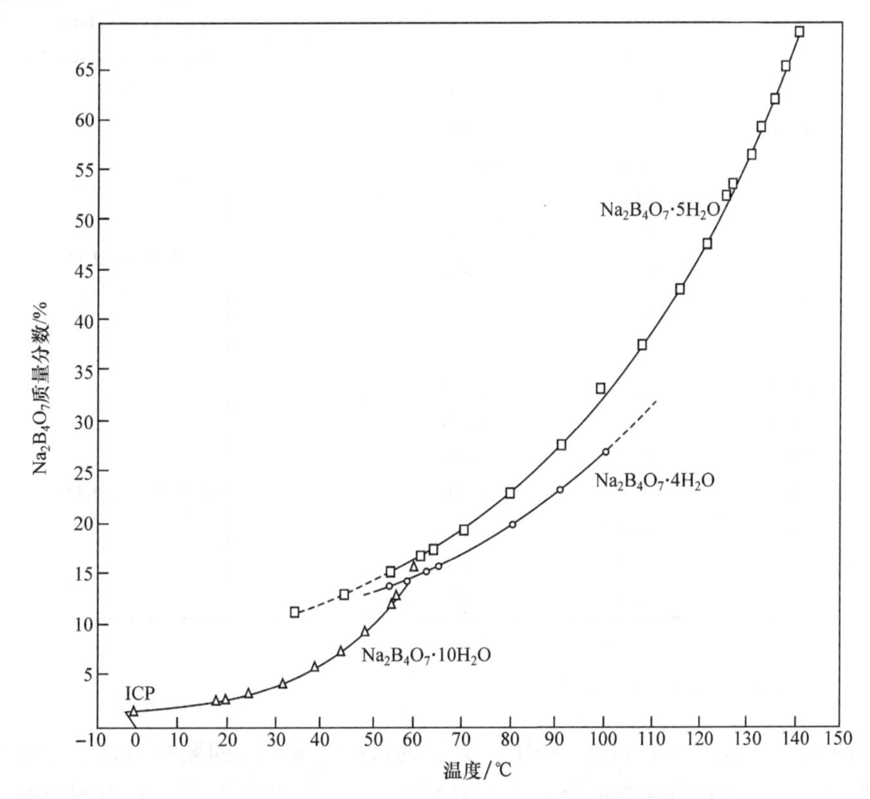

图 6 - 13　不同温度时硼砂在水中的溶解度曲线

表 6-12 不同温度时硼砂在水中的溶解度和平衡固相

T/℃	质量分数/%	mol/100mol H_2O	mol H_2O/100mol $Na_2B_4O_7$	g/L	d_4^t	固相
−0.44	1.06	0.95	105 255	11	1.009	溶液+$Na_2B_4O_7 \cdot 10H_2O$
0	1.1	1.0	100 000	11	1.010	
10	1.6	1.5	65 665	16	1.014	
20	2.5	2.3	43 480	15	1.022	
25	3.1	2.9	34 480	32	1.026	$Na_2B_4O_7 \cdot 10H_2O$
30	3.8	3.5	28 570	39	1.031	
40	6.0	5.7	17 545	63	1.043	
50	9.5	9.4	10 640	103	1.070	
58.5	14.6	13.3	6 535	163	1.115	$Na_2B_4O_7 \cdot 10H_2O$+ $Na_2B_4O_7 \cdot 4H_2O$
60.7	16.6	17.8	5 620	—	—	$Na_2B_4O_7 \cdot 10H_2O$+ $Na_2B_4O_7 \cdot 5H_2O$
39	12	12	8 335	—	—	$Na_2B_4O_7 \cdot 4H_2O$+
				—	—	$Na_2B_4O_7 \cdot 5H_2O$(介稳)
50	13.2	13.6	7 355	—	—	$Na_2B_4O_7 \cdot 4H_2O$(介稳)
60	14.85	15.6	6 410	—	—	
70	17.1	18.5	5 405	—	—	
75	18.4	20.2	5 406	—	—	
80	19.9	22.2	4 950	—	—	
90	23.5	27.5	4 505	—	—	
100	28.1	35.0	3 635	—	—	$Na_2B_4O_7 \cdot 4H_2O$
50	13.9	14.5	6 895	—	—	
70	19.4	21.5	4 450	—	—	
75	21.3	24.2	4 130	—	—	
80	23.4	27.3	3 663	—	—	
90	28.2	35.2	2 840	—	—	
100	34.0	46.1	2 170	—	—	$Na_2B_4O_7 \cdot 5H_2O$
110	40.5	60.9	1 640	—	—	
125	52.8	100.1	999	—	—	
140	69.6	204.9	488	—	—	

2. 钠硼解石-水的赝二元体系

钠硼解石[$NaCaB_5O_6(OH)_6 \cdot 5H_2O$]是含钙和钠阳离子与四硼酸阴离子形成的水合硼酸盐，是在我国青藏高原盐湖中沉积并正在析出的矿物[52,53]。在新类型硼酸盐盐湖中可以见到一片白茫茫的针状晶体，这就是钠硼解石。研究表明，它具有开发经济价值。我们对钠硼解石在不同温度下的相转化和产物进行了研究，陈若愚、高世扬等[54,55]对钠硼解石-水的赝二元体系在不同温度下发生相转化进行了系列研究，在10～93℃和120～240℃时所得结果分别列于表6-13和表6-14中。

表6-13 10～90℃，钠硼解石-水的赝二元体系溶解和相转化过程中的液、固相组成

温度/℃	液相组成(×10⁻²)(质量分数)/%			pH	固相组成(质量分数)/%			$n(CaO):n(B_2O_3)$(物质的量比)	平衡固相
	Ca^{2+}	B_2O_2	Na^+		CaO	B_2O_3	Na_2O		
10	0.84	3.05	0.84	9.48	13.86	43.00	7.55	1:2.5	钠硼解石
20	1.05	3.85	1.06	9.52	13.87	43.00	7.55	1:2.5	
30	1.30	4.74	1.32	9.56	13.90	43.02	7.52	1:2.5	
35	1.45	5.43	1.46	9.58	13.90	43.02	7.52	1:2.5	
40	3.32	6.89	3.95		16.20	43.22	4.26	1:2.1	钠硼解石
50	3.48	7.35	4.30		18.00	44.10	4.08	1:1.97	
60	2.91	7.80	4.90		18.70	45.90	—	1:1.91	
65	2.46	9.85	4.94		21.80	49.20	—	1:1.67	无定形
68	2.26	9.34	4.94		35.40	45.45	—	1:1.44	
71	1.64	−8.14	4.94		25.60	44.49	—	1:1.41	白硼钙石
75	1.43	7.80	4.94		28.7	46.20	—	1:1.31	
93	0.21	5.32	4.94		30.50	47.40	—	1:1.25	

注：钠硼解石为 $NaCaB_5O_6(OH)_6·5H_2O$；白硼钙石为 $Ca_2B_5O_8(OH)_3·2H_2O$。

由表6-12和表6-13作图得出钠硼解石在水中不同温度下的相转化组成图(图6-14)。从图6-14中可以看出，当温度在40℃以下时，曲线 *AB* 上钠硼解石不发生变化；当温度升高至50～80℃时，曲线 *BC* 呈现出向低水合物晶体转化；100℃以上时，曲线 *CD* 为无定形，在120～240℃水热条件下形成白硼钙石[$NaCaB_5O_6(OH)_6·H_2O$]。

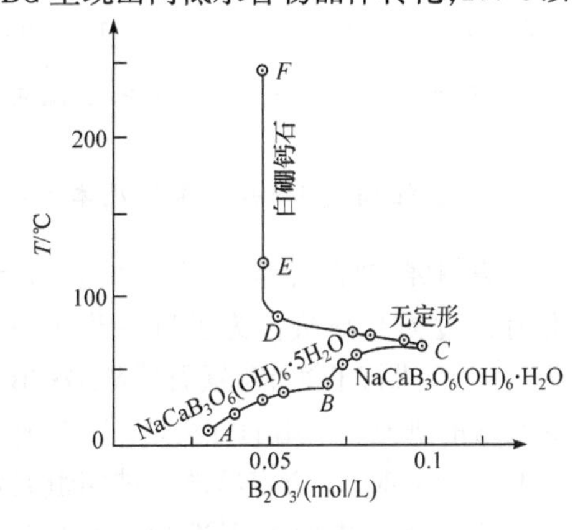

图6-14 钠硼解石-水体系在10～93℃、120～240℃时的相转化图

钠硼解石-水体系在40～93℃温度范围内的溶解、转化结果表明，硼氧骨架的破坏解体形成无定形，这个阶段是发生新骨架的重要前提，然后进一步形成晶体。硼氧骨架可以在相当宽的温度范围内保持稳定。新硼酸盐的形成也是首先从建立硼氧骨架开始的。这个结论可能会为新的硼酸盐的合成设计提供依据。

钠硼解石-水体系在120～240℃水热

体系中的溶解、转化结果表明，在高温相中稳定存在着硼氧配阴离子的特定条件下，可望合成某些寻常条件难以合成的硼酸盐。这是因为高原上年平均气温在0℃左右，而这也可能就是迄今为止，在青藏高原新类型(硫酸镁亚型)盐湖中未找到白硼钙石矿物的主要原因。

表 6-14　120～240℃，钠硼解石-水的赝二元体系相转化过程中的液、固相组成

温度/℃	液相组成(×10^{-2})(质量分数)/%			固相组成(质量分数)/%			$n(CaO):n(B_2O_3)$(物质的量比)	平衡固相
	Ca^{2+}	B_2O_2	Na^+	CaO	B_2O_3	Na_2O		
120								
2	3.66	1.67	3.40	17.00	42.20	1.90	1:2.00	钠硼解石
4	4.88	2.86	5.03	24.80	46.20	0.05	1:1.6	无定形
6	4.88	2.64	5.17	28.60	47.30	0.05	1:1.30	
8	4.90	2.42	5.31	30.30	48.90	—	1:1.25	白硼钙石
12	4.92	1.98	5.52	32.00	49.80	—	1:1.25	
18	2.94	0.88	5.39	32.10	49.82	—	1:1.25	
24	4.90	0.53	5.20	32.10	49.40	—	1:1.25	
32	4.94	—	4.96	32.10	49.80	—	1:1.25	
48	4.94	—	4.96	32.10	49.80	—	1:1.25	
240								
1	4.80	3.30	4.06	22.30	42.40	1.90	1:1.53	无定形
2	4.90	1.32	5.06	31.80	49.60	0.50	1:1.25	白硼钙石
6	4.90	1.10	5.03	32.10	49.90	0.05	1:1.25	
12	4.90	0.55	4.97	32.10	49.90	—	1:1.25	
	4.90	—	4.96	32.10	49.90	—	1:1.25	
24	4.90	—	4.96	32.10	49.90	—	1:1.25	

注：钠硼解石为 $NaCaB_5O_6(OH)_6 \cdot 5H_2O$；白硼钙石为 $NaCa_2B_5O_6(OH)_6 \cdot 2H_2O$。

3. 氯柱硼镁石-水的赝二元体系

夏树屏、刘志宏等[56～58]曾经在10～60℃时，对氯柱硼镁石复盐在水中溶解和转化进行过初步研究。为了进一步了解该复盐在水中形成的赝二元体系相图，我们[59～62]又进行了氯柱硼镁石($2MgO \cdot 2B_2O_3 \cdot 2MgCl_2 \cdot 14H_2O$)在水中等温和多温相转化反应的研究。采用的方法是：①0℃时(±0.1℃)，反应容器置于恒温装置下进行；②10～75℃时，反应容器放入玻璃恒温水槽中进行；③85～95℃时，反应容器置于液体石蜡水浴中恒温下进行；④沸点时，在电热套里加热至沸腾温度(西安市为96.39 kPa下的沸点温度)，回流较长时间，固相组成不变时表明已达到平衡；⑤100～200℃时，将反应物料放入小型高压反应釜(聚四氟乙烯内衬，约40mL)

内，置于烘箱内恒温，10d 后取出(预实验表明一般 3d 已经达到平衡)，自然冷却至 50℃左右后打开反应釜，离心分离，趁热取液相样和固相样。对上述样品进行化学分析，实验数据列于表6-15中，平衡固相用 IR 光谱及 X 射线粉末衍射图谱对固相进行鉴定。该膺二元体系的液、固相关系如图 6-15 所示。随着温度的升高，相转化产物依次为 $2MgO \cdot 3B_2O_3 \cdot 15H_2O$、$MgO \cdot B_2O_3 \cdot 3H_2O$ 和 $2MgO \cdot B_2O_3 \cdot 2H_2O$。

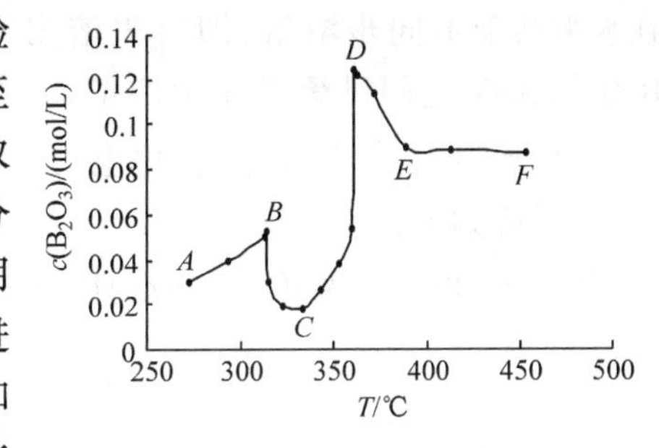

图 6-15 $2MgO \cdot 2B_2O_3 \cdot MgCl_2 \cdot 14H_2O-H_2O$ 膺二元体系多温液、固相关系图

表 6-15 $2MgO \cdot 2B_2O_3 \cdot MgCl_2 \cdot 14H_2O-H_2O$ 膺二元体系多温相关系

T/K	pH	液相组成/(mol/L)			固相组成(物质量的比)	DTG 峰/K	TG(失重)/%	固相
		$c(Cl^-)$	$c(Mg^{2+})$	$c(B_2O_3)$	$MgO:B_2O_3:H_2O$			
273	9.76	0.166	0.102 2	0.030 3				S_1^*
293	9.73	0.166	0.115 2	0.042 4	2.00:3.00:15.4			S_1^*
313	9.06	0.171	0.116 6	0.050 0				S_1
314	9.04	0.167	0.118 4	0.050 6				S_1+S_2
315	8.90	0.169	0.111 6	0.029 6	1.05:1.00:3.10	500	32.36	S_2
323	8.65	0.166	0.099 2	0.018 7	1.05:1.00:3.07			S_2
333	8.72	0.169	0.092 0	0.017 5	1.00:0.93:3.00			S_2
343	8.20	0.168	0.093 4	0.026 0	1.06:1.00:3.06	502	32.70	S_2
353	7.79	0.167	0.096 2	0.038 8	1.04:1.00:3.10			S_2
360	7.55	0.169	0.107 9	0.054 1				S_2
361	7.26	0.168	0.116 3	0.124 5				S_2+S_3
363	7.20	0.169	0.116 8	0.122 0	2.06:1.00:2.00	821	19.00	S_3
371	—	0.200	0.119 0	0.113 0				S_3
388	6.99	0.166	0.088 2	0.089 4				S_3
413	6.89	0.168	0.087 9	0.089 1	2.02:1.00:2.01	841	19.13	S_3
453	6.84	0.169	0.086 5	0.087 9	2.02:1.00:2.01			S_3

注：S_1^*. S_1+7.32% $Mg(OH)_2$；S_1. $MgO \cdot 3B_2O_3 \cdot 15H_2O$；$S_2$. $MgO \cdot B_2O_3 \cdot 3H_2O$；$S_3$. $2MgO \cdot B_2O_3 \cdot 2H_2O$。

$2MgO \cdot 2B_2O_3 \cdot MgCl_2 \cdot 14H_2O$ 的热分析结果以及振动光谱解析结果[61~63]都与柱硼镁石[$MgB_2O(OH)_6$]相似，这表明其结构中含有 $B_2O(OH)_6^{2-}$ 基团。可以认为，它具有类似光卤石型结构——$2[MgB_2O(OH)_6 \cdot H_2O] \cdot MgCl_2 \cdot 6H_2O$。该复盐

在水中属于不同步溶解，即首先溶出 $MgCl_2·6H_2O$ 组分，生成中间产物 $MgO·B_2O_3·4H_2O$，它同时缓慢发生溶解，不久便发生相转化。由于溶液 pH 较高（表 6－14），致使 Mg^{2+} 发生水解，这也与溶液 pH 随着温度的升高而依次减小的结果一致，反应如下：

$$2MgO·2B_2O_3·MgCl_2·14H_2O \rightleftharpoons 2[MgB_2O(OH)_6·H_2O]·MgCl_2·6H_2O$$
$$\downarrow$$
$$2[MgB_2O(OH)_6·H_2O] + Mg^{2+} + 2Cl^- + 6H_2O$$
$$\downarrow$$
$$2Mg^{2+} + 2[B_2O(OH)_6]^{2-} + 2H_2O$$

$$Mg^{2+} + 2H_2O \longrightarrow Mg(OH)_2\downarrow + 2H^+ \qquad (6-24)$$

在 273～314K 的较低温度下，随着溶液中 $B_2O(OH)_6^{2-}$ 浓度的增加，便发生如下聚合反应：

$$3B_2O(OH)_6^{2-} \rightleftharpoons 2B_3O_3(OH)_5^{2-} + 2OH^- + 3H_2O \qquad (6-25)$$

三聚硼氧配阴离子 $B_3O_3(OH)_5^{2-}$ 浓度增大到一定程度时，便与 Mg^{2+} 结合并析出多水硼镁石（$2MgO·3B_2O_3·15H_2O$）晶体。随着温度的升高，其溶解度逐渐增大（见图 6－15 曲线 *AB* 段）。

$$2B_3O_3(OH)_5^{2-} + 2Mg^{2+} + 5H_2O \longrightarrow 2Mg[B_3O_3(OH)_5]·5H_2O\downarrow \qquad (6-26)$$

在 314～361K 的较高温度下，由于聚合反应是放热反应，不利于 $B_2O(OH)_6^{2-}$ 聚合反应的发生，当溶液中 $B_2O(OH)_6^{2-}$ 浓度增大到一定程度时，就会与溶液中的 Mg^{2+} 直接结合而析出柱硼镁石（$MgO·B_2O_3·3H_2O$）晶体。随着温度的升高，其溶解度先减小后增大（见图 6－15 曲线 *BCD* 段）。

$$B_2O(OH)_6^{2-} + Mg^{2+} \longrightarrow MgB_2O(OH)_6\downarrow \qquad (6-27)$$

在 361～453K 的高温下，溶液中 $B_2O(OH)_6^{2-}$ 会脱水形成 $B_2O_4(OH)_2^{4-}$，进而与 Mg^{2+} 结合析出 $2MgO·B_2O_3·2H_2O$ 晶体。随着温度的升高，其溶解度逐渐减小（见图 6－15 曲线 *DEF* 段）。

$$B_2O(OH)_6^{2-} + 2OH^- \rightleftharpoons B_2O_4(OH)_2^{4-} + 3H_2O \qquad (6-28)$$

$$2Mg^{2+} + B_2O(OH)_6^{2-} + H_2O \rightleftharpoons Mg_2[B_2O_4(OH)_2]·H_2O\downarrow \qquad (6-29)$$

1）氯柱硼镁石-水体系在 0～40℃时的相平衡

氯柱硼镁石在水中很快溶解，也就将 $MgCl_2$ 溶解于水中，硼酸盐发生变化过程中氯离子的量基本不变。

2）氯柱硼镁石-水体系多温平衡液、固相组成

氯柱硼镁石在水中发生相转化，在不同温度下转化形成镁硼酸盐，不同于我们

进行的同多温相转化研究结果(表6-15)。由表6-15可知,有多水硼镁石(S_1)、柱硼镁石(S_2)和纤维硼镁石(S_3)。Li(李武)等[63]采用氯柱硼镁石在高温下与水反应也得到纤维硼镁石。

6.6 M_2O-B_2O_3水盐三元体系(M=Li,Na,K)

6.6.1 Li_2O-B_2O_3-H_2O三元体系溶解度

早在1907年,Dukelski[64]就对Li_2O-B_2O_3-H_2O体系在30℃时的等温溶解度进行过研究。确定在30℃时,该体系相图中存在$LiOH·H_2O$、$Li_2O·B_2O_3·16H_2O$、$Li_2O·2B_2O_3·2H_2O$、$Li_2O·5B_2O_3·10H_2O$和$B(OH)_3$五个固相区。1955年,Reburn等[65]再次对该体系在10℃、20℃、30℃、40℃和60℃时的等温溶解度相图进行研究。对$Li_2O·2B_2O_3·2H_2O$的物相结晶水数目进行了更正,结果为$Li_2O·2B_2O_3·3H_2O$,在60℃等温图中偏硼酸锂是$Li_2O·2B_2O_3·4H_2O$。Menzel在20世纪初就进行了$LiBO_2·8H_2O$的制备,接着Lehmann等先后对偏硼酸锂不同水合物的组成、结构和某些性质进行过研究。Rollet等[66]对$Li_2O·2B_4O_7$-LiCl-H_2O进行过研究。他们发现形成水合物的转变点为36.9℃或40℃,并对$Li_2O·2B_2O_3·2H_2O$在高温下(最高到400℃)进行研究。结果表明,在该体系中出现以下稳定相区:

-3~150℃ $Li_2O·2B_2O_3·2H_2O$

150~272℃ $Li_2O·2B_2O_3·2H_2O$

272~387℃ $Li_2O·2B_2O_3·H_2O$

387℃以上 $Li_2O·2B_2O_3$

硼酸锂在水中不同温度时的溶解度如表6-16所示。

表6-16 硼酸锂在水中不同温度时的溶解度

0℃	10℃	20℃	25℃	30℃	40℃	50℃	60℃	70℃	80℃	90℃	100℃	固相
在37.5℃或40℃下是非调和性溶解度						20.88	24.34	27.98	31.79	36.2	41.29	Li1
2.2~2.5	2.55	2.81	2.90	3.01	3.26	3.50	3.76	4.08	4.35	4.75	5.17	Li2
0.88	1.42	2.51	3.34	4.63	9.40	—	—	—	—	—	—	Li3
—	—	—	—	—	7.40	7.84	8.43	9.43	10.58	11.8	13.40	Li4

注 Li1.$Li_2O·5B_2O_3·10H_2O$;Li2.$Li_2O·2B_2O_3·4H_2O$;Li3.$Li_2O·B_2O_3·16H_2O$;Li4.$Li_2O·B_2O_3·4H_2O$。

6.6.2 Na_2O-B_2O_3-H_2O三元体系溶解度

Dukelski曾对Na_2O-B_2O_3-H_2O体系在30℃时的等温溶解度进行测定,得出该体系在30℃时的等温图中有5个相区:$Na_2O·B_2O_3·H_2O$、$Na_2O·B_2O_3·4H_2O$、$Na_2O·2B_2O_3·10H_2O$、$Na_2O·5B_2O_3·10H_2O$和$B(OH)_3$。Rosenheim测定了该体系在

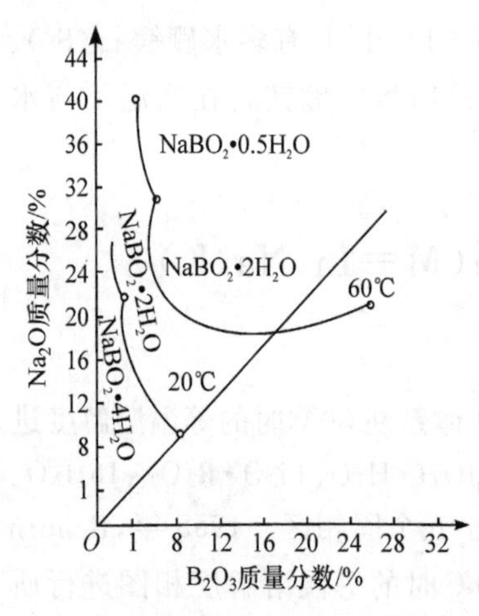

图 6-16 Na_2O-B_2O_3-H_2O 三元体系溶解度相图(30℃和 60℃)

0℃时的等温溶解度，绘出相图区中水合偏硼酸钠是 $Na_2O \cdot B_2O_3 \cdot 8H_2O$，这与 30℃时的情况不同；其他相区都与 30℃时的情况相同。Teepie 对该体系在 20.5℃和 28.5℃时的等温溶解度的某些关键点组成进行过测定。Blasdalew 对该体系在 10℃、16.1℃、20℃、25℃时的每一个等温溶解度都测定过 3 个数据。Sborg 只对 22.21℃、20.30℃、20.49℃时的 $Na_2O \cdot B_2O_3 \cdot 4H_2O$ 共饱和点进行过测定。Sborg 精细地对该体系在 0℃、20℃、35℃、45℃和 60℃时的等温平衡溶解度进行了测定。部分结果如图 6-16 所示。Курнаков[67]对低于 0℃温度以下的低温平衡溶解度进行测定。结果表明，该体系 60℃时除有 30℃时存在的相区外，还存在有 $Na_2O \cdot B_2O_3 \cdot H_2O$ 和 $2Na_2O \cdot B_2O_3 \cdot H_2O$ 两个固相区。

美国钾碱化学品公司的专利说明书中公布了关于 $Na_2B_4O_7$-B_2O_3-H_2O 体系从 0～60℃的 8 个等温溶解度测定结果，认为在把硼砂加到硼酸饱和溶液中时，或者在把硼酸加到饱和硼砂溶液中时，测得溶液中的 B_2O_3%(质量分数)明显增加，这一溶解度增加就是溶液中多聚硼氧酸阴离子形成的证明[68,69]。这是由于聚缩作用从溶液中把某些本来与固相成平衡的 H_3BO_3 分子和硼氧酸根除去，因此使更多的硼砂或硼酸被进一步溶解。

到目前对 Na_2O-B_2O_3-H_2O 三元体系已经进行过研究的温度范围内，存在以下含结晶水的化合物：

$2Na_2O \cdot 9B_2O_3 \cdot 11H_2O$　　$2Na_2O \cdot 5B_2O_3 \cdot 7H_2O$　　$Na_2O \cdot 5B_2O_3 \cdot 10H_2O$

$Na_2O \cdot 3B_2O_3 \cdot 4H_2O$　　$Na_2O \cdot 2B_2O_3 \cdot 10H_2O$　　$Na_2O \cdot 2B_2O_3 \cdot 5H_2O$

$Na_2O \cdot 2B_2O_3 \cdot 4H_2O$　　$Na_2O \cdot B_2O_3 \cdot 12H_2O$　　$Na_2O \cdot B_2O_3 \cdot 8H_2O$

$Na_2O \cdot B_2O_3 \cdot H_2O$　　$2Na_2O \cdot B_2O_3 \cdot 4H_2O$

6.6.3 K_2O-B_2O_3-H_2O 三元体系溶解度

早在 1906 年，Dukelski[64]就对 K_2O-B_2O_3-$4H_2O$ 三元体系在 30℃时的等温溶解度进行过测定，得到的平衡溶解度相图中出现 5 种固相：$KOH \cdot 2H_2O$、$K_2O \cdot B_2O_3 \cdot 2.5H_2O$、$K_2O \cdot 2B_2O_3 \cdot 4H_2O$、$K_2O \cdot 5B_2O_3 \cdot 8H_2O$ 和 H_3BO_3。20 世纪 50 年代，Carpeni 等[70,71]对该体系从 5～195℃之间的多个等温溶解度相图进行研究。20 世纪 60 年代，Николаев[72]在对该体系进行研究时，最高温度达到 143℃，发现在 131℃和

143℃时的等温溶解度相图中出现一种新的化合物 $2K_2O \cdot B_2O_3 \cdot 5H_2O$,其相区位于偏硼酸盐与氢氧化钾之间。

6.6.4　$MO\text{-}B_2O_3\text{-}H_2O$(M＝Ca,Mg)三元体系溶解度

针对我国青藏高原新类型(硫酸镁亚型,如大柴旦、小柴旦盐湖和扎仑茶卡盐湖)各种水合镁硼酸盐和水合镁钙硼酸盐复盐的沉积特征,为阐述这些硼酸盐的沉积机理,在本节中我们主要针对 Mg 和 Ca 为主要离子的有关三元体系的溶解度相图进行评述。

1. $MgO\text{-}B_2O_3\text{-}H_2O$ 三元体系溶解度

Николаев 等[73,74]早对 $MgO\text{-}B_2O_3\text{-}H_2O$ 三元体系 25℃等温溶解度进行过研究。在该体系 25℃时的等温溶解度相图中出现以下五种固相:$Mg(OH)_2$、$2MgO \cdot 3B_2O_3 \cdot 15H_2O$、$MgO \cdot 2B_2O_3 \cdot 9H_2O$、$MgO \cdot 3B_2O_3 \cdot 7.5H_2O$ 和 H_3BO_3。他认为 $MgO \cdot 2B_2O_3 \cdot 9H_2O$ 是一种稳定固相。在这些硼酸盐固相中,多水硼酸镁石($2MgO \cdot 3B_2O_3 \cdot 15H_2O$)是最先由 Валирева 在原苏联 Inder 湖硼矿床发现的一种天然镁硼酸盐矿物,并以该盐湖将其命名为 inderite(多水硼镁石)。大约 30 年后,于 1963～1964 年才在我国青藏高原柴达木盆地的大柴旦盐湖区发现 $MgO \cdot 2B_2O_3 \cdot 9H_2O$,并以我国著名化学家章洪剑将其命名为章氏硼镁石(hungtsaoite)。与此同时,$MgO \cdot 3B_2O_3 \cdot 7.5H_2O$ 也在大柴旦盐湖区被曲懿华等发现,同时命名为三方硼镁石(trigon-magneborite)。由于在同一时间美国人公布出了关于这一矿物的发现,国际矿物学会最后认定美国人是该矿物发现权人。因此,在我们国内仍将矿物的学名叫做三方硼镁石(它同时拥有两个英文名称)。

1957 年,J'Dans 等又在 25℃、35℃和 83℃条件下,测定了该体系的溶解度。在他们测定并绘制的该体系在 25℃时的等温溶解度相图 6－17 中,并没有出现 $MgO \cdot 2B_2O_3 \cdot 9H_2O$。因此,他们认为 $MgO \cdot 2B_2O_3 \cdot 9H_2O$ 不是稳定平衡固相,而是一种介稳固相。

Раз-заде 等[75]对该体系在 25℃、45℃ 和 70℃条件下的溶解度进行过研究,Шамасв[76]确定了该体系在 150℃时的平衡固相,Нобгородов[77]对该体系水热条件下(100～200℃)的溶解度进行了研究。

从上述 3 人对该体系在 25℃时的等温溶解度相图(图 6－17)可见,确实存在 $MgO \cdot 2B_2O_3 \cdot 9H_2O$ 固相。这清楚地说明该体系在当 $n(MgO):n(B_2O_3)=1:2$ 时,或者接近和略超过这一比值时,最容易出现过饱和溶解度现象。表明该固相是介稳固相。

Нобгородов 对该体系在 150℃时的等温溶解度进行过研究。Григорева 等[78]

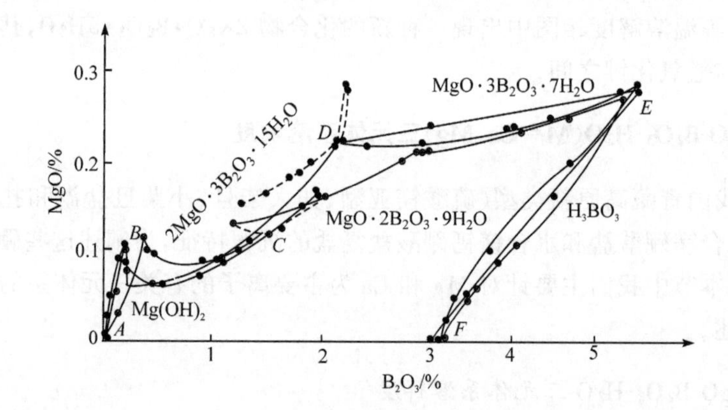

图 6-17 $MgO-B_2O_3-H_2O$ 三元体系在 25℃时的平衡溶解度相图

对该体系 100～700℃高温条件下的溶解度进行了测定。Абуллаев[79]对在该体系中找到的 $MgO \cdot 2B_2O_3 \cdot 5H_2O$ 晶体结构进行研究后，也认为 $MgO \cdot 2B_2O_3 \cdot 9H_2O$ 是介稳固相。

2. $CaO-B_2O_3-H_2O$ 三元体系溶解度

早在 1913 年，Sborg[80]就对 $CaO-B_2O_3-H_2O$ 三元体系 30℃时平衡溶解度进行了测定。结果表明，该体系中不但存在 $Ca(OH)_2$ 和 H_3BO_3，还存在 $CaO \cdot B_2O_3 \cdot 6H_2O$、$2CaO \cdot 3B_2O_3 \cdot 9H_2O$ 和 $CaO \cdot 3B_2O_3 \cdot 12H_2O$ 三种水合硼酸钙相区（图 6-18）。30 年后，Николаев 对该体系在 25℃时的等温溶解度相图进行过测定。结果表明，除六水偏硼酸钙与 Sborg 在 30℃时的测定结果相符外，还发现有其他两种硼酸钙，即 $2CaO \cdot 3B_2O_3 \cdot 13H_2O$ 和 $CaO \cdot 3B_2O_3 \cdot 4H_2O$。

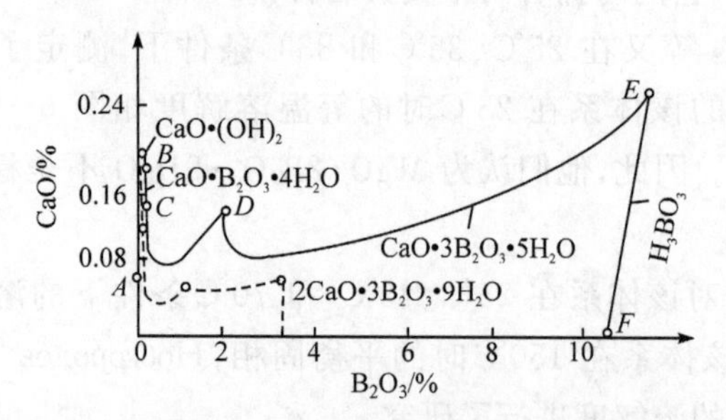

图 6-18 $CaO-B_2O_3-H_2O$ 三元体系溶解度相图

虚线为 25℃时；实线为 80℃时

6.7　$MgO-B_2O_3-MgCl_2(MgSO_4)-H_2O$ 四元体系溶解度相图

6.7.1　$MgO-B_2O_3-MgCl_2-H_2O$ 体系热力学平衡态相图

苏联化学家 Багировз 等[81]最先研究了 $MgO-B_2O_3-MgCl_2-H_2O$ 四元体系在25℃时的等温平衡溶解度相图(图 6－19)。在图 6－19 中,有 5 段平衡溶解度曲线,即第Ⅰ段曲线表示 $Mg(OH)_2$ 的溶解度,第Ⅱ段曲线表示 $2MgO\cdot 3B_2O_3\cdot 15H_2O$ 的溶解度,第Ⅲ段曲线的平衡固相是 $MgO\cdot 2B_2O_3\cdot 9H_2O$,第Ⅳ段曲线的平衡固相是 $MgO\cdot 3B_2O_3\cdot 7.5H_2O$,第Ⅴ段曲线的平衡固相是 H_3BO_3。在 25℃时的 $MgO-B_2O_3-MgCl_2-H_2O$体系的平衡液、固相组成列于表 6－17 中。

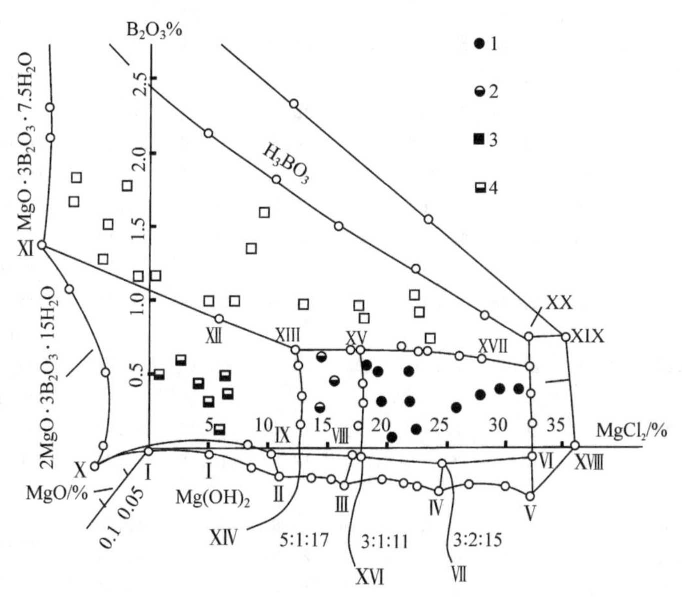

图 6－19　$MgO-B_2O_3-MgCl_2-H_2O$ 四元体系 25℃等温溶度图

1.3$MgO\cdot B_2O_3\cdot 11H_2O$;2.2$MgO\cdot B_2O_3\cdot 2.5H_2O$

如图 6－20 所示,在这些研究中不同学者对 $MgO\cdot 2B_2O_3\cdot 9H_2O$ 的稳定性存在不同的看法。Николаев 及 Валяшко 认为它是稳定平衡相,而 J'Dans 认为它是介稳相。

Раз-заде 等[75]研究了 $MgO-B_2O_3-MgCl_2-H_2O$ 体系在 25℃时的热力学平衡溶解度相关系,给出等温溶解度相图。在该平衡相图(图 6－20)中出现 10 个相区,分别为:H_3BO_3、$MgO\cdot 3B_2O_3\cdot 7.5H_2O$、$2MgO\cdot B_2O_3\cdot 2.5H_2O$、$3MgO\cdot B_2O_3\cdot 11H_2O$、$2MgO\cdot 3B_2O_3\cdot 15H_2O$、$3MgO\cdot MgCl_2\cdot 11H_2O$、$5MgO\cdot MgCl_2\cdot 17H_2O$、$MgCl_2\cdot 6H_2O$、$Mg(OH)_2$ 和 $3MgO\cdot 2MgCl_2\cdot 15H_2O$。该四元体系的镁硼酸盐存在于一定的$MgCl_2$浓度范围内。当液相中氯化镁浓度为 4%时,在多水硼镁石固相中开始出现库水

硼镁石，当氯化镁浓度为10%时，库水硼镁石又消失，只剩下一种固相多水硼镁石。但是根据这一结果制备库水硼镁石的尝试没有成功。一般认为，库水硼镁石是多水硼镁石的介稳相，它可以慢慢地转变成多水硼镁石。

表6-17　25℃时，$MgO-B_2O_3-MgCl_2-H_2O$ 体系的平衡液、固相组成

相区	编号	液相组成(质量分数)/%				固相组成(质量分数)/%				析出固相
		B_2O_3	MgO	$MgCl_2$	H_2O	B_2O_3	MgO	$MgCl_2$	H_2O	
Ⅰ-Ⅱ	1	—	0.006	5.16	94.834	—	40.44	2.23	57.33	$Mg(OH)_2$
	2	—	0.031	9.56	90.409	—	39.65	4.14	56.21	$Mg(OH)_2$
Ⅱ		—	0.062	13.06	86.878	—	24.56	12.25	63.18	$Mg(OH)_2$＋5:1:7
	3	—	0.058	15.62	84.322	—	19.81	15.53	69.66	5:1:17
Ⅱ-Ⅲ	4	—	0.058	17.54	82.402	—	23.12	15.89	69.99	5:1:17
Ⅲ		—	0.071	19.05	80.879	—	17.96	19.78	62.26	3:1:17 ＋ 3:1:11
	5	—	0.059	21.86	78.081	—	18.72	22.44	58.94	
Ⅲ-Ⅳ	6	—	0.062	23.56	76.378	—	22.96	23.22	53.82	3:1:11
	7	—	0.064	25.19	74.746	—	22.79	23.51	53.70	
Ⅳ		—	0.074	27.40	72.526	—	16.46	30.46	53.08	3:1:11 ＋ 3:2:15
	8	—	0.066	29.53	70.404	—	13.63	31.71	54.66	3:2:15
	9	—	0.068	32.83	67.102	—	11.46	30.06	55.48	3:2:15
Ⅴ		—	0.079	35.46	64.461	—	7.96	39.62	52.42	3:2:15 ＋ $MgCl_2\cdot6H_2O$
Ⅵ		0.15	0.05	34.78	65.02	7.19	14.36	21.95	56.50	3:2:15 ＋ 3:1:11 ＋$MgCl_2\cdot6H_2O$
Ⅶ		0.22	0.08	27.59	72.11	5.02	13.43	20.16	61.39	3:2:15＋3:1:11＋3:1:17
Ⅷ		0.23	0.07	20.23	79.47	5.52	13.66	15.45	65.37	3:1:11 ＋ 2:1:2.5
Ⅸ		0.31	0.074	13.28	86.336	5.80	12.30	10.88	70.24	3:1:17＋$Mg(OH)_2$＋2:3:15
Ⅸ-Ⅹ	9	0.35	0.072	4.28	95.298	28.19	30.81	—	41.00	$Mg(OH)_2$＋2:3:15
	10	0.35	0.081	10.82	88.749	28.45	28.81	—	42.74	
Ⅹ		0.36	0.12	—	99.52	37.02	14.60	—	48.35	
Ⅹ-Ⅰ	11	0.11	0.02	—	99.97	—	—	—	—	
Ⅹ-Ⅺ	12	0.39	0.10	—	99.51	38.05	14.19	—	47.76	2:3:15
	13	0.89	0.09	—	99.02	37.76	14.26	—	47.99	
	14	1.79	0.18	—	98.03	37.52	14.03	—	47.96	
Ⅺ		2.17	0.23	—	97.60	42.86	13.14	—	43.66	2:3:15＋1:3:7.5
	15	2.99	0.218	—	96.792	54.13	10.63	—	35.63	
	16	3.20	0.221	—	96.579	54.46	10.06	—	35.46	
Ⅺ-Ⅻ	17	3.82	0.22	—	95.96	54.13	10.36	—	35.33	1:3:7.5
	18	4.05	0.24	—	95.71	54.46	10.30	—	35.69	
	19	4.68	0.27	—	95.05	54.26	10.14	—	35.58	
Ⅻ		4.89	0.28	—	94.83	54.03	10.53	—	35.63	1:3:7.5＋H_3BO_3
	21	1.19	0.08	8.98	89.75	41.51	13.82	—	46.64	1:3:7.5

续表

相区	编号	液相组成(质量分数)/%				固相组成(质量分数)/%				析出固相
		B_2O_3	MgO	$MgCl_2$	H_2O	B_2O_3	MgO	$MgCl_2$	H_2O	
XIII		0.98	0.08	15.78	83.16	44.04	24.92	—	30.98	2∶3∶15＋1∶3∶7.5＋2∶1∶2.5
XIII-XIV	22	0.47	0.08	15.90	83.55	37.54	35.50	—	26.90	2∶1∶2.5＋2∶3∶15
XIII-XIV	23	0.62	0.07	15.56	83.75	37.20	35.00	—	27.89	
XIV	24	0.88	0.08	15.89	83.15	36.26	33.62	—	30.09	2∶1∶2.5＋5∶1∶17＋2∶3∶15
		0.24	0.073	15.45	84.23	13.50	12.83	11.42	62.25	
XIV-XV	25	0.92	0.06	19.06	79.36	40.06	14.65		45.25	1∶3∶7.5
XV	0.99	0.08	20.77		17.89	13.44	11.05	57.62		2∶1∶2.5＋1∶3∶7.5＋$2MgO\cdot B_2O_3\cdot 11H_2O$
	26	0.44	0.05	19.92	79.58	27.12	39.05	—	33.70	2∶1∶2.5＋$2MgO\cdot B_2O_3\cdot 11H_2O$
XV-XIV	27	0.65	0.05	19.86	79.44	31.10	40.16	—	28.25	
XXII	28	0.24	0.07	20.28	79.41	6.50	15.81	14.01	63.59	
	29	0.91	0.034	25.05	73.976	36.08	21.85	—	41.90	1∶3∶7.5＋$3MgO\cdot B_2O_3\cdot 11H_2O$
XVI-XVII	30	0.88	0.061	25.69	73.369	34.05	22.05	—	43.9	
XVII	31	0.90	0.07	29.07	69.96	23.52	29.65	—	46.84	
	32	0.86	0.06	30.18	68.90	21.61	12.35	12.15	53.89	
XVIII		0.78	0.06	34.69	64.47	11.33	6.83	26.78	55.06	1∶3∶7.5＋$3MgO\cdot B_2O_3\cdot 11H_2O$＋$MgCl_2\cdot 6H_2O$
XVIII-XIX	33	0.66	0.07	35.12	64.15	7.20	12.75	23.99	56.66	$MgCl_2\cdot 6H_2O$＋$3MgO\cdot B_2O_3\cdot 11H_2O$
	34	0.42	0.06	34.72	64.80	6.05	9.73	24.24	58.98	
XX		1.04	0.07	34.79	64.10	14.94	1.81	25.44	57.81	$MgCl_2\cdot 6H_2O$＋H_3BO_3＋1∶3∶7.5
	35	3.53	0.23	4.23	92.01	54.50	8.55	—	36.93	H_3BO_3＋1∶3∶7.5
	36	2.65	0.13	10.27	86.95	53.04	7.09	—	39.87	H_3BO_3＋1∶3∶7.5
XX-XII	37	2.31	0.13	15.71	81.85	30.78	4.65	5.44	59.09	
	38	1.96	0.11	20.16	77.77	54.56	4.50	—	40.82	H_3BO_3＋1∶3∶7.5
	39	1.58	0.09	25.86	72.47	54.17	4.35	—	41.33	
	40	1.18	0.07	31.06	67.69	54.02	4.02	—	41.93	
XII-XXI	41	4.14	0.13	—	95.73	—	—	—	—	H_3BO_3
	42	3.56	0.09	—	96.35	—	—	—	—	
	43	3.40	0.06	—	96.54	—	—	—	—	
XXI		3.12	—	—	96.88	—	—	—	—	

续表

相区	编号	液相组成(质量分数)/%				固相组成(质量分数)/%				析出固相
		B_2O_3	MgO	$MgCl_2$	H_2O	B_2O_3	MgO	$MgCl_2$	H_2O	
	44	2.34	—	12.10	84.56	—	—	—	—	H_3BO_3
XIX-XIX	45	1.55	—	23.48	74.97	—	—	—	—	H_3BO_3
XIX		0.74	—	35.18	64.08	—	—	—	—	H_3BO_3
XVIII		—	—	35.99	64.01	—	—	—	—	$MgCl_2·6H_2O$

注:5∶1∶17,$5MgO·B_2O_3·17H_2O$;3∶1∶11,$3MgO·B_2O_3·11H_2O$;3∶2∶15,$3MgO·2B_2O_3·15H_2O$;2∶1∶11,$2MgO·B_2O_3·11H_2O$;2∶3∶15,$2MgO·3B_2O_3·15H_2O$;2∶1∶2.5,$2MgO·B_2O_3·2.5H_2O$;2∶3∶15,$2MgO·3B_2O_3·15H_2O$;1∶3∶7.5,$MgO·3B_2O_3·7.5H_2O$

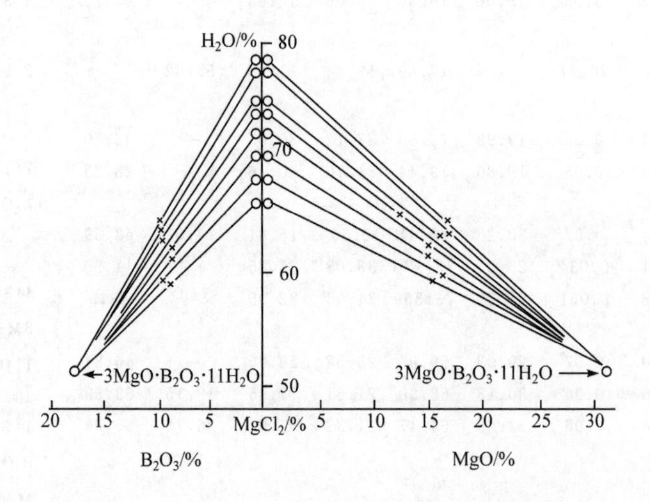

图 6-20 MgO-B_2O_3-$MgCl_2$-H_2O 四元体系多温溶解度图

Багировз 等[81]研究了 MgO-B_2O_3-$MgCl_2$-H_2O 四元体系 70℃时的热力学平衡溶解度相关系,该平衡相图中有八个相区,分别为:H_3BO_3、$MgO·3B_2O_3·7.5H_2O$、$MgO·3B_2O_3·5H_2O$、$MgO·B_2O_3·3H_2O$、$MgCl_2·6H_2O$、$Mg(OH)_2$、$2MgO·MgCl_2·9H_2O$ 和 $2MgO·B_2O_3·3H_2O$。

Lehamn 研究了 MgO-B_2O_3-$MgCl_2$-H_2O 体系在 60～100℃时的部分相图,发现从浓 $MgCl_2$ 溶液中生成一种含结晶水较低的六硼酸镁($MgB_6O_{10}·5H_2O$),该化合物也可以由三方硼镁石($MgB_6O_{10}·7.5H_2O$)与浓 $MgCl_2$ 溶液作用在 100℃平衡1～2 周制得。

J'Dans 等在研究含 25% $MgCl_2$ 的 MgO-B_2O_3-$MgCl_2$-H_2O 四元体系 83℃的平衡溶解度相图时发现存在 $2MgO·B_2O_3·3H_2O$。

许多学者对硼氧酸盐的水盐体系进行过研究。因为硼氧酸盐存在明显的过饱和溶解度现象,达到平衡所需时间长,有时甚至需要几年时间,难以判断是否达到热力学平衡,对共饱和点的平衡固相难以进行准确的物相鉴定,所以对于硼氧酸盐的水盐体系存在许多疑点和不清楚的地方,尤其是镁硼酸盐的水盐体系中的相互作用和转化,镁硼酸盐体系复杂和介稳态普遍存在。

6.7.2 MgO-B_2O_3-$MgSO_4$-H_2O 四元体系相关体系相图

MgO 在含 B_2O_3 的 $MgSO_4$ 水溶液中溶解度小,尚未见到 MgO-B_2O_3-$MgSO_4$-H_2O 平衡溶解度相图。下面介绍相关体系相图。

宋彭生等[82~84]研究了四元体系 MgB_4O_7-$MgSO_4$-$MgCl_2$-H_2O 在 25℃时的热力学平衡溶解度相关系,得出了三元体系,即 MgB_4O_7-$MgCl_2$-H_2O 和 $MgSO_4$-$MgCl_2$-H_2O 的溶解度和物理化学性质。$MgSO_4$-$MgCl_2$-H_2O 体系在 25℃时,存在 $MgSO_4 \cdot 7H_2O$、$MgSO_4 \cdot 6H_2O$、$MgSO_4 \cdot 5H_2O$、$MgSO_4 \cdot 4H_2O$ 和 $MgCl_2 \cdot 6H_2O$ 共五种平衡固相。$MgB_4O_7 \cdot 9H_2O$ 是 MgB_4O_7- $MgCl_2$-H_2O 体系中的一种平衡固相,它在水中是不相称溶解的,会转化成多水硼镁石和相应溶液。

Demediuk 和 Cole[85]于 1957 年对 $MgSO_4$-MgO-H_2O 三元体系进行了详细的研究,发现在 $MgSO_4$ 溶液达到饱和状态以下的浓度范围和温度在 30～120℃的区间内所形成的固相中,存在四种硫氧镁化合物:$MgSO_4 \cdot 5Mg(OH)_2 \cdot 3H_2O$(或 $2H_2O$)、$MgSO_4 \cdot 3Mg(OH)_2 \cdot 8H_2O$、$MgSO_4 \cdot Mg(OH)_2 \cdot 5H_2O$ 和 $2MgSO_4 \cdot Mg(OH)_2 \cdot 3H_2O$。绘制了 $MgSO_4$-MgO-H_2O 体系平衡相图,给出了每种硫氧镁化合物稳定存在的区域和 X 射线粉末衍射数据,并简要讨论了各种形式存在的稳定性。

Danilov 等[86,87]研究了 $MgSO_4$-$Mg(OH)_2$-H_2O 三元体系在 25℃时的全浓度范围内的相关系,绘制了相应的相关系图。在 25℃时的体系中,出现 $Mg(OH)_2$、$MgSO_4 \cdot 3Mg(OH)_2 \cdot 8H_2O$ 和 $MgSO_4 \cdot 7H_2O$ 的固相,在 $MgSO_4$ 溶液浓度为 20%～28%的区域内出现 $MgSO_4 \cdot 3Mg(OH)_2 \cdot 8H_2O$ 的纯相;在 50℃的相同体系中,则出现 $Mg(OH)_2$、$MgSO_4 \cdot 5Mg(OH)_2 \cdot 3H_2O$ 和 $MgSO_4 \cdot 6H_2O$ 固相。对这两种硫氧镁化合物进行了热分析研究,得出在 700℃以下时两种化合物的失重过程为:①$MgSO_4 \cdot 3Mg(OH)_2 \cdot 8H_2O$ 在 90～110℃脱去 1 分子水形成 $MgSO_4 \cdot 3Mg(OH)_2 \cdot 7H_2O$,在 110～190℃脱去 3 分子水形成 $3MgO \cdot MgSO_4 \cdot 7H_2O$,190～470℃失重成 $mMgO \cdot MgSO_4 \cdot 1.5H_2O$,大于 650℃后成为 β-$MgSO_4$ 和 MgO;② $MgSO_4 \cdot 5Mg(OH)_2 \cdot 3H_2O$ 在 80～180℃首先脱去 1.5 分子水,180～280℃脱去 0.5 分子水形成 $MgSO_4 \cdot 5Mg(OH)_2 \cdot H_2O$ 后,在 180～400℃脱去 2 分子水形成 $5MgO \cdot MgSO_4 \cdot 4H_2O$,大于 630℃后形成的 β-$MgSO_4$ 和 MgO。

关于 $MgSO_4 \cdot 5Mg(OH)_2 \cdot 3H_2O$ 的失重,马培华认为其过程是:该硫氧镁化合物在 100℃脱去 1 分子水,310℃再脱去 2 分子水,成为无水 $MgSO_4 \cdot 5Mg(OH)_2$ 化合物,380～480℃再脱去 5 分子水形成 $MgSO_4 \cdot 5MgO$,900℃以后分解为 MgO 和 SO_2。

6.8 $MgO\text{-}B_2O_3\text{-}MgCl_2(MgSO_4)\text{-}H_2O$ 体系热力学非平衡态溶解度相关系

van't Hoff[88]采用合成复体恒温溶解平衡法绘制海水型 Na^+,K^+,Mg^{2+}/Cl^-,SO_4^{2-}-H_2O 五元水盐体系 25℃时的平衡溶解度相图。共得到 12 个相区:氯化钾(KCl)、白钠镁矾($MgSO_4·Na_2SO_4·4H_2O$)、钾芒硝($3K_2SO_4·Na_2SO_4$)、软钾镁矾($MgSO_4·K_2SO_4·6H_2O$)、硫酸钠(Na_2SO_4)、泻利盐($MgSO_4·7H_2O$)、六水泻利盐($MgSO_4·6H_2O$)、$MgSO_4·5H_2O$、四水泻利盐($MgSO_4·4H_2O$)、钾镁矾($K_2SO_4·MgSO_4·4H_2O$)、光卤石($KCl·MgCl_2·6H_2O$)和钾盐镁矾 ($KCl·MgSO_4·3H_2O$)。原苏联科学院院士 Курнаков[89]为了寻找钾盐资源和发展钾盐工业,在进行盐湖资源调查研究过程中,通过对海水和海水型盐湖卤水进行一系列天然蒸发实验的相化学研究发现,结果与平衡溶解度相图预示的结果不相符,首次报道了"太阳相图"。金作美等[90~92]采用等温蒸发完成了 Na^+,K^+,Mg^{2+}/Cl^-,SO_4^{2-}-H_2O 海水型五元水盐体系,报道了 15℃、25℃和 35℃时的"介稳相图";苏裕光等[93,94]对该体系在 15℃时的"介稳相图"进行了研究,认为"介稳相图"是在动态蒸发极限溶解度条件下得到的液、固相关系图。

Na^+,K^+,Mg^{2+}/Cl^-,SO_4^{2-}-H_2O 五元体系在 25℃时的介稳相图共有 8 个氯化钠所饱和的结晶区域:氯化钾、钾钠镁矾($3K_2SO_4·MgSO_4$)、软钾镁矾($MgSO_4·K_2SO_4·6H_2O$)、硫酸钠(Na_2SO_4)、白钠镁矾($MgSO_4·Na_2SO_4·4H_2O$)、$MgSO_4·7H_2O$、光卤石($KCl·MgCl_2·6H_2O$)和水氯镁石($MgCl_2·6H_2O$)。热力学双固相平衡点液相组成列于表 6-18 中,它与 van't Hoff 同一温度平衡相图比较,钾镁矾($MgSO_4·K_2SO_4·4H_2O$)和钾盐镁矾($KCl·MgSO_4·2.75H_2O$)以及低水合物结晶区域消失,钾芒硝($3K_2SO_4·Na_2SO_4$)和白钠镁矾区域缩小;氯化钾、七水硫酸镁、光卤石结晶区域扩大,特别是软钾镁矾区域显著扩大,约增加 20 倍,对制取硫酸钾具有重大意义。35℃时的介稳相图共有 9 个氯化钠所饱和的结晶区域:氯化钾、钾钠镁矾($3K_2SO_4·MgSO_4$)、钾盐镁矾($KCl·MgSO_4·2.75H_2O$)、钾镁矾($MgSO_4·K_2SO_4·4H_2O$)、硫酸钠、白钠镁矾($MgSO_4·Na_2SO_4·4H_2O$)、光卤石($KCl·MgCl_2·6H_2O$)、六水硫酸镁($MgSO_4·6H_2O$)和水氯镁石($MgCl_2·6H_2O$)。15℃时的介稳相图共有 8 个氯化钠所饱和的结晶区域:氯化钾、钾芒硝($3K_2SO_4·Na_2SO_4$)、软钾镁矾($MgSO_4·K_2SO_4·6H_2O$)、硫酸钠、光卤石($KCl·MgCl_2·6H_2O$)、$MgSO_4·6H_2O$、$MgSO_4·7H_2O$ 和水氯镁石($MgCl_2·6H_2O$)。15℃时白钠镁矾($MgSO_4·Na_2SO_4·4H_2O$)相区消失,35℃时七水硫酸镁和软钾镁矾相区消失,新出现了钾镁矾和钾盐镁矾($KCl·MgSO_4·2.75H_2O$);软钾镁矾(包括钾镁矾)相区以 25℃时最大,35℃时最小。随温度的升高,钾钠芒硝结晶相区依次向 KCl 相区平行移动,导致 KCl 相区缩小，Na_2SO_4 相区扩大；随温度的升高，相应点的钠含量和水含量依次减小。

表 6-18 热力学各相平衡点液相组成

平衡点	液相组成/(mol/L)			相图指数 J'/(mol/100mol 干盐)		
	$MgCl_2$	MgO	B_2O_3	$MgCl_2$	MgO	B_2O_3
A	—	0.062 9	3.800	—	1.63	98.37
B	0.027 5	0.077 3	4.055	0.66	1.86	97.48
C	0.059 2	0.047 0	3.841	1.50	1.19	97.31
D	0.044 1	0.041 9	4.198	1.03	0.98	97.99
E	0.012 1	—	3.740	0.32	—	99.68

高世扬等[95,96]在进行盐卤硼酸盐化学研究中，采用天然蒸发方式得到的浓缩盐卤中硼酸镁的动态蒸发极限溶解度要比热力学平衡溶解度大 7 倍。显然，在同一体系的两种不同相图之间存在着一个过饱和区，在该区域应当存在液、固相关系。高世扬等对不同 MgO∶B_2O_3(物质的量比)配比的 MgO-B_2O_3-$MgCl_2$($MgSO_4$)-H_2O 过饱和溶液在不同温度条件下的结晶动力学和结晶过程相化学进行了研究，首次报道了该体系不同温度和氯化镁或硫酸镁浓度时的热力学非平衡态相图。

现将不同物质的量比：n(MgO)∶n(B_2O_3)和不同的 $MgCl_2$ 质量分数：w = 28%、18%、8%在 0℃和 20℃时所得的结果列于表 6-19 中。

表 6-19 MgO-$n$$B_2O_3$-$w$$MgCl_2$-$H_2O$ 过饱和溶液结晶动力学结果

n(MgO)∶n(B_2O_3)	28%(质量分数)$MgCl_2$		18%(质量分数)$MgCl_2$		8%(质量分数)$MgCl_2$
	0℃	20℃	0℃	20℃	20℃
3∶1	3·1·8	3·1·8	5·1·8	$Mg(OH)_2$	
1∶0	3·1·8	3·1·8 +5·1·8	5·1·8	$Mg(OH)_2$+5·1·8	
1∶1	氯柱硼镁石	氯柱硼镁石	氯柱硼镁石	氯柱硼镁石	$2MgO·3B_2O_3·15H_2O$
1∶2	三方硼镁石	氯柱硼镁石+$MgO·3B_2O_3·7.5H_2O$+$MgO·3B_2O_3·7H_2O$	$MgO·3B_2O_3·7.5H_2O$+$MgO·2B_2O_3·9H_2O$	$MgO·3B_2O_3·7.5H_2O$+$2MgO·3B_2O_3·15H_2O$	$2MgO·3B_2O_3·15H_2O$
1∶3	三方硼镁石	$MgO·3B_2O_3·7H_2O$+$MgO·3B_2O_3·7.5H_2O$	$MgO·3B_2O_3·7.5H_2O$	$MgO·3B_2O_3·7.5H_2O$+$MgO·3B_2O_3·7H_2O$	$MgO·3B_2O_3·7.5H_2O$
1∶5	三方硼镁石	$MgO·3B_2O_3·7.5H_2O$	$MgO·3B_2O_3·7.5H_2O$	$MgO·3B_2O_3·7.5H_2O$	$MgO·3B_2O_3·7.5H_2O$

续表

$n(MgO)$:$n(B_2O_3)$	28%(质量分数)$MgCl_2$		18%(质量分数) $MgCl_2$		8%(质量分数)$MgCl_2$
	0℃	20℃	0℃	20℃	20℃
1:6	H_3BO_3	$MgO·3B_2O_3·7.5H_2O$	H_3BO_3+$MgO·3B_2O_3·7.5H_2O$		
1:7				H_3BO_3	H_3BO_3
0:1	H_3BO_3	H_3BO_3	H_3BO_3	H_3BO_3	

注:3·1·8 为 3 $Mg(OH)_2·MgCl_2·8H_2O$;5·1·8 为 5 $Mg(OH)_2·MgCl_2·8H_2O$。

6.8.1 MgO-nB_2O_3-28%$MgCl_2$-H_2O 体系在 20℃时的热力学非平衡态相图

高世扬等[95~97]在 MgO-nB_2O_3-28%$MgCl_2$-H_2O 体系 20℃时的热力学非平衡态相区共发现有六个相区[6]:H_3BO_3、$MgO·3B_2O_3·7.5H_2O$、$MgO·3B_2O_3·7.5H_2O$、$2MgO·2B_2O_3·MgCl_2·14H_2O$、$3Mg(OH)_2·MgCl_2·8H_2O$ 和 $5Mg(OH)_2·MgCl_2·8H_2O$(表 6-19 第 3 列)。其中,较大的氯柱硼镁石($2MgO·2B_2O_3·MgCl_2·14H_2O$)相区在已报道的同一体系的热力学平衡相图中是不存在的,这种化合物是由高世扬于 1986 年首次报道的。

6.8.2 MgO-nB_2O_3-28%$MgCl_2$-H_2O 体系在 0℃时的热力学非平衡态相图

Zhu(朱黎霞)等[98]根据不同 $n(MgO)$:$n(B_2O_3)$(物质的量比)在含 28% $MgCl_2$的溶液中过饱和溶液结晶动力学实验结果,得出 MgO-nB_2O_3-28%$MgCl_2$-H_2O 体系在 0℃时的热力学非平衡态液、固相关系图(图6-21)。

图6-21 有 4 个相区,分别是 H_3BO_3、$MgO·3B_2O_3·7.5H_2O$、$MgO·2B_2O_3·MgCl_2·14H_2O$ 和 $3Mg(OH)_2·MgCl_2·8H_2O$。与 20℃时的热力学非平衡态相图相比较,在 0℃时 $MgO·3B_2O_3·7H_2O$ 相区消失,而氯柱硼镁石相区缩小。*ABCDE* 是该体系在 0℃时的平衡溶解度的液相线,点 *A* 是 H_3BO_3。在 28%$MgCl_2$-H_2O 溶液中的平衡溶解度:点 *B*、点 *C* 和点 *D* 分别是 H_3BO_3 和 $MgO·3B_2O_3·7.5H_2O$;$MgO·3B_2O_3·7.5H_2O$ 和 $2MgO·2B_2O_3·MgCl_2·14H_2O$;$2MgO·2B_2O_3·MgCl_2·14H_2O$ 和 $3Mg(OH)_2·MgCl_2·8H_2O$。在 28%$MgCl_2$-H_2O 溶液中混合搅拌,达到热力学平衡时的组成点,点 *E* 为 $3Mg(OH)_2·MgCl_2·8H_2O$ 在含 28%$MgCl_2$ 溶液中的热力学平衡态共饱和溶解度,结果列于表 6-19 中。

MgO-nB_2O_3-28%$MgCl_2$-H_2O 体系在 0℃时的热力学非平衡态液、固相图(图 6-21)由三个部分组成。

第一部分是经典的热力学平衡态溶解度曲线 *ABCDE*,由 4 条单变量溶解度

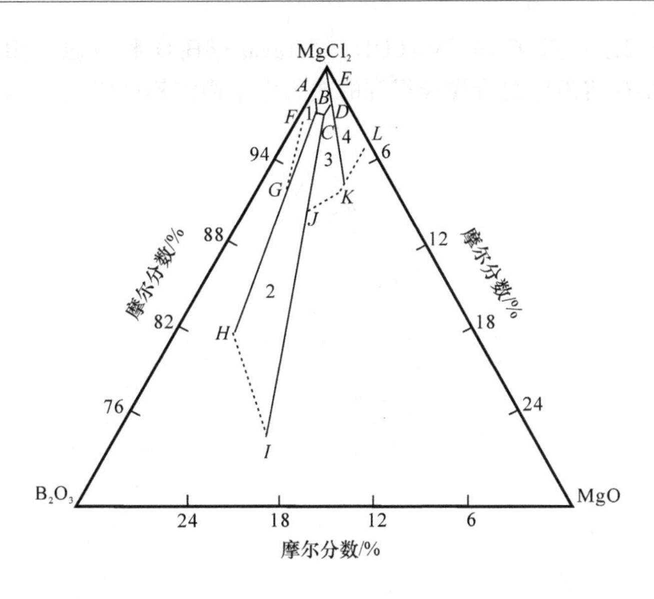

图 6－21　MgO-nB$_2$O$_3$-28％MgCl$_2$-H$_2$O 体系在 0℃时的热力学非平衡态相图

1. H_3BO_3；2. $MgO·3B_2O_3·7.5H_2O$；3. $MgO·2B_2O_3·MgCl_2·14H_2O$；4. $3Mg(OH)_2·MgCl_2·8H_2O$

曲线组成，其中，AB 为 H_3BO_3 平衡溶解度曲线；BC 为 $MgO·3B_2O_3·7.5H_2O$ 平衡溶解度曲线；CD 为 $2MgO·2B_2O_3·MgCl_2·14H_2O$ 平衡溶解度曲线；DE 为 $3Mg(OH)_2·MgCl_2·8H_2O$ 平衡溶解度曲线。有 3 个双变量共饱和溶解度点。

第二部分是过饱和极限溶解度（动态介稳溶解度）曲线 $FGHIJKL$，由 4 条单变量溶解度曲线组成，其中 FG 为 H_3BO_3 介稳溶解度；HI 为 $MgO·3B_2O_3·7.5H_2O$ 介稳溶解度；JK 为 $2MgO·2B_2O_3·MgCl_2·14H_2O$ 介稳溶解度；KL 为 $3Mg(OH)_2·MgCl_2·8H_2O$介稳溶解度。

第三部分是介于热力学平衡态溶解度曲线 $ABCDE$ 与介稳溶解度（过饱和极限度）曲线 $FGHIJKL$ 之间的过饱和区。由 H_3BO_3、$MgO·3B_2O_3·7.5H_2O$ 和 $2MgO·2B_2O_3·MgCl_2·14H_2O$ 引起的过饱区和由复盐 $3Mg(OH)_2·MgCl_2·8H_2O$ 引起的过饱和区组成。

6.8.3　MgO-nB$_2$O$_3$-18％MgCl$_2$-H$_2$O 体系在 0℃时的热力学非平衡态相图

MgO-nB$_2$O$_3$-18％MgCl$_2$-H$_2$O 体系在 0℃时的热力学非平衡态相图[99]共有五个相区（图 6－22）：H_3BO_3、$2MgO·3B_2O_3·15H_2O$、$MgO·2B_2O_3·9H_2O$、$MgO·3B_2O_3·7.5H_2O$ 和 $5Mg(OH)_2·MgCl_2·8H_2O$。$ABCD$ 是平衡溶解度的液相线，其中点 A 是 H_3BO_3 在 18％MgCl$_2$-H$_2$O 溶液中的热力学平衡溶解度，点 D 为 $5Mg(OH)_2·MgCl_2·8H_2O$ 在 18％MgCl$_2$-H$_2$O 溶液中的热力学平衡溶解度，点 B 是 H_3BO_3 和

$MgO·2B_2O_3·9H_2O$、点 *C* 是 $5Mg(OH)_2·MgCl_2·8H_2O$ 和 $MgO·2B_2O_3·9H_2O$ 在 18% $MgCl_2$-H_2O 溶液中混合搅拌得到的热力学平衡溶解度组成(表 6－20)。

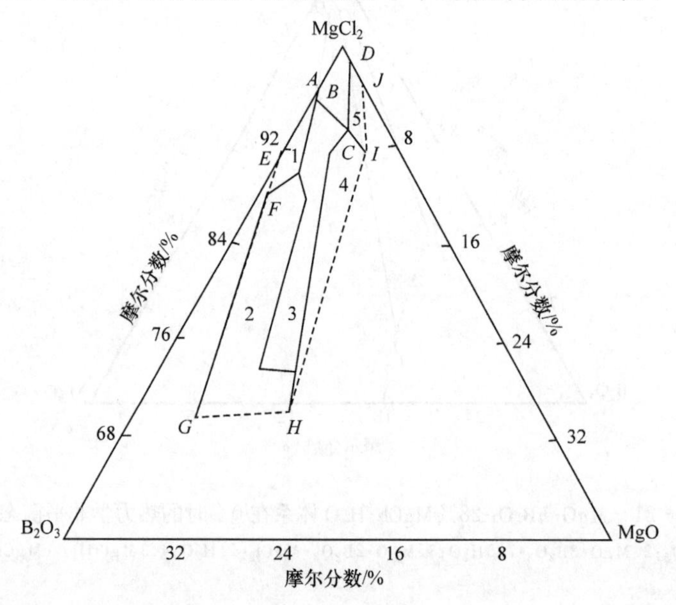

图 6－22　MgO-nB_2O_3-18% $MgCl_2$-H_2O 体系在 0℃时的热力学非平衡态相图

1. H_3BO_3；2. $MgO·3B_2O_3·7.5H_2O$；3. $MgO·2B_2O_3·9H_2O$；

4. $2MgO·3B_2O_3·15H_2O$；5. $5Mg(OH)_2·MgCl_2·8H_2O$

表 6－20　热力学各相平衡点液相组成

平衡点	液相组成(质量分数)/%			相图指数/mol%		
	$MgCl_2$	MgO	B_2O_3	$MgCl_2$	MgO	B_2O_3
A	—	0.52	17.94	—	3.81	96.19
B	0.03	95.66	18.77	0.44	3.97	95.66
C	0.31	0.46	18.85	3.75	3.05	93.20
D	0.09	—	17.50	1.20	—	98.80

MgO-nB_2O_3-18% $MgCl_2$-H_2O 体系 0℃热力学非平衡态相图(图 6－22)由三个部分组成：第一部分是经典的热力学平衡溶解度曲线 *ABCD*；第二部分是过饱和极限溶解度(动态介稳溶解度)曲线 *EFGHIJ*；第三部分是介于热力学平衡溶解度与介稳溶解度(过饱和极限溶解度)之间的过饱和区。

6.8.4　MgO·nB_2O_3-18% $MgCl_2$-H_2O 体系在 20℃时的热力学非平衡态液、固相关系图

高世扬等[100,101]还获得 MgO-nB_2O_3-18% $MgCl_2$-H_2O 体系在 20℃时的热力学非平衡态液、固相图(图 6－23)。图 6－23 有 8 个相区：H_3BO_3、$MgO·3B_2O_3$·

$7.5H_2O$、$MgO·3B_2O_3·7H_2O$、$2MgO·3B_2O_3·15H_2O$(多水硼镁石)、$MgO·2B_2O_3·9H_2O$、$2MgO·2B_2O_3·MgCl_2·14H_2O$、$5Mg(OH)_2·MgCl_2·8H_2O$ 和 $Mg(OH)_2$。图6-23中，*ABCDEFGH* 是该体系在 20℃时平衡溶解度的液相线，点 *A* 是 H_3BO_3 在 18%$MgCl_2$-H_2O 溶液中的平衡溶解度；点 *B*、点 *C*、点 *D*、点 *E*、点 *F*、点 *H* 分别是 H_3BO_3 和 $MgO·3B_2O_3·7.5H_2O$；$MgO·3B_2O_3·7.5H_2O$ 和 $MgO·3B_2O_3·7H_2O$；$MgO·3B_2O_3·7H_2O$和 $2MgO·3B_2O_3·15H_2O$；$2MgO·3B_2O_3·15H_2O$ 和 $2MgO·2B_2O_3·MgCl_2·14H_2O$；$2MgO·2B_2O_3·MgCl_2·14H_2O$ 和 $Mg(OH)_2$；$Mg(OH)_2$ 和 $5Mg(OH)_2·MgCl_2·8H_2O$ 在 MgO-nB_2O_3-18%$MgCl_2$-H_2O 溶液在 20℃时混合搅拌，达到热力学平衡点的组成。点 *H* 为 $5Mg(OH)_2·MgCl_2·8H_2O$ 在 MgO-nB_2O_3-18%$MgCl_2$-H_2O 溶液中的热力学平衡态共饱和溶解度，结果列于表6-21中。

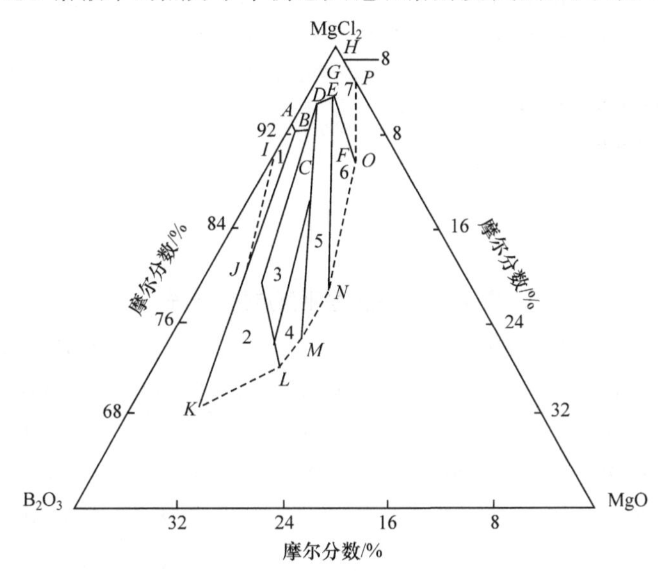

图6-23　MgO-nB_2O_3-18%$MgCl_2$-H_2O 体系在 20℃时的热力学非平衡态相图

1. H_3BO_3；2. $MgO·3B_2O_3·7.5H_2O$；3. $MgO·3B_2O_3·7H_2O$；4. $MgO·2B_2O_3·9H_2O$

5. $2MgO·3B_2O_3·15H_2O$；6. $2MgO·2B_2O_3·MgCl_2·14H_2O$；7. $Mg(OH)_2$；8. $MgCl_2·6H_2O$

表6-21　热力学各相平衡点液相组成

平衡点	液相组成/(mol/L)			相图指数/mol%		
	$MgCl_2$	MgO	B_2O_3	$MgCl_2$	MgO	B_2O_3
A	—	0.169	2.235	—	7.05	92.95
B	0.020 5	0.200	2.363	0.79	7.74	91.47
C	0.052 4	0.152	2.402	2.01	5.83	92.16
D	0.035 0	0.111	2.436	1.36	4.30	94.34
E	0.058 3	0.054	2.353	2.36	2.18	95.46
F	0.107	0.107	2.185	4.50	3.45	92.05
G	0.045 3	0.040	2.149	2.04	1.80	96.16
H	0.007 8	—	2.000	0.40	—	99.60

6.8.5 $MgO-nB_2O_3$-18%$MgSO_4-H_2O$ 热力学非平衡态液、固相关系图

马玉涛等[102,103]和荀国敬等[104,105]先后研究了 $MgO-nB_2O_3$-18%$MgSO_4-H_2O$ 体系在 0℃、20℃和 40℃时的结晶过程，发现不同碱配比和不同温度时析出不同的水合硼酸盐，结果列于表 6-22 和表 6-23 中。

表 6-22　$MgO-nB_2O_3$-18%$MgSO_4-H_2O$ 体系不同 n 值的过饱和溶液中析出固相组成

$n(MgO)$:$n(B_2O_3)$	18% $MgSO_4$		
	0℃	20℃	40℃
1:1	$MgO·2B_2O_3·9H_2O$		
1:2	$MgO·2B_2O_3·9H_2O$＋$MgO·3B_2O_3·7.5H_2O$	$MgO·2B_2O_3·9H_2O$	$MgO·2B_2O_3·9H_2O$＋$2MgO·3B_2O_3·15H_2O$
1:3	$MgO·3B_2O_3·7.5H_2O$	$MgO·3B_2O_3·7.5H_2O$ ＋$MgO·2B_2O_3·9H_2O$	
1:4	$MgO·3B_2O_3·7.5H_2O$＋H_3BO_3		
1:5	H_3BO_3		
0:1	H_3BO_3		

表 6-23　热力学平衡点化学组成

平衡点	液相组成(质量分数)/%			相图指数/mol%		
	$MgSO_4$	MgO	B_2O_3	$MgSO_4$	MgO	B_2O_3
A		0.871	20.04		6.99	93.01
B	0.070 0	1.064	21.30	0.90	7.88	91.22
D	0.496 8	1.535	16.80	7.08	12.68	80.24

我们给出了在 0℃时热力学非平衡态液、固相关系图(图 6-24)。图 6-24 由三个部分构成：第一部分，*ABCDE* 代表该体系 0℃时平衡溶解度曲线，其中点 *E*、点 *C* 和点 *A* 分别为多水硼镁石、章氏硼镁石和硼酸的平衡溶解度，点 *B* 为硼酸在章氏硼镁石的结晶平衡液中与其液、固相混合在 0℃时搅拌达到热力学平衡点(即共饱和点)时的相图点，点 *D* 为章氏硼镁石在多水硼镁石的结晶平衡液中与其液、固相混合在 0℃时搅拌达到热力学平衡点(即共饱和点)时的相图点，线段 *AB*、*BC* 和 *DE* 分别为硼酸、章氏硼镁石和多水硼镁石的平衡溶解度曲线；第二部分，*FGHIJKLM* 代表该体系在 0℃时介稳溶解度曲线。其中，线段 *FG*、*HI*、*JK* 和 *LM* 分别为多水硼镁石、章氏硼镁石、三方硼镁石和硼酸的过饱和溶解度曲线；第三部分，是由 *FGHIJKLM* 和 *EDCBA* 所围成的区域，代表了析出固相在该体系中 0℃时的过饱和区，其中 1、2、3、4 依次代表了多水硼镁石、章氏硼镁石、三方硼镁石

和硼酸的相区。

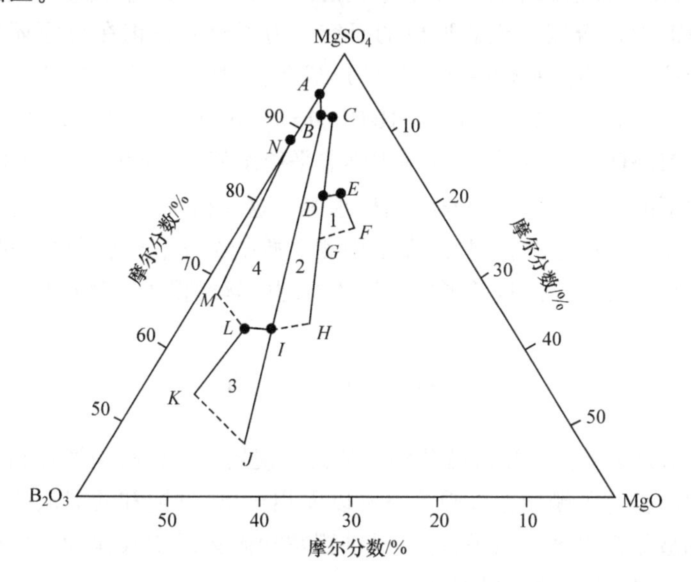

图 6－24　MgO-nB_2O_3-18% $MgSO_4$-H_2O 体系在 0℃时的热力学非平衡态相关系图

1. $2MgO\cdot3B_2O_3\cdot15H_2O$；2. $2MgO\cdot2B_2O_3\cdot MgCl_2\cdot14H_2O$；3. $MgO\cdot3B_2O_3\cdot7.5H_2O$；4. H_3BO_3

图 6－24 与 MgO-nB_2O_3-28%(18%)$MgCl_2$-H_2O 体系在 20℃时的热力学非平衡态相图比较有两大变化：①总相区范围扩大，固相数目减少。在本文研究的低硼、碱比[$n(B_2O_3):n(MgO)$＝1.5，1，0.5，0/1]范围内没有出现与氯柱硼镁石类似的复盐，只析出多水硼镁石，但过饱和区显著收缩，结晶路线特别短而结晶过程极其缓慢。$MgO\cdot3B_2O_3\cdot7H_2O$ 过饱和区消失。②每种固相的相区位置和面积发生较大变化。硼酸过饱和区向右扩展，成为该相图中最大的相区，章氏硼镁石过饱和区扩大，三方硼镁石的过饱和区收缩至远离 $MgSO_4$ 顶点的一个较小范围内。用动力学的方法对不同温度条件下，不同硼、碱比[$M(B_2O_3):M(MgO)＝n$]和不同 $MgCl_2$ 浓度的 MgO-nB_2O_3-28% $MgCl_2$-H_2O 进行了一系列研究，获得了各种硼酸盐。我们已经报道[95]了对 MgO-nB_2O_3-28% $MgCl_2$-H_2O 浓盐溶液中形成的过饱和溶液，在 20℃时，$M(MgO)/M(B_2O_3)$＝1:0.3、3:1、2:1、1.5:1、1:1、1:2、1:3、1:4、1:6 和 1:9 共十个体系的结晶过程的热力学非平衡态液、固相关系研究结果。有六个相区：H_3BO_3、$MgO\cdot3B_2O_3\cdot7.5H_2O$、$MgO\cdot3B_2O_3\cdot7H_2O$、$2MgO\cdot2B_2O_3\cdot MgCl_2\cdot14H_2O$、$3Mg(OH)_2\cdot MgCl_2\cdot8H_2O$ 和 $5Mg(OH)_2\cdot MgCl_2\cdot8H_2O$。拟合得到各个结晶过程的动力学参数方程，同时对结晶机理进行了探讨，为模拟合成硼酸盐提供了依据。

综上所述，高世扬院士开拓了用动力学方法，研究镁硼酸盐结晶过程的液、固相关系，得到在多种情况下热力学非平衡态液、固相关系图。他领导的课题组基本完成了 $MgCl_2$ 对水合硼酸镁盐形成的研究。为了全面认识在高原环境特点下新类型硼酸盐盐湖中不同水合硼酸镁盐的形成条件、影响因素及规律，通过实验，得到 0℃ 时 MgO-nB_2O_3-28% $MgCl_2$-H_2O、MgO-nB_2O_3-18% $MgCl_2$-H_2O 和 MgO-nB_2O_3-18% $MgSO_4$-H_2O 各体系的热力学非平衡态相图。同时，还得到不同硼酸盐在不同条件下的结晶速率方程及结晶机理等。这些研究结果，可以为合成水合硼酸镁盐提供新的合成方法，为盐湖卤水中硼氧酸盐纯化、分离提供理论依据，也为高原盐湖各种水合硼酸镁盐的形成与转化机理的解释提供了物理化学基础。

6.9 小　结

(1) 本章介绍了盐卤硼酸盐化学。从野外现场一系列盐卤浓缩析盐过程中的液、固相研究，获得了硼酸盐极限溶解不以固相析出、过饱和盐卤放置 5 年和用水稀释都有硼酸盐析出这些结果，可以提供硼酸盐矿物沉积及作为盐湖开发综合利用时，从盐卤中提硼的理论根据。

(2) 对模拟合成的过饱和镁硼酸盐的不同稀释度的水溶液，采用 FT-IR 光谱证明了多聚硼氧阴离子在溶液中存在的形式。根据离子配对法所得结果，得出了水溶液中硼酸盐可用四硼酸离子 $B_4O_7^{2-}$ 表示的观点。

(3) 发现并应用活性氧化镁在硼酸和氯化镁水溶液中溶解度较大，能形成含硼浓度较高的介稳体系，为模拟合成含不同 B_2O_3 与 MgO 的物质量的比氯化镁过饱和溶液提供了实验方法，从而建立采用动力学方法研究硼酸盐介稳体系的析盐过程。

(4) 首次勾绘出 MgO-nB_2O_3-$MgCl_2$(/$MgSO_4$)-H_2O 体系的热力学非平衡态溶解度液、固相关系图。

参 考 文 献

[1] 高世扬，柳大纲．大柴旦盐湖冬季组成卤水天然蒸发．科学技术研究报告（中华人民共和国科学技术委员会出版）化成字 63016．档案号 6249．编号 627．北京：1965，1～5

[2] 高世扬，柳大纲．大柴旦盐湖夏季组成卤水天然蒸发．科学技术研究报告（中华人民共和国科学技术委员会出版）化成字 63016．档案号 6249．编号 628．北京：1965，1～5

[3] van't Hoff J H. Unter Suchungen uber Bildung Sverchatnisseder Ozeanischen Salzagerungen. Leipzig. Verlag Chemie. G. M. B. H. 1921, 91～106

[4] Курнаков Н С. Извесмияфизико-Химцческого Анаяиза Академия Наук ССР. 1938, 10: 333～366

[5] 金作美，肖显志，梁式梅．Na^+，K^+，Mg^{2+}/Cl^-，SO_4^{2-}-H_2O 系统介稳平衡的研究．化学学报．1980，38(12)：313～321

[6] 高世扬，李国英．盐卤硼酸盐化学 I．含硼盐卤天然蒸发过程中硼酸盐行为．高等学校化学学报．1982，

3(2),141～143

[7] 高世扬,刘化国,牟振基.盐卤硼酸盐化学Ⅶ.盐卤在天然冷冻析盐过程中硼酸盐行为.无机化学,1987,3(2):113～116

[8] 高世扬,陈志刚,冯九宁.盐卤硼酸盐化学Ⅳ.浓缩盐卤中析出的新固相.无机化学,1986,2(1):40～52

[9] 高世扬,符延进,王建中.盐卤硼酸盐化学Ⅲ..盐卤在动态蒸发条件下硼酸镁的极限溶解度.无机化学学报,1985,1:97～102

[10] 高世扬,赵金福等.盐卤硼酸盐化学Ⅱ.从含硼卤水中析出的 $MgO \cdot B_2O_3 \cdot 7.5H_2O$.化学学报,1983,41(4):217～221

[11] 高世扬,许开芬,李刚,冯九如.盐卤硼酸盐化学Ⅱ.含硼浓缩盐卤稀释过程中硼酸盐的行为.化学学报,1986,44(12):1223～1229

[12] 高世扬,李气新,夏树屏.盐卤硼酸盐化学Ⅹ.$MgO \cdot 2B_2O_3$-$MgCl_2$-H_2O.浓盐溶液在20℃时硼酸盐的结晶动力学研究.无机化学,1988,4(2):64～67

[13] 高世扬,冯九宁.盐卤硼酸盐化学Ⅺ.不同含硼浓缩卤水的稀释实验.无机化学学报,1992,8(1):68～70

[14] Gao S Y,Chen J Q, Zheng M P. Scientific investigation and utilization of salt lakes on the Qinghai-Xizang (Tibet) Plateau.Advance in Science of Chian Chemistry,1992,4:163～201

[15] 谢先德,刘来保.硼酸盐矿物.北京:科学出版社,1965

[16] A.克山.硼酸盐在水溶液中的合成及其研究.成思危译.北京:科学出版社,1962

[17] Li J ,Xia S P, Gao S Y. FT-IR and Raman Spectrascopic study of hydrated borates. Spectrochimica Acta,1995,51A:519～532

[18] Weir C E. Infrared Spectra of the Hydrated Borates.J Res NBS,1966, 70A(2): 153～164

[19] Christ C L. Crystal Chemistry and systematic classifation of hydrate minerals. AnMineral,1960,45:334～340

[20] Christ C L,Clark J R. Crystal structure and classify regulation. Phy Chem Mineral,1977, 2: 59～71

[21] Курнаков Н С. Извесмия.физико-Химцческого Анаяиза Академия Наук СССР.1938,10: 333～366

[22] Ingri N G. Hegerstrom M Frydman and Sillen. L G. Equilibrium studies of polyanion 1.Polyborates in $NaClO_4$medium.Acta Chem Scand, 1957, 11: 1034～1058

[23] Ingri N et al. Equilibrium Studies of Polyanions. Self-Medium Method.11 Polyborates in $Na(ClO_4)$. Acta Chem Scand, 1963, 17: 573～580;581～589

[24] Stetten D. Acidic behavior of comcentrated boric acid solution. Anal Chem,1951,23(8):1177～1179

[25] Valyashko M G, Wlassowa E V. Infrared Absorption Spectra of Borates and Boron-containing Aqueous Solutions. Jena Rev, 1969, 14(1): 3～11

[26] 贾永忠,高世扬,夏树屏等.过饱和硼酸盐水溶液的 Raman 光谱.高等学校化学学报.2001, 22(1):99～103

[27] 刘志宏.高世扬.夏树屏.氯柱硼镁石在氯化镁水溶液中相转化平衡液相的红外光谱分析.光谱学与光谱分析.2003,24(2)

[28] 贾永忠,周园,高世扬等.水合硼氧酸盐结晶过程中液相的红外光谱.无机化学学报,2001, 17(5):636～640

[29] Liu Z H, Gao S Y, Xia S P.FT-IR and Raman Spectrascopic study of phase transformation of chlopinoitein boric acid solution at 303K. Spertrochimica Acta Part A, 2003, 59(2): 265～270

[30] Liu Z H, Gao B, Hu M C et al. FT-IR and Raman Spectrascopic study analysis of hydrated Csborate and

their saturated aqueous solution. Spertrochimica Acta Part A, 2003, 59: 2741～2745
[31] 王奖,朱黎霞,夏树屏等.水合铵硼氧酸盐及其饱和溶液的FTIR和Raman光谱研究.高等学校化学学报,2004,25(7):1213～1217
[32] 王奖,朱黎霞,李淑妮等. 五硼酸钾水溶液的差示IR和Raman光谱研究.盐湖研究,2004,12(1):19～22
[33] Li J, Li B. Supersaturated Aqueous Magnesium Borate. Solutions. A Structural Study by Difference FT-Raman and ^{11}B NMR Spectroscopy . 盐湖研究,2003,12(3):26～30
[34] 夏树屏,李军,高世扬. 氯柱硼镁石的 Raman 光谱研究.无机化学学报.1995,11(2):152～158
[35] 李武,李军,高世扬.硼氧酸盐水溶液化学,盐湖研究,1996,4(2):18～23
[36] Janda R. Heller G.IR-und Ramanspektren Isotop Markierter Tetra-und Pentaborate. Spectrochim Acta , 1980, 36A: 997～1001
[37] Janda R, Heller G. Ramanspektroskopische Untersuchungen an Festen und in Wasser Gelösten Polyborate. Z Naturforsch, 1979, 34b: 585～590
[38] Maya L. Identification of Polyborate and Fluoropolyborate Ions in Solution by Raman Spectroscopy. Inorg Chem, 1976, 15(9): 2179～2184
[39] Maeda M, Hirao T, Kotaka M et al. Raman Spectra of Polyborate Ions in Aqueous Solution . J Inorg Nucl Chem,1979, 41: 1217～1220
[40] Momii K R, Nachtrieb N. Inorg chem,1967,6(6):1198
[41] Onak T P, Laanadesman R E et al. J.Phys. Chem.,1959,63,1533, Chem.Abstra 1960,54,6317
[42] Adams C J, Clark I E. On the nature of the peroxoborate ion in solution. Polyhedren,1983,2(7):673～675
[43] Ishihara K, Nagasawa A et al. Kinetic study of Boric acid-Borate interchange in aqueous solution by ^{11}B NMR Spektroskopy. Inorg Chem,1994,33:3811～3816
[44] Li W, Gao S Y, Xia S P et al. Study on ^{11}B NMR of borates in their saturated aqueous solutions J India Chem Soc,1997,74:525～527
[45] 黄麒.大柴旦盐湖卤水中硼存在状态的初步研究.地球化学,1974,2:117
[46] Gao S Y, Xia S P, Li Q X. Chemistry of borate in salt lake brine, Polyborate ions in concentrated brine. 25 International Conference Coordination Chemistry .July 26～31,1987, Najin China, Abstracts Paper, p.238
[47] 高世扬,王建中,夏树屏等.盐卤硼酸盐化学Ⅷ.盐卤中硼酸的存在形式和表示方式.海洋和湖沼,1989,20(5):429～436
[48] 高世扬,贾永忠,夏树屏等,盐卤硼酸盐化学ⅩⅩⅩ.硼水溶液中硼氧配阴离子存在形式及相互作用,陕西师范大学学报(科学自然版),2000,28(3):70～79
[49] Jia Y Z, Gao S Y, Xia S P et al. FT-IR Spectroscopy of Supersaturated Aqueous Solutions of Magnesium Borate. Spectrochim Acta, 2000, 56A: 1291～1297
[50] Kracek F C, Morey C C, MerwinW H E. Am J Sci A,1938,35 143～171
[51] 陶连印,郑学永. 硼化合物的生产与应用, 成都:成都科技大学出版社,1992.31～32
[52] 夏树屏,陈若愚,高世扬.青藏高原钠硼解石的物理化学特征. 沉积学报,1994,12(1):117～121
[53] 陈若愚,夏树屏,高世扬.青藏高原钠硼解石在水中溶解行为的研究, 矿物学报,1993,13(1):52～55
[54] 陈若愚,夏树屏,冯守华等. 钠硼解石在水中的溶解及相转化研究.无机化学学报,1999, 15 (1)
[55] 陈若愚. 硼酸盐化学——钠硼解石物理化学和硼酸镁晶须机理的研究.兰州大学博士论文.兰州,1998年5月

[56]　夏树屏，刘志宏，高世扬.氯柱硼镁石在 30℃水中的溶解和相转化过程.无机化学学报，1993，9(3)：279～285

[57]　夏树屏，刘志宏.盐卤硼酸盐化学XV.氯柱硼镁石溶解及相转化研究.盐湖研究，1993，1(2)：82～85

[58]　Liu Z H，Hu M C，Gao S Y，Xia S P. Kinetics and mechanism Of dissolution and transformation Of chloropinnoite in water at 293.313K. Indian Journal of Chemistry，2002，41(A)：325～329

[59]　李小平，氯柱硼镁石-水赝二元体系相关系及其在硼酸溶液中相转化结晶动力学研究.硕士论文. 西安：陕西师大，2003

[60]　李小平，高世扬，刘志宏，胡满成，夏树屏.氯柱硼镁石-水赝二元体系 273～453K 相关系研究. 应用化学，2004，(10)：589～593

[61]　Li X P，Gao S Y，Xia S P. Investigations of kinetics and mechanism of Chloropinnoite in Boric Acid aqueous Solution at 303K by Raman Spectroscopy . Spectrochim Acta，2004，60(A)：2725～2728

[62]　Liu Z H，Gao S Y，Xia S P. FT-IR Spectroscopic Study of Phase Transformation of Chloropinnoite in Boric Acid Solution at 303K. Spectrochim Acta，2003，59(A)：265～270

[63]　Li W，Gao S Y，Xia S P，Valyshko M V. Synthesis of chloropinnoite and phase interaction with water at high temperatures. Thermochimica Acta，1998，308：183～188

[64]　Dukelski M P. Anorg Chemi，1906，38～50

[65]　Reburn W T. Preparation of $Li_2O \cdot 2B_2O_3 \cdot 3H_2O$. U.S.Patent，2.952，512(1960.9.13)；2.957，749(1960.10.25)；3.112，168 (1963.11.26)

[66]　Rollet P，Biuazig R. Compt Rend，1955，240：1104

[67]　Курнаков Н С. Извесмия，физико-Химцческого Анаяиза Академия Наук ССР，1938，10：333～366

[68]　J'Dans J. Kali and Steinsalz，1957，(2)：121～137

[69]　Bower J G.Chapter 6.in progress in Boron Chemistry Vol.2. Oxford：Pregamon Press，1970，231～271

[70]　Carpeni G.Bull Chem France，1955，1327

[71]　Carpeni G，Haladyian J，Mille P.Bull Soc Chem France，1960，1634

[72]　Николаев А В. ЖАН СССР，1940，28：123～126

[73]　Николаев А В. Физико химическое изучение природных боратов (天然硼酸盐的物理化学研究). М.-Л. Изд-во Ан СССР，1947，9～234

[74]　КурнаковН С，Николаев В И，Извесмия физико-Химического Анаяиза Академия Наук СССР，1938，10：333～366

[75]　Раз-заде П Ф，Бэгиров Г С，Селинанова Н М. Азерб Хим Ж，1964，(2)：117～126

[76]　Шамаев. Л.Л.Ж. Неор.Хим，1973，11(2)：523～524

[77]　Нобторопов Л Т.Вест. Моск. Униб. ГеологиЯ，1969，24(3)：91～101；CA. 1969，71，116777

[78]　Григорева А Л，Геология Р.УЖН，Местор. 1966，8(2)：21～23

[79]　Абуллаев Г К.Стру Химия，1966，7(6)：895

[80]　Sborg U. Atti accad lincei，22(5)：1，90(1913)

[81]　Багировэ Г，Седедьников Г С，Рза-заде П. Фэсистема B_2O_3-MgO-$MgCl_2$--H_2Oпри25℃. Жур Неорг Хим，1965，10(8)：1918～1924

[82]　宋彭生，杜宪惠，孙柏. 三元体系 MgB_4O_7-$MgSO_4$-H_2O 25℃的研究. 科学通报，1987 (19)：1491～1495

[83]　杜宪惠，宋彭生.四元体系 MgB_4O_7-$MgSO_4$-$MgCl_2$-H_2O 20℃相关系研究.盐湖研究，1992，1：9～15

[84]　宋彭生，傅宏安. 四元交互体系 Li、Mg/SO_4、B_4O_7-H_2O25℃溶解度和溶液物化性质的研究. 无机化学

学报，1991,7(3)：344～348

[85] Demediuk T,Cole W F. Aust J Chem,1957, 10:287～294

[86] Danilov V P, Lepeshkov I N,Litvinov S D et al. Zh Neorg Khim,1980, 25(5):1432～1434

[87] Danilov V P,Lepeshkov I N,Litvinov S D et al. Zh Neorg Khim, 1983, 28(12):3201～3202

[88] van't Hoff J H. Unter Suchungen uber Bildung Sverchatnisseder Ozeanischen Salzagerungen. Leipzig: Verlag Chemie,G.M.B.H. 1921.91～106

[89] Курнаков Н С. Извесмия, физико-Химцческого Анаяиза Академия Наук ССР, 1938,10:333～366

[90] 金作美,尚显志,梁式梅. Na^+, K^+, Mg^{2+}/Cl^-, SO_4^{2-}-H_2O 系统介稳平衡的研究,化学学报,1980, 38(4):313～320

[91] 金作美，周惠南，王励生. Na^+, K^+, Mg^{2+}/Cl^-, SO_4^{2-}-H_2O 15℃的研究.高等学校化学学报,2001, 22(4):634～638

[92] 金作美，周惠南，王励生. Na^+, K^+, Mg^{2+}/Cl^-, SO_4^{2-}-H_2O 35℃的研究.高等学校化学学报,2001, 22(4):634～638

[93] 苏裕光等.无机化工生产相图分析(一). 北京:化学工业出版社，1985.258

[94] 苏裕光，李军，江成发.化工学报,1992,43(5):549～555

[95] 高世扬，姚占力，夏树屏.盐卤硼酸盐化学ⅤⅡ. MgO-nB_2O_3-28% $MgCl_2$-H_2O 体系 20℃热力学非平衡态液固相关系研究.化学学报,1994,52:10～22

[96] 高世扬,黄发清,夏树屏.盐卤硼酸盐化学ⅩⅧ. MgO-$3B_2O_3$-$MgCl_2$-H_2O 浓盐溶液中六硼酸镁盐结晶动力学.盐湖研究,1993,1(1):38～48

[97] 姚占力,高世扬,夏树屏.盐卤硼酸盐化学ⅩⅩⅠ.天然含硼盐卤的蒸发相图 MgO-B_2O_3-$MgCl_2$(8%)-H_2O 体系 20℃热力学非平衡态液固相关系.盐湖研究,1993.1(4):39～44

[98] Zhu L X, Gao S Y, Xia S P. Phase diagram of thermodynamic non-equilibrium of MgO-B_2O_3-18% $MgCl_2$-H_2O system at 0℃ Indian Journal of Chemistry. 2003, 42(1):35～41

[99] 朱黎霞,高世扬,夏树屏,张逢星.盐卤硼酸盐化学ⅩⅩⅨ. MgO-$2B_2O_3$-28% $MgCl_2$-H_2O 过饱和溶液结晶动力学.无机化学学报,2000,16(5):722～728

[100] 高世扬,朱黎霞,夏树屏. 硼酸盐化学ⅩⅩⅩⅣ. MgO-B_2O_3-18% $MgCl_2$-H_2O 体系 20℃热力学非平衡态相图.中国科学 B,2002,32(4):300～307

[101] Gao S Y,Zhu L X,Hao Z X,Xia S P. Chemistry of borate in salt lake brine(ⅩⅩⅩⅤ). Phase diagram of thermodynamic nonequilibrium state of MgO-nB_2O_3-18% $MgCl_2$-H_2O system at 20℃. Science in China (series B), 2002,45(5):541～550

[102] 马玉涛,夏树屏,高世扬.硼酸盐化学ⅩⅩⅩⅠ. MgO-$2B_2O_3$-18% $MgSO_4$-H_2O 过饱和溶液结晶动力学研究.高等学校化学学报, 2002,23(1):18～21

[103] 马玉涛，夏树屏，高世扬. MgO-B_2O_3-18% $MgSO_4$-H_2O 过饱和溶液结晶动力学.物理化学学报,2001, 17(11): 1021～1026

[104] 荀国敬,高世扬,夏树屏等. MgO-nB_2O_3-18% $MgSO_4$-H_2O 体系 0℃时的热力学非平衡态液固相关系,化学学报, 2003,61(9):1434～1440

[105] 荀国敬,高世扬,夏树屏等. MgO-$3B_2O_3$-18% $MgSO_4$-H_2O 体系过饱和溶液 0℃时结晶动力学的研究. 盐湖研究, 2003,11(1):52～58

第7章　计算相图及其应用

7.1　计算相图和相图计算

众所周知，相图是体系处在热力学平衡条件下相关系的几何图形描述。具体而言，水盐体系相图是描述由盐类和水组成的体系在平衡条件下，体系中存在的相的种类、性质、组成、存在界限及转化与平衡条件（温度、压力）之间相互关系的图形。人们通过长期的生产活动和科学实验认识到相图的应用价值。它在盐溶液中对某种成分盐类的分离提取、可溶性盐矿或工业生产过程中间物混合盐的加工、盐类生产尾液（废液）的利用等方面都有重要用途。这些方面生产工艺流程的制定都要以相关水盐体系相图为指导。事实上，在生产工艺流程研发的小试验阶段，是以相关的相图为基本依据而摸索工艺条件的。在无机化学中，某些复杂化合物的合成，尤其是一些性质特殊的复盐的制备，要完全按相图进行。因此，在某些新工艺、新流程、新产品的开发中，由于没有相关水盐体系相图数据，开发者不得不自己首先测定它们的情况已屡见不鲜。

相图既然是在热力学平衡条件下相关系的一种表述，那么从理论上讲，根据热力学原理，应该能够获得相图。对水盐体系相图而言，要想从热力学来获得相图，必须能够准确地计算组分的活度系数。但遗憾的是，电解质溶液理论远没有发展到这种程度，能对盐-水饱和浓度下的热力学性质做出准确地计算。所以，从19世纪经历了20世纪至今，水盐体系相图的研究主要还是通过实验测定来完成就不足为奇了。

1973年，美国化学家Pitzer提出了一套电解质溶液的半经验统计力学理论，可以处理高浓度电解质溶液。这个理论因为是半经验的，经常称为“离子相互作用模型”或“离子相互作用处理法”，但有时也简单地称其为Pitzer理论或Pitzer模型。从1973年以后，Pitzer及其合作者们又不断发展其模型，并在应用中逐渐对其加以完善，成为目前在多种场合中被广泛应用的浓电解质溶液的热力学模型[1~11]。在Pitzer提出其模型后不久，加州大学San Diego校区的Weare教授及其学生Harvie等最先将Pitzer电解质溶液离子相互作用模型应用于高离子强度多组分天然水体系相平衡的理论计算中。他们先后发表了10多篇文章，开始先将Pitzer模型应用于经典的海水体系，即Na^+，K^+，Ca^{2+}，Mg^{2+}/Cl^-，SO_4^{2-}-H_2O六元体系，然后又推广到高离子强度的Na^+，K^+，Ca^{2+}，Mg^{2+}，H^+/Cl^-，SO_4^{2-}，OH^-，HCO_3^-，CO_3^{2-}，CO_2-H_2O体系[12~21]。后来又补充进中性分子与离子的相互作用，而进一步扩展到硼酸盐体系和高温的 Na^{+}，Ca^{2+}/Cl^{-}，SO_4^{2-}-H_2O(25～250℃)、Na^{+}，K^{+}，Ca^{2+}/Cl^{-}，SO_4^{2-}-H_2O(0～250℃)体系以及低温体系。他们把液、固溶解平衡的处理用到海水等温蒸发沉积旋回的理论解释、著名的美国加利福尼亚州西尔斯湖硼酸盐沉积的地球化学研究等方面，取得了相当的成功。

根据电解质溶液理论(或经验式)计算溶液组分的活度系数，再基于热力学关于相平衡的基本原理，计算出体系的液、固溶解平衡关系和平衡组成，这样获得的相图叫做计算相图。近年来，随着 Pitzer 模型的推广和应用，有关计算相图的研究工作越来越广泛和深入。限于篇幅，本书不准备对计算相图的现状做总结或概括。有兴趣的读者可以参见文献[22]。该“电解质溶液中的矿物溶解度”一文是由 Pitzer 本人和其学生 Pabalan 合写的，文章总结了 20 世纪 90 年代以前此方面的工作。

需要特别指出的是，“计算相图”和“相图计算”的不同。“相图计算”通常是指利用相图进行的有关体系各种相变化的计算。例如，一定量的某多组分不饱和溶液蒸发多少水分后，可以达到饱和；再蒸发一定量水分后，能有什么样组成的固相(简单盐、水合物或复盐)结晶析出；析出的数量是多少等。这种计算的结果是十分有用的，是许多工艺过程的基本依据。由此可见，“计算相图”和“相图计算”二者是不相同的。“计算相图”是通过非实验手段解决获得相图数据的问题，而“相图计算”则是利用已有的相图数据进行相变化过程的计算。

我们在国内最先使用 Pitzer 理论进行水盐溶解平衡计算[23]。后来我们进一步发展了使用 Pitzer 理论将“计算相图”与“相图计算”结合起来的方法，即先通过计算获得相图数据，然后并不直接使用相图仍然使用 Pitzer 理论，再进一步做相变化过程的计算的方法。我们曾对氯化钾与硫酸镁转化法生产硫酸钾的工艺条件进行过这样的理论计算研究，该研究论文已发表[24～26]。

针对我国盐湖资源富含硼、锂的特点，我们曾用 Pitzer 模型进行过许多多组分体系溶解度的计算[27～29]及其引申性工作，如相图中等水线的计算[30]、介稳溶解度计算[31～33]、等温蒸发计算[34～35]、盐类加工工艺计算等，在此不再多加介绍，可参看原始文献。这些工作多次证明了 Pitzer 模型对一般水盐体系的适用性，从而使我们决定将 Pitzer 模型的应用进一步拓展到离子强度更高、更复杂的含锂盐类体系中。我们在相平衡研究[36～44]、溶液热力学研究[45～55]，特别是含锂盐湖卤水多组分体系的有关研究及化学模型研究[56～62]中都深入和广泛地应用着 Pitzer 模型。在各不同时期阶段小结性质的文献[63～65]中，可以看出我们研究工作的进展情况。

7.2 水盐溶解平衡计算的热力学依据

7.2.1 水盐溶解平衡计算的基本热力学规律

盐类的溶解平衡与反应平衡一样,都服从化学热力学的基本平衡规律[66~68]。这些规律可以帮助解决平衡判据问题,从而为平衡组成的计算打下基础。

假定有盐 $M_{\nu_M}X_{\nu_X}\cdot \nu_0 H_2O$ 在某一温度下溶解,其溶解过程可表示为

$$M_{\nu_M}X_{\nu_X}\cdot \nu_0 H_2O = \nu_M M^{+ZM} + \nu_X X^{-ZX} + \nu_0 H_2O \tag{7-1}$$

待达到平衡时,根据质量定律,则有

$$[M^{+ZM}]^{\nu_M}[X^{-ZX}]^{\nu_X}[H_2O]^{\nu_0}/[M_{\nu_M}X_{\nu_X}\cdot \nu_0 H_2O] = K_{sp} \tag{7-2}$$

对于特定的盐来讲,在一定温度下溶解平衡常数 K_{sp}是一个固定值,称为溶解活度积,简称溶解度积 K_{sp}。如果一种盐在盐溶液中的离子活度积(ion activity product,IAP 也即反应比商 quotient)大于其溶解度积,则该盐呈过饱和状态;如果小于其溶解度积,该盐呈未饱和状态;如果离子活度积等于其溶解度积,那么这种盐则刚好处于饱和状态,即

$IAP > K_{sp}$ 该盐呈过饱和状态

$IAP = K_{sp}$ 该盐刚好饱和

$IAP < K_{sp}$ 该盐呈不饱和状态

这是盐类溶解过程中最基本的规律。据此,我们就可以计算盐的溶解度。

任何一种盐类的 K_{sp}是可以依据化学热力学定律,从基本热力学量计算出的。但是,在很多情况下,由于缺乏基本热力学数据,这种理论计算无法进行,这就要求我们必须设法从其他方面加以解决。

根据化学热力学基本原理,在恒温、恒压下任何一个反应过程都有

$$\Delta G = \sum n_i\mu_i^{\ominus} - \sum n_j\mu_j^{\ominus} = 0$$

对于溶解过程而言,在达到溶解平衡时,体系的自由能达到最小值,而且保持不变。这是对于任何一个反应体系都必须遵循的一般性规律,对溶解平衡过程也不例外。所以,我们同样可以依据这一规律,来处理溶解平衡的计算问题。这样,对待盐类溶解平衡我们就有两种判据:①在溶液中盐的离子的活度积等于其溶解度积;②体系的自由能达到最小值。

依据上述判据的原则,我们就可以计算盐类溶解的平衡组成。所以,从数学上来说,有两类方法可以用于进行溶解度的计算,下面分别加以说明。

1. 解溶解平衡常数(溶解度积)联立方程组法

在复杂的多组分体系中,可能具有某一种相同离子的几种盐类共存(此时必须能

够判断是哪一种盐类达到了饱和,其平衡组成是什么),也可能不具有某一种相同离子的盐类共存(此时,虽然达到饱和的盐类易于判断,但是当其以一定数量析出而减少时,溶液的组成就会改变。溶液组成的变化又会引起组分活度的改变)。所以,求解过程要不断计算不同组成时的活度系数(活度),因而将计算活度系数的程序块作为子程序,不断调用。至于求解联立方程组的数学方法,在有关计算机算法的书籍中介绍得很多,都可以采用。根据我们的经验,最速下降法[69]是一种很有效的方法。

2. 体系自由能最小化法

Gibbs 自由能 G 是物理化学广延量,其值的大小与所取物质的量有关。任一体系的 Gibbs 自由能为[70]

$$G=\sum_{j}^{P}\sum_{i}^{N}(n_i^j\mu_i^j),\quad \mu_i=\mu_i^{\ominus}+RT\ln a_i \tag{7-3}$$

即一个体系的自由能等于体系中 P 个相中各相自由能之和,而每一个相的自由能又为 N 个组分的自由能之和。对于水盐溶解平衡形成的凝聚体系,气相可以忽略不计,此时体系的自由能就等于液、固两相自由能之和。当体系达到饱和且有多余的盐类共存时,则体系总 Gibbs 自由能应为液相的 Gibbs 自由能和固相的 Gibbs 自由能之和。对于多组分的盐溶液,其液相的 Gibbs 自由能由水的自由能和溶解的盐类的 Gibbs 自由能组成,但此时水的 Gibbs 自由能并非纯水的而是电解质溶液中水的 Gibbs 自由能。同样,溶液中盐类的 Gibbs 自由能既非溶解盐类的标准 Gibbs 自由能,更非固相的 Gibbs 自由能。这两者的 Gibbs 自由能既与溶液的浓度有关,又与它们的活度系数有关。下面让我们举例加以说明。

我们以 NaCl 在水中溶解过程体系自由能变化为例,来说明体系自由能最小化方法的应用。现在让我们取 1.0000 kg H_2O 和超过溶解度数量的固体 NaCl,如 8.0mol。以此为例,考查其溶解过程体系自由能的变化以及如何利用体系自由能最小化方法,来求取盐溶解过程的平衡组成。

使用 Pitzer 模型,我们很容易地计算出当有 1.0mol、2.0mol、3.0mol、4.0mol、…、8.0mol 的 NaCl 溶解在 1.0000 kg 水中时(此时应有 7.0mol、6.0mol、5.0mol、…、0.0mol 固体 NaCl 剩余未溶解),溶液中 NaCl 的平均活度系数 $\gamma_{\pm}$ 和溶液中 H_2O 的活度 a_w。NaCl 的 Pitzer 参数为 $\beta^{(0)}=0.0765$,$\beta^{(1)}=0.2644$,$C^{(\Phi)}=0.001\ 27$。计算结果列于表 7-1 中。

表 7-1　不同浓度 NaCl 溶液中 NaCl 和 H_2O 的活度系数

m/(mol /kg H_2O)	0	1.0	2.0	3.0	4.0	5.0	6.0	7.0	8.0
$\gamma_{\pm}$	—	0.655 508	0.667 311	0.713 043	0.782 072	0.873 112	0.987 885	1.129 899	1.304 202
a_w	1.000 000	0.966 842	0.931 528	0.893 125	0.851 484	0.806 780	0.759 386	0.709 807	0.658 635

1.0000 kg 水中溶解有 $x$mol NaCl 所形成的溶液，它的自由能按式(7－4)计算。

$$G_{溶液} = x[\mu^{\ominus}(\mathrm{NaCl(l)}) + 2RT\ln a_{\pm}] + 55.5084 \times [\mu^{\ominus}(\mathrm{H_2O}) + RT\ln a_{\mathrm{w}}] \tag{7-4}$$

或

$$G_{溶液}/RT = x[\mu^{\ominus}(\mathrm{NaCl(l)})/RT + 2\ln a_{\pm}] + 55.5084 \times [\mu^{\ominus}(\mathrm{H_2O})/RT + \ln a_{\mathrm{w}}] \tag{7-5}$$

此时，所得结果能量为无量纲值。式(7－4)和式(7－5)中的几个标准化学位的数值为

$$\mu^{\ominus}(\mathrm{NaCl(l)})/RT = -158.606, \quad \mu^{\ominus}(\mathrm{H_2O})/RT = -95.6635$$

$$\mu^{\ominus}(\mathrm{NaCl(s)})/RT = -154.99$$

后者为固相 NaCl 的标准化学位。现在假定有 2mol NaCl 溶解，6mol NaCl 未溶解，仍以纯固相形式存在。我们来计算此时体系的总自由能为

$$\begin{aligned} G_{溶液}/RT &= 2 \times [-158.606 + 2\ln(2 \times 0.667\,311)] + 55.5084 \\ &\quad \times (-95.6635 + \ln 0.931\,528) \\ &= -5630.122\,388 \end{aligned}$$

未溶解的固相 NaCl 的自由能 $G_{固相}/RT = -154.99 \times 6 = -929.94$，则体系的总自由能 $G_{体系}/RT = -6560.062\,388$。

将溶解了 1.0mol、2.0mol、3.0mol、4.0mol、…、8.0mol NaCl 时体系的总自由能随浓度变化的关系画成图，则为图 7－1(体系总自由能数值太大，为方便作图起见，将其减掉－6560 后作为纵坐标值)。由图 7－1 可以看出，在溶液 6.0mol 附近，体系自由能曲线有一个最小值。如果我们再进一步取 6.0mol 附近的一个小区

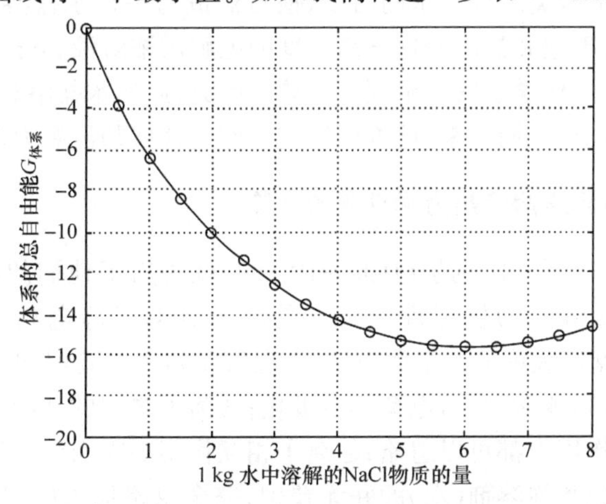

图 7－1　在 1kg 水中 8mol NaCl 溶解过程体系自由能的变化

间,如 6.0～6.2mol,每次使更小数量的 NaCl 溶解(0.002mol),这时体系自由能的变化曲线,会看得更清楚,图 7－2 即为 6.08～6.14mol 体系自由能的变化曲线。图 7－1 和图 7－2 表明,盐类溶解过程中体系总自由能确实存在一个最小值。还可以再进一步证明,体系自由能最小值这一点对应的组成正是NaCl饱和溶液的组成,即为其溶解度值。经过处理,可以得到体系总自由能曲线的最小值点对应的横坐标为 6.096 35mol,此点即为 NaCl 的溶解度,按溶解度积法求得为6.096 34mol/kg H_2O。

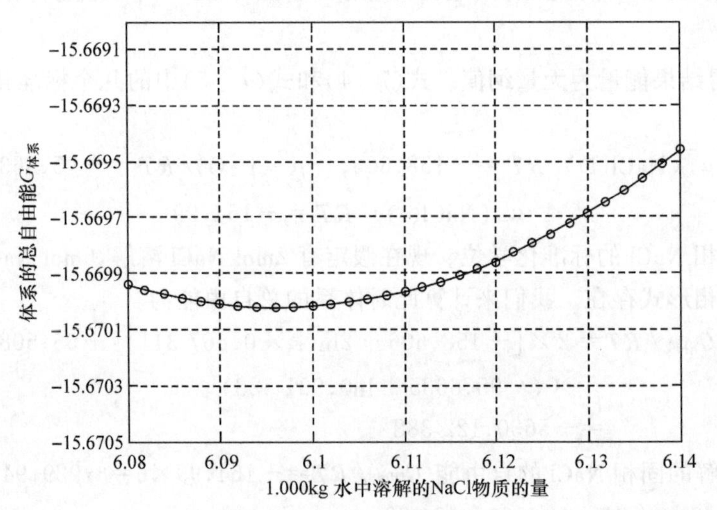

图 7－2　在 1kg 水中 8mol NaCl 溶解过程体系自由能变化的局部放大图

不论以盐的活度积作为平衡判据,还是采用体系自由能最小化作为平衡判据,都需要知道溶液中盐类组分的活度和水的活度。因为盐水溶液远非理想溶液,如何准确计算溶液中盐类组分和水的活度,便自然成为一切水盐溶解平衡组成的关键问题。但是,对于饱和盐溶液这样高浓度的电解质浓溶液,其热力学性质的准确计算,却一直是困扰化学家的一个理论难题。因此,虽然水盐溶解平衡的基本原理早已解决,在实践上,长期以来,此方面研究工作的开展却没有太多进展。

7.2.2　多组分电解质溶液热力学性质的计算

早在 1923 年,德拜-休克尔(Debye-Hückel)就提出了他们的电解质溶液理论(一般称为电解质溶液的物理理论),它是基于点电荷静电相互作用的一种理论[69]。德拜-休克尔理论的基本假设是:①电解质是完全离解的;②离子是带电荷的圆球,其电场有圆球对称性,电荷不会极化;③离子之间的互相作用只有库仑力,其他分子之间的作用力都可以忽略;④离子相互作用的吸引能小于它的热运动能;⑤溶液的介电常数和纯溶剂(水)的并无差别,完全忽略加入电解质后介电常数的变化。

但实际上,当溶液浓度变大时,德拜-休克尔理论的基本假定已不能实现了。例如:①强电解质在高浓度时会形成离子对,单独离子存在的形式大为减少;②在电解质溶液浓度较高时,除静电作用外,还有一些其他相互作用出现,如离子和溶剂分子之间的相互作用,会对离子的溶剂化状态和溶剂的结构产生影响;③电解质浓度较高时,静电作用能将会变得不是主要作用;④高浓度时离子本身的容积必须加以考虑,粒子彼此很接近时,可以相互极化,这也应该考虑;⑤高浓度时由于离子与溶剂相互作用(溶剂化),溶剂的介电常数发生改变,从而影响离子的相互作用。

因此,自德拜-休克尔以后,对其理论的完善研究基本上有两个方面:一是寻求离子在离子氛中的更合适的分配函数;二是对模型本身加以改进,如考虑短程相互作用,特别是离子和溶剂偶极之间的相互作用等。这期间有过许多理论被提出,其中包括化学理论、物理理论等。限于篇幅,这里不能一一介绍。其中最重要的要属 Pitzer 提出的离子相互作用理论[70]。

美国加州大学的化学家 Pitzer 教授经过多年的潜心研究,于 1973 年发表了题为“电解质的热力学”系列论文的第一篇[1]。该论文中提出了电解质溶液热力学离子相互作用模型,这是一种半经验的统计力学模型。他考虑溶液中离子间相互作用存在三种位能:①一对离子之间的长程静电位能;②短程“硬心效应”位能,主要是指两个粒子间的排斥能;③三离子间的相互作用能,它们的贡献较小,只在较高浓度下才起作用。在此基础上,Pitzer 建立了一个“普遍方程”。假设一个溶液含有 n_{w}(kg)的溶剂和 n_i(mol), n_j(mol),…的 i, j,…溶质分子,此时体系的总的过剩自由能 ΔG_m^{ex} 的普遍表达式为

$$G_m^{ex}/RT = n_{\mathrm{w}} f(I) + 1/n_{\mathrm{w}} \sum_i \sum_j \lambda_{ij}(I) n_i n_j + 1/(n_{\mathrm{w}})^2 \sum_i \sum_j \sum_k \mu_{ijk} n_i n_j n_k$$

现在,通过总的过剩自由能 G_m^{ex} 与溶液组分活度系数和溶液渗透系数之间的基本关系式,找出二者之间的联系,从而获得可以实际应用的表达式。通过一系列求偏微分的数学处理,获得了单独电解质和混合电解质溶液的渗透系数及组分活度系数的表达式如下:

$$\begin{aligned}\ln \gamma_i &= [\partial(G^{ex}/W_{\mathrm{w}} RT)/\partial m_i]_{n_{\mathrm{w}}} \\ &= (Z_i^2/2) f' + 2\sum_j \lambda_{ij} m_j + (Z_i^2/2) \sum_j \sum_k \lambda'_{jk} m_j m_k \\ &\quad + 3\sum_j \sum_k \mu_{ijk} m_j m_k + \cdots \end{aligned} \tag{7-6}$$

$$\begin{aligned}\Phi - 1 &= -(\partial G^{ex}/\partial W_{\mathrm{w}})_{n_i} / RT \sum_i m_i \\ &= \left[\sum_i m_i\right]^{-1} [(If' - f) + \sum_i \sum_j (\lambda_{ij} + I\lambda'_{ij}) m_i m_j \\ &\quad + 2\sum_i \sum_j \sum_k m_i m_j m_k + \cdots] \end{aligned} \tag{7-7}$$

但是其中的一些作用系数,目前从理论上还无法加以表达,而只能用一些参数的复杂经验关系来表示。最后就可以由热力学实验数据获得这些参数,使其可以进行实际运用。所以,Pitzer 离子相互作用模型是一种半经验的统计力学理论。

根据 Pitzer 模型,对于任何一种电解质,通过三个或四个参数就可以计算从很稀直至高浓度,甚至饱和浓度范围内的热力学性质。单独电解质的参数再加上一些混合参数又可以很容易地处理混合电解质溶液的热力学性质,从而使 Pitzer 方程能以简洁紧凑的形式来表示电解质溶液的热力学性质。

Pitzer 在他的系列论文及后来的专著中都给出了其模型的基本公式。对于多组分电解质溶液的热力学性质计算,特别是多组分水盐体系溶解度计算,是由圣迭戈加州大学(UCSD)的 Harvie 和 Weare 重新整理的,用以计算离子活度系数的 Pitzer 公式最为有用。它可以方便地计算任意组分离子活度系数和溶液渗透系数。同时,他们又发展了中性分子(例如,未离解的分子 H_3BO_3、离子对 $MgSO_4$、气体分子 CO_2 等)具体公式如下[12]:

$$\begin{aligned}\sum_i m_i(\Phi-1) = 2\Big[&-A_\Phi I^{3/2}/(1+1.2I^{1/2})\Big] + \sum_{c=1}^{Nc}\sum_{a=1}^{Na} m_c m_a(B_{ca}^{\Phi}+ZC_{ca}) \\ &+\sum_{c=1}^{Nc-1}\sum_{c'=c+1}^{Nc} m_c m_{c'}\Big(\Phi_{cc'}^{\Phi}+\sum_{a=1}^{Na} m_a\psi_{cc'a}\Big) \\ &+\sum_{a=1}^{Na-1}\sum_{a'=a+1}^{Na} m_a m_{a'}\Big(\Phi_{aa'}^{\Phi}+\sum_{c=1}^{Nc} m_c\psi_{aa'c}\Big) \\ &+\sum_{n=1}^{Nn}\sum_{a=1}^{Na} m_n m_a\lambda_{na}+\sum_{n=1}^{Nn}\sum_{c=1}^{Nc9} m_n m_c\lambda_{nc}\Big]\end{aligned} \tag{7-8}$$

$$\begin{aligned}\ln\gamma_M = Z_M^2 F &+ \sum_{a=1}^{Na} m_a(2B_{Ma}+ZC_{Ma}) + \sum_{c=1}^{Nc} m_c\Big(2\Phi_{Mc}+\sum_{a=1}^{Na} m_a\psi_{Mca}\Big) \\ &+\sum_{a=1}^{Na-1}\sum_{a'=a+1}^{Na} m_a m_{a'}\psi_{aa'M} + |Z_M|\sum_{c=1}^{Nc}\sum_{a=1}^{Na} m_c m_a C_{ca} + \sum_{n=1}^{Nn} m_n(2\lambda_{nM}) \\ \ln\gamma_X = Z_X^2 F &+ \sum_{c=1}^{Nc} m_c(2B_{cX}+ZC_{cX}) + \sum_{a=1}^{Na} m_a\Big(2\Phi_{Xa}+\sum_{c=1}^{Nc} m_c\psi_{Xac}\Big) \\ &+\sum_{c=1}^{Nc-1}\sum_{c'=c+1}^{Nc} m_c m_{c'}\psi_{cc'X} + |Z_X|\sum_{c=1}^{Nc}\sum_{a=1}^{Na} m_c m_a C_{ca} + \sum_{n=1}^{Nn} m_n(2\lambda_{nX})\end{aligned} \tag{7-9}$$

$$\ln\gamma_N = \sum_{c=1}^{Nc} m_c(2\lambda_{nc}) + \sum_{a=1}^{Na} m_a(2\lambda_{na})$$

$$\begin{aligned}F = -A_\Phi\left[\frac{I^{1/2}}{1+1.2I^{1/2}}+\frac{2}{1.2}\ln(1+1.2I^{1/2})\right] &+ \sum_{c=1}^{Nc}\sum_{a=1}^{Na} m_c m_a B_{ca} \\ +\sum_{c=1}^{Nc-1}\sum_{c'=c+1}^{Nc} m_c m_{c'}\Phi'_{cc'} &+ \sum_{a=1}^{Na-1}\sum_{a'=a+1}^{Na} m_a m_{a'}\Phi'_{aa'}\end{aligned}$$

$$C_{MX} = C_{MX}^{\Phi}/2\left|Z_M Z_X\right|^{1/2}$$

$$Z = \sum_i \left|Z_i\right| m_i$$

$$B_{MX}^{\Phi} = \beta_{MX}^{(0)} + \beta_{MX}^{(1)} e^{-\alpha_{MX}\sqrt{I}} + \beta_{MX}^{(2)} e^{-12\sqrt{I}}$$

$$B_{MX} = \beta_{MX}^{(0)} + \beta_{MX}^{(1)} g(\alpha_{MX}\sqrt{I}) + \beta_{MX}^{(2)} g(12\sqrt{I})$$

$$B'_{MX} = \beta_{MX}^{(1)} g'(\alpha_{MX}\sqrt{I})/I + \beta_{MX}^{(2)} g'(12\sqrt{I})/x^2$$

$$g(x) = 2[1-(1+x)e^{-x}]/x^2$$

$$g'(x) = -2\left[1-\left(1+x+\frac{x^2}{2}\right)e^{-x}\right]/x^2$$

$$x = \alpha_{MX}\sqrt{I} \quad 或 \quad x = 12\sqrt{I}$$

$$\Phi_{ij}^{\Phi} = \theta_{ij} + {}^E\theta_{ij}(I) + I^E\theta'_{ij}(I)$$

$$\Phi_{ij} = \theta_{ij} + {}^E\theta_{ij}(I)$$

$$\Phi'_{ij} = {}^E\theta'_{ij}(I)$$

式中：M 和 c 为阳离子；X 和 a 为阴离子；γ_M，Z_M，m_c 及 γ_X，Z_X，m_a，Φ 分别为相应离子的惯用单独离子活度系数、离子的价数和离子的质量摩尔浓度及溶液的渗透系数；$\sum m_c$，$\sum m_a$ 分别为对所有该种离子求和，双求和符号表示对相应所有离子的搭配求和；I 是溶液的总离子强度；A_Φ 为与溶剂性质有关的常数，对于水 25℃时为 0.3915(早期为 0.3920)；某一电解质的 $\beta_{MX}^{(0)}$，$\beta_{MX}^{(1)}$，$\beta_{MX}^{(2)}$和 C_{MX}^{Φ}是电解质 MX 的 Pitzer 参数；θ_{ij}，ψ_{ijk}分别为二离子和三离子相互作用参数(或称混合参数)；$\ln\gamma_N$ 为中性分子 N 的活度系数；λ_{nc}和 λ_{na}分别为中性分子和阳离子 c、阴离子 a 的相互作用系数；α 为一个常数(对于非 2-2 型电解质，其值等于 1.2；对于 2-2 型电解质 $\alpha_1=1.4$，$\alpha_2=12$)；${}^E\theta'_{ij}(I)$及${}^E\theta_{ij}(I)$分别为非对称高阶作用项，目前从理论上还不能计算它们的值。Pitzer 提供了两种经验公式[5]，可以用来进行非对称高阶作用项的数值计算。美国 UCSD 的 Harvie 因第一种方法的积分无解析算法，采用了 Chebyshev 近似算法[12]进行数值计算。根据宋彭生等的经验，Pitzer 提出的第二种经验公式较为方便，易于编程，在其程序中经常使用它。

7.2.3　按 Pitzer 模型计算多组分电解质混合溶液热力学性质的程序

宋彭生等使用 QB 和 FORTRAN 语言分别编写了依据 Harvie 给出的按 Pitzer 模型计算任意组分混合电解质溶液渗透系数、离子活度系数的程序。该程序中考虑了非对称高阶作用项，采用了 Pitzer 推荐的第二种方法进行计算。

为了使程序能有更广泛的适用性，要建立一个输入原始参数的数据文件。文件中包括计算所需的条件信息为：电解质的类型，如 1-1 型、1-2 型、2-2 型等，各单独电解质的 Pitzer 参数，混合参数，以及欲计算热力学性质的溶液的离子组成等。

对同一体系不同组成的溶液,可以一次连续计算出结果。计算结果既能在屏幕上显示,同时又会产生一个输出的数据文件,以备检查或打印用。对不同的体系,只需要简单地修改数据文件即可,这样可保持编译好的原程序不会被误改或误删。

7.3 多组分水盐体系溶解度计算的算法和程序

7.3.1 多组分水盐体系溶解度计算的方法

前面已经提到,水盐溶解平衡有两种判据:①在溶液中盐的离子的活度积等于其溶解度积;②体系的自由能达到最小值。针对这两种判据,其计算方法也就有两大类,即解溶解平衡常数联立方程组法和体系自由能最小化法。但不论哪一类方法,都没有解析法可以采用,所以都必须采用计算机通过数值算法求解。在求解过程中,计算多组分电解质混合溶液热力学性质的程序,将作为一个子程序块,不断被调用。解溶解平衡常数联立方程组的方法有很多种可以采用。我们认为,最速下降法[71~72]是一种行之有效的方法。

至于体系自由能最小化法可以采用的也很多。许多人采用单纯形法等,但我们使用中感觉到 Harvie 所采用的方法适用性既强,又非常快捷。

7.3.2 多组分水盐体系溶解度计算的原则框图

在清楚了多组分水盐体系溶解度计算方法之后,我们可以将计算程序的原则框图(以溶解平衡常数为平衡判据)绘制成图(图 7-3)。

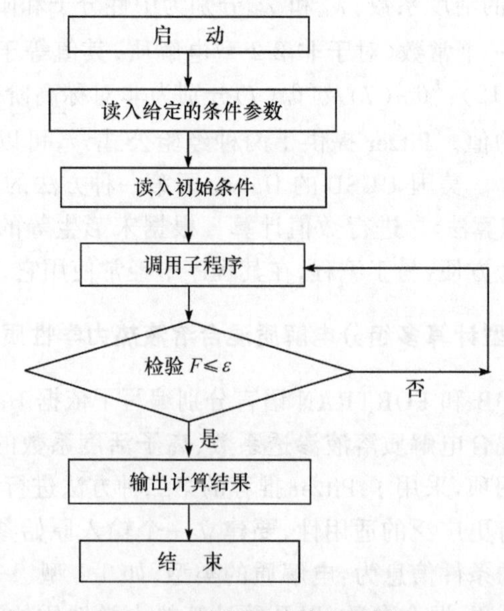

图 7-3 溶解度计算程序框图

7.4　关于电解质的 Pitzer 参数

7.4.1　电解质 Pitzer 参数的获得[73]

由上述的各个公式可以看出，当给定某一电解质 MX 时，只要它的 Pitzer 参数 $\beta_{MX}^{(0)}$，$\beta_{MX}^{(1)}$，$\beta_{MX}^{(2)}$，C_{MX}^{Φ}已知，则在任一质量摩尔浓度 m 时，溶液中电解质的平均活度系数和溶液的渗透系数都可以很容易地算出来。计算时，先计算出离子强度 I，然后再按式(7－3)～式(7－7)计算出 f^{γ}、f^{Φ}、B^{Φ}、B^{γ}、C^{γ}，再将其代入式(7－1)、式(7－2)中即可得到所要求的平均活度系数和溶液渗透系数。在进行混合电解质的计算时，首先也必须有这些单独电解质的参数。

那么，电解质的 Pitzer 参数是如何得来的呢？由上面所述的计算给定浓度时某电解质溶液的渗透系数和电解质的活度系数的步骤可以想到，若已知在给定浓度时电解质的活度系数或溶液渗透系数，那么，反过来不就可以求得该电解质的 Pitzer 参数吗？让我们再来看一下单独电解质的 Pitzer 公式：

$$\ln\gamma_{\pm} = |Z_M Z_X| f^{\gamma} + m(2\nu_M\nu_X/\nu)B_{MX}^{\gamma} + m^2[2(\nu_M\nu_X)^{3/2}/\nu]C_{MX}^{\gamma} \tag{7-10}$$

和

$$\Phi - 1 = |Z_M Z_X| f^{\Phi} + m(2\nu_M\nu_X/\nu)B_{MX}^{\Phi} + m^2[2(\nu_M\nu_X)^{2/3}/\nu]C_{MX}^{\Phi} \tag{7-11}$$

式(7－10)和式(7－11)是 Pitzer 模型的最基本公式，用来计算单独电解质溶液在不同浓度时的渗透系数和电解质的平均活度系数。式(7－11)中各项的含义为

$$f^{\Phi} = -A_{\Phi}I^{1/2}/(1+bI^{1/2})$$

$$B_{MX}^{\Phi} = \beta_{MX}^{(0)} + \beta_{MX}^{(1)}\exp(-\alpha I^{1/2})$$

对 α-α 电解质则为

$$B_{MX}^{\Phi} = \beta_{MX}^{(0)} + \beta_{MX}^{(1)}\exp(-\alpha_1 I^{1/2}) + \beta_{MX}^{(2)}\exp(-\alpha_2 I^{1/2})$$

$$f^{\gamma} = -A_{\Phi}[I^{1/2}/(1+bI^{1/2}) + (2/b)\ln(1+bI^{1/2})]$$

$$B_{MX}^{\gamma} = B_{MX} + B_{MX}^{\Phi}$$

其中

$$B_{MX} = \beta_{MX}^{(0)} + \beta_{MX}^{(1)}g(\alpha_1 I^{1/2}) + \beta_{MX}^{(2)}g(\alpha_2 I^{1/2})$$

有　$$C_{MX}^{\gamma} = 3C_{MX}^{\Phi}/2$$

其中的 $\beta_{MX}^{(0)}$，$\beta_{MX}^{(1)}$，$\beta_{MX}^{(2)}$，C_{MX}^{Φ}就是电解质 MX 的 Pitzer 参数。例如，当我们已知电解质 MX 在某一 m 时，溶液的渗透系数 Φ，就很容易由公式算出 f^{Φ}，这样 Φ 就变成了 $\beta_{MX}^{(0)}$，$\beta_{MX}^{(1)}$，$\beta_{MX}^{(2)}$和 C_{MX}^{Φ}的线性函数，$\Phi = f[\beta_{MX}^{(0)}, \beta_{MX}^{(1)}, \beta_{MX}^{(2)}, C^{(\Phi)}]$，为了求出这 4

个参数,至少必须有4组与 m-Φ 对应的数据。实际测定的或文献中往往在一定浓度范围内有许多组数据,而这些数据都具有一定的由各类误差造成的不确定性。这时必须用最小二乘法由多元回归的统计分析来确定这些参数;同样也可以由多组 m-$\gamma_{\pm}$ 数据来确定这些参数。

对于溶解度很小的电解质,如 $CaSO_4$ 的溶解度只有 0.0153 m,不可能有较多的数据用来拟合。Pitzer 假定其 $\beta^{(0)}$ 与 $CuSO_4$ 一样取值为 0.2000 而拟合得到 $\beta^{(1)}$、$\beta^{(2)}$、C^{Φ}。与其他 2-2 型电解质一样,它们的参数绝对值都很大。

Pitzer 提出他的电解质模型的数学表达式后,在文献[2]中 Pitzer 和 Mayoga 给出了 240 种电解质的参数,其中有 158 种无机物,包括 1-1 型、2-1 型(或 1-2 型)、3-1 型(1-3 型)、4-1 型(1-4 型)及 5-1 型(1-5 型)电解质;有 82 种有机电解质(包括羧酸盐、季铵盐、磺酸盐等)。后来又给出了 10 种 2-2 型电解质的参数[3]。在更晚些的专著中又补充了 28 种 3-1 型(1-3 型)电解质,总计 278 种电解质的参数[4]。有了这些参数,对于这 278 种电解质水溶液在不同浓度时的活度系数和渗透系数就都可以计算。如果再加上二离子及三离子作用参数 θ、ψ,则可以计算出混合体系中任一电解质的活度系数和溶液的渗透系数。他们所使用的数据大多都取自 Robinson 和 Stokes 的标准书[74],而且主要是由渗透系数拟合的。因为一般说来,实验测定渗透系数要比测定活度系数来得准确一些,而且文献中数据比较多。对某些电解质,他们采用了不同作者的几种数据,并给予不同的权重,而进行不等权拟合,在使用电位测定活度系数时,他们还曾调整过几个电极的标准电极电位,具体数值可参看他们的论文。

下面让我们举例说明,如何由电解质溶液的热力学数据获得该电解质的 Pitzer 参数。我们这里有一套不同浓度 NaCl 溶液的渗透系数 Φ 和 NaCl 的平均活度系数 $\gamma_{\pm}$,如表 7-2[75]所示。

让我们取浓度 m 分别为 1.0、2.0、3.0 的数据,共计 3 个点。其离子强度分别为 I=1.0,2.0,3.0。由于 A_{Φ}=0.3915,那么,各对应项的值就很容易算出:

$$B_{MX}^{\Phi} = \beta_{MX}^{(0)} + \beta_{MX}^{(1)}\exp(-\alpha I^{1/2}) \tag{7-12}$$

$$B_{MX}^{\Phi} = \beta_{MX}^{(0)} + \beta_{MX}^{(1)}\exp(-\alpha_1 I^{1/2}) + \beta_{MX}^{(2)}\exp(-\alpha_2 I^{1/2})$$

只是电解质 MX 的 Pitzer 参数 $\beta_{MX}^{(0)}$,$\beta_{MX}^{(1)}$,$\beta_{MX}^{(2)}$ 的函数,最后一项只是 C_{MX}^{ϕ} 的函数。这样一来,溶液的渗透系数就变成电解质 MX 的 3 个或 4 个(对 2-2 型电解质) Pitzer 参数的函数。对 NaCl 而言,注意此时

$$Z_M = +1,\quad Z_X = -1,\quad \nu_M = \nu_X = 1,\quad \nu = 2$$

由此可以得出

$$\Phi - 1 = A + B\beta_{MX}^{(0)} + C\beta_{MX}^{(1)} + DC_{MX}^{\Phi}$$

其中，A，B，C，D 的含义分别为

$$A = 1 + A_{\Phi}[I^{1/2}/(1+1.2I^{1/2})] \quad B = m \quad C = m\exp(-2I^{1/2}) \quad D = m^2 \tag{7-13}$$

计算得到的三组数据对应的 A，B，C，D 列于表 7-3 中。

表 7-2　不同浓度 NaCl 溶液的活度系数 $\gamma_{\pm}$ 和渗透系数 Φ[75]

溶液浓度 /(mol/kg H_2O)	活度系数 $\gamma_{\pm}$	渗透系数 Φ	溶液浓度 /(mol/kg H_2O)	活度系数 $\gamma_{\pm}$	渗透系数 Φ
0.1	0.778	0.932 4	3.0	0.714	1.045 3
0.2	0.735	0.924 5	3.2	—	1.058 7
0.3	0.710	0.921 5	3.4	—	1.072 5
0.4	0.693	0.920 3	3.5	0.746	—
0.5	0.681	0.920 9	3.6	—	1.086 7
0.6	0.673	0.923 0	3.8	—	1.101 3
0.7	0.667	0.925 7	4.0	0.783	1.115 8
0.8	0.662	0.928 8	4.2	—	1.130 6
0.9	0.659	0.932 0	4.4	—	1.145 6
1.0	0.657	0.935 5	4.5	0.826	—
1.2	0.654	0.942 8	4.6	—	1.160 8
1.4	0.655	0.951 3	4.8	—	1.176 1
1.6	0.657	0.961 6	5.0	0.874	1.191 6
1.8	0.662	0.972 3	5.2	—	1.207 2
2.0	0.668	0.983 3	5.4	—	1.222 9
2.2	—	0.994 8	5.5	0.928	—
2.4	—	1.008 6	5.6	—	1.238 9
2.5	0.688	—	5.8	—	1.254 8
2.6	—	1.019 2	7.0	0.986	1.270 6
2.8	—	1.032 1			

表 7-3　不同浓度时的系数 A, B, C, D 值

浓度 m	A	B	C	D
1.0	−0.177 954 545	1.0	0.135 335 287	1.0
2.0	−0.205 284 782	2.0	0.059 105 746	4.0
3.0	−0.220 271 719	3.0	0.031 301 113	9.0

由表 7-3 的系数 A，B，C，D 的值，通过三元一次方程组的求解，即可获得 NaCl 的 Pitzer 参数。本例中此时所得结果为：$\beta^{(0)}=0.074\ 10$，$\beta^{(1)}=0.2766$，$C^{\Phi}=0.001\ 922$。像本例这样，只由三组数据得到的参数，可以认为是方程的“准确解”，它们仅由算法的优劣和程序所要求的精度决定。对于在一定浓度范围内的若干组数据(通常远多于拟求取参数的个数)，一般就通过回归分析统计处理来获取参数。对于表 7-2 所列的从 0.1～7.0 的全部数据，经回归分析后获得的参数为：$\beta^{(0)}=0.076\ 73$，$\beta^{(1)}=0.2371$，$C^{\Phi}=0.001\ 140$。回归的标准偏差 $\sigma=0.0006$，相关系数 $R=0.999\ 991$。还应该指出的是，由不同浓度段的溶液热力学数据获得的电解质 Pitzer 参数一般是有差别的，并非完全一致。由此也可以看出，Pitzer 的离子相互作用模型是半经验性的，而非纯理论的。

7.4.2 电解质的 Pitzer 参数

Pitzer 在 1973 年发表的"电解质参数"文章中，在给出电解质的同时，也列出了每一种电解质的热力学数据的浓度范围。其中最高达 6 *m*，一般多为 3～4 *m*。其中有不少数据是早年的研究结果。自从 1973 年以来，电解质溶液化学的研究取得了很大进展，发表了大量新的数据。美国俄勒冈州立大学的 Kim 和 Frederick 等曾于 1988 年搜集了较晚发表的数据，重新进行了拟合处理，给出了 305 种电解质(包括无机和有机电解质)的 Pitzer 参数[76]。原始数据几乎全是 1972 年以后发表的，而且大多数是在《物理化学参考数据杂志》(*J. Phys. Chem. Ref. Data*)上公布的美国国家标准局(现改名为 National Institute of Standard Technology)的推荐数据[77～83]，他们使用 25℃时电解质溶液的渗透系数进行拟合(数据浓度范围广，几乎都是达到饱和的)。当实验数据的浓度范围只有 1.0 *m* 以下时(溶解度较小)，拟合时略掉 C^{Φ}，将其当成零来处理。因为 C^{Φ} 描述三离子相互作用，数值通常都很小，在低浓度时它对计算结果不起什么作用，可以忽略。

表 7－4～表 7－8 给出了 105 种常见不同类型电解质的参数 $\beta^{(0)}$、$\beta^{(1)}$、C^{Φ}，这些数据都摘自 Kim 的文章。表中还列有拟合所用数据的最高浓度 *m*(通常都达到饱和)，以及拟合的复相关系数 *R* 和标准偏差 σ，这些数据都取自该文[76]。

表 7－4 某些 1-1 型电解质在 25℃时的 Pitzer 参数

电解质	$\beta^{(0)}$	$\beta^{(1)}$	C^{Φ}	*m*	σ	*R*
HF	0.022 12	0.402 56	−0.000 18	20.000	0.003 05	0.999 6
HCl	0.203 32	−0.016 68	−0.003 72	17.000	0.014 43	0.999 9
HBr	0.241 53	−0.161 19	−0.001 01	11.000	0.029 20	0.999 4
HI	0.239 93	0.283 51	0.001 38	10.000	0.015 93	0.999 8
$HClO_4$	0.216 17	−0.227 69	0.001 92	17.000	0.036 18	0.999 6
HNO_3	0.088 30	0.483 38	−0.002 33	28.000	0.027 64	0.996 0
LiCl	0.209 72	−0.343 80	−0.004 33	19.219	0.053 39	0.998 2
LiBr	0.245 54	−0.442 44	−0.002 93	20.000	0.093 91	0.997 4
LiI	0.146 61	0.753 94	0.021 26	3.000	0.001 55	0.999 9
LiOH	0.050 85	−0.072 47	−0.003 37	5.000	0.004 94	0.995 9
$LiClO_4$	0.204 00	0.322 51	−0.001 18	4.500	0.001 57	1.000 0
$LiNO_3$	0.130 08	0.049 57	−0.003 82	20.000	0.006 39	0.999 9
NaF	0.031 83	0.186 97	−0.008 40	1.000	0.000 29	0.999 9
NaCl	0.077 22	0.251 83	0.001 06	7.144	0.000 64	1.000 0
NaBr	0.110 77	0.137 60	−0.001 53	9.000	0.004 48	0.999 9
NaI	0.134 63	0.194 79	−0.001 17	12.000	0.009 24	0.999 8
NaOH	0.170 67	−0.084 11	−0.003 42	29.000	0.085 91	0.995 0

续表

电解质	$\beta^{(0)}$	$\beta^{(1)}$	C^{Φ}	m	σ	R
$NaClO_4$	0.254 46	0.275 69	−0.001 02	7.000	0.001 01	0.999 9
$NaNO_3$	0.003 88	0.211 51	−0.000 06	10.830	0.000 73	0.998 5
NaH_2PO_4	−0.047 46	−0.075 86	0.006 59	7.500	0.004 07	0.991 0
KF	0.100 13	−0.021 75	−0.001 59	17.500	0.020 93	0.998 9
KCl	0.046 61	0.223 41	−0.000 44	4.803	0.000 36	1.000 0
KBr	0.055 92	0.220 94	−0.001 62	5.500	0.000 36	1.000 0
KI	0.072 53	0.277 10	−0.003 81	4.500	0.000 60	0.999 9
KOH	0.175 01	−0.016 34	−0.002 67	20.000	0.026 50	0.999 5
$KClO_4$	−0.091 93	0.233 43	0.000 00	0.700	0.000 23	0.999 9
KNO_3	−0.085 11	0.105 18	0.007 73	3.500	0.000 42	1.000 0
KH_2PO_4	−0.114 11	0.068 98	0.020 69	1.800	0.000 24	1.000 0
KCNS	0.038 91	0.253 61	−0.001 92	5.000	0.000 62	0.999 9
RbCl	0.046 60	0.129 83	−0.001 63	7.800	0.001 29	0.999 9
RbBr	0.038 68	0.167 23	−0.001 23	5.000	0.000 48	0.999 9
RbI	0.039 02	0.152 24	−0.000 95	5.000	0.000 35	1.000 0
$RbNO_3$	−0.081 74	−0.031 75	0.006 24	4.500	0.002 26	0.999 6
CsCl	0.036 43	−0.011 69	−0.000 96	11.000	0.003 65	0.999 3
CsBr	0.023 11	0.045 87	0.000 92	5.000	0.001 41	0.999 5
$CsNO_3$	−0.130 04	0.081 69	0.030 18	1.500	0.000 57	0.999 9
CsOH	0.147 68	0.345 72	−0.008 19	1.200	0.000 37	1.000 0
$AgNO_3$	−0.071 02	−0.167 93	0.003 22	13.000	0.008 23	0.998 4
TlCl	−3.164 06	2.438 21	0.000 00	0.010	0.000 24	0.999 6
NH_4Cl	0.051 91	0.179 37	−0.003 01	7.405	0.000 93	0.999 9
NH_4NO_3	−0.014 76	0.138 26	0.000 29	25.954	0.005 38	0.997 7
NH_4SCN	0.005 28	−0.340 80	−0.000 36	23.431	0.004 90	0.982 2

表 7-5　某些 1-2 型(2-1)型电解质在 25℃时的 Pitzer 参数

电解质	$\beta^{(0)}$	$\beta^{(1)}$	C^{Φ}	m	σ	R
H_2SO_4	0.140 98	−0.568 43	−0.002 37	27.500	0.048 74	0.998 4
Li_2SO_4	0.144 73	1.299 52	−0.006 16	3.000	0.004 48	0.999 6
Na_2SO_4	0.046 04	0.933 50	−0.004 83	1.750	0.001 12	0.999 6
Na_2SO_4	0.080 15	1.185 00	−0.004 36	2.000	0.001 87	0.999 6
Na_2CO_4	0.053 06	1.292 62	0.000 94	2.750	0.002 57	0.999 3
Na_2HPO_4	−0.021 69	1.244 72	0.007 26	2.000	0.000 52	0.999 7
Na_2CrO_4	0.065 26	1.632 56	0.008 84	4.250	0.005 12	0.999 7
K_2SO_4	0.075 48	0.443 71	—	0.692	0.001 36	0.999 0

续表

电解质	$\beta^{(0)}$	$\beta^{(1)}$	C^{Φ}	m	σ	R
K_2HPO_4	0.053 07	1.102 71	—	0.800	0.000 49	0.999 9
K_2CrO_4	0.077 02	1.226 81	−0.000 95	3.250	0.002 74	0.999 7
$K_2Cr_2O_7$	−0.011 11	2.333 06	—	0.507	0.015 52	0.914 4
Rb_2SO_4	0.091 23	0.778 63	−0.012 82	1.500	0.000 97	0.999 9
Cs_2SO_4	0.141 74	0.694 56	−0.026 86	1.831	0.001 13	0.999 9
$(NH_4)_2SO_4$	0.048 41	1.132 40	−0.001 55	5.500	0.001 85	0.999 6
$(NH_4)_2HPO_4$	−0.042 50	−0.698 71	0.005 27	3.000	0.001 55	0.999 0
$MgCl_2$	0.355 73	1.617 38	0.004 74	5.750	0.003 60	1.000 0
$MgBr_2$	0.434 60	1.731 84	0.002 75	5.610	0.005 85	1.000 0
$Mg(ClO_4)_2$	0.497 53	1.794 92	0.008 75	4.000	0.006 61	0.999 9
$CaCl_2$	0.325 79	1.384 12	−0.001 74	7.000	0.015 82	0.999 8
$CaBr_2$	0.338 99	2.045 51	0.010 67	7.000	0.007 15	1.000 0
CaI_2	0.432 25	1.848 79	0.000 85	1.915	0.001 62	1.000 0
$Ca(NO_3)_2$	0.170 30	2.021 06	−0.006 90	7.000	0.013 46	0.998 7
$SrCl_2$	0.281 70	1.616 66	−0.000 71	3.500	0.003 92	0.999 9
$SrBr_2$	0.324 10	1.782 23	0.003 44	2.100	0.000 86	1.000 0
$BaCl_2$	0.290 73	1.249 98	−0.030 46	1.785	0.001 47	0.999 9
$BaBr_2$	0.315 52	1.570 56	−0.016 10	2.300	0.002 69	0.999 9
$MnCl_2$	0.294 86	2.012 51	−0.015 28	7.500	0.024 34	0.999 0
$MnBr_2$	0.446 55	1.344 77	−0.022 69	5.640	0.005 46	0.999 9
$NiCl_2$	0.393 04	0.997 73	−0.016 58	5.500	0.018 86	0.999 8
$NiBr_2$	0.443 05	1.483 23	−0.005 90	4.500	0.008 66	0.999 9
$CoCl_2$	0.373 51	1.259 99	−0.018 03	4.000	0.007 11	0.999 9
$CoBr_2$	0.471 72	0.984 25	−0.017 16	5.750	0.021 59	0.999 7
$Co(NO_3)_2$	0.306 54	1.801 97	−0.006 49	5.500	0.004 91	0.999 9
$CuCl_4$	0.230 52	2.208 97	−0.016 39	5.750	0.006 64	0.997 6
$FeCl_2$	0.350 11	1.400 92	−0.014 12	2.000	0.001 82	1.000 0
$ZnCl_2$	0.088 87	2.948 69	0.000 95	10.000	0.014 42	0.999 5
$Zn(ClO_4)_2$	0.523 65	1.465 69	0.007 48	4.300	0.010 12	0.999 9
$Zn(NO_3)_2$	0.325 87	1.907 81	−0.008 42	7.750	0.002 83	1.000 0
$CdCl_2$	0.016 24	0.439 45	0.001 09	7.000	0.001 08	0.999 8
$CdBr_2$	0.020 87	−0.863 02	0.002 84	4.000	0.003 70	0.998 9
$PbCl_2$	0.080 10	−2.571 26	—	0.039	0.003 75	0.983 3

表7-6 某些3-1型(4-1)型电解质在25℃时的Pitzer参数

电解质	$\beta^{(0)}$	$\beta^{(1)}$	C^{Φ}	m	σ	R
$LaCl_3$	0.596 02	5.600 0	−0.024 64	3.800	0.008 3	0.999 9
$La(ClO_4)_3$	0.838 15	7.533 3	−0.012 88	4.500	0.026 9	0.999 8
$La(NO_3)_3$	0.305 07	5.133 3	−0.017 50	4.000	0.031 4	0.996 3
$NdCl_3$	0.586 74	5.600 0	−0.018 82	3.800	0.010 2	0.999 9
$SmCl_3$	0.593 61	5.600 0	−0.019 14	3.600	0.009 5	0.999 9
$Ga(ClO_4)_3$	0.785 35	5.205 5	0.042 02	2.000	0.007 2	0.999 9
$GdCl_3$	0.611 42	5.600 0	−0.019 24	3.400	0.008 4	0.999 9
$TbCl_3$	0.622 31	5.600 0	−0.019 23	3.400	0.008 8	0.999 9
$AlCl_3$	0.686 27	7.020 3	0.008 10	1.800	0.008 8	0.999 9
$ScCl_3$	0.720 87	7.531 7	0.033 67	1.800	0.004 4	0.999 9
$K_4Fe_2(CN)_6$	−0.006 38	−10.601 9	—	0.900	0.015 5	0.979 9
$ThCl_4$	0.471 46	−9.484 3	−0.000 78	1.800	0.017 9	0.999 4

表7-7 某些2-2型电解质在25℃时的Pitzer参数

电解质	$\beta^{(0)}$	$\beta^{(1)}$	$\beta^{(2)}$	C^{Φ}	m	σ	R
$CuSO_4$	0.204 58	2.749 0	−42.038	0.018 86	1.400	0.001 75	0.999 9
$ZnSO_4$	0.184 04	3.031 0	−27.709	0.032 86	3.500	0.002 12	1.000 0
$CdSO_4$	0.209 48	2.647 4	−44.473	0.010 21	3.500	0.002 65	0.999 9
$NiSO_4$	0.154 71	3.076 9	−37.593	0.043 01	2.500	0.003 10	0.999 9
$MgSO_4$	0.224 38	3.306 7	−40.493	0.025 12	3.000	0.003 46	0.999 9
$MnSO_4$	0.205 63	2.936 2	−38.931	0.016 50	4.000	0.004 70	0.999 9
$BeSO_4$	0.319 82	3.054 0	−77.689	0.005 98	4.000	0.004 21	0.999 9
UO_2SO_4	0.331 90	2.420 8	98.958	−.017 89	7.000	0.002 24	1.000 0
$CaSO_4$	0.200 00	3.776 2	−58.388	—	0.020	0.004 60	0.986 3
$CoSO_4$	0.200 00	2.970 9	−28.752	—	0.100	0.002 48	0.999 2

表7-8 使用不同参数计算溶解度的结果比较

盐 类	参数来源	$\beta^{(0)}$	$\beta^{(1)}$	C^{Φ}	m	计算值	实测值
$LiCl\cdot H_2O$	Pitzer	0.149 4	0.307 4	0.003 59	7.0	38.1	45.8
	Kim	0.209 72	−0.343 80	−0.004 33	19.219	45.7	
NH_4Cl	Pitzer	0.052 2	0.191 8	−0.003 01	7.2	27.5	28.2
	Kim	0.051 91	0.179 37	−0.003 01	7.405	27.7	
NaCl	Pitzer	0.076 5	0.266 4	0.001 27	7.0	27.3	27.45
	Kim	0.077 22	0.251 83	0.001 06	7.144	27.4	
KCl	Pitzer	0.048 35	0.212 2	−0.000 84	4.8	27.3	27.4
	Kim	0.046 61	0.223 41	−0.000 44	4.803	27.3	
$MgCl_2\cdot 6H_2O$	Pitzer	0.352 35	1.681 6	0.005 19	4.5	35.7	35.6
	Kim	0.355 73	1.617 38	0.004 74	5.750	35.7	

由于 Kim 所用的数据多数浓度高达饱和,他认为对于低浓度的计算用 Pitzer 的参数较好,就整个全浓度特别是对高浓度的计算,他们的参数更好一些。对于许多实际问题的应用,如卤水矿物溶解度预测以及无机盐化工工艺,无疑需要计算的都是饱和或高浓度情况下的 $\gamma_{\pm}$ 和 Φ。我们认为,Kim 的参数从应用的角度来说更重要,这正是我们选择 Kim 的部分参数列于表中的原因。为证实这一点,我们使用 Kim 的参数和 Pitzer 的参数进行了一些盐类在 25℃时溶解度的计算。特别是对溶解度很大,而 Pitzer 拟合其参数时,原始数据浓度不够高,Kim 使用的数据浓度很高的那些盐类。计算是按体系自由能最小化方法进行的。由于盐类标准生成能数据极其缺乏,只能找到少数数据进行计算、对比。计算结果列于表 7-9 中。

表 7-9 NaCl-KCl-H_2O 体系溶液在 25℃时的渗透系数

编号	NaCl/(mol/kg H_2O)	KCl/(mol/kg H_2O)	Φ	编号	NaCl/(mol/kg H_2O)	KCl/(mol/kg H_2O)	Φ
1	0.333 00	0.171 85	0.921 00	12	3.665 9	0.359 1	1.112 94
2	0.127 89	0.383 05	0.921 02	13	3.793 93	0.785 90	1.148 56
3	0.794 59	0.234 67	0.936 29	14	1.724 12	3.196 31	1.148 56
4	0.128 35	0.929 78	0.936 32	15	4.216 89	0.571 77	1.166 92
5	0.821 95	0.234 27	0.937 31	16	1.352 18	4.015 75	1.172 96
6	0.237 43	0.850 71	0.937 57	17	4.733 21	0.520 66	1.203 97
7	1.484 03	0.150 36	0.963 81	18	2.657 43	3.013 57	1.203 97
8	0.198 74	1.515 99	0.963 81	19	5.143 30	0.697 38	1.247 73
9	3.052 81	0.298 98	1.066 33	20	3.558 61	2.637 82	1.247 73
10	0.612 52	3.638 14	1.068 85	21	5.550 89	0.562 42	1.272 40
11	0.307 9	4.135 4	1.110 65	22	4.006 15	2.602 48	1.279 93

$LiCl \cdot H_2O$ 在水中的溶解度很大,根据我们的测定结果[84],25℃为 45.83%,相当于 19.958mol/kg H_2O,Kim 拟合 LiCl 参数时,使用数据的浓度达 19.219 mol/kg H_2O,而 Pitzer 使用的数据,浓度只有 6mol/kg H_2O。两人所得的参数差别也极大,如 Pitzer 得到的参数三个都是正值,但 Kim 得到的参数:$\beta^{(0)}$ 为正,$\beta^{(1)}$ 和 C^{Φ} 都是负值。使用 Kim 的参数计算得到的溶解度与实验值很接近,而使用 Pitzer 参数得到的溶解度却低得多(偏差达 -17%)。这表明,Pitzer 使用浓度为 0~6mol/kg H_2O的渗透系数拟合得到的 LiCl 参数是不能外推用到饱和溶液(19.958 mol/kg H_2O)的。对 NH_4Cl 和 $MgCl_2 \cdot 6H_2O$ 而言,两种溶解度计算结果差别不大,从 6mol/kg H_2O 外推到 7mol/kg H_2O 以上和从 4.5mol/kg H_2O 外推至约 5.8mol/kg H_2O 的饱和溶液,都没有产生太大偏差。虽然两组参数值并不完全一致,但依靠三个参数彼此之间的调节,却可以得到几乎一样的结果。$MgSO_4 \cdot$

$7H_2O$ 的情况与此类似。至于 NaCl、KCl 原始渗透系数数据浓度范围几乎一样,计算得到的溶解度也几乎一样。Kim 给出的个别参数有误,我们在表中已做了改正。对于统计回归获得电解质的 Pitzer 参数拟合问题,Marshall 等曾做过详细的讨论,涉及统计回归的许多问题[85]。

虽然 Kim 给出的 Pitzer 参数适用的浓度范围要广泛得多,但对于多组分体系溶解度计算而言,特别是溶解度很大的电解质,对 Pitzer 参数的选取还应深入加以研究。我们曾对 LiCl 的 Pitzer 参数问题做过一些研究[56],有兴趣的读者可以参考。

7.5 多组分电解质溶液的 Pitzer 混合参数

根据 Pitzer 的电解质溶液离子相互作用模型,在计算多组分混合电解质溶液的热力学性质时,除各单独电解质的 Pitzer 参数外,还需要相关的混合参数。混合参数只有两种:同号二离子相互作用参数和同号二离子与一个异号离子相互作用参数。为便于理解这两种混合参数(作用参数),让我们举例加以说明。假定我们有一个五元混合电解质溶液体系 $M^+,N^+,K^+/X^-,Y^--H_2O$,体系中的混合参数计有二离子混合参数 $\theta_{(M,N)}$、$\theta_{(M,K)}$、$\theta_{(N,K)}$、$\theta_{(X,Y)}$ 4 个;三离子混合参数 $\psi_{(M,N,X)}$、$\psi_{(M,K,X)}$、$\psi_{(N,K,X)}$、$\psi_{(M,N,Y)}$、$\psi_{(M,K,Y)}$、$\psi_{(N,K,Y)}$、$\psi_{(X,Y,M)}$、$\psi_{(X,Y,N)}$、$\psi_{(X,Y,K)}$ 9 个。所以,根据 Pitzer 模型,若想计算 $M^+,N^+,K^+/X^-,Y^--H_2O$ 这样的五元体系混合电解质溶液的热力学性质,除了体系中所含单独电解质(共计 6 种)的参数外,还应该具有上述 13 个混合参数。体系的组分数目越大,所需混合参数的数目也越多。

对研究人员来讲,除了清楚对混合参数的需要情况,还应知道它们的获取、不同情况下应使用哪类混合参数。

7.5.1 多组分电解质溶液 Pitzer 混合参数的获得

与单独电解质的 Pitzer 参数相类似,Pitzer 混合参数也来自混合溶液热力学性质数据的统计回归处理。根据上面的叙述,读者可以理解,这些热力学性质数据属于三元体系的混合电解质溶液。例如,混合参数 $\theta_{(M,N)}$ 来自含有阳离子 M^+ 和 N^+ 的混合溶液的热力学性质数据,至于对应的阴离子是 X^- 或 Y^- 皆可,即 $M^+,N^+/X^--H_2O$ 或 $M^+,N^+/Y^--H_2O$ 体系皆可。只不过由前一个体系的热力学性质数据获得的是 $\theta_{(M,N)}$、$\psi_{(M,N,X)}$ 两个参数,而从后者获得的是 $\theta_{(M,N)}$、$\psi_{(M,N,Y)}$ 两个参数。

同时还要注意,根据 Pitzer 理论,不管阴离子是什么,二阳离子的作用参数的值是一样的,即不管是 $M^+,N^+/X^--H_2O$ 体系还是 $M^+,N^+/Y^--H_2O$ 体系,$\theta_{(M,N)}$ 的值是一样的。因此,从数据处理的角度来讲,要是将这两个体系的热力学数据一起处理，将会更为方便。因此，应该选取具有相同混合参数的多个体系数据一起来处理。阴离子作用参数 $\theta_{(X,Y)}$ 的情况与此类似，在含有阴离子 X^-、Y^- 的三元体系中，不论阳离子是 M^+ 还是 N^+ 亦或 K^+，混合参数 $\theta_{(X,Y)}$ 的值都是相同的。

现将获取混合参数的具体数学处理方法简述如下。体系混合电解质的热力学性质计算公式为

$$\sum_i m_i(\Phi-1) = 2\Big[-A_\Phi I^{3/2}/(1+1.2I^{1/2}) + \sum_{c=1}^{Nc}\sum_{a=1}^{Na} m_c m_a (B_{ca}^\Phi + ZC_{ca})$$

$$+\sum_{c=1}^{Nc-1}\sum_{c'=c+1}^{Nc} m_c m_{c'}(\Phi_{cc'}^\Phi + \sum_{a=1}^{Na} m_a \psi_{cc'a})$$

$$+\sum_{a=1}^{Na-1}\sum_{a'=a+1}^{Na} m_a m_{a'}(\Phi_{aa'}^\Phi + \sum_{c=1}^{Nc} m_c \psi_{aa'c})\Big]$$

$$\ln\gamma_M = Z_M^2 F + \sum_{a=1}^{Na} m_a(2B_{Ma} + ZC_{Ma}) + \sum_{c=1}^{Nc} m_c(2\Phi_{Mc} + \sum_{a=1}^{Na} m_a \psi_{Mca})$$

$$+\sum_{a=1}^{Na-1}\sum_{a=a+1}^{Na} m_a m_a \psi_{aa_M} + |Z_M|\sum_{c=1}^{Nc}\sum_{a=1}^{Na} m_c m_a C_{ca}$$

$$\ln\gamma_X = Z_X^2 F + \sum_{c=1}^{Nc} m_c(2B_{cX} + ZC_{cX}) + \sum_{a=1}^{Na} m_a(2\Phi_{Xa} + \sum_{c=1}^{Nc} m_c \psi_{Xac})$$

$$+\sum_{c=1}^{Nc-1}\sum_{c=c+1}^{Nc} m_c m_c \psi_{cc_X} + |Z_X|\sum_{c=1}^{Nc}\sum_{a=1}^{Na} m_c m_a C_{ca}$$

$$F = -A_\Phi\left[\frac{I^{1/2}}{1+1.2I^{1/2}} + \frac{2}{1.2}\ln(1+1.2I^{1/2})\right] + \sum_{c=1}^{Nc}\sum_{a=1}^{Na} m_c m_a B_{ca}$$

$$+\sum_{c=1}^{Nc-1}\sum_{c'=c+1}^{Nc} m_c m_{c'} \Phi'_{cc'} + \sum_{a=1}^{Na-1}\sum_{a'=a+1}^{Na} m_a m_{a'} \Phi'_{aa'}$$

$$C_{MX} = C_{MX}^\Phi/2|Z_M Z_X|^{1/2},\quad Z = \sum_i |Z_i| m_i$$

$$B_{MX}^\Phi = \beta_{MX}^{(0)} + \beta_{MX}^{(1)} e^{-\alpha_{MX}\sqrt{I}} + \beta_{MX}^{(2)} e^{-12\sqrt{I}}$$

$$B_{MX} = \beta_{MX}^{(0)} + \beta_{MX}^{(1)} g(\alpha_{MX}\sqrt{I}) + \beta_{MX}^{(2)} g(12\sqrt{I})$$

$$B'_{MX} = \beta_{MX}^{(1)} g'(\alpha_{MX}\sqrt{I})/I + \beta_{MX}^{(2)} g'(12\sqrt{I})/x^2$$

$$g(x) = 2[1-(1+x)e^{-x}]/x^2$$

$$g(x) = -2\left[1-\left(1+x+\frac{x^2}{2}\right)e^{-x}\right]/x^2$$

$$x = \alpha_{MX}\sqrt{I}\quad 或\quad x = 12\sqrt{I}$$

$$\Phi_{ij}^\Phi = \theta_{ij} + {}^E\theta_{ij}(I) + I\,{}^E\theta'_{ij}(I)$$

$$\Phi_{ij} = \theta_{ij} + {}^E\theta_{ij}(I)\quad \Phi'_{ij} = {}^E\theta'_{ij}(I)$$

式中每一项的含义前已述及，此处不再赘述。

从计算溶液渗透系数 Φ 的公式中可以看出，混合参数仅包含在双求和号内。如果我们有一个带有共同阴离子的三元体系 M^+，N^+/X^--H_2O 若干混合溶液的渗透系数，由于阴离子只有一种，则公式的最后一项为零。混合参数包含在倒数第二项中。此时，欲求取的混合参数 $\theta_{(M,N)}$、$\psi_{(M,N,X)}$ 与溶液渗透系数 Φ 成线性关系。这样，通过溶液渗透系数数据的多元线性回归统计处理，就可以得到两个混合参数 $\theta_{(M,N)}$ 和 $\psi_{(M,N,X)}$。对于带有共同阳离子的三元体系 M^+/X^-，Y^--H_2O，情况相类似，只不过此时阳离子只有一种 M^+，计算 Φ 的公式中倒数第二项为零。混合参数包含在倒数第一项中。$\theta_{(M,N)}$、$\psi_{(M,N,X)}$ 与溶液渗透系数 Φ 成线性关系，统计处理后获得的是 $\theta_{(M,N)}$ 和 $\psi_{(M,N,X)}$ 两个混合参数。

Pitzer 在他们的原始论文中给出了一种简化的方法[4]，并按作图法求取混合参数。由计算混合溶液的渗透系数和组分活度系数的公式，可以得到

$$\Delta\Phi\left[\sum m_i/2\,m_M\,m_N\right] = \theta_{MN} + m_X\,\psi_{MNX} \tag{7-14}$$

$$\Delta\ln\gamma_{MN}(\nu/2\,\nu_M\,m_N) = \theta_{MN} + 1/2(m_X + m_M\left|Z_M/Z_X\right|)\psi_{MNX} \tag{7-15}$$

$\Delta\Phi$ 和 $\Delta\ln\gamma_\pm$ 是混合溶液实验测定的渗透系数、活度系数与按照 Pitzer 模型混合溶液式(7-14)和式(7-15)计算的渗透系数、活度系数值之差。计算时将对应的 $\theta_{(M,N)}=\psi_{(M,N,X)}=0$ 来处理。由于 $\Delta\Phi$ 和 $\Delta\ln\gamma_\pm$ 与浓度相关项成线性关系，将相应数据作图得到一条直线。直线的截距等于 $\theta_{(M,N)}$，而斜率等于 $\psi_{(M,N,X)}$。我们当然也可以按照数据的多元线性回归来获得混合参数。

表 7-9 列出了宋彭生从 Robinson[86]论文中选取的 NaCl-KCl-H_2O 体系混合溶液渗透系数，论文数据总共 86 组，我们只随意选取了 22 组数据，我们经过回归处理后，获得混合参数 $\theta_{(Na,K)}=0.1727$，$\psi_{(Na,K,Cl)}=-0.019\,85$。有兴趣的读者不妨自己进行处理，看看获得混合参数的结果如何。

7.5.2　多组分电解质溶液的 Pitzer 混合参数

Pitzer 混合参数对于实际应用，无疑是十分重要的。特别是对待实际溶液而言，因为不论在自然界，还是在生产活动中，涉及的对象无不是混合溶液，而且多半是高浓度的多组分混合溶液。因此，掌握有关体系的 Pitzer 混合溶液的情况是非常必要的。哪怕在极个别情况下，混合参数等于零，或者很小可当作零看待。但在绝大多数情况下，混合参数不能忽略。根据我们多年应用 Pitzer 模型的经验，对于盐类多组分体系溶解度计算，不仅混合参数不能忽略，就连高级作用项也不能忽略。Pitzer 等曾给出使用和不使用混合参数，对某些四离子体系渗透系数计算结果的对比[70]（表 7-10）。我们引述在此，以便读者参考。

表 7-10 使用与不使用混合参数的对比

体系名称	实验数据	最大 I	σ		文献
			$\theta=\psi=0$ 时	使用 θ,ψ 时	
NaCl-KBr	Φ	4	0.012	0.002	[70]
KCl-NaBr	Φ	4	0.012	0.001	[70]
$NaCl-KNO_3$	Φ	4	0.007	0.001	[70]
$NaNO_3-KCl$	Φ	4	0.007	0.002	[70]
$LiCl-Na_2SO_4$	Φ	5	0.008	0.006[1)]	[70]
$NaCl-K_2SO_4$	Φ	3.6	0.012	0.003	[70]
$KCl-Na_2SO_4$	Φ	3.6	0.015	0.004	[70]
$CsCl-Na_2SO_4$	Φ	5	0.024	0.007[1)]	[70]
$NaCl-MgSO_4$	Φ	9	0.008	0.002	[70]
$Na_2SO_4-MgCl_2$	Φ	7	0.005	0.005	[70]
$NaCl-CuSO_4$	Φ	2.8	0.003	0.003[1)]	[70]

1) 只有 θ，设 $\psi=0$。

1974 年，Pitzer 和 Kim 在其最初的论文中[4]给出了 52 个同离子三元体系的混合参数，其中也包括了少量有机酸盐、季铵盐。到 1979 年专著 *Activity Coefficients in Electrolyte Solutions* 出版时，Pitzer 自己撰写的第七章“Theory：Ion interaction approach”中列出了 63 组三元体系的混合参数。1988 年，Hee-Talk. Kim 和 Frederick 给出电解质在高浓度下 Pitzer 参数时，也对三元溶液混合参数进行了重新处理，又给出 49 组三元溶液的混合参数[87]。1991 年，*Activity Coefficients in Electrolyte Solutions* 第二版时[70]，Pitzer 将第一版时的“Theory：Ion interaction approach”改写为“Ion interaction approach：Theory and data correlation”。此时，他仅列举了 41 个带有同离子的三元电解质混合体系的混合参数。从我们讨论 Li^+，Na^+ 二离子混合参数的演变过程可以知道①，Pitzer 并不选取不够成熟的混合参数。这里我们列出在该文中给出的一些混合参数（表 7-11），它们对于盐类溶解度计算都是经常需要的。此外，上述第二版 *Activity Coefficients in Electrolyte Solutions* 中，由 Pabalan 和 Pitzer 合写的“Mineral solubilities in electrolyte solutions”里[22]也给出了一些混合参数，读者也可进行查阅。特别是对于海水体系，该书还给出了混合参数与温度的函数关系，极为有用。

① 宋彭生，姚燕. 盐湖卤水的热力学和化学模型研究（盐湖研究所研究报告）. 2000. 20～22。

表 7-11　常用的 Pitzer 混合参数(25℃)

C	c′	$\theta_{cc'}$	$\psi_{cc'Cl}$	$\psi_{cc'SO_4}$	$\psi_{cc'HSO_4}$	$\psi_{cc'NO_3}$
Li	Na	0.002 9	—	−0.003 9	—	—
	K	−0.056 3	—	−0.008 6	—	—
	Rb	−0.090 8	—	0.002 4	—	—
	Cs	−0.124 2	—	0.008 8	—	—
Na	K	−0.012	−0.001 8	−0.010	—	—
	Rb	−0.031 9	—	0.004 8	—	—
	Cs	−0.015 3	—	−0.003 5	—	—
	NH_4	0	−0.000 3	−0.001 3	—	—
	Ca	0.07	−0.007	−0.055	—	—
	Mg	0.07	−0.012	−0.015	—	—
	H	0.036	−0.004	—	−0.012 9	—
K	Cs	−0.004 9	—	−0.001 6	—	—
	Ca	0.032	−0.025	—	—	—
	Mg	0.0	−0.022	−0.048	—	—
	H	0.005	−0.011	—	−0.026 5	—
Mg	Cu	0.008 5	—	—	—	−0.003 1
	H	0.10	−0.011	—	−0.017 8	—
Ca	Mg	0.007	−0.012	0.024	—	—
	Cu	−0.055 8	—	—	—	0.002 6
	H	0.092	−0.015		—	—
Sr	H	0.064 2	0.003 3		—	—
Ba	H	0.070 8	0.001 8	—	—	—
A	a′	$\theta_{aa'}$	$\psi_{cc'Na}$	$\psi_{cc'K}$	$\psi_{cc'Ca}$	$\psi_{cc'Mg}$
Cl	SO_4	0.030	0.000	−0.005	−0.002	−0.008
	HSO_4	−0.006	−0.006	—	—	—
	OH	−0.050	−0.006	−0.006	−0.025	—
	HCO_3	0.03	−0.015	—	—	−0.096
	CO_3	−0.02	0.008 5	0.004	—	—
SO_4	HSO_4	—	−0.009 4	−0.067 7	—	−0.042 5
	OH	−0.013	−0.009	−0.050	—	—
	HCO_3	0.010	−0.005	—	—	−0.161
OH	CO_3	0.10	−0.017	−0.01	—	—
HCO_3	CO_3	−0.04	0.002	0.012		

7.5.3　获得多组分体系 Pitzer 混合参数的实例

上面我们已经介绍了在多组分体系中 Pitzer 混合参数的重要性,并以列表的形式给出了一些常见体系的 Pitzer 混合参数。在本节中我们将举例说明 Pitzer 混合参数是如何获得的。特别是对于一个新的体系,怎样通过自己的研究工作并结合文献中的数据,获得一个新体系的合理的 Pitzer 混合参数。

我们从前就曾讨论过用于多组分体系溶解度计算的 Pitzer 模型参数化标准处理原则,特别是 Pitzer 混合参数对多组分体系溶解度计算结果的影响[35,43,44]。下面我们将以 25℃时的盐湖卤水体系——Li^+,Na^+,K^+,Mg^{2+}/Cl^-,SO_4^{2-}-H_2O 为例,具体介绍对于一个多组分复杂体系,如何获得最合理的混合参数问题;当文献中缺乏相应体系的热力学数据时,又如何需要进行实验研究测定。

Li^+,Na^+,K^+,Mg^{2+}/Cl^-,SO_4^{2-}-H_2O 体系是一个六组分复杂体系。除 8 种组分电解质的单独电解质 Pitzer 参数 25 个($MgSO_4$ 为 2-2 型电解质,需要 $\beta^{(2)}$ 参数)外,尚需 45 个混合参数。不含锂离子的海水体系中的 Pitzer 混合参数,在文献中都可以找到。由于引入锂离子,而新增加的混合参数有 $\theta_{Li,Na}$、$\psi_{Li,Na,Cl}$、ψ_{Li,Na,SO_4}、$\theta_{Li,K}$、$\psi_{Li,K,Cl}$、ψ_{Li,K,SO_4}、$\theta_{Li,Mg}$、$\psi_{Li,Mg,Cl}$、ψ_{Li,Mg,SO_4}和 $\psi_{Cl,SO_4,Li}$。当采用体系自由能最小化方法计算体系溶解度(溶解平衡组成)时,还必须知道各平衡固相的 Gibbs 标准生成自由能 $\mu_i^\ominus$,本体系则是复盐 $LiCl·MgCl_2·7H_2O$(锂光卤石)、$Li_2SO_4·3Na_2SO_4·12H_2O$(Db1)、$Li_2SO_4·Na_2SO_4$(Db2)、$2Li_2SO_4·Na_2SO_4·K_2SO_4$(Db3)、$Li_2SO_4·K_2SO_4$(Db4)以及 $Li_2SO_4·H_2O$ 和 $LiCl·H_2O$ 的 $\mu_i^\ominus$。其他有关离子的各个混合参数,文献中已有报道。Pitzer 离子相互作用模型中的混合参数是由混合电解质溶液的渗透系数或溶质组分的活度系数通过 Pitzer 模型方程进行"参数估计"而获得的。根据 Pitzer 模型,两个同号带正电荷或负电荷离子相互作用参数如 $\theta_{Li,Mg}$,只与锂离子和镁离子的本身性质有关,而与溶液中其他离子无关。这就是说,不仅溶液中存在的第三种阳离子对它无影响,对应的平衡阴离子对它也无影响。例如,对于 Li,Mg/X-H_2O 体系而言,不管阴离子 X 是何种离子,$\theta_{Li,Mg}$都具有相同的值。从盐湖卤水组成来看,最大量存在的阴离子则是氯离子和硫酸根离子。我们采用等压法测定了 $LiCl·MgCl_2·H_2O$[46](I=0.5~19.42,25℃)、Li_2SO_4-$MgSO_4$-H_2O[47](I=0.2~13.5,25℃)、LiCl-$MgSO_4$-H_2O(I=0.6~18.6,0℃,25℃,50℃,75℃,100℃)的渗透系数以便获得 $\theta_{Li,Mg}$,$\psi_{Li,Mg,Cl}$,ψ_{Li,Mg,SO_4},LiCl-KCl-H_2O[57](I=0.5~19.84,25℃)以及四离子体系 Li^+,Mg^{2+}/Cl^-,SO_4^{2-}-H_2O(I=0.5~11.0,0℃)、Li^+,K^+/Cl^-,SO_4-H_2O(I=0.5~11.0,0℃)的渗透系数。此外,还有 LiCl-Li_2SO_4-H_2O[57](I=0.29~6.47,25℃),以便获得三离子作用参数 $\psi_{Cl,SO_4,Li}$。还有 LiCl-NaCl-H_2O[65](最大 I=8.049)体系混合溶液的渗透系数。我们研究过的上述各个体系,有些早已发表,下面我们仅引述未发表过的 LiCl-Li_2SO_4-H_2O三元体系和LiCl-$MgSO_4$-H_2O四离子体系的渗透系数,并列于

表 7-12 和表 7-13[①,②] 中。

表 7-12　25℃时 LiCl(A)-Li_2SO_4(B)-H_2O 体系的等压摩尔浓度和渗透系数

m_A/(mol/kg H_2O)	m_B/(mol/kg H_2O)	Φ	m_A/(mol/kg H_2O)	m_B/(mol/kg H_2O)	Φ	m_A/(mol/kg H_2O)	m_B/(mol/kg H_2O)	Φ
m^*=0.207 3	$Φ^*$=0.664 8		m^*=0.224 2	$Φ^*$=0.664 2		m^*=0.239 2	$Φ^*$=0.663 8	
0.220 6	0.0	0.937 2	0.239 1	0.0	0.934 5	0.253 5	0.0	0.939 5
0.167 7	0.040 90	0.902 4	0.181 6	0.044 28	0.900 8	0.193 2	0.047 11	0.902 6
0.120 9	0.078 74	0.865 0	0.131 0	0.085 35	0.862 5	0.139 2	0.090 72	0.865 0
0.080 38	0.109 3	0.846 3	0.087 21	0.118 5	0.843 0	0.093 05	0.126 5	0.842 3
0.046 75	0.137 3	0.818 2	0.050 76	0.149 0	0.814 5	0.054 00	0.158 6	0.816 1
m^*=0.257 4	$Φ^*$=0.663 4		m^*=0.423 4	$Φ^*$=0.666 8		m^*=0.577 8	$Φ^*$=0.677 0	
0.272 8	0.0	0.938 9	0.444 5	0.0	0.953 0	0.607 2	0.0	0.965 9
0.207 8	0.050 66	0.902 8	0.358 2	0.068 75	0.918 1	0.490 0	0.094 04	0.929 4
0.149 9	0.097 69	0.864 1	0.242 2	0.163 7	0.868 5	0.333 1	0.225 1	0.874 4
0.100 3	0.136 4	0.840 3	0.165 3	0.226 9	0.837 6	0.226 8	0.311 3	0.845 5
0.058 21	0.170 9	0.814 5	0.086 00	0.293 0	0.806 2	0.118 9	0.405 2	0.807 1
m^*=0.826 7	$Φ^*$=0.699 5		m^*=0.987 3	$Φ^*$=0.716 6		m^*=1.158 2	$Φ^*$=0.736 2	
0.872 4	0.0	0.994 2	1.045 9	0.0	1.014 8	1.233 9	0.0	1.036 5
0.624 6	0.204 6	0.931 0	0.751 0	0.246 0	0.947 6	0.886 0	0.290 3	0.967 8
0.477 2	0.332 4	0.888 8	0.571 6	0.398 2	0.908 0	0.674 8	0.470 1	0.926 8
0.332 9	0.461 3	0.854 6	0.390 0	0.556 6	0.866 8	0.461 2	0.659 1	0.882 1
0.164 4	0.596 5	0.818 9	0.199 1	0.722 2	0.827 7	0.235 4	0.854 0	0.843 4
m^*=1.487 9	$Φ^*$=0.776 5		m^*=2.136 6	$Φ^*$=0.863 0		m^*=2.502 8	$Φ^*$=0.915 4	
1.599 4	0.0	1.083 6	2.332 0	0.0	1.186 0	2.756 4	0.0	1.246 7
1.153 2	0.377 8	1.008 0	1.673 9	0.562 8	1.093 1	1.978 6	0.665 3	1.150 3
0.880 6	0.613 5	0.962 7	1.229 6	0.955 8	1.033 6	1.453 7	1.130 0	1.087 4
0.602 6	0.861 1	0.915 2	0.927 9	1.229 8	0.992 8	1.097 6	1.454 8	1.043 9
0.309 8	1.123 9	0.868 6	0.561 7	1.569 6	0.943 9	0.664 8	1.857 8	0.992 0
m^*=2.505 9	$Φ^*$=0.915 8		m^*=3.239 6	$Φ^*$=1.027 3		m^*=3.737 4	$Φ^*$=1.105 9	
2.760 2	0.0	1.247 2	3.618 6	0.0	1.379 5	4.203 2	0.0	1.475 0
2.114 1	0.551 2	1.166 3	2.770 3	0.722 3	1.296 2	3.217 1	0.838 8	1.385 3
1.570 8	1.028 8	1.101 5	2.058 4	1.348 2	1.224 2			
0.993 6	1.553 5	1.032 0	1.302 4	2.036 4	1.146 5			
0.891 1	1.649 3	1.019 3	1.168 3	2.162 2	1.132 3			
m^*=4.258 1	$Φ^*$=1.188 1		m^*=4.886 3	$Φ^*$=1.283 8		m^*=5.217 9	$Φ^*$=1.332 8	
4.670 9	0.106 2	1.571 1	5.374 5	0.122 1	1.693 0	5.738 3	0.130 4	1.758 0
4.502 3	0.257 0	1.552 6	5.167 7	0.295 0	1.677 2	5.522 6	0.315 3	1.739 9
4.335 3	0.390 4	1.542 1	4.989 9	0.449 4	1.661 2			
4.194 3	0.509 1	1.530 6						

注：m^*为参考溶液的质量摩尔浓度；$Φ^*$为参考溶液的渗透系数。

① 张洁.含锂水盐体系 Li-Mg-Cl-SO_4-H_2O 多温下热力学性质的等压研究. 1995,学位论文,盐湖研究所。

② 李玮.含锂水盐体系 K-Li-Cl-SO_4-H_2O 多温热力学性质的等压研究.1997,学位论文,盐湖研究所。

表 7-13 25℃时 $LiCl$-$MgSO_4$-H_2O 体系的等压摩尔浓度和渗透系数

m_A/(mol/kg H_2O)	m_B/(mol/kg H_2O)	Φ	m_A/(mol/kg H_2O)	m_B/(mol/kg H_2O)	Φ	m_A/(mol/kg H_2O)	m_B/(mol/kg H_2O)	Φ
m^*=0.443 0 Φ^*=0.902 3			m^*=0.776 7 Φ^*=0.982 3			m^*=1.204 1 Φ^*=1.104 8		
0.618 6	0.000 0	0.969 2	1.113 7	0.000 0	1.027 6	1.794 9	0.000 0	1.111 7
0.593 1	0.031 2	0.960 3	1.075 8	0.056 6	1.010 6	1.727 2	0.091 0	1.097 5
0.536 2	0.134 0	0.894 6	0.954 3	0.238 4	0.959 5	1.515 5	0.378 6	1.053 4
0.388 6	0.389 4	0.770 6	0.676 8	0.678 0	0.844 7	0.472 9	1.883 2	0.846 9
0.189 2	0.753 7	0.635 8	0.321 6	1.280 9	0.714 1	0.000 0	2.541 2	0.785 2
0.000 0	1.114 9	0.537 8	0.000 0	1.819 0	0.629 1			
m^*=1.512 4 Φ^*=1.203 7			m^*=1.822 1 Φ^*=1.310 6			m^*=1.857 2 Φ^*=1.323 2		
2.311 9	0.000 0	1.181 2	2.844 6	0.000 0	1.259 3	1.584 7	1.58 78	1.161 9
2.219 1	0.116 9	1.169 0	2.722 8	0.143 4	1.249 8	m^*=1.939 9 Φ^*=1.353 0		
1.931 5	0.482 6	1.131 2	2.352 5	0.587 8	1.218 3	3.055 2	0.000 0	1.288 7
1.311 3	1.313 9	1.040 2	1.555 3	1.558 1	1.150 5	2.524 6	0.630 8	1.247 7
0.571 1	2.274 5	0.959 6	0.663 0	2.640 6	1.084 3	1.667 0	1.670 4	1.179 7
0.000 0	2.987 6	0.914 1						
m^*=2.127 8 Φ^*=1.422 6			m^*=2.402 6 Φ^*=1.527 8			m^*=2.753 1 Φ^*=1.667 2		
3.373 2	0.000 0	1.346 0	3.866 4	0.000 0	1.424 1	4.507 1	0.000 0	1.527 6
3.070 5	0.342 3	1.330 4	2.021 2	2.025 2	1.360 8	2.298 8	2.303 4	1.496 0
1.804 8	1.808 4	1.256 6						
m^*=3.433 4 Φ^*=1.947 6								
5.747 6	0.000 0	1.745 1						
5.454 8	0.287 3	1.744 6						

注：m^*为参考溶液的摩尔浓度；Φ^*为参考溶液的渗透系数。

Li^+,Na^+,K^+,Mg^{2+}/Cl^-,SO_4^{2-}-H_2O 体系全部混合参数的获得是完全按照Pitzer理论的基本原则进行的。二离子作用参数与溶液中共存的第三种离子无关,并且与离子的顺序无关,即

$$\theta_{(i,j)} = \theta_{(j,i)}, \quad \psi_{(i,j,k)} = \psi_{(j,i,k)}$$

式中:i,j为同号电荷的某两种确定的离子;k为具有相反符号电荷的离子。

因此,当我们欲获得二离子混合参数 $\theta_{(Li,Mg)}$ 时,我们既要考虑 $LiCl$-$MgCl_2$-H_2O 体系的热力学性质,又要考虑 Li_2SO_4-$MgSO_4$-H_2O 体系的热力学性质,甚至是含有第三种、第四种阴离子的混合电解质的热力学性质,一起处理以便获得总体方差最小时的 $\theta_{(Li,Mg)}$ 和 $\psi_{(Li,Mg,Cl)}$、$\psi_{(Li,Mg,SO_4)}$ 等参数。

我们分别从不同的四元交互体系入手,逐步获得全部所需的混合参数。下面

分别加以介绍。

(1) Li^{+}，Mg^{2+}/Cl^{-}，SO_4^{2-}-H_2O 体系。这一体系的参数化是为了获得包含(Li^{+},Mg^{2+})二离子的各有关参数 $\theta_{(Li,Mg)}$ 和 $\psi_{(Li,Mg,Cl)}$、$\psi_{(Li,Mg,SO_4)}$，同时也应获得参数 $\psi_{(Cl,SO_4,Li)}$。另外，这一体系还会形成含锂的复盐 $LiCl\cdot MgCl_2\cdot 7H_2O$ 和水合物 $Li_2SO_4\cdot H_2O$、$LiCl\cdot H_2O$，它们的 Gibbs 标准生成能在文献中都没有报道，而在计算溶解度时需要用到这些参数。

我们在拟合处理中，使用了我们自己测定的 $LiCl$-$MgCl_2$-H_2O、Li_2SO_4-$MgSO_4$-H_2O、$LiCl$-Li_2SO_4-H_2O 三个同离子三元体系和一个四离子体系 $LiCl$-$MgSO_4$-H_2O 的渗透系数数据。同时，我们还使用 Li^{+}，Mg^{2+}/Cl^{-}，SO_4^{2-}-H_2O 体系中包含的次级体系的溶解度数据，即文献中的和我们自己测定的 Li_2SO_4-$MgSO_4$-H_2O[88,89]、$LiCl$-Li_2SO_4-H_2O[90]、$LiCl$-$MgCl_2$-H_2O[91,92]等三元体系的 25℃时溶解度数据，共计 237 个数据点一起进行拟合处理。拟合结果的总 RMSD(root mean square deviation)为 0.049，最大的偏差产生在 $LiCl\cdot H_2O$、$LiCl\cdot MgCl_2\cdot 7H_2O$ 两个锂盐的溶解度数据上。此时，溶液的离子强度达到 20mol/kg 以上，这对 Pitzer 模型实在是非常苛刻的条件。这样，我们就获得了 Li^{+}，Mg^{2+}/Cl^{-}，SO_4^{2-}-H_2O 体系的 Pitzer 混合参数 $\theta_{(Li,Mg)}$、$\psi_{(Li,Mg,Cl)}$、$\psi_{(Li,Mg,SO_4)}$、$\psi_{(Cl,SO_4,Li)}$ 以及 $LiCl\cdot H_2O$、$Li_2SO_4\cdot H_2O$ 和 $LiCl\cdot MgCl_2\cdot 7H_2O$ 含锂复盐的 Gibbs 标准生成能。

(2) Li^{+}，K^{+}/Cl^{-}，SO_4^{2-}-H_2O 体系。类似地，我们采用自己测定的 $LiCl$-KCl-H_2O[57]、$LiCl$-Li_2SO_4-H_2O[57]体系溶液的渗透系数、文献中的 $LiCl$-KCl-H_2O[93]、Li_2SO_4-K_2SO_4-H_2O[94]体系渗透系数以及我们自己测定的 Li_2SO_4-K_2SO_4-H_2O[38]体系和文献中的多个三元体系的溶解度数据[95～97]一起，共 230 个数据点，拟合处理，从而获得了 Li^{+}，K^{+}/Cl^{-}，SO_4^{2-}-H_2O 体系所涉及的以下 5 个参数：$\psi_{(Cl,SO_4,Li)}$、$\theta_{(Li,K)}$、$\psi_{(Li,K,Cl)}$、$\psi_{(Li,K,SO_4)}$及相关含锂复盐 Db4 的标准生成能，拟合的总 RMSD 为 0.042。

(3) Li^{+}，Na^{+}/Cl^{-}，SO_4^{2-}-H_2O 体系。这一体系参数的拟合较难处理。因为在三元体系 Li_2SO_4-Na_2SO_4-H_2O 中，25℃时只能形成复盐 $Li_2SO_4\cdot 3Na_2SO_4\cdot 12H_2O$(Db1)，而 $Li_2SO_4\cdot Na_2SO_4$(Db2)在这个三元体系里 25℃时不存在。必须在四元交互体系 Li^{+}，Na^{+}/Cl^{-}，SO_4^{2-}-H_2O 中，即在有 Cl^{-} 存在下且达到一定浓度时，才会在 25℃下形成它。这表明，一定浓度的 Cl^{-} 可以使 $Li_2SO_4\cdot 3Na_2SO_4\cdot 12H_2O$ 脱掉全部 12 个水分子和 2 个 Na_2SO_4 分子。这与 25℃三元体系 Na_2SO_4-$NaCl$-H_2O 中，NaCl 可以使 $Na_2SO_4\cdot 10H_2O$ 脱水生成无水芒硝(Na_2SO_4)的影响完全一样。所以，拟合混合参数时，我们不得不使用四元交互体系 Li^{+}，Na^{+}/Cl^{-}，SO_4^{2-}-H_2O 体系的溶解度数据。在拟合处理中还发现，Db2 的 Gibbs 标准生成能是

一个非常敏感的数据，其数值变动一点，该体系相图中的三固相（Ls＋Db1＋Db2）共饱和点 A 的位置就会明显地向左移动。例如，Db2 的 Gibbs 标准生成能数值由－1048.74 改为－1048.79，仅仅改变－0.05（相对变动 0.005％），共饱和点 A 的位置在相图中就从点 A 移到了星号的地方（图 7－8）。其数值再低一些时，其位置就越接近实验测定的共饱和点。但是，此时在 Li^+，Na^+，K^+/SO_4^{2-}-H_2O 四元体系溶解度预测中，Db3（$2Li_2SO_4\cdot Na_2SO_4\cdot K_2SO_4$）相将会消失，代之而成为稳定平衡固相的是 Db2。所以，兼顾多个体系溶解度预测，Db2 的 Gibbs 标准生成能最终取－1048.74。最终，Li^+，Na^+/Cl^-，SO_4^{2-}-H_2O 体系的参数是采用 623 个数据一起拟合。其中，包括文献中的 LiCl-NaCl-H_2O[98]、LiCl-Na_2SO_4-H_2O[99]、Li_2SO_4-Na_2SO_4-H_2O[94]等体系和我们自己测定的 LiCl-NaCl-H_2O①体系的渗透系数，同时还使用了 Li_2SO_4-Na_2SO_4-H_2O[100,101]、Li^+，Na^+，K^+/SO_4^{2-}-H_2O[102]、Li^+，Na^+，Mg^{2+}/SO_4^{2-}-H_2O[103]、Li^+，Na^+/Cl^-，SO_4^{2-}-H_2O[104]等体系的溶解度数据。此时，将前述两个四元体系已获得的参数保持固定不变，只有包含 Li^+ 在内的二离子混合参数、三离子混合参数和复盐 Db1、Db2、Db3 的 Gibbs 标准生成能作为待估参数，进行最小二乘处理。最后获得了全部 6 个参数。拟合的总 RMSD 为 0.037。最大偏差仍然位于复盐 Db1、Db2、Db3 的溶解度线上。

通过上述三个四元体系参数的拟合之后，我们就获得了包含 Li^+ 的成对方式的二离子或三离子混合参数。全部上述三个体系参数拟合的情况，概括于表 7－14中。

表 7－14　三个体系参数的拟合

体系与参数	数据来源	N	I_{max}	第一作者
$Li^+,Mg^{2+}/Cl^-,SO_4^{2-}$-$H_2O$	Φ of LiCl-$MgCl_2$-H_2O	63	19.98	Yao Yan
	Φ of Li_2SO_4-$MgSO_4$-H_2O	53	13.5	Zhang Zhong
$\Theta_{(Li,Mg)}$，$\Psi_{(Li,Mg,Cl)}$，	Φ of LiCl-Li_2SO_4-H_2O	49	7.47	Yao Yan
$\Psi_{(Li,Mg,SO_4)}$，$\Psi_{(Cl,SO_4,Li)}$	Φ of LiCl-$MgSO_4$-H_2O	27	18.6	Zhang Jie
$\mu_i^\ominus/RT$ of	Soly of Li_2SO_4-$MgSO_4$-H_2O	16	15.68	Li Bing
LCl·H_2O，$Li_2SO_4\cdot H_2O$，	Soly of Li_2SO_4-LiCl-H_2O	12	13.23	V.E. Plyushchev
LCl·$MgCl_2\cdot 7H_2O$	Soly of LiCl-$MgCl_2$-H_2O	13	20.77	N.K. Voskresenskaya
共 7 个参数				
拟合的总 RMSD	Soly of LiCl-$MgCl_2$-H_2O	16	20.80	Zhang Fengxing
σ＝0.049	拟合中使用的数据个数	237		

① 姚燕等. Li，Na/Cl-H_2O 体系溶液热力学性质的研究. 2000，研究报告，（中国科学院青海）盐湖研究所。

续表

体系与参数	数据来源	N	I_{max}	第一作者
$Li^+, K^+/Cl^-, SO_4^{2-}-H_2O$	Φ of $LiCl-KCl-H_2O$	64	19.98	Yao Yan
	Φ of $LiCl-KCl-H_2O$	35	4.8	R.A. Robinson
$\Theta_{(Li,K)}$，$\Psi_{(Li,K,Cl)}$，	$\gamma_{\pm}$in $LiCl-KCl-H_2O$	30	4.0	Li Jun 等
$\Psi_{(Li,K,SO_4)}$，$\Psi_{(Cl,SO_4,Li)}$	Φ of $Li_2SO_4-K_2SO_4-H_2O$	61	～9.5	V.K. Filippov
$\mu_i^{\ominus}/RT$ of	Φ of $LiCl-Li_2SO_4-H_2O$	49	7.47	Yao Yan
$Li_2SO_4 \cdot H_2O$，Db4	Soly of $LiCl-KCl-H_2O$	11	21.25	V.E. Plyushchev
	Soly of $LiCl-KCl-H_2O$	6	20.39	J. Zatloukal
共6个参数	Soly of $K_2SO_4-Li_2SO_4-H_2O$	15	10.03	Li Bing
拟合的总RMSD	Soly of $K_2SO_4-Li_2SO_4-H_2O$	12	10.38	I.G. Druzhinin
$\sigma=0.042$	Soly of $Li_2SO_4-LiCl-H_2O$	12	13.23	V.E. Plyushchev
	拟合中使用的数据个数	230		
$Li^+, Na^+/Cl^-, SO_4^{2-}-H_2O$	Φ of $LiCl-NaCl-H_2O$	36	6	R.A. Robinson
	Φ of $LiCl-Na_2SO_4-H_2O$	17	5	R.A. Robinson
$\Theta_{(Li,Na)}$，$\Psi_{(Li,Na,Cl)}$，	Φ of $Li_2SO_4-Na_2SO_4-H_2O$	32	9.75	V.K. Filippov
$\Psi_{(Li,Na,SO_4)}$	Φ of $LiCl-NaCl-H_2O$	30	12.86	Yao Yan
$\mu_i^{\ominus}/RT$ of	$\gamma_{\pm}$in $LiCl-Li_2SO_4-H_2O$	40	4.0	Wang Ruiling
Db1，Db2，Db3	Soly of $LiCl-NaCl-H_2O$	10	19.85	Khu Ke-yuan
	Soly of $Li_2SO_4-Na_2SO_4-H_2O$		11.36	V.K. Filippov
	Soly of $Li_2SO_4-Na_2SO_4-H_2O$	20	12.17	N.V. Bodaleva
	Soly of $Li_2SO_4-Na_2SO_4-K_2SO_4-H_2O$	57	12.34	I.N. Lepeshkov
共6个参数	Soly of $Li_2SO_4-Na_2SO_4-MgSO_4-H_2O$	40	17.78	I.N. Lepeshkov
拟合的总RMSD	Soly of $LiCl-KCl-MgCl_2-H_2O$	75	12.23	Zhang Fengxing
$\sigma=0.037$	Soly of Li，Na/Cl，SO_4-H_2O	43	9.33	Khu Ke-yuan
	及前两个体系的某些数据			
	拟合中使用的数据个数	623		

7.5.4　关于Gibbs标准生成自由能或盐类的溶解度积

从上面关于水盐溶解平衡热力学规律的介绍中可知，在进行盐类溶解度计算时，需要的另一个重要参数是盐类的溶解度积。如果采用体系自由能最小化的方法来计算，就需要知道体系中各化学物种的Gibbs标准生成自由能。在文献中，不管是盐类的溶解度积，还是各种盐类的Gibbs标准生成自由能，都比较缺乏，有时使计算难以进行。

我们曾提出过一种获得盐类溶解度积的方法，在缺乏这类数据时，可以采用，方法的详细步骤可参看文献[23]中的说明。此外，根据热力学原理，盐类的溶解度积与相关的化学物种的 Gibbs 标准生成自由能之间是有关系的。因而，二者之间可以彼此换算，有了一种数据，就可以得出另一种数据。设有带结晶水的化合物 $M_{\nu_M}X_{\nu_X}\cdot\nu_0H_2O$，它在水中的溶解过程为

$$M_{\nu_M}X_{\nu_X}\cdot\nu_0H_2O = \nu_M M^{+ZM}+\nu_X X^{-ZX}+\nu_0 H_2O$$

待达到平衡时，它的溶解度积为

$$K_{sp}=[M^{+ZM}]^{\nu_M}[X^{-ZX}]^{\nu_X}[H_2O]^{\nu_0}/[M_{\nu_M}X_{\nu_X}\cdot\nu_0H_2O]$$

或
$$\ln K_{sp}=\mu_s^{\ominus}/RT-(\nu_M\mu_M^{\ominus}+\nu_X\mu_X^{\ominus}+\nu_0\mu_{H_2O}^{\ominus})/RT$$

因此，在有关化学物种的 Gibbs 标准生成自由能已知时，可以求出其溶解度积，反之亦然。但是根据我们多年对溶解度计算的实践发现，很多热力学函数值的不确定性较大，对很多复盐则十分缺乏此类数据，溶解度积计算需要的是 Gibbs 标准生成能相减的差值，有时它们的数值就在偏差范围之内，经过指数换算后得以放大，最终得到的结果很不理想。文献中盐类溶解度积常数的数据很缺乏，表 7－15 给出一些盐类在 25℃时的溶解度积常数。

表 7－15　在 298.15K 和 1.013×10^5 Pa 压力下的某些盐类的溶解度积常数($\lg K_{sp}$)[21]

盐　类	化　学　式	文献值[21]	我们的数值
氯化钠	$NaCl$	1.55，1.56	1.585 9
氯化钾	KCl	0.894，0.898	0.902 7
水氯镁石	$MgCl_2\cdot6H_2O$	4.36，4.445，4.29	4.498
芒硝	$Na_2SO_4\cdot10H_2O$	−1.25	−1.221 27
无水芒硝	Na_2SO_4	−0.28，−0.300	−0.285 67
硫酸钾	K_2SO_4	−1.87	−1.777 8
泻利盐	$MgSO_4\cdot7H_2O$	−1.944 6，−2.13	−1.909 06
硝酸钾	KNO_3	0.114 13	

盐湖卤水体系溶解度计算中常见的一些化学物种的化学位的数据列于表 7－16中，其中某些数据是我们自己获得的，这里并未注明出处，在文献[58]中有相关介绍。

我们总结了有关盐湖卤水中常见的 Li^+、Na^+、K^+、Cl^-、SO_4^{2-} 各个同号离子之间的二离子和三离子之间以及锂的复盐和水合物(简称见表 7－16)的 Pitzer 参数，参数值列于表 7－17 中。

表7-16 盐湖卤水体系25℃时的一些化学形态物种的标准生成能

化学物种或矿物	化合物名称缩写	化学式	$\mu_i^{\ominus}/RT$
水		H_2O	−95.663 5
锂离子		Li^+	−118.043 9
钠离子		Na^+	−105.651
钾离子		K^+	−113.957
镁离子		Mg^{2+}	−183.468
氯离子		Cl^-	−52.955
硫酸根离子		SO_4^{2-}	−300.386
钾芒硝	Ap	$Na_2K_2(SO_4)_2$	−1 057.05
硫酸钾	Ar	K_2SO_4	−532.39
水氯镁石	Bis	$MgCl_2 \cdot 6H_2O$	−853.1
白钠镁矾	Blo	$Na_2Mg(SO_4)_2 \cdot 4H_2O$	−1 383.6
光卤石	Car	$KCl \cdot MgCl_2 \cdot 6H_2O$	−1 020.3
锂复盐1	Db1	$Li_2SO_4 \cdot 3Na_2SO_4 \cdot 12H_2O$	−3 227.404
锂复盐2	Db2	$Li_2SO_4 \cdot Na_2SO_4$	−1 048.74
锂复盐3	Db3	$2Li_2SO_4 \cdot Na_2SO_4 \cdot K_2SO_4$	−2 123.250
锂复盐4	Db4	$Li_2SO_4 \cdot K_2SO_4$	−1 070.979
泻利盐	Eps	$MgSO_4 \cdot 7H_2O$	−1 157.833
石盐	H	$NaCl$	−154.99
六水泻利盐	Hex	$MgSO_4 \cdot 6H_2O$	−1 061.563
钾盐镁矾	Kai	$KCl \cdot MgSO_4 \cdot 3H_2O$	−938.2
钾镁矾	Leo	$K_2SO_4 \cdot MgSO_4 \cdot 4H_2O$	−1 403.97
四水硫酸镁	Lh	$MgSO_4 \cdot 4H_2O$	−868.457
锂光卤石	LiC	$LiCl \cdot MgCl_2 \cdot 7H_2O$	−1 108.343
一水氯化锂	Lc	$LiCl \cdot H_2O$	−254.596 2
一水硫酸锂	Ls	$Li_2SO_4 \cdot H_2O$	−631.112 1
芒硝	Mir	$Na_2SO_4 \cdot 10H_2O$	−1 471.15
五水硫酸镁	Pt	$MgSO_4 \cdot 5H_2O$	−965.084
软钾镁矾	Pic	$K_2SO_4 \cdot MgSO_4 \cdot 6H_2O$	−1 596.1
钾岩盐	Syl	KCl	−164.84
无水硫酸钠	Th	Na_2SO_4	−512.35

表7-17 体系中各种Pitzer混合参数和锂盐的标准生成能

参数	参数值	参数	参数值
$\psi_{(Cl,SO_4,Li)}$	−0.012 36	$\psi_{(Li,Mg,SO_4)}$	0.005 700
$\theta_{(Li,Na)}$	0.020 16	Db1	−3 227.404
$\psi_{(Li,Na,Cl)}$	−0.007 416	Db2	−1 048.74
$\psi_{(Li,Na,SO_4)}$	−0.007 774	Db3	−2 123.250
$\theta_{(Li,K)}$	−0.050 75	Db4	−1 070.979
$\psi_{(Li,K,Cl)}$	−0.005 908 7	LiCarnallite	−1 108.343
$\psi_{(Li,K,SO_4)}$	−0.007 970	$LiCl \cdot H_2O$	−254.596 2
$\theta_{(Li,Mg)}$	0.010 196	$Li_2SO_4 \cdot H_2O$	−631.112 1
$\psi_{(Li,Mg,Cl)}$	−0.000 594 7		

7.6 某些体系溶解度计算结果举例

我们已经叙述了水盐溶解平衡计算的热力学基本原理、电解质溶液的 Pitzer 离子相互作用模型以及模型参数的有关问题。下面我们将进一步研究，在有了上面的必备知识后，如何利用 Pitzer 模型来进行水盐体系溶解平衡组成，即溶解度的计算。本节中我们先从最简单的三元体系讲起，然后逐渐深入，对复杂的五元体系、六元体系，我们只能简略地介绍计算结果，不准备涉及过多数学问题。

7.6.1 25℃时的海水体系

1. 25℃时的三元体系溶解度的计算

三元体系溶解度的计算较为简单，让我们先从它讲起，然后逐步深入。最后介绍五元、六元水盐体系溶解度计算的一些结果。

三元水盐体系都是同离子体系，即含有共同阴离子和不同阳离子的两种盐或含有共同阳离子和不同阳离子的两种盐与水组成的。例如，MX-NX-H_2O 体系或 MX-MY-H_2O 体系。这里 M、N 代表阳离子，X、Y 代表阴离子。前者是含有共同阴离子的体系，如 KCl-NaCl-H_2O、NaCl-$CaCl_2$-H_2O 即属于此类；后者是含有共同阳离子的体系，如 KNO_3-KCl-H_2O、NaCl-Na_2CO_3-H_2O 即属于此类。这里的一种盐和另一种盐可以是对称的电解质，如举例中的第一种情况；也可能是非对称的电解质，如举例中的第二种情况。对于三元体系，以溶解度积为平衡判据来计算溶解度最方便。为了使读者能更清晰地了解，以下让我们先举一个较简单的体系加以说明。

设有三元体系 NaCl-KCl-H_2O，我们先要求在有 KCl 存在的条件下，NaCl 的溶解度。假定 KCl 的浓度为 m_K，此时 NaCl 的溶解度为 m_{Na}，则溶液中 Na^+ 浓度为 m_{Na}，而 Cl^- 浓度应为 NaCl 所含的 Cl^- 与 KCl 所含 Cl^- 之和，即 $m_{Cl}=m_{Na}+m_K$，而NaCl的溶解度积 $K_{sp}=[m_{Na}\gamma_{Na}][(m_{Na}+m_K)\gamma_{Cl}]$，由表 7-15 的数据可知NaCl的溶解度积为 38.539($\lg K_{sp}=1.5859$)，此时 $K_{sp}=(m_{Na}\gamma_{Na})\times[(m_{Na}+m_K)\gamma_{Cl}]$应该等于 38.539。因为 m_{Na}是未知数，正是要求取的。我们可以尝试给 m_{Na} 一个初值，如 m_0，注意等式中 Na^+ 和 Cl^- 的活度系数 γ_{Na}、γ_{Cl}是取决于溶液组成的，并非固定不变。在给定了 NaCl 的一个初值以后，溶液组成 KCl 和 NaCl 的质量摩尔浓度均为已知，通过 Pitzer 公式就可以计算出 Na^+ 和 Cl^- 的活度系数。这样，公式中的各项均为已知，IAP 就很容易被计算出。但此时的 IAP 不一定正好等于 35.539，我们再尝试改变 m_{Na}，给出另一个 m_{Na}值。然后再重新计算 Na^+ 和 Cl^- 的活度系数，计算新的 IAP。由此我们可以看出，在 KCl 浓度固定的情况下，

IAP 将会随着NaCl的浓度 m_{Na}的改变而改变,即 IAP 是 NaCl 的浓度 m_{Na}的函数。这样,我们将会寻找到自变量 m_{Na}的值,使 IAP 等于 35.539。找到的 m_{Na}值,就是在 KCl 浓度为 m_K 时 NaCl 的溶解度。由于计算 Na^+ 和 Cl^- 活度系数的 Pitzer 公式十分复杂,不是一个简单的显函数,所以这个求解过程是很困难的。我们发现有几种可以求解的方法,包括图解法、简化函数法等。在 20 世纪 70 年代末,笔者曾经使用十位对数表按 Pitzer 公式计算活度系数,给定组成的五组分海水体系,半天时间只能计算出一个离子的活度系数。现在的情况大不一样了,电子计算机的发展给我们提供了极为有利的工具。笔者于 20 世纪 80 年代初在美国 UCSD 时,计算工作是在小型计算机上才能实现。如今,在一般的 PC 机上这种计算都能很容易地进行,特别是近年来高运算速度的微机的出现,使得计算工作变得十分方便、快捷。只要编写好性能良好的计算程序,就能进行计算工作。

早期,我们对上述这种类型的三元体系溶解度的计算,是在微机上采用BASIC 和 FORTRAN 语言编写的程序完成的。计算时给定初值的左右区间,采用对分区间进行套算法求解,收敛速度是很快的。要求的精度 $E_p = 1\times10^{-5}$ mol/kg H_2O 或 1×10^{-6} mol/kg H_2O 皆可,都很容易达到。

进行了上述这样的求解工作之后,我们得到了三元体系溶解度一条分支线上的一个点,求出数个点以后我们就可以描绘出这一条分支线。两条分支线相交处便是二盐共饱和点(或转变点)。但要真正获得共饱和点的组成,必须求解两个盐溶解度积联立方程组。从上面的叙述,我们不难写出联立方程组。这里为使读者进一步熟练运用 Pitzer 模型于多组分体系溶解度的计算,我们在此再加以介绍。

让我们假定,在共饱和点处 KCl 的浓度为 m_K, NaCl 的浓度为 m_{Na},则溶液中 KCl 和 NaCl 都应满足其溶解度积方程,即

$$K_{sp}(\mathrm{NaCl}) = (m_{Na}\gamma_{Na})[(m_{Na} + m_K)\gamma_{Cl}] \tag{7-16}$$

$$K_{sp}(\mathrm{KCl}) = (m_K\gamma_K)[(m_{Na} + m_K)\gamma_{Cl}] \tag{7-17}$$

式中:$(m_{Na}+m_K)$是溶液中 Cl^- 的浓度,为 KCl 和 NaCl 两者浓度之和,其他各项的含义同上。

活度系数 γ_{Na}、γ_K 和 γ_{Cl}当然都是根据 Pitzer 公式计算得到的。由于要经常计算给定组成组分的活度系数或渗透系数,所以在程序编写中,总是将混合电解质溶液活度系数及渗透系数的计算块当作子程序,被不断调用。

如果我们要计算含有结晶水合物或复盐的溶解度,如 $KCl\text{-}MgCl_2\text{-}H_2O$ 体系,情况稍复杂一些,但道理是一样的。要注意,结晶水合物的溶解度积表达式中有水的活度,并注意水合物中水分子的个数与水活度的方次一致。溶液中水的活度由溶液的渗透系数 Φ 换算而来,其公式为

$$\ln a(\mathrm{H_2O}) = -\Phi(M_w/1000)\sum_i m_i \tag{7-18}$$

式中：M_w 是水的相对分子质量；求和符号是对溶液中所有的溶解的化学物种求和。根据溶液渗透系数的定义，很容易理解这一关系式。

根据宋彭生等的经验，编写求解联立方程组程序时，采用最速下降法是有效的，但初值的选择很重要。但是当宋彭生等由两条溶解度支线逐渐逼近共饱和点时，初值就容易选择了。或者在开始时对解的精度可以要求低一点，获得的解作为以后较精确解的初值，这样就很容易获得所要求的解。下面给出一些计算结果，由此可见使用 Pitzer 模型计算三元水盐体系溶解度的一般情况。要想对此方面有更全面的了解，读者可以参看文献[23]，下面列出的计算结果就摘自该文献。

表 7-18 的结果包括对称型和非对称型电解质构成的三元体系。对称型电解质三元体系是指体系的两种电解质是同一种类型的，如 1-1 型的 $KCl-KNO_3-H_2O$ 体系。在海水体系中，$NaCl-KCl-H_2O$ 是唯一的由两种 1-1 型电解质组成的三元体系。宋彭生等还进行了其他一些含有对称电解质三元体系的计算，包括 HCl 等。这类体系的计算结果与实验值一般都很吻合。

表 7-18　25℃时的三元体系溶解度计算值与实验值的比较[23]

Ⅰ. 对称电解质混合物三元体系

(1) $NaCl-KCl-H_2O$ 体系

计算值	NaCl/%	26.45	23.75	21.0	20.4*	20.0	15.0	10.0	5.0	0
	KCl/%	0	5.0	10.0	11.15*	11.3	14.5	18.2	22.1	26.4
实验值	NaCl/%	26.45	23.67	20.97	20.55*	20.04	15.00	10.00	5.00	0
	KCl/%	0	5.00	10.00	10.80*	11.11	14.48	18.17	22.16	26.39

(2) $NaCl-HCl-H_2O$ 体系

计算值	HCl/%	0	1.35	2.73	5.57	8.48	11.41	14.32	17.11	19.75
	NaCl/%	26.45	24.33	22.20	18.01	14.00	10.34	7.17	4.68	2.87
实验值	HCl/%	0	1.35	2.73	5.57	8.48	11.41	14.32	17.11	19.75
	NaCl/%	26.45	24.43	22.32	18.09	14.04	10.34	7.17	4.66	2.87

(3) $KCl-HCl-H_2O$ 体系

计算值	HCl/%	0	3.33	6.14	10.19	15.22	23.45			
	KCl/%	26.4	20.50	16.03	10.44	5.57	1.46			
实验值	HCl/%	0	3.31	6.15	10.31	15.07	23.15			
	KCl/%	26.4	20.93	15.87	10.28	6.51	2.70			

续表

(4) $KCl-KNO_3-H_2O$ 体系

计算值	HCl/%	26.4	22.8	21.8*	21.3	11.1	5.7	0		
	KCl/%	0	10.8	13.7*	13.9	18.8	22.6	27.69		
实验值	HCl/%	26.4	23.0	21.9*	21.0	11.1	5.7	0		
	KCl/%	0	10.8	14.6*	14.9	19.5	13.0	27.69		

II. 非对称电解质混合物三元体系

(1) $KCl-K_2SO_4-H_2O$ 体系

计算值	KCl/%	26.4	25.9	20.0	15.0	10.0	5.0	0		
	K_2SO_4/%	0	1.02	2.1	3.1	4.6	7.0	10.75		
实验值	KCl/%	26.4	25.6	20.0	15.0	10.0	5.0	0		
	K_2SO_4/%	0	1.10	2.10	3.3	4.9	7.1	10.75		

(2) $NaCl-MgCl_2-H_2O$ 体系

计算值	NaCl/%	26.45	20.1	15.1	10.4	6.3	3.2	1.3		
	$MgCl_2$/%	0	5.0	10.0	15.0	20.0	25.0	29.9		
实验值	NaCl/%	26.45	20.5	15.2	10.5	6.5	3.3	1.1		
	$MgCl_2$/%	0	5.0	10.0	15.0	20.0	25.0	30.0		

(3) $KCl-MgCl_2-H_2O$ 体系

计算值	KCl/%	26.4	20.5	15.1	10.4	6.6	3.9	3.4*		
	$MgCl_2$/%	0	5.0	10.0	15.0	20.0	25.0	26.1*		
实验值	KCl/%	26.4	20.3	14.9	10.5	6.7	4.1	3.4*		
	$MgCl_2$/%	0	5.0	10.0	15.0	20.0	25.0	26.9*		

(4) $Na_2SO_4-MgSO_4-H_2O$ 体系

计算值	Na_2SO_4/%	21.8	20.6	19.3	18.4	18.3*				
	$MgSO_4$/%	0	5.0	10.0	15.1	15.9*				
实验值	Na_2SO_4/%	21.8	20.3	19.2	19.0	19.1*				
	$MgSO_4$/%	0	5.0	10.0	15.0	15.7*				

注：上标 * 表示共饱和点组成。

对于像 $KCl-K_2SO_4-H_2O$ 和 $NaCl-MgCl_2-H_2O$ 这样的非对称三元体系，前一体系中的 K_2SO_4 溶解度较为适中，而后一体系中两种盐的溶解度相差很大，更易溶的是 2-1 型盐，所以在高浓度 $MgCl_2$ 溶液中溶液的离子强度极高，这对于 Pitzer 理论是相当严格的检验。这两个体系的计算结果都是非常令人满意的。$KCl-MgCl_2-H_2O$ 体系中有复盐光卤石 $KCl·MgCl_2·6H_2O$ 形成。在含有 2-2 型电解质的三元体系中，我们也做了计算。由于 2-2 型电解质容易形成离子对，在 Pitzer 理论中计算它们的活度系数和渗透系数的公式都比其他的复杂一些，在海水体系中只有 $MgSO_4$ 是 2-2 型电解质，但包含 $MgSO_4$ 的三元体系大多形成水合物和复盐，有些复盐的溶解度积数据很缺乏，如白钠镁矾（$Na_2SO_4·MgSO_4·4H_2O$）、软钾镁矾（$K_2SO_4·MgSO_4·6H_2O$）、钾镁矾（$K_2SO_4·MgSO_4·4H_2O$）等。当然，我们可以从三元体系溶解度获得它们，但反回来计算三元体系溶解度则意义不大，用到四元体系溶解度计算中倒是很有用，在此我们不做介绍。这里我们对某些单盐的溶解度线做一些计算，结果仍列在表 7－18 中。

对含有两种 1-1 型电解质的三元体系计算结果都很满意，尤其是 $HCl-NaCl-H_2O$ 体系，在很高离子强度，如 $I>20$ 时，计算结果与实验值也十分吻合。对于非对称混合电解质的结果虽然比不上前者，但一般也足以满足对溶解度数据的要求。对于有复盐形成的体系，由三元体系得到的复盐的溶解平衡常数 K_{sp} 值可以预测四元体系和五元体系的溶解度，这将在以后加以介绍。

我们已经用 FORTRAN 语言建立了一个计算海水体系 Na^+，K^+，Mg^{2+}，Ca^{2+}/Cl，SO_4-H_2O 中 25℃时的任一三元体系溶解度的完整计算程序 TERSOLY。该程序界面友好，人机对话能力强，并且具有多种选择。程序的功能及应答方法等，限于篇幅在此不能多加介绍。溶解平衡常数是计算中的重要参数，我们在利用 Pitzer 理论由二元体系溶解度计算它们时，我们发现一定要通过比较，选择可靠的溶解度数据，因为文献中的数据有时彼此相差很大。Pitzer 理论中电解质的参数 $\beta^{(0)}$、$\beta^{(1)}$、C^{Φ} 以及混合参数 θ、ψ 等是由二元或三元体系中的活度系数、渗透系数等热力学数据得来的，我们认为这套参数同样可以由可靠的溶解度数据而得到，并将其再用于计算高组分体系的溶解度。以后我们会专门讨论这个问题。

2. 四元体系溶解度的计算

四元水盐体系有两种类型，即同离子四元体系和交互四元体系。前者如 Na^+，K^+，Mg^{2+}/Cl^--H_2O 体系，其溶解度关系对光卤石矿加工制取氯化钾生产工艺有重要指导意义；后者如 Na^+，Mg^{2+}/Cl^-，SO_4^{2-}-H_2O 体系，它用来描述简化的海水的相变化过程，所以对海盐生产中海水日晒过程有指导意义。正是基于这样的原因，这两个体系的相平衡关系都被许多科学家详尽地研究过。

我们对这两个体系在25℃时的溶解度关系也进行了计算，其结果都是令人满意的。7.7.2节关于水盐体系相图中等水线的计算工作，就是针对这两个体系进行的。在那里的计算结果中列出了大量的数据表，可供参考。从实用的角度看，那些等水线数据应用起来更方便。在这里我们不再列出这两个体系在25℃时的溶解度计算结果。利用Pitzer电解质溶液理论，预测包含Ca^{2+}的海水体系各个三元、四元次级体系在25℃时的零变量点平衡液相组成结果，可在文献[14]中找到。

3．五元体系溶解度的计算

在宋彭生等从事的五元体系溶解度计算中，最典型的一个例子是体系中K_2SO_4结晶区溶解度的计算。海水中由于钙离子含量较低，特别是海水蒸发浓缩后期，绝大部分Ca^{2+}以石膏($CaSO_4 \cdot 2H_2O$)的形式析出后，海水体系经常被简化成为五元体系，即Na^+，K^+，Mg^{2+}/Cl^-，SO_4^{2-}-H_2O。这一五元体系的相图，通常是将平衡液相组成的盐分用三棱柱表示。此三棱柱的三个侧面都是正方形，其顶与底则为正三角形。这种立体图无法直接用于实际相图计算。在用此相图处理的各种五元体系实际对象的组成中，NaCl通常总是占绝对大的数量，亦即在所处理的实际相平衡过程中，几乎总是NaCl最先饱和且经常是一直饱和至最后。所以，在这一种五元体系相图的实际运用上，大多是从NaCl角顶将NaCl饱和区投影在平面上，以三角形来表示。三角形的三个顶点为Mg^{2+}、$2K^{2+}$和SO_4^{2-}，整个三角形中所描绘的各个结晶区是与NaCl空间饱和区相邻的各盐类的结晶区。因为图上的任意点的组成都是平衡溶液的干盐组成，这样的投影图在实际使用时，还必须辅以水图和钠图。

但在无机盐化工实践中，使用天然硫酸盐为原料依照复分解转化法由KCl制取K_2SO_4时，却要使用另一种五元体系的相图。例如，使用天然泻利盐(硫酸镁七水合物)与氯化钾转化法生产硫酸钾的过程，如果两种原料都是纯净的，当然转化工艺过程的理论依据就是K^+，Mg^{2+}/Cl^-，SO_4^{2-}-H_2O四元交互体系相图。但是工业生产使用的原料，不论是在天然泻利盐中还是在工业氯化钾中都含有杂质。最多的杂质就是NaCl，而且一般情况下含量还比较高，它对过程的影响不能忽视。这样的转化过程，就变成了在硫酸钾饱和而氯化钠不饱和的五元体系Na^+，K^+，Mg^{2+}/Cl^-，SO_4^{2-}-H_2O中进行的相平衡过程。此时的五元体系相平衡数据与前述的NaCl一直处在饱和状态的相平衡关系是完全不相同的。既难以测定实验数据，也不能用前述的三角形相图表示。在文献中这类相平衡数据是很缺乏的。

鉴于工业实践对这种数据的需要和这类数据的缺乏，宋彭生等采用Pitzer电解质溶液理论，计算了五元体系Na^+，K^+，Mg^{2+}/Cl^-，SO_4^{2-}-H_2O中硫酸钾相区的溶解度。宋彭生等计算的K_2SO_4溶解度，包括：K_2SO_4 + $Na_2SO_4 \cdot 3K_2SO_4$ + $K_2SO_4 \cdot MgSO_4 \cdot 6H_2O$ + KCl四盐共饱和的无变量点，K_2SO_4 + $Na_2SO_4 \cdot 3K_2SO_4$ +

$K_2SO_4 \cdot MgSO_4 \cdot 6H_2O$、$K_2SO_4$＋$Na_2SO_4 \cdot 3K_2SO_4$＋KCl、$K_2SO_4$＋$K_2SO_4 \cdot MgSO_4 \cdot 6H_2O$＋KCl 三盐共饱和的单变线，更多的是 K_2SO_4 与另一种盐共饱和面上的平衡点。计算是从次级体系的共饱和点沿着一条单变线，逐渐向五元体系的无变量点趋近，最后达到无变量点。从三条单变线分别进行计算，三次达到的无变量点的组成完全一致。这也可以证明整个计算工作以及所获得的相图构型是正确的。平衡溶液组成按体系自由能最小化方法求取。计算工作的具体细节可参看文献[12]，计算获得的五元体系 Na^+，K^+，Mg^{2+}/Cl^-，SO_4^{2-}-H_2O 中硫酸钾相区的溶解度列于表 7-19 中。关于它们的应用，将在本书后面的其他章节加以介绍。

表 7-19　计算的 Na^+，K^+，Mg^{2+}/Cl^-，SO_4^{2-}-H_2O 体系在 25℃时的 K_2SO_4 结晶区的溶解度

编号	NaCl	KCl	$MgCl_2$	Na_2SO_4	K_2SO_4	$MgSO_4$	平衡固相
1	0.000 0	0.000 0	0.000 0	0.415 2	0.748 8	0.000 0	Ap＋Ar
2	0.878 9	0.121 1	0.000 0	0.000 0	0.784 6	0.000 0	Ditto
3	1.010 9	0.989 1	0.000 0	0.000 0	0.536 3	0.000 0	Ditto
4	1.190 3	1.809 7	0.000 0	0.000 0	0.380 9	0.000 0	Ditto
5	1.386 1	2.613 9	0.000 0	0.000 0	0.279 1	0.000 0	Ditto
6	1.581 8	3.418 3	0.000 0	0.000 0	0.208 8	0.000 0	Ditto
7	1.635 8	3.646 9	0.000 0	0.000 0	0.192 8	0.000 0	Ap＋Ar＋Syl
8	0.000 0	0.000 0	0.000 0	0.414 1	0.775 1	0.300 0	Ap＋Ar
9	0.842 2	0.157 8	0.000 0	0.000 0	0.766 0	0.300 0	Ditto
10	0.852 9	0.347 1	0.000 0	0.000 0	0.693 5	0.300 0	Ditto
11	0.920 8	1.079 2	0.000 0	0.000 0	0.445 6	0.300 0	Ditto
12	1.177 9	2.622 1	0.000 0	0.000 0	0.097 4	0.300 0	Ditto
13	1.348 2	3.427 5	0.012 1	0.000 0	0.000 0	0.287 9	Ditto
14	1.434 3	3.759 6	0.053 1	0.000 0	0.000 0	0.246 9	Ditto
15	0.000 0	0.000 0	0.000 0	0.407 3	0.797 5	0.600 0	Ditto
16	0.805 7	0.194 3	0.000 0	0.000 0	0.750 7	0.600 0	Ditto
17	0.846 3	1.153 7	0.000 0	0.000 0	0.376 6	0.600 0	Ditto
18	0.923 7	1.976 3	0.000 0	0.000 0	0.115 9	0.600 0	Ditto
19	1.045 2	2.665 3	0.094 8	0.000 0	0.000 0	0.505 2	Ditto
20	1.203 8	3.294 2	0.251 0	0.000 0	0.000 0	0.349 0	Ditto
21	1.259 3	3.528 5	0.290 1	0.000 0	0.000 0	0.309 9	Ap＋Ar＋Syl
22	0.000 0	0.000 0	0.000 0	0.395 3	0.815 7	0.900 0	Ap＋Ar
23	0.767 3	0.232 7	0.000 0	0.000 0	0.735 9	0.900 0	Ditto
24	0.782 1	1.217 9	0.000 0	0.000 0	0.323 2	0.900 0	Ditto
25	0.836 8	2.135 3	0.014 0	0.000 0	0.000 0	0.886 0	Ditto
26	0.927 9	2.531 9	0.270 1	0.000 0	0.000 0	0.629 9	Ditto
27	1.045 5	3.049 3	0.452 6	0.000 0	0.000 0	0.447 4	Ditto
28	1.096 8	3.285 1	0.508 4	0.000 0	0.000 0	0.391 6	Ap＋Ar＋Syl
29	0.000 0	0.000 0	0.000 0	0.372 6	0.835 4	1.310 4	Ap＋Ar＋Pic
30	0.731 4	0.260 4	0.000 0	0.000 0	0.725 9	1.167 2	Ap＋Ar＋Pic

续表

编号	NaCl	KCl	$MgCl_2$	Na_2SO_4	K_2SO_4	$MgSO_4$	平衡固相
31	0.741 2	1.243 1	0.000 0	0.000 0	0.298 7	1.108 6	Ap+Ar+Pic
32	0.769 7	2.059 3	0.073 2	0.000 0	0.000 0	1.062 1	Ap+Ar+Pic
33	0.805 2	2.352 7	0.404 3	0.000 0	0.000 0	0.822 6	Ap+Ar+Pic
34	0.837 2	2.701 5	0.708 6	0.000 0	0.000 0	0.654 5	Ap+Ar+Pic
35	0.849 1	2.881 0	0.845 7	0.000 0	0.000 0	0.592 9	Ap+Ar+Pic+Syl
36	0.000 0	0.000 0	0.000 0	0.000 0	0.804 6	1.328 1	Ar+Pic
37	0.000 0	0.975 0	0.000 0	0.000 0	0.357 2	1.205 9	Ar+Pic
38	0.000 0	1.877 9	0.049 5	0.000 0	0.000 0	1.144 7	Ar+Pic
39	0.533 7	2.100 3	0.193 5	0.000 0	0.000 0	0.985 2	Ar+Pic
40	0.808 9	2.386 7	0.437 0	0.000 0	0.000 0	0.802 3	Ap+Ar+Pic
41	0.841 3	2.759 1	0.753 7	0.000 0	0.000 0	0.633 3	Ap+Ar+Pic
42	0.849 1	2.881 0	0.845 7	0.000 0	0.000 0	0.592 9	Ap+Ar+Pic+Syl
43	0.000 0	0.000 0	0.000 0	0.099 2	0.812 9	1.325 0	Ar+Pic
44	0.000 0	0.987 1	0.000 0	0.000 0	0.352 0	1.205 1	Ditto
45	0.000 0	1.877 9	0.049 5	0.000 0	0.000 0	1.144 7	Ditto
46	0.396 0	2.046 8	0.164 6	0.000 0	0.000 0	1.017 4	Ditto
47	0.804 2	2.343 2	0.395 0	0.000 0	0.000 0	0.828 4	Ap+Ar+Pic
48	0.837 2	2.701 1	0.708 2	0.000 0	0.000 0	0.654 6	Ditto
49	0.849 1	2.881 0	0.845 7	0.000 0	0.000 0	0.592 9	Ap+Ar+Pic+Syl
50	0.000 0	0.000 0	0.000 0	0.198 2	0.821 1	1.320 7	Ar+Pic
51	0.000 0	0.987 1	0.000 0	0.000 0	0.352 0	1.205 1	Ditto
52	0.000 0	1.877 9	0.049 5	0.000 0	0.000 0	1.144 7	Ditto
53	0.277 6	2.114 2	0.281 4	0.000 0	0.000 0	0.937 7	Ditto
54	0.806 9	2.368 2	0.419 3	0.000 0	0.000 0	0.813 2	Ditto
55	0.836 3	2.690 3	0.699 7	0.000 0	0.000 0	0.658 8	Ap+Ar+Pic
56	0.849 1	2.881 0	0.845 7	0.000 0	0.000 0	0.592 9	Ap+Ar+Pic+Syl
57	0.000 0	0.000 0	0.000 0	0.297 7	0.829 3	1.315 2	Ar+Pic
58	0.000 0	0.987 1	0.000 0	0.000 0	0.352 0	1.205 1	Ditto
59	0.000 0	1.872 2	0.040 5	0.000 0	0.000 0	1.152 8	Ditto
60	0.155 6	2.130 9	0.334 3	0.000 0	0.000 0	0.908 0	Ditto
61	0.806 2	2.361 2	0.412 6	0.000 0	0.000 0	0.817 4	Ap+Ar+Pic
62	0.838 8	2.723 1	0.725 6	0.000 0	0.000 0	0.646 4	Ditto
63	0.849 1	2.881 0	0.845 7	0.000 0	0.000 0	0.592 9	Ap+Ar+Pic+Syl
64	0.000 0	0.000 0	0.000 0	0.372 6	0.835 4	1.310 4	Ap+Ar+Pic
65	0.000 0	0.987 1	0.000 0	0.000 0	0.352 0	1.205 1	Ar+Pic
66	0.000 0	1.872 2	0.040 5	0.000 0	0.000 0	1.152 8	Ditto
67	0.024 5	2.142 8	0.383 6	0.000 0	0.000 0	0.882 3	Ditto
68	0.805 8	2.358 2	0.409 6	0.000 0	0.000 0	0.819 2	Ap+Ar+Pic
69	0.838 0	2.711 8	0.716 8	0.000 0	0.000 0	0.650 6	Ditto
70	0.849 1	2.881 0	0.845 7	0.000 0	0.000 0	0.592 9	Ap+Ar+Pic+Syl

注：各平衡固相的代号表示见表7-16。

4．六元体系溶解度的计算

含有钙离子的海水体系 Na^+，K^+，Mg^{2+}，Ca^{2+}/Cl^-，SO_4^{2-}-H_2O 就是六元体系的一个典型例子。Harvie 等对这一体系及其所包含的次级体系在 25℃时的溶解平衡的固相组合及液相不变点的平衡组成都进行过计算[14]。这里不再详述其计算过程和结论，有兴趣的读者可以参见原文献。

7.6.2 含锂盐体系在 25℃时的溶解度

青藏高原盐湖卤水化学组成的特点是硼、锂浓度高，可以用盐湖卤水体系 Li^+，Na^+，K^+，Mg^{2+}/Cl^-，SO_4^{2-}，borate-H_2O 来表示。为了阐明这一体系的相平衡和热力学行为，我们使用 Pitzer 模型从理论上来描述它们。

在 7.5.4 节中曾将 Li^+，Na^+，K^+，Mg^{2+}/Cl^-，SO_4^{2-}-H_2O 体系作为实例，来介绍如何对复杂多组分体系的热力学数据进行处理，以获得用 Pitzer 模型描述该六元体系所需的各混合参数。该体系共含有 8 种电解质，需要单独电解质 Pitzer 参数 25 个，同号二离子混合参数 7 个，三离子混合参数 16 个，才能完全描绘该六元体系的热力学性质或预测六元体系和各次级体系的全部溶解度。当使用体系自由能最小化方法计算体系溶解度时，还需要知道体系中各物种的标准生成自由能 $\mu_i^{\ominus}$。本体系中总共含有 30 个不同存在形式的物种，它们包含有水、水溶液中的离子、体系中的平衡固相等。其中含锂盐类共有 7 个，即氯化锂（$LiCl\cdot H_2O$）、硫酸锂（$Li_2SO_4\cdot H_2O$）、锂光卤石（$LiCl\cdot MgCl_2\cdot 7H_2O$）、锂复盐 1（$Li_2SO_4\cdot 3Na_2SO_4\cdot 12H_2O$）、锂复盐 2（$Li_2SO_4\cdot Na_2SO_4$）、锂复盐 3（$2Li_2SO_4\cdot Na_2SO_4\cdot K_2SO_4$）和锂复盐 4（$Li_2SO_4\cdot K_2SO_4$）。文献中没有它们的标准生成自由能数据，所以在拟合参数时还应设法一并获得。

为获取所需的参数和含锂盐类的标准生成自由能，而文献中没有所需数据时，宋彭生等不得不自己测定三元或四离子体系的热力学性质（采用等压法或离子选择电极法），同时也测定了许多三元、四元、五元体系的溶解度，它们既可用来获取含锂复盐的标准生成自由能，也可用于检验溶解度预测的可信性。

通过大量实验研究和 7.5.4 节所介绍的拟合处理，宋彭生等获得了全部 Pitzer 参数 25＋7＋16＋4＝52 个（有些是在文献中已被大家接受和使用的），有些参数已在表 7－16 和表 7－17 中列出。这里，再将单独电解质 Pitzer 参数列于表 7－18中，其中 LiCl 和 Li_2SO_4 的参数是宋彭生等处理获得的，最适合于溶解度计算的合理的 Pitzer 参数（表 7－20），其获得的方法可参看文献[56]。

下面，先从六元体系 Li^+，Na^+，K^+，Mg^{2+}/Cl^-，SO_4^{2-}-H_2O 所包含的次级体系 25℃溶解度预测开始加以介绍，直到最后的六元体系溶解度预测。合成卤水热力学性质计算的结果，可参看文献[105]。

表7-20 计算含锂卤水热力学和相平衡所使用的25℃单独电解质的Pitzer参数

电解质	$\beta^{(0)}$	$\beta^{(1)}$	$\beta^{(2)}$	$C^{(\varphi)}$	最大 m	溶解度	来源
LiCl	0.208 18	−0.072 64	—	−0.004 241	19.219	19.958	[64]
NaCl	0.076 5	0.266 4	—	0.001 27	6.0	6.153 4	[15]
KCl	0.048 35	0.212 2	—	−0.000 84	4.8	4.811 2	[15]
$MgCl_2$	0.352 35	1.681 5	—	0.005 19	4.5	5.805 6	[15]
Li_2SO_4	0.143 96	1.177 36	—	−0.005 710	3.140	3.126 5	[64]
Na_2SO_4	0.019 58	1.113 0	—	0.004 97	4.0	1.962 6	[15]
K_2SO_4	0.049 95	0.779 3	—	0.0	0.7	0.691 2	[15]
$MgSO_4$	0.221 0	3.343	−37.24	0.025 0	3.0	3.072 5	[15]

1. 三元体系溶解度的计算

盐湖卤水在盐田中进行日晒蒸发，是盐湖卤水综合利用的重要工艺步骤。智利阿塔卡玛盐湖卤水富含锂，现已对其进行大规模开发利用，除生产 K_2SO_4、H_3BO_3 外，还生产 Li_2CO_3 产品供应市场。阿塔卡玛盐湖卤水在天然蒸发过程中会有一种含锂的复盐 $K_2SO_4 \cdot Li_2SO_4$(Db4)结晶析出。因此，研究 Li_2SO_4-K_2SO_4-H_2O 体系的相平衡关系对于含锂盐湖卤水提取锂盐有重要指导意义。宋彭生等曾经研究过这一体系 25℃时的相平衡关系(可参见本书第5章)。

现在根据前面各表所列的参数，就可以计算上述三元体系的溶解平衡了。计算所需的各种参数在前面有关表中都可以找到。这里，只将计算的结果列于表7-21并绘于图7-4中。Li_2SO_4-$MgSO_4$-H_2O 体系是一个简单三元体系，25℃时溶解度的计算结果列于表7-22和图7-5中。Li^+，Na^+/SO_4^{2-}-H_2O 的计算结果和实验测定值绘于图7-6中。

表7-21 计算的 Li_2SO_4-K_2SO_4-H_2O 体系在25℃时的溶解度(单位：mol/kg H_2O)

编号	Li_2SO_4	K_2SO_4	固 相	编号	Li_2SO_4	K_2SO_4	固 相
1	3.154	0.0	Ls	12	1.551	0.551 1	Db4
2	3.167	0.048 9	Ls	13	1.362	0.662 0	Db4
3	3.180	0.097 8	Ls	14	1.193	0.796 6	Db4+Ar
4	3.193	0.146 7	Ls	15	1.000	0.779 5	Ar
5	3.203	0.186 7	Ls+Db4	16	0.800	0.761 8	Ar
6	2.958	0.208 4	Db4	17	0.600	0.743 8	Ar
7	2.780	0.229 7	Db4	18	0.500	0.734 7	Ar
8	2.604	0.254 2	Db4	19	0.400	0.725 5	Ar
9	2.348	0.298 1	Db4	20	0.200	0.707 2	Ar
10	1.986	0.385 9	Db4	21	0.000	0.690 1	Ar
11	1.760	0.460 0	Db4				

注：Ls. $Li_2SO_4 \cdot H_2O$；Db4. $K_2SO_4 \cdot Li_2SO_4$；Ar. K_2SO_4。

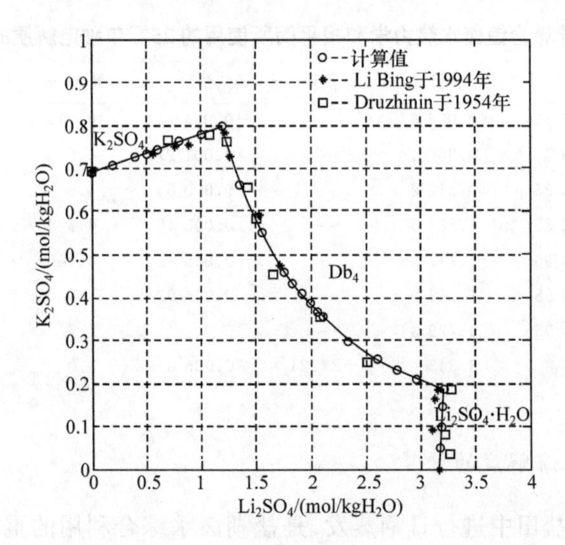

图 7－4　Li_2SO_4-K_2SO_4-H_2O 体系在 25℃时的相图

表 7－22　计算的 Li_2SO_4-$MgSO_4$-H_2O 体系在 25℃时的溶解度(单位：mol/kg H_2O)

编号	Li_2SO_4	$MgSO_4$	固　相	编号	Li_2SO_4	$MgSO_4$	固　相
1	3.154	0.0	Ls	7	2.017	2.255	Ls＋Eps
2	2.950	0.404 2	Ls	8	1.773	2.321	Eps
3	2.747	0.803 8	Ls	9	1.498	2.400	Eps
4	2.541	1.210 5	Ls	10	0.967	2.574	Eps
5	2.334	1.620 3	Ls	11	0.466 4	2.764	Eps
6	2.127	2.033 3	Ls	12	0.0	2.969	Eps

注：Ls. $Li_2SO_4·H_2O$；Eps. $MgSO_4·7H_2O$。

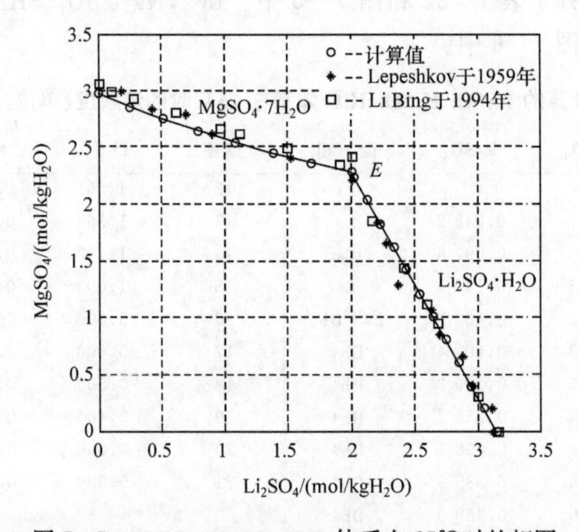

图 7－5　Li_2SO_4-$MgSO_4$-H_2O 体系在 25℃时的相图

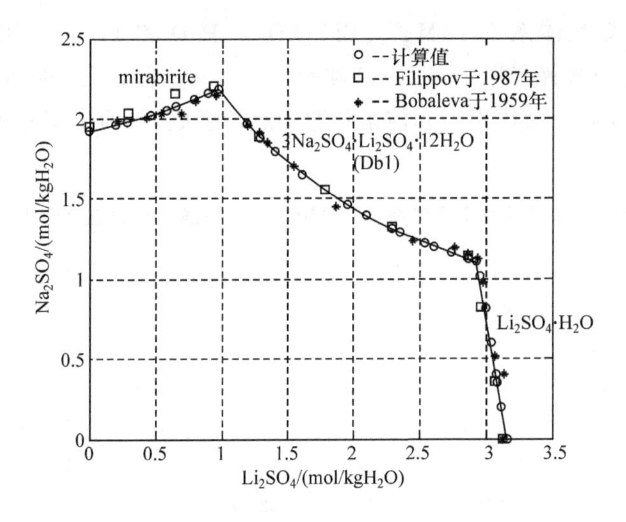

图 7-6　Li_2SO_4-Na_2SO_4-H_2O 体系在 25℃时的相图

它们代表了不同类型的三元水盐体系：①简单共饱和型三元体系，不形成任何新化合物，原始组分也不发生脱水作用；②形成简单复盐的三元体系，由原始组分(其中可能有水合盐)形成不含水的二元复盐；③形成三元复盐的三元体系，体系中的三种组分——两种盐类组分与另一种组分水一起，形成了一种新相——三元化合物(水合复盐)。

2. 含锂盐四元体系溶解度的计算

同离子四元体系 Li^+，Na^+，Mg^{2+}/SO_4^{2-}-H_2O 25℃时的相图绘于图 7-7 中。

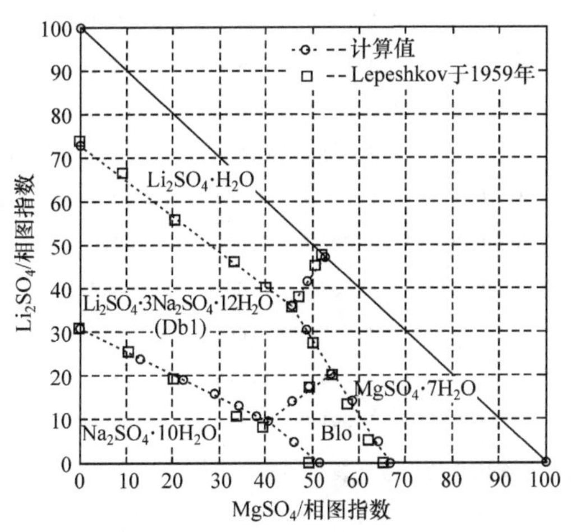

图 7-7　Li^+，Na^+，Mg^{2+}/SO_4^{2-}-H_2O 体系在 25℃时的相图

含锂四元交互体系 Li^{+}，Mg^{2+}/Cl^{-}，$SO_4{}^{2-}$-H_2O 和 Li^{+}，K^{+}/Cl^{-}，SO_4^{2-}-H_2O 计算的25℃时的溶解度列于表7-23和表7-25中。表7-24中列出了 Li^{+}，K^{+}/Cl^{-}，SO_4^{2-}-H_2O 体系的边界三元体系共饱和点的组成，并给出实验测定的结果，以兹比较。

表7-23　计算的四元交互体系 Li^{+}，Mg^{2+}/Cl^{-}，SO_4^{2-}-H_2O 在25℃时的溶解度

编号	液相组成/(mol/kg H_2O)				相图指数		平衡固相
	$2Li^{2+}$	Mg^{2+}	$2Cl^{2-}$	SO_4^{2-}	$2Li^{2+}$	SO_4^{2-}	
1	2.012 2	2.280 8	0.0	4.293 0	46.87	0.0	Ep＋Ls
2	9.737 6	0.0	9.713 4	0.024 1	100.0	99.75	Lc＋Ls
3	8.282 2	1.237 5	9.519 7	0.0	87.00	100.0	Lc＋LiC
4	6.068 5	2.432 5	8.501 0	0.0	71.39	100.0	Bis＋LiC
5	0.0	4.461 0	3.837 6	0.623 4	0.0	86.03	Ep＋Hex
6	0.0	5.138 8	4.640 4	0.498 3	0.0	90.30	Hex＋Pent
7	0.0	5.551 2	5.150 7	0.400 5	0.0	92.79	Lh＋Pent
8	0.0	5.867 2	5.560 4	0.306 9	0.0	94.77	Bis＋Lh
9	1.075 8	3.534 3	3.550 6	1.059 5	23.34	77.02	Ep＋Hex＋Ls
10	6.073 8	2.430 9	8.500 2	0.004 5	71.42	99.95	Bis＋LiC＋Ls
11	8.298 3	1.232 2	9.521 1	0.009 4	87.07	99.90	Lc＋LiC＋Ls
12	0.759 1	4.467 7	4.506 0	0.720 8	14.52	86.21	Hex＋Ls＋Pent
13	0.624 2	4.993 2	5.072 6	0.544 9	11.11	90.30	Lh＋Ls＋Pent
14	0.531 3	5.516 3	5.684 4	0.363 2	8.79	94.00	Bis＋Lh＋Ls
15	0.493 2	5.572 5	5.638 7	0.427 0	8.13	92.96	Bis＋Ls＋Pent*
16	0.969 0	3.829 4	3.883 7	0.914 8	20.19	80.94	Hex＋Ls
17	0.690 2	4.727 9	4.795 5	0.622 6	12.74	88.51	Ls＋Pent
18	0.600 6	5.119 3	5.228 9	0.491 0	10.50	91.42	Lh＋Ls
19	6.068 5	2.432 5	8.501 0	0.0	71.39	100.0	Bis＋LiC
20	0.485 5	4.025 9	3.726 6	0.784 9	10.76	82.60	Ep＋Hex
21	1.017 9	3.691 7	3.733 4	0.976 2	21.61	79.27	Hex＋Ls
22	0.491 3	4.699 3	4.559 5	0.631 1	9.47	87.84	Hex＋Pent
23	0.394 6	4.784 4	4.577 0	0.601 9	7.62	88.38	Hex＋Pent
24	0.690 2	4.727 9	4.795 5	0.622 6	12.74	88.51	Ls＋Pent
25	0.494 2	5.107 4	5.091 2	0.510 5	8.82	90.89	Lh＋Pent

注：*为介稳平衡点；各平衡固相的代号见表7-16。

表7-24 $Li^+,K^+/Cl^-,SO_4^{2-}$-H_2O体系所包含的次级体系在25℃时共饱和点溶解度计算值与测定值的对比

编号	液相组成/(mol/kg H_2O)				水活度	平衡固相	说明
	Li^+	K^+	Cl^-	SO_4^{2-}	a_w		
2-1	6.306 66	—	—	3.153 33	0.843 97	Ls	计算值
	6.312 2	—	—	3.156 1	—	Ditto	测定值
2-2	—	1.380 24	—	0.690 12	0.975 21	Ks	计算值
	—	1.385 2	—	0.692 6	—	Ditto	测定值
2-3	19.415 9	—	19.415 9	—	0.108 97	Lc	计算值
	19.598	—	19.598	—	—	Ditto	测定值
2-4	—	4.791 4	4.791 4	—	0.843 06	Kc	计算值
	—	4.811	4.811	—	—	Ditto	测定值
3-1	19.885 7	0.912 07	20.797 8	—	0.106 67	Kc+Lc	计算值
	20.35	0.909	21.259	—	—	Ditto	测定值
3-2	19.475 1	—	19.426 8	0.024 11	0.108 90	Lc+Ls	计算值
	19.89	—	19.902	0.011 8	—	Ditto	测定值
3-3	—	4.929 86	4.724 54	0.102 66	0.841 48	Kc+Ks	计算值
	—	4.906 9	4.734 9	0.086	—	Ditto	测定值
3-4	2.401 10	1.574 80	—	1.987 95	0.926 88	Db4+Ks	计算值
	2.411	1.570	—	1.991	—	Ditto	测定值
3-5	6.405 50	0.368 55	—	3.384 55	0.838 11	Db4+Ls	计算值
	6.318	0.367 3	—	3.343	—	Ditto	测定值

注:Kc为KCl;Ks为K_2SO_4;其他固相代号及其意义同表7-16。

表7-25 计算的$Li^+,K^+/Cl^-,SO_4^{2-}$-H_2O体系在25℃时的溶解度

编号	液相组成/(mol/kg H_2O)				水活度	平衡固相
	Li^+	K^+	Cl^-	SO_4^{2-}	a_w	
4-1	6.028 74	0.363 75	0.994 03	2.699 23	0.821 56	Db4+Ls
4-2	5.690 00	0.362 82	1.975 79	2.038 51	0.803 44	Db4+Ls
4-3	5.374 91	0.407 66	3.892 27	0.945 15	0.755 91	Db4+Ls
4-4	5.859 01	0.613 84	5.718 17	0.377 34	0.682 95	Db4+Ls
4-5	6.761 07	1.058 16	7.456 85	0.181 19	0.599 47	Db4+Ls
4-6	6.933 52	1.168 34	7.775 43	0.163 21	0.584 54	Db4+Ls+Kc
4-7	2.233 64	1.607 97	1.000 00	1.420 80	0.908 87	Db4+Ks
4-8	2.174 38	1.749 77	2.000 00	0.962 08	0.886 82	Db4+Ks
4-9	2.225 12	2.055 20	3.000 00	0.640 16	0.859 23	Db4+Ks
4-10	2.341 12	2.537 57	4.000 00	0.439 35	0.826 96	Db4+Ks
4-11	2.471 94	3.165 39	5.000 00	0.318 67	0.792 30	Db4+Ks
4-12	2.499 83	3.319 31	5.220 90	0.299 12	0.784 54	Db4+Ks+Kc
4-13	20.078 5	0.982 78	20.949 1	0.056 08	0.106 51	Kc+Lc+Ls
4-14	6.812 63	1.198 35	7.686 71	0.162 14	0.591 04	Db4+Kc
4-15	5.827 56	1.489 23	6.998 05	0.159 38	0.643 06	Db4+Kc
4-16	3.898 55	2.356 83	5.865 45	0.194 97	0.733 89	Db4+Kc

注:平衡固相代号见表7-16。

由各次级体系共饱和点计算溶解度与实测溶解度的对比可以看出,计算结果与测定值是相当吻合的。对于离子强度 $I>19.5$ 的 $Li_2SO_4 \cdot H_2O + LiCl \cdot H_2O$、$LiCl \cdot H_2O + KCl$ 共饱和点偏差也是可以接受的,最大偏差约为 2.2%(在 $LiCl \cdot H_2O + KCl$ 共饱和点是对 LiCl 而言的)。

另外,宋彭生等计算获得的同离子四元体系 $Li^+, Na^+, Mg^{2+}/SO_4^{2-}$-$H_2O$ 在 25℃时的溶解度不再列出,而将其绘于图 7-7 中,可以与文献中的测定结果进行对比。

宋彭生等没有实验测定 $Li^+, K^+/Cl^-, SO_4^{2-}$-$H_2O$ 体系在 25℃时的溶解度,与其测定的该体系在 50℃、75℃时的相图相比,其图形基本结构和变化趋势是相同的,在此不加比较。宋彭生等还计算了另一个四元交互体系 $Li^+, Na^+/Cl^-, SO_4^{2-}$-$H_2O$ 在 25℃时的溶解度,与文献中唯一的一组实验测定结果一起描绘在图 7-8 中加以比较。

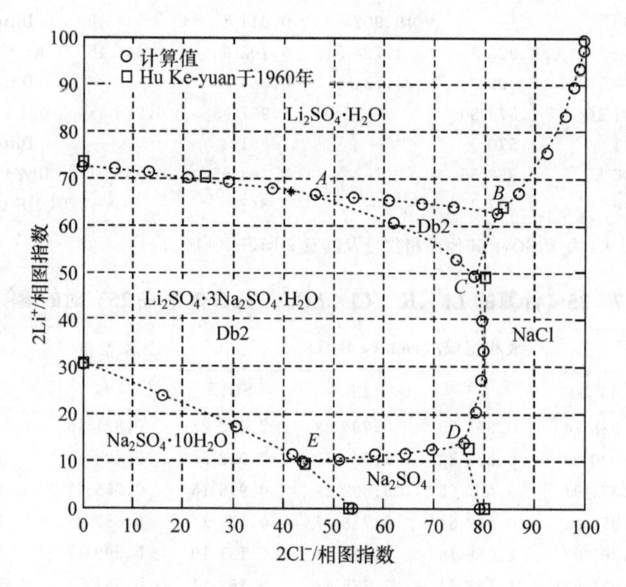

图 7-8 $Li^+, Na^+/Cl^-, SO_4^{2-}$-$H_2O$ 体系在 25℃时的相图

3. 含锂盐五元体系溶解度的计算

作为含锂盐的五元体系之一,$Li^+, K^+, Mg^{2+}/Cl^-, SO_4^{2-}$-$H_2O$ 体系对盐湖资源的综合利用有重要意义。宋彭生等曾实验测定了这一体系 25℃时的平衡溶解度[106]。为了从理论上证明这一体系的实验研究结果,宋彭生等计算了该五元交互体系 25℃时的溶解度。计算是采用体系自由能最小化方法进行的。

获得的 25℃时 $Li^+, K^+, Mg^{2+}/Cl^-, SO_4^{2-}$-$H_2O$ 体系的无变量点溶液组成列

于表 7-26 中。表 7-26 中也同时给出了我们的测定值，每一个编号所在横排中为计算值，紧跟其后一行中的数值是测定值。浓度已换算成质量分数，以便相互比较。由数据的对比可以看出，对于这样复杂组成的高浓度（超过 20mol/kgH_2O）溶液，计算结果是非常令人满意的，只有编号 10 的偏差较大。此外，编号 3 预测平衡固相为 Db4＋Hex＋Kai＋Ls，而宋彭生等的实验结果是 Db4＋Eps＋Kai＋Ls，估计后者可能是介稳平衡点。宋彭生等根据以前采用过的介稳平衡计算方法[31,33]也计算出了该点的介稳平衡溶解度，一并列在表 7-26 中（打 * 号者）。另外，计算还获得了编号 9 的平衡溶液点及其组成，但在实验中没有观察到此点。

表 7-26 计算的 25℃时 $Li^+,K^+,Mg^{2+}/Cl^-,SO_4^{2-}$-$H_2O$ 体系的溶解度及其对比

编号	液相组成（质量分数）/%							平衡固相
	Li_2SO_4	K_2SO_4	$MgSO_4$	LiCl	KCl	$MgCl_2$	H_2O	
1	—	4.987 5	6.300 2	4.083 4	—	16.747 1	67.881 7	Db4＋Eps＋Ka＋Leo
	—	4.680 4	6.240 3	3.753 4	—	16.531 0	68.795 0	Db4＋Eps＋Ks＋Leo
2	5.343 3	—	—	0.681 2	14.667 0	7.942 4	71.366 1	Ar＋Db4＋Pic＋Sy
	5.092 6	—	—	0.802 7	13.843 6	8.265 5	71.995 5	Ar＋Db4＋Pic＋Sy
3	—	2.554 0	7.770 5	6.162 2	—	16.258 1	67.255 2	Db4＋Hex＋Ka＋Ls
	—	2.546 1	7.839 0	6.151 5	—	16.221 5	67.242 0	Db4＋Ep＋Ka＋Ls[1)]
	—	2.540 8	7.179 3	5.903 3	—	16.023 3	68.353 3	Db4＋Ep＋Ka＋Ls[2)]
4	2.532 5	—	—	0.896 8	0.104 0	33.213 7	63.253 1	Bis＋Car＋Lh＋Ls
	2.387 3	—	—	0.253 0	0.148 0	34.198 2	63.013 5	Bis＋Car＋Lh＋Ls
5	—	2.541 9	7.957 8	6.237 3	—	15.936 7	67.326 3	Db4＋Eps＋Hex＋s
	—	2.540 7	7.105 2	5.731 7	—	16.269 5	68.352 6	Db4＋Eps＋Hex＋Ls
6	0.236 8	—	—	43.067 5	3.369 9	0.974 6	52.351 2	Car＋Lc＋Ls＋Sy
	0.137 2	—	—	39.825 6	3.184 6	3.075 2	53.777 4	Car＋Lc＋Ls＋Sy
7	0.060 3	—	—	38.579 6	0.348 2	6.333 7	54.678 2	Car＋Lc＋LiC＋Ls
	0.055 1	—	—	37.111 9	0.411 8	6.737 9	55.683 3	Car＋Lc＋LiC＋Ls
8	5.396 2	—	—	0.106 9	0.635 5	27.905 7	65.955 8	Hex＋Ka＋Ls＋Pt
	4.703 8	—	—	0.180 0	0.602 4	28.283 2	66.230 7	Hex＋Ka＋Ls＋Pt
9	0.028 6	—	—	29.454 0	0.116 1	13.215 7	57.185 7	Bis＋Car＋LiC＋Ls
10	3.070 2	—	—	5.006 1	2.795 5	21.836 5	67.291 7	Car＋Ka＋Ls＋Sy
	2.208 9	—	—	6.245 7	3.184 3	20.252 4	68.108 7	Car＋Ka＋Ls＋Sy
11	—	5.184 6	9.106 3	4.630 7	—	12.013 4	69.065 0	Db4＋Eps＋Leo＋Pic
	—	4.702 2	9.207 2	4.367 9	—	12.108 2	69.614 6	Db4＋Eps＋Leo＋Pic
12	—	6.072 8	3.827 0	4.039 4	—	17.941 6	68.119 2	Db4＋Ka＋Leo＋Sy
	—	6.351 5	3.130 7	4.362 7	—	17.619 2	68.535 9	Db4＋Ka＋Leo＋Sy
13	—	9.037 1	1.030 0	4.451 4	—	15.737 6	69.743 8	Db4＋Leo＋Pic＋Sy
	—	8.958 9	0.328 0	4.284 2	—	15.840 8	70.588 1	Db4＋Leo＋Pic＋Sy
14	—	0.423 2	4.169 0	3.528 2	—	27.046 1	64.833 5	Car＋Ka＋Ls＋Pt
	—	0.479 1	3.954 4	2.718 4	—	27.858 0	64.990 2	Car＋Ka＋Ls＋Pt
15	3.953 3	—	—	4.493 7	3.238 9	20.711 0	67.603 1	Db4＋Ka＋Ls＋Sy
	2.744 5	—	—	6.123 1	3.622 9	19.116 6	68.393 0	Db4＋Ka＋Ls＋Sy
16	—	2.653 9	7.727 7	6.013 1	—	16.288 9	67.316 5	Db4＋Eps＋Hex＋Ka
	—	2.517 9	6.852 1	5.961 4	—	16.321 3	68.347 4	Db4＋Eps＋Hex＋Ka
17	3.934 2	—	—	0.399 7	0.317 3	30.671 1	64.677 7	Car＋Lh＋Ls＋Pt
	2.406 8	—	—	0.380 2	0.129 2	33.610 7	63.473 2	Car＋Lh＋Ls＋Pt

1）实验测定结果，该结果很可能是介稳平衡点。

2）据实验结果的固相平衡组合计算出的介稳平衡点。

注：平衡固相代号见表 7-16。

除上述五元体系外，宋彭生等对六元体系 Li^+，Na^+，K^+，Mg^{2+}/Cl^-，SO_4^{2-}-H_2O所包含的带锂盐的五元体系 Li^+，Na^+，Mg^{2+}/Cl^-，SO_4^{2-}-H_2O、Li^+，Na^+，K^+/Cl^-，SO_4^{2-}-H_2O、Li^+，Na^+，K^+，Mg^{2+}/Cl^--H_2O 和 Li^+，Na^+，K^+，Mg^{2+}/SO_4^{2-}-H_2O 的溶解度都进行了计算，前两个体系的数据在文献中都未见报道，无法进行比较。在此不再列出计算结果，最后一个体系宋彭生等曾进行过研究，在本书第 5 章中已做过介绍。

4. 含锂盐六元体系在 25℃时的溶解度预测

包含锂离子在内的海水体系 Li^+，Na^+，K^+，Mg^{2+}/Cl^-，SO_4^{2-}-H_2O 是一个极为复杂的六元体系。它可以描述富锂的盐湖卤水的许多相行为。但是，这一体系实在太复杂了，如果进行实验研究将是极为费时、费力的，目前其次级五元体系也没有全部完成实验研究。为了从理论上对其进行热力学研究，宋彭生等选择了 Pitzer 离子相互作用模型，开展其多个次级体系大量的热力学和相平衡研究，再结合前人的大量研究结果，进行了许多参数化的尝试、对比和完善，才最终获得了六元体系 Li^+，Na^+，K^+，Mg^{2+}/Cl^-，SO_4^{2-}-H_2O 热力学模型所需的全部参数。最后使用这些参数，完成了整个六元体系和它所包含的五元、四元及三元体系全部溶解度计算。实际上，计算工作是从低组分体系渐次向高组分进行的，只有在对低组分体系的相平衡关系搞清楚了以后，由低组分体系的无变量点添加新的组分逐渐产生高组分的单变线，直至高组分的无变量点。

六元体系 Li^+，Na^+，K^+，Mg^{2+}/Cl^-，SO_4^{2-}-H_2O 目前尚没有人对其进行过研究，因而宋彭生等获得的溶解度数据及平衡固相组合也无法进行任何的对比，故将本节的小标题称为“溶解度的预测”。

六元体系无变量点的液相组成列于表 7－27 中。体系的相关系是很复杂的，包含有 41 个无变量点，体系中的全部平衡固相为 23 个。因为文献中没有实验研究的报道可供对比，为了进一步确认计算得到的 41 个无变量平衡点的固相组合是正确的，宋彭生等进行了无变点拓扑关系的检验。由该六元体系所包含的 5 个五元体系的无变量点出发，分别确定引入第六个组分后单变线的走向及所连接的无变量点。检验后发现，5 个五元体系中的所有无变量点均连接到六元体系的无变量点上。反过来，六元体系中的所有无变量点除彼此间可以连接成单变线的以外，无一遗漏地都与五元体系的无变量点相连接。因此，可以肯定地说，计算获得的六元体系 41 个无变量点从几何构图上看是合理的。

表7-27 计算的25℃时六元体系 Li^+,Na^+,K^+,Mg^{2+}/Cl^-,SO_4^{2-}-H_2O 的无变量点液相组成

编号	液相组成/(mol/kg H_2O)					水活度	平衡固相[3]
	LiCl	NaCl	KCl	$MgCl_2$	$MgSO_4$	a_w	
E201	1.387 3	0.515 7	0.823 7	1.976 4	1.275 3	0.594 7	Db3+Db4+Eps+Kai+Leo
E202	1.460 3	0.694 4	2.698 0	0.323 1	0.760 6	0.750 8	Ap+Ar+Db4+Pic+Syl
E203	1.334 2	1.799 1	1.838 5	0.696 1	0.950 0	0.681 1	Ap+Db3+Db4+Pic+Syl
E204	2.141 3	0.218 6	0.434 9	2.244 5	1.205 3	0.540 7	Db3+Db4+Hex+Kai+Ls
E205	1.060 1	0.083 3	0.022 1	5.132 8	0.363 4	0.318 2	Bis+Car+H+Lh+Ls
E206	1.783 3	0.404 8	0.225 8	2.970 4	0.923 0	0.485 3	Db3+H+Hex+Kai+Ls
E207	19.513 2	0.055 5	0.881 6	0.148 1	0.042 9	0.105 8	Car+H+Lc+Ls+Syl
E208	16.675 3	0.033 8	0.086 0	1.199 5	0.010 2	0.104 3	Car+H+Lc+LiC+Ls
E209	1.253 3	0.152 4	0.068 8	4.364 4	0.561 2	0.381 6	Car+H+Lh+Ls+Pt
E210	1.525 7	0.268 8	0.132 6	3.582 2	0.767 0	0.442 4	H+Hex+Kai+Ls+Pt
E211	2.138 4	0.730 9	0.127 9	2.054 3	1.233 6	0.546 9	Db3+Eps+H+Hex+Ls
E212	12.162 2	0.030 7	0.027 3	2.416 8	0.004 6	0.136 5	Bis+Car+H+LiC+Ls
E213	2.558 8	0.396 2	0.563 7	2.882 2	0.420 6	0.475 9	Db3+H+Kai+Ls+Syl
E214[1]	1.020 4	3.556 6	0.775 1	0.626 8	0.840 4	0.703 8	Blo+Db1+Db3+H+Th
E215[1]	2.623 6	2.684 1	0.106 1	0.180 4	1.229 3	0.671 0	Blo+Db1+Db2+Db3+H
E216	2.939 5	1.673 4	0.073 5	0.612 5	1.443 9	0.621 1	Blo+Db2+Db3+H+Ls
E217[1]	0.926 8	2.699 1	0.989 6	1.025 0	0.874 5	0.722 5	Ap+Blo+Db1+Db3+Th
E218[1]	0.886 9	3.497 5	1.049 4	0.661 3	0.854 7	0.701 9	Ap+Blo+Db3+H+Th
E219	2.356 3	1.023 7	0.093 3	1.479 5	1.450 6	0.578 5	Blo+Db3+Eps+H+Ls
E220	1.267 1	0.157 0	0.073 0	4.325 5	0.569 6	0.384 7	Car+H+Kai+Ls+Pt
E221	0.936 0	1.228 1	0.815 4	1.843 3	1.306 3	0.601 6	Blo+Db3+Eps+H+Leo
E222	0.950 8	1.119 8	0.814 0	1.975 4	1.255 2	0.592 8	Db3+Eps+H+Kai+Leo
E223	2.179 1	0.220 7	0.430 9	2.160 4	1.240 6	0.546 9	Db3+Db4+Eps+Hex+Ls
E224	0.887 8	2.812 6	1.329 3	0.540 3	1.297 2	0.669 1	Ap+Blo+Db3+H+Leo
E225	0.888 0	2.812 0	1.328 4	0.538 1	1.299 2	0.669 3	Ap+Blo+Db3+Leo+Pic
E226	2.608 6	0.302 4	0.646 3	2.605 8	0.536 0	0.502 2	Db3+Db4+Kai+Ls+Syl
E227	1.055 4	1.114 9	1.037 2	2.028 6	0.995 6	0.591 8	Db2+H+Kai+Leo+Syl
E228[2]	0.403 4	0.064 1	1.640 9	0.858 5	2.144 7	0.745 1	Blo+Db1+Db2+Db3+Ls
E229	1.291 6	0.700 4	0.442 2	2.518 0	1.060 5	0.546 9	Db3+Eps+H+Hex+Kai
E230	0.876 4	2.815 0	1.329 1	0.545 1	1.294 8	0.669 3	Ap+Blo+H+Leo+Pic
E231	1.032 1	1.533 0	0.825 3	0.842 2	1.856 4	0.669 3	Blo+Db3+Eps+Lwo+Pic
E232	1.552 3	0.661 9	0.840 5	0.999 1	1.763 7	0.669 3	Db3+Db4+Eps+Leo+Pic
E233	1.349 2	0.672 0	1.037 7	2.038 7	1.013 4	0.593 5	Db3+Db4+Kai+Leo+Syl
E234	1.019 3	2.407 3	1.622 0	0.837 9	0.986 1	0.657 4	Ap+Db3+H+Leo+Syl
E235	2.556 1	0.389 6	0.557 9	2.905 8	0.413 0	0.474 1	Car+H+Kai+Ls+Syl
E236	2.050 7	0.238 1	0.462 6	2.227 0	1.212 1	0.546 9	Db3+Db4+Eps+Hex+Kai
E237[2]	0.040 2	1.818 7	0.839 0	0.032 7	2.241 5	0.751 6	Blo+Db1+Db3+Eps+Ls
E238[2]	0.540 9	0.043 8	2.612 7	0.481 7	1.303 1	0.805 3	Ap+Blo+Db1+Mir+Th
E239	1.352 2	1.543 1	1.682 9	0.939 8	0.953 3	0.669 3	Db3+Db4+Keo+Pic+Syl
E240	1.162 2	2.079 8	1.723 7	0.784 5	0.972 7	0.669 3	Ap+Db3+Leo+Pic+Syl
E241	0.216 1	2.566 8	1.620 9	1.157 8	0.865 7	0.669 3	Ap+H+Leo+Pic+Syl

1) 盐类组成顺序为 LiCl, NaCl, KCl, Na_2SO_4, $MgSO_4$。

2) 盐类组成顺序为 LiCl, Li_2SO_4, Na_2SO_4, K_2SO_4, $MgSO_4$。

3) 各平衡固相的代号见表7-16。

7.7 多组分水盐体系溶解度计算的其他应用

在具备了复杂多组分水盐体系的 Pitzer 参数后，就可以从热力学上描述这一体系的热力学性质。体系溶解度的计算，是利用热力学性质获得其相平衡关系。同时，还可以计算体系液、固相的其他许多物理化学性质。盐湖是在天然条件下存在的水盐体系。于是，可以利用已经参数化了的 Pitzer 模型，计算盐湖卤水的某些物理化学性质，以及某些过程。例如，天然卤水对某一种盐类矿物的饱和度、卤水中各种离子的存在状态、卤水的等温蒸发过程，甚至某些盐类矿物的加工基本工艺条件等。将这些与体系热力学相平衡有关的计算，叫做“溶解度计算的其他应用”。限于篇幅，本节中准备对此加以简单的介绍，读者需要时可参看给出的文献。

7.7.1 25℃时天然含锂卤水盐类饱和度和化学模型的计算

表 7-28 中给出了三种含锂盐湖卤水的化学组成。计算的热力学性质列在表 7-29 中，其中包括各个离子的活度系数、卤水的水活度(或渗透系数)以及 NaCl 的饱和度。这里所谓的饱和度，是指卤水中该盐的离子活度积与溶解度积的比值。如果该比值大于 1，则该盐处于过饱和状态；小于 1，则处于不饱和状态；等于 1，则该盐刚好饱和(参见 7.2.1 节)。

表 7-28 几种含锂盐湖卤水组成

卤水组成	东台吉乃尔盐湖卤水		西台吉乃尔盐湖卤水		一里坪盐湖卤水	
	质量分数/%	质量摩尔浓度/($mol/kg\ H_2O$)	质量分数/%	质量摩尔浓度/($mol/kg\ H_2O$)	质量分数/%	质量摩尔浓度/($mol/kg\ H_2O$)
NaCl	11.19	2.711 7	11.54	2.814 8	15.61	3.671 6
KCl	3.27	0.621 2	3.12	0.596 5	1.95	0.359 5
$MgCl_2$	9.45	1.405 7	8.64	1.293 6	7.32	1.056 8
Li_2SO_4	0.825	0.106 28	0.524	0.067 94	0.205	0.025 63
$MgSO_4$	4.16	0.489 5	5.61	0.664 4	2.05	0.234 1

表 7-29 25℃时含锂盐湖卤水各离子的活度系数

离子或性质	东台吉乃尔盐湖卤水		西台吉乃尔盐湖卤水		一里坪盐湖卤水	
	质量摩尔浓度/($mol/kg\ H_2O$)	活度系数	质量摩尔浓度/($mol/kg\ H_2O$)	活度系数	质量摩尔浓度/($mol/kg\ H_2O$)	活度系数
Li^+	0.212 56	7.973 1	0.135 88	7.850 7	0.051 26	6.461 3
Na^+	2.711 7	2.731 8	2.814 8	2.710 9	3.671 6	2.247 4
K^+	0.621 2	0.993 3	0.596 5	0.978 7	0.359 5	0.934 53
Mg^{2+}	1.895 2	15.226 0	1.958 0	14.724 0	1.290 9	10.153 2
Cl^-	6.144 3	0.712 6	5.998 5	0.722 6	6.144 7	0.665 9
SO_4^{2-}	0.595 78	0.003 067	0.732 34	0.003 058	0.259 73	0.004 110
H_2O 活度		0.701 8		0.701 3		0.727 9
NaCl 饱和度		0.914		0.932		0.952

我们取 NaCl 的 $\lg K_{sp}=1.55$，即 $K_{sp}=35.48$。计算出的 NaCl 饱和度均大于 0.9，由于湖区卤水温度经常低于 25℃，NaCl 的溶解度应比 25℃时要小一些，所以实际上 NaCl 可能已经达到饱和或过饱和。其他盐类，特别是锂盐远没有饱和，计算结果表明它们的离子活度积远小于其溶解度积，为节省篇幅，表中不再给出具体数值。

20 世纪 60 年代，哈佛大学化学家 Garrels 等提出了海水的“化学模型”。它描述海水中各离子之间是如何形成离子对的，其百分比各为多少，又有多少离子是真正游离的。这种化学模型是基于络合物化学的发展与成熟才建立起来的。海水“化学模型”的提出，使人们对天然水物理化学性质的认识有了一个新的飞跃。构造天然水的“化学模型”在理论上和实际上都有重要意义。例如，海水中元素的溶解存在形式，对于它们在海洋中的各种地球化学过程，如在河口海域的“离子交换-吸附-络合作用”的情况，以及在海洋中迁移变化规律的研究等，都是必需清楚的基础数据。在卤水或海水中有用成分的提取方面，了解元素的存在形式更有其重要意义，因为不同的提取方法，对不同存在形式的元素，其提取性能、提取效率差别极大。例如，不同的吸附剂、交换剂对溶液中元素的不同存在形式的作用能力大不相同。此外，在天然水体自净和防治污染过程中，它们都有重要意义。

要想获得天然水的“化学模型”，首先必须知道水体中各成分的活度系数，然后根据金属离子对的热力学形成常数，按逐级平衡迭代求得。我们经过计算，获得了东台吉乃尔盐湖卤水在 25℃和 1.013×10^5 Pa 下的“化学模型”，见表 7-30。

表 7-30　东台吉乃尔盐湖卤水的化学模型

离子	存在形式	占百分数
锂离子	游离 Li^+	99.47
	离子对 $LiSO_4^-$	0.53
	小计	100.00
钠离子	游离 Na^+	99.79
	离子对 $NaSO_4^-$	0.21
	小计	100.00
钾离子	游离 K^+	99.89
	离子对 KSO_4^-	0.11
	小计	100.00
镁离子	游离 Mg^{2+}	71.61
	离子对 $MgSO_4$	28.39
	小计	100.00
硫酸根离子	游离 SO_4^{2-}	8.41
	离子对 $MeSO_4$	91.59
	小计	100.00

通常认为，氯离子不与碱金属及碱土金属离子形成离子对。Garrels 在计算海水化学模型时就是如此处理的。我们在计算含锂盐湖卤水的化学模型时，也是假

定氯离子不形成离子对。实际上,对于东台吉乃尔盐湖卤水,在计算中可以考虑的能形成离子对的阴离子就只有硫酸根离子了。由计算结果可以看出,在阳离子中只有镁离子结合成离子对比较明显,其他的碱金属离子均不显著,所占百分数均不超过1%,因而未对离子强度 I 再进行校正。

7.7.2 海水和卤水25℃等温蒸发的计算

海水和盐湖卤水在蒸发过程中母液组成的变化规律、析出盐类的种类和顺序以及它们与蒸发水量的关系,是海水和盐湖卤水综合利用的重要理论依据。科学家通过实验进行了许多与此相关的研究,对海盐生产和盐卤综合利用工业有相当大的指导作用。本节我们介绍利用 Pitzer 理论进行海水和盐湖卤水25℃等温蒸发的计算结果。

计算原理和方法如下:

计算任一盐溶液25℃等温蒸发的原理,与水盐体系溶解度计算的原理是一样的。其基本步骤如下:首先取一定量的某确定组成的卤水,从中减掉一很小的确定量的水,则溶液变成一个新的组成。检验这一新组成的溶液对体系中各个固相的饱和程度。令过饱和的固相析出,使液相达到一个新的平衡组成。然后再减少一定量的水,又形成一个新组成的液相。再重复进行固相过饱和程度的判断和析出量的计算,如此反复,直至达到最终共饱和点或某一要求的浓度时为止。等温蒸发计算,可分两种方式:①每次析出的固相令其与母液完全分开,由平衡母液再继续进行蒸发,即所谓分步结晶方式;②对每次析出的固相不加分离,使其与母液一起再继续减少水量进行蒸发,如果已经析出的盐类要发生相转化,则按平衡热力学处理,即转化过程进行至直至完全。第一种方式符合盐田工艺的实际,也和通常等温蒸发实验研究一致。这里按第一种方式进行蒸发计算。

宋彭生等使用标准海水作为计算中的原料。其组成列于表7-31中。为简化起见,将 $CaCO_3$ 和 $Ca(HCO_3)_2$ 略掉,成为六元体系的溶液,将表7-31中最后一栏的组成按离子计,取作计算用的原始组成。离子强度 $I=0.7234$(质量摩尔浓度单位),计算的 $d_{425}=1.0259(3.64°Bé)$。

表7-31　原料海水的组成

成　分	质量分数/%	质量摩尔浓度/(mol/kg H_2O)	简化后的/(mol/kg H_2O)
NaCl	27.667	0.490 828	0.491 735
KCl	0.763	0.010 611	0.010 611
MgCl	3.385	0.036 858	0.036 858
$MgSO_4$	2.305	0.019 855	0.019 855
$CaSO_4$	1.276	0.009 717	0.009 717
$CaCO_3$	0.134	0.001 388	
NaBr	0.090	0.000 907	

计算获得的蒸发过程中各个特殊点的组成列于表 7－32 中。

表 7－32　海水 25℃等温蒸发过程中各特殊点的液相组成

饱和点或转变点	饱和点或转变点液相组成/质量摩尔浓度(mol/kg H_2O)					水活度	相对密度
	2NaCl	$MgSO_4$	$MgCl_2$	2KCl	$CaSO_4$	a_w	d
石膏饱和点	0.877 1	0.070 8	0.131 5	0.018 9	0.034 7	0.92 8	1.088 2
石膏向无水石膏转变点	2.280 2	0.184 1	0.341 8	0.049 2	0.014 1	0.77 8	1.196 9
NaCl 饱和点	2.578 0	0.208 2	0.386 5	0.055 6	0.009 9	0.74 1	1.217 1
无水石膏向钙芒硝转变点	2.385 9	0.294 7	0.547 1	0.078 8	0.007 4	0.73 5	1.224 1
钙芒硝向杂卤石转变点	1.454 7	0.718 1	1.380 8	0.196 4	0.002 7	0.695	1.261 8
泻利盐饱和点	0.749 8	1.116 9	2.157 4	0.304 5	3.55×10^{-4}	0.632	1.304 9
KCl 饱和点	0.410 9	0.913 2	2.943 8	0.415 3	1.54×10^{-4}	0.570	1.314 6
泻利盐向六水转变点	0.385 6	0.889 1	3.032 4	0.399 1	1.52×10^{-4}	0.564	1.415 0
光卤石饱和点	0.232 4	0.686 4	3.707 9	0.291 2	1.43×10^{-4}	0.512	1.318 7
无水石膏第二饱和点	0.073 3	0.477 0	4.992 2	0.026 8	2.32×10^{-4}	0.387	1.341 5
水氯镁石饱和点	0.039 8	0.467 1	5.549 5	0.009 3	1.12×10^{-4}	0.321	1.362 4

注：2NaCl 或 2KCl 是为了变成 2 价的盐，以便和其他化合物一致，而便于以后处理。

从表 7－32 所列的计算结果，经过一些计算处理后，可以获得许多有意义的结论。下面将展开相关的讨论。

1) 关于 NaCl 饱和点

NaCl 饱和点是海盐生产中的一个重要基础数据，我国河北长芦一带盐场俗称“飘花点”，意为盐田中卤水表面可见到氯化钠晶体——盐花。此时氯化钠已饱和开始结晶析出，如不及时将卤水排至结晶池，将会丢失部分食盐而影响其产量。由于实验测定困难和使用的原料海水组成上的差异，不同作者实验测定的结果常有较大的差别。宋彭生等计算获得的 NaCl 饱和点(表 7－32)换算成质量分数(%)组成列在表 7－33 中，与日本原田武夫[107]的测定值是极为相近的，其微小的差别与两种海水变质系数不同有关。从原始海水浓缩至 NaCl 饱和时，蒸水率＝87.243%，成卤率＝12.623%。原始海水中含有 $CaSO_4$ 量的 90.3%在此阶段析出。

表 7－33　计算的 NaCl 饱和点与实验测定值的比较

NaCl	KCl	$MgCl_2$	$MgSO_4$	$CaSO_4$	H_2O	d	说　明
21.95	0.604	2.681	1.825	0.098	72.843	1.217 0	计算值
21.86	0.592	2.708	1.727	未测	72.579	1.213 6	测定值

注：液相化学组成单位为质量分数(%)。

2) 蒸水率、成卤率、析盐率之间的关系

NaCl 饱和以后，随着水分的继续蒸发将会有食盐不断结晶析出，蒸水率、成卤率和析盐率以及食盐的纯度等之间的关系对于海盐生产过程的控制有指导意义。

宋彭生等计算得到的以 NaCl 饱和点为基础的蒸水率、成卤率和析盐率之间的关系列在表 7-34 中,并绘于图 7-9 中。

表 7-34 计算的饱和后卤水的蒸水率、成卤虑、析盐率之间的关系

母液相对密度	密度/°Bé	蒸水率/%	成卤率/%	析盐率/%	合 计
1.217 0	25.73	0.00	100.00	0.00	100.00
1.222 1	26.23	16.17	78.08	5.67	99.92
1.225 8	26.58	26.16	64.45	9.33	99.94
1.230 3	27.01	34.23	53.44	12.30	99.97
1.236 6	27.61	41.06	44.17	14.78	100.01
1.245 6	28.45	46.95	36.22	16.83	100.00
1.258 0	29.60	51.46	30.20	18.36	100.02

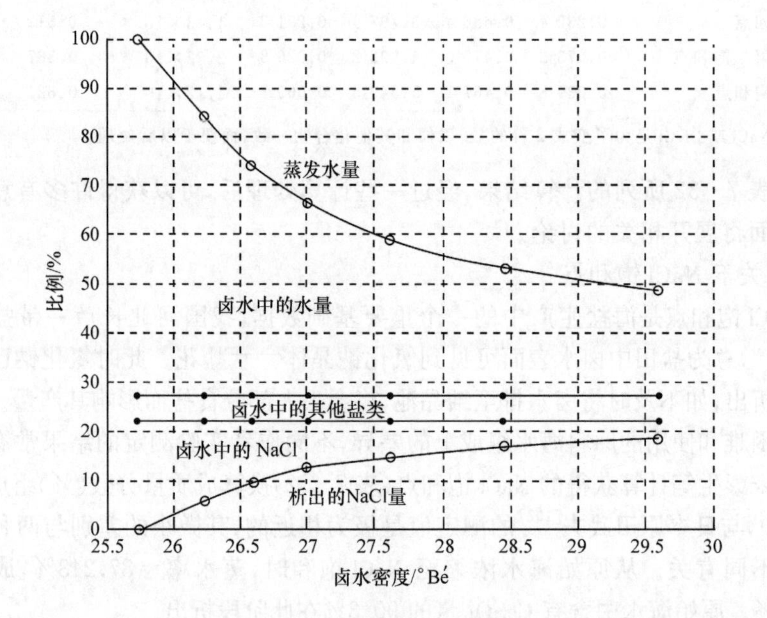

图 7-9 计算的成卤率、蒸水率和析盐率之间的关系(食盐饱和后)

此外,宋彭生等还计算了 NaCl 饱和后卤水的质量浓缩率和体积浓缩率,数据不再列出,只将体积浓缩率绘于图 7-10 中,并可将其与原田的实测值做比较。

3) 卤水的蒸气压

Pitzer 电解质溶液理论既可以算出溶液中盐的活度系数又可以算出溶剂水的活度,表 7-32 中 a_w 一列即为各对应点溶液中水的活度值。由于水蒸气压较低,通常可以取 $a_w = p/p^0$(p^0 为 25℃时纯水的蒸气压),所以很容易从 a_w 和 p^0 求得各点溶液的蒸气压。但文献中目前尚无对应数据可以比较,我们计算了某些 NaCl

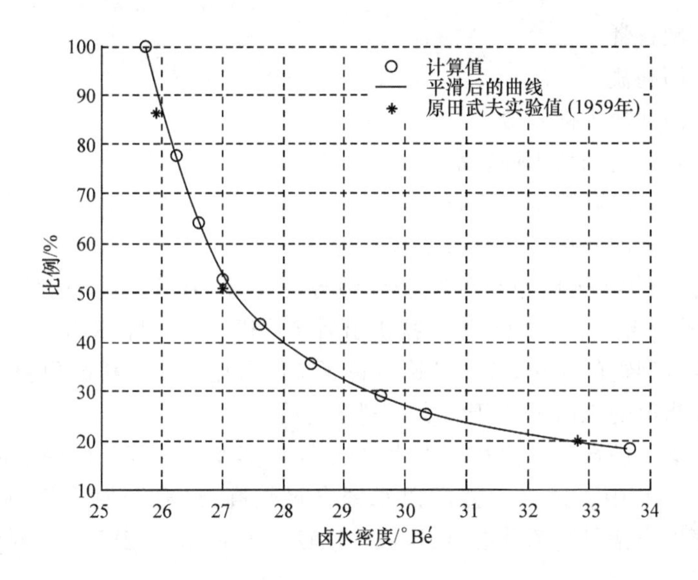

图 7-10　卤水的体积浓缩率(以食盐饱和后计)

未饱和及饱和区母液的蒸气压,以便和文献数据做一比较,结果列于表 7-35 中。

表 7-35　计算的和实测的卤水蒸气压的对比

编号	实　测　值		计　算　值	
	相对密度 d	MPa×10^3	相对密度 d	MPa×10^3
1	1.084	2.95	1.083 9	2.957
2	1.131	2.79	1.130 9	2.785
3	1.193	2.49	1.191 9	2.496
4	1.217	2.37	1.216 8	2.357
5	1.240	2.27	1.240 7	2.268
6	1.258	2.19	1.259 1	2.201
7	1.272	2.09	1.272 5	2.097
8	1.025	3.111 1	1.025 9	3.113
9	1.050	3.053 1	1.049 3	3.056
10	1.081 5	2.965 5	1.082 0	2.962
11	1.123	2.823 5	1.122 7	2.818
12	1.173	2.599 8	1.172 9	2.594

注:实测值数据编号 1~8 取自文献[108],编号 9~12 取自文献[109]。

4) 关于盐类结晶析出顺序

宋彭生等计算的海水 25℃等温蒸发过程是按介稳条件进行的,此时没有白钠镁矾和钾盐镁矾等析出。由表 7-32 整理出主要盐类析出顺序如下:

石膏

硬石膏

石盐＋硬石膏

石盐＋泻利盐

石盐＋泻利盐＋钾岩盐

石盐＋六水泻利盐＋钾岩盐

石盐＋六水泻利盐＋光卤石

石盐＋六水泻利盐＋光卤石＋水氯镁石

上述计算的析盐顺序与苏联著名地球化学家 M.Г.瓦里亚什科的实验结果[110]是完全一致的。特别是泻利盐析出后接着析出钾岩盐(KCl),然后才发生泻利盐向六水泻利盐的转化,这一结论支持了 M.Г.瓦里亚什科的研究结果。这并不像有的人指出的 KCl 析出于六水泻利盐之后。

宋彭生等还进行了含锂盐湖卤水 25℃等温蒸发的计算。所用的原料卤水组成列于表 7－29 中。这三种盐湖卤水锂含量较高,最有开发价值,而且它们的 25℃等温蒸发实验研究都曾进行过,便于比较。表 7－36～表 7－38 列出了三种卤水的蒸发析盐顺序。

表 7－36 西台吉乃尔盐湖卤水 25℃等温蒸发析盐顺序对比

实验的析盐顺序	理论计算的析盐顺序
原始卤水	原始卤水 NaCl 未饱和
H	H
H＋Pic	H＋Pic
H＋Pic＋Eps	H＋Pic＋Eps
H＋Syl＋Eps	H＋Syl＋Eps
(未观察到理论预测情况)	H＋Syl＋Eps＋Hex
H＋Syl＋Hex	H＋Syl＋Hex(以后转为稳定平衡)
H＋Hex＋Syl＋Kai＋Car	H＋Hex＋Syl＋Kai＋Car
H＋Hex＋Kai＋Car	H＋Hex＋Kai＋Car
H＋Car＋Hex＋Bis(蒸发实验结束)	H＋Car＋Lh＋Bis
	H＋Car＋Lh＋Bis＋Ls(共结点)

表 7－37 一里坪盐湖卤水 25℃等温蒸发析盐顺序对比

实验的析盐顺序	理论计算的析盐顺序
原始卤水	原始卤水 NaCl 近饱和
H	H
H＋Syl	H＋Syl
H＋Syl＋Hex	H＋Syl＋Hex
H＋Hex＋Car	H＋Hex＋Car(以后转为稳定平衡)
H＋Hex＋Car＋Kai	H＋Hex＋Car＋Kai
H＋Hex＋Car	
H＋Car＋Pt	H＋Car＋Pt
H＋Car＋Pt＋Lh	H＋Car＋Pt＋Lh
H＋Car＋Pt＋Bir(蒸发实验结束)	H＋Car＋Pt＋Bis
	H＋Car＋Lc＋LiC＋Ls(共结点)

表 7 - 38　东台吉乃尔盐湖卤水 25℃等温蒸发析盐顺序对比

实验的析盐顺序	理论计算的析盐顺序
原始卤水	原始卤水 NaCl 未饱和
H	H
H+Syl	H+Syl
H+Syl+Eps	H+Syl+Eps
H+Syl+Eps+Hex	H+Syl+Eps+Hex
H+Syl+Hex+Car	H+Syl+Hex+Car
H+Syl+Hex+Kai+Car	(以后转为稳定平衡)
H+Hex+Kai+Car	H+Hex+Kai+Car
H+Hex+Car	H+Hex+Car
H+Hex+Car+Pt	H+Hex+Car+Pt
H+Car+Pt	H+Car+Pt
H+Car+Pt+Lh	H+Car+Pt+Lh
H+Car+Lh+Bis+Ls(蒸发实验结束)	H+Car+Lh
	H+Car+Lh+Bis
	H+Car+Bis+Ls
	H+LiC+Ls
	H+Car+LiC+Lc+Ls(共结点)

注:各固相代号的含义见表 7 - 16。

从结果可以看出,它们和一般的硫酸盐型卤水或富硼卤水的蒸发有很大不同。这些富锂盐湖卤水在等温蒸发过程中更容易呈现稳定平衡而不是介稳平衡状态。例如,在这三种卤水蒸发过程中都有钾盐镁矾($KCl·MgSO_4·3H_2O$)析出,东台吉乃尔和一里坪卤水结晶析出了极罕见的四水硫酸镁($MgSO_4·4H_2O$)。三种含锂盐湖卤水蒸发实验均未达到体系的最终共结点,它们在 25℃等温蒸发最终共结点的平衡固相都应该是 Car+H+Lc+LiC+Ls,而非 Bir+Car+H+Lh+Ls。共结点相当于表 7 - 27六元体系中的无变量点 E208(表 7 - 27),东台吉乃尔盐湖卤水蒸发的终点相当于表 7 - 27 中的 E205,尚有一段距离。西台吉乃尔盐湖卤水、一里坪盐湖卤水距离共结点更远一些。蒸发过程中卤水组成的变化绘于图 7 - 11 中。

西台吉乃尔盐湖卤水、一里坪盐湖卤水在达到实验的终点后,如果再进一步蒸发,第一个达到饱和的锂盐是硫酸锂(在表 7 - 36～表 7 - 38 中只列出了理论预测的最终共结点,并未列出中间的每一步)。这一结论对于含锂盐湖卤水盐田工艺十分重要。它指明,虽然六元体系中含锂复盐有许多种,但在蒸发过程中都不会结晶析出,可以在母液中一直富集到硫酸锂饱和。三种盐湖卤水由于锂的含量不同以及锂与共存离子的比值大小不一,达到最终共结点的蒸发水量也不相同。其中,东台吉乃尔盐湖卤水蒸发水量最小即可达到共结点,西台吉乃尔盐湖卤水蒸发水量要稍多一些,一里坪盐湖卤水蒸发水量最多,最终达到共结点。

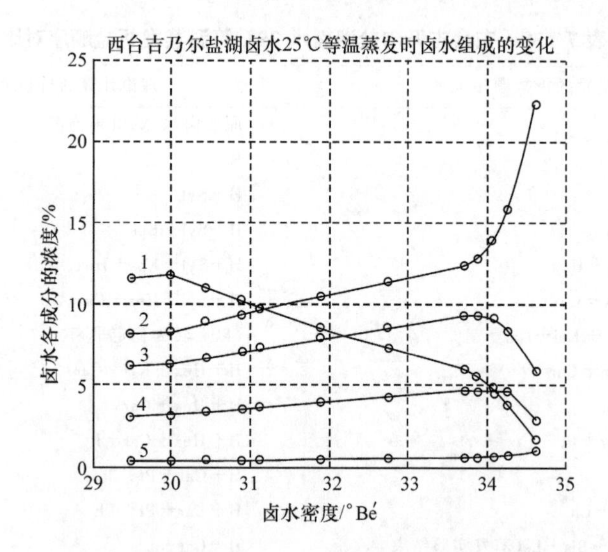

图 7-11　西台吉乃尔盐湖卤水 25℃等温蒸发过程组成的变化

1. NaCl；2. $MgCl_2$；3. $MgSO_4$；4. KCl；5. LiCl

表 7-39 最末行采用三个盐湖的三种原始含锂卤水蒸发至 NaCl 饱和点的蒸水量是不同的，分别为 1.84%、2.18%、1.70%，即对 NaCl 而言，一里坪盐湖的卤水是最浓的，所需蒸水量最少即可达到 NaCl 饱和，西台吉乃尔盐湖次之，东台吉乃尔盐湖再次之。这与表 7-29 获得的三种卤水 NaCl 饱和度的计算结果是完全一致的，即一里坪盐湖水中 NaCl 饱和度最高为 0.952，后两者分别为 0.932 和 0.914。

表 7-39　三种含锂盐湖卤水 25℃等温蒸发时 NaCl 饱和点的对比

卤水组成质量分数/%					水活度	密度	说　明
LiCl	NaCl	KCl	$MgCl_2$	$MgSO_4$	a_w	/°Bé	
0.413 3	11.806 3	3.191 9	8.375 3	6.326 7	0.690 6	29.99	西台吉乃尔盐湖卤水
0.653 7	11.496 8	3.359 7	8.975 3	5.202 4	0.689 3	29.30	东台吉乃尔盐湖卤水
0.161 0	15.901 1	1.986 4	7.275 2	2.316 8	0.719 4	26.53	一里坪盐湖卤水

三种含锂卤水在 25℃蒸发过程中都会有钾盐析出，西台吉乃尔盐湖卤水中析出的是软钾镁矾，东台吉乃尔盐湖和一里坪盐湖卤水中析出的是钾岩盐 KCl。开始析出钾盐时，其饱和点卤水的组成列于表 7-40 中，它们并不相同。从原始卤水算起，至钾盐开始饱和时，蒸发过程的物料关系汇总于表 7-41 中。西台吉乃尔盐湖卤水的这些物料关系绘于图 7-12 中。

表 7-40 三种含锂盐湖卤水 25℃蒸发时析出钾盐时饱和点的对比

卤水组成质量分数/%					水活度	密度		平衡固相	卤水
LiCl	NaCl	KCl	$MgCl_2$	$MgSO_4$	a_w	D_4	°Bé		
0.613 3	5.920 6	4.732 4	12.430 5	9.381 8	0.627 1	1.305 9	33.80	H+Pic	西台吉乃尔盐湖
1.030 9	4.682 1	5.282 7	14.154 5	8.204 8	0.603 9	1.305 5	33.77	H+Syl	东台吉乃尔盐湖
0.385 3	4.186 8	4.751 3	17.403 3	5.542 1	0.597 2	1.291 9	32.60	H+Syl	一里坪盐湖

表 7-41 三种含锂卤水 25℃蒸发至钾盐饱和时过程物料关系

蒸水率/%	NaCl析出率/%	成卤率/%	锂浓度质量分数/%	锂浓缩倍数	说明
26.16	66.19	63.96	0.100 4	1.51	西台吉乃尔盐湖
29.59	74.16	59.36	0.168 7	1.61	东台吉乃尔盐湖
45.00	88.99	38.83	0.063 1	2.43	一里坪盐湖

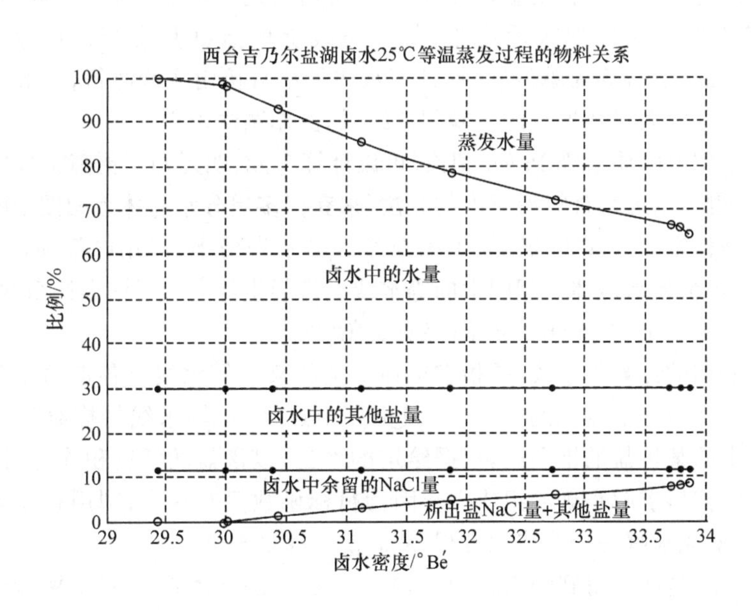

图 7-12 西台吉乃尔盐湖卤水 25℃等温蒸发过程中蒸水量、析盐量、成卤量的变化

有关蒸发过程中锂盐的行为、蒸发过程中物料量之间的关系，宋彭生等都做过计算。下面仅给出从钾盐饱和到锂盐饱和过程的物料量，数据列于表 7-42 中。其他计算结果，在此不能一一列出，有兴趣的读者可以参看文献[35]。

表 7-42 三种含锂卤水 25℃等温蒸发至锂盐饱和时物料量的对比

(以 100g 原始卤水计,单位:g)

蒸水量	析出混盐量	老卤量	混合盐组成质量分数/%			说 明
			NaCl	KCl	$MgSO_4$	
51.00	27.028	14.302	14.332	11.536	21.512	西台吉乃尔盐湖
49.98	19.135	25.539	14.789	17.052	23.342	东台吉乃尔盐湖
53.37	27.138	5.5828	6.277	7.172	7.821	一里坪盐湖

注:"析出混盐量"表示钾盐饱和至锂盐饱和阶段析出的混合盐总量及组成。

7.7.3 25℃相图中等水线的计算

在平面上绘制水盐体系相图时,只能描绘 3 个变量之间的连续变化关系,对于四组分或更高组分的水盐体系,通常在溶解度等温图中只将单变线上液相的盐类浓度以干盐图的形式描绘出来,同时辅以表示单变量线上水量变化关系的"水图"。对于某一种盐类结晶区饱和面上液相的水含量,则无法表示。可是在实际运用水盐体系相图进行工艺过程定量计算时,又非常需要这种水量关系。为此,有时则以"等水线"的形式离散地表示出来,每一条线上的点都具有相同的水含量(或 mol 水/100mol 干盐等为单位)。这种等水线无法直接由实验测得,一般是通过某一种盐饱和区中大量数据点的实验测定结果,由作图法求得。

既然采用电解质溶液 Pitzer 理论,可以计算三元、四元乃至更高组分体系的溶解度,是否也可以运用计算溶解度的方法,来获得多组分水盐体系相图中的等水线呢?回答是肯定的。20 世纪 80 年代宋彭生等率先提出,采用电解质溶液 Pitzer 理论,计算多组分水盐体系相图中的等水线。宋彭生等完成了许多体系的计算,其中的一些结果于 1989 年作了介绍(参见文献[30])。

这里所谓的计算等水线,是指求出在给定的某一等水线上各点的相图指数坐标。得到了一条等水线上的 7~8 个或更多个点,整条等水线的描绘就很容易进行。在选定的某种盐的饱和区,根据给定的水量,以该盐的活度积作为目标函数,按照估计的初值求解正确的组成点。因为目标函数只有一个,利用独立组分浓度间的关系,变成求解一个非线性方程,从而使计算易于进行。

表 7-43 是计算得到的 Na^+,K^+,Mg^{2+}/Cl^--H_2O 体系 25℃相平衡干基图上 NaCl 和 KCl 两个饱和区的等水线数据。在文献[30]中,还给出了 Na^+,Mg^{2+}/Cl^-,SO_4^{2-}-H_2O 四元交互体系 25℃相图中的等水线,一共有 80 个点的数据。在对等水线数据处理过程中,宋彭生等发现,用多项式可以很好地拟合这些数据,一般绝对偏差为±0.001。因而,当某一结晶区里计算得到的数据点数较少时,根据拟合方程可以方便地进行内插。

表7-43 计算获得的Na^+,K^+,Mg^{2+}/Cl^--H_2O体系25℃时的等水线

编号	$MgCl_2$	KCl
NaCl区 等水线230.0		
1	0.0	29.013
2	5.0	29.635
3	10.0	30.083
4	15.0	30.340
5	20.0	30.389
6	25.0	30.213
等水线240.0		
7	0.0	23.383
8	10.0	24.756
9	20.0	25.407
10	30.0	25.206
11	40.0	24.034
12	50.0	21.791
13	60.0	18.418
14	70.0	13.904
15	80.0	8.299
16	92.38	0.0
等水线250.0		
17	0.0	17.686
18	10.0	19.340
19	20.0	20.308
20	30.0	20.471
21	40.0	19.709
22	50.0	17.922
23	60.0	15.039
24	70.0	11.033
25	80.0	5.929
26	89.7	0.0
等水线260.0		
27	0.0	11.930
28	10.0	13.843
29	20.0	15.106
30	30.0	15.604
31	40.0	15.225
32	50.0	13.866
33	60.0	11.450
34	70.0	7.934
35	80.0	3.326
36	86.10	0.0
等水线270.0		
37	0.0	6.120
38	10.0	8.273
39	20.0	9.808
40	30.0	10.616
41	40.0	10.597
42	50.0	9.639
等水线280.0		
46	0.0	0.261
47	10.0	2.636
48	20.0	4.425
49	30.0	5.527
50	40.0	5.836
51	50.0	5.255
52	60.0	3.697
53	73.34	0.0
KCl区 等水线230.0		
54	0.0	42.153
55	5.0	39.209
56	10.0	36.442
57	15.0	33.844
58	20.0	31.406
59	25.0	29.122
等水线240.0		
60	0.0	50.127
61	10.0	43.129
62	20.0	37.052
63	30.0	31.773
64	40.0	27.189
65	50.0	23.210
66	60.0	19.759
67	70.0	16.771
68	80.0	14.189
69	87.52	12.485
等水线250.0		
70	0.0	59.454
71	10.0	50.847
72	20.0	43.506
73	30.0	37.217
74	40.0	31.812
75	50.0	27.156
76	60.0	23.140
77	70.0	19.676
78	80.0	16.689
79	84.52	15.477
等水线260.0		
80	0.0	70.507
81	10.0	59.819
82	20.0	50.913
83	30.0	43.411
84	40.0	37.041
85	50.0	31.603
86	60.0	26.943
87	70.0	22.941
88	80.73	19.267
等水线270.0		
89	0.0	83.899
90	10.0	70.377
91	20.0	59.470
92	30.0	50.479
93	40.0	42.961
94	50.0	36.613
95	60.0	31.214
96	70.0	26.602
97	75.7	24.260
等水线280.0		
98	0.746	98.254
99	10.0	83.052
100	20.0	69.461
101	30.0	58.592
102	40.0	49.682
103	50.0	42.259
104	60.0	36.006
105	68.62	31.384

注:表中$MgCl_2$、KCl为等水线各点的相图指数(以g水/100g干盐描绘的)。230.0,240.0,250.0,260.0,270.0,280.0表示等水线的水量值(单位同上)。

有了等水线数据后，我们很容易就可以将它们描绘在相图上。然后就可以使用附有等水线的相图进行许多有用的计算。在前文中曾举例介绍了三种用途：①盐溶液饱和点的判断；②兑卤过程的计算；③蒸发析盐过程的计算。本节不再引述这些具体例子，读者可以参阅前文。这些例子的应用结果与其他计算方法的对比表明，计算获得的等水线数据是可信的。它指出了一条获取在实用中很有价值的等水线数据的新途径，即采用计算的方法代替难以进行的实验测定。

7.8 小　结

本章对于“计算相图”及其应用做了简要的介绍。由上面的叙述可以看出，“计算相图”是指基于电解质溶液理论，按照水盐溶解平衡的物理化学基本规律，判断平衡固相的种类并计算平衡溶液的组成。因而很容易理解，能够准确计算浓的水盐溶液热力学性质的各种电解质溶液理论，是“计算相图”的基础。甚至电解质溶液热力学性质的某些经验公式，都可以用于计算相图中，而达到解决具体问题的目的。

电解质溶液一直是化学家、物理学家感兴趣的研究课题。1923年，德国物理学家Debye和Hückel提出了具有划时代意义的电解质溶液的Debye-Hückel理论，是人们对电解质溶液认识的一次飞跃。可惜它所适用的浓度范围还太低，一般不超过0.01mol/kg水(质量摩尔浓度)。其后，也有许多学者提出过各式各样的理论或修正的Debye-Hückel理论，用来计算电解质溶液的热力学性质，但适用的浓度还不够高。一般盐类饱和溶液浓度每千克水可达数摩，甚至还要高。要以离子强度计，达到10(质量摩尔浓度标度)以上，是很常见的。此外，具有任何实际意义的水盐体系，都是多组分的。计算它们的溶解度所涉及的当然也都是混合电解质。混合电解质溶液热力学性质的计算，就愈加困难。

1973年，美国加州大学的Pitzer教授及其合作者，提出了他们的电解质溶液的热力学模型。虽然这是一种半经验的统计力学理论，但它可以处理从很稀直至高浓度范围的电解质溶液。更重要的是，只需要增加几个参数，它就可以很容易地应用到任意的多组分体系中。正因为如此，自他们提出这个“离子相互作用模型”以来，很快就被加州大学圣迭戈校区(UCSD)的Weare教授和Harvie等率先用于溶解度预测。他们在1980年先将Pitzer模型应用于海水体系[离子强度 I～9(质量摩尔浓度单位)]，后来又推广至含碳酸盐和中性分子的更高离子强度的体系(I～11)，再扩展到硼酸盐体系。宋彭生于20世纪80年代初在Weare的研究小组作访问学者时，就非常想把Pitzer模型应用于中国青藏高原盐湖富含硼、锂的卤水上，并进行了相当数量的开拓性工作，终因含锂盐的电解质水溶液热力学数据太缺乏，未能全部完成该项工作。转而与中国科学院青海盐湖研究所姚燕同志合作，由我们自己开展含锂盐体系的热力学和相平衡研究，积累相关的基础数据。直至20

世纪90年代末，我们才通过自己的工作，建立起整个“盐湖卤水体系”的热力学模型，进一步将Pitzer模型推进到更高的浓度（$I>20$）范围。

我们在这个过程中的体会是，尽管Pitzer模型存在着进一步完善的可能，但就现有模型而言，能否成功地应用Pitzer模型，其关键是模型参数的获取。不加比较、分析和研究，就将Pitzer论文中的参数拿来应用是不行的。这就是为什么在本章中要花那么多的篇幅反复讨论有关参数问题的原因。

此外，在本章中介绍的内容只局限于25℃。目前也有一些其他温度的研究工作相当成功。熟悉本章这一部分内容后，对进一步了解其他温度的工作就不会有什么困难了。

在“计算相图”的研究方面，除广泛应用Pitzer模型外，国内外都有许多人尝试使用电解质溶液的其他理论或模型。例如，在国内就有局部组成模型[111]、Clegg-Pitzer模型[112]或改进的模型[113]等。总之，“计算相图”领域的研究工作在国外有了20多年的发展，目前仍然十分活跃。在国内，从宋彭生等于1983年最先发表的论文来看，也经过20多年了，但近年来的研究工作更加活跃。相信其深度和广度都会更加拓展。

参考文献

[1] Pitzer K S. Thermodynamics of electrolytes. I. Theoretical basis and general equations. J Phys Chem, 1973, 77(2):268～277

[2] Pitzer K S, Mayorga G. Thermodynamics of electrolytes. II. Activity and osmotic coefficients for strong electrolytes with one or both ions univalent. J Phys Chem, 1973, 77(19):2300～2308

[3] Pitzer K S, Mayorga G. Thermodynamics of electrolytes. III. Activity and osmotic coefficients for 2-2 electrolytes. J Solution Chem, 1974, 3(7):539～546

[4] Pitzer K S, Kim J J. Thermodynamics of Electrolytes. IV. Activity and osmotic coefficients for mixed electrolytes. J Am Chem Soc, 1974, 96(18):5701～5707

[5] Pitzer K S. Thermodynamics of electrolytes. V. Effects of higher-order electrostatic terms. J Solution Chem, 1975, 4(3): 249～265

[6] Pitzer K S, Silvester L F. Thermodynamics of electrolytes. VI. Weak electrolytes including H_3PO_4. J Solution Chem, 1976, 5(4):269～278

[7] Pitzer K S, Roy R N, Silvester L F. Thermodynamics of electrolytes. VII. Sulfuric acid. J Am Chem Soc, 1977, 99(15):4930～4936

[8] Silvester L F, Pitzer K S. Thermodynamics of electrolytes. VIII. High temperature properties, including enthalpy and heat capacity, with application to sodium chloride. J Phy Chem, 1977, 81(19):1822～1827

[9] Pitzer K S, Peterson J R, Silvester L F. Thermodynamics of electrolytes. IX. Rare earth chlorides, nitrates, and perchlorates. J Solution Chem, 1978, 7(1):45～46

[10] Silvester L F, Pitzer K S. Thermodynamics of electrolytes. X. Enthalpy and the effects of temperature on the activity coefficients. J Solution Chem, 1978, 7(5):327～537

[11] Pitzer K S, Silvester L F. Thermodynamics of electrolytes. XI. Properties of 3:2, 4:2, and other high-

valence types. J Phy Chem, 1978, 82: 1239

[12] Harvie C E, Weare J H. The prediction of mineral solubilities in natural waters: The Na^+-K^+-Mg^{2+}-Ca^{2+}-Cl^--SO_4^{2-}-H_2O systems from zero to high concentration at 25℃. Geochim Cosmochim Acta, 1980, 4(7) :981～997

[13] Eugster H P, Harvie C E, Weare J H. Mineral Equilibria in the six-component seawater system, Na^+-K^+-Mg^{2+}-Ca^{2+}-Cl^--SO_4^{2-}-H_2O at 25℃. Geochim Cosmochim Acta, 1980, 44(9) : 1335～1347

[14] Harvie C E, Eugster H P, Weare J H. Mineral Equilibria in the six-component seawater system Na^+-K^+-Mg^{2+}-Ca^{2+}-Cl^--SO_4^{2-}-H_2O at 25℃ Ⅱ, Composition of the saturated solutions. Geochim Cosmochim Acta, 1982, 46(9) :1603～1618

[15] Harvie C E, Møller N, Weare J H. The prediction of mineral solubilities in natural waters: The Na^+-K^+-Mg^{2+}-Ca^{2+}-H^+-Cl^--SO_4^{2-}-OH^--HCO_3^--CO_3^{2-}-CO_2-H_2O system to high ionic strengths at 25℃. Geochim Cosmochim Acta, 1984, 48(4) :723～751

[16] Felmy A R, Weare J H. The prediction of borate mineral equilibria in natural waters: Application to Searles Lake, California. Geochim Cosmochim Acta, 1986, 50(11) :2771～2784

[17] Harvie C E, Weare J H, Hardie L A. Eugster H P. Evaporation of seawater: calculated mineral sequences. Science, 1980, (208) :498～800

[18] Møller N. The prediction of mineral solubilities in natural waters: a chemical equilibrium model for the $CaSO_4$-NaCl-$CaCl_2$-H_2O system to high temperature and concentration. Geochim Cosmochim Acta, 1989, 52(4) :821～837

[19] Greenberg J P, Møller N. The prediction of mineral solubilities in natural waters: a chemical equilibrium model for the Na^+-K^+-Ca^{2+}-Mg^{2+}-Cl^--SO_4^{2-}-H_2O system to high concentration from 0 to 250℃. Geochim Cosmochim Acta, 1989, 53(10) :2503～2518

[20] Harvie C E, Greenberg J P, Weare J H. A chemical equilibrium algorithm for highly non-ideal multiphase system: Free energy minimization. Geochim Cosmochim Acta, 1987, 51(5): 1056～1057

[21] Spencer R J, Møller N, Weare J H. The prediction of mineral solubilities in natural waters: a chemical equilibrium model for the Na^+-K^+-Ca^{2+}-Mg^{2+}-Cl^--SO_4^{2-}-H_2O system at temperatures below 25℃. Geochim Cosmochim Acta, 1990, 54(3) :575～590

[22] Pabalan R T, Pitzer K S. Mineral solubilities in electrolyte solutions. in Activity Coefficients in Electrolyte Solutions. Chapter 7. 2ndEdition. Boca Raton, Florida: CRC Press, 1991. 435～490

[23] 宋彭生，罗志农．三元水盐体系 25℃溶解度的预测——电解质溶液理论应用之一．化学通报，1983，(12)：13～19

[24] 牛自得，宋彭生．纯净软钾镁矾与氯化钾转化制取硫酸钾工艺条件的研究．海湖盐与化工，1993，23(3)：4～7

[25] 牛自得，宋彭生．Na^+，K^+，Mg^{2+}/Cl^-，SO_4^{2-}-H_2O 体系硫酸钾相区 25℃溶解度的理论计算．海湖盐与化工，1993，23(4)：26～29

[26] 牛自得，宋彭生．不纯净软钾镁矾与氯化钾转化制取硫酸钾工艺条件的研究．海湖盐与化工，1994，24(1)：21～25

[27] Song P S. Theoretical calculation of solubilities in multicomponent salt-water system. In Abstracts of papers of Ⅷ International Conference on Computers in Chemical Research and Education. Beijing: Science Press, 1987, D-25

[28] 宋彭生．多组分水盐体系溶解度关系的理论计算．盐湖研究，1987，(4)：40～47

[29] 宋彭生，房春晖，李军．水盐体系溶解度计算中的电解质溶液 Pitzer 模型．盐湖研究，1997，5(3～4)：47～53

[30] 宋彭生．多组分水盐体系相图中等水线的理论计算及其应用．化工学报，1989，40(1)：104～112

[31] 宋彭生．海水体系介稳相图的计算及对介稳平衡性质的认识(一)．盐湖科技资料，1984，(1～2)：20～33

[32] 房春晖，宋彭生，陈敬清．Na^+，K^+/Cl^-，SO_4^{2-}，CO_3^{2-}-H_2O 五元体系 25℃介稳相图的理论计算．盐湖研究，1993，(2)：16～22

[33] 宋彭生．海水体系介稳相图的计算．盐湖研究，1998，16(2～3)：17～26

[34] 宋彭生．海水 25℃等温蒸发过程的理论计算(1)．盐湖研究，1990，(3)：16～22

[35] 宋彭生，姚燕．盐湖卤水体系的热力学模型及其应用 III．在 Li^+，Na^+，K^+，Mg^{2+}/Cl^-，SO_4^{2-}-H_2O 体系加工工艺方面的应用．盐湖研究，2004，12(3)：1～10

[36] 任开武，宋彭生．四元体系 Li，K/Cl，SO_4-H_2O 在 50℃、75℃相关系和溶液物化性质研究．应用化学，1994，11(1)：7～11

[37] 任开武，宋彭生．四元体系 Li^+，Mg^{2+}，/Cl^-，SO_4^{2-}-H_2O 25℃相关系和溶液物化性质研究．无机化学学报，1994，10(1)：69～74

[38] 李冰，王庆忠，李军，房春晖，宋彭生．三元体系 Li^+，K^+(Mg^{2+})/SO_4^{2-}-H_2O 25℃相关系和溶液物化性质的研究．物理化学学报，1994，10(6)：536～542

[39] 房春晖，李冰，李军，王庆忠，宋彭生．四元体系 Li^+，K^+，Mg^{2+}/SO_4^{2-}-H_2O 25℃相平衡和物化性质的研究．化学学报，1994，52(10)：954～959

[40] 李冰，李军，房春晖，王庆忠，宋彭生．Study on the phase diagram and properties of solution in the ternary systems Li^+，K^+，(Mg^{2+})/SO_4^{2-}-H_2O at 25℃．Chinese J of Chem，1995，13(2)：112～117

[41] 李冰，孙柏，房春晖，杜宪惠，宋彭生．五元体系 Li^+，Na^+，K^+，Mg^{2+}/SO_4^{2-}-H_2O 25℃相关系的研究．化学学报，1994，55(6)：545～552

[42] 李亚红，宋彭生，高世扬，夏树屏．含 HCl 四元水盐体系溶解度预测及其在工艺上的应用 I．HCl 的 Pitzer 参数的获得．盐湖研究，1998，16(1)：28～33

[43] 李亚红，高世扬，宋彭生，夏树屏．Pitzer 混合参数对 HCl-NaCl-H_2O 体系溶解度预测的影响．物理化学学报 2001，17(1)：91～94

[44] 李亚红，高世扬，韩志萍，宋彭生，夏树屏．Pitzer 混合参数对 HCl-KCl-H_2O 体系 25℃时溶解度预测的影响．应用化学，2001，18(2)：155～157

[45] 李军，宋彭生，姚燕，王瑞陵．KCl-LiCl-H_2O 体系热力学性质的研究．物理化学学报，1992，8(1)：94～99

[46] 姚燕，孙柏，宋彭生，张忠．含锂水盐体系热力学性质研究——LiCl-$MgCl_2$-H_2O 体系渗透系数和活度系数的确定．化学学报，1992，50(9)：839～848

[47] 张忠，姚燕，宋彭生，陈敬清．等压法测定 Li_2SO_4-$MgSO_4$-H_2O 体系渗透和活度系数．物理化学学报，1993，9(3)：366～373

[48] Wang D B(王东宝)，Song P S(宋彭生)，Yang J Z(杨家振)．Thermodynamics of mixture of boric acid with lithium borate and chloride．Chinese J of Chem，1994，12(2)：97～104

[49] 宋彭生，王东宝，杨家振．硼酸盐水溶液热力学研究，Ⅱ．H_3BO_3-$LiB(OH)_4$-LiCl-$MgCl_2$-H_2O 体系．化学学报，1995，53(10)：985～991

[50] Yao Y(姚燕)，Wang R L(王瑞陵)，Ma X C(马旭村)，Song P S(宋彭生)．Thermodynamic Properties of Aqueous Mixtures of LiCl and Li_2SO_4 at Different Temperatures．Journal of Thermal Analysis，1995，

43:117～130

[51] Yang J Z, Song P S, Wang D B. Thermodynamic study of aqueous borates, Ⅲ. The standard association constant of the ion pair $Li^+B(OH)_4^-$. J Chem Thermodynamics, 1997, 29(11): 1343～1351

[52] 姚燕，宋彭生，张洁. 青海一里坪盐湖卤水 Li^+-Na^+-K^+-Mg^{2+}-Cl^--SO_2^{2-}-H_2O 25℃ 时渗透系数、活度系数和饱和度的预测. 海洋与湖沼, 1999, 30(1) :6～13

[53] 孙柏，杨家振，宋彭生，邓敏，高岩岩. 硼酸盐水溶液热力学研究, 4.离子对 $CaB(OH)_4^+$ 标准缔合常数的确定. 化学学报, 1999, 57(10) :992～996

[54] 田海滨，姚燕，宋彭生. 298.15K 下 LiCl-$Li_2B_4O_7$-H_2O 体系中 LiCl 的活度系数和缔合平衡研究. 化学研究与应用 12(4): 2000, 403～408

[55] Yang J Z, Sun B, Song P S. Thermodynamics of ionic association, 1 The standard association constant of the ion pair $Li^+B(OH)_4^-$. Thermochimica Acta, 2000, (352～353) :69～74

[56] 宋彭生，姚燕. LiCl 的 Pitzer 参数的优化. 盐湖研究, 1996, 4(2) :55～63

[57] Yao Y (姚燕), Song P S (宋彭生), Zhang Z (张忠), Sun B (孙柏). Thermodynamics of Concentrated Electrolyte Mixtures and the Prediction of Solubilities for Li^+-K^+-Mg^{2+}-Cl^--SO_4^{2-}-H_2O system at 25℃. Abstracts of Papers, 5th International Symposium on Solubility Phenomena. Russia, Moscow: July, Session 5, 189, 1992

[58] 宋彭生，姚燕. Li^+, Mg^{2+}/Cl^-, SO_4^{2-}-H_2O 体系的 Pitzer 混合参数及其应用. 见:史启祯，韩万书. 物理无机化学进展与前瞻. 西安: 陕西科学技术出版社, 2000. 151～158

[59] 李亚红，宋彭生，高世扬，夏树屏. 盐酸-碱金属氯化物-水三元体系和 HCl-LiCl-$MgCl_2$-H_2O 四元体系热力学性质研究综述. 盐湖研究, 2000, 8(3) :69～72

[60] 李亚红，宋彭生，高世扬，夏树屏. 含 HCl 四元水盐体系溶解度预测及其在工艺上的应用: HCl-LiCl-H_2O 体系 0℃和 20℃溶解度预测. 盐湖研究, 2000, 8(4) :37～43

[61] 宋彭生，姚燕. Li^+, K^+/Cl^-, SO_4^{2-}-H_2O 体系相平衡的热力学. 盐湖研究, 2001, 9(4): 8～14

[62] Li Y H, Song P S, Xia S P, Gao S Y. Prediction of the component solubility in the ternary systems HCl-LiCl-H_2O, HCl-$MgCl_2$-H_2O and LiCl-$MgCl_2$-H_2O at 0℃ and 20℃ using the ion-interaction model. CALPAD(国际计算相图杂志), 2000, 24(3) :295～308

[63] Song P S, Yao Y. Thermodynamics and Phase Diagram of the Salt Lake Brine System at 25℃, I. Li^+, K^+, Mg^{2+}/Cl^-, SO_4^{-2}-H_2O System. CALPHAD(国际计算相图杂志), 2001, 25(3): 329～341

[64] 宋彭生，姚燕，李军. 盐湖卤水体系热力学和相平衡研究进展. 化学进展, 2000, 12(3): 256～267

[65] Song P S, Yao Y. Thermodynamics and Phase Diagram of the Salt Lake Brine System at 298.15K. V. Li^+, Na^+, K^+, Mg^{2+}/ Cl^-, SO_4^{-2}-H_2O System and its applications. CALPHAD(国际计算相图杂志), 2003, 25(3): 329～341

[66] Smith W R, Missen R W. Chemical Reaction Equilibrium Analysis: theory and algorithms. New York: John Wiley & Sons, 1982, 153[67]; Denbigh K G. The Principles of Chemical Equilibrium with Applications in Chemistry and Chemical Engineering. 4th ed. Cambridge: Cambridge University Press, 1981. 111～327

[67] Denbigh K G. The Principles of Chemical Equilibrium with Applications in Chemistry and Chemical Engineering. 4th ed. Cambridge: Cambridge University Press, 1981. 111～327

[68] 梁敬魁. 相图与相结构(相图的理论、实验和应用)(上册). 北京: 科学出版社, 1993. 92～94

[69] 黄子卿. 电解质溶液理论导论. 修订版. 北京: 科学出版社, 1983. 73～117

[70] Pitzer K S. Ion interaction approach: Theory and data correlation, in Activity Coefficients in Electrolyte

Solutions. Chapter 3. 2nd Edition. Boca Raton, Florida: CRC Press, 1991. 75～153

[71] 王林，张晓卫. 微型计算机算法与程序—扩展BASIC—. 上海：上海科学技术文献出版社，1983. 417

[72] 上海机械学院，安徽省计算中心. FORTRAN应用程序库. 上海：上海科学技术文献出版社，1983. 296

[73] 宋彭生. 电解质的Pitzer参数及其获得. 盐湖研究，1989，(1) :15～22

[74] Robinson R A, Stokes R M. Electrolyte Solutions. 2nd ed. Revised. London: Butterworths, 1965. 512

[75] Hamer W J, Wu Y C. Osmotic coefficients and mean activity coefficients of uni-univalent electrolytes in water at 25℃. J Phys Chem Ref Data, 1972, 1(4) :1047～1099

[76] Kim Hee-Talk, Frederick Jr W J. Evaluation of Pitzer ion interaction parameters of aqueous electrolytes at 25℃. 1.Single salt parameters. J Chem Eng Data, 1988, 33(2): 177～184

[77] Goldberg R N, Nuttall R L. Evaluated activity and osmotic coefficients for aqueous solutions: The alkaline earth metal halides. J Phys Chem Ref Data, 1978, 7(1) :263～310

[78] Goldberg R N, Nuttall R L. Evaluated activity and osmotic coefficients for aqueous solutions: Iron chloride and the bi-univalent compounds of nickel and cobalt. J Phy Chem Ref Data, 1979, 8(4): 923～1003

[79] Wu Y C, Hamer W J. Revised values of the osmotic coefficients and mean activity coefficients of sodium nitrate in water at 25℃. J Phys Chem Ref Data, 1980, 9(2) :513～518

[80] Goldberg R N. Evaluated activity and osmotic coefficients for aqueous solutions: Bi-univalent compounds of ead, copper, manganese, and uranium. J Phys Chem Ref Data, 1981, 8(4): 1005～1050

[81] Goldberg R N. Evaluated activity and osmotic coefficients for aqueous solutions: Bi-univalent compounds of zinc, cadmium, and ethylene bis(trimethylammonium) chloride and iodide. J Phys Chem Ref Data, 1981, 10(1) :1～55

[82] Goldberg R N. Evaluated activity and osmotic coefficients for aqueous solutions: Thirty-six uni-bivalent electrolytes. J Phys Chem Ref Data, 1981, 10(3) :671～764

[83] Staples B R, Nuttall R L. Activity and osmotic coefficients aqueous alkali metal nitrites. J Phys Chem Ref. Data, 1981, 10(3) :765～771

[84] 宋彭生，杜宪惠. 四元体系 $Li_2B_4O_7$-Li_2SO_4-LiCl-H_2O 25℃相关系和溶液物化性质的研究. 科学通报，1986，(3) :209～213

[85] Marsall S L, May P M, Hefter G T. Least-squares analysis of osmotic coefficient data at 25℃ according to Pitzer's equation. 1. 1:1 electrolytes. J Chem Eng Data, 1995, 40(5): 1041～1052

[86] Robinson R A. Activity coefficients of sodium chloride and potassium chloride in mixed aqueous solutions at 25℃. J Phys Chem, 1961, 65(4) :662～667

[87] Kim Hee-Talk, Frederick Jr W J. Evaluation of Pitzer ion interaction parameters of aqueous mixed electrolyte solution at 25℃, 2.Ternary mixing parameters. J Chem Eng Data, 1988, 33(3) :278～283

[88] Лепешков И Н, Романова Н Н. Solubility in the system Li_2SO_4-$NaSO_4$-$MgSO_4$-H_2O at 25℃. Ж Неорг Хим, 1959, 4(12) :2812～2815

[89] Филиппов В К, Нохрин В И. Системы Li_2SO_4-$MeSO_4$-H_2O(Me=Mg, Ni, Zn) при 25℃. Ж Неорг Хим, 1985, 30(2) :501～505

[90] Плющев В Е, Тулинова В Б. Исследование системы LiCl-Li_2SO_4-H_2O. Ж Неорг Хим, 1959, 4(5): 1184～1189

[91] Voskresenskaya N K, Yanateva O K. Heterogeneous equilibria in the ternary system LiCl-$MgCl_2$-H_2O. Izv. Akad. Nauk S.S.S.R. Ser Khim, 1937: 1,97～120

[92] 张逢星．三元体系 LiCl-$MgCl_2$-H_2O 25℃时溶度和饱和溶液物理性质研究．西北大学学报，1988，18(2)：75～78

[93] Robinson R A, Lim C K. The osmotic properties of some aqueous salt mixtures at 25℃. Trans Faraday Soc, 1953, 49, 144～147

[94] Filippov V K, Kalinkin A M, Vasin S K. Thermodynamics of phase equilibria of aqueous (lithium sulfate＋alkali-metal sulfate) (alkali metal: Na, K, and Rb), and (sodium sulfate＋ rubidium sulfate), at 298.15K using Pitzer's model. J Chem Thermodynamics, 1989, 21(9)：935～946

[95] Плющев В Е, Кузнецова Г П, Степина С Б. Исследование системы LiCl-KCl-H_2O. Ж Неорг Хим, 1959, 4(6)：1449～1453

[96] Jan Zatloukal, Jager L M. J Chem Prumysl, 1959, 9: 304～306(转引自 Здановский А Б и.тд., Справочникэ кспериментальных данных по растворимости многокомпонентных соленых систем. Ленинград: Изд. "ХИМИЯ", 1973, I(1)：47～50)

[97] Дружинин И Г, Янко А П. Polytherms of the system lithium sulfate-potassium sulfate-water at 0～50℃. Изв Киргизк фил АН СССР, 1954, 1(11): 63～75

[98] Robinson R A, Wood R H, Reilly P J. Calculation of excess Gibbs energies and activity coefficients on mixtures of lithium and sodium salts. J Chem Thermodynamics, 1971, 3(4): 461～471

[99] Robinson R A. Excess Gibbs energy of mixing of the systems water-lithium chloride-sodium sulfate and water-cesium chloride-sodium sulfate at 25℃. J Solution Chem, 1972, (1): 71～75

[100] Бодалева Н В, Ху Кэ-юань(胡克源). Solubility studies in the system Li_2SO_4-$NaSO_4$-H_2O at 25℃. Ж Неорг Хим, 1959, 4(12)：2816～2819

[101] Филиппов В К, Калинкин А М. Системы Li_2SO_4-Na_2SO_4-H_2O при 25℃. Ж Неорг Хим, 1987, 32(1)：215～217

[102] Лепешков И Н, Бодалева Н В, Котова Л Т. Solubility studies in the system Li_2SO_4-Na_2SO_4-K_2SO_4-H_2O at 25℃. Ж Неорг Хим, 1958, 3(12)：2781～2785

[103] Лепешков И Н, Романова Н Н. Solubility in the system Li_2SO_4-$NaSO_4$-$MgSO_4$-H_2O at 25℃. Ж Неорг Хим, 1959, 4(12)：2812～2815

[104] Ху Кэ-юань. The polytherm of solution in the quaternary system Li^+, Na^+/Cl^-, SO_4^{2-}-H_2O from 0℃ to 100℃. Ж Неорг Хим, 1960, 5(1)：194～201

[105] 宋彭生，姚燕．盐湖卤水体系的热力学模型及其应用，I.在 Li^+，Na^+，K^+，Mg^{2+}/Cl^-，SO_4^{2-}-H_2O 体系物理化学方面的应用．盐湖研究，2003，11(3)：1～8

[106] 孙柏，李冰，房春晖，宋彭生．五元体系 Li,K,Mg/Cl,SO_4-H_2O 25℃相关系和溶液物化性质的研究．盐湖研究，1995，3(4)：50～56

[107] 原田武夫．25℃における海水蒸发过程について．日本盐学会志，1959，13(4)：207～215

[108] Rothbaum H P. Vapor pressure of sea water concentrates. Chem and Eng Data Ser, 1958, 3：50～52

[109] 铃木义孝．日本盐学会志，1960，14(1)：41～48

[110] 瓦里亚什科 М Г．钾盐矿床形成的地球化学规律．北京：中国工业出版社，1965．389

[111] 黄雪莉，管民．局部组成模型在 K^+，Na^+/Cl^-，SO_4^{2-}，NO_3^--H_2O 体系中的应用．新疆大学学报，2003，20(4)：399～402

[112] 张建设，黄雪莉．Na^+，K^+/Cl^-，SO_4^{2-}-H_2O 体系的 Clegg-Pitzer 模型研究．新疆大学学报，2003，20(4)：403～406

[113] 黄雪莉．K^+，Na^+/Cl^-，SO_4^{2-}，NO_3^--H_2O 体系热力学研究．化学工程，2004，32(3)：67～70

第8章　结晶动力学和溶解转化动力学

在自然界、实验室和工业生产中，都会遇到溶液的结晶问题。任何物质在溶液中达到饱和后才能结晶出来。结晶是物质的基本特性，取决于溶液中存在的条件(溶剂性质、杂质成分及含量、温度和压力等)。这些因素对晶体的形成过程、粒度大小和晶体构型有较大影响。人们对晶体的认识早在几千年前便已开始，但是在20世纪初期才不断了解晶体的生长本质。Nielsen在专著中系统地阐述了晶体的形成必须先有晶核的形成。晶核是由溶质从饱和溶液中新生长成的微小晶粒，成核过程会影响到晶核形成、晶粒大小和晶粒分布。晶体生长是极为复杂的过程，当代科学和新技术的发展要求具有特殊结构的功能材料，它与晶体的制备形成机理和过程相关。近10年来，仅搜索到国内学者对结晶过程的研究论文就有500余篇，其研究领域不仅是简单的无机盐还包含有机物、药物分子、多酸及复盐等的体系。在研究方法及数据处理方法上也有新的发展。晶体的溶解是结晶的逆过程。溶解过程的研究要比结晶过程研究得少，但有共同之处。下面分别进行介绍。

8.1　晶体的形成和生长

8.1.1　晶体的形成

Nielsen在20世纪60年代对无机盐沉淀形成过程进行过不少研究，并对晶体的生长过程写有一部专著[1~3]。溶质在溶液中经过线体、晶胚、晶核多种运动后才结合形成晶体。

(1) 线体。溶液由溶剂、溶质的分子和离子组成，它们在溶液中，在数量级为$10nm^3$的小体积中，做快速运动，在微观上各运动单元的位置、速度、能量和浓度等都有很大的波动。在宏观上，由于这种波动太快，规模也太小，以致无法测量，而能测量观察到的只是它们在某时间内的平均值。由于各单元的不断波动，某单元进入另一单元力场中，立即结合在一起，而且可以继续与第三个及更多的单元相结合，这种结合体称为线体(cluster)。自然线体很可能迅速分开，但又可以结合在一起，这是一个动态过程。这种反应如下所示：

$$A_1 + A_1 \longrightarrow A_2$$

$$A_2 + A_1 \longrightarrow A_3$$

$$\vdots$$

$$A_{m-1} + A_1 \longrightarrow A_m \tag{8-1}$$

(2) 晶胚。式(8－1)中 A_1 为单一的运动单元,下标是结合体的单元数目,当线体的单元数目较小时,不能认为线体是一个有明显边界的新物相粒子,当 m 值增大至某种限度,线体就可以称为晶胚,大多数晶胚的寿命是短暂的,有可能分解为线体或单个运动单元,也有可能继续长大,这些要根据物质不同的过饱和度而定。

(3) 晶核。晶胚生长至一定大小时,能与溶液建立热力学平衡,这种长大了的晶胚就可以称为晶核。晶核 m 值约由数百万个晶胚组成。晶核处于动态平衡,如果失去一些运动单元,则降低了 m 值,甚至造成晶核溶解;如果又与一些运动单元相结合,晶核继续长大,生长成晶体又从溶液中析出。

综上所述,晶胚、晶核、晶体的生长要经过下面步骤:运动单元→线体→晶胚→晶核→晶体。

8.1.2 晶体生成的影响因素

1. 成核能量

人们对上述晶体的生长过程由于研究方法还达不到在很短时间内能观测到分子级水平的运动状态,所以晶胚的形成研究结果报道得极少。很早有人对简单的无机盐如 $BaSO_4$、AgCl、KCl、NaCl、$K_2Cr_2O_7$、$MgSO_4 \cdot H_2O$ 等的结晶过程进行过研究,提出晶体的成核过程有两种:一种是初级成核;另一种是二级或多级核。初级成核又有均相和非均相之分。它是物质的自身特性,由溶剂中的过饱和度所决定。二级成核与液体流动剪应力和接触外界因素有关。

初级均相和非均相成核速率取决于成核能量 $\Delta\Omega_n$,设晶胚及晶粒为球形 E_s 值不变。

$$\Delta\Omega_n = \frac{16\pi E_s^3 m^2}{3V^2(RT)^3(\ln S)^2} \tag{8-2}$$

式中:S 为过饱和度;R 为摩尔气体常量;V 为晶体密度;m 为粒子质量;T 为热力学温度;E_s 为表面能,由固-液界面张力测得;π 为 3.1416。

2. 成核速率

根据化学动力学理论,成核速率 B_0 为

$$B_0 = Z_C \exp\left[-\frac{16\pi E_s^3 m^2 N_A}{3V^2(RT)^3(\ln S)^2}\right] \tag{8-3}$$

式中:B_0 为成核速率,数目/cm^2;Z_C 为频率因子是单位时间内粒子碰撞表面的次数,Z_C 为 1025(借用过饱和水蒸气中成水滴处理);N_A 为阿伏伽德罗常量;6.0225×10^{23}。

实际上,溶液体系难免有杂质和外界体系的污染,但当有另外的物质存在时,会降低成核能量势垒,诱导晶核生成非均相成核。

例如,曾报道过 KCl 从溶液中结晶,用非均相成核进行结果估算。用方程式(8-3)表示 KCl 结晶过程时,KCl 晶体中仅有 K^+、Cl^- 两个离子,相对分子质量为 74.56,晶体密度 V 为 1.988 g/cm^3,表面能 E_s 为 2.5 erg[①] $/cm^2$。Z_c 的估算值为 1025,过饱和度 $\ln S=\sigma$, T 为 27℃, R 为 $8.3194\times10^7 erg/cm^2$,指数方程为

$$B_0=Z_C\exp\left[-\frac{16\times3.1416\times(2.5)^3\times(74.56)^2\times6.0225\times10^{23}}{3\times(1.9988)^2\times(300\times8.3194\times10^7)^3\times\sigma^2}\right]=e-\frac{0.003\ 54}{\sigma^2}$$

$$B_0=e-\frac{0.003\ 54}{\sigma^2} \tag{8-4}$$

3. 过饱和度

过饱和度约为:$\sigma=0.008$, B_0 可由式(8-4)计算。

由表 8-1 中数据可见,B_0 随 σ 成核速率的增加而非常迅速地变大,过饱和度的变化远不如非均相成核速率变化得快。所以,KCl 的结晶成核作用主要是非均相成核。若加入晶种成核会大大增加二次成核,它对增快结晶速率和生产十分有利。

搅拌晶体会产生大量碎片,其中粒度较大的就是新的晶粒,这种二次成核与搅拌强度有直接关系。根据接触成核理论,消除过饱和溶液中的微粒,可以引入晶种,研究时用不同材质的棒搅拌溶液,结果表明接触可以产生晶种,在显微镜下观察到晶体形貌,不同条件磨损现象不同。影响接触成核的因素很多,其规律性也比较复杂,已发现每次所产生的晶体数 N 与流速无关,而与溶液的过饱和度、晶体的粒度和碰撞等外界因素有关。每次相接触生成的晶粒量与过饱和度 σ 成正比,晶核的生成量 N 又与 S 成正比,即 $N\backsim S$。

表 8-1　过饱和度与成核速率的相对关系

σ	B_0	σ	B_0
0.006	0.66×10^{-10}	0.008 7	5.59
0.007	2.10×10^{-7}	0.009	6.88×10^5
0.007 88	1.0	0.010	0.01×10^9

4. 晶体粒度

晶体粒度与每次接触生成量有关,粒度较大的晶体的碰撞能量也较高,因而生成晶粒量也较多,晶体的成核速率正比于碰撞能量。晶核的最小粒度为微米级,粒

① $1erg=10^{-7}J$,下同。

子增大至某个粒度成长为晶体，这个粒度称为临界粒度。

5. 构筑晶体能

恒温、恒压下，从热力学角度在过饱和溶液中，溶质的化学位为 μ，在过饱和溶液中当达到平衡时，所含粒子数为 m_c、大晶体的化学位为 μ 时，可构筑几何构型不同的晶体，其构筑系数不相同，构筑晶体所需能量也不相同。

上面所述这些影响晶体生长的因素，曾从微观上，设想一个粒子为球体，许多因素被忽略，处理粒子的扩散速率与实际相差很大。因为溶液的结构极其复杂，至今还谈不上对溶液结构有认识，如离子相互吸引作用、溶质离子的溶剂和作用数目结合方式等还很不清楚。目前，人们对固体结构也只能测定单晶并解出其结构参数，还不能测定多晶孪生晶体的结构。

人们对溶质从溶液中生长成晶体的过程进行研究，认为结晶过程可分成如下步骤：

(1) 溶质由液相本体向固-液界面的扩散。

(2) 溶质在固-液界面上的吸附。

(3) 表面扩散过程。

(4) 界面反应(溶质脱去最外面的溶剂化层)。

(5) 溶质按照晶体结构排列，进入晶格点阵。

由于它们在形成中所起的主要作用不同，研究者从宏观角度，进行结晶动力学处理，提出以下几种主要机理和数学模型。

8.2 晶体生长机理及模型

关于晶体生长机理的研究已有数十年的历史，人们提出的理论也较多，但不够完善，张克从等[4]进行了总结。李武等[5]归纳为扩散控制生长、成核控制生长、位错控制生长以及混合控制晶体生长等几类。我们综合文献报道提出了各种机理的数学表示式(即模型)[6]。分别介绍如下：

溶质从溶液中生成晶体，当溶液未受搅动时，溶质必须通过溶液输运到晶体表面，需要去溶剂作用以及与晶体结构排列相符的筑建过程。该过程主要受控于溶液扩散速率和热对流。当晶粒比 10μm 还小时，热对流可以忽略。

当靠近晶面溶液中溶质浓度达饱和浓度(或溶解度)时，在这种情况下我们称该过程是纯扩散过程。用扩散方程来描述结晶表观速率取决于这些步骤中最慢的一步，把结晶过程粗略地分成：A 过程，即溶质粒子由液相本体向晶格表面扩散；B 过程，即溶质在液面上的表面化学反应(包括脱去溶剂化层，按晶格排列方式进入固体晶格及表面附和脱附等)。结晶取决于这两步中最慢的一步。

8.2.1　扩散控制晶体生长

模型 MA:结晶速率受控于扩散过程。

在饱和的高浓度溶液中,当溶质由液相向固-液界面扩散时,必须克服来自带异号电荷粒子的库仑引力和液体本身的滞力,当粒子扩散进行得很慢时,决定了晶体生长速率由扩散机理控制晶体增长。

为了计算,若粒子是球形,设 r 和 V 分别为 t 时间粒子的半径和体积;r_∞ 和 V_∞ 分别为粒子形成晶体最终的半径和体积;c_0 为溶液中溶质初始时的浓度;c_t 为溶液中溶质在 t 时刻的浓度;c_∞ 为溶质达到的热力学平衡的溶解度;α 为反应度,它代表某时刻下正进行反应物质的量与能够反应物质总量之比,也可以用粒子的 V 和 r 来表示,即

$$\alpha=\frac{c_0-c}{c_0-c_\infty}=\frac{V}{V_\infty}=\frac{r^3}{r_\infty^3}$$

$$r=r_\infty\alpha^{1/3} \tag{8-5}$$

式(8-5)可以写为

$$(1-\alpha)(c_0-c_\infty)=1-(c_0-c)$$

变化为

$$(1-\alpha)(c_0-c_\infty)=c-c_\infty \tag{8-6}$$

因为设粒子为球形,它的周围存在球场,球面上的浓度梯度为

$$浓度梯度=(c-c_\infty)/r \tag{8-7}$$

根据菲克(Fick's)第一和第二扩散定律,我们可以推导出晶体扩散动力学扩散率 MA 方程如下:

(1) 菲克第一扩散定律。J 是物质每分钟与晶面正交(成直角)的方向通过单位面积上的物质的量,即物质扩散通量。c 为扩散浓度,D 为扩散系数,x 为晶体面积,负号表示扩散使溶质结晶浓度是不断向下降方向进行的,有

$$J=-Dc/x \tag{8-8}$$

(2) 菲克第二扩散定律。菲克在第一定律中解决了晶体的扩散方向,他的第二扩散定律是提出晶体的增长线性速率方程为

$$\mathrm{d}r/\mathrm{d}t=JV \tag{8-9}$$

式中:V 为溶质的摩尔体积。

将式(8-8)代入式(8-9),得

$$\frac{\mathrm{d}r}{\mathrm{d}t}=VD\frac{\delta c}{\delta x}=VD\frac{(c-c_\infty)}{r} \tag{8-10}$$

将式(8-6)与式(8-7)代入式(8-10),得

$$\frac{\mathrm{d}r}{\mathrm{d}t}=VD\frac{(c_0-c_\infty)(1-\alpha)}{r_\infty-\alpha^{1/3}} \tag{8-11}$$

$$\frac{d}{dt}(r_\infty \alpha^{1/3}) = r_\infty \frac{d}{dt}\alpha^{1/3}$$

微分

$$\frac{1}{3} r_\infty d\alpha^{-2/3}\frac{d\alpha}{dt} = VD\frac{(c_0 - c_\infty)(1-\alpha)}{r_\infty \alpha^{1/3}}$$

整理后得

$$\frac{d\alpha}{dt} = 3VD\frac{(c_0 - c_\infty)\alpha^{1/3}(1-\alpha)}{r_\infty^2} \tag{8-12}$$

将式(8-5)代入式(8-12),得

$$\frac{d\alpha}{dt} = \frac{3VD(c_0 - c_\infty)}{r_\infty^2}\alpha^{1/3}(1-\alpha)$$

令

$$k = \frac{3VD(c_0 - c_\infty)^{2/3}}{r_\infty^2} \tag{8-13}$$

得动力学模型 MA

$$-\frac{dc}{dt} = k(c_0 - c)^{1/3}(c - c_\infty) \tag{8-14}$$

8.2.2 多核控制晶体表面生长

模型 MB:多核控制表面增长。

假定结晶速率由表面反应控制,溶质粒子由内层向外层,按结晶格点阵的排列依次填充。但是在内层完成之前,新层就已开始,晶体表面始终被表面核反覆盖。结晶过程是表面核的漫延和增大。这种机理不需要很高的活化能,此单核机理诱导期短,在结晶动力学中经常见到。

表面结晶速率为

$$J = k_p C^p \tag{8-15}$$

式中:J为单位时间内在单位面积上沉积的物质的量;k_p为速率常数。

根据式(8-6)

$$c - c_\infty = (c_0 - c_\infty)(1-\alpha) \tag{8-16}$$

当 $c \gg c_\infty$时

$$c = c_0(1-\alpha)$$

又

$$r = r_\infty \alpha^{1/3}$$

晶体的线性增长速率为

$$dr/dt = JV \tag{8-17}$$

式中:V为溶质粒子的摩尔体积。

将式(8-15)、式(8-16)代入式(8-17),得

$$\frac{1}{3}r_\infty\alpha^{-2/3}\frac{\mathrm{d}\alpha}{\mathrm{d}t}=k_\mathrm{p}Vc_0^p(1-\alpha)^p$$

整理后,得

$$\frac{\mathrm{d}\alpha}{\mathrm{d}t}=\frac{3k_\mathrm{p}c_0^p-V}{r^\infty}\alpha^{2/3}(1-\alpha) \tag{8-18}$$

将 $\alpha=(c_0-c)/(c_0-c_\infty)$代入式(8-18),且令

$$k=\frac{3k_\mathrm{p}c_0^pV(c_0-c_\infty)^{1/3-p}}{r_\infty}$$

得动力学模型 MB

$$-\frac{\mathrm{d}c}{\mathrm{d}t}=k(c_0-c)^{2/3}(c_0-c_\infty)^p \tag{8-19}$$

式中:幂指数 p 为表面反应级数,$p=1,2,3,4$ 的任一整数(p 值也可以是分数)。从而可得 MB-1、MB-2、MB-3 和 MB-4 四种方程。

8.2.3　单核控制晶体表面生长

模型 MC:单核层表面成核控制生长。

假定结晶速率受控于表面反应,在下一个表面核形成之前,原来的一个表面核延伸到整个晶面,即每单层起源于一个表面核,这种机理需要比较高的活化能和比较长的诱导期,一般导致小晶体的形成。

对于单核控制增长,若正在生长的晶体具有相同形状,指定一个 i 晶面的面积与这个晶面离晶体中心距离的平方之比是个常数,即 $\omega'=A_i/r_i^2$(如立方体一个面 $\omega'=4$),由于每个新层起源于一个表面核,即每个表面核导致了一厚度为 d 的一层沉淀。

晶体线性增长速率为

$$\mathrm{d}r/\mathrm{d}t=JAd \tag{8-20}$$

$$A=\omega' r^2 \tag{8-21}$$

$$J=k_\mathrm{p}c^p \tag{8-22}$$

$$c=c_0(1-\alpha) \tag{8-23}$$

$$r=r_\infty\alpha^{1/3} \tag{8-24}$$

将式(8-21)~式(8-24)代入式(8-20),得

$$\frac{1}{3}r_\infty\alpha^{2/3}\frac{\mathrm{d}\alpha}{\mathrm{d}t}=k_\mathrm{p}c_0^p(1-\alpha)^p\omega'\frac{\mathrm{d}}{\mathrm{d}t}r_\infty\alpha^{2/3} \tag{8-25}$$

$$\frac{\mathrm{d}\alpha}{\mathrm{d}t}=3k_\mathrm{p}\omega'\mathrm{d}c_0^pr\alpha^{4/3}(1-\alpha)^p \tag{8-26}$$

将 $\alpha=(c_0-c)/(c_0-c_\infty)$代入式(8-26),且令

$$k=\frac{3k_p c_0^p \omega' \mathrm{d} r_\infty}{(c_0-c_\infty)^{p+1/3}}$$

得动力学模型 MC

$$-\frac{\mathrm{d}c}{\mathrm{d}t}=k(c_0-c)^{3/4}(c-c_\infty)^p \tag{8-27}$$

式中:幂数 $p\leqslant 4$, $p=1,2,3,4$(p 值也可以是分数)。从而可得 MC-1、MC-2、MC-3 和 MC-4 四种方程。

8.2.4 线性控制晶体表面生长

模型 MD:线性生长速率受控于表面成核。

设生长速率受控于表面成核,晶体表面积不变,晶体反应的速率一般是两个变量的函数:一个变数是晶体成长可以得到的晶体表面积,两种连续不断成核要比同时在晶体全部表面覆盖的概率要大得多;另一个变数是过饱和度。结晶动力学方程一般可写成

$$-\mathrm{d}c/\mathrm{d}t \backsim K(c-c_\infty)^n$$

式中:K 为晶体特性常数。

设 $k=KA$(A 为比例常数),得动力学模型 MD

$$-\mathrm{d}c/\mathrm{d}t=k(c-c_\infty)^n \tag{8-28}$$

式中:n 为方程的级数(也称幂数),$n=1,2,3,4$ 的任一整数(有时 n 值也可以是分数)。从而可得 MD-1、MD-2、MD-3 和 MD-4 四种方程。

8.3 结晶动力学参数的测定

结晶动力学参数的测定方法很多,可归纳为工业上的和实验室的两种不同规模:工业上,采用 MSMPR 结晶器中对成核生长动力学研究和流化床中动力学研究;实验室中,采用单个晶体生长速率测定法、介稳区宽度测定法以及结晶过程中浓度变化测定法。

8.3.1 MSMPR 结晶器中动力学研究方法

MSMPR 结晶器的优点是在完全相同的条件下,同时测得特定物系的成核及生长动力学参数。通过粒数计算,建立模型。确定成核速率与生长速率的关系,此关系式对结晶器的放大有指导意义。

王金福、孙之南等研究了在 MSMPR 结晶器中用冷结晶法制取 KCl 的动力学

方程，获得 KCl 的生长速率 $R = K_1 c_n$ 和 $J = K_2 c_m$（$m \gg n$）。

KCl 生长晶体粒度 d_m 与温度 T 和浓度的关系为

$$d_m = 0.082 + 0.0344M + 0.00302T$$

钾光卤石在混合悬浮、混合排料式 MSMPR 结晶器中的分解和结晶获得的 KCl 晶体生长速率为

$$B_0 = 3.52 \times 10\, G^{2.47}$$

吕迟和等[7]在 MSMPR 结晶器中研究了谷氨酸的结晶动力学，采用连续等电点方法，以 $\ln(n - LP_m)$-L（L 为平均粒度，n 为粒数，P_m 为密度）作图得到：当 $L > 40$nm 时，为线性关系；当 $L < 40$nm 时，不符合线性关系。

几何相似的晶粒以相同的速率生长，所以晶体的生长速率与晶体的初始粒度无关。

尹秋响等[8]对混合悬浮搅拌 MSMPR 连续结晶器的定态方程进行了剖解，应用非线性方程求解法求得定态方程式组的分岔图，即得到状态参数与操作的依赖关系。

8.3.2　流化床中结晶动力学研究方法

Mullin 和 Lagueric 等进行过在 Oslo 等流化床工业结晶器中结晶过程的研究，在这种条件下粒度有分级现象。在这种装置上便于仔细研究多种因素对晶体生长的影响，如过饱和度、温度、溶液流速、粒度和杂质含量等。该种方法研究的粒度范围狭窄，流速随粒度变化晶体的线性生长率 G(mm/h)为

$$G = [(M/M_s)^{1/3} - 1]L_s/\tau \tag{8-29}$$

其中

$$M = KvL3\rho N, \qquad M_s = KvL_s3\rho N$$

式中：L 为晶体长大后的粒度，mm；L_s 为晶体的粒度，mm；τ 为晶体生长时间，h；N 为晶体的个数；M 为晶体质量；M_s 为晶种质量；ρ 为晶体密度。

8.3.3　介稳区宽度测定

采用一个带恒温烧杯和电磁搅拌的装置，控制水、盐加入量使其在一定温度下达到饱和，在预先设计的冷却温度下进行冷却，直到首批晶体出现的温度与以极为缓慢的速度加热到晶粒最后溶解的温度差即可认为是最大温差值 ΔT_{max}，以不同的冷却速率进行数次实验，可得到一系列冷却速率下的 ΔT_{max} 值，标绘在对数坐标上，求直线斜率 m 值。在不加入晶种的情况下获得的是一次成核数据；加入一粒晶粒，得到的数据为二次成核数据；加入数粒晶种并让容器底部的晶粒自由移动，则获得的是接触成核的数据。

8.3.4　溶液浓度随时间变化的测定方法

高世扬和他的学生们采用在过饱和溶液中在不搅动情况下，在恒温下，晶体从溶液中不断析出，不同时间取 t_i 液、固相样，测定溶液结晶过程中离子浓度 c_i 的减小和确定相应的固相组成。用液相标志与结晶相关的离子浓度作 c-t 曲线。对曲线的特性进行分析后，采用下述数学模型进行处理，计算获得该晶体的动力学参数方程。

8.3.5　其他方法

丁绪淮等[9]用类似的实验方法做过研究，只是确定首批晶粒出现的方法不同而已。

快速测定方法是采用非常快的速率使饱和溶液降温，停止后，经过诱导期 t_i，晶体开始出现，使用一系列的过冷温度 Q_i。与用 Q_i 对 $1/t_i$ 作图，将直线外推至 $1/t_i=0$，所得 Q_i 即为 T_{max}值。

陈建峰等[10~12]研究了化学配比和结晶动力学等对反应结晶过程的影响，其结果表明：①当成粒级数 h，体积比 ϕ_0 为一定时，临界现象完全由混合特性决定，而与其他化学特性无关；②当成核级数 h 低于 1.775 级时，混合影响的多峰态特征变得不明显。模拟计算结果，得出 M_c（临界点位置，返混相）与 ϕ_0 之间的重要关系

$$M_c=\ln(\phi_0+1)+0.32 \qquad (J_0\leqslant 0.05,\ h\geqslant 5)$$

ϕ_0[10]不同直径的平均粒子大，J_0 不同初始微观离散态（受控于湍流），小[10]。该文详细讨论了粒子大小，湍流，成核反应级数等因素对混合反应过程的实验结果。陈建峰等认为可望利用该模拟式进行操作条件的优化设计。

万林生[13,14]等研究了仲钨酸蒸发结晶机理及诱导变化规律。

张志英[15]提出了动力学过程的精确模拟，可以得到动力学参数和钼酸铵结晶动力学参数与溶液同多酸根组成的关系；给出了诱导反应晶核成核速率和生长速率；确定了 $Mo_4O_{34}^{6-}$、MoO_4^{2-}、$Mo_8O_{36}^{4-}$。

蒋丽红等[16,17]研究了硫酸钡及磷酸二氢钾结晶动力学；考察出搅拌、振动杂质对结晶的影响；拟合得到结晶动力学方程。

李洁等[18]研究了过饱和铝酸钠溶液中氢氧化铝成核动力学规律。该研究采用电导法和吸收光度法。得到结果是水参与分解反应，K^+、Na^+ 对铝离子重排有作用，但对分解控制步骤影响不大。高胜利等[19]用热分析法研究了 $Zn(Val)SO_4\cdot H_2O$ 在丙酮-水混合溶剂中该晶体的结晶动力学，计算了动力学参数在纯水中的溶解热及标准生成焓等热力学函数。

其他还有晶体质量变化后物理性质相应变化的测定方法,如电导法、折光法和浊度法等,都在不同程度上取得了成功。近几年来,采用激光技术检测晶体的出现及消失,用程控降温检测晶粒的出现,在不同冷却速率下检测介稳区宽度变化,这种新技术有待发展。

下面将介绍结晶动力学的四类数学模型的计算方法[20]。

(1) 模型 MA。结晶速率受控于扩散过程的生长模型

$$-\mathrm{d}c/\mathrm{d}t=k(c_0-c)^{1/3}(c-c_\infty) \tag{8-30}$$

(2) 模型 MB。多核层表面晶核控制生长模型

$$-\mathrm{d}c/\mathrm{d}t=k(c_0-c)^{2/3}(c-c_\infty)^p \tag{8-31}$$

(3) 模型 MC。单核层表面晶核控制生长模型

$$-\mathrm{d}c/\mathrm{d}t=k(c_0-c)^{4/3}(c-c_\infty)^p \tag{8-32}$$

(4) 模型 MD。表面积不变模型

$$-\mathrm{d}c/\mathrm{d}t=k(c-c_\infty)^n \tag{8-33}$$

式中:$p=1,2,3,4$,p 也可以是非整数;$n=1,2,3,4$,n 也可以是非整数。

8.4 数据处理

上面所列各种动力学模型的方程式中,动力学参数包括速率常数和反应级数。由于它们在大多数情况下是含有多参数的一阶微分方程,因此李勇等[21]在进行动力学的多参数优化时,必须先求解微分方程而后才能对多参数进行寻优。现代计算方法与计算机的结合为我们解决上述问题提供了有利条件。下面我们要讨论的就是如何将常微分方程的 Runge-Kutta 解法和 n 维极值的单纯形优化法用于结晶动力学的研究。通过它们来进行多参数拟合,求出相应的动力学方程,进而研究物质的结晶机理和热力学行为。

8.4.1 Runge-Kutta

Runge-Kutta 公式在常微分方程数值解法中被广泛使用。该法求解范围大,且精度高。方法如下,设一阶微分方程组为

$$\left.\begin{aligned} &Y_1'=f_1(t,y_1,y_2,\cdots,y_m),\ y_1(t_0)=y_{10}\\ &Y_2'=f_2(t,y_1,y_2,\cdots,y_m),\ y_2(t_0)=y_{20}\\ &\vdots\\ &Y_m'=f_m(t,y_1,y_2,\cdots,y_m),\ y_m(t_0)=y_{m0}\end{aligned}\right\} \tag{8-34}$$

由 t_j 积分得到 $t_j+1=t_j+h$ 的四阶 Runge-Kutta 方法的计算公式为

$$K_{1i}=f_i(t_j,y_{1j},y_{2j},\cdots,y_{mj})\qquad (i=1,2,\cdots,m) \tag{8-35}$$

$$K_{2i}= f_i(t_j,+h/2,+ h/2K_{1i},\cdots,y_{mj}+h/2 K_{1m})\quad(i=1,2,\cdots,m)$$

$$K_{3i}= f_i(t_j,+h/2,+ h/2K_{2i},\cdots,y_{mj}+ h/2 K_{2m})\quad(i=1,2,\cdots,m)$$

$$K_{4i}= f_i(t_j,+h,y_{1j}+hK_{3i},\cdots,+hK_{3m})\quad(i=1,2,\cdots,m)$$

$$y_{ij+1}= y_{ij}+ h/6(K_{1i}+2K_{2i}+2K_{3i}+K_{4i})\quad(i=1,2,\cdots,m)\tag{8-36}$$

其中 K_{1i}, K_{2i}, K_{3i}, K_{4i}是相互关联的,必须按顺序计算。该方法不仅编程容易,而且具有良好的稳定性。计算中步长选择是至关重要的,步长越小,精确度越高,但所需计算时间也就越长。怎样能既使步长选择小到足以给出精确的解答,又能省时,这就要求我们在不同的方程求解时应根据其每步的截断误差进行定量估算。

8.4.2　单纯形优化法

根据参数初值,我们用 Runge-Kutta 法求解动力学模型的微分方程,进行数据拟合后,再用单纯形优化法求解无约束条件下的 n 维极值,对参数进行优化,方法如下:

设具有 n 个变量的目标函数为: $J=f(X_1,X_2,\cdots,X_n)$,求目标函数的极小值点的迭代过程。

在 n 维变量空间中确定一个由 $n+1$ 个顶点构成的初始单形

$$X_{(i)}=(X_{1i},X_{2i},\cdots,X_{mi})\quad(i=1,2,\cdots,n+1)\tag{8-37}$$

并计算函数值　$f_{(i)}= f(X_{(i)})\quad(i=1,2,\cdots,n+1)$

确定

$$f_{(R)}=f[X_{(R)}]=\max_{1\leqslant i\leqslant(n+1)} f_{(i)}\quad\text{(最坏点)}$$

$$f_{(G)}=f[X_{(G)}]=\max_{1\leqslant i\leqslant(n+1)\, i\neq R} f_{(i)}\quad\text{(次坏点)}$$

$$f_{(L)}=f[X_{(L)}]=\max_{1\leqslant i\leqslant(n+1)} f_{(i)}\quad\text{(最好点)}$$

求出最坏点 $X_{(T)}$的对称点

$$X_F=2X_F-X_R\tag{8-38}$$

其中

$$X_F=\frac{1}{n}\sum_{\substack{i=1\\ i\neq R}}^{n+1}X_i$$

确定新的顶点替代原顶点构成新的单纯形。依次按照以下原则进行替代:

若 $f_{(XT)}<f_{(L)}$,则需要由式(8-39)将 $X_{(T)}$扩大为 $X_{(E)}$

$$X_{(E)}=(1+\mu)X_{(T)}-\mu X_{(F)}\tag{8-39}$$

式中: μ 为扩张系数,一般取 $1.22<\mu<2.0$,在此情况下,如果 $f_{(XE)}<f_{(L)}$,否则

$$X_{(E)}\longrightarrow X_{(R)},\qquad f(X_{(E)})\longrightarrow f_{(R)}$$

若 $f(X_{(T)}) \leqslant f_{(G)}$，则

$$X_{(T)} \longrightarrow X_{(R)}, \qquad f(X_{(T)}) \longrightarrow f_{(R)}$$

若 $f(X_{(T)}) > f_{(G)}$，如果 $f(X_{(T)}) \leqslant f_{(R)}$，则

$$X_{(T)} \longrightarrow X_{(R)}, \qquad f(X_{(T)}) \longrightarrow f_{(R)}$$

然后由式(8-40)将 $X_{(T)}$缩小为 $X_{(E)}$

$$X_{(E)} = \lambda X_{(T)} + (1-\lambda) X_{(F)} \tag{8-40}$$

式中：λ 称为收缩系数，一般取 $0.0 < \lambda < 1.0$。在此情况下，如果 $f(X_{(E)}) > f_{(R)}$，则新的单纯形 $n+1$ 个顶点为

$$X_{(i)} = 1/2[X_{(i)} + X_{(L)}] \qquad (i=1,2,\cdots,n+1) \tag{8-41}$$

且

$$f_{(i)} = f[X_{(i)}] \qquad (i=1,2,\cdots,n+1) \tag{8-42}$$

否则

$$X_{(E)} \longrightarrow X_{(R)}, \qquad f(X_{(E)}) \longrightarrow f_{(R)} \tag{8-43}$$

重复式(8-37) ~ 式(8-43)，各式计算直到单纯形中各个顶点距离小于预先给定的精确度。

由不同时间 t_i 和跟踪测定的溶液浓度 c_i，根据计算框图所编程序，有些体系达到热力学平衡需要很长时间，测定得到 c_∞ 有困难时，从接近平衡时的浓度来估算溶解度 c_∞，所得计算值可以与实验值相比较，判断平衡时该体系结晶物质的溶解度是否合理，从而获得动力方程中的各种参数并判断结晶形成机理。

8.5　氯柱硼镁石的结晶动力学研究

高世扬从野外取回的浓缩盐卤在室温下静置 5 年之后，发现析出有六硼酸镁($MgO \cdot 2B_2O_3 \cdot 7.5H_2O$)和一种新的镁硼酸盐复盐，经研究确定其组成为 $2MgO \cdot 2B_2O_3 \cdot MgCl_2 \cdot 14H_2O$。根据它的高温热分析，确定该复盐具有柱硼镁石骨架结构，将其命名为氯柱硼镁石[22]。因而针对作者发现的氯柱硼镁石和青藏高原沉积出来的 12 种硼酸盐矿物中有五种水合镁硼酸盐，即章氏硼镁石($MgO \cdot 2B_2O_3 \cdot 9H_2O$)、三方硼镁石($MgO \cdot 3B_2O_3 \cdot 7.5H_2O$)、多水硼镁石($2MgO \cdot 3B_2O_3 \cdot 15H_2O$)、库水硼镁石($2MgO \cdot 3B_2O_3 \cdot 15H_2O$)和柱硼镁石($MgO \cdot B_2O_3 \cdot 3H_2O$)。其中，章氏硼镁石和三方硼镁石是我国地质工作者在盐湖地区发现的。当高世扬了解到国内外对于盐湖中多种水合镁硼酸盐的形成过程和组成不清的问题是一个难题时，引起了他的关注。为了弄清楚这些水合硼酸盐在哪种温度、哪种浓度和相对浓度比值等因素对形成镁硼酸盐的物种以及纯度的影响这一难题，我们进行了多年相关体系的结晶动力学和形成转化机理等系列研究[23]。终于获得了上述 5 种镁硼酸水

合盐的形成条件，同时又发现了一种新复盐，为硼酸盐合成提供了新的途径，也为地质成盐化学提供了解释的依据。现在介绍几种典型的镁硼酸水合盐实例。

为了解新硼酸盐——氯柱硼镁石（$2MgO \cdot 2B_2O_3 \cdot MgCl_2 \cdot 14H_2O$）的合成条件，高世扬、陈学安等[24]对 $2MgO$-$2B_2O_3$-32%$MgCl_2$-H_2O 浓盐溶液结晶析出氯柱硼镁石的动力学过程进行了研究。

8.5.1 样品的合成

采用分析纯的 $MgCl_2 \cdot 6H_2O$、H_3BO_3 和活性 MgO 为原料，根据氯柱硼镁石的组成 $M(MgO):M(B_2O_3)=1:1$，配制成过饱和溶液分别置于恒温（20～60℃）水浴内，每间隔一定时间，取液样测定密度，分析镁、氯和硼的浓度。从开始析出固体时，直到溶液密度恒定不变，适当取出平衡固相。分离固相，用乙醇和乙二醇混合溶剂和乙醚洗涤后，室温晾干至恒量，采用红外光谱法、热分析法和 X 射线粉末衍射法进行物相鉴定。结果表明，在该体系中 20～60℃所析出的固相都是氯柱硼镁石。

8.5.2 结晶路线

根据结晶过程，将不同时间 t_i 跟踪取出液相测定得到的液相浓度 $c(MgO)$、$c(B_2O_3)$和固相组成的物相鉴定结果（表 8-2），作出 MgO-B_2O_3-32%$MgCl_2$-H_2O 三角相图（图 8-1）。从浓盐溶液中析出氯柱硼镁石的结晶路线（图 8-1）可见，所有液相实验点均落在$MgCl_2$顶角分角线[$M(MgO):M(B_2O_3)=1:1$]的直线上，液相硼、镁比按 $n(MgO):n(B_2O_3)=1:1$ 降低。这表明，从液相析出的固相均为同一种镁硼酸盐，所取固相的物相鉴定结果均为氯柱硼镁石。

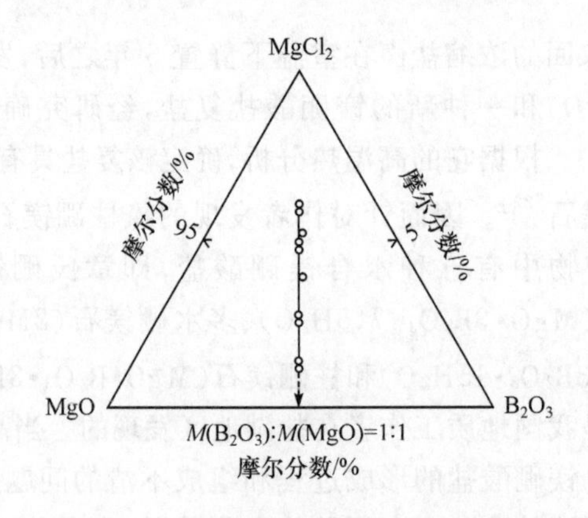

图 8-1 20℃时氯柱硼镁石的结晶路线

表8-2 在不同温度时，从$MgO-B_2O_3-32\%MgCl_2-H_2O$体系中析出氯柱硼镁石结晶动力学的实验和计算结果

温度/℃	编号	时间/h	密度/(g/dm^3)	化学组成/(mol/L)			计算结果				离子强度
							MA-2		MB-2		
				$B_2O(OH)_6^{2-}$	Mg^{2+}	Cl^-	$B_2O(OH)_6^{2-}$	$d/\%$	$B_2O(OH)_6^{2-}$	$d/\%$	
	LA-1	0	1.32	0.214	4.62	8.81					12.3
	LA-2	324	1.32	0.209	4.62	8.82	0.209	0.00	0.209	0.00	12.3
	LA-3	372	1.32	0.160	4.57	8.85	0.164	2.02	0.167	3.89	12.2
20	LA-4	420	1.31	0.132	4.54	8.84	0.132	0.00	0.130	−1.5−40	12.2
	LA-5	480	1.31	0.118	4.54	8.85	0.115	2.98	0.113	0.4	12.2
	LA-6	552	1.31	0.105	4.52	8.85	0.105	0.09	0.106	0.88	12.2
	LA-7	600	1.31	0.100	4.52	8.85	0.101	1.94	0.10J1	4.05	12.1
	LA-8	672	1.31	0.100	4.52	8.86	0.098	4.94	0.102	8.75	12.1
	LC-1	0	1.31	0.215	4.58	8.70					12.3
	LC-2	92	1.31	0.211	4.58	8.70	0.211	0.00	0.211	0.00	12.3
	LC-3	122	1.30	0.150	4.53	8.73	0.150	−0.46	0.159	5.89	12.2
40	LC-4	134	1.30	0.122	4.51	8.76	0.123	0.56	0.119	−2.7	12.2
	LC-5	152	1.30	0.106	4.49	8.75	0.100	0.64	0.093	6.35	12.1
	LC-6	188	1.30	0.082	4.48	8.77	0.082	−0.15	0.081	−1.7	12.1
	LC-7	212	1.30	0.078	4.47	8.76	0.076	−2.13	0.078	−0.2	12.0
	LD-1	0	1.31	0.214	4.56	8.71					12.3
	LD-2	186	1.31	0.207	4.56	8.74	0.207	0.00	0.207	0.00	12.3
	LD-3	210	1.31	0.184	4.54	8.76	0.176	−4.73	0.187	1.64	12.3
50	LD-4	248	1.30	0.102	4.48	8.76	0.110	5.10	0.104	−0.3	12.1
	LD-5	294	1.30	0.079	4.46	8.79	0.083	5.30	0.079	0.87	12.1
	LD-6	318	1.30	0.076	4.46	8.79	0.077	1.43	0.076	−0.1	12.1
	LD-7	390	1.30	0.073	4.46	8.79	0.069	6.06	0.072	−1.9	12.1
	LE-1	0	1.31	0.215	4.54	8.67					12.3
	LE-2	192	1.31	0.209	4.55	8.69	0.209	0.00	0.209	0.00	12.3
	LE-3	210	1.30	0.173	4.52	8.70	0.168	−2.72	0.177	2.71	12.2
60	LE-4	288	1.30	0.126	4.48	8.72	0.126	0.02	0.123	−2.2	12.1
	LE-5	324	1.30	0.107	4.17	8.73	0.111	3.43	0.107	−0.3	12.1
	LE-6	456	1.30	0.092	4.47	8.75	0.091	−0.97	0.093	0.96	12.1
	LE-7	552	1.30	0.090	4.45	8.75	0.086	−3.85	0.090	0.68	12.1

8.5.3 结晶动力学曲线分析

氯柱硼镁石在不同温度(20℃、30℃、40℃、50℃和 60℃)时,分别含不同浓度的 $MgCl_2$(32%、28%和 24%)溶液中的结晶过程研究结果如图 8-2 所示。在液、固相的组成动力学实验中,液相各组分的体积摩尔浓度、密度和离子强度见表 8-2。

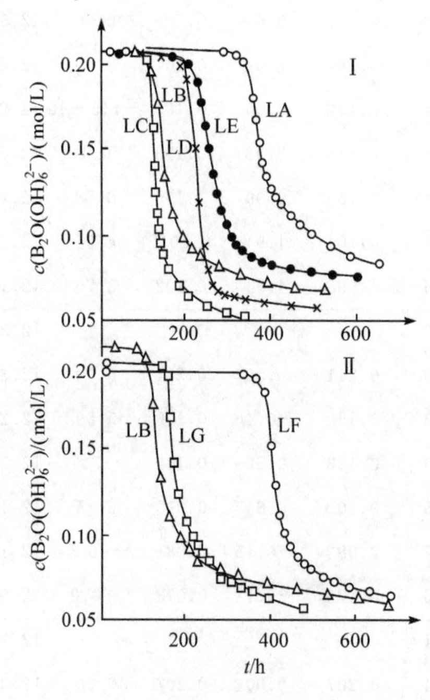

图 8-2 氯柱硼镁石的 $c(B_2O(OH)_6^{2-})$-t 结晶动力学曲线

Ⅰ. 不同温度(LA.20℃;LB.30℃;LC.40℃;LD.50℃;LE.60℃)。Ⅱ. 30℃时,不同 $MgCl_2$ 浓度(LB.32% $MgCl_2$;LG.28% $MgCl_2$;LF.24% $MgCl_2$)

所得到的各条 $c(B_2O(OH)_6^{2-})$-t 曲线(图 8-2)均为单个反 S 形。当 $t=\infty$ 时,c_∞ 为析出固相的热力学平衡溶解度,在 40℃以下,随着温度的升高而减小。可是在 40℃以上,却随着温度的升高而增大。所有 $[dc(B_2O(OH)_6^{2-})/dt]$-t 曲线(图 8-3)都呈现出两个阶段:开始结晶速率随着时间线性增加,达到极大以后,呈现指数衰减。在 40℃以下,最大结晶速率值随温度的上升而增加;在 40℃以上,最大结晶速率值却随温度的上升而减小。溶液 pH 在结晶诱导期略有升高,开始析出固相后,基本上保持不变。固相的化学分析结果和红外光谱中由配位水和结构水中不同 O—H 振动的吸收峰 μ_{max}:3585(s) cm^{-1},3536(m) cm^{-1},3475(s) cm^{-1},3416(m) cm^{-1},330(w) cm^{-1},2911(w) cm^{-1};硼氧基团中的振动吸收峰 γ_{max}:1235(m) cm^{-1},1127(vs) cm^{-1},1054(w) cm^{-1},1038(s) cm^{-1},1015(m) cm^{-1},953(s) cm^{-1},938(w) cm^{-1},890(w) cm^{-1},800(vs) cm^{-1}。热分析曲线和 X 射线粉末衍射结果与文献报道相符合;在本实验温度和浓度范围内,析出固相均是氯柱硼镁石。

8.5.4 结晶动力学数据处理

结晶过程是一个比较复杂的过程,通常包括溶质由液相本体向晶格表面的扩散过程和溶质在固-液界面上的表面化学反应过程。结晶速率取决于这两步中最慢的一个过程。由于分子的热运动比较快,扩散控制的结晶机理在结晶动力学中不常见到。因此,这里主要考虑受表面反应过程控制生长的结晶机理。用 Nielsen

提出的单核和多核表面反应控制机理的数学模型做了适当变换,采用单纯形优化法配合 Runge-Kutta 微分方程组数值解法对实验数据进行处理,给出了结晶动力学方程,考察了温度和氯化镁浓度对结晶速率的影响。

$$LA(20℃,32\%MgCl_2)-dc/dt=1.15(0.209-c)^{2/3}(c-0.0860)^2 \quad (8-44)$$

$$LB(30℃,32\%MgCl_2)-dc/dt=1.55(0.210-c)^{2/3}(c-0.0736)^2 \quad (8-45)$$

$$LG(30℃,28\%MgCl_2)-dc/dt=1.63(0.201-c)^{2/3}(c-0.0685)^2 \quad (8-46)$$

$$LF(30℃,24\%MgCl_2)-dc/dt=1.72(0.199-c)^{2/3}(c-0.0701)^2 \quad (8-47)$$

$$LC(40℃,32\%MgCl_2)-dc/dt=2.14(0.211-c)^{2/3}(c-0.0585)^2 \quad (8-48)$$

$$LD(50℃,32\%MgCl_2)-dc/dt=20.20(2.07-c)^{4/3}(c-0.0673)^2 \quad (8-49)$$

$$LE(60℃,32\%MgCl_2)-dc/dt=13.60(0.209-c)^{4/3}(c-0.0857)^2 \quad (8-50)$$

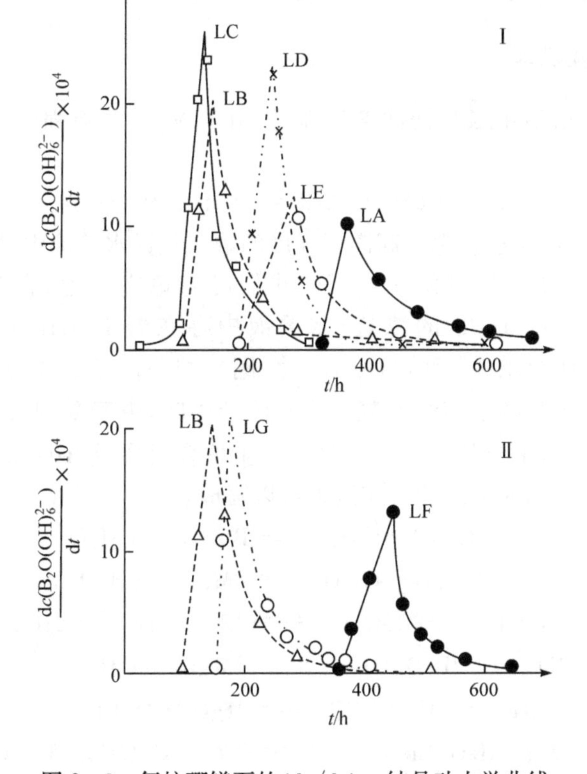

图 8-3　氯柱硼镁石的(dc/dt)-t结晶动力学曲线

I. 不同温度(LA.20℃;LB.30℃;LC.40℃;LD.50℃;LE.60℃)。II. 30℃时,不同 $MgCl_2$ 浓度($LB.32\% MgCl_2$;$LG.28\% MgCl_2$;$LF.24\% MgCl_2$)

按上述模型计算结果及其百分误差列于表 8-2 和表 8-3 中。最大误差 $d(\%)$ 为 5%,表明计算结果与实验结果吻合较好。可以认为,结晶速率主要受控于表面反应。在40℃以下,主要受多核表面反应的控制,而50℃以上则主要受单核表面反应的控制。这正是高温下得到的晶体比低温下的晶体小的原因。动力学方程中$(c_0-c)^{2/3}$或$(c_0-c)^{4/3}$项相当于晶体生长可以得到的表面积,$(c-c_\infty)$溶液的过饱和度是结晶反应的推动力。随着结晶过程的进行,表面积增大,过饱和度减小。晶体生长是一个自诱导过程。(c_0-c)是t时刻产物的浓度(自催化浓度)。在40℃以下,随着温度的升高,成核速率加快,诱导期缩短,同时结晶速率加快;在40℃以上,诱导期增长是由于溶质粒子按单核机理方式填充需要的时间比按多核机理方式填充需要的时间长。随着温度的升高,晶体溶解速率和溶解度变大,过饱和度减小,结晶速率减慢。在30℃时,不同氯化镁浓度的LB、LG、LF动力学方程,随着氯化镁浓度的增加,溶液离子强度增高,成核速率加快(但不显著),诱导期缩短。同时,由于扩散速率减慢,表观结晶速率减小。计算得到结晶过程的$c(B_2O(OH)_6^{2-})$和平衡时的c_∞与实验测定结果相符合。

8.5.5 结晶过程机理

结晶过程水溶液中氯化镁浓度较高时,由于Mg^{2+}具有强水合能力和高水合数,容易按下述反应:

$$Mg^{2+}+6H_2O+2Cl^- \rightleftharpoons Mg(6H_2O)Cl_2$$

形成$Mg(6H_2O)Cl_2$粒子。它在高离子强度的浓氯化镁水溶液中,硼酸浓度增高时会形成不同聚合度的硼氧配阴离子。我们已有论文报道,在含1.31% MgO、4.36% B_2O_3和33% $MgCl_2$的浓盐-水溶液中存在着$B(OH)^{4-}$、$B_2O(OH)_6^{2-}$、$B_3O_3(OH)_4^{2-}$、$B_4O_5(OH)_4^{2-}$和$B_6O_7(OH)_6^{2-}$硼氧配阴离子。在将H_3BO_3和MgO按物质的量比1∶1溶解于高浓度氯化镁水溶液中时,由于受到$Mg(OH)_2$溶解量的制约,硼酸溶解后生成的$B(OH)_4^-$将会发生聚合而形成$B_2O(OH)_6^{2-}$。因此,氯柱硼镁石从溶液中结晶析出的反应过程可以写成:

$$H_3BO_3+2H_2O \rightleftharpoons B(OH)_4^-+H_3O^+$$

$$2MgO+4H_3O^+ \rightleftharpoons 2Mg^{2+}+6H_2O$$

$$2B(OH)_4^-+2B(OH)_4^- \rightleftharpoons 2B_2O(OH)_6^{2-}+2H_2O \qquad (8-51)$$

$$2Mg^{2+}+2B_2O(OH)_6^{2-} \rightleftharpoons 2MgB_2O(OH)_6$$

$$Mg^{2+}+6H_2O+2Cl^- \rightleftharpoons Mg(6H_2O)Cl_2$$

$$2MgB_2O(OH)_6+Mg(6H_2O)Cl_2+2H_2O \rightleftharpoons 2MgB_2O(OH)_6\cdot Mg(6H_2O)Cl_2\cdot 2H_2O \qquad (8-52)$$

8.6 六硼酸镁水合盐的结晶动力学研究

Рза-заде等(见本书第6章文献[75])对$MgO-B_2O_3-MgCl_2-H_2O$体系在25℃时

的热力学平衡相图进行了研究，确定该相图中存在四种硼酸镁水合盐（$MgO \cdot 3B_2O_3 \cdot 7.5H_2O$、$2MgO \cdot 3B_2O_3 \cdot 15H_2O$、$2MgO \cdot B_2O_3 \cdot 2.5H_2O$ 和 $3MgO \cdot B_2O_3 \cdot 11H_2O$）的相区。Авдурагимова 等测定的同一体系在 70℃时得到的热力学平衡相图中出现三种硼酸镁水合盐（$MgO \cdot 3B_2O_3 \cdot 7.5H_2O$、$MgO \cdot 3B_2O_3 \cdot 5H_2O$ 和 $MgO \cdot B_2O_3 \cdot 3H_2O$）相区。Lehmann 配制 $MgO \cdot 3B_2O_3$-$MgCl_2$-H_2O 浓盐-水过饱和溶液，在 60～100℃范围内，恒温结晶制得三种六硼酸镁水合盐（$MgO \cdot 3B_2O_3 \cdot 7H_2O$、$MgO \cdot 3B_2O_3 \cdot 6H_2O$ 和 $MgO \cdot 3B_2O_3 \cdot 5H_2O$）。

六硼酸镁盐含有不同水分子（$MgO \cdot 3B_2O_3 \cdot mH_2O$），形成条件与温度、介质盐类别及浓度、硼碱比值、酸碱性和杂质相关。高世扬为了弄清楚它们的组成、形成条件、形成过程、反应机理等，采用不同配比、不同盐（$MgCl_2$ 和 $MgSO_4$）、不同盐浓度和在不同温度下进行结晶动力学研究。

8.6.1　$MgO \cdot 3B_2O_3 \cdot 7H_2O$ 动力学实验

高世扬、李气新等[25～27]按 $n(MgO):n(B_2O_3)=1:2$（物质的量比），采用将活性 MgO 和 H_3BO_3 溶解于含 34%$MgCl_2$ 的水溶液中，形成过饱和溶液后的清液，设定恒温下跟踪过程，取液、固相测定其组成，固相用 RXD 法、IR 法和热分析法进行物相鉴定。其实验结果表明，该体系先后析出 $MgO \cdot 3B_2O_3 \cdot 7H_2O$ 和 $2MgO \cdot 2B_2O_3 \cdot MgCl_2 \cdot 14H_2O$ 结晶。此处只将前者的结晶过程的液、固相组成，pH，密度及数据计算结果一并列于表 8-3 中。

表 8-3　20℃时 MgO-$2B_2O_3$-34%$MgCl_2$-H_2O 中结晶过程中的液、固相组成

编号	t/d	密度	pH	液相组成/(mol/L)				d/%	固相组成
				c_0	$c(Cl^-)$	$c(Mg^{2+})$	c_B		
0	0	1.380	4.36	1.730	9.514	5.204			
1	57	1.380	4.42	1.718	9.584	5.209	1.716	−0.17	$MgO \cdot 3B_2O_3 \cdot 7H_2O$
2	67	1.379	4.48	1.658	9.638	5.210	1.661	0.18	$MgO \cdot 3B_2O_3 \cdot 7H_2O$
3	69	1.367	—	1.523	9.648	5.213	1.524	0.07	$MgO \cdot 3B_2O_3 \cdot 7H_2O$
4	73	1.372	4.58	1.263	9.176 4	5.212	1.263	0.00	$MgO \cdot 3B_2O_3 \cdot 7H_2O$
5	77	1.369	4.66	1.043	9.616	5.207	1.043	0.00	$MgO \cdot 3B_2O_3 \cdot 7H_2O$
6	79	1.367	—	0.981 4	9.850	5.224	0.986 0	0.47	$MgO \cdot 3B_2O_3 \cdot 7H_2O$
7	81	1.367	4.78	0.949 0	9.836	5.215	0.964 3	0.56	$MgO \cdot 3B_2O_3 \cdot 7H_2O$
8	83	1.366	—	0.928 9	9.842	5.210	0.937 7	0.96	$MgO \cdot 3B_2O_3 \cdot 7H_2O$
9	85	1.365	4.845	0.930 0	9.816	5.206	0.929 3	− 0.08	$MgO \cdot 3B_2O_3 \cdot 7H_2O$
10	91	1.364	—	0.920 1	9.756	5.184	0.922 0	0.21	$MgO \cdot 3B_2O_3 \cdot 7H_2O$

1．结晶动力学曲线和结晶路线

用不同时间时液相中硼的浓度，即 c_B-t 作图，如图 8－4 所示。从图 8－4 的曲线形式看出，AB 段为 $MgO·3B_2O_3·7H_2O$ 的结晶动力学曲线，而 CD 段为 $2MgO·2B_2O_3·MgCl_2·14H_2O$ 的结晶动力学曲线。这两个结晶阶段有明显的区分，为得到纯的硼酸盐晶体提供了依据。

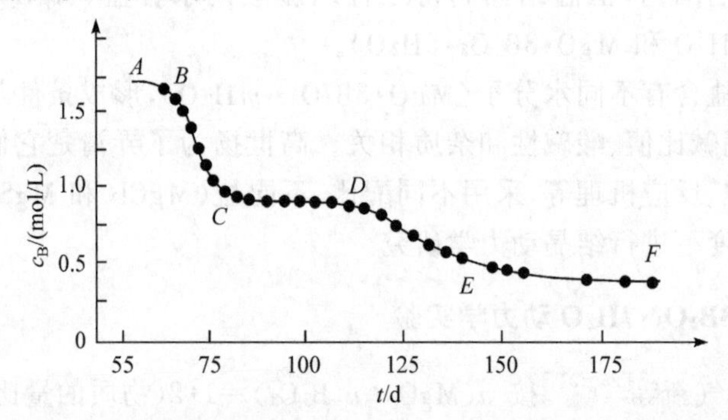

图 8－4 20℃时 MgO-$2B_2O_3$-$MgCl_2$-H_2O 溶液的 c_B-t 曲线

将跟踪结晶过程的 $c(MgO)$、c_B 和 $c(MgCl_2)$，换算成相图指数，绘出硼酸盐结晶路线图。图 8－5 中所示结晶路线表明，在第一阶段析出固相过程中，溶液组成变化的轨迹是一条直线，其延长线与 $MgO·3B_2O_3$ 相图点相交。固相通过化学分析及镜下观测，XRD 谱、热分析和红外光谱鉴定是 $MgO·3B_2O_3·7H_2O$；第二阶段的结晶路线也是一条直线，其延长线与 $2MgO·2B_2O_3·MgCl_2·14H_2O$ 相图点相交。物相鉴定表明，在此期间析出的是氯柱硼镁石。

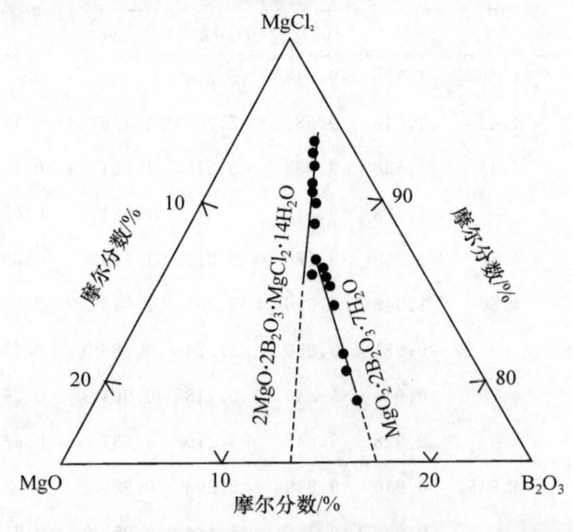

图 8－5 MgO-$2B_2O_3$-$MgCl_2$-H_2O 溶液在 20℃时的硼酸盐结晶路线

2. 结晶动力学方程

从图 8－5 可见，溶液中氯化镁含量很大，在硼酸盐结晶析出过程中它的浓度相对变化较小，在进行动力学处理时主要考虑硼的浓度变化。运用动力学数学模型对实验数据进行曲线拟合的基础上，选用一级反应和二级反应同时存在的混合反应速率模型，用下述一元二次三项式表示，得微分方程

$$-\mathrm{d}c/\mathrm{d}t=-k(c^2-ac-b) \tag{8-53}$$

式中：c 为溶液中硼的浓度；a 和 b 均为常数。式(8－35)推导见文献[25]。积分并整理后，得

$$c=B'+\frac{a}{2}-[2B'/(1+D\mathrm{e}^{-2kB't})]$$

令 $A=B'+a/2$, $B=2B'$, $\theta=2kB'$，得

$$c=A-B/(1+D\theta) \tag{8-54}$$

这就是我们所选择并推导出的硼酸盐结晶动力学模型、$c(t)$函数关系。结晶动力学方程式(8－54)中有 4 个待定参数 A、B、D 和 θ。在进行曲线拟合时，采用下降法解非线性方程组的方法。在程序中，当给定变量(参数)初值时，在原函数的递增或递减性自动改变变量值的情况下，使其越来越接近并最终达到所求拟合曲线方程中的参数值。当个别实验数据测定误差较大时，会使计算程序计算结果达不到要求精度 $\varepsilon=10^{-6}$，导致循环计算，无结果输出。这时，可采取限制计算机在循环 M 次(按实际情况自定)后，输出结果，最后所得拟合曲线与实验曲线相符合。

对应于图 8－4 中 c_B-t 曲线上第一阶段 AB，析出 $MgO\cdot 3B_2O_3\cdot 7H_2O$ 的结晶动力学积分方程为

$$c_{B(I)}=1.719-\{0.7980/[1+221\mathrm{e}^{-0.3556(t-57)}]\} \tag{8-55}$$

因此，$k=\theta/B=0.4455$。

与上述积分动力学方程对应的微分动力学方程为

$$\mathrm{d}c/\mathrm{d}t=-0.4455(c_B-0.9120)^2+0.3564(c_B-0.9120) \tag{8-56}$$

由于 $MgO\cdot 3B_2O_3\cdot 7H_2O$ 结晶析出前在溶液中是以 $B_3O_3(OH)_4^{2-}$ 形式存在，把式(8－56)中的 c_B 换算为 $c(B_3O_3(OH)_4^{2-})$，上述微分动力学方程可写为

$$-\mathrm{d}c(B_3O_3(OH)_4^{2-})/\mathrm{d}t=1.3365[c(B_3O_3(OH)_4^{2-})-0.3070]^2+0.3564[c(B_3O_3(OH)_4^{2-})-0.3070] \tag{8-57}$$

这里可得二级反应的表观速率常数

$$k^{(2)}=133\ 365(\mathrm{mol/d})$$

和一级反应的表观速率常数

$$k^{(1)}=0.3564(\mathrm{mol/d})$$

同理，相应于第二阶段 BC，析出 $2MgO\cdot 2B_2O_3\cdot MgCl_2\cdot 14H_2O$ 的结晶动力学

方程如上进行计算。

3. 硼氧配阴离子聚合反应

当 H_3BO_3 和 MgO 按 2∶1 物质的量比($2B_2O_3$∶MgO)溶解在高浓度的 $MgCl_2$ 浓盐-水溶液中时，析出 $MgO·3B_2O_3·7H_2O$ 的结晶反应机理如下：

$$2B_4O_5(OH)_4^{2-} + 3H_2O \rightleftharpoons 2B_3O_3(OH)_4^{2-} + B_2O(OH)_6^{2-}$$
$$2B_3O_3(OH)_4^{2-} \rightleftharpoons B_6O_7(OH)_6^{2-} + H_2O$$
$$Mg(6H_2O)^{2+} + B_6O_7(OH)_6^{2-} \rightleftharpoons [MgB_6O_7(OH)_6]·4H_2O + 2H_2O \tag{8-58}$$

按上述硼酸镁盐从氯化镁溶液中析出时的结晶反应机理，显然，在第一阶段析出 $MgO·3B_2O_3·7H_2O$ 过程中，由于 $B_2O(OH)_6^{2-}$ 之间发生自聚缩而形成 $B_4O_5(OH)_4^{2-}$ 时，会释放出 OH^-。因此，溶液的 pH 随着 $MgO·3B_2O_3·7H_2O$ 析出不断升高。由于 $MgO·3B_2O_3·7H_2O$ 不断结晶析出，溶液中的 $B_4O_5(OH)_4^{2-}$ 粒子浓度逐渐减小，与此同时，溶液中从 $B_4O_7(OH)_4^{2-}$ 粒子而形成 $B_4O_7(OH)_6^{2-}$ 粒子的速率和浓度也不断降低，直到 $B_6O_7(OH)_6^{2-}$ 粒子浓度降低到不再形成并结晶析出 $MgO·3B_2O_3·7H_2O$ 时，另一种含氯化镁的水合硼酸镁复盐 $2MgO·2B_2O_3·MgCl_2·14H_2O$ 开始结晶析出。

8.6.2 三方硼镁石结晶动力学和热力学函数

高世扬、黄发清等[28]对 $MgO\text{-}3B_2O_3\text{-}nMgCl_2\text{-}H_2O$[$M(MgO)$∶$M(B_2O_3)$=1∶3，$n$=28%，15%，8%]氯化镁盐的过饱和溶液体系在不同温度(20～60℃)时进行了研究。

1. 固相组成

研究得到析出六硼酸镁固相的化学分析和物相鉴定结果如下：

(1) 20℃时，$MgO\text{-}3B_2O_3$-8% $MgCl_2\text{-}H_2O$ 溶液析出 $MgO·3B_2O_3·7.5H_2O$；$MgO\text{-}3B_2O_3$-15% $MgCl_2\text{-}H_2O$ 溶液析出 $MgO\text{-}3B_2O_3·7.5H_2O + MgO·3B_2O_3·7H_2O$；$MgO\text{-}3B_2O_3$-28% $MgCl_2\text{-}H_2O$ 溶液析出 $MgO\text{-}3B_2O_3·7.5H_2O + MgO·3B_2O_3·7H_2O$。

(2) 30℃时，$MgO\text{-}3B_2O_3$-28% $MgCl_2\text{-}H_2O$ 溶液析出 $MgO·3B_2O_3·7.5H_2O + MgO·3B_2O_3·7H_2O$。

(3) 40～60℃时，$MgO\text{-}3B_2O_3$-28% $MgCl_2\text{-}H_2O$ 溶液析出 $MgO·3B_2O_3·7H_2O$。

2. 结晶动力学曲线

从如图 8-6 所示的 $MgO\text{-}3B_2O_3$-28% $MgCl_2\text{-}H_2O$ 浓盐-水溶液在 20～60℃时的

结晶动力学 c_B-t 实验曲线和图 8-6 中所绘制的在不同氯化镁含量的 $MgO \cdot 3B_2O_3$ 过饱和水溶液在 20℃时结晶动力学实验 c_B-t 曲线可见，MgO-$3B_2O_3$-14.98% $MgCl_2$-H_2O溶液在 20℃时的结晶动力学 c_B-t 曲线明显地呈现彼此相互衔接的两个反 S 形曲线。这就是说，在结晶过程中析出了两种六硼酸镁的不同水合盐。该实验曲线的第一部分相应于结晶析出 $MgO \cdot 3B_2O_3 \cdot 7H_2O$ 的 c_B-t 动力学曲线；第二部分则是 $MgO \cdot 3B_2O_3 \cdot 7.5H_2O$ 结晶动力学 c_B-t 曲线。MgO-$3B_2O_3$-28% $MgCl_2$-H_2O 溶液在 20℃和 30℃时结晶动力学曲线都呈现单个反 S 形曲线，固相鉴定结果表明，存在 $MgO \cdot 3B_2O_3 \cdot 7H_2O$ 和 $MgO \cdot 3B_2O_3 \cdot 7.5H_2O$ 两种 c_B(mol/L)物相。其他 4 条结晶动力学曲线呈现单个反 S 形曲线，每一条曲线对应于单个六硼酸镁水合盐固相析出过程。随着温度的升高，从 20～60℃，结晶速率加快。由于温度升高，平衡溶解度增大，结晶析出最后阶段溶液中硼的浓度与平衡浓度的差值减小。因此，结晶速率反而减慢。

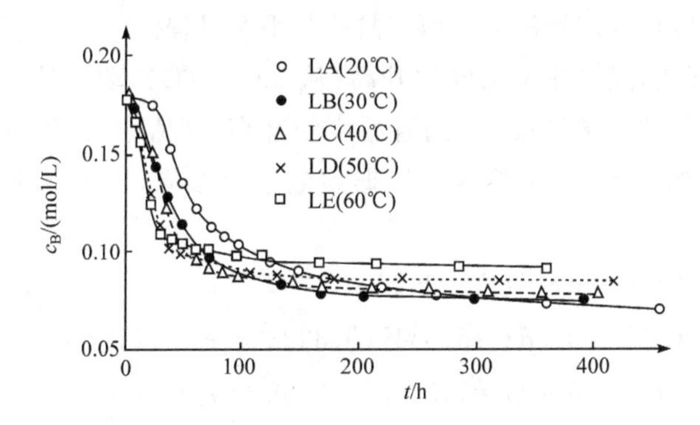

图 8-6 MgO-$3B_2O_3$-28% $MgCl_2$-H_2O 体系不同温度时的结晶动力学 c_B-t 曲线

从图 8-7 中可以看出，20℃时，随着氯化镁浓度的增加，六硼酸镁水合盐在氯化镁水溶液中的结晶速率明显加快，而平衡溶解度减小。

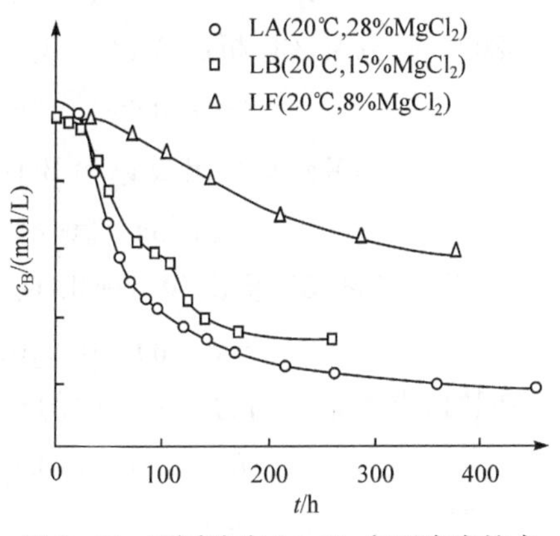

图 8-7 不同浓度 $MgCl_2$ 含硼溶液的水合硼酸镁结晶动力学 c_B-t 曲线

3. 数学模型和计算结果

把 Johnson 提出的下述结晶动力学方程

$$-\mathrm{d}c/\mathrm{d}t = K_1(c_0 - c)^{2/3}(c - K_2)^{K^3} \tag{8-59}$$

用于上述研究的体系，在晶体生长期把晶

核粒子数认为基本不变的情况下,式(8－59)中的$(c_0-c)^{2/3}$项与晶体的表面积有关,而$(c-K_2)K^3$项却与晶体的溶解度有关。所研究的体系是一个多粒子共存的硼酸盐体系。假设硼氧配阴离子在溶液中主要是以两种形式存在,设为B_1和B_2,其他形式的存在量甚微,可忽略不计。如果考虑B_1和B_2通过聚合生成六硼氧配阴离子这一反应,可得结晶速率的另一个方程如下:

$$-dc/dt=K_1(c_0^2-c^2)^{2/3}(c-K_2)^{K^3} \quad (8-60)$$

结晶动力学方程中含有三个待定参数K_1、K_2、K^3。采用单纯形优化法,配合Runge-Kutta微分方程组解法(见本章8.4节)计算K_1、K_2、K^3。

结晶动力学过程可以分成三个阶段:第一阶段是诱导期,溶液浓度保持不变。因此,动力学数学处理通常不予考虑。第二阶段是晶核粒子形成、成长并析出晶体的过程,溶液浓度发生明显变化。在进行动力学参数估算时,当溶液浓度开始有明显变化时,其浓度作为起始浓度。第三阶段是平衡过程。

计算结果表明,随着体系温度的升高(从20～60℃),动力学参数呈现规律性变化。其中,结晶动力学参数K_1随着温度的升高,其值增大,相应参数K_2(平衡浓度)随着温度的升高,其值增大。根据参数估算结果,给出各结晶动力学方程如下:

60℃,28%$MgCl_2$　$-dc/dt=3.9922(0.3222^2-c_2)^{2/3}(c-0.1028)^2$　(8－61)

50℃,28%$MgCl_2$　$dc/dt=3.3547(0.3222^2-c_2)^{2/3}(c-0.0812)^2$　(8－62)

40℃,28%$MgCl_2$　$-dc/dt=1.3443(0.3188^2-c_2)^{2/3}(c-0.0536)^2$　(8－63)

30℃,28%$MgCl_2$　$-dc/dt=1.3692(0.3291^2-c_2)^{2/3}(c-0.0543)^2$　(8－64)

20℃,28%$MgCl_2$　$-dc/dt=0.8510(0.3256^2-c_2)^{2/3}(c-0.0476)^2$　(8－65)

20℃,15%$MgCl_2$析出$MgO\cdot 3B_2O_3\cdot 7H_2O$结晶动力学方程为

$$-dc/dt=2.1764(0.2821^2-c_2)^{2/3}(c-0.1183)^2 \quad (8-66)$$

20℃,15%$MgCl_2$析出$MgO\cdot 3B_2O_3\cdot 7.5H_2O$结晶动力学方程为

$$-dc/dt=26.41(0.1648^2-c_2)^{2/3}(c-0.0866)^2 \quad (8-67)$$

20℃,8%$MgCl_2$析出$MgO\cdot 3B_2O_3\cdot 7.5H_2O$结晶动力学方程为

$$-dc/dt=0.5402(0.2690^2-c_2)^{2/3}(c-0.1091)^2 \quad (8-68)$$

同时,求得结晶动力学方程中的常数K_1与温度的关系为

$$K_1=1.11\times 10\exp(-4144/T) \quad (8-69)$$

4. 三方硼镁石的热力学函数

根据析出的三方硼镁石结晶,结晶过程计算得到20℃、40℃和60℃的K_1值,

表观活化能和频率因子可由积分得

$$d(\ln K_1)/dt = E/(RT^2)$$

$$\ln K_1 = -E/(RT) + \ln A \tag{8-70}$$

以 $\ln K_1$ 对 $1/T$ 作图得图 8-8 为一条直线。该直线的斜率为 $-E/R$，截距为 $\ln A$，从而计算得表观活化能 $E=34.46$(kJ/mol)，频率因子 $A=1.11\times10^6$。

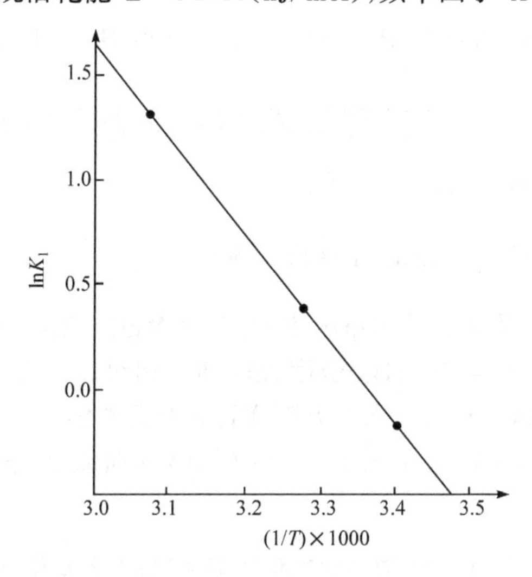

图 8-8　$\ln K_1$-$1/T$ 作图

5. 三方硼镁石形成机理

Edwards 采用 Raman 光谱、Onak 采用 NMR 谱、Kolthoff 等通过 pH 测定、电导测定，认为在证明硼酸在水溶液中硼酸浓度高时会聚合形成三硼酸和四硼酸的聚合体。一般认为，在高浓度电解质和低浓度（0.1～0.3mol/L）硼的水溶液中，三硼氧配阴离子是比较稳定的存在形式；反之，在低浓度电解质和高浓度（大于 0.5mol/L）硼的水溶液中，四硼氧配阴离子是主要的存在形式。硼酸或硼酸盐在酸性溶液中硼是以单核硼酸 $B(OH)_4^-$ 形式存在，而在碱性溶液中却是以聚合体形式存在。

综上所述，当 MgO 与 B_2O_3 按 1∶3 物质的量比溶解在高浓度氯化镁水溶液中时，显然存在下述反应

$$3H_3BO_3 + 6H_2O \rightleftharpoons 3B(OH)_4^- + 3H_3O^+ \tag{8-71}$$

$$3B(OH)_4^- \rightleftharpoons B_3O_3(OH)_4^- + 3H_2O + 2OH^- \tag{8-72}$$

在浓氯化镁溶液中有利于下述反应

$$2B_3O_3(OH)_4^- \rightleftharpoons B_6O_7(OH)_6^{2-} + H_2O \tag{8-73}$$

MgO 溶解在 H_3BO_3 浓氯化镁水溶液中时，从过饱和浓盐溶液中析出

$$MgO + 2H_3O^+ + 3H_2O \rightleftharpoons Mg(6H_2O)^{2+} \tag{8-74}$$

$MgO \cdot 3B_2O_3 \cdot 7H_2O$ 的结晶反应过程为

$$Mg(6H_2O)^{2+} + B_6O_7(OH)_6^{2-} \rightleftharpoons Mg[B_6O_7(OH)_6] \cdot 4H_2O + 2H_2O \tag{8-75}$$

析出 $MgO \cdot 3B_2O_3 \cdot 7.5H_2O$ 的结晶反应过程为

$$2Mg(6H_2O)^{2+} + 2B_6O_7(OH)_6^{2-} \rightleftharpoons 2MgB_6O_7(OH)_6 \cdot 9H_2O + 3H_2O \tag{8-76}$$

8.7 章氏硼镁石结晶动力学研究

8.7.1 在氯化镁溶液中析出章氏硼镁石

1. $MgO\text{-}nB_2O_3\text{-}18\%MgCl_2\text{-}H_2O$ 析出固相

夏树屏等[29,30]报道了对 $MgO\text{-}nB_2O_3\text{-}18\%MgCl_2\text{-}H_2O$($b=1,2,3$)的体系动力学研究。结晶过程的溶液组成、密度、pH 和固相组成一并列于表 8-4 中。在 0℃和 20℃时，它们是分阶段析出三方硼镁石和章氏硼镁石，从而可以控制析出的过程得到纯的硼酸盐。特别是图 8-9 中 0℃时的曲线 3，很快析出纯的章氏硼镁石。

表 8-4　在 0℃和 20℃时，$MgO\text{-}2B_2O_3\text{-}18\%MgCl_2\text{-}H_2O$ 体系结晶过程中液、固相组成和溶液性质

T/℃	编号	时间 /d[1]	液相组成				密度 d /(kg/dm³)	pH	固相
			MgO(质量分数)/%	$MgCl_2$(质量分数)/%	B_2O_3(质量分数)/%	B_2O_3 /(mol/L)			
20℃	1	19	1.00	17.84	3.55	0.614	1.204 6	6.70	S1
	26	1.03	17.82	3.50	0.606	1.205 5	6.60		S1
	37	1.02	17.85	3.44	0.595	1.204 5	6.56		S1
	40	0.97	17.86	3.40	0.588	1.204 1	6.58		S2
	54	0.90	18.12	3.08	0.531	1.200 0	6.54		S2
	68	0.75	18.36	2.51	0.461	1.194 8	6.50		S2
	81	0.62	18.48	2.04	0.349	1.189 8	6.44		S2
	95	0.48	18.72	1.59	0.271	1.185 8	6.38		S2
	116	0.41	18.96	1.02	0.173	1.180 0	6.30		S2
	137	0.31	19.03	0.78	0.132	1.178 4	6.25		S2
	144	0.29	19.09	0.74	0.125	1.177 6	6.25		S2

续表

T/℃	编号	时间/d[1]	液相组成				密度 d/(kg/dm^3)	pH	固相
			MgO(质量分数)/%	$MgCl_2$(质量分数)/%	B_2O_3(质量分数)/%	B_2O_3/(mol/L)			
0℃	1	9	0.99	17.89	3.48	0.605	1.209 6	6.55	S3
	18	1.01	17.86	3.45	0.597	1.205 4	6.00		S3
	29	1.00	17.89	3.44	0.595	1.205 0	6.39		S3
	38	0.99	17.90	3.37	0.583	1.204 4	6.33		S4
	48	0.87	18.10	2.85	0.491	1.199 5	6.28		S4
	51	0.42	18.98	1.05	0.178	1.181 3	6.28		S4
	59	0.32	19.06	0.88	0.149	1.179 6	6.28		S4
	69	0.25	19.18	0.78	0.132	1.178 3	6.27		S4
	80	0.24	19.17	0.69	0.117	1.178 0	6.27		S4
	96	0.22	19.18	0.64	0.108	1.177 0	6.27		S4

1）d 为间隔天数。

注：固相 S1,S3. $MgO\text{-}3B_2O_3\text{-}7.5H_2O$；S2,S4. $MgO\text{-}2B_2O_3\text{-}9H_2O$。

在 0℃和 20℃，硼碱比为 2 时，不同 $MgCl_2$ 浓度的盐溶液 $c_B\text{-}t$ 曲线如图 8-9 所示。

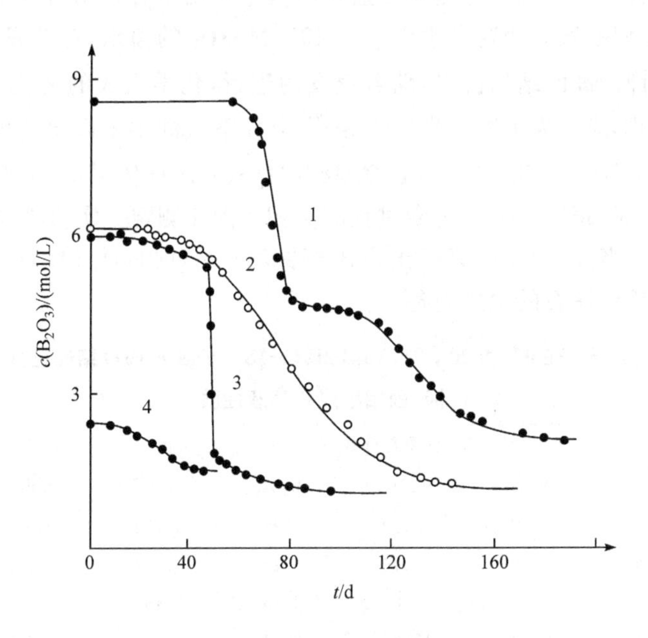

图 8-9　20℃时 $MgO\text{-}2B_2O_3\text{-}MgCl_2\text{-}H_2O$ 过饱和溶液的 $c_B\text{-}t$ 曲线

1. 32% $MgCl_2$(20℃)；2. 28% $MgCl_2$(20℃)；3. 18% $MgCl_2$(0℃)；4. 8% $MgCl_2$(20℃)

用不同时间对应液相 c_B 浓度计算得到章氏硼镁石动力学方程式如下：

20℃时 $$-dc/dt=0.0717(0.6074-c)^{2/3}(c-0.1060) \quad (8-77)$$

0℃时 $$-dc/dt=0.5784(0.5884-c)^{2/3}(c-0.3706)^{1.39} \quad (8-78)$$

2. 章氏硼镁石结晶机理

计算结果表明，章氏硼镁石结晶过程受多核表面反应控制。

我们研究了 $MgO\text{-}nB_2O_3\text{-}18\%MgCl_2\text{-}H_2O$ 体系在 0℃时的热力学非平衡液、固相关系，同时对 $c\text{-}t$ 实验结果按本书介绍的计算方法(见 8.11.6 节)进行数据处理，得到各种晶体的结晶动力学方程。结果表明，结晶过程不受控于扩散。$n(MgO):n(B_2O_3)=2.5:1$、$1:1$、$1:2$、$1:2.5$、$1:3$ 和 $1:7$，属于多核层晶核控制生长。$n(MgO):n(B_2O_3)=1:3(2)$ 和 $1:5$，属于单核层表面晶核控制生长，而 $n(MgO):n(B_2O_3)=1:2$ 则符合表面积不变模型。

8.7.2 硫酸镁溶液中析出章氏硼镁石

我们已经对 20℃时 $MgO\text{-}nB_2O_3\text{-}28\%\ MgCl_2\text{-}H_2O$[31] 和 $MgO\text{-}nB_2O_3\text{-}18\%MgCl_2\text{-}H_2O$[32] 全体系的热力学非平衡态液、固相关系及结晶动力学进行过研究。结果表明，在含 $MgCl_2$ 盐的过饱和浓盐水溶液中析出了各种水合硼酸盐。我们考虑到硫酸镁亚型硼酸盐盐湖卤水中含 4.19% $MgSO_4$ 的卤水，在蒸发浓缩后期，绝大部分的钠、钾盐都已结晶析出，随着蒸发的进行，化学组成的变化，SO_4^{2-} 是否会影响硼酸盐的形成？为了进一步弄清 SO_4^{2-} 存在下盐湖中不同水合硼酸镁盐的形成条件，马玉涛等[33,34]对 $MgO\text{-}nB_2O_3\text{-}18\%MgSO_4\text{-}H_2O$ 体系的过饱和溶液，分别在 0℃和 20℃时，跟踪结晶动力学过程的液相和固相测定。实验结果列于表 8-5 中。研究表明，当 $n=2$ 时，只析出章氏硼镁石($MgO\text{-}2B_2O_3\text{-}9H_2O$)，析出速率较快，可用于章氏硼镁石的快速制备。

表 8-5 在 0℃和 20℃时，$MgO\text{-}2B_2O_3\text{-}18\%MgSO_4\text{-}H_2O$ 结晶过程中液、固相组成和溶液性质

T/℃	编号	t/h1)	液相组成(质量分数)/%			$c(B_2O_3)$ /(mol/L)	密度 /(kg/dm³)	pH	固相
			MgO	$MgSO_4$	B_2O_3				
0	1	0	1.02	18.12	4.37	0.782	1.246 7	7.46	—
	2	135	0.98	18.16	4.21	0.754	1.245 1	7.42	S1
	3	171	0.47	19.06	2.65	0.468	1.229 1	7.24	S1
	4	262	0.47	18.92	2.41	0.425	1.225 8	7.17	S1
	5	471	0.33	19.25	2.10	0.369	1.224 0	7.10	S1
	6	0	1.08	18.22	4.40	0.798	1.262 1	7.33	—

续表

T/℃	编号	t/h[1)	液相组成(质量分数)/%			$c(B_2O_3)$/(mol/L)	密度/(kg/dm^3)	pH	固相
			MgO	$MgSO_4$	B_2O_3				
20	1	156	1.02	18.41	4.38	0.793	1.261 3	7.39	S2
	2	204	1.02	18.37	4.34	0.786	1.259 9	7.62	S2
	3	252	1.01	18.40	4.20	0.759	1.258 8	7.72	S2
	4	276	0.89	18.73	3.67	0.661	1.254 0	7.66	S2
	5	336	0.27	19.87	1.49	0.264	1.232 8	7.33	S2
	6	422	0.14	19.94	1.38	0.245	1.231 8	7.38	S2
	7	829	0.04	21.14	1.13	0.200	1.229 9	7.25	S2

1) h 为间隔小时。

注：S1，S2．$MgO\text{-}2B_2O_3\text{-}9H_2O$。

1．固相组成

结晶过程和结晶动力学实验结束后，0℃时的固相为 S1，20℃时为 S2，化学分析结果如表 8-6 所示。化学组成与章氏硼镁石理论值相吻合。X 射线粉末衍射、红外光谱和热分析鉴定表明，S1 和 S2 均是章氏硼镁石。

表 8-6　结晶析出固相化学分析

编号	化学组成(质量分数)/%			固相组成/(mol/L)			化学式
	MgO	B_2O_3	H_2O	MgO	B_2O_3	H_2O	
S1	12.44	40.08	47.48	1.00	1.87	8.54	$MgO\cdot 2B_2O_3\cdot 9H_2O$
S2	11.95	41.11	46.95	1.00	1.99	8.79	$MgO\cdot 2B_2O_3\cdot 9H_2O$

2．结晶动力学曲线与方程

在 0℃和 20℃时，结晶动力学过程实验结果列于表 8-5 中。图 8-10 中曲线 a，b 分别是 0℃和 20℃时的 $c(B_2O_3)\text{-}t$ 动力学曲线。由图 8-10 可见，结晶过程分为诱导期、晶体形成析出期和结晶平衡期三个阶段。随着温度的降低，结晶诱导期缩短，达到平衡所需时间减少，近于相同组成的过饱和溶液，在 0℃时的结晶速率明显比 20℃时快，采用上述的数学模型和计算方法对 $c(B_2O_3)\text{-}t$ 实验数据进行四参数动力学方程拟合。计算相对误差一般不大于 5%，热力学平衡浓度计算值 c_∞ 小于结晶终点浓度，且相差不大。获得结晶析出章氏硼镁石的动力学方程分别为

20℃　$$-dc/dt=0.6617(0.7950-c)^{1.58}(c-0.2160)^{1.67} \quad (8-79)$$

0℃　$$-dc/dt=2.022(0.7800-c)^{1.12}(c-0.3859)^{2.12} \quad (8-80)$$

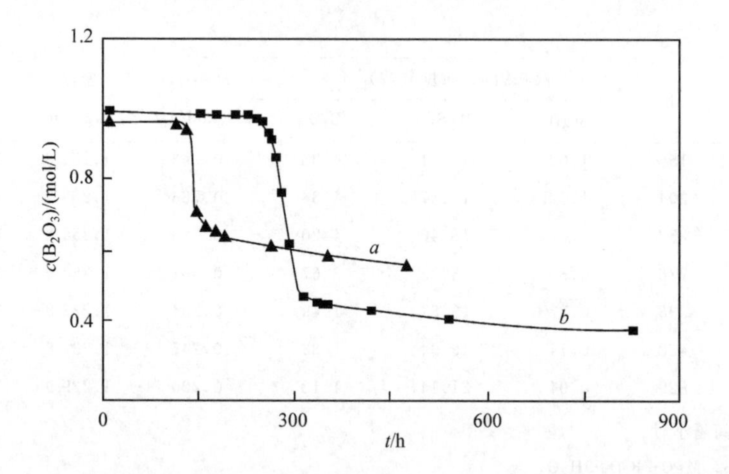

图 8-10　$MgO-2B_2O_3-18\% MgSO_4-H_2O$ 在 0℃(▲)和 20℃(■)时的过饱和溶液曲线

3. 章氏硼镁石的结晶机理

$MgSO_4 \cdot 7H_2O$、H_3BO_3 和 MgO 溶于水的过程中可能发生下列反应：

$$MgSO_4 \cdot 7H_2O(s) \rightleftharpoons Mg(H_2O)_6^{2+} + SO_4^{2-} + H_2O \tag{8-81}$$

$$3H_3BO_3(s) + 6H_2O \rightleftharpoons 3B(OH)_4^- + 3H_3O^+ \tag{8-82}$$

$$MgO(s) + 2H_3O^+ + 3H_2O \rightleftharpoons Mg(H_2O)_6^{2+} \tag{8-83}$$

当 H_3BO_3 浓度较高时，$B(OH)_4^-$ 可能进一步缩聚形成不同的硼氧配阴离子。在章氏硼镁石晶体结构中含有 $B_4O_5(OH)_4^{2-}$ 结构单元，据此推测章氏硼镁石的结晶反应过程可能为

$$4B(OH)_4^- \rightleftharpoons B_4O_5(OH)_4^{2-} + 2OH^- + 5H_2O$$

$$B_4O_5(OH)_4^{2-} + Mg(H_2O)_6^{2+} + H_2O \rightleftharpoons Mg[B_4O_7(OH)_4] \cdot 9H_2O(s) \tag{8-84}$$

从上述反应可以看出，当 4 分子 H_3BO_3 形成 $4B(OH)_4^-$ 时，产生 4 分子 H^+ 后，$4B(OH)_4^-$ 聚合成 $B_4O_5(OH)_4^{2-}$，又有 2 个 OH^- 产生。因此，总的结果是 H_3O^+ 增加，pH 略有下降，与实验结果一致。

4. 章氏硼镁石稳定性

章氏硼镁石结构式为$[Mg(H_2O)_5 \cdot B_4O_7(OH)_4] \cdot 2H_2O$，其中 $B_4O_7(OH)_4^{2-}$ 是由两个 BO_3 三角形和两个 BO_4 四面体通过共用 B—O—B 桥组成两个六元环，属于三斜晶系，它是 $MgO-B_2O_3-H_2O$ 三元体系在 25℃时的一种平衡固相。有的学者认为，章氏硼镁石是一种介稳相，它在水中不溶解，可以转化为多水硼镁石和其他水合硼酸盐。宋彭生等[35]研究了 $Mg_5B_4O_7-MgCl_2-H_2O$ 和 $Mg_5B_4O_7-MgSO_4-H_2O$ 体系在 25℃时的相平衡，发现 $MgCl_2$ 的存在不能阻滞章氏硼镁石的转化，而溶液

中 $MgSO_4$ 的浓度达到一定时，可以阻滞章氏硼镁石的转化。将本节介绍在 20℃ 和 0℃时 $MgO\text{-}2B_2O_3\text{-}18\%MgSO_4(MgCl_2)\text{-}H_2O$ 结晶析出的章氏硼镁石进行比较，在含 18% $MgSO_4$ 过饱和溶液中更容易得到纯的章氏硼镁石。

此外还对 $MgO\text{-}nB_2O_3\text{-}18\%MgSO_4\text{-}H_2O$ 体系，在不同硼碱比，$n=2,3,4$，不同温度时进行动力学得到：温度为 20℃，$n(MgO):n(B_2O_3)=1:3$ 时，结晶过程有两个阶段：第一阶段结晶析出三方硼镁石；第二阶段析出章氏硼镁石。温度为 20℃，$n(MgO):n(B_2O_3)=1:4$ 时，结晶过程存在两个阶段：第一阶段结晶析出三方硼镁石；第二阶段析出章氏硼镁石。可见，温度为 20℃，$n(MgO):n(B_2O_3)=1:2$、$1:3$ 和 $1:4$ 时，随着硼碱比的增大，结晶诱导期缩短，其中 $n(MgO):n(B_2O_3)=1:2$ 时诱导期为 7d，在此期间液相浓度不发生变化；$n(MgO):n(B_2O_3)=1:3$ 和 $1:4$ 时，诱导期分别为 2d 和 3d，很快就结晶析出固相，结晶平衡所需时间较短。在相同硼碱比为 $n(MgO):n(B_2O_3)=1:2$ 时，随着温度的降低，如 40℃→20℃→0℃，析出固相的速度显著加快。

8.8 多水硼镁石和库水硼镁石结晶动力学研究

8.8.1 多水硼镁石结晶动力学

在 40℃时，在 $MgO\text{-}2B_2O_3\text{-}18\%MgSO_4\text{-}H_2O$ 体系中开始结晶出少量章氏硼镁石，随后形成多水硼镁石。

在 40℃时，$MgO\text{-}2B_2O_3\text{-}18\%MgSO_4\text{-}H_2O$ 过饱和溶液结晶过程中液、固相组成如表 8-7 所示。

表 8-7 在 40℃时，$MgO\text{-}2B_2O_3\text{-}18\%MgSO_4\text{-}H_2O$ 过饱和溶液结晶过程中液、固相组成

编号	t/h[1)]	液相组成(质量分数)/%			$c(B_2O_3)$ /(mol/L)	密度 /(kg/dm³)	pH	固相
		MgO	$MgSO_4$	B_2O_3				
1	0	1.26	18.64	5.17	0.941	1.266 3	7.51	SC
2	306	1.28	18.59	5.17	0.940	1.265 9	7.49	SC
3	450	1.29	18.52	5.16	0.937	1.265 4	7.55	SD
4	498	1.25	18.62	5.13	0.931	1.264 4	7.53	SD
5	552	1.22	18.65	5.06	0.918	1.263 1	7.52	SD
6	596	1.20	18.66	4.98	0.902	1.261 7	7.53	SD
7	642	1.14	18.79	4.82	0.872	1.260 1	7.53	SD
8	690	1.02	18.99	4.59	0.831	1.259 7	7.47	SD
9	788	0.93	19.13	4.14	0.746	1.255 3	7.40	SD
10	1 147	0.71	19.47	3.14	0.562	1.245 2	7.32	SD
11	1 290	0.65	19.61	2.96	0.529	1.242 9	7.30	SD
12	1 626	0.49	20.07	2.58	0.461	1.241 9	6.98	SD

1) h. 取样累计小时。

注：SC. $MgO\cdot 2B_2O_3\cdot 9H_2O$；SD. $2MgO\cdot 3B_2O_3\cdot 15H_2O$。

多水硼镁石($2MgO \cdot 3B_2O_3 \cdot 15H_2O$)结晶过程较长,在 40℃时也需要 50 多天才能达到平衡。获得析出多水硼镁石的动力学方程为

$$-dc/dt = 0.0271(0.940\,00 - c)^{0.89}(c - 0.4092)^{1.87}$$

40℃时的 MgO-$2B_2O_3$-18% $MgSO_4$-H_2O 过饱和溶液曲线如图 8-11 所示。

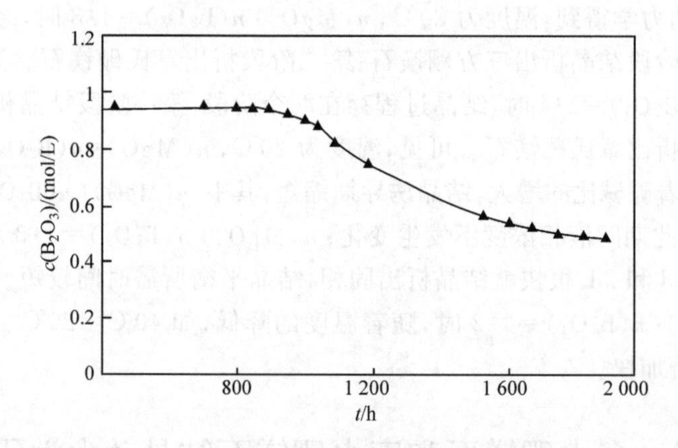

图 8-11 40℃时的 MgO-$2B_2O_3$-18% $MgSO_4$-H_2O 过饱和溶液曲线

8.8.2 库水硼镁石结晶动力学

库水硼镁石和多水硼镁石是同分异构体。一般认为,库水硼镁石是多水硼镁石的介稳相。比较特殊的是,我国西藏高原盐湖区有库水硼镁石和多水硼镁石的矿床沉积,但在青海高原盐湖区中没有大量的矿物沉积。通常条件下,纯的库水硼镁石难以制备得到。为了探讨我国青藏高原盐湖区库水硼镁石的形成过程及条件,考虑到该湖水中硼含量较高,李小平等[36]在 40℃时将氯柱硼镁石溶解于 4.5% H_3BO_3 水溶液中,该复盐却发生同步溶解,相转化产物为库水硼镁石。

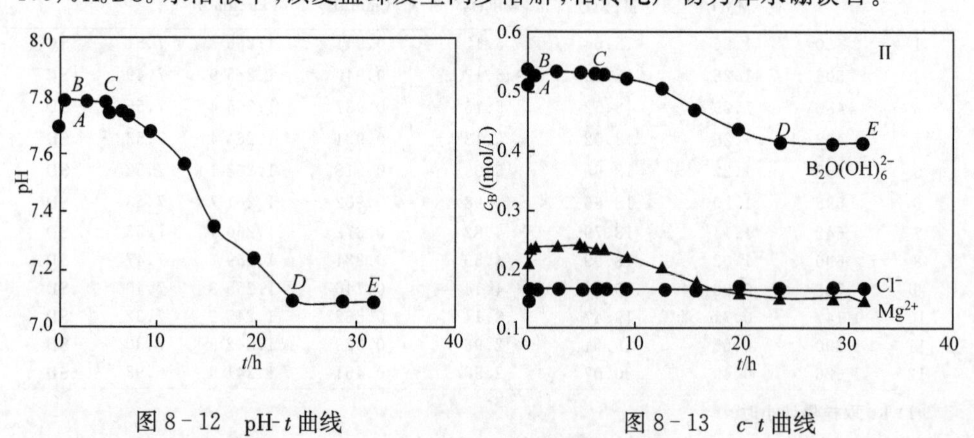

图 8-12 pH-t 曲线

图 8-13 c-t 曲线

对$2MgO \cdot 2B_2O_3 \cdot MgCl_2 \cdot 14H_2O$在4.5%$H_3BO_3$水溶液中，40℃恒温下，间隔一定时间测定溶液的pH、电导率、$c(Mg^{2+})$、$c(B_2O(OH)^{2-})$和$c(Cl^-)$值的数据绘制成pH-t曲线(图8-12)和c_B-t图(图8-13)。

根据图8-13中曲线的特点分为以下三个阶段。

1. 溶解阶段(曲线AB段)

由于体系中硼酸的存在对氯柱硼镁石的溶解具有正盐溶效应，加快了氯柱硼镁石的溶解速率。由图8-13可以看出，氯柱硼镁石在0.12h内试样很快溶解完全，溶液中硼、镁的浓度明显地呈直线增长，致使溶液的电导率也明显地增大，而溶液的pH却先增大后减小，这一变化正是由于氯柱硼镁石水溶液与第三组分硼酸中和形成硼氧配阴离子的结果。如反应式(8-85)所示，整个溶解过程中液相的物质的量浓度$c(Mg^{2+})$和$c(Cl^-)$的比约为1.5，表明该复盐在硼酸溶液中呈同步溶解，其主要的反应如下：

$$H_3BO_3 + 2H_2O \rightleftharpoons B(OH)_4^- + H_3O^+$$

$$2[MgB_2O(OH)_6 \cdot H_2O] \cdot [Mg(6H_2O)Cl_2]\ 8\,H_3O^+ \longrightarrow$$

$$2B_2(OH)_4^{2-} + 3Mg^{2+} + 2Cl^- + 22H_2O$$

$$2B(OH)_4^- \overset{+}{} 4H_3O^+ \rightleftharpoons B_2(OH)_4^{2-} + 8H_2O \qquad (8-85)$$

2. 过饱和溶液阶段(曲线BC段)

过饱和溶液中，溶液中的各离子通过相互作用形成多聚离子共存的动态平衡和晶体结构组建，可能发生下述聚合反应：

$$B(OH)_4^- + B_2(OH)_6^{2-} \rightleftharpoons B_3O_3(OH)_4^- + 2OH^- + 2H_2O \qquad (8-86)$$

致使图8-12中的曲线随时间pH稍有增加。

3. 结晶阶段(曲线CD)

随着液相中$B_3O_3(OH)_4^-$浓度的增大，库水硼镁石晶体就开始从溶液中析出。比较图8-12和图8-13中的CD曲线是相对应，即伴随$B_3O_3(OH)_4^-$的形成，溶液的pH升高、溶液的电导率不断减小和库水硼镁石不断结晶。硼、镁离子浓度不断减小。晶体基本上析出并达到饱和溶解度时，溶液中的pH保持在7.7左右。各种硼、镁离子浓度和电导率也趋于不变。$c(Cl^-)$-t在全过程中基本上不变，这表明Cl^-不参与结晶反应。

结晶过程和最终结晶样品的化学分析得到的组成都为$2MgO \cdot 3B_2O_3 \cdot 15H_2O$。X射线粉末衍射线较强的特征$d$值有0.5007、0.2881，IR光谱图中吸收峰660 cm^{-1}是三硼氧配阴离子的特征峰，1022 cm^{-1}处有强而宽的吸收谱带以区别于多水硼镁石。鉴定表明，结晶所析出的固相是库水硼镁石，其反应如下：

$$B_3O_3(OH)_4^- + Mg^{2+} + 6H_2O \rightleftharpoons Mg[B_3O_3(OH)_5]\cdot 5H_2O\downarrow + H^+ \tag{8-87}$$

4. 动力学参数方程

考虑结晶过程比较复杂，先主要设想该晶体结晶过程受表面反应控制。当结晶速率同时受控于1级、2级表面混合反应时，可认为它的结晶速率是 $n=1$ 时和 $n=2$ 时速率的加和，即结晶速率方程的形式为

$$-\mathrm{d}c/\mathrm{d}t = k_1(c-c_0) + k_2(c-c_0)$$

用单纯形优化法配合 Runge-Kutta 微分方程组数值解法，将 $c(B_2O(OH)_6^{2-})$-t 曲线上接近直线下降的第一个点作为反应起始点，求得40℃时的结晶动力学方程如下：

$$-\mathrm{d}c/\mathrm{d}t = 4.05(c_B - 0.5281) + 0.473(c_B - 0.5281) \tag{8-88}$$

按上述模型计算结果及其误差列于表8-8中，计算结果与实验结果吻合较好，最大误差不超过2%。可以认为，库水硼镁石的结晶速率主要受控于表面1级、2级的混合反应。动力学方程中，$(c-c_0)$ 项相应于晶体生长时的推动力，过饱和度越大，则推动力就越大，溶质沉积在表面上的概率就越大，结晶速率就越快。

表8-8　动力学硼浓度的实验值与计算值及误差

t/h[1)	实验值 $c(B_2(OH)_6^{2-})$	计算值 $c(B_2(OH)_6^{2-})$	误差 d/%
9.3	0.5216	0.5216	0.000
12.7	0.5035	0.5052	0.345
15.7	0.4661	0.4696	0.745
19.7	0.4326	0.4267	−1.371
23.7	0.4146	0.4156	0.232
28.6	0.4102	0.4121	0.647
31.7	0.4102	0.4113	0.350

1) h. 取样累计小时。

库水硼镁石在实验室条件下一般难以合成，但在我国西藏高原盐湖区沉积有该硼酸盐的两种同分异构体。根据本实验的结果可以推断，库水硼镁石能形成的原因有两个：①由于盐湖卤水经西藏湖区夏日高温，在地表湖水温度都能达到40℃以上。②湖水含硼量较高，从而在弱碱性的溶液中形成多水硼镁石和库水硼镁石；也可能在浓缩盐卤中先形成氯柱硼镁石，在结晶转化和水解反应等过程中形成库水硼镁石或多水硼镁石与库水硼镁石的混合矿物。

8.9　柱硼镁石结晶动力学

用不同的硼碱比、不同的盐浓度的 MgO-nB_2O_3-28% $MgCl_2$-H_2O 和

$MgO-nB_2O_3$-18% $MgCl_2-H_2O$ 在不同温度下进行研究，没有得到库水硼镁石和柱硼镁石。8.8 节已经介绍在 40℃下氯柱硼镁石在硼酸存在的溶液中转化结晶库水硼镁石动力学。此处介绍在 60℃下氯柱硼镁石在水中溶解转化结晶析出柱硼镁石动力学[37]。

在 60℃时，$2MgO \cdot 2B_2O_3 \cdot MgCl_2 \cdot 14H_2O$ 转化形成柱硼镁石过程的数据如表 8-9 所示。

表 8-9　在 60℃时，$2MgO \cdot 2B_2O_3 \cdot MgCl_2 \cdot 14H_2O$ 转化形成柱硼镁石过程数据

编号	t/h[1)]	pH	$10^2 S$/($S \cdot cm^{-1}$)	$E(Cl^-)$/mV	溶液组成/(mol/L)			固相组成
					Cl^-	$MgCl_2$	$B_2O(OH)_6^{2-}$	
1	1	8.63	2.85	−0.40	0.169	0.143	0.124	
2	2	8.60	2.83	−0.40	0.169	0.138	0.122	$Mg \cdot B_2O_3 \cdot 4H_2O + Mg \cdot B_2O_3 \cdot 3H_2O + Mg(OH)_2$
3	3.5	8.58	2.82	−0.40	0.169	0.133	0.120	
4	8.5	8.54	2.81	−0.40	0.169	0.132	0.119	
5	14	8.55	2.80	−0.40	0.169	0.124	0.092	$MgO \cdot B_2O_3 \cdot 3H_2O$
6	20.5	8.59	2.76	−0.40	0.169	0.106	0.091	$MgO \cdot B_2O_3 \cdot 3H_2O$
7	27.5	8.66	2.71	−0.40	0.169	0.099 5	0.027 1	$MgO \cdot B_2O_3 \cdot 3H_2O$
8	44	8.72	2.69	−0.40	0.169	0.092 2	0.017 5	$MgO \cdot B_2O_3 \cdot 3H_2O$
9	49.5	8.73	2.68	−0.40	0.169	0.092 0	0.017 2	$MgO \cdot B_2O_3 \cdot 3H_2O$

1) h. 取样累计小时。

8.9.1　溶解转化结晶过程曲线

由实验数据表 8-8 所绘制的 c-t 及 pH-t 曲线(图 8-14)可见，该复盐溶解转化过程可分为三个阶段，即不同步溶解阶段、转化阶段和柱硼镁石形成结晶阶段。

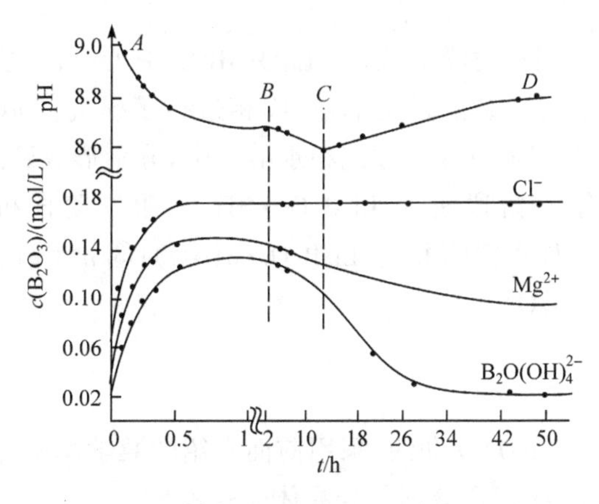

图 8-14　60℃时氯柱硼镁石-水溶解转化过程的 $c(B_2O_3)$-t 和 pH-t 曲线

AB段溶解$c(Mg^{2+})$和$c(Cl^-)$的浓度变化较大，而硼的浓度变化幅度较小。溶出各组分$MgCl_2$浓度小，达不到复盐的形成，该复盐在水中为不同步溶解。形成中间化合物$MgO·3B_2O_3·4H_2O$。

8.9.2　BC 段为转化和晶核形成过程

BC段逐渐转化，从图 8－14 的 pH-t 曲线看出，BC段 pH 降低、对应的$c(B_2O(OH)_6^{2-})$也降低，此时有晶化的柱硼镁石析出。

8.9.3　CD 段为结晶阶段

$c(Mg^{2+})$比$c(B_2O(OH)_6^{2-})$降低得慢，可能是因为柱硼镁石（$MgO·B_2O_3·3H_2O$）的溶解度极小，$Mg(OH)_2$溶解，pH 增大所致。

按上述方法计算$MgO·B_2O_3·3H_2O$的结晶动力学方程为

$$-dc/dt = 0.327(c-0.0920)^{1.23} \tag{8-89}$$

式(8－89)表明，在 60℃时，柱硼镁石的结晶速率常数$k=0.327$，反应级数$n=1.2$，该结晶过程受表面反应控制。

8.10　含锂硼酸盐结晶动力学

含硼、锂的盐湖卤水蒸发浓缩到后期，卤水中硼和锂的浓度成数量级增加。我们在对含镁硼酸盐水合盐的研究基础上，又对含锂硼酸盐的体系用类似的方法进行了研究。

8.10.1　Li_2O-nB_2O_3-H_2O 体系析出固相

姚占力等[38,39]采用动力学方法，对Li_2O-nB_2O_3-H_2O（LiCl 过饱和溶液）体系在20℃时的热力学非平衡态结晶过程的液、固相进行了研究。$n(Li_2O):n(B_2O_3)=$ 1∶2、1∶3 和 1∶4，在 20℃时 LiCl 的过饱和水溶液中，分别形成硼酸盐不同聚合度的晶体：① $n=2$ 时，第一阶段析出$Li_2B_4O_7·3H_2O$，第二阶段析出$LiBO_2·8H_2O$；② $n=3$时，只析出一种含锂硼酸盐（$Li_2B_4O_7·3H_2O$）；③ $n=4$时，也只析出一种含锂硼酸盐（$Li_2B_5O_8·5H_2O$）。

1. *动力学方程*

对结晶过程的$c(Li_2O)$-t曲线，采用前面介绍的数学模型进行处理，得到动力学方程。$Li_2B_4O_7·3H_2O$拟合数据符合晶体生长模型

$$-dc/dt = k(c^2 - c_\infty^2) \tag{8-90}$$

式中：k 为结晶反应速率常数；c 为结晶过程中锂或硼的浓度；c_∞ 为结晶达到平衡时锂的浓度。

$Li_2B_4O_7 \cdot 3H_2O$ 结晶动力学参数方程为

$$-\mathrm{d}c/\mathrm{d}t = 1.12 \times 10^{-4}(c^2 - 1.7634^2) \tag{8-91}$$

在硼碱比 $n=3$ 时，与 $n=2$ 时析出的晶体一样，即 $Li_2B_4O_7 \cdot 3H_2O$。但是反应机理不一样，数据计算结果符合单核表面控制，晶体生长模型为

$$-\mathrm{d}c/\mathrm{d}t = 2.493 \times 10^{-3}(4.3835 - c)^{3/4}(c - 1.7103)^2 \tag{8-92}$$

$Li_2B_5O_8 \cdot 5H_2O$ 数据计算结果符合单核表面控制晶体生长模型，即

$$-\mathrm{d}c/\mathrm{d}t = 1.9807(2.9955 - c)^{3/4}(c - 2.6443)^2 \tag{8-93}$$

2. 结晶反应机理

早已证明，硼酸在水中形成 $B(OH)_4^-$，在硼浓度较高（>0.1mol/L）时，就会有不同聚合离子形成。

$Li_2B_4O_7 \cdot 3H_2O$ 的形成

$$B(OH)_4^- + B_3O_3(OH)_4^- \rightleftharpoons B_4O_5(OH)_4^{2-} + 2H_2O$$

$$B_4O_5(OH)_4^{2-} + 2Li^+ \rightleftharpoons Li_2[B_4O_5(OH)_4] \cdot H_2O(s) \tag{8-94}$$

$Li_2B_5O_8 \cdot 5H_2O$ 的形成

$$B(OH)_4^- + B_4O_5(OH)_4^{2-} \rightleftharpoons B_5O_8(OH)_4^- + 2H^+ + H_2O$$

$$Li^+ + B_5O_8(OH)_4^- + 3H_2O \rightleftharpoons Li[B_5O_8(OH)_4] \cdot 3H_2O(s) \tag{8-95}$$

8.10.2　Li_2O-nB_2O_3-20%LiCl-H_2O 体系结晶动力学

朱黎霞等[40]为了考察含盐对结晶的影响，又对含有 LiCl 的浓盐溶液 $Li_2O \cdot nB_2O_3$-20%LiCl-H_2O 体系 $n(Li_2O):n(B_2O_3)=1:1$、1:2 和 1:3 时，在 20℃的过饱

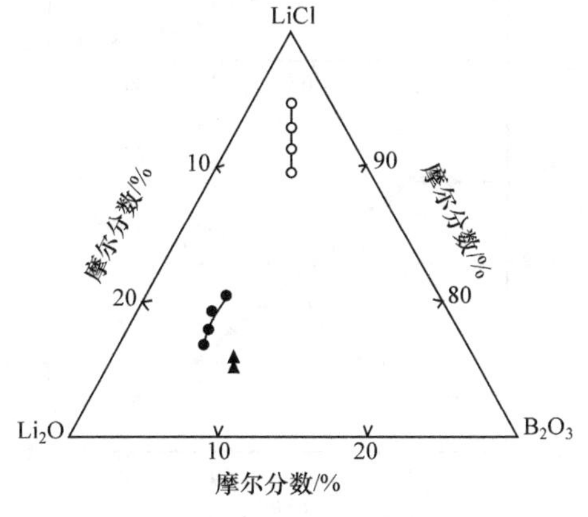

图 8-15　MgO-nB_2O_3-20%LiCl-H_2O 溶液在 20℃时的结晶路线

○ $n=1$；▲ $n=2$；● $n=3$

和氯化锂溶液中,析出结晶过程进行了研究。对不同时间的液、固相组成进行化学分析,固相用各种物理分析法进行鉴定,液相组成绘出结晶路线(图 8-15)。所得结果表明,每一种溶液只析出一种固相,分别结晶出 $Li_2O \cdot B_2O_3 \cdot 4H_2O$、$Li_2O \cdot 2B_2O_3 \cdot 3H_2O$ 和 $Li_2O \cdot 5B_2O_3 \cdot 10H_2O$。拟合并给出结晶动力学方程。

1. 结晶曲线

用液相中 $c(Li_2O)$-t 和 pH-t 作图得图 8-16 结晶动力学曲线。从 Li_2O-nB_2O_3(n=1,2,3)-2LiCl-H_2O 过饱和溶液的结晶动力学曲线(图 8-16)可知,Li_2O∶B_2O_3=1∶1 时,过饱和溶液的结晶诱导期较短(约 3h),达到平衡的时间较短(约 220h);Li_2O∶B_2O_3,=1∶2 时,过饱和溶液的诱导期长达近 40d,达到平衡的时间较长(约 3 个月);Li_2O∶B_2O_3=1∶3 时,过饱和溶液结晶诱导期较长(约 20d),达到平衡的时间需要近 3 个月。

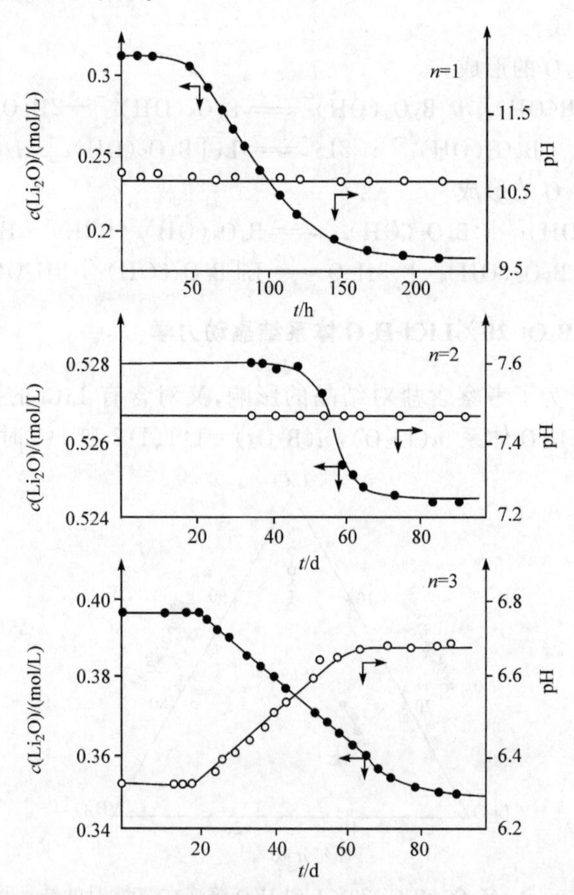

图 8-16 MgO-nB_2O_3-20%LiCl-H_2O 体系在 20℃时 $c(Li_2O)$-t 和 pH-t 结晶动力学曲线

2. 动力学方程

$Li_2O:B_2O_3=1:1$ 时,析出 $Li_2O\cdot B_2O_3\cdot 4H_2O$

$$-dc/dt = 0.2745(c_0 - c)^{2/3}(c - 0.1463) \tag{8-96}$$

$Li_2O:B_2O_3=1:2$ 时,析出 $Li_2O\cdot 2B_2O_3\cdot 3H_2O$

$$-dc/dt = 0.00123(c - 0.7382) \tag{8-97}$$

$Li_2O:B_2O_3=1:3$ 时,析出 $Li_2O\cdot 5B_2O_3\cdot 10H_2O$

$$-dc/dt = 0.5165(c_0 - c)^{2/3}(c - 0.9162)^2 \tag{8-98}$$

由计算平衡浓度 c_∞ 与实验测定的 c_∞ 相比较,最大偏差是 −3.34%,可以认为 $n=1$ 和 $n=3$ 时,结晶过程受控于多核表面反应过程；$n=2$ 时,结晶过程受晶核生长控制。从含锂的体系中析出硼酸盐要比从含镁的体系中析出镁硼酸盐物种简单,过饱和度小,介稳性小,溶解度大。结晶反应机理可能与上述水溶液相同,不再说明。

8.11　矿物及复盐溶解动力学

自然界中无机盐和矿物的溶解现象是普遍存在的,晶体在水中的溶解是由以下诸多原因产生的。

(1) 天然盐和矿物在自然环境中受风化的作用。

(2) 降水、地面水和化学溶液(如从化学结晶存放处和垃圾堆而来的),这些水溶液对建筑物基础、矿井和工业原料基地有浸溶影响。

(3) 为了获得某些工业原料而对工业废物(如灰、粉尘、炉渣、浮选排出物和工业垃圾)进行选择性溶解。

(4) 水热冶金中对单一或复合矿物反应而制取新式的原料。

(5) 多种大量矿物的热处理和化学的预处理中,可能受溶解产生结构缺陷。

(6) 利用溶解某种矿物的特有的特别快或特别慢的溶解过程对无机固体材料的加工技术。

上述各方面原因是表明在一定条件下,特定的无机盐或矿物被水或化学溶液快速或慢速溶解时可以导致有益的或有害的作用。许多工艺加工过程与反应动力学有密切关系,若能控制过程可以寻优反应条件。因此,溶解问题对人类生态环境、工艺加工以及化学反应多方面都有着重要意义和经济价值。晶体的错位、缺限、扭结、歪曲和空位等致使晶体发生溶解,晶体的溶解历程为:①在晶体中,晶格上的离子与溶剂水发生部分水化,形成水化离子;②水化离子进入溶液形成水合离子;③水合离子脱离晶格,从晶体界面扩散到溶液中。通常,溶解是由以上三个过程组成。

无机盐和矿物的溶解可分为两个方面,即平衡液、固相关系研究和动态非平衡液、固相关系研究,关于它们在水中、酸中、有机溶剂中的平衡溶解度的研究,百余年来已积累有大量数据,但是关于无机盐或矿物溶解动力学方面,除几种硫酸盐化合物、碳酸盐等单盐有报道外,研究范围小于结晶动力学。这是由于在试验条件不同时,得出结论各不相同,只是对相同矿物在不同条件下或不同矿物在相同条件下的反应才能进行比较或评论。关于矿物及复盐溶解动力学的数据的文献较少。

8.11.1 溶解动力学研究概况

1816 年,Daniell 首次用腐蚀方法溶解晶体的一个面,开始认识晶体溶解对称性的影响。1865 年,Lanizzari 用方解石、霞文石和白云石制成球体,将这些矿物分别放在酸中进行实验,他发现晶体溶解速率与晶面的方向有关,晶体的溶解速率随晶面的不同方向而发生变化。后来,Meyer 于 1883 年又发现同一种晶体不同面上的溶解速率与溶剂有关。人们还发现晶体的溶解速率还与晶面数目有关,立方体八面体的晶体在盐酸或在水溶液中的溶解速率要比二十四面体、三十八面体、四十六面体的溶解速率慢。也就是说,晶体表面晶核越多,越容易溶解。

晶面的溶解是晶面生长的相反现象,晶面生长是在晶面垂线方向发展,沿切线方向增大,溶解只能在不饱和溶液中进行。溶解最慢的晶面,也就是具有最小生长速率的晶面。Loulff 巧妙地利用层状晶体成功地实现对晶体生长的连续测定,他提出晶面溶解与生长相对应的观点,即 x 面溶解速率比 y 面快 1 倍的话,x 面的生长速率也要比 y 面的生长速率快 1 倍。但试验的莫尔盐($FeNH_4$)·$(SO_4)_2$·$6H_2O$ 的各个面溶解速率几乎相等,但生长速率差别却很大,这又表明溶解速率与结晶速率并不是对等相同的。

晶体是如何溶解的呢?人们认为,一个晶体在一种溶剂中,从它的表面溶解下来的溶质向溶剂的各个方面扩散,所有溶解浓度相同的点连接起来形成一个面,这个面与晶体相距足够远时可以将其看作球形。它与晶体距离越近的等浓度面代表最大的溶解浓度。在晶体棱角附近,等浓度面相互靠得最密,该处的浓度梯度最小,因此多棱晶体溶解优先发生。因为一个易溶的晶体在溶剂中很快就要变为接近于球体浓度,浓差面消失。这一作用是通过扩散流向达到平衡的,也就是晶体溶解的扩散作用。

1896 年,Stschukarew 提出的第一个动力学方程为

$$dc/dt = ks(c_s - c_t) \tag{8-99}$$

式中:c_t 为 t 时间时的溶解浓度,g/L;c_s 为物质的溶解度;s 为晶体的面积,cm^2;k 为溶解速率常数。

$c_s - c_t$ 是 t 时间溶解度与已经溶解的浓度之间的浓度差,这个浓度差是溶解的推动力。后来许多研究者发现溶解速率不仅与浓度差有关,而且与扩散层厚度、

搅拌速率有关,在开始阶段,人们认为扩散引起物质溶解,但是人们发现有些现象不能解释,如同类晶体的不同异形体的溶解速率不同;又如,很微少的色素会影响到盐类的结晶和溶解。因此,提出了液-固相界面发生反应,溶解包括化学过程和物质传递过程。

此外,Steefel Carl 等对矿物溶解进行了论述[41,42]。

8.11.2　影响晶体溶解的因素

影响物质溶解的因素很多,主要有以下五个方面的因素。

(1) 晶体粒子大小的影响。在其他条件相同的情况下,晶体粒子的大小影响溶解速率。一般粒度的晶粒,总表面积大时具有较高的溶解速率,对达到溶解平衡所需时间产生影响。

(2) 晶体表面不完整性影响。指晶体表面存在缺陷,这些缺陷是活化中心,它对溶解过程有重要作用。Blum 等认为,晶体的溶解速率是由一部分表面位错与没有位错的另一部分组成。前一部分是增加溶解速率;后一部分是由物质本质所决定的。

(3) 杂质离子的影响。在溶液中,杂质可以被吸附在晶体表面上而影响到晶体溶解。Meslae 等认为,晶体溶解受杂质的影响有三个方面:①阳离子和阴离子等量被固附在晶体表面,降低了结晶速率;②杂质会降低液相中自由水的浓度,从而降低溶解速率;③杂质对晶体表面活化中心有阻碍,导致溶解速率降低。

(4) 温度的影响。一般升高温度会增加溶解速率,温度对扩散速率仅增加1%～8%,而对反应速率会增加 10%以上,所以温度对扩散速率或反应速率的影响不可以作为判断反应机理的根据之一。

(5) 搅拌速率影响。对扩散而言,随搅拌速率的增加,溶解速率增加是正效应,而对化学反应却不明显,因而通过改变搅拌速率来研究溶解过程,也可以提供对反应机理解释之一。

8.11.3　溶解类型和机理

对盐类溶解全过程的认识,如溶解机理、溶解速率、反应类型及动力学方程等,首先需要确定反应机理。

盐类的类型很多,通常分为简单盐和多组分复盐两大类。

(1) 简单盐,如碱金属氯化物、碱土金属及其他高价元素的氯化物($NaCl$、KCl、$MgCl_2$、$CaCl_2$、$FeCl_3$、$AlCl_3$、$CeCl_3$、$LaCl_3$),又如硫酸盐、硝酸盐等。对碱金属盐溶解可以认为是简单溶解过程。碱土金属及三价、四价盐类溶于水中时,不仅有溶解过程,同时存在水解反应,形成不同的带氢氧基的离子,如形成 $Mg(OH)_2^+$、$Fe(OH)_2^+$、$Fe(OH)^{2+}$、$Al(OH)^{2+}$、$Al(OH)_2^+$ 等不同离子。

(2) 三组分复盐,如 $KCl\cdot MgCl_2\cdot 6H_2O$(钾光卤石)、$NH_4Cl\cdot MgCl_2\cdot 6H_2O$(铵光卤石)、$MgSO_4\cdot K_2SO_4\cdot 6H_2O$(软钾镁矾)、$Na_2SO_4\cdot MgSO_4\cdot H_2O$(白钠镁矾)、$K_2SO_4\cdot Al_2(SO_4)_3\cdot 24H_2O$(明矾)、$2Na_2O\cdot 2CaO\cdot 5B_2O_3\cdot 16H_2O$(钠硼解石)、$2MgO\cdot 2B_2O_3\cdot MgCl_2\cdot 14H_2O$(氯柱硼镁石)、$3Mg(OH)_2\cdot MgCl_2\cdot 8H_2O$(3-型氯氧化镁)和 $5Mg(OH)_2\cdot MgCl_2\cdot 8H_2O$(5-型氯氧化镁)。

确定盐类的溶解机理就是要确定是简单溶解或是不相容性(或叫不同步)溶解发生转化反应,如盐类在水中溶解就要确定发生水解与否?水解程度大小如何?

对于溶解度相差较大的复盐,如 $3Mg(OH)_2\cdot MgCl_2\cdot 8H_2O$ 和 $5Mg(OH)\cdot MgCl_2\cdot 8H_2O$,它们在水中溶去 $MgCl_2$,剩下溶解度小的 $Mg(OH)_2$,反应式如下:

$$xMg(OH)_2\cdot MgCl_2\cdot 8H_2O \longrightarrow xMg(OH)_2\downarrow + MgCl_2 + 8H_2O$$

其中 $x=3,5$。

对于复盐中含两种盐的溶解度有一定差异的复盐,应先析出溶解度小的盐,如下面几个反应式

$$KCl\cdot MgCl_2\cdot 6H_2O \longrightarrow MgCl_2 + KCl\downarrow + 6H_2O \quad (8-100)$$

$$MgSO_4\cdot K_2SO_4\cdot 6H_2O \longrightarrow MgSO_4 + K_2SO_4\downarrow + 6H_2O \quad (8-101)$$

KCl 和 K_2SO_4 的生产就是根据这种固液异组成性质(即不相称溶解)进行盐类分离。但对溶解度相差不大的两种组成的复盐,如钾芒硝($Na_2SO_4\cdot K_2SO_4$)就难以应用其转化性质进行组分分离。例如,钠硼解石在水中溶解转化与温度有很大的关系,在 45℃以下仅是简单溶解反应(Ca^{2+}、Na^{+} 和硼氧配阴离子进入溶液),在 70℃以上产生转化形成中间硼氧化物和白硼钙石;又如,氯柱硼镁石在水中可以形成多水硼镁石($2MgO\cdot 3B_2O_3\cdot 15H_2O$)和柱硼镁石($MgO\cdot B_2O_3\cdot 3H_2O$)。

对于溶解发生相转化而形成另外组分的复盐,对其溶解过程的了解更为复杂。复盐溶解机理中要解决的问题是:哪些成分直接进入溶液?留下的又是哪些成分?或是溶解后又结晶出来什么物相?从研究实验动力学溶解曲线和对固相的鉴定可以分析溶解机理和动力学参数。

8.11.4 溶解动力学的研究方法[43]

对于在水中溶解很快和很慢的盐类很难进行研究。一般研究盐的溶解方法有两大类:一类是单晶法;另一类是粉末法。测定方法有化学分析法、有机溶剂测定法、旋转电极法、流动法、高速视频摄像法、示踪原子标记法和选择性电极法。随着现代物理化学方法的发展,我们设计了计算机与测定仪器联用(如多参数跟踪,计算机采集溶液 pH,电导和离子电位)的方法、瞬间停留法、紫外-可见光谱法、快速流动池 Raman 光谱法。有些方法受到盐类离子特性的限制,难以进行。有些盐类单晶又不容易制得,所以许多化学工作者对单晶溶解动力学研究多是采用中等的

天然矿物进行溶解速率、动力学参数的研究。在多数情况下是采用粉末法，在不同温度时控制不同搅拌速率、不同时间取液样进行化学分析或应用选择性电极测定离子电极电位值，从宏观动力学来研究在不同条件下，时间和浓度的关系，液、固相关系，固相组成和物相鉴定作为确定相转化和反应机理。

多年来，夏树屏等根据不同盐类和复盐的特性，采用多种方法研究了盐和复盐溶解过程的相转化、反应机理和计算动力学参数，确定了动力学方程式，获得了一些新结果。同时，采用溶解达到平衡时的数据，计算溶解度、溶解度积常数和盐溶解的 ΔH、ΔG 和 ΔS 等热力学函数。以下列举我们进行过的盐和复盐的溶解动力学研究结果。首先简单介绍研究方法。

1．X 射线粉末法

X 射线粉末法不需要对样品进行特殊处理，用一般溶解法制得粉末样品即可研究晶体的溶解产物物相。对复杂组成的鉴定，此法是一种很有用的方法。

对于一些溶解速率中等的盐或复盐而言，可以采用在不同时间时，取液样和固样进行化学分析的方法测定溶解过程，从而得到时间与离子浓度的关系。对溶解过程中析出固相组成也需要用此法进行鉴定。

2．放射化学法

在合成样品时，引入放射性同位素，用盖革(Geiger)计数器测定溶液的放射量，进而得出液相浓度与时间的关系，其准确度依赖于样品合成及仪器测定条件等因素。

3．电导率和离子选择电极法

测定液相中电导率或离子的电极电势，得到液相浓度与时间的关系。此法虽然快速、准确，但只适用于溶液离子强度不大、溶解度不大的体系。离子选择电极法应用较广，因为已有一些阳离子选择电极，如玻璃，Na^+、K^+ 电极，Ca^{2+} 膜电极等；阴离子有 Cl^-、Br^-、I^-、SO_4^{2-} 和 NO_3^- 电极等。

4．旋转电极法、压片法及熔块法

(1) 旋转电极法。天然矿物有比较完整的单晶，采用电化学反应装置，可以得到较为恒定的表面离子迁移速率，这样就能够产生稳定的水动力学的对流，可以把电化学反应中流体的行为定量地描述，并引用到溶解反应中，进行盐类溶解过程的研究。

(2) 压片法。对于溶解速率很快的盐，一般难以对其溶解过程进行研究。为降低盐的溶解速率，采取样品压片的方法。例如，碱金属盐在水中的溶解度很大，可以采用将碱金属盐或光卤石($KCl \cdot MgCl_2 \cdot 6H_2O$)在不同压力的压模机上压片成紧密的柱状样品后,在水中或含盐的溶液中进行溶解过程研究。

(3) 熔块法。将高温制得的晶须 $9Al_2O_3 \cdot 2B_2O_3$ 与副产 K_2SO_4 熔块在不同搅拌速率和不同温度下,在不同时间进行取样分析 K^+ 和 SO_4^{2-},研究了熔块中 K_2SO_4 的溶浸过程,解决了溶盐中回收 K_2SO_4 的最佳工艺条件。

5. 流动和快速分离法

(1) 流动法。利用特殊装置产生稳定的单相液体流动,利用电极测量或对晶体表面进行电镜观察到溶解在表面测得的某些信息,如利用它可以发现不同的晶面溶解速率是有明显差异的。

(2) 快速分离法。设计了一套减压快速分离液-固装置。研究了钾光卤和软钾镁矾溶解动力学。

6. 多参数跟踪法

对于溶解反应较快的复盐溶解过程,可以采用离子选择性电极跟踪测定电位来研究盐在水中的溶解过程。我们研制了用计算机采集溶液中离子的电位、pH 和电导率数据,能够进行在线检测和绘图,实现了多参数跟踪。

7. 高速视频摄像技术

高速视频摄像技术是近年来发展起来的对单晶溶解的研究方法。1989 年,Intos 观察到边长为 2000Pm 的正方形 NaCl 单晶,用高速计算机计算了离子-离子间、离子-水分子间及水分子间的相互作用势能,并得出在时间(s)范围内,只有 Cl^- 离开了晶体表面进入溶液,而促使 Cl^- 离开晶面的力是 Na^+ 的水合和水分子与 Cl^- 的静电斥力。单晶法有两点不足:①反应动力学测量只能在一个较短的时间内进行,也就是说,溶液组成的变化不是很大的实验范围;②不是所有的盐类都能容易得到大块单晶。

此外还有有机溶剂法。此法利用有机溶剂将盐的溶解组分快速萃取分离,测定有机相中的离子浓度。

随着测试技术的不断发展,一定还会出现新的溶解动力学研究方法。

8.11.5 溶解动力学理论及模型

1. 扩散控制

Stumm 等[44]指出,某时间下溶解进入溶液的离子增加浓度属于扩散过程时,Stumm 用微分方程将其基本关系表示为

$$dc/dt = K(c_s - c_t) \qquad (8-102)$$

式中：c_s 为该盐溶解平衡时的浓度（或溶解度 S）；c_t 为该盐在 t 时间时的溶解浓度。

溶解过程反应在受扩散过程控制情况下，符合下面微分方程：

$$dc/dt = K(c_s - c_t)^n \qquad (8-103)$$

式中：n 为该盐的反应级数。

许多盐和复盐在水中溶解过程是很复杂的，除包括界面反应和扩散两种过程外，还常常伴随着化学反应。采用以下不同形式修正的 Stumm 微分方程

$$dc/dt = K_1(c_s - c_t) + K_2 \qquad (8-104)$$

$$dc/dt = K_1(c_s - c_t)^{K_2} + (c_t - K_3) \qquad (8-105)$$

$$dc/dt = K_1(c_s - c_t)^{K_2}(c_t - K_3) \qquad (8-106)$$

可以得到较好的结果。

2. 表面反应控制理论

表面反应模型，是 Smoluchowsk 提出当晶体的溶解是受表面反应速率控制时，该溶质的粒子是球形的，在溶解过程中随溶解时间的增长，粒子半径和数目将减少。

设溶解过程中的反应进度为 α

$$\alpha = (c - c_0)/(s - c_0) = c/s \quad (c_0 = 0) \qquad (8-107)$$

式中：c 为 t 时的浓度；s 为达到饱和时的浓度。

令

$$I_n = [1/(1/3 - n)][1 - (1 - \alpha)^{1/3 - n}] \quad (n = 1,2,3,4) \qquad (8-108)$$

或

$$\lg I_n = \lg 3VK_R S^n / r_0 + \lg t \qquad (8-109)$$

上面方程表明，晶体溶解过程中的速率控制步骤是一个为 n 的表面反应时，则 $\lg I_n$ 和 $\lg t$ 成直线关系。I_n 值从方程求得，反应速率 K_R 值等于

$$K_R = dI_n/dtr_0/3VS^n$$

扩散反应

$$I_d = 3[(1 - \alpha)^{1/3} - 1]$$

$$\lg I_d = (3VD_r 0^{-2} S) + \lg t \qquad (8-110)$$

我们研究氯碳酸镁盐的溶解过程，发现用 $\lg I_n$ 和 $\lg I_d$ 分别对 $\lg t$ 作图，在有些情况下不完全是一条直线，这表明反应具有表面反应和扩散两种过程。

3. 扩散和表面联合控制理论

$$dc/dt = K_1 + K_2(c_s - c_t) \qquad (8-111)$$

设溶解过程是由扩散和表面反应联合控制

$$dr/dt=(1/3)r_0(1-\alpha)^{-2/3}d(1-\alpha)/dt$$
$$=VK_R(s-c')=VD(c-c')/r \quad (8-112)$$

式中：c'为晶体表面浓度；c是本体浓度。

$$c'=(-1/3)r_0^2(1-\alpha)^{-1/3}(VD)^{-1}d(1-\alpha)/dt \quad (8-113)$$

对时间微分

$$d(1-\alpha)dt=VK_p3r_D^{-1}(1-\alpha)^{2/3}[s-c+r_0^2(1-\alpha)^{-1/3}(3VD)d(1-\alpha)/dt]^n \quad (8-114)$$

$n=1$时，即表面是一级反应。

$$dt/d(1-\alpha)=r_0/[3VK_1s(1-\alpha)^{3/5}]-r_0^2 3VDs(1-\alpha)^{3/4} \quad (8-115)$$

或

$$t=(r_0 3/3VDsI_D)-(r_0/3VK_1sI_1) \quad (8-116)$$

当溶解反应是一级反应，表面反应和扩散反应联合控制时，方程(8－115)有解，这种联合反应控制不多。

盐类溶解受扩散过程和表面反应控制或受混合反应所控制，通常可用 Stumm 方程进行描述

$$dc/dt=K_1(c_s-t)K_2$$

和

$$dc/dt=K_1(c_s-c_t)K_2+K_3 \quad (8-117)$$

式中：c_t为某时刻溶液中的离子浓度；K_1为速率常数；K_2为反应级数；K_3为混合反应机理的特征函数。

4. Avrami 模型

Avrami 模型于 1939 年提出，1973 年 Kakai 用 Arvami 动力学方程研究了 50 多种金属氢氧化物在酸性水溶液中的溶解过程，获得较好结果。Avrami 提出的模型是一个对数方程，展开为

$$x=1-\exp(-Kt^n)=1-e^{-Kt^n}$$

式中：K为反应常数；x为反应摩尔分数；n为反应级数。

当 $n<1$，初始反应速率很快，并随着时间增长；当 $n=1$，最初与最后反应速率相同；当 $n>1$，初始反应速率为零。

$$e^{-Kt^n}=1-x \quad \ln(-Kt^n)=\ln(1-x)$$

$Kt^n=-\ln(1-x)$

两边取对数，得

$$\ln K+n\ln t=\ln[-\ln(1-x)] \quad (8-118)$$

用 $\ln[-\ln(1-x)]$ 对 $\ln t$ 作图。截距为 $\ln K$，可以计算速率常数 k，斜率为 n，即反应级数。Kejhinle 在用乙醇进行磷酸二氢钙[$Ca(H_2PO_4)_2$]中萃取生产磷酸和磷酸氢钙[$Ca(HPO_4)$]的研究时，采用式(8-118)来计算溶解动力学参数，得到新结果。

8.11.6　数据处理

根据上面所述的各种模型，可用线性或非线性方程求解，对于复杂反应还有反应级数(幂数)表述的采用下面所述的方法可以求出溶解速率常数、反应级数，然后用速率常数来计算热力学函数。

1. 线性和非线性拟合

测定样品溶解过程中用 y 代表溶解时间 t，与它对应的浓度为 c_t，由于溶解速率快的样品实验难以取得很多点，一般一个样品最少也需要取 10 个以上的点，可先根据 c-t 动力学曲线按线性或非线性方程处理。

(1) 线性方程

$$y = a + bc_t \tag{8-119}$$

(2) 非线性方程

$$y = a_0 + a_1 c_1 + a_2 c_2 + a_3 c_3 + \cdots + a_n c_n \tag{8-120}$$

求出代表实验的方程后，若实验数据不够时，可以用中间插点法获得所需数据。

可以用 Excel 或 Origin 作图程序，作出不同条件的实验曲线。

2. Stumm 方程

$$\mathrm{d}c/\mathrm{d}t = K(c_s - c_t)^n \tag{8-103}$$

式中：c_s 为溶解平衡时的溶解浓度；c_t 为溶解 t 时间时的溶液浓度；K 为动力学速率常数；n 为反应幂数。

3. 计算方法

对动力学微分模型，采用单纯形优化法配合 Runge-Kutta 微分方程组数值，先赋予参数任何初值，用 Runge-Kutta 法求解微分方程组，与实验结果 c_e 相比较，如果误差满足 $Res=10^{-7}$(精度)，即打印结果；误差不满足精度时，采用单纯形优化参数再求解微分方程组，得出的值直到满足条件为止。一般要计算几十次，甚至上百次。

我们曾用 Fortran 语言编写的动力学数据处理，在 68000 计算机上计算过许多体系的实验结果，由于 68000 上的程序与现在通用的 PC 机不兼容，我们重新用 Fortran 语言编写了程序可在 PC 机上运行。但仍然没有当今使用的 Turb-C++方

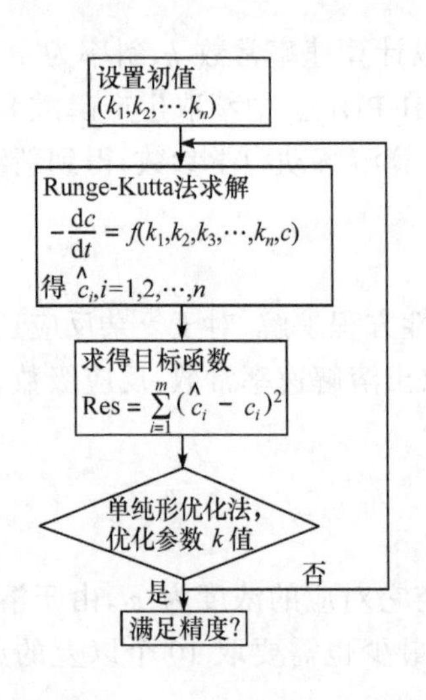

图 8-17　基本计算流程图

便。陈世荣等[45]又采用 C 语言编写了通用微分方程计算程序(图 8-17)，在程序中可将主程序和调用子程序分开。

原理：动力学中反应速率方程的形式为

$$-\mathrm{d}c/\mathrm{d}t=f(R_1,R_2,\cdots,R_n)$$

式中：f 是浓度 c 的某种形式的函数，R_i($i=1,2,\cdots,n$)由实验观测数据(t_i,c_i)($i=1,2,\cdots,m$)，选择适合的动力学模型，给出参数($R_1,R_2,\cdots,R_n$)的初始化计算值用微分方程的数值解法和 Runge-Kutta 法求出动力学模型在实验点 t_1 处，用单纯形法判断修改参数($R_1,R_2,\cdots,R_n$)。c_i 计算目标函数 $\mathrm{Res}=(c-c_i)^2$(满足精度$=10^{-8}$)，使得目标函数 Res 取极小值，从而得到最优化的参数值。

采用 C 语言编写的动力学方程式包含多种形式的 4 个参数方程通用程序，其框图如图 8-17 所示。该程序简明、灵活；对输入数据形式要求不严格，即不受空格、空行影响；计算迅速，对以往用 Fortran 语言编写的动力学数据进行过复算，获得满意结果。

将数据文件和结果文件，调入 Excel，或 Origin，或其他作图软件中，可以直接绘出实验动力学曲线，并与计算得出的动力学曲线进行比较。

8.11.7　热力学函数的估算

根据阿伦尼乌斯(Arrhenius)方程

$$\ln k=-E_a/RT^2$$

用不同温度下动力学方程中的速率常数 $\ln K_1$ 对 $1/T$ 作图，用线性回归程序求算出直线斜率，然后计算活化能 $E_a(\Delta H)$。

也可由不同温度下的溶解度积常数 K_{sp}，按 van't Hoff 方程

$$\ln K_{sp_2}/K_{sp_1}=\Delta H_s/R\times(T_2-T_1)/T_1\times T_2 \tag{8-121}$$

求算溶解热 ΔH_s；由吉布斯(Gibbs)自由能 ΔG 用盐溶解的 K_{sp}按下式

$$\Delta G=-RT\ln K_{sp} \tag{8-122}$$

求算，然后由热力学函数 ΔG、ΔH 和 ΔS 的关系式

$$\Delta G=\Delta H-T\Delta S \tag{8-123}$$

求溶解熵 ΔS。这里需要指出的是，溶解动力学计算的数据是在该条件下获得的，

可以弥补一些不足。

8.12　氯柱硼镁石溶解和转化研究

刘志宏、夏树屏等[46,47]用相平衡方法研究了 $2MgO \cdot 2B_2O_3 \cdot MgCl_2 \cdot 14H_2O$-$H_3BO_3$-$H_2O$ 体系，在 30℃时的不同浓度 H_3BO_3 水溶液中的溶解转化产物及其溶解度。当氯柱硼镁石复盐在含有不同组分的硼酸溶液中溶解时，所发生的相转化产物是不同的，实验结果列于表 8－10 中。

表 8－10　$2MgO \cdot 2B_2O_3 \cdot MgCl_2 \cdot 14H_2O$-$H_3BO_3$-$H_2O$ 体系在 30℃时的相平衡结果

溶液中 H_3BO_3（质量分数）/%	平衡液相				平衡固相
	pH_1/pH_2	$c(Cl^-)$ /(mol/L)	$c(Mg^{2+})$ /(mol/L)	$c(B_2O_3)$ /(mol/L)	
0.00	/9.37	0.171 0	0.118 1	0.037 90	$2MgO \cdot 3B_2O_3 \cdot 15H_2O$（多水硼镁石）＋Mg(OH)
0.78	/9.06	0.172 7	0.112 7	0.066 28	$2MgO \cdot 3B_2O_3 \cdot 15H_2O$（多水硼镁石）
1.16	/8.33	0.172 4	0.098 63	0.088 32	$2MgO \cdot 3B_2O_3 \cdot 15H_2O$（多水硼镁石）
1.50	/7.84	0.176 1	0.094 77	0.088 67	$2MgO \cdot 3B_2O_3 \cdot 15H_2O$（多水硼镁石）
2.00	8.79/7.78	0.178 2	0.104 6	0.107 8	$2MgO \cdot 3B_2O_3 \cdot 15H_2O$（多水硼镁石）
2.50	8.40/7.40	0.178 2	0.122 7	0.168 0	$2MgO \cdot 3B_2O_3 \cdot 15H_2O$（多水硼镁石＋库水硼镁石）
3.02	8.33/7.35	0.178 9	0.127 4	0.239 5	$2MgO \cdot 3B_2O_3 \cdot 15H_2O$（库水硼镁石）
4.50	7.92/7.15	0.165 6	0.137 1	0.352 3	$2MgO \cdot 3B_2O_3 \cdot 15H_2O$（库水硼镁石）
5.00	7.78/7.07	0.182 6	0.143 6	0.382 8	$2MgO \cdot 3B_2O_3 \cdot 15H_2O$（库水硼镁石）＋ $MgO \cdot 2B_2O_3 \cdot 9H_2O$（章氏硼镁石）
5.30	7.51/7.02	0.179 8	0.149 8	0.386 5	$MgO \cdot 2B_2O_3 \cdot 9H_2O$（章氏硼镁石）
5.50	7.44/6.97	0.180 6	0.157 8	0.428 7	$MgO \cdot 2B_2O_3 \cdot 9H_2O$（章氏硼镁石）
5.75	7.38/6.91	0.175 8	0.146 2	0.372 2	$MgO \cdot 3B_2O_3 \cdot 7.5H_2O$（三方硼镁石）
5.88	—	0.177 0	0.140 8	0.354 6	$MgO \cdot 3B_2O_3 \cdot 7.5H_2O$（三方硼镁石）
6.50	/6.59	0.176 7	0.134 4	0.436 7	$MgO \cdot 3B_2O_3 \cdot 7.5H_2O$（三方硼镁石）
7.00	6.94/6.52	0.178 7	0.138 9	0.455 0	$MgO \cdot 3B_2O_3 \cdot 7.5H_2O$（三方硼镁石）
8.50	6.63/6.26	0.184 2	0.159 1	0.654 3	$MgO \cdot 3B_2O_3 \cdot 7.5H_2O$（三方硼镁石）
9.50	6.07/5.89	0.178 2	0.164 1	0.755 8	$MgO \cdot 3B_2O_3 \cdot 7.5H_2O$（三方硼镁石）
12.50	/5.61	0.182 6	0.190 6	0.885 7	$MgO \cdot 3B_2O_3 \cdot 7.5H_2O$（三方硼镁石）

注：pH_1 为氯柱硼镁石完全溶解时溶液的 pH；pH_2 为平衡液相的 pH。

从表 8－10 可以看出，溶液中含的 H_3BO_3 的质量分数不同，相转化产物也不同。在 H_3BO_3 质量分数≤2.50%时，转化产物为多水硼镁石；当其质量分数在 2.50%～5.00%范围时，转化产物为库水硼镁石；当 H_3BO_3 的质量分数在5.00%～

5.60%之间时，转化产物为章氏硼镁石；在 H_3BO_3 质量分数≥5.60%时，转化产物为三方硼镁石。这个结果充分说明，不同聚合度的硼酸盐在盐湖中沉积与硼的含量直接相关，特别是库水硼镁石的形成还与温度有关。在前面我们已经对库水硼镁石结晶动力学和形成机理进行了介绍。根据氯柱硼镁石在水中和不同 H_3BO_3 质量分数的条件下，溶解很快，而转化过程比盐的溶解过程缓慢的特点，我们利用研究复盐溶解转化过程，同时就能对转化产物的结晶过程进行研究，并提出了溶解相转化机理。

8.13　钠硼解石在水中的溶解研究

钠硼解石是重要的工业硼酸盐矿物，在青藏高原盐湖中的分布比较广泛，储量较大。因此，对钠硼解石在水溶液中的溶解、转化进行研究，对了解盐湖中硼元素的分散、聚集、迁移、沉积和成矿规律也有着重要的意义。

钠硼解石与水的相互作用，文献中仅有少量报道。Spiryagina 等报道了在不同温度、不同压力和不同盐分存在条件下，钠硼解石可以分解转化生成：$Na_2O\cdot 2CaO\cdot 5B_2O_3\cdot 8H_2O$、$Na_2O\cdot 2CaO\cdot 5B_2O_3\cdot 10H_2O$、$CaO\cdot 2B_2O_3\cdot 4H_2O$、$2CaO\cdot 3B_2O_3\cdot 6H_2O$、$3CaO\cdot 5B_2O_3\cdot 9H_2O$ 或 $2CaO\cdot 3B_2O_3\cdot 5H_2O$ 等多种含钠钙的硼酸盐。然而，由于过去的实验技术不够完善，以及人们对硼酸盐的结构、溶液中硼氧配阴离子存在的形式以及相互转化的条件认识有限，硼酸盐的合成难以像有机合成那样有比较完善的理论上的指导。了解硼酸盐在水溶液中溶解转化的条件和机理，不仅可以揭示硼酸盐在自然界中变化的规律，同时也可以为新的水合硼酸盐的合成提供新的方法。

研究样品是从小柴旦湖底十几米深处开采出来的白色纤维状钠硼解石堆中采集的。矿物经手工分选后，处理。样品经化学分析，采用 XRD 和 IR 光谱进行物相鉴定。结果表明，样品化学式符合 $Na_2O\cdot 2CaO\cdot 5B_2O_3\cdot 16H_2O$。

钠硼解石在10～35℃水中溶解的研究，采用夏树屏等建立的跟踪离子选择电极测定方法[48,49]，连续测量了水中离子浓度随时间变化的全过程。记录了在不同时间各离子(Na^+，Ca^{2+}，H^+)选择电极电位的变化。选择性地定点取液样进行钙、硼、钠的化学分析。同时，取固相进行化学分析和物相鉴定，直到液相各电极参数的测定不再发生变化，表明反应已达到平衡。

8.13.1　在10～35℃水中的溶解动力学

陈若愚等[50～53]对钠硼解石在10～35℃水中溶解过程的研究结果表明，钠硼解石中的 Na^+ 和 Ca^{2+} 在溶解开始至平衡的整个过程中，是以相同速率、相同物质的量比进入水溶液，溶液 pH 在开始溶解的 1min 左右迅速达到 9.5，在随后的溶解过程中，pH 基本保持不变，残留固相依然是钠硼解石。根据溶液中硼氧配阴离子的存在形式，发现主要存在着三聚硼氧配阴离子[$B_3O_3(OH)_5^{2-}$]和四聚硼氧配阴离子[$B_4O_5(OH)_4^{2-}$]。

$$2B_5O_6(OH)_6^{3-} + H_2O \rightleftharpoons 2B_3O_3(OH)_5^{2-} + B_4O_5(OH)_4^{2-} \quad (8-124)$$

同时也可能存在如下缓冲反应，在整个溶解过程中使溶液 pH 保持恒定。

$$4B_3O_3(OH)_5^{2-} \rightleftharpoons 3B_4O_5(OH)_4^{2-} + 2OH^- + 3H_2O \quad (8-125)$$

可以采用简单无机盐溶解动力学方程来处理钠硼解石的动力学数据

$$dc/dt = K(c_0 - c)^n$$

式中：c_0 为反应平衡的浓度；c 为反应在某一时刻的浓度；n 为反应级数；K 为常数。

现在已知的是时间和离子浓度，实际上就是对这个微分方程求解，并进行相对误差[$d(\%) = (c_{ci} - c_{ei})/c_{ei} \times 100\%$]的比较，其中 c_{ci} 为计算值，c_{ei} 为实验值，结果见表 8-11 和表 8-12。

表 8-11　钠硼解石在 25℃时的水中溶解动力学数据

t /min	E_{ca} /mV	$c(Ca^{2+})$ /(10^{-3}mol/L)	E_{na} /mV	$c(Na^+)$ /(10^{-3}mol/L)	E_{pH} /mV	pH	$c(B_5O_6(OH)_6^{3-})$ /(10^{-3}mol/L)
0	20.0	<1.01	−296	<0.001	15.0	6.75	
1	68.1	0.50	−169.8	0.50	−167.5	9.54	
2	71.2	0.68	−162.7	0.68	−167.5	9.54	
3	73.6	0.86	−157.8	0.84	−167.8	9.54	
10	81.4	1.97	−138.9	1.92	−168.0	9.54	1.95
30	88.2	4.22	−121.1	4.20	−168.0	9.54	
60	91.6	6.24	−112.3	6.24	−168.0	9.54	
600	96.6	113	−99.4	11.2	−168.0	9.54	11.3
1440	96.9	11.7	−98.6	11.6	−168.0	9.54	
2280	97.1	12.0	−98.9	11.5	−168.0	9.54	12.0

表 8-12　25℃时，钠硼解石溶解 $c(Na^+)$实验值与计算值比较

t/min	c_e/(10^{-3}mol/L)	c_0/(10^{-3}mol/L)	d/%
1	0.500	0.500	0
2	0.680	0.687	1.1
3	0.860	0.869	1.0
10	1.97	1.99	1.3
30	4.22	4.26	1.0
60	6.24	6.25	0.2
600	9.63	9.58	−0.5
1440	11.8	11.6	−2.2
2280	12.0	11.7	−2.1

注：d. 误差。

用 Stumm 动力学模式模型拟合得溶解动力学方程如下：

10℃ $$dc/dt=0.989(8.40\times10^{-3}-c)^{1.89} \tag{8-126}$$

15℃ $$dc/dt=1.028(9.60\times10^{-3}-c)^{1.90} \tag{8-127}$$

20℃ $$dc/dt=1.067(1.04\times10^{-3}-c)^{1.90} \tag{8-128}$$

25℃ $$dc/dt=1.107(1.20\times10^{-2}-c)^{1.91} \tag{8-129}$$

30℃ $$dc/dt=1.146(1.27\times10^{-2}-c)^{1.92} \tag{8-130}$$

10℃时的动力学方程为

$$dc/dt=1.185(1.45\times10^{-2}-c)^{1.92} \tag{8-131}$$

在 10～35℃之间，溶解反应的级数分别是 1.89～1.92。运用 Arrhenius 公式 $k=A\exp(-E_a/RT)$，进行 E_a 的拟合，得到 $E_a=5.255$kJ/mol。这么小的活化能，表明溶解反应比较容易发生。

8.13.2 在 10～35℃水中溶解平衡的热力学

晶体溶解动力学过程达到平衡也就是达到了热力学平衡，当平衡溶解度较小时，利用平衡点的数据可以计算各种热力学参数。钠硼解石在 10～35℃范围内达到溶解平衡时液相的 pH 和组成列于表 8－13 中。

表 8－13 不同温度时钠硼解石在水中平衡液相的组成和 pH

温度/℃	平衡时间/min	液相/(10^{-2}mol/L)			pH	固相
		Na^+	Ca^{2+}	B_2O_3		
10	7200	0.84	0.84	2.12	9.47	钠硼解石
15	5760	0.96	0.93	2.45	9.50	钠硼解石
20	4320	1.05	1.00	2.68	9.52	钠硼解石
25	2280	1.15	1.23	2.84	9.54	钠硼解石
30	1440	1.30	1.32	3.37	9.56	钠硼解石
35	720	1.45	1.45	3.78	9.58	钠硼解石

从表 8－13 中的结果可见，钠硼解石在低于 35℃时的溶解度较小，它的溶解可用下述化学反应式表示：

$$NaCa[B_5O_6(OH)_6]\cdot5H_2O+nH_2O \rightleftharpoons Na^++Ca^{2+}+B_5O_6(OH)_6^{3-}+(n+5)H_2O \tag{8-132}$$

其溶解度积为

$$K_{sp}=[Na^+][Ca^{2+}][B_5O_6(OH)_6^{3-}] \tag{8-133}$$

这样计算得到的平衡溶解度积常数列于表 8－14 中。

表 8-14　钠硼解石在水中的溶解度积常数

温度/℃	$K_{sp}/\times10^{-6}$	温度/℃	$K_{sp}/\times10^{-6}$
10.0	0.609	25.0	1.88
15.0	0.900	30.0	2.43
20.0	1.19	35.0	3.18

严格地讲,表 8-14 中的 K_{sp}并不是热力学平衡溶解度积常数,它是浓度平衡溶解度积常数。热力学溶解度积平衡常数的表示应该是浓度用活度系数修正后得到的活度,它们可以表示为

$$a(Na^{+}) = [Na^{+}]\gamma(Na^{+})$$
$$a(Ca^{2+}) = [Ca^{2+}]\gamma(Ca^{2+})$$
$$a(B_5O_6(OH)_6^{3-}) = [Na^{+}]\gamma(B_5O_6(OH)_6^{3-}) \tag{8-134}$$

我们用活度计算的平衡溶解度积常数记作 K'_{sp},则

$$K'_{sp} = a(Na^{+})a(Ca^{2+})a(B_5O_6(OH)_6^{3-}) \tag{8-135}$$

钠硼解石在室温时,在溶解度很小的情况下,溶解的钠硼解石被认为全部离解为 Na^{+}、Ca^{2+}和 $B_5O_6(OH)_6^{3-}$。同时,可以把这三种离子的活度系数视为近似相同。因此

$$K_{sp}{}' = K_{sp}\gamma^{3} = K_{sp}a' \tag{8-136}$$

因为体系在达到热力学平衡时存在

$$\Delta G^{\ominus} = \Delta H^{\ominus} - T\Delta S^{\ominus} \tag{8-137}$$
$$-\Delta G^{\ominus} = RT\ln K' \tag{8-138}$$

式中:$\Delta G^{\ominus}$为溶解自由能;$\Delta H^{\ominus}$为溶解焓;$\Delta S^{\ominus}$为溶解熵。

合并式(8-137)和式(8-138),得

$$\ln K = -\Delta H/RT + \Delta S/R \tag{8-139}$$

其中 $\ln K$ 对 $1/T$ 的线性关系采用最小二乘法拟合;斜率为 $-\Delta H/R$;截距为 $\Delta S/R$。

对于钠硼解石体系离子的平均改变系数 $a'=\gamma_{\pm}^{3}$,在 10～35℃的范围内,活度系数随温度的变化很小,因而可以把 $\gamma_{\pm}$看成常数,这样,式(8-139)变成

$$\ln Ka' = -\Delta H/RT + \Delta S/R \tag{8-140}$$

即

$$\ln K = -\Delta H/RT + (\Delta S/R - \ln a') \tag{8-141}$$

就可以用溶解度积来进行拟合

$$\Delta H(溶解) = 49.8 \pm 0.89(kJ/mol)$$
$$\Delta S(溶解) = 57.0 \pm 2.95[J/K\cdot mol]$$

ΔS(溶解)的误差较大,因为包括了 $-R\ln a$ 项,实际上的 ΔS(溶解)要比 57

J/(K·mol)低。结晶的活化能计算如下：

$$NaCa[B_5O_6(OH)_6]\cdot 5H_2O(s) \rightleftharpoons (E_s) + a Ca[B_5O_6(OH)_6]\cdot 5H_2O(aq)$$

$$Na^+(aq) + Ca^{2+}(aq) + [B_5O_6(OH)_6]^{3-}(aq) \quad (8-142)$$

$$\Delta H(溶解) = E_s + E_c \quad (8-143)$$

式中：E_s 为溶解的活化能；E_c 为结晶活化能。

$$-E_c = 49.8 - 5.25 = 44.6(kJ/mol)$$

从如此大的结晶活化能可以看出，钠硼解石从水溶液中的结晶是一个比较困难的过程。钠硼解石-水体系在10～35℃时，液相在溶解过程中的pH不随溶解过程中各离子浓度的变化而变化。钠硼解石-水体系在常温时，溶液中的硼氧配阴离子存在形式保持不变[主要有 $B_5O_6(OH)_6^{3-}$、$B_3O_3(OH)_5^{2-}$ 和 $B_4O_5(OH)_4^{2-}$ 三种形式]。这对于进一步深入研究钠硼解石-水体系具有重要意义。

8.14　软钾镁矾溶解动力学研究

8.14.1　溶解 *c*-*t* 曲线

宋粤华、夏树屏[54～57]已报道，在不同条件下(如不同搅拌速率)选择恒定的搅拌速率，来研究软钾镁矾。先从不同温度下的溶解过程，测得相应的 c_t 和 t 数据列于表8-15中，用溶解不同时间的 $c(Mg^{2+})$、$c(K^+)$和 $c(Cl^-)$分别对 t 作图，得到不同温度下软钾镁矾溶解过程的6条曲线，如图8-18所示。

表8-15　不同温度下软钾镁矾溶解过程中 Mg^{2+}、K^+ 浓度测定值(单位：mol/L)

10℃			20℃			30℃		
t/min	$c(Mg^{2+})$	$c(K^+)$	t/min	$c(Mg^{2+})$	$c(K^+)$	t/min	$c(Mg^{2+})$	$c(K^+)$
0	0	0	0	0	0	0	0	0
5	0.884 4	0.775 5	5	1.144 3	0.897 6	5	1.530 3	0.848 9
10	0.906 4	0.816 4	10	1.176 4	0.971 3	10	1.559 9	0.888 1
15	0.926 0	0.863 9	15	1.190 7	1.007 1	15	1.575 9	0.930 9
25	0.952 7	0.923 4	20	1.208 1	1.037 3	20	1.586 5	0.962 5
35	0.961 1	0.957 8	25	1.217 2	1.057 8	25	1.598 6	0.997 8
65	0.998 4	1.014 6	30	1.228 1	1.060 8	35	1.613 5	1.018 3
95	1.013 4	1.058 3	35	1.235 4	1.113 5	45	1.620 6	1.044 4
155	1.021	1.069 5	45	1.253 4	1.141 2	55	1.628 2	1.100 2
215	1.021 1	1.077 8	55	1.254 1	1.161 1	75	1.643 4	1.149 8
			65	1.265 1	1.187 2	95	1.658 6	1.156
			125	1.274 1	1.205 1	155	1.666 2	1.183 9

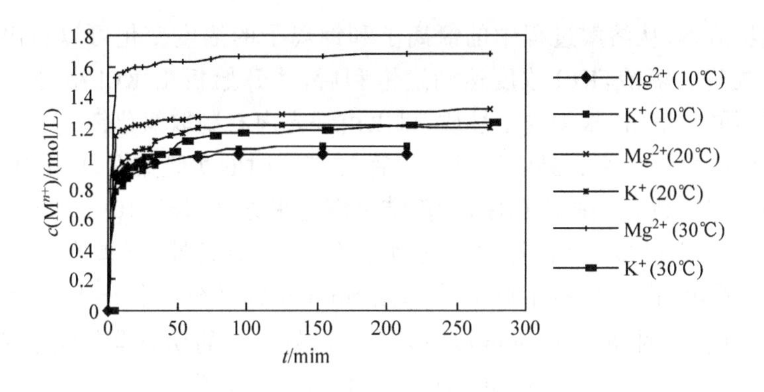

图 8-18　软钾镁矾溶解过程 c-t 曲线

8.14.2　反应机理

n 随着温度的增高而增大，软钾镁矾属不同步溶解，初时 $\Delta c(Mg^{2+})>\Delta c(K^{+})$，表明 $MgSO_4$ 先进入溶液，而后 $\Delta c(K^{+})>\Delta c(Mg^{2+})$，达到 K_2SO_4 饱和后开始结晶。

不同温度下的软钾镁矾溶解过程由 $c_{Mg^{2+}}$-t 数据计算溶解过程，软钾镁矾溶解动力学方程如下：

15℃　$$dc/dt=-0.0324+2.736(0.7350-c) \quad (8-144)$$

50℃　$$dc/dt=-0.013\ 22(1.300-c)^{1.65} \quad (8-145)$$

60℃　$$dc/dt=-0.0640(1.360-c)^{1.92} \quad (8-146)$$

70℃　$$dc/dt=-0.3702(1.200-c)^{1.94} \quad (8-147)$$

由 $c(K^{+})$-t 计算 K_2SO_4 结晶方程如下：

15℃　$$dc/dt=1.8868(1.292-c)^{1/2}(c-1.261) \quad (8-148)$$

50℃　$$dc/dt=0.003\ 677+2.7837(1.81-c) \quad (8-149)$$

60℃　$$dc/dt=0.000\ 974(2.00-c)^{1/3}(c+36.04) \quad (8-150)$$

70℃　$$dc/dt=0.014\ 33(2.32-c)^{1/3}(c-0.6711) \quad (8-151)$$

又从文献[53]提供的数据计算得到上面结果，表明 15℃时软钾镁矾溶解反应级数 $n=1$，溶解受控于扩散；50～70℃时 n 接近于 2，溶解受控于扩散和表面反应。K_2SO_4 结晶动力学方程是 Stumm 方程的修正形式。结晶的反应机理属于扩散和化学等综合过程。

由上可见，我们在对复盐溶解过程的研究中，不但可以得到复盐的溶解动力学参数，而且还可以得到转化形成盐的结晶方程。

8.15　钾光卤石溶解动力学研究

夏树屏等[56～61]对钾光卤石溶解与软钾镁矾的研究结果表明，这两种复盐都属于不同步溶解,从溶解过程中的氯离子和钾离子的浓度变化可以看出,复盐中的 $MgCl_2$ 先进入溶液,KCl 浓度达到过饱和后,才开始析出 KCl 结晶。钾光卤石复盐属于不同步溶解,根据这个性质,可以由钾光卤石制取氯化钾。

下面仅举出钾光卤石晶体压成柱状后在 15℃时的实验数据,用上述 C 语言编写的动力学多参数方程通用程序,计算结果离差平方:6.68×10^{-4}。

从表 8-16 可以看出,计算值与实验值除个别点外,误差在 5%以下。由图 8-19 可看出,钾光卤石溶解曲线和按 Stumm 的微分方程 $-\mathrm{d}c/\mathrm{d}t=k_1(c_0-c_t)^{k_2}$ 计算的曲线,时间在 500min 以下时吻合较好。它的动力学参数方程为

$$-\mathrm{d}c/\mathrm{d}t=0.036\,52(c_0-c_t)^{1.82} \qquad (8-152)$$

表 8-16 15℃时钾光卤石溶解过程的 *c-t* 曲线

编号	t/min	c(实验)/(mol/L)	c(计算)/(mol/L)	误差 d/%
1	15	0.059 2	0.059 2	0.00
2	30	0.093 4	0.102 9	10.23
3	45	0.136 6	0.135 4	−0.87
4	60	0.173 2	0.160 4	−7.40
5	90	0.205 0	0.196 1	−4.35
6	120	0.214 1	0.220 2	2.87
7	180	0.228 8	0.237 6	3.84
8	240	0.246 0	0.250 6	1.87
9	240	0.264 0	0.268 7	1.79
10	310	0.280 2	0.282 3	0.74
11	430	0.305 3	0.296 2	−2.99
12	1510	0.332 6	0.323 4	−2.77

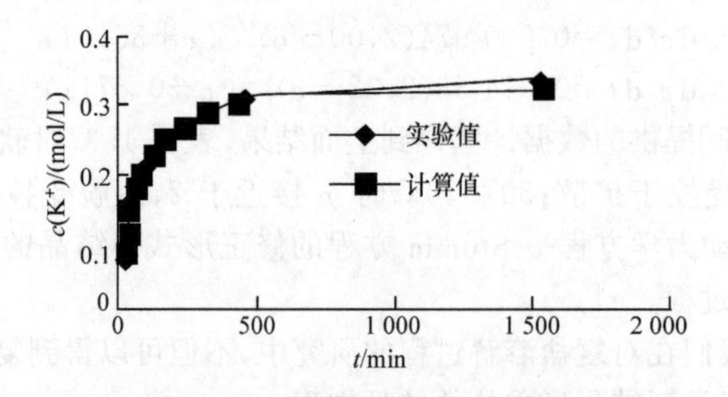

图 8-19 钾光卤石溶解 *c-t* 曲线

此外,我们[62]对氯氧镁水泥的基本组成[$5Mg(OH)_2\cdot MgCl_2\cdot 8H_2O$、$3Mg(OH)_2\cdot MgCl_2\cdot 8H_2O$]、氯氧化镁溶解动力学和氯碳酸镁盐的溶解动力学进行

过研究,还对化合物的热力学函数进行了计算。得到了在20℃时,$5Mg(OH)_2 \cdot MgCl_2 \cdot 8H_2O$的溶解常数$K_{sp}$、吉布斯自由能$\Delta G$、溶解焓$\Delta H$和溶解熵$\Delta S$,它们分别为$1.38\times10^{-5}$、576.2 kJ/mol、570.8 kJ/mol和78.2 J/(mol·K)。$3Mg(OH)_2 \cdot MgCl_2 \cdot 8H_2O$的$K_{sp}$、$\Delta H$、$\Delta F$和$\Delta S$分别为$1.30\times10^{-4}$、−143.1 kJ/mol、211.97 kJ/mol和192 J/(mol·K)。

童义平等[63]对氯碳酸镁盐的溶解、转化机理及动力学进行了研究,用另外一种处理数据的方法得到动力学方程。

8.16　旋转电极法研究盐的溶解

天然盐不仅溶解度大,而且溶解速率很快。采用碱金属离子选择电极(Li^+,Na^+,K^+)为指示电极与参比电极测定溶液中的电位值,研究了LiCl、NaCl和KCl三种碱金属盐的溶解过程[64]。一种带有旋转系统能进行调速和温控的设备,将盐压成一定厚度的块置于旋转容器中,将选择指示电极离子和参比电极插入容器中,控制不同转速,恒温下用电位计测定盐溶解过程中电位的变化,计算离子浓度。转速ω、晶体半径r、密度D、盐的浓度c与溶解速率J的关系式为

$$J = 1.554 D^{2/3} r^{1/3} c\omega^{1/2}$$

当指定晶体时,D和r基本不变。盐的溶解动力学常数与转速ω的关系为

$$K_1 / K_2 = (\omega_1 / \omega_2)^{1/2} = (400/500) = 1.15$$

LiCl、NaCl、KCl的溶解动力学常数列于表8-17中,以供参考。

表8-17　LiCl、NaCl、KCl的溶解动力学常数

转速/(r/min)	温度/℃	LiCl		NaCl		KCl	
		饱和浓度/(mmol/L)	K	饱和浓度/(mmol/L)	K	饱和浓度/(mmol/L)	K
300	20	18.5	3.78	6.15	5.97	4.16	6.88
	25	19.2	4.15	6.18	7.00	4.76	8.75
	30	19.9	4.25	6.21	8.45	4.97	8.79
	35	20.6	4.69	6.23	9.04	5.36	9.14
400	20	18.5	4.36	6.15	6.89	4.16	7.94
	25	19.2	4.76	6.18	8.03	4.76	10.3
	30	19.9	4.92	6.21	8.78	4.97	10.1
	35	20.6	5.39	6.23	10.7	5.36	10.7
500	20	18.5	4.80	6.15	7.83	4.16	8.92
	25	19.2	5.42	6.18	9.15	4.76	11.7
	30	19.9	5.56	6.21	11.4	4.97	11.3
	35	20.6	6.09	6.23	12.5	5.36	11.7

8.17 小　结

(1) 本章系统而又简明扼要地介绍了结晶和溶解的过程、反应机理、研究方法和动力学方程的数据处理。青藏高原镁硼酸盐矿物和 $MgO\text{-}B_2O_3\text{-}H_2O$ 相平衡的平衡固相都有五种镁硼酸盐,即三方硼镁石、多水硼镁石、库水硼镁石、章氏硼镁石和柱硼镁石。

(2) 针对镁硼酸盐的形成条件,成功地确定了对介稳体系析盐过程的结晶动力学研究方法。通过对液、固相组成的分析,可以了解溶液中多聚硼氧配阴离子的聚合和解聚的条件及存在形式和固相的相区。

(3) 通过对 $nB_2O_3\text{-}MgO\text{-}w\%MgCl_2(MgSO_4)\text{-}H_2O$ 体系中 B_2O_3 与 MgO 之间不同物质的量 n 值和 w 及不同温度下比较大范围内进行的大量实验。研究结果表明,只能析出三种水合硼酸盐和一种复盐,即三方硼镁石、多水硼镁石、章氏硼镁石和氯柱硼镁石。得到了它们的结晶的动力学方程,详细讨论了硼氧配阴离子的聚合及解聚过程和形成机理。

(4) 对盐卤中析出的光卤石、软钾镁矾、钠硼解石和氯柱硼镁石等复盐,通过对盐和复盐的溶解和转化动力学研究,获得柱硼镁石、多水硼镁石、库水硼镁石、白硼钙石纤维硼镁石等。在研究复盐的溶解过程的同时,可以获得析出盐的动力学方程。这样就可以进行溶解度大的盐类难以进行的动力学研究。特别是由氯柱硼镁石复盐溶解转化得到了柱硼镁石和库水硼镁石。在实验室里,全部获得了青藏高原硼酸盐盐湖中已经发现的五种镁硼酸盐矿物沉积。我们从盐湖化学的观点提供了物理化学基础。

(5) 我们用C语言编辑了包括结晶和溶解动力学数据库,可以解 4 个参数的方程,且收敛性好,使用方便,应用效果良好。

参考文献

[1] Nielsen A E. Kinetics of precipitation. Acta Chem Scand, 1958, 12:957, 1959, 13:784

[2] Nielsen A E. J Crystal Growth, 1971, 11:233
Nielsen A E. Crystal Growth. Discuss Faraday Soc, 1976,61:153

[3] Nielsen A E. Kinetics of precipitation. Oxford: Pergamon,1964

[4] 张克从,张乐惠.晶体生长.北京:科学出版社,1981.1～50

[5] 李武,高世扬.晶体生长机制.盐湖研究,1994,2(3):76～90

[6] 陈学安.$2MgO\cdot 2B_2O_3\cdot MgCl_2\cdot 14H_2O$ 结晶动力学.硕士论文.中国科学院青海盐湖研究所,1989

[7] 吕迟和,刘树中.MSMPR结晶器中谷氨酸的结晶坳力学研究.清华大学学报(自然科学版),1996,36(6):60～66

[8] 尹秋响,王静康,王永莉.MSMPR连续结晶器的多定态.化工学报,1997,48(6):692～697

[9] 丁绪淮,谈遒.工业结晶.北京:化学工业出版社,1985

[10] 陈建峰,陈甘棠.反应结晶过程中粒子粒度分布的模拟Ⅰ.化学反应工程工艺,1993,19(4):386～395
[11] 陈建峰,陈甘棠.反应结晶过程中粒子粒度分布的模拟Ⅱ.化学反应工程工艺,1994,10(1):62～69
[12] 陈建峰.混合反应过程的理论与实验研究.博士论文.杭州,浙江大学,1992
[13] 万林生,胡之钧,于浓芳.NH_4Cl-NH_3H_2O-H_2O 系中仲钨酸铵结晶动力学.中国有色金属报,1994,4(4):41～45
[14] 万林生,徐志峰,刘建华.钨酸铵结晶动力学酸度与溶液同多酸组成变化关系.中国钼业, 2001,23(4):321～326
[15] 张志英.动力学过程的精确模拟.高等学校化学学报, 1996,17(6):1096～1099
[16] 蒋丽红,刘中华,王亚明等.湿法磷酸中硫酸钡的结晶动力学.化学通报,2004,67:74～77
[17] 蒋丽红,罗康谒,李沪萍等.复盐结晶法生产磷酸二氢钾结晶动力学研究.化工矿物及加工,2004,(6):14～16
[18] 李洁,陈启之,尹周澜.过饱和铝酸钠溶液中氢氧化铝自发成核动力学规律研究.高等学校化学学报,2003,24(9):1652～1656
[19] 高胜利,房艳,胡荣祖等.Zn(Val)SO_4·H_2O 在丙酮-水混合溶剂中结晶动力学.高等学校化学学报,2003,24(3):381～385
[20] 陈学安.2MgO·2B_2O_3·$MgCl_2$·14H_2O 结晶动力学研究.硕士论文.中国科学院青海盐湖研究所,1986
[21] 李勇,夏树屏,李青凤,高世扬.动力学和结晶动力学研究的参数优化.盐湖研究,1999,7(1):47～54
[22] 高世扬,陈志刚,冯九宁.盐卤硼酸盐化学Ⅳ,浓缩盐卤中析出的新硼酸盐固相.无机化学,1986,2(1):40～52
[23] 高世扬,赵金福,薛方山,符廷进.盐卤硼酸盐化学Ⅱ.从浓缩氯化镁卤水中析出的六硼酸镁 MgO·B_2O_3·7.5H_2O.化学学报,1983,41(3):217～222
[24] 高世扬,陈学安,夏树屏.盐卤硼酸盐化学 2MgO·2B_2O_3·$MgCl_2$·14H_2O 结晶动力学研究.化学学报,1990,48:1049～1056
[25] 高世扬,李气新,夏树屏.盐卤硼酸盐化学Ⅹ.MgO-2B_2O_3-$MgCl_2$-H_2O 浓盐溶液在 20℃时硼酸盐的结晶动力学研究.无机化学, 1988,4 (2):64～73
[26] Gao S Y, Xia S P, Li Q X. Chemistry of borate in salt lakeⅨ Polyborate ions exising in comcentrated brine International Conference on Coordination Chemistry . Nanjing: Abstracts of Papers,1987.238
[27] Gao S Y, Xiao G Y, Xia S P. Chemistry of borate in salt lake ⅩⅣ Phase transition kinetics of dehydration during heating of MgO·3B_2O_3· nH_2O . Thermochimica Acta, 1990 ,169:311～322
[28] 高世扬,黄发清,夏树屏.盐卤硼酸盐化学ⅩⅧ. MgO·3B_2O_3-$MgCl_2$-H_2O 浓盐溶液中六硼酸镁盐结晶动力学.盐湖研究,1993,1(1):38～48
[29] 姚占力,高世扬,夏树屏.盐卤硼酸盐化学ⅩⅪ.天然含硼盐卤的蒸发相图 MgO·B_2O_3-$MgCl_2$(8%)-H_2O 体系 20℃热力学非平衡态液固相关系.盐湖研究,1993,1(4):39～44
[30] 朱黎霞 ,高世扬,夏树屏,张逢星.盐卤硼酸盐化学ⅩⅩⅨ. MgO·2B_2O_3-18%$MgCl_2$-H_2O 过饱和溶液结晶动力学.无机化学学报,2000,16(5):722～728
[31] 高世扬,姚占力,夏树屏.盐卤硼酸盐化学ⅩⅦ-MgO· nB_2O_3-28%$MgCl_2$-H_2O 体系 20℃热力学非平衡态液固相关系研究.化学学报,1994,52:10～22
[32] Gao S Y, Zhu L X, Hao Z X, Xia S P. Chemistry of borate in salt lake brine(ⅩⅩⅩⅤ)——Phase diagram of thermodynamic nonequilibrium state of MgO- nB_2O_3-18%$MgCl_2$-H_2O system at 20℃ . Science in China(series B),2002,45(5):541～550
[33] 马玉涛,夏树屏,高世扬.MgO-B_2O_3-18%$MgSO_4$-H_2O 过饱和溶液结晶动力学.物理化学学报,2001,17

(11):1021～1026

[34] 马玉涛,夏树屏,高世扬.硼酸盐化学XXXI $MgO·2B_2O_3$- 18% $MgSO_4$- H_2O 过饱和溶液结晶动力学研究.高等学校化学学报, 2002,23(1):18～21

[35] 孙柏,宋彭生.某些镁硼酸盐溶解及相转化的研究. 盐湖研究,1999,7(1):47～49

[36] 李小平,刘志宏,高世扬,胡满成,夏树屏.硼酸溶液中氯柱硼镁石的溶解及相转化动力学.物理化学学报,2003,19(7):584～587

[37] 刘志宏,胡满成,夏树屏,高世扬.$2MgO·2B_2O_3·MgCl_2·14H_2O$ 在 60℃水中的溶解及相转化动力学研究.高等学校化学学报,1999,20(2):186～189

[38] 姚占力,高世扬,朱黎霞. 盐卤硼酸盐化学XXV Li_2O-B_2O_3-H_2O 过饱和溶液 20℃结晶动力学研究.盐湖研究.1995,3(4):42～49

[39] 姚占力,高世扬,朱黎霞. Li_2O-$2B_2O_3$-H_2O 过饱和溶液 20℃结晶动力学研究. 物理化学学报,1995,11(11):1048～1052

[40] 朱黎霞,高世扬, 夏树屏,姚占力.Li_2O- nB_2O_3- 20% LiCl- H_2O 体系 20℃过饱和溶液结晶动力学研究.无机化学学报,1997,13(1):258～264

[41] Steefel Carl I. Miner Dissosition Gaochimica Cosmchimica Acta,1990,54:2657～2677

[42] Litsems Chr N. 矿物溶解动力学.1985,1～25

[43] 陈若愚. 硼酸盐化学——钠硼解石物理化学和硼酸镁晶须机制的研究.博士论文.兰州:兰州大学,1998

[44] Stumm W,Morgan J.水化学.汤鸿霞译.北京:科学出版社,1987.233

[45] 陈世荣,夏树屏,高世扬.通用动力学参数计算程序的实验及应用.陕西师范大学学报(自然科学版),2001,29(2):121～122

[46] 刘志宏,夏树屏,高世扬.$2MgO·2B_2O_3·MgCl_2·14H_2O$-$H_2O$ 体系 60℃溶解及转化动力学研究.高等学校化学学报,1999,20(2):186～189

[47] Liu Z H,Hu M C,Gao S Y,Xia S P.Kinetics and mechanism of dissolution and transformation of chlorpinnoite in water at 293～313K. Indian Journal of Chemistry,2002,41(A):325～329

[48] 夏树屏,李青风,陈若愚,高世扬.多参数跟踪装置研究盐和复盐溶解力学.计算机与应用化学,1995,12(2):132～136

[49] 夏树屏,李青风,高世扬.氯离子的微机检测.盐湖研究,1994,2(3):50～55

[50] 夏树屏,陈若愚,高世扬.青藏高原钠硼解石的物理化学特征. 沉积学报,1994,12(1):117～121

[51] 陈若愚,夏树屏,高世扬.青藏高原钠硼解石在水中溶解行为的研究, 矿物学报,1993,13(1):52～55

[52] 陈若愚,夏树屏,高世扬.青藏高原钠硼解石在水中溶解动力学和热力学研究.盐湖研究,1994,2(1):52～56

[53] 宋粤华,夏树屏. K^+,Mg^{2+}(SO_4^{2-})-H_2O 三元体系Ⅰ. 15～75℃的研究.盐湖研究,1998,6(1):18～25

[54] 宋粤华,夏树屏.软钾镁矾溶解动力学Ⅱ. $MgCl_2$ 对其溶解和转化的影响研究. 盐湖研究.1995,3(2):45～50

[55] 宋粤华,夏树屏.软钾镁矾溶解动力学Ⅲ.NaCl 对其溶解和转化的影响研究.盐湖研究,1995,3(3):34～39

[56] 曾忠民,夏树屏,洪显兰.软钾镁矾溶解动力学 1. 盐湖研究,1994,2(1):57～63

[57] 洪显兰,夏树屏,高世扬.钾光卤石溶解动力学.应用化学,1994,11(3):26～31

[58] 洪显兰,夏树屏,高世扬.钾光卤石溶解过程研究.盐湖研究,1994,2(2):44～48

[59] 夏树屏,洪显兰,高世扬. 钾光卤石溶解和氯化钾结晶动力学机制研究,盐湖研究,1993,1(4):52～60

[60]　保积庆，夏树屏.氯化钠对钾光卤石溶解影响. 盐湖研究,1995,3(2):51～58

[61]　保积庆，夏树屏. 光卤石芒硝中溶解转化动力学. 盐湖研究,1994,2(2):45～52

[62]　夏树屏,保积庆.氯氧化镁在水中的溶解行为,应用化学,1995, 12(3):43～48

[63]　夏树屏,童义平,高世扬.氯碳酸镁盐的溶解.转化机制及动力学研究.无机化学学报,1995,11(1):8～14

[64]　陈若愚,夏树屏,高世扬.旋转电极法研究盐类溶解.盐湖研究,1994,2(4):45～54

第9章 大、小柴旦盐湖

大柴旦盐湖在1949年前的地理教科书和旧地图上叫做伊克柴达木湖。按蒙古语直译成汉语，是大柴达木湖。据传说，20世纪50年代前，每年夏季，蒙古族牧民在大柴旦湖北岸草场放牧的同时，采集这里特有的、可以再生的硼土，使用当地淡水，在铸铁锅中以牛、羊粪或沙蒿作柴火，浸渍当地硼土中的水溶性硼酸盐制得水溶液，在地坑中天然冷却可以得到粗硼晶，经过再溶解和重结晶可制得粒径大于1cm、洁白透明的硼砂晶体。因此，20世纪50年代初，原西北工业厅和原西北地质局及原石油地质部632队和原化学工业部地质矿山局、盐湖普查队等单位，陆续到达这里进行硼砂制取过程的考察，或者在湖区进行天然硼酸盐的找矿工作。

中国科学院化学研究所无机物理化学家柳大纲学部委员与原北京地质学院盐矿地质学家袁见齐学部委员一道组织并领导中国科学院盐湖科学调查队，于1957年9月18日到达大柴旦镇，当时已有青海省地质局下属地质队正按照苏联经验在大柴旦湖区进行硼矿的找矿工作。柳大纲教授和地质人员在了解并对已有资料进行综合研究的基础上认为：既然大柴旦湖滨利用硼土制取硼砂已有多年历史，每年大柴旦湖的北山泉水把数以百吨计的硼砂带入湖表卤水，至今却没有在湖区找到任何一种天然硼酸盐矿物（除硼土外）。所以，根据水盐-水体系的无机物理化学原理推断，有可能在湖的底部沉积物中找到硼酸盐矿物。不出所料，终于在湖表卤水区内的一个简易钻孔中的3.6～4.1m深处发现了由硼酸盐、碳酸盐、硫酸盐和石膏淤泥组成的坚硬岩心[①]。野外分析结果表明，酸溶物中有13%（质量分数）的B_2O_3成分。中国科学院北京化学研究所等科研单位在实验研究中确定该湖底硼酸盐矿物是柱硼镁石（$MgO \cdot B_2O_3 \cdot 3H_2O$）。湖表卤水主要含锂、钠、钾、镁的氯化物以及硫酸盐和硼酸盐，属硫酸镁亚型盐湖（硼酸盐）。这一重大发现后，地质队立即对只重视湖区外围、山麓地带的钻探找矿计划进行了调整，把主要力量转移到湖区化学沉积地带开始找硼矿。于1957年底，该地质队就在湖表卤水区东部湖滨沼泽地带发现地表钠硼解石富矿区。1958年，对该盐湖硼矿床的地质勘探结果表明，大柴旦盐湖拥有几亿吨各种盐类（石盐、芒硝、泻利盐、白钠镁矾和软钾镁矾等）沉积的大型硼锂矿床（硼储量大，但平均品位低）[②]。该盐湖是正在沉积各种镁钙硼酸盐的新类

---

① 郑绵平，井绪清，钱钧．青海省柴达木盆地硼矿钾矿调查报告．1957，化学工业部地质矿山局资料

② 郑绵平等．柴达木盐湖科学调查报告．1957，中国科学院柴达木盐湖科学调查队，地质部矿物原料研究所资料

型盐矿床。它不仅在成盐地球化学，盐卤硼酸盐化学，钾、镁、硼、锂综合利用工艺学等方面具有科学研究意义，而且还具有工业开发的重要经济价值[1]。

9.1　大、小柴旦盐湖区域地理概况

9.1.1　自然地理

大柴旦盐湖和小柴旦盐湖分别位于中国西部青藏高原柴达木盆地东北缘相邻的两个山之间的次生盆地内。两个湖盆之间被湖相、冲积相、洪积相平缓山岳地带所分隔。小柴旦盐湖位于大柴旦湖盆内的最低洼地带[2]。

大柴旦盐湖的东北角距大柴旦镇约4km。大柴旦湖盆是一个典型的内陆山间闭流盆地，呈北西-南东向的椭圆形分布，汇水面积为2130km^2。地理坐标：东经95°02′～95°22′，北纬37°46′～37°55′。山麓范围以内面积为830km^2，湖区化学沉积位于湖盆的偏西南部，范围240km^2，湖区东面和北面有常年性地表卤水，面积为30～45km^2，湖水深度不及1m，水面海拔3110m。该湖盆北面的达肯大阪山属中高山地形，山峦重叠，山势陡峻，海拔一般在3700m以上；湖盆西部较高，最高的红旗峰海拔5773m，高出湖面卤水2600m，在海拔5000m以上的北坡有古冰川地形和现代冰川发育；湖盆南面的绿梁山属中低山地形，海拔一般在3600m左右，东西较高，中部较低；湖盆东部最高峰海拔3495m，高出湖水面700～900m。山脉受切割较剧烈，峰脊参差大，冲沟纵横，山脉中部较低处多被风沙掩覆。湖盆内地势平缓，东北高，西南低，略向西南倾斜。湖盆北缘海拔约3600m，南缘海拔3200m，最低处盐滩起伏不超过1m。

大柴旦湖有常年性地表卤水，像一把平放着的小左轮手枪，位于湖区的东面和北面，属泄水闭流盐湖。湖盆周边主要河流分布在北部达肯大阪山中，是常年有水的河流。湖东为温泉沟、八里沟(平均流量为0.18m^3/s，最大流量为7.05m^3/s)和大头羊沟，主要受高山融雪(冰)水补给。平时，这些沟水流出山口不远处即渗透为地下径流，只有在雨季和雪融季节才以地表径流注入大柴旦湖。南部绿梁山区水源贫乏，河谷几乎常年是干涸的。湖区周围的地表水系不发育，除雨季和雪融季节之外，仅有一些由泉水汇成的小溪由湖区西北、东部注入地表卤水区内。

湖盆内的植被以耐旱和耐碱为其特征。周围的戈壁滩生长着稀疏的灌木，如麻黄、沙拐枣等。风沙地和沼泽地主要生长泡泡刺、杨柳、琐阳和芦苇、盐角草、红虱、凤毛菊、海韭菜等。大柴旦湖区南面盐滩无植被覆盖。

小柴旦湖位于大柴旦镇东南45km处的小柴旦山间湖盆内，是一个常年性卤水湖。面积最大时为150km^2。该湖盆分水岭内的汇水面积为3100km^2，比大柴旦湖盆要大约1/3。湖水面海拔3118m，比大柴旦盐湖水面高出8～10m。

大柴旦镇是茶卡至茫崖公路和敦煌格尔木公路的交汇点。东距青海海西蒙古族藏族自治州州府德令哈200km，距青藏铁路饮马峡火车站70km，距锡铁山火车站 83km。南下格尔木 240km,途经锡铁山和察尔汗钾肥厂。该镇北面的达肯大阪山中有多处小型煤矿。大柴旦发电厂年发电能力为 3000kW·h,已与小柴旦发电厂和锡铁山发电厂并网供电。该处具有较好的能源条件和交通条件。

9.1.2 大、小柴旦湖区的气象特征

大、小柴旦湖的地理位置处于青藏高原昆仑山北侧柴达木盆地北部,祁连山南麓的山间盆地内。湖区属内陆高原干旱性气候条件,海拔高(3100m),气压低(666.6×10^2Pa),年降雨少(60～80mm),蒸发量大(1800mm)。

为阐述湖区的自然气象条件,尤其是这里的季节性特征以及天然蒸发的条件,我们对某些气象资料进行了收集整理和综合分析[3～6]。

1. 季节性特征

为了了解这里的季节性气候特点,我们应用综合气象学的研究方法对大柴旦气象站的某些气象记录进行了整理和综合研究。为此,我们首先根据抄录的气象资料进行每日间天气类型的划分。

晴天 一日内日照时数达最大的天气。

雨天 凡有下雨、降雪或其他降水形式的天气。

阴天 出现低云量云层而影响日照时数的天气。

微寒天 一日内平均气温在 0～－2.4℃之间的天气。

稍寒天 一日内平均气温在－2.5～－12.4℃之间的天气。

大寒天 一日内平均气温在－12.5～－22.4℃之间的天气。

严寒天 一日内平均气温在－22.5～－32.4℃之间的天气。

一月内各类天气的百分统计结果绘制成天气构造图,如图 9－1 所示。同时,将相应月份内的蒸发量和降水量一并列出,绘出月平均气温曲线,最后在图件底部还列出平均气温在 0℃以上和 0℃以下每 5℃间距温度范围内的日数统计结果。

由图 9－1 可见,在一年 12 个月里,并没有春、夏、秋、冬四季之分,实际上只有夏季和冬季之别。每年从 4～10 月份为夏季时节,在这段时期内,月平均气温在 0℃以上,最高月平均气温达 18℃,是全年主要的蒸发季节,蒸发量占全年总蒸发量的 85%以上。全年的大部分降水集中在这段时期,但其降水总量尚不及蒸发量的 4%。在此期间出现的天气主要是具强烈日照能力的夏季晴天,阴天很少。即使是降水天,每次降水量也很少,总降水量很低,时常遇到降水之后,随即可见强烈太阳日照的情况。可见,在 6～8 月份之间降水量为卤水蒸发量的 1.8%～2.4%。每年从 10 月份到翌年 3 月份为冬季时节,在这期间月平均气温在 0～－32℃,最低月平均气温达－15℃左右,是天然的冷冻时节。冬季的日平均气温甚至在－22℃以下。每日的温度变化最大幅度可达 25～30℃,每年温度变化幅度超过 60℃,形

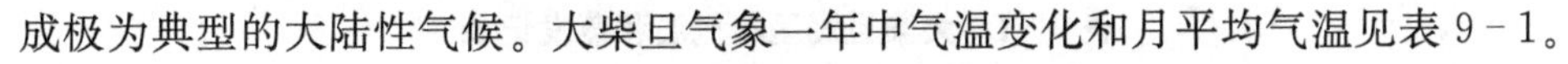
成极为典型的大陆性气候。大柴旦气象一年中气温变化和月平均气温见表 9-1。

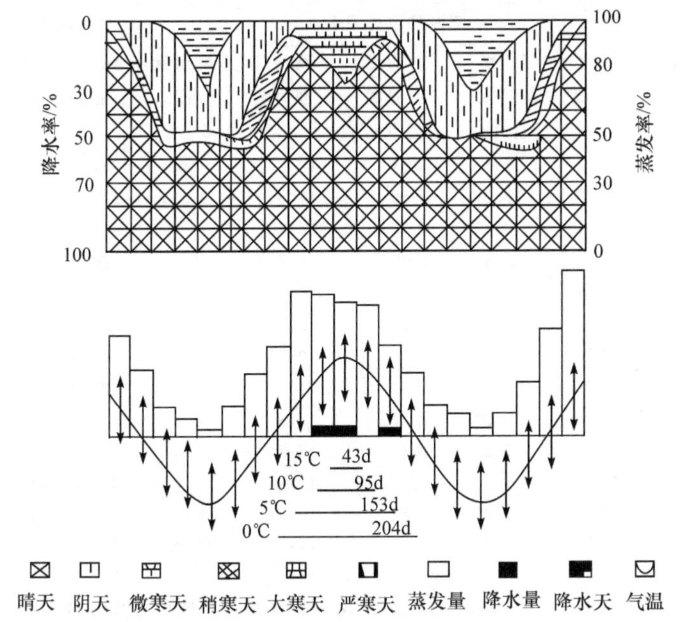

图 9-1　大柴旦湖区的天气构造图

2. 湖区蒸发条件

在分析湖区蒸发作用的过程中,我们首先对影响湖区蒸发作用的气象因素(月平均气温,月平均绝对湿度,一日之间最长日照时数以及月降水量和蒸发量)进行统计,结果见表 9-1。

我们还对不同浓度卤水在不同时期的蒸发量进行了测定,结果也列于表 9-1 中。由表 9-1 可见,大柴旦湖在夏季蒸发量特别大,其原因有两点:①由于该湖位于海拔 3100m 的高原上,气压低(仅 666.6×10^2 Pa),湖水处于天然的低压环境中;②夏季日照时数最长达 13h 以上,而月平均相对湿度仅 25%～30%,这就使得月平均绝对湿度与相应于月平均气温的饱和水蒸气压之间相差特别显著,从而有利于蒸发作用的进行。

从表 9-1 中所列不同浓度卤水在不同时间内的蒸失水量测定结果表明,我们倘若在湖边建造 $1m^2$ 的日晒盐池(假定底部不渗漏),储存上述不同浓度的卤水 1t。以 7 月份为例,氯化钠卤水可以蒸失水分 294kg,析出氯化钠 110kg。硫酸镁饱和卤水可以蒸失水分 221kg,析出硫酸镁混盐 134kg,甚至氯化镁饱和卤水也可以蒸失水分 100kg 左右,析出数十千克水氯镁石固体盐。这表明,只有在青藏高原上,太阳才能提供这样强大的自然能源。

表 9-1　大柴旦湖区年气温和蒸发记录

日　期	月平均	蒸发的主要因素			蒸发量				
(年-月)	气温/℃	饱和水蒸气压/10^2Pa	月均绝对湿度/10^2Pa	最长日照时数/h	降水量/mm	纯水/mm	A/mm	B/mm	C/mm
1960-8	14.1	16.1	6.53	12.8	1.7	287.1			
1960-9	8.6	11.2	3.89	11.9	9.3	200.6			
1960-10	0.0	6.13	2.0	10.7	0	141.4			
1960-11	−7.7	3.6	1.07	9.8	0.2	120.4			
1960-12	−12.6	2.4	0.67	8.8	0	87.8			
1961-1	−14.6	2.0	0.53	9.7	0.5	34.0			
1961-2	−11.1	2.67	0.93	10.5	1.9	47.8			
1961-3	−5.7	3.99	1.07	11.4	3.0	123.2			
1961-4	3.2	7.73	1.47	12.3	2.1	231.1			
1961-5	7.4	10.26	1.73	13.2	0.4	335.5			
1961-6	13.2	15.20	5.07	13.5	7.4	333.3	244.9	193.4	105.0
1961-7	15.9	18.2	5.33	13.2	6.8	374.1	294.4	221.4	133.0
1961-8	14.3	16.8	6.39	12.6	14.3	268.1	208.3	154.7	93.1
1961-9	7.7	9.2	2.81	12.0	3.5	219.5	198.8	124.5	83.6

注：A.氯化钠饱和卤水(密度＝1.214g/cm^3)；B.钠镁氯化物和硫酸盐共饱和卤水(密度＝1.302 g/cm^3)；C.钠钾镁的氯化物硫酸盐共饱和卤水(密度＝1.363g/cm^3)。

9.2　大、小柴旦盐湖区域地质概况

9.2.1　一般地质概况[7]

大、小柴旦盐湖处于柴达木新生代断块北缘的祁连山边缘凹陷带(图 9-2)。

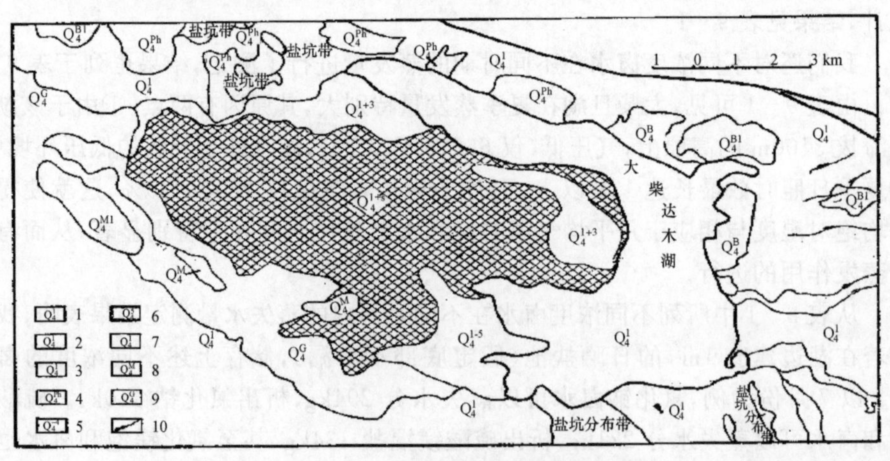

图 9-2　柴达木湖区地质略图

1. 湖水；2. 风积沙；3. 钠硼解石；4. 硼土；5. 砂质黏土和石盐；6. 石盐；
7. 湖积亚黏土，砂砾；8. 芒硝；9. 含砂石膏；10. 河流

湖区外围达肯大阪山、绿梁山和锡铁山区出露元古界变质岩系、震旦系、寒武系、中下奥陶系、石炭系和二叠系。中生界(上)三叠系主要分布在达肯大阪山，为石灰岩、砂岩和板岩等海相沉积。侏罗系和白垩系在达肯大阪山的大头羊沟和鱼卡一带，为一套陆相碎屑岩、泥岩构造，常含煤层。湖区内新生界第三系还见有渐新统和中、上新统，为一套陆相山麓碎屑岩沉积，主要分布在小柴旦盐湖西南岸。湖区内岩浆活动比较频繁，各时期的岩浆岩均有出露，其中以中生代花岗岩分布最广。各时代的花岗岩体大面积分布于北部达肯大阪山区，包括前吕梁期花岗岩、加里东期和海西期酸性至超基性岩以及印支期含电气石的斑状花岗岩和燕山期花岗岩，在此都可以见到。

9.2.2 湖区第四系地层及含盐矿层

本湖区内下更新统分布在吕梁北山之南公路附近，由胶结不好的洪积砂砾组成，厚约 3m。以微角度不整合地覆盖于中新统至上新统时期所形成的岩层之上。中下更新统时期所形成的冲积层，仅见于塔塔棱河河口附近，岩性为砾岩，分选性较差；中下更新统冰碛、冰水沉积分布于达肯大阪山各大沟口，呈丘陵地形，由粗细混杂的巨砾、泥砾、粉砾等组成。巨砾可见到有较短的擦痕，层厚 50～150m。

9.2.3 大柴旦盐湖

大柴旦盐湖区内分布地层由盆地外缘往内依次为：上更新统的洪积砂砾(Q_3^{pl})，上更新统和全新统风积洪积砂、砂砾(Q_{3+4}^{eol+pl})，全新统湖积和化学沉积(Q_4^{l+ch})湖积亚黏土 Q_4^l，砂砾(Q_4^{ch})如图 9－2 所示。图 9－2 中的 Q_4^5 为石盐。据青海省海西地质队在大柴旦湖进行的钻探，湖底最大揭露深度 100.8m，其中从地表至 40m 深为含盐沉积，40m 以下为湖相沉积。

现将湖底地层沉积简述如下：

1．晚更新世晚期

(1) 晚更新世晚期。新生代第一成盐时期，沉积有灰绿土色、土黄色和褐灰色碎屑黏土，在黏土层顶部含灰黑色钠硼解石和石膏，^{14}C 年龄测定结果为距今 21 000 年±1060 年[2]，黏土层厚 70～80m。

(2) 盐类沉积层。以石盐为主，其次是芒硝及泥灰色石膏。该盐类沉积主要分布在湖区西部，面积为 30km^2(图 9－2)，厚度为 3～8m，最大厚度为 18.15m，最薄处为 0.3m。石盐沉积主要分布在中南部位，向边缘过渡为芒硝和泥灰色石膏，中心部位底部发现有白钠镁矾沉积。该沉积层^{14}C 年龄测定结果为距今 16 800～14 200 年。显然，这是大柴旦湖最早的一次成硼盐期，在这一成硼期沉积中已经发现局部存在钠硼解石和柱硼镁石，应属于该盐湖最早的硼酸盐沉积矿层(B_1)。

2. 晚更新世末期

(1) 第四纪第一成盐期是晚更新世末期,有含盐的黏土和盐类沉积,有灰绿色、土黄色和灰黑色含盐砂质的黏土层。盐类沉积以石盐为主,其次为石膏、芒硝。层厚一般为 5～6m,厚度变化由几十厘米到 15m 之间。局部含硼酸盐矿物,属于第二硼酸盐沉积(B_2),本层明显地属于淡化期的产物。形成时期距今 14 200～12 300 年[14]。

(2) 第四纪第二成盐期,是晚更新世末期至全新世,成盐期盐类沉积剖面图如图 9-3 所示。

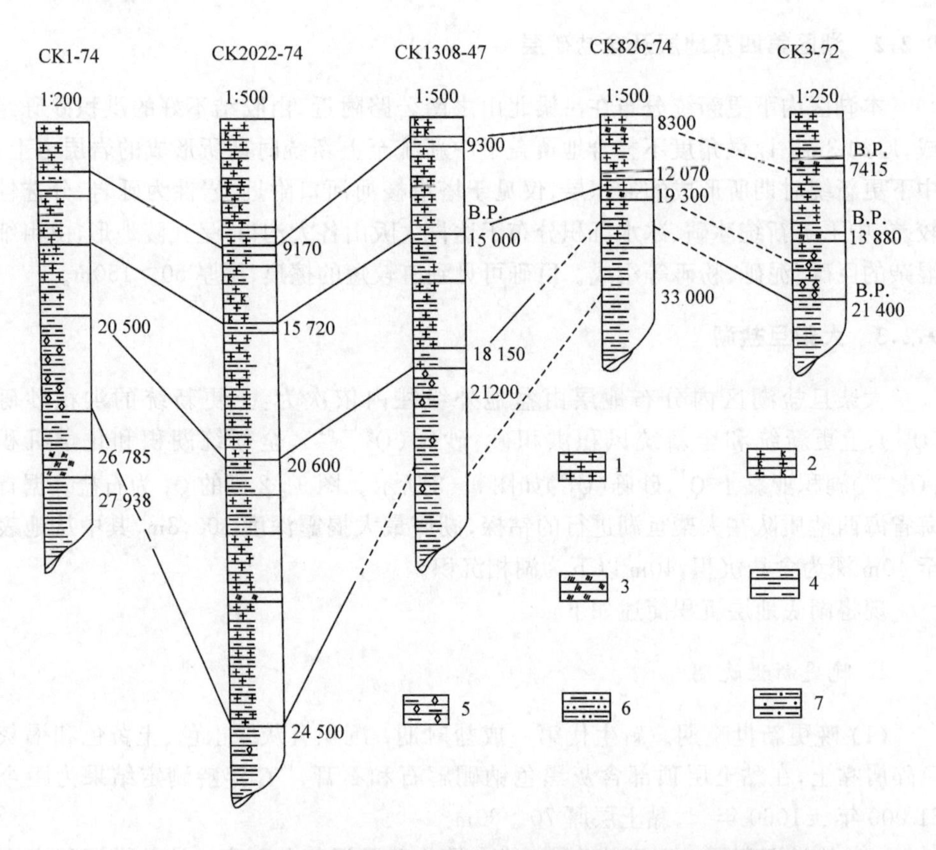

图 9-3　大柴旦盐湖晚更新世末期至全新世成盐期盐类沉积剖面图

1. 石盐;2. 含钾盐的石盐层;3. 淤泥;4. 沙土;5. 含石膏的黏土;6. 粉砂黏土;7. 细砂黏土

(据原海西地质队 20 世纪 60 年代勘探钻孔剖图简化)

大柴旦湖区最新的盐类沉积,也主要是在这个时期形成的。盐类沉积面积达 166km^2,该湖区的第二个盐类沉积期,约始于距今 12 300 年[14],由下而上分为 3 层:①淤泥石膏层。由灰-黑色淤泥和细粒石膏组成,含有大量分散状柱硼镁石细粒晶体和钠硼解石，是重要的硼矿层之一(B_3)，分布于湖区中部、东北部和现代地表卤水区内，总面积达 94km²，一般厚 3～4m。②芒硝层。以芒硝沉积为主，其次为石膏和暗灰色淤泥。含大量钠硼解石和柱硼镁石，尤以中上部含量为高。平均品位很低，为本区主要的硼酸盐矿层(B_4)。主要分布在湖表卤水的中东部，本层下部常见白钠镁矾小透镜体，顶部出现薄层淤泥石膏。总面积 56km²，一般厚 3～4m，最厚达 9.86m。③石盐层。以石盐为主，中下部混杂有少量芒硝、石膏和灰黑色淤泥等。上部和下部均混杂有粉砂黏土，偶尔见到有泻利盐晶粒。下部含柱硼镁石和钠硼解石，为本湖区内的第五硼酸盐矿层(B_5)。该层西部、西北部厚，向东逐渐变薄。分布面积最大达 109km²，一般厚度在 6～8m，最厚处为 16.9m。

9.2.4　小柴旦盐湖

小柴旦湖盆内汇水面积要比大柴旦湖盆(240km²)小，该湖是一个常年性卤水湖，面积为 152km²。外围出露下第三系，岩浆岩主要为海西期及加里期火成岩。湖区东南有第三系棕红色、土黄色砂岩出露。区内第四系地层分布如图 9-4 所示。根据地质钻孔资料，深度 42m 范围内的地层自下而上为晚更新世上部(Q_3)和全新纪。全新纪自下而上分为以下 4 层。

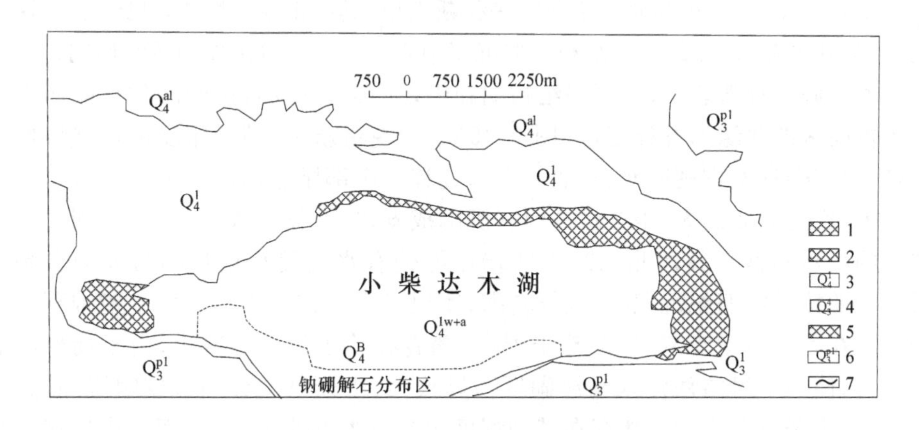

图 9-4　大、小柴旦湖区地质略图

1. 上部湖水，下部石盐(Q_4^{lw+a})；2. 石盐(Q_4^a)；3. 淤泥，黏土，砂砾(Q_4^1)；4. 砂土，砂砾；5. 钠硼解石(Q_4^B)；6. 洪积砂土；7. 地质界线；Q_4^{al}.石盐和黏土；Q_3^{pl}.洪积砂砾

(1) 黏土层。呈土黄、灰白和灰绿色夹有粉砂的黏土层，偶尔见到含有石膏，它分布全区境内。一般厚 4～9m，最厚可达 22.03m。

(2) 淤泥层。此层以淤泥为主，呈黑色、黑灰色，分布较广。其次是黏土和粉砂。湖西北部分布有钠硼解石和石膏，一般厚度为 5～6m，最厚达 12m，埋藏深度 9～22m。在湖区南部细砂层上部含团块和薄层状钠硼解石，局部含柱硼镁石结晶。厚度一般不小于1.8m,埋藏深度2～10m。

(3) 含盐淤泥层。遍布全区,总厚度为14.5～19m。在湖区西北部,该层以其中部的黏土层为界,可细分为上部含盐淤泥层和下部含盐淤泥层:①下部含盐淤泥层自下而上又可分为含石膏淤泥层,厚10～12m;含芒硝淤泥层,厚2～4m;②上部含盐淤泥层自下而上又可分为下段砂质黏土、粉砂和淤泥层,厚1.5m;上段含芒硝的淤泥层,厚1～55m。在湖水南缘含盐淤泥层相变为含钠硼解石的淤泥层和偶尔含钠硼解石的芒硝细砂层。

(4) 湖底石盐层。为全新世沉积,厚0.1～1.0m。

9.3 大、小柴旦盐湖的形成和演化

大、小柴旦湖盆处于柴达木断块北缘的北西(NW)向构造线上,湖盆的形成和发展明显地受控于青藏高原构造体的影响。由于南北向的挤压致使达肯大阪山和绿梁山—锡铁山在新生代大幅度上升,大、小柴旦盐湖断陷呈北西向相对沉降。本区构造如图9-4所示,存在两组主要断裂:①北西—北西向逆冲断裂组为区内最重要的一组断裂,出现在达肯大阪山、绿梁山、绿草山和锡铁山一带,该组断裂是新生代复活逆裂;②北东和北北东向的平移断裂组,具有正断层性质,断距较小,这对大、小柴旦次湖盆的形成、分割和湖相沉积中心的迁移起着重要的控制作用。

大量调查资料表明,在第四纪初期和中期的大、小柴旦山间湖盆可能属于柴达木古湖区的北缘河谷补给区(图9-5)。到晚更新世,随着印度板块推挤作用加剧,致使柴达木古湖向北、东北和东南迁移。南部昆仑山区中下更新世湖区北缘消失,代之以北部大、小柴旦古河谷沉陷成湖,这时候的大、小柴旦盐湖显然是统一的淡水湖盆。其西北和东南两端可能仍有水道使小柴旦湖与大柴旦湖相通。开始接受第四纪沉积时,气候转寒,冰川发育并在达肯大阪山南麓堆积冰川砾石。在晚更新世晚期,气候趋于干燥,随着补给水量趋于减小,由于局部隆起的抬升,使鱼卡河向西流入马海湖区。导致大、小柴旦湖分隔形成闭流湖,这时候的大、小柴旦湖之间仍然存在某种程度藕断丝连的水力联系,而古塔塔棱河可能已形成某种程度的分流,大部分河水注入小柴旦湖,从而使大柴旦湖率先成为盐湖[14]。到全新世初期,气候持续干旱,这时候的塔塔棱河全年性地全部向东流入小柴旦湖,这就造成大柴旦湖盐沉积范围扩大,沉积中心东移。与此同时,小柴旦湖开始成为卤水湖,当时的分布面积是目前的3倍。在小柴旦湖西北部,当时曾被湖水所占据,现在是大片的平坦湖滨区,顶部层纹状含黏土湖相地层中,采用^{14}C测定年龄为距今(8055±100)年[8,9]。

大柴旦湖晚更新世晚期第一期盐类沉积中心是在湖的西部,至晚更新世末到全新世第二期,盐类沉积中心移向东部,现代卤水区向东北部移动。小柴旦湖全新世盐

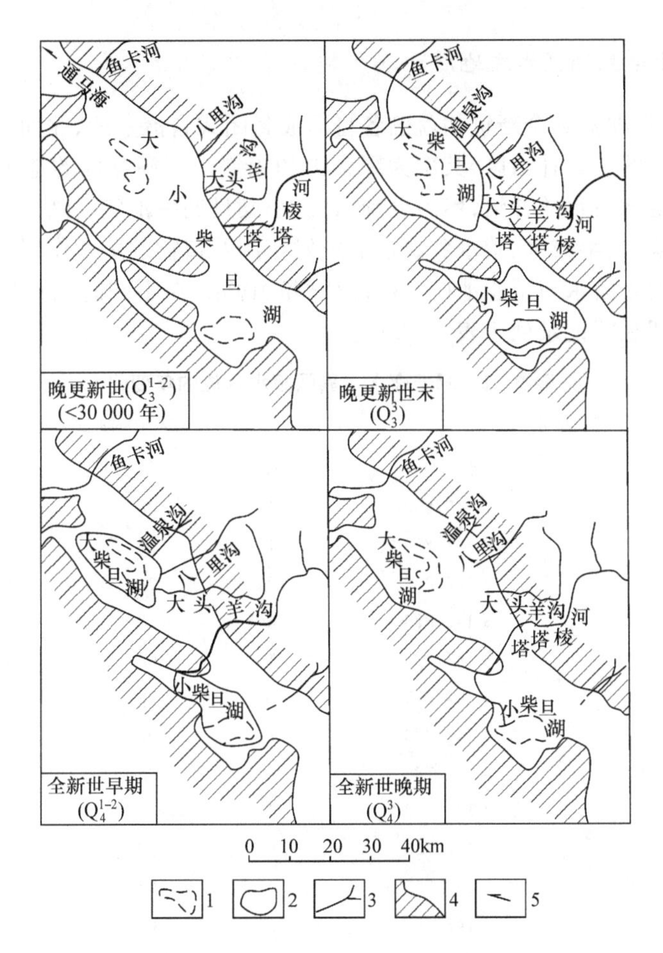

图 9－5　大、小柴旦湖泊的演化发展示意图[14]

1. 现代湖泊；2. 古湖；3. 河流；4. 剥蚀区；5. 通道

沉积中心和现代卤水区也是位于小柴旦湖盆东南侧，沉积相环境呈现明显的不对称性。塔塔棱河改道流入小柴旦湖，同时大柴旦湖第二期成盐沉积中心向东迁移。

9.3.1　区域水文地质

大、小柴旦湖盆地的主要沉积的次环境为：冲、洪积扇、沙坪、盐泥坪、盐盘、沙丘区和泉沼区。现以大柴旦湖为例，其次环境分布特点如图 9－2 所示。北部达肯大阪山上升幅度比南侧绿梁山大，并已发育有现代绿洲。大柴旦湖西部隆起比东部隆起得快，使次环境在发育程度上表现出不对称性。达肯大阪山冲、洪积扇、泥坪、盐泥坪和泉沼均比南部发育。冲、洪积扇连片面裙，高离湖面。由于北部补给水源较多，致使湖表卤水集中在湖区东、北面，呈平放的小左轮枪状。

1. 大、小柴旦湖区水文地质

大、小柴旦湖盆到全新世初就已各自形成封闭式自流盆地，北面的达肯大阪山为区域地下水的主要补给区，其次为绿梁山和锡铁山。湖盆内的地表径流和地下径流受高山融冰雪水的补给，然后分别向大、小柴旦湖中汇集。湖区内水分排泄的主要途径是淡水、半咸水、咸水和卤水的蒸发作用及植物的蒸发作用。

大柴旦湖表卤水与试验池(64/CK43 试坑)卤水，在不同时期蒸发过程的水位的年变化长期观察记录列于表 9-2 中。

表 9-2　湖表卤水与晶间卤水水位的年变化

湖表卤水			64/CK43 试坑水位		
月	日	水位/m	月	日	水位/m
4	05	3 147.803	4	08	3 147.648
4	30	3 147.809	4	28	3 147.670
5	05	3 147.809	5	08	3 147.678
5	28	3 147.828	5	28	3 147.724
6	08	3 147.822	6	08	3 147.713
6	28	3 147.783	6	28	3 147.775
7	08	3 147.778	7	08	3 147.767
7	28	3 147.788	7	28	3 147.766
8	11	3 147.758	8	11	3 147.763
8	28	3 147.730	8	28	3 147.760
9	08	3 147.709	9	08	3 147.755
9	28	3 147.689	9	28	3 147.742
10	08	3 147.729	10	08	3 147.781
10	28	3 147.744	10	28	3 147.754
11	08	3 147.746	11	08	3 147.740
11	28	3 147.755	11	28	3 147.700
12	08	3 147.756	12	08	3 147.676
12	28	3 147.756	12	28	3 147.625
1	08	3 147.761	1	08	3 147.598
1	28	3 147.758	1	28	3 147.569
2	08	3 147.777	2	08	3 147.557
2	28	3 147.812	2	28	3 147.560

图 9-6 绘制了不同时期大柴旦湖表卤水的气温、水位、水温和相对密度变化的观察记录。图 9-7 绘制了不同时期大柴旦湖表卤水的 NaCl、KCl、$MgCl_2$、$MgSO_4$ 和 B_2O_3 的化学组成变化。

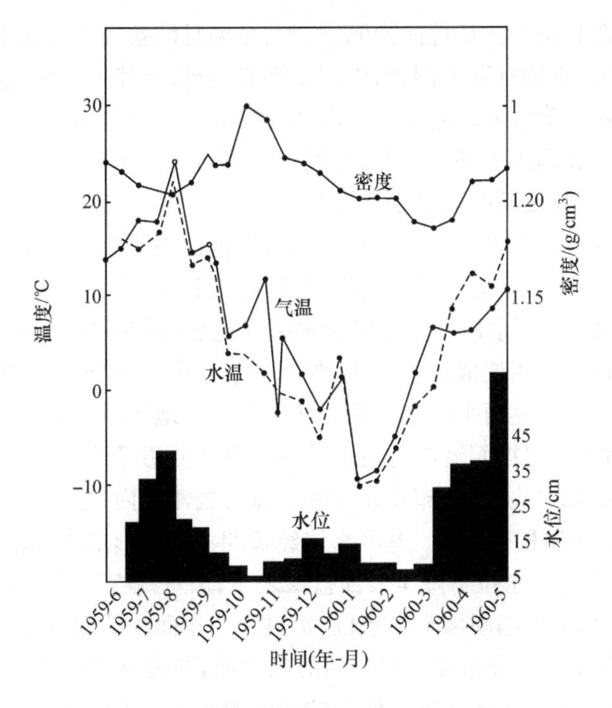

图 9-6　不同时期大柴旦湖表卤水的气温、水位、水温和相对密度变化

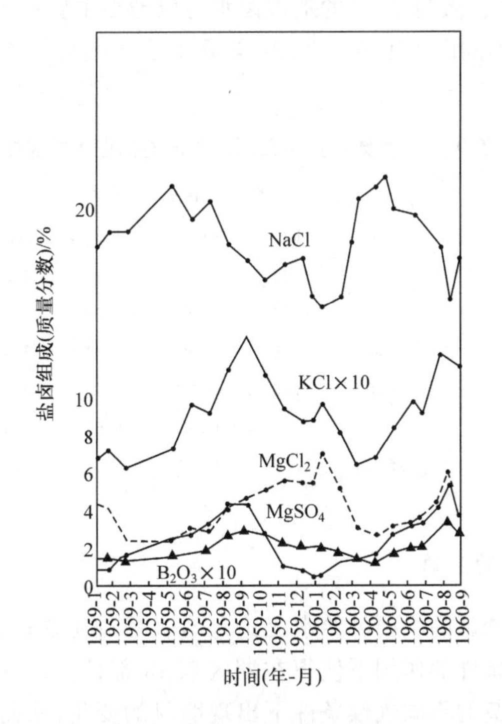

图 9-7　不同时期大柴旦湖表卤水化学组成的变化

在地质构造和沉积次环境的控制下，大、小柴旦湖盆的水文地质是呈环带状分布的。分别以大、小柴旦湖为例，由山区至湖心，分成下述 6 个水文地质单元。

(1) 山区裂隙潜水区。达肯大阪山区变质岩和火成岩发育一系列断裂构造，为裂隙潜水的形成提供了基本条件，尤其为深循环地热水的形成提供了良好的水源，因而形成了北部山麓的温泉带[10]。

(2) 山前冲积潜水区。山前冲积孔隙潜水区的坡度较大，沉积物以粗粒砂砾为主，透水性好。地下水埋深较大，径流条件好，以溶滤作用为主。

(3) 沙坪浅层地下水区。沙坪浅层水区的地形比较平缓，沉积物由高往低，由粗细碎屑物交替成层相变成细碎屑物(如粉砂、黏土)。这里透水性差，径流变缓，地下水的矿化度比上述两个区都稍高一些。当这些地下水流至沙坪末端与泥坪相接处时，由于黏土层阻挡而溢出地表形成环湖分布的沼泽地带。

(4) 晶间卤水区。主要分布在湖区南中部的盐滩区内，地势平坦。盐滩表面因盐类结晶和风化作用稍有起伏。此区水体经长期蒸发已形成浓度较高的卤水，并析出大量盐类沉积，使其水位下降至表面盐层之下，卤水赋存于盐晶之间或含盐泥灰(淤泥)的孔隙中，形成晶间卤水。水位、水温和分布面积的相对变化都比较小。

(5) 湖表卤水区。分布在大柴旦湖的东北部，湖表卤水是湖盆内的地表卤水，其深度、水温和面积明显地受到气候条件变化的影响。上面已经谈过，夏季 5～10 月份卤水蒸发量很大，从图 9－6 的地表卤水可以看出主要变化情况。

(6) 日晒池中不同卤水组成。表 9－3 列出了大柴旦盐湖在夏季蒸发卤水时的组成变化。

表 9－3　大柴旦盐湖日晒池不同时间卤水的组成

取样时间 (年-月-日)	化合物含量(质量分数)/%							
	LiCl	NaCl	KCl	$CaSO_4$	$MgSO_4$	$MgCl_2$	MgB_4O_7	H_2O
1988-05-10	0.12	15.71	1.32	0.10	2.49	6.38	0.46	73.42
1988-06-15	0.17	13.37	1.73	0.08	4.09	8.30	0.58	71.68
1988-07-15	—	12.43	2.08	0.09	5.29	9.31	0.71	70.09
1988-08-16	—	0.03	2.45	0.05	5.99	10.51	0.81	70.16
1988-09-22	—	12.46	2.22	0.09	4.68	9.92	0.68	69.95
1988-10-22	—	15.26	1.83	0.07	5.14	6.07	0.53	71.0

2. 湖区补给水的来源

现在大柴旦盐湖区的主要补给水无论是地表径流还是地下潜流主要来自东、北部。在湖区气候条件的作用下使得在湖区东、北部位出现常年性地表卤水。其分布面积在不同季节的不同气候条件下出现明显的变化，从而调节并稳定湖区的水量平衡和盐量平衡。大柴旦湖盆内的盐类沉积物首先由各种补给水源汇集于地表卤水区，经蒸发浓缩或自然冷冻而结晶析出各种盐类矿物。根据大柴旦地质队的资料（表9-4）可以清楚地看出，湖表卤水与盐滩中的晶间卤水水位之间随着不同季节而成互补关系。

表9-4　大柴旦湖区补给淡水的化学组成

名　称	温泉一	温泉四	沟十二	温泉二
密度/(g/cm³)	0.998(4.5℃)	0.995(13.5℃)	0.996(13.5℃)	0.994(37.5℃)
pH	6.5	6.0	6.5	7.5
$CaCO_3$/(mg/L)	4.0	7.9	8.2	7.8
$Ca(HCO_3)_2$/(mg/L)	80.2	122.0	139.1	48.5
$Mg(HCO_3)_2$/(mg/L)	55.4	69.1	56.6	12.9
$NaHCO_3$/(mg/L)	15.5	15.8	—	95.5
$MgSO_4$/(mg/L)	—	—	65.0	—
Na_2SO_4/(mg/L)	97.2	100.2	85.0	344.5
KCl/(mg/L)	6.3	8.6	9.5	28.5
NaCl/(mg/L)	104.2	164.4	174.2	551.4
$Na_2B_4O_7$/(mg/L)	12.3	16.4	31.1	155.1
LiCl/(mg/L)	—	—	—	32.6
总盐量	374.7	501.4	577.7	1276.9
干基测定	363.5	526.5	536.0	1256.0

根据大柴旦湖区地下水的富水性、水化学特征和水力联系等特征，可将该区含地下水的地层自上而下分为Ⅰ～Ⅳ含水组。Ⅰ和Ⅲ含水组分别赋存于上更新统上部和全新统盐沉积中，属于含盐卤水。Ⅱ和Ⅳ含水组分别赋存于上更新统顶部碎屑层（淡水层）和上更新统上部盐下碎屑层的夹层中，属于淡水层，且涌水量较大。

湖区卤水层与淡水层之间的关系为：第Ⅳ含水组一般由较稳定的含水层与卤水层相隔，只在个别地段因钻孔穿透盐层达到底部承压淡水层，由于没有进行钻井封孔而形成盐溶洞，与卤水层发生直接水力联系；第Ⅱ含水组则在局部地段与卤水层直接接触或通过盐喀斯特（进水的溶解沉积盐）作用，而与卤水发生水力联系。地下承压淡水层对于盐层存在溶蚀作用，对于晶间卤水和地表卤水都存在稀释作用。

9.3.2　硼和锂物质来源

大、小柴旦盐湖中稀散元素硼和稀碱金属锂的物质来源问题在郑绵平等著[14]《青藏高原盐湖》和张彭熹的著作[7]中都明确地提到了三种来源：第一种主要来自温泉和泥火山等深部岩浆物质；第二种来自湖盆围岩风化淋漓的结果；第三种来源主要是来自盐湖卤水中的硼与宇宙射线作用发生核反应蜕变。高世扬认为,盐湖中的硼、锂等矿产成盐元素的来源虽然具有多源性,但其主要来源都与含硼温泉、泥火山和火山活动密切相关。也就是说,硼和锂的物质来源主要来自地球深部。围岩风化淋漓供给盐湖成盐元素中的硼、锂是次要的。李家窾研究了大柴旦盐湖中硼、锂分布规律[11,12]。

将青海和西藏几个主要盐湖卤水中锂和硼的含量列于表 9-5 中[13~15]。从表 9-5 中可以看出,青海大柴旦盐湖地表卤水中含硼量最高,而它的含锂量可与西藏扎仓茶卡Ⅰ盐湖和扎布耶茶卡盐湖相媲美。青海东台吉乃尔湖含锂量最高,是从卤水中提取锂的重要资源。

表 9-5　青海和西藏主要盐湖卤水中锂和硼含量(单位:mg/L)

名　称	青　海		西　藏	
	大柴旦	东台吉乃尔	扎仓茶卡Ⅰ	扎布耶茶卡
Li	84.9	141.0	75.64	90.34
B	469.8	241.5	39.35	182.9

一般说来,这些盐湖难以形成有用的矿床。但是,在地球表面的现代盐湖中,硼和锂都是重要的资源,它们是工业上有开发利用价值的液体矿资源。

1. 硼、锂元素深部岩浆盐分来源

柴达木盆地周围,尤其是北部祁连山断裂构造活动非常发育。目前只在大、小柴旦湖盆北缘达肯大阪山北麓发现有温泉,在雅沙图地区发现了泥火山。区域水文地质和水文化学资料表明,大、小柴旦湖的主要补给水来自北部,且各类补给水中硼和锂都来源于深部温泉水和泥火山水。从表 9-4 所列大柴旦湖区补给淡水的化学组成可见,本区河水和泉水与地热温泉水相比,地热水中的硼、锂含量具有更高的异常性,其中硼、锂含量之高可与世界上几处硼、锂含量高的地热水相媲美[14,15]。正是这些硼、锂含量比一般河水和泉水高几十倍的地热水的存在,常常成为某些盐湖区内河水和泉水中硼、锂含量升高的原因之一。大、小柴旦湖盆深部的硼、锂来源于泥火山活动:在晚更新世时,河水由东北往西南流入大柴旦盐湖。大约在全新世早期,由于在阿尔金断裂持续活动分力的作用下,大柴旦湖东部冲积扇被拱抬起来,迫使塔塔林河水流出之后,直接向南注入小柴旦湖,塔塔棱河中、下游大致沿着南祁连山断裂带发育。在雅沙图地区接受大量含硼、锂较高的泥火山水的补给。这里的泥火山水富含碱金属硼酸盐(含 B_2O_3 55～580mg/L)、氯化钠和碳酸钠,其中 B_2O_3 高达 11～84mg/L。同时,在居红土地区沉积有钙和钠钾硼酸盐,使这里的河水支流中雅沙图河水中硼的含量(以 B_2O_3 计)高达 13.96mg/L;黑水河中 B_2O_3 含量 332mg/L。因此,塔塔棱河上游水中硼含量颇高,沿途汇聚大量冰雪融水流出山口到下游茶茫公路桥头以下后，河水中硼含量（以 B_2O_3 计）减少到 3.6～24.2mg/L，成为早期大柴旦湖和后期小柴旦湖中硼和锂的主要补给来源之一。

2. 硼、锂来源于深部地热温泉

根据对地球卫星照片的分析，在大、小柴旦湖之间有一南北向断裂通过，并延伸至大柴旦湖北山温泉沟，与北西西逆冲断裂北山达肯大阪山温泉沟内的温泉群共有 87 个泉眼，出露温泉水温最高达 78℃，一般为 60～70℃，这些温泉水具有较高的放射性强度（辐射强度 1500～2000γ）。所有泉眼的涌水量常年基本上比较稳定，不随季节而变化。化学组成（表 9－6 ）主要是含 NaCl、Na_2CO_3、$NaHCO_3$ 的碱金属硼酸盐水，与雅沙图地区的泥火山水不属于同一类型。在这里除钙化外，可以见到少数泉眼有蛋白石沉积。温泉两侧的古钙泉华规模要比现在的大。^{14}C 年龄测定结果为（24 420±1750）年。以目前北山温泉流量和硼、锂含量计算，自 24 420 年至今，由温泉水带入大柴旦湖的 B_2O_3 量在 1.89×10^6t 以上，LiCl 在 2.4×10^5t 以上[13～15]。

表 9－6 大、小柴旦盐湖卤水和温泉水中的铀、镭、钍含量

名称	水类型	含量/(g/L)		
		铀	镭	钍
温泉水(5 个样)	NaCl、CO_3^{2-}、B_4O_4	0.4×10^{-6}		0.002×10^{-3}
大柴旦湖水	$MgSO_4$ 亚型	0.127×10^{-3}	3.0×10^{-9}	0.03×10^{-3}
小柴旦湖水	Na_2SO_4 亚型	0.150×10^{-3}	2.4×10^{-9}	0.03×10^{-3}
大柴旦湖水/温水	—	318	—	15

9.3.3 大、小柴旦盐湖水中的重要放射性元素

1. 含铀、镭、钍重放射性元素

从表 9－6 中所列大、小柴旦盐湖卤水和温泉水中重放射性元素的分析结果可见，大柴旦湖北山温泉中重放射性元素铀（U）和钍（Th）的含量较高，还含有镭（Ra）。大柴旦盐湖地表卤水中的重放射性元素 U、Ra 和 Th 的含量都比相邻的盐湖高得多，比东部柯柯盐湖卤水中铀的含量（含 0.011μg/L）要高 11 倍，比南部达布逊湖水中铀的含量（含 0.05μg/L）高 2.5 倍，比西边的巴龙湖水中铀的含量（含 0.04μmg/L）高 3.1 倍。大柴旦湖水冰雪融水和其他地表卤水及地下水潜水中重放射性元素的含量却颇低。可以认为，该温泉水可能是湖水重放射性元素的重要来源。

值得指出的是，由于大柴旦盐湖地表卤水中铀含量是有变化的，湖水在运用太阳池相分离一般盐类制得氯化镁共结卤水除了含 2.5%B_2O_3 和 1.0%LiCl 外，还

含有 0.127μg/L 的铀。用溶剂萃取法可以将铀富集达到 4mg/L。该浓缩卤水经冷冻蒸发使锂盐在氯化镁浓卤水中进一步富积的同时，重放射性元素的含量也同时达到高度富集。铀含量高达 60mg/L，已经达到核燃料矿处理过程中提取液的浓度，这已经达到对人体具有严重危害的程度，这是我国其他地区的盐湖所不具有的特点。

2. 湖盆内各类天然水中的氘和氧同位素[16]

早在 20 世纪 50 年代初至 50 年代末，北京大学张青莲院士就进行过大、小柴旦湖盆内卤水、温泉水和天然水中氘(^2H)和氧(^{18}O)同位素含量 δ_D 和 $\delta^{18}o$的测定。后来，1981 年中国科学院盐湖研究所的黄麒、张彭熹和张保珍等也进行过此方面的研究。张彭熹等通过大量测定数据给出柴达木盆地各类天然水的 δ_D 和 $\delta^{18}o$的变化范围分别为－65.9‰～＋8.77‰和－14.36‰～＋8.77‰。其中，盐湖地表卤水的平均值分别为－21.1‰和＋0.24‰；咸水湖的平均值分别为－17.7‰和＋1.82‰；淡水湖水的平均值分别为－30.4‰和－2.72‰；大气降水的平均值分别为－43.1‰和－9.25‰；河水和泉水的平均值分别为－37.7‰和－3.75‰；地下热水的平均值分别为－65.4‰和－9.30‰；油田水的平均值分别为－37.6‰和＋3.68‰。柴达木盆地各类天然水的 δ_D 和 $\delta^{18}o$变化情况见表 9-7。

表 9-7 柴达木盆地各类天然水的 δ_D 和 $\delta^{18}o$变化

序号	取样地点	日期(年-月)	水 型	密度/(g/cm^3)	δ_D/‰	$\delta^{18}o$/‰
1	大柴旦镇	1980-6	雨 水	—	－40.6	－8.83
2	达肯大阪山	1971-6	冰 雹	—	－65.9	－14.36
3	达肯大阪山红旗峰	1971-6	冰 水	—	22.8	－4.57
4	大柴旦北山温泉西	1980-5	热 水	0.998	68.0	－9.21
5	大柴旦北山温泉东	1980-5	热 水	0.998	－62.7	－9.39
6	大柴旦湖(14)	1980-4	湖表卤水	1.168	－31.9	＋0.76
7	大柴旦湖(15)	1980-4	湖表卤水	1.222	－19.1	－2.98
8	大柴旦湖(13)	1980-4	湖表卤水	1.205	－39.4	－2.11
9	小柴旦湖(西)	1980-4	湖表卤水	1.230	－10.7	＋4.49
10	小柴旦湖(中)	1980-4	湖表卤水	1.268	＋12.4	＋2.32
11	小柴旦湖(东)	1980-4	湖表卤水	1.320	＋3.9	＋5.15
12	柯柯盐湖(中)	1980-4	晶间卤水	1.217	－11.9	－3.98
13	柯柯盐湖(西)	1980-4	晶间卤水	1.215	－23.2	＋1.43
14	柯柯盐湖(东)	1980-4	晶间卤水	1.246	－29.7	＋1.26
15	达布湖 CK_5	1980-6	晶间卤水	1.230	－20.6	－4.96
16	达布逊湖	1980-6	表面卤水	1.220	－17.3	＋1.02
17	巴龙马海湖	1980-6	表面卤水	1.299	＋1.3	＋3.09

注：表中 δ_D 和 δ_{18_O}分别表示的海水为标准测定的氘和氧同位素的含量。"－"表示减少；"＋"表示增加。

根据青海湖水25℃等温蒸发过程中，浓缩卤水中氢含量与卤水密度成线性关系，而柴达木盆地各盐湖卤水中 δ_D 含量与卤水密度之间并不存在同样线性关系的情况，柴达木盆地各盐湖卤水中氢、氧同位素分布不单是蒸发分馏的结果，可能还与不同的补给水源中具有不同的氢、氧同位素组成密切相关。在小柴旦湖南岸中、东部采集的卤水中的 δ_D 值高，西部采集的卤水中的 δ_D 值就低，这可能是由于西部地下泉水掺杂作用的结果。大、小柴旦盐湖海拔高度可以认为相同，且相距较近(仅几万米)，但它们地表卤水中 δ_D 和 $\delta^{18}O$ 值之间的差别却明显较大，这显然与大柴旦盐湖拥有低值 δ_D 和 $\delta^{18}O$ 的深部地下热水(温泉水)补给密切相关。

综上所述可见：①大柴旦温泉群和雅沙图火山发生在南祁连山北西西断裂带上的水化学类型属于 Na^+/Cl^-、CO_3^{2-}、$B_4O_7^{2-}$-H_2O 型，与西藏雅鲁藏布地热带某些"岩浆型"的地热水型相同。②温泉中除硼、锂、氯和重放射性元素含量较高外，砷的含量均明显高于附近河水。这些河水组分明显来源于附近围岩的溶滤作用。按照经典的岩浆作用后期的成岩观点，可以认为上述硼、锂、砷等元素为岩浆作用后期富集的残浆产物。③通过对卫星照片的初步分析，在南部祁连山特别是雅沙图至鱼卡河上游地区，存在着相当密集而又清晰的构造环境。这些影像与上述地热和泥火山活动相对应，很可能是新生代以来该区深部隐伏的强烈岩浆活动的反映。其成因可能是在碰撞阶段，阿拉善地块反冲的剪切作用引起含硼、锂重熔岩浆囊形成。因此，可以认为该区热泉中的硼、锂组分可能主要来源于深部重熔岩浆。

3. 一般成盐元素——围岩风化淋漓来源

根据中国科学院青海盐湖研究所1978年的研究结果，柴达木盆地区域岩石中硼、锂丰度较高，硼丰度为0.0080％，锂丰度为0.0067％，分别大于地壳克拉克值的5.8倍和1.0倍。大、小柴旦地区各时期岩石中硼的含量也多不同程度地比地壳各类岩石中的硼丰度高，尤其是大柴旦湖东北部—雅沙图一带发育着印支期含电气石花岗岩，其中硼的含量高达0.20％～0.33％。一般认为，花岗岩电气石中的硼极其稳定，在自然界经受风化后，长期淋漓作用硼也很难被浸渍出来进入天然水中[我们曾利用花岗岩风化电气石，在大柴旦长期(1周)与沸水、蒸馏水作用，但用火焰光度计也检测不出硼]。因此，从围岩风化淋漓作用进入天然水中的硼含量也是非常少量的(柯柯盐湖和达布逊湖水中的硼就很微量)。

大柴旦北山温泉出自元古界变质岩系，水热活动必然要比地表水从该岩系中淋漓、浸渍出较多的硼和锂。该岩系中含硼、锂量并不高(质量分数分别为0.0003％～0.0160％和0.0013％～0.0039％)，且该岩系岩石孔较小，使水热渗透性受到一定限制。考虑到该温泉具有长期的水热活动史，要保持现代这样稳定的高含硼量，单纯依靠水热活动对围岩中硼、锂的浸渍作用是不可能的。

4. 大气降水中的盐分来源

大、小柴旦湖区年降水量82.8mm，据1964年8月18日大柴旦镇采集降水样的分析(柴达木地质队资料)结果，含盐量为0.03g/L，其中 B_2O_3 1.6mg/L 。据此推算，通过降水降落到大柴旦湖盆中的 B_2O_3 约115t/a，进入小柴旦湖的 B_2O_3 量约72t/a。

9.4 大、小柴旦湖区盐类矿物

9.4.1 盐类矿物沉积

很久以前，每年夏季到大柴旦湖放牧的少数民族(蒙古族)牧民，就发现并掌握了湖边硼土再生的规律，他们采集硼土用于生产硼砂。硼土的主要成分是水溶性四硼酸钠和某些钙镁硼酸盐和氯化钠、硫酸钠，加上大量松散的碳酸盐的沙质黏土。1957年，中国科学院盐湖科学调查队在大柴旦湖表卤水底部发现柱硼镁石之后，大柴旦地质队于1957年底和1958年就在该湖地表卤水东边湖沼地带发现了大量钠硼解石和水方硼石。20世纪60年代初，中国科学院北京地质研究所的谢先德从苏联回国以后，与曲一华和韩蔚田等在大柴旦湖区发现三方硼镁石($MgO \cdot B_2O_3 \cdot 7.5H_2O$)[17]，虽然论文发表时间比美国人早几个月，但国际矿物学会以中国人的工作不如美国人为由，不予承认。接着又发现两种新矿物，即章氏硼镁石($MgO \cdot B_2O_3 \cdot 9H_2O$)[18]和水碳硼石[$Ca_2MgB_2O_4(CO_3)_2 \cdot 8H_2O$][19]。大、小柴旦地区沉积盐类矿物列于表9-8中。

表9-8 大、小柴旦地区沉积盐类矿物

沉积矿物类型	大柴旦湖沉积矿物	小柴旦湖矿物名称	雅沙图矿物名称
硼酸盐矿物	钠硼解石($Na_2O \cdot 2CaO \cdot 5B_2O_3 \cdot 16H_2O$)	钠硼解石	钠硼解石
	柱硼镁石($MgO \cdot B_2O_3 \cdot 3H_2O$)	柱硼镁石	祁连山石
	水方硼石($CaO \cdot MgO \cdot 3B_2O_3 \cdot 6H_2O$)		
	硼砂($Na_2O \cdot 2B_2O_3 \cdot 10H_2O$)		硼砂
	三方硼镁石($MgO \cdot B_2O_3 \cdot 7.5H_2O$)		
	章氏硼镁石($MgO \cdot B_2O_3 \cdot 9H_2O$)		
	库水硼镁石($2MgO \cdot 3B_2O_3 \cdot 15H_2O$)		
	多水硼镁石($2MgO \cdot 3B_2O_3 \cdot 15H_2O$)		
	水碳硼石[$Ca_2MgB_2O_4(CO_3)_2 \cdot 8H_2O$]		
硫酸盐矿物	石膏($CaSO_4 \cdot 2H_2O$)	石膏	石膏
	芒硝($Na_2SO_4 \cdot 10H_2O$)	芒硝	芒硝
	无水芒硝(Na_2SO_4)	水钙芒硝	自然风化无水芒硝
	钙芒硝($Na_2SO_4 \cdot CaSO_4$)	自然风化无水芒硝	

续表

沉积矿物类型	大柴旦湖沉积矿物	小柴旦湖矿物名称	雅沙图矿物名称
硫酸盐矿物	水钙芒硝($Na_2SO_4 \cdot CaSO_4 \cdot 2H_2O$)		
	泻利盐($MgSO_4 \cdot 7H_2O$)		
	六水泻利盐($MgSO_4 \cdot 6H_2O$)		
	白钠镁矾($Na_2SO_4 \cdot MgSO_4 \cdot 4H_2O$)		
	软钾镁矾($MgSO_4 \cdot K_2SO_4 \cdot 6H_2O$)		
	羟钠镁矾[$NaMgSO_4(OH) \cdot 2H_2O$]		
氯化物矿物	石盐(NaCl)	石盐	石盐(偶见)
	水石盐($NaCl \cdot 2H_2O$)	水石盐	
	光卤石($KCl \cdot MgCl_2 \cdot 6H_2O$)		
	水氯镁石($MgCl_2 \cdot 6H_2O$)		

从表9-8可见,大、小柴旦湖区在三个地点形成有盐类矿物,但是矿物却十分不同:①在塔塔棱河的雅沙图泥火山地带形成的盐类矿物最少,只有3种硼酸盐矿物和3种硫酸盐矿物。②小柴旦湖至今仍保持基本上是一个卤水湖。湖区已找到的矿物有10种,它们是3种硼酸盐矿物、2种氯化物矿物、2种碳酸盐矿物和3种硫酸盐矿物。③在大柴旦湖区已找到盐矿物23种,是目前青藏高原上发现盐类矿物最多的一个盐湖。这23种盐矿分为三大类,即第一类为9种硼酸盐矿物(其中镁硼酸盐5种,钙镁硼酸盐3种和钠硼酸盐1种)。第二类为10种硫酸盐矿物(其中钙盐及其复盐3种,钠盐及其复盐4种,镁盐3种)。值得注意的是,在一般硫酸镁亚型盐湖较难遇到有这样多的矿物形成,这也充分说明该盐湖的复杂性。在这里还发现了羟基钠镁矾[$NaMgSO_4(OH) \cdot 2H_2O$],它是盐湖中很少见到的矿物。第三类为4种氯化物,其中除NaCl量大、分布广之外,其他3种只能在湖西北部位于湖滨的个别盐坑中偶尔见到。

9.4.2　硼酸盐成盐时期的对比

从大、小柴旦湖区成盐时期的对比结果(表9-9)可见,湖沉积的晚更新世期和两个成盐时期及地质代期之间的关系。大柴旦湖从上晚更新世末冰期(公元前2100年)开始成盐,并形成明显的第一成盐期,包括碳酸盐或盐和硫酸盐或盐两个成盐阶段。在最后一阶段的成盐过程中无论在石盐、石膏和芒硝,甚至在软钾镁矾成盐过程中就已经沉积有硼酸盐矿物(主要是钠硼解石和柱硼镁石)。晚更新世末到全新世的第二成盐期包括四个成盐阶段:碳酸盐沉积末期—硫酸盐沉积初始阶段;硫酸盐沉积初期阶段;硫酸盐沉积中期阶段;现代盐类沉积阶段。在所有这4个沉积阶段中都可以见到硼酸盐沉积[主要是钠硼解石($NaCaB_5O_9 \cdot 8H_2O$)和柱硼镁石($MgB_2O_4 \cdot 3H_2O$)][20~22]。

表 9-9　大、小柴旦盐湖成盐特征性对比

<table>
<tr><th rowspan="2">代期</th><th rowspan="2">现代成盐阶段</th><th rowspan="2">成盐类型</th><th colspan="2">大柴旦湖</th><th colspan="2">小柴旦湖</th></tr>
<tr><th>湖底盐类沉积</th><th>卤水</th><th>湖底盐类沉积</th><th>卤水</th></tr>
<tr><td rowspan="4">全新世期</td><td rowspan="4">第二成盐阶段</td><td>氯化物阶段</td><td>芒硝、石盐、硼酸盐</td><td>—</td><td>芒硝、石盐、硼酸盐</td><td>—</td></tr>
<tr><td>硫酸盐中、后期阶段</td><td>芒硝硼酸盐含白钠镁矾和软钾镁矾（含钠硼解石＋柱硼镁石）</td><td>B、Li、K盐类</td><td>含芒硝盐淤泥硼酸盐（钠硼解石＋柱硼镁石）</td><td>B、Li、K盐类</td></tr>
<tr><td>硫酸盐沉积初期阶段</td><td>淤泥石膏硼酸盐（钠硼解石柱硼镁石）</td><td>—</td><td>淤泥硼酸盐（钠硼解石＋柱硼镁石）</td><td>—</td></tr>
<tr><td>碳酸盐沉积最后阶段—硫酸盐开始风化</td><td>含盐石膏黏土（钠硼解石＋柱硼镁石）碳酸盐黏土（第二期硼酸盐沉积开始）</td><td>—</td><td>碳酸盐黏土（开始硼酸盐沉积）</td><td>—</td></tr>
<tr><td rowspan="2">晚更新世期</td><td rowspan="2">第一成盐阶段</td><td>氯化物—硫酸盐阶段</td><td>盐类硼酸盐石盐—硼酸盐，石膏芒硝—硼酸盐（含软钾镁矾）</td><td>B、Li、K盐类</td><td></td><td>—</td></tr>
<tr><td>碳酸盐含硼酸盐</td><td>黑色淤泥含硼酸盐</td><td></td><td></td><td></td></tr>
</table>

小柴旦盐湖从全新世以来才开始盐类沉积，在全新世初期开始形成大量碳酸盐黏土，它实际只有三个成盐阶段：淤泥硼酸盐成盐阶段；含石盐、芒硝、淤泥硼酸盐成盐阶段；石盐、芒硝、硼酸盐成盐阶段。各个阶段形成的硼酸盐矿物主要是钠硼解石和柱硼镁石[23]。

9.4.3　湖区硼酸盐沉积存在形式

大柴旦盐湖是一个综合性硼酸盐和锂盐的盐湖矿床，对硼酸盐的研究程度较深，湖区硼酸盐沉积存在形式包括固体盐沉积（湖底硼酸盐沉积和湖滨硼酸盐沉积）和液体卤水（地表和晶间）中的硼矿。

1. 湖泊固体盐类沉积中硼酸盐沉积存在形式

大柴旦湖泊固体盐类沉积中的硼酸盐，赋存于含盐碎屑层和盐层中，硼酸盐矿物沉积的形成几乎与盐湖一般成盐作用的初始阶段同步，按沉积物组分及其成盐时间，由下而上可以划分成以下六个成盐阶段：

(1) 晚更新世晚期黏土硼酸盐沉积（B_1）。这是大柴旦湖区最早的硼酸盐沉积。该硼酸盐沉积位于第一期盐沉积的最下部，实际上可以认为是湖区底部最早的硼酸盐沉积，主要分布于28勘探线以西，主要形成于含粉砂的黏土层上部。黏土矿物以水云母为主，其次为绿泥石，粉砂主要由石英和长石等组成。本层含钠硼解石的量很少[初步估算该层的总硼量仅数百吨(以 B_2O_3 计)]，且零星分布成小扁豆体，面积为2～5000 m^2。埋藏最深达40.28m，最浅处为16.55m，一般在30m左右。厚度为0.5～1.2m，硼含量(以 B_2O_3 计)为0.5%～1.58%。

(2) 晚更新世末期盐类沉积中的硼酸盐沉积(B_2)。晚更新世末期盐类沉积中形成的硼酸盐沉积层，主要分布于湖区以西。盐类矿物的组成主要是石盐，其次含石膏、芒硝及少量的白钠镁矾、无水芒硝、泻利盐，局部有软钾镁矾。石盐沉积主要集中分布在中部，向边缘过渡为芒硝、淤泥石膏，中心部位的底部可见白钠镁矾。主要硼酸盐矿物是钠硼解石，呈星散状和团块状分布于芒硝和石盐或“淤泥”石膏沉积中。含钠硼解石的盐类沉积，呈北西向延伸的大透镜体或似层状，长5.6km，宽约4 km，一般沉积层厚度3～8m。硼酸盐赋存于本盐类沉积层的底部和中部，埋深19～22m，硼含量(以 B_2O_3 计)为0.79%～2.21%。该沉积层(B_2)与上部沉积层(B_3)之间有一层厚1～8m的沙质黏土层，把这两层硼酸盐沉积层隔开。

(3) 全新世含盐黏土硼酸盐沉积(B_3)。含盐黏土硼酸盐沉积形成于含盐粉砂黏土层中上部，部分与淤泥石膏硼酸盐沉积(B_4)形成连续沉积，广泛分布于湖区东部，东北部现在湖表卤水区内和北面现在湖水区以南或西部略偏南的部位。主要为水云母和绿泥石黏土，含少量石膏、石盐和芒硝。硼酸盐矿物主要为钠硼解石和柱硼镁石，共生盐类矿物为少量石膏、石盐及芒硝等，主要为碎屑物和黏土矿物。硼含量一般为0.82%～2.45%。埋藏最深18.47m，一般5～10m，厚度12m左右，含硼量(以 B_2O_3 计)为0.82%～2.45%。多呈不规则小透镜体或扁豆体。部分沉积岩性为含硼细砂，紧接上部较富的泥灰“淤泥”石膏硼酸盐沉积呈角状体。

(4) 全新世淤泥石膏硼酸盐沉积(B_4)。主要由石膏和碳酸盐黏土组成，含少量有机质及石盐、芒硝等盐类矿物。硼酸盐矿物主要是柱硼镁石，钠硼解石($NaCaB_5O_9 \cdot 8H_2O$)次之。该硼酸盐层形成于全新统淤泥，石膏沉积层中，部分与含盐黏土硼酸盐(B_3)及芒硝硼酸盐(B_5)形成连续沉积。本层是大柴旦湖底唯一的硼含量较高(一般含9%～14%的 B_2O_3)的硼酸盐沉积层，尤其是该沉积层底部硼的含量最高(含31%的 B_2O_3)。主沉积层呈弧状分布，似层状，长10km，西北宽约1km，东南宽2.5km，一般厚度为1～2m，大致呈西北—东南向延伸，其余均为小的扁豆体，该层顶板微具起伏，基本上呈水平状态，埋藏最深13.2m，一般埋深6～8m。主要分布在湖区东北部现在的湖表卤水区范围内，面积约28km^2。

(5) 全新世晚期芒硝硼酸盐沉积(B_5)。以芒硝为主，含少量石盐、石膏、白钠镁矾和钙芒硝，局部有薄层软钾镁矾形成。硼酸盐矿物以柱硼镁石为主，含少量钠硼解石。产于湖区全新统芒硝沉积(60% $Na_2SO_4 \cdot 10H_2O$ 以上)层中，并多与淤泥石膏硼酸盐沉积(B_4)和石盐硼酸盐沉积(B_6)形成连续沉积。分布在湖区中部的湖表卤水南岸一带,形成一稳定的水平层状沉积。分布大致呈西北—东南向,其余为小透镜体。长8.5km,宽3.5km,面积29.75km^2。其沉积层顶板微具起伏,埋藏最深为13.3m,最浅处直接出露地表,一般埋深5～6m。该层一般含B_2O_3 2%～2.5%(层厚4m),最低含B_2O_3 0.7%～6.0%(厚度一般为0.7～1.5m)。硼含量大于6%(以B_2O_3计)的较为少见。本沉积层中硼的储量仅次于淤泥石膏硼酸盐沉积。硼酸盐矿物以钠硼解石为主,少量柱硼镁石形成于芒硝层中所含的少量石膏淤泥和碳酸盐黏土中,这反映在:含柱硼镁石(5%)的钠硼解石(10%)芒硝层,厚2.02m;含10%的柱硼镁石芒硝石膏层,厚0.32m;含25%～30%柱硼镁石芒硝石膏层,厚0.8～1.5m;含微量钠硼解石的芒硝层,厚1.69m。

(6) 石盐硼酸盐沉积(B_6)。以石盐为主,含少量芒硝、石膏及微量泻利盐,少量黑色淤泥不均匀地分散在盐层中,硼酸盐矿物主要是钠硼解石,其次为柱硼镁石。产于全新统石盐沉积层中,并多与芒硝硼酸盐沉积(B_6)形成连续沉积。硼酸盐沉积层状的大透镜体,大致呈西北—东南向分布。分布于湖表卤水区及盐滩中北部,最浅处直接出露地表,一般埋深2～3m,层厚1～2m,一般含$B_2O_3$0.83%～2.92%。

2. *湖滨地表硼酸盐沉积*

湖滨地表硼酸盐沉积主要分布于现在湖表卤水东侧湖滨阶地(Ⅰ区)和北面湖水边缘缓坡地带,以及大柴旦湖现代盐类沉积区的西南边缘沼泽地带,形成湖区外缘沉积带(Ⅱ区)。

(1) 东部湖滨沼泽硼酸盐沉积Ⅰ区。该区位于大柴旦湖表卤水东岸,湖滨沼泽地带的阶地上,呈南北向,长4km,宽0.5～1.5km,面积约3km^2,枯水期湖水退缩,这里存在因湖水切割而形成湖滨沿线的明显阶地,高差仅数十厘米。该硼酸盐形成于含石膏沙质黏土、细砂石膏及淤泥沉积层中(由于硼酸盐沉积直接裸露地表,在表生作用下发生明显的变化),沉积底部为黑色泥灰(淤泥)。能与上述湖底淤泥石膏硼酸盐沉积相当,两者部分矿体直接相连。该区内硼酸盐沉积多呈扁豆状、囊状、条带状及团块状断续产生,其稳定程度随部位的不同而异。硼酸盐矿物以柱硼镁石为主,钠硼解石次之,再次为水方硼石。共生盐类矿物主要是石盐,其余为含粉砂淤泥。硼含量最高的硼酸盐沉积区面积约0.98km^2,平均厚度0.46m,最大厚度为1.86m。硼含量最高为34.11%(以B_2O_3计),平均为9.29%(以B_2O_3计)。中等品位的硼酸盐沉积面积为0.4km^2,平均层厚0.45m,最高含$B_2O_3$14.34%,平均含$B_2O_3$3.36%。

(2) 西南湖区外缘硼酸盐沉积Ⅱ区。该沉积区位于湖区西南部石盐沉积区外缘和石膏沉积区的内侧,该硼酸盐沉积区为西北—东南向的狭长地带,长7km,宽

0.5～1.5km，面积 6km^2。硼酸盐沉积于含砂盐壳之下的粉砂石膏沉积中，多为呈弧形的扁豆体，断续分布，并与湖泊芒硝硼酸盐沉积(B_5)和石盐硼酸盐沉积(B_6)相应。一般直接出露地表，个别埋深 2m 以下，硼酸盐矿物以钠硼解石为主，水方硼石次之。含硼量较高的硼酸盐沉积分布面积为 0.56km^2，平均厚 0.17m，最高含 $B_2O_3$11.34%，平均含 $B_2O_3$7.06%；含硼量较低的沉积面积为 1.69km^2，平均沉积厚度 0.5m，最高含 $B_2O_3$12.89%，平均含 $B_2O_3$2.54%。

3. 湖表卤水北部岸边沉积带

从大柴旦湖东北湾补给淡水区以西，沿北部湖表卤水长 2.5km、宽 20m，石膏、碳酸盐沙质黏土地带，间断地沉积有钠硼解石，长几米到几十米，宽数十厘米到几米不等，厚几厘米到几十厘米的薄层沉积，或上面有数厘米到几十厘米甚至 1m 的盐壳、硼土或沙质黏土层。有时还可以见到不均匀分布的呈豆状、团块状、细脉状的沉积。

湖区北部地表有硼土。湖表卤水的西部，水域北岸的盐泥坪地区和湖区东南部零星分布着大小不等的盐卤坑。洪水期，多数盐卤坑可能被淹没而纳入湖表卤水区范围。湖水退缩后，由于地形的关系自然形成盐卤坑。某些卤坑接受从上部硼土地带经雨水淋洗而带来的含硼物质，经日晒蒸发浓缩，不仅可以结晶出 NaCl，甚至可析出光卤石、水氯镁石等一般盐类，某些盐坑可见到小晶粒硼砂。物质成分特点如下：

1) 硼酸盐沉积中的矿物共生组合特点

大柴旦湖区的盐类沉积，尤其是硼酸盐沉积主要分布在两个沉积环境，不同的两个沉积区为湖区底部盐类沉积区和周边盐类沉积区。在这两种沉积区中，目前主要发现两种重要的工业硼酸盐矿物——钠硼解石和柱硼镁石。

2) 柱硼镁石与其他盐类矿物的共生组合

在大柴旦湖区，无论是在湖底盐类沉积中，还是在湖滨硼酸盐沉积区内，柱硼镁石总是经常与碳酸盐(黏土或淤泥)和(或)石膏密切共生。此时，柱硼镁石可部分形成柱粒状集合体。一般呈微柱状晶体分散在碳酸盐黏土中，而与其中的碳酸盐很难加以区别，柱硼镁石和石膏的共生可以见到以下几种情况。

(1) 石膏。它呈较大(与柱硼镁石晶体比较而言)的晶体为柱硼镁石和碳酸盐黏土所胶结形成基底式胶结结构或斑状结构。这时候的石膏晶体可以因经受溶蚀而成锯齿状晶体，也可以因在沉积后又逐渐成长而形成平整的边缘。硼矿在个别薄片中见到石膏自形晶体包裹有柱硼镁石短柱状晶体。柱硼镁石周围生长着石膏自形晶体。柱硼镁石交代石膏而形成交代残余结构，因而具有石膏的形象。

(2) 碳酸盐黏土。可分成石盐、芒硝、白钠镁矾的晶间充填物，胶结物或包囊物。此时，也可见少量的柱硼镁石分散在其中，柱硼镁石、柱硼镁石与石盐、芒硝之间无直接共生关系。在湖区第一期盐沉积中的柱硼镁石与碳酸盐共生比较发育，为其共生的主要形式。在第二期盐沉积中柱硼镁石是以交代石膏和包囊石膏为主要生成方式。

(3) 钠硼解石与其他盐类矿物的共生组合体。大柴旦湖区盐类沉积形成中钠硼解石的分布范围要比柱硼镁石更为广泛，成盐时间也比柱硼镁石长，使得钠硼解石与其他盐类矿物之间的共生关系比较复杂，存在下面五种情况：①黏土中钠硼解石围绕碳酸盐黏土或碎屑物质点形成似球状的结构。②钠硼解石溶蚀交代石膏，并围绕具有锯齿状边缘的石膏残晶形成环带状分布。这种现象在区内极为普遍。③钠硼解石沿白钠镁矾裂隙充填，并溶蚀白钠镁矾形成交代残余结构。④钠硼解石与芒硝的直接共生关系，在镜下观察过程中，由于芒硝极易风化脱水，难以肯定。但是，在芒硝晶体中，或者在芒硝溶蚀孔穴中包囊或充填有石膏、碳酸盐黏土。后者在薄片中可以见到钠硼解石溶蚀交代石膏生成或呈小团粒与石膏、泥质物胶结在一起。⑤钠硼解石与石膏、碳酸盐黏土在一起是因为被盐所包裹，钠硼解石溶蚀交代石膏围绕石膏分布，然后又被石盐所包裹(也可以认为是白钠镁矾包体)，钠硼解石也可以充填在石盐晶体之间。

综上可见，钠硼解石比较普遍地、强烈地溶蚀交替生成石膏并成为湖区钠硼解石生成的主要方式之一。钠硼解石也溶蚀交替生成白钠镁矾和芒硝。石盐、芒硝、白钠镁矾均可被包裹，并含有钠硼解石和石膏、碳酸盐黏土。钠硼解石与柱硼镁石共生，钠硼解石呈纤维状，比柱硼镁石晶体更容易生长。

4. 大柴旦湖区硼酸盐沉积顺序及其分布

如上所述，湖区内的成盐过程可分为晚更新世晚期成盐期和晚更新世末期全新世成盐期。同样，硼酸盐也相应地出现与之对应的两个成盐期：在第一成盐期中出现黏土硼酸盐(B_1)和盐类硼酸盐(B_2)；在第二成盐期中出现有含盐黏土硼酸盐(B_3)、淤泥石膏硼酸盐(B_4)及芒硝硼酸盐(B_5)和石盐硼酸盐(B_6)。

湖区的硼酸盐沉积从碳酸盐沉积阶段就开始，连续到氯化物，甚至钾盐(软钾镁矾)沉积阶段，以硫酸盐沉积阶段的中期最为发育，这正是 B_4 和 B_5 硼酸盐沉积在储量上占主要地位(不仅数量大且品位高)的原因。现对湖区硼酸盐沉积的分布简述如下：

1) 硼酸盐沉积的水平分布

大柴旦湖区第一期沉积范围较小，其中黏土硼酸盐沉积(B_1)分布范围很小，且零星分散，而盐类与硼酸盐沉积(B_2)，其上部沉积基本上是盐。这里记述的主要是湖区全新世盐类沉积中硼酸盐沉积的水平分布，它具有明显的分带性。湖区中部，位于湖表卤水的南面，是以钠硼解石为主的石盐(B_6)和芒硝沉积区的硼酸盐沉积。前者略偏西南；后者略偏东北位置。以柱硼镁石为主的淤泥石膏硼酸盐沉积(B_4)

分布在湖区东北外缘地表卤水区内。在湖表卤水的东部和北部外缘(偏东)又有湖滨地表钠硼解石、柱硼镁石和水方硼石的分布(图9-2)。

2) 硼酸盐沉积的垂直分布

大柴旦湖区硼酸盐沉积垂直分布在下部第一成盐期和第二成盐期。

(1) 第一成盐期的下部硼酸盐沉积,主要是钠硼解石在底板零星分散,钠硼解石沉积的上部包括石膏、芒硝、石盐、泻利盐,甚至软钾镁矾沉积中的硼酸盐。除钠硼解石之外,同时还出现有柱硼镁石。

(2) 第二成盐期中硼酸盐沉积在垂直分布上出现有三个明显的区间:①下部碳酸盐沉积区间。主要集中在全新统下部的碳酸盐黏土沉积中,含少量石膏和芒硝。硼酸盐以柱硼镁石为主,钠硼解石次之。②中部硫酸盐沉积区间。这一成盐区间也是硼酸盐形成的全盛阶段。在底部淤泥石膏中以柱硼镁石为主,钠硼解石次之。中部及上部含芒硝、白钠镁矾及含芒硝淤泥中的硼酸盐则以钠硼解石为主,柱硼镁石次之。③氯化钠沉积区间。在氯化钠沉积区间的硼酸盐主要集中在石盐沉积层底部,多半为钠硼解石,柱硼镁石少见。硼酸盐与含淤泥石膏、芒硝的石盐沉积关系密切。在纯石盐层中,基本上未出现硼酸盐沉积。

5. 沉积物的矿物组合类型[①,②]

湖区盐类沉积是未经"成岩"作用的天然原始沉积物。在西南部的第一期盐类沉积中的石盐,由于重结晶作用,已成为致密状物。下述矿物组合关系是以石盐、芒硝、石膏、白钠镁矾、碳酸盐黏土作为基础划分的组合类型。

(1) 石盐。沉积物中石盐含量达90%以上。石盐呈现自形晶至他形晶集合,有松散集合和致密块状两种。前者组成第二期盐类沉积的上部石盐层;后者组成西南部第一期盐类沉积的石盐层。在这类沉积物中,硼酸盐矿物基本上很少,见到的 B_2O_3 含量一般在1%以下。

(2) 钠硼解石-淤泥-芒硝-石膏-石盐。这类矿物组合以石盐为主,含量可达50%以上。淤泥和石膏含量比较稳定,二者总量为20%~40%。芒硝含量不固定,最大可达25%,钠硼解石含量在5%以下。矿物组合关系为:石盐和芒硝呈不规则粒状晶体,石盐和淤泥一起分布于其晶间裂隙中,钠硼解石分布于淤泥中或石盐和芒硝的晶间裂隙中。在矿物组合中的硼矿物主要是钠硼解石,偶尔也能在淤泥中见到柱硼镁石晶体。这一组合类型在西部第二期盐类沉积的下部大量出现,

① 金文山,郑绵平,赵文武.1964,青海大小柴旦盐湖硼矿岩石学和矿物学的初步研究.中国地质科学院资料。

② 西北地质矿产所,西宁盐湖研究所.1969,青海大柴旦湖硼矿床物质成分,形成条件及分布规律研究资料。

是组成含芒硝石盐层的主要沉积物。

(3) 淤泥-石膏-软钾镁矾-石盐。这类矿物组合比较少见,仅出现于西部第一期盐类沉积含软钾镁矾的石盐层中。主要矿物是石盐,其次为石膏和淤泥。软钾镁矾含量为5%左右。B_2O_3 含量很低,基本上未见到硼酸盐矿物。

(4) 淤泥-石膏-柱硼镁石-钠硼解石-芒硝。这类矿物组合以芒硝为主,含量达60%以上。其次为石膏和淤泥,二者总量达15%左右。柱硼镁石含量在5%以下。还可能含有少量的钙芒硝、无水芒硝、钠硼解石和石盐。组合关系为:芒硝常呈粗大不规则粒状晶体,以松散状集合体出现。柱硼镁石和淤泥、石膏混合在一起,分布于其晶间裂隙中。当有钠硼解石出现时,可见到钠硼解石被芒硝所包囊或呈小团块状分布于淤泥中。这一矿物组合是组成第二期盐类沉积芒硝层的主要沉积物。

(5) 钠硼解石-淤泥-石膏-芒硝。这类矿物组合与上述第(4)类组合的不同处在于:主要是芒硝含量减少(45%以下),石膏含量增加(25%以上),柱硼镁石含量减少(5%以下),钠硼解石含量增加(5%以上)。组合关系为:同第(4)类,但钠硼解石常呈团块状出现。

(6) 淤泥-软钾镁矾-芒硝。这类组合少见,只出现于西部第一期盐类沉积中,主要矿物是芒硝、淤泥,其含量10%左右,软钾镁矾含量达6%以上。此外,也可以含少量石膏和白钠镁矾。组合关系为:芒硝呈粗粒晶体集合体,石膏、淤泥均匀混合在一起分布于芒硝晶间裂隙中,软钾镁矾呈细粒集合体不均匀分布。

(7) 淤泥-白钠镁矾-芒硝。以芒硝和白钠镁矾为主,二者的含量互为消长关系,淤泥主要作为一种杂质出现,其含量在10%以下。也常含有少量柱硼镁石和石膏,有时也含少量钙芒硝。组合关系为:芒硝和白钠镁矾呈大粒状以及块状晶体,淤泥分布于其晶间裂隙中。这一组合也比较少见,是组成白钠镁矾层的主要沉积物。

(8) 泻利盐-柱硼镁石-软钾镁矾-白钠镁矾。这类矿物组成比较复杂,矿物的相对含量变化也较大。白钠镁矾、泻利盐、软钾镁矾是其中的主要组成矿物。可以由其中的两种或三种组成。柱硼镁石含量可达5%左右,淤泥、石膏一般含量不高,作为杂质出现。软钾镁矾主要产于这类沉积物中。组合关系为:白钠镁矾、泻利盐呈粗大的粒状或块状晶体,石膏、淤泥、软钾镁矾和柱硼镁石一起分布于其晶间裂隙中。有时在白钠镁矾晶体中可见到柱硼镁石的包囊体存在。这一组合是组成白钠镁矾层的主要沉积物。

(9) 淤泥-柱硼镁石-石膏。可由其中的任一种矿物为主而组成一种沉积。石膏与淤泥二者含量互为消长关系,柱硼镁石含量有时可达30%以上。其中也可以含芒硝、石盐杂质,但其含量只有10%左右,少数情况可见钙芒硝。柱硼镁石主要产于这类沉积物中,组成比较致密的矿层。组合关系为:存在两种情况,当石膏晶体比较细小的时候，三者均匀混合在一起；当石膏晶体比较粗大时，柱硼镁石和淤泥一起分布在石膏的晶间裂隙中。这一组合主要分布于东部，是组成淤泥-石膏层的主要沉积物。

(10) 石盐-石膏-碳酸盐黏土。这类矿物以碳酸盐黏土为主，含量可达50%以上。石盐和石膏是次要矿物组分，只有在石盐层中出现时，石盐含量才可达到60%以上。由于矿物的相对含量不同，可以出现两种矿物组合关系：当石膏和石盐含量少时，这两种矿物晶体分布于碳酸盐黏土中。石膏出现于第一期盐类沉积底部。当石盐含量达60%以上时，碳酸盐黏土分布于石盐的晶间裂隙中，出现于西部第一期盐类沉积的上部。这类沉积物一般不含硼矿，只在少数情况下见到柱硼镁矾和钠硼解石。

(11) 柱硼镁石-钙镁碳酸盐。这是一种少见的沉积物，常形成核状或坚硬的碎片，主要呈窝状出现在淤泥-石膏沉积中和湖东部沿岸地表一带。主要组成矿物是钙镁碳酸盐和柱硼镁石，其中含少量的淤泥。当以碳酸盐为主时，可称为钙质结核。当以柱硼镁石为主时，可称为柱硼镁石结核。

上述第(1)～(11)种矿物组合类型中，组成硼矿层的主要是第(4)、第(8)、第(9)、第(11)四种，其次是第(2)、第(5)两种。组成软钾镁矾矿层的只是第(3)、第(6)、第(8)三种。

9.4.4　沉积物结构

1. 原生结构

根据在野外镜下薄片观察的原生形貌，这种结构是与盐类矿物沉积同时形成的，有下面十种结构类型。

(1) 粒状结构。矿物由粒状晶体集合组成。按晶粒大小又可分为巨粒(粒径>5mm)、粗粒(粒径为3～5mm)、中粒(粒径为1～3mm)、细粒(粒径为1mm以下)。石盐、芒硝、白钠镁矾具有这种结构。

(2) 斑状结构。矿物晶体大小不一，在小晶体管的集合体中有较大的晶体，组成斑状结构。在石盐集合体中和含石膏的碳酸盐黏土中常见这种结构。

(3) 网状结构。淤泥分布于粒状矿物之间组成网状。淤泥石膏沉积物常见这种结构。

(4) 裂隙胶结结构。淤泥和石膏集合体分布于石盐、芒硝、白钠镁矾等矿物在晶间裂隙中，组成这种结构。

(5) 细晶结构。由柱硼镁石的细小柱状晶体集合组成。这种结构为柱硼镁石结核所独有。

(6) 毡状结构。由柱硼镁石和石膏的细长柱状晶体不规则排列集合组成。柱硼镁石质石膏层具有这种结构。

(7) 黏土结构。由黏土和碳酸盐集合组成。在碳酸盐黏土和淤泥层中常见。

(8) 纤维结构。由纤维状钠硼解石组成。

(9) 包裹结构。在一矿物晶体中包裹有其他矿物形成包含结构。在石盐、芒硝、石膏和白钠镁矾晶体中可以见到。

(10) 皮壳结构。钙质结核具有这种结构。

2. 次生结构

盐类次生沉积有以下五种结构类型。

(1) 裂隙充填结构。当盐类矿物或淤泥沉积形成后,后生作用使之产生裂隙,随后溶液充填于这些裂隙中,矿物就在裂隙中沉淀形成。

(2) 溶蚀结构。矿物形成后,遇到浓度小的卤水或淡水溶解而形成,在石盐和石膏晶体中可以见到这种结构。

(3) 溶蚀残余结构。矿物晶体被溶蚀而形成残晶。在黏土中的石膏可以见到这种结构。

(4) 交替结构。石膏边缘被钠硼解石和柱硼镁石等所替换。

(5) 似花岗状结构。石盐重结晶作用后,大小均匀的石盐晶体互相结合在一起形成似花岗状结构。在西部第一期石盐层中可以见到这种结构。

9.5 大柴旦湖区一般盐类的形成过程及其机理

大柴旦湖区沉积的一般盐类主要有碳酸盐、硫酸盐和氯化物三种类型。每类包括几种,甚至十几种盐矿物。形成条件比较特殊,形成过程也比较复杂。现分述如下:

9.5.1 碳酸盐和石膏的形成过程及其机理

大柴旦湖盆无论是在外流期,或者是在封闭流入湖盆期,一直到在气候条件下有利于湖水咸化到自析盐阶段以前,主要沉积物,除黏土之外,就是各种微溶性碳酸盐和石膏。因此,这些矿物又可以被称为淡水和半咸水阶段的沉积矿物。即使湖区开始自析各种盐类沉积,由于周边不定期地有各种各样的淡水补给,因此在各种盐类沉积过程中仍将会继续沉积这些碳酸盐和石膏。显然,湖区各种周边补给水的类型,各种盐分含量,在汇聚形成湖水之后,各种物理化学成盐因素都会在这里起作用。

湖区各种盐分来自于周边各种补给水,除直接水补给之外,各式各样的地表流入水、地下潜水、近湖边部上升泉水、浅层承压水均可通过天窗(盐沉积区和湖表卤水区内的喀斯特溶洞)补给。表 9-4 中所列大柴旦湖区各种补给水的水质类型主要有两种来源：①第一种来源主要来自湖盆内围岩风化淋滴的结果，属于典型的内陆干旱地区的水质类型，其中一种是 $NaCl-Na_2SO_4-Ca(HCO_3)_2-Mg(HCO_3)_2-H_2O$ 类型，另一种是 $NaCl-MgSO_4-Ca(HCO_3)_2-H_2O$ 类型；②第二种来源是湖盆内特有的深部地热温泉，属 $NaCl-Na_2SO_4-Na_2B_4O_7-NaCO_3-NaHCO_3$ 类型。值得注意的是，大气降水、山上的积雪和冰中也含有极其微量的各种盐分，尤其是邻近湖盆中的盐分，被风吹扬尘而带到大气中再进入大柴旦湖。

考虑到上述各种类型补给水汇聚湖盆最低洼处，或者是在被蒸发浓缩过程中（湖盆水体咸化过程中），将会发生以下化学反应：

$$Ca(HCO_3)_2 \rightleftharpoons CaCO_3 + CO_2\uparrow + H_2O \tag{9-1}$$

$$Mg(HCO_3)_2 + 2H_2O \rightleftharpoons MgCO_3\cdot 3H_2O + CO_2\uparrow \tag{9-2}$$

湖区出现地表卤水之后，这些补给水汇入已具有高矿化度的湖表卤水时，在发生上述化学反应生成微溶性钙、镁碳酸盐的同时，还会发生以下化学反应：

$$2Ca(HCO_3)_2 + MgSO_4 \rightleftharpoons CaMg(CO_3)_2 + CaSO_4\cdot 2H_2O + 2CO_2\uparrow \tag{9-3}$$

$$YMg(HCO_3)_2 \rightleftharpoons YMgCO_3 + YCO_2\uparrow + YH_2O \quad \text{稀释水解} \tag{9-4}$$

$$2MgCl_2 + 2H_2O \rightleftharpoons 2Mg(OH)_2 + 2HCl \tag{9-5}$$

$$XMg(OH)_2 + YMgCO_3 + ZH_2O \rightleftharpoons XMg(OH)_2\cdot YMgCO_3\cdot ZH_2O \tag{9-6}$$

根据盐湖胶体化学理论中的离子交换作用，黏土粒子也有可能发生以下离子交换反应：

$$Na_2SO_4 + Ca^{2+} + 2Cl^- + 2H_2O \rightleftharpoons CaSO_4\cdot 2H_2O + 2NaCl \tag{9-7}$$

大柴旦湖表卤水的化学组成也正是上述各种化学反应的综合结果。也正是这些化学作用，造成湖区在某年度性旋回沉积过程中和多年的周期性沉积中形成大量钙、镁碳酸盐石膏沉积。

9.5.2　石盐和芒硝的形成机理

大柴旦湖区沉积的石盐量是芒硝量的近 4 倍，两者总计占全部盐类沉积量的 98%。

1. 石盐和芒硝的形成机理

从图 9－6 中所绘的湖表卤水化学组成可见，大柴旦盐湖卤水与茶卡盐湖与美国大盐湖、澳大利亚 Mclead 湖和吐库曼斯坦的卡拉博加兹海湾的卤水同属于海水型（硫酸镁亚型）盐湖[24]，湖表卤水主要含钠、钾、镁的氯化物以及硫酸盐。应当指出的是，大柴旦盐湖卤水中硼和锂的含量比其他盐湖高 2～3 个数量级，它同时又是硼酸盐盐湖。

任何一个盐湖都可被看成是存在于地球表面具体条件(地理、地质和气候)下的天然盐-水平衡体系。随着外界条件的变化,会引起天然盐一水体系这样或那样的变化。例如,由于气候条件的变化,无论是在一年内的变化,还是多年的周期性变化,都会在盐湖地表卤水成盐过程中反映出来。每一年内由于气候变化对盐湖成盐作用的反映,称之为旋回性年轮沉积。如果是由于多年气候周期性(12 年或 60 年周期)变化,在盐湖盐类沉积中引起的反映,叫做盐沉积周期作用。显然,在盐湖发展的成盐过程中,盐类沉积一般可以认为是近代地球历史上反映气候变化的年龄记录。了解盐湖中盐类的年度旋回和周期性沉积过程[25,26]对认识盐类沉积类型和古气候环境具有重要意义。

(1) 大柴旦湖表卤水年度季节性变化。从图 9-6 中的结果可见,湖表卤水季节性温度变化与水面气候的变化基本上一致,以 1959～1960 年的记录为例,最高水温出现在 8 月份,最高温度为 22.2℃。最低水温出现在 1 月份,其数值为-9.4℃。年度旋回性变化明显地分成两个阶段。从 1～8 月份,随着天气由冷逐渐变暖,卤水温度随着气温的上升而上升。8 月份以后到翌年 1 月份却又随着天气变冷而下降,形成正弦式季节性变化规律。

湖表卤水的水位变化(图 9-6)表明,每年出现两次上涨,两次下降。年水位差达 0.5m 左右。以 1959～1960 年记录为例,第 1 次湖水位上涨发生在 3 月份以后,由于天气转暖,冰雪消融,补给水量大于湖区蒸失水量。7 月份以后湖区总蒸发量大于总补给水量,从而使湖表卤水被蒸发浓缩,导致水位下降。第二次水位的上涨是在 10 月份以后,天气变冷,气温下降,此时,湖区蒸发量已经变得很小,但湖区仍有一定量的地表淡水继续补给,造成湖表水位的稍许上升。12 月份以后的水位下降主要是由于湖表水与晶间水位的互补关系所致。因此,这时候的水位差变化远比前一次的变化小。

(2) 大柴旦湖区 NaCl 和芒硝沉积的物理化学过程[27～31]。大柴旦湖水在不同季节组成变化的相图解释:我们把一年内不同季节湖表卤水的化学组成分别换算成 Na^{+},Mg^{2+}/Cl^{-},SO_4^{2-}-H_2O 四元体系和 Na^{+},K^{+},Mg^{2+}/Cl^{-},SO_4^{2-}-H_2O 五元体系 Janëcke 相图指数,并将其绘入溶度图 9-8 和图 9-9 中,发现卤水组成变化随着时间移动的轨迹,明显地成一个封闭性斜置三角形年循环变化过程。

根据大柴旦湖区气象条件以及地表卤水的长期观测记录结果可以发现,湖表卤水一年的变化过程可划分为三个阶段,每一个阶段对应于三角形(图 9-9)的一个边。

第一阶段是蒸发析出阶段。从 5 月份开始到 10 月份,在此期间由于气温和水温较高,是该区的主要蒸发季节。湖面水分的蒸失水量远大于湖区的补给水量,地表卤水被蒸发浓缩,同时析出固体氯化钠。其他组分,如硫酸盐、硼酸盐、钾盐和镁盐的含量也都随之浓缩富集,是夏季蒸发浓缩的析盐阶段。

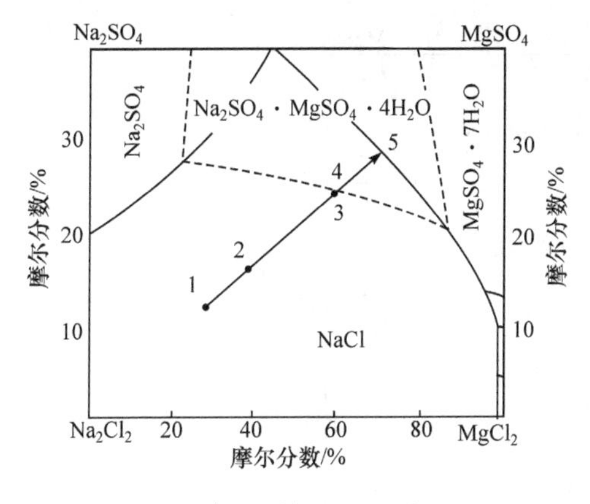

图9-8 $Na^+, Mg^{2+}/Cl^-, SO_4^{2-}$-$H_2O$在25℃时的等温相图

——稳定平衡溶解度相图；

——介稳溶解度相图

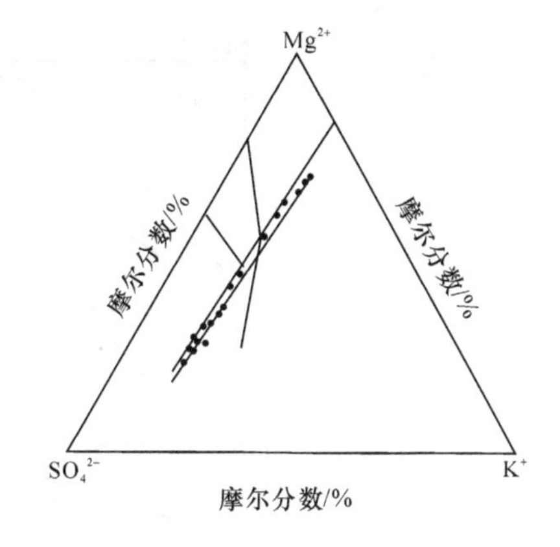

图9-9 $Na^+, K^+, Mg^{2+}/Cl^-, SO_4^{2-}$-$H_2O$在25℃时的介稳溶解度相图及蒸发路线

第二阶段是冷冻析硝阶段。从10月底到翌年的1月份，在此期间由于气温迅速下降，为已被浓缩的卤水创造了极为有利的冷冻条件。卤水组成点在溶解度图9-8上的变化表明，卤水沿着以夏季浓缩结晶线的终结组成点为起始组成的硫酸镁冷冻结晶线而移动，在此期间理应析出硫酸镁盐。1959～1960年，我们却从未在地表卤水的观测点附近，或者是在湖区的其他地点，观察到有硫酸镁盐的析出。与此相反，在地表卤水的任何地点，在此期间都可以见到大量十水芒硝的析出和氯化钠新盐沉积显著减少，甚至消失的现象。由此可见，上述过程实际上不是硫酸镁盐的析出，而是在氯化钠新盐沉积重新溶解的同时，冷冻析出十水芒硝。根据卤水水位的长期观测结果可以认为，在此期间地表卤水由于经受自然冷冻和地下潜水的不断补给，从而为下述过程的进行提供有利条件：

$$MgSO_4 + 2NaCl + 10H_2O \rightleftharpoons MgCl_2 + Na_2SO_4 \cdot 10H_2O \qquad (9-8)$$

上述过程还可以从在此期间地表卤水中硫酸镁含量的急剧减少，氯化钠含量的迅速增加而获得证实。

据此，我们可以采用盐类溶解度相图上向量的表示方法，将代表上述冷冻过程的向量分解为实际上分别代表相应于在此期间因冷冻而实际析出芒硝，同时新沉积氯化钠重新溶解这两个过程的分向量，结果如图9-10所示。

第三阶段是盐硝回溶阶段。这也是一年内地表卤水周期性变化的最后一个阶段。在此期间既有氯化钠沉积继续溶解，也有硫酸钠新盐沉积的重新溶解。形成这一过程的原因是2～4月份这一期间，一方面湖区蒸发作用尚不显著；另一方面，气温升高，天气暖和，大地逐渐解冻，冰雪开始融化，大量补给淡水汇聚

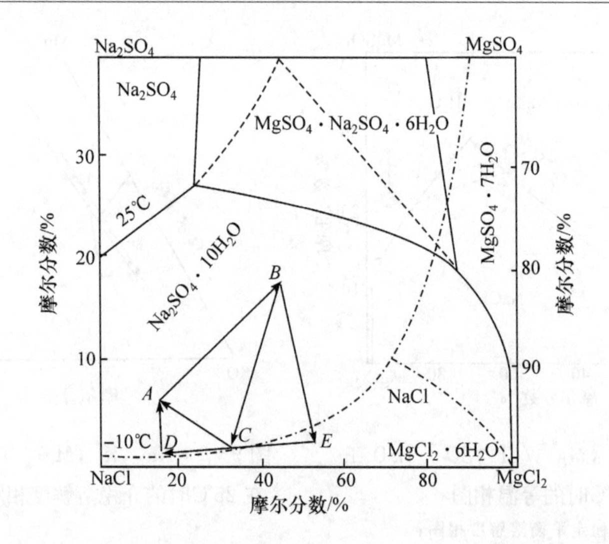

图 9-10　Na^+, Mg^{2+}/Cl^-, SO_4^{2-}-H_2O 在−10℃和 25℃时的溶解度和蒸发路线

湖区，致使补给水量远大于蒸失水量，造成地表卤水的稀释和各种盐类同时溶解的现象。

据此，我们也可以把表示上述两种盐类沉积同时溶解这一过程的向量（也即上述年循环三角形的第三边）分解为相应于氯化钠和硫酸钠溶解过程的两个分向量，结果如图 9-10 所示。

综上所述，地表卤水在上述年变化过程的三个阶段内，实际上分别进行着相应于图 9-10 中 *ABED* 四边形所组成的四个向量 *AB*、*ED*、*BE*、*DA* 所代表的下述过程：氯化钠的结晶析出和重新溶解以及硫酸钠的冷冻析出和重新溶解四个过程。

此外，从地表卤水组成点在图 9-10 上的变化情况也可以看出，卤水组成点沿着钾与镁含量具有一定比值，并通过硫酸根组成点的分角线而移动。这表明，地表卤水中硫酸盐的含量随着季节的不同而发生不断析出和溶解。

2. 湖区 NaCl 和 $Na_2SO_4 \cdot 10H_2O$ 的沉积速率

上述不同季节湖水化学组成四边形变化规律中清楚地表明，假定在湖表卤水总量恒定的情况下，表示冷冻析硝过程的向量 *BE*，同时也可代表析出芒硝的实际数量（可以运用相图进行计算）。同理，向量 *DA* 的长度表示在 1～3 月份期间，湖水上涨，温度升高造成芒硝回溶量（可以运用相图进行计算）减少。两者之差就是在上一年中湖区实际析出并堆集芒硝的量。

9.5.3 软钾镁矾和白钠镁矾的形成条件

1. 大柴旦湖软钾镁矾和白钠镁矾形成的温度条件

考察结果表明:①无论20世纪60年代或是近期大柴旦盐湖地表卤水夏季组成卤水,在湖区天然蒸发浓缩析盐过程中都包括下述六个阶段,即第一阶段析出NaCl,第二阶段析出$NaCl+MgSO_4\cdot7H_2O$,第三阶段析出$NaCl+MgSO_4\cdot6H_2O$,第四阶段析出$NaCl+MgSO_4\cdot6H_2O+KCl$,第五阶段析出$NaCl+MgSO_4\cdot6H_2O+MgCl_2\cdot KCl\cdot6H_2O$,第六阶段析出$NaCl+MgSO_4\cdot6H_2O+MgCl_2\cdot KCl\cdot6H_2O+MgCl_2\cdot6H_2O$。②冬季组成卤水的析盐过程产品分别是NaCl、NaCl+KCl、$NaCl+MgCl_2\cdot KCl\cdot6H_2O$、$NaCl+MgCl_2\cdot6H_2O+MgCl_2\cdot KCl\cdot6H_2O$以及$NaCl+MgSO_4\cdot6H_2O+MgCl_2\cdot6H_2O+MgCl_2\cdot KCl\cdot6H_2O$。③居冬季组成和夏季组成之间卤水组成的蒸发析盐过程中都没有软钾镁矾和白钠镁矾结晶析出。此外,从大柴旦盐湖卤水在$Na^+,K^+,Mg^{2+}/Cl^-,SO_4^{2-}$-$H_2O$体系在25℃时的介稳相图和蒸发相图中的相区位置,理论上预测结果与实验结果相符合,即日晒蒸发浓缩过程中没有白钠镁矾和软钾镁矾析出。

据报道,美国大盐湖卤水在天然蒸发浓缩过程中结晶析出NaCl之后就会析出软钾镁矾石。大柴旦盐湖区的年平均大气温度为0℃,而美国大盐湖地区的年平均大气温度为5℃。根据竺可祯对我国近5000年来气候变化的研究结果指出,公元前2000～3000年之间,我国曾经出现持续高温气候,因此可以预料,在同一时期青藏高原地区的年平均气温有可能同步上升5～6℃。从目前大柴旦湖表卤水组成年变化在$Na^+,K^+,Mg^{2+}/Cl^-,SO_4^{2-}$-$H_2O$体系Janëcke图中显示为往复式(冬季卤水中硫酸盐急剧减少,夏季卤水中硫酸盐含量明显增加)直线形变化,随着湖区年平均气温的上升,这一变化将会向硫酸盐含量增加的方向进行平移,当气温上升5℃时,可以预料这一变化就平移到接近或包括大盐湖卤水相图组成点的往复式直线形变化。这是因为青藏高原柴达木盆地盐湖区的平均气温虽然上升,但日温差和年温差很大的高原大陆性气候的特点是不会有很大变化的。

2. 软钾镁矾和白钠镁矾形成的湖水化学组成

目前,大柴旦盐湖地表卤水从1988年记录结果(表9-3)可见,由于从5月底～10月份这段时间是柴达木盆地的夏季,卤水温度变化范围在5～17.5℃。湖水化学组成变化主要是由于蒸发浓缩作用,结晶析出NaCl,卤水中其他组分基本上同步被浓缩而以相同物质的量比的关系而被富集在浓缩卤水中。在K^+、Mg^{2+}、SO_4^{2-} Janëcke指数在$Na^+,K^+,Mg^{2+}/Cl^-,SO_4^{2-}$-$H_2O$体系蒸发相图中的位置一直保持恒定不动,落在七水泻利盐结晶区内。

从上述大柴旦盐湖区白钠镁矾和软钾镁矾形成的温度条件推测，湖区年平均大气温度比目前的0℃高5～6℃。根据湖底盐类沉积钻孔剖面揭示，在那时与软钾镁矾共生的矿物主要是氯化钠、白钠镁矾和七水泻利盐（$MgSO_4 \cdot 7H_2O$），而不是芒硝（$Na_2SO_4 \cdot 10H_2O$）。因此，我们可以认为年平均气温上升5℃，这种引起卤水化学组成的变化相当于目前夏季组成卤水加芒硝回溶。这就意味着在这种情况下，湖表夏季卤水的组成点应落在蒸发相图的白钠镁矾相区内。

3．软钾镁矾的形成机理

1）地质沉积

从原大柴旦地质队CK1848钻孔地质资料可见，湖区软钾镁矾的空间分布与沉积时代，在湖底第一期盐类沉积的最下部（从28.33～23.63m）就已见到软钾镁矾沉积，其含量很少，估计含0.57%～3.85% $MgSO_4 \cdot K_2SO_4 \cdot 6H_2O$，沉积范围也很小，仅局部见到有软钾镁矾晶体与NaCl、$Na_2SO_4 \cdot 10H_2O$和石膏、卤泥共生。在冰期淡水沉积之后的第二期盐类沉积的下部，地表以下从6.00～10m之间，沉积厚度从几十厘米到约3m。分布在芒硝沉积区的内缘北部和东部，石盐和芒硝沉积区的交合处。分布范围比第一期盐沉积中的软钾镁矾区要大得多。岩心样中软钾镁矾的含量最高可达13.6%，一般为6%～8% $MgSO_4 \cdot K_2SO_4 \cdot 6H_2O$。从图9-11所示大柴旦湖底沉积中第二期盐类沉积底部，也就是说，在冰期之后，湖区年平均气温可达5～6℃，湖水被蒸发浓缩到能够结晶析出软钾镁矾。

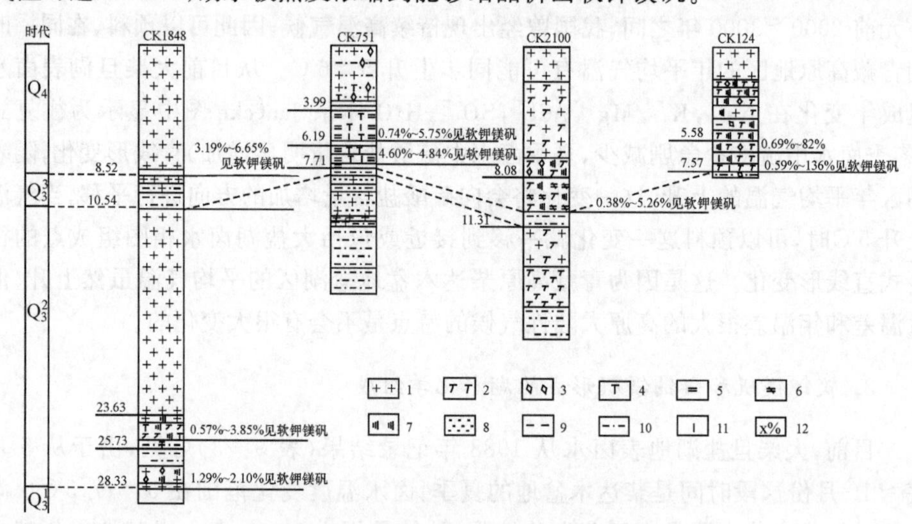

图9-11　大柴旦湖西部软钾镁矾层层位对比图

1．石盐；2．芒硝；3．石膏；4．软钾镁矾；5．泻利盐；6．白钠镁矾；7．卤泥；8．粉砂；9．黏土；10．沙质黏土；11．柱硼镁石；12．含钾离子

析出软钾镁矾最佳条件的相图解析如下：

从 Na^{+}，K^{+}，Mg^{2+}/Cl^{-}，SO_4^{2-}-H_2O 五元体系热力学溶解度相图(图 9－9)可见，软钾镁矾相区存在的温度范围是－6～25℃，最佳 $MgCl_2$ 浓度为 24～56 mol/1000molH_2O。该体系在 25℃时的介稳蒸发相图表明，硫酸镁亚型盐湖卤水在蒸发(无论是在野外的天然蒸发，还是室内等温蒸发)浓缩过程中，由于硫酸镁浓度增加容易形成过饱和溶解度现象，结晶析出的固体盐类形成的盐类相区与平衡溶解度相图中的盐类相区界限之间存在明显的差异。如图 9－9 所示，该体系在 25℃时的介稳相图中的软钾镁矾相区就比平衡相图中的软钾镁矾相区大 5 倍以上。总之，当大柴旦湖区年平均气温达到 5～6℃时，湖表卤水中硫酸盐含量会明显增加，组成点落在该体系 25℃介稳相图(图 9－10)的白钠镁矾相区内。在湖区年蒸发量比目前明显更大的情况下，无论是在夏季蒸发浓缩过程中，还是湖表卤水在夏季被浓缩之后，入冬天气变冷的天然冷冻条件下，都对软钾镁矾的结晶极为有利。

2) 化学机理

从多组分水盐体系溶解度的角度认为，大柴旦湖区软钾镁矾的沉积过程受控于下述两种成盐机理的作用。

(1) 蒸发浓缩结晶——正浓度成盐作用。在大柴旦湖区第一期成盐的末期，由于冰期来临，气候变冷，年蒸发量明显减少。在湖区补给水大致与前相等同的情况下，出现负的水量平衡，致使已经沉积的大量第一期盐沉积中的相对容易溶解的盐类，如 $Na_2SO_4 \cdot 10H_2O$、NaCl、$MgSO_4 \cdot nH_2O$ 等，被回溶进入湖水中。因此，在冰期的几千年时间内，湖水将第一期盐沉积大量溶解，使湖水水量大增，造成冰期中有厚达 2～3m 的碳酸盐石膏，其间偶尔夹杂少量被溶解残存的细粒石膏淤泥和黏土沉积层。

随着冰期的结束，湖区年平均气温逐渐回升，年蒸发量随着夏季气温的升高而增大，使湖区水量平衡，由冰期中的负值变正值。在此期间，大体积湖水逐渐被蒸发浓缩，湖表卤水面积由大变小。湖水中介质水被蒸发浓缩的同时，其中各种盐分的浓度也随之增加。直到其中某一组分达到饱和溶解度，在继续被蒸发浓缩时，该组分就会形成过饱和溶解度，从而结晶析出与这一组分在溶解度相图中相应的固体盐——NaCl。应当指出的是，湖区的年变化总是如前所述，一年只有夏季和冬季两个季节。相应地存在 1～2 个浓缩和稀释的周期性过程。盐类也是在夏季蒸发浓缩析出和冬季被稀释溶解的活动中被堆积在湖底的某些部位(通常是在主要补给水的对面部位)。

当湖水每年夏季被蒸发浓缩到析出 NaCl 之后，再继续蒸发时，就会结晶析出白钠镁矾(Ast)。由图 9－8 可见，由于该卤水蒸发浓缩析出白钠镁矾的结晶路线较短，比较容易在湖水边部浅水和湖表卤水区中的某些浅水位地带，有可能在某些年份的夏季(虽然不是每一年)内,湖表卤水在夏季被蒸发浓缩到析出白钠镁矾之后,还会继续被蒸发浓缩而结晶析出七水泻利盐($MgSO_4 \cdot 7H_2O$)和 $MgSO_4 \cdot K_2SO_4 \cdot 6H_2O$。

(2) 天然冷冻结晶——负温度成盐作用。我们在室内或在野外湖区进行硫酸钠亚型或硫酸镁亚型硼酸盐盐湖卤水蒸发实验相化学研究过程中,观察到泻利盐和软钾镁矾可以蒸发浓缩,即正浓度成盐,也可以与芒硝一起以负温度成盐。如上所述,在夏末冬初时节,正当大柴旦湖表卤水在夏季被天然蒸发浓缩到接近或达到泻利盐和软钾镁矾饱和时,天气迅速变冷,这时的浓缩卤水在冷冻过程中将按照 $Na^+, K^+, Mg^{2+}/Cl^-, SO_4^{2-}$-$H_2O$ 多温相图所示的冷冻结晶过程(即负温度成盐),随着湖水温度的下降而结晶析出泻利盐或泻利盐和软钾镁矾。

9.5.4 大柴旦湖区硼酸盐形成条件、机理和过程

1. 钠硼解石和柱硼镁石的形成和分布

大柴旦湖区已经发现并确认的 9 种天然硼酸盐矿物中,以钠硼解石的形成时间为最早,第一期它位于盐类沉积的底部,分布最广(即分布最深,平面分布最大);柱硼镁石次之,两者都是湖区主要工业矿物,数量最多,约占湖区硼酸盐总储量的 99%以上。两者在湖区沉积中极其分散,其中以钠硼解石更为分散,基本上没有发现厚度较大的连续层状沉积,偶尔在北部湖水岸边沙质黏土沉积地带中发现有薄层(几厘米厚)、比较窄(20～30cm 宽)的小条带(几米长)状沉积。在大多数情况下,其是以纤维晶状聚集成大小不等的块状存在的,大的块状尺寸为 ϕ300mm×750mm,主要分布在东部湖表卤水偏北部的底部不同深度的沉积中。多数情况下,见到的都是粒径为几厘米,甚至几毫米的豆粒状小纤维聚集体。

大柴旦湖区无论是在第一期盐类沉积中,或者是在第二期盐类沉积中,都广泛地分布着天然硼酸盐——钠硼解石。值得指出的是,钠硼解石在第一期盐类沉积中的最下部,NaCl 和芒硝未达到饱和结晶析出之前,就已开始明显地出现钠硼解石沉积。也就是说,在湖区有硼酸盐的不同发展阶段,也有不同盐类的沉积阶段,如碳酸盐、硫酸盐、芒硝、泻利盐、白钠镁矾,甚至软钾镁矾阶段,都可以见到有钠硼解石析出物的存在,可见钠硼解石的形成是一个比一般盐类形成复杂的问题。根据钠硼解石在湖区的存在形体、分散和矿物共生情况认为,钠硼解石的形成受控于下列三种机理的结果[32～34]。

(1) 蒸发浓缩——正浓度成盐。大柴旦湖北山达肯大阪山温泉水是湖区硼的主要来源之一。我们对温泉水进行就地天然蒸发,其结果表明,当蒸发浓缩到钠硼解石的溶解度后,在继续蒸发过程中,结晶析出的第一个固体盐矿物就是钠硼解石或是硼砂,然后才开始析出 NaCl。

从大柴旦湖第一期盐类沉积底部钠硼解石的形状，判定在湖盆封闭之后，积蓄的有限水量在蒸发量远大于降水量的情况下，很快就达到钠硼解石饱和的硼含量。在普通盐类（NaCl和芒硝）尚未析出之前就由蒸发浓缩形成各种组分的盐，也就是$+\Delta c$的正浓度成盐。

同样可以认为，在该湖表卤水区东北岸边的湖沼地带，钠硼解石的形成也以含硼盐水蒸发浓缩析盐为其主要的成盐方式之一。

(2) 稀释掺杂成盐机理。大柴旦湖表卤水天然蒸发相化学实验结果表明，湖水在天然蒸发析出一般盐类的过程中，硼一般地被赋存于浓缩卤水中。由于浓缩卤水中的硼浓度增加，溶液中的硼氧配阴离子会发生缩聚，低聚合度的硼氧配阴离子（$B_2O_4^{2-}$）会相互发生缩聚而形成高聚合度的硼氧配阴离子。高浓度盐卤中的这种多粒子共存的情况容易引起在溶液中产生过饱和溶解度现象。在动态天然蒸发条件下，测得MgB_4O_7在浓$MgCl_2$溶液中的极限溶解度为7.5%[32]。目前的大柴旦湖表卤水在夏季蒸发季节，湖水中B_2O_3的含量比较容易达到0.25%～0.35%。这已经达到钠硼解石的溶解度值。在少雨、周边补给水较少，而蒸发量仍然较大的情况下，湖表卤水的边部和某些浅水部位卤水中硼的含量，肯定会超过钠硼解石在同等盐分下平衡溶解度的值。

我们在这里把所谓掺杂作用认为是已被蒸发浓缩的湖表卤水比后来浸入补给水的盐分含量高得多，两者不是迅速地相互混合。在相对比较稳定的接触面上同时发生两种作用：一种是稀释作用（淡水与浓缩卤水之间的浓度间作用）——引起高聚合度硼氧配阴离子的解聚；另一种是化学反应——溶液二聚硼氧配阴离子与三聚硼氧配阴离子同时与低浓度盐水或淡水中的钙离子作用，反应生成硼酸钙的水合盐钠硼解石而沉淀析出。大柴旦湖表卤水夏季浓缩中心区被浓缩成硼含量较高的卤水，与从湖东北湾补给淡水区补给湖区卤水进行稀释掺杂。这样就在湖水区内的某一特定位置沉积纤维状钠硼解石。这样的作用如果能持续一个较长的时间，就会形成较大的团块。由于这样的补给淡水流容易变化，这正是这些钠硼解石沉积团块不能呈片状且不规则的原因。

在小柴旦湖硼的采掘过程中发现了钠硼解石沉积。虽然它也显示出有一定的层位，但大多是一些孤立的桶状、巢状沉积体，有的形体上像是绒帽。这些钠硼解石矿体的形成显然只能用下述稀释掺杂成盐作用才能予以解释[33,34]。

当湖表卤水被浓缩到硼含量远超过钠硼解石在该盐卤中的溶解度，地下承压补给水（含有足够高量钙的淡水或微咸水）通过圆柱形溶洞补给湖水时，两种含盐量不同、含不同组分的水表面相接触。正如前面所述，在界面上将会发生两种作用：一种作用是稀释导致浓缩卤水中高聚合度硼氧配阴离子解聚；另一种作用是两种不同的低聚合度的硼氧配阴离子淡水或微咸水中的钙离子发生化学反应生成水合五硼氧酸钠（钠硼解石）沉积在圆柱体中，从而堆积成矿。

(3) 溶蚀交代成盐机理。在大柴旦湖区的硼酸盐样在显微镜下观察到石膏晶体溶蚀的同时,在石膏晶体被溶蚀处及其周围形成被结晶析出的纤维状钠硼解石所包围的共生现象。这种现象可以被认为是发生在湖表卤水区边缘沼泽地带的低洼处,如东面湖沼硼酸盐沉积区内的低洼坑内。一般在析出三方硼镁石处的溶液中,硼浓度是比较高的。例如,0.102% Na^{+}、0.079% Ca^{2+}、0.042% Mg^{2+}、0.170% Cl^{-}、0.30% SO_4^{2-} 和 0.120% B_2O_3(总盐 0.813%)。在夏季蒸发季节,很容易被局部蒸发浓缩达10倍,在此期间将会继续析出 $CaSO_4 \cdot 2H_2O$。因此,会出现浓缩液中含 1.02% Na^{+}、0.42% Mg^{2+}、1.70% Cl^{-}、3.0% SO_4^{2-} 和 1.20% B_2O_3(8.0%总盐)的现象。由于 $CaSO_4 \cdot 2H_2O$ 继续析出,使 Ca^{2+} 的浓度不仅没有增加反而更低($>$0.05% Ca^{2+})。当这样的浓缩液被外来补给水进行有限稀释后,溶液中 Ca^{2+} 浓度却未达到钠硼解石析出的浓度,且溶液中硼的浓度正处于能析出钠硼解石时的浓度。这样的溶液在与 $CaSO_4 \cdot 2H_2O$ 晶体接触,在特定条件下,石膏晶体的局部溶解,使进入溶液中的 Ca^{2+} 浓度大到足以形成纤维状钠硼解石。起码在被侵蚀的 $CaSO_4 \cdot 2H_2O$ 周围和溶蚀部位,都被纤维状钠硼解石所包围,并阻止这一过程的继续进行。

2. 柱硼镁石的形成机理

大柴旦湖区沉积柱硼镁石的量仅次于钠硼解石,它也是主要工业硼酸盐矿物之一。在国外找到的柱硼镁石一般地说来都只有矿物学意义,因为其储量很少,品位很低。在此之前,矿物化学家们进行过柱硼镁石的合成条件研究。针对大柴旦盐湖中该矿物的分布、共生关系和形成机理,我们对上述问题进行下面的初步探讨。

(1) 湖区柱硼镁石的分布和矿物组合与共生关系。大柴旦湖的第一期盐类沉积中,基本没有见到柱硼镁石,在第三产盐期盐类沉积中分布比较广泛。从最底部的含盐黏土硼矿层、石盐硼矿、芒硝硼矿,到湖表卤水东面的湖滨沼泽硼酸盐沉积中都发现有柱硼镁石,而且多数情况下与钠硼解石形成重要的矿物组合,并与碳酸盐、石膏淤泥或黏土共生。在芒硝沉积和石盐沉积中的分散比在含盐黏土中的要大得多,在这两种盐沉积中硼的平均品位很低。值得指出的是,分布在现在湖表卤水区北部偏东的积水区中部及底部的含盐黏土硼矿呈条带状,即东西长、南北窄条带状,厚度30~50cm,埋深3.7~4.5m。与生长在碳酸盐黑色淤泥中的碳酸盐、石膏共生,形成致密胶结沉积物。平均品位在10% B_2O_3 以下,B_2O_3 最高含量可达14%。

(2) 柱硼镁石的形成机理。氯柱硼镁石是一种复盐。复盐在40~60℃水中会溶解转化形成柱硼镁石[35]。从大柴旦湖表卤水区组分等值线(图9-4)可见,在积水区北面偏东的水区部位容易形成局部浓缩区。夏季湖水被浓缩,水位下降到与东、西两部分主体湖表卤水水体脱开的浅滩部位，因而能形成特殊的局部浓缩效应。在刮西北风的情况下，西部湖水可以被风刮成波浪而补给。到入冬以前，这里的卤水被浓缩到至少含 1.5% B_2O_3 或含 2.0%的 B_2O_3 的共结卤水($NaCl+MgSO_4\cdot6H_2O+MgCl_2\cdot KCl\cdot6H_2O$)。入冬后，气温迅速下降，从该浓缩卤水中析出一种含 $MgCl_2$ 的硼酸镁复盐，名叫氯柱硼镁石。它的化学式为 $2(MgO\cdot B_2O_3\cdot4H_2O)\cdot MgCl_2\cdot6H_2O$。之后，随即进入一次适当的补给水过程，同时带来一定量的有机腐烂物和黏土。将新析出的上述复盐中的易溶组分 $MgCl_2\cdot6H_2O$ 溶解的同时，掩埋了残余的 $MgO\cdot B_2O_3\cdot4H_2O$[23]。在后来和夏季最热的情况下，由于卤水的储热作用和黑色淤泥吸收热辐射的双重热效应作用，地表卤水底黑色腐殖黏土具有比较高的温度，这就为混入并掩埋在黑色淤泥中的 $MgO\cdot B_2O_3\cdot4H_2O$ 部分脱水后又再结晶为几乎是均匀高度的柱硼镁石晶体的形成提供了特有条件。

9.6 小　　结

(1) 本章较为详细地介绍了大、小柴旦盐湖的自然地理、地质概况、水文地质、气象特征及大、小柴旦盐湖的形成和演化等。

(2) 总结了大、小柴旦地区沉积盐类矿物和地质期与第一、第二成盐期的对应关系。在大柴旦湖区已找到盐类矿物 23 种，是目前青藏高原上发现盐类矿物最多的一个盐湖。在 9 种硼酸盐矿物中水合镁硼酸盐就占 5 种。在一般的硫酸镁亚型盐湖中较难遇到有这样多的矿物形成，这充分说明该盐湖的复杂性。

(3) 大柴旦湖卤水资源十分丰富，除了钾、镁、硼、锂，还有稀有的铷、铯元素和放射性元素 U、Ra、Th、氘(δ_D 和 $\delta^{18}O$)。充分讨论了硼和锂的物质来源。

(4) 作者为了探索硼酸盐矿物的形成及卤水的开发利用，对盐卤硼酸盐化学进行了多年研究[36~41]，获得了盐卤在动态蒸发条件下硼酸镁的极限溶解度，发现含硼浓缩盐卤在放置、稀释、负温度条件下都有硼酸盐析出。提出了稀释成盐观点以及硼酸盐的综合存在形式和表示方式。为盐类沉积、蒸发析盐顺序和分离提供了物理化学基础。

参 考 文 献

[1] 柳大纲.柴达木盆地盐湖资源丰富.光明日报，1959-03-01

[2] 郑喜玉，张明刚等.中国盐湖志.北京：科学出版社，2002.36～38；169～173

[3] 楚布柯夫.综合气候学.张家诚译.北京：农业出版社，1959，20～40

[4] 高世扬，王建中，柳大纲.大柴旦盐湖的物理化学分析.柳大纲科学论著选集.北京：科学出版社，1997.36～44

[5] 李刚，薛石，高世扬等.大柴旦湖滨日晒场区不同浓度卤水蒸发量测定.海湖盐与化工，1992，(2)：13～17

[6] 李刚,朱丽霞,高世扬.盐卤硼酸盐化学ⅩⅩⅢ.小柴旦盐湖地表卤水常年性变化规律.盐湖研究,1993,1(3):27～30

[7] 张彭熹等.柴达木盆地盐湖.北京:科学出版社,1987.32～80;172～178;186～192

[8] 黄麒,蔡碧琴,余俊清.大柴旦盐湖卤水中硼存在状态的初步研究.科学通报,1980,25(21):992～994

[9] 黄麒,蔡碧琴.盐湖年龄的测定.海洋与湖沼.1981,12(1):67～78

[10] 黄尚瑶.火山、温泉、地热能.北京:地质出版社,1986.102～106

[11] 李家窥.大柴旦盐湖硼、锂分布规律.盐湖研究,1993,1(4):21～33

[12] 李家窥.大柴旦盐湖硼、锂分布规律(续).盐湖研究,1994,2(2):20～24

[13] 佟伟,章铭陶,张知非等.西藏地热.北京:科学出版社,1981

[14] 郑绵平,向军.青藏高原盐湖.北京:科学技术出版社,1989

[15] 张彭熹,张保珍,唐渊等.中国盐湖资源及其开发利用.北京:科学出版社,1999.168～197

[16] 张保珍,雷家骏,张北青.青海高原盐湖氘的分布规律研究.北京:澳大利第四纪学术讨论会论文集.科学出版社,1987.124～132

[17] 曲懿华,韩尉田,钱自强等.三方硼镁石,一种新的硼酸盐矿物.地质学报,1965,43(3):98～305

[18] 曲懿华,谢先德,钱自强等.章氏硼镁石,一种新的含水镁硼酸盐矿物.地质学报,1964,42(3):351～356

[19] 谢先德,钱自强,刘来保等.水碳硼石,一种新的硼酸盐矿物.地质学报,1965,43(3):269～305

[20] 高世扬.李秉校.青藏高原硼酸盐矿物.矿物学报,1982,(2):107～112

[21] Gao S Y(高世扬),Chen J Q(陈敬清),Zheng M P(郑绵平).Scientific investigation and utilization of salt lakes on Qinhai-Xizang(Tibet)Plateau.Advances in Science of China Chemistry,1992,4:163～201

[22] 谢先德,郑绵平,刘来保.硼酸盐矿物 北京:科学出版社,1965

[23] 谢先德,查福标等.硼酸盐盐湖矿物学.北京:地震出版社,1993.108～112

[24] Danilov V.P.高世扬.卡拉博加兹湾海水中矿物的形成过程.盐湖研究,1994,2(3):22～25

[25] 张彭熹.,张保珍,唐 渊等.中国盐湖自然资源及其开发利用.北京:科学出版社,1999.7

[26] 高世扬,柳大纲等.大柴旦盐湖冬季组成卤水天然蒸发.柳大纲科学论著选集.北京:科学出版社,1997.59～64;科学技术研究报告.化成字63016,档案号6249,编号627,北京:中华人民共和国科学技术委员会,1965.1～5

[27] 高世扬,柳大纲等.大柴旦盐湖夏季组成卤水天然蒸发.柳大纲科学论著选集.北京:科学出版社,1997.44～58;科学技术研究报告.化成字63016,档案号6249,编号628,北京:中华人民共和国科学技术委员会,1965.1～14

[28] 金作美,肖显志,梁式梅.Na^+,K^+,Mg^{2+}/Cl^-,SO_4^{2-}-H_2O系统介稳平衡的研究.化学学报,1980,38(4):313～320

[29] Курнакое Н С,НиколаевВ И.Извесмия.Физико-Химцческого Анаяиза.Академия Наук СССР.1938,333～366

[30] 克山(Кешан)А.Д.硼酸盐在水溶液中的合成及其研究.成思危译.北京:科学出版社,1962

[31] 高世扬.天然盐成盐元素化学.青海化工,1986,(3):1～13

[32] 高世扬,符延进,王建中.盐卤硼酸盐化学Ⅲ,盐卤在动态蒸发条件下硼酸镁的极限溶解度.无机化学学报,1985,1:97～102

[33] 夏树屏,陈若愚,高世扬.青藏高原钠硼解石的物理化学特征.沉积学报.1994,12(1):117～121

[34] 陈若愚,夏树屏,冯守华等.钠硼解石在水中的溶解及相转化研究.无机化学学报,1999,15(1):125～127

[35] Liu Z H, Hu M C, Gao S Y, Xia S P. Kinetics and mechanism of dissolution and transformation of chlorpinnoite in water at 293～313K. Indian Journal of Chemistry, 2002,41(A):325～329

[36] 高世扬,陈志刚, 冯九宁. 盐卤硼酸盐化学Ⅳ. 浓缩盐卤中析出的新硼酸盐固相. 无机化学报,1986,2(1):45～52

[37] 高世扬,赵金福,薛方山,符廷进.盐卤硼酸盐化学Ⅱ.从浓缩氯化镁卤水中析出的六硼酸镁 $MgO\cdot 3B_2O_3\cdot 7.5H_2O$.化学学报,1983,41(3):217～222

[38] 高世扬,刘化国,牟振基. 盐卤硼酸盐化学Ⅶ.盐卤在天然冷冻析盐过程中硼酸盐行为. 无机化学,1987,3(2):113～116

[39] 高世扬,许开芬,李刚等. 盐卤硼酸盐化学Ⅴ.含硼浓缩盐卤稀释过程中硼酸盐行为.化学学报,1986,4(1):1223～1233

[40] 高世扬,冯九宁. 盐卤硼酸盐化学Ⅺ.不同含硼浓缩盐卤的稀释实验. 无机化学学报,1992,8(1):68～70

[41] 高世扬,王建中,夏树屏, 史启祯.盐卤硼酸盐化学Ⅷ.盐卤中硼酸盐的存在形式和表示方式.海洋与湖沼,1989,20(5):429～436

第 10 章　扎仓茶卡盐湖

青藏高原是在地壳运动中由于印度板块俯冲欧亚板块的结果，至今它仍在不断隆起，尤其是从始新世以来的强烈抬升，形成了许多高耸云端的冰峰雪岭，其中有海拔最高的世界第一高峰(8844.43m)——珠穆朗玛峰。同时，在高原上出现众多的断裂凹陷盆地和山间洼地，成为西藏境内流水系的最终归宿地；在高原特殊气候环境中形成星罗棋布的众多盐湖，其中的很大一部分是硼酸盐盐湖。

众所周知，西藏盐湖硼砂远在 2000 多年前就沿古丝绸之路运销地中海沿岸古希腊、古罗马。西藏北部地区的硼酸盐盐湖化学组分分为两种类型：一种是碳酸盐类型的硼酸盐盐湖，由于从该类型湖卤水中结晶析出的是钠的硼酸盐，多数情况下是硼砂($Na_2B_4O_7 \cdot 10H_2O$)，所以又叫硼砂湖；另一种是硫酸盐类型的硼酸盐盐湖。从这样的盐湖中析出的硼酸盐盐类矿物主要是钠硼解石和柱硼镁石(或者是多水硼镁石和库水硼镁石)。扎仓茶卡盐湖是后者的典型代表，沉积了具有工业开采价值的库水硼镁石和柱硼镁石；目前，仍正在形成钠硼解石、柱硼镁石和钙镁硼酸盐等。对该盐湖的研究不仅具有科学意义，同时还具有开发利用价值。

10.1　地理和地质概况

扎仓茶卡(又名张张茶卡或张藏茶卡)盐湖是郑绵平等在 1961 年进行藏北盐湖调查中发现并最早报道的新类型硼酸盐盐湖[1,2]。它是位于西藏西部阿里地区的革吉县管辖的盐湖区，东经 82°13′～82°33′，北纬 32°32′～32°37′。从青藏公路东头的黑河穿越藏北高原到西部的阿里干道——安(多)狮(泉河)公路，从该盐湖南边通过。该处的交通在藏北高原(过去的无人区)上还算方便。这里往东 819km 可至班戈错湖，向东南 451km 可至措勤，向西约 313km 至阿里的狮泉河。

扎仓茶卡盐湖坐落在冈底斯山脉北麓，班公湖-怒江构造带(板块缝合线)控制的断陷盆地内。湖盆地势南侧和北侧高约 5000m，东侧和西侧高约 4500m。呈东西—北西西向延伸，是一个不对称的狭长盆地。湖盆东西延伸长 100 余公里，南北宽 15 ～ 25km，总面积大于 2000 km^2。从东到西分布着数个以阶地相隔的小湖。分别是达热布错、别若则错、扎仓茶卡Ⅰ湖、扎仓茶卡Ⅱ湖和扎仓茶卡Ⅲ湖，成明显的串珠状排列，扎仓茶卡盐湖就位于该湖盆的西部边缘低洼处。

扎仓茶卡从东到西包括以下 3 个盐湖(图 10 - 1)。

(1) 扎仓茶卡Ⅰ湖，又叫做尕尕错或尕热甲布拉茶卡，东西长 6.3km，南北最

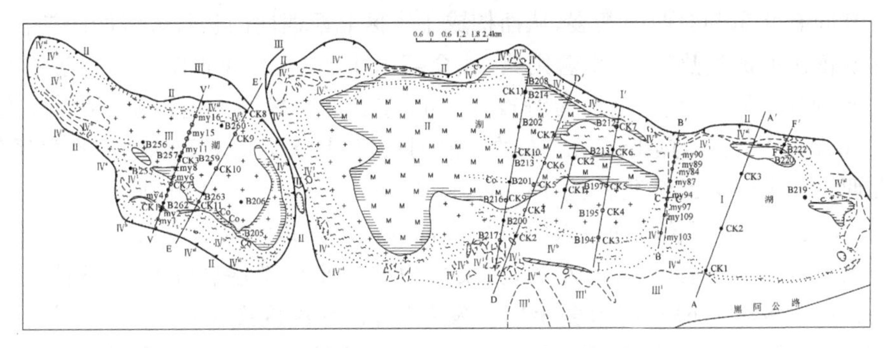

图 10-1　扎仓茶卡(Ⅰ)～(Ⅲ)湖实测地质略图(郑绵平等,1989)

1. 盐喀斯特带；2. 晚更新世期湖沉积；3. 全新世早中期沉积；4. 全新世期沉积层；5. 全新世晚期沉积层；6. 全新世期沼泽沉积层；7. 全新世晚期湖沉积黑色含盐淤泥；8. 芒硝；9. 芒硝和石盐；10. 石盐；11. Ⅱ～Ⅲ级阶地；12. Ⅰ级阶地；13. 地质界线；14. 湖水界线；15. 剖面线；16. 取水点及编号；17. 1961 年钻孔及编号；18. 1982 年钻孔及编号；19. 1976 年、1978 年盐湖所钻孔及编号

宽处为 5.7km,最窄处为 2.2km,平均宽度 3.6km,面积 35.25km^2,是一个半干盐湖,地表卤水和Ⅰ级阶地分布在北部及东部低洼处,湖表卤水面积为 6.25km^2(1976 年 8 月测量,下同),远望湖面为一片白色新盐沉积。

(2) 扎仓茶卡Ⅱ湖,又叫做尕努加拉错或改杆茶卡,东西长 13.5km,最宽处为 6km,最窄处为 3.5km,平均宽度 5km,面积 57.5km^2;在Ⅰ湖东部与都曲湖(卓鲁尔湖)之间,有宽 14km 左右的湖相Ⅰ、Ⅱ级阶地,高出湖 70～80m。其中,湖表卤水面积为 36.23km^2,主要分布于湖中偏北地段,靠近北部的卤水顺湖岸边形成槽状延伸,成为该湖表卤水的深水区(1～2m)。Ⅱ湖中部大部分地段属于浅水区,浅水区外围是石盐沉积区。该湖区的盐沉积Ⅰ级阶地主要分布于南北湖岸及东边的湖间梁上。在Ⅰ湖和Ⅱ湖之间形成有一个宽 200～300m 的"湖间阶地",高出湖面 4～5m。Ⅱ湖与Ⅲ湖之间,由Ⅰ级和Ⅱ级湖相较高的阶地构成,阶地上宽为 300～500m,高差 20～40m。

(3) 扎仓茶卡Ⅲ湖(恰果茶卡)东西长 10.7km,南北最宽处为 4.5km,最窄处为 2km,平均宽度 3km,湖区面积 29km^2。它也是一个干盐湖,地表卤水主要集中在东部和东南部,南侧为"深卤水区",顺着湖岸形成细长槽状延伸,水深 0.5～1m。在"深卤水区"的南侧和北侧均为浅水区,水深数厘米至十余厘米,浅水底部有新盐沉积。其余干涸面主要为石盐沉积。含盐沉积的Ⅰ级阶地多分布于湖的南岸,在Ⅰ级阶地未见盐类沉积。

扎仓茶卡湖盆处于藏北构造区西部,班公湖-怒江大断裂正好通过该湖盆宽谷处,成为控制湖盆的主要断裂,扎仓茶卡地区古今湖盆与断裂系统如图 10-2 所示。其间有北东和北西向断裂,从而构成了本区北西西向的狭长多级凹陷湖盆,由东往西依次形成达热布错、别若则错、扎仓茶卡Ⅰ湖、Ⅱ湖和Ⅲ湖。扎仓茶卡湖盆南北两侧为中低山地貌,南面为海拔 5000m 左右的中等高度的山脉,相对高度在 500～600m。主要为燕山运动晚期的花岗闪长岩,其次为侏罗系的超基性岩系等,沿北西方向大断裂断续延伸达 180km,宽 10～20km。该岩体南侧为早白垩世灰岩,由于受到花岗闪长岩的侵入而发生局部变质。盆地北缘为海拔 4500～4600m 的较低山区,相对高差 300m 左右,主要由白垩纪晚期基性岩和红色碎屑岩层组成。该湖盆的南北两侧均为多年冻土发育区,估计深度在 20m 以上。湖盆中部南、北两侧分布有阶梯状砂堤和侵蚀阶地,高出湖面 200m。大致可划分成三级明显的堆积阶地,其间发育有几道至几十道砂堤和退水线。沉积物多由砂、砾石组成,间或夹有砂质黏土,最低 1 级阶地均由碳酸盐黏土和硼酸盐构成,高出现在湖面5～8m,呈平缓的连续台地或缓坡和孤立小丘(可能为后期水流冲蚀所致),绕现代盐湖成环状分布。

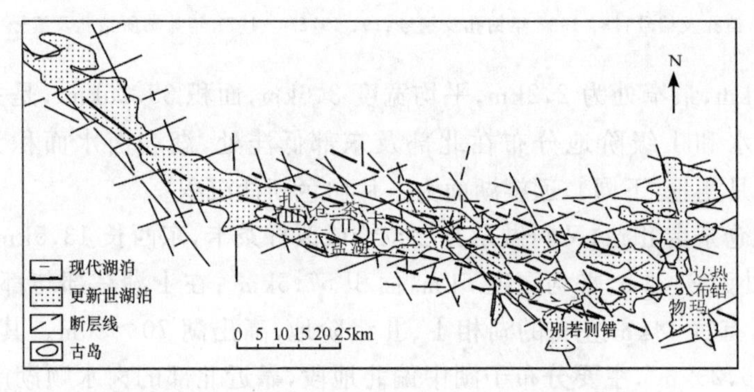

图 10-2　扎仓茶卡地区古今湖盆与断裂系统[4]

10.1.1　湖区周边第四纪沉积

扎仓茶卡盐湖区盐类沉积的周围第四系沉积广泛分布着。其成因类型有河湖相、湖相、湖相化学沉积、泉华沉积、洪积、冲积、坡积等[3~4]。沉积物自下而上为不同时期的不同沉积物,如下所述。

1. 早更新世的河湖相灰色钙质含砂砾石

本层夹粗砂层,胶结很紧,砾石的磨圆度好,稍具定向排列,砂砾成分以周缘基岩为主,部分为外来岩石。钙质胶结,与下伏基岩呈不整合接触。底部局部为残积成因。本层厚度为 15m 以上。

2．中晚更新世的浅灰色钙质砂砾

砾石滚圆度好，略具有胶结。在下部普通具斜层理，底部为灰黄色致密黏土，与其下的砂砾层呈不整合接触。中部夹有数米厚的浅灰色粉砂和黏土层。本层沉积厚度为 30m 以上。

3．晚更新世晚期的浅灰-土黄色砂、砾层及砂质黏土

砂砾层稍具胶结，砾石滚圆度较好，排列明显，具斜层理。黏土及细砂土在本层中部较发育，呈浅灰绿色、灰黄色和精选灰色，交替出现。并含有未炭化的水草薄层，单层厚度 3～5m。本层上部发现有大量软体动物化石和孢粉。本层厚度 30m 以上。

4．全新世早中期的灰白泥灰(黏土质碳酸盐)-硼酸盐层

此层构成Ⅰ级阶地，在灰白色灰岩中产有数量较多、种属单调的介形虫，被认为属于全新世的可能性最大。李发桂等[5]根据其底部碳酸盐黏土测定^{14}C年龄为距今约 96 409 年。

10.1.2 扎仓茶卡Ⅱ湖湖底沉积

现以扎仓茶卡Ⅱ湖为例，扎仓茶卡Ⅱ湖湖底钻孔柱状中沉积物的对比如图 10-3所示。从图 10-3 可见，湖底湖相沉积可以分成 4 个层段，分别代表晚更新世中晚期、全新世早期、全新世中期和全新世晚期[5]。

沉积物自下而上分别如下：

1．土黄-棕黄色含碳酸盐黏土、砂质黏土

该层含 18%～28%碳酸盐，一般含 20%左右。由下而上粗碎成分增多 82CK2 孔(图 10-3)：①底部为棕黄色含碳酸盐黏土，致密质纯，Ca/Mg 值高；②下部为土黄色含碳酸盐黏土，约含 5%石英质粉砂，Ca/Mg 值中等；③上部为土黄色含砾石黏土粉砂，Ca/Mg 值稍低，所含砾石砾径为 1～3cm，呈次棱角状。在靠近边缘或古河床入流区，上部沉积物变粗(图 10-3 中 78CK2 孔)，近古湖中心区相变为含碳酸盐黏土或砂质黏土(82CK1 孔)。本层下部含碳酸盐黏土^{14}C测定为距今(28 495±1330)年(相当于 82CK1 孔的 11.75～13.20m)；中、上部^{14}C测定年龄为距今(15 612±603)年。结合区域第四系资料，大致可将本层时代分别划归晚更新世中期(78CK2 孔和 82CK2 孔)和晚更新世晚期(剖面下部至上部)，两者时代以距今约 30 000 年为界。晚更新世晚期上限距今约 10 000 年。本层与湖周湖相地层对比，与其第三层土黄色砂砾、砂质黏土相当。本层总厚度≥3.6m。

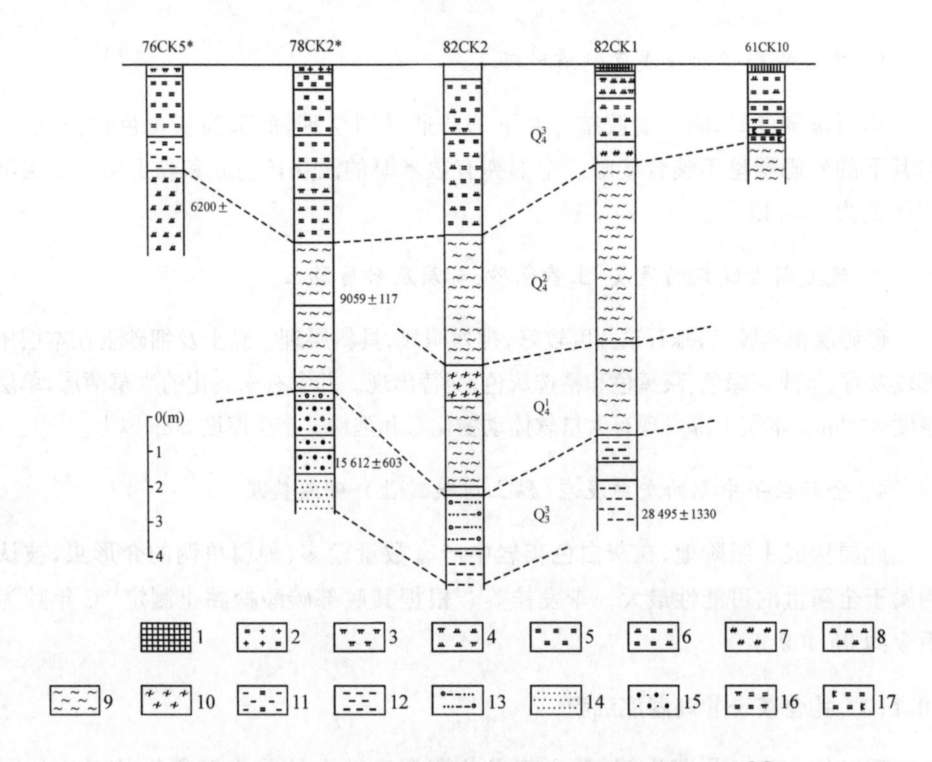

图 10-3　扎仓茶卡Ⅱ湖湖底钻孔柱状中沉积物的对比图[4]

1．石盐；2．含芒硝石盐；3．柱硼镁石；4．含柱硼镁石碳酸盐黏土；5．芒硝 6．含碳酸盐黏土芒硝；7．碳；8．碳酸盐黏土；9．黑色灰泥；10．蓝灰色灰泥；11．黑色含芒硝灰泥；12．黏土；13．含砂砾黏土；14．细砂；15．砂质砾土；16．含柱硼镁石芒硝；17．含库水硼镁石芒硝

2．黑色-蓝灰色灰泥（淤泥）

本层质软，具有 H_2S 臭味。该层以细散黏土为主，其次为碱土金属碳酸盐，含百分之几可溶盐类和微量有机碳等。依据其可溶性盐含量、Ca/Mg 值以及颜色变化（反映有机碳等含量差别）等，将其划分为下、上两小段：①下分段为浅色段（Q_4^1），由灰黑色、蓝灰色至黑色，比上分段颜色浅，含可溶盐量（石膏、芒硝、石盐等）较高，5%～18%（82CK2 孔），Ca/Mg 值稍低（如 82CK2 孔，Ca/Mg＝2.3）。在下小段中部取得 ^{14}C 数据，为距今（9059±107）年，同时按其上、下层的 ^{14}C 年龄数据为距今15 400～7500年，也即其中上部属于全新世早期（Q_4^1），下部或底部属于晚更新世最末期（Q_3^{2-3}）。②上小段 1～3.5m。上小段（Q_4^2）为黑色泥灰段，比下小段的色深而稀软，反映有机质量增加了，含可溶盐量较低（如 82CK2 孔，82CK1 孔），其可溶盐含量为 5%～10%，Ca/Mg 值明显增高（如 82CK2 孔，Ca/Mg＝4.4）。在本小段上部的 ^{14}C 年龄数据为距今（6200±160）年和（4780±185）年，故其大致年龄为距今7500～3599年。本层厚 3.7～5.1m（82CK2 孔和 82CK1 孔）。

3．灰色-灰白色盐段

本层中、下部以芒硝为主，其次为菱镁矿、白云石等钙镁碳酸盐，两者呈消长关系。下部镁碳酸盐含量相对较高，可达 35%左右(82CK2 孔)，芒硝含量相对稍低，为 50%～60%(82CK2 孔和 82CK1 孔)，构成碳酸盐芒硝层或含碳酸盐芒硝层。本层上部的碳酸盐含量降低，其变化幅度较大，为 4%～35%，以 10%～15%居多(82CK1 孔和 82CK2 孔)；芒硝含量则多在 80%～95%之间，构成含碳酸盐芒硝或芒硝层。本层顶部出现白色石盐层，厚 10 余厘米至 1m 左右。此外，在本层近底部和上部，石盐到处可见，并常有硼酸盐层富集，按矿物含量可达 10%～50%。同时，本层的 Ca/Mg 值较低，一般为 0.5 左右(82CK2 孔，82CK4 孔)。此段之下^{14}C年龄为距今(4780±185)年(78CK1 孔)，按沉积速率推算，本层大致为距今 3500 年，层厚 1～5m。

10.2 水文地质与水化学

10.2.1 湖区水文地质概况

湖盆内的地下水分为基岩裂隙水、第四系孔隙潜水和第四系孔隙承压水。扎仓茶卡盐湖水文地质略图如图 10-4 所示。

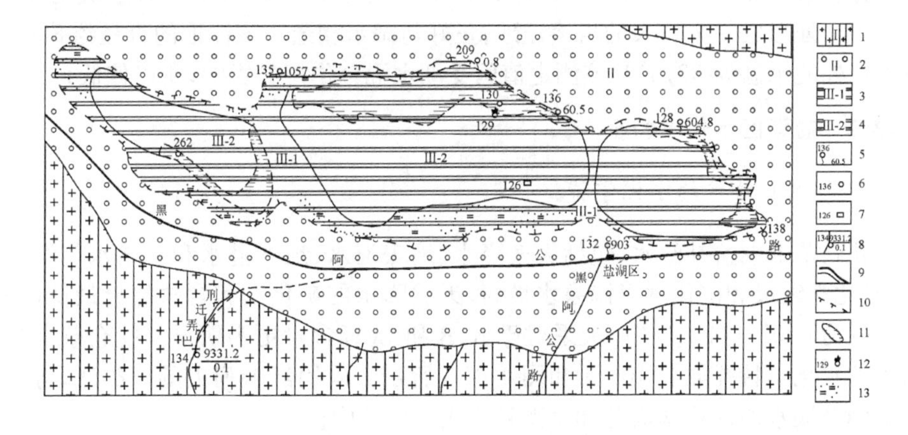

图 10-4 扎仓茶卡盐湖水文地质略图[4]

1.基岩裂隙水；2.第四系孔隙潜水；3.第四系承压水；4.上部为晶间卤水、地表卤水，下部为承压水；5.下降泉编号及涌水量(t/h)；6.湖水取样点；7.浅坑水取样点编号；8.河水流量(t/h)/矿化度；9.地下水类型界线；10.承压水界线；11.湖水边界；12.温泉；13.盐沼

1．基岩裂隙水

分布在盆地两侧的山区，依据冻土控制的程度不同又可分为冻土水和冻结层

下水。前者水量微弱,不稳定;后者埋藏深度大于多年冻土层的下限深度,富水性不均匀,水量微弱。基岩裂隙水的矿化度小于 0.5g/L,可适作饮用和农牧灌溉之水,白垩纪地层一般含盐量较高,水质稍差。

2. 第四系孔隙潜水

分布在山前与湖区外围之间的中间地带,储水层组成以砂砾岩、砂砾石为主,含水层厚 2～5m,地下水潜水面埋藏深度从山前向湖边逐渐变浅,由 20～2m。单个泉水的涌水量为 0.1L/s,一定数量的泉群涌水流量为 1～101L/s。这些水都是矿化度小于 1.0g/L 的淡水,水质较好。

3. 第四系承压水

分布在湖盆的中间(扎仓茶卡Ⅰ湖、Ⅱ湖、Ⅲ湖 3 个湖)地带,按水头压力和水质又可分为承压水与承压自流水。前者环湖分布,埋藏深度 2～10m,含水层为含砾砂层及砂砾石层,上层为湖相泥质黏土、亚砂土等。水质以淡水为主,局部为微咸水或咸水。承压自流水分布在干盐滩与湖表卤水的下部,埋藏深度 40m 左右,含水层为含砾砂层及砂层。上层为湖相泥质黏土,地下水通过潜流补给湖水,水质稍差。推测可能有承压自流水,造成盐层中多见喀斯特溶洞。

扎仓茶卡Ⅱ湖中的 129-1 号温泉,可能是沿着深大断裂带上升形成的温泉。在温泉口处形成一个较大的岩溶洼地,正好与湖水相通。该洼地的直径约 80m,温泉出口处的水温为 33.5℃(该测定值因受湖水混合作用的影响,所以偏低)。

10.2.2 盐湖区水化学特征

1. 湖区补给水的水化学特征

扎仓茶卡湖盆补给水,包括大气降水、地表河水、地下潜水和温泉水等淡水补给,其化学组成和矿化度以温泉水最高,天然降水的矿化度和含盐组分最低(平均矿化度为 0.052g/L)。这一关系对于 K、B 和 Li 等含量更为明显。扎仓茶卡湖盆潜水的水化学特征如表 10-1 和图 10-5 所示。采用舒卡列夫的分类法,将扎仓茶卡湖盆淡水的水化学成分和水型列于表 10-2 中。

表 10-1 扎仓茶卡湖盆潜水的水化学成分和水型

亚环境	山区	山前滨岸带	环湖泥坪带	盐坪(干盐滩)
矿化度/(g/L)	<0.2	0.2～0.5	0.5～1.0	
水化学类型	HCO_3^--Ca^{2+}	HCO_3^--Ca^{2+}	HCO_3^-, SO_4^{2-}, Cl^-, Na^+, Mg^2	
		HCO_3^--Ca^{2+}, Mg^{2+}	SO_4^{2-}, HCO_3^-, Na^+, Mg^{2+}	Cl^-, Na^+, Mg^{2+}
			SO_4^{2-}, Cl^-, Na^+	

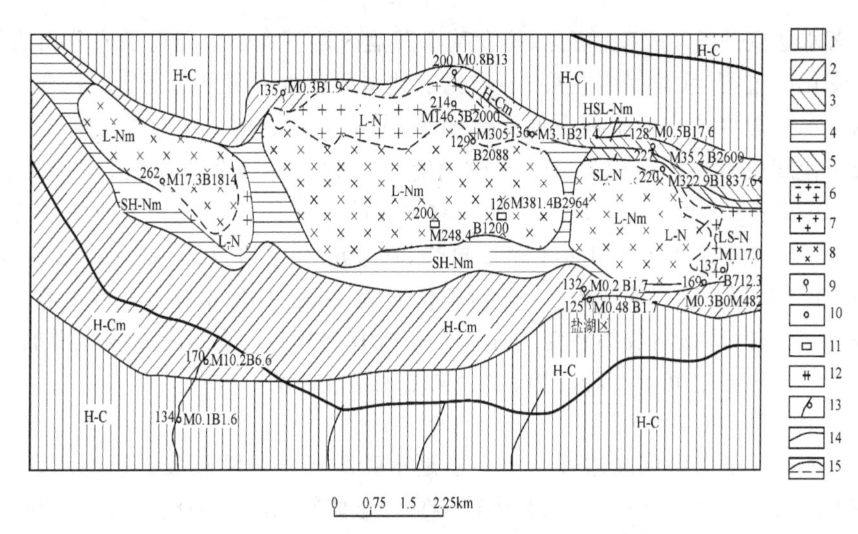

图 10-5 扎仓茶卡湖盆潜水水化学略图[4]

1.重碳酸钙型;2.重碳酸水钙镁型;3.重碳酸硫酸氯化钠镁型;4.硫酸重碳酸钠镁型;5.硫酸氯化钠型;6.氯化物硫酸钠型;7.氯化钠型;8.氯化镁型;9.下降泉编号及矿化度(mg/L);10.湖水矿化度;11.浅坑水矿化度;12.井水矿化度;13.河水矿化度;14.基岩与第四系的分界线;15.水化学类型界线和湖水界线

表 10-2 扎仓茶卡地区淡水的水化学成分和水型[4]

水类	地点	单位	Na	K	Ca	Mg	Li	Rb	Cs	Cl	O
下降泉	Ⅱ湖东部	mg/L	688.9	184.3	74.5	8.3	—	—	14394	1439.4	371.3
下降泉	Ⅱ湖西部	mg/L	22.5	3.2	57.1	25.0	0.2.	—	—	13.1	39.9
下降泉	Ⅰ湖东南角	mg/L	24.8	12.1	21.0	60.7	0.2	—	—	30.5	61.5
低温温泉	Ⅱ湖小岛温泉	mg/L	1720.0	330.6	31.46	238.1	1.5	0.46	0.15 2	494.0	550.0
低温温泉	Ⅰ湖南	mg/L	17.0	0.5	42	15.9	0.2	0.08	0.06	13.0	23.10
河水	帕娃藏布	mg/L	63.0	7.5	54.3	17.6	0.8	—	—	37.9	121.5
河水	型迁弄巴	mg/L	3.3	0.6	14.0	1.8	0.0	—	—	3.5	9.6
降水	扎仓盐湖区	mg/L	5.6	0.8	1.7	0.8	0.01	—	—	1.7	2.2
水类	地点	单位	CO_3	HCO_3	B_2O	Br	I	F	P	水型(舒卡列夫分类)	
下降泉	Ⅱ湖东部	mg/L	—	244.1	21.4	0.3	<0.4	—	—	氯化钠镁型	
下降泉	Ⅱ湖西部	mg/L	—	294.1	1.9	<0.1	<0.04	—	—	重碳酸钙镁型	
下降泉	Ⅰ湖东南角	mg/L	48.0	219.7	18.5	<0.1	<0.04	—	—	重碳酸钙镁型	
低温温泉	Ⅱ湖小岛温泉	mg/L	103.6	105.4	43.15	3.1	0.0087	—	—	氯化钠型	
低温温泉	Ⅰ湖南	mg/L	4.2	187.6	8.0	8.0	0.0046	6.1	0.007	重碳酸钙镁型	
河 水	帕娃藏布	mg/L	—	215.4	10.5	<0.1	<0.04	—	—	重碳酸硫酸钠镁钙型	
河水	型迁弄巴	mg/L	—	45.8	1.6	<0.1	<0.04	—	—	重碳酸钙型	
降水	扎仓盐湖区	mg/L	—	22.0	0.24	—	—	—	—	重碳酸钠型	

注:表中各种化学元素都是以离子形式存在于淡水中。

从山区到湖里的盐滩总的水化学变化特点是:由 HCO_3^--Ca^{2+}、Mg^{2+}型,过渡到 Cl^--Na^+、Mg^{2+}型;各种水的矿化度由小于 0.1g/L 逐渐过渡到 1g/L,到盐湖中晶间卤水达到约300g/L。可见,扎仓茶卡湖盆内地下水中盐类离子成分由边缘往中心变化的过程,无论是含盐度,还是化学类型都发生了明显的变化。扎仓茶卡湖区地下水由边缘往中心呈现下列变化规律(图10-5):Na^{+}、K^{+}、Cl^{-}和SO_4^{2-}等离子与矿化度成直线性正相关;Li^{+}在矿化度为0.1～10g/L时,两者成线性关系,矿化度10～200g/L时,Li^{+}和Mg^{2+}的相对含量略有降低。Ca^{2+}和HCO_3^{-}在总盐量为0.3～40.0g/L时呈下凹曲线同步趋势,在40g/L之后,Ca^{2+}呈正向线性发展,而HCO_3^{-}却仍保持下降趋势,一直到矿化度为200g/L为止;CO_3^{2-}浓度在3.5～300g/L范围内呈抛物线关系变化;B_2O_3在0.07～15g/L范围内成线性增加,矿化度15～180g/L之间呈下降趋势,之后又出现增加趋势。

综上所述,可以认为:

(1) 扎仓茶卡湖区周边补给水主要是重碳酸钙型或重碳酸钙镁型水,可见湖区的Ca^{2+}、Mg^{2+}和HCO_3^{-}的来源比较丰富。这些补给水在向湖中心运移过程中,Ca^{2+}与HCO_3^{-}和CO_3^{2-}在地下水尚属于淡水-咸水阶段,大量以$CaCO_3$和(或)$CaCO_3 \cdot MgCO_3$形式析出,从而为湖区最终形成硫酸盐卤水创造了条件。

(2) 硼的含量在咸水-卤水阶段趋于下降,印证了在这一阶段有大量镁硼酸盐析出的这一事实。其中,Mg的下降幅度比B_2O_3的小,说明扎仓茶卡湖周围补给水中Mg的补给量远比硼要丰富得多。

(3) 扎仓茶卡Ⅰ湖湖表卤水分布面积约6.25 km^2,水深0.05～0.15m;Ⅱ湖分布面积36.25km^2,水深数厘米至1.20m;Ⅲ湖分布面积9km^2,水深0.05～0.15m(1978年夏季)。据估算,共有湖表卤水约>$3000\times10^4 m^3$,是一项很可观的卤水资源。

2. 扎仓茶卡盐湖卤水资源

现代的扎仓茶卡Ⅰ湖、Ⅱ湖和Ⅲ湖都有湖表卤水和晶间卤水,其化学成分见表10-3。在表10-3中,这三个湖的湖表卤水中,B_2O_3含量最高达1870mg/L,平均1483 mg/L。Li^{+}含量最高达800mg/L,平均为652mg/L。此外还富含K^{+}、Rb^{+}和Cs^{+}等。

表10-3 扎仓茶卡盐湖卤水平均化学成分(单位:mg/L)

名称	海洋水	Ⅰ湖		Ⅱ湖		Ⅲ湖	
		湖表水	晶间水	湖表水	晶间水	湖表水	晶间水
	3.5×10^4	3.35×10^5	2.21×10^5	2.97×10^5	2.68×10^5	3.10×10^5	3.23×10^5
Na^{+}	1.05×10^4	1.06×10^5	4.16×10^4	7.08×10^4	7.13×10^4	9.4×10^4	8.8×10^4
K^{+}	0.38×10^4	1.09×10^4	9.9×10^4	1.29×10^4	1.75×10^4	1.02×10^4	1.56×10^4
Ca^{2+}	0.4×10^3	0.23×10^3	0.19×10^3	0.17×10^3	0.12×10^3	0.27×10^3	0.2×10^2

续表

名称	海洋水	Ⅰ湖		Ⅱ湖		Ⅲ湖	
		湖表水	晶间水	湖表水	晶间水	湖表水	晶间水
Mg^{2+}	1.2×10^3	8.37×10^3	8.53×10^3	9.95×10^3	1.28×10^4	8.34×10^3	1.40×10^4
Cl^-	1.9×10^4	1.78×10^5	8.56×10^4	1.51×10^5	1.45×10^5	1.68×10^5	1.72×10^5
SO_4^{2-}	2.97×10^3	3.48×10^4	—	4.03×10^4	1.55×10^4	2.38×10^4	2.98×10^4
CO_3^{2-}	0.14×10^3	—	4.3×10^3	0.1×10^3	—	—	—
HCO_3^-	0.14×10^3	0.23×10^3	0.46×10^3	0.30×10^3	0.36×10^3	0.25×10^3	0.29×10^3
B_2O_3	15.44	1.37×10^3	1.99×10^3	1.87×10^3	2.30×10^3	1.21×10^3	1.69×10^3
Li^+	0.2	5.25×10^2	5.53×10^2	6.3×10^2	7.8×10^2	8.00×10^2	1.21×10^3
Br^-	65	1.05×10^2	—	1.04×10^2	—	93.98	—
I^-	0.4	0.132	—	0.144	—	0.09	—
Rb^+	0.12	9.0	—	16.0	—	16.9	—
Cs^+	0.001	1.8	—	3.8	—	4.4	—
U^{6+}	0.002	—	—	0.068	—	0.004	—
Sr^{2+}	8	2.2	—	<2	—	<2	—
F^-	1.3	61.79	—	61.79	—	18.45	—
Th^{4+}	7×10^{-4}	<0.004	—	<0.004	—	<0.004	—
P^{3+}	0.07	0.87	—	1.13	—	0.87	—
Si^{4+}	3	3.90	—	6.15	—	2.20	—
As^{3+}	0.001	3.15	—	2.60	—	1.70	—
NO_2^-	1.7	—	0.025	—	—	—	—
NO_3^-	2.2	1.0	—	—	—	1.9	—
Hg^{2+}	3×10^{-5}	0.4	—	—	—	—	—
Al^{3+}	0.01	0.11	—	0.009	—	0.11	—
Fe^{3+}	0.01	0.85	—	0.48	—	0.46	—
Pb^{2+}	0.003	0.22	—	0.001	—	0.018	—
Sn^{4+}	0.003	0.01	—	0.011	—	0.016	—
Cr^{3+}	5×10^{-5}	0.021	—	<0.004	—	0.006	—
Mn^2	0.002	0.027	—	0.01	—	0.027	—
Ni^{2+}	0.005	0.019	—	<0.003	—	<0.003	—
MO^{2+}	0.01	0.052	—	0.008	—	0.008	—
V^5	0.002	0.007	—	0.018	—	0.003	—
Ti^{4+}	0.001	0.008	—	<0.007	—	<0.007	—
Cu^{2+}	6×10^{-4}	0.067	—	0.003	—	0.001	—
Ag^+	0.003	0.067	—	0.030	—	0.065	—
Zn^{2+}	0.001	0.342	—	0.12	—	0.15	—

注：海水数据引自日本海洋学会志理科(1971)；扎仓茶卡盐湖数据引自中国科学院盐湖研究所(1976)。

现以扎仓茶卡Ⅰ湖为例，除地表卤水之外，晶间卤水比地表卤水的储量大，浓度高，因此它成为综合提取硼、锂和钾等有用组分的重要液体矿资源。同时应注意到Ⅱ湖盐喀斯特较发育，在中部和南北湖缘均发现溶洞带，其排列方向大致与北西湖盆长轴方向一致或沿湖岸走向分布。湖中部盐喀斯特带的形成与所含盐沉积层下部的粉砂黏土岩与所含承压淡水有关。但由于盐喀斯特水溶蚀附近盐层与晶间卤水沟通、混杂，加上蒸发浓缩，所以它的水质与晶间卤水基本一致。在湖区南北缘，盐溶洞和盐沟的形成还同周边水溶解有关。总之，扎仓茶卡地下淡水对硼酸盐的淡化作用比地表水大，应在开采时加倍注意防护。晶间卤水含硼等有益组分较高，储量较大，也较稳定，是本湖的主要液体矿。与早已进行硼、钾、锂联合生产的美国西尔斯湖的上盐组和下盐组中的晶间卤水相比，其硼含量分别高 0.23～0.26 倍，而锂含量则分别高 3～31 倍以上。

3. 盐湖卤水的化学组成[6～8]

扎仓茶卡卤水包括湖表卤水、晶间卤水和淤泥卤水。其矿化度、密度和主要组分含量均以晶间卤水为高。例如，扎仓茶卡Ⅱ湖的地表卤水矿化度为 117～305g/L，密度为 1.15～1.26kg/dm^3，以下均同。晶间卤水的矿化度为 353～385g/L，密度为 1.25～1.271kg/dm^3。淤泥卤水的矿化度为 114g/L，密度为 1.079kg/dm^3。卤水的 pH 明显地与其矿化度成反相关系，即 pH 高，则矿化度降低。

扎仓茶卡Ⅰ湖、Ⅱ湖和Ⅲ湖拥有常年存在的地表卤水和比较丰富的晶间卤水。卤水中富含 Li^+、Na^+、K^+、Rb^+、Cs^+、Mg^{2+} 和 Ca^{2+} 成盐元素的阳离子和 Cl^-、SO_4^{2-}、CO_3^{2-}、HCO_3^- 和 $B_4O_7^{2-}$ 以及 Br^- 和 I^- 成盐元素阴离子，构成该盐湖卤水的主要化学成分，含量比较稳定；同时还含有其他稀散元素。表 10-3 列出了扎仓茶卡盐湖卤水中成盐元素的平均化学组成，以及稀散元素的含量。从表 10-3 可见，其主要成分与海水中的含量相同，对两者进行比较，与海水比，湖中：Na^+ 含量高 6～10 倍，K^+ 含量高 27～46 倍，Mg^{2+} 含量高 6～13 倍，Cl^- 含量高 4～96 倍，SO_4^{2-} 含量高 2～10 倍，HCO_3^- 含量高 1～2 倍。

值得指出的是，Li^+ 含量比海水高 2600～4000 倍，硼含量比海水高 75～121 倍，Rb^+ 含量比海水高 75～140 倍。盐湖中 Rb^+ 含量要比 Cs^+ 含量高，而盐湖中 Cs^+ 含量比海水高 1800～4400 倍。扎仓茶卡盐湖呈现高度的地球化学富集现象。

4. 盐湖卤水化学类型

按照 Н.С.Курнаков-М.Г.Валяшко 分类法（见本书第 2 章），根据盐湖卤水中存在的主要阳离子（Na^+、K^+、Mg^{2+} 和 Ca^{2+}）和主要阴离子（Cl^-、SO_4^{2-}、HCO_3^-、CO_3^{2-}）相作用的水盐平衡体系和湖区已经或可能形成的稳定固相盐类矿物的组成，进行卤水中组合盐类化合物和相关判定系数的计算，由具有代表性的设定盐组成，硫酸钠亚型盐湖卤水中存在有 NaCl、Na_2SO_4、$Mg(HCO_3)_2$、$Ca(HCO_3)_2$、$CaSO_4$，变质系数 $K_2=M(Na_2SO_4)/M(MgSO_4)$；硫酸镁亚型盐湖卤水中存在有 NaCl、$MgSO_4$、$MgCl_2$、$Mg(HCO_3)_2$、$CaSO_4$、$Ca(HCO_3)_2$，变质系数 $K_{MK}=M(MgSO_4)/M(MgCl_2)$。从表10-4中所列扎仓茶卡盐湖地表卤水水化学特征清楚地看出，该湖（Ⅰ、Ⅱ、Ⅲ湖）属于硫酸盐型盐湖。根据盐湖分类系数的计算结果还可以把这三个湖进一步细分为：扎仓茶卡Ⅰ湖和Ⅱ湖属于硫酸钠亚型；扎仓茶卡Ⅲ湖（晶间卤水）属于硫酸镁亚型。

表10-4 扎仓茶卡盐湖湖表卤水水化学特征

湖名	Ⅰ湖	Ⅱ湖	Ⅲ湖
水化学类型	硫酸钠亚型		硫酸镁亚型
盐类组分	Na_2SO_4, $MgSO_4$, K_2SO_4, $CaSO_4$, NaCl $Mg(HCO_3)_2$, $CaCO_3$		NaCl, $MgCl_2$, $MgSO_4$, $CaSO_4$ $Mg(HCO_3)_2$, $CaCO_3$…
离子成分	SO_4^{2-}, Cl^-, HCO_3^-, CO_3^{2-}, Na^+, Mg^{2+}, K^+, Ca^{2+}		SO_4^{2-}, Cl^-, HCO_3^-, CO_3^{2-}, Na^+, Mg^{2+}, K^+, Ca^{2+}
变质系数 K_1	—	—	—
K_2	0.092	—	0
K_{MK}	0	—	2.76～3.49
K_3	∞	—	∞
特征系数 K_{n1}	0.002～0.03	—	0.002～0.01
K_{n2}	1.01～2.64	—	0.67～0.72
K_{n3}	36.73～108.24	—	22.52～93.84
K_{n4}	0.16～0.65	—	0.16～0.61
平衡体系	Na^+-K^+-Mg^{2+}-Ca^{2+}/SO_4^{2-} Cl^--H_2O		
盐类沉积	芒硝，石盐，无水芒硝，水钙芒硝，钙芒硝，石膏，钾石膏，库水硼镁石，多水硼镁石，钠硼解石…		石盐，芒硝，石膏，钾石膏，柱硼镁石，钠硼解石…

注：$K_{n1}=M(Na^+)/M(Cl^-)$，$K_{n2}=M(K^+)/M(Cl^-)$，$K_{n3}=M(Mg^{2+})/M(Cl^-)$，$K_{n4}=M(Ca^{2+})/M(Cl^-)$。

图10-6为扎仓茶卡盐湖卤水的水化学图。图10-6表明，该湖盆中三个盐湖的地表卤水，在目前处于强烈蒸发浓缩的阶段。虽然各个湖表卤水均已达到某种盐（或某些盐）的饱和状态，实际卤水所处的演化阶段并不相同，的确有明显的差异。扎仓茶卡Ⅱ湖和Ⅲ湖的地表卤水都还处于硫酸钠亚型水的成盐阶段，湖区析出的盐类矿物有芒硝、石盐、无水芒硝、水钙芒硝、钙芒硝、石膏和钾石膏等。卤水的物理化学作用方向是从硫酸钠亚型水向硫酸镁亚型水，在成盐作用转化过程中，继续进行向硫酸镁亚型的自然演化。扎仓茶卡Ⅲ湖的地表卤水都已经完成了这一转化和演化过程，达到硫酸镁亚型水的成盐阶段。湖区析出的盐类沉积有石膏、钾

石膏、石盐和芒硝等。

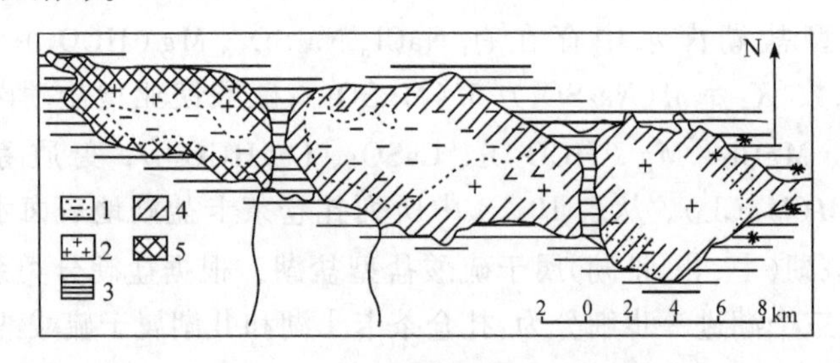

图 10-6　扎仓茶卡盐湖卤水的水化学图

1. 湖水；2. 石盐、芒硝、硼酸盐；3. 碳酸盐型；4. 硫酸钠镁亚型；5. 硫酸镁亚型

这里值得强调指出的是，扎仓茶卡Ⅰ湖、Ⅱ湖和湖Ⅲ湖都是硼酸盐盐湖，但又不同于藏北高原东部的班戈错湖（硼砂湖-碳酸盐硼酸盐湖）。反映在该湖区硼酸盐沉积上，这三个盐湖随着水化学类型的不同，也存在明显的差异性。硫酸钠亚型（扎仓茶卡Ⅰ湖和Ⅱ湖）盐湖，已经析出的硼酸盐矿物种类比较多，成矿规律要比硫酸镁亚型盐湖复杂得多。扎仓茶卡Ⅲ湖析出的硼酸盐矿物种类较少。这一事实表明，扎仓茶卡湖盆中硼酸盐大量析出，主要发生在硫酸钠亚型盐湖卤水这一盐湖形成演化的早期。也就是说，盐湖卤水中所含 Na_2SO_4 尚处在较低级（早期）的物理化学成盐环境中，正处在沉积文石、水菱镁矿等碳酸盐沉积的过程，即有利于各种硼酸盐（钙盐，尤其是镁盐）的形成条件需要具备既有利于卤水蒸发浓缩使硼得到高度富集的条件，同时还需要能结晶析出碳酸（钙镁）盐的稀释掺杂条件。当今世界上，除青藏高原上的盐湖之外，其他地区十分罕见这些特殊条件。扎仓茶卡盐湖与大、小柴旦盐湖十分相似。前者早期是一个较大的湖，后来才形成由东向西的Ⅰ湖、Ⅱ湖和Ⅲ湖连续相接而成，其中Ⅰ湖和Ⅱ湖是硫酸钠亚型盐湖，Ⅲ湖则是硫酸镁亚型盐湖。柴旦盐湖目前已经形成的小柴旦盐湖（在东边）是硫酸钠亚型盐湖，大柴旦盐湖却已演化成为硫酸镁亚型盐湖。它们早期也是一个较大的湖，后来被构造运动和冲积、风积沉积所分隔。

硫酸钠亚型盐湖卤水与硫酸镁亚型盐湖卤水一般都含有同样的 Na^+、K^+ 和 Mg^{2+} 阳离子和等同物质的量的 Cl^- 和 SO_4^{2-} 阴离子，只是其中 Cl^- 和 SO_4^{2-} 的含量不同，使得特征系数 $K_2 = n(Na_2SO_4)/n(MgSO_4)$ 大于 1 时为 Na_2SO_4 亚型；$K_{MK} = n(MgSO_4)/n(MgCl_2)$ 大于 1 时为 $MgSO_4$ 亚型。在含有这些离子的天然水盐体系（盐湖卤水）中，硫酸盐型中的这两类亚型并不是一成不变的。在硫酸盐盐湖卤水中，Na^+、K^+、Mg^{2+}、Cl^- 和 SO_4^{2-} 之间形成的设定盐之间存在以下的相反应：

$$MgCl_2 + 2Na_2SO_4 + 10H_2O \longrightarrow Na_2SO_4 \cdot 10H_2O + 2NaCl + MgSO_4 \quad (10-1)$$

在低温条件下，上述反应可利用结晶析出芒硝（$Na_2SO_4 \cdot 10H_2O$）；当温度升高后，先前在低温条件下析出的芒硝就会回溶进入卤水，在蒸发浓缩达到 NaCl 饱和后继续蒸发就会结晶析出 NaCl。由于卤水组成的改变，引起盐湖卤水水化学类型发生亚型性变化也是可能的。自然界的作用过程比较复杂，影响因素也是比较多的，就以上面所述扎仓茶卡Ⅰ湖、Ⅱ湖和Ⅲ湖而言，在相同的地质环境和气候条件下，前两者属于 Na_2SO_4 亚型，而后者却是 $MgSO_4$ 亚型，这可能是由于各湖区盐类物质来源和补给水与蒸失水之间的水量平衡有所不同而引起的。

这里值得提到的是，扎仓茶卡Ⅰ湖、Ⅱ湖和Ⅲ湖的晶间卤水在取钻孔混合水样进行分析时的结果表明，它们都同样属于硫酸镁亚型卤水。盐湖卤水的化学组成和水化学类型就是盐湖水化学特征的重要标志。扎仓茶卡湖盆中三个盐湖（Ⅰ湖、Ⅱ湖和Ⅲ湖）在形成和演化过程中，地球化学环境、气候条件和物理化学作用有相同之处，也有所差异。它们在经历了湖泊发展的各个阶段之后，都形成了现阶段的高矿化度卤水，其中总盐量和各离子之间的组合及相互关系，具有明显的规律性。扎仓茶卡湖（Ⅰ湖、Ⅱ湖和Ⅲ湖）地表卤水中化学组分的含量在平面上的分布是很不均匀的，表现出明显的差异性。Li^+、K^+、Rb^+、Cs^+、Mg^{2+}、Cl^-、SO_4^{2-} 和 B_2O_3 含量的变化绘制成等值线于图 10－7～图 10－14 中。扎仓茶卡盐湖剖面图如图 10－15 所示。

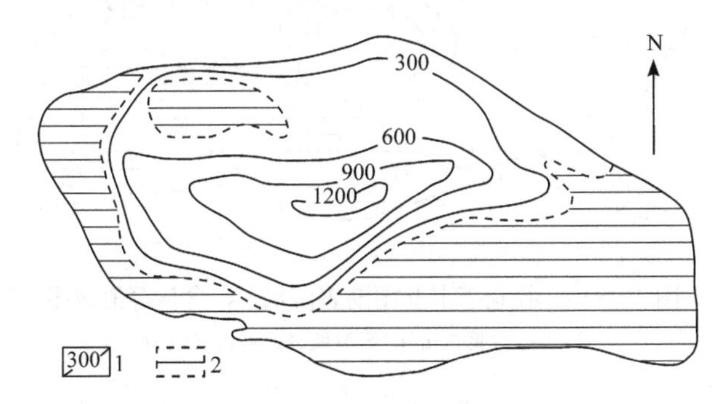

图 10－7　扎仓茶卡Ⅱ湖湖表卤水 Li^+ 含量等值线图

1. Li^+含量（mg/L）等值线；2. 湖相沉积物

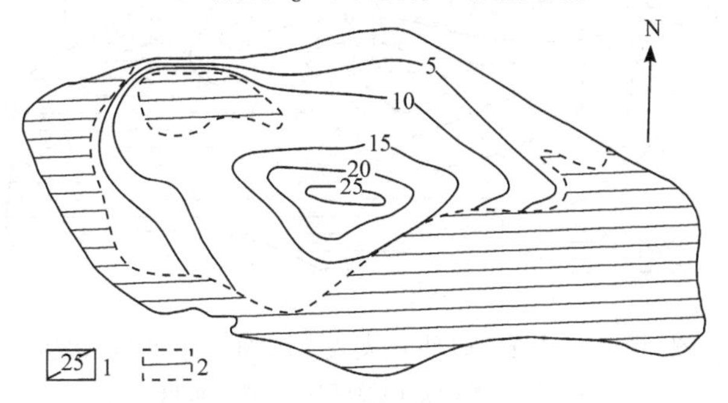

图 10－8　扎仓茶卡Ⅱ湖湖表卤水 K^+ 含量等值线图

1. K^+含量（g/L）等值线；2. 湖相沉积物

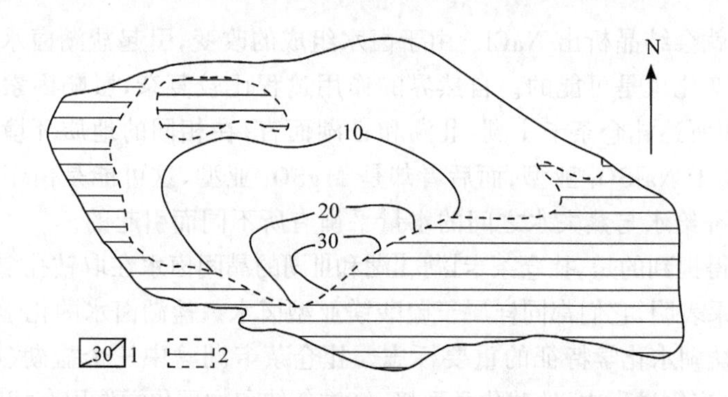

图 10-9　扎仓茶卡Ⅱ湖湖表卤水 Rb^+ 含量等值线图

1. Rb^+含量(mg/L)等值线;2. 湖相沉积物

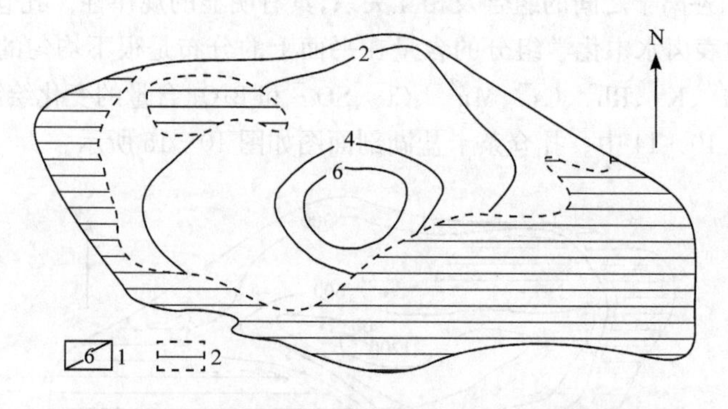

图 10-10　扎仓茶卡Ⅱ湖湖表卤水 Cs^+ 含量等值线图

1. Cs^+含量(mg/L)等值线;2. 湖相沉积物

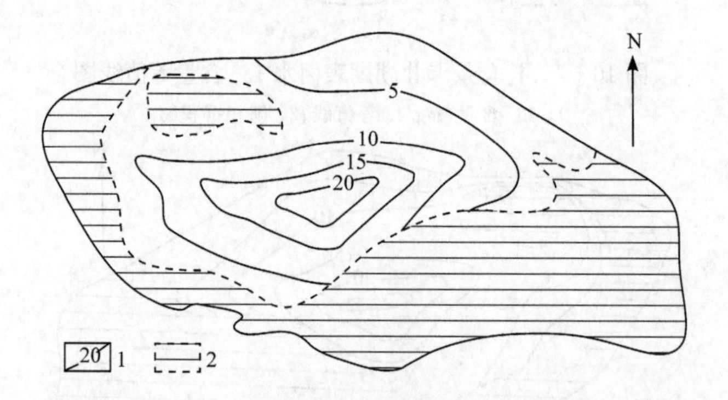

图 10-11　扎仓茶卡Ⅱ湖湖表卤水 Mg^{2+} 含量等值线图

1. Mg^{2+}含量(g/L)等值线;2. 湖相沉积物

这些离子含量等值线图反映出的总趋势是:在扎仓茶卡Ⅱ湖的中部偏南,形成了一个大致东西向的椭圆形富集区,由此向北其元素含量明显递减;由富集区向南

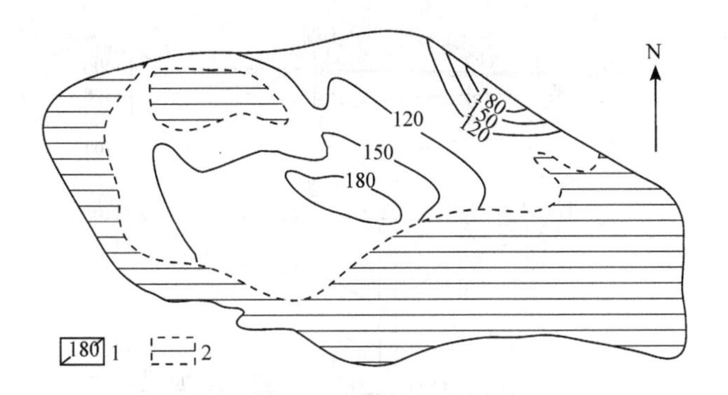

图10-12 扎仓茶卡Ⅱ湖湖表卤水 Cl^- 含量等值线图

1. Cl^- 含量(g/L)等值线;2. 湖相沉积物

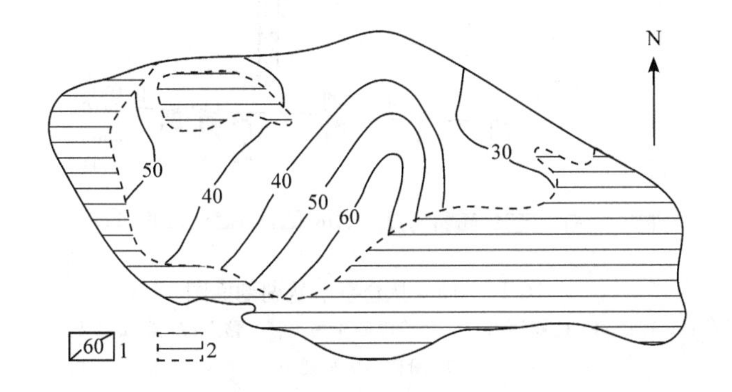

图10-13 扎仓茶卡Ⅱ湖湖表卤水 SO_4^{2-} 含量等值线图

1. SO_4^{2-} 含量(g/L)等值线;2. 湖相沉积物

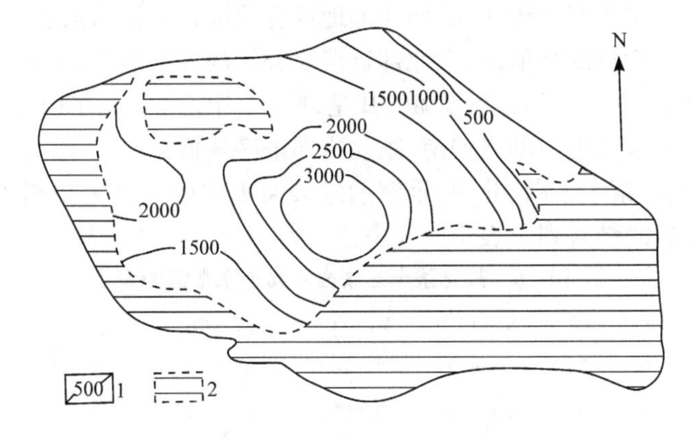

图10-14 扎仓茶卡Ⅱ湖湖表卤水 B_2O_3 含量等值线图

1. B_2O_3 含量(g/L)等值线;2. 湖相沉积物

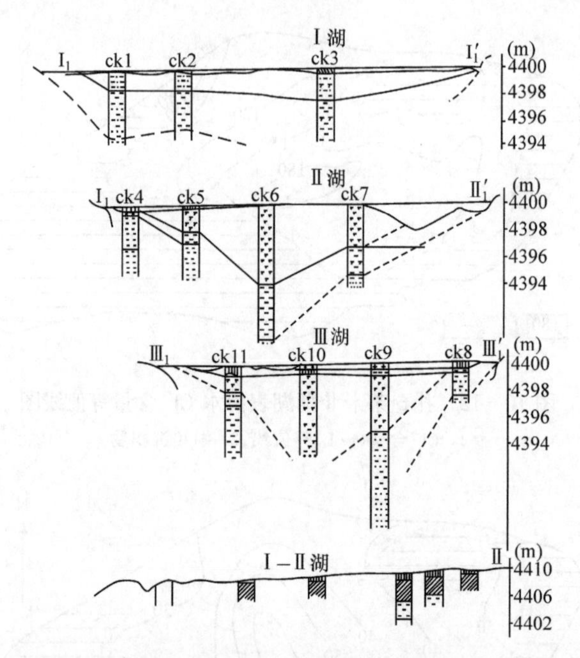

图 10－15　扎仓茶卡盐湖剖面图

1. 湖水；2. 石盐；3. 芒硝；4. 柱硼镁石；5. 含芒硝砂质黏土；6. 黏土；7. 砂质黏土；8. 库水硼镁石；9. 粉砂；10. 砂砾石

虽然有所降低，但幅度较小，这种反映在平面上的变化趋势与湖表卤水的蒸发浓缩和盐-水平衡有关。因为该湖的西南部毗邻石盐、芒硝和硼酸盐沉积区，高矿化度晶间卤水对湖表卤水有补给作用，而北部地区受沼泽地带淡水的影响较大。因此，在南部形成离子含量的高值区，在北部近淡水补给的深水地带，便形成了离子含量的低值区。以图 10－14 等值线为例，其呈现三个中心：一个在西部，另一个在南部，范围有限，主体卤水中部略偏南，东北边部浓度最低。

另外，将扎仓茶卡Ⅰ湖、Ⅱ湖、Ⅲ湖的地表卤水中的几种主要离子和氯的比值与海水进行比较的结果列于表 10－5 中。

表 10－5　扎仓茶卡盐湖卤水离子系数值的变化

湖名	Na^+/Cl^-	K^+/Cl^-	Mg^+/Cl^-	Ca^+/Cl^-	SO_4^{2-}/Cl^-	K^+/Na^+
扎仓茶卡Ⅰ湖	0.595 5	0.060 7	0.046 9	0.001 3	0.195 3	0.10
扎仓茶卡Ⅱ湖	0.468 8	0.085 2	0.065 5	0.001 5	0.277 8	0.18
扎仓茶卡Ⅲ湖	0.556 6	0.060 6	0.045 4	0.001 4	0.125 6	0.11
海洋水	0.554 9	0.019 1	0.066 9	0.021 2	0.139 5	0.03

从表10-5可以看出，盐湖卤水中Na^+/Cl^-值同海水大体一致。其中，Ⅰ湖、Ⅲ湖Na^+/Cl^-值比海水高，Ⅱ湖却比海水低。三个盐湖卤水中的K^+/Cl^-值均比海水高，而各湖卤水中Mg^{2+}/Cl^-和Ca^{2+}/Cl^-值又均比海水低。SO_4^{2-}/Cl^-值同海水相比，有高有低。其中，Ⅰ湖和Ⅱ湖的SO_4^{2-}/Cl^-值高于海水，Ⅲ湖却比海水略低。就扎仓茶卡的三个盐湖卤水中的Na^+/Cl^-、K^+/Cl^-和Mg^{2+}/Cl^-三个值而言，Ⅰ湖与Ⅲ湖十分接近。Ⅱ湖的Na^+/Cl^-值低于Ⅰ湖和Ⅲ湖，且K^+/Cl^-和SO_4^{2-}/Cl^-值也都高于Ⅰ湖和Ⅲ湖。

从上述扎仓茶卡湖水特征系数值看：一方面在扎仓茶卡湖盆被分割解体形成三个盐湖之后，它们接受的补给水源、蒸发浓缩和天然冷冻析盐造成的分异和演化存在着差异，这就使它们的某些特征系数不尽相同；另一方面，表明扎仓茶卡盐湖卤水已经演化到硫酸盐水化学成因类型阶段，某些水化学特征系数值已接近海水。因此，又可以像大柴旦盐湖那样把它称为海水型盐湖。

从表10-6扎仓茶卡盐湖卤水化学系数中所列B_2O_3/Mg^{2+}、B_2O_3/Cl^-和Li^+/B_2O_3值表明，扎仓茶卡Ⅰ湖、Ⅱ湖和Ⅲ湖的这些值均大于海水，说明硼、锂等成盐元素在该湖区形成高度的地球化学富集。这些系数在三个盐湖卤水中也不一致，表10-6取的是平均值，实际上各值有波动。例如，Ⅰ湖和Ⅱ湖的$B_2O_3\times10^3/Mg^{2+}$系数最低值分别为170和163，最高值为252和209，均高于Ⅲ湖。Ⅲ湖相应的硼与镁最低比值为83，最高值为139.6。Ⅰ湖和Ⅱ湖的$B_2O_3\times10^3/Cl^-$系数最低值分别为0.72和1.23，低于Ⅲ湖的最低值3.72，而它们的最高值13.58和18.89，却又大于Ⅲ湖的11.92。这些系数的变化特征，反映了扎仓茶卡各个盐湖中硼酸盐沉积的幅度和规模，同时也是考察湖泊成因及其地球化学作用的标志之一。

表10-6　扎仓茶卡盐湖卤水化学系数

系数($\times10^3$)	Ⅰ湖	Ⅱ湖	Ⅲ湖	海洋水
B_2O_3/Mg^{2+}	211	186	111	20
B_2O_3/Cl^-	7.2	10.1	7.8	1.4
Li^+/B_2O_3	301.2	302.2	328.9	12.9
硼酸盐沉积情况	大量硼酸盐沉积	大量硼酸盐沉积	小量硼酸盐沉积	富硼、锂卤水

10.3　扎仓茶卡盐湖沉积矿物

10.3.1　盐湖沉积矿物概况

扎仓茶卡盐湖沉积包括Ⅰ级阶地和晚期的现代盐湖底两种盐沉积。属于早期Ⅰ级阶地盐类矿物的主要为硼酸盐，一般含少量芒硝、无水芒硝（由芒硝脱水形成）、石盐和石膏等。仅在低堤坝区见到含有较多芒硝的硼酸盐沉积层，目前已知有五种含镁、钠或钙、钠的硼酸盐矿物，即库水硼镁石、多水硼镁石、柱硼镁石、钠硼解石和板硼石等，其中以库水硼镁石和柱硼镁石为主，钠硼解石和多水硼镁石次之，而板硼石比较少见。除盐类矿物以外，矿体中还含有碳酸盐和黏土以及碳酸盐薄层，其黏土矿物有水云母和镁绿泥石、钙镁蒙脱石，碳酸盐矿物主要有白云石和水菱镁矿。此外，沉积物中还分散有少许的细小碎屑矿物，如石英、长石和角闪石等。继全新世早期的硼酸盐矿层形成之后，在湖盆内近代沉积层中含有大量的芒硝(容易脱水形成无水芒硝)、石盐和分散状石膏及少量的钾石膏、水钙芒硝等。晚期的现代盐湖硼酸盐矿除多水硼镁石、板硼石之外，其他三种硼酸盐矿物，尤其是柱硼镁石，在近代化学类沉积层中呈不规则聚集体，并有大量的析出。为节约篇幅，仅对其中若干盐类矿物特征做一简述，其中库水硼镁石、多水硼镁石单晶矿物研究已有报道(参见第1章文献[3,6])。

10.3.2　沉积硼酸盐矿物

1. *库水硼镁石*

库水硼镁石(kurnakovite, $Mg_2B_6O_{11}\cdot 15H_2O$)的硬度为3，相对密度为1.68，不溶于水。其完整晶体较少见，自形单晶为发育有六边形(100)晶面的厚板状体，通常为自形细粒(晶粒大小为0.1～0.5mm，个别大者达2mm)，单晶无色，玻璃光泽，常常为白色致密集合体。其中或多或少嵌生有雪白色胶体状碳酸盐的小圆柱体或光滑形颗粒，有时还有次生柱硼镁石、多水硼镁石与之共生。

2. *多水硼镁石*

多水硼镁石(inderite, $Mg_2B_6O_{11}\cdot 15H_2O$)是库水硼镁石的同分异构体。单晶无色透明，多为细扁柱状或针状，偶尔呈板状，有玻璃光泽，相对密度为1.77，硬度为3。一般在矿体中呈疏松白色扁豆状集合。此外，多呈分散的针状晶体与库水硼镁石共生。

3. *柱硼镁石*

柱硼镁石(pinnoite, $MgO\cdot B_2O_3\cdot 3H_2O$)主要是次生矿物，部分为原生矿物。前者在库水硼镁石中嵌生，或者呈隐晶柱状体，或者围绕着碳酸盐质黏土团粒和碎屑矿物成放射状排列，晶体无色透明，有玻璃光泽，硬度为3～4。在冷水和热水中溶解度很小，缓慢地溶于冷酸(HCl、HNO_3 和 H_2SO_4)中，易溶于热酸中，灼烧熔融成浆釉状小球。

4. *钠硼解石*

湖区钠硼解石(ulexite, $NaO\cdot CaO\cdot 5B_2O_3\cdot 16H_2O$)在数量上不如前述三种镁硼

酸盐,多为次生矿物,柱硼镁石或库水硼镁石交替而形成的晶体多呈纤维状或针状,集合体多数情况下由纤维或针状晶体组成为白色棉絮状的团块,并呈丝绢光泽,硬度为2.5。

5. 板硼石

板硼石(inyoiye,$2CaO \cdot 3B_2O_3 \cdot 13H_2O$)是湖区重要的次生矿物。晶体呈板状,一般与库水硼镁石共生。常呈半自形和自形板状与库水硼镁石板状镶嵌结构。单晶无色透明,呈玻璃光泽,颗粒大小为0.5~1.0mm,性脆,在热水中能缓慢被溶解,在5%HCl中易溶并结晶析出 H_3BO_3 和 $CaCl_2 \cdot 6H_2O$ 晶体,常呈板状边部平起的四边形。

10.3.3　其他盐类矿物

1. 钾石膏

钾石膏(kaluszbite,$K_2SO_4 \cdot CaSO_4 \cdot H_2O$)在我国盐湖中并不多见,首次在扎仑茶卡湖区被发现,具有独特的形状和共生关系。产于扎仑茶卡的近代化学沉积中,通常呈薄板状和长柱状单晶的放射状集合体,包含在黑色淤泥中。有时与芒硝(往往脱水成 Na_2SO_4)、石盐、库水硼镁石、柱硼镁石及钠硼解石共生。单晶呈薄板状,大者可达数厘米。

2. 石盐

石盐主要分布在扎仑茶卡Ⅰ湖、Ⅱ湖和Ⅲ湖中,以Ⅲ湖为主。Ⅰ湖石盐层薄,质量也比较差;Ⅱ湖石盐矿分布面积约7.23km²,盐层厚为数十厘米至1m;Ⅲ湖石盐矿分布面积约10km²,盐层一般厚约0.2m,最厚达0.4m,是该湖的主要产盐区,据估算该湖约有盐盖500多万吨。石盐呈白色粒状,盐质比较纯。从表10-7扎仑茶卡Ⅲ湖石盐化学成分可以看出,NaCl的含量高达98%以上。一般石盐都可以达到工业一级品。此外,石盐中还伴生有石膏、钾石膏、芒硝、钾芒硝和水钙芒硝等次要矿物。

表10-7　扎仑茶卡Ⅲ湖石盐化学成分(质量分数,单位:%)

NaCl	$MgCl_2$	$CaCl_2$	KCl	Br^-	I^-	F^-	B_2O_3	水不溶物
98	0.16	0.17	—	—	6×10^{-6}	23×10^{-4}	0.02	微量

3. 芒硝

芒硝是该湖分布最广泛、沉积最厚的盐类矿产资源,其中以Ⅱ湖为主,Ⅰ湖和Ⅲ湖芒硝层薄,因含泥质多而占次要地位。Ⅱ湖芒硝矿层直接出露湖表,分布面积达17.25km²,其中干硝滩为6.5km²,水下芒硝面积约10.751km²。芒硝成层比较厚且稳定，据钻探可知其平均厚度为4m，最大厚度为6m以上。芒硝很坚硬，孔隙度为10%～15%，晶间含丰富的卤水。芒硝矿层含杂质很少，如表10-8所示，扎仓茶卡Ⅱ湖芒硝化学成分为 $Na_2SO_4 \cdot 10H_2O$，含量为99%。芒硝储量估算约 $>5000 \times 10^4$ t，它是一个很有开发远景的芒硝矿区。

表10-8　扎仓茶卡Ⅱ湖芒硝化学成分（质量分数，单位：%）

$Na_2SO_4 \cdot 10H_2O$	$MgSO_4$	NaCl	$CaSO_4$	KCl	B_2O_3	Br^-	I^-	F^-	水不溶物
99	0.2	0.21	0.58	—	—	—	9.6×10^{-6}	2.3×10^{-4}	微量

4．*水菱镁矿*

水菱镁矿也是该湖的主要矿种之一，多分布于湖区南部泉华带和Ⅰ～Ⅱ湖之间的湖堤下部，都属于阶地镁盐沉积。湖堤菱镁矿顶、底板为碳酸盐黏土，层位稳定。除水菱镁矿外，还有白云石、菱镁矿伴生，呈层状，品质比较纯净，一般厚达0.3～0.5m。湖区南岸的水菱镁矿，呈星条带状断续延伸>40km，菱镁矿内伴生有文石和少量的柱硼镁石矿物，形状上构成了规模壮观的湖成阶地。

我们从图10-16扎仓茶卡富锂镁硼矿床综合剖面中可以看出，湖表以下主要为芒硝沉积和黏土（淤泥）沉积。芒硝层的厚度可达5m以上，而且越接近湖的中部，芒硝层就越厚。硼酸盐的沉积在Ⅰ湖、Ⅱ湖的湖堤上是比较清楚的，上部为柱硼镁石沉积，厚约20cm；下部为库水硼镁石-多水硼镁石沉积，厚约80cm，最厚可达2m以上。

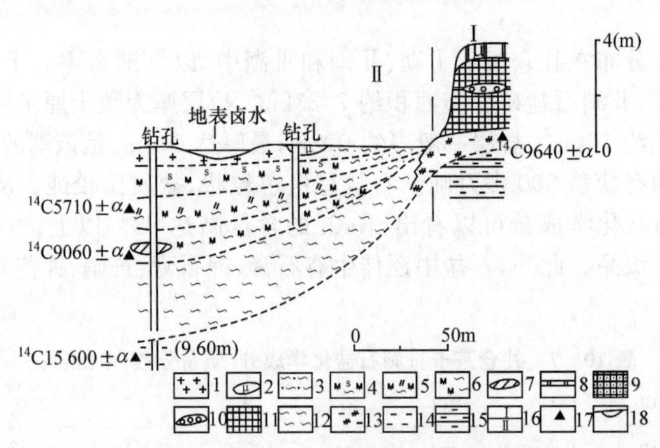

图10-16　扎仓茶卡富锂镁硼矿床综合剖面示意图[2]

1．石盐；2．钠硼解石团块状透明体；3．黑色含沙泥灰（淤泥）；4．微含黑色泥灰（钾石膏，水钙芒硝）；5．含侵染状库水硼镁石、柱硼镁石泥灰芒硝；6．黑色泥灰芒硝或芒硝泥灰；7．透镜状、团块状柱硼镁石；1～7．含富锂晶间和“淤泥”卤水层；8．碳酸盐化含钠硼解石、柱硼镁石硬壳；9．柱硼镁石-库水硼镁石；10．多水硼镁石透镜体；11．库水硼镁石；12．黑色含膏泥灰；13．灰白色含膏碳酸盐黏土或黏土碳酸盐；14．灰色黏土；15．黄灰色含碳酸盐黏土；16．硼矿类型Ⅰ阶地硼矿，Ⅱ湖底富锂硼矿；17．^{14}C 取样位置；18．地表卤水泥

扎仓茶卡盐湖矿床中主要沉积矿物列于表10-9中。其中有硼酸盐类、石盐、芒硝、锂盐和镁盐。按产出状况可以划分为阶地硼酸盐、湖滨硼酸盐、湖底硼酸盐矿、湖表石盐矿、湖底芒硝矿、湖相阶地水菱镁矿和卤水锂矿等。阶地硼矿以糖粒状、粉砂状库水硼镁石和多水硼镁石为主。它的晶貌以丝绢状、放射状、絮状沉积为主,钠硼解石次之。沉积时代属于晚更新世末期至全新世早期,这个时期是该盐湖沉积最早、规模最大的一次成硼作用。湖滨和湖底硼酸盐类沉积矿以柱状、致密状柱硼镁石为主,钠硼解石、库水硼镁石次之。根据^{14}C年龄测定距今$0.4\sim1.1\times10^4$年,是全新世时期的沉积产物,为该盐湖第二次成硼作用。石盐、芒硝和水菱镁矿都属于湖滨和湖底盐类沉积矿,其中以芒硝沉积为主,其次是石盐沉积。

表10-9 扎仓茶卡主要沉积矿物

矿物		阶地沉积		湖底沉积	
		数量	类型	数量	类型
硼酸盐	库水硼镁石	1	*	3	*
	多水硼镁石	2	*△	3	*
	柱硼镁石	1	*△	1	*△
	板硼石	3	△		
	硼砂	3	△		
碳酸盐	水菱镁矿	1	*	3	*
	菱镁石			2	○
	白云石	3	○	2	*
	文石		*	1	*
	方解石	1	*	1	*
硫酸盐	芒硝			1	*
	无水芒硝	3	△	2	* △
	石膏	2	*	1	*
	水钙芒硝			2	△
	钾石膏			3	○
氯化物	石盐	3	*	1	*
	伊利石	1		1	
	镁绿泥石	2		2	
	镁蒙脱石	2		2～3	
	高岭石	3			

注:1. 大量;2. 中等;3. 少量;*. 原生;△. 一次生交代;○. 准同生或后生。

总之,扎仓茶卡盐湖资源丰富,但在湖滨浅卤水地带,由于强烈蒸发浓缩析出少量芒硝($Na_2SO_4 \cdot 10H_2O$)等盐类,根据初步估算约有石盐 800×10^4 t、芒硝近 8000×10^4 t、氯化钾几十万吨、各种硼酸盐 100×10^4 t、氯化锂 10×10^4 t。此外,还有 U^{6+}、Th^{4+}、Rb^+、Cs^+、I^- 等资源,是个很有开发利用前景的盐湖矿床。

10.3.4 硼酸盐沉积特征

扎仑茶卡盐湖属于硫酸镁亚型盐湖。它是一个硼酸盐型综合性盐类沉积矿床[2]。湖区固相有石盐、芒硝、硼酸盐和碳酸镁盐;卤水含锂、钠、钾、镁的氯化物以及硫酸盐和硼酸盐等。固相因产生特点的不同,又可分为阶地硼矿(Ⅰ)(主要绕湖分布,呈水平似层状产出)和湖底硼矿(Ⅱ)(在湖底呈窝状和透镜体或分散状分布),其沉积特征分述如下:

1. 阶地硼矿

阶地硼矿层序由下而上为:

(1) 黄灰色黏土。属含碳酸盐湖相沉积,厚度大于1m。

(2) 灰-灰白色碳酸盐黏土或泥灰。主要由显微隐晶质水云母、钙镁蒙脱石、绿泥及显微隐晶质文石、水菱镁矿等组成。黏土和碳酸盐矿物密切交织共生,本层上部有分散状石膏、石盐、库水硼镁石、多水硼镁石和柱硼镁石等盐类,往顶部其含量有增加趋势。此外,也含少量细粒石英、云母、角闪石、长石等碎屑。本层构成阶地硼矿的底板,分布稳定,厚度为10m。

(3) 硼酸盐层。为主矿层,自下而上其矿物组合有明显变化,底部至下部原生硼矿有库水硼镁石,呈砂糖状、块状集合体,偶见多水硼镁石小透镜体。粒状库水硼镁石在底部呈薄层与碳酸镁盐形成极细的交替薄层,而往中上部渐为柱硼镁石、钠硼解石所交替代换。柱状柱硼镁石穿生于板粒状库水硼镁石晶体中,甚至呈库水硼镁石假象,有时呈似胶状胶结库水硼镁石残余体等,从而形成柱硼镁石-库水硼镁石矿层。该矿石呈晶质块状,由于柱硼镁石的交代作用自矿层下部往上部逐渐增强,以至于在矿层顶部已完全变成柱状硼镁石集合体,在矿层表部除呈隐晶质柱硼镁石薄壳外,常含有较多的第三代钠硼解石、板硼石等硼矿物,并往往形成10~30cm厚的碳酸盐化致密硬壳。该硬壳由含碳酸盐的钠硼解石、柱硼镁石集合体构成,并在表面胶结大量风砂、黏土。本层厚0.3~1m,最厚达2.6m。

阶地硼矿在Ⅰ湖和Ⅱ湖主要有五个矿区,尤其以Ⅰ湖、Ⅱ湖间横堤矿区规模最大,品位较高。主要矿石为库水硼镁石和柱硼镁石-库水硼镁石,在表面有时含有钠硼解石、柱硼镁石,但数量较少。此类型硼矿特点为:规模较大,矿床构造简单,矿石直接出露地表,矿区地形平坦,可通汽车,又无含水层,便于开采,因而具有较高工业价值。

2. 湖底硼矿

湖底硼矿主要见于Ⅱ湖。该湖层序自下而上为：

(1) 土黄色含碳酸盐黏土层。属淡-半咸水湖相沉积，构成湖底化学沉积。厚度大于 0.5m。

(2) 黑色含盐泥灰（"淤泥"）。具可塑性和 H_2S 臭味，常见纹层以碳酸盐和黏土为主，含少量腐殖质、细砂及分散状石膏，靠上部含芒硝、石盐，偶见钾石膏。含分散针柱状柱硼镁石，含 B_2O_3 约百分之几，硼多不具工业品位，本层厚度为 1～2m。

(3) 灰白-灰黑色芒硝-泥灰芒硝。本层有数层至十几层，厚 10cm～1m。下部含黑色泥灰较多。有的地段相变为灰黑色碳酸盐。本层一般含分散的针状柱硼镁石，构成规模较大的硼矿层。但在本区喀斯特发育地段，尤其是沿Ⅱ湖南滨，柱硼镁石呈不连续的透明体、桶状和窝状聚集体，其厚度十余厘米至 1m 不等，面积大者可达数百平方米。该矿石呈灰色致密块体，以粒状和胶状柱硼镁石为主，其含量约占 60%，在柱硼镁石边缘又被纤维状钠硼解石替换，钠硼解石占 2%～3%。柱硼镁石聚集体构成本区湖底富硼矿层，但规模不大。在本层中上部芒硝含量增加，并见有团粒状钾石膏、纤状水钙芒硝沉积；顶部还见有少量菱板状原生无水芒硝。本层总厚 1～3.7m。

(4) 石盐-不纯石盐。本层分布于长年卤水区外围，沉积较厚。在长年卤水区内，尤其在"深卤水区"，本层常缺失而直接出露芒硝层。本层含碳酸盐及黑色泥灰和芒硝等，该地段具有明显的周期性规律层，由 1～2cm 石盐与 0.1～0.2cm 碳酸盐层构成，共有 30 个周期性规律，该地段石盐大致代表最近 30 年的沉积。在湖滨地带还常见钠硼解石窝状聚集体，厚数厘米至十厘米，长 10cm～1m 不等。赋存于石盐层或黑色石盐泥灰(淤泥)中。此类矿石质纯，品位高，但分布范围有局限性，数量也较少。

10.3.5　国外盐湖中硼酸盐矿物[1,29]

世界上，目前正在开采的沉积型硼酸盐矿床有湖相沉积和海相沉积。前者的规模一般比后者大，品位也高。湖相沉积硼酸盐矿物基本上是以钠、钙和镁的水合硼酸盐为主。按照这些硼酸盐矿物中阳离子的不同，显然又可以把它们分为以硼砂（$Na_2O \cdot 2B_2O_3 \cdot 10H_2O$）为主和以五水硼砂（$Na_2O \cdot 2B_2O_3 \cdot 5H_2O$）为主的钠-硼酸盐类型，以美国加利福尼亚州的硼城、土耳其的 Kirka 和阿根廷的 Tincalayu 为代表性产地；以硬硼酸钙石（colemanite，$2CaO \cdot 3B_2O_3 \cdot 7H_2O$）和钠硼解石（$2CaO \cdot Na_2O \cdot 5B_2O_3 \cdot 16H_2O$）为代表的钙-硼酸盐类型，以美国加利福尼亚州的死谷、土耳其的 Bigadic 和 Emet 地区，以及南美洲阿根廷、智利和玻利维亚交界处的安底斯（Andes)山区的西尔斯盐湖为其主要产地；以柱硼镁石(pinnoite，$MgO \cdot B_2O_3 \cdot H_2O$)、库水硼镁石和多水硼镁石为代表的镁-硼酸盐类型，是以 Inder 盐丘硼矿床和我国青藏高原柴达木盆地大柴旦盐湖和西藏的扎仑茶卡盐湖为代表。值得指出的是，前两种类型(钠硼酸盐和钙硼酸盐)硼酸盐矿床中各种硼酸盐沉积形成中的地球化学成盐机理和物理化学水盐体系相平衡过程已经有许多报道，唯独关于上述第三种类型硼酸盐矿床中的各种含镁的水合硼酸盐和它们的复盐是在什么条件下形成的和怎样形成的，过去国内外研究得很少。原因是国外已经发现并正在进行开采的硼酸盐矿床中的工业矿物都是以钠和(或)钙-硼酸盐矿物为主，在开采进行过程中也发现有些含结晶水的镁硼酸盐矿物，一般都只具有矿物学上的意义。只是在 Inder 盐丘中发现各种含结晶水的镁硼酸盐，如硼镁石(szaibelyite，$2MgO \cdot B_2O_3 \cdot H_2O$)、多水硼镁石、库水硼镁石和柱硼镁石等。为了研究 Inder 盐丘中这些镁硼酸盐形成的盐水溶液物理和硼酸镁盐的成盐地球化学，在 20 世纪 50 年代～60 年代，原苏联科学院的科学家们对 MgO-B_2O_3-H_2O 和 MgO-B_2O_3-$MgCl_2$-H_2O 体系的平衡溶解度相图进行了测定，对 Inder 盐湖卤水蒸发过程的相化学进行过研究。莫斯科大学地质系成盐地球化学家 Г.Н.Валащко 对 Inder 湖水经天然蒸发浓缩得到的含硼(1.4%B_2O_3)氯化镁共结卤水在室内长期放置过程中，结晶析出的共结硼酸盐进行研究。该共结硼酸盐的析出量很少，混杂有大量的水氯镁石和泻利盐，这一方面是由于难以分离出数量足够的纯硼酸镁样品，另一方面是由于当时的研究手段远不如现在好。最后他只能给出一个带有未定系数的“共结硼酸盐”的化学式，即 $XMgO \cdot YB_2O_3 \cdot MgCl_2 \cdot ZH_2O$。在此基础上，对该盐丘中各种含结晶水的镁硼酸盐的形成机理进行了虚拟性讨论。这显然只能起到一些启示性的作用。多年来，高世扬进行了多年的盐湖硼酸盐化学系列研究，已经获得了水合镁硼酸盐中的这几个未知数：$X=2$，$Y=2$，$Z=14$[11]。

10.3.6 扎仑茶卡盐湖矿物形成过程

扎仑茶卡湖盆与西藏高原上的多数盐湖盆地一样，它属于构造盆地的构造运动中形成的多组断裂及其构造带控制的扎仑断陷，并有明显地呈带状或串珠状排列的三个相邻的小湖，并在扎仑洼地出现规模壮观的水热活动带。在地形地貌和成盐元素(尤其是硼、锂等元素)对形成现代的扎仑茶卡Ⅰ湖、Ⅱ湖和Ⅲ湖创造了有利的成矿条件。

扎仑茶卡盐湖盆地的前身与西藏其他盐湖盆地一样，原始淡水湖盆地的形成时间可追溯到上新世期或早更新世期或中更新世期。根据对这里古地理环境的分析，由于当时的淡水湖中生物群和湖相粉砂黏土沉积很发育，气候温暖潮湿，植被繁茂，雨水充沛，湖水充满整个古湖盆地。湖水来自大气降水、冰雪融水、地表河水和地下径流水等。湖盆范围较广，水面宽阔，湖水含盐量<1 g/L，属于湖泊发展的

早期——淡水湖阶段。

早更新世期末，气候十分干凉。湖泊沉积多以砾岩、砂砾岩为主。砾石磨圆度差，钙质胶结，具有明显的粗大交错层理，目前均已被抬升并高出湖面数米到数十米，构成湖岸多级阶段。中晚更新世时期，发生差异构造运动，使老的构造运动再度复活，又相继发生一些新的断裂。火山作用和水热活动在湖盆边缘不断涌现，大量泉水向湖盆洼地汇集。这时的区域气候具有明显的干凉—潮湿—干寒的周期性变化。湖泊范围更加扩大，湖水加深。到晚更新世后期，气候逐渐变为干燥，蒸发作用增强，使湖水日益咸化，开始沉积碳酸盐类——水菱镁矿、菱镁矿和白云石等。其后，由于新构造运动的影响，造成湖盆中心发生迁移，完整统一的湖盆发生解体，形成并出现大小不等的次级小湖盆，从而开始进到湖泊盆地的第二阶段——咸水湖阶段。在湖相沉积中，除砂岩、砂砾岩、砾岩和粉砂质黏土等粗碎屑岩沉积外，同时还出现大量的碳酸盐泉华(方解石、文石)和盐华(芒硝、硼酸盐等)沉积。这个时期，湖水中盐的含量已经明显提高(1g/L＜矿化度＜50g/L)。

晚更新世末期至全新世时期，藏北地区气候变得明显干燥，降水量大大减少，湖水被蒸发浓缩而进一步咸化，使含盐量大幅度增加。在这样的过程中形成了扎仓茶卡Ⅰ湖、Ⅱ湖和Ⅲ湖。在湖相沉积物中，除咸水湖阶段的碎屑岩外，已经开始碳酸盐和硼酸盐类沉积。湖区已逐渐演化进入第三阶段——卤水湖或盐湖阶段。此时的碳酸盐类沉积以在湖相沉积中除咸水湖阶段沉积的碎屑外，湖泊盆地中已经出现了碳酸盐类和硼酸盐类沉积，表明该区湖泊逐渐进入到湖泊演化的第三阶段——卤水湖或盐湖发展阶段。碳酸盐类沉积以水菱镁矿、方解石、白云石为主；在硼酸盐类沉积中多为柱硼镁石、库水硼镁石和多水硼镁石等沉积。这些也是该区湖泊发展到盐湖阶段以来最早出现的成盐作用，据^{14}C年龄测定，该作用大约开始于距今15 000年或更晚一些(例如，扎仓茶卡盐湖等)。到全新世后期，区域气候依然持续干旱，湖盆水源补给明显减少，湖水含盐量明显提高，甚至达到饱和状态而出现了蒸发盐类沉积，含盐岩系沉积几米到十几米，最厚达32.2m。标志着西藏高原湖泊盆地已经开始进入成盐盆地阶段，尤其是青藏高原北部已普遍具备成盐盆地的地质地理环境。随着新构造运动的强烈发生，干旱气候的持续发展，湖水不断蒸发与浓缩，进而在相继析出芒硝、石盐等蒸发盐类沉积的同时，使早期沉积的含盐岩已经上升形成了湖岸阶地，由该盐湖的形成可以得出盐湖的形成过程的结论是：淡水湖→咸水湖→卤水湖或盐湖→干盐湖。

扎仓茶卡盐湖的成盐时期与西藏北部高原上的其他盐湖一样，明显存在两个大的成盐时期：最早的第Ⅰ成盐期出现在距今(^{14}C测定结果)15 000～8000年[12]，盐类矿物沉积比较简单，主要有以水菱镁矿、白云石为主的碳酸盐和硼酸盐。前者分布范围较大，而后者分布范围小得多，仅在局部能见到。第Ⅱ成盐期是从距今4000年开始直到现在。盐类沉积矿物比前一成盐期中的要复杂，主要有以芒硝为主的硫酸盐、硼酸盐和氯化物。其总的沉积分布范围也要比第Ⅰ成盐期广泛,盐层也较厚。两个成盐期的规模和盐类沉积类型也有明显的差异。

扎仓茶卡Ⅰ湖、Ⅱ湖和Ⅲ湖形成时,这三个湖中的Ⅰ湖和Ⅱ湖实际上是一个整体。开始出现钙质黏土、方解石、文石、菱镁矿、白云石、水菱镁矿以及库水硼镁石、多水硼镁石、柱硼镁石等多种硼酸盐的沉积,或者由这些矿物与砂泥碎屑组成的含盐地层。在扎仓茶卡Ⅰ湖与Ⅱ湖之间"鼻梁"地段的沉积中,此现象最为明显,如今其已高出湖面5～8m。这是本区自早全新世以来,表现出的一次较大的成盐作用。在全新世中期有一个相对淡化阶段,而到全新世末期以后,在强烈干冷气候影响下,形成了更为广泛的成盐作用,出现了以石盐、芒硝为代表的盐类和各种碳酸盐、硫酸盐以及多种硼酸盐,如库水硼镁石、钠硼解石、柱硼镁石。

如前所述,扎仓茶卡盐湖中的硼酸盐除钠硼解石之外,还有三种镁的水合硼酸盐:柱硼镁石($MgO·B_2O_3·3H_2O$)、库水硼镁石($2MgO·3B_2O_3·15H_2O$)[13]和多水硼镁石($2MgO·3B_2O_3·15H_2O$)[14]。它是一种镁硼酸盐矿床[15]。根据这里的沉积分布和矿物共生组合,只用成盐地球化学家们过去普遍引用的蒸发浓缩成盐和简单的温度效应成盐都难以得到满意解释。郑绵平等所著《青藏高原盐湖》一书中关于扎仓茶卡盐湖硼酸镁盐形成的解释中采用了物理化学形成盐观点[19～20,27]。扎仓茶卡Ⅰ湖和Ⅱ湖中硼酸盐沉积矿物及其分布具有相似性和共同性,Ⅱ湖中的硼酸盐沉积顺序保持比较完好,且矿物比较简单,扎仓茶卡盐湖在自然界中沉积出钙和镁的硼酸盐,特别是从卤水中不仅有多水硼镁石,而且还有大量的库水硼镁石析出。

在经过较为系统的研究后,已经确定了青藏高原硫酸镁亚型盐湖沉积物中有5种水合硼酸盐矿物,即库水硼镁石、多水硼镁石、三方硼镁石[16]、章氏硼镁石和柱硼镁石。韩蔚田曾对青藏高原硼酸盐矿物的形成条件进行过实验研究[17]。我们在实验室中也获得了这5种水合硼酸盐。另外,作者在从盐湖析出的天然矿物中还未发现氯柱硼镁石复盐。

10.3.7 卤水中硼酸盐矿物形成的物理化学

1. 物理化学成盐规律

地球化学家们根据水盐体系平衡溶解度相关系和介稳相关系,结合具体的地质、地球和气候条件,对天然盐的形成过程提出了不同的成盐机理。从无机物理化学中盐水溶液化学的角度,显然也可以把天然盐的形成归纳为下述物理化学作用。

众所周知,指导水盐体系相关系化学实验室的热力学基础是相律[18],相律公式就变成

$$F = C - P + 2$$

式中:2 为两种因素,即压力和温度;C 为体系组分数目;P 为体系的相数;F 为体系自由度。

针对盐水凝聚体系,相律公式就变成为

$$F=C-P+1$$

在常压下,压力对盐在水中溶解度的影响甚微,一般可以忽略,不予考虑。这样相律对体系平衡溶解度和介稳溶解度相关的实验结果都可以表示为强度因素温度(T)与组分(c_i)浓度相关的几何图形。其中,某一组分平衡溶解度(S)的温度系数($\mathrm{d}S/\mathrm{d}t=K_{c_i}$)是该组分的相关表征系数。若某一盐分从水溶液中结晶析出,首先需要使之达到饱和,然后既可以运用升高温度使含水溶液经蒸发水分的办法,也可以采用降低温度增加浓度的方式使之成盐——从溶液中结晶析出固体盐。

2. 经典热力学缺陷

几千年前,我们中华民族的祖先就已经在古代晋南解池边观察到自然界中的蒸发成盐作用,早在 3000 年前就在生产实践中运用太阳能使天然卤水(盐水溶液)中的溶剂水蒸发,待盐分(NaCl)浓度增加并达到饱和后结晶析出固体盐的办法,即正浓度($+\Delta c$)成盐作用生产食盐。在对自然界中天然盐成盐过程进行深入了解、在对各种水盐体系相平衡进行广泛研究的基础上,可以得到以下结论:既可以运用单纯升温的办法使具有逆溶解度(即溶解度温度系数为负值,$\mathrm{d}S/\mathrm{d}T=-K$)的盐分从水盐溶液中结晶析出,也可以运用单纯降温的办法使具有正溶解度(即溶解度温度系数为正值,$\mathrm{d}S/\mathrm{d}T=+K$)的盐分从水盐溶液中结晶析出。长期以来,成盐地球化学和盐水溶液无机物理化学家都不曾研究过这样一个课题,即无论在实验室,还是在自然界是否存在着与正浓度($+\Delta c$)成盐作用正好相反的负浓度($-\Delta c$)成盐——稀释成盐的问题[19,20]。

针对我国青藏高原上的新类型(硫酸盐型)硼酸盐盐湖选择大柴旦盐湖为典型。例如,大柴旦盐湖以柱硼镁石-钠硼解石为主,同时还形成一系列水合硼酸镁盐;扎仓茶卡湖(Ⅰ湖、Ⅱ湖、Ⅲ湖)以库水硼镁石-柱硼镁石为主,其次是多水硼镁石和钠硼解石的形成问题。为了弄清盐卤中镁硼酸盐的形成机理,我们对新类型硼酸盐湖卤水进行了一系列盐卤硼酸盐化学研究[21~26],内容包括:不同含硼浓缩盐在加水稀释放置过程中硼酸盐的结晶行为、含硼盐卤天然蒸发浓缩析盐过程中硼酸盐结晶行为、不同浓缩含硼盐卤在冷冻析盐过程中硼酸盐的结晶行为、浓缩盐卤中硼酸盐的存在形式、动态蒸发浓缩过程中硼酸镁的过饱和极限溶解度以及共结硼酸盐的相组成等。

在上述研究取得进展的基础上,结合高原盐湖的特点、硼酸盐共生组合等,高世扬于 1980 年在北京召开的青藏高原国际会议上提出:"高原盐湖中各种水合硼酸镁盐矿物的形成,除了应当遵循一般温度成盐和蒸发浓缩,即正浓度成盐规律

(作用)之外,还存在着一种新的成盐作用——加水稀释成盐作用”,这为青藏高原盐湖中水合硼酸镁的形成提供了新的解释[27]。

3. 稀释成盐的前提和条件

经典的溶液化学是建立在溶液热力学基础上的。盐在水中的溶解度就被定义为,在一定温度条件下固体盐溶解到水中,并使之达到热力学平衡态(固体盐溶解到水溶液中去的溶解速率等于从该盐-水溶液中析出固体盐的结晶速率)时,盐在水溶液中的浓度。显然,按照这一定义,盐-水溶液(即使是饱和溶液)加水进行稀释应会使溶质(盐分)的浓度降低,形成负浓度($-\Delta c$)效应,理所当然地不会有固体盐结晶析出[28]。

按照辩证认识的思想方法,在物理化学成盐的归纳结论中,对浓度一定的盐-水溶液而言,可以运用组分盐溶解度的温度和浓度效应,存在着正浓度($+\Delta c$)效应成盐作用。负浓度($-\Delta c$)成盐的过程如何呢?未见相关报道。随着我们对盐湖化学研究的深入,在野外和在实验室内从事含硼盐卤相化学研究中,发现含$MgSO_4$和(或)硼酸镁的天然盐卤在日晒浓缩过程中比较普遍地存在着过饱和溶解度(以热力学平衡态溶解度为基础,凡是在工作中测定得到实际溶解度数值高过平衡溶解度的统称)的现象。近年来,我们通过对盐-水溶液过饱和溶解度现象、水盐体系热力学非平衡相关系、盐卤硼酸盐化学等一系列的研究,以及对青藏高原盐湖中各种水合硼酸镁的存在条件和盐类共生的考察,发现并提出:“在硼酸镁形成过程中有明显的负浓度成盐作用。这种成盐作用是过去人们未认识到的”。

应当指出,并不是所有成盐元素的化合物或所有天然盐在盐湖中都具有稀释成盐的这一沉积作用。至今,我们在野外实验观察到的和在室内用实验验证稀释成盐的研究表明,稀释成盐应具备以下条件[28]:

(1) 能形成无机高分子的成盐元素。已知18个无机成盐元素中只有硼才具备这一条件。在自然界中未曾发现有过单质硼的存在。无论是在岩石圈中,还是在水圈中,硼总是与氧结合形成各式各样的硼氧配阴离子。

(2) 盐湖卤水中的硼应以[$B_4O_5(OH)_4^-$]的综合统计形式存在。这就意味着,硼在水溶液中总是以多粒子的形式与其他物质共存。

(3) 在含硼复杂盐卤中,硼氧酸盐的各种相化学反应过程不是按照热力学平衡相图,而是按照热力学非平衡相图所预示的过程进行的。这意味着在浓缩过程中容易形成饱和溶解度现象,这是由于随着溶液硼浓度的增加,硼氧配阴离子会自动发生自浓聚过程,由低聚合度的硼氧配阴离子释放出氢离子而聚合形成高聚合度的硼氧配阴离子,其结合是使卤水的 pH 由大变小。

(4) 高含硼浓缩卤水加水稀释会引起高聚合度硼氧酸盐的解聚缩反应,同时释放出氢氧根,使溶液碱度增加,稀释作用可以破坏硼氧酸盐在水溶液中的相对稳定性,这就意味着稀释可以加速硼氧酸盐的析出。

(5) 发现稀释成盐的天然盐湖所处自然环境需要满足以下条件,即卤水在夏季被蒸发浓缩之后,恰逢补给水的适度稀释。

10.4　扎仓茶卡盐湖硼酸盐的形成机理

前面几节中我们已经介绍过扎仓茶卡盐湖中沉积的主要硼酸盐是多水硼镁石、库水硼镁石、柱硼镁石、钠硼解石和板硼石等。从盐湖分类已经说明该湖属于硫酸镁亚型,这里我们主要从化学的角度来阐述这些硼酸盐的形成机理。

10.4.1　含多聚硼阴离子的硼酸盐[29]

这里仅对扎仓茶卡盐湖形成的几种固体硼酸盐的结构简述如下:

(1) 多水硼镁石。结构式:$MgB_3O_3(OH)_5\cdot 5H_2O$,属单斜晶系,是含有一个[BO(OH)]三角形的硼氧单元和两个$[BO_2(OH)_2^-]$四面体的硼氧单元形成的多聚离子。它通过两个顶点同时与以 Mg^{2+} 为中心原子与四个 H_2O 和两个 OH^- 形成的八面体相连,并以 OH^- 氢键与其他 Mg^{2+} 八面体和水分子相连[30]。

(2) 库水硼镁石。结构式:$MgB_3O_3(OH)_5\cdot 5H_2O$,它与多水硼镁石是同分异构体,属三斜晶系,含有两个独立的$[B_3O_3(OH)_3]^{2-}$基团,该基团与 $Mg(OH)_2(H_2O)_4$ 八面体共享 OH ,形成在 c 轴方向的链,第 5 个水分子处于链间,氢键使晶体形成架状结构[31]。

(3) 柱硼镁石。结构式:$Mg[B_2O(OH)_6]$,属四方晶系,是由两个四面体的硼氧单元 $[B_2O(OH)_6^{2-}]$和 $Mg(OH)_4$ 八面体相连,形成一个平行于 c 轴延伸的管状骨干,双四面体由两个 $BO(OH)_2^-$ 四面体共一个氧角顶点连接而成。镁原子与两个双四面体的 3OH+3OH 组成 $Mg(OH)_8$ 八面体[32]。

(4) 钠硼解石。结构式:$Na_2Ca_2B_5O_6(OH)_4\cdot 3H_2O$,属三斜晶系,纤维状,它是由三个硼氧四面体和两个硼氧三角形组成孤立群状配位多面体,加上 Na_2O 八面体和 CaO 多面体链平行于 c 轴(长轴方向),使钠硼解石晶体成为纤维状,解理完全,裂理平行[33]。

(5) 板硼石。结构式:$Ca_2B_6O_6(OH)_{10}\cdot 2H_2O$,属单斜晶系,具有三斜硼钙石一样的 $B_3O_3(OH)_5{}^{2-}$ 多面体结构,它由两个共用顶点$[BO_4]$和一个$[BO_3]$相连形成基团,该基团通过 Ca^{2+} 及氢键与另外的基团或水分子相连。连续的 B—O 多面体—Ca—H_2O链沿[001]延伸,相邻的链通过氢键相连。钙的周围有 2 个 O、3 个 OH^- 和 3 个 H_2O[34]。

10.4.2　盐卤中存在多聚硼氧离子

盐湖中硼酸盐沉积的特点就是析出的固相与盐卤之间存在相互作用。硼酸盐在水中溶解的部分会全部或部分离解为金属阳离子和多聚硼氧配阴离子，硼氧配阴离子在水溶液中又会发生聚合或解聚反应，故硼在水溶液中以多种聚合度不同的硼氧配阴离子形式存在。M.G.Valyashko 采用红外光谱研究了多种硼酸盐水溶液[35]。夏树屏、贾永忠等采用 Raman 光谱和红外光谱研究了氯柱硼镁石和过饱和硼酸盐的水溶液[36~38]。研究表明，溶液中有如下平衡：

$$H_3BO_3+OH^- \rightleftharpoons B(OH)_4^- \quad (10-2)$$

$$2H_3BO_3+B(OH)_4^- \rightleftharpoons B_3O_3(OH)_4^- +3H_2O \quad (10-3)$$

$$4H_3BO_3+B(OH)_4^- \rightleftharpoons B_5O_6(OH)_4^- +6H_2O \quad (10-4)$$

盐湖卤水中硼的存在形式对于盐卤中和湖底硼酸盐的形成机理解释是直接依据。含硼水溶液中存在多聚硼氧配阴离子已经为人们用多种物理化学方法研究所证实。

Maya[39]利用 IR 光谱和 Raman 光谱研究硼酸盐水溶液。结果表明，溶液中的多聚硼氧配阴离子之间相互有转化的倾向。与已知的固体硼酸盐的 Raman 光谱振动频率对比，归属了溶液中相应硼氧配阴离子的特征振动频率。Maeda 等[40]采用 Raman 光谱研究了(H_3BO_3+NaOH)在 pH 为 4.7～10.0 的水溶液，给出了不同 pH 溶液中多聚硼氧配阴离子的存在范围，并给出 $B(OH)_4^-$、$B_5O_6(OH)_4^-$、$B_3O_3(OH)_4^-$、$B_3O_3(OH)_5^{2-}$和$B_4O_5(OH)_4^{2-}$的分布曲线。

高世扬、李武等采用核磁共振方法研究了六大系列硼酸盐饱和水溶液的^{11}B-NMR 谱线，给出了它们的^{11}B-NMR 化学位移，含 $B_2O_4^{2-}$、$B_4O_7^{2-}$、$B_6O_{10}^{2-}$和 $B_6O_{11}^{4-}$结构单元的硼酸各种盐饱和溶液几乎分别只产生一条谱线，而且它们的^{11}B-NMR 化学位移位置相同，含 $B_5O_8^-$ 单元的硼酸盐有 3 个主要谱峰，推断了溶液中存在的聚合硼酸根离子的形式。不同 pH 的硼酸和硼砂溶液的红外光谱线已经查明，由 $B(OH)_4^-$形成 $B_5O_6(OH)_4^-$。高离子势阳离子有利于维持溶液中四配位硼的振动光谱(这可能就是在自然界和人工合成过程中容易得到碱金属的五硼酸盐，而较少发现碱土金属或其他金属的五硼酸盐的原因)。

我们采用 Raman 光谱研究了氯柱硼镁石溶解过程的溶液，根据出现的振动峰并对谱峰进行归属后认为，氯柱硼镁石的水溶液仍然是以 $B(OH)_4^-$为主；我们还采用 FT-IR 和 Raman 光谱等方法进行研究，结果表明，在浓缩盐卤中，除了硼酸离子外，仍然存在多种形式的硼氧配阴离子，提供了一些硼酸盐多聚硼氧酸离子形成的实验依据。

对氯柱硼镁石在 4.5%的 H_3BO_3 水溶液中于 40℃时的溶解及转化研究结果表明，其最终产物是库水硼镁石。这说明了扎仓茶卡盐湖的 B_2O_3 含量比较高，能够形成库水硼镁石。我们从化学的角度找到了为什么在大柴旦盐湖和台吉乃尔盐湖就没有库水硼镁石从湖中沉积为可以开采的矿物的原因。当然，除了化学组成与温度影响外，还有地质、水文、气候变化、杂质等多种因素对矿物形成的影响，有待今后进一步开展研究，以便提供更全面的依据。

下面我们从硼酸盐复盐的溶解和转化进行讨论。

10.4.3　硼酸盐的溶解和转化

$MgO\text{-}B_2O_3\text{-}MgCl_2\text{-}H_2O$ 体系在 25℃时的热力学平衡溶解度相图和热力学非平衡态相关系中，可以说明一些硼酸盐存在的相区，但是都未曾得到库水硼镁石、柱硼镁石和板硼石这三种镁硼酸盐。事实上，在扎仓茶卡盐湖沉积矿中却又大量存在这三种镁硼酸盐矿，其成盐地球化学难题至今还未得到解决。我们从浓缩盐卤中析出复盐确定为氯柱硼镁石后，就十分关注它的物理化学行为。下面介绍三种复盐的溶解和转化研究结果来说明上述未能解决的问题。

我们通过对钠硼解石在水中的溶解转化研究得出[41~43]：10～65℃是同步溶解，平衡固相仍然是钠硼解石；从 71℃开始，有无定形的固相析出，并逐渐结晶化形成白硼钙石（$4CaO \cdot 5B_2O_3 \cdot 7H_2O$）；在 120～240℃水热条件下，溶解度变化很小，平衡固相仍然是白硼钙石。

通过对合成的钾钙硼石（$K_2O \cdot CaO \cdot 4B_2O_3 \cdot 12H_2O$）在 0～100℃条件下溶解和转化相关系的研究表明，它属于不同步溶解，先溶出五硼酸钾，难溶组分板硼钙石（$2CaO \cdot 3B_2O_3 \cdot 13H_2O$）以固相形式析出。这可以看出，在混有钾盐的钠硼解石地下矿藏中，有可能有转化形成的板硼石。

我们曾系统地进行过在不同温度时含 $MgCl_2/MgSO_4$ 不同浓度过饱和溶液 $MgO\text{-}nB_2O_3\text{-}H_2O$ 体系的结晶动力学研究，析出有多水硼镁石、章氏硼镁石和三方硼镁石结晶，但却没有发现库水硼镁石和柱硼镁石。

高世扬等在进行盐湖浓缩卤水蒸发时，得到一种新的镁硼酸盐复盐，即氯柱硼镁石。热分析表明，可以将它看成是一种类似于光卤石的复盐，其结构可认为是 $2[MgB_2O(OH)_6 \cdot H_2O] \cdot MgCl_2 \cdot 6H_2O$。对它进行了结晶动力学研究。刘志宏、高世扬等又进行了 0～100℃的溶解和转化相关系研究，得到多水硼镁石和柱硼镁石。根据一系列的研究[44~49]，该复盐在水中会发生不同步溶解，首先脱去 $MgCl_2 \cdot 6H_2O$，形成无定形的中间产物 $MgO \cdot B_2O_3 \cdot 4H_2O$，然后发生相转化。反应机理如下：

$$MgO \cdot 2B_2O_3 \cdot MgCl_2 \cdot 14H_2O \longrightarrow [MgB_2O(OH)_6 \cdot H_2O] \cdot MgCl_2 \cdot 6H_2O$$

$$\downarrow$$

$$2[MgB_2O(OH)_6 \cdot H_2O] + Mg^{2+} + 2Cl^- + 6H_2O \tag{10-5}$$

$$\downarrow$$

$$2Mg^{2+} + 2B_2O(OH)_6^{2-} + 7H_2O + 2MgCl_2 \quad (10-6)$$

$$Mg^{2+} + 2H_2O \rightleftharpoons Mg(OH)_2 \downarrow + 2H^+ \quad (10-7)$$

随温度不同,由氯柱硼镁石转化产生以下三种镁硼酸盐。

(1) 多水硼镁石是盐湖沉积水合镁硼酸盐矿物之一。多水硼镁石($2MgO \cdot 3B_2O_3 \cdot 15H_2O$)相区(273～314K,图 10-17 中的曲线 *AB*):较低温度下,有利于硼的聚合,根据文献[49],在 pH 较大时,三硼氧配阴离子主要以 $B_3O_3(OH)_5^{2-}$ 的形式存在,故溶液中存在以下平衡。

$$3B_2O(OH)_6^{2-} \rightleftharpoons 2B_3O_3(OH)_5^{2-} + 2OH^- + 3H_2O$$

$$B_3O_3(OH)_5^{2-} + Mg^{2+} + 5H_2O \rightleftharpoons Mg[B_3O_3(OH)_5] \cdot 5H_2O \downarrow \quad (10-8)$$

(多水硼镁石)

(2) 柱硼镁石($MgO \cdot B_2O_3 \cdot 3H_2O$)相区(314～361K,图 10-17 中的曲线 *BCD*):随温度的继续升高,溶液中的 $B_2O(OH)_6^{2-}$ 聚合由于是放热反应而不易进行。

柱硼镁石由氯柱硼镁石直接生成的反应式为

$$B_2O(OH)_6^{2-} + Mg^{2+} \rightleftharpoons MgB_2O(OH)_6 \downarrow$$

(柱硼镁石)　　(10-9)

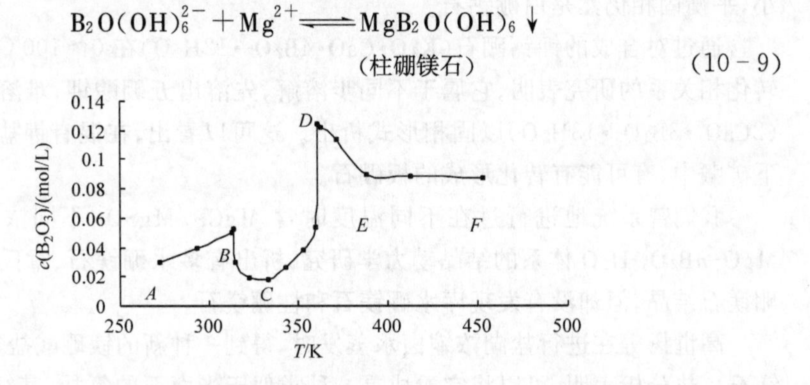

图 10-17　$MgO \cdot 2B_2O_3 \cdot MgCl_2 \cdot 14H_2O$-$H_2O$ 赝二元体系多温相关系图

(3) 库水硼镁石。氯柱硼镁石在硼酸存在及一定的硼浓度条件下,可以转化为库水硼镁石。由此看出,在西藏高原天然盐湖沉积矿物中,有大量库水硼镁石存在,这是由于该地区的硫酸镁亚型盐湖溶液中含硼浓度高,又处于较高温度气候条件,适合库水硼镁石的形成。反应如下:

$$B(OH)_4^- + B_2O(OH)_6^{2-} \rightleftharpoons B_3O_3(OH)_4^- + 2OH^- + 2H_2O$$

$$B_3O_3(OH)_4^{2-} + Mg^{2+} + 6H_2O \rightleftharpoons Mg[B_3O_3(OH)_5] \cdot 5H_2O \downarrow + H^+$$

(库水硼镁石)　　(10-10)

氯柱硼镁石的溶解和相转化研究表明,在不同条件下可以形成多水硼镁石、柱硼镁石和库水硼镁石。这为扎仓茶卡盐湖中不同镁硼酸盐的形成提供了实验依据。

10.4.4 稀释形成水合硼酸镁盐

扎仓茶卡Ⅱ湖地表卤水在日晒池中经天然蒸发浓缩到析出钾盐镁矾之后，将含有大约4.0% $MgO\cdot 2B_2O_3$ 的浓缩卤水在夏末冬初之际泵入专用日晒池中。计量泵入卤水量(体积)，用约一半体积的淡水进行稀释，稀释卤水在专用池(黏土池埝和池底板的基础上进行处理，达到收集硼酸镁盐沉积时不至于受到黏土的沾污)中储存越冬，在天然冷冻过程中结晶析出多水硼镁石或库水硼镁石。翌年，待天气开始转暖时，将母液放入盐湖。池底沉积用人工或适当的机械进行采收、堆存，产品可作为提取硼盐的原料。

10.5 扎仓茶卡盐湖的开发利用

盐湖资源包括沉积固体矿物和盐湖卤水液体矿床两个部分。对该盐湖的开发利用，可以分为固体矿石和盐卤两个方面进行介绍。

10.5.1 固体硼酸盐矿的开采和加工

西藏扎仓茶卡盐湖的固体硼盐矿的主要矿物组成是库水硼镁石和多水硼镁石，其次是柱硼镁石和钠硼解石。该硼酸盐盐湖矿区与柴达木盆地大柴旦盐湖沉积相比较不同之处为Ⅰ湖和Ⅱ湖之间高堤上沉积的硼酸盐已高出湖水水面，可以采用露天简易开采。由于这些硼酸盐沉积条件和特殊的沉积机理，很少混杂有一般盐类，机械杂质少，平均品位较高，可以直接作为无碱玻璃的原料，也可以用于制取硼酸[50,51]。

1. 由库水硼镁石制取硼酸

以扎仓茶卡Ⅰ湖和Ⅱ湖之间的“阶地硼酸盐”沉积为例，将“鼻梁”上表面(厚度数十厘米至2m，上顶宽10～50m)沉积库水硼镁石和多水硼镁石用人工或用自动铲装机装车运出的方式进行开采。

利用硫酸与硼镁石反应制取硼酸。将库水(或多水)硼镁石计算含量，其中 B_2O_3 占37.32%；MgO占14.40%；H_2O 占18.28%。湖底沉积的矿石一般含 B_2O_3 为30%。制取硼酸的反应为

$$2MgO\cdot 3B_2O_3\cdot 15H_2O+2H_2SO_4 \rightleftharpoons 2MgSO_4+6H_3BO_3+8H_2O \tag{10-11}$$

制取硼酸加工过程为：首先将库水硼镁石粉料(140目)加入内衬铅板的钢质反应器内，工业硫酸按反应计算量的105%加入，于100～120℃进行反应(搅拌速

率10～15r/min,0.5h,保温 88℃以上)。过滤清液后,在耐稀硫酸的反应结晶器中使用夹套水循环冷却,冷却速率为－20℃/h。冷却结晶,离心脱水,分流干燥,最后进行成品包装。设备和工艺流程如图 10－18 所示。五元体系介稳相图和盐卤25℃时的蒸发结晶路线如图 10－19 所示。

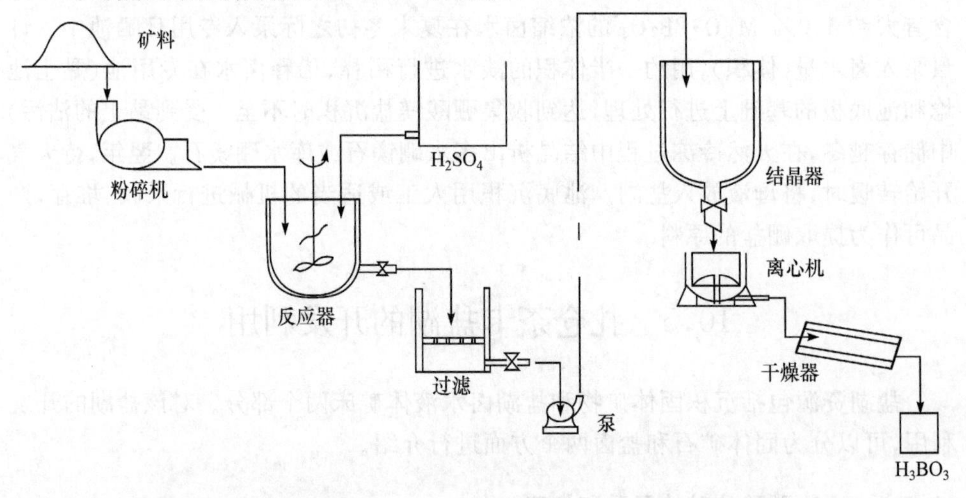

图 10－18　库水硼镁石与硫酸反应制备硼酸的设备和工艺流程

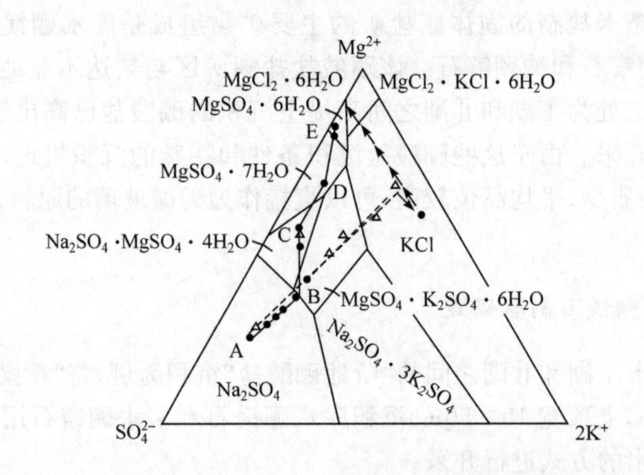

图 10－19　$Na^+,K^+,Mg^{2+}/Cl^-,SO_4^{2-}$-$H_2O$ 体系介稳相图和盐卤在 25℃时的蒸发结晶路线

－－. 芒硝析出和回溶线;→. 25℃时的蒸发结晶路线;△. 钾石盐日晒工艺图解;

此外,采用酸法加工镁硼酸盐制取硼酸工艺,对西藏高品位镁硼酸盐矿的加工是一种较好的方法。其工艺过程是:将柱硼镁石或库水硼镁石矿磨碎至 80 目,按一定的固、液比,在料浆槽中配料,然后将料浆泵入酸解罐中,加入硫酸并逐渐加热至90℃,萃取率达 95%以上。搅拌反应 1h,再将反应后的料浆送入压滤机中过滤,残渣用热水洗涤后弃去,滤液送到冷却结晶器中结晶硼酸,最后经离心分离、洗

涤、干燥，即得硼酸产品。生产1t硼酸按硼镁石含B_2O_3量约31.05%计算，需要硼镁矿2.138t，硫酸0.828t，硼的回收率为85.12%。

2. 钠硼解石生产硼砂

我们知道钠硼解石是含钠和钙的一种硼酸盐矿物，沉积的矿物品位较高，它在水中溶解后会转变为钙硼酸盐，属于容易加工的矿石。因此，对该矿的加工，主要是碱解法制取硼砂。采用的工艺路线有以下两种[53]。

(1) 碱法。用Na_2CO_3或$NaHCO_3$在常压或加压下进行分解，矿石与碱的配料比为1∶1，采用加压分解时，需24h。分解后的溶液浓度为23～24°Be′，硼砂含量达到25%，含Na_2CO_3为4%～5%，经蒸发结晶得到的硼砂纯度为97.5%。

(2) 碳化法。在38～40℃下通CO_2(浓度为17%)，碳化时间为15～20h。碳化液的组成为：硼砂10%～20%，$NaHCO_3$ 70%～80%，含盐及硫酸盐1%～2%，然后从溶液中提取硼砂。详细的制备方法请查阅本书第13章。

10.5.2　扎仓茶卡盐湖卤水综合利用

1. 卤水的相化学

扎仓茶卡盐湖位于青藏高原，海拔高，气温变化大，白天气温高、日照时间长、干旱蒸发量大、降水量小，夜里气温低，冬季时间长。随着时间的推移，卤水中盐的组成会发生变化，析出盐类。采用对盐卤的蒸发和冷冻实验，可以对成盐顺序和规律进行了解，为现代矿物的沉积类型和过程提供依据。卤水等温蒸发过程中的相化学是其理论基础。

扎仓茶卡夏季卤水在25℃时蒸发过程中的相化学。实验用卤水是中国科学院青海盐湖研究所西藏盐湖考察队1978年7月份于西藏北部扎仓茶卡盐湖区进行考察过程中，从该湖的Ⅱ湖地表卤水区采集的卤水样。在西宁青海盐湖研究所实验室进行25℃等温蒸发[52]，对析出固相进行物相鉴定，对不同浓缩卤水的相化学组成进行了相化学处理。

该盐湖卤水在25℃等温蒸发过程中的液相组成列于表10-10中，而且将液相中计算得到的各组成的摩尔分数和相图指数列于表10-11中。蒸发过程中部分样品相应析出固相组成见表10-12。同时，将蒸发过程中不同浓缩卤水的固相分别绘入Na^+，Mg^{2+}/Cl^-，SO_4^{2-}-H_2O四元体系在25℃时的相图中和Na^+，K^+，Mg^{2+}/Cl^-，SO_4^{2-}-H_2O五元体系在25℃时的Janëcke $2K^+$、Mg^{2+}、SO_4^{2-}三角相图中。结合卤水蒸发浓缩到不同阶段析出固相的物相鉴定结果，通过相分析，确定结晶路线和析盐阶段如下：

(1) $3Na_2SO_4 \cdot CaSO_4 \cdot 3H_2O$。

(2) $3Na_2SO_4 \cdot CaSO_4 \cdot 3H_2O + Na_2SO_4$。

(3) $NaCl + Na_2SO_4$。

(4) $NaCl + MgSO_4 \cdot K_2SO_4 \cdot 6H_2O + MgSO_4 \cdot Na_2SO_4 \cdot 4H_2O$。

(5) $NaCl + MgSO_4 \cdot K_2SO_4 \cdot 6H_2O + MgSO_4 \cdot 7H_2O$。

(6) $NaCl + MgSO_4 \cdot 7H_2O + KCl$。

(7) $NaCl + MgSO_4 \cdot 6H_2O + MgCl_2 \cdot KCl \cdot 6H_2O$。

(8) $NaCl + MgSO_4 \cdot 6H_2O + Li_2SO_4 \cdot H_2O$。

从上述结果清楚地看出,西藏北部高原上的新类型盐湖扎仓茶卡Ⅱ湖地表卤水与柴达木盆地的同类型盐湖的中、小柴旦盐湖地表卤水一样,湖水组成点处于五元体系的 Na_2SO_4 相区内。它们的不同之处在于小柴旦盐湖卤水组成落在 Na^+,Mg^{2+}/Cl^-,SO_4^{2-}-H_2O 四元体系在25℃时的 NaCl 相区内,而扎仓茶卡Ⅱ湖却落在 Na_2SO_4 相区内。因此,该Ⅱ湖卤水在25℃进行恒温蒸发过程中,在结晶过程中先析出水钙芒硝($3Na_2SO_4 \cdot CaSO_4 \cdot 3H_2O$),之后结晶析出的是 Na_2SO_4,而不是 NaCl;小柴旦湖水却是先析出 NaCl,然后才析出 Na_2SO_4。

该卤水在25℃蒸发过程中的盐类结晶顺序和结晶路线不符合 van't Hoff 的 Na^+,K^+,Mg^{2+}/Cl^-,SO_4^{2-}-H_2O 五元体系在25℃时的热力学平衡态相图,而是遵循该体系的"介稳相图"。在达到 $MgCl_2$ 共结点之前,共析出10种盐类:水钙芒硝($3Na_2SO_4 \cdot CaSO_4 \cdot 3H_2O$)、无水硫酸钠($Na_2SO_4$)、氯化钠(NaCl)、软钾镁矾($MgSO_4 \cdot K_2SO_4 \cdot 6H_2O$)、白钠镁矾($MgSO_4 \cdot Na_2SO_4 \cdot 6H_2O$)、泻利盐($MgSO_4 \cdot 7H_2O$)、氯化钾(KCl)、六水硫酸镁($MgSO_4 \cdot 6H_2O$)、光卤石($MgCl_2 \cdot KCl \cdot 6H_2O$)和一水硫酸锂($Li_2SO_4 \cdot H_2O$)。

值得指出的是,当卤水蒸发浓缩到密度为 $1.364kg/m^3$(25℃)时,当卤水中 LiCl 的含量为3.98%,进一步蒸发浓缩到密度为 $1.384kg/m^3$ 时,由于结晶时析出 $LiSO_4 \cdot H_2O$ 的结晶,要采用含 Li^+,K^+,Mg^{2+}/Cl^-,SO_4^{2-}-H_2O 体系的相图为理论依据。

表10-10 扎仓茶卡盐湖卤水在25℃时蒸发浓缩过程中液相化学组成

编号	密度 /(g/cm³)	pH	溶液化学组成(质量分数)/%							
			NaCl	KCl	LiCl	$MgCl_2$	Na_2SO_4	$CaSO_4$	$MgSO_4$	MgB_4O_7
0	1.190	8.31	12.51	1.44	0.21	—	5.77	0.040	2.65	0.16
1	1.254	8.14	16.40	1.88	0.22	—	7.39	—	3.48	0.20
2	1.261	7.83	46.97	1.93	0.23	—	7.50	0.030	3.55	0.20
3	1.267	7.73	18.01	2.07	0.25	—	8.03	0.008	3.75	0.23
4	1.286	7.75	18.38	2.14	0.26	—	0.25	0.005	3.87	0.22
5	1.277	7.71	18.82	2.23	0.28	—	6.69	—	4.11	0.24
6	1.278	7.64	2.52	0.31	0.31	—	5.85	—	4.64	0.26
7	1.278	7.80	18.58	2.78	0.37	—	5.40	—	5.03	0.29

续表

编号	密度/(g/cm³)	pH	溶液化学组成(质量分数)/%							
			NaCl	KCl	LiCl	$MgCl_2$	Na_2SO_4	$CaSO_4$	$MgSO_4$	MgB_4O_7
8	1.280	7.63	18.28	3.07	0.41	—	4.93	—	5.5	0.33
9	1.315	7.52	15.05	4.78	0.64	—	5.46	—	8.64	0.51
10	1.312	7.67	14.90	5.25	0.73	—	4.00	—	9.57	0.55
11	1.325	7.51	13.85	5.92	0.80	—	4.21	—	10.24	0.64
12	1.328	7.40	13.61	5.66	0.91	—	3.71	—	11.09	0.76
13	1.328	7.08	13.66	5.91	1.03	—	2.28	—	11.93	0.76
14	1.334	7.29	13.10	5.10	1.34	—	1.89	—	13.12	1.12
15	1.341	6.94	10.34	4.68	2.07	2.08	—	—	14.69	1.52
16	1.356	6.76	8.99	3.94	2.46	2.46	—	—	16.41	2.24
17	1.354	6.67	7.49	3.76	2.74	4.06	—	—	16.00	2.03
18	1.364	6.14	2.11	3.96	3.98	12.24	—	—	10.96	4.08
19	1.384	5.42	0.32	1.25	3.73	20.84		—	5.88	5.86

表10-11 扎仓茶卡盐湖卤水在25℃蒸发浓缩过程中计算相图指数

编号	$Na^+, Mg^{2+}/Cl^-, SO_4^{2-}$-$H_2O$/mol%				$2K^+ + Mg^{2+} + SO_4^{2-} = 100mol$		
	NaCl	Na_2SO_4	$MgSO_4$	$MgCl_2$	$2K^+$	Mg^{2+}	SO_4^{2-}
0	65.44	21.91	12.65	—	10.93	24.10	65.81
1	65.78	21.53	12.69	—	10.20	24.29	65.51
2	66.10	21.30	12.60	—	10.27	24.31	65.42
3	66.09	21.81	12.10	—	10.43	23.65	66.01
4	65.94	21.93	12.13	—	10.49	23.51	66.00
5	68.81	18.06	13.13	—	11.46	26.23	62.31
6	69.43	15.78	14.79	—	12.51	28.52	58.97
7	69.51	14.50	15.99	—	13.29	29.83	56.88
8	54.70	13.14	17.72	—	13.89	31.41	54.70
9	50.80	12.76	26.80	—	14.78	34.42	50.80
10	61.41	9.00	29.59	—	15.64	36.62	47.75
11	59.36	9.23	31.41	—	16.33	36.48	47.19
12	58.27	7.75	33.98	—	15.03	38.14	46.83
13	59.43	4.19	36.38	—	15.37	40.01	44.62
14	57.01	2.50	40.49	—	12.59	42.40	45.01
15	47.16	42.34	10.05	—	10.27	49.81	39.92
16	41.02	45.96	13.02	—	7.83	51.80	40.37
17	37.15	44.74	18.11	—	7.31	54.15	38.54
18	22.31		29.27	48.42	7.39	67.27	25.34
19	6.81		17.28	75.91	2.23	82.48	15.29

表 10－12 扎仓茶卡盐湖卤水在 25℃蒸发过程中析出固相组成

编号	固相组分												
	析出固相（质量分数）/%	蒸发率（质量分数）/%	附着母液（质量分数）/%	矿物化学组成									总计（质量分数）/%
				NaCl(质量分数)/%	Na_2SO_4(质量分数)/%	SCS(质量分数)/%	Asi(质量分数)/%	Pic(质量分数)/%	Epa(质量分数)/%	Lsh(质量分数)/%	KCl(质量分数)/%	Car(质量分数)/%	
3	2.9	26.5	20.25			22.37							100.6
8	9.1	40.5	13.33	32.21	54.64								100.2
11			18.57	55.14	8.27		10.30	7.3					100.6
12	19.1	61.0	17.25	43.13			2.51	40.51					103.4
15	23.3	65.9	9.56	47.10			3.40	42.07					102.1
16			102.1	11.46			42.96	38.91					100.9
18	26.1	70.1	11.57	29.31				28.05	28.96	2.70			101.2
19			30.21	8.00					34.33[1)]	8.57	7.22	13.42	101.71

1) 表示 $MgSO_4 \cdot 6H_2O$ 的值。

注：SCS.$Na_2SO_4 \cdot CaSO_4 \cdot 1.5H_2O$；Asi.$MgSO_4 \cdot Na_2SO_4 \cdot 4H_2O$；Pic.$MgSO_4 \cdot K_2SO_4 \cdot 6H_2O$；Epa·$MgSO_4 \cdot 7H_2O$；Lsh·$Li_2SO_4 \cdot H_2O$；Car·$MgCl_2 \cdot KCl \cdot 6H_2O$。

扎仓茶卡盐湖,尤其是Ⅱ湖具有一定数量可供开采的地表卤水和丰富的晶间卤水。其化学组成见表 10－10 和表 10－11。这里需要指出的是,由于中科院盐湖调查队到该湖的时间都是在不同年份的夏天,不同月份的取样结果。至今从未有人在冬季到该湖取过水样,因此表 10－3 中列出了不同卤水的分析结果。可以认为,该湖地表卤水与大柴旦盐湖同属于硫酸镁亚型的高原盐湖,考虑到该盐湖的海拔比大柴旦盐湖高,冬季最低气温理应更低。这样在经受天然冷冻析出芒硝之后,湖表卤水中硫酸盐含量会明显降低,其含量及其变化幅度都会大得多。同时,由于夏末冬初出现的湖表卤水被稀释结晶,如 KCl、MgB_4O_7 和 LiCl 等的含量及其年变化幅度所得结果将有明显的不同。所以,需要进一步研究季节变化对析盐的影响,为开发该盐湖提供依据。

根据该盐湖地表卤水在 25℃的等温蒸发结果及盐卤相化学和盐卤硼酸盐化学研究结果,参考大柴旦盐湖卤水综合开发利用工艺安排,结合西藏的区域经济条件,我们提出了该盐湖卤水的下列盐类分离提取方案。

2．析出软钾镁矾提钾

从卤水蒸发实验结果可见,蒸发结晶路线是按 Na^+,K^+,Mg^{2+}/Cl^-、SO_4^{2-}-H_2O 体系介稳相图(图 10－19)进行的。扎仓茶卡盐湖Ⅱ湖卤水比国内外同类型盐湖卤水更利于日晒分离钾盐,尤其是软钾镁矾($MgSO_4 \cdot K_2SO_4 \cdot 6H_2O$)至关重要。建造五个供蒸发浓缩和析盐分离用的日晒池,首先把密度为 1.190g/cm^3(25℃)的Ⅱ湖卤水泵入晒池 1 中,蒸发析出大部分钠钙硫酸盐-水合复盐。卤水密度达到 1.286g/cm^3(25℃),开始结晶析出 Na_2SO_4 后,把卤水转到晒池 2 中,继续蒸发结晶析出 NaCl＋Na_2SO_4。卤水浓缩到密度为 1.325 g/cm^3(25℃)时,转到晒池 3 去进行蒸发并析出 NaCl＋$MgSO_4 \cdot K_2SO_4 \cdot 6H_2O$＋$MgSO_4 \cdot Na_2SO_4 \cdot 4H_2O$ 。卤水密度达到 1.354 g/cm^3(25℃)时,转到晒池 4 去蒸发分离 $MgSO_4 \cdot 7H_2O$＋$MgSO_4 \cdot K_2SO_4 \cdot 6H_2O$。当卤水密度达到 1.364g/cm^3(25℃)时,转到晒池 5 中去蒸发析出 NaCl＋KCl＋$MgSO_4 \cdot 7H_2O$($MgSO_4 \cdot 6H_2O$)＋ $MgCl_2 \cdot KCl \cdot 6H_2O$ 之后,即可得到含硼浓缩卤水。各阶段蒸失水量和析出盐量见表 10－12。从日晒池中得到的软钾镁矾可通过浮选除去 NaCl 制取 K_2SO_4 用作无氯钾肥,也可用氯化钾水溶液将其溶解,再经日晒制取纯度较高的钾石盐。工艺安排的相图解析过程如图 10－19 所示。

3．酸法提取硼酸

扎仓茶卡盐湖卤水经日晒析出钾盐后可获得含 4.08％～5.86％MgB_4O_7 的浓

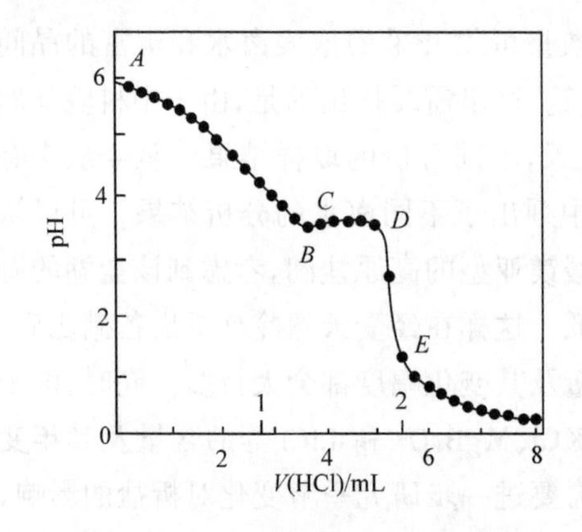

图 10-20 含硼浓缩合成卤水的盐酸 pH 滴定曲线

缩卤水。根据浓缩盐卤中硼酸盐是以“$MgO\cdot 2B_2O_3$”综合统计形式存在的研究结果[9]，为考察含硼浓缩盐卤与盐酸的反应过程，我们按表 10-10 中编号 18 浓缩卤水化学组成，使用分析纯 H_3BO_3、MgO、$MgSO_4\cdot 7H_2O$、$MgCl\cdot 6H_2O$、$LiCl\cdot H_2O$ 和 KCl 试剂。其中，MgO 与 H_3BO_3 用量按 1∶2分子比配制成含 $MgO\cdot 2B_2O_3$ 的合成卤水，取 100.00g 合成卤水用浓度为 8.245mol/L 的盐酸进行 pH 滴定。从图 10-20 所示滴定曲线可进行如下解释，即曲线 *AB* 对应于溶液中的下述反应：

$$2MgB_4O_7 + 2HCl + H_2O \rightleftharpoons Mg(HB_4O_7)_2 + MgCl_2 + H_2O \qquad (10-12)$$

同时进行

$$Mg(HB_4O_7)_2 + 2HCl + H_2O \rightleftharpoons 2H_2B_4O_7 + MgCl_2 + H_2O \qquad (10-13)$$

B 点的 pH 可看成是溶液在滴定过程中形成适量 $H_2B_4O_7$，而又未发生水解时 $H_2B_4O_7$ 在滴定液中的平衡酸度。继续加入盐酸，在形成更多量 $H_2B_4O_7$ 时，会发生下述反应：

$$H_2B_4O_7 + 5H_2O \rightleftharpoons 4H_3BO_3 \qquad (10-14)$$

生成 H_3BO_3 在溶液中达到饱和时就会结晶析出，这时溶液的 pH 对应于 H_3BO_3 在该滴定液中的平衡酸度。*D* 点相应于上述诸反应的终点。当滴定到 *E* 点以后观察到 $MgSO_4\cdot 7H_2O$ 结晶析出。利用上述反应过程，拟定从硼浓缩盐卤中加酸提取硼酸的工艺流程(图 10-21)。该流程只需 0.5mol HCl 即可获得 1mol 的 H_3BO_3。分离钾和硼后，浓缩的盐卤再进一步提锂。从盐卤中提锂的方法很多，但还未能达到工业化生产水平，目前仍然是一个极为关注的热门课题，关键在于锂与镁的分离问题。不过，扎仓茶卡盐湖在自然界和实验室对盐卤的蒸发过程中已经得到 $Li_2SO_4\cdot H_2O$。估计在不久的将来，会在工业化生产上有突破性进展。

4. 钾、锂混盐中提取硫酸钾和硫酸锂

扎仓茶卡盐湖中有不同成分的钾、锂混盐矿形成，国内正在进行由盐湖资源中提取锂的研究，现在尚未形成工业化生产。这里我们简单介绍阿塔卡玛盐湖从钾、锂硫酸混盐中提取硫酸钾和硫酸锂的工艺流程[53～55]。

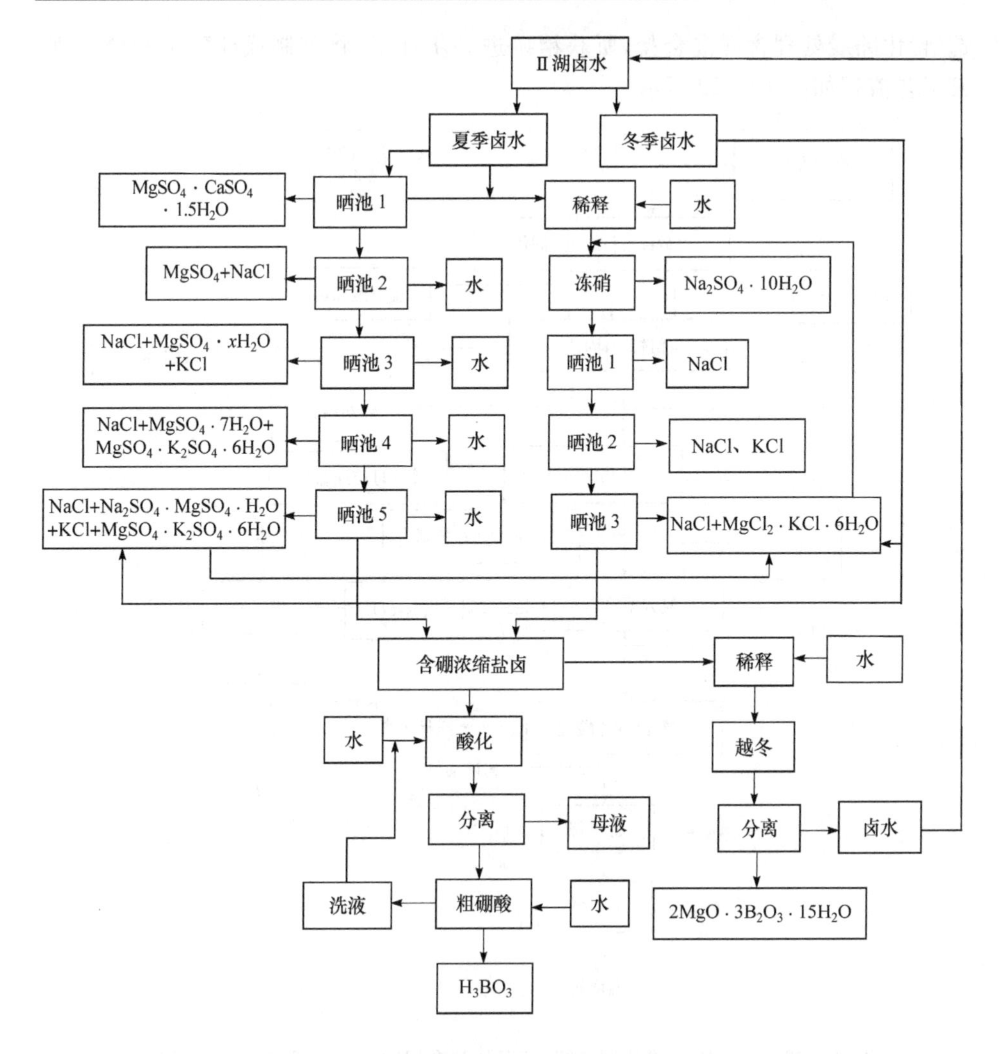

图 10-21　扎仓茶卡盐湖Ⅱ湖卤水分离各种盐类和硼酸的工艺流程

阿塔卡玛盐湖夏季卤水蒸发时，会生成一种含复盐 $LiKSO_4$ 的混合盐，其组成为 NaCl 45.7%、KCl 11.7%、$LiKSO_4$ 24.77%、钾盐镁矾 16.25%、其他 1.55%。

这些锂盐也应该加以回收。针对这种含锂复盐，曾提出过分离其成分的原则流程。首先要将混合盐进行处理，以便进一步提高锂盐的含量。可以采用浮选法与化学法相结合的过程来实现。浮选过程药剂为 P-830 阴离子捕收剂，2-甲基-4-戊醇为起泡剂，矿浆浓度为 25%。此过程又可按两种不同的路线进行：①转化-浮选路线；②浮选-转化路线。采用这两种路线时，由于精矿中锂盐的品位和回收率不同，精矿中共存的钾复盐也不同，分别为软钾镁矾或钾芒硝，因此在处理过程后的钾盐加工方法也稍有差别。阿塔卡玛盐湖含锂复盐的加工过程目前还是按浮选-转化路线处理含锂混合盐，所获精矿进一步加工，将其制成硫酸钾和硫酸锂。其工艺流程如图 10－22 所示。

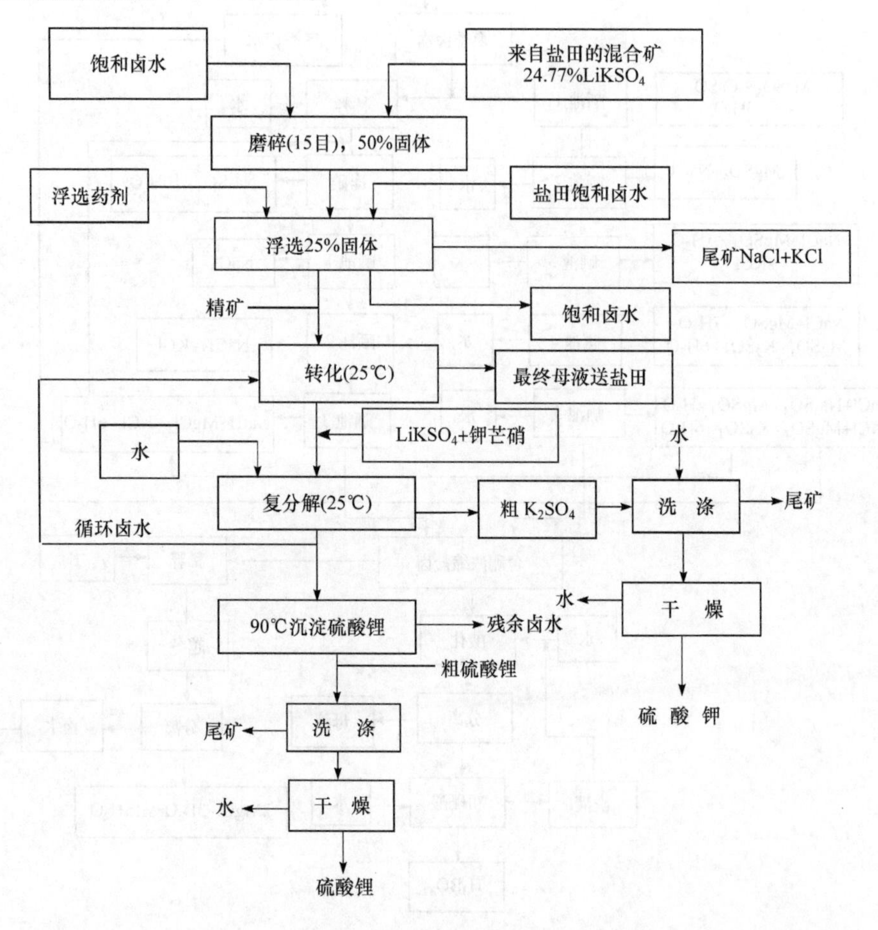

图 10－22 从阿塔卡玛盐湖含锂、钾混盐分离提取 K_2SO_4 和 Li_2SO_4 工艺流程

FMC 公司从阿根廷的霍姆布勒姆尔托干盐湖卤水中制取锂盐。该盐湖卤水蒸发量估计为 2300mm，平均降雨量为 70mm(大部分是降雪)。据报道，卤水的锂含量为 0.22～1.08g/L，总共蕴藏有锂 13×10^4 t。在海拔约 4300m 的多雪而寒冷地区，太阳蒸发量比智利的阿塔卡玛干盐湖小。FMC 公司实施了一项专利技术，能从平均含锂量 0.065%的卤水中提取锂盐，年产 2×10^4 t 硫酸锂。

参考文献

[1] 郑绵平，金文山．我国某一个新类型硼酸盐矿床的初步研究．中国地质，1964，(2)：25～30
[2] 郑绵平，刘文高．西藏发现富集锂镁硼酸盐矿床．地质评论．1982，227(3)：259～265
[3] 郑绵平，刘文高，向军等．论西藏的盐湖．地质学报，1983，57(2)：184～194

[4]　郑绵平,向军,魏新俊等.青藏高原盐湖.北京:北京科技出版社,1989.271~304

[5]　李发桂,郑绵平.西藏阿里地区全新世早期介形虫及其古环境,青藏高原地质文集(3),北京:地质出版社,1983.267~271

[6]　郑喜玉,唐渊,徐旭等.西藏盐湖.北京:科学出版社,1988.54~62,117~122,140~146

[7]　郑喜玉,唐渊等.青藏高原盐湖的水化学特征.海洋与湖沼.1981,12(6):498~511

[8]　郑喜玉.西藏扎仓茶卡盐湖卤水硼锂分布特征.海洋与湖沼,1982,13(1):26~34

[9]　高章洪.柴旦木盆地某些盐湖碎屑沉积层中碳酸盐的初步研究.中国—澳大利亚第四纪合作研究记要.中国科学院,1984,139

[10]　宋彭生.盐湖及相关资源开发利用进展.盐湖研究,2000,8(2):33~59

[11]　高世扬,陈志刚,冯九宁.盐卤硼酸盐化学Ⅳ浓缩盐卤中析出的新硼酸盐固相.无机化学报,1986,2(1):45~52

[12]　黄麒,蔡碧琴,余俊青.盐湖年龄测定.青藏高原几个盐湖^{14}C年龄及其沉积旋回.科学通报,1980,25(21):992~994

[13]　谢先德,郑绵平.库水硼镁石的研究.地质学报,1963,43(2):184~192

[14]　谢先德,郑绵平.我国发现的多水硼镁石初步研究.中国科学,1963,6(1):1246~1248

[15]　袁见齐.高山深湖的成盐环境——一种新的成盐模式的剖析.地质评论,1983,229(2):159~165

[16]　曲懿华,韩尉田,钱自强等.三方硼镁石,一种新的硼酸盐矿物,地质学报,1965, 43(3):198~305

[17]　韩尉田.青藏高原硼酸盐矿物形成条件的实验研究.科学通报,1981,26(21):1315~1318

[18]　陈运生.物理化学分析.北京:高等教育出版社,1985.1~33

[19]　高世扬,冯九宁.盐卤硼酸盐化学Ⅺ.不同含硼浓缩盐卤的稀释实验.无机化学学报,1992,8(1):68~70

[20]　高世扬.盐湖化学(科学技术).北京:中国大百科全书出版社,1983

[21]　高世扬,许开芬,李刚等.盐卤硼酸盐化学Ⅴ.含硼浓缩盐卤稀释过程中硼酸盐行为.化学学报,1986,4(1):1223~1233

[22]　高世扬,符延进,王建中.盐卤硼酸盐化学Ⅲ.盐卤在动态蒸发条件下硼酸镁的极限溶解度.无机化学报,1985,1:97~102

[23]　高世扬,刘化国,牟振基.盐卤硼酸盐化学Ⅶ.盐卤在天然冷冻析盐过程中硼酸盐行为.无机化学,1987,3(2)113~116

[24]　高世扬,李国英.盐卤硼酸盐化学Ⅰ.含硼盐卤天然蒸发过程中硼酸盐行为.高等学校化学学报,1982,3(2):141~143

[25]　高世扬,王建中,夏树屏等.盐卤硼酸盐化学Ⅷ盐卤中硼酸的存在形式和表示方式.海洋和湖沼,1989,20(5):429~436

[26]　高世扬,陈学安,夏树屏.盐卤硼酸盐化学.Ⅷ $2MgO\cdot 2B_2O_3\cdot MgCl_2\cdot 14H_2O$ 结晶动力学研究.化学学报,1990,48:1049~1056

[27]　高世扬,李秉孝.青藏高原盐湖硼酸盐矿物.矿物学报,1982,2:107~112

[28]　高世扬,夏树屏.蒸发相图与平衡溶解度相图.盐湖研究,1996,4(1):53~58

[29]　谢先德,查福标等.硼酸盐矿物学.北京:地震出版社,1993.108~112

[30]　Corazza E. Inderite crystal stucture refinement and relationship with kurnakovite. Acta Cryst, 1976,B32:1329

[31]　Corazza E. The crystal stucture of kurnakovite: A refinement. Acta Cryst, 1974, B30:2194

[32]　Генкина Е А. Матиновский Красталлографил,1983,28:803~805

[33] Ghose S. Cheng Wan . Ulexite, $NaCaB_5O_6 \cdot 5H_2O$: stucture refinement, Polyanion configurationm hydrogen bonding and fiber optics. Am Mineral, 1978, 63: 160～171

[34] Clark J R. Studies of borate minerals Ⅳ. The crystal stucture of inyoite, $CaB_3O_3(OH)_5 \cdot 4H_2O$. Acta Cryst, 1959, 12: 162～170

[35] Valyashko M G, Wlassowa E V. Infrared absorption spectra of borates and Boron-containing aqueous solutions. Jena Review, 1969, 14(1): 3～11

[36] 夏树屏,李军,高世扬. 盐卤硼酸盐化学ⅩⅩⅧ. 氯柱硼镁石的拉曼光谱. 无机化学学报,1995,11(2):152～158

[37] 贾永忠,高世扬,夏树屏等. 过饱和硼酸盐水溶液的 Raman 光谱. 高等学校化学学报,2001,22 (1):99～103

[38] Jia Y Z, Gao S Y, Xia S P et al. FT-IR Spectroscopy of supersaturated aqueous solution of magnesium borate. Spectrochimica Acta Part A, 2000, 56. 1291～1297

[39] Maya L. Identifition polyborate and fluo-polyborate ions in solution by Raman spectroscopy. Inorg Che Chem, 1976, 15(9): 2179～2184

[40] Maeda M, Hirao T, Kataka M et al. Raman spectra of polyborate ions in aqueous solution. J Inorg Nucl Chem, 1979, 41: 1217～1220

[41] 夏树屏,陈若愚,高世扬. 青藏高原钠硼解石的物理化学特征. 沉积学报,1994,12(1): 117～121

[42] 陈若愚,夏树屏,冯守华,高世扬. 钠硼解石的溶解及相转化研究. 无机化学学报,1999,15(1): 125～127

[43] 陈若愚,夏树屏,高世扬. 青藏高原钠硼解石在水中溶解行为的研究. 矿物学报,1993,1(1): 51～55

[44] 夏树屏,刘志宏,高世扬. 盐卤硼酸盐化学Ⅳ. 氯柱硼镁石在 30℃水中溶解和转化过程. 无机化学学报,1993,9(3):279～285

[45] 刘志宏,胡满成,梁宏斌等. $2MgO \cdot 2B_2O_3 \cdot MgCl_2 \cdot 14H_2O$ 溶解及相转化的动力学机理研究. 西北大学学报(自然科学版),1998,28(2):509～512

[46] 刘志宏,夏树屏,高世扬. $2MgO \cdot 2B_2O_3 \cdot MgCl_2 \cdot 14H_2O\text{-}H_2O$ 体系 60℃溶解及转化动力学研究. 高等学校化学学报,1999,20(2):186～189

[47] 刘志宏,高世扬,胡满成等. $2MgO \cdot 2B_2O_3 \cdot MgCl_2 \cdot 14H_2O\text{-}H_3BO_3\text{-}H_2O$ 体系 30℃相平衡. 化学学报,2002,60(5):854～858

[48] Liu Z H, Hu M C, Gao S Y, Xia S P. Kinetics and mechanism of dissolution and transformation of chlorpinnoite in water at 293～313K. Indian Journal of Chemistry. 2002, 41(A): 325～329

[49] 刘志宏,胡满成,高世扬,夏树屏. 库水硼镁石和柱硼镁石形成过程的实验研究. 地球化学,2003,32(6):569～572

[50] 陶连印,郑家学. 硼化物的生产与应用. 成都: 成都科技出版社,1992 1～29; 76～82;141～142

[51] 胡季平,陈德玲. 西藏阿里地区扎仓茶卡锂资源开发的研究. 矿物资源,1992,(5);22～24

[52] 高世扬,李刚,李录昌. 盐卤硼酸盐化学Ⅵ扎仓茶卡盐湖卤水蒸发和盐类的分离和提取. 应用化学,1987,4(7):5～11

[53] 宋彭生. 盐湖资源综合利用. 盐湖研究,1993,1(3): 68～80

[54] 宋彭生. 盐湖及相关资源开发利用进展(续一). 盐湖研究,2000,8(1):14～62

[55] 宋彭生. 盐湖及相关资源开发利用进展(续二). 盐湖研究,2000,8(2):33～59

第11章　东、西台吉乃尔盐湖

11.1　东、西台吉乃尔盐湖和一里坪盐滩概况

11.1.1　柴达木盆地概况

柴达木盆地(以下简称盆地)是我国内陆大型的山间盆地之一。“柴达木”在蒙古语中就是“盐湖”的意思,它代表了柴达木盆地的自然景观——到处是盐湖。东、西台吉乃尔盐湖位于柴达木盆地内,盆地地理坐标为东经 90°00′～98°20′,北纬35°55′～39°10′,居于青藏高原的东北侧。为北西—南东的长轴约 650km,短轴约250km,面积为 121 000km^2 的不规则汇水盆地。盆地南侧为昆仑山系的祁漫塔克山和布尔汗布达山,海拔为 3500～5500m。盆地北侧是祁连山系的乌兰大阪山、马海大阪山、达肯大阪山和中吾农山等一系列北西西向的阶梯状山脉,海拔为3500～4500m。阿尔金山系东段的阿哈堤山、安南坝山位于盆地的西北侧,构成与塔里木盆地的自然分水岭,海拔在 4500m 以下。南侧是昆仑山,东北侧是祁连山,海拔在 4800m 以上的山峰常年积雪。四周山脉分水岭以内的汇水面积达 170 000km^2。

11.1.2　盆地气候条件

盆地内气候干旱,多风少雨,具有高原荒漠的气候特征。年平均气温为 2～4℃,年平均气压为 725mbar①。以西风为主,最大风速为 20～22m/s。年日照时数可达 3200～3600h。年降水量在 50mm 以下,在盆地西部更少,不足 20mm,东部稍高,在德令哈和都兰地区有时年降水量大于 50mm,降水主要集中在 6 月、7 月、8 月份。年蒸发量在 2000～3000mm 之间,最高可达 3700mm,可能是世界上蒸发量最大的地区之一。在盆地中部和西部广阔的区域内,蒸发量与降水量之比可达百倍,这为该盆地内众多盐湖的形成提供了极好的气候条件。

11.1.3　盆地的形成

应当指出的是,印度板块在新生代早期与欧亚大陆板块相撞,并继续向北漂移,使柴达木盆地的断陷加剧。在盆地范围内新生代地层褶皱盆地向东部扩展,随着青藏高原的隆起,逐渐形成了现代分布面积达 121 000km^2 的中新生代断陷盆地。可见,柴达木盆地的形成是青藏高原地壳长期演化的结果[1,2]。

---

① 1bar=10^5Pa,下同。

11.1.4　东、西台吉乃尔盐湖概况

东、西台吉乃尔盐湖包括东台吉乃尔盐湖、西台吉乃尔盐湖和一里坪盐滩。该地区总面积为1640km^2，位于青藏高原昆仑山北侧的大型山间盆地——柴达木盆地中心地带。其地理坐标：东经93°14′～94°07′，北纬37°22′～37°53′。一里坪盐滩地理坐标：东经92°58′～93°20′，北纬37°51′～38°03′。其中，东台吉乃尔湖和西台吉乃尔湖存在大面积地表卤水，而一里坪地区已不存在湖表卤水，地貌呈现一望无际的盐滩，盐壳上已被风沙覆盖。无论是地表卤水，还是地下晶间卤水，它们都是主要含锂、钠、钾、镁和硼氯化物以及硫酸盐和硼酸盐的水盐溶液。虽然在该湖区一直没有发现硼酸盐天然矿物，但卤水组成与智利的阿塔卡玛盐湖卤水一样，除一般盐类之外，锂的含量比柴达木其他盐湖的卤水含量高。它属于硫酸镁亚型盐湖。

11.2　东、西台吉乃尔盐湖和一里坪盐滩的形成

柴达木盆地内的现代盐湖在形成过程中都有着不同程度的位移。北西—南东向的第三褶皱带的隆起，使得在第三纪末已有的盐湖盆地被分割，残余卤水部分地迁往尕斯库勒与芒崖之间凹陷的南侧，小梁山凹陷的北西侧和昆特依、马海凹陷；大部分残余卤水往东部迁移至一里坪和东、西台吉乃尔湖一带。

自更新世以来，由于气候逐渐转为干寒，补给水量减少，湖泊面积不断缩小。晚更新世蒸发盐类大量析出，这些盐类沉积，均匀分布在湖盆的中部，并位于背离补给水源的一侧，东、西台吉乃尔湖也正是这样。更新世末期盆地内绝大多数盐湖进入干盐湖阶段，一里坪盐滩也正是由于如此，地表卤水消失，出现大量受卤水浸润的盐类沉积，其间存在大量晶间卤水。由于晚更新世末期，经历了一个非常干寒的时期，东、西台吉乃尔和一里坪出现过自析盐阶段，甚至出现有白钠镁矾产于石盐层下部这样的非正常沉积层序。东、西台吉乃尔盐湖现在都存在有一定规模的地表卤水。这是冰期后期，距今7000年以前，全球气候相对转暖，由于河流淡水的补给，产生了全新世期的溶蚀湖——西台吉乃尔盐湖。东台吉乃尔盐湖呈北西—南东向分布，长22km，宽5km，面积116km^2，水深0.6～1m，湖面海拔2681m。在晚更新世，古台吉乃尔干盐湖位于现代湖泊的东南部，沉积了很厚的下部盐层，分布范围远比现代湖区大得多。全新世冰期后期，由于气候转暖，古那仁郭勒河复苏，来自昆仑山的大量雨雪水补给湖区，因此就在干盐湖的基础上形成了现代的东、西台吉乃尔盐湖，总面积约为1280km^2，该湖区位于盆地的中心地带。东台吉乃尔盐湖面积为116m^2，平均水深0.6m，是柴达木盆地中卤水量较大的盐湖之一，湖面海拔2681m，蒸发量与降水量之比为2648mm∶30.24mm；日温差大，平均气温

5.33℃,干寒多风。西台吉乃尔盐湖长11km,宽7～8km,面积81km^2,水深0.3～0.4m,湖面海拔2678m。

11.3 东、西台吉乃尔盐湖和一里坪盐滩沉积矿物

11.3.1 盐类矿物及其沉积

东、西台吉乃尔盐湖和一里坪地区包括一个盐滩和两个卤水湖。图11-1是柴达木盆地西台吉乃尔湖区沉积剖面图。地表和地下沉积中已发现的盐类矿物有石盐、芒硝、白钠镁矾、钾石盐、石膏、光卤石和软钾镁矾。在浓缩季节后两种矿物在地表卤水区的补给水的对面湖滨地带也偶有所见。

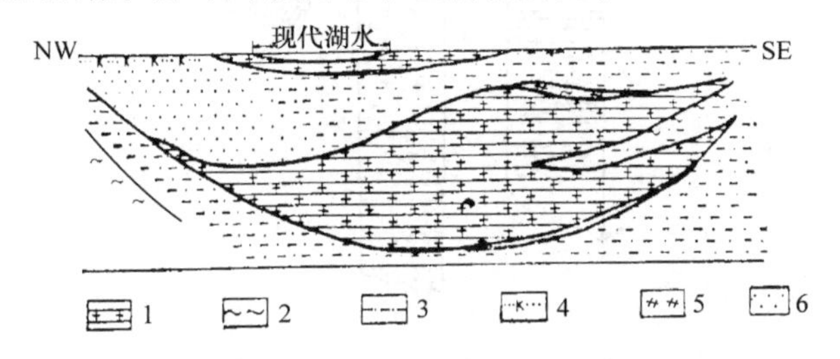

图11-1 柴达木盆地西台吉乃尔湖区沉积剖面图[1]

1. 盐;2. 淤泥;3. 含淤泥黏土;4. 含光卤石盐;5. 白钠镁矾;6. 含石盐砂

青海省地质局在一里坪盐滩上进行的井深250m钻孔沉积矿物分析结果为(自上而下):①白色含粉砂石盐层,层厚4～6m;②石盐粉砂层,湖区边部以粉砂为主,中部为石盐沉积,层厚10m;③灰白色盐层,底部可见薄层芒硝及白钠镁矾,层厚15～20m;④浅褐色砂质黏土层(含少量石膏晶片),层厚15m;⑤灰黑色含石膏、粉砂的淤泥层,厚40～45m;⑥含石膏及淤泥的砂质黏土,厚114m;⑦细砂与含黏土的粉砂互渗层,厚30m。东、西台吉乃尔盐湖和一里坪矿物沉积对比如图11-2所示。

如上所述,更新世中期以来,东、西台吉乃尔和一里坪与察尔汗地区都同样属于古柴达木湖的东湖部分。张彭熹等著的《柴达木盆地盐湖》一书中以盆地中部察尔汗湖区深101m的岩心分析结果,给出距今35 000年近代盐湖沉积中5个沉积旋回(从老到新):①旋回Ⅰ。由于钻探深度不足,只反映该沉积旋回的顶部情况,上部是一层黑色粉砂质淤泥沉积,下部含砂量较高,中部偶尔含石膏、石盐微小晶体,顶部夹薄层褐色粉砂、普通含碳化植物碎片,它代表浅水沼泽相沉积。该旋回早期水质较淡,在距今30 000年期间逐渐咸化,但却没有大量盐类析出。晚期在距今约26 000年时又淡化。②旋回Ⅱ。沉积旋回比较完整,距今25 000年期间淡水期达到最大(相对)淡化程度。下部沉积了大量碳酸盐粉砂、黏土。随着湖水的

咸化，出现沼泽相石膏淤泥，逐步进到盐湖阶段，沉积大量石盐。③旋回Ⅲ、Ⅳ和Ⅴ都是由碎屑沉积开始，蒸发盐沉积结束的，代表早期淡化和晚期成盐的过程。它们不同于旋回Ⅱ的主要特征在于淡化期比较短暂，咸化的盐类沉积居主导地位。泥沙和盐的交互层频繁出现，说明干旱条件下的古气候出现稀释和浓缩的多次反复变化。④旋回Ⅳ的上部表明卤水浓缩已达到后期阶段(旋回Ⅴ的中部出现钾盐沉积)。这是全新世冰期溶蚀湖发展演化成为目前的干盐湖的沉积特征。

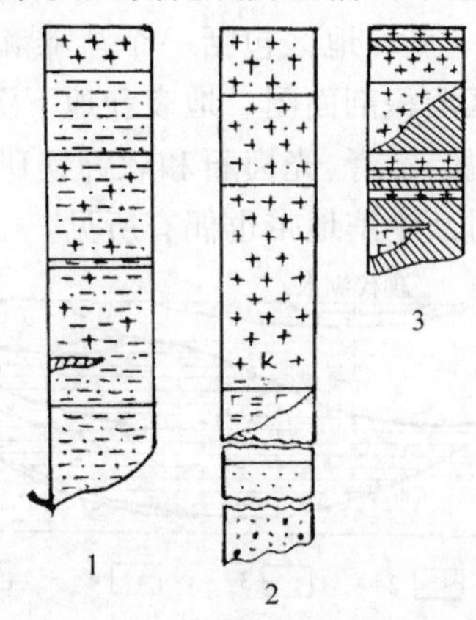

图 11-2　东、西台吉乃尔盐湖和一里坪沉积对比图

1. 东台吉乃尔盐湖；2. 西台吉乃尔盐湖；3. 一里坪

11.3.2　钾、镁、硼和锂资源

在第四纪冰后期以来，来源于昆仑山北侧的那仁郭勒河常年以较大的水流量注入东台吉乃尔和西台吉乃尔盐湖区，使其维持较大的地壳卤水区。在柴达木盆地极其特殊的气候条件下，无论是在东台吉乃尔盐湖，还是在西台吉乃尔盐湖，其湖表卤水都与大柴旦盐湖一样，不仅随着季节的不同而有较大的变化，而且还随年份的不同而不同。这里存在着十分丰富的晶间卤水。在西台吉乃尔盐湖的西北部就是一里坪盐滩，表面被现代风沙所覆盖，地形十分平坦，高差一般不超过 0.5m，因而有“一里坪”之称。面积为 $360km^2$ 的一里坪除有石盐广泛分布外，卤水资源也十分丰富，矿物资源量为：氯化锂 55×10^4t、三氧化二硼 33×10^4t、氯化钾 338.6×10^4t 和氯化镁 3074×10^4t。

11.4　东、西台吉乃尔盐湖和一里坪盐滩卤水资源[3]

东台吉乃尔盐湖和西台吉乃尔盐湖有地表卤水和晶间卤水，而一里坪盐滩仅有晶间卤水，地表卤水受湖水深度及气候变化的影响较大，晶间卤水受到湖底矿物和周边水源的控制。在这三个盐湖中，东台吉乃尔盐湖的地表卤水深度和湖的面积是最大的，东台吉乃尔湖水水深与面积列于表 11－1 中。

表 11－1　东台吉乃尔湖水水深与面积

日期(年-月-日)	面积/km^2	一般水深/m	最大水深/m	资料来源
1959－4－6	148.6	0.6～0.8		中国科学院兰州地质研究所
1959－10－11	116	0.6	1.01	青海省地质局第一地质队
1960－4	173		1.27	青海省地质局第一地质队

从表 11－1 中所列结果可看出，湖表卤水面积随季节的不同而有明显变化，每年都存在浓缩季节和稀释季节。

11.4.1　卤水组成

本区范围内包括东台吉乃尔盐湖表卤水及其晶间卤水、西台吉乃尔盐湖表卤水及其晶间卤水和一里坪地区的晶间卤水，其化学组成列于表 11－2 中。表 11－2 表明，该地区卤水无论地表卤水，还是晶间卤水，都主要包含钠、钾、镁的氯化物和硫酸盐，与大柴旦盐湖和扎仓茶卡盐湖卤水一样，同属于硫酸镁亚型。值得指出的是，该地区卤水，尤其是晶间卤水中硼和锂的含量，都要比察尔汗盐湖晶间卤水和达布逊湖水中的含量高，其中东台吉乃尔盐湖地表卤水底部主要沉积 NaCl[4]。

表 11－2　一里坪与东、西台吉乃尔盐湖地表湖水及晶间卤水组成

卤水组成	一里坪晶间卤水/(mg/L)	东台吉乃尔		西台吉乃尔	
		湖水/(mg/L)	晶间卤水/(mg/L)	湖水/(mg/L)	晶间卤水/(mg/L)
Li^+	262	141	256	201.5	256
Na^+	81 351	116 452	1 011 175	103 268	101 175
K^+	11 019	3 786	8 444	6 895	8 444
Mg^{2+}	24 181	5 686	15 737	13 650	15 737
Ca^{2+}	347	433.7	198.9	294.5	198.9
Cl^-	196 464	187 037	183 501	188 047	183 501
SO_4^{2-}	13 829	18 028	35 315	23 996	35 315
CO_3^{2-}	—	—	230.14	34.5	230.1
HCO_3^-	25.9	111.8	—	143.4	—
Rb^+	5.25	3.25	6.42	5.08	6.4
Cs^+	—	0.04	0.08	0.08	0.08
B^{3+}	224.1	214.5	378.78	308.9	378.8
Sr^{2+}	12	20	11	27	11
F^-	1.49	8.35	6.6	6.2	6.6

续表

卤水组成	一里坪晶间卤水/(mg/L)	东台吉乃尔		西台吉乃尔	
		湖水/(mg/L)	晶间卤水/(mg/L)	湖水/(mg/L)	晶间卤水/(mg/L)
Br^-	26.8	11.02	17.75	17.7	17.8
I^-	0.59	0.042	0.075	0.05	0.075
NO_3^-	206	2.8	7.1	7.0	7.1
NO_2^-	9.86	0.046	0.015	0.25	0.015
NH_4^+	95	1.25	痕	痕	痕
PO_4^{3-}	痕	<0.1	<0.1	痕	—
As^{3-}	0.031	0.004 1	0.046	0.029	0.004 6
Hg^+	—	<0.000 2	<0.000 2	−0.058	<0.000 2
Se^{4+}	0.04	0.035	0.055	5.38	0.055
Si^{4+}	1.0	4.98	1.65	1.0	1.65
Al^{3+}	0.16	0.12	0.36	0.16	0.36
Fe	0.08	0.03	0.13	0.08	0.13
Pb	0.005	0.005	0.02	0.00	0.02
Sn	0.004	0.005	0.08	0.004	0.08
Cr	0.009	0.008	0.012	0.009	0.012
Mn	0.004	0.10	0.012	0.004	0.12
Ga	—	—	—	—	—
Ni	0.004	0.013	0.008	0.004	0.008
Bi	—	—	—	—	—
Mo	0.129	0.15	0.36	0.129	0.36
V	0.004	<0.004	<0.004	0.004	<0.004
Ti	0.004	0.007	0.005	0.004	0.005
Zn	1.92	3.46	—	3.1	—
Ag	0.023	0.013	0.02	0.027	0.02
Cu	0.012	0.11	0.03	0.02	0.03
Co	—	—	—	—	—

数据引自：盐湖科技资料，中国科学院青海盐湖研究所，1980 年 6 月。

在不同季节西台吉乃尔盐湖地表卤水组成列于表 11-3 中。

表 11-3　在不同季节西台吉乃尔盐湖地表卤水组成

阳离子	1959.6	1959.10	1960.4	1960.6
Li^+/(mg/L)	20～100	131～137	77～129	141
K^+/(mg/L)	1 319	4 000～5 000	2 700～2 800	6 895
Mg^{2+}/(mg/L)	1 417	8 000～10 000	4 900～5 500	13 650
Cs^+/(mg/L)	11.82	155～217	124～130	0.08

东台吉乃尔湖区的地下晶间卤水分为上、下两层，均以晶间卤水为主。上层晶间卤水赋存在全新统的灰白色石盐层中，晶间卤水层厚一般为 2～3m；下层晶间卤水赋存于上更新统的上部含泥砂石盐层中，分布面积约 91 km^2，层厚一般为 15～20m。从表 11-3 中所列西台吉乃尔盐湖地表卤水和晶间卤水的化学组成可知，由于湖表卤水缺乏常年观察结果，采用已有的资料分析可以认为湖表卤水相对不稳定。在第二年蒸发季节卤水结晶析出 NaCl 的过程中，钾、镁、硼和锂将被浓缩，含量增高。但在稀释季节，钾、镁、硼和锂都会由于湖水被稀释而含量降低。与此相反，晶间卤水中钾、镁、硼和锂的含量不仅高，而且比较稳定。应当强调的是，东台吉乃尔盐湖晶间卤水中锂含量之高，不仅在青藏高原盐湖中罕有，就是现代盐湖中也是少见的。表 11-4 列出一里坪和东台吉乃尔湖上、下层晶间卤水的主要组成。

表 11-4　一里坪和东台吉乃尔湖上、下层晶间卤水的主要组成

卤水组成	一里坪		东台吉乃尔	
	上层晶间卤水/(mg/L)	下层晶间卤水/(mg/L)	上层晶间卤水/(mg/L)	下层晶间卤水/(mg/L)
LiCl	1 300～3 000	1 500～2 000	4 000	4 000～6 000
KCl	12 000～22 000	10 000～25 000	13 000	13 000
$MgCl_2$	70 000～170 000	50 000～150 000	23 000	26 000
B_2O_3	500～1 100	400～1 200	2 500	2 000～-3 000
RbCl	7.427	—	4.599	—
CsCl	—	—	0.06	—

注：卤水为 1980 年 6 月取样。

11.4.2　硼和锂的物质来源

东、西台吉乃尔盐湖和一里坪地区从第三纪末期由于构造运动，柴达木湖被分割成东、西两大部分之后，该地区与察尔汗、达布逊和别勒滩都属于东柴达木古湖，且西部低、东部高。因此，成盐元素钾、镁、钙、钠在没有特殊地域性来源的情况下，应当具有共同性。关于钾和镁盐的物质来源问题，张彭熹等著的《柴达木盆地盐

湖》一书和郑绵平等著的《青藏高原盐湖》一书[4]中，一致认为：①柴达木盆地中钾、镁盐来源不是海相来源，而是陆相来源，主要来自围岩长期风化、淋漓的结果；②硼和锂来源的影响主要与深部来源有关。此外，郑绵平认为，西藏富硼盐湖物质来源与新生代再熔岩浆及其热水活动有关。由于篇幅所限，在此就不再赘述。

11.4.3 锂、钾、镁和硼的分布

从本书第10章10.1.1节中所述的柴达木盆地形成演化过程中，已经提到过西藏盐湖中锂、硼等的分布概况，这里介绍柴达木盆地西部盐湖中锂、钾、硼和镁的分布概况。

1. 钾、镁、硼和锂的分布概况

在此所列的基本资料取自张彭熹等著的《柴达木盆地盐湖》一书[1]，和作者多年在柴达木盆地野外工作时期获得的资料。钾盐沉积在上更新世出现的规模一般较小，主要是第四纪末次盛冰期后期形成的现代盐湖。能被保存下来的盐湖，基本上具备开采价值。无论是已形成的钾盐沉积，还是现在保存下来的晶间卤水和现代湖表卤水液体矿，都是柴达木盆地盐湖中钾盐矿床的主要存在形式。

察尔汗湖区是盆地内最大的盐湖区，盐类沉积面积5800km^2，钾盐沉积分布于晚更新世上部盐层中，以光卤石-石盐、钾石盐-光卤石-石盐形式析出。分布于达布逊和别勒滩区段以及察尔汗区段的中、南部。达布逊湖、小别勒滩和大别勒滩都是全新世的溶蚀卤水湖，正在不定期地沉积现代光卤石，其中达布逊湖水面积为210～334 km^2(1965年)，现代光卤石沉积规模最大。湖东北处主要沉积光卤石-石盐。东、西台吉乃尔盐湖，尤其是西台吉乃尔盐湖的古代北部水域的边部也同达布逊湖一样正在不定期地沉积光卤石-石盐，可能有软钾镁矾结晶析出。近年来发现马海地区不仅在宗马海湖水边有光卤石析出，而且发现大片盐滩下有晶间卤水，它与察尔汗卤水一样属于K^+-Mg^{2+}-Cl^-型卤水。它经日晒很快会结晶析出KCl-光卤石-石盐，且储量较大。大浪滩盐湖位于红沟子、小梁山、尖顶山和黄瓜梁山之间，面积约500km^2，钾盐沉积主要由KCl、NaCl、光卤石、泻利盐、软钾镁矾与石盐组成，这些盐常与泻利盐层形成互层，构成湖盆的沉积周期性规律。昆特依和冷湖盐滩位于俄博梁构造带与冷湖构造带之间，新钾盐沉积带分布于北部、西部和南部盐滩周边地区，蕴藏有大量晶间卤水，其中钾盐储量近亿吨。

柴达木盆地东、西台吉乃尔盐湖和一里坪盐湖卤水组成镁和锂含量列于表11-5中，镁/锂值为36.6～68.2之间，以东台吉乃尔的镁与锂的比值最小，因此提取锂的条件最好。柴达木盆地盐湖不同时期卤水中镁含量变化列于表11-6中。

表 11-5　柴达木盆地主要含锂盐盐湖卤水中锂、镁分布情况

编号	湖名	镁含量/(mg/L)	锂含量/(mg/L)	Mg/Li
80—40	西台吉乃尔湖(湖水)	13 578	199	68.2
80—41	西台吉乃尔湖(湖水)	13 722	204	67.2
80—42	西台吉乃尔湖(晶间水)	15 737	256	61.5
80—43	东台吉乃尔湖(湖水)	5278	141	36.6
80—44	东台吉乃尔湖(湖水)	6093	159	38.3
80—45	一里坪 ck 孔(晶间水)	24 182	262	64.7
	淋滤实验镁、锂迁出比值			36.8～50.8

表 11-6　柴达木盆地盐湖不同时期卤水中镁含量变化

湖名	采样日期	镁的平均含量/(g/L)	资料来源
南霍布逊湖	1959.5	14.550	青海省地质局第一地质队
	1966.5	20.140	青海省地质局第一地质队
达布逊湖	1964.5	48.574	中国科学院兰州地质研究所
	1965.5	38.260	中国科学院盐湖研究所
大别勒滩	1959.6	33.890	青海省地质局第一地质队
	1967.4	8.830	青海省地质局第一地质队
	1974.7	37.580	中国科学院盐湖研究所
小别勒滩	1959.6	99.030	青海省地质局第一地质队
	1967.4	12.150	青海省地质局第一地质队
	1974.7	67.520	中国科学院盐湖研究所

2. 锂和硼的分布

从柴达木盆地现代盐湖卤水锂含量的等值线图(图 11-3)和柴达木湖盆湖水硼、锂、镁含量等值线图(图 11-4)中可以清楚地看到东、西台吉乃尔盐湖和一里

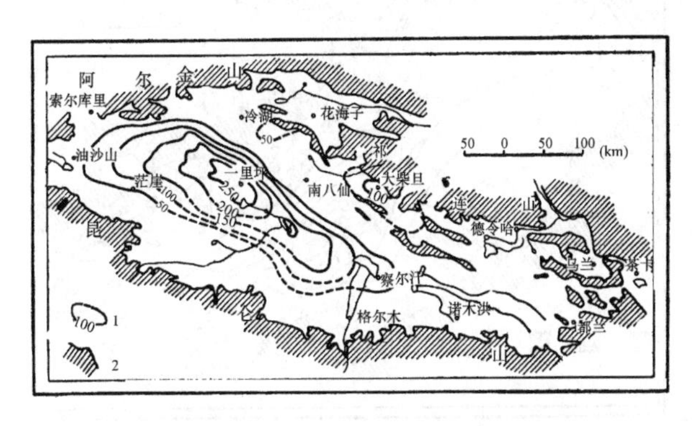

图 11-3　柴达木盆地现代盐湖卤水锂含量的等值线图

1. 锂含量的等值线和推测等值线；2. 盆地界线

坪地区晶间卤水中硼和锂的含量最高，察尔汗盐滩晶间卤水和达布逊湖水中锂和硼的含量都低很多。晶间卤水与地表卤水的比值：B/Li 值为 1.31～1.51，Mg/Li 值为34.79～40.17，K/Li 值为 21.62～26.74。

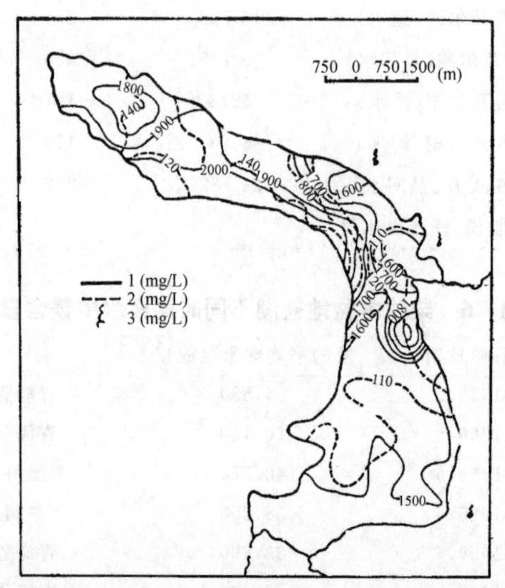

图 11-4 柴达木湖盆湖水硼、锂、镁含量等值线图

1. 硼等值线；2. 锂等值线；3. 镁等值线

3. 钾、镁的分布

从柴达木盆地盐湖卤水镁的等值线图(图 11-5)可以看出，卤水中镁含量较大的三个中心是察尔汗、别勒滩冷湖与昆特依、大浪滩。图 11-6 和图 11-7 分别

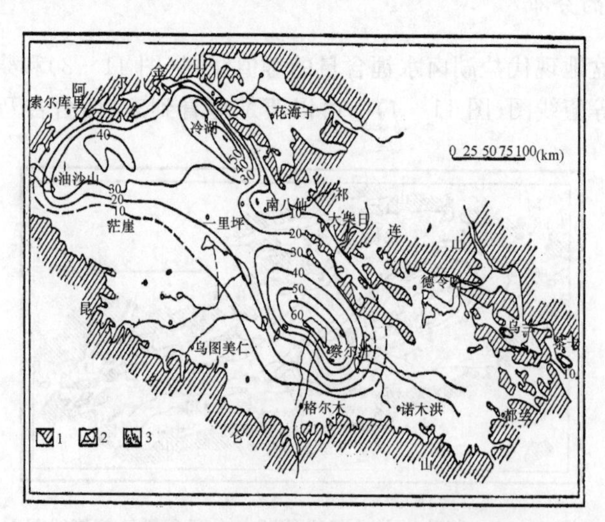

图 11-5 柴达木盆地盐湖卤水镁的等值线图

1. 盆地界线；2. 湖总水系；3. 镁含量的等值线

为西台吉乃尔盐湖卤水锂、钾含量等值线图(图11-6~图11-7)。

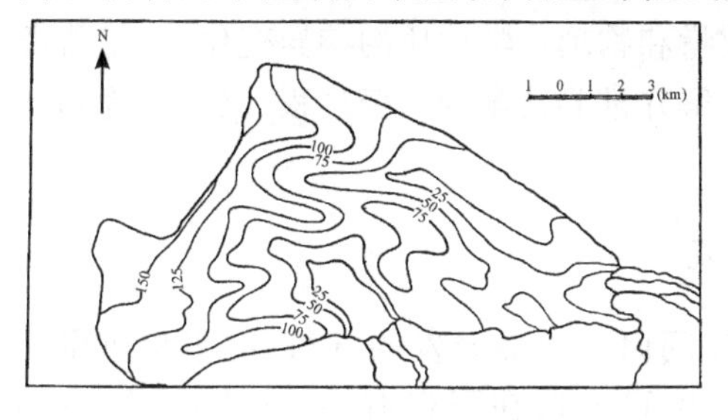

图11-6　西台吉乃尔盐湖卤水锂含量的等值线图

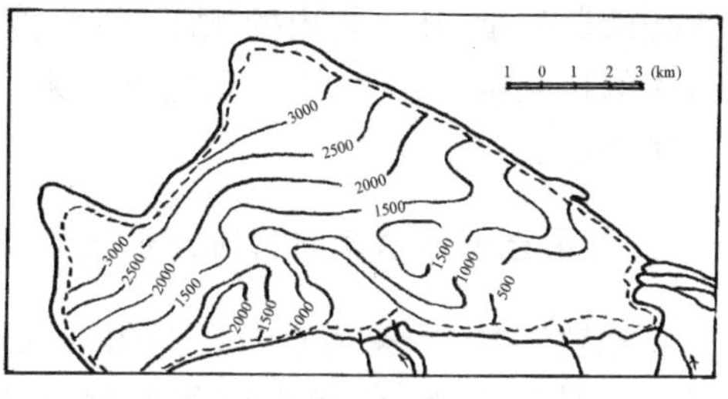

图11-7　西台吉乃尔盐湖湖表卤水钾含量的等值线图

综上所述,柴达木盆地各个盐湖中钾、镁、硼、锂的地球化学富集中心并不一致。这里就会提出一个问题:为什么在东、西台吉乃尔盐湖和一里坪地区高度富集锂和硼?

在盐湖形成过程中,出现了多个沉积中心:察尔汗、台吉乃尔、尕斯库勒、大浪滩、冷湖昆特依和马海等。在该湖盆成盐过程中,为解释各沉积中心地带出现不同类型的钾、镁盐沉积的原因,郑绵平和张彭熹① 提出残余卤水迁移说法。他们认为曾出现过两次大的残余卤水迁移:在上新世晚期,柴达木盆地西部总体抬升,中、东部相对凹陷,这一构造运动一直延续到全新世。这就造成西部第一成盐期和残余卤水往中、东部迁移。由于这些卤水是在沉积大量石膏、石盐之后,相对富集钾、镁氯化物而缺少硫酸盐的情况下,造成盆地中、东部湖区,如一里坪、台吉乃尔湖、马海、别勒滩-察尔汗湖区氯化物沉积多而硫酸盐沉积少。盆地西部在总体抬升的基础上出现局部地区的凹陷,如尕斯库勒、大浪滩和昆特依凹陷。同样,第一成盐期的残余卤水也分别向这些地区迁移。

11.4.4　卤水蒸发过程的相化学

天然盐湖中绝大多数是海水型硫酸盐和部分碳酸盐型盐湖。世界各国学者对卡拉博加兹海湾、Inder湖、美国的大盐湖等海水型的卤水进行过许多等温蒸发和天然蒸发的研究。Курнаков的研究指出,在天然蒸发下还有介稳平衡的状态存在,在天然蒸发条件下所获得的数据绘出的相图称之为"太阳相图"[5]。

柴达木盆地西部的东台吉乃尔湖、西台吉乃尔湖和一里坪盐湖三个盐湖属于硫酸盐型。在开发这些盐湖资源时,首先必须利用得天独厚的太阳能进行日晒蒸发,结晶分离盐类。在进行日晒蒸发之前,又需要知道该卤水的结晶路线。所以,

① 郑绵平等.柴达木盐湖调查报告.中国科学院柴达木盐湖科学调查队,地质部矿物原料研究所资料,1958年。

卤水等温蒸发是盐田日晒工艺的基础工作，即从卤水蒸发过程中的化学组成变化，水分的蒸失量，盐类析出的顺序、种类、数量和物理化学性质的特异变化，获得盐类分离的控制条件；还可以从析盐顺序来了解并推测盐湖的演变过程、沉积行为和共生矿物等。

1. 东台吉乃尔盐湖晶间卤水天然蒸发

陈敬清等[5,6]采用东台吉乃尔盐湖晶间卤水天然蒸发的方法，由实验所得的蒸发结晶过程液、固相组成的数据列于表 11－7，在不仅有 NaCl 析出时，应用 Na^{+}，Mg^{2+}/Cl^{-}，SO_4^{2-}-H_2O 四元盐-水交互体系在 25℃时的平衡相图，根据实验结果还可以表示出其结晶路线，且其延长线基本上都通过 NaCl 原点(图 11－8)。当有 KCl 开始析出后，则需要采用 Na^{+}，K^{+}，Mg^{2+}/Cl^{-}，SO_4^{2-}-H_2O 五元交互体系相图[7]，将液相组成换算为相图指数，与相应析出的固相绘于图 11－9 中。

表 11－7　东台吉乃尔湖晶间卤水天然蒸发液相组成变化

编号	密度	化学分析结果(质量分数)/%						固相组成
		NaCl	KCl	$MgCl_2$	$MgSO_4$	B_2O_3	总盐量	
原	1.2525(24.6℃)	18.39	3.20	9.27	5.00	0.312	28.86	Ha
3	1.2995(24.5℃)	5.76	4.74	14.05	7.48	0.48	32.03	Ha＋Syl
4	1.3035(23.0℃)	5.27	4.58	14.81	7.78	0.50	32.44	Ha＋Syl＋Ep
5	1.3072(25.0℃)	5.21	4.47	15.22	7.90	0.51	32.80	Ha＋Syl＋Ep
6	1.3023(28.0℃)	4.68	4.02	17.12	6.79	0.59	32.58	Ha＋Syl＋Ep
7	1.2980(25.5℃)	4.57	2.95	20.00	2.94	0.72	33.46	Ha＋Syl＋Ep＋Sche *
8	1.3110(24.1℃)	2.94	2.92	21.67	5.24	0.75	32.77	Ha＋Syl＋Car＋Hx
9	1.3050(21.4℃)	2.82	2.19	22.49	4.36	0.82	31.86	Ha＋Car＋Hx
10	1.3160(25.4℃)	2.81	1.59	23.63	4.86	0.89	32.89	Ha＋Car＋Hx
11	1.3225(25.8℃)	2.66	0.69	25.86	4.33	1.04	33.54	Ha＋Car＋Hx
12	1.3455(28.0℃)	2.23	0.27	28.66	4.08	1.19	35.24	Ha＋Car＋Hx
13	1.3625(26.2℃)	2.22	0.075	30.97	3.62	1.31	36.89	Ha＋Car＋Hx
14	1.3685(30.8℃)	2.10	0.022	31.08	3.71	1.52	36.91	Ha＋Car＋Hx＋Bi
15	1.3887(25.5℃)	0.23	微	31.91	3.55	2.94	35.69	Ha＋Car＋Hx ＋Bi

注：Ha. NaCl；Syl. KCl；Ep. $MgSO_4\cdot7H_2O$；Sche * . $K_2SO_4\cdot MgSO_4\cdot6H_2O$(微)；Hx. $MgSO_4\cdot6H_2O$；Car. $KCl\cdot MgCl_2\cdot6H_2O$；Bi. $MgCl_2\cdot6H_2O$

2. 东台吉乃尔湖水在 25℃的等温蒸发

东台吉乃尔盐湖的晶间卤水浓度较高，原始卤水的化学组成位于介稳图的软

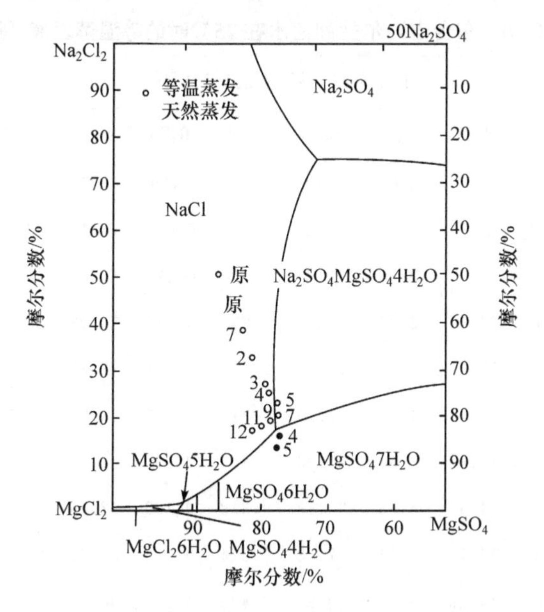

图 11-8　东台吉乃尔盐湖晶间卤水 25℃时四元交互体系

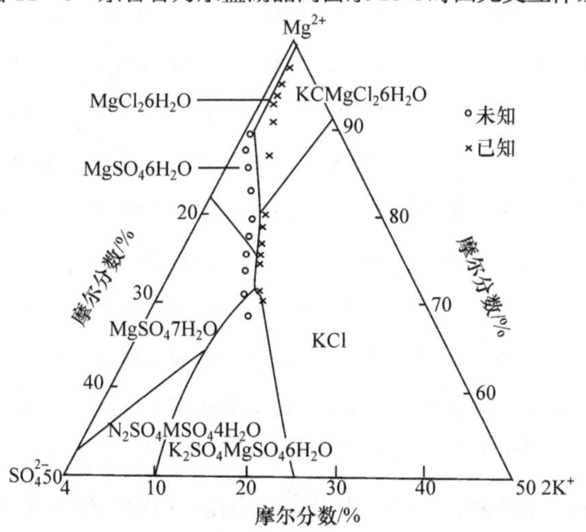

图 11-9　东台吉乃尔盐湖卤水在 25℃时的等温蒸发结晶路线

钾镁矾区,锂的含量位于已发现海水型卤水之前列。因此,选择这种卤水进行等温蒸发与天然蒸发,除上述一般意义外,还可以观察到硼、锂的分布行为。选择等温蒸发的温度是依据柴达木盆地主要蒸发季节的白天气温以及可采用的相图数据而定的。

在 25℃时的等温蒸发过程液、固相组成列于表 11-8。在等温蒸发过程和天然蒸发过程中,发现了新相相应的液相组成见表 11-9[8~10]。

表 11-8 东台吉乃尔盐湖卤水在 25℃时的等温蒸发液、固相组成

编号	密度(30℃)/(g/cm³)	化学分析结果(质量分数)/%								固相组成
		NaCl	KCl	$MgCl_2$	$MgSO_4$	LiCl	B_2O_3	H_2O	夹带母液	
1	1.270 1	78.02	1.04	2.60	1.64	—	0.09	46.70	23.20	Ha
2	1.283 2	78.08	1.47	2.60	2.42	—	0.097	15.43	22.35	Ha
3	1.305 9	75.94	1.71	3.39	2.51	0.434	0.124	16.48	24.13	Ha
5	1.317 0	58.40	27.16	3.37	2.04	0.251	0.119	14.03	21.68	Ha+Syl
7	1.323 6	30.52	24.90	4.00	13.33	0.293	0.137	27.24	23.38	Ha+Syl+Ep
9	1.322 9	11.63	12.73	4.51	27.69	0.312	0.157	43.32	25.78	Ha +Syl+Ep
11	1.323 5	12.78	13.87	5.31	25.23	0.354	0.185	42.81	29.43	Ha +Syl+Ep
12	1.323 7	11.53	14.96	5.38	25.13	0.348	0.202	42.99	30.70	Ha +Syl+Ep
13	1.326 8	14.25	14.78	5.11	27.08	0.324	0.173	38.79	25.79	Ha +Syl+Hx
14	1.327 5	12.43	14.26	6.92	28.29	0.409	0.244	38.10	33.52	Ha +Syl+Hx+Ka
15	1.324 8	7.42	20.00	12.95	24.15	0.458	0.233	35.48	30.34	Ha +Ka+Car
16	1.325 7	5.55	15.68	22.46	12.82	0.361	0.184	43.49	22.13	Ha +Hx+Ka+Car
17	1.326 1	5.26	12.16	20.25	16.30	0.422	0.233	46.04	26.33	Ha +Hx+Ka+Car
19	1.331 4	6.16	11.75	20.211	16.68	0.428	0.240	45.19	23.93	Ha +Hx+Car
21	1.346 8	8.05	10.92	20.70	15.51	0.513	0.294	47.62	26.44	Ha +Hx+Car
22	1.359 5	9.35	9.81	20.15	16.54	0.593	0.327	44.16	27.93	Ha +Hx+Pt+Car
23	1.366 5	5.01	4.50	14.88	29.25	0.715	0.384	46.61	31.55	Ha +Pt+Car +Bi
24	1.371 0	4.72	4.00	7.54	35.95	4.710	0.300	43.58	23.73	Ha+Pt+Car+Ls+Tet

注:Ha. NaCl; Syl. KCl ; Ep. $MgSO_4·7H_2O$; Hx. $MgSO_4·6H_2O$; Car. $KCl·MgCl_2·6H_2O$; Ka. $KCl·MgSO_4·2.75H_2O$; Ls. $LiSO_4·H_2O$; Tet. $MgSO_4·4H_2O$. Bi. $MgCl_2·6H_2O$。

(1) 蒸发过程结晶路线。东台吉乃尔盐湖晶间卤水在 25℃时的等温蒸发过程与天然蒸发过程一样,在仅有 NaCl 析出的相区,应用 $Na^+,K^+/Cl^-,SO_4^{2-}$-H_2O 和 $Na^+,Mg^{2+}/Cl^-,SO_4^{2-}$-$H_2O$ 四元交互体系在 25℃时的平衡相图(图 11-8)。在 KCl 开始析出后,采用 $Na^+,K^+,Mg^{2+}/Cl^-,SO_4^{2-}$-$H_2O$ 五元交互体系时由液相各成分换算为相关干盐的相图指数后,作图得到等温蒸发路线(图 11-10)。卤水原组成点落在金作美所作的 25℃五元交互体系介稳相图的软钾镁矾区内。

表 11-9　蒸发过程析出新相时的液相组成

	新相	密度/(g/cm^3)	液相化学组成(质量分数)/%						
			LiCl	NaCl	KCl	$MgCl_2$	$MgSO_4$	B_2O_3	总盐量
25℃等温蒸发	KCl	1.317 0(30℃)	0.898	4.39	4.84	15.80	8.49	0.549	33.51
	$MgSO_4 \cdot 7H_2O$	1.319 8(30℃)	—	4.29	4.74	16.07	8.61	0.567	33.71
	$MgSO_4 \cdot 6H_2O$	1.323 5(30℃)	1.136	3.35	4.13	18.40	8.10	0.636	34.16
	$KCl \cdot MgCl_2 \cdot 6H_2O$	1.326 5(30℃)	1.222	3.08	3.68	20.01	7.43	0.694	34.20
	$KCl \cdot MgSO_4 \cdot 2.75H_2O$	1.327 3(30℃)	1.216	2.71	3.45	20.88	7.01	0.728	34.06
	$MgSO_4 \cdot 5H_2O$	1.359 6(30℃)	2.11	2.14	0.28	28.94	5.15	1.17	36.50
	$MgSO_4 \cdot 4H_2O$	1.371 0(30℃)	2.24	1.91	0.11	30.98	4.35	1.26	37.34
	$MgCl_2 \cdot 6H_2O$	1.371 8(30℃)	2.21	1.87	0.10	31.92	3.67	1.30	37.56
天然蒸发	KCl	1.299 5(24.5℃)	—	5.76	4.74	14.05	7.48	0.48	32.03
	$MgSO_4 \cdot 7H_2O$	1.303 5(23.5℃)	—	5.27	4.58	14.81	7.78	0.50	32.44
	$MgSO_4 \cdot 6H_2O$	1.311 0(24.1℃)	—	2.94	2.92	21.67	5.24	0.75	32.77
	$KCl \cdot MgCl_2 \cdot 6H_2O$	—	—	—	—	—	—	—	—
	$MgCl_2 \cdot 6H_2O$	1.365 5(30.8℃)	—	2.10	0.22	21.08	3.71	0.52	36.91

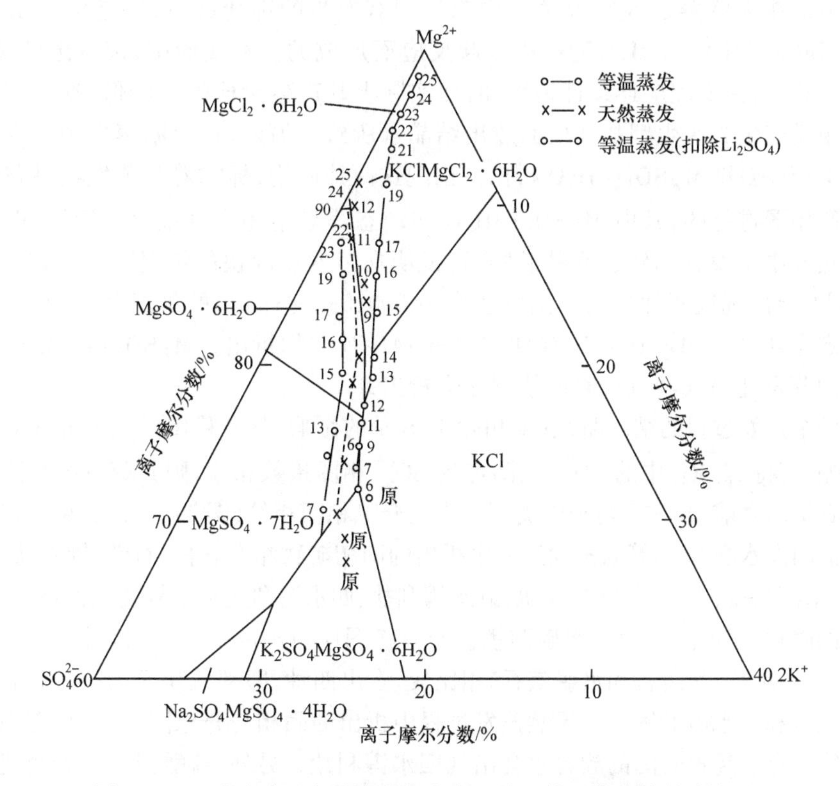

图 11-10　东台吉乃尔盐湖晶间卤水天然和等温蒸发结晶路线图

(2) 析出的固相。在蒸发结晶过程中析出固相的顺序是：NaCl、NaCl＋KCl、NaCl＋KCl＋$MgSO_4 \cdot 7H_2O$、NaCl＋KCl＋$MgSO_4 \cdot 7H_2O$＋$MgSO_4 \cdot 6H_2O$、NaCl＋KCl＋$MgSO_4 \cdot 6H_2O$＋KCl＋$MgCl_2 \cdot 6H_2O$、NaCl＋KCl·$MgCl_2 \cdot 6H_2O$＋$MgSO_4 \cdot 6H_2O$、NaCl＋KCl＋$MgCl_2 \cdot 6H_2O$ ＋$MgSO_4 \cdot 6H_2O$ ＋$MgCl_2 \cdot 6H_2O$。固相矿物有石盐、石膏、钾石盐、泻利盐、六水泻利盐、光卤石、钾盐镁矾、五水泻利盐、四水泻利盐和水氯镁石。另外还有硫酸锂的固相，据推测应为一水硫酸锂。等温蒸发析出的固相与介稳相图中矿物区（石盐、钾石盐、泻利盐、六水泻利盐、光卤石和水氯镁石）相比，多出四种矿物，即钾盐镁矾、五水泻利盐、四水泻利盐和一水硫酸锂，而在天然蒸发过程中析出的固相与介稳相图区的矿物相一致，只有到水氯镁石终结点后经长时间的放置才会出现四水泻利盐。另外，因未测锂，用测定硫酸根计算得到硫酸锂数据。在蒸发的后期，析出固相有一水合硫酸锂。在等温蒸发过程中未见到软钾镁矾析出。在天然蒸发中，在 15℃以下时，在盐花中析出极少量的软钾镁矾。

关于硫酸锂的出现，在海水型卤水蒸发过程中还未见报道，其原因主要是东台吉乃尔盐湖晶间卤水中锂含量高，到水氯镁石析出时锂盐浓度已超出 $Li^+, Mg^{2+}/Cl^-, SO_4^{2-}$-$H_2O$ 四元交互体系中 $Li_2SO_4 \cdot H_2O$ 的溶解度。

不论在天然蒸发或等温蒸发中都发现有次生的钾盐镁矾，这是由于 KCl 或 KCl·$MgCl_2 \cdot 6H_2O$ 与 $MgSO_4 \cdot 5H_2O$ 起反应而形成的。在实验中，卤水继续蒸发，总质量减少，密度理应连续性地增加，而实际上却产生阶段性的降低，这说明是由于固相反应生成次生钾盐镁矾而放出结晶水所致。另外，在等温蒸发中还发现有 $MgSO_4 \cdot 5H_2O$和 $MgSO_4 \cdot 4H_2O$ 析出。出现这两种矿物，标志着其蒸发结晶路线是按平衡相图进行的，其中 $MgSO_4 \cdot 5H_2O$ 在动态蒸发中还未见报道。同样，卤水在天然蒸发中也没有见到这两种矿物，这说明在蒸发速度快的情况下[0.214 g/(d·cm^2)]不会出现这两种矿物。蒸发速率为 0.015g/(d·cm^2)的等温蒸发中，由于接近稳定态才会有 $MgSO_4 \cdot 5H_2O$ 和 $MgSO_4 \cdot 4H_2O$ 矿物析出。$MgSO_4 \cdot 4H_2O$ 必须在较慢的蒸发速率或经过长时期放置才会析出。

整个蒸发过程的结晶路线（未扣除 Li_2SO_4 的影响）与介稳图的共饱和线有一定的偏差，若将 Li_2SO_4 中的 SO_4^{2-} 从测定的 SO_4^{2-} 相图指数扣除，则其蒸发结晶路线在光卤石析出之前，基本上与金作美所报告的介稳相图相符（图 11－10）。东台吉乃尔盐湖晶间卤水在 25℃等温蒸发过程中析出的固相矿物相有石盐、石膏、钾石盐、泻利盐、六水泻利盐、光卤石、钾盐镁矾、五水泻利盐、四水泻利盐和水氯镁石；另外还有硫酸锂的固相，据推测应为一水硫酸锂。与介稳图应析出的矿物（石盐、钾石盐、泻利盐、六水泻利盐、光卤石和水氯镁石）相比较，多出四种，即钾盐镁矾、五水泻利盐、四水泻利盐和一水硫酸锂。在天然蒸发过程中析出的固相与介稳图一致，只有到水氯镁石终结点后经长时间的放置才会出现四水泻利盐。另外，硫酸锂因为未测锂的数据，故无硫酸锂数据。

(3) 新固相析出时与性质的关系。在进行东台吉乃尔盐湖晶间卤水25℃等温蒸发过程中，用析出新固相的溶液密度和化学组成作图得图11-11。从图11-11看出，由不同盐($MgSO_4$、$MgCl_2$、NaCl和KCl)的组成与密度关系曲线，有明显的转折点，表明有相转变，有固相析出。

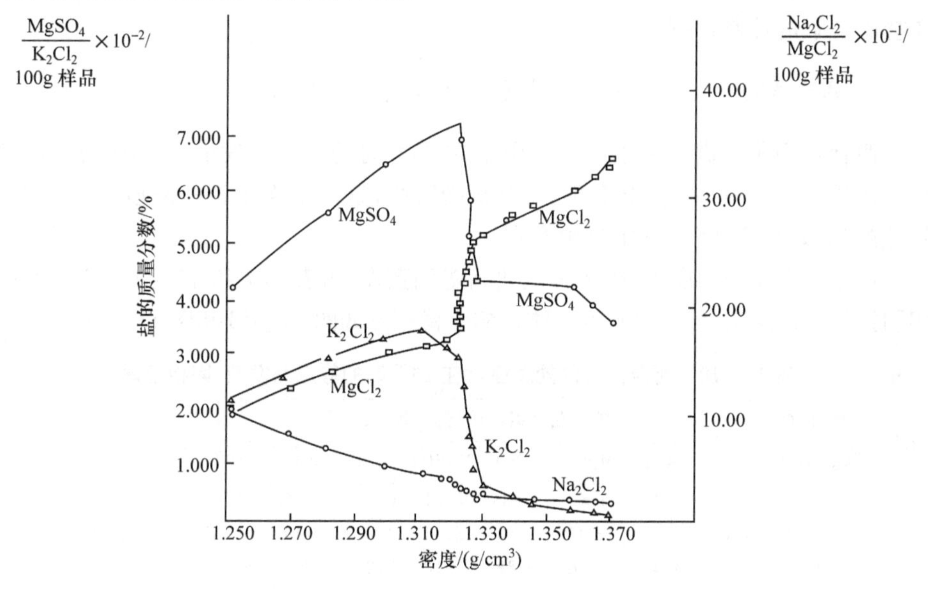

图11-11　东台吉乃尔盐湖晶间卤水等温蒸发密度-组成图

(4) 硼锂的富集。由蒸发失水率和固相析出率与密度的关系图(图11-12)中出现的折线表明有新相形成。当卤水蒸发在水氯镁石析出之前，B_2O_3含量达

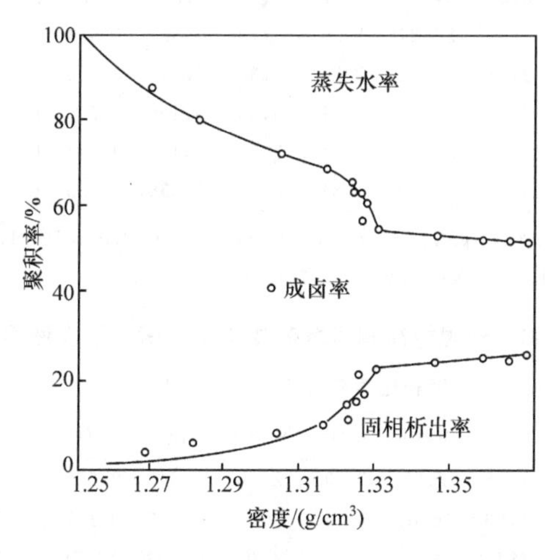

图11-12　东台吉乃尔盐湖晶间卤水等温蒸发失水率、成卤率和固相析出率与密度的关系图

1.30%和2.94%时，硼酸盐不以固相析出，而氯化锂含量在2.24%前不会析出锂盐，继续蒸发，即有 $Li_2SO_4 \cdot H_2O$ 析出。由此看出，东台吉乃尔盐湖晶间卤水中可以直接获得硫酸锂。从图11-11和图11-12可以看出，当由卤水析出新相时，化学组成、密度、蒸失水率、固相析出率等关系曲线中会出现转折点，利用这些性质可作盐田日晒的控制依据。

3. 西台吉乃尔盐湖和一里坪卤水在25℃等温蒸发

西台吉乃尔盐湖和一里坪盐湖卤水在25℃时的等温蒸发液、固相组成列于表11-10和表11-11中。由于在NaCl析盐阶段，这两个卤水析盐阶段与东台吉乃尔盐湖相似，在表11-10中略去数据。

用这两个盐湖的卤水，在25℃时进行等温蒸发，由表11-10和表11-11计算的相图指数数据绘图，分别得到五元体系的介稳相图如图11-13和图11-14所示。

表11-10 西台吉乃尔盐湖卤水在25℃时的等温蒸发液、固相组成

编号	密度(30℃)/(g/cm³)	液相化学组成(质量分数)/%								固相
		NaCl	KCl	$MgCl_2$	Li_2SO_4	$MgSO_4$	MgO	B_2O_3	H_2O	
卤水	1.259 4	11.54	3.12	8.64	0.524	5.61	0.152	0.263	70.16	
9	1.310 0	5.47	4.68	13.52	0.80	8.35	0.252	0.401	66.55	Ha
10	1.317 6	3.76	4.41	16.02	0.89	8.10	8.258	0.447	66.11	Ha+Scho
11	1.319 0	3.16	4.51	16.71	0.91	7.90	0.264	0.457	66.09	Ha+Scho+Ep
13	1.320 4	2.67	4.4	18.02	1.0 0	7.16	0.290	0.501	66.78	Ha+Syl+Ep
14	1.319 3	2.10	4.22	19.03	1.06	6.34	0.308	0.532	66.41	Ha+Syl+Ep
15	1.321 3	1.94	3.94	20.30	1.12	6.0	0.327	0.564	65.79	Ha+Syl+Hx
16	1.326 2	1.17	3.59	21.53	1.17	5.73	0.339	0.585	65.88	Ha+Ka+Hx+Syl+Car
17	1.328 4	0.88	3.39	22.84	1.26	5.18	0.367	0.634	65.50	Ha+Ka+Hx+Car
18	1.325 1	1.00	2.41	24.28	1.36	4.36	0.397	0.685	65.50	Ha+Ka+Hx+Car
19	1.324 8	0.80	2.29	24.86	1.39	3.83	0.405	0.700	65.72	Ha+Ka+Hx+Car
20	1.329 6	—	1.32	26.63	1.57	3.30	0.456	0.786	65.93	Ha+Car+Hx+Bi
22	1.345 9	0.49	0.51	29.49	1.84	2.90	0.536	0.925	63.30	Ha+Car+Hx+Bi

注：Ha. NaCl；Syl. KCl；Ep. $MgSO_4 \cdot 7H_2O$；Hx. $MgSO_4 \cdot 6H_2O$；Car. $KCl \cdot MgCl_2 \cdot 6H_2O$；Scho. $K_2SO_4 \cdot MgSO_4 \cdot 6H_2O$；Bi. $MgCl_2 \cdot 6H_2O$. Ka. $KCl \cdot MgSO_4 \cdot 2.75H_2O$。

表11-11 一里坪盐湖卤水在25℃时的等温蒸发液固相组成

编号	密度(30℃)/(g/cm³)	液相化学组成(质量分数)/%								固相夹带母液组成
		NaCl	KCl	$MgCl_2$	$LiSO_4$	$MgSO_4$	MgO	B_2O_3	H_2O	
	1.220 1	15.61	1.95	7.35	0.205	2.06	0.043	0.075	72.74	Ha
11	1.279 2	5.06	4.89	16.83	0.457	4.50	0.097	0.167	68.50	Ha
12	1.289 6	3.75	4.48	18.54	0.502	4.94	0.107	0.184	67.50	Ha + Syl
15	1.314 2	2.10	3.48	21.57	0.584	5.69	0.124	0.214	66.25	Ha + Syl

续表

编号	密度(30℃)/(g/cm³)	液相化学组成(质量分数)/%								固相夹带母液组成
		NaCl	KCl	$MgCl_2$	$LiSO_4$	$MgSO_4$	MgO	B_2O_3	H_2O	
17	1.319 2	1.96	3.35	21.50	0.609	5.48	0.129	0.223	66.75	Ha+Syl+Hx *
18	1.317 1	2.15	2.86	22.68	0.633	5.37	0.134	0.232	65.95	Ha + Hx +Car *
19	1.317 8	1.97	2.45	23.39	0.666	5.11	0.141	0.244	66.03	Ha +Hx+Car+ Ka
20	1.318 3	1.37	1.37	25.88	0.776	4.16	0.164	0.284	66.00	Ha+Hx +Car+ Ka
21	1.323 2	0.94	0.84	27.51	0.853	3.66	0.184	0.312	65.71	Ha + Hx +Car
24	1.346 3	0.54	0.23	31.15	0.986	2.72	0.209	0.361	63.80	Ha + Hx +Car
25	1.352 5	0.51	0.19	32.05	1.02	2.50	0.216	0.373	63.14	Ha +Car+Pt
26	1.356 5	0.49	0.10	32.73	1.05	2.29	0.222	0.384	62.74	Ha +Car+Pt
27	1.357 7	0.36	0.11	33.38	1.08	1.73	0.229	0.395	62.71	Ha +Car+Pt+ Tet
28	1.358 5	0.56	0.10	33.41	1.16	1.55	0.245	0.423	62.56	Ha +Car+Pt+Bi

注：Ha. NaCl; Syl. KCl ； Hx. $MgSO_4 \cdot 6H_2O$; Car. $KCl \cdot MgCl_2 \cdot 6H_2O$; Ka. $KCl \cdot MgSO_4 \cdot 2.75H_2O$; Pt. $MgSO_4 \cdot 5H_2O$； Tet. $MgSO_4 \cdot 4H_2O$；Bi. $MgCl_2 \cdot 6H_2O$； * . 少量。

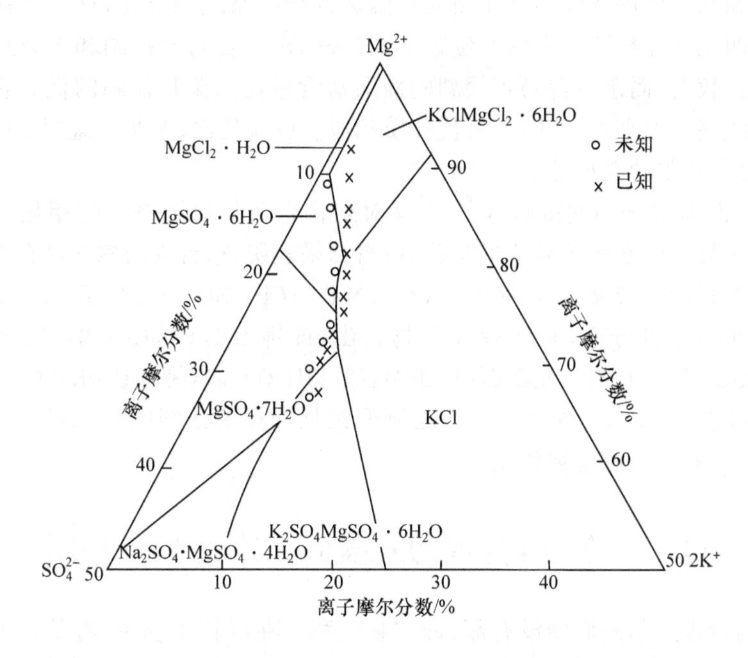

图 11 - 13　西台吉乃尔盐湖卤水在 25℃时的等温蒸发结晶路线

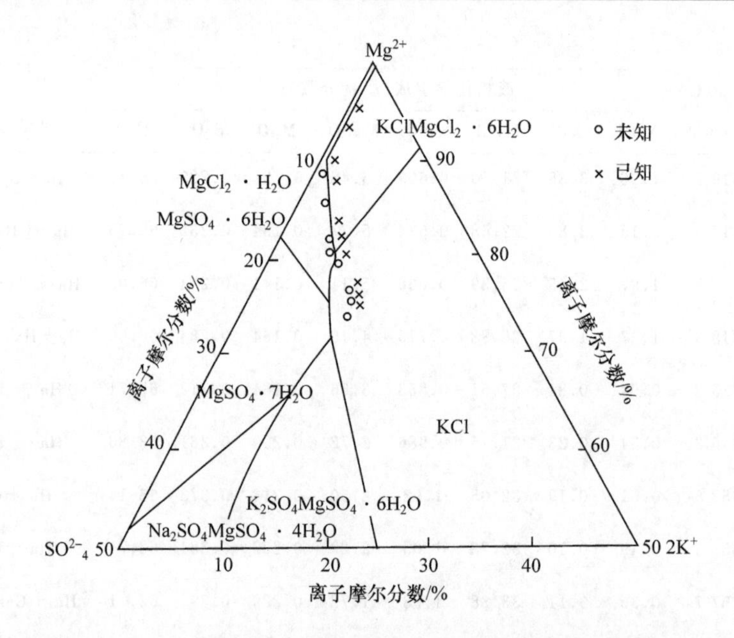

图 11-14　一里坪盐湖卤水在 25℃时的等温蒸发结晶路线

总体看来,等温蒸发是沿着介稳图或太阳相图的结晶路线进行的。将东、西台吉乃尔盐湖和一里坪及大柴旦盐湖的等温蒸发结晶路线相类比,这几个盐湖的原组成点在四元交互相图中坐落的位置不同,表明东台吉乃尔盐湖和大柴旦盐湖的含镁量都比较高,而东台吉乃尔盐湖的硫酸盐含量比大柴旦盐湖的低。它们的蒸发结晶路线基本上平行,表明其析盐性质相似。也就是说,大柴旦盐湖的研究可以被东、西台吉乃尔盐湖借鉴。

1994 年,张宝全和刘铸唐等[9~12]又对东台吉乃尔盐湖卤水的相化学研究进行了冬季和夏季卤水的等温蒸发实验,所得结果表明,东台吉乃尔盐湖在卤水等温蒸发结晶过程中是遵循 15℃时 Na^+,K^+,Mg^{2+}/Cl^-,SO_4^{2-}-H_2O 五元体系介稳相图。钾盐析出比较分散,有四种钾矿物析出,即钾石盐(NaCl+KCl)、钾盐镁矾($KCl·MgSO_4·2.75H_2O$)、光卤石($KCl·MgCl_2·6H_2O$)和软钾镁矾($K_2SO_4·MgSO_4·6H_2O$,盐田边发现的)。这些矿物都是制取氯化钾和硫酸钾的好原料。在光卤石析出的后期,有一水硫酸锂析出。

11.5　东、西台吉乃尔盐湖卤水的综合利用

东、西台吉乃尔湖底中没有硼、锂矿物沉积。在沉积矿物中,有价值的固体矿物不多。卤水中钾、镁、硼、锂资源丰富,特别是锂的含量位于柴达木盆地盐湖中的前列。从表 11-5 看出,东台吉乃尔盐湖卤水中锂的质量分数为 0.199%～

0.256%,西台吉乃尔盐湖卤水中锂的质量分数为 0.14%～0.159 %,镁与锂含量之比分别为:36.8～38.3和 61.5～68.2。卤水中镁与锂的比值高,而从高镁卤水中分离提取锂盐是一个国内外还未能解决的难题。该盐湖卤水蒸发可以析出锂盐,它是提取锂盐的一种重要资源,目前已被人们十分重视,正在进行开发的前期准备工作。中国科学院青海盐湖研究所和中信公司正在研究从有关开发的多种综合利用方法中进行筛选,目前已有很大进展,但规模还未达到工业化生产的水平。无论哪种方案都必须利用高原的地理(东台吉乃尔盐湖海拔 2700m)和气候(年降雨量 30.24mm,年蒸发量 2649.6mm)的优越条件,进行盐田日晒分离大部分钠盐,析出钾混盐,浓缩卤水中的锂和硼。

高世扬等① 在"柴达木盐湖资源化学——盐湖研究"一文中,曾论述过从东台吉乃尔湖水中提取锂盐、硫酸钾、硼酸和水氯镁石,在盐湖开发中具有科学价值和经济意义。在 20 世纪 90 年代中期,李永华等[11]在盐田中进行了蒸发析盐试验。杨建元等[12～14]用东台吉乃尔盐湖晶间卤水(表 11－12)进行了蒸发试验,确定了卤水蒸发过程析盐路线与析盐规律以及钠、钾、硼、锂、镁、硫酸根的富集行为,提出了该晶间卤水钾、硼、锂、硫酸根的综合利用工艺路线。在东台吉乃尔湖水中,卤水蒸发至钾盐饱和后,水氯镁石析出时,锂和硼都被浓缩。这个情况与西藏的扎仓茶卡盐湖相似,从卤水蒸发中,甚至可以析出硫酸锂,也可在分离部分钾盐后从卤水中直接提取锂盐。东、西台吉乃尔盐湖的镁含量高,也可以用碱法分离镁后,从碳酸镁分离出粗碳酸锂盐进行加工纯化。

表 11－12　东台吉乃尔盐湖晶间卤水化学组成

阳离子	Li^+	Na^+	K^+	Rb^+	Cs^+	Mg^{2+}	Ca^{2+}
含量(质量分数)/%	0.008 5	5.13	1.47	0.001 5	0.004 4	2.98	0.02
阴离子	Cl^-	SO_4^{2-}	CO_3^{2-}	Br^-	I^-	B_2O_3	
含量(质量分数)/%	14.59	4.78	0.039	0.000 044	—	0.35	

注:矿化度/(g/L)378.2。

高世扬等[15,16]测定了 H^+,Li^+,Mg^{2+}/Cl^--H_2O 在－10℃时的平衡溶解度相图,并根据该盐卤的组成和相化学理论提出了从浓缩盐卤中分离提取硫酸锂的工艺,得到较好的结果。

杨建元等根据东台吉乃尔盐湖晶间卤水的组成(表 11－12),通过 Na^+,K^+,Mg^{2+}/Cl^-,SO_4^{2-}-H_2O 五元水盐体系相图理论,进行兑卤改变东台吉乃尔盐湖晶间卤水的原始状态点组成,利用自然蒸发分离钠盐使卤水中 Na^+ 的含量降低为 1.32%(质量分数),为进一步制取硫酸钾提供了钾、镁混盐的原料,提出了制取硫

① 高世扬,刘铸唐.柴达木盐湖资源化学——盐湖研究.青海化学会论文汇编.1983 年,1～21。

酸钾和浓缩锂、硼卤水,副产水氯镁石的工艺流程,并进行了从卤水中提取钾、镁、锂和硼盐综合利用的小试工艺流程。

图 11－15 为东台吉乃尔湖水提取钾、镁、锂和硼化合物现场工艺流程。图 11－16为东台吉乃尔盐湖卤水综合利用工艺流程。前者可以在盐湖中的卤水中浓

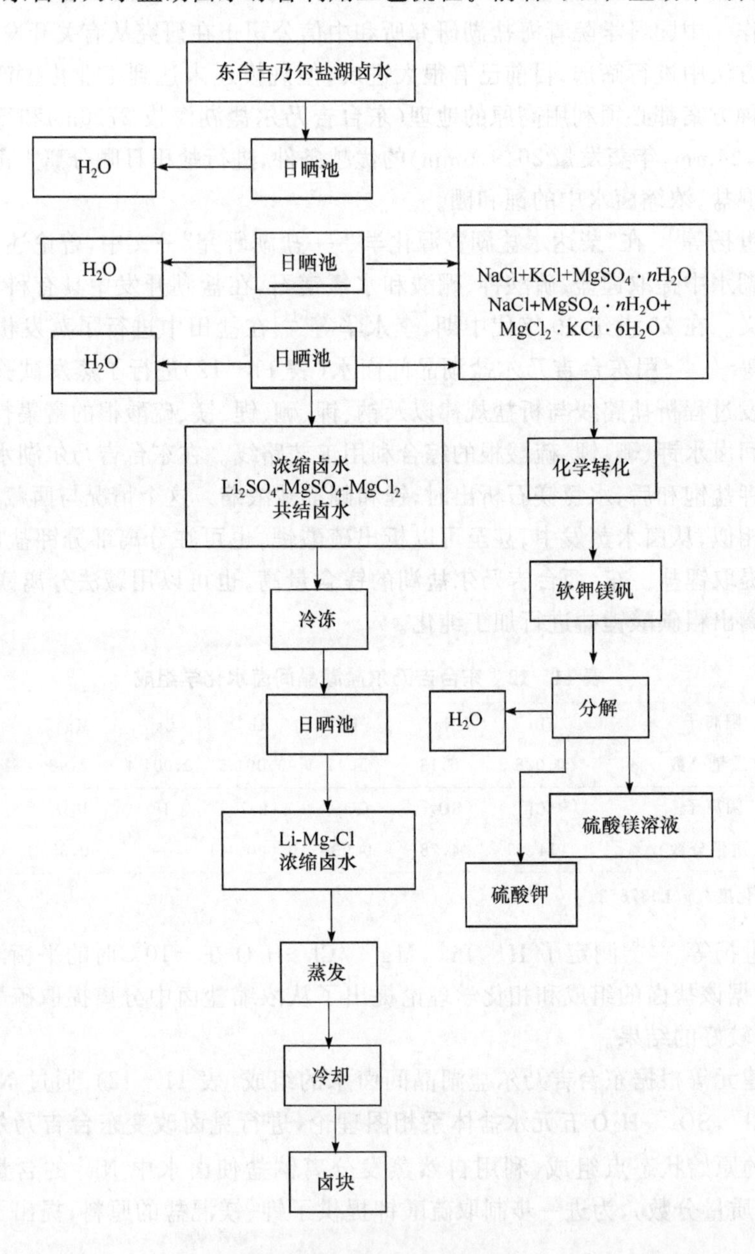

图 11－15　东台吉乃尔湖水提取钾、镁、锂和硼化合物现场工艺流程

缩,再将它处理成卤块送到内地进行深加工;后者旨在盐湖卤水建立一个综合利用大型企业。从卤水中提取钾盐后必须分离硼和提取硼酸,在盐湖中提取硼最为简便的方法是酸法提硼酸。

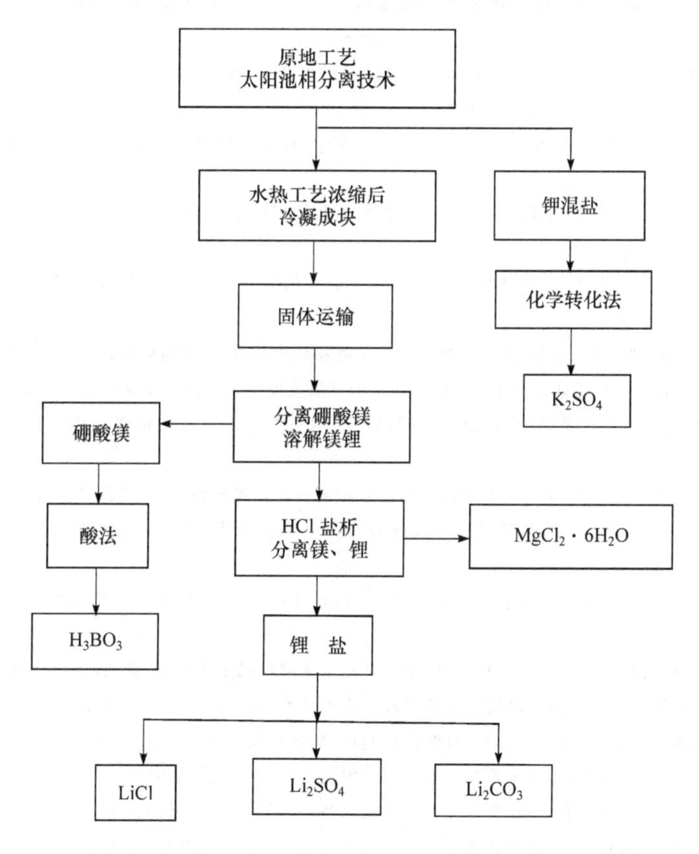

图 11-16　东台吉乃尔盐湖卤水综合利用工艺流程

在盆地具有得天独厚的太阳能和干燥的气候条件,从卤水蒸发的盐田或沟中,都可以析出钾光卤石和水氯镁石。所得的水氯镁石质量较纯,它含有 98%～99% 的 $MgCl_2 \cdot 6H_2O$,可以直接作为制备镁的胶凝材料的原料;或者净化、脱水后,制取金属镁。

徐日瑶[17,18]对盐湖卤水水氯镁石的综合利用资源进行了较为详细的专题介绍。李海民等[19～21]对国内外盐湖中钾盐的开发利用进行了技术评述,有关镁和钾的资料可参阅这些相关资料。

参 考 文 献

[1]　张彭熹等.柴达木盆地盐湖.北京:科学出版社,1987.1～3,14～56,132～170

[2] 陈克造等.青藏高原的盐湖.地理学报,1981,56(1):13～21
[3] 郑喜玉,张明刚.中国盐湖志.北京:科学出版社,2002.36～38,169～173
[4] 郑绵平等.青藏高原盐湖.北京:科学出版社,1989.91～96
[5] 陈敬清,刘子琴,符廷进,柳大纲.硫酸盐类型盐湖卤水25℃等温蒸发.柳大纲科学论著选集.北京:科学出版社,1997.109～117
[6] 陈敬清,刘子琴,符廷进,柳大纲.东台吉乃尔湖晶卤水25℃等温蒸发和天然蒸发.柳大纲科学论著选集.北京:科学出版社,1997.117～123
[7] 金作美,肖显志,梁式梅.Na^+,K^+,Mg^{2+}/Cl^-,SO_4^{2-}-H_2O系统介稳平衡的研究.化学学报,1980,38(4):313～320
[8] 张宝全,刘铸唐,符廷进,王萍.东台吉乃尔盐湖卤水的相化学研究(Ⅰ).25℃等量蒸发实验.盐湖研究,1994,2(2):57～61
[9] 张宝全,刘铸唐,符廷进等.东台吉乃尔盐湖卤水的相化学研究(Ⅱ).冬夏季卤水蒸发实验.盐湖研究,1994,2(3):27～34
[10] 张军,刘铸唐,张宝全.东台吉乃尔盐湖卤水比蒸发系数及回归.盐湖研究,1997,5(2):7～12
[11] 李永华,刘铸唐,符廷进.东台吉乃尔盐湖卤水日晒蒸发工艺研究.盐湖研究.1996,4(1):35～40
[12] 杨建元,程温莹,邓天龙等.东台吉乃尔湖晶间卤水兑卤制取高品位钾镁混盐研究.海湖盐与化工,1995,24(4),21～34
[13] 杨建元,程温保,张勇.东台吉乃尔湖晶间卤水综合利用途径研究.矿物岩石,1995,15(2):81～85
[14] 杨建元,程温莹,邓天龙等.东台吉乃尔湖晶间卤水综合利用研究.煅烧法提锂工艺.无机盐工业,1996,(2):29～32
[15] 王继顺,高世扬,刘铸唐,王波.H^+,Li^-,Mg^{2+}/Cl^--H_2O在−10℃时的平衡溶解度相图.盐湖研究,1993,1(2):11～15
[16] 王继顺,高世扬,许开芬等.从浓缩盐卤中分离提取硫酸锂的工艺研究.盐湖研究,1994,2(J1):31～34
[17] 徐日瑶.盐湖水氯镁石制金属镁及高纯镁砂的生产技术.盐湖研究,2003,11(2):46～50
[18] 徐日瑶,刘宏专,刘荣义.青海盐湖资源综合利用.盐湖研究,2003,11(1):31～34
[19] 李海民,程怀德,张生有.卤水资源开发利用技术述评.盐湖研究,2003,11(3):51～64
[20] 李海民,程怀德,张生有.卤水资源开发利用技术述评(续一).盐湖研究,2003,11(4):52～56
[21] 李海民,程怀德,张生有.卤水资源开发利用技术述评(续二).盐湖研究,2004,12(1):62～72

第12章 太阳池相分离技术及应用

相分离是人类社会最早用于从海水、盐湖水或含盐水中制取食用盐的一项古老技术。至今,它仍然是操作简便而又经济的一种制备技术。人们需要的各种有用盐类提取的经典方法有蒸发结晶法、浓缩冷冻结晶法、盐析法和有机溶剂萃取法等。含水盐或有机溶剂多组分体系热力学平衡和非平衡态溶解度相图是这些方法的理论基础,在进行溶解度相图工艺设计时,或者运用浓度效应,或者运用温度效应,或者两者兼而有之地结合,以最简捷的途径、容易的操作,取得最佳的结果,收到最好的经济效益。

太阳池(solar pond,也称盐田)是以太阳辐射为能源,在具有特定结构建造的大面积池中,储蓄适当深度的卤水、海水或含盐水,在吸收太阳能过程中,由于盐溶液的热化学储蓄能效应,温度明显升高,有利于水分蒸发,卤水、海水或含盐水浓缩到某一盐分达到在该温度条件下的饱和度,甚至过饱和时,该组分以固体盐(或水合盐,甚至水合复盐)的形式析出,达到从多组分复杂卤水、海水或含盐水中相分离某种盐类的目的。这实际上也可以看成是人们对自然界中盐湖形成过程与地球化学成盐过程的一种生产性模拟。

12.1 太阳池相分离技术发展概况

12.1.1 太阳池技术分离盐湖和海水中的盐类

顾名思义,太阳池是指一个天然的或人工的储水池,在太阳辐射的作用下,具有吸热和储热本领的池子。对于建造储水池的材料、溶液性质、相关技术及效果等可以总称为太阳池技术。也可以说它是利用太阳能为生产或人类生活所需建立的一种方法。这个方法对环境的污染小,简便易行,又经济。

我国很早就在山西运城盐湖日晒制取食盐[1]并建造高原大柴旦盐田(它括盐类分离的研究)[2],它们都早于美国大盐湖盐田的建造。对察尔汗盐湖的开发所用的太阳能技术与智利阿塔卡玛盐湖的生产是同时进行的。我国沿海地区,晒水制取海盐也有50多年的历史。

太阳能技术除生产海盐、湖盐外,已广泛用于生活的太阳能热水器和利用储存的太阳能作为发电能源。因为太阳能是大自然给予人们的取之不尽的资源,技术上简便易行而又经济,所以在能源资源处于日益紧张的今天,新型太阳池技术的研究、开发和利用是世界各国科学家和生产者十分关注的一个重要问题。

我国是一个多盐湖的国家，占全国面积将近1/2的区域内，约有1000个盐湖。在青藏高原上的许多盐湖中，拥有非常丰富的钾、锂、镁、硼资源，要从卤水中提出有价值的盐类，首先要利用高原充足的太阳能资源，利用日照时间长、降雨量小和风速大的自然优势，在盐湖附近建造太阳池分离一般盐类，可以大大降低生产成本。有资料指出，美国大盐湖GSL公司81km^{2}的盐田，每天从整个盐田表面蒸发减少4.5×10^8kg的水。若以火力蒸发来完成，大约每天烧掉59 000t煤。由此可见，建造盐田时能够利用自然能源来蒸发浓缩卤水，是十分经济的。

直接利用盐卤和海水溶液作为储热材料灌入太阳池，用大自然太阳能进行天然蒸发水分，溶液不断被浓缩直至析出盐。根据析盐顺序，安排多个太阳池，按顺序分离盐类。在我国已有由盐田制盐的悠久历史(如山西运城盐湖)。20世纪50年代，在青藏高原察尔汗盐湖和大柴旦盐湖湖边就进行过建造太阳池和日晒分离盐类的实验。现在察尔汗已经能生产20×10^4t/a钾肥，并正在建设能生产100×10^4t/a的钾肥厂。作为西部大开发标志性工程之一的100×10^4t/a钾肥工程，新增建成的盐田面积达81km^2，加上青海钾肥集团原有的盐田，在21世纪初，察尔汗盐湖地区建成盐田的总面积已有123km^2，它比两个西湖的面积还要大。这表明，我国应用太阳能生产盐的技术进一步向大规模生产发展。

新疆、内蒙古等地区是我国盐湖分布的稠密区域，也是世界盐湖分布最集中的地区之一。在我国的氯化物盐湖、碱湖和硝酸盐湖中已经广泛采用太阳池来分离石盐、钾盐、天然碱和硝酸盐等盐类。新疆罗布泊地区已被确认为我国钾盐的第二个生产基地。另外，我国是一个海岸线很长的国家，现阶段沿海盐场也是采用日晒制取食盐，并从老卤水中制取水氯镁石，然后脱水制取低水氯化镁等产品。目前，在我国开展太阳池新技术的研究与应用非常必要。因为在盐湖资源开发中，首先要利用太阳能分离钠盐和钾盐，其次还可以在盐湖日晒池中按相图组成点的人为控制，制得软钾镁矾和钾、锂混盐。对深水太阳池的建造、防渗漏、材质选择、盐类收集等还需要进行深入研究。蒸发浓缩过程中的气温、水温、浓度的遥控自动检测新技术可为盐类分离提供基本数据。

实际上，盐田是在露天条件下，利用太阳能浓缩卤水的池子。它是浓度梯度太阳池，是当今运用最广泛的太阳能收集系统之一。但是在运行过程中不可避免地存在着许多不足之处，如排放液对周围环境的污染、对卤水组成变化的影响、热对流、藻类的繁衍、灰尘和碎屑都会降低池水透明度等因素都会影响到池的蒸发效率。池的渗透会影响产率。为此，人们相继开展了扩展提高太阳池效率和池的建造研究，并从多种角度改进收集太阳能的接收系统及扩大应用领域。

12.1.2　太阳池的研究进展[3～5]

1962年，匈牙利的Kalecsinsky偶然在位于Trmnsylvania的Medve湖内观察

到:夏末时,1.32m 深的湖底温度达到 70℃;早春,湖底温度也高达 26℃。他提出了人工建造太阳池的设想[6,7]。1979 年,以色列建造的 150kW 太阳池发电厂投入了运行。当今世界能源短缺,开发新能源日益被人们重视,这样就促使太阳池在广泛应用领域的研究得到了飞速的发展。人们已从太阳池的结构、材质和溶液性质等方面进行了研究。

太阳池分为对流型和非对流型两种类型:一种是具有一定盐浓度梯度的非对流型;另一种是多种结构形式对流型。

1. 盐浓度梯度太阳池的研究进展

(1) 隔膜分层太阳池。为了减少盐向上扩散降低对流,1980 年,Hull 提出了隔膜分层太阳池[8]。

(2) 带漂浮环太阳池。降低风效应导致溶液混合对流。A. Kbarzateh 等[9]设计了用聚乙烯制成漂浮环放置于太阳池表面,它可以减少 50%以上的风效应。

邸乃力等[10]在太阳池面上布置分立池,并将它们连成网状的微型太阳箍(玻璃、透明塑料薄膜以及十六醇分子膜等),采用不同盖层的对比实验研究漂浮物体减小风的混合效应。

(3) 潜热太阳池。采用氯化钠、氯化镁等盐溶液储热,使太阳池充分蓄热,又保持近似恒温的状态。利用水合盐相变材料(如 $Na_2SO_4 \cdot 10H_2O$ 转变成无水 Na_2SO_4,相变温度为 32.4℃)来提高太阳池蓄热的能力(见文献[4])。水合盐在熔点温度以上处于熔化状态,形成梯度层,可防止对流热损失。在熔点温度以下,大部分水合盐呈结晶状态析出,含水合盐的溶液是单一体系,可实现跨季度储存,长期使用。这种方法蓄能密度高,提高温度波动幅度小。

(4) 凝胶太阳池和盐饱和型太阳池。

① 凝胶太阳池。采用较好光学特性和隔热性的透明聚合凝胶材料,通过凝胶效应作为太阳辐射体和隔热体,是可代替盐浓度梯度中的非对流层的一种太阳池。

② 盐饱和型太阳池。饱和型太阳池中,放入溶解度随温度的升降而大大增减的盐类,池中溶液各层都处于饱和状态,完全抑制和消除了盐扩散,从而保证太阳池运行时的稳定性。由于难以选择合适的盐,至今尚未建立起饱和型太阳池。

2. 淡水型太阳池研究进展

(1) 淡水型太阳池。1976 年,美国劳伦斯实验室提出一种类似平板形的太阳能集热器。采用聚氯乙烯薄膜制造成大水袋,底层采用 0.5mm 厚的黑色薄膜,袋中装入淡水,塑料袋上面覆盖有 0.3 cm 厚的透明盖板,可不受灰尘、风力及大部分紫外线的影响,使用寿命可长达 5 年以上。浅太阳池的尺寸不受限制,一个水深为 10cm,面积为 $5m \times 6m = 30m^2$ 的浅太阳池,在夏季能使 15℃ 30t 的水吸收太阳能后,水温升到60℃[11,12]。

(2) 蜂窝太阳池。王金龙[13]设计出一种新型的蜂窝太阳池海水淡化装置,池子顶盖采用双层聚酯薄膜蜂窝结构,池内蒸发器采用覆盖黑色吸水布的聚酯薄膜蜂窝结构,可适用于建立大型太阳池海水淡化装置,可比现有的太阳池淡化装置提高热效率和产水率 3～5 倍。

(3) 淡水漂浮式太阳池。Sokolov 等[14]提出一种在淡水池表面安置漂浮式太阳能集热器的新型太阳池,用淡水收集太阳能来进行长期的热量储存。

纵观上述研究工作,均是在实验室中进行的,许多研究是从材料、太阳池设计和储液的角度来考虑的,虽然有所进展,但在生产上还没有得到推广应用。

12.2　地球化学工艺和工艺地球化学

对于地球上的资源(包括盐湖资源)开发利用工艺问题的认识存在相反的两种观点:一种观点认为,地球上的资源(包括盐湖资源),特别是供当前利用的实际资源是有限的,由于各方面需要的增加,各种资源一直是在以较高的速度进行开发利用,这势必导致这些资源可供利用的时间是有限的,这显然是一种对待资源问题上的悲观论点,静止的观点。相反,另一种看法认为,目前地球上资源的地质勘探技术水平和开发工艺是在不断发展的,随着科学的发展,对地球上资源的了解认识也在不断地发展,新的矿源和新的矿种将不断地被发现。同时,资源的储量计算也将会随着工艺技术的发展、新工艺的不断出现而有所不同。对矿产资源中可利用的组分的品位会不断降低,但要求不断扩大其储量,这是一种发展辩证的观点,正是这一观点促进了资源开发利用过程中地球化学工艺思想的产生和发展。

12.2.1　地球化学工艺

地球化学工艺思想几乎是与地球化学同时问世的。原苏联学者费尔斯曼曾对工艺学做过如下的地球化学阐述:“工艺活动是人为地加速或减缓元素的地球化学富集和分散过程”。或者说,工艺活动的目的是:将地球上元素的分散和富集过程加以人为的工艺控制,以期获得最大的利用。这就要求人们在进行元素的工艺提取(原材料或成品的获得)过程中付出代价或劳动要最小 ,而在进行元素的分散(使用)过程中要获得最大的有用功。

人们在制盐生产实践中的地球化学活动由来已久。无论是我们东方民族,还是西方民族,早在有史以前就已开始汲取海水或盐湖卤水利用日晒制取食盐,一直沿用至今,不曾被别的办法所替代。应当指出的是,在我国山西运城盐湖资源的开发利用中,人们一直是不自觉地在利用成盐地球化学规律从卤水中制取食盐,且在漫长的发展过程中,几经变革。这种自发的地球化学制盐工艺活动只是在 30 年以前才开始引起人们重视的。美国大盐湖矿业和化学品公司已完成从复杂卤水中制取硫酸钾的工业实践就是这种地球化学工艺思想自觉运用的成功典范。

盐类资源,特别是盐湖资源开发过程中的地球化学工艺过程可以概述如下:汲取湖表卤水或盐湖晶间卤水,利用自然能(夏季日晒、冬季冷冻),运用水盐体系的物理化学相关系知识,应用成盐地球化学规律,使漫长的地球化学成盐过程在生产允许的周期内,采用先进的工艺技术,简易而又严格的工艺控制法,最廉价地制取大宗高品位的盐类化工产品。任何天然盐沉积在形成过程中,即使是早期沉积的芒硝和石盐,由于沉积环境和气候条件的关系,总是伴生着碳酸盐和石膏之类的难溶性盐类沉积;由于风和雨之类的自然作用,不可避免地带来一些泥沙和各种有机和无机的杂质。这样的固体盐沉积被开采出来后,通常是用水将其溶解后进行净化加工。

汲取卤水利用太阳池自然处理相分离盐类的工艺过程消耗的能源主要是太阳能,其他能源消耗得很少,这是其他工艺过程难以比拟的。由于使用的设置主要是泥土、砂等简单材料建造的盐田(太阳池),不可避免地会有渗漏损失。它的单次直接采收率较低,而它的长期利用率却能远远大于任何其他工艺过程。这就是说,固体盐直接采收储量是由勘探方法得到的计算储量,而地球化学工艺过程的可采储量都是地球化学储量,后者一般要比前者大得多,运城盐湖资源开发过程的实践结果也正是这样。

从环境科学的观点来看,盐类开发利用的地球化学工艺过程不存在环境污染和破坏生态环境的问题;相反,目前的许多工艺活动给环境带来严重的污染,甚至破坏环境的无数事例,正在迫使人们接受教育,从而在工艺活动中不得不逐渐采纳地球化学的观点。

从盐类资源开发利用中的地球化学工艺学的观点出发,自然会导出盐湖资源开发过程中应当尽量进行综合利用这一结论。从经济观点出发,资源综合利用过程一般要比单一提取工艺过程要经济。从水盐物理化学和成盐地球化学可以预料,在盐湖资源单一性提取的工艺过程中,一般地会引起相应的化学变化过程,终将导致原有工艺过程运用到一定时候会出现不适应,甚至完全不能使用的结果。运城盐湖资源开发中工艺的发展和变革过程,为我们提供了很好的例证。

例如,由盐田日晒相分离制取食盐、白钠镁矾和七水硫酸镁,再将白钠镁矾在池中进行冷冻相分离芒硝。就是利用地球上的资源与自然能日晒来分离盐类,这是地球化学工艺。

12.2.2　工艺地球化学

值得指出的是,运城盐湖资源开发利用的许多宝贵经验中,存在不自觉的地球化学活动至今远未引起人们的注意。许久以前,在运城晒盐过程中,由于原料卤水中长期仅单一地进行食盐生产过程后,剩余的卤水中存在一定数量的硫酸钠和硫酸镁,而人们又只需要提取食盐,在生产用的卤水严重变质的情况下,进行探索,改革日晒工艺的漫长过程中,利用含硫酸钠和硫酸镁的卤水,在当地当时气候条件下,形成稳定的白钠镁矾固相,并将它留在盐田的底部,一方面用以加固池板强度,另一方面用来对糨糊样的混卤进行自然沥滤。随着晒池中白钠镁矾的沉积,池底板逐年抬高,同时用相应提高池埝的办法继续维持食盐生产。把日晒过程中的废物硫酸钠和硫酸镁以白钠镁矾形式堆积在晒池底部,日积月累,把本来分散在地表和地下不同深度的这两种盐,通过废盐处理的工艺过程(晒盐工艺过程的某一步处理过程)使之逐渐聚集。到目前为止,已经形成了世界上罕有、平均品位较高的白钠镁矾矿床,这是世界罕有的工艺地球化学成矿过程的例子。

这个例子不仅为我们从事盐湖研究提供了一个有益的经验,同时也为我们提出了一个崭新的课题。这就意味着,在进行盐湖资源开发利用的过程中,即使当技术、经济条件尚不能进行综合利用时,也不能只顾眼前需要,应该为今后的长远利用着想,不仅需要动用的资源要从地球化学的思想考虑工艺安排,而且在工艺过程中还需要运用工艺地球化学的原则去处理废盐。

12.3 解池日晒制盐技术的形成与发展

我们伟大的中华民族具有悠久的历史,在天然盐资源,尤其是在盐湖资源开发利用方面曾经写下辉煌的篇章。四大发明中的黑色火药的配制就使用了硝酸钾。青藏高原盐湖硼砂远在 3000 年以前就沿古丝绸之路运往地中海沿岸的古希腊、古罗马与古埃及。我国古人最早的食用盐取自晋南古解池,而欧洲人最早的食用盐却来自地中海海水日晒盐。可见,地球上生活在各个大陆上的不同人种,不同民族开创的制盐技术,在人类发展长河中可以被认为是基本上同步的。由于地球条件、资源环境的不同,技术的发生过程与随后的发展却迥然各异。

12.3.1 古解池日晒食盐的历史

我国人类原始社会的形成、发展到远古社会(夏、商、周)的过程,也是人们从不自觉到自觉地摄取氯化钠食用的开始和发展过程。很早文字记载中官府就对盐实行专卖。可见,我国早在几千年前就已开始制食用盐了。王云玉、傅纬平著《中国文化史业书》和曾仰丰著《中国盐政史》中都已经有制盐历史的记载。

《礼记·内则》记有“屑桂与姜,以洒诸上而盐之,干而食之。”说明春秋战国以前不仅人皆食盐,而且还广泛用盐腌物以保存之。《礼记·郊特性》“而盐诸利。以观其不犯命也。”这是对人食用食盐后药物效应的最早记载[15]。当时盐乃解池独名。秦时,解池隶属于河东郡,故解池之盐以河东称。

中文盐字的形成演化考据如下：

目前用的“盐”字是 1957 年第一批简化字，由古繁体“鹽”字简化而成。该简化盐字除保留下部“皿”字外，上部左边由“臣”简化为“土”，上部右边由“人”和“卤”简化为“卜”。文字是语言的表达方式，古繁体“鹽”在春秋战国之前，相传是由仓颉造的字。仓颉造字是在甲骨文之后，汉语言文字的造字原则有象形、会意、相整和描述等。为追溯历史，探讨解池引卤晒盐工艺的形成与发展，我们对古繁体“鹽”字进行如下“说文解字”。

繁体“鹽”字是由“臣”、“人”、“卤”和“皿”四个汉字，按制盐过程中各自所起作用的大小排列组合而形成“鹽”字。具有以下多重意义：“臣”字，表明制盐这一社会生产的产品，盐是每一个人每天不可缺少的生活必需品，同时还是诸侯帝王用来统治人民的重要工具。解池引卤晒盐是在官方严格控制（官管、官营）下进行的。在有文字记载之初，在解池湖区，四周由城郭式防护墙围住，由专门从事制盐作业的盐氏（世代从事这一劳动）成员，以手工取卤方式，将湖表卤水或浅层地下水，通过地表沟渠流入“皿”字形的制盐设施中，以三池一组的顺流走水方式，在第一池中进行卤水的预蒸发浓缩，见到有浮乳状物出现时，将其排入第二池中日晒蒸发，使其析出白钠镁矾（$MgSO_4 \cdot Na_2SO_4 \cdot 4H_2O$），然后在第三池中日晒结晶析出食盐（NaCl）。一直到硫酸镁达到近饱和，将老卤水放回盐池，采用 NaCl 供食用。显然，我们在这里把制盐用的设备“皿”认为是引卤晒盐专用的土质日晒池。当时湖区日晒池的建造方式就与随后的建造方式完全相同。“皿”字的底部一横线表示地平线（实际是池底硝板），主要组成是白钠镁矾＋硫酸钠和少量氯化钠的胶结物。使用从别处运来的黏土筑池埝，宽 60～100m，池深 15～20cm，串接 3 个这样的池形成一组作业池。这样的工艺操作维持了 5000 多年，至今仍然沿用。

我国古繁体汉字是从更早的甲骨文演变而来。英国人李约瑟著的《中国古代技术史》解释在 5000 年以前甲骨文中，盐是用似鸟的字来形象描绘的。

西方盐的文字记载：拉丁文为 aλs，是海洋的意思。英文 salt、德文 salze 和俄文 салт 都源于这一拉丁文，即源于欧洲大陆上的西方古人最早的食用盐主要是在地中海边将海水引入洼地太阳池中，经日晒而制得。

12.3.2　解池取卤晒盐的开创过程及其变革

关于解池引卤晒盐有历史记载和文字初考，可以推测，解池引卤晒盐开创的时间可能是在距今 7000 年以前。为何在冰期后兴起引卤晒盐这一开创性制盐技术呢？根据对解池盐类沉积的分析可知，主要成盐期是在 13 500 年以前最近一次冰期（距今 7500～13 500 年）之前的间冰期后期形成的。当时的盐湖卤水属硫酸镁亚型。盐分来自湖盆四周的围岩风化，雨水淋漓补给湖区（由于土壤对 K^+ 吸附，湖水基本上不含钾）的蒸发浓缩。当时解池的情况可以认为与 50 年前的青海茶卡盐湖十分相似。可以想像，在 8000～15 500 年间，解池正形成盐沉积的过程中，每年雨季，盐湖在接受补给水时随着温度升降呈现周期性稀释与浓缩过程。湖水在夏季，由于蒸发浓缩结晶析出 NaCl 的同时，或许在入冬前还有白钠镁矾析出。冬季，一方面由于蒸发量减少，另一方面周边淡水仍在补给，使新析出的 NaCl 盐沉积回溶的同时，随着气温降到 0℃以下，会析出芒硝。长期生活在解池附近的古人观察到并早就会利用这样的成盐过程。每年在适当时间进入湖区，直接手工捞取氯化钠以供食用。

1. 间冰期灾难孕育了引卤晒盐的创新改革

古解池湖区的古人所用的食盐是如何由每年定季节性地进入湖表卤水的、新盐沉积区？又是如何从采捞演化到汲取湖水日晒制盐方式的呢？人们由涉水手工捞盐到复杂的引卤晒盐这样的变化，并非是按自然的顺序渐进，而是创新性的突变。在古代这样复杂的工艺变革，不可能像我们今天这样自觉地进行科学实验来改革工艺。相反，我们只能设想，可能是由于某种特大的自然灾害，迫使人们在同该自然灾害进行斗争中，在漫长而艰苦的实践中才找到的能适应自然变化的新的生产过程。基于这样的考虑，可能是由于最近一次大冰期造成这种生产变革；也可能是由于间冰期的来临，气候逐渐发生变化，雨水增多，蒸发量减少，致使解池湖区由原有的成盐环境(湖水蒸发浓缩成盐)逐渐转向稀释过程，湖底原有盐类沉积在部分溶解的过程中，逐渐被淡水沉积物埋藏起来。随着冰期时间的推移，湖表卤水被进一步稀释，使得原来由人涉水进湖直接捞盐越来越困难。由于生活需要，推动着人们不断地对自然变异性灾害进行持久性的顽强斗争，同时不断地启示着人们从事各种新的生产方式的冒险性探索。历经了相当漫长的岁月，终于在湖水被大量稀释漫到临近的自然洼地中去后，湖水退缩后被蒸发浓缩到结晶析出食盐。古人远在出现文字以前，就能认识和识别食盐的咸性、泻利盐的苦味和芒硝的咸涩味。历经漫长的岁月实践中，才逐渐形成像甲骨文字那样象形所描绘的字，汲引湖水到最近洼地中，由土壤堤坝分隔成的多池分段日晒制盐工艺。当时这样的专门生产技术，古人知其然而不知其所以然。

2. 制盐工艺变革

可能由于间冰期中开创的古解池最早的湖区汲取湖表卤水日晒制盐工艺，其所用原料是大量被稀释的湖水，由于湖水浓度较稀，需要有两步池进行预浓缩，日晒蒸发到 NaCl 饱和，转移到第 3 个池中，日晒析出食盐。达到泻利盐饱和前要转入第 4 个池中。当最后一个池装满后让其自动溢出返回湖表卤水中去。日晒池制取 NaCl 工艺流程如图 12－1 所示。

在此期间，对日晒 NaCl 的质量控制主要依靠味觉和生理效应。在经历了相当长时间的实践后,人们才认识到在日晒盐生产过程中的主要有害杂质是泻利盐($MgSO_4 \cdot 7H_2O$)。其害处表现在对人体消化系统的腹泻作用,正是这一原因,很早就把七水硫酸镁叫做泻利盐。解池引卤晒盐在冰期中经历几千年时间,从湖表卤水中单一地生产 NaCl,会使大量硫酸盐一直留在湖中。成年累月之后,逐渐引起了湖水化学组成的变化。湖水中氯化钠相对减少,硫酸盐含量明显增高。当卤水($Na_2SO_4+MgSO_4$)/NaCl 值被提高到某一数值后,就会引起湖水的质变,导致在引卤水日晒盐过程中首先结晶析出的不再是 NaCl,而是一种白色絮凝状的化合物——白钠镁矾($MgSO_4 \cdot Na_2SO_4 \cdot 4H_2O$)。在解决这一难题的过程中,可以想像人们又会进行相当长时间的艰难的各种尝试,导致制盐过程中的工艺变革。最后才找到将白钠镁矾沉积在日晒池底部,以沟边引流方式进行浓缩卤水的分离和转移,然后在另一个池中日晒结晶析出 NaCl。该法直到目前仍未被淘汰,一直在使用。今天,从水盐体系相图工艺解析的角度也认为这是一项科学的解决方法。可见,在几千年以前,我国古人在引卤制盐技术方面就已经具有相当高的水平。

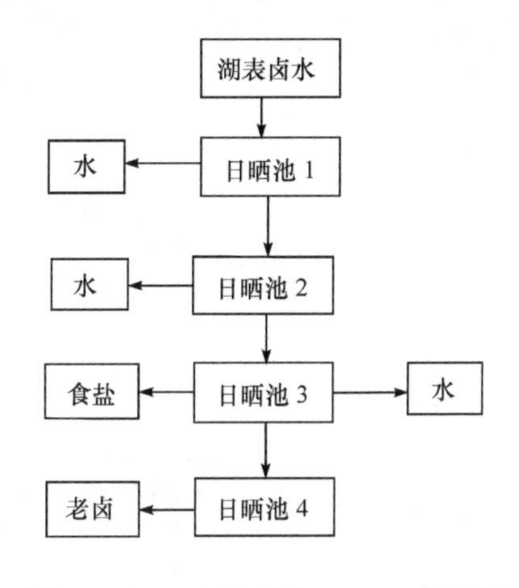

图 12-1　日晒池制取 NaCl 工艺流程

3. 白钠镁矾制取芒硝工艺及其相图解析

许多年来,运城盐湖在资源利用过程中主要是生产食盐。在晒盐过程中将硫酸钠和硫酸镁以白钠镁矾的形式从制盐卤中排出,人为地将其堆积在盐田底部用作池板——称为硝板。这是制盐工艺中处理废盐的一个范例。1949 年以后,运城盐湖区利用盐田底部沉积的白钠镁矾开始制备十水芒硝,现在每年生产水硝($Na_2SO_4 \cdot 10H_2O$)100 多万吨,再由它生产无水芒硝,作为人们生活所需的洗衣粉原料。

运城湖区利用滩水晒盐的卤水,在冬季,当气温降到 0～5℃时会析出芒硝。近年来,滩水枯竭,利用天然雨水夏季溶解硝板;入冬后,冷冻产芒硝(温度−5～10℃)[16]。

陈维桐[17]对运城盐池晒盐和冻硝过程进行了分析。

(1) 滩水生产芒硝的工艺。每年在气温较高的季节(7～10 月份),将滩水抽到蒸发池(也是冷冻析硝池)内,由于池底沉积着硝板(主要是白钠镁矾和硫酸镁),滩水一方面蒸发浓缩,一方面溶解硝板。当卤水浓度达到 20～24°Bé 后,被储存在硝池内,冬季当气温降到 0℃以下(12 月份至翌年 2 月份)时即可析出芒硝。将池内卤水放干,即可进行收硝作业。其工艺流程如图 12-2 所示。

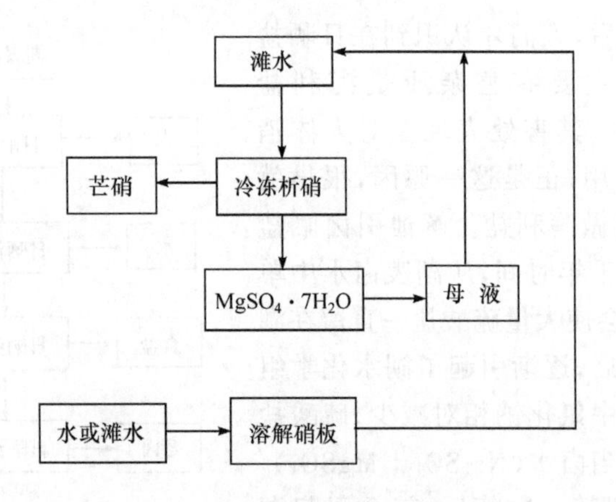

图 12-2 生产芒硝的工艺流程

(2) 滩水溶解硝板制取芒硝工艺的相图解析。池底硝板的化学组成见表12-1,其中 NaCl、Na_2SO_4、$MgSO_4$ 的含量波动较大。要合理利用硝板资源就需要用相图规律进行处理。

表 12-1 硝板化学组成

组分	液相组成(质量分数)/%			相图指数
	最低	最高	平均	
NaCl	0.97	4.15	2.56	4.5
Na_2SO_4	30.01	57.36	43.68	63.1
$MgSO_4$	11.18	26.87	19.03	32.4
水不溶物	3.0	6.0	4.5	—

用滩水溶解硝板制取芒硝工艺过程的解析如图 12-3 所示。从图 12-3 可见,产硝卤水一般落在 Na^+, Mg^{2+}/Cl^-, SO_4^{2-}-H_2O 四元交互体系在 0℃时的等温相图的芒硝区内。卤水在天然条件下,冻硝过程中组成点将沿着原始卤水组成点与 Na_2SO_4 组成点的连线并朝着远离 Na_2SO_4 图形点的方向移动。由于析硝卤水浓度不高,冻硝后卤水点未达到 $Na_2SO_4 \cdot 10H_2O$ 和 $MgSO_4 \cdot 7H_2O$ 在相应温度条件下的共饱和线。如果能提高开始析硝时的卤水浓度,就可能析出更多的芒硝。可是当卤水浓度较高,气温也较高时,又会析出白钠镁矾,这就限制了产硝卤水的最高浓度。

在图 12-3 中,滩水 n_0 冻硝后的液相组成点 A_0。把 A_0 液泵入具有硝板池底的蒸发池中,在日晒过程中溶解部分硝板,制成析硝卤水其组成为 n_1,冷冻析硝后的母液组成点为 A_1。假如冷冻析硝温度为 0℃,产硝母液继续返回使用,年复一年,就会在芒硝的生产过程中出现下述情况:由于硝板的成分主要是白钠镁矾,其中含有少量硫酸钠。白钠镁矾在夏天溶解后，冬天在冻硝过程中以 $Na_2SO_4 \cdot 10H_2O$ 的形式析出硫酸钠，使 $MgSO_4$ 残存在母液中，其浓度越来越高。按照相图的接线法则，就会在图 12－3 中出现 $MgSO_4$ 越来越富集的锯齿状过程，导致在随着逐年产硝的过程中出现同样密度的析硝卤水冷冻到同一温度条件下析出的芒硝量却越来越少。另外，由于析硝母液中的镁盐浓度越来越高，即使在采收芒硝时夹带了同样母液，芒硝中的镁盐含量也会越来越高，给芒硝的加工过程带来困难。

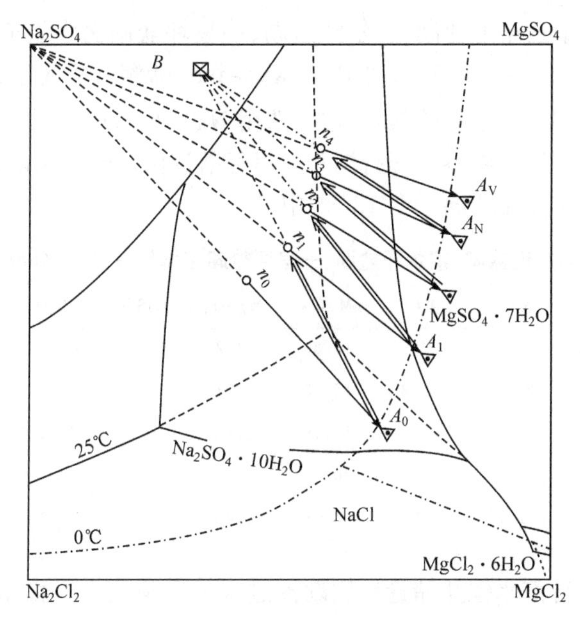

图 12－3　滩水溶解硝板制取芒硝工艺过程的相图

从对盐卤的综合利用可以看出，白钠镁矾硝板制取水硝后的母液可以生产 $MgSO_4 \cdot 7H_2O$。$MgSO_4 \cdot 7H_2O$ 除了在医药上用作泻药外，它与碱液在水热条件下，可生成硫氧镁晶须，此晶须可作为增强剂，将其用于塑料加工可提高材料的性能。

12.4　察尔汗盐湖卤水太阳池分离盐类

我国青海柴达木盆地南部的察尔汗盐湖，面积 $5856km^2$，是世界第四大盐湖。整个盐湖分成四个湖区：察尔汗、达布逊、别勒滩、霍布逊。后三者有晶间卤水；前者为干盐湖，表面被泥沙和食盐胶结的盐壳覆盖，盐壳之间存在有孔隙，孔隙率大约为 20%。在孔隙中充满的卤水称为晶间卤水，卤水的成分和浓度在垂直方向和水平方向上都有分异现象。

察尔汗盐湖卤水的主要化学成分为 NaCl、KCl、$MgCl_2$，同时还含有少量 Ca^{2+}、

SO_4^{2-} 和微量的 $B_4O_7^{2-}$、Br^-、Li^+、Rb^+、Cs^+等。从主要成分来看，该湖卤水属于氯化物型，即 Na^+，K^+，Mg^{2+}/Cl^--H_2O 体系。该湖地区气候干旱，日照时间长，年蒸发量可达 2860mm，年降雨量 20～30mm。这样的气候条件非常适合修建盐田，使卤水天然蒸发浓缩[18,19]，析出钠、钾盐。

12.4.1　盐卤相化学及卤水蒸发结晶顺序

从表 12-2 中达布逊盐湖、察尔汗盐湖、一里坪盐湖卤水组成来看，由于变质系数 $MgSO_4/MgCl_2$＝0～0.173，按 H.C.Курнаков 盐湖分类属于氯化物型或硫酸盐向氯化物过渡型。由于硫酸盐含量少，选用 Na^+，K^+，Mg^{2+}/Cl^--H_2O 四元体系为相图依据更为合适。将察尔汗盐湖和一里坪盐湖卤水蒸发结晶析出盐的顺序列于表 12-3 中。结晶路线绘于图 12-4 中。

表 12-2　达布逊盐湖、察尔汗盐湖、一里坪盐湖卤水组成(质量分数，单位：/%)

卤　水	NaCl	KCl	$MgCl_2$	$MgSO_4$	$CaSO_4$	B_2O_3	Li	Br
达布逊盐湖等温蒸发	5.16	2.85	19.30	0.32	0.20	0.0368	0.0034	0.002
达布逊盐湖天然蒸发	8.52	2.32	15.55	0.27	0.30	0.0251	—	0.0018
达布逊盐湖等温天然蒸发	7.83	2.89	16.46	0.80	0.22	0.0281	0.0134	0.0037
察尔汗盐湖等温蒸发	1.93	1.49	26.52	—	—	0.038		
一里坪盐湖等温蒸发	14.47	2.02	8.10	1.40			0.080	0.0272

在开采区进行卤水锂盐储量地质勘探过程中采集代表性卤水样，分别于夏天和冬天在野外进行蒸发实验，确定盐类结晶顺序如表 12-3 所示。由于 NaCl 在各析盐阶段都是饱和的，因而结晶时都伴有 NaCl。

表 12-3　察尔汗盐湖和一里坪盐湖卤水蒸发结晶析出盐的顺序

夏季	冬季
NaCl	NaCl
KCl	KCl
K_2SO_4	$K_2SO_4 \cdot MgSO_4 \cdot 6H_2O$
$KCl \cdot MgSO_4 \cdot 2.75H_2O$	$KCl \cdot MgCl_2 \cdot 6H_2O$
$Li_2SO_4 \cdot H_2O$	

结晶顺序如下：

$$NaCl \longrightarrow KCl + NaCl + KCl \cdot MgCl_2 \cdot 6H_2O + NaCl \longrightarrow MgCl_2 \cdot 6H_2O + NaCl$$

蒸发实验表明[20,21]，除开始 NaCl 饱和析盐外，蒸发点的轨迹是沿 Na^+，K^+，Mg^{2+}/Cl^--H_2O 五元体系的相图中溶解度曲线进行的，但是在 $MgCl_2$ 饱和后，一

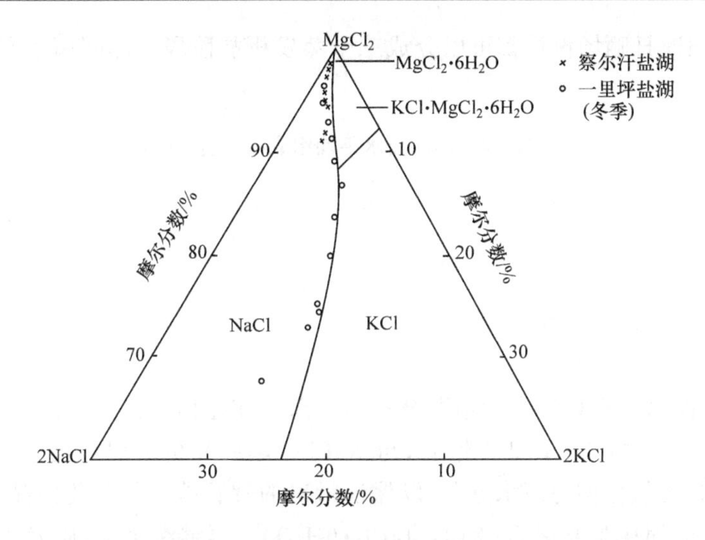

图 12-4　察尔汗盐湖、一里坪盐湖晶间卤水蒸发结晶路线

里坪盐湖由于锂的含量较高，卤水在自然日晒蒸发过程中随着温度的变化，析出的盐类矿物明显不同。通常卤水在夏季进行蒸发过程中，温度在 20℃以上时，大量锂盐在硫酸盐复盐区以 Li_2SO_4 的形式结晶析出，没有出现软钾镁矿物。钾盐镁矾具有正常的结晶区，最后阶段析出光卤石中伴有 $Li_2SO_4 \cdot H_2O$ 晶体。另外，在冬天，卤水在自然蒸发浓缩制取钾石盐时，会结晶析出软钾镁矾，直到光卤石析出的后期，锂盐也并不以固体盐形式结晶析出。这样就可以用太阳池相分离技术制备锂盐含量很高的含硼浓缩卤水。在日晒蒸发过程中，浓缩卤水中锂含量已经高到不能忽略的地步，使得卤水的蒸发路线并不遵循 $Na^+, K^+, Mg^{2+}/Cl^-, SO_4^{2-}$-$H_2O$ 五元体系无论是热力学平衡态相图，或是非平衡态（介稳）相图[22]（15℃/25℃）所预示的结晶过程。这是迄今为止，各种不同类型盐湖卤水中少见的溶解度现象。从蒸发过程发现，该卤水在后期有锂、钾混盐析出，为提取锂盐提供了理论基础。在野外现场，使用埋设在盐滩上的大口径金属和塑料平底蒸发器，在不同季节、不同月份，测定不同浓缩阶段卤水一日间的蒸发速率。同时，建立了一定规模的气象站，按国际上通用标准测定并收集太阳池相分离日晒场设计必需的气象数据为：年蒸发量（盐湖上）2900mm；降雨量（盐湖上）20～30mm，（附近山上）200mm；年绝对最高气温 38℃；年绝对最低气温 −10℃；夏季日间最大蒸发量 8～12mm；平均相对湿度 10%。

12.4.2　太阳池相分离技术及盐类生产

1. 太阳池日晒场的设计及安排

根据卤水天然蒸发实验的相化学研究结果，卤水无论在夏季蒸发，还是在冬季蒸发时,太阳池日晒场设计都可以分成三个蒸发析盐阶段。晶间卤水平均组成列于表 12 - 4 中。

表 12 - 4 晶间卤水平均组成(单位:g/L)

地 区	Na^+	K^+	Mg^{2+}	Ca^{2+}	Cl^-	SO_4^{2-}	HCO_3^-	矿化度
察尔汗盐湖	71	12	29	1	202	6	0.3	350
别勒滩盐湖	25	25	64	0.5	240	7	0.1	350

由晶间卤水经沟渠集中后输送至盐田。卤水在盐田中经天然蒸发,先结晶析出 NaCl;经一段时间后,KCl 也饱和,与 NaCl 一起结晶析出钾石盐。在氯化钾开始析出之前,将氯化钠与卤水分开,以保证析出的钾石盐中的氯化钾品位高一些。第三个饱和的固相是光卤石($KCl·MgCl_2·6H_2O$)。再继续蒸发,则发生相转化作用,然后光卤石与氯化钠一并析出。察尔汗盐湖卤水与死海卤水相似,都为氯化物型,但组分间比例有差异,察尔汗盐田蒸发过程中有较长阶段析出钾石盐,而死海卤水析出钾石盐阶段很短,甚至不明显。

钾石盐中氯化钾的含量并不确定,一般在 10%～60%间波动,氯化钾的含量在 20%以上才有工业开采价值。钾石盐矿含有的杂质主要为硬石膏、黏土和少量光卤石。由钾石盐加工制取氯化钾,可以采用溶解结晶法、浮选法、重介质选矿法、静电分离法等方法来实现。下面介绍前两种方法。

将上层卤水放入卤沟渠,进一步将钾石盐与钾混盐沉积层采用装载机与矿车进行采收、堆拢,待晶间卤水沥干后,运送到 KCl 与 K_2SO_4 生产车间。

通过盐湖现场大面积太阳池卤水日晒蒸发的中试全年性运行试验,发现天气(夏季或冬季)对钾石盐阶段和硫酸盐混盐阶段的盐类结晶析出数量和化学组成影响很大。因此,在进行太阳池日晒场设计过程中,采用与三个蒸发析盐阶段的太阳池组合理的工艺安排。

从日晒蒸发过程到最后浓缩卤水,进一步采用加入盐酸或硫酸的方法制得硼酸和提取氯化锂。

2. 钾石盐生产氯化钾[23]

以钾石盐矿(KCl＋NaCl,控制含 KCl 在 20%以上)为原料采用浮选法制取 KCl,其工艺流程如图 12 - 5 所示。在整个生产过程中,为了使 KCl 收率(含日晒场)达到最佳效果,无论是在夏季,还是在冬季进行日晒相分离操作中,都需要有效控制进入卤水与排出卤水的组成,达到 KCl 含量高而 NaCl 含量低的析盐条件。

(1) 采用浮选法由钾石盐矿制取氯化钾。浮选是泡沫浮游选矿法的简称,其原理是利用矿石中各组分被水润湿程度的差异而进行矿石选择的方法。通常人们把浮选法归为物理分离方法，但实际上，浮选过程是一种十分复杂的物理化学过程，并非简单的物理分离。将欲进行浮选分离的矿物悬浮于水相介质中，当吹入气泡时，不容易被水润湿的矿物颗粒附着于气泡被带到液面；容易被水润湿的矿物则沉到容器底部。

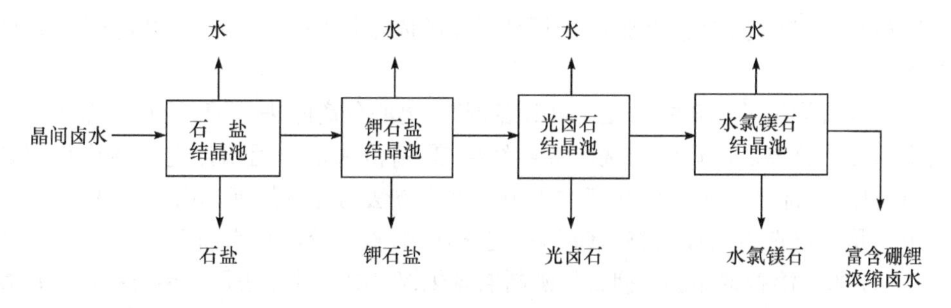

图 12－5　察尔汗盐湖日晒分离盐类的工艺流程

氯化钾与氯化钠的润湿性差别不大，必须加入表面活性化学药剂（称为捕收剂）使原矿中某种组分表面形成一层憎水膜，与气泡黏着并随之上浮，以达到分离的目的。钾石盐浮选使用的捕收剂（表 12－5）有碱金属烷基硫酸盐（如十二烷基硫酸钠，$C_{12}H_{25}SO_4Na$）和 16～20 个碳原子的盐酸胺类或乙酸胺类（如盐酸十八胺，$C_{18}H_{37}NH_2 \cdot HCl$ 和乙酸十八胺 $C_{18}H_{37}NH_2 \cdot CH_3COOH$）。它们都是离子表面活性剂，一端含有较大的疏水基团，另一端其离子大小与 KCl 的晶格相近，而与 NaCl 的晶格相距较大，因而只能吸附在 KCl 的晶体表面使其疏水（不被水润湿）。为保持时间较长的多量气泡，还要添加起泡剂和抑制剂，常用松油、煤焦油、桉树油、混合二醇等作为起泡剂。通常采用淀粉、羧甲基纤维素钠盐等作为抑制剂。为防止不希望的矿物和杂质上浮，还要加入调整剂、活化剂等来调节浮选过程。浮选在液体介质中进行，钾石盐的浮选介质是 KCl 与 NaCl 的共饱和溶液。需要控制各种药剂的浓度、温度、加入量和加入位置等。

表 12－5　钾石盐浮选中使用的化学药剂及用量

药剂类型	用量/(g/t 矿)
黏土抑制剂	
淀粉	500～900
树胶及其他	75～125
胺类捕收剂	50～150
胺类调节剂	75～200
起泡剂	25～50

浮选工艺过程：首先将钾石盐粉碎至4～120目，以达到原矿中KCl和NaCl晶体分离并使黏土分散。随后在浮选机中将磨矿后的矿粉悬浮于浮选介质中，根据原矿情况，使用漂洗去矿泥或先浮选矿泥或抑制矿泥。然后进行KCl的浮选。一次浮选叫做初选，产生泡沫的是精矿产品，剩余尾矿还可以进行二次扫选(即尾矿再选一次KCl)，第一次选出的精矿又可再进行精选，随原矿的特性可以将初选、精选、扫选等加以不同组合，形成不同的浮选流程，以达到最好的技术、经济指标。

浮选机排出的尾矿主要是NaCl，经稠厚、离心分离除去母液，用水洗涤后作为废物排弃。分离后的母液和洗涤液再经稠厚，清液大部分返回浮选设备中作浮选介质使用，少部分用于原矿湿磨过程中。这个方法与冷分解钾光卤石浮选法相似，只不过是用浮选液的控制将KCl形成泡沫从固、液中分离出来而已。

(2) 采用溶解结晶法由钾石盐矿制取氯化钾。溶解结晶法是由钾石盐矿生产氯化钾最早采用的方法。其原理为钾石盐的主要成分氯化钾和氯化钠两种盐都易溶于水，但它们在水中的溶解度随温度变化的规律却不相同。图12－6为KCl-NaCl-H_2O三元体系共饱和溶液中两种盐溶解度随温度的变化情况。由图12－6可以看出，共饱和溶液在高温下含KCl较多，含NaCl较少；在低温时恰恰相反，含NaCl较多，含KCl较少。利用这一规律，在高、低温间反复操作，可达到二者分离的目的。例如，在100℃时，用水溶解钾石盐获得共饱和溶液E_{100}(其组成为：35.28g KCl，27.32g NaCl和37.4g H_2O)，当冷却到20℃时共饱和溶液E_{20}组成变为：15.09g KCl，30.04g NaCl和54.87g H_2O，氯化钾溶解度减少了20.19g，必然会结晶析出(由于NaCl变成未饱和KCl的溶解度会稍许增大，析出量略少于20.19g)。分离掉析出的KCl结晶后，母液再加温至100℃，返回去溶解钾石盐，由于KCl又变成不饱和的，钾石盐中的KCl溶解而留下NaCl固相，这样就又获得了100℃时的共饱和溶液E_{100}。分离掉NaCl以后，重新冷却至20℃开始新的KCl结晶析出过程，如此往复循环。图12－6是这种热溶解冷却结晶法加工钾石盐制取氯化钾的工艺流程的物化基础。

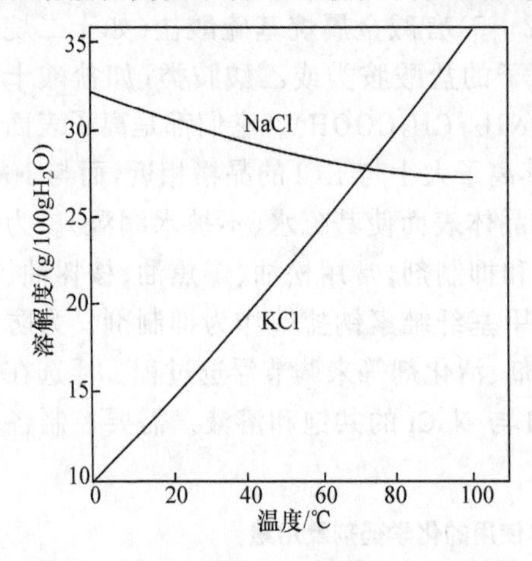

图12－6　KCl-NaCl-H_2O体系多温溶解度图

上述两种方法各有其特点：① 溶解结晶法的优点是钾的回收率较高，废渣带走的氯化钾少，产品结晶性能好，颗粒较大而均匀，产品纯度较高。其缺点是高温操作、能耗较大和设备腐蚀严重。② 浮选法与溶解结晶法相比的优点是能耗大为降低，因此浮选得以广泛应用。其缺点是产品的质量比溶解结晶法低，结晶性能要差一些，氯化钾的回收率比溶解结晶法也低。排出的带有脂肪胺的尾矿有一定毒性，不能直接加以利用且对环境有污染。目前，察尔汗盐湖主要采用浮选法制取 KCl 肥料。

3．由钾光卤石制取氯化钾[24]

氯化物型盐湖卤水在盐田经日晒蒸发浓缩而析出光卤石（称为盐田光卤石）[25]。此时，有共饱和的 NaCl 析出，还含少量石膏、黏土及夹带卤水等。钾光卤石（$KCl\cdot MgCl_2\cdot 6H_2O$），其理论组成为：KCl 26.8%，$MgCl_2$ 34.3%，H_2O 38.9%。盐田光卤石矿的平均组成：NaCl 14.46%，KCl 21.03%，$MgCl_2$ 28.77%，$MgSO_4$ 0.28%，还有水合盐的结晶水和少量夹带母液。

依据水盐体系相平衡原理，并与动力学和机械分离方法有效结合，形成多种工艺流程。主要有全溶法、冷分解-洗涤法、冷分解-浮选法、冷分解-热溶结晶法、冷结晶法等。本节只对几种最主要的方法加以介绍。

(1) 全溶法制取氯化钾。将粉碎过的光卤石矿在加热条件下全部溶解在水中，经沉降 NaCl、过滤后，将清液冷却，结晶析出氯化钾。母液与过程的各种洗水在流程中循环，最终还可将复盐光卤石中的另一组分制成水氯镁石（$MgCl_2\cdot 6H_2O$）产品。这一方法的优点在于所获得的产品氯化钾颗粒大、质量好，品位较低的矿石也可以加工。其缺点是能耗高，设备腐蚀较严重。

(2) 冷分解制取氯化钾。根据 $K^+, Mg^{2+}/Cl^- - H_2O$ 体系多温溶解度相图，光卤石是一种不相称或不同步溶解的复盐，如果没有足够量的水使其全部溶解时，生成的溶液成分与光卤石成分不一致。控制加水量可以使光卤石的氯化镁全部溶解转入溶液中，光卤石中的氯化钾只有部分溶解，大部分氯化钾以固相留下来。这种“冷分解”步骤，构成了光卤石加工工艺的基础。

(3) 冷分解-浮选法由光卤石矿制取氯化钾。如图 12－7 所示，浮选过程可以在光卤石分解所产生的母液中进行，由于母液中氯化镁浓度很高（$MgCl_2$ 含量为 24%～25%），接近饱和浓度。浮选过程叫做“高镁母液浮选”。这种母液黏度很高，离心分离后的泡沫产品氯化钾中夹带较多的氯化镁，洗涤时容易造成氯化钾的损失。也可以将浮选介质氯化镁的浓度调节到更低一些（$MgCl_2$ 含量为 2%～3%），这时的浮选过程称为“低镁浮选”，产品质量也要好一些。该方法的钾回收率要比冷分解洗涤法高 25%。

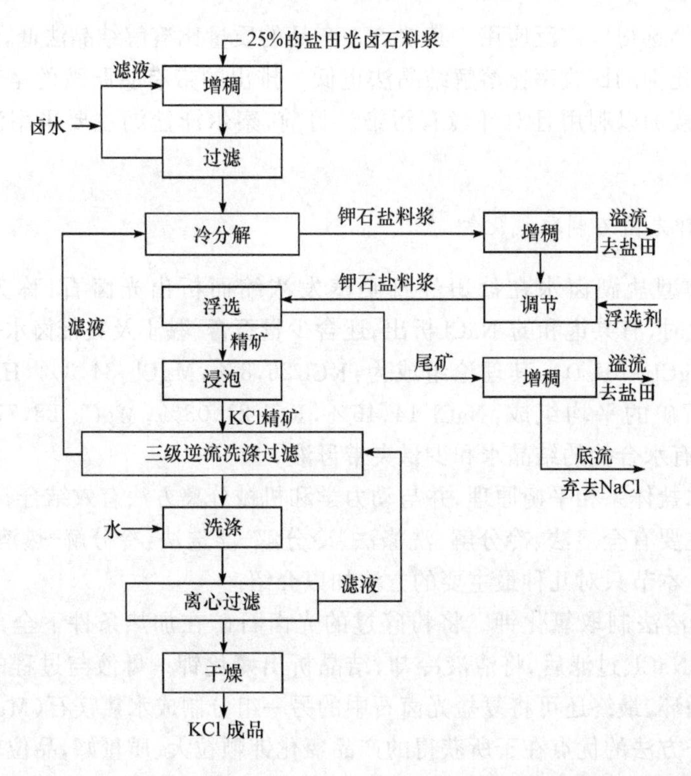

图 12-7　察尔汗盐田光卤石矿冷分解-浮选法制取氯化钾的工艺流程

4. *制取水氯镁石矿*

在察尔汗盐湖晶间卤水中氯化镁达到饱和时，在沟槽中自然条件下，可以形成针状水氯镁石结晶（在老卤中曾经找到非常漂亮壮观的宝塔水氯镁石结晶），$MgCl_2$纯度为95%～98%。盐田水氯镁石矿的平均组成列于表12-6中。

表 12-6　盐田水氯镁石矿的平均组成（质量分数，单位：/%）

$MgCl_2$	SO_4^{2-}	B_2O_3	碱金属氧化物	水不溶物
45.78	0.097	0.0062	0.82	0.094
43.58	1.77	0.0300	0.62	0.105
43.36	0.055	0.002	0.74	0.140

此外，将盐田光卤石纯化可获得炼镁用的钾光卤石[25]。以盐田水氯镁石矿为原料[26,27]，经纯化和脱水后，可以作为电解金属镁的原料。可开发的产品有金属镁、多种镁合金、多品种的氧化镁及高纯镁砂、轻质碳酸镁及多种轻质氧化镁，并可以直接作为氯氧镁水泥建筑材料等。关于水氯镁石的诸多生产和应用方面，近来，

徐日瑶等[26]做了比较全面的综述。此处不再重复介绍。

12.5　大柴旦盐湖卤水太阳池分离盐类

正如本书第 9 章关于大柴旦盐湖的论述，该盐湖资源中的各种盐类都以两种形态存在：固体盐沉积（其中含氯化钠、硫酸钠水合盐、七水硫酸镁、白钠镁矾、软镁钾矾、柱硼镁石和钠硼解石等）和卤水（湖表卤水和晶间卤水）。后者主要含 Na^+、K^+、Mg^{2+}、Li^+ 的氯化物及硼酸盐和硫酸盐等。在前面关于盐湖形成与盐地球化学的有关章节中已经阐述过盐湖区盐类沉积无疑是从湖表卤水在天然蒸发浓缩过程中结晶析出的。按照 Lechatilier 原理，卤水中各盐分含量之间有一定的平衡关系，当湖表卤水被抽走时，过去从湖表水中沉积下来的开放性盐类沉积就会被回溶到含盐度较低的补给水中，使被抽走的湖表卤水尽可能地恢复原来的平衡状态（水量平衡与盐量平衡）。这正是我国远在几千年前就成功地采用的引卤晒盐的相分离技术至今仍然用于生产的原因。这也是 40 年前，美国大盐湖采用的太阳池日晒钾混盐制取 K_2SO_4 靠湖底沉积矿物再溶解补给组分的地球化学工艺学。

在本节中，介绍 40 多年来高世扬等针对大柴旦盐湖的有关硼酸盐盐湖盐卤相化学、太阳池相分离的理论基础和应用、盐类提取方法的研究[28]以及现场由浓缩盐卤提取硼、锂盐的中间试验获得的重要成果。

12.5.1　盐卤相化学及盐类结晶过程

盐卤相化学主要进行大柴旦盐湖地表卤水年变化过程的相图解析，为湖表卤水利用太阳池日晒相分离盐类、泵取原料卤水提供科学依据。对夏季、冬季不同组成的卤水天然蒸发析盐过程进行相分析，为夏季日晒工艺设计及卤水日晒运行操作提供基础数据。对不同浓缩卤水冷冻析盐过程进行相分析，为卤水自然处理包括冬季全年性运行的安排提供重要信息。通过卤水日晒，获得最后共结卤水，提出了从浓缩卤水中分离提取硼化物的流程。

1. 大柴旦湖地表卤水年变化规律

大柴旦盐湖湖表卤水无论是在形成过程的初期，还是目前的稳定期，其化学组成不断地变化，几乎可以这样说，很难在两个不同的时间采集到相同组成的同样卤水。因为该湖表卤水的组成受制于湖区不同补给水组成和湖区气候变化的影响。湖表卤水不同季节组成变化的相图指数分别绘于 Mg^{2+}，K^+/Cl^-，SO_4^{2-}-H_2O 四元体系图中（图 12－8）。每年 4～10 月份湖水经受蒸发浓缩析出食盐（NaCl），其 Mg^{2+}、K^+、SO_4^{2-} 之间的相对物质的量比值保持不变。在此期间湖水组成在该相图中的位置也基本上保持不变，组成点落在泻利盐（$MgSO_4\cdot7H_2O$）相区。每年冬天12月份至翌年2月份期间，湖水卤水温度保持在−5～−10℃之间，湖水在接受淡水补给的同时，冷冻析出大量芒硝。在此期间，湖水组成点落在Janëcke相图中的KCl相区靠近光卤石的位置并基本上保持恒定。相图12－9中，湖水组成呈直线形往复式变化规律，这主要是在每年湖区由夏季进入冬季和冬季转入夏季过程中由于温度变化，引起芒硝析出，回溶而发生的变化。这就表明，温度变化ΔT=40℃，使夏季卤水中硫酸盐含量增加，卤水组成点落在泻利盐图区，该卤水成为硫酸镁亚型卤水。冬季由于温度降到−5℃以下，90%以上的硫酸盐以芒硝形式析出，卤水组成点落在KCl相区。这时候的卤水明显地可以看成是氯化物类型，从而形成两种完全不同的卤水类型。相应地存在1～2个浓缩和稀释的周期性过程。盐类也是在夏季蒸发浓缩析出和冬季被稀释溶解的活动中被堆积在湖底的某些部位。湖表卤水在图12－9中的变化轨迹清楚地显示出湖表卤水中盐类含量(图点16、点33、点51)随着年度中不同季节相应发生不断析出和溶解的往复式直线形周期性变化规律。

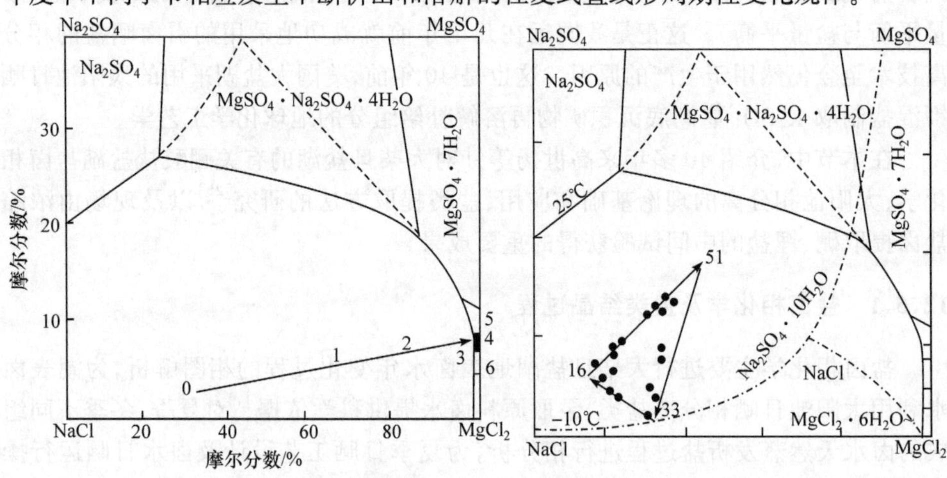

图12－8　卤水析出NaCl结晶路线

1.2.3. 析盐过程组成点；4. $MgSO_4·4H_2O$；5. $MgSO_4·5H_2O$；6. $MgSO_4·6H_2O$

图12－9　Na^+，Mg^{2+}/Cl^-，SO_4^{2-}-H_2O在−10℃和25℃时的溶度图

2. 夏季组成卤水蒸发析盐过程[28]

当湖水每年夏季被蒸发浓缩到析出NaCl之后，卤水被继续蒸发时，就会结晶析出白钠镁矾(Ast)。由于该卤水蒸发浓缩析出白钠镁矾的结晶路线较短，比较容易在湖水边部浅水位和湖表卤水区中的某些浅水位地带，也可能在某些年份(虽然不是每个年份都可以)，湖表卤水在夏季被蒸发浓缩到析出白钠镁矾之后，还会继续被蒸发浓缩而结晶析出$MgSO_4·7H_2O$和$MgSO_4·K_2SO_4·6H_2O$。

取夏天大柴旦盐湖湖表卤水，其中含：NaCl 19.61%；KCl 1.00%；

$MgCl_2$ 3.65%；$MgSO_4$ 3.38%和 $MgO\cdot 2B_2O_3$ 0.28%。在湖区进行天然蒸发，过程中取不同浓缩卤水进行化学分析，经常观测以确定析出固相的矿物组成。结合太阳池中日晒相分离盐类结果，确定在夏季天然蒸发过程中的析盐顺序为：① NaCl；② $MgSO_4\cdot 7H_2O$ + NaCl；③ $MgSO_4\cdot 6H_2O$ + KCl + NaCl；④ $MgSO_4\cdot 6H_2O$ + $MgCl_2\cdot KCl\cdot 6H_2O$ + NaCl；⑤ $MgSO_4\cdot 6H_2O$ + NaCl + $MgCl_2\cdot KCl\cdot 6H_2O$ + $MgCl_2\cdot 6H_2O$。结果表明，夏季组成卤水的蒸发结晶路线不遵循 Na^+，Mg^{2+}，K^+/Cl^-，SO_4^{2-}-H_2O 五元体系在 25℃时的热力学平衡溶解度相图，而是符合该体系介稳相图（图 12-9 中的实线，热力学非平衡态相图）。由开始析出不同盐类固体（扣除附着母液）量与浓缩卤水率的结果可见，浓缩到氯化镁饱和时的卤水量是开始卤水量的 1/10。也就是说，湖水在太阳池中经日晒相分离各种盐类的过程中，不析出的组分（如硼和锂）可浓缩约 10 倍。

3. 不同浓缩卤水冷冻结晶过程[29～31]

（1）不同浓缩卤水冷冻析盐相化学。取大柴旦盐湖氯化钠析盐阶段三个不同组成的卤水，在实验室中从室温 25℃依次冷冻到 0℃、-5℃、-10℃。三个卤水的起始组成位于 Na^+，Mg^{2+}/Cl^-，SO_4^{2-}-H_2O 四元交互体系等温溶解度相图的氯化钠相区，析出盐类固相后液相组成变化绘于图 12-10 中。0℃时析出 $Na_2SO_4\cdot 10H_2O$。我们在大柴旦盐湖区日晒试验场，通过卤水在夏天日晒分别制备硫酸镁饱和卤水和钾饱和卤水。在 5m×5m×0.30m 土质日晒池中储卤水深 20cm，越冬进行天然冷冻。最低卤水温度达-15℃。从图 12-8、图 12-9 中所示硫酸镁和钾盐阶段浓缩卤水结晶路线都出现两个阶段：第一阶段结晶析出泻利盐（$MgSO_4\cdot 7H_2O$）；第二阶段结晶析出钾盐，其中硫酸镁卤水冷冻析出的固体主要是 KCl，而钾盐卤水在冷冻过程中析出 KCl 和 $MgCl_2\cdot 6H_2O$。同时，浓缩卤水接近氯化镁共结点。应当指出的是，无论是室内冷冻实验，还是在湖区进行天然冷冻析盐过程中，都没有观察到有硼酸盐结晶析出。表明硼酸盐被赋存于浓缩卤水中。

开始析出泻利盐和钾盐后的饱和卤水在湖区储池中的越冬过程中出现两个阶段的析盐过程：第一阶段，由于温度降低，结晶析出 $MgSO_4\cdot 7H_2O$+NaCl；第二阶段析出钾石盐（KCl+NaCl），其中 KCl 含量大于 50%。最后达到光卤石饱和区，析出少量 $MgCl_2\cdot KCl\cdot 6H_2O$。钾盐阶段的饱和卤水在气温开始降低的第一阶段也出现结晶析出 $MgSO_4\cdot 7H_2O$+NaCl 的过程，钾石盐析出阶段要比前者短得多，但最后析出光卤石阶段比较长。最后卤水被浓缩到接近氯化镁共结点组成。该过程基本上符合海水型五元体系在 25℃时的介稳相图与 0℃时的相图的析盐图示过程。也就是说，盐卤蒸发结晶过程的液、固相组成不仅可以用相图进行表示，而且可以进行定量计算。

(2) 冬天,取大柴旦盐湖湖表卤水(含 NaCl 18.40%,KCl 1.05%,$MgCl_2$ 6.42%,$MgSO_4$ 0.82%,B_2O_3 0.24%和 LiCl 0.092%),到夏季湖区进行天然蒸发,盐类析出过程绘于图 12-10 中。由图 12-10 可见,在析出 NaCl 之后,是NaCl+KCl,接着是 $MgCl_2·KCl·6H_2O$+NaCl,然后是 NaCl+ $MgCl_2·KCl·6H_2O$ $MgCl_2·6H_2O$,最后才是 NaCl+ $MgCl_2·KCl·6H_2O$+ $MgCl_2·6H_2O$+ $MgSO_4·6H_2O$。从蒸失水,析出固体盐与浓缩卤水率关系(图 12-10)可见,在太阳池相分离各种盐类后,卤水被浓缩 10 倍,不析出的组分硼和锂在浓缩卤水中的含量被提高 10 倍。值得指出的是,无论是夏季组成卤水,还是冬季组成卤水,在日晒蒸发浓缩到氯化镁共结时,几乎具有相同的组成。这样就可以采用同样的方法从浓缩卤水中分离提取硼酸和锂盐。

采用大柴旦盐湖冬季地表卤水进行天然蒸发,其结果绘入 Na^+,Mg^{2+}/Cl^-,SO_4^{2-}-H_2O 四元体系在 25℃时的等温溶解度图(图 12-10)中 。由图 12-10 可见,卤水从组成点 1 到组成点 2 这一蒸发期间,只有氯化钠结晶析出,组成点沿着氯化钠的蒸发结晶线移动,当卤水由点 2 继续蒸发至点 3 时,有大量光卤石钾盐结晶析出,此时卤水的组成点仍沿氯化钠的蒸发结晶线朝向远离氯化钠组成点的方向移动。从点 4 至点 6 开始,见到泻利盐和水氯镁石先后结晶析出,由于此期间卤水迅速地被浓缩到氯化镁的共饱和组成,在图 12-10 上的位置已看不出有显著的移动。从点 2 到点 3 这一蒸发过程,由卤水中钾盐的含量变化和析出盐类固相的组成表明,此时有大量钾盐呈光卤石形式析出。这符合卤水组成点在 Na^+,K^+,Mg^{2+}/Cl^-,SO_4^{2-}-H_2O 五元体系在 25℃时的等温介稳溶解度相图(图 12-11)上的起始位置所预期的结果。

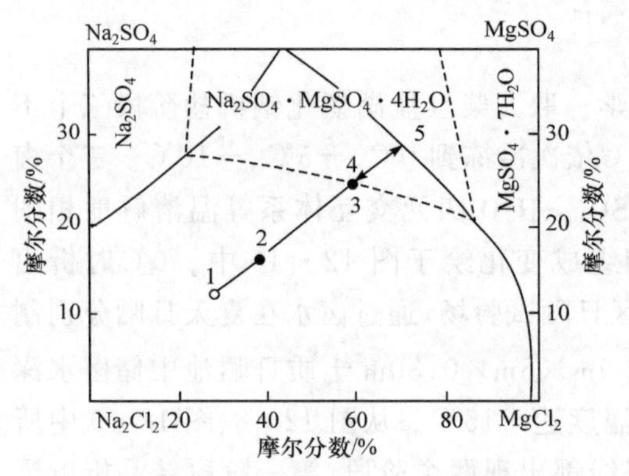

图 12-10　卤水析出 NaCl 结晶路线

冬季卤水在天然蒸发浓缩阶段析出固相的组成表明,在氯化钠结晶析出后,接着是以光卤石形式的钾盐析出,然后才是泻利盐和水氯镁石。这一过程与 Николаев 关于含硼 Inder 盐湖盐卤在进行蒸发过程中所确定的结晶路线相似。

新类型硼酸盐(大柴旦盐湖)盐湖卤水的夏季组成卤水、加芒硝回溶组成卤水和冬季组成卤水进行天然蒸发,将析盐过程析出的固相组成绘于 25℃时的平衡和介稳溶解度相图(图 12-12)中进行比较。结果表明,不同饱和阶段的蒸发结晶路线是基本相同的,这为卤水在日晒池中进行盐类分离提供了依据。

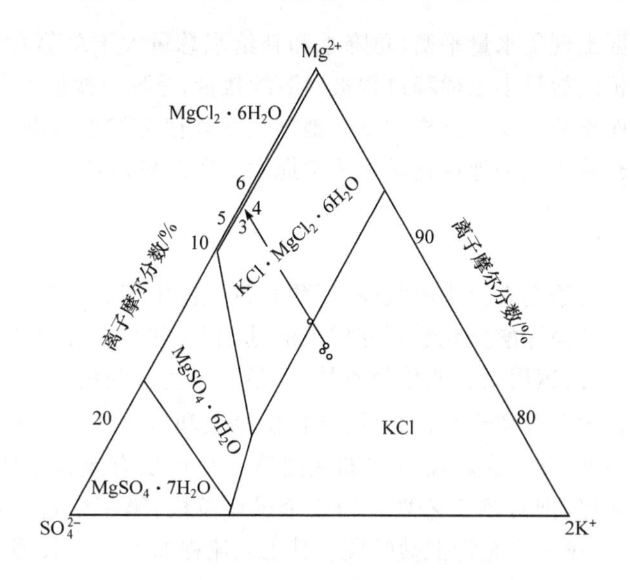

图 12-11 卤水日晒蒸发结晶路线

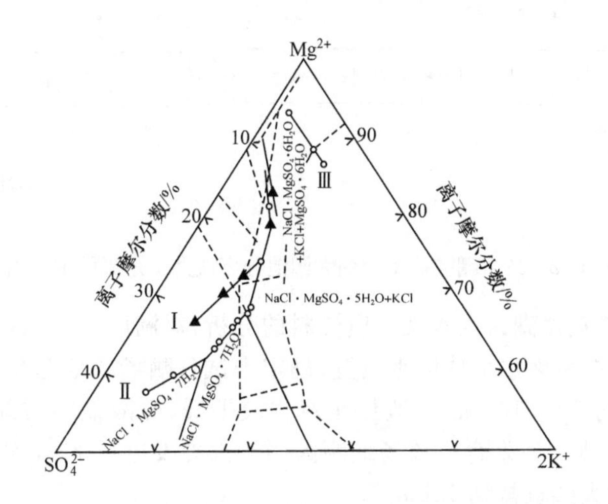

图 12-12 新类型硼酸盐盐湖卤水天然蒸发析盐过程

Ⅰ. 夏季卤水；Ⅱ. 加芒硝回溶卤水；Ⅲ. 冬季卤水

---- 25℃时的平衡溶解度图；—— 介稳溶解度图；° $MgSO_4$ 饱和卤水；▲ K_2SO_4 饱和卤水

12.5.2 盐湖卤水日晒分离盐类

盐湖卤水包括湖表卤水和晶间卤水，两者之间存在明显互补关系，湖区开放性盐沉积中，固体盐沉积与水相之间可以相互转化。大柴旦盐湖在湖区出现正水量平衡(总蒸发量大于补给水量)条件，成盐过程是每年夏季蒸发析出盐量大于其他时间由于稀释过程回溶的盐量，呈现正盐量平衡，盐类沉积不断进行而增加固态资源;反之,在湖区出现负水量平衡(总降水和补给水总量大于总蒸发水量)条件下,每年夏季蒸发析出盐量小于稀释过程被回溶的盐量,呈现负盐量平衡,盐类沉积不仅没有增加反而不断减少。这样的成盐地球化学规律为发展盐湖化学矿山、开创盐湖资源水溶开采工艺和地球化学工艺学提供了理论基础[31]。

1. 日晒工艺

大柴旦盐湖夏季湖表卤水硫酸钾、硼酸与氯化锂中间试验建立在湖水天然蒸发析盐相化学与盐卤硼酸盐化学研究成果的基础上,并结合钾混盐后续加工制取 K_2SO_4 产品的考虑,运用太阳池相分离技术,最大限度地利用自然能,使湖水在日晒蒸发过程中析出并分离钾混盐之后,能提供硼酸和氯化锂中试用含硼和锂的氯化镁共结浓缩卤水[32]。这就需要在湖区建造一个可供有效利用的中试日晒场。根据蒸发析盐顺序,把日晒工艺划分为三个操作阶段:第一个是 NaCl 阶段;第二个是泻利盐阶段;第三个是钾混盐阶段。其工艺流程如图 12-13 所示。

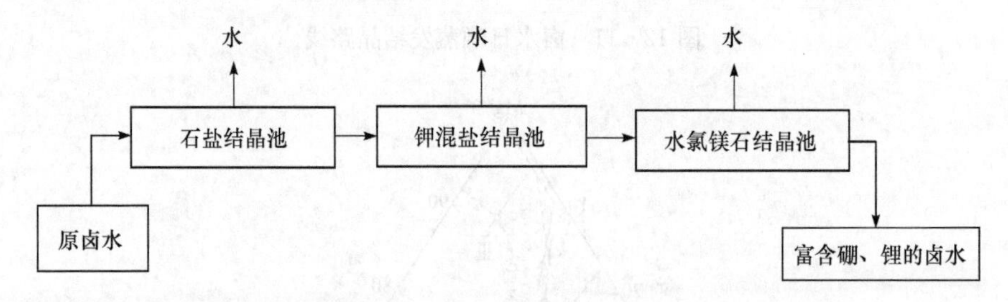

图 12-13 硼酸盐型盐湖太阳池分离盐类工艺流程示意图

通过对大柴旦盐湖区内水文地质资料的分析,对湖区黏土沉积调查与土壤粒度的分析,结合湖表卤水最佳取水位置,确定中试日晒场场地选在大柴旦湖表,选择日晒场面积约 $50\times10^4 km^2$。地势相对比较平缓,硅酸盐砂质黏土沉积厚 1~1.5m,浅层地下水比较发育。该场址距大柴旦火力发电厂 8km,距硼酸和氯化锂车间约 7km,距大柴旦盐湖 12km。

2. 日晒场设计及分离太阳池布置[32,33]

日晒场设计取用含 B_2O_3 为 0.15%~0.20%和含 LiCl 为 0.07%~0.10%的湖表夏季组成卤水,运用太阳池日晒浓缩相分离钾盐,每年生产的含 B_2O_3 为 2.0%~2.5%和含 LiCl 为 0.7%~1.0%的浓缩 $MgCl_2$ 共结卤水量,能满足采用酸法每年生产 230t 工业一级品 H_2BO_3 的需要。同时,能满足生产 50t 工业一级品 LiCl 中试车间的需要。

(1) 日晒场设计。日晒场设计是将日晒场中的太阳池分成 4 组:第一组是 NaCl蒸发结晶池,由 7 个太阳池组成,分布在阶地以下汽车道路以东。在 NaCl 晒区北面、东面和南面布置有为防止地表径流入侵,并控制池区浅层地下水水位的围滩沟渠。第二组是硫酸镁晒池,由 3 个太阳池组成,其中第一个池既是调节池,又是蒸发池。第三组是钾混盐蒸发结晶池,由 4 个太阳池组成,其中第一个池用作调节蒸发池。第四组是浓缩氯化镁卤水池。

(2) 日晒场太阳池建造。日晒场设计的 7 个 NaCl 蒸发结晶池同时具有储卤作用,要求其进行深池建造,池子平均深度为 1.5m。采用取土修筑围埝,围埝顶宽 2m,坡度为 1∶15,推土机进行分层平整,履带分层压实。在完成围埝基础上,使用推土机推去池内表层土,分层压实筑成隔埝,逐个成池。整池的第一步,先用农用犁耙将池底进行翻耕,捣碎土地,并耙平。整地第二步引入微咸水(湖水∶淡水＝1∶1)浸泡,放水晾干,拉平,压实。逐步咸化后,重复上述整池操作。最后灌入湖水进行咸化。硫酸盐调节池采用 1.5m 的深池,其他蒸发结晶池和氯化镁浓缩卤水储池的深度为 0.7～1.0m 的土质池。由于该地区内地形落差比 NaCl 池区大,部分池埝采用区外就近取土。所有日晒池都是呈南低北高,池内最大落差达 50cm。由于池区地下水位较高,在没有挖掘四周围沟调节池的地下水位以前,多数池内会出现积水,5～6 月份积水最深处达 30cm,积水面积大者接近池底面积的 1/3。9～10 月份积水水位下降,大部分可降到池底以下。个别池中出现有泉水上升,在泉口周围形成常年性积水,有些上升泉水一日间涌水量大于该池咸卤水的蒸发量。为此,进行以下整池治理措施:① 在池区北端太阳池北埝外挖掘一条地下截流沟渠,其深度足以控制南面各池底水位常年低于池底;② 在池区的东西侧与南面布置围滩沟,用于疏通并控制地下水位;③ 对池内的上升泉涌水,采用隔埝明沟引流的办法,将泉水引到池外。对涌水量较小的上升泉,采用黏土压方式,或者采用暗垅引流方法,均可取得良好效果。同时,使用外运土将池最低处部分填高的办法,缩小同一池内的高差。

(3) 太阳池日晒相分离中间试验。大柴旦盐湖卤水日晒相分离钾盐中间试验的原料湖水泵水从 7 月份开始到 11 月份之间可以连续进行,泵水量是全年需要量的 3/4。由于储卤越冬过程会发生渗漏损失,可以在湖区最冷的 1～2 月份进行补水,约占全年泵水总量的 1/4。这样可使在实际日晒卤水运行中,卤水中的硫酸盐含量比夏季组成卤水中硫酸盐含量偏低,在晒水过程中并不单独出现结晶析出硫酸镁盐的阶段。中间试验日晒工艺流程(图 12－13)中只出现氯化钠蒸发结晶阶段和钾混盐阶段,最后两个池用作氯化镁浓缩卤水储池。

在日晒卤水运行时,采用 380 V 三相电机(1.7kW),转速为 1200r/min,流量为 271m^3/h 的轴流泵来取湖水,将晒 NaCl 后的卤水转运。同时使用可移动的 380 V三相电机(3kW)的离心泵(转速为 2400r/min,流量为 84m^3/h)进行浓缩卤水的转移,同时配备了 3kW 的小台泵,用于氯化镁浓缩卤水的装车。

3．太阳池储卤越冬试验

氯化钠池初次泵入湖表卤水，水深 60～80cm，进行储卤越冬。每天进行全场区巡视，观察记录周边池埝渗漏卤水的位置，并估计渗漏池内卤水风浪对埝堤剥蚀作用，使用测针方法，准确测定池中卤水水位。每 10d 取水样进行分析，同时观察冬天析盐情况。通过先后经过 5 年运行，土质日晒池工程随着运行时间的推移，情况良好。这是因为池内壁上 NaCl 附有结晶，本身就能起到防波浪冲蚀的作用。池与池间采用木质闸门。土质堤埝与木质闸门之间使用石块胶结，由于常年温度变化最大可达 70℃温差，又加上土埝吸收卤水过程中出现明显收缩作用，日晒场在第一年的运行结果表明，闸门的设计是不可行的。改为最简单的过路沟，常年用上水位增高自流的方式进行即可。

NaCl 深池储卤越冬观测结果表明，卤水化学组成在 $Na^+, Mg^{2+}/Cl^-, SO_4^{2-}$-$H_2O$ 体系多温相图上的变化轨迹，通过对该过程的相图解析认为，卤水在冬天气温下降，温度达到－5℃以下，结晶析出 $Na_2SO_4 \cdot 10H_2O$。随后，由于天气转暖，气温回升，引起先前析出的芒硝回溶的同时，卤水出现微小的蒸发，足以使少量 NaCl 结晶析出，使芒硝回溶路线在远离 NaCl 的一边与结晶线不重合，形成夹角的大小取决于析出 NaCl 量的多少；反之，回溶线在芒硝结晶线靠近 NaCl 的一边，说明池底 NaCl 被回溶进入卤水，回溶 NaCl 量的多少决定两者夹角的大小。可以采用对储卤越冬观察的方法来考虑土壤太阳池底部在冬季储卤越冬期间是否有地下淡水渗透入池内，或者用以测定冬季卤水的蒸发作用。

在进行卤水正式日晒运行过程中，按设计要求，将 NaCl 蒸发结晶区内各灌入足够深度的卤水。从 5 月份开始，卤水密度 $d=1.225g/cm^3$(10℃)。通过正常晒水到 7 月中旬，开始从湖表卤水区泵入原料卤水，进行顺流走水，起码到 9 月底，所有各池中卤水都能进行正常蒸发结晶，析出大量 NaCl，卤水在 1#～7# 池中被浓缩到密度 $d=1.265g/cm^3$(15℃)。结果表明，实际蒸发能力与设计要求相比，减小约 1/4。这个原因是由于在储卤越冬与夏季蒸发析盐(NaCl)过程中，我们清楚地观察到，几乎在所有的 NaCl 阶段，晒池中都逐渐出现池底上有泉涌淡水，有析出的 NaCl 沉积又溶解而消失的现象。

在试运行晒水过程中，原料卤水是由 3/4 的夏季组成卤水和储存 1/4 的冬季卤水组成，致使在天然蒸发过程中，设计中原本较短的硫酸盐析出阶段实际并未出现。将 8#～12# 池用作 NaCl 卤水在夏季蒸发季节的浅水快速蒸发制卤(钾盐饱和)的蒸发池。

4．日晒卤水分离钾盐中试结果

(1) 湖表卤水原料。进行湖水日晒中间试验期间，湖表卤水化学组成的变化与以往年份基本一致。每年出现一次的稀释期,在从3月到6月底的这段时间内,由于整个冬季湖区补给淡水量大于湖区卤水蒸发量,加之寒冬过去,天气转暖,山上冰雪融化,造成大量地表径流补给湖水。在淡化稀释过程中,卤水底部夏季新沉积氯化钠回溶。在此期间,湖水中氯化钠含量最高,但没有达到饱和(因为湖底卤水底部石盐沉积全部被溶解);钾、硼、锂盐和硫酸盐含量最低。因此,日晒场设计中禁止在此期间泵取湖水。从7~11月份是湖区主要蒸发季节,降雨不多,气温最高,蒸发量占全年总蒸发量的2/3。湖表卤水在蒸发浓缩过程中析出大量氯化钠,在湖表卤水底部沉积新盐厚度最大可达15cm。因此,在此期间,湖水中钾、硼、锂盐和硫酸盐含量因湖水被蒸发浓缩而得到提高,这也是日晒场设计中安排的可以正常泵水、供给原料湖水的时期。

(2) 不同阶段日晒卤水组成。在湖水日晒中试经济性考察中,夏季进行过程连续抽取湖表卤水时间为4个半月,每天轴流泵断续(高原上电机工作1h明显发热,需要间隙1.5h)累计工作4h。冬季湖水温度达到最低时补充抽水时间为1个月,使NaCl日晒场各日晒池中储积卤水量达到预定水位要求。全年泵取湖水总量为$17.8\times10^4m^3$。不同月份湖表卤水化学组成及析出固相列于表12-7中。

表12-7　不同月份湖表卤水化学组成及析出固相

编号	日期(月-日)	密度 $d/(g/cm^3)$	化学组成(质量分数)/%						析出固相
			LiCl	NaCl	KCl	$MgSO_4$	$MgCl_2$	MgB_4O_7	
1	6-18	1.222(13℃)	0.06	22.38	0.59	2.29	1.96	0.20	NaCl
2	6-30	1.225(16℃)	0.06	21.89	0.71	2.56	2.21	0.22	NaCl
3	7-14	1.229(16℃)	0.09	20.59	0.92	3.36	3.14	0.29	NaCl
4	8-30	1.230(17℃)	0.08	20.68	0.86	3.23	2.89	0.29	NaCl
5	8-17	1.234(15℃)	0.08	19.40	0.95	0.95	3.50	3.55	NaCl
6	9-30	1.240(13℃)	0.09	19.03	1.09	4.30	3.68	0.39	NaCl
7	9-12	1.242(13℃)	0.10	18.53	1.13	4.43	3.80	0.40	NaCl
8	9-30	1.246(3℃)	0.11	18.55	1.25	4.79	4.09	0.43	NaCl
9	10-13	1.235(5℃)	0.10	17.62	1.18	4.16	3.74	0.40	NaCl
10	10-31	1.221(2℃)	0.09	17.70	1.03	2.73	4.36	0.32	$K_2SO_4\cdot7H_2O$

从5月份开始,全日晒场区内分布在各析盐阶段中各日晒池卤水就已形成从原料湖表卤水逐池被蒸发浓缩到氯化镁共饱和卤水过程中,不同析盐阶段(NaCl阶段和钾盐阶段)各日晒池之间的卤水就能形成设计要求的浓度梯度。6月中旬到10月中旬是大柴旦盐湖区运用土质日晒池泵取湖水,经天然蒸发浓缩、相分离各种盐类,尤其是钾混盐,制取含硼锂的氯化镁共饱和卤水的最佳季节。

中试期间,氯化钠阶段7个储水在50cm以上的太阳池中的卤水逐级蒸发浓缩达到最大浓度时的卤水密度 $d=1230kg/m^3$(15℃),比设计要求的浓缩卤水的密度[$d=1300kg/m^3$(20℃)]明显低。出现这种现象主要是由以下两种原因引起:① 引卤沟挖掘得过深(2.5m以上),导致在抽水时不仅有大量湖表卤水流入,同时引起明显量的浅层地下水同时补给;② 抽取湖水的密度明显低于湖表卤水。

5. 不同阶段日晒池中析出固体盐组成

(1) 氯化钠固相组成。在日晒运行过程中,从氯化钠晒池1#~7#,分别取每年夏季蒸发浓缩的氯化钠固相沉积样,进行化学分析(表12-8)。结果表明,1#~5#太阳池中的NaCl晶体之间黏结连生不严重,沉积比较疏松,容易采收。固体盐的质量既可以满足工业用氯化钠产品要求,也能符合食用盐标准。本实验结束后大柴旦化工厂通过青海省盐业公司(通过送样鉴定)认可,曾使用人工在4#池中采收并出售6000余吨食盐以供食用。

表12-8 NaCl池区析出固相时的化学组成(质量分数,单位:/%)

编号	NaCl	$CaSO_4$	$MgSO_4$	$MgCl_2$	H_2O	固相组成
1	95.63	0.1	0.36	0.58	3.33	NaCl
2	95.84	0.18	0.42	0.65	2.91	NaCl
3	95.42	0.06	0.42	0.65	3.45	NaCl
4	93.93	0.07	0.45	0.70	4.85	NaCl
5	94.92	0.18	0.48	0.84	3.58	NaCl
6	94.75	0.03	0.42	0.72	4.07	NaCl
7	91.60	0.05	0.73	1.38	6.79	NaCl

(2) 钾混盐固相组成。在进行中试日晒运行前一年,在钾混盐8#~10#池中盛有接近硫酸镁饱和的卤水。在越冬期间,由于气温较低,天然冷冻结晶析出大量$MgSO_4·7H_2O$和少量NaCl,在池底形成比较结实的、干整的泻利盐底板,人工使用镐头仍不容易使它破碎。在此基础上,进行钾盐饱和卤水日晒相分离钾盐。在夏季天然蒸发过程中,结晶析出的光卤石、六水泻利盐($MgSO_4·6H_2O$)和NaCl形成钾混盐沉积却比较疏松,容易采收。

采用浅水快速蒸发制备钾盐饱和卤水储存在11#钾盐调节池(浓度超过钾盐饱和,可以从NaCl 7#池直接泵入卤水进行兑卤调节)中。然后,将钾盐饱和卤水泵送到12#(K1)池中,进行天然蒸发,经自流(流量可调,可计算)方式流入13#(K2)池,太阳池天然蒸发到接近氯化镁饱和,以自动放流方式按预计量进入氯化镁共饱和卤水储蓄池,在这里经天然蒸发或冬季冷冻结晶析出水氯镁石($MgCl_2 \cdot 6H_2O$)。钾盐晒池14#(K3)与氯化镁储池的卤水和析出固相组成列于表12-9中。

表12-9　钾混盐固相化学组成(质量分数,单位:/%)

编号	NaCl	KCl	$MgSO_4$	$MgCl_2$	H_2O	固相
K1	12.98	10.33	17.14	19.68	29.87	$NaCl + KCl + MgSO_4 \cdot 6H_2O + MgCl_2 \cdot KCl \cdot 6H_2O$
K2	10.15	10.09	15.59	22.95	44.22	$NaCl + MgSO_4 \cdot 6H_2O + MgCl_2 \cdot KCl \cdot 6H_2O$
K3	9.79	9.84	15.39	23.30	49.70	$NaCl + MgSO_4 \cdot 6H_2O + MgCl_2 \cdot KCl \cdot 6H_2O + MgCl_2 \cdot 6H_2O$

(3) 由钾混盐制取软钾镁矾。按照Mg^{2+},K^+/Cl^-,SO_4^{2-}-H_2O四元交互体系相图,将硫酸盐钾混盐固体与低氯化镁卤水(软钾镁矾转化生成K_2SO_4母液)进行固、液接触,使体系钾、镁和硫酸根离子转化成为软钾镁矾和转化卤水。根据相化学原理,控制卤水组成也可以利用钾混盐与芒硝或泻利盐在盐田兑卤实现转化为软钾镁矾。这个方法可以充分利用盐湖中析出的泻利盐和芒硝资源。

钾混盐与芒硝或泻利盐转化为软钾镁矾。软钾镁矾在25～50℃水中溶解时是不调和溶解(与光卤石类似),达到平衡后就会有相应量的固体以K_2SO_4的结晶析出。该反应在K_2SO_4-$MgSO_4$-H_2O体系50℃时,一定量的软钾镁矾按相图工艺计算,加入需要量的水,使体系组成点达到饱和点,使转化反应达到平衡。这时就会达到固体K_2SO_4和与之平衡的母液。这时的固、液相转化化学反应方程为

$$36.25(K_2SO_4 + MgSO_4 + 6H_2O) + 782.5H_2O \longrightarrow$$

$$16.9K_2SO_4 + (19.35\ K_2SO_4 + 36.25MgSO_4 + 1000H_2O)$$

钾的产品收率仅为44%。为了增加K_2SO_4的产率,可以使用$KCl + H_2O$替代纯水。硫酸钾是钾盐中仅次于氯化钾的第二大产品。相转化分离软钾镁矾中含有大量的NaCl,采用浮选软钾镁矾的方法,除去NaCl。首先将软钾镁矾和氯化镁原料湿磨,通过40目筛,采用转化液作浮选液,使用Duomac T与磺化试剂,捕收剂为810-R和830-R,进行软钾镁矾浮选,收率可达94%,所得产品精选矿中含95%软钾镁矾,可采用转化法制取K_2SO_4。

新疆罗布泊盐湖与察尔汗盐湖属于相同类型,近几年来对它的开发进展很快,

也是采用太阳池相分离技术制取氯化钾和转化法制取硫酸。它将成为我国钾肥第二个生产基地。内蒙古的盐湖采用盐田制取天然碱。

6. 浓缩 $MgCl_2$ 共饱和卤水

在运用太阳池日晒湖表卤水相分离钾盐中间试验过程中，总计制取浓缩氯化镁共饱和卤水 7089m^3，合计 9696t，平均组成为：28.00% $MgCl_2$，0.33% KCl，0.72% NaCl，2.13% B_2O_3（中试设计为≥2.0%B_2O_3）和 0.77%LiCl（中试设计为≥0.70%LiCl）。该浓缩氯化镁共饱和卤水，储存在湖区土质日晒池（卤水深度大于 50cm）中，在越冬过程中，随着卤水温度的下降，结晶析出大量水氯镁石透明晶体（粒径为数毫米，长者达十几毫米）。卤水中硼含量随之增加，最高可达 2.28% B_2O_3。当卤水温度下降到－15℃（1 月份）以下时，局部可以见到结晶析出的白色细粒三方硼镁石（$MgO·3B_2O_3·7.5H_2O$），使得卤水中硼的含量下降到 1.65%（以 B_2O_3 计）。第二年的 4～6 月份期间，大气温度回升，该氯化镁和卤水在日晒蒸发过程中，结晶析出水氯镁石（$MgCl_2·6H_2O$），浓缩卤水中 B_2O_3 的含量进一步提高，到当年 10 月 1 日，最高达到 3.2%。同样，在储存越冬期间，在气温最低的 1 月份，由于结晶析出三方硼镁石，卤水中硼含量降至低于 1.6%（以 B_2O_3 计）。

大柴旦湖区沉积的石盐量是芒硝量的近 4 倍，两者总计占全部盐类沉积量的 98%。下面对湖区石盐和芒硝的形成机理进行探讨。

大柴旦路东日晒池不同时间卤水组成见表 9－3。大柴旦盐湖卤水与美国大盐湖、澳大利亚 Mclead 湖和土库曼斯坦的卡拉博兹湾卤水同属于海水型盐湖，主要含钠、钾、镁的氯化物和硫酸盐（硫酸镁亚型）。应当指出的是，大柴旦盐湖卤水中硼和锂的含量比其他盐湖高 2～3 个数量级。

任何一个盐湖都被看成是存在于地球表面具体条件（地理、地质和气候）下的天然盐-水平衡体系。随着外界条件的变化，会引起天然盐-水体系这样或那样的变化。例如，由于气候条件的变化，无论是在一年内，还是多年的周期性变化，都会在盐湖地表卤水成盐过程中反映出来。每一年内由于气候变化对盐湖成盐作用反映的周期性，称为旋回性年轮沉积。如果由于多年气候周期性（12 年或 60 年周期）变化，在盐湖盐类沉积中引起的反映，叫做盐沉积周期作用。显然，在盐湖发展的成盐过程中，盐类沉积一般可以认为是近代地球历史上气候变化的记录年龄。了解盐湖中盐类的年度变化及周期性沉积过程，对认识盐类过程和过去的气候环境具有重要意义。

12.6 国外利用太阳能从盐湖分离盐类概况[34]

世界上重要的含钾盐湖有中东的死海，美国的西尔斯湖、大盐湖，智利的阿塔卡玛盐湖,我国的察尔汗盐湖等。这些盐湖都已经开发生产钾盐,西尔斯湖曾生产过钾盐,现已停产。

12.6.1　死海盐湖卤水日晒分离钾盐

中东的死海盐湖位于最干燥的沙漠地带的闭流盆地中,面积 $725km^2$,湖水最大深度 360cm。它是世界地表的最低点(湖面海拔为 −410m)。死海年平均降雨量为 50mm,年平均蒸发量为 1700mm,冬季平均气温 14～17℃,夏季 34℃(25～40℃),最高达 51℃。湖表层水温(深 40m 处)19～37℃,深层湖水(40～100m)温度为 22℃。全年晴天日数可有 300d,计算得出的全年湖表面蒸发水量为 $17\times10^8m^3$。该湖利用太阳能分离盐类具有很好的天然气候条件。它的氯化钾储量达 20×10^8t、氯化钠 120×10^8t、氯化镁 220×10^8t。以色列和约旦是位于死海旁边的两个国家,死海已成为他们生产钾镁盐的重要基地。

死海卤水属于氯化物型,卤水的蒸发、结晶、分解等行为遵循四元体系 Na^+,K^+,Mg^{2+}/Cl^--H_2O 的相化学规律。由湖水制取钾盐的过程为:将卤水灌至盐田中,利用太阳能蒸发浓缩卤水。随着水分蒸发,首先氯化钠结晶析出,再继续蒸发水分,顺序析出钾石盐、光卤石、水氯镁石。死海湖滨缺少适于修建盐田的土壤,约旦和以色列分别在湖上修堤围湖建造盐田,盐田总面积达 $230km^2$。现在一般的盐田面积大、灌水深,盐田的生产周期为两年,生产 2.8×10^6t 氯化钾,每年要抽掉 $3\times10^8m^3$ 的卤水,泵入大盐田进行蒸发。死海盐田光卤石矿的组成大致为:KCl 19%～20%、NaCl 11%～15%、$MgCl_2$ 28%～30%、$CaCl_2$ 0.5%～1%、$CaSO_4$ 0.2%～0.3%,折算成光卤石最高可达 83%。

盐田晒制的光卤石由带有抽吸管的采盐船吸出(带有母液),用管道运输至加工厂,经稠厚、过滤分离后,湿光卤石送往加工车间,母液仍返回盐田。盐田光卤石矿可以采用冷分解浮选法、冷分解热溶结晶法和冷结晶法等。

以色列利用死海盐湖卤水制取钾盐的开发工作历史悠久,已达到规模大、水平高、品种多的程度。死海工厂(Dead Sea Works, DSW)是世界第六大钾盐生产厂。

约旦的阿拉伯钾盐公司(Arab Potash Co. Ltd.,APC)在距首都安曼 130km 的死海南端的 Ghor Al Safi 建厂,采用热溶法和冷结晶法制取标准级、细粒级、颗粒级氯化钾。生产能力可达年产 2.2×10^6t 氯化钾。修造盐田 $>100km^2$,自动化程度较高,仅由 105 人操作,加工厂仅有 70 人操作。

死海卤水除钾盐产品外,还生产溴及溴化物、氧化镁、金属镁以及大宗的氯化钠及其衍生产品。

12.6.2　阿塔卡玛卤水日晒分离钾及钾、锂混盐[35]

智利的阿塔卡玛盐湖位于南美洲内陆跨越南回归线地区,该盐湖面积约

3200km^2。湖面海拔2300m，气候干燥、炎热。盐水平均年蒸发量2032mm，年降雨量20～50mm。晶间卤水富含锂、钾、硼，尤其锂浓度之高世界罕见。估计在1400km^{2}盐湖中心区储有钾58×10^{6}t、锂45×10^{6}t、硼29×10^{6}t。阿塔卡玛盐湖与我国的察尔汗盐湖地理状况和卤水性质十分相似，值得借鉴。

在实施太阳池相分离技术设计方案的过程中，考虑到进行多个井采卤水时，需用大口径单管道长距离多次提高扬程，输送原料卤水，不仅一次性建设投资费用过大，而且生产性运行费用也高。通过进行防渗透太阳池建造实验，决定取消长距离输卤工程，在阿塔卡玛盐滩上，新近建造防渗透太阳池。防渗透的关键在于：① 用石盐替代黏土；② 从美国进口三层复合塑料防渗漏布；③ 采用该公司自行研制的防渗透塑料粘接渗漏检测器。终于成功地在该盐湖盐滩上建造起大面积以石盐为材料，塑料夹心防渗透的太阳池。新池必须按要求泵入一定深度的卤水，控制日晒结晶速度，在池底形成30cm厚的粘接良好的氯化钠沉积，用作池底的防护。

在进行太阳池日晒场设计过程中，通过对湖区土壤调查结果，决定把日晒场建在阿塔卡玛盐湖北部，距采卤区25km处(该处有大面积优质黏土，可用以建造太阳日晒池)。在盐湖采卤区中心部位完成的泵卤试验结果表明，按照工厂生产规模，采卤井的设计允许最大流量为10m^3/s，总面积为14km^2，日晒场每年需要供给3120×10^{4}t原料卤水，这就是说，在一年四季中都需要以800m^3/s的流速往日晒场供给卤水。然而，在夏季蒸发速率高的时候，加上补充卤水的高峰时期，就需要更高的流速。为此，设计中采用40℃采卤井，每口井将16in① 泵卤进口管安放到地表以下30m处。群井取卤汇集于单管道中，使用增压泵，将卤水送往25km外的太阳池日晒场进行处理。

从采卤井送来的原料卤水密度d=1.226kg/m^3，依次在三组日晒池中进行蒸发浓缩。在由多步单池组成的第一组太阳池中卤水日晒蒸发，NaCl结晶析出原卤水中含量的3/4，卤水密度由1.226kg/m^{3}变到1.262kg/m^3，NaCl纯度较高，在此没有用处，只好被弃到池外，弃掉。蒸发到钾盐达到饱和，钾盐卤水被转移到第二组池(由多步单池组成)中，日晒再蒸发至析出KCl与NaCl的混盐。在不同季节(夏季和冬季)析出钾石盐组成略有不同，采收后钾混盐可用于制取KCl。结晶后卤水继续蒸发直到硫酸盐饱和并开始结晶析出。卤水被转移到第三组池(同样由多步单池组成)的第一个池中，在继续日晒蒸发过程中结晶析出$KCl \cdot MgSO_4 \cdot 2.75H_2O$、$K_2SO_4 \cdot MgSO_4 \cdot 6H_2O$、$KLiSO_4$、KCl、$KCl \cdot MgCl_2 \cdot 6H_2O$，它们都是含有NaCl在内的硫酸盐和钾混盐。其中各种盐中钾含量的多少主要取决于蒸发季节的气候条件。采用硫酸盐、钾混盐与卤水混合的最佳组成达到转化生产K_2SO_4，最

① 1 in=2.54cm，下同。

后浓缩卤水的组成见表 12－10 。

表 12－10　NaCl 池卤水组成(单位：mol/1000 mol H_2O)

盐水组成	原始卤水	夏季终结卤水	冬季终结卤水
NaCl	41.57	30.40	37.43
K_2Cl_2	5.75	11.80	13.50
Li_2Cl_2	2.84	5.82	4.71
$MgCl_2$	5.36	11.00	9.21
$MgSO_4$	4.97	10.20	10.32
H_3BO_3	1.58	3.24	2.73
d/(kg/m^3)	1.226	1.264	1.258

钾石盐用泡沫浮选法加工，产物再经干燥，即得 95％的氯化钾产品。以氯化钾为原料，可采用转化法制取硫酸钾和硝酸钾。钾锂混盐可用于制取硫酸钾和硫酸锂。该湖年产氯化钾 5.5×10^5t、硫酸钾 2.5×10^5t，还有硫酸锂、碘。其工艺见本书第 13 章。

12.6.3　大盐湖卤水日晒制取钾盐

大盐湖位于美国犹他州，从 1880 年即有工厂利用湖水制取氯化钠，后来开始生产钾盐，特别是硫酸钾。大盐湖卤水属于硫酸盐型，从卤水中直接制取硫酸钾，而不是由氯化钾与硫酸盐(或硫酸)转化制取硫酸钾。在大盐湖边，大盐湖矿物和化学品公司(GSL)是世界上最大的从卤水中制取硫酸钾的工厂，其生产能力达每年 45×10^4t。同时，该厂还生产金属镁、片状水氯镁石等其他产品。这里我们着重介绍如何从盐湖卤水中加工制取硫酸钾：将大盐湖卤水灌入盐田中，经日晒蒸发后首先饱和析出氯化钠，继续蒸发至钾盐饱和。在钾盐结晶池中析出含钾混合盐，它是由多种钾盐——钾盐镁矾、光卤石、软钾镁矾等以及少量氯化钠组成的混合物。然后在加工车间用返回母液处理含钾混合盐，使其转化为软钾镁矾。混合盐中的氯化钠对下一步转化制取硫酸钾不利，采用浮选法将氯化钠除去。接着用水分解软钾镁矾，就可获得很纯的硫酸钾。其工艺见本书第 13 章。

参 考 文 献

[1]　高世扬.运城盐湖制盐生产和历史研究.盐湖研究，1997，5(3～4)：1～14

[2]　高世扬，柳大纲.大柴旦湖滨盐田的建造.北京：科学出版社，1997.64～71；科学技术研究报告(中华人民共和国科学技术委员会出版)，化成字 63016，档案号 624，1965，1～8

[3]　罗莎莎，郑绵平．新型太阳池的研究．盐湖研究，2003，11(3)：65～70

[4]　李积才．盐湖太阳能的利用——太阳池.盐湖研究，1994，2(4)：60～70

[5] 毛兆明．国外太阳池的发展现状.新能源,1983,5(9):8～12
[6] 毛蓢秋，江建民．以色列的太阳池.新能源,1989,11(3):8～14
[7] Tabor H. Solar Energt. 1981,27 (3): 181～194
[8] Hull J R. Membrane stratified solar ponds. Solar Energy,1980, 25:317～325
[9] Akbarzateh A , Macdonald R W C, Wang Y F. Reduction of Surface mixing in salar ponds by floting rings. Solar Energy, 1983,31(4):377～380
[10] 邸乃力,李申生．微型太阳箍不同盖层的对比实验研究.太阳能学报,1988,9(3):332～337
[11] 叶克武．浅淡太阳池的设计.新能源,1981,3(6):14～19
[12] Dickinson W C,Clark A F,Day J A et al. The 8 hallow solar pond energy conversion system.Solar Energy, 1976,18 (1):3～10
[13] 王金龙．蜂窝型循环式太阳池海水淡化装置．中国专利，1990，CN 90226740
[14] Sokolov M,Freshwater A. Floating collector type solar pond.Solar Energy, 1990,44(1):13～21
[15] 李时珍．本草纲目(上册).十一卷．金石部．北京:人民卫生出版社,1963. 477～478
[16] 楚布柯夫．综合气候学．张京诚译．北京:教育出版社,1956.15～26
[17] 陈维桐．运城盐池晒盐和冻硝过程的初步调查及其理论探讨．山西化工学院学报,1959
[18] 梁保民．水盐体系相图原理及运用．北京：轻工业出版社，1986. 187～198
[19] 张彭熹,张保珍,唐渊等．中国盐湖资源及其开发利用．北京:科学出版社,1999.255～310
[20] 陈敬清，刘子琴，柳大纲．氯化物型盐湖卤水 25℃等温和天然蒸发．柳大纲科学论著选集.北京:科学出版社,1997.98～108
[21] 陈敬清,刘子琴,符廷进．硫酸盐型盐湖卤水 25℃等温蒸发．柳大纲科学论著选集．北京:科学出版社,1997.109～116
[22] 金作美,肖显志,梁式梅． Na^{+}, K^{+}, Mg^{2+}/Cl^{-}, SO_4^{2-}-H_2O 五元系统介稳平衡的研究．化学学报, 1980, 38(4):313～321
[23] 李海民,程怀德,张生有．卤水资源开发利用技术述评．盐湖研究,2003,11(3):51～64
[24] 李海民,程怀德,张生．卤水资源开发利用技术述评(续一). 盐湖研究,2003, 11(4):52～56
[25] 王恒栋，王光军．察尔汗盐田光卤石矿成矿机理与盐田应用管理模型探讨．盐湖研究,1998,6(1):46～61
[26] 徐日瑶,刘宏专,刘荣义．青海盐湖资源综合利用．盐湖研究,2003,11(1):31～34
[27] 李永华，刘铸宝，王萍，利用察尔汗卤水制取炼镁用光卤石．盐湖研究,1994,2(2):62～70
[28] 高世扬,柳大纲等.大柴旦盐湖夏季组成卤水天然蒸发.柳大纲科学论著选集.北京:科学出版社,1997.44～58
[29] 高世扬,柳大纲.大柴旦盐湖冬季组成卤水天然蒸发.柳大纲科学论著选集.北京:科学出版社,1997.59～64
[30] 高世扬,王建中,柳大纲.大柴旦盐湖的物理化学条件,科学技术研究报告.中华人民共和国科学委员会,化学字 63016,档案号 6249,编号 626,北京: 1965,1～7
[31] 高世扬,赵金福，薛方山．含硼饱和卤水的冷冻实验．盐湖研究,1998,8 (11):12～17
[32] 高世扬,柳大纲,张济仁,张国强．大柴旦盐湖卤水日晒工艺扩大实验.柳大纲科学论著选集. 北京:科学出版社,1997.72～86
[33] 李刚,高世扬．大柴旦盐湖湖滨日晒场施工建造．盐湖研究, 1994,2(2):149～157
[34] 宋彭生.盐湖及相关资源开发利用进展(续二). 盐湖研究,2000,18(1～3):14～62
[35] 马培华,王政存.阿塔卡玛盐湖综合开发.盐湖研究,1998,6(1):61～66

第13章　新类型硼酸盐盐湖资源开发利用

盐湖是无机盐宝库。地球上现代盐湖主要分布在干旱和半干旱的荒漠地带和高原上。现代盐湖包括矿物沉积和卤水(地表卤水和晶间卤水)。许多天然矿物存在于盐湖周边、湖底或干湖中。矿物的沉积是由于盐已经达到饱和后析出,因而卤水组成是矿物形成的主要来源。在中国近1000个盐湖中,有世界上列为第四位大的察尔汗盐湖(玻利维亚的乌尤尼盐湖列为第一位大,中国的罗布泊为第二位大,澳大利亚的艾尔湖列为第三位大)。我国盐湖面积约$4\times10^4km^2$,盐湖资源十分丰富且类型齐全,包括氯化物型、硼酸盐类型、硫酸镁亚型、硫酸镁型、硫酸钠亚型、碳酸盐类型和硝酸盐型等。

20世纪是世界各国对盐湖资源进行深入开发的时期,已有相当多的、大规模的各种无机盐生产基地。我国山西运城盐湖和青海茶卡盐湖主要生产食盐;青海察尔汗盐湖主要生产钾肥,副产水氯镁石;内蒙古的盐湖生产天然碱;西藏的、盐湖由沉积的硼镁矿生产硼酸和硼砂等。当今,对于盐湖无机盐的开发和利用,已不能满足科技和经济发展需要。世界能源紧缺,以及硼、锂的陆相矿藏越来越枯竭,资源日益贫乏,生产成本越来越高,21世纪初期,人们就更加关注且加速进行盐湖中钾、硼、锂资源的综合开发。

在青藏高原新类型硼酸盐盐湖中沉积的硼酸盐有开采价值的矿物有硼砂、钠硼解石、多水硼镁石和柱硼镁石等。锂赋存于卤水中。目前已发现西藏的扎布耶盐湖[1]天然沉积锂矿。从经济和科技发展需要出发,卤水中硼、锂资源的利用已成为当务之急,而在盐湖资源的开发过程中,又必须进行综合利用。因此,从盐湖卤水中提取锂、钾、硼和镁盐并生产出不同品种盐类的新技术和新工艺已被人们所关注。目前,盐湖已成为生产大宗碱金属和镁盐的主要基地。本书在前几章中已经介绍过我国高原上几个有代表性盐湖的地理、气候、资源及开发相关物理化学基础等问题。本章着重介绍新类型硼锂盐湖资源开发及综合利用[2]。

13.1　世界盐湖硼、锂资源

13.1.1　世界资源概况

1. *世界硼资源*[3～6]

世界上硼资源最丰富的国家为美国,其次是土耳其,我国居第三位。具有工业开发价值的硼矿主要集中在美国加利福尼亚州的硼城和西尔斯湖,土耳其的东部，阿根廷的安底斯山脉地区的含硼盐湖，哈萨克斯坦的 Inder 湖及中国东北的辽宁、吉林硼矿床等地区。它们提供了世界上所需的大部分硼产品。表 13－1 列出了具有商业价值的硼酸盐矿物成分的理论硼含量和主要产地。世界硼矿储量及计算储量基础见表 13－2。

表 13－1　具有商业价值的硼酸盐矿物及理论硼含量和主要产地

矿物	化学式	分子式	理论含量(质量分数)/%		主要产地
			B_2O_3	H_2O	
天然硼砂	$Na_2B_4O_7 \cdot 10H_2O$	$Na_2O \cdot 2B_2O_3 \cdot 10H_2O$	36.5	47.2	美国、土耳其、中国、阿根廷
三方硼砂	$Na_2B_4O_7 \cdot 5H_2O$	$Na_2O \cdot 2B_2O_3 \cdot 5H_2O$	47.8	30.9	美国
斜方硼砂	$Na_2B_4O_7 \cdot 4H_2O$	$Na_2O \cdot 2B_2O_3 \cdot 4H_2O$	51.0	26.4	美国
硬硼钙石	$Ca_2B_6O_{11} \cdot 5H_2O$	$2CaO \cdot 3B_2O_3 \cdot 5H_2O$	50.8	21.9	土耳其、阿根廷、美国
白硼钙石	$Ca_4B_{10}O_{19} \cdot 7H_2O$	$4CaO \cdot 5B_2O_3 \cdot 7H_2O$	49.8	18.1	美国、哈萨克斯坦
板硼石	$Ca_2B_6O_{11} \cdot 13H_2O$	$2CaO \cdot 3B_2O_3 \cdot 13H_2O$	7.6	42.2	阿根廷、美国
硅硼钙石	$CaBSiO_4(H_2O)$	$CaO \cdot B_2O_3 \cdot 2SiO_2 \cdot H_2O$	21.8	5.6	俄罗斯
斜硼钠钙石	$NaCaB_5O_9 \cdot 5H_2O$	$Na_2O \cdot 2CaO \cdot 5B_2O_3 \cdot 10H_2O$	49.6	25.6	美国
钠硼解石	$NaCaB_5O_9 \cdot 8H_2O$	$Na_2O \cdot 2CaO \cdot 5B_2O_3 \cdot 16H_2O$	43.0	35.6	中国、阿根廷、智利、玻利维亚等
水方硼石	$CaMgB_6O_8(OH)_6 \cdot 3H_2O$	$Cao \cdot MgO \cdot 3B_2O_3 \cdot 6H_2O$	50.5	26.2	阿根廷、中国、哈萨克斯坦
硼镁石	$MgBO_3(OH)$	$2MgO \cdot B_2O_3 \cdot H_2O$	41.4	10.7	中国、哈萨克斯坦
三斜硼钙石	$Ca_2B_6O_{11} \cdot 7H_2O$	$2CaO \cdot 3B_2O_3 \cdot 7H_2O$	46.7	28.2	土耳其
多水硼镁石	$Mg_2B_6O_{11} \cdot 15H_2O$	$2MgO \cdot 3B_2O_3 \cdot 15H_2O$	37.3	48.3	阿根廷
软硼钙石	$Ca_4B_{10}Si_2O_{21} \cdot 5H_2O$	$4CaO \cdot 5B_2O_3 \cdot 2SiO_2 \cdot 5H_2O$	44.4	11.5	墨西哥、土耳其
天然硼酸	H_3BO_3	$B_2O_3 \cdot 3H_2O$	56.3	43.7	意大利
方硼石	$Mg_3B_7O_{13}Cl$	$5MgO \cdot MgCl_2 \cdot 7B_2O_3$	62.2		中国

表 13-2　世界硼矿 B_2O_3 储量(单位:$\times10^4$ t)

国　家	储　量	储量基础
美国	11 500	23 000
土耳其	12 000	16 000
阿根廷	300	1 000
玻利维亚	600	2 100
智利	1 400	4 500
秘鲁	700	2 400
原苏联	6 000	15 000
中国	3 000	4 000
世界合计	35 500	68 000

注:引自中国矿产资源年报,1989。

2. 世界锂资源

自然界中的锂矿种类很多,但含 Li_2O 超过 2%的锂矿物只有 30 多种,如表 13-3所示。在这些矿物中,有开采价值的是锂辉石、透锂长石、锂云母和磷锂铝石和扎布耶石。

世界锂辉石矿主要分布在澳大利亚,其他的在巴西、原苏联,中国新疆和四川。

表 13-3　最重要的锂矿物

矿物名称	化学式	Li_2O/%	密度/(g/cm³)	硬度
锂辉石(spodumene)	$LiAlSi_2O_6$	5.9～7.6	3.1～3.2	6～7
透锂长石(petalite)	$LiAlSi_4O_{10}$	2.0～4.1	2.3～2.5	6～6.5
锂云母(lepidolite)	$K(Li,Al)_3(Si,Al)_4O_{10}(F,OH)_2$	3.2～5.7	2.8～3.3	2～4
扎布耶石(zabuyelite)	Li_2CO_3	40.44	2.09	3
铁锂云母(zlnnwaldite)	$K_2(Li,Fe,Al)_6(Si,Al)_8(F,OH)_4$	2.9～4.5	2.9～3.3	2～4
磷锂铝石(montebrasite)	$LiAlPO_4(F,OH)$	8.0～9.0	3	5.5～6
磷锂石(lithiophosphate)	Li_3PO_4	37.1	2.46	4
锂绿泥石(cookeite)	$LiAl_4(Si,Al)_4O_{10}(OH)_8$	0.8～4.3	2.6～2.7	2.5～3.5
锂霞石(eucryptite)	$LiAlSiO_4$	6.1	2.6	6.5
硅硼锂铝石(manandonite)	$Li_4Al_{14}B_4Si_6O_{29}(OH)_{24}$	3.97	2.9	2.5
锂冰晶石(cryolithionite)	$Li_3NaAl_2F_{12}$	11.5	2.772	2.5～3
带云母(tainiolite)	$LiAlPO_4OH$	2.4～3.8	2.8～2.9	2.5～3
磷锰锂石(lithiophylite)	$LiMnPO_4$	6.1～8.6	3.3	4～5

透锂长石分布于津巴布韦的比基塔、纳米比亚、巴西、澳大利亚和俄罗斯。锂云母是一种复杂的组成可变的矿物，Li_2O 含量为 3%～4%。锂云母通常还含有铷和铯。因此，提取锂后的母液又是提取铷和铯的原料。锂云母矿产于津巴布韦的比基塔、纳米比亚的卡里比亚及加拿大的伯尼克湖等地。中国江西宜春也有丰富的锂云母矿床。美国矿物局 1998 年统计报道世界锂矿储量列于表 13-4 中。

表 13-4　世界锂矿储量(金属锂)(单位：$\times 10^4$ t)

国家	储量	储量基础
美国	3.8	41
加拿大	18	36
巴西	91	—
玻利维亚	—	540
智利	300	300
津巴布韦	2.3	2.7
澳大利亚	15	16
世界合计	340	940

注：引自美国矿物局 1998 年统计。

3. 世界盐湖硼、锂资源[7,8]

盐湖资源的主要化学成分是碱金属、碱土金属的氯(卤)化物、硫酸盐、碳酸盐和硼酸盐等。盐湖是硼的重要资源之一。在自然界中，陆相的硼常常以硼氧化合物形式的存在，而在盐湖中是以钠、镁和钙的硼酸盐形式析出。除富含硼的碱湖卤水中可以析出硼砂外，硼砂一般不能从其他类型的盐湖卤水中析出。世界含硼的主要盐湖有以色列的死海，美国的大盐湖和西尔斯湖，智利的阿塔卡玛盐湖，中国的察尔汗盐湖、别勒滩盐湖、大柴旦盐湖、一里坪盐湖、东台吉乃尔湖、西台吉乃尔湖和扎仓茶卡湖。世界主要盐湖中钠、钾、硼、锂和镁的资源的组成及其盐类资源储量见表 13-5。

表 13-5　世界主要盐湖盐类资源储量(单位：t)

组成	死海	大盐湖	西尔斯湖	阿塔卡玛	察尔汗盐湖	别勒滩盐湖	西台吉乃尔盐湖
KCl	20×10^5	1×10^8	285×10^5	1.1×10^8	3.0×10^8	656×10^5	180×10^5
NaCl	120×10^8	32.3×10^8	—	—	430×10^8	2.0×10^8	84×10^8
$MgCl_2$	220×10^8	12×10^8	—	1.2×10^8	27×10^8	5.7×10^8	1.2×10^8
$MgSO_4$	—	170×10^5	—	—	—	—	—
LiCl	170×10^5	322×10^4	26.6×10^4	280×10^4	E*	E*	E*
B_2O_3	—	193×10^4	300×10^5	158×10^5	549×10^4	182×10^4	108×10^4

注：E*表示数据略。

著名的美国加利福尼亚州西尔斯湖卤水富含硼，早在 1919 年已开始从卤水中制取硼砂。美国的大盐湖、智利的阿塔卡玛干盐湖、意大利的拉德纳罗盐湖、哈萨克斯坦的 Inder 湖、俄罗斯的盐湖和土耳其的盐湖等都形成有硼矿床。我国青藏高原的许多盐湖都有现代沉积的硼酸盐矿物。表 13-6 给出了国内外主要盐湖卤水的硼、锂、钾含量[9]。可见，青藏高原盐湖从柴达木的大、小柴旦盐湖，达布逊盐湖，东台吉乃尔盐湖，西台吉乃尔盐湖，扎仓茶卡盐湖，班戈错盐湖，扎布耶茶卡盐湖卤水中硼、锂、钾含量都十分丰富。但是，可以满足商业开发条件的硼酸盐矿床仍不多见。盐湖锂盐矿床尚未形成。随着在世界范围内对硼酸盐和锂盐需求的广泛增长，开发卤水资源提取硼、锂产品已是当务之急。

表 13-6　国内外盐湖卤水中的硼、锂、钾含量

项目	卤水种类	含量		
		B	Li	K
中国盐湖				
大柴旦	湖水	0.470g/L	0.085g/L	3.122g/L
小柴旦	湖水	1.245g/L	0.035g/L	3.250g/L
西台吉乃尔	湖水	0.309g/L	0.202g/L	6.895g/L
西台吉乃尔	晶间卤水	0.389g/L	0.256g/L	8.444g/L
东台吉乃尔	湖水	0.214g/L	0.141g/L	3.7886g/L
东台吉乃尔	晶间卤水	0.379g/L	0.256g/L	8.444g/L
达布逊	湖水	0.324g/L	0.088g/L	0.713g/L
察尔汗	晶间卤水	0.078g/L	0.016g/L	12.11g/L
扎仓茶卡 Ⅰ	湖水	0.515g/L	0.505g/L	10.89g/L
扎仓茶卡 Ⅰ	晶间卤水	0.730g/L	0.553g/L	10.90g/L
扎仓茶卡 Ⅱ	湖水	0.605g/L	0.436g/L	9.950g/L
扎仓茶卡 Ⅱ	晶间卤水	0.696g/L	0.780g/L	17.54g/L
扎布耶茶卡	晶间卤水	0.648g/L	1.724g/L	3.856g/L
郭加林错	湖水	1.521g/L	0.150g/L	7.815g/L
班戈错 Ⅱ	晶间卤水	1.432g/L	0.245g/L	3.9966g/L
雅根错	湖水	0.531g/L	—	2.235g/L
国外盐湖				
西尔斯湖	晶间卤水	0.35%	—	2.69%
大盐湖	湖水	—	0.006%	0.4%
阿塔卡玛	晶间卤水	0.07%	0.16%	1.79%
Inder 湖	湖水	0.35%	0.007%	2.69%

注：表中元素含量 g/L 和%（质量分数）引自文献[8,10]

13.2 青藏高原盐湖硼酸盐盐湖资源

13.2.1 资源概况[10,11]

我国的硼矿资源除东北的硼镁铁矿外,大部分为盐湖沉积的固体硼酸盐矿。以钠、镁和钙硼酸盐为主。可分为四种类型矿床,即柱硼镁石矿床、钠硼解石矿床、柱硼镁石-库水硼镁石矿床和钠硼解石-库水硼镁石矿床。这类矿床在西藏的扎仓茶卡湖和聂尔湖等湖区分布较为广泛。青海的大、小柴旦盐湖,钠硼解石多以层状产于小柴旦盐湖,柱硼镁石多以细晶状或聚集状析出,该矿多数埋藏在湖底。

由盐湖形成天然硼砂矿床的分布较为广泛。例如,西藏藏北地区的许多盐湖沉积有硼砂矿床。在这些盐湖中一般能见到两三层矿体,各湖区矿层厚度不同,有的仅几十厘米,而有的厚达几米至十几米,重要的代表性盐湖为班戈错、郭加林错等盐湖。在青海一些盐湖的沼泽地带常发现有天然硼砂晶体。利用价值最大的是西藏藏北盐湖的硼酸盐,这是因为硼酸盐大都沉积在地表便于开采。西藏硼酸盐采掘业的发展将会对内地硼砂、硼酸加工产业有发展推动作用。

下面对盐湖的开发利用分固体矿石和盐卤两个方面进行介绍。

13.2.2 沉积硼酸盐矿藏的开采和加工[11]

在青藏高原的盐湖区的湖滨或湖底沉积矿物中,已发现14种固体硼酸盐矿物(表13-7)。其中的三方硼镁石、章氏硼镁石、水碳硼石都是先在中国发现,后来才在世界其他地方陆续被找到的。在大柴旦盐湖区已查明的9种硼酸盐矿物是含镁、钙和钠的硼酸盐。其中不常见的5种是水合镁硼酸盐——柱硼镁石、多水硼镁石、库水硼镁石、三方硼镁石和章氏硼镁石。

表13-7 青藏高原盐湖的硼酸盐矿物

矿物名称	化学式	B_2O_3(质量分数)/%	密度/(g/cm^3)
天然硼砂	$Na_2B_4O_7 \cdot 10H_2O$	36.51	1.69～1.76
三方硼砂	$Na_2B_4O_7 \cdot 5H_2O$	47.80	1.83
斜方硼砂	$Na_2B_4O_7 \cdot 4H_2O$	51.02	1.91
钠硼解石	$NaCaB_5O_9 \cdot 8H_2O$	42.95	1.65～1.95
柱硼镁石	$MgB_2O_4 \cdot 3H_2O$	42.46	2.29
库水硼镁石	$Mg_2B_6O_{11} \cdot 15H_2O$	37.32	1.845
多水硼镁石	$Mg_2B_6O_{11} \cdot 15H_2O$	37.32	1.78～1.79

续表

矿物名称	化学式	B_2O_3(质量分数)/%	密度/(g/cm³)
三方硼镁石	$MgB_6O_{10}\cdot 7.5H_2O$	54.36	1.85
章氏硼镁石	$MgB_4O_7\cdot 9H_2O$	50.53	1.70～1.73
水方硼石	$CaMgB_6O_{11}\cdot 6H_2O$	15.70	1.90～2.17
水碳硼石	$Ca_2MgB_2O_4(CO_3)_2\cdot 8H_2O$	37.62	2.105
板硼石	$Ca_2B_6O_{11}\cdot 13H_2O$	61.98	1.88
诺硼钙石	$CaB_6O_{10}\cdot 4H_2O$	61.98	2.09
多水氯硼钙石	$Ca_4B_8O_{15}Cl_2\cdot 22H_2O$	61.98	1.83

表 13-7 的 14 种矿物中,具有工业价值的主要是天然硼砂、钠硼解石、硼镁石和多水硼镁石等。西藏盐湖硼酸盐储量达数千万吨,每吨原矿的售价为 867～1300 元(三氯化二硼含量 20%的硼砂矿售价为 867 元/t;三氧化二硼含量 30%的硼镁矿售价为 1300 元/t)。

在西藏的盐湖硼酸盐矿床有两种类型:一种为钠硼酸盐。构成这类矿床的主要矿物为天然硼砂($Na_2B_4O_7\cdot 10H_2O$)、三方硼砂($Na_2B_4O_7\cdot 5H_2O$)、斜方硼砂($Na_2B_4O_7\cdot 4H_2O$)和钠硼解石($NaCaB_5O_9\cdot 8H_2O$)等,这些矿物主要分布在班戈错、郭加林错、硼彦错以及恰莱卡等盐湖中。另一种为镁硼酸盐。西藏扎仓茶卡盐湖沉积出的固体硼矿是库水硼镁石和多水硼镁石,其次是柱硼镁石和钠硼解石。该硼酸盐盐湖矿区与柴达木盆地大柴旦盐湖沉积硼矿藏的不同在于:在扎仓茶卡Ⅰ湖和扎仓茶卡Ⅱ湖之间堤上沉积的硼酸盐已高离湖水,可进行露天简易开采。由于这些硼酸沉积条件和特殊的沉积机理,很少混杂有一般盐类,机械杂质少,平均品位很高。

1. 由钠硼解石制取硼酸和硼砂

(1) 酸法生产硼酸。钠硼解石是含钠和钙的一种硼酸盐矿物,品位较高,它在水中溶解后会转变为钙硼酸盐。它在碳酸钠溶液中生成硼酸钠溶液和碳酸钙沉淀,原矿中的杂质石膏和硫酸盐可以生成硫酸钙和镁的碳酸盐或碱式碳酸盐沉淀。

$$NaCaB_5O_9\cdot 8H_2O + Na_2CO_3 \rightleftharpoons Na_2B_4O_7 + NaBO_2 + CaCO_3 + 8H_2O$$

可见,钠硼解石属于容易加工的矿石。因此,对该矿石的加工,可采用硫酸法制取硼酸(图 13-1)和采用碱解法制取硼砂。

(2) 碱法生产硼砂。从 20 世纪 60 年代起,在青海和西北其他的一些工厂开始对钠硼解石进行加工,制取硼砂,其工艺多为常压或加压碱解。另外,也可以采用 CO_2 碳化法制取硼砂。

用 Na_2CO_3 或 $NaHCO_3$ 在常压(图 13-2)或加压下分解硼矿,硼矿石与碱的配料比为 1∶1，采用加压分解时，需要 24h。分解后的溶液浓度为 23～24°Bé，其中含 $Na_2B_4O_7$ 25%，Na_2CO_3 4%～5%，经蒸发结晶得到的硼砂纯度为 97.5%。

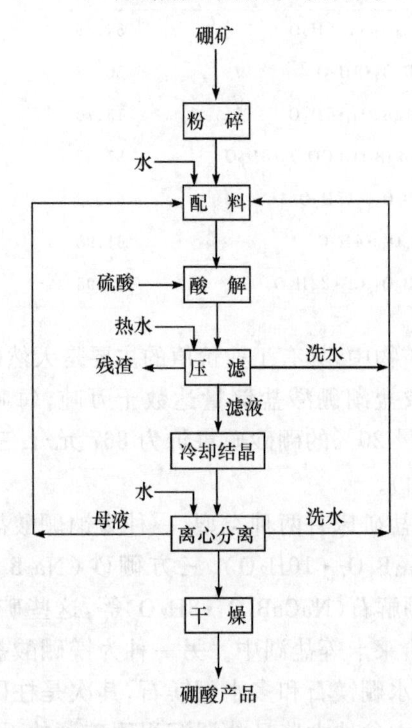

图 13-1 硫酸法制取硼酸工艺流程

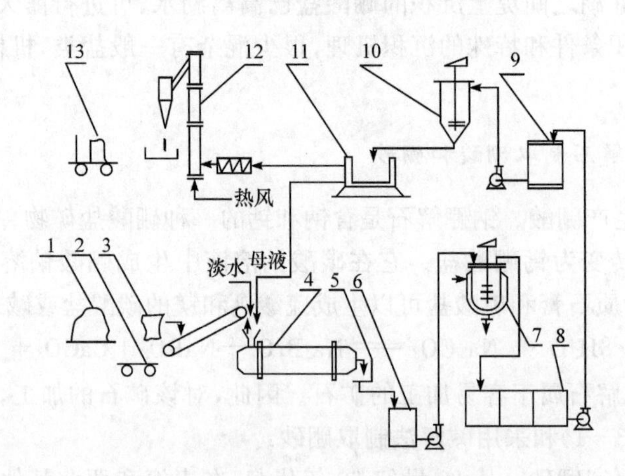

图 13-2 钠硼解石常压法制取硼砂工艺流程图

1. 原矿；2. 地磅；3. 纯碱；4. 磨矿机；5. 筛网；6，9. 储藏；7. 碱解；8. 叶片过滤机；10. 冷却结晶器；11. 离心机；12. 气流干燥器；13. 产品

① 碳化法。常压，在 38～40℃ 下通 CO_2（浓度 17%），碳化时间为 15～ 20h。

② 碳化液的组成。硼砂 10%～20%，$NaHCO_3$ 70%～ 80%，盐及硫酸盐 1%～2%，然后提取硼砂。此外，在大柴旦盐湖湖滨有相当数量的贫硼矿，如果直接按上述方法加工，在经济和技术上都不可行。若能先进行选矿除去部分杂质后，就可以再按成熟技术进行加工。为此，中国科学院青海盐湖研究所等单位曾开展过大柴旦盐湖贫硼矿的选矿研究，提出“浮选-化学法”工艺对低品位的钠硼解石矿（含 B_2O_3 4%左右），首先对贫矿进行浮选，使 B_2O_3 含量富集到 12%左右，然后采用加压碱解法加工精硼矿，制取硼砂产品。

采用碱法由钠硼解石矿制取硼砂的加工工艺：将矿石粉碎到 80 目（约 0.7mm）左右，放入第一次碱解罐中；加入分解剂溶液于 90～95℃时进行碱解约 1h；然后过滤，将滤液在 30～35℃下冷却结晶，离心过滤即得到硼砂。滤液返回第一次碱解罐作配料用。第一次碱分解后的滤渣，加入纯碱和碳酸氢钠的加压釜混合溶液中，在 120℃的条件下，再进行第二次碱分解，然后过滤、洗涤，滤液用作第一次碱分解剂，洗水用于配制第二次碱解的分解剂。其工艺流程如图 13 - 3 所示。该法制得的硼砂纯度为 99%，硼的回收率为 85%～90%。

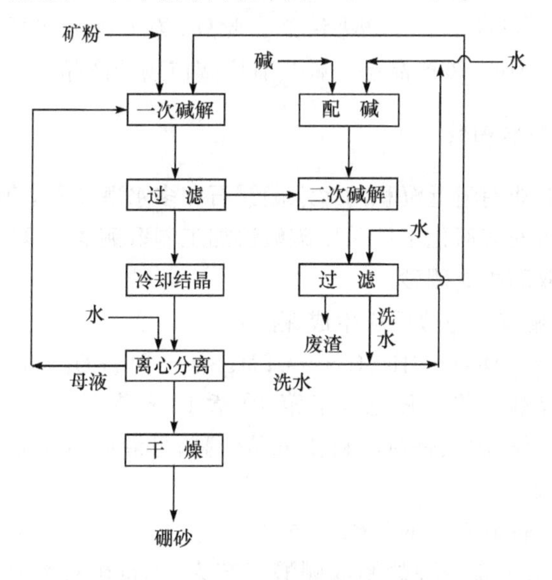

图 13 - 3　碱法制取硼砂工艺流程

2. 硼砂纯化和制取过硼酸钠

碱性硼酸盐盐湖中沉积的是混有其他矿物的粗硼砂，需要进行精制。最简便的加工方法是采用重结晶法制取纯硼砂。

(1) 重结晶法精制硼砂。由粗硼砂加工精制硼砂的工艺过程为：将矿石粉碎

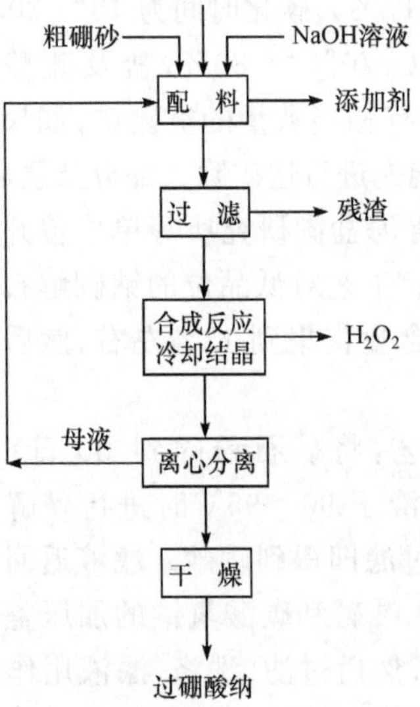

图 13-4 由粗硼砂矿制取过硼酸钠工艺流程

至粒径为 0.5～1.5mm，送入溶浸槽中加水溶浸，加热到 100℃，放入少量絮凝剂，搅拌 30min 后进行热过滤，将此滤液冷却结晶，离心分离、洗涤、烘干，即可得到硼砂产品。为防止硼砂在储存和运输过程中结块，可在离心分离硼砂时用 5% 的硼酸溶液进行最后一次洗涤。产品纯度达 99%，可作为工业品出售。

(2) 生产过硼酸钠。中国科学院盐湖研究所杨存道等研究了利用西藏粗硼砂矿制取过硼酸钠的加工工艺。过硼酸钠在温度为 50℃左右时洗涤效果颇佳，用粗硼砂矿制取过硼酸钠工艺为：用粗硼砂在碱液中与过氧化氢作用，生成过硼酸钠，用洗涤剂的母液配料。其工艺流程如图 13-4 所示。

过硼酸钠可同时与含酶洗衣粉一起使用。欧洲每年硼酸钠的需要量超过 30×10^4t，主要用于生产去污剂。此外，绝大部分优质洗衣粉均含有约 20% 的过硼酸钠。因此，该产品是一种具有广阔市场的产品。

3. 由硼镁石制取硼酸

西藏扎仓茶卡盐湖附近沉积的库水硼镁石和多水硼镁石，简称硼镁石，曾被运往青海化工厂和西安蟠河化工厂采用硫酸法加工制取硼酸。现在是又运至兰州的工厂进行加工制取硼酸或硼砂。

1) 硫酸法。硼镁矿与酸反应生成硼酸：

$$2MgO\cdot3B_2O_3\cdot15H_2O+2H_2SO_4 \rightleftharpoons 2MgSO_4+6H_3BO_3+8H_2O \qquad (13-1)$$

硫酸法制取硼酸工艺流程见本书第 10 章 10.6 节所述。该法优点是工艺简单，流程短，易于操作；缺点是对原料要求品位高，母液尚不能完全利用，从而使其硼的回收率比较低。

下面补充另一种制硼酸的亚硫酸法。

2) 亚硫酸法加工镁硼酸盐制取硼酸工艺为：先将矿石粉碎至粒径为 0.50～0.55mm，送入分解反应器中，按液-固比 3∶1 配料，在不断搅拌下逐渐升温，并通入 7% 的二氧化硫气体，反应 150min 后过滤，滤渣用热水洗涤 5 次，前 3 次洗水含硼量较高，可与分解液合并，后两次洗水与硼酸洗水合并，使之返回配料。过滤后的分解液经用硫酸调其 pH 后，将其冷却到 20℃，即可结晶出硼酸，最后经离心分离、洗涤干燥，即得到硼酸产品。该法获得的硼酸产品纯度为 99%，硼的回收率为 94%，远高于硫酸法(回收率 78%)，并且可加工低品位的镁硼酸盐。亚硫酸法制取硼酸工艺流程如图 13-5 所示。

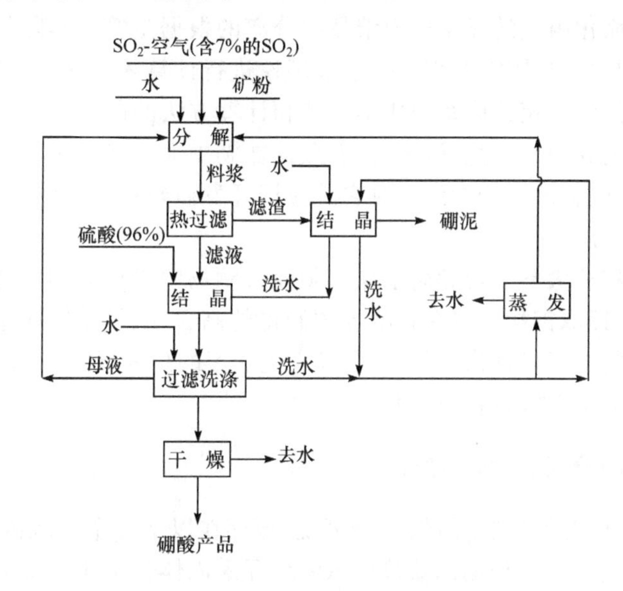

图 13-5　亚硫酸法制取硼酸工艺流程

综上所述，硼酸盐加工制取硼酸的工艺技术并不复杂，加工设备也较简单，操作控制也较容易进行。可将硼酸产品进一步加工制取硼酐和高附加值产品。

西藏盛产优质镁硼矿，开采 B_2O_3 品位≥30%，年产量在$(3\sim5)\times10^4$t，成为替代进口的硬硼钙石的优质原料，在近 10 年来长盛不衰，但近期由于能够从俄罗斯等国低价进口硼酸，暂时停止采集镁硼矿作为制取硼酸的原料[13]。

13.3　硼酸盐盐卤资源综合利用

我国青藏高原许多盐湖属于海水型硫酸镁亚型硼酸盐盐湖，富含钾、硼和锂资源。例如，西藏有扎仓茶卡湖、基步茶卡和秋里南木等地的盐湖，青海有大、小柴旦，东、西台吉乃尔，别勒滩、一里坪等盐湖，湖水中钾、硼、锂含量都较高。

本书在第 9 章、第 10 章和第 11 章中已经论述过青藏高原新类型硼酸盐盐湖中的三个主要盐湖，即大柴旦盐湖、扎仓茶卡盐湖和台吉乃尔盐湖。由于这些盐湖地处偏僻，组成又十分复杂，现在除了对固体矿物进行部分生产外，对于含有极为丰富的锂、钾、硼和镁的资源还没有进行大规模开发。要获取硼和锂必须先除去钠盐、分离出钾盐、提取硼后才能提取锂盐。根据盐湖地处高原的特点，这些分离当然是采用太阳能相分离技术最经济可行。

这类盐湖为 Li^+，Na^+，K^+，Mg^{2+}/Cl^-，SO_4^{2-}，$B_4O_7^{2-}$-H_2O 多组分卤水体系，

成分十分复杂。五元体系相图已不能表示其相关系。不过,在蒸发的不同阶段、不同组成可以用简化组成的体系作为结晶相分离的根据是符合实际的,若要估算体系中哪种盐结晶析出,则需要用浓盐溶液理论进行计算才能表示。宋彭生教授多年来一直从事盐卤中相关体系的化学模型和计算方法的研究(在本书的第 5 章和第 7 章中有系统介绍)。我们认为,在硼酸盐盐湖中大柴旦盐湖具有代表性,而它又是研究较早、较多的一个盐湖。对它的应用开发做较系统介绍会对其他盐湖的开发具有借鉴作用。

本章主要叙述大柴旦盐湖卤水在太阳池日晒场中进行盐类分离,得到的各种混盐作为原料,提取钾盐。将在日晒场中制得的高含硼、锂浓缩卤水,作为提取硼酸和锂盐的原料。我们认为,无论从学校学生学习的角度,还是从事盐湖资源开发利用的角度,都具有学习借鉴作用。

13.3.1　芒硝的分离、脱水和净化

大柴旦盐湖芒硝矿储量虽然十分可观,却存在以下三个不利因素:① 直接开采固体芒硝矿进行加工利用的难度颇大;② 开采固体芒硝矿需要修建矿区公路,假如进行旱采作业,还需要打围堤,大量抽排卤水,进行表层废矿剥离等,工程费用大;③ 开采得到的固体盐中只有大约一半是芒硝固体矿,还有一半是 NaCl 和其他盐类沉积物,尚需进行净化分离。可见,直接利用湖表卤水或晶间卤水,采用自然能相分离技术制取芒硝简单、可行、经济合理。

大柴旦盐湖地表卤水枯水期卤水面积为 22.9km^2,平均水深 0.2m。湖水密度为 1.241g/cm^3,平均硫酸根含量 34.55g/L。估算湖水中的芒硝储量为 53.1×10^4t。若每年从湖表卤水中分离 5×10^4t 芒硝(含 90.7% $Na_2SO_4\cdot10H_2O$)可供生产洗涤剂用无水硫酸钠 1.5×10^4t(每生产 1t Na_2SO_4 消耗 3.3t 原料芒硝,收率以 75%计)。考虑到大柴旦湖底盐类沉积区中的晶间卤水量要比湖表卤水量大 10 倍以上,且化学组成常年相对比较稳定,又因在固体盐类沉积中 Na_2SO_4 储量有近 1.46×10^8t,在从卤水中大量取走硫酸钠的情况下,将会形成与湖区析出盐类相反的逆过程,即沉积芒硝将会使淡水溶解湖底芒硝而补给晶间卤水和湖表卤水。

1. 芒硝的采集

(1) 湖表卤水的年变化与析出芒硝的关系。盐湖地表卤水温度的变化:在 8 月份,最高水温为 22.2℃;在 1 月份,最低水温为 −9.4℃。根据观测记录,可将其水温变化划分为以下 3 个阶段。

第 1 阶段,从 1~3 月份,在此期间地表卤水温度随着大气温度的迅速上升而急剧升高。

第 2 阶段,从 4~9 月份,在此期间地表温度上升速度比前一阶段缓慢,上升幅

度也较小。

第 3 阶段,从 10 月份到翌年 1 月份,在此期间卤水温度随着大气温度的迅速下降而下降。结合水位记录可以看到,地表卤水每年出现两次上涨,分别发生在 3～5 月份和 10～12 月份之间,最高水位分别出现在 5 月份和 12 月份这两个月内,最低水位分别出现在 2 月份和 10 月份内。根据高世扬等[14,15]通过研究不同时期地表卤水化学组成的变化得出四边形结晶规则可见,氯化钠的含量从 3～9 月份逐渐增加,9 月份以后开始降低,到翌年 3 月份左右达最低值后,又开始逐渐增加。氯化钠含量从 5 月份以后逐渐降低,直到翌年 1 月份达极小值后,从 2～4 月份却逐渐增高到极大含量。值得注意的是,硫酸镁含量从 1～9 月份这一期间逐渐增加,9 月份达到最高含量,从 10 月份到翌年 1 月份其含量在很快地减少。这里,氯化镁的变化是从 5 月份到翌年 1 月份其含量一直在不断地增加,到 1 月份达到极大值后,从 2～4 月份出现迅速下降。湖区常年地表卤水区的盐类沉积情况:每年从 5 月份以后到 10 月份这一时期,湖水底部新沉积 NaCl,最厚可达 10cm 以上,从 11 月份开始新沉积迅速消溶,在此期间却出现新析出的芒硝沉积。翌年 1 月份,湖表卤水中的芒硝达到极大,厚度约 10cm,随着天气开始转暖,3～4 月份期间芒硝迅速消溶。

(2) 采用两种方式采集芒硝:① 人工用竹(木)筏,用细孔大漏勺,在 11 月份到翌年 1 月底之间,每天早上 8～11 时进行水硝($Na_2SO_4 \cdot 10H_2O$)采集,然后运到北岸边适当部位进行堆放,以堆垛 5(m)×2(m)×1(m)方式储存;② 与处理卤水的日晒场常年运行中的冬季补充卤水的安排相结合。首先在泵卤位置的湖表卤水底部开筑一条南北的集卤集硝沟,长 30m 以上,宽 2m,深 0.8～1.0m。使用电动水车从集卤(硝)沟中将带芒硝细晶的卤水浆料经提升并送往硝水分离池,分离卤水送往储池,芒硝被收集在池底上部,集中后被转送到岸边堆存备用。

2. 制取芒硝的工艺

大柴旦盐湖地表卤水冬季天然冷冻制取芒硝的工艺流程如图 13-6 所示。采用天然冷冻法从 NaCl 饱和卤水中制取芒硝可以在原有中试日晒场的前两个大池中进行,也可以在原中试日晒场的南面湖边修筑一个专用冻硝池,用于储卤越冬冻硝,最好是利用现有大柴旦化工厂在淡地表卤水区东北部位围埝采矿废坑围子进行简单改造后,用于湖水的天然冷冻芒硝。因为这里距离东北湾地表淡水源很近(最近处只有几十米),常年有足量的淡水可供使用。动力电源可以从中试日晒场变压器直接用低压电源供给。工程建设费用的投资最小。将采集的芒硝在堆存过程中,自然地滤去部分母液,所得芒硝的纯度能达到 95%左右,一般工业可以使用。

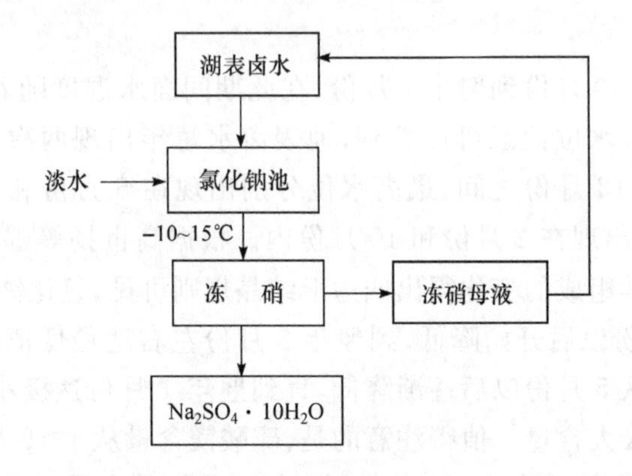

图 13-6 大柴旦盐湖水天然冷冻制取芒硝工艺

3. 芒硝脱水制取无水硫酸钠

由盐湖制取的芒硝脱水制取无水硫酸钠的方法有多种，现介绍以下三种。

(1) 天然脱水制取无水硫酸钠。由 $Na_2SO_4 \cdot 10H_2O$ 相转变为 Na_2SO_4 的相变温度是 32.4℃。也就是说，$Na_2SO_4 \cdot 10H_2O$ 在 32.4℃以上的自然界就可以转化成为 Na_2SO_4。因此，在有些气温高的干燥地区盐湖滩上存在天然脱水转化成无水硫酸钠的条件。

(2) 氯化钠盐析法制取无水硫酸钠。利用 $NaCl-Na_2SO_4-H_2O$ 三元体系溶解度图。加入氯化钠，由于钠离子的盐析效应，可以纯化和制备无水硫酸钠。

(3) 全溶蒸发法。将芒硝全溶除去盐田矿附带的卤水，然后采用流化床脱水制取无水硫酸钠。

现在大规模制取无水硫酸钠的工艺比较成熟，多采用分级干燥和流化床干燥脱水。在此不再叙述。

13.3.2 氯化钾和硫酸钾的制备

从卤水中分离各种盐类已经有不少综述，此处不做一一介绍，有兴趣者可参阅相关文献。氯化钾和硫酸钾的详细[16～18]工艺过程也可参阅文献[19～22]。下面仅介绍最常采用的制备方法中的重要环节。

1. 溶解结晶法由钾石盐制取氯化钾

(1) 原理。在本书 4.2.2 节中已经介绍过，采用溶解结晶法由钾石盐矿制取氯化钾是按照 $KCl-NaCl-H_2O$ 三元体系多温溶解度相图进行的工艺设计。

(2) 工艺操作过程及设备。将钾石盐矿破碎和磨细至 5～10mm，送去溶解浸取。所用设备多为螺旋溶浸槽，浸取温度 105℃，用蒸气直接加热。分离出溶浸物料中的粗粒盐渣和细粒矿泥等不溶物，获得澄清的溶浸液，过滤、沉降，并用少量水淋洗得产品。原矿含矿泥多的，可采用 2～3 级过滤和洗涤。

冷却和结晶多使用不同类型的 DTB 型、OSLO 型、SM 型等结晶器。采用 3～7 级结晶过程，可回收溶浸液的 40%～70%。结晶析出的氯化钾离心分离后仍含有 1%～3%的水分，有时水分可达 6%～9%，需要进行干燥。可采用转筒干燥机（各种粒度）、气流干燥（细粒产品）或流化床干燥（粗粒产品）。干燥机操作稳定易行，但生产费用稍高。后两种干燥生产强度高，现已广泛应用。干燥后符合国家标准规定的成品含水分应在 2%以下。有时为了用于制造氮、磷、钾掺混肥料，氯化钾结晶产品也可挤压造粒，制成 1～4mm 的颗粒肥料。溶解结晶法制取氯化钾的工艺流程如图 13-7 所示。

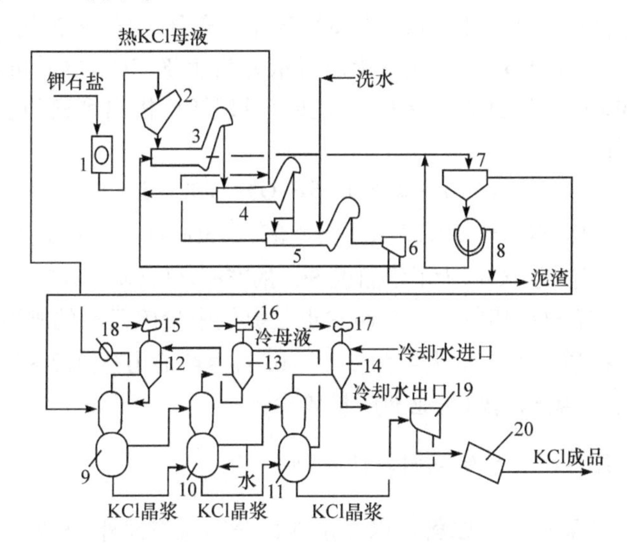

图 13-7　溶解结晶法从钾石盐制取氯化钾工艺流程

1. 破碎机；2. 振动筛；3,4,5. 第一、第二、第三螺旋溶浸槽；6. NaCl 残渣离心机；7. 澄清槽；8. 真空转鼓过滤机；9,10,11. 结晶器；12,13,14. 冷凝器；15,16,17. 蒸汽喷射器；18. 加热器；19. KCl 晶浆离心机；20. 干燥机

从钾资源中加工制取出来的初级产品主要是氯化钾，它是钾化学品中在工农业上应用最广泛、最大宗的产品。市场上销售的其他钾化学品大多由氯化钾深加工获得。

2. 由氯化钾制取硫酸钾

钾肥中大量使用的品种是氯化钾，但氯化钾中的氯会给某些农作物的品质带来不利的影响，特别是一些经济作物，如烟草、柑橘、葡萄、亚麻、荞麦、马铃薯、茶叶等。对这类“忌氯作物”必须施用“无氯钾肥”，硫酸钾是最主要的无氯钾肥。硫酸钾本身在工业上也有多种用途。例如，用于制取各种钾盐；制取过硫酸钾

($K_2S_2O_8$,是一种氧化剂、聚合引发剂、促进剂);制取钾水玻璃、碳酸钾、钾明矾等(染料工业、玻璃工业的澄清剂,香料工业的助剂);制取医药上的缓泻剂及食品工业的添加剂等。所以,硫酸钾是钾盐中仅次于氯化钾的第二大产品。

3. 由软钾镁矾制取硫酸钾

在盐田中根据相化学原理,经过兑卤可以获得粗软钾镁矾,浮选后获得的软钾镁矾纯度约为94%。

软钾镁矾在水中转化为 K_2SO_4,在 25 ~50℃水中溶解时是不调和溶解(与光卤石类似),达到平衡后就会有相应量的固体以 K_2SO_4 析出。对 K_2SO_4-$MgSO_4$-H_2O 体系在 50℃的相图平衡研究结果表明,一定量的软钾镁矾加入需要量的水,使体系组成点达到 K_2SO_4 过饱和,在 50℃条件下充分搅拌,使转化反应达到平衡。这时就会达到固体 K_2SO_4 和与之平衡的母液先析出 K_2SO_4,然后析出硫酸钾和钾镁矾($K_2SO_4 \cdot MgSO_4 \cdot 4H_2O$)。当 K_2SO_4 少于 11%时,析出钾镁矾。其固、液相转化化学反应方程为

$$36.25(K_2SO_4 \cdot MgSO_4 \cdot 6H_2O) + 782.5H_2O \rightleftharpoons 16.9K_2SO_4 + (19.35\ K_2SO_4 + 36.25MgSO_4 + 1000H_2O) \quad (13-2)$$

硫酸钾的收率仅为44%,为了增加 K_2SO_4 的产率,可以使用 $KCl + H_2O$ 替代纯水。

硫酸钾还含有 SO_3 45.94%,因而它也是提供中量硫元素的肥料。

目前,世界硫酸钾的产量大约为 2.5×10^6 t,生产能力达 3.7×10^6 t。主要生产国有德国、比利时、美国、智利,亚洲产量较少。

4. 由氯化钾与硫酸盐转化制取硫酸钾

在工业上,除某些含钾原料可以直接加工获得硫酸钾外,大多数从氯化钾与另一含有硫酸根的物质(例如,硫酸、各种硫酸盐)为原料经复分解转化获得,可采用的原料及副产品情况见表 13-8。

表 13-8 由氯化钾与含硫酸根原料制取硫酸钾

硫酸或硫酸盐	化学反应式	副产物	
		名称	理论产量(以 K_2SO_4 计)/t
H_2SO_4	$2KCl + H_2SO_4 \longrightarrow K_2SO_4 + 2HCl$	31% HCl	1.348
$MgSO_4 \cdot H_2O$	$2KCl + MgSO_4 \cdot H_2O + 5H_2O \longrightarrow K_2SO_4 + MgCl_2 \cdot 6H_2O$	$MgCl_2 \cdot 6H_2O$	1.367
$CaSO_4 \cdot 2H_2O$	$2KCl + CaSO_4 \cdot 2H_2O + 4H_2O \longrightarrow K_2SO_4 + CaCl_2 \cdot 6H_2O$	$CaCl_2 \cdot 6H_2O$	1.268
Na_2SO_4	$2KCl + Na_2SO_4 \cdot 10H_2O \longrightarrow K_2SO_4 + 2NaCl + 10H_2O$	NaCl	0.671
$(NH_4)_2SO_4$	$2KCl + (NH_4)_2SO_4 \longrightarrow K_2SO_4 + 2NH_4Cl$	NH_4Cl	0.614

从表 13-8 中看出，选用 $MgSO_4 \cdot xH_2O$ 或 Na_2SO_4 与 KCl 转化成 K_2SO_4，对充分利用盐湖资源和就地取材是比较合理、经济的。

氯化钾与硫酸镁、硫酸钠或它们的水合物反应，都能够经复分解转化制取硫酸钾。硫酸镁、硫酸钠与氯化钾的转化较常采用，自然界中存在的硫酸盐复盐，如无水钾镁矾、“硬盐”也可用于制取硫酸钾。

硫酸镁、硫酸钠与氯化钾经复分解转化制取氯化钾，是根据相应水盐体系的相平衡规律实现的。由 K^+，Mg^{2+}/Cl^-，SO_4^{2-}-H_2O 体系和 K^+，Na^+/Cl^-，SO_4^{2-}-H_2O 体系在 25℃时的平衡溶解度相图(见本书第 4 章图 4-16 和图 4-17)可知，以氯化钾与硫酸镁或硫酸钠转化制取硫酸钾是按两步法：第一步，中间产物软钾镁矾($K_2SO_4 \cdot MgSO_4 \cdot 6H_2O$)或钾芒硝($3K_2SO_4 \cdot Na_2SO_4$)；第二步，复盐在水中分解获得 K_2SO_4。其回收率要明显高于一步直接获得 K_2SO_4。所以，由硫酸镁、硫酸钠与氯化钾复分解转化制取硫酸钾时，在工业上通常都采用两步法工艺。

转化工艺的优点是反应通常在常温下进行，操作易于控制，不会产生严重的设备腐蚀问题。关键是必须保证过程中的水量平衡，尤其是采用泻利盐或芒硝这类含结晶水的原料时。另外，还应该使两步法中产生的母液都能循环使用，才会获得较好的技术、经济指标。由于原料中通常总含有氯化钠杂质，所以实际上整个转化过程是在 NaCl 不饱和而 K_2SO_4 饱和的五元体系 K^+，Na^+，Mg^{2+}/Cl^-，SO_4^{2-}-H_2O 中进行的，物料平衡条件要比相应四元交互体系复杂。我们曾对这一类相平衡溶液的组成做过理论预测，对转化工艺条件进行过分析和讨论。加拿大 Big-Quill 公司采用钾芒硝工艺制取硫酸钾，生产能力达 5×10^4t/a。

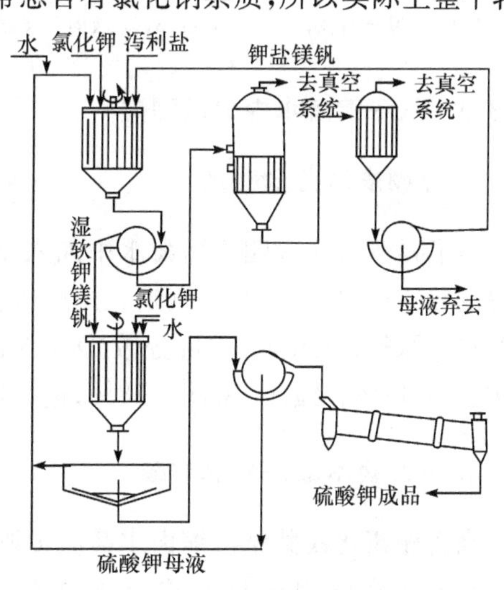

图 13-8　由泻利盐和氯化钾制取硫酸钾的工艺流程

图 13-8 和图 13-9 分别为由泻利盐与氯化钾和由芒硝与氯化钾转化法制取硫酸钾的工艺流程。美国大盐湖的 GSL 公司是目前世界上最大的硫酸钾生产厂家，生产能力为 45×10^4t/a。该厂是利用由盐田获得的钾混盐经一系列复杂的相化学处理，最后制得硫酸钾。

5. 由钾镁矾制取硫酸钾

无水钾镁矾，$K_2SO_4 \cdot 2MgSO_4$(langbeinite)是一种硫酸钾与硫酸镁的复盐，在美国 New Mexico 州的 Carlsbad 发现有该矿物存在。用 KCl 与无水钾镁矾转化也可制取硫酸钾，其基本原理与上面是一样的。

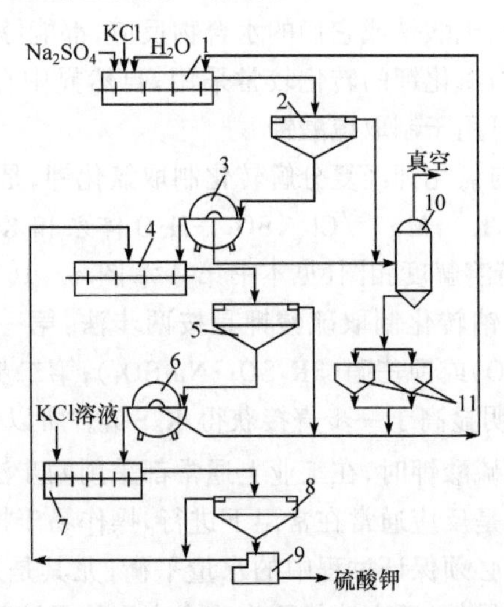

图 13-9　由芒硝和氯化钾制取硫酸钾的工艺流程

1,4,7. 混料器；2,5,8. 反应器；3,6. 液固分离器；9. 产品；10. 真空脱水器；11. 氯化钠结晶槽

13.3.3　从浓缩卤水中提取硼酸

1. 含硼浓缩卤水酸化

为了弄清楚在含硼浓缩卤水中加入不同酸量所引起卤水 pH 的变化关系，并了解硼酸的析出过程，从而确定在用酸法提取硼酸时的工艺条件，我们采用含硼浓缩卤水为原料，其组成(质量分数)为：NaCl 0.10%，KCl 0.13%，$MgSO_4$ 1.94%，$MgCl_2$ 28.13%，$MgO\cdot 2B_2O$ 2.58%，进行下述酸化实验。

2. 浓缩卤水酸法制取硼酸

高含硼氯化镁共结浓缩卤水酸法提取硼酸的工艺基础建立在浓缩盐卤中硼酸盐存在形式和酸用量与硼酸产率的关系上。显然，工艺的选择取决于 $MgCl_2$-H_3BO_3-H_2O、$MgSO_4$-H_3BO_3-H_2O 和 $MgCl_2$-$MgSO_4$-H_3BO_3(0.30%)HCl-H_2O 体系的平衡溶解度图。H_3BO_3-H_2O 体系的平衡溶解度相在硼氧酸盐-水多组分体系平衡溶解度及其相图在本书第 6 章中已经叙及，还需要了解 H_3BO_3-$MgCl_2$-H_2O 与 H_3BO_3-HCl-H_2O 体系平衡溶解度相图。从 H_3BO_3-$MgCl_2$-H_2O 三元体系进入高浓度的盐卤中加酸后析出硼酸。

浓缩卤水的酸化可由下列两步反应来解释。

第一步反应为

$$MgB_4O_7 + 2HCl \rightleftharpoons H_2B_4O_7 + MgCl_2$$

当溶液 pH=2.65 时,第一步反应在没有达到完全的情况(也就是说,继续加入盐酸,在继续进行上述反应的同时)时,又开始了第二步的下列连锁反应,即

$$H_2B_4O_7 + 5H_2O \rightleftharpoons 4H_3BO_3 \tag{13-3}$$

当溶液中 H_3BO_3 达到饱和后,便开始结晶析出固体硼酸。

根据上述反应机理,显然可以采用检测溶液 pH 来控制反应过程。

13.3.4　从提取硼酸母液中萃取氯化锂

1. 萃取氯化锂原理[23~26]

TBP(磷酸三丁酯)作为萃取剂、煤油作为溶剂(稀释剂),对水溶液中 LiCl 具有萃取作用,但单次萃取率并不高。采用加入络合盐,盐中的阳离子使溶液中的锂形成络合物后更容易被 TBP 煤油萃取。曾对 5 种金属盐进行过研究,分别将这些盐加入含锂卤水中,然后用 TBP 对锂进行萃取。结果表明,这些金属盐对LiCl萃取率按由大到小顺序为:$FeCl_3 > CuCl_2 > ZnCl_2 > MnSO_4 > NiCl_2$。因此,本工艺采用三氯化铁作为锂的络合剂,使水溶液中的氯化锂更容易被 TBP 萃取。这样的过程又可以把 $FeCl_3$ 称为络合共萃取工艺。

在水溶液中,$FeCl_3$ 与 Cl^- 容易发生下列反应形成 $FeCl_4^-$ 络合离子

$$FeCl_3 + Cl \rightleftharpoons FeCl_4^- \tag{13-4}$$

通过研究结果表明,$FeCl_4^-$ 对卤水中阳离子的共萃取顺序大小为

$$Li^+ > Ca^{2+} > Na^+ > Mg^{2+} > K^+ > Rb^+ > Cs^+$$

这就表明,水溶液中的 Li^+ 优先被 TBP 萃取,其他共存离子的萃取率较低。也就是说,在这种情况下,其他共存元素的萃取分配系数低。从而可以达到高的分离系数,取得在多种金属离子共存时达到对锂的高效选择性萃取。

$$2TBP + Li^+ + FeCl_4^- \rightleftharpoons LiFeCl_4 \cdot 2TBP \quad \text{(进入有机相)} \tag{13-5}$$

$$LiFeCl_4 \cdot 2TBP + HCl \rightleftharpoons HFeCl_4 \cdot 2TBP + LiCl \quad \text{(进入高浓度的盐酸)} \tag{13-6}$$

2. 萃取锂盐工艺流程

材料的选择和实验有两个阶段:第 1 个阶段,高位储槽、萃取槽都采用钢基框架内衬聚乙烯板材,用塑料焊条焊接。由于聚乙烯板与金属面之间难以粘贴,容易变形(未负载运行),安装好后,自然放置过冬,出现严重变形,且所有焊缝极容易渗水。采用聚乙烯和聚氯乙烯管线进行液体输送过程中。第 2 阶段,针对设备制作加工中出现的问题,根据防腐蚀材料实验结果,在中试实验过程中,将萃取槽内衬

聚乙烯板材改为钢槽壳体内衬环氧树脂 FRP 防腐涂料，将聚丙烯管替代聚氯乙烯和聚乙烯管用于 TBP-$FeCl_3$-煤油输液管线。中试工艺流程如图 13－10 所示。

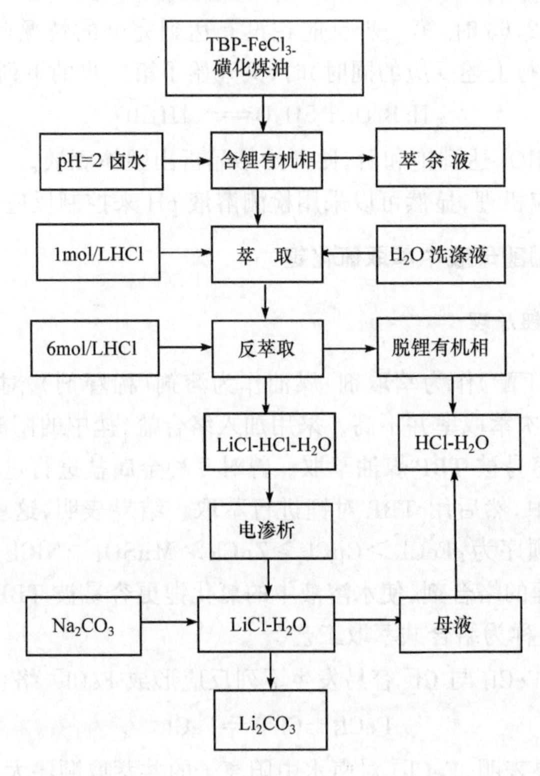

图 13－10 萃取分离 Li_2CO_3 的工艺流程

3. 由硼酸母液萃取锂盐中间试验

采用 TBP-$FeCl_3$-煤油体系从硼酸母液中萃取 LiCl 的中试试验所用原料来自酸法分离提取 H_3BO_3 后的硼酸母液，其化学组成见表 13－9(中试规模)，每年以 200d 计算，年生产能力为 50t 氯化锂盐。中间试验过程主要包括以下操作工段：

锂在水溶液中是以锂离子的形式存在，锂离子的水化能大，在 LiCl-H_2O 二元体系中存在不同结晶水的氯化锂固相：LiCl·H_2O、LiCl·2H_2O、LiCl·3H_2O 和 LiCl·4H_2O。在水溶液中，锂离子周围的第一水合层总有 4 个水分子，即锂离子在水溶液中总是以 $Li(H_2O)_4^+$ 的形式存在。一般有机萃取剂难以从水溶液中对锂离子进行萃取。

有机相中的络合酸 $HFeCl_4$ 在使用 NaOH 中和后循环使用。

(1) 萃取和反萃取。萃取所用原料来自青海西部柴达木盆地大柴旦盐湖地表卤水，日晒浓缩氯化镁共结卤水、酸法分离硼酸母液，小试、化工模型试验和中间试验用卤水组成见表 13－9。

表 13－9　采用 TBP-$FeCl_3$-煤油体系从卤水中萃取锂盐逐级放大效果

项目	60mL 分液漏斗	10L 萃取槽	40L 萃取槽	330L 萃取槽
卤水/(mol/L)	0.400	0.409	0.366	0.304
萃余液/(mol/L)	0.010 2	0.004 3	0.014 1	0.021
萃取率 E/%	—	—	98.4	93.0
反萃液/(mol/L)	3.34	3.09	2.47	2.16
反萃取率 K/%	—	—	94.5	—
空有机相(循环)/(mol/L)	0.018 5	0.001 8	0.028	0.047
负载有机相/(mol/L)	0.260	0.260	0.228	0.182

萃取有机相组成(体积分数)为：80%TBP(磷酸三丁酯)-20%磺化煤油-$FeCl_3$，萃取相比(有机相/水相容积)为 1.3～1.6，水相 pH＝2～3，实际酸度[H^+]＝0.018mol/L。使用 7mol/L HCl 与含锂有机相(TBP＋磺化煤油＋$LiFeCl_4$·2TBP)进行反萃取时的相比为 7～13。

本工艺最初在分液漏斗进行小试验的基础上，委托兰州稀土公司 903 厂进行全流程设计，由该公司提供最小型萃取设备(2.5L 有机玻璃萃取槽和反萃取槽)，并与 903 厂合作完成化工模试全流程试验，进而在大柴旦镇建成 330L 容积的萃取槽，完成中间试验考察。

中试萃取和反萃取操作步骤：首先对所有设备和管道进行检查，水用作负载体进行设备运行考察和设备能力检验及流量计的校正调整。按以下步骤启动萃取过程，把需要的 $FeCl_3$ 引进 TBP-磺化煤油有机相中。首先将正常操作需要的有机相(TBP-磺化煤油)通过高位槽计量，分别进到 1# ～28# 萃取槽、酸洗槽、反萃取槽和水洗槽，并达到给定需要量。卤水从高位槽经过计量进入 8# 萃取槽，加入 $FeCl_3$ 水溶液，以一定的流速逆向经 7#、6#…再从 1# 萃取槽排出。同时使 TBP-磺化煤油有机相与碱液(1.5mol/L)按需要速度放入 1# 萃取槽，启动所萃取槽上的搅拌装置，使有机相进行正向流动，再将萃取槽混合室搅拌速率调整到两相能充分混合，并保持两相(有机相和水相)按要求的方向，以一定的物料通量进行流动。其他酸洗槽、反萃取槽都只进行酸洗功能性处理，只用作保持有机相的单向流动，同时启动有机相的水洗处理。在运行中每间隔 12h 或 24h，取有机相测定酸度、锂含量和 Fe^{3+} 含量。如此循环进行到有机相中含有需要量的 $FeCl_3$ 为准。然后按下述操作步骤进行硼酸母液中锂盐的萃取和反萃取。

原料硼酸母液的 pH 为 1～2,适合用于直接进行锂盐的萃取。这里需要指出的是,由于原料硼酸母液是在室温条件下采用离心机分离硼酸后的氯化镁硼酸饱和浓缩卤水,在母液储槽的储存过程中,有时候由于温度变化,仍有少量细粒硼酸析出,悬浮在母液中。在进入锂盐萃取槽之前,务必使卤水中没有固体硼酸细粒存在;否则,在进行锂盐萃取过程中就会在每个萃取槽的静置室的两相界面上集聚越来越多的细粒硼酸,影响甚至严重妨碍萃取操作的正常进行。

正如设备操作流程,原料硼酸母液从高位槽(环氧树脂玻璃钢)以自流方式,通过恒水位可调流量计,控制流入 8# 萃取槽,以逆流方式经过 7#,6#,…,1# 萃取槽,最后从 1# 萃取槽静置室的侧壁排出,经油水分离器后的萃余液进到储槽中。含有 $LiFeCl_4$ 的有机相从萃取槽段的 8# 萃取槽排出,自动流到酸洗段的 9# 槽混合室,经搅拌与盐酸(从 14# 槽混合室加入的 1mol/L 盐酸,反向逆流运行来的)充分混合后,自动溢流进到澄清室,有机相正向运行,1mol/L 盐酸相则逆向运行,最后由 9# 槽的静置室自动流入萃取段的 8# 槽混合室。

从酸洗段 14# 槽排出的有机相自动溢流进入反萃取段的 15# 槽的混合室,与从 16# 槽澄清室底部进入的 7mol/L 盐酸经搅拌充分混合后,从上部溢流口进入澄清室,静置分相后的反萃液经 15# 槽澄清室侧壁适当部位流入油水分离器,进行有机相与水相的完全分离后,有机相返回到槽中,水相进入反萃液储槽。与此同时,盐酸从高位槽经恒水位可调针筒式流量计流入。

按反萃相比计算盐酸的需要量,以一定流速进入反萃段的 22# 反萃取槽的混合室,在搅拌条件下与从 22# 槽澄清室上口溢流进入的有机相充分混合后,通过可调速溢流口进入澄清室进行分相。7mol/L 盐酸按逆向运行,有机相则按正向运行。

从反萃取工段最后一级反萃取槽的澄清室上部自动溢流出来的有机相进入第一级(23#)水洗槽与从前一级(24#)水洗槽的澄清室下部来的水相经搅拌充分洗涤后进到澄清室,有机相按正方向运行从上部溢流进入 24# 水洗槽的混合室,下部水相就是经过水洗而得到的回收盐酸排入储槽,用以配制不同浓度的盐酸。与此同时,从去离子水高位槽,经过流量计控制的洗水以需要的流量进入 28# 水洗槽的混合室,经搅拌与从 27# 水洗槽澄清室上部溢流过来的有机相充分混合洗涤后进入澄清室,进行分相。底部水相(重相)按逆流方向运行被 27# 水洗槽混合室的搅拌提升进入该混合室,充分混合,使有机相被水洗涤后,从上部口溢流排出,进入储槽备用。

用泵把有机相(将 TBP-$FeCl_3$ 溶于磺化煤油中),从储槽中输送到高位槽(注意:液下泵不得空转),然后再从高位槽经流量控制(同时检测卤水 pH)流入第一组(由 8 个萃取槽组成)中头 1 级萃取槽的混合室中,按工艺操作要求的流速,控制有机相由第 1 级萃取槽逐个自流,进入第 8 级萃取槽。原料卤水采用逆流方式,从第一组中的第 8 级萃取槽，按操作规定流量进入第 1 级萃取槽。然后，经过油水分离器流至萃余液储槽，进行逆流萃取。间隔一定时间取萃余液进行分析。

(2) 洗涤与反萃取。包括以下三步。

① 洗涤。负载锂的有机相继续自动进入第 9 级萃取槽(第一组与第二组由 8 个和 6 个萃取槽组成)中，以自流方式流至第 14 级萃取槽。与此同时，1mol/L 稀盐酸-水溶液则由高位槽经流量控制系统(按规定要求控制流量)进入 15# 槽混合，进行有机相逆流洗涤，洗涤液返回到 8# 槽。

② 反萃取。经过稀盐酸洗涤过的负载有机相从第 15 级萃取槽流到第 22 级萃取槽(第 3 组由 8 个萃取槽组成)进行反萃取。7mol/L 浓盐酸由高位槽经流量控制系统进入第 22 级萃取槽的混合室，经过逐级进行反萃取，最后流到第 15 级萃取槽，经过油水分离器流入反萃液储槽。每间隔一定操作时间取样进行化学分析，检测控制反萃液组成。

③ 用水洗酸。使用去离子水，从高位槽经过流量控制系统，按规定要求流量进到第 23 级(第四级由 2 个萃取洗涤槽组成)萃取槽的混合室，经该级澄清室后返回到第 22 级萃取槽，回收酸液。用水洗去酸后的有机相(TBP-$FeCl_3$-磺化煤油)可以返回萃取液储槽，备用。采用 TBP-$FeCl_3$-磺化煤油体系从提取硼酸后的盐卤中萃取氯化锂的逐级放大实验结果列于表 13－9 中。上述操作过程可参见大柴旦盐湖浓缩卤水提取锂盐流程设备示意图 13－11。

4. 碳酸锂产品

将反萃液通过电渗析器，除去大部分盐酸-水溶液(用稀盐酸配制)。用碱液进行中和到溶液 pH＝6。被中和的反萃液用泵输送至蒸发器中，用 0.05MPa 高压蒸气作为蒸发器热源，真空度为 0.01～0.05 MPa，将溶液浓缩到料液温度达到125～130℃时停止加热，停止抽真空。将料液放在搪瓷容器中，使用煤火继续进行蒸发到料液温度达到 146℃(大柴旦湖区大气压条件下)，这时溶液十分黏稠，可以见到 TBP 已基本上炭化使溶液呈现暗黑色，同时溶液中的硼酸盐与镁形成不溶性的纤维硼镁石。这时的物料可以按下述两种方式之一进行处理。

方式 1，将锂的浓缩物料分别移到搪瓷容器(10L)中，冷却结晶固化。然后捣碎成小块，经称量后盛入碳钢容器。在电加热炉(硅碳棒)中，加热到 500℃保持 12h。停止加热自然冷却到 200℃，将熟料推出，冷却后称量。

称取烧熟产品 159kg，放入溶解槽，加入 500kg 纯水与前一次这一步操作中的洗涤水，不断充分搅拌。取少量滤液分析 SO_4^{2-} 含量。严格按照反应关系加入氯化钡溶液，使溶液中所有 SO_4^{2-} 定量沉淀为 $BaSO_4$，定量除去硫酸盐，然后加入氢氧化锂溶液调节溶液酸度到pH＝12，以除去溶液中重金属和碱土金属离子。过滤。

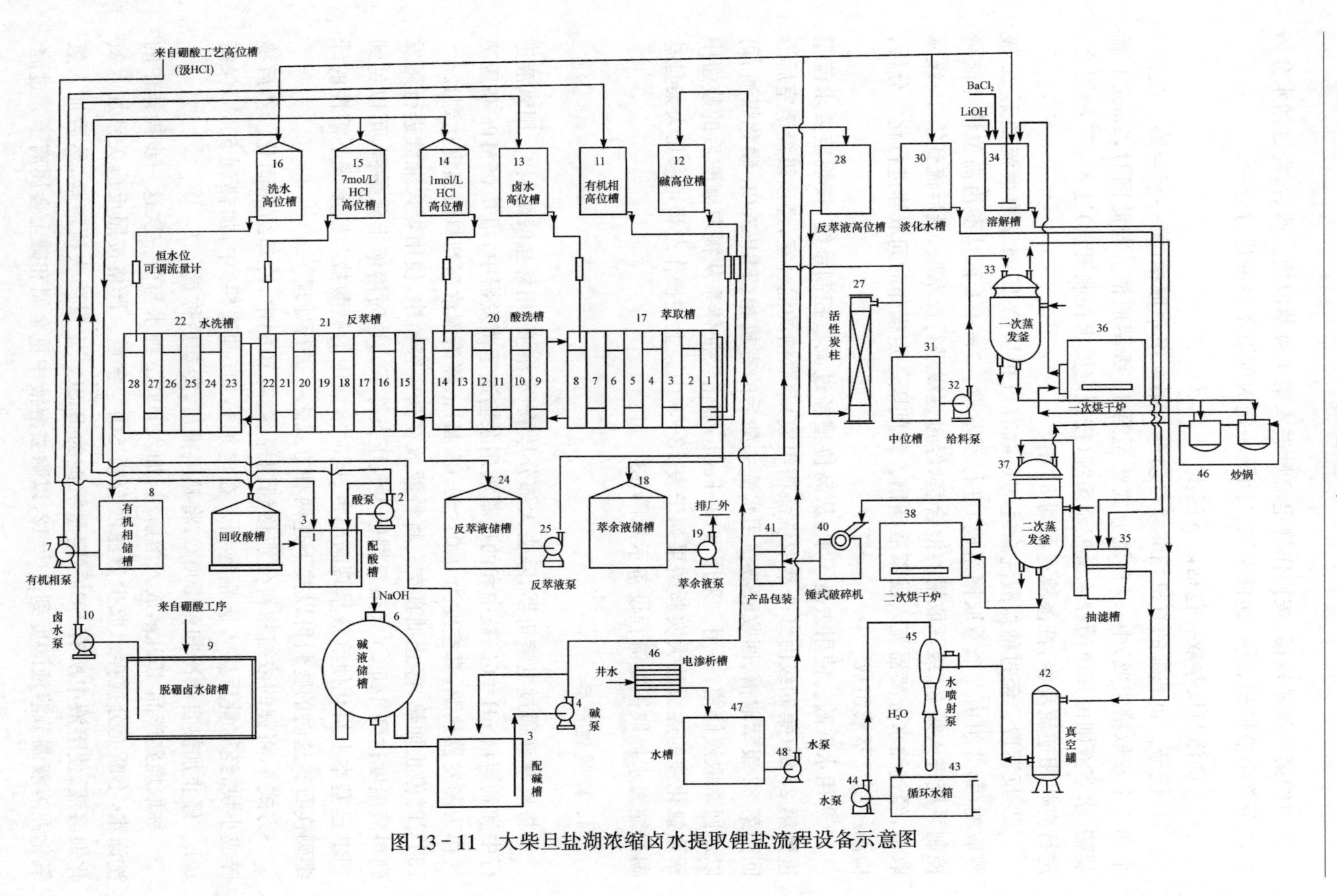

图13-11 大柴旦盐湖浓缩卤水提取锂盐流程设备示意图

滤饼使用纯水洗涤 3～5 次，洗液可循环使用。滤饼含 $BaSO_4$、$Mg(OH)_2$ 与 $2MgO \cdot B_2O_3 \cdot H_2O$ 等，供酸处理回收硼酸，夹带锂盐的滤液返回前面流程中。溶液按下述方式处理：

滤液用盐酸调节酸度到 pH＝6～7，在搪瓷容器中进行蒸发浓缩，使溶液温度达到 146℃或略低温度，然后冷却结晶，进行真空抽滤，滤液返回用于蒸发浓缩制取固体 $LiCl \cdot H_2O$，或者直接出售，或者在 250℃的条件下干燥成 LiCl 产品。

方式 2，将浓缩物料的湿凝固黑块，捣碎后，溶解除去重金属离子，使用烧碱液沉淀 Mg^{2+} 和 Ca^{2+}。用盐酸调节溶液 pH 到中性。加热到接近溶液沸点，加入碱金属碳酸盐溶液后形成沉淀 Li_2CO_3。然后经分离、洗涤、干燥获得 Li_2CO_3 产品。

13.3.5　其他制取锂盐的方法

1．氯化氢盐析氯化镁提取锂盐

如前所述，青海大柴旦盐湖卤水经日晒浓缩到氯化镁共饱和组成时，浓缩卤水中含 0.7%～1.0%的 LiCl。高世扬等[25]针对高镁卤水中提取锂盐的难题，提出用 HCl 盐析氯化镁制取锂盐的新工艺。Josephy 报道了从盐湖中提取锂盐的研究结果[26]。

(1) 经天然冷冻及蒸发浓缩除去大部分的 NaCl 和芒硝后，可获得含 6%～7%LiCl 的氯化镁饱和卤水。

(2) 为探索把 HCl 引进浓缩盐卤进行高镁卤水锂盐分离，胡克源等对 H^+，Li^+，Mg^{2+}/Cl^--H_2O 四元体系在－10℃、0℃、20℃和 40℃时的等温平衡相图进行过测定[27,28]。我们通过对采用氯化氢盐析水氯镁石、富集锂盐的工艺进行相图解析，提出了独特的工艺流程，经试验，效果良好。

本实验的全流程封闭循环试验尚待进行，卤水净化时使用活性氧化镁除硼过程中锂盐带失量过多，需要进一步研究解决。HCl-$LiCl$-$MgCl_2$-H_2O 四元水盐体系的低温以及有关的气、液、固相平衡的研究需要相应予以补充。

需要指出的是，利用 HCl 盐析法制取锂光卤石（$LiCl \cdot MgCl_2 \cdot 7H_2O$）产品，再经脱水后可以进行熔融电解制取金属镁。在获得金属镁的基础上，提取金属锂或其他锂化合物，可能会更合理易行。

2．由地下卤水（井卤）制取锂盐

我国四川自贡地区蕴藏有丰富的地下卤水（井卤）。在 20 世纪 50 年代，张家坝化工厂曾利用该地区的黄卤和黑卤，在综合制取井盐、钾盐、溴、碘后，提取过碳酸锂。该方法是利用火力蒸发，浓缩卤水分步结晶出各种盐类后，以碳酸钠沉淀析出碳酸锂。四川井卤综合利用制取锂盐的工艺流程如图 13－12 所示。

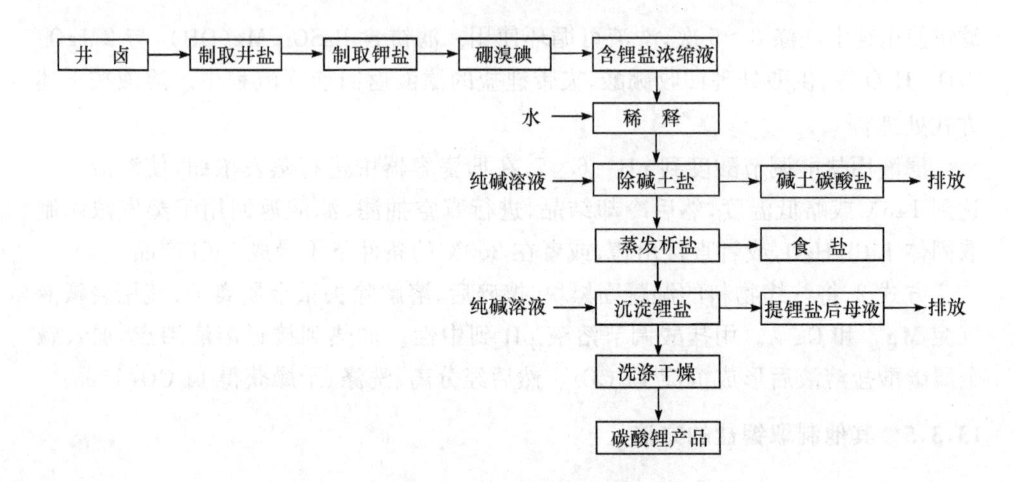

图 13-12 四川井卤综合利用制取锂盐的工艺流程

3. 由盐湖卤水直接提取氯化锂

中国曾经开展过分步结晶除镁盐后,用碱法、有机溶剂萃取、铝酸钠沉淀焙烧法[29]、水热法等制取锂盐以及对氯化氢盐析氯化镁提取氯化锂[25]等多种方法的研究。至今,提取锂盐尚未工业化。孙建之等介绍了各国从盐湖卤水中直接提取氯化锂的研究进展[30]。

直接从盐湖卤水中提取氯化锂的方法有有机溶剂萃取法和离子交换吸附法。

(1) 有机溶剂萃取法。该方法包括:磷酸酯配位萃取法、氯化锂配阴离子与锂共萃取法、酸性磷酸酯协同萃取的螯合中性配位协萃法;大环聚醚配位萃取时的中性萃取剂有:醇类、酮类、冠醚、混合离子萃取剂。磷酸型萃取剂 HDEHP[二(2-乙基己基)磷酸]也是较好的萃取锂盐的试剂。

1968 年,美国锂盐公司发明了二异丁酮—磷酸三丁酯从高镁卤水萃取锂盐的方法。1978 年,美国布洛克哈文国家试验室提出了用 β-双酮从卤水萃取锂的初步设计:死海卤水和 $AlCl_3$ 混合,加入 $Ca(OH)_2$ 泥浆,经浓缩、洗涤,再用盐酸将此浓缩物溶解,用异戊醇萃取,从溶剂萃取工序所得到的 LiCl 溶液再经蒸发结晶,即得无水氯化锂。

(2) 离子交换吸附法。从盐湖卤水中提取氧化锂的交换剂(或吸附剂)主要包括:二氧化锰吸附剂、二氧化钛锂吸附剂及复合锑酸吸附剂。应用在提取氯化锂上的主要是复合锑酸吸附剂。首先用一水氢氧化锂调溶液的 pH 为 11～12,然后与锑酸及多锑酸组成的复合酸进行离子交换,99%以上的 Na^+ 可以被除去,Na^+ 在 LiCl 中的含量可降至 30mg/L。

13.4　硼、锂化合物的用途

13.4.1　硼化合物的用途[31～36]

公元前 2000 年,我国青藏高原的硼砂沿古丝绸之路远销地中海沿岸的古埃及、古希腊和古罗马等地。硼砂用于贵金属焊接,也是合成硼化合物的基本原料。

自从人类有了文明开始,硼就以硼酸盐矿物或硼化合物的形式被广泛应用。早在 8 世纪,阿拉伯的炼金术士们就将硼砂当成助熔剂使用。大约在 10 世纪,中国就有人将硼砂用作釉料。在 13 世纪末,西藏与欧洲之间就建立起了硼砂的正常贸易。19 世纪以前,硼酸盐沿着马可波罗走过的路线作为贵重的货物从远东运到欧洲。

现代硼化学的研究始于 19 世纪后半期。Lipscomb 研究了硼烷(又称硼氢化合物)结构;Brown 和 Wittig 研究了硼烷在有机合成中的应用。他们分别获得了 1976 年和 1979 年的诺贝尔化学奖。元素硼及化合物在农业、冶金、国防、机械、纺织、建筑和医药等方面得到广泛应用。在国防工业中,元素硼制成的硼纤维,具有很高的强度,作为航天飞行器材料,硼烷也可以作为火箭和导弹的高能燃料;冶金工业中硼的加入可以提高铁、钢等金属的耐腐蚀性;在农业生产中,硼化合物主要用作微量元素肥料及农药,如杀虫剂、除草剂等。现今,硼酸盐矿物和硼的各种化合物的用途已经超过千种。

硼化合物种类繁多,结构复杂多样,常常具有某些特殊性质,成为性能优越的特殊材料。近年来,硼酸盐无机材料的应用日益广泛,已引起人们的关注。

1. 硼酸盐无机材料

近年来,硼酸盐无机材料在高新技术领域得到广泛应用:碳化硼的硬度仅次于金刚石,具有中子吸收能力,用作军舰、直升机的涂层和防弹盔甲;五硼酸钾($K[B_5O_6(OH)_4]\cdot 2H_2O$)、偏硼酸钡($\beta$-$BaB_2O_4$)等是性能良好的非线性光学材料;四硼酸锂($Li_2B_4O_7$)是新型压电晶体;四硼酸铝钕[$NdAl_3(BO_3)_4$]是自激活激光晶体材料;硼酸铁($FeBO_3$)是磁存储材料;硼酸锌和硬硼酸钙石可作为阻燃材料;硼酸铝($9Al_2O_3\cdot 2B_2O_3$)及纤维硼镁石($Mg_2B_2O_5$)晶须具有耐酸碱、耐高温、高的拉伸强度和弹性模量,用于铝基合金和工程塑料等复合材料;四硼酸镁是热敏材料;稀土硼酸盐是一类主要的发光基质材料;四硼酸铅为电光晶体材料;碳化硼具有高硬度,是理想的金属切削材料;钕铁硼是很好的永磁材料;氮化硼是新型功能陶瓷的基质化合物,它也是较好的永磁材料,广泛用于计算机配件;二硼化镁是新超导体。

2. 在化学工业中的应用

硼化合物在化学工业的各个领域中应用广泛。例如,在无机化学工业、有机化学工业、石油化学工业、染料工业、橡胶工业、合成材料工业、涂料工业等领域都有广泛的用途。

(1) 在无机化学工业中的应用。在无机化学工业中,硼砂和硼酸是制取各种无机硼化合物的基本原料,故被称为硼化合物的母体产品。前面已对硼砂或硼酸制取其他硼化合物进行了详细介绍,故在此不再赘述。此外,一些无机硼化合物是制取有机硼化合物的原料。例如,元素硼、硼酸、卤硼化物(如三氟化硼、三溴化硼、三氯化硼、四氯化二硼等)、硼氢化合物(如硼氢化钠)等。

(2) 在有机合成化学工业中的应用。在有机化学工业中,硼化合物的主要用途是作各种化学反应过程中的催化剂。例如,三氟化硼和三氟化硼乙醚络合物在酯化、烷基化、聚合、异构化、磺化、硝化等反应过程中用作催化剂;三氟化硼苯酚络合物用作合成树脂、苯酚的烷基化以及不饱和酸、酯和萜烯等的聚合催化剂;其他卤化硼,如三氯化硼、三溴化硼和三碘化硼等,也都是有机合成中所需要的催化剂;磷硼酸可用作烯烃类异构化的催化剂;偏硼酸钙用作聚酯合成催化剂;氟硼铬可用作丙烯聚合催化剂;氟硼酸镍也是有机合成用催化剂;氟硼酸银则在硝化、酰化和磺化中用作催化剂。其次,硼化合物在某些有机反应中可用作还原剂。例如,硼氢化钠是一种热稳定性好的选矿还原剂,它可与多种有机官能团进行反应,还可还原酸、酰胺、季乙基环化物、硝酸银-亚硝基团及与各种双键反应。硼氢化钠也可用作有机选择性基团(如醛类、酮类和酰氯类等基团)的还原剂,能将 RCHO、RCOR、RCOCl 还原成 RCH、CHR、HOHR、RCH_2OH 等。在有机合成中,过硼酸钠可用作聚合反应催化剂。

(3) 在石油化学工业中的应用。在石油化学工业中,氟硼酸银用作烯烃络合分离剂,用于乙烯分离、丙烯和苯的烃化反应;硼化物用作加氢、脱氢反应的催化剂,多相酸性反应的催化剂,如磷酸硼、氟化硼、硼氢化物、硼铝催化剂、Ni-Co 硼化合物等。硼磷酸可用作石油添加剂。石油钻井时,加入 0.5%～0.75%的硼砂能降低悬浮泥浆的黏度。氮化硼(立方晶型)用于制造石油钻探的钻头。

3. 在橡胶工业和轻工业中的应用

在橡胶工业中,硼化合物主要用作阻燃剂、催化剂、硫化剂和填料等,如硼酸铵、五硼酸铵和硼酸锌等。在电缆远输带等材料中加硼酸锌阻燃剂。补强剂(氮化硼) 合成催化剂(三氟化硼乙醚络合物),在合成材料工业中用作聚氯乙烯的增塑剂(偏硼酸钙)、塑料的发泡剂(硼氢化钠) 等。

另外,硼化合物在轻工业及建材工业中有广泛的应用。在轻工业中的电镀、照相器材、洗涤剂、玻璃及其制品、搪瓷、陶瓷等领域中都有应用。例如:① 在国内1990 年轻工业的日用玻璃、日用搪瓷、灯泡、玻璃仪器及其他轻工业部门,硼砂、硼酸的用量,分别占其总消费量的 39.02%和 35.30%。② 美国 1988 年在玻璃和陶瓷行业的消费量达 19.33 万 t(以 B_2O_3 计),占总消费量的 54.4%,肥皂洗涤和漂白消费量为 3.17 万 t,占总消费量的 8.97%。③ 日本 1988 年在玻璃、陶瓷、搪瓷方面的用量达 5.9 万 t(以 B_2O_3 计),占总消费量的 74.6%;清洗和漂白用量在 1000t(以 B_2O_3 计),占总消费量的 1.3%。④ 西欧的消费是近 1/3 硼酸盐用于肥皂、洗涤剂和漂白。1989 年度四水过硼酸钠的消费量为 55 万 t,一水过硼酸钠消费量为 5.5 万 t。

在建材工业中,国内如建筑、搪瓷、釉料、釉面砖及建材其他部门,硼砂、硼酸占总消费量分别为 11.43% (1990 年)和 39.12%(1986 年,包括无碱玻璃球);国外如美国建材工业中,以玻璃纤维为例,1988 年消费量达 14.88 万 t,占总消费量的 41.9%,由此可见其在建材中的重要用途。在纺织工业中,硼化合物可用作阻燃剂;无钠洗衣粉中要加入约 20%的过硼酸钠。

在玻璃工业中,硼化合物添加在制造光学玻璃及化学器皿用玻璃中以增加韧性。在欧洲,已经将这种玻璃作为炊具,因为它在白热温度时放入水中也不破裂。

4. 在农业和医药中的应用

在农业生产中,含硼的微量元素肥料可以显著提高油菜籽等多种重要经济作物的产量。

在医药领域中,硼化合物不但在传统产业中具有多种用途,硼砂和硼酸是常用的一种药剂。硼化合物可以选择性地破坏和抑制癌细胞,治疗脑瘤[9~12]。利用 ^{10}B 对热中子的高吸收截面,通过 ^{10}B,^{7}Li 核反应在组织中释放出 2.4MeV 的能量,可以选择性地破坏和抑制癌细胞。

5. 硼和硼化合物在国防中的应用

目前,硼化合物在国防工业中已获得较广泛的应用。除早已使用的硼化合物外,一些新开发的具有特殊功能的硼化合物相继获得应用。一些单质硼、非金属硼化物、金属硼化物及硼氢化物等,大多具有质轻、高熔点、高硬度、高强度、耐高温、耐腐蚀、耐磨、高能量和高中子吸收能力等优良特性,它们被广泛应用于国防工业的各个领域,对国防工业的发展具有重要作用。

单质硼有很多种同素异形体,在国防工业中占有较重要地位的是硼同位素 ^{10}B,它具有很高的抵抗热中子的能力,其性能比混凝土高 500 倍,比铅高 20 倍,对热中子的俘获截面积为 4010 靶,而 ^{11}B 仅为 50 毫靶。利用 ^{10}B 这种优异特性,可以将其用于中子计数管、核反应堆防护屏和控制棒等。由单质硼制得的硼纤维是一种耐高温的无机纤维，由于低密度硼的影响，它具有特别低的比率（硬度/质量），质量轻，约为铝的 75%，在高温下能保持其强度。其熔点高、耐高温，具有比玻璃纤维大 10 倍的刚性。当硼以特殊形式沉淀时，就能得到一种罕见的强力纤维。这种纤维可部分代替碳纤维用作军用航空器的增强材料，也可用作现代新型复合材料的成分。此复合材料的基体可以是环氧树脂或聚酰胺树脂，也可以是铝、钴、钛或其他金属。另外，将硼沉积在钨丝芯上也可以制得硼纤维。日本开发了一种新的硼纤维变体，其坚牢度为碳纤维的 140%，比钢强度高，比铝轻。用硼纤维增强的塑料用于核反应堆的防护板，能防止辐射，故能用它取代铅和混凝土防护板。可以预见，随着高新技术的发展，这种纤维及其制成的复合材料，在国防工业上必将有更广泛的用途。

下面介绍几种国外开发的一些硼纤维及其复合材料的物理性能和机械性能。

用于国防工业的非金属硼化物，主要有碳化硼、氮化硼和磷化硼等。碳化硼硬度仅次于金刚石而优于碳化硅和碳化钨，具有中子吸收能力。金属硼化物具有熔点高、硬度大、导电性好等优良特性，而且对熔融金属有优越的耐腐蚀性。过镀金属硼化物还有良好的耐热氧化性，稀土类及碱土类金属的六硼化物具有良好的热电子放射特性。在这组金属硼化物中，用于国防工业的主要有硼化钙、硼化铬和硼化镧等。硼化钙用于原子能工业护板材料。硼化铬用于火箭信管、闪光信号等。硼化镧用于阴极射线管。

硼氢化物是一种类似于碳氢化合物和硅氢化合物而具有特殊结构的硼化合物。由于硼和氢这两种元素都具有很高的燃烧热，所以硼氢化合物氧化时可产生大量的热，燃烧时放出的热量相当于同等质量的汽油发热量的 2 倍。因此，许多硼氢化合物被用作火箭和导弹的高能燃料，如乙硼烷、戊硼烷和十硼烷等。金属硼氢化物，如硼氢化铝，则用于高能燃料的合成。众所周知，硼氢化合物是航天工程不可缺少的推进剂原料。总之，硼化合物应用很广，主要用途列于表 13-10 中[29]。

表 13-10　硼化合物主要用途

应用领域	主要用途
冶金	用作各种特种钢的冶炼，熔融铜中气体的清除剂，各种添加剂，助熔剂，金属保护高温技术，铸造镁及合金时的防氧化剂，各种模型的脱模剂等
机械	用作硬质合金、宝石等硬质材料的磨削、研磨、钻孔及抛光等
建材	用作陶瓷工业的催化剂、防腐剂，高温坩埚、耐热玻璃器皿和油漆耐火添加剂，以及木材加工、玻璃工业等
轻工	用作增强搪瓷产品的光泽度和牢固度，可作釉料及颜料，洗涤剂，防火涂料，防火剂，油漆干燥剂，焊接剂，媒染剂，造纸工业含汞污水处理剂，原布的漂白剂等
电器	用作引燃管的引燃极，电信器材，电容器，半导体的掺和材料，高压高频电及等离子弧的绝缘体，雷达的传递窗等

续表

应用领域	主 要 用 途
化工	用作良好的还原剂,氧化剂,溴化剂,有机合成的催化剂,合成烷的原料,塑料的发泡剂等
核工业	用作原子反应堆中的控制棒,火箭燃料,火箭发动机的组成物及高温润滑剂,原子反应堆的结构材料等
医药	用作医药工业的催化剂,杀菌剂,消毒剂,双氢链霉素的氢化剂,脱臭剂,抑制癌细胞,治疗脑瘤等
农业	用作杀虫剂,防腐剂,催化剂,含硼肥料等

13.4.2　锂化合物的用途[37,38]

1. 锂功能材料

锂的功能材料,目前主要用于锂离子电池。由于这些材料具有能量密度高、电压高、自由放电小、无记忆效应、电流放电、寿命长等功能,因而电池中采用锂离子材料制作的锂电池是当今性能好、用途最大的一类电池。

在锂离子电池中,作为正极材料的含锂物质有 Li_2CO_3、镍酸锂($LiNiO_2$)、锰酸锂($LiMn_2O_4$)及铁酸锂。锂的化合物也是不可少的电解液,如高氯酸锂($LiClO_4$)、四氟硼酸锂($LiBF_4$)、六氟砷酸锂($LiAsF_6$)、三氟甲基磺酸锂($LiCF_3SO_3$)、二氟甲基磺氨基锂[$LiN(CF_2SO_2)_2$]和三氟甲基磺氨基锂[$LiN(CF_3SO_2)_3$]等。

由于信息、技术、手持式机械和电动汽车的迅猛发展,对高效能电池的需求量增大。锂电池的优点:密度小、能量高(仅次于铍)、导电性好、电位最负、标准电极电位高等。优良的电化学性质使其成为理想的高能正极材料。具有高可逆容量和高循环性能的平稳性,可以在极低的温度下作业,对环境无害。锂电池除用于国防、航天、工业外,已发展应用到人们日常生活中的必需品,如计算器、心脏起搏器电池、钟表所用的电池以及在手机、摄像机、手表、高级玩具等多方面的应用不断增加。因此,继续开发锂电池在各方面的应用,已成为目前发展最为迅速的领域之一。

2. 锂及其化合物的主要应用

锂及其化合物的主要应用列于表 13－11 中,详细应用请参见冀康平主编的《锂的开发利用》一书。

表 13-11　锂及其化合物主要应用

应用领域	主要用途
金属锂	用作不侵蚀钢铁，冷凝剂和载热体，冷却剂和传热介质。钠、钍的溶剂，CO_2 的吸附剂，用作制备稀有金属的还原剂，轻金属焊接熔剂等
能源	一次性锂电池、高能电池不同能级功效高能电池
光电信息	掺杂铌酸锂晶体的存储器，铌酸锂和钽酸锂晶压电晶体材料用于电光调制器、电光偏转器、电光开关、集成光学器件、超声换能器、视频和微波信号处理等。四硼酸锂晶体移动通信系统是 SAW 器件基片材料。铌酸钾锂非线形光学晶体，用作半导体二极管蓝激光倍频方面
冶金	铝锂合金、镁锂合金、各种轻合金是飞机、火箭、载人飞船、潜艇、导弹、构件基体材料等。铜锂合金等提高导电性、强机械性能、铸造性能和耐腐蚀性能的导电材料。铝电解槽中氟化锂降低熔点、提高电流效率、减少能耗、提高电解铝产量 10%
高能燃料	氢化铝锂（$LiAlH_4$）、氢化硼锂（$LiBH_4$）及有机锂化合物的燃烧温度高，常用作飞机、火箭、飞船、潜艇及烟火的燃料
玻璃和陶瓷	碳酸锂或锂辉石精矿加入玻璃或陶瓷中能提高透明度、耐腐蚀性、熔化速度。降低熔体黏度。膨胀系数低。玻璃纤维中已用锂辉石，使显像管玻璃改善了其表面性能。碳酸锂、氟化锂、钛酸锂、亚锰酸锂、四硼酸锂、锂辉石用于陶瓷工业。锂制成陶瓷、多孔陶瓷、环保陶瓷可分别作为高温超声波转换器和过滤器；用碳酸锂、锂辉石、钛酸锂可以提高烧成速度、降低溶剂用量、提高光泽度、降低熔化温度及成釉的热膨胀系数，改善成釉的热稳定性、抗热震性和化学稳定性等，用于制造涡轮机叶片、喷气机和温度控制器元件
化工	硬脂酸锂、碳酸锂、丁基锂是热塑丁苯合成橡胶的常用催化剂、稳定剂和引发剂，副反应少、产率高。合成橡胶共聚物具有耐磨、可塑性强、良好弹性、拉伸强度大、加工性能优越等特性。抗冲击强度高，可用于制造汽车零部件。氢化铝锂及其衍生物是一类很强的还原剂、催化剂和塑料的发泡剂，用于有机合成及高分子材料生产中。锂锂基酯具有耐寒、耐高温、耐水、机械稳定性好、寿命长、胶体稳定性和抗水性能强，广泛用作飞机、汽车、军事装备和原子反应堆机械等设备润滑剂。用溴化锂作为制冷剂替代氟利昂，可提高制冷效率 20%
纺织工业	乙酸锂、碘化锂、氯化锂、氯酸锂等在聚酯纤维中可用作催化剂和抗静电剂。改善纤维强度、弹性、悬垂性、耐洗性和染色牢固性性能，并提高染料溶解度等。也用作漂白剂和阻燃剂的添加剂
医药	碳酸锂和溴化锂用于制取催眠剂和镇静药物。碳酸锂也用于制取抵抗去氧核糖核酸（DAN）病毒的抗病毒药物。丁基锂在制药业及维生素制备中用作催化剂。高纯碳酸锂可用于治疗精神病等

13.5　盐湖资源的开发展望

青海海西地质大队在青海发现并勘探了察尔汗大型钾、镁盐湖综合矿床，大柴旦盐湖是典型硫酸镁亚型盐湖，台吉乃尔盐湖、一里坪盐湖是大型液体富含钾、硼、锂盐湖。中国地质科学院勘探确定西藏扎仓茶卡盐湖和扎布耶湖是富含硼锂盐湖。

我国钾资源储量的97%以上是在盐湖中。我国已探明的锂资源工业用锂储量(包括锂辉石、透锂长石、锂云母等)中,盐湖卤水锂资源储量占79%。盐湖卤水是主要的锂盐基地。钾盐是农业不可少的肥料。目前,我国每年要进口氯化钾300万~500万t,硫酸钾20万~50万t。硼和锂在工业、国防、高科技和生活等诸多方面应用极广。可见,盐湖的钠、钾、镁、硼、锂资源的开发利用是一个重要而又急需解决的综合工程,建立一个无机盐工业基地也势在必行。国外如美国的大盐湖、死海和阿塔卡玛盐湖已经形成了多种无机盐的生产基地,开发经验值得我国借鉴[39~43]。

13.5.1 钾、镁盐资源开发[44~48]

察尔汗盐湖包括三个区,即察尔汗盐湖、达布逊盐湖和别勒滩盐湖,该矿床是一个钾、硼、锂、镁等资源的综合性矿床。

1. 青海察尔汗盐湖资源开发

(1) 钾盐生产基地。目前,察尔汗盐湖正在加大综合利用,扩大盐田面积,现在正式进行100万t钾肥厂建设,包括制备多品种钾肥及其他钾盐。此外,每年可制备一定数量的优质水氯镁石,并能减少老卤的排放量。

(2) 镁盐的综合利用。察尔汗盐湖卤水属氯化物型,组成简单,是中国的钾镁盐综合矿床,已经进行大规模开发的巨大资源,该盐湖正处于现代沉积矿物的阶段。在青藏高原得天独厚的自然条件下,能生成世界上著名的水氯镁石矿藏是我国青藏高原的特色。该湖氯化镁储量达31.43亿t。长期以来仅利用了其中的氯化钾,对10倍于氯化钾的氯化镁排入湖中或堆积湖区,这对今后钾盐的开发影响很大。所以,对镁盐的利用是目前的重要问题。镁的利用有四个方面:① 生产金属镁。提供镁工业所需要的优质水氯镁石原料,使它脱水制备无水氯化镁新工艺的工业化进程缩短,早日使我国金属镁工业走向世界前列。② 制取各种镁合金。Mg与Al、Mn、Zn焙炼的合金,耐高温、耐腐蚀性好,用于汽车工业、航天工业。Mg、Al、Mn三种金属制成的合金,用于油气管道的阴极保护、海底过管道电线保护。③ 制取轻质碳酸镁和轻质氧化镁。这类产品用于医药和橡胶工业,并出口欧美。④ 生产胶凝材料。$MgCl_2$和活性MgO,在空气中固化为胶凝体,叫做镁水泥,有质轻、色白、强度高且容易被切割的优点,但耐水性较差和龟裂的缺点需要改进。

(3) 老卤中提取硼、锂盐。察尔汗盐湖卤水在前期蒸发结晶过程中,将大部分氯化钾和氯化镁从卤水中分离出去后,剩余的卤水(老卤)中硼和锂含量增高,可提取硼盐及锂盐,其工艺是与上述硫酸镁亚型盐湖卤水中分离硼盐和锂盐相类同。尽快实现基卤提取硼盐和锂盐,不但可以综合利用资源,而且可使产品高值化,有利于盐湖的开发和可持续发展。

2. 罗布泊盐湖钾盐的开发

新疆罗布泊周围10 000多平方公里的范围内统称为罗布泊盐湖，它是世界级超大型钾盐矿床之一。近年来，随着我国西部大开发进程的推进，在新疆罗布泊新建了一座年产20万t钾肥的装置，硫酸钾的钾肥厂也正在兴建。

13.5.2 锂、硼、钾资源开发进展[49～57]

20世纪30年代以来，人们发现从含锂固体矿中提取锂产品成本越来越高，并在自然界中找到了含锂高的盐湖卤水，世界制取锂盐的原料逐渐由锂矿石转向盐湖。据报道，盐湖卤水中的锂资源约占锂工业储量的79%。也就是说，重点将逐渐转向含锂卤水的锂盐产品的开发。1938年，美国已经从加利福尼亚州西尔斯湖的卤水中生产锂盐产品，1967年又利用内华达州银峰地下卤水生产碳酸锂。智利锂公司1984年7月开始从北部阿塔卡玛干盐湖的晶间卤水中生产碳酸锂。美国的FMC公司从阿根廷霍姆布勒姆尔托干盐湖(Salar del Hombre Muerto)的卤水中生产碳酸锂。我国在20世纪50年代，从四川自贡的井卤中制取碳酸锂产品。

从盐湖卤水中提取锂盐，目前主要还是先采用盐田天然蒸发浓缩卤水，分步结晶分离出其他盐类，富集锂盐，然后从锂已富集的卤水中提取锂盐。含锂的天然卤水的成分、浓度各不相同，变化很大。从这类资源中经济地回收锂盐，不仅取决于锂的含量，而且也与干扰离子的种类和浓度有关，特别是取决于盐卤中含钙和镁的浓度。若镁的含量很低时，用石灰就可以经济地除去它；相反，若镁浓度很高时，锂、镁之间的分离就很困难。还应该注意，利用太阳能技术分离盐类时，所处地理位置、气候条件和地下潜水等也是重要影响因素之一。

1. 大柴旦盐湖综合利用

在20世纪末，青海和国家“七五”科技攻关项目中曾进行过长达5年的中试试验。从卤水中获得了芒硝、钾盐、硼酸和锂盐的综合利用工程性试验结果。该中试结果可被这种类型盐湖的开发所借鉴，其主要部分前面已做过介绍。这里再说明一点，要利用资源必须保护资源环境，才有可能持续发展。

2. 东、西台吉乃尔盐湖

东台吉乃尔盐湖锂资源的开发项目。1998年4月，中国科学院青海盐湖研究所与新西兰太平洋锂业公司合资组成了“锂盐开发公司”，注册资本上千万元。1998年至1999年上半年，已在东台吉乃尔盐湖建成近12万m^2盐田，在东台吉乃尔盐湖安装了采卤设施，建设了4km^2的采卤渠、储卤池、配发电站和输电线路、气象观测站等。经过2年多运转，获得了硫酸盐型卤水盐田蒸发制取钾混盐和富硼、锂老卤的技术参数，其中盐田钾混盐可以满足制取硫酸钾镁肥的质量要求，从富含硼、锂的老卤中能够提取硼酸和碳酸锂。

中信国安科技有限责任公司承担了青海西台吉乃尔盐湖卤水锂、钾、硼工业性试验项目，2001年成功地进行了年产3000t硫酸钾和250t碳酸锂的中型工业性试验。该试验产品碳酸锂达到国际一级品水平，硫酸钾达到国际农用优级品水平，解决了镁锂分离的难题[53]，目前正在工程设计阶段和开发过程中，尚未工业化。

3. 扎仓茶卡盐湖

在中国地质科学院盐湖中心郑绵平工程院士领导下，自1982年以来，一直在对西藏扎仓茶卡盐湖的固体硼酸盐矿石和卤水制取钾镁混盐和高含量的硫酸锂混盐进行研究和开发。该卤水中Mg/Li值为16～17，属于高镁卤水。从卤水中提取硼、钾、锂途径与大柴旦和台吉乃尔盐湖相类同。扎仓茶卡盐湖的卤水化工处理，采用硫酸法、石灰转化法、碳化法等多种方法处理锂精矿，通过实验比较，制取碳酸锂的扩试方案最终选择碳化热解工艺。甘肃省科学院自然能源研究所的邹今平根据扎仓茶卡盐湖卤水的平均化学成分配制了模拟卤水，经多种工艺条件实验后，提出了制备碳酸锂的工艺路线。根据该工艺流程制取的碳酸锂产品纯度达88%～90.1%，锂回收率约达30%。

4. 扎布耶盐湖

西藏扎布耶盐湖是碳酸盐型，其中Mg/Li值很低，为0.3～1，它比硫酸镁亚型的扎仓茶卡盐湖和东台吉乃尔盐湖（Mg/Li值分别为0.93～1和0.87～1）约低3倍，扎布耶湖比东台吉乃尔盐湖锂硼资源量大，因而有利于锂的提取。它的含锂资源量比国外已开采的美国银峰高。扎布耶盐湖锂资源量是世界已知的4个最大锂盐湖之一。

通过中试扎布耶盐湖的盐田面积由200 m^2第一次扩大到6000 m^2，现已扩大到13.8万m^2。1999年，盐田所产锂混盐中Li_2CO_3的含量已经提高到30%。用这种盐田混盐，分别采用4.58%和30%的锂混盐，经选矿，分别得到含Li_2CO_3为78%和86.47%的混盐。该混盐经过进一步碳化和热解加工处理，可以获得纯度为99.26%的一级品Li_2CO_3。目前，正在进行工业性试验。中国地质科学院盐湖中心与西藏自治区人民政府于1999年4月成立了"西藏扎布耶锂业高科技有限责任公司"，推进了对扎布耶盐湖资源的开发。据报道，该公司与甘肃白银厂融资2.4亿元，在中国科学院白银高新技术产业区建成了我国最大的锂产品生产基地，在试产期间，成功实现了从盐湖卤水中提取纯度为99.4%的碳酸锂，产品质量达世界最高水平，并填补了我国盐湖提锂盐技术的空白[13]。由西藏扎布耶锂厂投资兴建的白银扎布耶锂厂占地153亩①,总投资2.4亿元,采用精矿生产碳酸锂[54]。该区地处高寒带,气候、交通和能源条件较差,不如青海东台吉乃尔盐湖的条件,但是随着青藏铁路Ⅱ期工程的完成,依据西部大开发宏观规划,将加快其开发的步伐。值得注意的是,以上除了扎布耶盐湖外,其他各盐湖卤水中都含有大量的镁离子,它以氯化镁和硫酸镁的水合盐形式析出,不加处理会影响到盐湖的持续生产,但是利用又是一个大难题。高世扬、岳涛等在水热条件下,对以硫酸镁为原料制取硫氧镁晶须[$5Mg(OH)_2 \cdot MgSO_4 \cdot 2H_2O$]的合成工艺和产品应用进行了系列研究,并已完成了扩试和材性试验[57,58]。用硫氧镁作为树脂、橡胶的改性与增强材料时,具有较好的物理性质、化学性质和优异的机械性能。研究表明,硫氧镁是一种价廉的晶须材料,应用前景广阔。

此外,水氯镁石与氧化镁形成的胶凝材料已经在室内建筑上应用(性质上尚有一些问题)。

13.5.3　硼、锂产品的高值化

上面所述,从固体矿物或卤水提取得到的是工业粗产品。将粗产品进一步加工成为精品,是高值化的一个重要目标。例如,以下各个领域中都使用了相关高附加值硼锂产品。

(1) 硼、锂无机功能材料,非线性光学材料,激光材料等。

(2) 压电材料和激光晶体。

(3) 新储存材料。

(4) 新锂电池的电极材料和电解液。

(5) 轻合金及其材料,如锂镁合金、锂铅合金、镁钛合金等。

(6) 无机晶须材料,如硼酸铝晶须、纤维硼镁石晶须及硫氧镁晶须。

此外,从浓缩盐卤中提取稀有元素产品,如铀盐、铷盐、铯盐也是高值化的目标之一。

参考文献

[1]　郑绵平,刘文高,新的锂矿物——扎布耶石.矿物学报.1987,7(3):221～226

[2]　高世扬,彭广志.综合开发和利用柴达木盆地盐湖资源.盐湖研究,1993,1(3):30～34

[3]　宋彭生.盐湖资源综合利用.盐湖研究,1993,1(3):68～80

[4]　宋彭生.盐湖及相关资源开发利用进展(续一).盐湖研究,2000,8(2):33～59

[5]　成思危等译.无机盐译文集硼专辑(第一集).北京:中国工业出版社,1964

[6]　陶连印,郑学永.硼化合物的生产与应用.成都:成都科技大学出版社,1992.12～30;78～80

[7]　曹兆汉.国外锂资源的开发利用(上).盐湖研究,1989,(1):32～41

① 1亩$=666.7m^2$,下同。

[8] 曹兆汉.国外锂资源的开发利用(下).盐湖研究,1989,(2):28～41

[9] 郑喜玉,张明刚等.中国盐湖志.北京:科学出版社,2002.47～56;101～105;162～172

[10] 高世扬,李秉孝.青藏高原盐湖硼酸盐矿物.矿物学报,1982,(2):107～112

[11] Gao S Y,Li B X. BORATE MINERALS ON THE QINGHAI－XIZANG PLATEAU Proceedings of Symposiuum on Qinghai Xizang(Tibet) Plateau. Beijing: Science Press,1981. 1725

[12] 陶连印,郑学永. 硼化合物的生产与应用.成都:成都科技大学出版社,1992.139～144; 150～279

[13] 郑绵平.西藏高原盐湖资源开发进展.中国化工学会2002无机盐学术年会,2002,11～21

[14] 高世扬,赵金福,薛方山.含硼饱和卤水的冷冻实验.盐湖研究,1998,8 (11):12～17

[15] 高世扬,柳大纲 .大柴旦盐湖冬季组成卤水天然蒸发.柳大纲科学论著选集.北京:科学出版社,1997. 59～64

[16] 高世扬,柳大纲,张济仁,张国强.大柴旦盐湖卤水日晒工艺扩大实验.柳大纲科学论著选集.北京:科学出版社,1997.72～86

[17] 李刚,高世扬.大柴旦盐湖湖滨日晒场施工建造.盐湖研究,1994,2(2):149～157

[18] 高世扬,杨存道,黄师强.从大柴旦盐湖卤水中分离提取钠盐、钾盐、酸和锂盐.盐湖研究,1988,(1):17～26

[19] 张彭熹,张保珍,唐渊等.中国盐湖自然资源及其开发利用.北京:科学出版社,1999.255～312

[20] 宋彭生.盐湖及相关资源开发利用进展.盐湖研究,2000,8(1):14～62; 2000,8(3):40～69

[21] 曹兆汉.国外钾肥工业及其科研动态(四). 盐湖研究,1987,(2):43～53

[22] 王长青,宋彭生.大柴旦盐湖兑卤制取软钾镁矾的研究.盐湖研究,1990,(2): 21～27

[23] 童兆达,李发金,黄师强,崔荣旦.从大柴旦盐湖脱硼卤中用TBP连续萃取分离氯化锂.稀有金属,1987,(1):66～80

[24] 陈正炎,古伟良等.从饱和氯化镁卤水萃取锂的流程研究.稀有金属,1999, 23(2):95～99

[25] 高世扬,陈敬清,刘铸唐,吴景泉.浓盐溶液中锂、镁氯化物的分离.盐湖科技资料.1978,(3～4):21～33

[26] Josephy R N, Theodore E, Arthur Jr. Recovery of lithium from bitterns. U.S.Pat:1970, 3537813,19～70

[27] 胡克源,柴文琦,柳大纲.四元水盐体系.H^+,Li^+,Mg^{2+}/Cl^--H_2O,0℃,20℃,40℃相平衡研究.柳大纲科学论著选集.北京:科学出版社,1997. 162～183

[28] 胡克源,陈祖耀,柴文琦.四元水盐体系 H^+,Li^+,Ca^{2+}/Cl^--H_2O, 20℃相平衡研究.柳大纲科学论著选集,北京:科学出版社,1997. 184～198

[29] 柳大纲,胡克源,程祖良等.铝、镁铝酸礌化学与自画水中直接提取微量锂盐的研究.柳大纲科学论著选集.北京:科学出版社,1997.125 ～161

[30] 孙建之,邓小川,马培华等.盐湖卤水直接提取氯化锂的研究概况.盐湖研究,2003,11(4):47～51

[31] 朱黎霞.硼酸盐化学－镁硼酸盐过饱和溶解度现象及硼酸盐物理化学.博士论文.中国科学院青海盐湖研究所,2003,6

[32] 李小平.氯柱硼镁石溶解转化动力学研究.硕士论文.陕西师范大学,2003

[33] Bower J G.Chapter 6. In progress in Boron Chemistry. Vol.2.Oxford:Pregamon Press,1970.125

[34] 郑学家.大力发展含硼材料和精细化工.辽宁化工,1999,(7):32～38

[35] Robert A Smith. Boric Oxide, Boric Acid, and Borates.An Ullman's Encyclopedia , Industrial Inorganic Chemicals and Products. Wiley－VCH, 2003,(5): 463～481

[36] Alexeev V P, Chernyshov A V. Boron in the CIS An overview of deposite & production.Industrail Miner-

ats,1997,(359):19～53

[37] 高世扬.锂及化合物的用途.化学通报,1964,(10):45～48

[38] 冀康平,李平.锂的开发利用.西宁:青海人民出版社,2004.44～84;173～177

[39] 中国盐湖综合利用代表团.美国、约旦盐湖综合利用参观考察报告.北京:北京科学技术出版社,1981.1～35

[40] 宋彭生译.阿塔卡玛盐湖卤水天然蒸发结晶盐中锂的回收.盐湖研究,1989,(3～4):137～144

[41] 曹兆汉译.死海的开发利用.盐湖科技资料,1973,(1～2):16～19

[42] 马培华,王政存.阿塔卡玛盐湖综合开发.盐湖研究,1998,6(1):61～66

[43] 李海民,程怀德,张生有.卤水资源开发利用技术述评.盐湖研究,2003,11(3):51～64;2003,11(4):52～56;2004,12(1):62～72

[44] 李纲,黄荣级,赖光清.碱性盐湖资源的综合利用研究.I析出盐中有益组分的综合利用.海湖盐与化工,1988,17(1):19～23

[45] 夏树屏,宋明礼.青海察尔汗盐湖镁资源综合利用.海湖盐与化工,1991,20(2):19～23

[46] 贺宝,王玉萍.盐湖生产氯化镁的研究.无机盐工业,2000,32(3):12～13

[47] 徐日瑶,刘宏专,刘荣义.青海盐湖资源综合利用.盐湖研究,2003,11(1):31～34

[48] 徐日瑶.盐湖水氯镁石制金属镁及高纯镁砂的生产技术.盐湖研究,2003,11(2):46～50

[49] 高世扬.青海盐湖锂盐开发与环境.盐湖研究,2000,8(1):17～23

[50] 杨建元,程温保,张勇.东台吉乃尔湖晶间卤水综合利用途径研究.矿物岩石,1995,15(2):81～85

[51] 杨建元,程温莹,邓天龙,张勇.东台吉乃尔湖晶间卤水兑卤制取高品位钾镁混盐研究.海湖盐与化工,1995,24(1):21～24

[52] 赵元艺.中国盐湖锂资源及其开发进程.矿床地质,2003,22(1):99～106

[53] 田丽.西部破解盐湖开发世界难题.人民日报,2001-03-29;中信组织专家破解世界性化工难题.科技日报.2001-03-28

[54] 曹菲.我国第一个盐湖提锂工程投产.科技日报.2004-11-05

[55] 衣丽霞,王学,孙之南等.扎布耶盐湖冷冻后卤水常温蒸发(20℃)析盐规律.海湖盐与化工,2002,31(4):4～8

[56] 黄春莲.西藏扎布耶盐湖卤水的开发与利用.四川有色金属,2004,(1):29～31

[57] 赵元艺,郑绵平,卜令忠.西藏扎布耶盐湖盐田高品位 Li_2CO_3 混盐的制取试验与意义.地球学报,2003,24(5):459～462

[58] 高世扬,岳涛,朱黎霞,夏树屏.制备硫氧镁晶须的新方法.专利号:CN 1346800A

[59] 岳涛,高世扬,朱黎霞,夏树屏.纳米晶体 $MgSO_4·5Mg(OH)_2·3H_2O$ 材料的合成与表征.高等学校化学学报,2002,23(9):1790～1791